Medicinalflora.

Eine Einführung
in die
allgemeine und angewandte
Morphologie und Systematik
der Pflanzen

mit besonderer Rücksicht
auf das
Selbststudium
für
Pharmaceuten, Mediciner und Studirende

bearbeitet
von

Dr. Carl Müller,
Assistenten
am pflanzenphysiologischen Institut der Universität und am botanischen Institut
der königlichen landwirthschaftlichen Hochschule zu Berlin.

Mit 380 in den Text gedruckten Figuren.

Berlin.
Verlag von Julius Springer.
1890.

ISBN 978-3-642-51214-8 ISBN 978-3-642-51333-6 (eBook)
DOI 10.1007/978-3-642-51333-6

Softcover reprint of the hardcover 1st edition 1890

Vorwort.

Als der Verfasser vor mehr als Jahresfrist zur Herausgabe der vorliegenden Medicinalflora aufgefordert wurde, zögerte derselbe lange, dem Anerbieten Folge zu leisten. Die Erwägung, dass unsere botanische Literatur ebenso reich an Hand- und Lehrbüchern wie an Sammel- und Bilderwerken ist, liess die Bearbeitung eines neuen Buches kaum nothwendig, wenn nicht ganz überflüssig erscheinen. Kein Concurrenzbuch schreiben wollen war aber die Vorbedingung, welche der Verfasser dem Verleger stellte. Wenn nun doch der angeregte Plan verwirklicht wurde, so mussten andere Erwägungen das Erscheinen des Buches rechtfertigen.

Es ist nicht zu leugnen, dass die bekannten Lehrbücher der Botanik fast ausschliesslich darauf abzielen, dem Studirenden im Anschluss an die akademischen Vorlesungen eine Stütze für den Ausbau seines Wissens zu bieten. Nicht aber ist bisher für das Selbststudium der Botanik ausreichend gesorgt worden, obwohl auf ein solches die Lage aller derjenigen hindrängt, welchen nicht der lebendige Quell des Wissens im akademischen Vortrage zuströmt. In dieser misslichen Lage finden sich alle jüngeren Apotheker, also gerade diejenigen, welche später das grössere und strebsamste Contingent der Studirenden der Botanik stellen. Innerhalb der drei Lehrjahre sollen sie das für das Gehilfenexamen nöthige Wissen in den beschreibenden Naturwissenschaften erlangen, und doch sind sie in dieser Zeit fast führerlos. Die wenigen Kenntnisse, welche im glücklichsten Falle das Realgymnasium mitgegeben hat, reichen nicht aus, um in die wissenschaftliche Botanik einzudringen, und der Principal hat sich meist vor 20 und 30 Jahren einmal mit Botanik beschäftigt. Noch mehr ist der Provisor auf sich selbst angewiesen, bis er nach abermals dreijähriger praktischer Thätigkeit zum akademischen Studium gelangt, und dann soll er in drei Semestern — neben vielem anderen — die ganze Botanik beherrschen lernen! Das ist nur erreichbar, wenn die vorakademischen Jahre, also die führerlose Zeit, energisch ausgenutzt wurden. Hier soll nun die Medicinalflora ein unentbehrliches Buch, ein Helfer in der Noth, ja noch mehr sein: sie soll dem jungen Manne die Botanik wirklich zu einer scientia amabilis machen.

Aehnlich ungünstig ist die Lage der Mediciner. Vom humanistischen Gymnasium kommend, sollen sie in den vorklinischen Semestern die ganze naturwissenschaftliche Grundlage erwerben. Gewöhnlich lassen sie es mit einem Semester bewenden, um allgemeine Botanik zu hören. Mit dem bestandenen tentamen physicum kommt dann gewöhnlich die Botanik aus rein äusseren Gründen in die Rumpelkammer, weil dem strebsamen Mediciner die Möglichkeit fehlt, durch das Selbststudium das oft angeregte Interesse für die Botanik wach zu halten.

Nicht besser ergeht es der Mehrzahl der Schulamtskandidaten, besonders denen, welche Botanik als Nebenfach betreiben. Zum Staatsexamen sind sie vollgepfropft mit Wissen; sie kennen die „grossen Probleme“ der modernen Wissenschaft, sind heimisch auf dem Gebiete der Anatomie, Physiologie und Biologie, nur nicht auf dem Gebiete, was der Schule zunächst angehört, auf dem Gebiete der angewandten Morphologie und Systematik. Die Meisten lernen das Nothwendige erst beim Unterrichten. Auch hier soll die Medicinalflora eine Lücke füllen, sie soll dem „Studirten in Amt und Würden“ nachträglich das zu treiben ermöglichen, wozu die kurz bemessene Studienzeit nicht ausreichte.

Mit besonderer Sorgfalt ist deshalb die Didaktik berücksichtigt worden. Ueberall ist das Principielle in den Vordergrund gerückt, und im speciellen Theile ist überall der rothe Faden, welcher sich durch das natürliche System wie durch die künstlichen hindurchzieht, aufzudecken versucht worden. Der Schilderung der grösseren Gruppen, Reihen, Ordnungen und Familien soll die folgende Gattungs- und Artbeschreibung als Relief dienen; sie soll dem Allgemeinen erst Fleisch und Blut geben. Dass die Arten wesentlich dem Rahmen der Ph. G. II. entnommen sind, ist ein mehr äusserlicher Factor. Das Buch soll ausdrücklich nicht den Titel „Die Pflanzen der Pharmakopoe“ verdienen.

Fast gar nicht ist die specielle Drogenkunde berücksichtigt. Für diese sorgen die vorzüglichen Bücher von Flückiger u. a. Die Anatomie ist ganz ausgeschlossen, weil sie erst während des Academicums mit Erfolg behandelt werden kann. Unerlässlich hielt es der Verf., die Flora im fortlaufenden Texte zu schreiben und trockene Diagnosen zu vermeiden. Das Buch ist ein Lehrbuch, kein Handbuch. Andererseits ist aber der seichte Ton der „Kaffeelectüre“ nicht angeschlagen und damit eine Verflachung des Gegenstandes umgangen worden. Das Buch setzt Ernst und Eifer voraus.

Es bedarf hier noch einiger Hinweise. Die Blüthenmorphologie ist im Sinne der Eichler'schen Blüthendiagramme verarbeitet, dem ganzen Buche Eichler's System, doch ohne jegliche einseitige Tendenz, zu Grunde gelegt worden. Für die Artbeschreibungen benutzte der Verfasser auf's Ausgiebigste Luerssen's grosses Handbuch, für die heimischen Arten die vorzügliche, bisher die einzige deutsche streng wissenschaftliche Flora von Ascherson. Was der Verfasser aus eigenem Wissen hinzugefügt hat, verdankt er zum grösseren Theile der Förderung seiner Studien unter Alex. Braun, Eichler und seinen übrigen berliner Lehrern.

Endlich gebührt der wärmste Dank Herrn cand. phil. Zander für die treue Hilfe beim Correcturlesen und für die Anfertigung des Registers, nicht minder aber dem Herrn Verleger, welcher mit grosser Bereitwilligkeit die Ausstattung des Buches, namentlich die Beschaffung der Habitusbilder aus Baillon's Histoire des plantes übernahm.

Möge sich dem Danke des Autors der Erfolg des Buches anschliessen.

Berlin, im April 1890.

Der Verfasser.

Inhaltsübersicht.

Einleitung.

Specieller Theil.

Seite

b. Sympetalae.

Abkürzungen bekannter Autoren-Namen.

Ach. = Acharius.
Adans. = Adanson.
Ait. = Aiton.
Ag. = Agardh.
All. = Allioni.
Andr. = Andrews.
Aschs. = Ascherson.
Baill. = Baillon.
Benth. = Bentham.
Bernh. = Bernhardi.
Bess. = Besser.
Bl. = Blume.
Brot. = Brotero.
Burm. = Burmann.
Cav. = Cavanilles.
Colebr. = Colebrooke.
Coll. = Colladon.
DC. = De Candolle.
Desf. = Desfontaines.
Desr. = Desrousseaux.
Desv. = Desvaux.
Ehr. = Ehrhart.
Endl. = Endlicher.
Fr. = Fries.
Forst. = Forster.
Gärtn. = Gärtner.
Gaud. = Gaudin.
Gil. = Gilibert.
Gmel. = Gmelin.
Guill. = Guillemin.
H. B. K. = Humboldt, Bonpland und Kunth.
Haw. = Haworth.
Hook. = Hooker.
Houtt. = Houttuyn.
Huds. = Hudson.
J. Müll. = Müller.
Jacq. = Jacquin.
Juss. = Jussieu.
Kth. = Kunth.
Ktz. = Kützing.
L. = Linné.
Lamour. = Lamouroux.
Ledeb. = Ledebour.
Lindl. = Lindley.
Lk. = Link.
Lois. = Loiseleur.
Lond. = Londes.
Lour. = Loureiro.
Mart. = Martius.
Meissn. = Meissner.
Mich. = Micheli.
Michx. = Michaux.
Mill. = Miller.
Miq. = Miquel.
Mirb. = Mirbel.
Murr. = Murray.
Nutt. = Nuttall.
Oliv. = Olivier.
Pav. = Pavon.
Pers. = Persoon.
Poir. = Poiret.
R. Br. = Rob. Brown.
Rchb. = Reichenbach.
Rich. = Richard.
Riv. = Rivinus.
Rosc. = Roscoe.
Roxb. = Roxburgh.
Salisb. = Salisbury.
Schau. = Schauer.
Schlechtdl. = Schlechtendal.
Scop. = Scopoli.
Sieb. = Sieber.
Sm. = Smith.
Sol. = Solander.
Sonn. = Sonnerat.
Spr. = Sprengel.
Steinh. = Steinheil.
St. Hil. = Saint-Hilaire.
Sw. = Swartz.
Tausch. = Tauscher.
Thoms. = Thompson.
Thuill. = Thuillier.
Thunbg. = Thunberg.
Tournef. = Tournefort.
Vent. = Ventenat.
Vill. = Villars.
W. K. = Waldstein-Kitaibel.
Wallr. = Wallroth.
Web. = Weber.
Wedd. = Weddell.
Wimm. et Grab. = Wimmer und Grabowski.
Willd. = Willdenow.

Berichtigungen.

Seite 4 Zeile 6 von oben lies irländisch statt isländisch.
„ 24 „ 7 „ unten setze (intrors) hinter innenwendig.
„ 29 „ 10 und 11 von unten lies Samenanlage statt Samenlage.
„ 63 „ 6 von unten lies Polysiphonien statt Polysophonien.
„ 384 „ 1 von unten verbinde mit S. 385 durch Ipecacuanhae statt Ipecacatanhae.
„ 459 „ 4 von oben lies Cynanchum statt Cynanchym.
„ 483 „ 11 „ „ „ Molina statt Molini.

EINLEITUNG.

I. Morphologie.

Das Verständniss wissenschaftlicher Werke hängt allemal von gewissen Vorkenntnissen ab, deren Nichtbesitz dem Leser entweder den Inhalt des vom Autor Gebotenen völlig verschliesst — und dann wandert das Buch in die Rumpelkammer, Leser und Autor sind unbefriedigt — oder der Leser arbeitet sich mit dem Schatz seines Wissens durch die Darstellung hindurch, dann ist ihm das Buch eine Qual und der geistige Gewinn obenein ein fraglicher. Diese Gefahren wachsen, wenn sich ein Buch nicht an die Fachgenossen seines Autors wendet, sondern vielmehr einem Leserkreise dargeboten wird, welcher wohl an dem Vorgetragenen regsames Interesse hat, dem aber doch näher liegende Berufspflichten weder Zeit noch Musse lassen, seine ganze Kraft einem ihm nebensächlichen, wenn auch wichtigen Wissenszweige zu widmen. Hier giebt es für den Autor keinen anderen Ausweg, als den Grundsätzen zu folgen: Bringe nicht mehr, als nothwendig ist; mache deinem Leser die Sache so leicht und bequem als möglich; setze aber vor Allem nichts voraus, was dir selbst zwar als selbstverständlich erscheint — ohne es zu sein, und erkläre lieber mit wenigen Worten das Nöthigste, ohne weitschweifig zu werden. Nichts ist ja lästiger als ein Buch, dessen Lectüre voraussetzt, dass man ein anderes als Commentar neben sich liegen habe.

Für das Verständniss des Folgenden ist die Kenntniss einiger in der wissenschaftlichen Botanik gebräuchlichen Ausdrücke nicht zu umgehen, sofern das Buch nicht zu einem Leitfaden für gebildete Laien herabsinken soll; namentlich ist es wichtig, auf gewisse, auf die Morphologie, d. h. die äussere Gestaltlehre Bezug habende Thatsachen hinzuweisen.

In der Botanik ist es Sitte geworden, alle diejenigen Pflanzen, welche nur aus einer einzigen Zelle oder einer Vereinigung von Zellen bestehen, ohne dass wir an ihnen die Gliederung in Stamm und Blatt nachzuweisen vermögen, als Lagerpflanzen, Thalluspflanzen oder Thallophyta[1]) zu bezeichnen. Beispiele solcher sind die bekannten, allerwärts an den Küsten der Meere oft in grossen Massen auf den Strand gespülten Seetange (jodliefernde *Fucus*-Arten) und zwei fälschlich als „Moos“ bezeichnete Pflanzen, die als „Carrageen“ geführte Alge *Chondrus crispus* (welche im Volksmunde als „isländisches Moos“ geht), sowie die als isländische Flechte (Lichen islandicus) gebräuchliche *Cetraria islandica*, welche unter dem Namen „isländisches Moos“ verlangt wird, und viele andere. Eine grosse Abtheilung der Thallophyten sind die vom Botaniker als Pilze, von den Laien oft als Schwämme[2]) bezeichneten Pflanzen, von denen die als Pfefferlinge, Champignons, Steinpilze und Trüffeln bekannten Arten als essbar auf den Markt gebracht werden. Officinelle Pilze und somit Thallophyten sind das „Mutterkorn“ (Secale cornutum), welches nicht etwa mit einer Getreidefrucht, etwa einem Roggenkorn, der Frucht von *Secale cereale*, verwechselt werden darf, sowie die als „Hirschbrunst“ geführte Droge, welche den trüffelartigen Fruchtkörper des Hirschpilzes, *Elaphomyces granulatus*, darstellt.

Im Gegensatz zu den Thallophyten stehen die Cormophyten[3]), d. h. diejenigen Gewächse, welche eine Gliederung in Stamm, Blatt und Wurzel aufzuweisen haben. Gräser, Palmen, Kräuter, Sträucher, Bäume sind Cormophyten.

Nur verhältnissmässig wenige unter ihnen bringen es niemals zur Erzeugung von Blüthen in dem gewohnten Sinne. Sie sind blüthenlos, und deshalb erzeugen sie auch keine Samen; diese werden durch mikroskopisch kleine Brutzellen, Sporen genannt, vertreten. Als ein Beispiel der sporenbildenden Cormophyten merke man sich die Bärlapppflanze, *Lycopodium clavatum*. Ihre Sporen (nicht Samen) bilden das bekannte Streupulver „Lycopodium“. Ein zweites Beispiel eines blüthenlosen und dafür sporenbildenden Cormophyten ist das Farnkraut *Aspidium Filix mas*, dessen unterirdischer, bewurzelter Stamm als „Rhizoma Filicis“ [4]) officinell ist.

Alle diejenigen Cormophyten, welche behufs geschlechtlicher Fortpflanzung Blüthen in dem jedem Laien bekannten Sinne erzeugen, heissen Phanerogamen[5]) oder Anthophyten[6]), Blüthenpflanzen.

---

[1]) Von *θάλλω*, grünen, resp. *θάλλος*, junger, grüner Spross; hier: ungegliederter Pflanzenkörper; *φυτόν*, Gewächs, Pflanze.

[2]) **Das Wort „Schwämme“ ist in der Botanik zu meiden, da die eigentlichen Schwämme eigenartige Wasserthiere (nicht Pflanzen) sind. Der gemeine Badeschwamm ist das Fasergerüst eines solchen Thieres.**

[3]) Von *κορμός*, eigentlich Klotz, Stumpf; hier also Stamm.

[4]) **Man hüte sich ein für allemal, einen unterirdischen, bewurzelten Stamm (ein „Rhizom“) eine Wurzel zu nennen. Der deutsche Name für Rhizom ist Wurzelstock, Grundstock oder Grundaxe.**

[5]) Von *φανερός*, offenkundig, sichtbar, und *γαμή*, Ehe, mit Bezug auf das geschlechtliche Verhältniss der Blüthenorgane zu einander.

[6]) Von *ἄνθος*, Blüthe, und *φυτόν*, Gewächs, Pflanze.

Sie bilden sozusagen das Gros der uns umgebenden Pflanzen und liefern den grössten Theil unserer Drogen.

Die mannichfaltige Gliederung des Körpers der Blüthenpflanzen durch gewisse typische, durch Abstraction gewonnene Begriffe zu kennzeichnen ist nun die Aufgabe der Morphologie, so weit sie uns hier angeht.

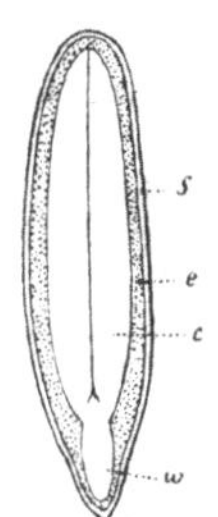

Fig. 1. Längsschnitt des Leinsamens (Samen von *Linum usitatissimum*) bei 10facher Vergrösserung, *s* Samenschale, *e* Nährgewebe. Die Mitte des Samens nimmt der gerade Keimling ein; *w* Würzelchen, *c* die beiden sich in einer Längslinie berührenden Keimblätter, zwischen welchen im Grunde die noch unentwickelte Keimknospe als ganz unscheinbarer Höcker sichtbar ist.

Jede Blüthenpflanze entwickelt sich aus einem von der Mutterpflanze sich trennenden Samen, dessen Hülle wir als Samenschale (testa) bezeichnen. Sie besteht zumeist aus zwei, nicht immer von einander trennbaren, geschlossenen Hüllen, der äusseren (meist harten) und der inneren (meist zarten, oft wie Seidenpapier dünnen) Samenhaut. Die Samenschale umgiebt den Keimling (Embryo) und in vielen Fällen eine als Nährgewebe (Eiweiss, Albumen oder Endosperm) bezeichnete, stärke- oder ölreiche Masse (Fig. 1). Der gerade oder gekrümmte Keimling lässt bereits das Keimwürzelchen (radicula), ein kurzes Stengelglied, ein oder zwei Keimblätter (cotyledones) und die zwischen ihnen liegende, bei der Keimung austreibende Keimknospe (plumula) erkennen. Figur 2 stellt das Bild einer längsgespaltenen, gemeinen „weissen Bohne", des Samens von *Phaseolus vulgaris L.*, dar. Die Samenschale (*s*) umgiebt unmittelbar den Keimling; es ist hier also kein Nährgewebe vorhanden. Die Hauptmasse des Samens bilden die beiden Keimblätter (*c*), von denen eines in der Figur weggeschnitten ist, um das Würzelchen (*w*), das erste Stengelglied (*st*) und die ersten Laubblätter (*bl*) der Keimknospe blosszulegen. Die mit *n* bezeichnete Stelle der Samenschale heisst der Nabel des Samens. Fig. 3 stellt nur den Keimling aus demselben Samen dar, von welchem nach dem Quellen in warmem Wasser die weisse, pergamentartige Samenschale entfernt worden ist. Das auf das Würzelchen (*w*) sich aufsetzende Stengelstück (*st*) mit seinen Blättern (*bl*) bildet die Keimknospe. Man wird übrigens leicht erkennen, dass der Keimling der Bohne nicht wie der des

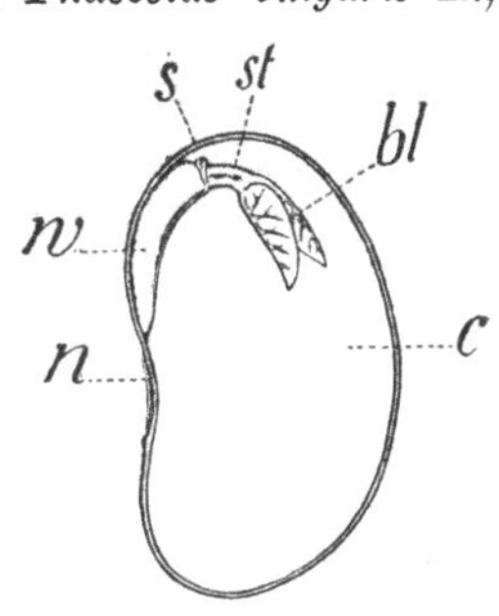

Fig. 2. Eine „weisse Bohne", d. h. der Same von *Phaseolus vulgaris* längs halbirt. *s* Samenschale, *n* Nabel. Theile des Keimlings sind: *w* Keimwurzel, *st* Stammstück der Keimknospe, *bl* erste Laubblätter derselben. *c* ist eines der beiden grossen, fleischigen, im ruhenden Samen knochenharten Keimbl.

Leines (vgl. Fig. 1) gerade ist; der Bohnenkeimling ist deutlich gekrümmt.

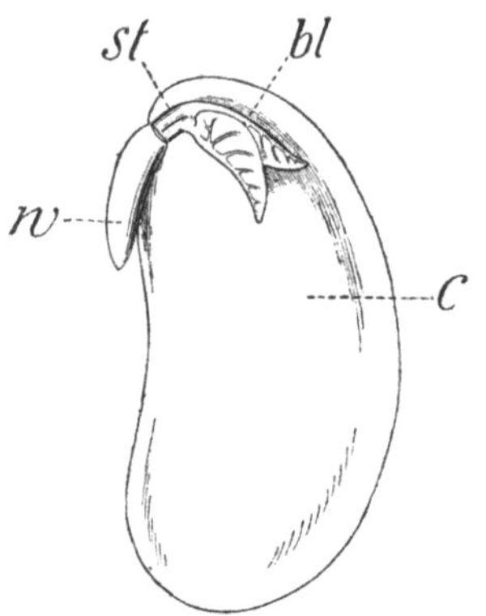

Fig. 3. Keimling aus der „weissen Bohne" nach der Entfernung der Samenschale. *w* Wurzel, *st* Stammstück der Keimknospe, *bl* erste Laubblätter derselben, *c* eines der beiden Keimblätter.

Die Keimung zeigt sich zunächst in einem Sprengen der Samenschale; es tritt aus ihr das Keimwürzelchen hervor und sorgt für die Ansiedelung des jungen Pflänzchens im Boden[1]). Erst später tritt die Keimknospe aus der Samenschale hervor und entfaltet, im Allgemeinen dem Lichte zustrebend, die ersten Blätter, während die Wurzel mit gewisser Energie in den Boden eindringt und durch Verzweigung das Wurzelsystem erzeugt. So können wir schon von vornherein eine mit zwei Wachsthumsrichtungen ausgestattete Axe, deren aufsteigenden Theil wir Stamm, deren absteigenden Theil wir Wurzel nennen, von den Anhangsorganen, welche wir Blätter nennen wollen, unterscheiden. **Wurzel, Stamm und Blatt sind die drei wesentlichen Organe des Pflanzenkörpers der Cormophyten.** Für die Begriffsbestimmung halten wir fest:

Wurzel ist der blattlose, nicht durch Blattgrün (Chlorophyll) grün gefärbte, im Allgemeinen abwärtswachsende Theil der Axe. Als positive Merkmale sieht man das Vorhandensein einer die Wurzelspitze (den Scheitel) überziehenden Gewebekappe, der Wurzelhaube (calyptra) und die Anlage der jungen Wurzel im Innern des Pflanzenkörpers (die endogene Entstehung) an. Im Allgemeinen ist die physiologische Aufgabe der Wurzel in der Aufnahme von Wasser und darin gelösten Nährsalzen zu erblicken.

Stamm heisst die blatttragende (und allein Blätter erzeugende) Axe. Er wächst mit nacktem Scheitel[2]), über welchen sich gewöhnlich die jungen Blattanlagen schützend, die Stammknospe bildend,

---

[1]) Wer sich über das Keimen der Pflanzen aus eigener Anschauung unterrichten will, dem sei auf's Wärmste empfohlen, einige Erbsen oder Bohnen, vielleicht auch einige Maiskörner einzupflanzen. Die Keimpflanzen entwickeln sich meist in wenigen Tagen. Besonders empfehlenswerth ist, die Samen nicht in feuchten Erdboden zu legen, sondern die Keimung in feuchten Sägespänen sich vollziehen zu lassen. Dieselben lassen sich später leichter von den Wurzeln der Keimpflanzen entfernen. Man merke sich dabei gleichzeitig, dass Erbsen und Bohnen Samen sind, während das Maiskorn eine Frucht ist.

[2]) Also nicht wie die Wurzel, deren wesentlichstes Merkmal gerade darin liegt, dass ihr Scheitel von der Wurzelhaube bedeckt ist.

hinwegwölben. Der junge Stengel (oft auch der erwachsene) führt Blattgrün (Chlorophyll), bedeckt sich aber bei ausdauernden Gewächsen zumeist mit Kork, durch dessen wiederholte Schichtenbildung die Borke entsteht. Unterirdische, meist mit unscheinbaren, oft schuppenförmigen Blättern besetzte Stämme heissen Grundaxen oder Rhizome. Dieselben lassen oft in ihrem Innern zahlreiche Wurzeln entstehen, welche nach aussen hervorbrechen und nun dem Stamme das trügerische Aussehen einer starken Wurzel mit ihren Nebenwurzeln geben, weshalb die Rhizome im Deutschen oft als Wurzelstöcke bezeichnet werden. Die ältere Pharmacie bezeichnete diese oft schlechtweg als Wurzeln, und wir finden wohl noch jetzt hin und wieder die fälschlichen Bezeichnungen *Radix Calami*, *Radix Iridis*, *Radix Zingiberis* und andere. Ein Rhizom ist immer an dem Vorhandensein von Blattresten oder Blattnarben erkennbar.

Blätter sind seitliche Auswüchse, welche an dem Gewebe des Stammscheitels in „acropetaler" Ordnung entstehen, d. h. jedes jüngere Blatt sitzt dem Stammscheitel näher als das ältere; das jüngste Blatt ist dem Scheitel am nächsten[1]). Die Blätter werden niemals wie die Wurzeln im Innern des Stammgewebes angelegt, sie sind äussere (exogene) Hervorwölbungen, welche später den ihnen eigenthümlichen Charakter annehmen.

Die Anheftungsstelle eines Blattes (man nennt sie gewöhnlich Insertionsstelle, d. h. Einfügungs- oder Einreihungsstelle von inserere = einreihen, einordnen) nennt man in Bezug auf den Stamm einen Knoten (auch wenn der Stamm an der betreffenden Stelle nicht knotig verdickt ist). Das Stengelstück zwischen zwei aufeinanderfolgenden Insertionsstellen von Blättern heisst ein Stengelglied oder Internodium. Die Stengelglieder sind bald sehr kurz („gestaucht"), bald von mittlerer Länge, und dann deutlich sichtbar; bald sind sie sehr langgestreckt, und dann pflegt der Stamm nur arm an Blättern zu sein.

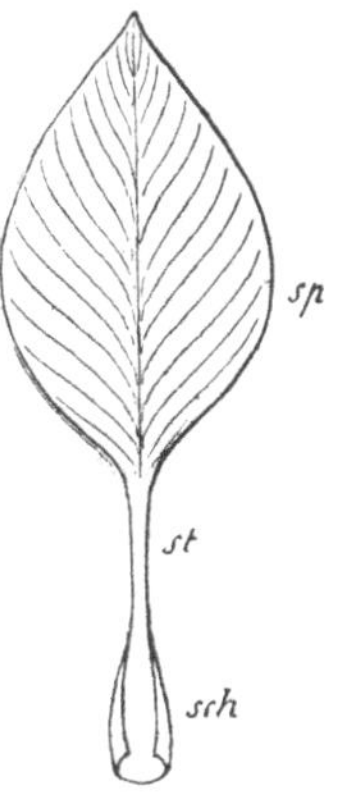

Fig. 4. Blatt mit den drei deutlich unterscheidbaren Abschnitten: Scheide, *sch*, Stiel, *st* und Spreite, *sp*.

Am typisch entwickelten, grünen Blatte, dem Laubblatte, lassen sich im Allgemeinen drei Theile unterscheiden: 1) die Blattscheide (vagina), mit welcher das Blatt am Stamme ansitzt, 2) der Blattstiel (petiolus) und 3) die Blattspreite (lamina) (Fig. 4). Die Spreite pflegt ein

---

1) Acropetal kommt von ἄκρον, Spitze, oberes Ende, hier also Scheitel bedeutend, und petere, nach etwas streben. Acropetal muss also „dem Scheitel zustrebend", „nach dem Scheitel hin einander folgend" übersetzt werden.

flächenartiges Gebilde von verschiedener Grösse und verschiedenem Umriss zu sein, doch ist sie gewöhnlich durch eine Mittellinie, welche sich als Mittelnerv oder Mittelrippe des Blattes markirt, in zwei symmetrische Hälften getheilt. Die Bestimmung der Spreitenform ist besonders für die Artunterscheidung der Pflanzen von höchster Bedeutung. Je nach dem Verhältniss, in welchem Länge und Breite der Spreite zu einander stehen, unterscheidet man linealische, lanzettliche, längliche, eiförmige und rundliche Spreiten (vgl. Fig. 5, a—e). Ausdrücke wie bandförmig, viereckig, spatelförmig, nierenförmig, pfeilförmig, spiessförmig, nadelförmig u. a. verstehen sich ohne Weiteres. Lässt sich die Form nicht genügend scharf durch einen der genannten Ausdrücke angeben, so sucht man sich durch Combinationen jener Ausdrücke zu helfen. So wird selbst der Laie kaum in Zweifel gerathen, wie er sich eine herznierenförmige oder länglich-eiförmige Spreite vorzustellen hat. Viel wichtiger ist es zu wissen, dass man an der Spreite drei Regionen besonders zu beachten hat, den Blattgrund, d. h. die untere Partie der Spreite, welche sich an den Blattstiel ansetzt, die Blattspitze (die bald spitz, bald stumpf, bald gerundet, bald lang ausgezogen, bald gestutzt, bald stachelspitzig etc. sein kann) und den Blattrand. Verläuft letzterer geradlinig oder als ununterbrochene Curve, so heisst er ganz. Häufig zu beobachtende Formen sind der gesägte, gezähnte, gekerbte und ausgeschweifte Rand (vgl. Fig. 6, a—e). Sind die Randabschnitte (Sägezähne, Kerbzähne, etc.) wieder in sich gesägt, gezähnt etc., so bezeichnet man den Rand als zusammengesetzt; er ist dann doppelt-gesägt, oder gesägt-gezähnt, oder doppeltgekerbt etc. (Fig. 6, *f* und *g*). Feine Härchen am Blattrande bezeichnet man als Wimpern, und dementsprechend heisst dann das Blatt resp. die Spreite gewimpert. Sind die Einschnitte am Blattrande sehr tief, so erscheint die Blattspreite nicht mehr als Einheit, sie ist zusammengesetzt; ihre Abschnitte werden oft als Segmente

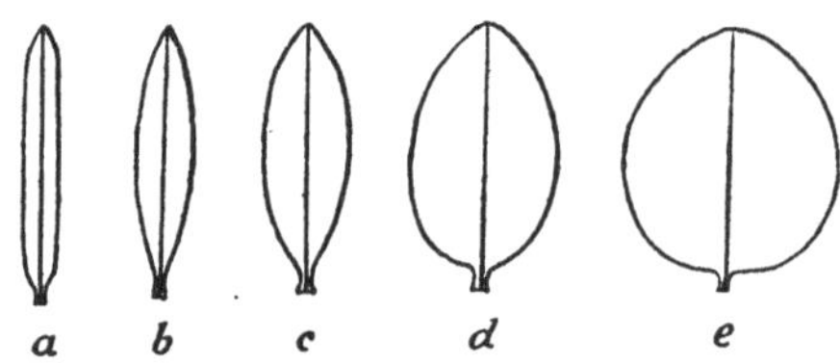

Fig. 5. Spreitenformen. *a*: linealisch, *b*: lanzettlich, *c*: länglich, *d*: eiförmig, *e*: rundlich.

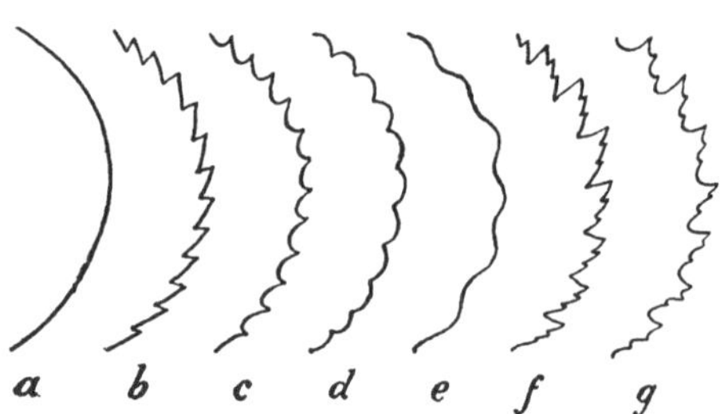

Fig. 6. Randformen der Spreite. *a*: ganz, *b*: gesägt, *c*: gezähnt, *d*: gekerbt, *e*: ausgerandet, *f*: doppelt gesägt, *g*: doppelt gezähnt.

bezeichnet, und wenn diese eine auffällige Selbstständigkeit erlangen und sich, für sich betrachtet, so verhalten, wie sonst die ganzen Spreiten der Blätter, so nennt man sie zum Unterschiede vom ganzen Blatt wohl die Blättchen (foliola) desselben. Es ist dabei Sitte, eine Blattspreite „lappig" zu nennen, wenn die Einschnitte vom Blattrande aus nicht tiefer als halbwegs zur Mittelrippe gehen. Geht der Einschnitt noch tiefer, dann ist das Blatt „theilig". Reicht aber der Einschnitt bis an die Mittelrippe heran, so ist das Blatt „schnittig".

Von besonderer Bedeutung ist für die Blattspreite die Berippung. Man richtet hierhei sein Augenwerk zumeist auf die stärkeren „Rippen" (oder „Nerven"), welche auf der Blattunterseite deutlicher zu sein pflegen, weil sie hier meist etwas erhaben auf der Blattfläche hervorragen. Die kleineren, undeutlichen Blattnerven bezeichnet man auch wohl als Adern. Wird die Blattspreite nur von einem Nerven, dem Mittelnerven durchzogen, so heisst sie naturgemäss einnervig. Tritt zu dem Mittelnerven rechts und links je ein „Seitennerv" hinzu, so wird die Spreite dreinervig und in analoger Weise fünf- oder siebennervig. In vielen derartigen Fällen vertheilen sich dann die Nerven derartig annähernd gleichmässig, dass sie am Grunde dicht nebeneinander in die Spreite eintreten, sich dann bogig von einander entfernen und sich gegen die Spitze des Blattes hin wieder einander nähern. Verlaufen nun viele Nerven derartig vom Grunde zur Spitze durch die Spreite, so bezeichnet man sie als parallele Nerven, die Spreite ist parallel berippt. Laufen viele Nerven unter annähernd gleichem Winkel zur Mittellinie von dieser nach dem Blattrande hin, dann nennt man die Nerven seitlich parallel, die Spreite seitlich parallel berippt (vgl. hierzu Fig. 7, a—c).

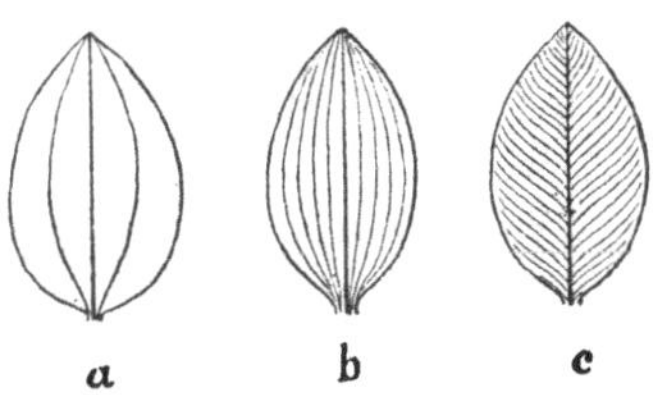

Fig. 7. Parallel berippte Spreiten. *a* dreinervig, *b* parallel berippt, *c* seitlich parallel berippt.

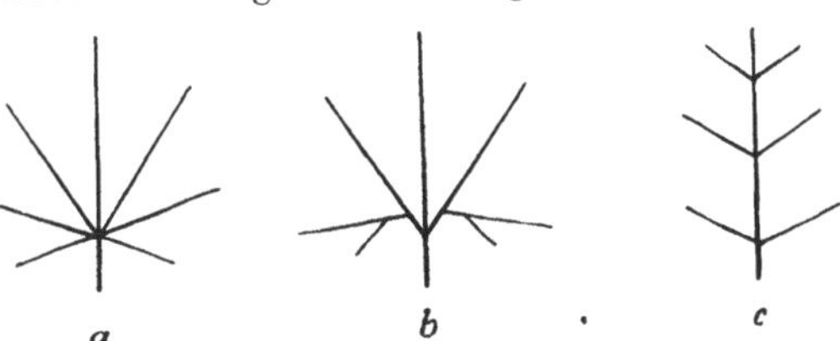

Fig. 8. Schemata für *a* handförmige, *b* fussförmige, *c* fiederige Berippung.

Besonders bemerkenswerth sind die Fälle, wo drei, fünf, sieben, etc. Nerven von einem Punkte, meist von der Ansatzstelle des Blattstieles aus, mehr oder minder geradlinig und unter gleichen Winkeln divergirend die Spreite durchlaufen. Man nennt solche Spreiten handförmig berippt (Fig. 8 a). Als fussförmig unterscheidet man hiervon die in Fig. 8 *b* schematisch dargestellte Berippung. Nicht minder bemerkenswerth ist der Fall, in welchem von der Mittelrippe von Strecke zu Strecke meist paarig Seitenrippen unter gleichem Winkel abgehen. Man spricht dann von fiederiger Berippung (Fig. 8 *c*). Lässt sich ausser dem Mittelnerven gar keine Regelmässigkeit in der Anordnung der Rippen und Adern erkennen, so wird man gewöhnlich den Ausdruck netzartig berippt zutreffend finden, ein Ausdruck, welcher kaum näherer Erläuterung bedarf.

Fig. 9. Handförmige Spreiten. *a* handförmig gelappt, *b* handförmig getheilt, *c* gefingert.

Mit der Berippung correspondirt gewöhnlich die Spreitenform, beide stehen zu einander in Wechselbeziehung. Bei paralleler Nervatur pflegt die Spreite ganzrandig zu sein, während handförmige und fiederige Berippung mit Buchten- und Einschnittsbildung am Spreitenrande verknüpft zu sein pflegt. Wir unterscheiden dann (in Combination mit den obigen Ausdrücken) handförmig gelappte, handförmig getheilte und handförmig eingeschnittene Spreiten. Die letzteren bezeichnet man auch treffender als gefingerte Spreiten (vgl. Fig. 9, *a*—*c*). Entsprechende Formen der Spreite lassen sich auf die fussförmige Berippung beziehen, wodurch man auf fussförmig gelappte, fussförmig getheilte und fussförmig gefingerte Blätter geführt wird. Reducirt sich bei handförmig zusammengesetzten Spreiten die Zahl der Glieder (Segmente) auf drei, dann erhält man die „gedreiten“ Blätter und zwar entweder das dreilappige oder dreitheilige oder dreifingerige Blatt. Die Spreite des letzteren wird auch wohl für sich als „dreiblättrig“ (trifoliata) bezeichnet, wie man sich bezüglich der „Kleeblätter“ erinnern wird.

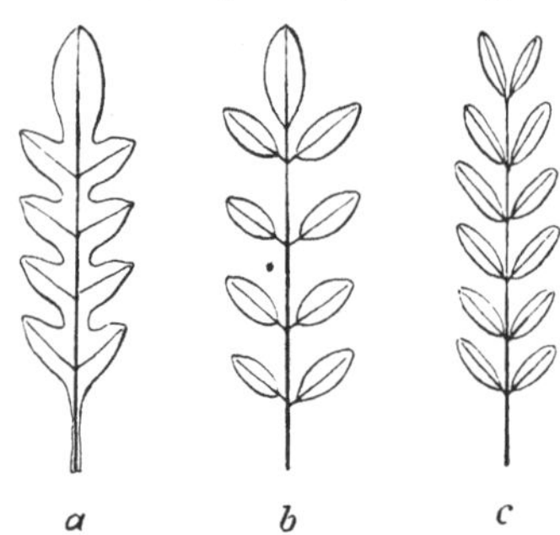

Fig. 10. Gefiederte Spreitenformen. *a* fiedertheiliges Blatt, *b* unpaarig gegefiedertes Blatt, *c* paarig gefiedertes Blatt.

Bei fiederiger Nervatur wird die Spreite entweder fiederlappig resp. fiederspaltig, fiedertheilig oder fiederschnittig und bei völliger Selbstständigkeit der Fiederabschnitte wird das Blatt zum gefiederten mit seinen „Fiederblättchen“. (Vgl. hierzu Fig. 10, *a*—*c*.) Sind die

Fiedern paarig angeordnet, ohne dass das Blatt mit einem unpaaren Endlappen oder Endfiederchen endet, so bezeichnet man das Blatt als paarig gefiedert (Fig. 10 *c*) und im gegentheiligen Falle als unpaarig gefiedert (Fig. 10 *b*). Weiter auf den Formenreichthum der Blattspreiten hier einzugehen erscheint nicht am Platze. Man wende sich dieserhalb an die im Vorworte empfohlenen Lehrbücher.

Einer Bildung muss hier jedoch nothwendig noch gedacht werden. Oft sitzen am Grunde des Blattstieles oder rechts und links neben diesem am Stamme blattähnliche Gebilde. Man bezeichnet dieselben als Nebenblätter oder Stipeln (stipulae) (Fig. 11). Sehr charakteristisch sind die Nebenblätter beim gemeinen Stiefmütterchen, der *Viola tricolor*, entwickelt. Sie ahmen hier gefiederte Laubblätter nach, deren Massenentwicklung das zwischen den Nebenblättern sitzende Laubblatt meist übertrifft (Fig. 12). Oft gehen Stipeln in der Scheidenbildung des Blattes völlig auf. Sitzen nebenblattartige Gebilde (und dann meist nur unpaarig) am Grunde der Blättchen gefiederter oder dreiblättriger Spreiten, so bezeichnet man sie als Nebenblättchen oder Stipellen (stipellae) [1]).

Fig. 11. Laubblatt mit „Nebenblättern“ am Grunde des Blattstieles.

Zum Begriff des Blattes ist das Vorhandensein aller drei Theile desselben (Scheide, Stiel und Spreite) keineswegs erforderlich. Es giebt Blätter ohne Scheide, bloss aus Stiel und Spreite bestehend (wie etwa Linden- und Eichenblätter), Blätter ohne Stiel, nur aus Scheide und Spreite bestehend (wie die Grasblätter), oder das ganze Blatt reducirt sich auf seine Spreite (es ist „sitzend“), oder endlich, und das ist der einfachste Fall, das Blatt ist nur durch seine Scheide vertreten. (Scheidenblätter, Schuppenblätter.) Sehr charakteristische Schuppenblätter zeigen die als Gemüse beliebten Frühjahrstriebe des Spargels.

Fig. 12. Laubblatt des Stiefmütterchens, *Viola tricolor*, mit laubblattartigen Nebenblättern (*n*) zu beiden Seiten der Laubblattspreite (*l*).

Im Vorangehenden haben wir das Blatt bloss an sich betrachtet, nicht in seiner Beziehung zum ganzen Pflanzenstock. Vergleicht man alle an einem solchen vorkommenden Blattformen, indem man vom Grunde des Stammes zur Spitze fortschreitet, so

[1]) Man beobachte dieselben, falls man Gelegenheit findet, an den Blättern unserer gemeinen Gartenbohnen. Anderwärts sind Nebenblättchen nur äusserst selten zu finden, und ist deshalb die Gartenbohne besonders beachtenswerth.

wird man immer ein Schwanken der Blattgestalten innerhalb gewisser Grenzen beobachten. Im Allgemeinen sind die ersten Blätter der Keimpflanze sehr einfach gestaltet, nehmen dann an Reichthum in ihrer Gliederung zu, um wieder auf einfachere Formen zurückzukehren und an diese die Bildung der Blüthen anzuknüpfen. In dieser Thatsache beruht die Anschauung von der „Metamorphose" des Blattes an jeder Pflanze, worunter nicht etwa verstanden werden darf, dass ein und dasselbe Blatt im Laufe der Entwicklung eines Pflanzenindividuums eine Wandlung durchmacht. Ueblich ist jedoch die Unterscheidung der Blätter als Niederblätter, Laubblätter und Hochblätter (welche man abkürzend mit den Buchstaben *N*, *L* und *Z* bezeichnet). Zu den Niederblättern kann man bei den Keimpflanzen das erste, resp. die ersten Blätter, die Cotyledonen oder Keimblätter, rechnen. Ihnen folgen oft unmittelbar die Laubblätter. An den Trieben der ausdauernden Pflanzen lässt sich dieselbe Unterscheidung durchführen. Mit wenigen Ausnahmen hebt jeder Trieb als Knospe mit schuppenförmigen Niederblättern, den Knospenschuppen, an; diesen folgen die Laubblätter, welche im Frühjahr austreiben, bis der Spross mit der Blüthenbildung zur Erzeugung der Hochblätter schreitet.

Fig. 13. Schema einer seitlichen Blüthe. *I* die „Abstammungsaxe", *d* das ihr angehörige Deckblatt. In der Achsel desselben sitzt der mit der Blüthe endende Spross *II*, welcher zunächst die beiden Vorblätter *α* und *β* erzeugte, um dann die Blüthenorgane selbst anzulegen. Die Blüthenorgane sind nur durch den Kreis angedeutet.

Unerlässlich nothwendig ist zu wissen, dass in den typischen Fällen jede Blüthe in der Achsel eines Hochblattes sitzt, welches als Deckblatt (bractea) der Blüthe bezeichnet wird. An dasselbe schliessen sich, dem Blüthenstiele (also der mit den Blüthenorganen endenden Axe) ansitzend, ein oder zwei weitere Hochblätter an, welche als Vorblätter bezeichnet werden. Dann erst folgt die eigentliche Blüthe. Man präge sich also ein für alle Mal das durch Fig. 13 gegebene Schema ein.

Für das Verständniss des Blüthenbaues ist hervorzuheben:

Jede Blüthe ist nichts anderes als ein mit Hochblättern besetzter Spross, oder sie ist das obere Sprossende eines Hauptsprosses eines Sprosssystemes. Im letzteren Falle pflegt man die Blüthe als Gipfelblüthe oder Endblüthe (Terminalblüthe) zu bezeichnen. Im Gegensatz zu einer solchen sind alle anderen Blüthen Seitenblüthen. Sie stellen sich dar als der Achselspross ihres Deckblattes.

Vom biologischen und physiologischen Standpunkte betrachtet ist die Blüthe dadurch charakterisirt, dass ihre Blattgebilde zur Geschlechtsfunction ausgebildet werden. **Die Blüthe ist demnach der**

die Geschlechtsorgane erzeugende Spross, beziehungsweise Sprossabschnitt. Die typisch vollständige Blüthe setzt sich aus fünf Blattkreisen (Blattquirlen) zusammen. Man unterscheidet dieselben als

1) Kelchblattkreis oder kurzhin Kelch genannt.
2) Kronblattkreis „ „ Krone „
3) Aeusserer Staubblattkreis } zusammen Androeceum
4) Innerer Staubblattkreis } genannt
5) Fruchtblattkreis, auch Gynaeceum genannt.

Fig. 14 stellt eine aus fünf Blattkreisen aufgebaute, schematisch gehaltene Blüthe dar. Man wird daran mit Leichtigkeit die constituirenden Quirle erkennen können. Freilich kommen solche Formen der Blüthen normalerweise nirgends vor. Während im vorliegenden Bilde die Stengelglieder zwischen den aufeinanderfolgenden Quirlen lang gestreckt gezeichnet sind, sind sie bei wirklichen Blüthen in der Regel verschwindend kurz; die Quirle sitzen unmittelbar übereinander. Um so deutlicher erhellt aber die Sprossnatur der Blüthe aus dem von uns entworfenen schematischen Bilde. Die Glieder der Blüthe sind also: Kelchblätter (sepala), Kronblätter (petala), Staubblätter (stamina) und Fruchtblätter (carpidia). Der Axentheil, welcher alle diese Glieder trägt, wird als Blüthenboden (receptaculum, torus) bezeichnet. Hervorzuheben ist dabei, dass die Kelch- und Blumenblätter, welche man mit dem gemeinsamen Namen Blüthendecke oder Perianth zusammenfasst, für die Geschlechtsfunction nur nebensächliche Bedeutung haben, obwohl sie vom Standpunkte der Biologie z. B. durch Anlocken der Insecten durch Farbenpracht, Wohlgeruch u. dgl. von wesentlichem Nutzen sein können. Man nennt sie deshalb auch wohl die unwesentlichen Blüthenorgane. Wesentlich sind dagegen Staubblätter und Fruchtblätter. Die ersteren sind die männlichen Organe (was in dem Worte Androeceum ausgedrückt liegt); die Fruchtblätter sind die weiblichen Blüthenorgane (daher die Bezeichnung Gynaeceum). Blüthen ohne Kelch und Krone (ohne Perianth) heissen nackt.

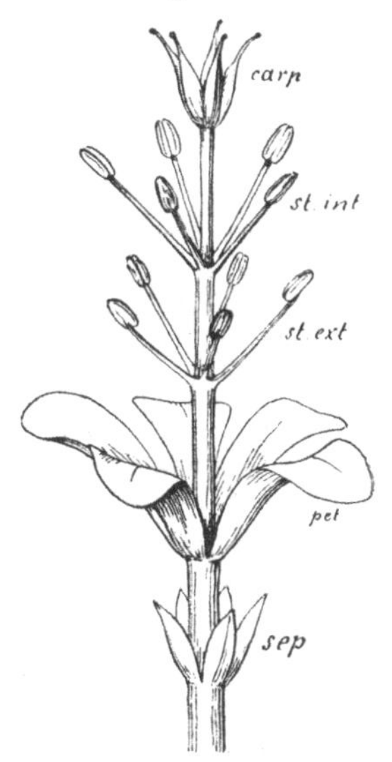

Fig. 14. Schematische Darstellung einer aus 5 Quirlen (Blattkreisen) sich aufbauenden Blüthe, um die Sprossnatur einer solchen zu zeigen. *sep.* Kreis der Kelchblätter, *pet.* Kreis der Kronblätter, *st. ext.* Kreis der äusseren Staubblätter (auch Kelchstaubblätter genannt), *st. int.* Kreis der inneren Staubblätter (auch Kronstaubblätter genannt), *carp.* Kreis der Fruchtblätter (auch Carpellarkreis genannt).

Blüthen mit männlichen und weiblichen Organen (Androeceum und Gynaeceum) heissen zwitterig oder zweigeschlechtig (hermaphrodit). Blüthen, welche von den wesentlichen Theilen nur Staubblätter (das Androeceum) führen, heissen männliche; solche, welche nur Fruchtblätter (das Gynaeceum) führen, heissen weibliche. Verkümmern die Zeugungsorgane in einer Blüthe, so ist sie natürlich unfruchtbar, sie wird dann oft als geschlechtslos oder ungeschlechtig bezeichnet. Neuerdings hat sich die Bezeichnung monoclin für die zweigeschlechtigen, diclin für die getrenntgeschlechtigen Blüthen eingebürgert. Finden sich beide Formen der diclinen Blüthen auf demselben Pflanzenstocke vor, so nennt man die betreffende Pflanze einhäusig oder monoecisch; vertheilen sich dagegen männliche und weibliche Blüthen streng getrennt auf verschiedene Stöcke derselben Art, so heisst die Pflanze zweihäusig oder dioecisch. Finden sich endlich theils eingeschlechtige, theils zweigeschlechtige Blüthen an derselben Pflanze vor, so heisst diese polygam (seltener setzt man dafür das deutsche „vielehig“). Ausdrücke, wie polygam-dioecisch u. a. verstehen sich von selbst.

Die morphologische Ausgestaltung der Blüthenorgane betreffend ist zu bemerken:

Der Kelch (calyx) besteht aus meist laubblattartigen, gewöhnlich grünen, ungestielten, ganzrandigen Blättern, welche als Kelchblätter (sepala) bezeichnet werden. Nur ausnahmsweise nehmen dieselben die Beschaffenheit der zarteren und meist buntgefärbten Blumenblätter (petala) an, welche in ihrer Gesammtheit die Blumenkrone (schlechtweg Krone, corolla) bilden. Kelchblätter von blumenblattartiger Ausbildung heissen petaloid, und der von ihnen gebildete Kelch wird als corollinisch bezeichnet. An den Blumenblättern lässt sich manchmal ein schmaler, stielähnlicher Theil, der Nagel, von dem flächenförmig verbreiterten, der Spreite entsprechenden Theile, der Platte, unterscheiden. Für Kelch- und Blumenblätter wendet man den gemeinsamen Namen Blüthenhülle oder Perigon an, wenn sie nicht wesentlich von einander verschieden sind; meist ist dann der Kelch corollinisch entwickelt, und pflegt man ihn dann als äusseres Perigon dem folgenden Blattkreise, dem inneren Perigon entgegenzusetzen. Ein allbekanntes Beispiel für eine Blüthe mit Perigon ist die gemeine Tulpenblüthe (von *Tulipa Gesneriana*). Die Form des Kelches und der Krone hängt von verschiedenen Verhältnissen ab. Zunächst können die Glieder beider völlig frei im Kreise neben einander dem Blüthenboden eingefügt sein. Man spricht dann von freiblätterigem („eleutherosepalem“ oder „chorisepalem“) Kelch und freiblätteriger („eleutheropetaler“ oder „choripetaler“) Krone. Bei vielen Blüthen verwachsen aber die Kelch- resp. Blumenblätter unterwärts mit ihren Seitenrändern, so dass ein mehr oder minder spitzer, trichterförmiger, röhriger oder glockenförmiger Kelch- oder Kronengrund entsteht, welchen man als Kelch- resp. Kronröhre (tubus) bezeichnet. Die freien Spitzen der Kelch- oder Kronblätter ragen nun über die Röhre hervor, als wenn sie derselben aufgewachsen wären. Man bezeichnet sie als Zipfel oder Abschnitte. In ihrer Gesammtheit bilden die Zipfel den als Rand (limbus) bezeichneten Theil des Kelches oder der Krone. Uebrigens kann die Verwachsung der Kelchblatt- und Kronblattränder in sehr verschiedenem Grade fortschreiten, und man unterscheidet gespaltene, getheilte, gelappte und gezähnte Kelche und Kronen. Im äussersten Falle markiren sich die einzelnen Glieder derselben am Rande der Röhre nur noch durch minimale Zähnchen, und selbst diese können verschwinden, so dass der Kelch oder die Krone gerade abgestutzt enden. Für die verwachsenblätterigen Kelche hat man die Bezeichnung „gamosepal" (auch „synsepal"), für verwachsenblätterige Kronen den Ausdruck „gamopetal" (oder „sympetal") eingeführt.

Fig. 15. Ein Staubblatt mit Staubfaden (*f*) und Staubbeutel (*a*). Letzterer besteht aus zwei Staubbeutelhälften.

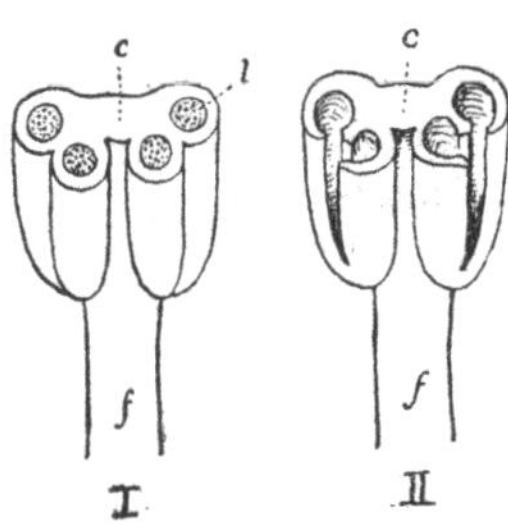

Fig. 16. Staubblätter, etwa in halber Höhe des Staubbeutels quer durchschnitten. *I* zeigt die vier Pollensäcke (*l*), von welchen je zwei auf eine Staubbeutelhälfte entfallen; *f* ist der Staubfaden, *c* das Mittelband. *II* stellt dasselbe Staubblatt dar, nachdem die beiden Staubbeutelhälften durch je einen Längsriss die Pollensäcke geöffnet haben.

Die Staubblätter (stamina) bilden in ihrer Gesammtheit das Androeceum. Jedes einzelne lässt im Allgemeinen einen fadenförmigen oder wenig verbreiterten, einem Blattstiel vergleichbaren Theil, den Staubfaden (filamentum), und einen als Staubbeutel (Anthere) bezeichneten Theil unterscheiden (Fig. 15). Im Allgemeinen besteht der Staubbeutel aus zwei Längshälften, den Staubbeutelhälften oder Staubfächern (thecae), welche durch ein mehr oder weniger deutliches Mittelstück, das Mittelband (connectiv), verbunden sind. Sofern es nicht ausdrücklich als Abweichung hervorgehoben wird ist der Bau der Staubfächer so, dass jedes derselben in seiner Länge von zwei parallel neben einander liegenden Höhlungen, den Pollensäcken (loculamenta), durchzogen wird (Fig. 16, I bei *l*). Die Scheidewand zwischen je zwei Pollensäcken derselben Staubbeutelhälfte markirt sich meist äusserlich dadurch, dass sich die Pollensäcke wulstig vorwölben und zwischen sich eine tiefe Längsfurche lassen, unter welcher die Scheidewand zu suchen ist. Ganz im Grunde der Furche löst sich zur Reifezeit des Staubblattes die Aussenwand des Pollensackes von der Scheidewand ab und klappt sich unter Schrumpfen zurück (Fig. 16, II). Jedes Staubbeutelfach erscheint dann durch einen Längsriss geöffnet. Der in den Pollensäcken gebildete Blüthenstaub, der Pollen, wird dadurch frei und wird vom Winde oder durch lebende Vermittler, meist durch Insecten, auf die weiblichen Zeugungsorgane der Blüthen übertragen. **Der Pollen stellt den männlichen Samen dar.** Von dem Typus abweichende Verhältnisse werden im speciellen Theile dieses Buches gebührende Berücksichtigung finden.

Verwachsung der Staubblätter kommt innerhalb der Blüthe nicht selten vor, obwohl „freie“ Staubblätter die typische Regel darstellen. Entweder verwachsen die Staubfäden mit ihren seitlichen Rändern; es entsteht dann eine Staubfadenröhre, das Androeceum wird „einbrüderig“ (monadelphisch), oder die Staubfäden verwachsen gruppenweis mit einander, das Androeceum wird „zwei-, drei- oder vielbrüderig“ (diadelphisch, triadelphisch, polyadelphisch). In anderen Fällen haften die Seitenränder der Staubbeutel sehr fest aneinander (Linné's „Syngenesia“). Viel seltener ist die völlige Verwachsung aller Staubblätter (Staubfäden und Staubbeutel) zu einer sogenannten „Säule“.

Werden Staubblätter unfruchtbar, d. h. erzeugen sie keinen Blüthenstaub, entbehren sie also auch der Pollensäcke und damit des Staubbeutels selbst, so pflegen sie sich nach Art von Blumenblättern zu entwickeln, sie werden petaloid. Es beruht darauf die Erscheinung der „Füllung“ der Blüthen, die durch Cultur hervorzurufen Aufgabe der Kunstgärtner ist. Alle unfruchtbaren Staubblätter werden als Staminodien bezeichnet, sobald sie sich gestaltlich von den fruchtbaren unterscheiden.

Die Fruchtblätter (Carpiden oder Carpelle genannt) bilden in ihrer Gesammtheit das Gynaeceum, das weibliche Organ der Blüthe, welches auch wohl als Pistill oder Stempel bezeichnet wird. Nehmen wir den einfachsten Fall, das Vorhandensein nur eines Fruchtblattes an, so lässt sich dasselbe gewöhnlich als eine sitzende, unterwärts breite, oberwärts in eine Spitze ausgezogene Spreite auffassen, welche längs der Mittelrippe so gefaltet ist, dass sich die seitlichen Ränder in einer, der Mittelrippe gegenüberliegenden Nath, der Bauchnath, berühren und längs dieser verwachsen (Fig. 17, a—c). Es bildet sich auf diese Weise der untere Theil des Fruchtblattes als eine mehr oder minder geräumige Höhle aus, welche als Fruchtknoten (germen) oder Ovarium bezeichnet wird (Fig. 18, I und II). Die Fruchtblattspitze krönt dasselbe als ein fadenförmiger, gerader oder gekrümmter Fortsatz, welcher als Griffel (stylus) bezeichnet wird. Die oberste Kuppe desselben ist von mehr oder minder auffälliger, drüsiger Beschaffenheit und wird als Narbe (oder Stigma) unterschieden (Fig. 18, I bei *n*). Fehlt die Griffelbildung, so ist die Narbe sitzend. Die wichtigsten Gebilde des Fruchtblattes sind die weiterhin näher zu erörternden Samenanlagen (Eier, ovula, auch Samenknospen, gemmulae, genannt). Sie pflegen Auswüchse der Fruchtblattränder zu sein, welche letzteren sich wulstig in die Fruchtknotenhöhle vorwölben und den Namen Samenleisten (Placenten) tragen. Jede Samenleiste lässt gewöhnlich viele Samenanlagen hinter einander (bei aufrechtstehendem Fruchtblatte also über einander) entstehen. Der Fruchtknoten ist dann als vieleiig zu bezeichnen. Oft sinkt jedoch die Zahl der Samenanlagen auf wenige, zwei, selbst eine einzige herab („eineiige“ Fruchtblätter).

Fig. 17. Schematische Darstellung der Bildung eines geschlossenen Fruchtblattes auf Querschnitten. *a* Querschnitt eines flach ausgebreiteten Blattes, *b* dasselbe mit aufwärts gebogenen Seitenrändern, *c* dasselbe, nachdem sich die Seitenränder berührt haben und zur „Bauchnath“ verwachsen sind. Der Punkt markirt in jedem der drei Blätter die Mittelrippe, welche als „Rückennath“ bezeichnet wird.

Fig. 18. Ein Fruchtblatt von der Seite und im Durchschnitt. I. Seitenansicht, zeigt den Fruchtknoten (*g*), den Griffel (*st*) und die Narbe (*n*). II. Querschnitt durch den Fruchtknoten, *r* die Rückennath, *b* die Bauchnath. In der Fruchtknotenhöhle ist eine Samenanlage sichtbar.

In der Mehrzahl der Blüthen finden sich mehrere Fruchtblätter vor. Mit ihrer Bildung schliesst fast ausnahmslos, in typischen Fällen immer, das Wachsthum des Blüthensprosses ab. (Vgl. Fig. 14, bei carp.) In der Bildung der Fruchtblätter geht also sozusagen der Sprossscheitel auf, mit den Fruchtblättern erlischt seine blattbildende Thätigkeit; es gilt hier also wörtlich das „non plus ultra“. Sind mehrere Fruchtblätter vorhanden, so können sie im Centrum der Blüthe frei neben einander stehen, auch hier meist einen Kreis von Blättern darstellend. In solchem Falle nennt man das Gynaeceum ein apokarpes (Fig. 19, 1). Sehr häufig treten aber Verwachsungen der sich im Centrum zusammendrängenden Fruchtblätter ein, welche dadurch in verschiedenem Grade ihre Selbstständigkeit aufgeben. Der einfachste Fall ist der, in welchem die Seitenwände der Fruchtblätter mit einander verwachsen sind. Zunächst wird diese Verwachsung nur die Fruchtknoten betreffen, während die Griffel frei bleiben und durch ihre Zahl die Zahl der Fruchtblätter verrathen (Fig. 19, 2). Schreitet die Verwachsung der Fruchtblätter fort, so wird der zusammengesetzte Fruchtknoten von einem scheinbar einfachen Griffel gekrönt, welcher aber an seiner Spitze meist in so viel Schenkel spaltet, als zu seiner Bildung Griffel zusammentraten (Fig. 19, 3). Bei völlig durchgeführter Verwachsung kann der Fruchtknoten auf seinem Scheitel einen einfachen Griffel mit einfacher, oft knopfiger Narbe tragen (Fig. 19, 4). Es verräth sich dann die Zusammensetzung des Gynaeceums aus mehreren Fruchtblättern meist im inneren Bau des Fruchtknotens. (Vgl. Fig. 20, 1–3). Welchen Grad die Verwachsung der Fruchtblätter auch erreicht, wo Verwachsung vorhanden ist, nennt man das Gynaeceum **synkarp**. Bei geringer Verwachsung kann ein Fruchtblattkreis unterwärts synkarp sein und oberwärts sich in seine Glieder apokarp auflösen. Bisweilen zerfallen anfänglich synkarpe Fruchtblätter in die einzelnen Glieder, sobald die Fruchtreife erlangt ist. Das Gynaeceum wird also am Ende seiner Entwicklung apokarp. Man nennt dann die einzelnen Fruchtblätter (nach dem Zerfall des zusammengesetzten Gynaeceums) die **Theilfrüchte** oder **Merikarpien**. Sehr beachtenswerthe Fälle dieser Art bieten die Früchte des Fenchels (*Foeniculum capillaceum*), des Kümmels (*Carum Carvi*) und ihrer Verwandten[1]).

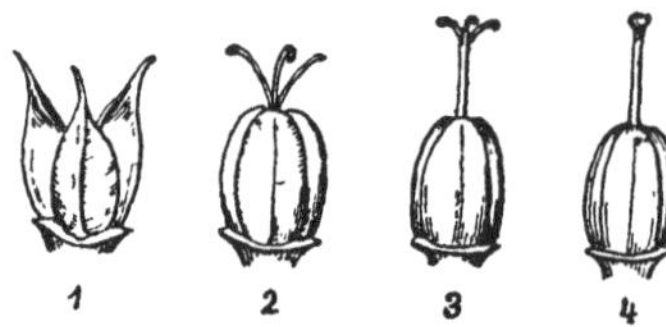

Fig. 19. Verwachsung der Fruchtblätter in verschiedenem Grade. *1.* Drei „apokarpe" Fruchtblätter. *2.* Die drei Fruchtblätter sind zum „synkarpen" Fruchtknoten verwachsen, auf welchem drei freie Griffel sitzen. *3.* Wie im vorigen Falle, aber die drei Griffel weit hinauf verwachsen. *4.* Wie der vorige Fall, doch die Griffel bis zur Narbe mit einander zu einem scheinbar „einfachen" Griffel verwachsen.

Ein völlig synkarper Fruchtknoten kann auf dem Querschnitte sehr verschiedenes Aussehen zeigen. Schliesst sich jedes der constituirenden Fruchtblätter völlig gegen das benachbarte ab (Fig. 20, 2), so erscheinen die gemeinsamen Wandstücke als Fachwände des gesammten Fruchtknotens. Der Fruchtknoten ist **gefächert** (zweifächerig, dreifächerig etc.). Die Zahl der Fächer verräth die Zahl der zum Gynaeceum vereinten Fruchtblätter. Die Samenleisten sitzen dann dem Centrum nahe und schlagen sich von ihm aus in jedes Fruchtfach zurück („centrale Placentation"). Bisweilen wird jedes der Fruchtfächer nochmals dadurch getheilt, dass vom Rücken jedes Fruchtblattes her eine Leiste gegen die centralen Samenleisten hervorwächst. Dieselbe wird

[1]) **Man hüte sich, die „Früchte" des Fenchels und Kümmels (die „Fructus Foeniculi" und „Fructus Carvi") als Samen (Semen) zu bezeichnen.**

zur falschen Scheidewand. Falsche Scheidewände verdoppeln also die Zahl der Fruchtfächer. Man merke sich hierzu als typisches Beispiel die scheinbar zehnfächerigen Kapseln des Leines (*Linum*).

Da die Fruchtknotenbildung nur ein Mittel ist, um die zarten Samenanlagen in ihrer Jugend durch eine Art Gehäuse zu schützen, so brauchen sich die einzelnen Fruchtblätter bei zusammengesetzten (synkarpen) Fruchtknoten nicht immer so weit einzuschlagen, dass jedes Fruchtblatt für sich ein Fruchtfach abschliesst. Zunächst kann sich also die Erscheinung zeigen, dass die Fruchtblattränder nicht in dem gemeinsamen Centrum zusammenstossen, wenngleich sie sich demselben nähern. Man spricht dann von einem kammerigen oder gekammerten Fruchtknoten. Schlagen sich die Fruchtblattränder aber nur ein wenig einwärts, um mit den Rändern der benachbarten Fruchtblätter zu verwachsen, so entsteht ein zusammengesetzter Fruchtknoten mit geräumiger Höhle, ein einfächeriges, parakarpes Gynaeceum; es ahmt, obwohl aus mehreren Fruchtblättern gebildet, ein einfaches Fruchtblatt nach, welches als typisch einfächerig gelten kann. (Fig. 20, 3).

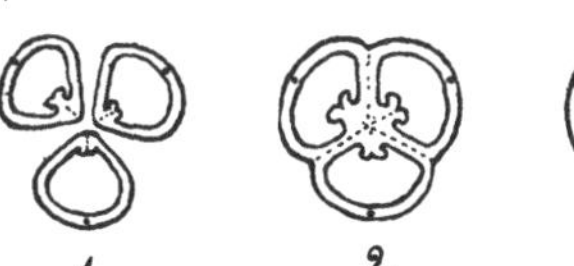

Fig. 20. Querschnitte durch drei Gynaeceen aus je drei Fruchtblättern. *1* zeigt die drei Fruchtblätter frei („apokarp“). *2* zeigt die drei Fruchtblätter zu einem dreifächerigen Fruchtknoten verwachsen. In *3* stehen die drei Fruchtblätter nur mit ihren Seitenrändern in Berührung und umschliessen einen einfächerigen Fruchtknoten. *2* und *3* sind Formen eines „synkarpen“ Fruchtblattkreises.

Es sind überdies noch einige Verwachsungsverhältnisse zu betrachten. Zunächst kommt es, obwohl selten, vor, dass die Staubblätter mit dem Gynaeceum verwachsen. Es bildet sich dann ein sogenanntes Gynostemium aus. Wichtiger ist aber die Kenntniss der folgenden Verwachsungsart. Es ist ja allgemeine Regel, dass Kelch, Krone, Androeceum und Gynaeceum von unten nach oben einander folgen. Es steht also der Fruchtknoten normal über allen anderen Blüthenorganen, wie es aus dem Blüthenschema Fig. 14 folgt. Der Fruchtknoten wird dann als oberständig bezeichnet. In Bezug auf ihn, resp. das Gynaeceum, sind alle anderen Blüthentheile unterständig oder hypogyn (Fig. 21, *a*). Nun kommt es aber häufig vor, dass Kelchblätter, Kronblätter und Staubblätter unterwärts untereinander und mit dem Gynaeceum verwachsen, nur die oberen Abschnitte des Kelches, der Krone und Staubblätter überragen den Fruchtknoten und scheinen auf seinem Scheitel aufgewachsen zu sein. In diesem Falle steht der Fruchtknoten unter dem freien Kelchtheil, der Krone und den Staubblättern. Er heisst dann unterständig. In Bezug auf ihn sind alle anderen Blüthenorgane also oberständig oder epigyn (Fig. 21, *c*). Zwischen beiden extremen Stellungsverhältnissen kommen nun, wie es in der Natur immer zu gehen pflegt, Zwischenstellungen vor. Man spricht dann wohl von halbunterständigen resp. halboberständigen Fruchtknoten u. dgl. Eine der Zwischenformen verlangt jedoch besondere Erwähnung. Bei vielen Blüthen verwachsen nämlich die unteren Theile des Kelches, der Krone und der Staubblätter mit einander; ihre freien Theile erheben sich auf dem Rande einer gemeinsamen, schüsselförmigen, trichterigen oder glockigen Röhre, oberhalb welcher aber der Fruchtknoten das Centrum der Blüthe einnimmt. Solche Blüthen bezeichnet man als umweibig oder perigyn (Fig. 21, *b*).

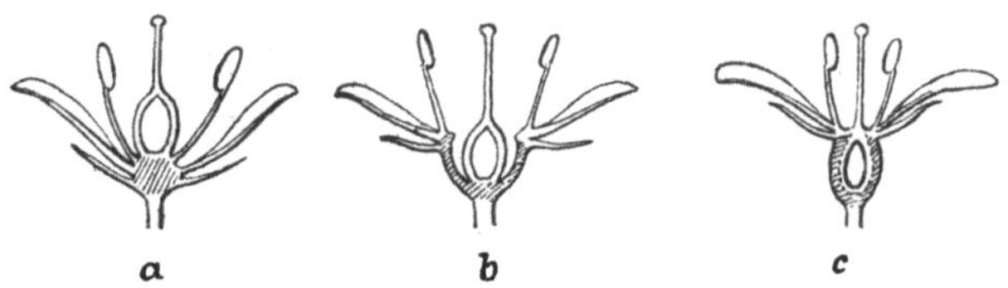

Fig. 21. Verschiedene Stellung des Fruchtknotens zu den übrigen Blüthenorganen. *a* Fruchtknoten oberständig, in Bezug auf ihn alle anderen Organe „hypogyn". *b* Fruchtknoten oberständig, alle übrigen Organe unterwärts zu einem schüsselförmigen Organe vereint, sogenannte „perigyne" Blüthe. *c* Fruchtknoten unterständig, in Bezug auf ihn alle anderen Organe „epigyn".

Für das Verständniss des Blüthenbaues und der dadurch bedingten Charaktere der meisten Pflanzenfamilien, Gattungen und Arten ist es unumgänglich nothwendig, die Zahl und Stellung der Glieder der Blüthe zu einander in Erwägung zu ziehen. Man mache sich deshalb vor allen Dingen klar, dass die Blüthentheile eine bestimmte Anordnung unter sich und zu dem Deckblatt, in dessen Achsel die Blüthe steht, erkennen lassen. (Vergl. S. 12.)

Zur correcten Orientirung der Blüthe dient in erster Linie diejenige Ebene, welche durch die Mittellinie des Deckblattes und die Axe desjenigen Stengeltheiles (Stammes) geht, welchem das Deckblatt angehört. Man bezeichnet diese Ebene als die Medianebene. In diese Ebene fällt die Axe desjenigen Sprosses, welcher sich in der Achsel des Deckblattes als „Achselspross" desselben entwickelt. Ist der Achselspross eine Blüthe (welche keine Laubblätter an ihrem Blüthenstiele trägt), so halbirt die Medianebene die Blüthe (welche also bezüglich der Medianebene in eine rechte und linke Hälfte zerfällt). Man ist nun gewöhnt, sich das Deckblatt auf sich zukommend zu denken und die dasselbe tragende Axe senkrecht vor sich (hinter dem Deckblatt aufsteigend) aufzustellen. Der Achselspross (resp. die in der Achsel des Deckblattes stehende Blüthe) nimmt also den Raum zwischen Deckblatt und ihm gehöriger Axe, der Mutter- oder Abstammungsaxe, ein. Legt man nun durch die Axe des Achselsprosses (resp. der achselständigen Blüthe) eine Ebene, welche senkrecht auf der Medianebene steht, so halbirt auch diese den Achselspross (resp. die Blüthe) und zwar so, dass eine vordere, auf den Beschauer hinfallende, und eine hintere, gegen die Mutteraxe gewandte Hälfte unterschieden werden kann. Man nennt jene auf der Medianebene senkrechte Ebene die Transversalebene. Diejenigen beiden Ebenen, welche die rechten Winkel zwischen Median- und Transversalebene halbiren, heissen die Diagonalebenen. Um sich nun die Stellung der Glieder eines Sprosses zu vergegenwärtigen, projicirt man die Mutteraxe, das ihr zugehörige Deckblatt, die Axe des Achselsprosses und die genannten Ebenen auf die Papierebene. Es entsteht dann das Schema der Figur 22. In demselben markirt *A* die Mutteraxe (Abstammungsaxe, auch „relative Hauptaxe" genannt). *br* ist das auf uns zukommende, daher im Grundriss uns näher liegend gezeichnete Deckblatt (bractea). Die Linie *A M* stellt die Richtung der Medianebene, *T T* die Richtung der Transversalebene dar. Die punktirten Linien *D' D'* und *D'' D''* stellen die Richtungen der Diagonalebenen dar. Der gemeinsame Schnittpunkt der vier Ebenen ist die Projection der achselständigen Sprossaxe (resp. Blüthenaxe), welche bezüglich der relativen Hauptaxe eine „Nebenaxe" ist.

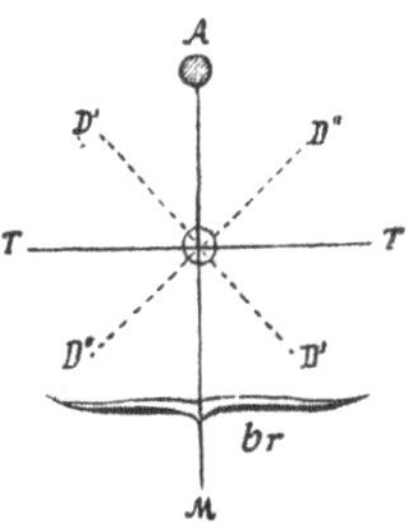

Fig. 22. Erklärung siehe im Text.

Fig. 23. Blüthe von *Lilium candidum* als Beispiel einer „aktinomorphen" Blüthe. *d* ist das Deckblatt, *v* das hier seitlich stehende Vorblatt.

Sind nun alle Blüthenorgane gleichmässig um die Blüthenaxe vertheilt, (wie in der schematischen Fig. 14), so dass jede durch sie und die Mitte eines Organes, beispielsweise eines Kelchblattes gelegte

Ebene die Blüthe in zwei spiegelbildlich gleiche Hälften theilt, dann heisst die Blüthe aktinomorph (auch polysymmetrisch) (Fig. 23). Die ältere Bezeichnungsweise dafür war regelmässig. Jede Ebene, welche die Theilung in spiegelbildlich gleiche Hälften bewirkt, heisst eine Symmetrieebene. Bei der grossen Mehrzahl der Blüthen ist die Medianebene zugleich eine Symmetrieebene. Ist die Blüthe nun aber nur durch eine einzige Ebene in spiegelbildlich gleiche Hälften theilbar, dann bezeichnet man die Blüthe als zygomorph (auch wohl als monosymmetrisch) (Fig. 24). Die ältere Bezeichnung dafür war unregelmässig, oder schlechtweg symmetrisch; doch wird man leicht einsehen, dass beide Ausdrücke nicht zutreffend sind, denn auch die zygomorphe Blüthe baut sich ja nach einer strengen Regel auf, ja sogar nach strengerer Regel, als die aktinomorphe; sie ist also wie diese, obwohl in anderem Sinne, regelmässig; und dass die zygomorphe wie die aktinomorphe Blüthe „symmetrisch“ ist, geht ja aus dem Vorhandensein von Symmetrieebenen hervor. Man merke sich also:

Fig. 24. Blüthe einer Orchis-Art als Beispiel einer „zygomorphen“ Blüthe. *br*, das Deckblatt (Bractee).

Blüthen, welche sich nur durch eine Ebene symmetrisch zerlegen lassen, heissen zygomorph. (Fig. 24.)

Blüthen, welche sich durch mehr als eine Ebene symmetrisch zerlegen lassen, heissen aktinomorph. (Fig. 23.)

In der Mehrzahl der Fälle sind zygomorphe Blüthen symmetrisch bezüglich ihrer Medianebene gebaut. Man bezeichnet sie in diesem Falle als medianzygomorph. Seltener sind die Blüthen nur durch die Transversalebene symmetrisch theilbar; sie heissen dann transversalzygomorph. Ist die Symmetrieebene eine zwischen Median- und Transversalebene fallende Ebene, so heisst die Blüthe schrägzygomorph. In allen Fällen bezeichnet man die Symmetrieebene zygomorpher Blüthen als die Zygomorphieebene derselben. Völlig der Symmetrie entbehrende Blüthen sind sehr selten anzutreffen, sie heissen dann asymmetrisch. Als Beispiel einer asymmetrischen Blüthe merke man sich die von *Valeriana officinalis.*

Es ist nun ein allgemeines Gesetz, dass die in der Blüthe aufeinanderfolgenden Blattkreise (auch Quirle, Wirtel oder Cyklen genannt) in ihrer Stellung mit einander wechseln. Die Glieder jedes folgenden Kreises fallen über die Lücken zwischen den Gliedern des vorhergehenden Kreises. Man sagt, die Kreise alterniren. (Man vergleiche hierzu wieder das schematische Bild der Fig. 14.) Nun wurde schon oben hervorgehoben, dass die Blüthen im Allgemeinen aus fünf Kreisen (Cyklen) sich aufbauen (Kelch, Krone, zwei Staubblattkreisen und Fruchtblattkreis). Man nennt solche Blüthen pentacyklisch zum Unterschiede von denjenigen, in welchen weniger oder mehr Kreise von Organen zur Entwickelung kommen. Ausdrücke wie tricyklisch, tetracyklisch u. a. werden dadurch leicht verständlich.

Die Regel, dass zwei aufeinanderfolgende Kreise alterniren, lässt vermuthen, dass in denjenigen Fällen, wo zwei Kreise über einander fallen (superponirt sind), ein zwischen beiden vorhanden gewesener Kreis unterdrückt worden ist, dass die Glieder desselben „fehlgeschlagen" (abortirt) sind; so bei der bekannten Primel und ihren Verwandten.

Dass die Zahl der je einen Kreis aufbauenden Glieder nicht gleichgültig ist, weiss jeder Laie aus dem Elementarunterricht. In der grossen Mehrzahl der Fälle werden wir dreigliederigen (trimeren), wie in der Fig. 23, und fünfgliederigen (pentameren) Kreisen, wie in dem Schema Fig. 14, in den Blüthen begegnen. Wir sprechen daher kurz von trimeren resp. pentameren Blüthen. Viel seltener sind zweigliederige (dimere) und viergliederige (tetramere) Kreise (resp. Blüthen). Ein bekanntes Beispiel von viergliederigen Blüthen liefern unsere Fuchsien.

Sind alle Kreise einer Blüthe aus gleich vielen, regelmässig mit einander wechselnden (alternirenden) Gliedern aufgebaut, so heisst die Blüthe eucyklisch; ihre Kreise sind gleichgliederig (isomer). Häufig begegnet man aber Blüthen, in welchen die Zahl der Glieder einzelner Kreise, namentlich die Zahl der Fruchtblätter gegenüber der Zahl der Glieder in den übrigen Kreisen abnimmt. Die Blüthe ist dann in diesem Kreise wenigggliederig (oligomer). Bisweilen steigt auch die Zahl der Glieder eines oder des anderen Kreises; derselbe wird mehrgliederig (pleiomer). Der letztere Fall erklärt sich oft dadurch, dass die jüngsten Anlagen der Glieder sich spalten; es sind also beispielsweise statt je eines Staubblattes in der fertigen Blüthe an seiner Stelle zwei Staubblätter zu finden, das Staubblatt ist „dedoublirt".

Will man nun die Stellung aller Glieder der Blüthe zu einander anschaulich machen, so markirt man dieselben durch üblich eingeführte Zeichen, die man um die Blüthenaxe mit Rücksichtnahme auf Deckblatt und Mutteraxe, also auf Median- und Transversalebene im „Grundriss" zeichnet. Den Grundriss bezeichnet man gewöhnlich als Diagramm. In demselben sieht man im Allgemeinen von der Gestalt des Organes ab, doch stellt man die Glieder eines Kreises, sofern sie gestaltlich einander gleichen, auch im Grundrisse durch das gleiche Zeichen dar; abweichend gestalteten Gliedern giebt man ein anderes Zeichen im Grundrisse.

Enthält ein Grundriss nur die beobachteten Glieder, so heisst er empirisch. Bezeichnet man aber noch die Orte, wo Glieder durch gänzliches Fehlschlagen ausgeblieben sind, durch Marken, so entsteht der theoretische Grundriss. Er ist ein vorzügliches Mittel, um Verwandtschaftsverhältnisse, welche sich aus der vergleichenden Betrachtung ergeben, anschaulich zu machen. Fehlende Glieder markirt man gewöhnlich durch ein Kreuz.

Das Vorstehende soll an einigen Beispielen noch erläutert werden, welche dem Anfänger das Studium des speciellen Theiles ausserordentlich erleichtern werden.

Fig. 25 stellt den Grundriss einer durchweg dreizähligen, aus fünf Kreisen aufgebauten, aktinomorphen Blüthe mit ihrem Deckblatte (*d*) und einem, den Rücken der Blüthe deckenden, sich an die Hauptaxe anlehnenden Vorblatte (*v*) dar. Letzteres wird kurzweg als adossirtes Vorblatt bezeichnet. Da sich dasselbe in der Regel gegen die Hauptaxe drückt, so wird es in Wirklichkeit zweikielig, was in dem Grundriss durch das Zeichen für dasselbe ausgedrückt werden soll[1]).

Fig. 25. Grundriss einer dreizähligen, vollständigen Blüthe mit Deckblatt (*d*) und adossirtem Vorblatte (*v*).

Der Grundriss bringt übrigens gleichzeitig zum Ausdrucke, dass die drei, sein Centrum einnehmenden Fruchtblätter einen dreifächerigen Fruchtknoten bilden, in welchem die Samenanlagen den centralen Samenleisten angeheftet sind. Ferner sind in dem Grundrisse die beiden äussersten Kreise der Blüthe durch gleiche Zeichen für ihre einzelnen Glieder angegeben. Man wird also sofort darauf aufmerksam gemacht, dass der Grundriss eine Blüthe darstellen soll, in welcher Kelch und Krone gleichgestaltet sind; die Blüthe führt ein Perigon. Endlich sind die Zeichen für die einzelnen Staubblätter so gewählt, wie sich ein Querschnitt eines Staubbeutels annähernd darstellen würde. Die Staubbeutelhälften sind aber alle so gestellt, dass ihre Furche gegen das Centrum der Blüthe gewandt ist. Man wird also unmittelbar aus dem Grundriss herauslesen, dass die Staubbeutel der dargestellten Blüthe sich innenwendig öffnen.

Fig. 26 stellt den Grundriss einer durchweg fünfzähligen, aus fünf Kreisen aufgebauten, aktinomorphen Blüthe mit ihrem Deckblatt (*d*) und zwei seitlichen (in die Transversalebene fallenden) Vorblättern α und β dar. Von ihnen sitzt eines gewöhnlich tiefer am Blüthenstiele, es ist also das ältere Vorblatt und wird allgemein als α-Vorblatt bezeichnet; das zweite Vorblatt sitzt etwas

---

[1]) Wer die strenger wissenschaftliche Ausdrucksweise vorzieht, würde sagen: Fig. 25 ist das Diagramm einer eucyklisch trimeren, pentacyklischen, aktinomorphen Blüthe mit Deckblatt und adossirtem Vorblatte.

höher als das erste am Blüthenstiele, es ist also das jüngere und wird allgemein als β-Vorblatt bezeichnet[1]).

Das Diagramm zeigt überdies, dass die fünf äusseren Glieder der Blüthenhülle anders gestaltet sein müssen, als die fünf inneren Glieder. Wir werden also annehmen dürfen, dass sich in diesem Falle die Blüthenhülle deutlich in Kelch und Blumenkrone sondert. Ferner wird man bemerken, dass die fünf Kelchblätter streng genommen nicht zu einem Kreise geordnet sind, sondern vielmehr eine spiralige Anordnung zeigen. Das erste Kelchblatt steht vorn links, am weitesten vom β-Vorblatt entfernt, das in die Medianebene fallende zweite Kelchblatt (das sog. „unpaare") fällt in der Blüthe nach hinten. Blatt 3 steht halb aussen, halb innen, mit seinem in Richtung der Spirale fortschreitenden (dem „anodischen") Rande innerhalb von Blatt 1, und die beiden folgenden Blätter 4 und 5 stehen ganz innerhalb des durch die vorhergehenden Blätter bestimmten Kreises. Man nennt diese Stellung eine $^2/_5$-Spirale oder $^2/_5$-Stellung, weil der durch die Mittelpunkte zweier aufeinanderfolgenden Blätter, z. B. 1 und 2, bestimmte Centriwinkel (der sogenannte „Divergenzwinkel") $^2/_5$ von vier Rechten, d. h. $^2/_5$ von 360^0, also 144^0 beträgt[2]).

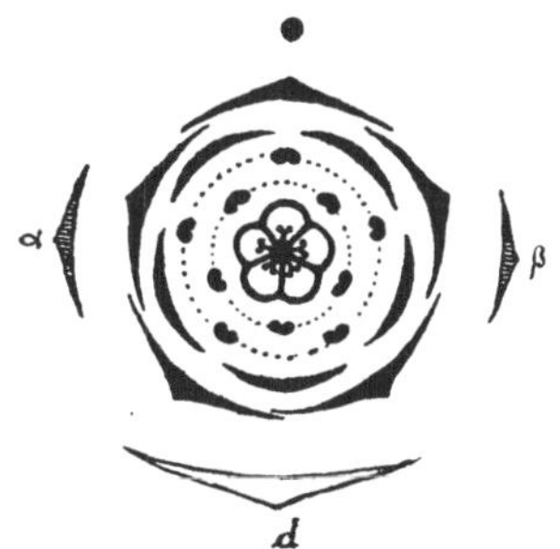

Fig. 26. Grundriss einer eucyklisch fünfzähligen Blüthe. Das Androeceum ist diplostemon entwickelt. *d* Deckblatt, α und β die beiden Vorblätter.

Die fünf Fruchtblätter bilden einen fünffächerigen Fruchtknoten; die Staubblätter sind innenwendig gezeichnet, d. h. die Antherenhälften führen ihre Längsfurche auf der Innenseite, also dem Fruchtknoten zugewendet.

Die beiden vorbesprochenen Grundrisse präge man sich sorgfältig ein. Sie können als die typischen Vorbilder für den Blüthenbau der meisten höheren Blüthenpflanzen gelten. Fig. 25 repräsentirt den Typus für die später näher zu charakterisirende Klasse der Monokotyledonen, Fig. 26 für die Mehrzahl der als Dikotyledonen bezeichneten Gewächse.

Wie aus der Darstellung und den Figuren hervorgeht, treffen wir im Allgemeinen auf zwei Staubblattkreise, von denen der

---

[1]) Der strenger wissenschaftliche Ausdruck für eine solche Anordnung würde etwa lauten: Fig. 26 ist das Diagramm einer eucyklisch pentameren, pentacyklischen, aktinomorphen Blüthe mit Deckblatt und zwei transversalen Vorblättern.

[2]) Man kann auch sagen, um vom ersten Blatte aus auf dem spiraligen Wege über die Blätter 2, 3, 4 und 5 fortschreitend zu einem über dem ersten stehenden Blatte zu gelangen, muss man 2mal um die Blüthenaxe herumgehen und dabei 5 Blätter übergehen. Im Bruche $^2/_5$ steht die Zahl der Umläufe (2) im Zähler; die Zahl der zum Cyklus gehörigen Blätter (5) ist der Nenner des Bruches.

äussere mit dem Kelche in der Stellung übereinstimmt, während die Glieder des inneren Staubblattkreises über die Glieder der inneren Blüthenhülle fallen. Man nennt deshalb den äusseren Staubblattkreis den Kreis der Kelchstamina oder den episepalen Staubblattkreis, den inneren Staubblattkreis den Kreis der Kronstamina oder den epipetalen Staubblattkreis; die Blüthe selbst heisst aber, wegen des „doppelten" Staubblattkreises eine diplostemone. Würde man in Fig. 26 die Glieder der beiden Staubblattkreise so verschieben, dass die äusseren Staubblätter auf den Radien des Grundrisses nach innen rücken, während die in Fig. 26 inneren Staubblätter auf ihren Radien nach aussen rücken, womit dann, um die Alternanz der Fruchtblätter aufrecht zu erhalten, diese letzteren ihre Stellung so ändern müssen, dass sie über die Blumenkronblätter fallen (man sagt, epipetal werden), so nennt man die Blüthe obdiplostemon[1]) (Fig. 27). Blüthen, in welchen Kelchblätter, Kronblätter, nur ein Kreis von Staubblättern und die Fruchtblätter mit einander abwechseln, heissen haplostemon.

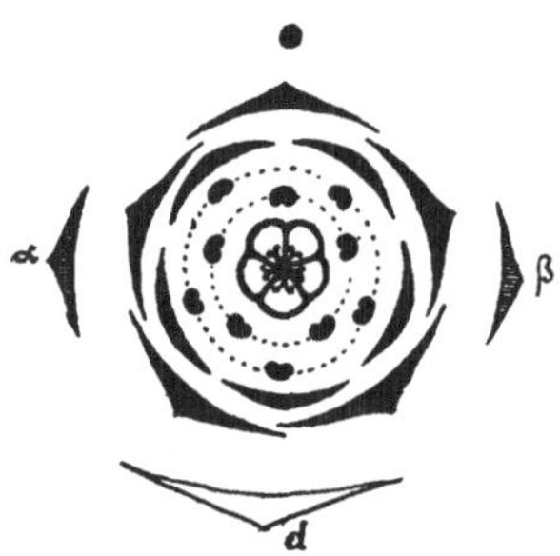

Fig. 27. Grundriss einer fünfzähligen, vollständigen Blüthe mit obdiplostemonem Androeceum.

Fig. 28 stellt den Grundriss einer fünfzähligen, nur mit einem Staubblattkreise versehenen, auffällig medianzygomorphen Blüthe mit ihrem Deckblatt und den beiden seitlichen Vorblättern dar. Die in den Achseln der Vorblätter befindlichen Zickzackfiguren sollen eine entsprechende Weiterverzweigung im Blüthenstande andeuten. Aus dem Grundrisse lässt sich ferner herauslesen, dass die Blüthenhülle in Kelch und Krone gesondert ist, dass die drei nach hinten fallenden Kelchblätter einen besonderen hinteren (bei horizontal stehender Blüthe oberen) Kelchtheil ausmachen, während die beiden nach vorn fallenden Kelchblätter einen (nach unten liegenden) Kelchtheil bilden; der Kelch ist zweilippig nach $\frac{3}{2}$. Umgekehrt ist die Krone zweilippig nach $\frac{2}{3}$. Im Staubblattkreise, dem Androeceum, ist auffällig, dass das hintere, mediane Staubblatt (×) ganz unterdrückt ist; die beiden hinteren seitlichen Staubblätter sind augenscheinlich kleiner (kürzer) als die beiden vorderen seitlichen. Man sagt, die Staubblätter sind zweimächtig (didynam) entwickelt. Die beiden Fruchtblätter mit vier Samenanlagen stehen median, d. h. eines steht vorn,

---

[1]) Man könnte also sagen, in ihr sind innerer und äusserer Staubblattkreis mit einander vertauscht, und die Stellung der Fruchtblätter ist entsprechend der Vertauschung geregelt worden.

eines hinten. Der durchgehende Charakterzug für die Zygomorphie liegt in dem gewählten Beispiele in einer augenscheinlichen Förderung der Blüthe in ihrer vorderen, dem Deckblatte zugewandten Hälfte.

Es mag dieses Beispiel genügen, um zu zeigen, welche Mannichfaltigkeit der Thatsachen ein einziger Grundriss übersichtlich wiederzugeben vermag. Man versäume also niemals, die diagrammatischen Charaktere der Familien und Gattungen, selbst der Arten sich einzuprägen; man wird dann der Systematik gewiss regeres Interesse abgewinnen.

Mit der Entfaltung ihrer Blüthen steht die Pflanze auf dem Höhepunkt ihrer Entwickelung; sie hat ihr Hochzeitskleid angelegt, und der Hauch der Poesie, Blüthenduft und Liebesboten umweben und umschweben sie — oder, wenn wir uns prosaischer ausdrücken, die Geschlechtsorgane sind herangereift; es handelt sich jetzt um die Vollziehung des Begattungsaktes und die sich als Folge desselben vollziehende Samen- und Fruchtbildung. Um dieselbe verstehen zu lernen ist es nöthig, den Bau der Samenanlagen, wie wir sie in den Fruchtknoten finden, näher in's Auge zu fassen.

Fig. 28. Grundriss einer fünfzähligen, medianzygomorphen Blüthe mit ihrem Deckblatt *d* und zwei seitlichen (transversalen) Vorblättern. Die Linie *ad* deutet die mediane Zygomorphieebene an.

In den typischen Fällen sprossen die Samenanlagen am Rande der Fruchtblätter (der Samenleisten oder Placenten), seltener aus dem Grunde des Fruchtknotens oder an einem besonderen Samenträger (einer centralen Säule) hervor. Man unterscheidet an der Samenanlage (vgl. Fig. 29, I) einen mehr oder minder langen, fadenförmigen Stiel, den Nabelstrang (funiculus), welcher an seiner Spitze in einen mehr oder weniger massigen Gewebekörper, den Kern (Nucellus) der Samenanlage ausgeht. Am Grunde desselben pflegen sich nach einander zwei becherförmige Hüllen zu entwickeln, welche den Kern allmählich völlig überwachsen und nur an ihrem oberen Rande eine meist mikroskopisch kleine Oeffnung, die Mikropyle (auch Keimmund genannt) frei lassen. Die Hüllen selbst werden als Integumente bezeichnet. Das innere Integument ist das ältere; es schreitet dem jüngeren, äusseren in der Entwickelung wenigstens anfänglich voraus. Bisweilen bleibt das innere Integument dauernd länger als das äussere und ragt dann aus der Mündung des äusseren hervor (so in Fig. 29, I). Nahe der Mikropyle bildet sich im Gewebe des Kernes der Samenanlage eine auffällig grosse Zelle aus. Sie wird als der Keimsack oder Embryosack bezeichnet. Derselbe enthält zunächst nur einen, aus Protoplasma, d. h. dem lebenden Bestandtheile der Pflanze bestehenden Zellkern, aus dessen wiederholter Theilung (abgesehen von anderen hier nicht zu erörternden Vorgängen) schliesslich sieben Kerne resultiren. Um sechs derselben grenzen sich Inhaltsmassen des Embryosackes durch zarte Häutchen ab, es entstehen, wie man sagt, sechs Primordialzellen. Von diesen sitzen drei im unteren Theile des Embryosackes. Sie heissen die Gegenfüsslerinnen oder Antipoden. Die drei anderen Primordialzellen sitzen im oberen Theile des Embryosackes nahe der Mikropyle. Eine von diesen dreien ist die Oosphäre (d. h. die der Befruchtung durch den männlichen Samen harrende Eizelle). Die neben ihr liegenden beiden Zellen werden als Gehülfinnen oder Synergiden bezeichnet. Der siebente Kern des Embryosackes nimmt etwa die Mitte desselben ein. Er wird als secundärer Embryosackkern bezeichnet.

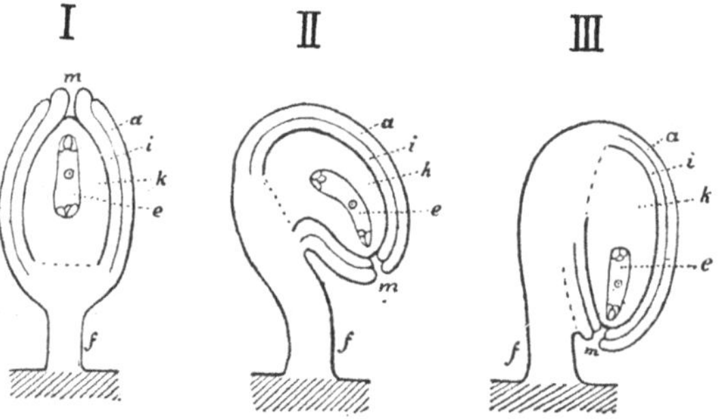

Fig. 29. Verschieden gekrümmte Samenanlagen. I. Gerade (atrope) Samenanlage. II. Gekrümmte (kampylotrope) Samenanlage. III. Umgewendete (anatrope) Samenanlage. In allen Fällen bezeichnet der schraffirte Theil die Samenleiste (Placenta). Es bedeutet *f* Nabelstrang, *a* äusseres, *i* inneres Integument, *k* Kern der Samenanlage; *e* ist der Keimsack mit sieben Zellkernen; *m* ist der Mund der Samenanlage, die Mikropyle.

Ehe wir auf die Besprechung des Befruchtungsvorganges eingehen, sollen noch die verschiedenen Formen, welche die Samenanlage annehmen kann, erwähnt werden. Zunächst kann die Samenanlage für sich (ohne Bezugnahme auf ihre Stellung zur Samenleiste oder dem Samenträger) verschieden gestaltet sein. Im einfachsten Falle ist die Samenanlage gerade (man sagt oft „geradläufig“, eine Bezeichnung, welche man sicherlich nur erfunden hat, weil man das griechische und obenein schlechtgebildete „orthotrop“ übersetzen wollte); gerade Samenanlagen nennt man (wenn man doch einmal fremde Ausdrücke wünscht) auch wohl atrop, d. h. ungekrümmt (Fig. 29, I). Sehr häufig begegnet man jedoch in verschiedenem Masse gekrümmten Samenanlagen. Es krümmt sich der Kern derselben und mit ihm der Embryosack (und mit dem Kern natürlich auch die ihn umhüllenden Integumente) bogig gegen den Nabelstrang zurück. Man erhält dadurch zunächst die gekrümmte Samenanlage (welche man auch wohl als die kampylotrope oder kamptotrope bezeichnet). (Fig. 29, II.) Noch häufiger ist die Krümmung der Samenanlage so stark, dass der Kern sich völlig rückwärts wendet, und sein äusseres Integument längs des Nabelstranges diesem anliegt. Die Mikropyle kommt dadurch gerade umgekehrt zu liegen, wie bei der geraden Samenanlage. Solche umgewendeten Samenanlagen pflegt man als gegenläufig oder anatrop zu bezeichnen (Fig. 29, III).

Streng ist von der Krümmung der Samenanlage an sich die Krümmung bezüglich der Richtung der Samenleiste zu trennen (vgl. Fig. 30, *I—III*). Man denke sich zunächst eine gerade Samenanlage etwa horizontal von der Samenleiste abstehend (Fig. 30, *I*). Das obere Ende der letzteren entspreche dem Griffelende des Fruchtknotens. Biegt man nun die Samenanlage so, dass sie zur anatropen Form übergeht, so kann man den Kern in verschiedener Richtung zurückkrümmen, entweder nach aufwärts: dann nennt man die Samenanlage epitrop (Fig. 30, *II*), oder nach abwärts: dann nennt man die Samenanlage apotrop (Fig. 30, *III*), oder man krümmt den Knospenkern nach der rechten oder linken Seite hin, also in der Horizontalebene, in welchem Falle die Samenanlage seitlich gewendet oder pleurotrop heissen mag. In der Charakteristik der Gattungen und Familien wird man also oft auf Ausdrücke stossen, wie „Samenanlagen anatrop-epitrop" oder „anatrop-apotrop", etc.

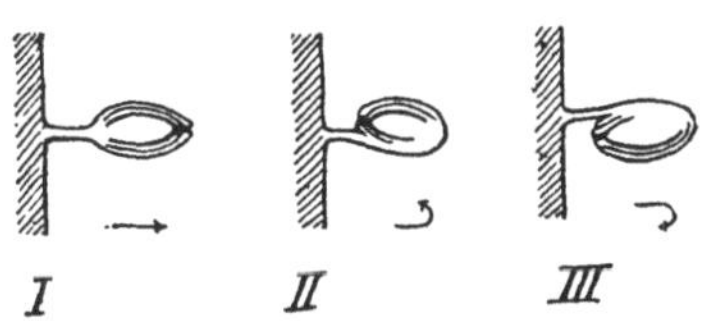

Fig. 30. Verschiedene Krümmung der Samenanlage bezüglich der Richtung der (schraffirt gezeichneten) Samenleiste. *I.* Gerade, horizontale Samenanlage. *II.* Aufwärts umgewendete („epitrope") Samenanlage. *III.* Abwärts umgewendete („apotrope") Samenanlage.

Drittens muss noch auf die Richtung des Nabelstranges zur Samenleiste resp. zu dem Fruchtknoten Rücksicht genommen werden. Die Nabelschnur kann senkrecht gegen die Samenleiste abstehen wie in Fig. 30, die Samenlage steht also horizontal; oder die Nabelschnur krümmt sich am Grunde aufwärts: die Samenlage ist aufrecht oder aufstrebend (Fig. 31, *I—II*), oder endlich, die Nabelschnur sitzt am oberen Ende der Samenleiste und krümmt sich abwärts: die Samenanlage wird dann als hängend bezeichnet (Fig. 31, *III—IV*). Fig. 32 zeigt eine hängende anatrop-epitrope, Fig. 33 eine aufrechte anatrop-apotrope Samenanlage bei stärkerer Vergrösserung und von der Fruchtknotenwand umgeben. In beiden letzteren Fällen ist absichtlich die Samenanlage nur mit einem Integument gezeichnet, um die Möglichkeit solchen Vorkommnisses zu berücksichtigen.

Bei anatropen (umgewendeten) Samenanlagen pflegt das äussere

Integument mit dem Nabelstrange völlig zu verwachsen. Die Verwachsungslinie bildet die N a t h (oder Raphe), doch bezeichnet man hiermit auch häufig das ganze mit dem Integument verwachsene Stück des Nabelstranges. Im reifen Samen ist die „Samennath“ oft wulstig entwickelt. Da, wo sich der Nabelstrang gegen die Samenanlage absetzt, bildet sich beim Reifen der Samen eine Trennungsfläche, welche als N a b e l bezeichnet wird. (Eine sehr breite Nabelfläche zeigen die rothbraun glänzenden Samen unserer Rosskastanien. Die Nabelfläche ist bei ihnen stumpf, hellbraun.) In Fig. 2 ist der Nabel der „weissen Bohne“ bei *n* angedeutet.

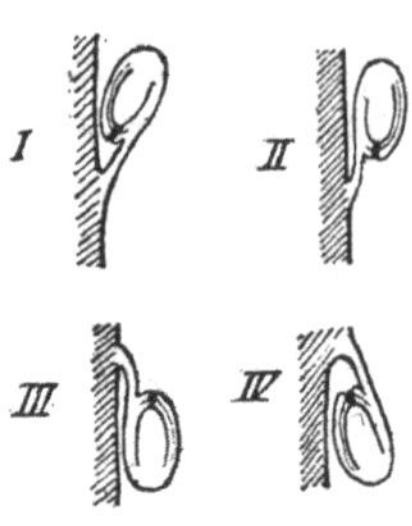

Fig. 31. Lage der Samenanlage zur Placenta in Abhängigkeit von der Richtung des Nabelstranges. *I*, Aufsteigend (aufrecht) epitrope, *II*, aufsteigend (aufrecht) apotrope Samenanlage. *III*, Absteigend (hängend) epitrope, *IV*, absteigend (hängend) apotrope Samenanlage.

Der Befruchtungsakt vollzieht sich nun in folgender Weise. Der in den Staubbeuteln erzeugte Blüthenstaub, der P o l l e n, wird auf die Narbe des Fruchtknotens übertragen. Jedes Pollenkorn wächst dann zu einem fädigen Gebilde aus, es erzeugt einen P o l l e n s c h l a u c h; sein Inhalt bildet das männliche S p e r m a. Um dasselbe mit der Eizelle in einer Samenanlage zusammenzubringen, durchwächst der Pollenschlauch den Griffel und sucht mit seiner Spitze in die Mikropyle einer Samenanlage einzudringen. Hat er dieselbe durchwachsen, so löst er das Gewebe über dem Embryosack (die „Kernwarze“) theilweis auf; die Spitze des Pollenschlauches und die Wand des Embryosackes in der Nähe der Eizelle verschleimen, worauf sich männliches Sperma und Eizelle vereinen. Damit ist die Befruchtung vollzogen.

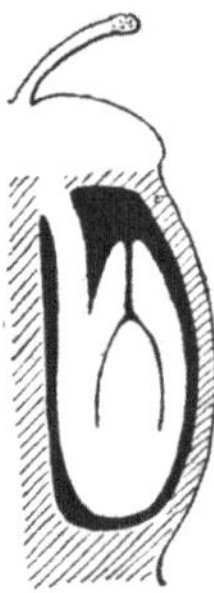

Fig. 32. Eine hängende anatrop-epitrope Samenanlage in einem Fruchtknotenfache. Die Samenanlage führt nur e i n Integument.

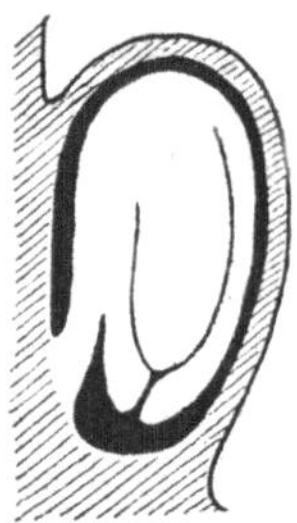

Fig. 33. Eine aufrechte anatrop-apotrope Samenanlage in einem Fruchtfache. Die Samenanlage führt nur e i n Integument.

Die Folgen der stattgehabten Begattung sind äusserst tiefgreifende und mannichfaltige. Aeusserlich zeigen sich dieselben meist in dem schnellen Welken der Blüthenhülle, besonders der Blumenkronen. Die Staubblätter verdorren meist schon nach dem Verstäuben ihres Pollens. Auch der Griffel und die Narben des Fruchtknotens sterben meist schnell ab. Um so kräftiger wächst der Fruchtknoten selbst heran. Aus seiner Fortentwicklung resultirt die Frucht. Man merke sich hier ein für alle Male:

Frucht ist dasjenige Gebilde, welches aus dem Fruchtknoten einer Blüthe (einschliesslich seiner Samenanlagen) nach der Befruchtung der Samenanlagen hervorgeht. Die Frucht wird also immer aus den Fruchtblättern gebildet. Nur ausnahmsweise betheiligen sich noch andere Organe der Blüthe oder der Pflanze an der Fruchtbildung. Man verwechsle vor allem niemals „Frucht“ mit „Samen“ und umgekehrt.

Man pflegt die zur Fruchtwand werdenden Aussenwände des Fruchtknotens als das Perikarp zu bezeichnen; an ihm lassen sich gewöhnlich drei Schichten unterscheiden, die Aussenschicht (das Exokarp) die Mittelschicht (das Mesokarp) und die Innenschicht (das Endokarp). Die Beschaffenheit dieser Schichten bestimmt den Charakter der Frucht. Man unterscheidet je nach der Ausbildung dieser Schichten Trockenfrüchte und saftige Früchte. Springen die Früchte nicht auf, um die Samen zu entlassen, so sind dieselben als Schliessfrüchte zu bezeichnen; im entgegengesetzten Falle bezeichnet man die Früchte als Springfrüchte.

Die bekannteren Trockenfrüchte sind:

1. Die Nuss. Sie ist ausgezeichnet durch ein holziges, nicht aufspringendes Perikarp. Als Beispiele merke man sich die Haselnuss. (Die Wallnuss ist keine Nuss!)
2. Die Karyopse oder Hautfrucht der Gräser. Sie entsteht aus einem oberständigen Fruchtknoten mit einer Samenanlage.
3. Die Schliessfrucht im engeren Sinne, Achaenium genannt. Sie entsteht aus einem unterständigen Fruchtknoten mit einer Samenanlage. Hierher die Früchte (nicht „Samen“!) der Sonnenblume und ihrer Verwandten.
4. Das Doppelachaenium, aus zwei unterständigen Fruchtblättern hervorgehend, deren jedes eine Samenanlage umschliesst. Die beiden Fruchthälften trennen sich schliesslich; das Doppelachaenium zerfällt in seine beiden Theilfrüchte (Merikarpien), deren jede einem einfachen Achaenium gleicht. Hierher die Früchte des Fenchels, Kümmels etc.
5. Die Kapselfrüchte mit aufspringendem Perikarp. Man unterscheidet als besondere Formen derselben:

   die Balgfrucht (folliculus), aus einem Fruchtblatt gebildet, welches zur Reifezeit an der Bauchnath aufspringt. Bekannte Beispiele sind die Früchte von *Helleborus* und *Aconitum*.

die Hülse (legumen), aus einem Fruchtblatt gebildet, welches zur Reifezeit an Bauch- und Rückennath aufspringt. Bekannte Beispiele sind die Früchte der Erbsen und Bohnen[1]).

die Schote (siliqua), aus zwei Fruchtblättern gebildet, zwischen welchen sich eine „falsche Scheidewand" erhebt. Von dieser lösen sich die Fruchtblätter als Klappen beiderseits ab. Hierher die Senfschoten.

die Kapseln (capsulae) im engeren Sinne, aus zwei oder mehr Fruchtblättern hervorgehend; bald einfächerig, bald gekammert, bald mehrfächerig, bisweilen mit falschen Scheidewänden. Sie öffnen sich entweder längs der Scheidewände (wandspaltig oder septicid) oder durch einen Längsriss in der Mitte der Aussenwand jedes Faches (fachspaltig oder loculicid) oder durch Zerfall der Scheidewände (wandbrüchig, septifrag). Vgl. hierzu die schematischen Figuren 34, *a*—*d*.

Fig. 34. Verschiedenartig aufspringende Kapseln. *a* dreifächerige, geschlossene Kapsel, *b* dieselbe wandspaltig (septicid) geöffnet, *c* dieselbe fachspaltig (loculicid) geöffnet, *d* dieselbe wandbrüchig (septifrag) geöffnet.

Porenkapseln öffnen sich durch Ausfallen oder Aufklappen scharf umschriebener Wandstücke (bestes Beispiel sind die Mohnköpfe).

Deckelkapseln (Pyxidien) öffnen sich durch Abplatzen eines deckelförmigen Stückes. Man merke sich hier die Frucht des Bilsenkrautes (*Hyoscyamus niger*).

Die wichtigsten saftigen Früchte sind:

1. Die Steinfrucht, mit fleischiger Mittelschicht und steinharter Innenschicht. Hierher Kirsche, Pflaume, auch unsere Wallnuss.
2. Die Beere, mit vielen Samen in fast flüssig schleimiger Masse (welche als Pulpa bezeichnet wird). Hierher auch die Apfelfrüchte und Melonenfrüchte (Coloquinthen); im weiteren Sinne auch die Früchte der Rosskastanien.

[1]) Man hüte sich, Hülsen als Schoten zu bezeichnen. Im Handel bezeichnet man Erbsen, Bohnen, Linsen, Wicken (also Samen!) fälschlich als Hülsenfrüchte. Dabei ist wenigstens die Bezeichnung „Hülsen" correct, denn jene Samen entstammen wirklich Hülsenfrüchten. Gröber ist dagegen der Verstoss, die grünen Hülsen der Erbse als Schoten zu bezeichnen. Ein gleich grober Verstoss liegt in der Bezeichnung Siliqua dulcis vor. Diese ist gar keine Schote (siliqua), sondern eine im Innern fleischig-breiige Hülse, welche man als Fructus Ceratoniae bezeichne.

Die wichtigste Folge des Begattungsaktes ist jedoch die Weiterentwickelung der Samenanlagen. Aus jeder derselben geht (sofern sie befruchtet wurde) ein Same hervor. Man merke sich hier nachdrücklich:

Same ist das aus der Samenanlage nach der Befruchtung derselben durch den Pollen hervorgehende Gebilde. In der Mehrzahl der Fälle liegt der Same im Inneren der aus den Fruchtblättern gebildeten Frucht.

Es wird dabei das äussere Integument der Samenanlage zur äusseren Samenschale, das innere Integument zur inneren Samenschale. Das Gewebe des Kernes der Anlage verschwindet im Samen meist völlig. Wo es erhalten bleibt oder gar noch massiger wird, nennt man es Perisperm. Man merke sich übrigens schon an dieser Stelle, dass die ausgezeichnetste Perispermbildung den Samen der als Reihe der Scitamineen bezeichneten Gruppe von Pflanzen eigen ist, zu welchen die später eingehender zu besprechenden Ingwergewächse (Zingiberaceen) und die Arrow-root liefernden Marantaceen gehören. (Vgl. Fig. 35.) Auch die Samen der Pfeffergewächse (Piperaceen) sind reich an Perisperm.

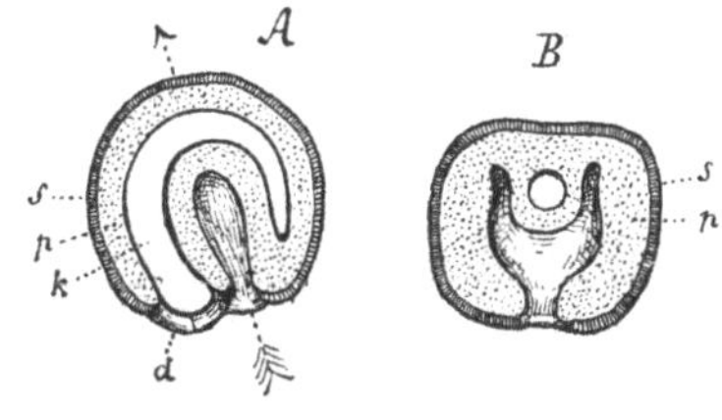

Fig. 35. Durchschnitte durch den perispermreichen Samen einer Marantacee. *A* Längsschnitt, welcher den hakenförmig gekrümmten Keimling halbirt. *B* Ein in Richtung des in *A* gezeichneten Pfeiles durch den Samen geführter Schnitt. *s* Samenschale, *p* Perisperm, *k* Keimling.

In dem Embryosack der Samenanlage gehen die wichtigsten Veränderungen vor sich. Zunächst wächst aus der befruchteten Eizelle eine junge Pflanze (das Kind bezüglich der Mutterpflanze) heran. Sie wird als Keimling oder Embryo bezeichnet und gliedert sich meist schon im Samen in Wurzel, Stamm und Keimblätter, in deren Winkel die Keimknospe oder Plumula ruht. (Vgl. Fig. 1 und 2, auch Fig. 3.) Die Keimwurzel liegt der Mikropyle (jetzt Samenmund genannt) zugewandt. Aus dem secundären Embryosackkern geht durch Theilungsvorgänge ein Gewebekörper hervor, welcher reich an Nährstoffen, namentlich Stärke, zu sein pflegt. Man nennt ihn das Nährgewebe (Endosperm, auch Eiweiss, vgl. S. 5). Es wird früher oder später vom Keimling verzehrt, so dass der reife Same bald „eiweisshaltig“ (Leinsame), bald „eiweisslos“ (Bohne) angetroffen wird. Das Vorhandensein oder Fehlen des Nährgewebes, sowie seine Beschaffenheit im reifen Samen bildet ein wichtiges diagnostisches Merkmal. Der Keimling liegt dem Nährgewebe bald seitlich an, bald wird er von demselben umhüllt. Der Keimling selbst ist bald gerade (Fig. 1), bald gekrümmt (Fig. 2), auch zeigen die Keimblätter mannichfaltige Lage zu einander und zum Keimwürzelchen. Die Keimungsgeschichte wurde schon im Anfang dieser Darstellung zur Genüge berücksichtigt.

Besondere Bildungen sind der Samenmantel (Arillus) und der Samenanhängsel (die Caruncula).

Als Samenmantel bezeichnet man einen Auswuchs, welcher unterhalb des äusseren Integumentes nach der Befruchtung der Samenanlage nach Art eines dritten Integumentes hervorwächst. Ein höchst charakteristischer Samenmantel bildet sich um den Samen der „Muskatnuss“. Er wird fälschlich als „Muskatblüthe“ (Macis) bezeichnet. Sehr mannichfaltige Formen bildet der Arillus an den Samen der Marantaceen; einige dieser Formen sind in Fig. 36 dargestellt.

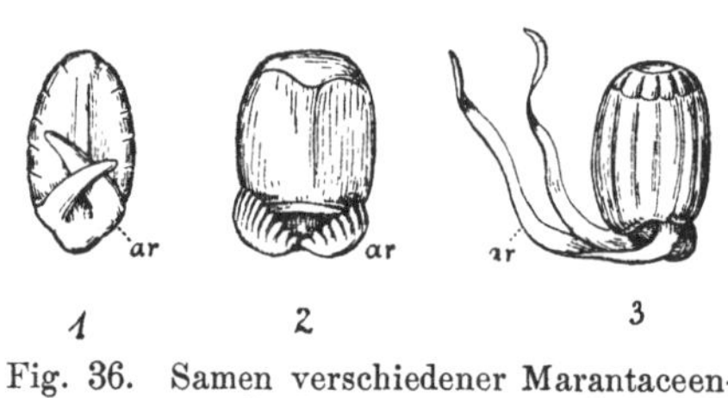

Fig. 36. Samen verschiedener Marantaceenarten mit verschieden gestalteten Anhängseln (Arillusformen).

Die Caruncula ist für die Samen vieler Pflanzen (besonders der Euphorbiaceen) charakteristisch. Sie bildet sich gewöhnlich am Grunde des Samens und ist als ein Gebilde der Samenleiste resp. des Nabelstranges zu deuten. Ausserordentlich deutlich ist die Bildung der Caruncula bei den Samen der Wolfsmilchgewächse zu beobachten. Fig. 37 stellt den Samen von *Ricinus communis* in verschiedener Ansicht, auch im Längsschnitt und im Querschnitt dar. Die Caruncula ist mit *car* bezeichnet. Fig. 37, *c* zeigt den geraden Keimling im (punktirt gezeichneten) Nährgewebe; der Keimling besteht aus einem kurzen Würzelchen und zwei breiten, laubigen (im Samen farblosen) Keimblättern, welche flach aufeinander liegen. Die Nervatur der Keimblätter ist schon im Samen sehr deutlich.

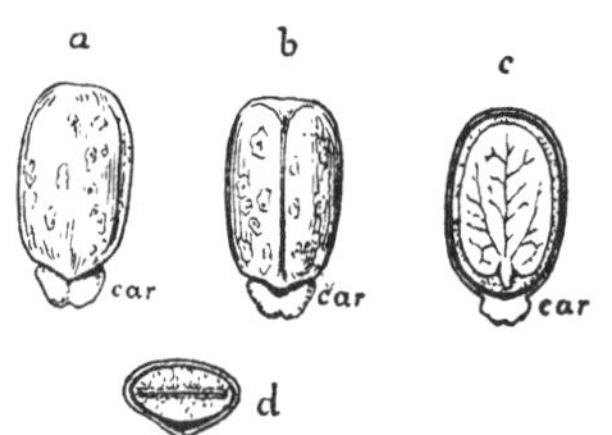

Fig. 37. Same von *Ricinus communis*. *a* Same von der gewölbten Rückenseite, *b* von der Bauchseite aus gesehen, *car* die Caruncula; *c* stellt den längs halbirten Samen dar. Die Samenschale umschliesst ölreiches Nährgewebe, welchem der gerade Keimling mit grossen, flachen Keimblättern eingebettet ist; *d* ist ein Querschnitt des Samens. Die schwarze Querlinie ist der Spalt zwischen den beiden Keimblättern.

Schliesslich muss noch kurz auf die Verzweigungsformen eingegangen werden, weil dieselben für die Kenntniss vom Aufbau der Blüthenstände wichtig sind. Grundgesetz ist für die Verzweigung der Stämme:

Jeder Spross entwickelt sich in der Achsel eines Blattes, bezüglich dessen er der Achselspross genannt wird. Das betreffende Blatt heisst allgemein das Deckblatt (auch Stützblatt oder Tragblatt, bractea; vgl. auch S. 12). Eine Ausnahme macht natürlich der aus dem Keimling hervorgehende Hauptstamm der Pflanzen; er wird als die „primäre“ Axe bezeichnet. Bezüglich dieser sind alle Sprosse Nebenaxen. Beachtenswerth ist, dass man jede Sprossanlage eine Knospe (oder ein „Auge“) nennt. Erzeugt dieselbe beim Austritt Laubblätter, so nennt man den Spross einen Zweig; ältere Zweige (welche gewöhnlich Seitenzweige hervorbringen und dadurch zu einem Sprosssysteme werden) pflegt man Aeste zu nennen.

Gewöhnlich bildet sich in der Achsel eines Deckblattes nur ein Achselspross aus; doch kommt es vor, dass neben ihm rechts und links noch Sprosse erzeugt werden. Dieselben stehen dann in einer Reihe nebeneinander und heissen collaterale Achselsprosse. Der zuerst angelegte, mittlere derselben wird als Primanspross von den später angelegten, seitlichen, den Secundansprossen, unterschieden. Sitzen die Secundansprosse über dem Primansprosse, eine aufsteigende Reihe bildend, so heissen die Sprosse seriale. Solche Sprosse können sich auch unter dem Primanspross in absteigender Ordnung, zwischen ihm und dem Deckblatt, entwickeln.

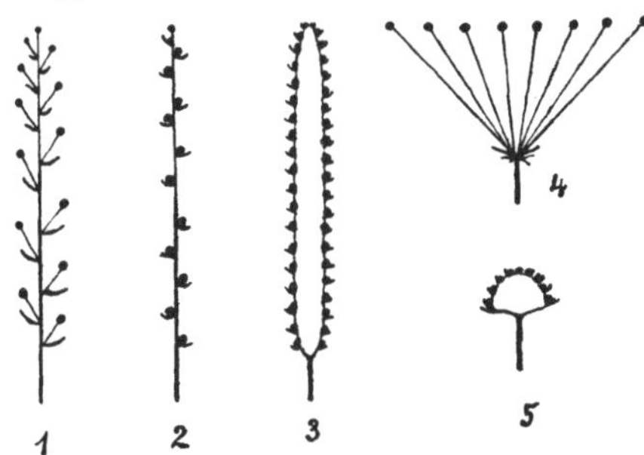

Fig. 38. Racemöse Verzweigungsschemata. 1. Traube, 2. Aehre, 3. Kolben, 4. Dolde, 5. Köpfchen.

Die Verzweigungssysteme lassen sich auf zwei Grundformen zurückführen. Setzt sich der von Anfang an kräftigere Mutterspross oberhalb seiner Verzweigungen unverkümmert fort, also immer deutlich als Hauptspross des Systemes kenntlich bleibend, so nennt man die Verzweigung traubig oder racemös.

Verkümmert der Hauptspross eines Systemes oberhalb seiner Nebensprosse, so nennt man die Verzweigung trugdoldig oder cymös.

Die wichtigsten Formen der racemösen Zweigsysteme sind (Fig. 38):

1) Die Traube (racemus). Die Achselsprosse sitzen deutlich gestielt in der Achsel ihres Deckblattes (Fig. 38, 1).
2) Die Aehre (spica). Sie ist eine Traube mit ungestielten („sitzenden“) Achselsprossen (Fig. 38, 2).

3) Der Kolben (spadix). Er ist eine Aehre mit fleischiger, dicker Hauptaxe („Spindel") (Fig. 38, 3).

Durch Verkürzung der Hauptaxe der Traube entsteht als besondere Form:

4) Die Dolde (umbella) (Fig. 38, 4).

5) Das Köpfchen (capitulum). Es kann definirt werden als eine Dolde mit verschwindend kurzen Strahlen (Fig. 38, 5).

Die trugdoldigen (cymösen) Formen sind:

1) Das Dichasium. Unterhalb des Gipfels des Hauptsprosses bilden sich zwei, meist genau einander gegenüberstehende Seitensprosse aus (Fig. 39, 1*a*). Verkümmert der Hauptspross ganz, so pflegt das Dichasium „gabelig" zu werden; es bildet eine „Dichotomie". (Fig. 39, 1*b*).

2) Die cymöse Dolde. Sie lässt sich auffassen als ein Dichasium mit mehr als zwei Seitensprossen.

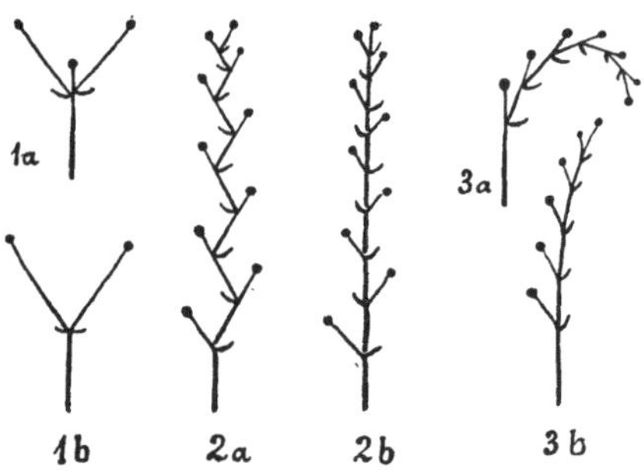

Fig. 39. Cymöse Verzweigungsschemata. 1*a* Dichasium mit Endblüthe. 1*b* Dichasium ohne Endblüthe (Dichotomie). 2*a* Wickel ohne deutliche Scheinaxe. 2*b* Wickel mit deutlicher Scheinaxe (Sympodium). 3*a* Schraubel. 3*b* Schraubel mit deutlicher Scheinaxe (Sympodium).

3) Die Wickel (cicinnus). Unter dem Gipfel des Hauptsprosses entwickelt sich im typischen Falle nur ein Seitenspross, etwa nach rechts hin. Dieser bildet wieder nur einen Seitenspross, aber nach links hin u. s. f. Es stehen also die Sprosse abwechselnd nach rechts und links (Fig. 39, 2*a*). Liegen die Wickelverzweigungen in einer Ebene, so bilden sie eine Fächel (rhipidium). Stellen sich die unteren Sprossstücke (die „Fussstücke") der aufeinanderfolgenden Wickelglieder in eine gerade Linie, so entsteht eine Wickel mit Scheinaxe (oder ein „Wickelsympodium"). (Fig. 37, 2*b*.) Eine sympodial entfalteteWickel kann leicht mit einer Traube verwechselt werden.

4) Die Schraubel (bostryx). Unter dem Gipfel des Hauptsprosses bildet sich nur ein Seitenspross, etwa nach rechts; dieser bildet wieder nur einen Seitenspross, diesen aber wieder nach

rechts u. s. f. Die Schraubel ist also eine einseitig fortschreitende Verzweigung (Fig. 39, 3*a*). Liegen die Verzweigungen in einer Ebene, so nennt man die Schraubel eine Sichel (drepanium). Bilden die aufeinanderfolgenden Fussstücke der Schraubelglieder eine gerade Linie, so bildet sich eine Sichel mit Scheinaxe (ein Schraubel-sympodium). Das Sprosssystem gleicht dann äusserlich einer „einseitswendigen" Traube (Fig. 39, 3*b*).

Durch Combination der genannten „einfachen" Verzweigungssysteme kommt man zu vielen mehr oder minder complicirten Verzweigungsformen, für welche man, wenn möglich, den bezeichnenden Namen anwendet; so wird man kaum in Zweifel gerathen, was man unter doldig vereinten Trauben oder köpfchenartig gehäuften Dichasien u. dgl. zu verstehen hat. Jedoch hat man für einige „zusammengesetzte" Verzweigungssysteme besondere Namen eingeführt. So nennt man

Rispe (panicula) eine Traube mit wiederholt verzweigten Seitensprossen (Fig. 40, 1). Am häufigsten stellt dieselbe eine Traube aus Trauben dar („zusammengesetzte Traube"), oder die Traubenäste gehen in Aehren aus, etc. Die Rispenäste spreizen entweder weit aus einander, oder sie ziehen sich mehr oder minder zusammen. Der Umriss der Rispen ist im Allgemeinen pyramidal. (Ein gutes Beispiel für Rispenbildung sind unsere „Weihnachtsbäume".) Die sehr eng zusammengezogene und verkürzte Rispe nennt man einen Ebenstrauss (thyrsus).

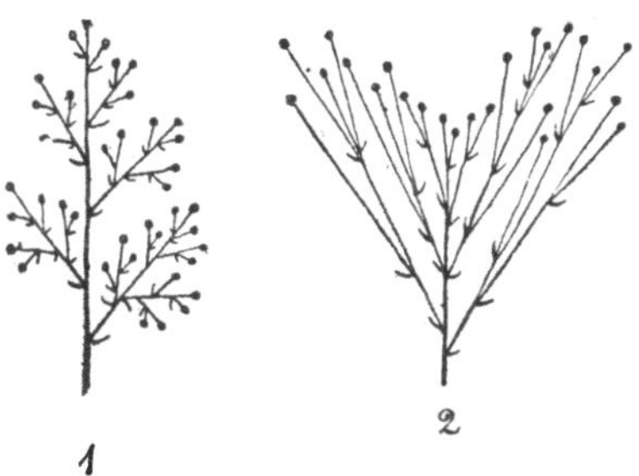

Fig. 40. Zusammengesetzte Verzweigungssysteme. 1. Eine Rispe aus Trauben in traubiger Anordnung. (So die „Weintraube".) 2. Eine Spirre.

Spirre (anthela) ist eine cymöse Verzweigungsform, in welcher viele ungleichlange Sprosse ausgebildet werden, welche bald traubig, bald cymös verzweigt enden. In der Regel sind die unteren Sprosse die längeren und überragen daher die über ihnen stehenden. Die Spirre ist daher von unregelmässigem Umriss; von oben betrachtet ist sie gewöhnlich trichterartig vertieft. In gewissem Sinne ist die Spirre eine umgekehrte Rispe (Fig. 40, 2).

Bevor wir die Reihe der Erörterungen aus der Gestaltlehre hier abschliessen, mag die Aufmerksamkeit noch auf einige Ausdrücke gelenkt werden, deren Verständniss durchaus nothwendig ist, deren Erklärung aber nicht rein morphologisch ausfallen kann, weil es sich bei ihnen zumeist um biologische Eigenthümlichkeiten handelt. Zunächst mag erwähnt werden, dass von vielen der neueren Morphologen den drei

Elementarorganen der höheren Pflanzen, Wurzel, Stamm und Blatt eine vierte Art gleichberechtigt an die Seite gestellt wird, nämlich die Trichome. Als Trichom bezeichnet man jedes seiner Entwickelung nach einem Haare entsprechende Anhangsgebilde [1]). Trichome sind also zunächst alle Haarformen selbst, die bald als Seidenhaare, Borstenhaare, Drüsenhaare, Brennhaare etc. auftreten. Man merke sich vor Allem, dass jedes Pflanzenorgan Haare erzeugen kann; ja, es giebt kaum eine einzige völlig haarlose Pflanze. Sehr auffällig sind im Allgemeinen die Wurzelhaare, mit welchen die Pflanze die Nahrung aus dem Boden aufzunehmen pflegt. Schwieriger verständliche Gebilde sind die Stern- und Schuppenhaare (Schildhaare). Zu den Trichomen rechnet man auch die Dornen der Rosen etc.

Sehr schwankender Natur ist die Bildung der Dornen. Sie sind im Wesentlichen Schutzmittel der sie tragenden Pflanzen; ihre Aufgabe hat also mit ihrer morphologischen Natur gar nichts zu schaffen. Dornen sind bald verhärtete Zweigspitzen (wie beim Schlehendorn, *Prunus spinosa*), bald verhärtete Laubblätter (wie beim Sauerdorn, *Berberis vulgaris*), bald verhärtete Luftwurzeln (wie bei der Palme *Acanthorrhiza*). Verdornte Nebenblätter zeigen die Blätter unserer „falschen Akazien“ (der *Robinia Pseud-Acacia*) u. a. Dass Trichome zu Dornen werden können, wurde schon oben für die Rosen erwähnt. Ein anderes bekanntes Beispiel bieten die Stachelbeersträucher. Auch Blattspitzen und Zähne am Rande der Blattspreiten verdornen häufig [2]).

Auch der Begriff der Ranken ist ein sehr schwankender. Es giebt viele Pflanzen, deren Stammorgane sich ziemlich regellos zwischen Aesten und Zweigen anderer Pflanzen, an diesen Halt suchend, verzweigen; die betreffenden Stämme sind rankende. Andere klettern in sehr regelmässiger Weise, indem sie sich ihnen darbietende Stützen spiralig umwinden. Man spricht dann von windenden Stengeln. Man unterscheidet dabei, je nach dem Sinne, in welchem die Stammspitze beim Winden sich vorwärts und seitlich aufwärts bewegt, rechtswindende und linkswindende Pflanzen [3]). Das Ranken und das Winden sind Formen des Kletterns der Pflanzen. Dieses kann aber noch auf sehr verschiedene Weise bewirkt werden. In vielen

---

[1]) Die exactere Definition der Trichome setzt gewisse anatomische Kenntnisse voraus.

[2]) Die im Volksmunde übliche Unterscheidung von „Dornen“ und „Stacheln“ lässt sich morphologisch gar nicht streng durchführen. Als Stacheln pflegt man kleinere, sehr spitze Dornen zu bezeichnen.

[3]) Da es sich in der Botanik darum handelt, wie die fortwachsende Triebspitze der Pflanze sich zur umwundenen Stütze verhält, nicht wie die von aussen her betrachtete Pflanze sich für unser Auge an der Stütze darstellt, so ergiebt sich der scheinbare Widerspruch, dass in der Botanik das „links“ genannt wird, was in der Mechanik und von Laien als „rechts“ bezeichnet zu werden pflegt. Vgl. daraufhin die Fig. 41 (a. f. S.).

Fällen bilden sich nur einzelne Zweigspitzen, bisweilen mit Nebenzweigen zu „Ranken“ aus. So beim Weinstock und seinen Verwandten. Aehnlich wie bei der Dornenbildung betheiligen sich auch Blätter und Blattabschnitte an der Rankenbildung. So rankt der Blattstiel einiger als „Waldreben“ bezeichneten Pflanzen (*Clematis*). Das Endblättchen und die oberen Fiederblättchen des zusammengesetzten Blattes der Erbsenpflanzen sind regelmässig in Ranken umgewandelt. Nebenblätter erscheinen als Ranken bei den Sarsaparilla-Arten (*Smilax*). Noch complicirter sind die Ranken der Kürbisgewächse aufgebaut. Es ist sehr wahrscheinlich, dass hier in einzelnen Fällen die Ranken einem ganzen Sprosssysteme entsprechen.

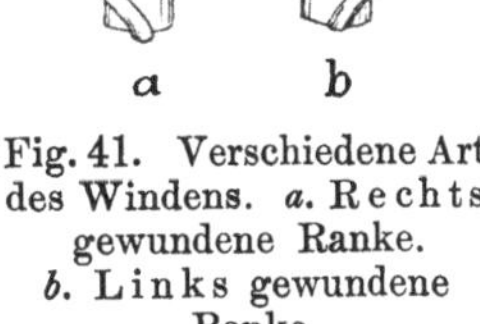

Fig. 41. Verschiedene Art des Windens. *a.* Rechts gewundene Ranke. *b.* Links gewundene Ranke.

Sprosse können übrigens auch zur sogenannten vegetativen Vermehrung (d. h. zur Erzeugung neuer Pflanzen ohne vorausgegangenen Geschlechtsakt) umgewandelt werden. Bemerkenswerth ist hier in erster Linie die Bildung sogenannter Zwiebeln[1]). Dieselben bestehen aus einem mehr oder minder flachen, kuchenförmigen Stengeltheil, dem Zwiebelkuchen, dessen gestauchte Internodien meist ringförmig geschlossene Blattscheiden (Niederblätter) tragen (Fig. 42). Diese schliessen sehr eng an einander, die Hauptmasse der Zwiebel, die Zwiebelschalen, bildend[2]). Im Centrum der Zwiebel ist der Scheitel des Stammes (das „Herz“) zu suchen. Hier befinden sich die Anlagen der später austreibenden Laubblätter resp. des aufstrebenden Blüthenstandes. Sind die Zwiebelschuppen nicht geschlossen, sondern dachziegelig sich deckende Niederblätter, so entsteht die Schuppenzwiebel, wie wir ihnen bei Lilienarten begegnen. Kleine Zwiebeln, welche oft in grösserer Zahl in der Achsel von Blättern entstehen, um später von der Mutterpflanze herabzufallen und auf

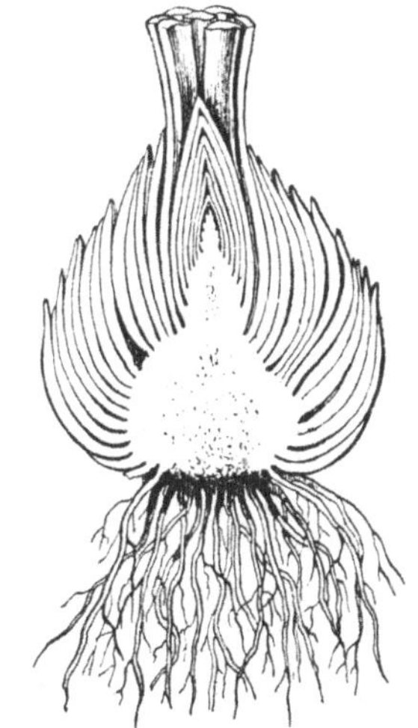

Fig. 42. Längsschnitt durch eine Zwiebel. (Schuppenzwiebel der Lilie.)

[1]) Den Aufbau einer solchen studire man an unserer gemeinen Küchenzwiebel (der Zwiebel von *Allium Cepa*).

[2]) „*Bulbus Scillae*“ sind die zerschnittenen Zwiebelschuppen von *Urginea* (*Scilla*) *maritima*.

dem Boden Wurzeln zu treiben, nennt man Brutzwiebeln (Bulbillen).

Schliesslich mag hier noch auf eine Art von Bildungen aufmerksam gemacht werden. Es ist eine fast allgemeine Erscheinung, dass neben den oben besprochenen Organen der Blüthen noch sogenannte Honigbehälter oder Honig absondernde Drüsenorgane in denselben angetroffen werden. Man bezeichnet nun jegliche Art von honigbildenden Organen mit dem Namen Nectarium. Ein solches kann aus der Umwandlung eines ganzen Blattes, etwa eines Blumenkronblattes, wie bei den Blüthen von *Aconitum* (Fig. 43) hervorgehen, oder es bildet sich das untere Ende eines Blumenblattes sack- oder spornartig aus (wie in der Blüthe von *Orchis*, Fig. 24). In einfacheren Fällen sind die Nectarien drüsige Vertiefungen oder lappige Auswüchse. Im letzteren Falle bilden sie oft eine Scheibe unterhalb des Fruchtknotens: sie bilden hier einen „Discus hypogynus". Bei unterständigen Fruchtknoten rückt die Drüsenscheibe oft auf den Gipfel desselben hinauf und bildet dann einen „Discus epigynus". Damit ist freilich nicht die Mannichfaltigkeit der Nectarienbildungen erschöpft. In vielen Fällen sitzen im Fruchtknoten die Nectarien mitten in den Scheidewänden (als „Septaldrüsen"). Ihr Secret fliesst an bestimmten Stellen hervor. Kommt nun auch die Mehrzahl der Nectarien in und an Blüthen vor („florale" Nectarien), so finden sich doch auch Nectarien in sehr verschiedener Ausbildung an den vegetativen Theilen der Pflanzen vor („extraflorale" Nectarien). Besonders häufig sind Nebenblätter zu Nectarien umgewandelt. In anderen Fällen sitzen Nectarien in Form kleiner becherförmigen Drüsen an den Blattstielen, bisweilen paarweis den Blattgrund markirend. In wenigen Fällen rücken die „Drüsenflecke" selbst auf die Rückseite der Blattspreiten (so bei den Blättern des Kirschlorbeers, *Prunus Laurocerasus*).

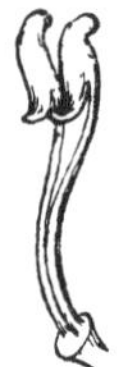

Fig. 43. Die beiden zu Nectarien umgewandelten Blumenkronblätter aus der Blüthe von *Aconitum Napellus L.*

Es mag hiermit die Reihe der Erörterungen, ohne welche das Verständniss des weiterhin Gegebenen zu unüberwindlichen Schwierigkeiten für den Anfänger führen würde, abgebrochen werden. Wo noch weitere Erläuterungen sich als nothwendig herausstellen werden, sollen dieselben dem Texte des speciellen Theiles eingefügt werden.

II. Das natürliche Pflanzensystem.

Wenn es auch der Rahmen dieses Buches nicht gestattet, hier eine ausführliche Darstellung der botanischen Systematik zu geben, so dürfte es doch am Platze sein, das System, nach welchem die Medicinalpflanzen weiterhin besprochen werden, in Kürze hier anzuführen und die für die Aufstellung der Systeme im Allgemeinen und unseres Systemes im Besonderen massgebenden Gesichtspunkte hervorzuheben.

Es ist eine bekannte Thatsache, dass die Botanik ihren Ursprung, wie alle Naturwissenschaften, aus praktischen Bedürfnissen genommen hat. Die Pflanze trat dem Menschen als der Träger ernährender, die Gesundheit erhaltender, oder die gestörte Gesundheit wiederherstellender, heilender Kräfte seit den ältesten Zeiten entgegen. Daher musste es zunächst die vornehmste und einzige Aufgabe sein, die nutzbaren, besonders die heilsamen Gewächse von den nutzlosen und schädlichen Pflanzen unterscheiden zu lernen, eine Kunst, welche naturgemäss von den Aerzten geübt werden musste. Die Pflanzenkunde wurde damit von vorn herein eine Hilfswissenschaft der Heilkunde. Erst im 17. Jahrhundert gestaltete sich die Pflanzenkunde zu einer selbstständigen Wissenschaft, obwohl sie bis in unser Jahrhundert fast ausschliesslich von Aerzten und für Aerzte gelehrt wurde.

Die Aerzte des Alterthums zählten mit vielem mystischen Beiwerk ordnungslos heilkräftige Pflanzen auf; so Theophrast, Dioscorides, Plinius, Galen. Die von ihnen gegebenen Pflanzenbeschreibungen sind entweder ungenau oder kritiklos. Vieles ist nur nach dem Hörensagen niedergeschrieben; von vielen Pflanzen werden nur Namen ohne jede Beschreibung überliefert. Sehen wir ab von den scholastischen Commentatoren des Mittelalters, so erwacht die an die lebendige Natur sich haltende Pflanzenkunde in den Verfassern der sogenannten „Kräuterbücher", in Brunfels (1532), Fuchs (1543), Bock (1580), Dodonäus (1574), Clusius (1576),

Lobelius (1576), Matthioli (1590) und Bauhin (1591). Von dem Irrthume befangen, dass die von den Aerzten des Alterthumes erwähnten Pflanzen auch bei uns heimisch sein müssten, suchten sie dieselben unter den Kindern ihrer heimischen Flora wiederzufinden, wobei sie mehr oder minder unbewusst zum Vergleich, zur selbstständigen Beobachtung, zur genaueren Beschreibung, theils auch zur Herstellung naturgetreuer Abbildungen der Pflanzen geführt wurden, so dass wir heute in ihren Arbeiten die Anfänge der modernen Pflanzenkunde erblicken. Das philosophische Denken fehlte jenen ältesten Schriftstellern noch gänzlich, oder es trat doch völlig zurück; sie reihen die besprochenen Pflanzen entweder ganz ordnungslos an einander, oder sie ordnen alphabetisch (so Fuchs), oder sie gruppiren, Aristoteles folgend, nach Kräutern, Sträuchern und Bäumen (so Bock). Erst allmählich drängte die fortgesetzte vergleichende Beobachtung zur Zusammenfassung von sachlich Gleichartigem; es kommt unbewusst System in die Beschreibungen, obwohl man sich noch vielfach nicht von den specifischen Unterschieden klar genug Rechenschaft geben konnte; noch nicht einmal der Artbegriff war zum Bewusstsein gekommen. Mit der Abgrenzung gewisser Gruppen nach bestimmten Merkmalen wuchs aber ein System in die Wissenschaft hinein, das zunächst in unvollendeter Form bei Lobelius, dann aber in ausgesprochener Weise bei Bauhin zu einem Gefühl für natürliche Verwandtschaften führte, dem gegenüber alle anderen Rücksichten verblassten.

Während so auf der einen Seite die nüchterne Naturbeobachtung auf die richtige Bahn der Erkenntniss leitete, mischte sich von anderer Seite fast ebenso unbemerkt in die eben aufkeimende natürliche Systematik ein rein logisches Princip ein, welches sich für die Folge zwar als von höchster Tragweite erwies, zunächst aber doch zu einer sachlichen Verwirrung, zur Unklarheit führte, bis der Kern der Sache mit Ausgang des 18. Jahrhunderts wie nach einem Läuterungsprocesse wieder klar sich herausschälte.

Zunächst mischte sich das Princip der Ordnung als ein Postulat der praktischen Logik in die bis dahin principienlose Aneinanderreihung der Pflanzenbeschreibungen, wobei aber gar nicht auf den sachlichen Werth des Eintheilungsprincipes Rücksicht genommen wurde. So unterschied Clusius (1576) von den Bäumen, Sträuchern und Halbsträuchern die Zwiebelpflanzen; er behandelt in besonderen Büchern die wohlriechenden und die nicht riechenden Blumen, die giftigen, narkotischen und scharfen Pflanzen, die milchgebenden u. s. f. Es kam also zunächst gar nicht auf ein objectiv gültiges Eintheilungsprincip an. Auf die Nothwendigkeit eines solchen wies zwar der italienische Arzt Caesalpin (1583) hin, ein in der aristotelischen Denkweise geschulter Lehrer aus der Zeit der geistigen Wiedergeburt der Wissenschaften. Ihm folgte in der zweiten Hälfte des 17. Jahrhunderts Jungius, ein deutscher Philosoph, dessen Bedeutung erst durch Ray (1693) in das rechte Licht gestellt wurde. Die ältere empirische Forschung wurde jetzt von der philosophischen Denkweise durchsetzt, die von nun an mehr und mehr Einfluss gewann. So entstanden bis auf Linné von der Mitte des 17. bis in die Mitte des 18. Jahrhunderts eine Reihe von Pflanzensystemen, welche im Wesentlichen darin übereinstimmen, dass a priori ein Eintheilungsprincip aufgestellt wurde, nach welchem die Pflanzen aufgezählt und beschrieben werden. Man hat sich gewöhnt, diese Art der Systeme speciell als künstliche zu bezeichnen; dahin gehören die Systeme von Morison (1669), Ray (1686), Rivin (1690), Tournefort (1700) und auch von Linné (1738). Mit Letzterem stieg der Classificationseifer auf seinen Gipfel; war es doch Linné's erstes und letztes Ziel, alle Pflanzen der Erde kennen zu lernen, zu benennen und in das System einzuordnen. In dieser Aufgabe ging ihm fast völlig, und wie wir leider hinzusetzen müssen, geht noch heutzutage in der Meinung des Laien die ganze Botanik auf.

Linné's System geht von den in Zahl, Anordnung, Vertheilung und Verwachsungsverhältnissen liegenden Merkmalen der Staubblätter (der männlichen Blüthenorgane) aus. In zweiter Linie werden die Merkmale, namentlich die Zahl der Fruchtblätter (der weiblichen Blüthenorgane) in Rechnung gezogen. Darauf wird nun das ganze Pflanzenreich in ein logisches Fachwerk eingeordnet. Es entsteht ein künstliches, wie es Linné selbst nennt, ein Sexualsystem, welches für uns aber keinen höheren Werth als alle künstlichen Systeme mehr hat. Wenn es immer und immer wieder reproducirt wird, so geschieht es theils aus historischer Pietät, weil sich in ihm eine ganze botanische Epoche wiederspiegelt, theils aber aus rein didaktischen Gründen[1]).

Durch alle künstlichen Systeme zieht sich nun bis auf Linné jener aus unserer Darstellung bereits ersichtliche Zwiespalt zwischen der aus der empirischen Forschung sich instinctiv aufdrängenden Idee der Verwandtschaft der gleichartigen Gewächse, wie sie sich in den Verfassern der Kräuterbücher mit zwingender Nothwendigkeit bildete, und dem rein logischen Schematismus. Das System sollte zugleich eine den natürlichen Verhältnissen Rechnung tragende Gruppirung der Gewächse ermöglichen, zugleich aber auch eine leicht übersichtliche, der formalen und praktischen Logik gleichmässig Genüge leistende Ordnung darstellen, und das Alles sollten ein einziges oder doch nur wenige a priori herausgegriffene Merkmale leisten, — ein Ding der Unmöglichkeit.

Es ist nun eine merkwürdige Thatsache, dass Linné, der die

---

1) Eine Uebersicht des Linné'schen Systems findet man dem Texte dieses Buches anhangsweise angefügt.

künstliche Systematik und ihre Epoche krönte, zugleich auch derselben den Boden untergrub und das Wesentlichste zu ihrem Falle beitrug, eine Thatsache, welche sich aus seinem eminenten Erfahrungsschatze und seinem Beobachtungstalente erklärt. Schon 1738 lieferte Linné ein Verzeichniss von 65 Gruppen und Ordnungen der Pflanzen, welche natürliche Verwandtschaftskreise darstellen, die nicht nach dem üblichen Verfahren durch apriorische Merkmale abgeleitet werden konnten. Ihre Aufstellung wurde durch das verfeinerte „systematische Tactgefühl" ermöglicht. Linné folgte auf diesem Wege Bernard de Jussieu (1759). Beide belegten zunächst die natürlichen Gruppen mit besonderen Namen, für welche Antoine Laurent de Jussieu zuerst wissenschaftliche Definitionen (Diagnosen) schaffte. Es beginnt damit die Aera der sogenannten „natürlichen" Pflanzensysteme. Sie gehen von dem Grundgedanken aus, dass alle in einer gewissen Reihe von Merkmalen (nicht in einzelnen, bestimmten) übereinkommenden Gewächse mit einander verwandt sind und zwar um so enger, je grösser die Anzahl der übereinstimmenden Merkmale ist. Wie aber die einzelnen Pflanzen mit einander verwandt sind, so zeigt sich wieder die Verwandtschaft der gebildeten Gruppen unter einander, welche zu Gruppen höherer Ordnung vereint werden können u. s. f. So entsteht eine neue Gruppirung, ein System, in welchem die Verwandtschaft ihren Ausdruck auch in der Terminologie findet; es werden die Arten zu Geschlechtern (Genera), diese zu Familien, diese zu Ordnungen, zu Kreisen, Unterreichen u. s. w. vereinigt. Man wird schon in dieser Ueberordnung erkennen, dass es sich immer noch wesentlich um ein logisches Fächern des ganzen Pflanzenreiches handelt; es ist nur ein gradueller Unterschied zwischen den künstlichen Systemen der vorlinnéischen Periode und den natürlichen Systemen der nachlinnéischen Zeit. „Natürlich" war ja schon bei Linné's Auftreten der Artbegriff, an den Linné mit Recht anknüpfte und dem er durch die binäre Nomenclatur einen praktisch handlichen Ausdruck gab. Er bezeichnete nämlich die Art mit einem Namen (Nomen), dem er zur Unterscheidung der Art von ihr ganz ähnlichen den Trivialnamen (Nomen triviale) anhängt. So nennt Linné beispielsweise das gemeine Stiefmütterchen *Viola tricolor*. Er giebt durch diese Bezeichnung an, dass das Stiefmütterchen zu den „Veilchen" gerechnet werden muss, es ist eine *Viola*. Unter diesen ist das Stiefmütterchen durch die Dreifarbigkeit seiner Blüthen augenfällig gekennzeichnet; es ist also das als „*tricolor*" zu unterscheidende Veilchen, und heisst deshalb eben *Viola tricolor*. Damit ist aber schon unmittelbar die natürliche Classification beschritten; der Name der Species wird zum Gattungsbegriff, der Trivialname deutet auf den artgebenden Unterschied (die differentia specifica der Logiker).

In der That geht das erste natürliche System, das Jussieu'sche (von 1789), nur einen Schritt in der natürlichen Gruppirung über das Linné'sche hinaus, indem es die natürlichen Gattungen zu natürlichen Familien vereinigt. Ueber diese hinaus kommt Jussieu wieder auf einzelne künstliche Merkmale; doch führt sein Eintheilungsprincip trotzdem auf drei noch heute „natürlich" erscheinende gleichwerthige Hauptgruppen (die Acotyledonen, Monocotyledonen und Dicotyledonen). In ähnlicher Weise verhalten sich die später aufgestellten natürlichen Systeme von De Candolle (1819), Endlicher (1836), Unger, Brongniart (1843), Lindley (1845), Braun (1860) und Eichler. Jedes derselben spiegelt den Standpunkt der fortgeschrittenen Forschung wieder. Gemeinsam aber ist allen ein, wie wir jetzt wissen, irriges Dogma: die Annahme von der Constanz, der Unveränderlichkeit der Arten. Der Verwandtschaftsbegriff ist also bei allen eine Idee, eine logische Abstraction, welche dahin geht, dass verwandt ist, was einander mehr oder minder ähnlich ist. Daneben macht sich dann wieder im System ein weiteres logisches Princip geltend, das Fortschreiten vom Niederen, weniger hoch Organisirten, zu dem Höheren. Aber auch in diesem Principe ging man fehl, insofern man die ganze Pflanzenwelt in eine geradlinige Reihe zu bringen sich abmühte, welche vom niedersten Organismus bis zum höchsten aufsteigen sollte. Nur De Candolle bekämpfte diese Vorstellung, die er in Beispielen ad absurdum führte. Es schwebte ihm vielmehr, man möchte sagen, eine ebene Gruppirung als Ideal vor. Die natürlichen Gruppen sollten sich wie die Theile einer Landkarte zu einander verhalten. Für die praktische Darstellung wählte aber auch De Candolle ein künstliches, ein lineares System, welches sich auf morphologische, zum Theil auch schon anatomische und entwickelungsgeschichtliche Merkmale stützte. So theilte er das Pflanzenreich in die beiden Hauptgruppen der Vascular- oder Cotyledonarpflanzen und der Cellularpflanzen oder Acotyledonen, mit welcher Theilung sich die dichotomischen Gliederungen in Exogene oder Dicotyledonen und Endogene oder Monocotyledonen resp. in Beblätterte (Moose) und Blattlose (Thallophyten) verbinden.

Die principiellen Unterschiede der in unserem Jahrhunderte aufgestellten Systeme liegen in der Wahl des für die Eintheilung massgebenden Standpunktes; bald tritt die Entwickelungsgeschichte, sei es der vegetativen Organe, sei es der Geschlechtsproducte in den Vordergrund, bald treten physiologische, bald wieder rein vergleichendmorphologische Momente hervor. So theilte Endlicher in Thallophyten (Lagerpflanzen) und Cormophyten (Pflanzen mit Stamm und Blatt), die letzteren wieder in Acrobrya (d. h. Pflanzen, welche nur an der Spitze fortwachsen), Amphibrya (d. h. solche, welche ohne Bildung eines geschlossenen Holzkörpers an Umfang zunehmen) und Acramphibrya (d. h. solche, welche zugleich peripherisches und terminales Wachsthum zeigen). Zu den besten Systemen zählten das Brongniart'sche und das Braun'sche, dessen Hauptabtheilungen die folgende tabellarische Uebersicht giebt:

I. **Bryophyta**, Keimpflanzen.		II. **Cormophyta**, Stockpflanzen.
1. Kl. Thallodea.	2. Kl. Thallophyllodea.	Filices, Farne.
1. Ordn. Algae. 2. „ Lichenes. 3. „ Fungi.	1. Ordn. Charinae. 2. „ Muscinae.	1. Ordn. Phyllopterides (Blattfarne). 2. „ Maschalopterides (Achselfarne). 3. „ Hydropterides (Wasserfarne).

III. **Anthophyta**, Blüthenpflanzen.		
1. Abth. Gymnospermae.	2. Abth. Angiospermae.	
1. Kl. Gymnospermae.	1. Kl. Monocotyledones.	2. Kl. Dicotyledones.
1. Ordn. Frondosae. Cycadeae. 2. Ordn. Acerosae. Coniferae. Gnetaceae.	1. Ordn. Helobiae. 2. „ Spadiciflorae. 3. „ Glumaceae. 4. „ Enantioblastae. 5. „ Liliiflorae. 6. „ Ananasinae. 7. „ Scitamineae. 8. „ Gynandrae.	Apetalae. 1. Ordn. Hydrobryinae. 2. „ Piperinae. 3. „ Polygoninae. 4. „ Asarinae. Sympetalae. 1. Ordn. Primulinae. 2. „ Diospyrinae. 3. „ Bicornes. 4. „ Ligustrinae. 5. „ Tubiflorae. 6. „ Labiatiflorae. 7. „ Contortae. 8. „ Lonicerinae. 9. „ Synandrae. Eleutheropetalae mit 24 Ordn.

Wie viele solcher angeblich natürlichen Systeme aber auch im Laufe unseres Jahrhunderts aufgestellt wurden — von 1825 bis 1845 waren es nicht weniger als 24 — so befriedigte doch keines; es trat vielmehr das Umgekehrte ein. Die neuen Systeme mussten nothwendigerweise mit dem Fortschreiten der Wissenschaft immer weniger unsere Anforderungen befriedigen und zwar in dem Masse, als man klarer und klarer erkannte, dass das erstrebte Ziel niemals zu erreichen ist. Man gewann die Ueberzeugung, dass das wirkliche und einzige natürliche System gar nicht graphisch darstellbar sein kann, dass es einem unendlich reich verzweigten Stammbaume gleichen müsste, welchen zu übersehen gar nicht mehr im Bereich unseres

Könnens liegt, selbst wenn wir ihn construiren könnten. Eine Darstellung auf dem Papiere oder im Buche ist eine Unmöglichkeit. Die Idee vom Stammbaume der Pflanzen erhielt aber erst durch das Auftreten Darwin's eine reale Bedeutung; mit der Darwin'schen Descendenzlehre nahm die ganze Systematik ein verändertes Gepräge an. Die Idee der „natürlichen Verwandtschaft" war ja bis dahin lediglich eine aus der Logik entsprungene Annahme. Verwandt war ja nur der Ausdruck für eine Aehnlichkeit der äusseren Gestalt, auch wohl nur gewisser, bedeutungsvoller Organe oder für die Gleichartigkeit der Entwickelung des Einzelwesens. An Stelle dieser nur durch unsere Auffassung supponirten Verwandtschaft trat eine wirkliche Abstammungsgeschichte, die Idee eines materiellen Zusammenhanges zwischen den Schöpfungsproducten. Den realen Zusammenhang, die Phylogenesis, aufzuklären, ist das weitgesteckte Ziel der modernen Systematik.

Wir wollen es hier unterlassen, auf die schwierigen und strittigen Fragen der Descendenz- und Transmutationslehre einzugehen. Es sei nur erwähnt, dass auch die heutige Systematik von der Voraussetzung einer durchschnittlich fortschreitenden Stammesentwickelung ausgeht, dass sie die niedrigsten Organismen in den einzelligen Lebewesen erblickt. Aus diesen sollen sich mehr- und vielzellige Wesen, zunächst Zellfäden, Zellflächen, dann wenig gegliederte Zellkörper (Thalluspflanzen) entwickelt haben, aus welchen später in Stamm und Blatt gegliederte Formen (Cormophyten) und endlich die durch Sprossmetamorphose zur Blüthenbildung geschrittenen Gewächse (Anthophyten oder Phanerogamen) entstanden seien. Diese Idee der Phylogenese und die aus der vergleichenden Entwickelungsgeschichte der Individuen, der Ontogenese, sich ergebenden Schlussfolgerungen praktisch zur Aufstellung eines Systemes zu verwerthen, von welchem wir nicht mehr erwarten, als es leisten kann, ist die bescheidene Forderung, welche wir heute aufstellen. Das beste System ist allemal dasjenige, welches dem jeweiligen Standpunkt unserer Wissenschaft am vollkommensten Rechnung trägt. Wir glauben vor der Hand dem Eichler'schen Systeme diesen Vorzug einräumen zu müssen. Es soll der folgenden Bearbeitung zu Grunde gelegt werden. Es stützt sich im Wesentlichen auf Brongniart's System, welches wiederum ein Ausbau des Jussieu'schen genannt werden darf; die Anklänge an das Braun'sche System sind leicht erkennbar.

Eichler's System geht von dem schon im Linné'schen Systeme erkennbaren Gegensatze der blüthenlosen und der blüthentragenden Pflanzen aus. Wie Linné bezeichnet er die ersteren, deren Geschlechtsverhältnisse Linné unbekannt waren und die er deshalb „geheimehige" nannte, als Cryptogamae, denen alle anderen blüthentragenden Gewächse, deren Ehe eine „offenkundige", vor aller Augen sich zeigende, genannt werden konnte, als Phanerogamae gegenübergestellt sind.

Die Cryptogamen umfassen drei Abtheilungen: die nicht in Stamm und Blatt gegliederten Lagerpflanzen, Thallophyta, die Moosgewächse, Bryophyta, und die namentlich in gewissen anatomischen Merkmalen mit den Phanerogamen übereinstimmenden Farnpflanzen, Pteridophyta.

Die Phanerogamen sind in zwei Abtheilungen gruppirt, deren erste die Nacktsamigen, die Gymnospermae, umfasst, d. h. diejenigen Pflanzen, deren Samen sich nicht in einem geschlossenen, von den Fruchtblättern gebildeten Gehäuse entwickeln. Die zweite Abtheilung ist die der Bedecktsamigen, der Angiospermae. Diese letzteren bilden das Gros derjenigen Gewächse, welche dem Laien den typischen Begriff „Pflanze" darstellen. Je nachdem die aus dem Samen hervorgehenden Keimpflanzen nur ein oder zwei (und dann gleichwerthige und gleichgestaltete) Blätter (Keimblätter) bei der Keimung erscheinen lassen, unterscheidet man die Angiospermen als Monocotyleae und Dicotyleae, von denen wieder die letzteren an Zahl bei uns vorwiegen. Diejenigen unter ihnen, deren Blumenkrone aus getrennten Blumenblättern (wie bei der Rose etwa) gebildet ist, machen die Unterklasse der Choripetalae (wesentlich Braun's Eleutheropetalae) aus, während die mit „verwachsenblätteriger" Krone (wie etwa die Glockenblume) ausgestatteten die Unterklasse der Sympetalae darstellen.

Fügen wir die in dieser Erläuterung nicht besprochenen Klassen der Cryptogamen und die jetzt gebräuchliche Eintheilung der Gymnospermen hinzu, so zeigt sich das Skelett des Eichler'schen Systemes in der Uebersicht:

Cryptogamae			Phanerogamae		
I. Thallophyta	II. Bryophyta	III. Pteridophyta	I. Gymnospermae	II. Angiospermae	
1. Algae (Algen). 2. Fungi (Pilze). 3. Lichenes (Flechten).	1. Hepaticae (Lebermoose). 2. Musci (Laubmoose).	1. Equisetinae (Schachtelhalme). 2. Lycopodinae (Bärlappgewächse). 3. Filicinae (Farne).	1. Cycadeae. 2. Coniferae. 3. Gnetaceae.	1. Monocotyleae.	2. Dicotyleae. a. Choripetalae. b. Sympetalae.

Innerhalb der Klassen gliedert sich das System in Reihen, und diese umfassen die Familien mit ihren Geschlechtern und endlich den Arten. Wir unterlassen jedoch die Ausführung jener Theilungen, die übrigens aus der Anordnung des folgenden Stoffes erhellt.

Nur eines möchten wir dem Anfänger recht dringend zu merken anempfehlen. Sehen wir von der wiederholten in der Systemübersicht vorkommenden Zweitheilung ab (Cryptogamae — Phanerogamae; Gymnospermae — Angiospermae; Monocotyleae — Dicotyleae; Choripetalae — Sympetalae), so erhalten wir eine klarere Uebersicht, wenn wir als nahezu gleichwerthige Gruppen des Systemes aneinanderreihen:

I. Thallophyten.
II. Bryophyten.
III. Pteridophyten.
IV. Gymnospermen.
V. Monocotyledonen.
VI. Dicotyledonen.

Diese Uebersicht wolle man sich wie das ABC einprägen!!

Sind dem Leser die genannten sechs Gruppen des Pflanzenreiches geläufig geworden, dann wird es ihm ein Leichtes werden, hinterher sich zu merken, dass die ersten drei Gruppen (Thallophyten, Bryophyten und Pteridophyten) unter dem Namen Cryptogamae oder Sporenpflanzen zusammengefasst worden sind, während die letzten drei Gruppen (Gymnospermen, Monocotyledonen und Dicotyledonen) gemeinsam den Namen Phanerogamen oder Samenpflanzen tragen. Ebenso leicht prägt sich dann auch dem Gedächtniss ein, dass Monocotyledonen und Dicotyledonen zusammen als Angiospermen bezeichnet werden.

Ergänzungsweise mag hier nun noch die Bemerkung Platz finden, dass von Engler in einem noch im Erscheinen begriffenen, umfangreichen Werke[1]) bereits ein anderes System in Vorschlag gebracht worden ist, dessen Beziehung zu dem Eichler'schen und damit zu den älteren Systemen zur Genüge aus der folgenden Uebersicht hervorgeht. Engler gruppirt:

I. Mycetozoa	II. Thallophyta	III. Embryophyta zoïdiogama		IV. Embryophyta siphonogama.		
	Schizophyta. Algae. Fungi.	Bryophyta	Pteridophyta	Gymnospermae	Angiospermae	
					Monocotyledoneae	Dicotyledoneae
						a. Archichlamydeae. b. Sympetalae.

[1]) Wir meinen das ausgezeichnete, durch zahlreiche und vorzügliche Abbildungen illustrirte Werk: Engler-Prantl: Die natürlichen Pflanzenfamilien.

Engler stellt also die Mycetozoen, eine Gruppe von Organismen, welche bald zu den Thieren, bald zu den Pflanzen gerechnet werden, an die Spitze seines Systemes. Bisher hat man die Mycetozoen unter dem Namen Myxomyceten, d. h. Schleimpilze, zu den Thallophyten gerechnet. Engler's Embryophyta sind diejenigen Gewächse, aus deren befruchteter Eizelle ein Gewebekörper, ein Keimling, hervorgeht. Alle Pflanzen dieser Art, bei welchen die ruhende Eizelle von schwärmenden, frei beweglichen, männlichen Befruchtungskörpern, den thierähnlichen Spermatozoiden, aufgesucht wird, bilden die Embryophyta zoïdiogama, während die Blüthenpflanzen (wie in unserer Einleitung, S. 30 ausgeführt wurde) ihre Eizelle mit Hilfe des von dem Pollenkorne ausgetriebenen Pollenschlauches (eines „Sipho") befruchten. Daher bezeichnet Engler die Blüthenpflanzen (unsere „Phanerogamen") als Embryophyta siphonogama.

Wir wenden uns nunmehr dem speciellen Theile unserer „Flora" zu.

I.

THALLOPHYTEN.

Algen, Pilze, Flechten.

Als Thallophyten oder Lagerpflanzen bezeichnet man alle nicht in Stamm, Blatt und Wurzel gegliederten Pflanzen.[1]) Ihr Körper wird wegen des Mangels der Gliederung als Thallus (Lager) bezeichnet. Da wir unter Blüthe einen für die geschlechtliche Fortpflanzung entwickelten Spross verstehen, welcher also aus einem Stammstück mit bestimmt geformten Blättern sich aufbaut, so geht aus dem Grundcharakter der Thallophyten zugleich hervor, dass ihnen jegliche Blüthenbildung fehlt. Sie vermehren sich allgemein durch einzelne Zellen (Sporen genannt), welche sich von der Mutterpflanze trennen und den Ausgangspunkt für die Bildung eines neuen Individuums[2]) abgeben. Wo geschlechtliche Fortpflanzung vorhanden ist, liegt die weibliche Eizelle (Oosphäre) niemals im Innern eines zu ihrer Production bestimmten Gewebekörpers, sondern sie bildet sich aus dem Inhalte (Plasma) einer oberflächlich gelegenen Zelle (eines einzelligen „Oogoniums").

Man theilt die Thallophyten in drei Ordnungen:

1. ***Algae,*** Algen. Chlorophyll (Blattgrün) führend.
2. ***Fungi,*** Pilze. Ohne Chlorophyll.
3. ***Lichenes,*** Flechten. Aus Algen und Pilzen sich aufbauend.

Algae, Algen.

Als Algen bezeichnet man alle diejenigen blüthenlosen, meist im Wasser lebenden Pflanzen, deren nicht in Stamm, Blatt und Wurzel gesonderter Körper (Thallus genannt) Chlorophyll führt und dadurch befähigt ist, zu assimiliren, d. h. mit Hülfe des Chlorophylls oder dieses ersetzender Farbstoffe Kohlensäure zu zerlegen. Der aus der Kohlensäure stammende Kohlenstoff wird zur Bildung von Kohlenhydraten (Cellulose, Stärke, Zucker) verwendet, welche an dem

---

[1]) Man vergleiche die Einleitung, S. 3.

[2]) Die „Sporen" sind demnach in gewissem Sinne den „Samen" der höheren Pflanzen vergleichbar. Ein Same ist aber ein complicirt gebauter Gewebekörper, keine einzelne Zelle. Näheres über Samen siehe in der Einleitung, S. 5, besonders aber S. 33.

Aufbau des Pflanzenkörpers einen wesentlichen Antheil haben. Man definirt demnach kurz: Algen sind chlorophyllführende Thallophyten. Die Fortpflanzung geschieht bei den niedersten Formen ungeschlechtlich durch wiederholte Zweitheilung nach einer, zwei oder drei Richtungen des Raumes (Fig. 44), oder durch Keimzellen, Sporen, welche entweder durch Verjüngung oder durch Theilung des Plasmakörpers einzelner Zellen entstehen. Bewegen sich solche Sporen frei im Wasser mit Hilfe von schwingenden Fäden (Geisseln, Cilien), so nennt man sie Schwärmsporen (Zoosporen). (Fig. 45, 1—3).

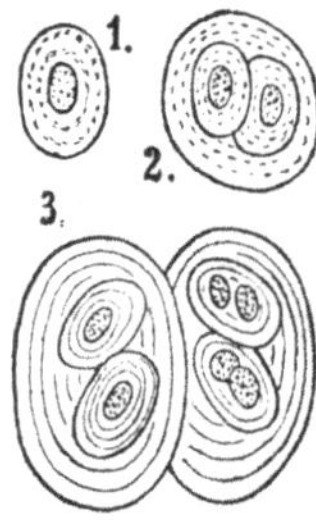

Fig. 44. Durch wiederholte Zweitheilung sich vermehrende Alge (*Gloeocapsa*-Art). 1. Einzelliges Individuum. 2. Zwei Zellen von gemeinsamer Gallerthülle umschlossen. Sie sind Tochterzellen derselben Mutterzelle. 3. Eine durch wiederholte Theilung entstandene „Colonie". Stark vergr.

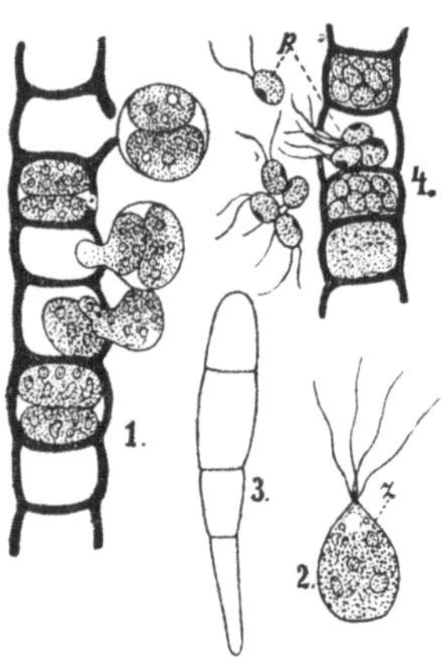

Fig. 45. Entwickelungszustände einer Fadenalge, *Ulothrix zonata*. 1. Stück eines Fadens, aus dessen Zellen paarweise Schwärmsporen austreten. 2. Eine solcher Schwärmsporen mit 4 Cilien. 3. Aus einer Schwärmspore erwachsenes Pflänzchen. 4. Fadenstück, aus welchem Planogameten (*p*) austreten. (Nach Dodel-Port.)

Im einfachsten Falle kommen die Schwärmer nach gewisser Schwärmzeit zur Ruhe. Die Schwärmer keimen dann unmittelbar aus; oder sie begegnen sich paarweise, verschmelzen mit einander (sie „copuliren"), und erst das Copulationsproduct, Zygote genannt, keimt zur jungen Pflanze aus. Die beiden die Zygote bildenden Schwärmer heissen Planogameten. (Fig. 45, 4). Für den Begriff der Zygote kommt die Erscheinung des Schwärmens ihrer Constituenten nicht in Betracht. In vielen Fällen vereinigen sich die Plasmainhalte neben einander oder über einander (meist gekreuzt) liegender Zellen. (Fig. 46). Die Zygote ist hier das Product sogenannter Aplanogameten. Die Zygosporenbildung deutet aber schon auf einen Geschlechtsact hin, dem nur noch die morphologische Unterscheidung zwischen männlichem und weiblichem Sperma mangelt. Bei vielen Algen ist aber auch die morphologische Sonderung durchgeführt; es suchen frei bewegliche nach Art der Zoosporen schwärmende, als männlich bezeichnete Plasmamassen („Spermatozoïden") die gestaltlich von ihnen verschiedene, ruhende, weibliche Plasmamasse, die Oosphäre oder Eikugel, auf, verschmelzen mit dieser, und die so befruchtete Oosphäre wird zum Ausgangspunkt für ein neues Individuum, welches zunächst nur durch die Oospore dargestellt wird. (Fig. 47).

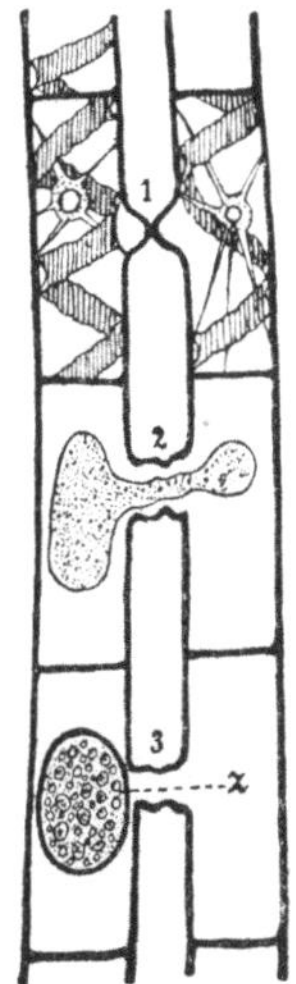

Fig. 46. Bildung von Zygosporen an zwei „copulirenden" Fäden von *Spirogyra*. Bei 1 begegnen sich zwei seitliche Fortsätze benachbarter Zellen der beiden Fäden; bei 2 sind die Copulationsfortsätze zu einem Kanal geworden, durch welchen der Inhalt der Zelle des rechts gezeichneten Fadenstückes in die Zelle des linken Fadenstückes übertritt, mit dem Inhalte dieser verschmelzend; bei 3 ist die Vereinigung beider Zellinhalte zu einer Zygospore vollzogen. Stark vergr.

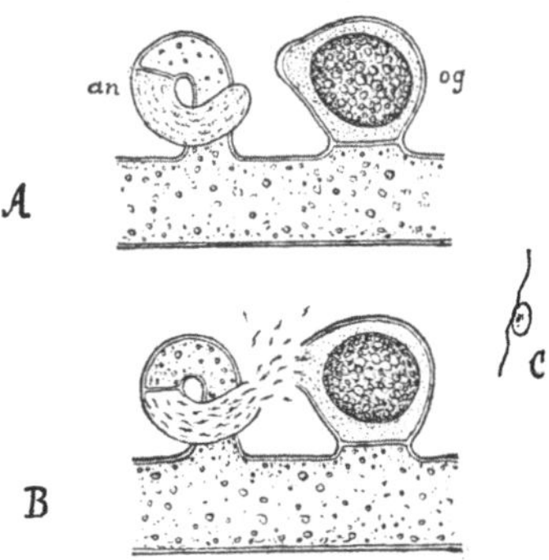

Fig. 47. Geschlechtsorgane und Befruchtung von *Vaucheria sessilis*. *A*. Fadenstück der Alge mit zwei seitlichen Auswüchsen (Zweigen), von welchen der hornförmig gekrümmte das männliche Organ, der bauchig erweiterte das weibliche Organ (Oogonium, *og*) darstellt. Die mit *an* bezeichnete Endzelle des gekrümmten Astes (des „Antheridialastes") heisst Antheridium; in ihm werden die männlichen Befruchtungskörper (Spermatozoïden) erzeugt. *B*. Dasselbe Fadenstück im Moment der Befruchtung der Oosphäre durch die aus dem Antheridium austretenden Spermatozoïden. *C*. Ein Spermatozoïd (noch stärker wie die Figuren *A* und *B* vergrössert).

Die Systematik der Algen fusst theilweise auf der Anwesenheit bestimmer Farbstoffe in dem vegetativen Körper. Man unterscheidet danach:

I. **Phycochromaceae** (Blaualgen).
II. **Diatomaceae** (Gelbbraune Kieselalgen).
III. **Chlorophyceae** (Grünalgen oder Grüntange).
IV. **Phaeophyceae** (Brauntange).
V. **Rhodophyceae** (Rothtange).

Es ist dabei aber wohl zu bemerken, dass, wenn sich die Benennung für die Hauptabtheilungen der Algen auch an die sie charakterisirenden und innerhalb jeder Abtheilung vorwaltenden Farbstoffe knüpft, damit doch nicht das alleinige Theilungsprincip ausgesprochen ist. Mit der Eintheilung nach den Farbstoffen decken sich Theilungen nach dem vegetativen Aufbau und nach den Charakteren der geschlechtlichen und ungeschlechtlichen Fortpflanzung. Wir wollen jedoch nicht auf die Einzelheiten der Systematik eingehen, da hier ja nur wenige Formen interessiren, welche den höchstentwickelten Reihen, denen der Phaeophyceen und der Rhodophyceen, angehören.

Wir besprechen von diesen zunächst die

Phaeophyceae.

Alle Phaeophyceen oder Brauntange sind durch eine eigenartige olivengrüne bis lederbraune Färbung aller Organe ausgezeichnet. Sie verdanken diese Färbung einem neben dem Chlorophyll in allen Theilen der Pflanze vorkommenden rothbraunen, in Wasser löslichen Farbstoffe, dem Phycophaeïn (Algenbraun, von *φυκός*, Alge, Tang, und *φαιος*, rothbraun). Wegen der tiefdunklen Färbung der Pflanzen hat man die Phaeophyceen auch wohl Melanophyceae, d. h. Schwarztange (von *μέλας*, schwarz und *φυκός*, Tang) genannt, obwohl, wie aus unserer obigen Angabe erhellt, diese Bezeichnung weniger zutreffend ist. Jedenfalls charakterisirt die Färbung alle Glieder der Ordnung, die sich ausnahmslos aus Bewohnern der Meere zusammensetzt. Die Brauntange sind zumeist Gewächse von ansehnlicher Grösse.

Die viel üblichere Eintheilung nach gestaltlichen (man sagt gewöhnlich „morphologischen") Merkmalen würde bei den Phaeophyceen nicht zum Ziele führen, denn es giebt wohl kaum eine Pflanzenordnung, welche mannichfaltigere Formen umfasst. Von der Gestalt verzweigter Zellfäden erheben sie sich bis zu riesengrossen, bis 300 m langen Pflanzenkörpern, an welchen man ein Haftorgan nach Art einer Wurzel, ein sogenanntes Hapter, einen stammartigen Theil und flächenartig verbreiterte Zweige, welche man vergleichsweise als „Blätter" bezeichnet, unterscheiden kann.

Auch die Berücksichtigung der Fortpflanzungsverhältnisse führt uns zu keinem einheitlichen Charakter der Reihe; sie führen uns vielmehr zu einer Zweitheilung in Phaeosporeae und Fucaceae. **Bei den Phaeosporeen mangelt eine geschlechtliche Fortpflanzung, bei den Fucaceae ist sie in vollendetster Form zu beobachten.**

Die Fortpflanzung der Phaeosporeen geschieht (abgesehen von der hin und wieder vorkommenden vegetativen Vermehrung durch Brutknospen, d. h. durch junge Zweiganlagen, welche sich von der Mutterpflanze trennen) durch ungeschlechtliche Schwärmsporen (Zoosporen), welche sich wie bei vielen niederen Algenformen im Innern haarförmiger

Zellen entwickeln[1]). Die ins Freie gelangenden Schwärmsporen schwimmen mit zwei Flimmerfäden (Cilien, Geisseln) eine Zeit lang im Wasser umher, setzen sich dann an irgend welchen Körpern (Steinen, Balken etc.) fest und keimen zu einer jungen Pflanze aus.

Die Fortpflanzung der Fucaceen (vom lat. fucus, Tang, Alge, welches sich auf das griechische φυκός zurückführt) ist an die Ausbildung von zweierlei Geschlechtsproducten geknüpft (vgl. Fig. 48).

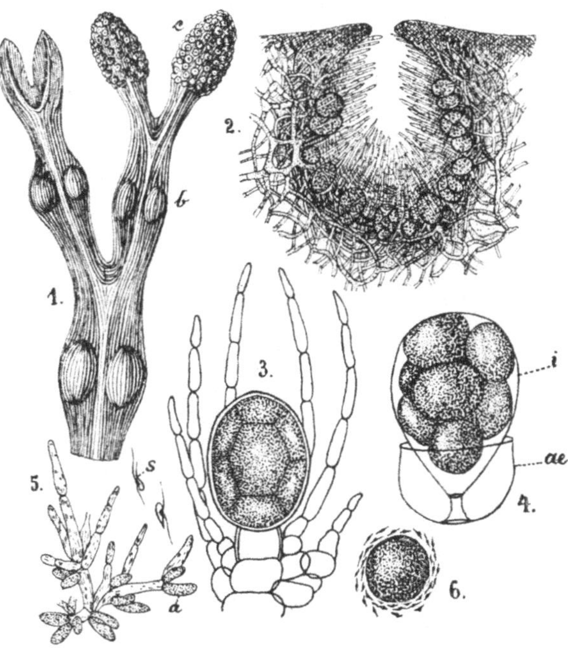

Fig. 48. Fucus vesiculosus. 1. Stück eines Thallus mit Schwimmblasen (*b*) und zwei Zweigenden, welche in warzig hervortretenden Organen (den Conceptakeln *c*) die Geschlechtsorgane erzeugen. 2. Durchschnitt eines Conceptaculums, in dessen Innenraum dünne Haare und die in 3 und 5 gezeichneten Gebilde hineinragen. 3. Ein von dünnen Haaren (Paraphysen) umgebenes Oogonium, dessen Inhalt sich in 8 Portionen theilt. 4. Oogonium, im Begriff die 8 Eizellen (Oosphären) zu entlassen; es ist erst die äussere Haut (*ae*) geplatzt; die innere Haut (*i*) ist stark gespannt. 5. Verzweigtes Haar mit Antheridien (*a*), in welchen die Spermatozoiden (*s*) gebildet werden. 6. Eine Eikugel (Oosphäre) von Spermatozoiden umschwärmt. 2—6 stark vergr. (Aus Potonié, Elem.)

In besonderen Zellen verzweigter Haare, in den sogenannten Antheridien (Fig. 48, 5 bei *a*), werden zahlreiche, sehr kleine Schwärmer, sogenannte Spermatozoiden (Fig. 48, 5 *s*), gebildet. In das

[1]) Bei einer verschwindend kleinen Anzahl von Phaeosporeen ist die Paarung (Copulation) von Zoosporen beobachtet. Es kommt also hier ein Geschlechtsact, freilich niedrigster Form, vor.

Wasser entlassen, schwimmen sie eine Zeit lang frei umher, um Gelegenheit zu finden, eine der nur passiv beweglichen, weiblichen Eikugeln zu befruchten. Gelingt ihnen dieses nicht, so haben sie ihren Lebenszweck verfehlt, sie sterben ab. Die weiblichen Eikugeln bilden sich in der bauchig oder kugelig anschwellenden Endzelle gewisser Haare, in einem Oogonium (Fig. 48, 3 und 4). Entweder formt sich der gesammte Inhalt einer solchen Zelle zu einer Eikugel, einer Oosphäre, um, oder der Inhalt zerfällt in zwei, vier oder acht Eikugeln, welche durch Platzen des Oogoniums frei werden und passiv vom Wasser fortgeführt werden. Sie werden von den in ihrer Nähe entleerten Spermatozoiden aufgesucht, welche oft in grosser Zahl eine Eikugel umschwärmen (Fig. 48, 6). Gelingt es einem der Spermatozoiden, sich an dem Keimfleck der Eikugel mit dieser zu vereinigen, so ist damit der Begättungsact vollzogen. Aus der vereinigten Masse des Spermatozoids und der Eikugel ist eine Oospore entstanden, welche sich an irgend einen im Wasser befindlichen Gegenstand ansetzt und zu einer jungen Pflanze auswächst.

Officinell ist nur:

Laminaria digitata Lam.

Die Gattung Laminaria gehört zur Familie der Laminariaceae und mit dieser in die Unterordnung der Phaeosporeen. Alle Laminariaceen sind grosse, oft riesenartige, unterseeische Wälder bildende Tange. Aus dem verzweigten, wurzelartigen Haftorgane erheben sich die blattartigen Thallusorgane auf mehr oder minder langen, lederschnurartigen Stielen. Auch der flächenartige Theil des „Blattes" pflegt von lederartiger Beschaffenheit zu sein. Auf seiner Oberfläche stehen keulenförmige, unverzweigte und ungegliederte Haare entweder rasenartig gehäuft oder die ganze Fläche bedeckend. Einzelne der Haare bilden sich zu Zoosporangien aus.

Der Charakter der Gattung Laminaria liegt in der Form der blattartigen Thalluslappen. Das „Blatt" entbehrt der verdickten Rippen. Es stellt entweder eine ungetheilte, bis über handbreite und oft mehrere Meter lange riemenähnliche Spreite dar, oder dieselbe zerspaltet in der Längsrichtung wiederholt, so dass das Blatt handförmig oder fingerig zerschlitzt erscheint. Die Fruchthäufchen sind auf der Blattfläche unregelmässig zerstreut.

Laminaria digitata Lam. erhebt einen bis 2 m langen und oft über fingerdicken Stiel aus dem wurzelartigen Haftorgan. An dem oberen Ende flacht sich der Stiel bandartig ab und geht, allmählich sich verbreiternd, in die Blattfläche über (Fig. 49). Diese wird bis $1^1/_2$ m lang und spaltet sich in eine wechselnde Zahl linealischer riemenähnlicher Zipfel von olivengrüner, später fast schwarzbrauner Farbe. Im Herbste geht die alte Spreite zu Grunde, um sich im nächsten Frühjahre aus dem verbreiterten Ende des Stieles zu regeneriren. Das junge Blatt wird dann eine Zeit hindurch noch von den Resten des alten gekrönt, bis auch diese Reste von den Meeresfluthen zerrissen werden und verschwinden. Anfänglich ist die junge Spreite ungetheilt, breit eiförmig. Erst später treten in einiger Entfernung vom glatten Rande die Längsrisse auf, durch welche die Spreite vom Rande her fingerig wird. Vergl. hierzu die Figur und die zugehörige Erklärung.

Die Pflanze liebt die felsigen Küsten der nördlichen Theile des Atlantischen und des Stillen Oceans. Sie tritt hier in verschiedenen Formen auf, welche neuerdings als Arten bezeichnet zu werden pflegen. Die breitere, langgestielte Form wird als *Laminaria Cloustoni* Edm. bezeichnet, unter welcher Bezeichnung sie in die Ph. G. II, 154 aufgenommen worden ist. Ihre Stiele werden geführt als L a m i n a r i a Ph. G. II. 154 s. S t i p i t e s L a m i n a r i a e. Sie werden in der Chirurgie zur Erweiterung von Canälen und Oeffnungen benutzt, in welche sie wie Sonden eingeführt werden.

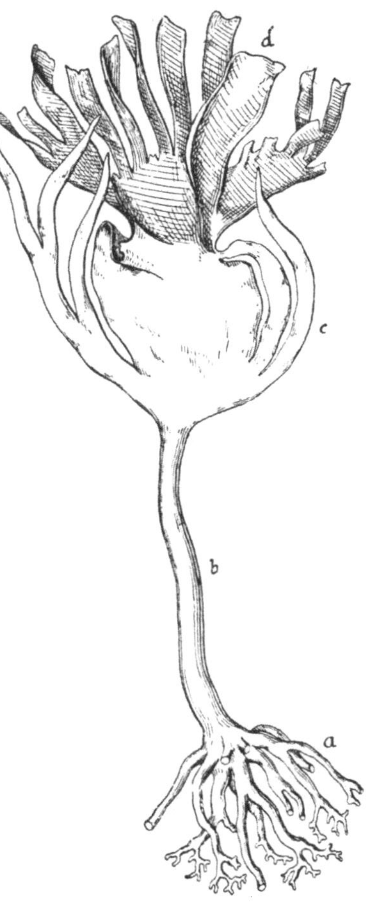

Fig. 49. Laminaria digitata Lam. Eine Pflanze, stark verkleinert. *a* das wurzelartige Haftorgan (Hapter); *b* der stielartige Theil (Stipes); *c* der blattartige Theil (Lamina); *d* die vom Vorjahr herrührenden, absterbenden Theile des Thallus. (Nach Göbel.)

Die Familie der F u c a c e e n oder Blasentange mag hier noch kurz erwähnt werden. Im Aufbau des Thallus erinnern die meisten der hierher gehörigen Formen an die Laminariaceen, doch ist die Verzweigung der flachen Thallussprosse meist eine ausgiebige, wiederholt gabelige (Fig. 48, 1). Die relativ schmalen Lappen mit ganzem oder unregelmässig gesägtem Rande durchsetzt gewöhnlich eine deutliche Mittelrippe. Bei vielen Arten ist der Thallusrand mit Schwimmblasen ausgestattet, auch dienen als solche bisweilen besondere Zweige. Die Geschlechtsorgane liegen in äusserlich warzig hervortretenden Grübchen, den Conceptakeln, dem Thallus eingesenkt. Die passiv bewegten Eikugeln werden von frei schwimmenden Spermatozoiden befruchtet. (Vgl. Fig. 48, 2—6 und die Darstellung auf Seite 57.)

Auf die zahlreichen, an allen Küsten wachsenden Arten und Formen einzugehen, liegt nicht im Rahmen dieses Buches. In England und Frankreich werden Fucaceen in grossen Mengen vom Meere auf den Strand geworfen. Diese ausgeworfenen Massen werden als vorzügliches Dungmaterial verwerthet, viel wichtiger aber ist die Ausnutzung der Tangmassen zur Gewinnung des Jodes. Ehe das Leblanc'sche Verfahren der Sodafabrikation bekannt war, stellte man auch die Soda aus den Seetangmassen dar.

Die bekannteste Gattung der Familie ist die Gattung Fucus. An den Küsten der Ostsee wird zumeist *Fucus vesiculosus*, auch *Fucus serratus*, an den Strand gespült.

Rhodophyceae.

Die Reihe der Rhodophyceen oder Rothtange, auch Florideae oder Blumentange genannt, vereinigt die herrlichsten, durch rosenrothen oder braunrothen, bisweilen auch violetten Farbstoff (Phycorhodin, Phycoerythrin) ausgezeichneten Algen; nur wenige sind farbstoffarm und sehen im getrockneten Zustande wie gehärtete, durchscheinende Knorpelgebilde aus. Im Allgemeinen sind die Rhodophyceen kleinere Meeresalgen, welche den felsigen Meeresboden und Klippen mit dichter, rasenartiger Vegetation zu überdecken pflegen. Wir begegnen hier zugleich den zierlichsten Formen, bald vielzelligen, meist reich verzweigten Fäden, bald zarten welligen oder zierlich zerschlitzten Flächen, bald corallenartig verzweigten Körpern, an denen man vergleichsweise wie bei höheren Pflanzen Kurz- und Langtriebe, Blätter und Stengel unterscheidet.

Die ungeschlechtliche Fortpflanzung geschieht durch unbewegliche Brutzellen, welche zu je Vieren in einer oberflächlich gelegenen Mutterzelle erzeugt zu werden pflegen; sie werden als Tetrasporen (Fig. 51, *A*) bezeichnet. Sehr eigenartig sind die Geschlechtsorgane entwickelt. (Fig. 50 und 51). Die männlichen Befruchtungskörper werden in besonderen, meist kugeligen Zellen gebildet, welche entweder einzeln an der Oberfläche, an haarförmigen Zweigenden etc. sitzen, oder welche zu fädigen Gebilden und Aggregaten zusammentreten (Fig. 50, *I* und 51 *B*, bei *an*). Der Inhalt dieser als Antheridien bezeichneten Zellen zerfällt meist in zahlreiche Portionen, welche als kugelige oder birnförmige Plasmakörper aus dem platzenden Antheridium austreten. Die freien Plasmakörperchen stellen das männliche Sperma dar, welches sich passiv vom Wasser fortführen lässt, um im glücklicheren Falle die Befruchtung an dem weiblichen Geschlechtsapparate zu vollziehen. **Man bezeichnet derartige, nur passiv bewegliche männliche Befruchtungskörper als Spermatien** (im Gegensatz zu den spontan durch Schwingung von Geisselfäden sich bewegenden und munter sich im Wasser tummelnden Spermatozoiden anderer Algen)[1]).

[1]) Die Bildung von Spermatien kommt unter den Algen nur den Rhodophyceen zu. Die Rhodophyceen sind also durch diesen Charakter vor allen anderen Algen ausgezeichnet, was man seinem Gedächtniss besonders einprägen wolle.

Das weibliche Geschlechtsorgan ist meist complicirt gebaut (Fig. 50, *I—V*). In den einfachsten Fällen besteht es aus einer mehr oder minder bauchigen, plasmareichen Basalzelle, dem Karpogon, auf welche sich ein langer, dünner, fein haarförmiger

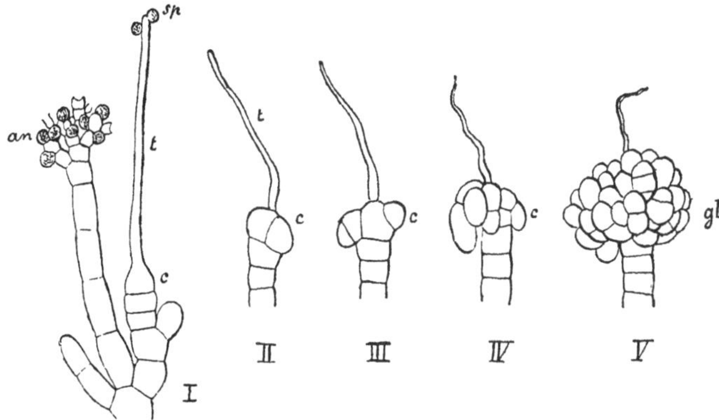

Fig. 50. Die Geschlechtsorgane einer Floridee (Nemalion multifidum). I. Ein Zweig mit einem Antheridien (*an*) tragenden Spross und dem weiblichen Organ (Karpogon *c*), welches in die Trichogyne (*t*) ausgeht. In jedem Antheridium wird nur ein Spermatium gebildet. Die Trichogyne hat mit zwei Spermatien (*sp*) copulirt. II. Die Basalzelle des Karpogons (*c*) beginnt sich zu theilen. III. Das Karpogon vierzellig; die Trichogyne beginnt zu schrumpfen. IV. Die Sprossungen des Karpogons weiter fortgeschritten; Trichogyne noch mehr verschrumpft. V. Die Verzweigungen des Karpogons haben zur Bildung des Sporenhaufens (Glomerulus, *gl*) geführt. Die Trichogyne abgestorben. Der Sporenhaufen bleibt unbedeckt (nackt). (Nach Bornet und Thuret in Göbel: Syst. und spec. Morph.)

Fortsatz aufsetzt, welcher stets mit seiner Spitze frei in das die Pflanze umgebende Medium hineinragt (in manchen Fällen zu diesem Behufe die Gewebemasse des Algenkörpers durchwachsend). Dieser als Trichogyne bezeichnete Haarfortsatz stellt das Empfängnissorgan dar. An ihm bleiben die ihn berührenden Spermatien (meist nur eines) haften, verwachsen mit ihm und lassen ihren Inhalt in die Trichogyne übertreten. Damit ist der Geschlechtsact vollzogen. Nun sprossen aus der (bisweilen sich erst in mehrere Glieder theilenden) basalen Zelle des Karpogons zahlreiche Schläuche hervor, bisweilen dichte geknäuelte, kurzgliedrige Aeste bildend; es entsteht ein Fruchthaufen oder Glomerulus. Es gliedern nämlich die Schläuche ihre Enden durch Querwände ab, und die so gebildeten Endzellen stellen je eine von der Mutterpflanze sich trennende Spore dar, welche auskeimend eine neue Pflanze erzeugt. In vielen Fällen sprossen nun unterhalb der Karpogonzelle Fäden (Hüllzweige) hervor, welche den ganzen Sporenhaufen krug- oder becherförmig umgeben. Diese fädige Hülle wird das Perikarp genannt, während man Hülle nebst Fruchthaufen mit dem Namen Cystokarp oder Blasenfrucht belegt (Fig. 51). Je nach dem Vorhandensein oder dem Fehlen der Fruchthülle gruppirt man die Rhodo-

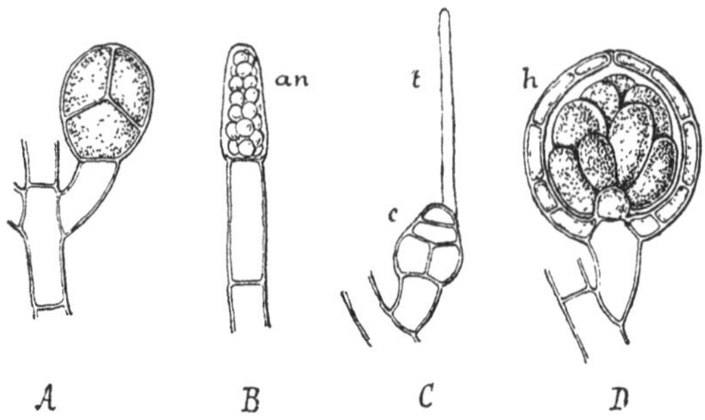

Fig. 51. Fortpflanzungsorgane einer Floridee (Lejolisia mediterranea, nach Bornet). *A*. Seitenzweig, dessen Endzelle ungeschlechtliche Tetrasporen bildet. *B*. Stück eines Antheridialastes; *an* die als Antheridium bezeichnete Endzelle. Ihr Inhalt zerfällt in zahlreiche Spermatien. *C*. Weibliches Organ; *c* das mehrzellige Karpogon, *t* die Trichogyne. *D*. Nahezu reife Sporenfrucht (Cystokarp). Der aus der Spitze des Karpogons hervorgesprosste Sporenhaufen ist von unten her von Seitenzweigen (*h*) überwachsen worden. Die Seitenzweige (Hüllfäden) sind Sprossungen aus dem unteren Theile des Karpogons; sie bilden in ihrer Gesammtheit die Sporenhülle, das Perikarp.

phyceen in zwei grosse Abtheilungen, die Angiosporeae, mit umhüllten („berindeten") Sporenhaufen, und Gymnosporeae, mit nackten Sporenhaufen.

Hier kommen nur einige der „angiosporen" Formen in Betracht.

1. **Chondrus crispus** Lyngb.

Die zur Familie der Gigartineae gehörige Gattung Chondrus umfasst Meeresalgen mit wiederholt gabelig („dichotom") getheiltem, fleischig knorpeligem Thallus. Kreuzförmig gelagerte Tetrasporen finden sich in schwach hervorragenden Häufchen über die ganze Thallusfläche zerstreut. Die Cystokarpien sind in das Thallusgewebe eingesenkt und markiren sich äusserlich als nur schwach gewölbte Buckelchen. Die hier zu nennende Art

Chondrus crispus Lyngb. erhebt ihre reich verzweigten, am Rande des Thallus meist kurzen, blattartig flachen Stämme auf fast cylindrischen Stielen, welche mit flacher Haftscheibe dem Boden ansitzen. Die Thalluslappen sind bald schmal linealisch, am Ende gerundet, abgestutzt oder ausgerandet, bald breiter blattartig und dann gewelltrandig. Die im frischen Zustande hell oder tief purpurrothen Pflanzen verblassen beim Trocknen. Die getrockneten, als Droge in den Handel gebrachten Pflanzen sind meist durchscheinend gelblich, knorpelhart (daher die Namen „Chondrus" und „Knorpeltang"). In Wasser erweicht, werden die Pflanzen wie im frischen Zustande gallertig schlüpfrig und biegsam. Mit Wasser gekocht geben sie einen gleichmässigen Schleim (Gallerte).

Die an den felsigen Küsten Europas (südwärts bis nach Gibraltar hin) und an der Ostküste Nordamerikas häufige Pflanze dient in England den ärmeren Strandbewohnern als Nahrungsmittel. Getrocknet kommt sie unter den Bezeichnungen Carrageen Ph. G. II, 4 sive Carragaheen ibid. 331, Carragheenmoos, Perlmoos oder irländisches Moos[1]) in den Handel. Man bereitet daraus die Gelatina Carrageen Ph. G. II. 124. Den Hauptbestandtheil der Pflanze bildet Bassorin; sie enthält, wie die meisten Seetange, geringe Mengen von Jod- und Bromsalzen.

2. Gigartina mammillosa Ag.

Die Gattung Gigartina ist mit der Gattung Chondrus eng verwandt. Ihr gallertig-fleischiger Thallus verzweigt sich wiederholt gabelig. Die Zweige sind namentlich unterwärts mehr cylindrisch, oberwärts blattartig flach. Die Tetrasporen sind wie bei Chondrus über den Thallus zerstreut. Der wichtigste Unterschied beruht auf der Beschaffenheit der Cystokarpien, welche bei Gigartina in kurze, eiförmige oder gestielte Auswüchse (in Papillen) eingebettet sind. Diese Papillen sind besonders auf der Fläche der blattartigen Thalluszweige zahlreich zerstreut zu finden.

Gigartina mammillosa Ag. gleicht sonst habituell dem *Chondrus crispus*. Im Allgemeinen sind die Thallusränder jedoch nach einer Seite gebogen, so dass die Zweige canalartig werden. Die Papillen sind ellipsoidisch, kurz gestielt. Es bezieht sich auf ihr Vorhandensein und ihre Massenhaftigkeit die Bezeichnung „mammillosa" (= zitzenreich).

Mit *Chondrus crispus* an gleichen Standorten wachsend, wird Gigartina unterschiedslos als Carrageen eingesammelt und getrocknet. Oft bildet Gigartina die überwiegende Menge der Droge, welche von der Ph. G. II. 48 deshalb auch definirt wird: „Thallus quem offerunt *Chondrus crispus* (Fucus crispus) et *Gigartina mammillosa.*"

Die Droge ist durch viele andere Meeresalgen, besonders durch das fein corallenartig zerschlitzte Ceramium, durch fädig verzweigte Polysophonien und andere Rhodophyceen, oft durch die aus cylindrisch fadenförmigen, gabelig verästelten Zweigen sich aufbauende *Furcellaria fastigiata* verunreinigt. Diese Algen müssen aus der Droge entfernt werden.

Als Synonyme kommen vor für *Chondrus crispus* Ag. *Fucus crispus* L. und *Sphaerococcus crispus* Ag., für *Gigartina mammillosa* Ag.

---

[1]) Der Anfänger wurde schon in der Einleitung davor gewarnt, das Carrageen nicht als „Moos" zu bezeichnen. Das „Carrageenmoos" oder „irländische Moos" des Volksmundes ist eine **Alge**.

die Bezeichnungen *Sphaerococcus mammillosus* Ag. und *Mastocarpus mammillosus* Kütz.

3. Alsidium Helminthochorton Ktz.

Aus der Familie der Rhodomeleae war ehedem *Alsidium Helminthochorton* Ktz. (= *Helminthochorton officinarum* Lk., *Gigartina Helminthochorton* Lamour., *Sphaerococcus Helminthochortos* Ag.) unter dem Namen „corsicanisches Wurmmoos"[1]) oder „Wurmtang" (Helminthochorton s. Alga Helminthochorton) officinell. Es dürfte wohl auch jetzt noch, obwohl selten, in der Volksmedicin als wurmabtreibendes Mittel Verwendung finden. Die Pflanze unterscheidet sich von *Chondrus* und *Gigartina* durch den fadenförmigen, gabelig oder fiederig zertheilten Thallus, an welchem die Tetrasporen von tetraëdrischer Gestalt verkürzte, mit den vegetativen Aesten wechselständige Aestchen erfüllen, welche sich zu einer Spirallinie am Stamme anordnen. Auch die Cystokarpien sitzen äusserlich an den Aesten und öffnen sich auf ihrem Scheitel.

Die nur etwa 4 cm hohen, borstendicken Pflänzchen sind in frischem Zustande purpurroth; trocken sind sie blass bräunlich. Sie wachsen an den felsigen Küsten des Mittelmeeres, besonders an der Küste Corsicas. Die Droge ist meist durch viele andere Algen verunreinigt.

Fungi, Pilze.

Als Pilze (Fungi) bezeichnet man alle blüthenlosen, nicht in Stamm und Blatt gegliederten Pflanzen (Thallophyten), welche durch den Mangel des grünen Farbstoffes, des Chlorophylls, und auch anderer, dasselbe in seiner Function ersetzenden organisirten Farbstoffkörper gekennzeichnet sind. Man kann also die Definition kurz dahin zusammenfassen: Pilze sind chlorophylllose Thallophyten. Der Mangel des Chlorophylls ist gleichbedeutend mit dem Mangel des Assimilationsvermögens, sofern man darunter die Zerlegung der aus der atmosphärischen Luft stammenden Kohlensäure versteht. Die Pilze sind mithin ihrer inneren Natur nach darauf angewiesen, ihre Nahrung aus bereits organisirten, lebenden oder todten Körpern zu entnehmen, sie sind Schmarotzer (Parasiten) oder Fäulnissbewohner (Saprophyten) und sind berufen, im Haushalte der Natur eine hervorragende Rolle als Zerstörer zu spielen.

Der Körper (Thallus) der Pilze ist sehr verschieden entwickelt. Die niedrigsten Formen (Bacterien) sind unendlich winzige, einzellige

[1]) Die Bezeichnung „Moos" ist natürlich auch hier falsch. Vgl. die Fussnote auf voriger Seite.

Wesen, welche sich nur durch Zweitheilung, dann aber oft bis ins Unendliche vermehren, dabei Colonien von mehr oder minder charakteristischem Aussehen und oft charakteristisch sich äussernder physiologischer Thätigkeit entwickelnd (Gährungserreger, Krankheitserreger, Farbstoffbildner). Viele Formen treten als reich verzweigte, meist durch Querwände gegliederte Fäden auf. Man bezeichnet nun die Pilzfäden ganz allgemein, auch bei den höheren Pilzen, als Hyphen. Die nur aus getrennten Fäden gebildeten Pilze heissen schlechthin Hyphomyceten, Fadenpilze. Die Gesammtheit der Hyphen eines Pilzes pflegt man Mycel zu nennen. **Das Mycel ist somit der Pilzkörper, sofern wir von dessen äusserer Gestalt ganz absehen.** Bei allen höher organisirten Pilzen verflechten sich die Hyphen zu schwammigen oder filzigen Gewebekörpern („Filzgewebe"). Im Allgemeinen behält auch hierbei jeder Pilzfaden seine Individualität, wenigstens innerhalb gewisser Grenzen; das Filzgewebe wird deshalb auch als „unechtes Gewebe" bezeichnet. Bei vielen Pilzen ist nun wie bei den Algen eine Neigung zur Verflüssigung oder Vergallertung ihrer Fäden vorhanden (in ausgesprochenster Form bei den Tremellinen), wie denn überhaupt ein auffälliger Wasserreichthum den Pilzkörpern im Allgemeinen eigen ist. Aber auch der umgekehrte Fall kommt vor. Viele Pilze können ihr Mycel in einen Dauerzustand versetzen. In solchen Fällen füllen sich die Mycelfäden mit Reservestoffen (meist mit Oelen), verlieren ihren Wassergehalt, so dass sie völlig trocken und hart, selbst brüchig werden, umgeben sich auch wohl mit einer „pseudoparenchymatischen" Rinde. Man nennt solche Mycelkörper Sclerotien. Das bekannteste und hier besonders bemerkenswerthe Beispiel eines Sclerotiums ist das Mutterkorn, Secale cornutum, welches nichts Anderes ist, als die Dauerform des Mycels, das Sclerotium von *Claviceps purpurea.*[1])

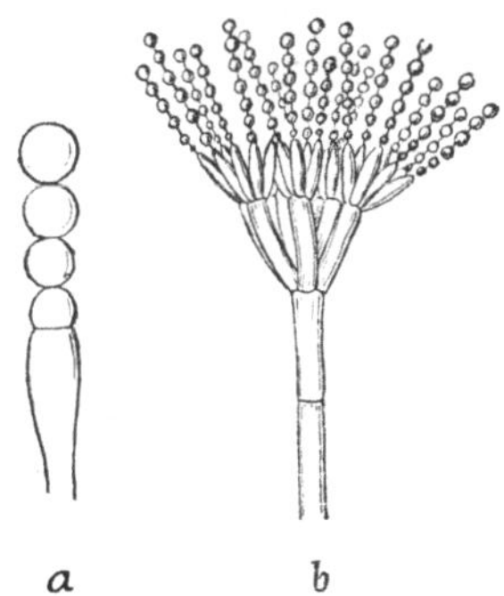

Fig. 52. Verschiedene Art der Conidienbildung bei Pilzen. *a.* Eine Pilzhyphe, welche eine Reihe von Conidien (Conidiosporen) abgliedert. *b.* Ein oberwärts reich verzweigter Conidienträger. Die kugeligen Conidien zu Reihen geordnet. (Aus dem Entwickelungskreise des allgemein bekannten graugrünen „Schimmels", des Penicillium glaucum.)

Auf dem Mycel oder innerhalb desselben bilden sich die Fortpflanzungsorgane, oft auf besonders gestalteten Fruchtträgern, aus. Im

[1]) Vor dem Fehler, das Claviceps-Sclerotium, also einen Pilz, mit einem Roggenkorne, also einer Getreidefrucht, zu verwechseln, wurde schon in der Einleitung gewarnt. Vgl. S. 4.

einfachsten Falle sind die Fruchtträger unverzweigte oder verzweigte Hyphen, welche, ohne dass ein Geschlechtsact an der Pflanze vorhergegangen ist, an ihrer Spitze einzelne oder zahlreiche, reihenförmig hinter einander liegende Brutzellen (Sporen, Conidien) abgliedern (Fig. 52). An grösseren Fruchtkörpern vereinigen sich die sporenbildenden Hyphenenden meist zu besonderen Flächen; sie bilden ein Hymenium (eine „Fruchtschicht", „Sporenschicht" oder ein „Sporenlager"), in welchem jedes sporenbildende Hyphenende als Basidie bezeichnet wird. Die auf ihrem Scheitel sitzenden Sporen heissen Basidiosporen (Fig. 53). Man unterscheidet nach diesem Modus der Sporenbildung eine der umfangreichsten Abtheilungen der Pilze als ***Basidiomycetes.*** Liegen die Hymenien frei an der Oberfläche des Fruchtkörpers, so nennt man solche Basidiomyceten Hymenomycetes zum Unterschied von den Formen, bei welchen das Hymenium innere Höhlen des Fruchtkörpers auskleidet. Solche Pilze werden jenen als Gasteromycetes gegenübergestellt.

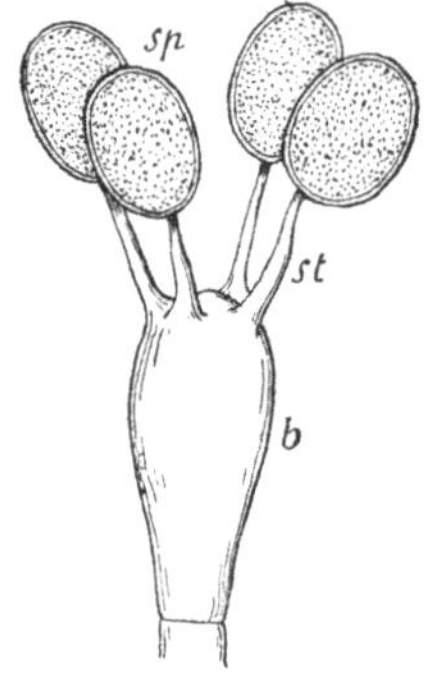

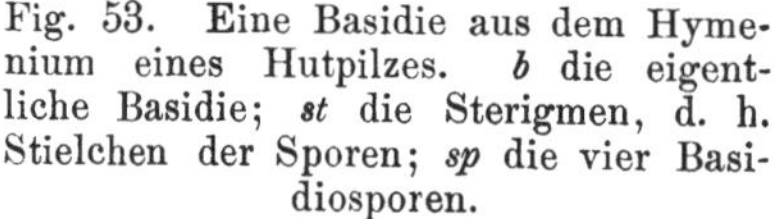
Fig. 53. Eine Basidie aus dem Hymenium eines Hutpilzes. *b* die eigentliche Basidie; *st* die Sterigmen, d. h. Stielchen der Sporen; *sp* die vier Basidiosporen.

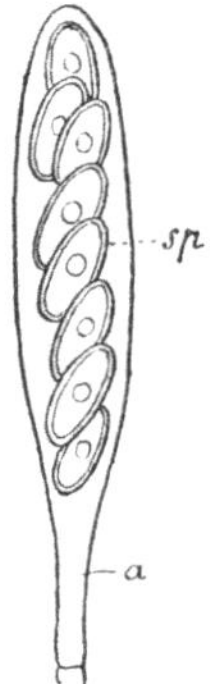

Fig. 54. Ein Sporenschlauch (Ascus) eines Schlauchpilzes (Ascomyceten). *a* der eigentliche Schlauch; *sp* die 8 in ihm erzeugten Sporen (Ascosporen).

Ganz anders vollzieht sich die Sporenbildung bei einer zweiten, grösseren Abtheilung der Pilze, bei den ***Ascomycetes.*** Das Mycel bildet hier keulenförmige Hyphenenden aus, in deren Inneren durch sogenannte „freie Zellbildung" anscheinend gleichzeitig (simultan) oder nach einander (durch „successive" Zweitheilung) meist 8, seltener 4, 16, 32, 64 und mehr Sporen entstehen. Man nennt solche sporenbildende Hyphenenden Asci oder Sporenschläuche, ihre Sporen Ascosporen oder Schlauchsporen (Fig. 54). Es ist nicht unwahrscheinlich, dass der Bildung der Asci ziemlich allgemein ein Geschlechtsact vorhergeht, dass die Ascusfrüchte (Fig. 55) den Carposporenhaufen (Glomeruli) der Florideen (vgl. Fig. 50 und

51) entsprechen. Carpogone (hier Ascogone genannt; vgl. Fig. 50 und Erklärung unter dieser), ja selbst die Bildung von Trichogynen sind bei Ascomyceten bereits aufgefunden worden. In den seltensten Fällen bleiben die Asci nackt (Gymnoasci), häufiger bildet sich aus unfruchtbaren Hyphen ein die Asci umhüllender, kugeliger oder flaschenförmiger Fruchtkörper, ein Perithecium (Fig. 55, III, *per*) aus. Die Perithecien bleiben nun entweder isolirt und sind völlig geschlossen (Perisporiaceae), oder sie sind krugförmig, an der

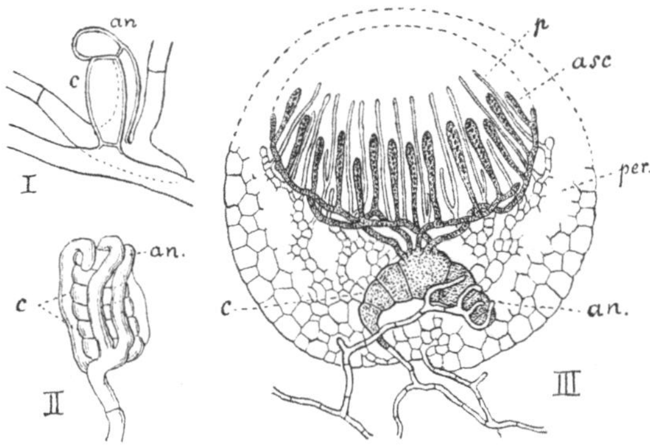

Fig. 55. Geschlechtsorgane von Ascomyceten. I. Das einzellige Ascogon (*c*) von Podosphaera Castagnei mit dem sich anlegenden Antheridialaste; *an* Antheridium. II. Schraubenförmig gewundenes Ascogon (*c*) von Eurotium repens, von Antheridialästen (*an*) umwachsen. III. Geschlossener Fruchtkörper (Perithecium) von Ascobolus furfuraceus; *an.* Antheridialäste, sich an das Ascogon *c* anlegend. Aus der mittleren Zelle des Ascogons sind dünne Fäden hervorgewachsen, welche die Asci (*asc.*) in die Höhlung des Fruchtkörpers (*per.*) sprossen lassen. Zwischen den Ascis sprossen aus den sterilen Hyphen die haarförmigen Paraphysen *p* aus. (I und II nach de Bary, III nach Janczewski in Sachs-Göbel.)

Spitze mit Lochöffnung versehen (Pyrenomycetes, zu welchen das Mutterkorn gehört). Bei manchen Ascomyceten wird die Oeffnung der Perithecien so weit, dass das Hymenium die Scheibenfläche eines becherförmigen oder ganz flachen Trägers (eines Apotheciums) auskleidet, oder es überzieht die freie Oberfläche des ganzen Fruchtkörpers (Discomycetes).

Neben der ungeschlechtlichen Fortpflanzung ist vielfach eine geschlechtliche bekannt. Die Pilze verhalten sich bezüglich dieser zum Theil genau wie die Algen; es giebt in beiden Classen homologe Reihen. Den zygosporenbildenden Algen (Zygosporeen) entsprechen zygosporenbildende Pilze (Zygomyceten) u. s. f. Willkürlich sich bewegende Spermatozoiden sind nirgends vorhanden (doch kommen bei einigen Pilzen ungeschlechtliche Zoosporen vor). Die Befruchtung vermitteln passiv bewegliche männliche Befruchtungskörper, Spermatien; auch kennt man bei vielen Pilzen solche, ohne dass man bisher das weibliche Organ auffinden konnte. Bisweilen werden weibliche Eizellen (Oosphären) durch das Plasma pollenschlauchähnlicher Hyphen (Antheridialäste, Pollinodien) befruchtet (Fig. 56); so bei Saprolegniaceen und Peronosporeen, zu welchen unscheinbare, fädige, nur mit dem Mikroskope erkennbare Formen gehören. Bei den Perisporiaceen und anderen Ascomyceten werden die Ascogone in ähnlicher Weise durch Anlegen von Antheridialästen zu weiterer Entwickelung angeregt. (Vgl. hierzu Fig. 55)

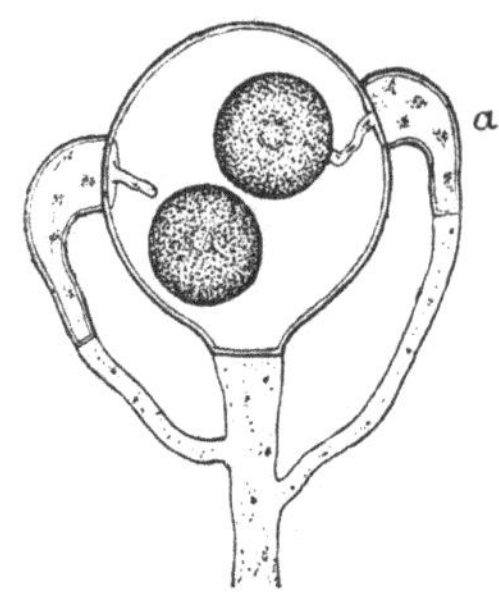

Fig. 56. Geschlechtsorgane einer Saprolegniacee. Das kugelige Oogon umschliesst zwei Oosphären. Die beiden aus dem Mutterfaden seitlich hervorgesprossten Aeste (Antheridialäste, Pollinodien) senden aus ihrer, das Oogon berührenden Endzelle (dem Antheridium *a*) je einen Befruchtungsschlauch an eine Oosphäre.

Die Pilze theilt man in fünf grosse Gruppen:

I. **Schizomycetes**, Spaltpilze oder Bacterien.
II. **Blastomycetes**, Spross- und Hefepilze.
III. **Myxomycetes**, Schleimpilze.
IV. **Phycomycetes**, Fadenpilze (hierher die meisten Schimmelpilze).
V. **Eumycetes**, echte Pilze (hierher unter anderen alle essbaren Pilze).

Ohne auf die Betrachtung derjenigen Pilzformen einzugehen, welche dem hier verfolgten Ziele fern bleiben müssen, wenden wir uns zunächst zur Darstellung des

1. Polyporus fomentarius Fr.

Der als Feuerschwamm allerwärts bekannte Pilz ist ein Vertreter der grossen Abtheilung der Basidiomyceten; er erzeugt also an der Spitze gewisser Hyphenenden ohne vorhergegangenen Geschlechtsact Sporen, aus deren Keimung ein neues Mycel hervorgeht. Nun ist ferner wichtig zu merken, dass die sporenbildenden Hyphen sich zu einer geschlossenen Schicht, einem Hymenium, vereinigen (Fig. 57). In diesem stehen die Hyphenenden senkrecht gegen die Oberfläche gerichtet, dicht neben einander. Nicht alle Hyphenenden sind fruchtbar, viele sind vielmehr haarförmig, eng und wenig plasmareich; man nennt sie Paraphysen (Fig. 57, *p*). Zwischen ihnen liegen die meist kräftiger entwickelten, sporenerzeugenden Hyphenendzellen, welche man als Basidien bezeichnet (Fig. 57, *b*). An ihnen bilden sich die Sporen in der Weise, dass sich auf ihrem Scheitel vier kreuzweis gestellte, ausserordentlich zarte Fortsätze, canalförmige Ausstülpungen, entwickeln, welche an ihrer Spitze kugelig oder ellipsoidisch anschwellen, indem zugleich der Plasmainhalt der Basidie sich in die Anschwellungen hineindrängt (vgl. auch Fig. 53). Die kugeligen Gebilde sind die jungen Basidiosporen (*sp* in Fig. 53 und 57). Sie grenzen sich gegen das sie mit der Basidie verbindende Stielchen, das Sterigma (Fig. 53, *st*), durch eine Querwand ab, verdicken dann ihre Wandung in je nach der Art eigenthümlicher Weise, in der Regel so, dass sich eine äussere Sporenhaut, ein Exosporium, und eine innere Sporenhaut, ein Endosporium, unterscheiden lässt, und fallen dann ausgereift ab. Die Form der reifen Spore, die Färbung und Beschaffenheit des Exosporiums, welches durch Perlhöckerchen, Stacheln, netzige Verdickungsleisten etc. reich sculptirt zu sein pflegt, geben Charaktere für die Artunterscheidung ab. Erwähnenswerth ist noch die Erscheinung, dass zwischen den Basidien und den Paraphysen gewöhnlich sackartige oder blasige Hyphenenden, meist in verhältnissmässig geringer Zahl, weit über die Hymenialfläche sich vorwölben. Man nennt diese unfruchtbaren Hyphenenden Cystiden. (Fig. 57, *c*).

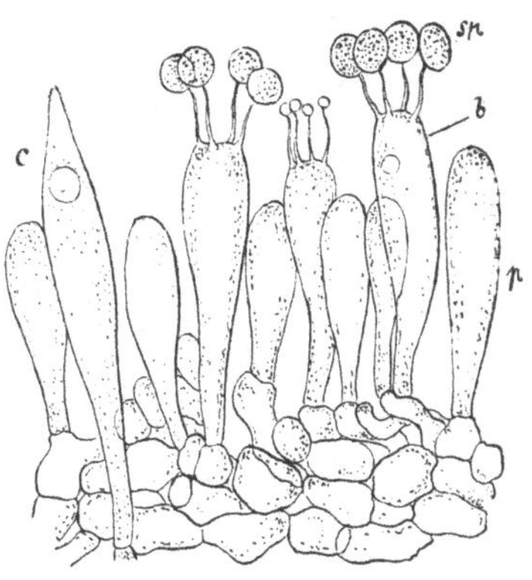

Fig. 57. Querschnitt durch die Hymenialschicht eines Hutpilzes (Russula) nach Strasburger. *b* Basidien, welche auf ihrem Scheitel je vier Sporen (Basidiosporen) tragen; *p* sterile Hyphenenden (Paraphysen); *c* eine Cystide. Die Basidien, Paraphysen und Cystiden bilden zusammen eine Schicht, das Hymenium genannt. Ca. 500 mal vergr.

Polyporus gehört nun zu der grossen Gruppe der Basidiomyceten, deren Hymenium frei an der Oberfläche der Fruchtkörper erscheint, d. h. zu den Hymenomyceten oder Hautpilzen. Als Polyporeen bezeichnet man unter ihnen diejenigen, deren Hymenium aus zahllosen parallel neben einander stehenden, senkrecht gegen die Oberfläche des Pilzes verlaufenden Röhren zu bestehen scheint. Die Fruchtschicht der betreffenden Pilze macht den Eindruck, als hätte man in den mehr oder minder festen Fruchtkörper mit einer Nadel zahllose, dicht neben einander stehende Löcher hineingestochen. Der Formenreichthum der Natur ist natürlich auch hier ein ausserordentlicher. Bald sind die Löcher des Hymeniums tief und eng, bald werden sie gröber, und dann wechselt der Umriss des Loches; es wird elliptisch oder fast spaltenförmig-länglich, oder es wird breit spaltenförmig. In anderen Fällen wird die Lochöffnung so weit, dass wir besser nur von einer Vertiefung in der Hymenialfläche sprechen; dann variirt wieder die Anordnung der Poren. Die spaltenförmigen Poren reihen sich in gewissen Richtungen an einander, so dass sie durch lamellenartige Wände von einander getrennt werden, oder die ganze Hymenialfläche wird wabenartig. Ausserordentlich mannichfaltig gestaltet sich ferner die Form der ganzen Fruchtkörper, zum Theil in Abhängigkeit von den Lebensverhältnissen, unter welchen der Pilz vegetirt. Im Allgemeinen sind alle Polyporeen Bewohner todten oder lebendigen Holzes; nur verhältnissmässig wenige können als terrestrische d. h. auf dem Erdboden lebende Formen bezeichnet werden. Alle Polyporeen entwickeln aus der Basidiospore ein fädiges, reichverzweigtes Mycel, welches bei terrestrischen Formen den humusreichen Boden fast spinngewebeartig durchzieht, dabei die feuchten, den Humus zum grösseren Theil bildenden todten Pflanzentheile (die abgefallenen Blätter, abgestorbenen Wurzeln etc.) durchwuchernd und zersetzend, oder das Mycel dringt in Wundstellen der Baumrinden ein, namentlich gern an den frischen, vom Windbruch erzeugten Wundstellen der Ast- und Zweigstumpfe oder an den nicht getheerten Schnittflächen, welche beim Ausästen der Bäume geschaffen werden. In dem Lebensringe, dem Cambium[1]), der in dieser Weise inficirten Bäume finden die Mycelien reiche Nahrung; sie durchsetzen dasselbe theils aufwärts, theils abwärts wachsend, senden auch Aeste in das junge und ältere Holz der Bäume hinein und bedingen hier Zersetzungserscheinungen, welche sich in der Brüchigkeit, der Bräunung, dem Morschwerden etc. des Holzes zu erkennen geben. So vernichtet das Pilzmycel im Laufe der Jahre den Holzkörper selbst der kräftigsten Bäume, wirkt aber noch verderblicher durch den Schaden, welchen es im Cambium anrichtet. Wo dasselbe vom Pilzmycel durchwuchert wird, pflegt es abzusterben; die mit ihm in Verbindung stehenden Aeste vertrocknen, werfen ihre Rinde ab und zeigen frühzeitig die Schädigung des ganzen Baumes an. Ist die Infection einmal so weit gediehen, dann bedarf es bisweilen nur noch weniger Jahre, um dem ganzen Baume den Garaus zu machen. Entweder entrindet er sich ganz, um dann mit seinen todten Aesten als ein Opfer der Zeit aus seiner Umgebung emporzuragen, oder der vom Pilz durchwucherte Stamm vermag nicht mehr den Herbststürmen zu widerstehen und wird bei Gelegenheit vom Winde umgebrochen. Noch lange ehe es zur Katastrophe kommt, pflegen an verschiedenen Stellen des Baumes die Fruchtkörper des Pilzes aus der Rinde hervorzubrechen. Geschieht dasselbe an der Unterseite[2]) der stärkeren Zweige und der mehr oder weniger horizontalen Aeste, so ist der Fruchtkörper krustenartig; sein Rücken ist der ganzen Länge nach dem Aste angewachsen; das fast ebene Hymenium wendet seine Oberfläche dem Erdboden zu. Man nennt solche Fruchtkörper resupinate.

---

[1]) Das Cambium ist die allein fortbildungsfähige, das Dickenwachsthum der Bäume vermittelnde Gewebeschicht, welche die Grenze zwischen Rinde und Holz bildet.

[2]) Niemals erscheinen die Fruchtkörper auf der Oberseite horizontaler Zweige und Aeste.

Bricht der Fruchtkörper an dem senkrechten Stamme hervor, so bildet der Pilz eine sich seitlich ausbreitende, an die Gestalt eines Pferdehufes erinnernde Fruchtform, welche mit breiter Fläche dem Baume ansitzt. Auch hier bildet sich das Hymenium auf der erdwärts gerichteten Fläche des Fruchtkörpers aus (dies die typische Form des *Polyporus fomentarius*). Bei vielen Arten erhebt sich der das Hymenium tragende Theil des Fruchtkörpers, der Hut genannt, auf einem mehr oder weniger dicken, meist kurzen Stiele. Bricht dieser seitlich am Baume hervor, dann ist der Hut meist einseitig entwickelt und zwar nach der vom Stamme abgekehrten Seite hin. Der Hut scheint nur mit einer Hälfte entwickelt zu sein und diese ist seitlich gestielt. Solche Fruchtkörper heissen pleuropode. Entwickelt sich aber der Fruchtkörper auf dem schräg ansteigenden Fusse eines Baumes oder auf einem verholzten Wurzelaste, dann steht der allseitigen Entwickelung des Fruchthutes kein Hinderniss entgegen, und wir erhalten dann einen central gestielten, einen mesopoden Fruchtkörper. Diese Formen nehmen naturgemäss auch die meisten terrestrisch lebenden Polyporeen an. Im Gegensatz zu den pleuropoden und mesopoden Formen bezeichnet man die seitlich ansitzenden Hüte auch wohl als apod (fusslos).

Die ausserordentlich artenreiche Gattung *Polyporus* Mich. ist nun von den verwandten Gattungen zunächst dadurch unterschieden, dass sich die Gewebemasse des Hutes niemals scharf gegen das Gewebe des Hymeniums abgrenzt, während die zwischen den „Poren" des Hymeniums liegende Substanz von der des Hutes verschieden, oft auch anders gefärbt ist. Die Hüte sind gewöhnlich gross, bald fleischig, bald zähe, bald korkig oder gar holzig. Officinell ist von den überaus zahlreichen Arten nur noch

Polyporus fomentarius Fries, der Feuerschwamm. Er lässt seine bis 30 cm breit werdenden, an der Anheftungsfläche bis 10 cm dicken, hufförmigen, fast dreieckigen, im Umfange halbkreisförmigen Fruchtkörper an den verschiedensten Laubbäumen, besonders häufig an Buchenstämmen zur Entwickelung gelangen. Charakteristisch ist an den Fruchtkörpern die dicke, sehr harte Rinde, deren äusserste Schichten dem Hute ein silbergraues oder fast weisses, oft seidenglänzendes Aussehen verleihen. Die Oberfläche ist völlig nackt; auf ihr markirt sich der Zuwachs des jahrelang fortwachsenden Hutes durch die Bildung entfernt-concentrischer, gewölbter Zonen. Der Rand des Hutes geht wulstig glatt in das die ganze Unterseite bedeckende Hymenium über, welches gewöhnlich rostfarbig erscheint. Schneidet man den Hut senkrecht gegen seine untere Fläche durch, so erblickt man unter der rothbraunen oder rostbraunen, immer dunkleren Rinde das hellzimmetfarbene Gewebe des Hutes, dessen mittlere Partie von flockiger Beschaffenheit ist. Die Poren in der Hymenialschicht sind von verschiedener Länge, die längsten liegen nahe der Ansatzstelle am Baume, die folgenden werden um so kürzer, je mehr wir uns dem Hutrande nähern. Es steht diese Erscheinung mit der Zonenbildung des Hutes in Zusammenhang.

Obwohl durch ganz Nord- und Mitteleuropa verbreitet, kommt jedoch fast ausschliesslich der in Böhmen und Ungarn wachsende Schwamm in den Handel. Das flockige Gewebe des Hutes bildet den früher allgemein in Gebrauch gewesenen Feuerschwamm oder Zunder, welcher noch jetzt als blutstillendes Mittel officinell ist; er bildet den Fungus chirurgorum Ph. G. II. 123 s. Boletus chirurgorum v. Boletus igniarius Ph. G. II. 331. Es ist besonders darauf zu achten, dass der für chirurgische Zwecke verwendete „Schwamm" nicht mit Kalisalpeter oder anderen Salzen getränkt worden ist.

Als Synonym zu *Polyporus fomentarius* Fries ist zu merken *Boletus fomentarius* L., für die Droge die Benennungen Fungus igniarius praeparatus v. Agaricus praeparatus v. Agaricus Chirurgorum, sowie Agaricus quercinus praeparatus u. a.

2. Polyporus igniarius Fr.

Mit dem „echten Feuerschwamm" ist diese als „unechter Feuer- oder Weidenschwamm" unterschiedene Art so nahe verwandt, dass ein Verwechseln beider leicht möglich ist. Wenn auch der Weidenschwamm, wie es dieser Name andeutet, besonders gern die alten Weiden heimsucht und an ihnen fast überall angetroffen wird, so findet er sich doch auch, wie der *Polyporus fomentarius*, an noch vielen anderen Laubholzstämmen vor. Charakteristisch ist das erste Auftreten des *Polyporus igniarius*. Der mit breiter Basis ansitzende Hut ist in der Jugend fast kugelig oder halbirt-eiförmig, erst später nimmt er die hufförmige Gestalt an, ist dann aber allgemein flacher als der P. fomentarius, auch gewöhnlich reicher und schmaler gezont, sein Rand sehr stark gewulstet. Seine Oberfläche ist in der Jugend mit zartem, flockig-grauem Anfluge versehen, der sich aber später verliert und die harte, rauhe, rostbraune, später selbst schwarzbraune, rissige Rinde hervortreten lässt. Auf Querschnitten erscheint das ganze Gewebe des Hutes rostbraun, nirgends hellzimmtfarben.

Der Hut liefert eine schlechtere Sorte des Feuerzunders, dessen Verwendung zu Heilzwecken nach der Ph. G. II. ausgeschlossen werden muss.

Synonyme Bezeichnungen für *Polyporus igniarius* Fr. sind *Boletus igniarius* L., *Boletus obtusus* Pers. und *Polyporus loricatus α.* Pers.

3. Polyporus officinalis Fr.

Die dritte der hier zu erwähnenden Arten, der *Polyporus officinalis*, auch „Lärchenschwamm" genannt, gehört zu einer Gruppe der Polyporus-Arten, welche man als *Suberosi* (die „Korkreichen") bezeichnet, weil ihre anfänglich fleischigen, saftigen Hüte später korkähnlich hart werden. Sie zeigen nur eine dünne Rinde und zarte, im Alter fast ganz verschwindende Poren. Die älteren Hüte des Lärchenpilzes sind im Innern völlig trocken, mehlig-flockig, leicht zerreiblich. Die Form des Pilzes erinnert an die Fruchtträger der vorgenannten Arten. Im Allgemeinen hufförmig, wölben sie sich jedoch oft kegelförmig oder halbkugelig hervor, bisweilen ganz unförmliche Massen bildend, welche aus der Vereinigung mehrerer, anfänglich isolirten Fruchtkörper hervorgehen. Bis 30 cm Höhe und 20 cm Breite bei einer Dicke von 10 cm erreichend, werden die Lärchenpilze oft mehrere Kilo schwer. Die gewölbte, bisweilen buckelige Oberfläche ist im Ganzen gelblichweiss, doch grenzen sich auf ihr dunklere, bis braune Zonen und concentrische Furchen ab. Die kahle Rinde wird im Alter hart und rissig. Auf dem Querschnitt erscheint das Gewebe des Pilzes gelblichweiss, nicht gezont; auch die kurzen Poren sind gelblich. Die Sporen sind weiss.

Der Lärchenschwamm wird vorzüglich in den südlichen Alpen gesammelt, findet sich aber auch in Nordrussland und in Sibirien, bis nach Kamtschatka hin. Er war schon den Griechen als ein Naturprodukt von Agaria (im Lande der Sarmaten) bekannt und wurde als Agarikon bezeichnet. Bei uns war er bis zum Erscheinen der Ph. G. II officinell als Fungus Laricis s. Boletus Laricis v. Agaricus albus. Er diente zur Bereitung der Tinctura Aloës composita (des „Elixir ad longam vitam"). Wenn nun auch die Ph. G. II für die Herstellung dieser den *Polyporus officinalis* jetzt ausschliesst, so wird doch der Lärchenschwamm noch heute vielfach zu „Ansätzen" begehrt. Die Leute setzen sich ihr „Lebenselixir" nach alten, im Besitze des Publicums sich forterbenden Hausrecepten an, in welchen der Lärchenschwamm eine hervorragende Rolle spielt und welche alle ein dem Elixir ad longam vitam gleichkommendes Arzneimittel liefern.

Synonyme zu *Polyporus officinalis* Fr. sind *Boletus officinalis* Vill., *Boletus Laricis* Jacq., *Boletus purgans* Gmel.

4. Claviceps purpurea Tul.

Aus der grossen Abtheilung der Ascomyceten, welche ihre Sporen im Innern von keulig-angeschwollenen Hyphenenden, in den Ascis oder Schläuchen, meist zu je acht, erzeugen, ist nur noch eine einzige Art officinell, diese aber ist zugleich von höchster Bedeutung für die medicinische Praxis und allgemein unter dem Namen Mutterkorn oder Secale cornutum bekannt. Ohne auf die systematische Stellung dieses Pilzes näher einzugehen, wollen wir zunächst seine Entwickelung verfolgen. (Vgl. hierbei Fig. 58).

Im Sommer findet man nicht selten auf einzelnen Aehren in unseren Roggenfeldern anfänglich schmutzigviolett bereifte, später braune bis schwarzviolette, hornförmige, gewöhnlich zwei bis drei cm lange, meist nur drei bis vier mm dicke, schwach gekrümmte Auswüchse von etwa dreikantiger Querschnittsform (Fig. 58, 1 bei *s*).

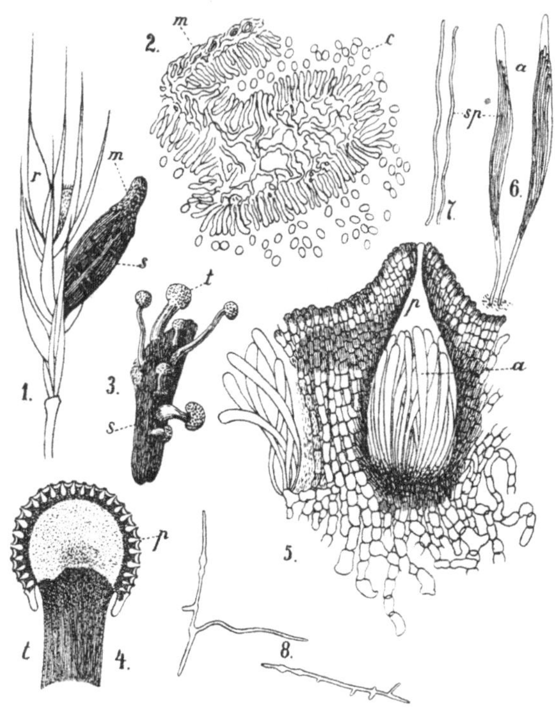

Fig. 58. Claviceps purpurea, das Mutterkorn und seine Entwickelungsformen. 1. Theil einer Roggenähre mit einem Sclerotium *s* (dieses bildet die als Secale cornutum bezeichnete Droge; *m* ist der Rest der Sphacelia). 2. Sphaceliaform des Pilzes; *m* das Mycel derselben; *c* von den Hyphenenden abgeschnürte Conidien. 3. Ein Sclerotium (*s*), welches langgestielte, mit einem Köpfchen endende Fruchtkörper erzeugt (*t*). 4. Ein Köpfchen eines Fruchtkörpers im Längsschnitt, vergrössert; *p* die Perithecien. 5. Längsschnitt durch ein Perithecium (*p*); *a* die Sporenschläuche (Asci). 6. Zwei Asci mit fadenförmigen Ascosporen (*sp*). 7. Zwei Ascosporen. 8. Dieselben keimend. (Fig. 2, 5, 6, 7 und 8 stark vergrössert.) (Nach Tulasne in Potonié, Elem.)

In der Regel ziehen sich auf ihrer Oberfläche eine oder zwei ziemlich tiefe Längsfurchen von der Spitze nach dem Grunde hin. Vor der Reifezeit der Roggenähren pflegen diese Auswüchse schon leicht aus den Aehren auszufallen und auf den Boden zu gelangen, wo sie nach der Ernte unbeachtet liegen bleiben. Man hielt diese Gebilde lange Zeit für krankhaft verbildete Roggenkörner, welche eingesammelt eines der wichtigsten Arzneimittel der geburtshilflichen Praxis bilden. Die mikroskopische Untersuchung eines solchen lehrt zunächst nur, dass wir es hier mit einem Flecktwerk sehr enger, zarter Fäden, Pilzhyphen, zu thun haben, deren wesentlicher Inhalt als ein fettes, fast farbloses Oel in Tropfenform sichtbar ist. Die Rinde des eigenartigen Körpers besteht aus sehr kurzen Hyphenzellen, welche sich gegenseitig polygonal abplatten und ein, wie man sagt, pseudoparenchymatisches Gewebe bilden. Wir nennen das ganze, einen ruhenden Pilzkörper darstellende Gebilde ein Sclerotium, ein Dauermycel.

Lässt man die Sclerotien des „Mutterkornes" auf öfter zu befeuchtendem Sandboden bis zum folgenden Frühjahr liegen, so erhalten sie sich zunächst Monate lang unverändert. Kurz vordem auf den Roggenfeldern im Freien die Roggenblüthe beginnt, gewahrt man aber — etwa zu Anfang Mai — dass die Rinde der Sclerotien an zerstreuten Punkten gesprengt wird, und zwischen den klaffenden Rändern der betreffenden Stellen erheben sich zart rosafarbene, kugelige Wärzchen, um deren Basis herum sich feine, seidenartige Haarfäden ausbilden und gegen den Erdboden hinstrahlen. Bald darauf werden die kugeligen Gebilde auf mehr oder minder schlanken, 2—2$^1/_2$ cm langen, violett seidenglänzenden, meist unregelmässig hin- und hergekrümmten Stielen emporgehoben (Fig. 58,.3). Wir erkennen nun unzweifelhaft in diesen Sprossungen eigenartige Fruchtkörper eines Pilzes. Betrachtet man eines der kugeligen Köpfchen, dessen unterer Theil zur Aufnahme des Fruchtträgers ein wenig ausgehöhlt ist, mit grösserer Aufmerksamkeit, so erkennt man auf seiner Oberfläche zahlreiche warzenartige, oft dunkler gefärbte Erhebungen. Längsschnitte durch das Köpfchen erweisen, dass auf dem Scheitel jeder Warze der kanalförmige Hals einer flaschenförmigen Grube mündet (Fig. 58, 4 bei *p*). Jede Grube ist ein sogenanntes Perithecium, in dessen bauchförmigem Theil zahlreiche, dicht gedrängt neben einander stehende Hyphenenden von unten her hineingewachsen sind. Alle diese spindelförmigen Enden streben mit ihrer oberen Spitze gegen die Ausführungsöffnung, gegen das Ostiolum des Peritheciums hin (Fig. 58, 5 bei *p*). Die weitere mikroskopische Untersuchung lehrt nun, dass jedes der Hyphenenden einen sporenbildenden Schlauch, einen Ascus darstellt (Fig. 58, 5 bei *a*). Isoliren wir einen solchen, so erkennen wir in ihm acht Sporen, Ascosporen (Fig. 58, 6), welche eine nur sehr selten bei Pilzsporen vorkommende Form zeigen. Jede Spore ist ein äusserst zarter, verhältnissmässig langer, farbloser Faden (Fig. 58, 7). (Bei den meisten Ascomyceten sind die Sporen ellipsoidisch; vgl. Fig. 54.)

Beobachten wir ein reifes Köpfchen eine längere Zeit bei schwacher Vergrösserung, indem wir unser Augenmerk unverwandt auf eines der Ostiolen richten, so sehen wir von Zeit zu Zeit aus der feinen Oeffnung die Spitze eines Ascus sich wie eine feine Nadel über den Warzenscheitel hervorschieben. Kaum ist aber die Hälfte des Ascus herausgeschoben, so platzt derselbe, fast explodirend, vor unseren Augen an seiner Spitze, und die dem Ascus entstammenden 8 Sporen finden wir in ziemlich weiter Entfernung wieder, meist fast parallel neben einander liegend. Die Sporen sind mit Gewalt aus dem Ascus herausgeschleudert worden. Bringen wir über dem Köpfchen des Pilzes in mehreren cm Entfernung eine gereinigte Glasplatte an, so finden wir sie nach einigen Stunden mit zahlreichen ausgeschleuderten Sporen übersät, denen die Glasplatte als Zielscheibe hingestellt wurde [1]).

Die vorbeschriebene, aus dem Sclerotium hervorbrechende Form des Pilzes wird als die eigentliche *Claviceps purpurea* bezeichnet.

Das Aussprossen der Clavicepsform und das Ausschleudern der Ascussporen zieht sich nun bis gegen Ende Mai und Anfang Juni hin, um welche Zeit gerade das Korn auf den Feldern zu blühen pflegt. Exacte Culturversuche haben nun erwiesen, dass die Ascosporen, auf junge Fruchtknoten der Grasblüthen übertragen, auskeimen und hier zunächst ein lockeres Mycel erzeugen, welches die Fruchtknoten wie ein Schimmel umspinnt. Bald bedeckt es die Oberfläche des Fruchtknotens ununterbrochen mit einer dünnen, hautartigen Schicht; dabei dringen auch einzelne Hyphen in die oberflächlichen Zellschichten des Fruchtknotens ein, dessen normale Weiterentwickelung nunmehr gehemmt und unmöglich gemacht ist. Die Oberfläche des weissen Mycels bildet sich zugleich zu einem labyrinthartig faltigen Körper heran, dessen strangartig verflochtene und verfilzte Fäden ihre Enden und kurzen Zweige senkrecht gegen die Oberfläche senden, wo sie eine Art Hymenium nachahmen (Fig. 58, 2). Jedes Hyphenende schnürt auf seinem Scheitel eine nach ihrer Bildung leicht abfallende, ungeschlechtliche, eiförmige Spore ab, der bald eine zweite folgt u. s. f. Man bezeichnet diese Sporen als Conidien, die sie bildenden Hyphenenden als Conidienträger. Das ganze conidienerzeugende Mycel aber nannte man früher die *Sphacelia segetum* Lev., weil man ihre Beziehung zur Clavicepsform noch nicht erkannt hatte und sie für einen eigenartigen Pilz hielt. Den Namen Sphacelia hat man für die beschriebene Entwickelungsphase noch jetzt beibehalten.

Während nun die Conidienbildung an der Sphacelia lebhaft im Gange ist, scheidet das Mycel derselben beträchtliche Mengen einer süsslichen, klebrigen, gelblichen oder bräunlichen, übelriechenden Flüssigkeit ab, welche zwischen den als Spelzen bezeichneten Deck-

[1]) Wer Gelegenheit findet, versäume nicht, frisch gesammelte Sclerotien zum „Keimen“ auszulegen, und die Clavicepsform zu erziehen. Wem ein Mikroskop zur Verfügung steht, sei auch gerathen, sich die ausgeschleuderten und aufgefangenen Ascosporen anzusehen.

und Vorblättern der Grasblüthe hervorquillt und in Tropfen an der befallenen Aehre herabläuft. Man hat diese Tropfenabscheidung ehedem als eine besondere Krankheit der Roggenähren angesehen und sie als den „Honigthau des Roggens" bezeichnet. Dieser Honigthau hat nun eine wichtige biologische Bedeutung. Er wird begierig von allerlei Insecten, namentlich von einem Weichkäfer, der *Rhagonycha melanura* Fabr., aufgesucht. Die mit dem klebrigen Safte besudelten Thiere besuchen nun auch noch nicht inficirte Roggenblüthen und verschleppen die mit dem Honigthau vermengten Conidien des Pilzes auf gesunde Fruchtknoten. Hier keimen die Conidien zu einem neuen Mycel aus, welches in kurzer Zeit zu einer neuen Sphacelia heranwächst, die wieder zahlreiche Conidien einer zweiten Generation erzeugt u. s. f. So wird der Honigthau ein Verderb für viele Roggenblüthen.

Hat nun eine Sphacelia die oberflächlichen Schichten eines Fruchtknotens vernichtet, so dringen ihre Hyphen tiefer in denselben ein und verdrängen schliesslich das ganze Fruchtknotengewebe, an dessen Stelle eine dicht verfilzte Hyphenmasse tritt. Der untere Theil derselben erzeugt aber bald keine Conidien bildenden Hyphen mehr, sondern er wächst allmählich zu dem eingangs besprochenen hornförmigen Körper, zu dem Mutterkorn, heran. Der Pilz bereitet in demselben seine für die Ueberwinterung geeignete Sclerotiumform aus, deren Scheitel noch eine Zeit lang die verschrumpfenden und vertrocknenden Reste der Sphacelia trägt, welche kurz vor der Reife völlig verloren geht (Fig. 58, 1 bei *m*). Mittlerweile ist auch die Fruchtreife des Roggens herangerückt; die Mutterkornsclerotien fallen von selbst zur Erde oder fallen aus den Aehren nach dem Roggenschnitte aus und bleiben unbeachtet auf dem Erdboden liegen, um im nächsten Frühjahr den Kreis der Entwickelung des Pilzes zu schliessen.

Fassen wir die Entwickelung des Pilzes noch einmal kurz zusammen, so erhalten wir folgende Uebersicht:

1) Die überwinternde Dauerform ist das Sclerotium, das „*Secale cornutum*" oder „Mutterkorn".
2) Aus ihm entwickeln sich im Frühjahr die als *Claviceps purpurea* bezeichneten Fruchtträger mit den ihrem Köpfchen eingesenkten Perithecien, welche die Sporenschläuche (Asci) und in diesen die Ascosporen umschliessen.
3) Die ausgeschleuderten Ascosporen keimen auf den jungen Fruchtknoten der Roggenblüthe und bilden hier die als *Sphacelia segetum* bezeichnete Mycelform. Sie erzeugt die Conidiensporen, welche durch den Honigthau verbreitet werden.
4) Die Conidiensporen werden auf andere Blüthen verschleppt und inficiren deren Fruchtknoten, hier wiederum die Sphacelia erzeugend.

5) Die Sphacelien gehen am Ende ihrer Entwickelung in die Bildung der als Mutterkorn bezeichneten Sclerotien über, womit die Entwickelung des Pilzes ihren Kreislauf schliesst.

Die Sclerotien sind bei uns officinell als Secale cornutum Ph. G. II. 236. Sie liefern das Extractum Secalis cornuti Ph. G. II. 96 s. Ergotinum Ph. G. II. 333 v. Extractum haemostaticum Ph. G. II. 333. Die Ph. G. I. schrieb ausserdem noch die Tinctura Secalis cornuti vor. Die Droge wird auch entölt und fein gepulvert verabfolgt. Wirksamer Bestandtheil ist das äusserst giftige Ergotin. Seine blutstillende und wehenbefördernde Wirkung war schon im Mittelalter bekannt und findet in der Bezeichnung Mutterkorn ihren Ausdruck. Es ist besonders zu wissen nöthig, dass sich das Mutterkorn auch auf vielen anderen Gräsern, namentlich auch auf anderen Getreidearten entwickelt; aber **nur das auf dem Roggen (Secale cereale) erwachsene Mutterkorn ist officinell.**

Als Synonyme zu *Secale cornutum* kommen die Namen *Sclerotium Clavus* DC., *Spermoedia Clavus* Fr., *Clavaria Clavus* Schrank und die noch älteren Bezeichnungen *Clavi Silaginis*, *Secalis mater*, *Secale luxurians* u. a. vor.

Während *Claviceps purpurea* der einzige officinelle Pyrenomycet ist, wird vom Volke, namentlich von Bauern, vielfach der zu den Perisporiaceen gehörige, in Tannen- und Fichtenwäldern nach Art der Trüffeln unterirdisch lebende *Elaphomyces granulatus* Fr., der ehedem als Boletus cervinus, „Hirschbrunst“ oder „Hirschtrüffel“ officinelle Pilz, in Apotheken verlangt. Er befördert in hohem Masse den Geschlechtstrieb der Zuchtthiere und wird Kühen, Stuten, Schafen, Ziegen, auch Kaninchen etc. gereicht. Der bis wallnussgrosse Fruchtkörper mit fast holzigharter, warziger, anfangs gelblicher, später brauner Oberfläche ist völlig geschlossen. Sein Inneres besteht aus schwarzem Sporenpulver, welchem weisse, haardünne Fäden untermischt sind. Man bezeichnet die Fäden als das „Capillitium“ d. h. Haargeflecht des Fruchtkörpers.

Lichenes, Flechten.

Die Ordnung der Flechten (Lichenen) steht in einer eigenartigen Beziehung zu den vorgehend besprochenen Ordnungen der Algen und Pilze. Man kann nämlich, so widersprechend es auch klingt, sagen, die Flechten seien weder Algen noch Pilze, vielmehr seien sie Pilze und Algen zugleich. Die Lösung dieses Paradoxons liegt kurz in Folgendem. Jedes Flechtenindividuum stellt eine Lebensgemeinschaft, ein Consortium, dar zwischen je einem Pilze und einer Alge. Die Flechte ist also ihrer Natur nach ein Doppelwesen, im strengen Sinne also überhaupt kein Individuum. Es herrscht zwischen dem constituirenden Pilze und der constituirenden Alge jedoch eine innige Wechselbeziehung. Während die Alge dem Pilze dauernd Nutzen bringt, indem sie ihm gewisse, zu seinem Lebensunterhalte nothwendige Stoffwechselproducte liefert, bietet zugleich der Pilz der Alge gewisse Gegenleistungen, indem er ihr eine mehr oder weniger vorzüglich schützende Hülle schafft, vielleicht auch bei anhaltendem Wassermangel die völlige Austrocknung und damit den Untergang der unter seinem Schutze stehenden Alge verhindert. Es muss hier aber vor allen Dingen festgehalten werden, dass wir es nicht mit einem Schmarotzerthum (Parasitismus) zu thun haben. Der mit der Alge zusammenlebende Pilz schädigt in keiner Weise das Leben der Alge; er hat sie nicht befallen und dadurch dem sicheren Untergange geweiht, ebensowenig wie das umgekehrte Verhältniss der Alge zum Pilze statt hat. Man nennt nun allgemein das Zusammenleben verschiedenartiger Organismen am gleichen Orte und unter gleichen Lebensbedingungen eine Symbiose, die zur Lebensgemeinschaft sich vereinigenden Wesen selbst die Symbionten. Bei der als Parasitismus bezeichneten Form der Symbiose ist eine gewisse Gegnerschaft, ein Antagonismus, unverkennbar. Ein Parasit erzwingt sich, ohne irgend eine Gegenleistung zu bieten, von dem befallenen Organismus Vortheile, welche nur ihm, dem Parasiten, zu Gute kommen, dem befallenen Organismus aber oft zu nur gar zu merklichem Schaden gereichen. Der Parasitismus ist also gleichbedeutend mit einer „antagonistischen Symbiose.“ Anders in dem Fall, wo Pilz und Alge zur Bildung einer Flechte zusammentreten. Beide leben sich gegenseitig zu Nutz und Frommen; es ist in vollem Sinne ein Consortium auf Gegenseitigkeit, ein „Mutualismus“, und man spricht deshalb gern von einer „mutualistischen Symbiose“ Aus allen dem geht nun hervor, dass wir weder ein Recht haben, die Flechten zu den Algen zu stellen, noch zu den Pilzen; sie sind eben keines von beiden und doch beides.

Nachdem wir uns mit dieser grundlegenden Idee vertraut gemacht haben, wollen wir die Flechten nach ihrer morphologischen und systematischen Seite hin, soweit es hier zulässig, kennen lernen.

Die behufs der Flechtenbildung mit den Pilzen zusammentretenden Algen gehören sehr verschiedenen Formenkreisen derselben an; in der grossen Mehrzahl der Fälle begegnen wir Cyanophyceen und Chlorophyceen. Bald sind die Algen einzellig und dann colonienartig im Flechtenthallus von Pilzhyphen umsponnen, bald sind sie fadenartig und treten dann dem Pilze gegenüber an Masse gewöhnlich vor, bestimmen auch wohl die äussere Gestaltung der Flechte. Wie aber auch die Verhältnisse liegen mögen, man hat sich gewöhnt, die im Flechtenverbande stehenden Algen nicht als Algen, sondern als die „Gonidien“ der Flechte zu bezeichnen[1]). Wo sie im Flechtenthallus innerhalb einer bestimmten Schicht vorwiegend oder ausschliesslich angetroffen werden, bezeichnet man diese als die Gonidienschicht. Innerhalb des Flechtenthallus büssen die Algen übrigens niemals die Fähigkeit ein, sich durch Theilung ihrer Zellen („vegetativ") zu vermehren, dagegen bringen sie es niemals zur Bildung von Geschlechtsproducten.

Die zur Flechtenbildung schreitenden Pilze gehören ebenfalls zu sehr verschiedenen Formenkreisen dieser, immer aber sind es Eumyceten, aus den grossen Abtheilungen der Basidiomyceten und der Ascomyceten. Man unterscheidet dementsprechend zwei grosse Flechtengruppen, die nur in wenigen Vertretern bekannten ***Basidiolichenes***, und die ein fast endloses Heer von Arten und Gattungen umfassenden ***Ascolichenes***. Innerhalb der letzteren Abtheilung gehören die constituirenden Pilze den Gruppen der Discomyceten (mit scheibenförmig offenem, die Schläuche (Asci) bergendem Hymenium) und den Pyrenomyceten (mit krugförmig eingesenktem, nur am Scheitel offenem „Perithecium") an. Wie schon aus dieser Aufzählung hervorgeht, bringen es die zur Flechtenbildung schreitenden Pilze zur Ausbildung ihrer charakteristischen Fortpflanzungsorgane. Aus diesem Grunde hat man wiederholt die Flechten mit den Pilzen vereinigt. Wir halten es aber aus rein didaktischen Principien für angemessener, die Flechten als eine systematisch einheitliche Gruppe zu betrachten, umsomehr, als viele Flechten ihre Individualität so weit treiben, dass sie ihre eigene Vermehrungsform erzeugen. Sie bilden eine Art ungeschlechtlicher Brutkörper, Soredien genannt, welche aus einer Gruppe von Gonidien hervorgehen, welche sich mit einem Pilzhyphenknäuel umsponnen aus dem Mutterthallus der Flechte losmachen und die Grundlage zu einem neuen Flechtenindividuum abgeben.

Ihrem anatomischen Baue nach sind die Flechten entweder „homöomer, d. h. ihre Gonidien sind regellos und annähernd gleichmässig durch den ganzen Thallus zerstreut, oder die Flechten sind „heteromer", d. h. die Gonidien beschränken sich auf eine besondere Gonidienschicht. Weitere Unterschiede bietet die Berindung des Thallus durch die oberflächlichen Hyphen des Pilzes. Bilden diese auf der Oberseite des Flechtenkörpers eine pseudoparenchymatische Gewebeschicht aus, so ist der Thallus oberseits berindet. Der ähnliche Fall gilt für die Thallusunterseite. An den höher entwickelten Thallusformen lässt sich beiderseits eine Rindenschicht erkennen. Lockere Hyphenmassen im Innern des Flechtenthallus pflegt man als Markschicht zu bezeichnen. Die höchst entwickelten Flechten-

---

[1]) Man verwechsle nicht Gonidien, also Algen, mit Conidien, d. h. den ungeschlechtlichen Sporen vieler Pilze. Vgl. Fig. 52 und die Schilderung auf S. 76.

formen lassen daher auf Querschnitten von der Oberseite nach der Unterseite hin folgende Schichten unterscheiden:

1. Obere Rindenschicht.
2. Gonidienschicht.
3. Markschicht.
4. Untere Rindenschicht.

Die letztere wird oft uneben oder unterbrochen durch Hyphenbündel, welche die Flechte an ihrem Substrat (an Baumrinde, an Steinen, etc.) befestigen. Man nennt diese Haftorgane Rhizinen. Für die Terminologie ist noch zu bemerken, dass die scheibenförmigen Hymenien der Ascolichenen als Apothecien bezeichnet werden.

Die äussere Gestalt der Flechten ist eine äusserst wechselvolle. Wir finden den Thallus bald strauchartig, bald laubig, bald krustenförmig, in selteneren Fällen gallertig oder fädig. Mit Eichler geben wir daher die Eintheilung der Lichenes nach dem Schema:

A. Homoeomerici.

1. **Gelatinosi,** Gallertflechten.
2. **Byssacei,** Fadenflechten.

B. Heteromerici.

3. **Kryoblasti,** Krustenflechten.
4. **Phylloblasti,** Laubflechten.
5. **Thamnoblasti,** Strauchflechten.

Officinell ist nur noch:

1. Cetraria islandica Ach.

Diese unter dem Namen „Isländisches Moos" bekannte Flechte (also nicht „Moos") gehört zur Familie der Ramalineen, deren von Anfang an strauchiger, blatt- oder bandartig verbreiterter Thallus beiderseits berindet ist[1]). Er trägt die grossen, schüssel- oder schildförmigen Apothecien mit sehr flachem Hymenium gestielt oder sitzend auf den breiten Flächen der meist reich verzweigten Thalluslappen. Die Gattung Cetraria Ach. ist innerhalb der Familie durch die aufsteigenden, vielfach gelappten, knorpeligen, im trockenen Zustande sehr starren, nur etwas röhrig nach einer Seite (der „Oberseite") sich zusammenbiegenden Thalluszweige ausgezeichnet. Diese sind auf der Unterseite heller, fast weissgrau gefärbt und tragen auf der Oberseite die sehr breiten, schildförmigen Apothecien nahe dem Vorderrande besonders breiter Lappen.

Cetraria islandica Ach. ist als Art unverkennbar. Ihr Thallus wird bis 10 cm hoch. Seine aufrechten Lappen bilden oft mehr als

---

[1]) Es giebt in der Familie nur eine Gattung, welche nur oberseits berindet ist.

handgrosse Rasen. Frisch sind sie oberseits olivengrün, auf der dem Lichte abgewendeten Seite grünlichweiss oder weisslich, mit weissen, grubigen, unregelmässigen, zerstreuten Fleckchen übersät. Der trockene Thallus wird knorpelhart und lederbraun. Die wiederholt sich gabelig verzweigenden Lappen sind am Rande mit wimperähnlichen, steifen und festen Fransen besetzt. Viele derselben sind an der Spitze schwach bauchig erweitert und zeigen bei mikroskopischer Untersuchung, dass sie eine mit einer Lochöffnung auf dem Scheitel endende Höhle umschliessen, welche mit männlichen Befruchtungskörpern, Spermatien, erfüllt ist. Man nennt diese Organe die Spermogonien. Die grossen, flachen, breit ovalen oder kreisrunden Apothecien sind mit einem, anfangs grünbraunen, später kastanienbraunen Hymenium ausgekleidet. Gegen den sterilen Lappen des Thallus grenzt sich jedes Apothecium durch einen niedrigen, wulstigen, hier und da kerbig eingeschnittenen Rand ab.

Die Flechte findet sich im hohen Norden in der Ebene, in den gemässigten Zonen vorzüglich in lichten Gebirgswäldern und auf subalpinen Gebirgskämmen (so beispielsweise im Riesengebirge). Ausser in Europa findet sie sich in Sibirien und im arktischen Nordamerika, doch geht sie auch ziemlich weit südwärts (bis nach Virginien). In Südamerika findet sie sich am Cap Horn. Wo die Flechte wächst, kommt sie stets in grosser Menge vor, oft den Boden auf weite Strecken hin überdeckend.

Die getrockneten Pflanzen bilden den officinellen Lichen Islandicus Ph. G. II. 154, welcher zur Bereitung der Gelatina Lichenis Islandici Ph. G. II. 125 dient. Die Ph. G. I. schrieb als weitere Präparate noch vor den Lichen islandicus ab amaritie liberatus und die Gelatina Lichenis Islandici saccharata sicca. Den Hauptbestandtheil der Droge bildet das Bassorin (auch Lichenin oder Flechtenstärke genannt). Neben diesem findet sich ein Bitterstoff, das Cetrarin. Die Flechte bildet einen wichtigen Nahrungsstoff in dem Haushalte der nordischen Völker. Ihrer Nährkraft wegen wird sie bei uns bei Dyspepsie mit Verfall der Kräfte angewendet.

Synonyme zu *Cetraria islandica* Ach. sind *Lichen islandicus* L., *Lobaria islandica* Hoffm., *Physcia islandica* DC.

Von Flechten, welche längst als obsolet bezeichnet, aber doch hin und wieder vom Volke in Pharmacien begehrt werden, mögen noch genannt werden: Die Lungenflechte, *Sticta pulmonacea* Ach. (= *Lobaria pulmonacea* Hoffm.), welche ehedem gegen Lungenkrankheiten in Gebrauch war und als *Lichen pulmonarius* geführt wurde; ferner die gegen die Hundswuth angeblich gute Dienste leistende *Peltigera canina* Schaer. (= *Peltidea canina* Ach.); sie war als „Hundsflechte" resp. *Lichen caninus* in Gebrauch, ebenso wie die verwandte Art *Peltigera aphthosa* Hoffm., welche als *Lichen aphthosus* officinell war. Gegen Keuchhusten verwandte man die Strauchflechte *Usnea barbata* Fr., welche in den Pharmacien als *Lichen arboreus* geführt wurde.

II.

BRYOPHYTEN.

Lebermoose und Laubmoose.

Die Bryophyten, auch Muscineae, Moose genannt, unterscheiden sich wesentlich von den vorbesprochenen Thallophyten. Zunächst vertheilt sich ihre Entwickelung auf zwei sich aneinanderschliessende Generationen, eine aus ungeschlechtlich erzeugten Sporen hervorgehende Generation, welche die Geschlechtsorgane erzeugt und in diesem Sinne die geschlechtliche oder Geschlechtsgeneration genannt werden kann, und eine, aus dem Geschlechtsact herrührende, gestaltlich von der ersten Generation total verschiedene zweite Generation, welcher die Erzeugung der ungeschlechtlichen Sporen obliegt, mit denen der Entwickelungskreis geschlossen ist. Wir treffen hier also durchweg einen auffälligen Generationswechsel an. Zweitens ist ein wesentlicher Unterschied gegen die Thallophyten darin zu erblicken, dass die männlichen und weiblichen Geschlechtsorgane mehr oder minder complicirt gebaute Gewebekörper (nicht einzelne Zellen) sind, in deren Inneren die frei beweglichen männlichen Samenkörper, Spermatozoiden resp. die ruhenden, weiblichen Eizellen, Oosphären, gebildet werden.

Im Besonderen ist dabei Folgendes zu merken:

Die auf ungeschlechtlichem Wege erzeugten Sporen (Fig. 59, 1), (deren Bildung weiterhin geschildert werden soll) keimen auf dem feuchten Erdboden in der Weise aus, dass sich unter Sprengung der äusseren Sporenhaut (des „Exosporiums") die innere Sporenhaut (das „Endosporium") zunächst schlauchartig hervorstülpt (Fig. 59, 2) und zu einem, an gewisse Algenformen erinnernden, fädigen Vorkeim, zum Protonema (Fig. 59, 3), auswächst. Dasselbe ist fast ausnahmslos sehr unscheinbar, nur mit dem Mikroskop genauer zu studiren, entweder verkürzt und unverzweigt oder mehr oder minder reich verzweigt und dann oft ausdauernd, den Boden durchsetzend. An dem Protonema bilden sich gewöhnlich seitliche Knospen, welche sich in Stamm und Blätter differenziren (Fig. 59, 3 bei *kn*); es erwächst aus ihnen die Moospflanze (Fig. 59, 4), wie sie Jedermann aus der Anschauung bekannt ist. Meist bilden die Moospflanzen durch wiederholte Verzweigung dichte Rasen und Polster, die erste zusammenhängende Pflanzenschicht auf dem Boden erzeugend. Bemerkenswerth ist dabei, dass den Moosen jegliche Bildung von Wurzeln fehlt. Die meist reich und dicht beblätterten Stengel ersetzen die Wurzeln durch fadenförmige Haare, sogenannte Rhizoiden. (Fig. 59, 4 bei *r*).

Die kräftig vegetirenden Moospflanzen schliessen ihre Entwickelung zumeist mit der Bildung der Geschlechtsorgane ab, welche den

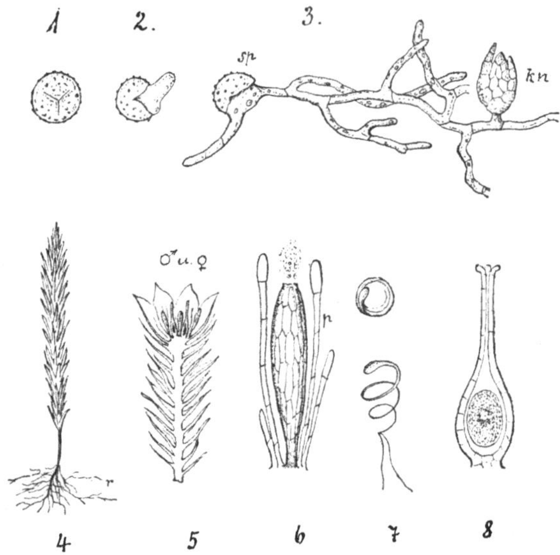

Fig. 59. Die Entwickelungsphasen der ersten Generation eines Laubmooses. 1. Spore (ungeschlechtlich erzeugt). 2. Spore keimend. 3. Die Spore hat ein reich verzweigtes Protonema erzeugt, an welchem die Knospe *kn* als seitliche Sprossung entstanden ist. 4. Eine beblätterte Moospflanze. Die Stelle der Wurzel vertreten die Rhizoiden *r*. 5. Gipfel einer fructificirenden Moospflanze, die männlichen und weiblichen Geschlechtsorgane erzeugend. 6. Ein Antheridium (männliches Organ) von unfruchtbaren Haargebilden (Paraphysen, *p*) umgeben. 7. Männliche Befruchtungskörper (Spermatozoiden), aus dem Antheridium ausgestossen (sehr stark vergr.). Das untere der beiden Spermatozoiden lässt die korkzieherähnliche Gestalt und die beiden Flimmerfäden erkennen. 8. Weibliches Organ, Archegonium, in dessen Bauche die Oosphäre ruht.

Scheitel der „fructificirenden" Triebe einnehmen. (Fig. 59, 5). Die männlichen Organe sind keulenförmige Gewebekörper, Antheridien (Fig. 59, 6) genannt. Sie erzeugen in ihrem Inneren zahlreiche Spermatozoiden, welche zur Geschlechtsreife ausgestossen werden und in Wassertropfen eine Zeitlang lebhaft herumschwärmen. **Die Spermatozoiden aller Moose sind korkzieherartig gewunden, tragen aber nur zwei Geisselfäden** („Cilien"), durch deren lebhafte Schwingbewegungen die freiwillige („spontane") Ortsveränderung bewirkt wird. (Fig. 59, 7). Die weiblichen Organe der Moose sind flaschenförmige Gewebekörper, Archegonien genannt. (Fig. 59, 8). Sie bestehen aus einem freien (nicht eingewachsenen) Bauchtheile, welchem sich ein langer Hals aufsetzt, dessen Spitze sich zur Reifezeit öffnet und den Zugang zu dem schleimerfüllten Halskanal ermöglicht, welcher unterwärts in dem Bauchtheil mündet, in welchem die empfängnissbereite Eikugel, die Oosphäre, ruht. Es handelt sich nun darum, dass eines der Spermatozoiden den Weg in den Halskanal des Archegoniums findet und sich bis zur Oosphäre Bahn bricht, um mit ihr zu verschmelzen. Gelingt dieses, so ist der Geschlechtsact vollzogen, und die Oosphäre wird damit zu weiterer Entwickelung befähigt. Es beginnt damit ein neues Individuum und mit ihm setzt eine neue Generation ihre Entwickelung ein. **Die erste Generation besteht also aus Spore, Vorkeim und eigentlicher Moospflanze mit ihren Geschlechtsorganen.**

Oosphäre plus Spermatozoid bilden (nach ihrer Vereinigung) den Anfang eines neuen Wesens, eines Keimlings oder Embryo. Derselbe wächst zu einem Gewebekörper, dem Sporogonium, heran (Fig. 60, 1), welches seiner Gestalt nach gar nicht an die Mutterpflanze erinnert, vielmehr als „Moosfrucht“ nur eine geringe Massenentwickelung zeigt. Das Sporogon ist niemals in Stamm und Blatt gegliedert; Blattbildung fehlt demselben vollständig. Die typische Form des Sporogons stellt sich dar als ein cylindrisch-fadenförmiger Stiel, (die „Seta“) (Fig. 60, 1 *s*), welcher mit seinem unteren Ende, dem Fuss (Fig. 60, 1 *f*), in das Gewebe des beblätterten Moospflänzchens sich eindrängt. Der Fuss ist eine Art Saugorgan, mit welchem das Sporogon die ihm nothwendigen Stoffe aus der Mutterpflanze aufnimmt; das Sporogon schmarotzt in gewissem Sinne auf seiner Mutter. Das obere Ende des Sporogons ist ein bald kugeliger, bald ellipsoidischer, bald cylindrischer oder prismatischer Gewebekörper, welchen man als Mooskapsel oder „Büchse“ (Theca) zu bezeichnen pflegt. (Fig. 60, 3 bei *t*). Sie ist je nach Art, Gattung, Familie etc. des Mooses verschieden, oft reich in sich gegliedert. Ausnahmslos

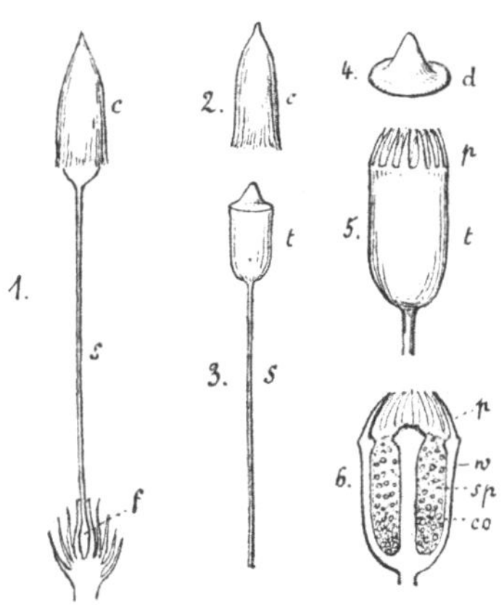

Fig. 60. Die zweite Generation der Laubmoose. 1. Sporogon (Moosfrucht). *f* der in das Gewebe der Mutterpflanze eingesenkte Fuss; *s* der Stiel; *c* die Calyptra, welche die Kapsel überdeckt. 2. Eine Calyptra. 3. Die von der Calyptra befreite Kapsel mit ihrem Stiele. 4. Deckel der Kapsel. 5. Kapsel, nach Abnahme des Deckels; *p* ihr Mündungsbesatz (Peristom). 6. Eine reife Kapsel im Längsschnitt (schematisirt). *p* Peristom; *w* Kapselwand; *sp* Sporenmasse; *co* Columella.

bildet sich in ihr eine bestimmte Schicht als sporenbildende Schicht aus. Man bezeichnet sie inclusive der sie umhüllenden Zellschicht als den Sporensack. Die ihn erfüllenden Zellen sind die Mutterzellen der (hier also ungeschlechtlich) sich bildenden Sporen, von welchen wir in unserer Betrachtnng ausgingen. Zur Reifezeit werden die Sporen in sehr verschiedener Weise aus den „Mooskapseln" entlassen. Entweder zersetzt sich das Gewebe der Mooskapsel unter den Einflüssen des umgebenden Mittels (dies ist der seltenste Fall), oder es öffnet sich die Mooskapsel durch unregelmässiges Aufreissen, oder die Mooskapsel spaltet regelmässig in meridianer Richtung an vier Längslinien; es bilden sich dadurch vier Klappen, welche entweder am Scheitel der Kapsel verbunden bleiben (so bei den Andreaeaceen), oder die vier Klappen lösen sich völlig am Scheitel von einander und klappen dann sternförmig auseinander (so bei vielen der sogenannten Lebermoose). Der häufigst vertretene Fall ist aber der, in welchem sich ein ringförmiger Spalt (in horizontaler Richtung) unterhalb des Scheitels der Kapsel bildet, durch welchen der ganze obere Theil der Kapsel in Form eines Deckels (Fig. 60, 4) abgesprengt wird. Der Rand des die Sporen nun ausstreuenden unteren Kapseltheiles (der „Büchse" im engeren Sinne) wird als Mündung (Stoma) bezeichnet. Bei dem Gros der Moose ist er nicht einfach, nackt, sondern es bildet sich an ihm ein eigenartiger Mündungsbesatz aus, welcher als Peristom (Fig. 60, 5 bei *p*) bezeichnet wird und in der Systematik der Moose eine wichtige Rolle spielt. Fast ausnahmslos besteht das Peristom aus zierlichen Zähnen, deren Zahl ein Multiplum von vier darstellt (meistens sind es 16, 32 oder 64 Zähne). Die Entstehung der Zähne ist verschiedenartig, doch setzt ein Verständniss ihrer Bildung die Kenntniss des Gewebeaufbaues und der Zellbildungen voraus. Bei den höheren Moosen wird die Axe der Mooskapsel von einem cylindrischen Gewebekörper eingenommen, welcher als Säulchen (Columella) bezeichnet wird. (Fig. 60, 6 *c*). Beim Ausstreuen der reifen Sporen vertrocknet und verschrumpft das Säulchen und wird daher bald unkenntlich.

Da die Kenntniss des Generationswechsels der Moose für das Verständniss der Entwickelung aller folgenden, höheren Abtheilungen des Pflanzenreiches, besonders der Pteridophyten, von höchster Bedeutung ist, so mag hier noch folgende Uebersicht über den Entwickelungsgang der Moose eingeschaltet werden:

Erste Generation, ungeschlechtlich erzeugt, aber die Geschlechtsorgane hervorbringend, besteht aus:

1) Spore (im Sporensack der Mooskapsel erzeugt). Sie keimt aus und erzeugt das
2) Protonema oder den „Vorkeim", an welchem als eine endständige, noch häufiger seitliche Sprossung die

3) Moospflanze entsteht, welche sich mehr oder minder reich ausgestaltet, bei den höheren Moosen sich stets in Stamm und Blätter gliedert, doch nie Wurzeln, sondern nur Wurzelhaare (Rhizoiden) bildet. An den Sprossscheiteln bilden sich die Geschlechtsorgane in Form von Gewebekörpern, und zwar

a) *Antheridien* (die männlichen Organe), welche die männlichen Befruchtungskörper, die *Spermatozoiden* (je mit zwei Cilien) entlassen, und

b) *Archegonien* (die weiblichen Organe), welche in ihrem freien Bauchtheile je eine *Oosphäre* umschliessen.

Zweite Generation, durch Geschlechtsact (Vereinigung von Spermatozoid und Oosphäre) erzeugt, ist das unscheinbare, niemals in Stamm und Blatt gegliederte

4) Sporogonium („Moosfrucht" genannt). Es gliedert sich in:

a) Fuss (ein Saugorgan, mit welchem das Sporogon auf seiner Mutterpflanze sich einwurzelt).

b) Stiel (stets unverzweigt, cylindrisch fadenförmig, von verschiedener Länge).

c) Kapsel (auch Büchse oder Theca genannt). In ihrem Innern (im „Sporensack") bilden sich ohne vorhergehenden Geschlechtsact (also ungeschlechtlich) die

d) Sporen, mit deren Freiwerden die erste Generation wieder ihre Entwickelung anhebt.

Besonders beachtenswerth ist, dass die „Moospflanzen", wie sie jedem Laien bekannt sind, der ersten Generation im Entwickelungscyclus angehören. Alle anderen Entwickelungsphasen sind wenig augenfällig und werden vom Laien gänzlich übersehen.

Schliesslich muss noch eine Bildung an dieser Stelle erwähnt werden. Die embryonale Anlage des Sporogoniums findet natürlich im Bauche des Archegoniums statt. Die Entwickelung des Sporogons stösst dabei bald auf Widerstände; es füllt die ganze Bauchhöhle des Archegons aus. Dieses selbst schwillt zwar, so lange es dazu befähigt ist, noch an und nimmt an Volumen zu, wird aber doch schliesslich dem Untergange geweiht; es wird der Bauchtheil des Archegons durch das heranwachsende Sporogon gesprengt. Bei den höheren Moosen (den „Laubmoosen") geschieht dies nun fast ausnahmslos in der Weise, dass sich der obere Theil des Archegoniumbauches mit dem scheitelständigen Halse nach Art einer Mütze (Calyptra) vom unteren Bauchtheile abtrennt. (Fig. 60, 1 bei *c* und 2).

Die Mütze sitzt dann der Spitze des Sporogons, d. h. der jungen Mooskapsel auf und wird bei der Streckung des Stieles des Sporogons mit der Kapsel in die Höhe gehoben. Bei manchen Moosen ist die Mütze von höchst charakteristischer Gestalt, und wird dieselbe in der Systematik zur Bestimmung der Gattungen und Arten vielfach verwendet. Man merke also: **Die Mütze (Calyptra) der Moose ist ein Rest des Archegoniums, welcher die Spitze des Sporogons, speciell der Kapsel desselben, zu bedecken pflegt.**

Auf die Systematik der Moose an dieser Stelle näher einzugehen, erscheint hier nicht am Platze. Man ziehe betreffs dieser die Lehrbücher der Botanik zu Rathe. Zur Zeit ist kein Moos mehr officinell.

III.

PTERIDOPHYTEN.

Equisetinen, Lycopodinen, Filicinen.

Die Pteridophyten oder Farnpflanzen bilden die höchste Stufe in der Reihe der blüthenlosen Pflanzen, der Cryptogamen oder Sporophyten. Charakteristisch ist für sie der Kreislauf ihrer Entwickelung und zwar deshalb, weil sich derselbe, wie bei den Moosen, in zwei scharf gesonderte Entwickelungsphasen zerlegt, die gestaltlich und physiologisch ausserordentlich verschieden sind. Wir finden auch hier zwei verschiedene Generationen, welche im steten Wechsel sich aneinanderreihen und ergänzen, wir haben einen typischen Generationswechsel zu verfolgen.

Als erläuterndes Beispiel wählen wir die Entwickelung von *Aspidium Filix mas*, einer der wenigen noch officinellen Arten.

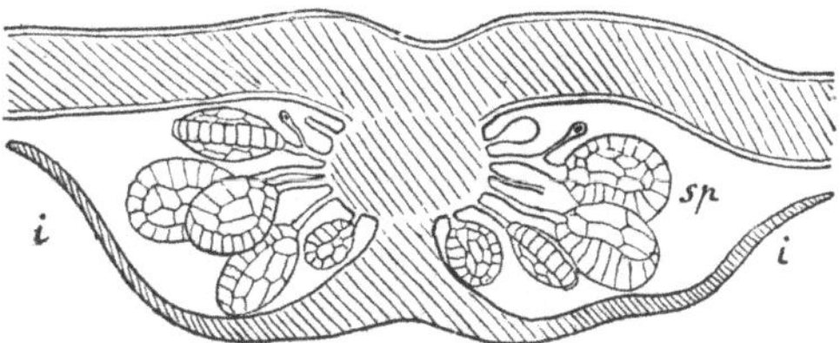

Fig. 61. Schnitt durch einen Sporangienhaufen (Sorus) eines Wedelfiederchens von Aspidium Filix mas (nach Sachs). Die Sporangien (*sp*) sitzen auf einem polsterartigen Auswuchs auf der Unterseite des schraffirt gezeichneten Fiederchens. *i—i* das Indusium, welches die Sporangien überdeckt.

Im Laufe des Frühjahrs und des Sommers treibt jeder unterirdische Stamm der Pflanze (jedes „Rhizom") an seiner Spitze mehrere spiralig gestellte Blätter, welche sich über dem Erdboden zu einer straussförmigen Blattgruppe aufrichten. Jedes Blatt ist zierlich wiederholt gefiedert und wird in der Laiensprache wie in der Wissenschaft als „Farnwedel" bezeichnet. Auf der Unterseite der Fiedern derselben entwickeln sich, mit blossem Auge sichtbar und oft sehr auffällig werdend, punkt- oder linienförmige, braune Häufchen von haarähnlichen Gebilden. Man nennt jedes dieser Häufchen einen Sorus. In vielen Fällen werden die Sori von einem zarten Häutchen, einem „Schleier" (Indusium) überdeckt. (Fig. 61). Löst man einige der Haargebilde eines Sorus mit einer Messerspitze von der Pflanze ab und betrachtet dieselben mit Hilfe des Mikroskopes, so erkennt man in jedem derselben ein haarförmig gestieltes Köpfchen, dessen Gestalt sich vergleichen lässt mit zwei auf einander passenden Uhrgläsern, deren Ränder durch einen Ring eigenartig verdickter Zellen — den Annulus — vereinigt sind. Man nennt jedes dieser gestielten Köpfchen ein Sporangium (d. h. wörtlich ein Sporengefäss). (Fig. 62). Man kann also den Sorus auch als Sporangienhaufen bezeichnen. Oeffnet man das Sporangium, so entlässt es zahlreiche mikroskopisch kleine Fortpflanzungszellen, Sporen,

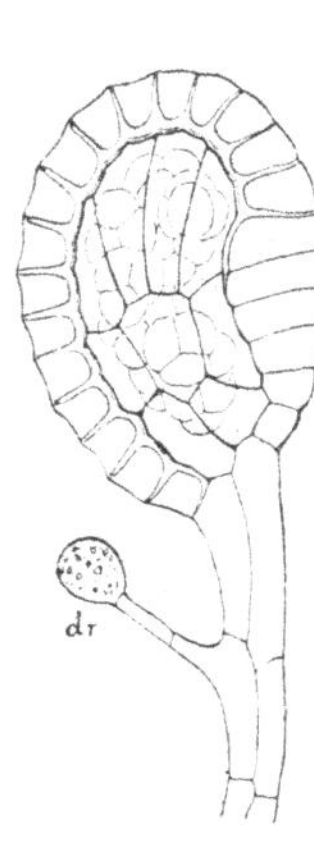

Fig. 62. Ein Sporangium von Aspidium Filix mas, stark vergrössert. *dr* eine Haardrüse, welche für die Sporangien dieser Farnart charakteristisch ist. Im Sporangium selbst sieht man die Sporen liegen.

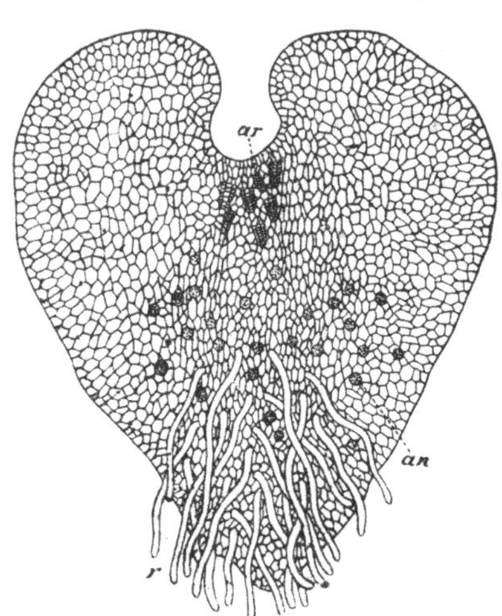

Fig. 63. Prothallium eines Farns von der dem Erdboden zugekehrten Unterseite gesehen. *r* die Rhizoiden (die Wurzelhaare ersetzend); *an* Antheridien; *ar* Archegonien. (Stark vergr.) (Aus Potonié, Elem.)

welche im Innern des Sporangiums auf ungeschlechtlichem Wege erzeugt worden sind. Sät man die Sporen auf feuchter Erde oder auf feucht gehaltenem Torf aus, so keimen dieselben. Jede treibt einen fädigen, später sich meist flächenförmig verbreiternden Vorkeim, ein „Prothallium". (Fig. 63). Bei vielen Farnpflanzen nimmt das Prothallium die Form einer herzförmigen, durchscheinenden, grünen Gewebefläche an, deren Scheitelpunkt in der tiefen Einbuchtung zu suchen ist, während die Spore, aus welcher das Prothallium hervorging, am spitzen Ende ansass. Das ganze Prothallium ist übrigens nur wenige mm lang und breit und wird vom Laien gänzlich übersehen. Es ernährt sich völlig selbstständig und pflegt sich auf der Unterseite mit zarten Wurzelhaaren, Rhizoiden, zu bedecken und mit diesen an den Boden zu heften. Es stellt die erste, die ungeschlechtlich erzeugte Generation aus dem Entwickelungskreise des Farnkrautes dar.

Ist das Prothallium dem Abschluss seiner Entwickelung nahe, so entstehen auf seiner Unterseite in der Nähe des eingesenkten Scheitels die männlichen und weiblichen Befruchtungsorgane. Die ersteren, die Antheridien, sind papillenartige Auswüchse, in deren Inneren eine grössere Zahl von männlichen Befruchtungskörpern, Spermatozoiden, erzeugt werden. (Fig. 64, I). **Die Spermatozoiden aller Farne sind korkzieherartig oder doch spiralig aufgewunden und mit vielen Flimmerfäden (auch Cilien oder Geisseln genannt) versehen.** Wird der Scheitel eines reifen Antheridiums mit Wasser benetzt, so platzt dasselbe auf und entlässt die Spermatozoiden, welche eine Zeit lang im Wasser mit Hilfe der schnellen Bewegung ihrer Flimmerfäden lebhaft herumschwimmen. Mit der Entfaltung der männlichen Befruchtungsorgane geht in der Regel die Bildung der weiblichen Hand in Hand. Dieselben stellen sich dar als in das Gewebe des Prothalliums eingesenkte flaschenförmige Gebilde — Archegonien — in deren eingewachsenem Bauchtheile eine kugelige Plasmamasse, die Oosphäre oder Eikugel, der Befruchtung harrt. (Fig. 64, II). Der halsförmige Theil des Archegoniums pflegt über die Fläche des Prothalliums ein wenig hervorzuragen. Ist die Eikugel empfängnissreif, so öffnet sich der Hals des Archegoniums bei Berührung mit Wasser klaffend, und es handelt sich nun darum, dass es einem der männlichen Befruchtungskörper, einem Spermatozoid, gelingt, an die Eikugel zu gelangen und mit derselben zu verschmelzen, womit der Begattungsact vollzogen ist. Der Effect desselben zeigt sich zunächst darin, dass sich das Ei mit einer Haut umgiebt. Es stellt jetzt die erste Anlage der neuen, durch Geschlechtsact erzeugten Pflanze dar. Wir nennen sie vor der Hand den Keimling oder den Embryo. Mit ihm beginnt die zweite Generation aus dem Entwickelungsgange der ganzen Farnpflanze. Ehe wir jedoch die

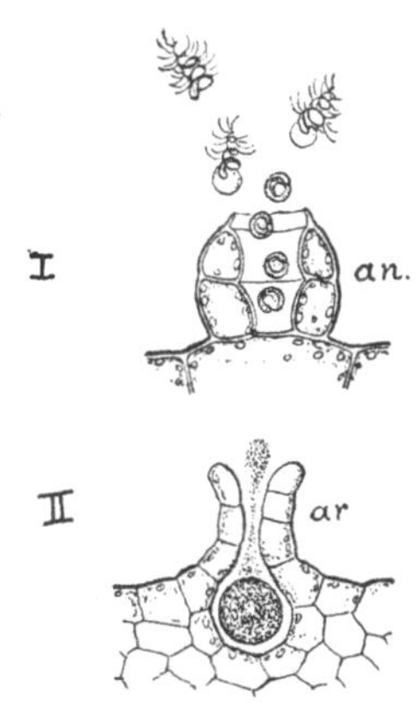

Fig. 64. Geschlechtsorgane von der Unterseite eines Farnprothalliums. I. Ein Antheridium (*an*), aus welchem die spiralig gewundenen männlichen Befruchtungskörper, die Spermatozoiden, entlassen werden. II. Ein Archegonium (*ar*), in dessen Bauche die weibliche Eizelle, die Oosphäre, der Befruchtung durch ein Spermatozoid harrt. Aus dem geöffneten Archegoniumhalse wird Schleim ausgestossen (welcher den ihn berührenden Spermatozoiden den Weg zur Oosphäre zu weisen bestimmt ist). Alle Figuren sind stark vergrössert. (I nach Lürssen.)

Weiterentwickelung des Embryo verfolgen, wollen wir bemerken, dass die Bildung der Antheridien und der Archegonien nicht immer an ein und demselben Vorkeime stattfindet. Bei vielen Farnen bringen gewisse Prothallien nur männliche Organe, Antheridien, andere nur weibliche Organe, Archegonien, hervor. Man spricht dann von männlichen und weiblichen Prothallien. Sie können dabei beide aus derselben Art ungeschlechtlich erzeugter Sporen hervorgehen, und man nennt alle solche Farne isospor. Es giebt aber Pteridophyten, in welchen nicht nur die männlichen Prothallien von den weiblichen gestaltlich verschieden sind, bei welchen sich vielmehr der Unterschied der Geschlechter schon in den ungeschlechtlich erzeugten Sporen auffällig geltend macht. Gewisse Sporangien, Mikrosporangien genannt, erzeugen viele relativ kleine Sporen, Mikrosporen, aus welchen stets männliche Prothallien hervorgehen, während andere Sporangien, die Makrosporangien, nur wenige und grosse Sporen, Makrosporen, ausbilden, welche stets weibliche Prothallien entstehen lassen. Pteridophyten, denen diese Sonderung der beiden Formen der ungeschlechtlichen Sporen eigen ist, werden als heterospore Farne bezeichnet. Schliesslich mag noch bemerkt werden, dass mit der Bildung der Mikro- und Makrosporen eine Reduction der vegetativen Organe, der Prothallien, Hand in Hand zu gehen pflegt. In den extremen Fällen bleibt fast das ganze Prothallium in der Membran der Spore eingeschlossen, diese als ein Gewebekörper ausfüllend, der nur die Geschlechtsorgane (Antheridien und Archegonien) aus der Sporenhaut hervortreten lässt. Die Kenntniss dieser Erscheinung ist für die vergleichende Betrachtung von besonderer Wichtigkeit, weil sich ähnliche Verhältnisse bei den Blüthenpflanzen wiederfinden, deren Pollenkörner den Mikrosporen analoge Gebilde sind, während den Makrosporen die Embryosäcke in den Samenanlagen entsprechen. Doch genüge es, auf diesen Punkt an dieser Stelle kurz hingewiesen zu haben. Nur eine Thatsache muss besonders hervorgehoben werden: **Bei allen höheren, Samen bildenden Pflanzen (den Phanerogamen oder Blüthenpflanzen) tritt das männliche befruchtende Plasma niemals als frei beweglicher Samenkörper, niemals als Spermatozoid in die weibliche Eizelle, die Oosphäre, über.** Frei bewegliche, in Wassertropfen schwimmende Spermatozoiden kommen nur gewissen Thallophyten, allen Moosen und allen Pteridophyten zu.

Es wurde schon oben bemerkt, dass die zweite Generation aus dem Entwickelungskreise der Farnpflanzen mit dem Moment ins Leben tritt, in welchem das männliche Sperma, das Spermatozoid, mit der Oosphäre, der weiblichen Eikugel, sich vereint. **Die aus der Vereinigung von Spermatozoid und Oosphäre entstandene Plasmamasse ist der Anfang eines neuen Individuums,** welches wir in seinen ersten Entwickelungsphasen den Keimling oder Embryo zu nennen pflegen (Fig. 65). Derselbe scheidet zunächst eine zarte Zellhaut aus und ist jetzt einzellig. Sein Wachsthum manifestirt sich bald durch die Bildung einer Wand, der „Halbirungswand", welche den Embryo zweizellig werden lässt (Fig. 65, *A* bei I). Der ersten Wand

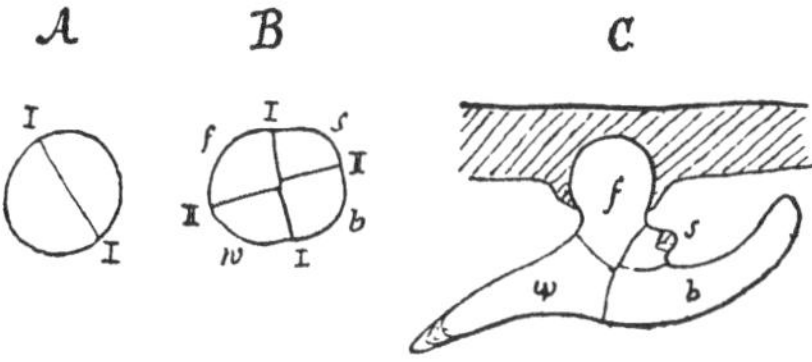

Fig. 65. Schematische Darstellung der Entwickelung eines Farnkeimlings. *A*. Ein zweizelliger Embryo (wie man ihn bald nach der Befruchtung der Oosphäre im Archegoniumbauche findet); I—I die Halbirungswand. *B*. Ein vierzelliger Embryo; I—I die Halbirungswand, II—II die Quadrantenwand. Der Quadrant *s* wird zum Stamm, *w* zur Wurzel, *b* zum Blatt, *f* zum Fuss der jungen Farnpflanze. *C*. Eine junge Farnpflanze, mit ihrem Fusse *f* den erweiterten Bauch des Archegons im schraffirt gezeichneten Prothallium ausfüllend. *s* die Stammanlage, *w* die erste Wurzel, *b* das erste Blatt der Farnpflanze, welche die „zweite Generation" aus dem Entwickelungskreise darstellt.

folgt eine auf ihr senkrechte, die „Quadrantenwand"; der Embryo wird dadurch vierzellig und zwar so, dass die vier ihn aufbauenden Zellen den vier Quadranten einer Kugel oder eines Ellipsoids entsprechen (Fig. 65, *B* bei II). Es hat sich nun erwiesen, dass jedem Quadranten für den Aufbau der jungen Pflanze eine besondere Rolle zufällt. Von den beiden am Vorderende des Embryo liegenden Quadrantenzellen erzeugt eine durch fortgesetzte Zelltheilungen den jungen Stamm, die zweite das erste Laubblatt (Fig. 65, *C*, die mit *s* und *b* bezeichneten Abschnitte). Beide liegen auf derselben Seite der „Halbirungswand" des Embryo. Die beiden anderen Quadrantenzellen, auf der entgegengesetzten Seite der Halbirungswand gelegen, erzeugen die erste Wurzel und ein ihr in gewissem Sinne vergleichbares Organ, welches als Fuss bezeichnet wird, und zwar orientiren sich Wurzel und Fuss so, dass die Wurzel aus demjenigen Quadranten hervorgeht, welcher dem stammerzeugenden diametral gegenüberliegt (Fig. 65, *C*, die mit *w* und *f* bezeichneten Abschnitte). Streng geometrisch müssten also Stamm- und Wurzelquadrant nur eine Linie gemeinsam haben, während die beiden Innenflächen des Wurzelquadranten sich an die entsprechenden von Blatt- und Fussquadranten anlegen (vgl. die Skizzen Fig. 65). Der Fuss entwickelt sich demnach diametral dem ersten Blatt gegenüber. Um das ganze Verhältniss noch anders darzulegen, können wir auch sagen: Stamm und Fuss liegen auf derselben Seite der „Quadrantenwand" des Embryo, Blatt und Wurzel auf der anderen Seite der Quadrantenwand. An dem Prothallium orientiren sich die vier Erstlingsorgane (Stamm, Blatt, Wurzel und Fuss) immer so, dass der Fuss gleichsam in das Gewebe des Prothalliums hineinzuwachsen strebt; er füllt die ganze sich ausweitende Bauchhöhle des Archegoniums aus. Der junge Stamm legt sich dicht an die untere Fläche des Prothalliums an, unter dessen Schutze vorwärts wachsend. Das erste Blatt liegt noch unter dem Stamme, zwischen diesem und dem Substrat. Das Blatt krümmt sich aber frühzeitig mit seinem Blattstiele so, dass es seine kleine Spreite über den Boden erhebt (Fig. 66, *b*). Unter dem Fusse liegt die erste Wurzel, welche in den Erdboden zu dringen bestrebt ist. (Vgl. hierzu die schematische Figur 65, *C*). Auf die von diesem Typus abweichenden Verhältnisse bei gewissen Farnen einzugehen, ist hier nicht der Ort. Nur auf eines soll noch speciell aufmerksam gemacht werden. Der als Fuss bezeichnete Theil des Embryos ist ein Saugorgan, mit welchem die junge Pflanze die ihr nothwendigen Nährstoffe aus der Mutterpflanze, dem Prothallium, zieht, bis die junge Pflanze sich selbstständig zu ernähren vermag, und dann pflegt auch das Prothallium abzusterben und unterzugehen.

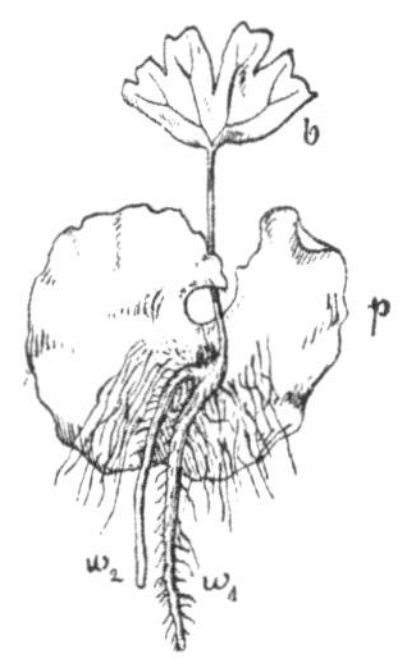

Fig. 66. Junge Farnpflanze, welche auf der Unterseite des Prothalliums *p* aus der Eizelle eines Archegons nach deren Befruchtung herangewachsen ist. w_1 die erste Wurzel des Pflänzchens, w_2 eine Nebenwurzel; *b* das erste Blatt des Farnkrautes. (Fuss und Stamm desselben sind vom Prothallium bedeckt.) Nach Sachs.

Die junge Farnpflanze (Fig. 66) erstarkt ziemlich schnell. Ihrem ersten Blatte, das man auch als Keimblatt oder Cotyledo bezeichnen kann, folgen an dem erstarkenden Stamme bald weitere, grösser werdende Blätter, und zugleich bewurzelt sich der Stamm mit Hilfe von zahlreichen Seitenwurzeln. So erhalten wir dann schliesslich die üppigsten, unter Umständen selbst baumförmigen Farnpflanzen, welche eine Zierde der Gärten und der Gewächshäuser, nicht minder aber der Wälder und Gebirgsschluchten bilden.

Als ganz besonders wichtig zu merken, stellen wir nochmals den vorbeschriebenen Generationswechsel in der Uebersicht zusammen:

Erste Generation, ungeschlechtlich erzeugt, aber die Geschlechtsorgane hervorbringend, besteht aus:

1) S p o r e (im Sporangium erzeugt); diese erzeugt das

2) P r o t h a l l i u m oder den „Vorkeim". Dieser trägt die

a) *Antheridien* (die männlichen Organe), welche die *Spermatozoiden* entlassen, und die

b) *Archegonien* (die weiblichen Organe), welche je eine *Oosphäre* umschliessen.

Zweite Generation, durch Geschlechtsact (Vereinigung von Spermatozoid und Oosphäre) erzeugt, ist die

4) Farnpflanze. Diese gliedert sich in

a) Fuss (später verschwindendes Saugorgan),

b) Wurzel (später durch Seiten- und Adventivwurzeln ersetzt),

c) Stamm (meist als „Wurzelstock" unter der Erde fortwachsend) und

d) Blätter, welche als „Wedel" über dem Boden erscheinen und dem Laien die „Farnpflanze" auszumachen scheinen.

An den Blättern bilden sich ohne Geschlechtsact:

a) die *Sori* oder Sporangienhaufen, bestehend aus meist zahlreichen *Sporangien*. Diese enthalten in ihrem Inneren

b) die ungeschlechtlich erzeugten *Sporen*.

Die Classe der Pteridophyten ist die erste Gruppe der als Cryptogamen bezeichneten Pflanzen, bei welchen sich im anatomischen Aufbau gewisse Gewebeformen wie bei den höheren Blüthenpflanzen vorfinden, auf deren Vorhandensein sich die Holzbildung bei vielen der letzteren zurückführen lässt. Die Farnpflanzen sind die einzigen Cryptogamen, welchen sogenannte Gefässbündel (auch Leitbündel genannt) zukommen. Man hat deshalb die Pteridophyten auch wohl als Gefässcryptogamen (Cryptogamae vasculares) allen übrigen Cryptogamen (den Cryptogamae cellulares) entgegengestellt.

Die Eintheilung der Pteridophyten gründet sich auf vegetative und entwickelungsgeschichtliche Merkmale. Man unterscheidet:

I. **Equisetinae.** Pflanzen mit oberirdisch reich verzweigten oder kräftigen, schaftartigen Stengeln. Die quirlig gestellten Blätter sind bei den lebenden Formen mit ihren Seitenrändern zu cylindrischen oder trichterförmigen Scheiden verwachsen. Die fruchtbaren Triebe enden mit einer „Fruchtähre" aus quirlig gestellten, schildförmigen, kurzgestielten Blättern, welche an ihrer Unterseite die Sporangien zu mehreren bei einander tragen, ähnlich wie die Staubblätter mancher höheren Pflanzen (Gymnospermen) ihre Pollensäcke ausbilden. Die Sporangien („Sporensäcke") enthalten **nur eine Art von Sporen,** deren äussere Haut sich von der inneren ablöst und in vier schmale Bänder spaltet, welche als Schleuderorgane (Elateren) dienen. Die Prothallien sind dioecisch, laubig; die männlichen sind kleiner als die weiblichen. Hierher nur eine noch jetzt lebende Familie, die der Equisetaceae oder Schachtelhalme. Ihre Stengelglieder sind lang gestreckt, die Blattscheiden gezähnt. Die einzige Gattung: *Equisetum.*

II. **Lycopodinae.** Pflanzen mit verzweigten oberirdischen Stämmen mit zahlreichen, kleinen Blättern dicht besetzt. Die Sporangien sitzen einzeln in den Winkeln der Blätter; bisweilen rücken sie auf den Blattgrund, bisweilen am Stengel hinauf. Die als „Deckblätter" der Sporangiensäcke fungirenden Blätter sind meist etwas verbreitert und bilden an den Trieben endständige Aehren. Die Ordnung enthält isospore und heterospore Gattungen, welche in drei Familien vertheilt sind:

1) Lycopodiaceae, Bärlapparten. Isospore Pflanzen, d. h. Pflanzen mit **nur einerlei Sporen** in den Sporangien. Die Prothallien sind knollenförmig, sehr winzig. Hierher die Gattung *Lycopodium.*

2) Selaginellaceae. Heterospore Pflanzen, d. h. Pflanzen **mit zweierlei Sporen**, mit wiederholt gabelig getheilten, meist buschigen Stämmen, deren Zweige Rücken- und Bauchseite unterscheiden lassen (die Zweige sind „dorsiventral"). Die Blätter sind vierzeilig angeordnet. Zwei Blattreihen aus kleineren Blättern sitzen der Rückenseite der Zweige auf, zwei Blattreihen stellen sich fast genau seitlich. Die fruchtbaren Blätter bilden vierzeilige (oft vierkantige) Aehren am Ende der Zweige und tragen in ihrer Achsel je ein Sporangium. Im unteren Theil der Aehren pflegen Sporangien mit zahlreichen sehr kleinen Sporen (Mikrosporangien mit Mikrosporen) ausgebildet zu sein, während die Sporangien im oberen Theile der Aehre nur wenige (meist nur 4) sehr grosse Sporen enthalten (Makrosporangien mit Makrosporen). In den Mikrosporen bildet sich ein einziges Antheridium aus, welches einer einzigen vegetativen Zelle ansitzt. Letztere stellt das reducirte Prothallium dar. Die Makrosporen erfüllt ein weibliches Prothallium, an dessen Vorderrande sich einige Archegonien entwickeln. Hierher nur eine Gattung mit etwa 300 Arten, die Gattung *Selaginella.*

3) Isoëtaceae. Pflanzen mit gestauchtem Stengel und pfriemlichen, oft beträchtlich langen Blättern, welche auf der Innenseite des scheidenartig verbreiterten Blattgrundes ein durch parallele Querwände gekammertes Sporangium tragen, oberhalb dessen sich ein häutiges Blattzüngelchen (eine „Ligula") ausbildet. Die Sporangien führen in einigen Kammern zahlreiche Mikrosporen, in anderen Kammern viele Makrosporen. Die Prothallien bleiben wie bei den Selaginellen im Innern der Mikro- und Makrosporen eingeschlossen. Hierher nur eine Gattung mit etwa 50 Arten: *Isoëtes.*

III. **Filicinae.** Pflanzen mit meist reicher Blattentwickelung und unterirdischen, kriechenden Stämmen (Wurzelstöcken, Rhizomen), selten mit baumartigen Stämmen. Die Sporangien werden zahlreich an den Blattunterseiten oder an metamorphosirten Blattabschnitten angelegt. Die Mehrzahl der Gattungen sind isospor, es finden sich nur einerlei Sporen, aus welchen selbstständig vegetirende Prothallien hervorgehen. Die heterosporen Gattungen sind unscheinbare Sumpf- und Wasserpflanzen. Mikro- und Makrosporen erzeugen nur rudimentäre Prothallien. Hierher das Gros der Pteridophyten, mehr als 3500 Arten, welche sich in zwei Familien unterbringen lassen:

1. Filices, Farne im engeren Sinne. Isospore Pflanzen, d. h. Pflanzen **mit nur einerlei Sporen,** aus welchen nur einerlei laubige Prothallien hervorgehen, welche entweder Archegonien und Antheridien erzeugen (monoecische, monocline Prothallien), oder Antheridien und Archegonien sind auf verschiedene Prothallien vertheilt (dioecische, dicline Prothallien). Die Sporangien sitzen an der Unterseite oder am Rande der Blätter (Wedel), bisweilen an besonderen Fiedern derselben. Jedes Sporangium mit besonders gestalteter Zellgruppe (einem Ring oder Annulus). Hierher die Gattung *Aspidium.*
2. Hydropterides. Farne mit complicirten „Sporenfrüchten" und **zweierlei Sporen,** welche in Mikro- und Makrosporangien gebildet werden. Hierher zwei Unterfamilien:
   a) *Marsilieae.* Sumpfpflanzen, deren Sporenfrüchte zugleich Mikro- und Makrosporangien umschliessen (mit „monoclinen" Sporenfrüchten).
   b) *Salvinieae.* Schwimmende Wassergewächse, deren Sporenfrüchte entweder nur Mikro- oder nur Makrosporangien führen (mit „diclinen" Sporenfrüchten).

Eine nähere Betrachtung verdienen hier nur zwei Pflanzen:

1. Lycopodium clavatum L.

Die Gattung Lycopodium, mit mehr als 100 Arten über die ganze Erde und mit 6 derselben durch Deutschland verbreitet, vertritt fast ausschliesslich die isosporen Formen der Ordnung der Lycopodinen, deren diagnostische Merkmale schon oben gegeben wurden. Als besondere Merkmale der Gattung stechen folgende Eigenthümlichkeiten hervor. Die mehr oder weniger reich verzweigten Stämme kriechen entweder weit über den Boden hin, sich nur hin und wieder mit wenigen, meist unverzweigten, fadendünnen Wurzeln festheftend und ihre kurzen Zweige aufwärts sendend, oder die Stämme sind kurz aufrecht und dann meist wiederholt gabelig verzweigt. Tropische Formen lassen die Zweige ihrer epiphytisch[1]) lebenden Stämme oft lang herabhängen. Bei den meisten Arten sind die Stammorgane dicht mit schmalen, zugespitzten Blättern in spiraliger Anordnung besetzt, doch kommt auch quirlige Blattstellung vor. Bei einigen Arten bepflastern die Blätter die Zweige ähnlich, wie es bei Cypressen (Lebensbäumen) angetroffen wird.

Die fruchtbaren Blätter sind entweder nicht von den unfruchtbaren zu unterscheiden, oder sie bilden mehr oder minder lange endständige Aehren an den Zweigspitzen, sie bilden eine „Fruchtähre". In letzterem Falle pflegen die fertilen Blätter deckblattartig verbreitert zu sein. Noch auffälliger wird der Fruchtstand, wenn sich der Stengel unterhalb der Aehre verlängert und nur spärlich mit schmalen Blättern besetzt ist. In solchen Fällen erscheinen die Fruchtähren lang gestielt. Bei der hier interessirenden Art *Lycopodium clavatum* schliesst der Fruchtstand oft mit zwei und mehr (bis 6) Aehren ab.

Löst man eines der fruchtbaren Blätter von seiner Axe ab, so findet man auf seiner Innenseite oder in seiner Achsel einen meist nierenförmigen Sporensack, welcher sich durch einen quer über seinen gerundeten Scheitel hinweggehenden Riss öffnet und seine Wände wie zwei muschelförmige Klappen auseinanderspreizen lässt. Jeder Sporensack (Sporangium) enthält zahlreiche, mikroskopisch kleine, einzellige Sporen, welche in grösserer Menge beisammen ein äusserst feines Pulver bilden, dass durch seine gelbliche Färbung an „Schwefelblumen" erinnert.

Die Keimung der Sporen und die Bildung der knolligen Prothallien ist erst neuerdings genauer bekannt geworden.

Lycopodium clavatum L., der gemeine Bärlapp (Fig. 67), ist als Art durch den ausdauernden, weithin kriechenden Stamm ausgezeichnet, welcher oft über einen, bisweilen 2—3 m Länge erreicht. Der Hauptstamm darf als ein Sympodium angesehen werden, welches sich wickelartig aus den Gliedern des ungleich gabelig sich theilenden Sprossendes aufbaut[2]). Die Seitenzweige sind meist nur fingerlang; längere Seitenäste verhalten sich ähnlich wie der Hauptstamm. Die kurzen Seitenäste steigen meist mit ihrer Spitze aufwärts. Alle Stengelorgane sind stielrund und dicht mit spiralig, theilweise auch mit quirlig angeordneten Blättern bedeckt. Diese sind klein, linealisch und gehen in eine lange weisse Haarspitze aus. Der Blattrand ist äusserst fein gezähnt. Alle Blätter krümmen ihre Enden so auf-

---

[1]) Epiphytisch heisst, auf anderen Pflanzen lebend, doch ohne auf diesen zu schmarotzen. Von ἐπί, auf, und φυτόν, Pflanze.

[2]) Vergleiche hierzu die Verzweigungsschemata auf S. 36, besonders Fig. 39, 2 *a*.

wärts, dass am Stamme in der Regel eine Bauchseite deutlich wird (ähnlich wie bei den als „Doppeltannen“ bezeichneten Weihnachtsbäumen). Die Farbe der Laubblätter ist graugrün. Die Triebspitzen der Zweige überragt gewöhnlich ein weisser Haarschopf, welchen die jüngsten, über den Scheitel sich zusammenneigenden Laubblätter bilden.

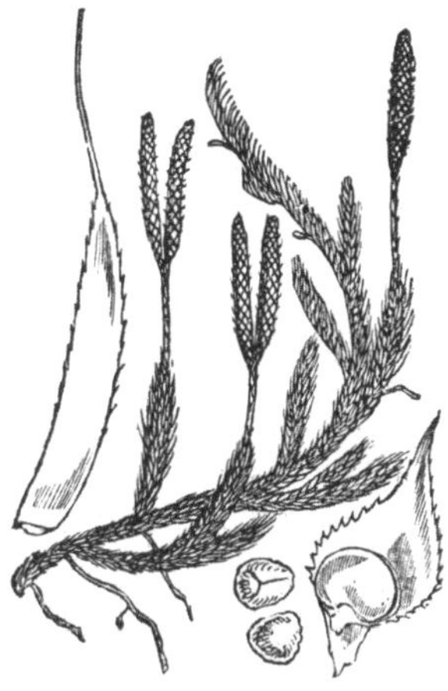

Fig. 67. Lycopodium clavatum L. Ein Theil einer fructificirenden Pflanze. Oben links ein Blatt vergrössert. Unten rechts ein „fertiles“ Blatt der Fruchtähre, welches auf seiner Innenseite ein Sporangium trägt. Links neben diesem Blatte zwei Sporen.

Die Fruchtstände beenden seitliche Zweige, welche im unteren Theile (einige cm lang) dicht beblättert sind; daran schliesst sich der schaftartig senkrecht aufsteigende Theil des Fruchtzweiges, welchen gelblich grüne, kürzere, angedrückte Blätter unvollkommen bedecken. Dieselben pflegen in kürzeren Abständen gruppenweise fast quirlig an einander zu rücken. An der Spitze des meist mehr als fingerlangen schaftartigen Theiles der Fruchtäste steht entweder eine einzige, cylindrische Aehre, oder der Fruchtschaft endet dichotom mit zwei gleichlangen Aehren. Seltener sind die Fälle, in denen drei, vier, selbst fünf bis sechs Aehren dichtgedrängt über einander stehen. Jede Aehre ist etwa 5 cm lang und endet spitz. Ihre dachziegelig sich deckenden fruchtbaren Blätter sind breit eiförmig, grünlich-gelb und ziehen sich ähnlich wie die Laubblätter in eine haarförmige Spitze aus; ihr mikroskopisch gezähnelter Rand ist trockenhäutig, weisslich. Die breit nierenförmigen Sporangien sitzen auf der Innenseite oberhalb des Blattgrundes. Sie enthalten viele kugelig-tetraëdrische Sporen mit netzig-verdickter äusserer Sporenhaut (Exosporium).

Die Pflanze ist durch ganz Europa, Nordasien und Amerika weit verbreitet. Sie findet sich bei uns am Rande von Torfmooren und in Nadelwäldern, oft in grosser Menge, so dass sie an manchen Orten zu Kränzen verarbeitet wird. Die Fructification fällt in die Monate Juli und August.

Die Sporen bilden ein geschmack- und geruchloses, sehr leichtes, vom Volke „Hexenmehl“ genanntes Pulver, welches als *Lycopodium* Ph. G. II. 172 s. *Semen Lycopodii* Ph. G. II. 340 officinell ist. Es wird als Streupulver für Pillen verwendet, um das Aneinanderkleben derselben zu verhüten. Als Puder wird Lycopodium auf durch anhaltendes Nässen wundgewordene Hautstellen gestreut. Innerlich findet es feinst zerrieben in Form von Emulsionen Anwendung.

2. Aspidium Filix mas Sw.

Die Gattung Aspidium ist ein typischer Vertreter der Familie der Filices oder „echten“ Farne. Innerhalb der Familie gehört Aspidium zur Unterfamilie der Polypodieae, welche dadurch charakterisirt sind, dass die auf der Unterseite der Wedel zu Sori vereinigten Sporangien auf meist langen, haardünnen Stielen sitzen. **Jedes Sporangium zeigt einen verticalen, unvollständigen Ring mechanisch wirksamer Zellen** (einen „verticalen Annulus“), welcher am Grunde, nahe der Anheftung am haarförmigen Stiele beginnt, über den Rücken und den Scheitel in meridianer Richtung hinwegzieht und auf der herablaufenden Seite (der Bauchseite) oberhalb des Sporangiumgrundes aufhört (Fig. 62 auf S. 94). Durch Zusammenziehen der Annuluszellen verkürzt sich der vertical stehende Ring und in Folge dessen springt das Sporangium mit querem Risse klaffend auf, um die zahlreichen, ungeschlechtlich erzeugten Sporen zu entlassen. Die Sori sind innerhalb der Unterfamilie, welche etwa 2400, fast ausnahmslos krautige Arten umfasst, sehr verschieden angeordnet, und gründet sich darauf die weitere Eintheilung der Unterfamilie. Die Gattung Aspidium gehört nun zu den Formen, deren Sori auf dem Rücken der Wedelabschnitte am Ende oder an der Seite der Blattnerven aufsitzen, dabei aber immer vom Blattrande fern bleiben („Notosoreae“). Als unterscheidende Merkmale für die Gattung gelten die rundlichen, dem Rücken der seitlichen Nerven der Blattfiedern aufsitzenden Sori (Fig. 61 auf S. 93) und die Ausbildung sie überdeckender nierenförmiger oder herznierenförmiger Schleierchen (Indusien) (Fig. 68). Jedes Schleierchen ist in der Einbuchtung oder in der Mitte angeheftet und erscheint dadurch schildförmig (daher die Bezeichnung Aspidium, Diminutiv von ἀσπίς, Schild, und der deutsche Name „Schildfarn“). Von den etwa 250 bekannten Arten der Gattung sind die meisten Bewohner der Tropenländer; in Deutschland sind 8 Arten heimisch, von denen nur eine officinell ist:

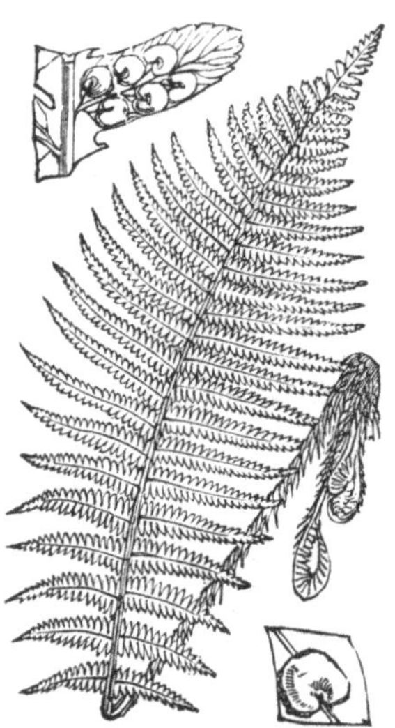

Fig. 68. Aspidium Filix mas. Ein Wedel nebst einigen Wedelanlagen (stark verkleinert). Oben links ein Fiederchen von der Unterseite mit 6, von je einem nierenförmigen Indusium überdeckten Soris.

Aspidium Filix mas Sw., der „männliche Schildfarn,“ noch häufiger „Wurmfarn“ genannt. Sein horizontal kriechender oder aufsteigender unterirdischer Stamm (Rhizom) wird über 30 cm lang, ist aber meist kaum 2 Finger stark (2—2$^{1}/_{2}$ cm), obwohl er durch die Reste der zahlreichen, den Stamm dicht besetzenden Blattstiele viel dicker, etwa armstark erscheint. Aus den Blattstielbasen brechen überdies zahlreiche verästelte Nebenwurzeln hervor, welche den Stamm mit einem dichten Wurzelpelz überziehen. An der Spitze des Stammes erheben sich die eine oberirdische, straussförmig trichterige Rosette bildenden Blätter („Wedel"), welche in spiraliger Ordnung (nach $^{3}/_{8}$, später $^{5}/_{13}$ und endlich $^{8}/_{21}$ Stellung) entstehen. Die Mitte der Blattrosette nehmen die erst nach dem Entfernen der Wedel deutlicher sichtbar werdenden jungen, schneckenförmig eingerollten, von braunen „Spreuschuppen" (schuppigen Haargebilden) völlig überdeckten Wedelanlagen ein.

Die ausgewachsenen Wedel werden mehr als einen Meter lang und erreichen eine Breite von 25 cm. Ihr dicker, kurzer Stiel ist beiderseits scharfkantig und dicht mit grossen braunen, glänzenden Spreuschuppen bekleidet, zwischen welchen schmälere, bis haarartige Schüppchen stehen, welche auch die Mittelrippe der Wedelspreite (die „Blattspindel") und die Mittelrippen der Fiedern bekleiden. Der Umriss der Wedelspreite ist länglich oder länglich-lanzettlich. Nach der Spitze zu verschmälert sich die Spreite allmählich, nach dem Grunde zu nur sehr wenig. Man pflegt sie als fiederschnittig-fiedertheilig zu bezeichnen. Aus breitem Grunde verjüngen sich die Fiedern nach der Spitze hin allmählich, schliesslich ziemlich spitz endend. Jeder Wedel führt jederseits an seiner Mittelrippe etwa 20—35 solcher Fiedern oder „Segmente erster Ordnung". Jede dieser Fiedern ist nun wieder durch tiefe Einschnitte fiederartig zertheilt („fiederschnittig"), sie baut sich aus Fiederchen oder „Segmenten zweiter Ordnung" auf. Das Fiederchen sitzt mit breitem Grunde der Mittelrippe seiner Fieder an und richtet seine fast parallelen Seitenränder etwas schräg-vorwärts nach der Fiederspitze hin. Der Umriss der Fiederchen ist länglich und stumpf gerundet, oft fast stumpf-gestutzt. Ihr Rand ist kerbig- oder eingeschnitten-gesägt, doch enden die Sägezähne niemals mit Stachelspitze (wie bei den Wedeln der nahe verwandten Art *Aspidium spinulosum* Sw.). Die Unterseite der Fiederchen ist namentlich in der Jugend spärlich mit bräunlichen, haarartigen Schuppen besetzt. Im Ganzen sind die Wedel mehr oder minder derb, oberseits stets kahl und dunkler grün, unterseits heller. Die jungen Wedel sind in der Regel ziemlich weich, fast schlaff und überraschen durch ihre freudig grüne Färbung.

Bemerkenswerth ist die Nervatur der Fiedern und Fiederchen. Die Mittelnerven sind meist zickzackförmig unter sehr stumpfen Winkeln geknickt, also nicht völlig geradlinig. Sie machen den Eindruck von Sympodien. In den Fiederchen pflegen die nach dem Rande hin strebenden Seitennerven sich in einiger Entfernung vom Mittelnerven einmal, weiterhin aber nicht wieder zu gabeln. Doch erreichen beide Gabeläste des Nerven den Blattrand nicht; sie enden blind in der Fläche je eines Sägezahnes.

Ueberraschend zierlich sind die fructificirenden Wedel. In der Regel tragen nur die Fiederchen des oberen und mittleren Wedeltheiles auf ihrer Unterseite die Sporangienhaufen (Sori) und zwar zweireihig in der unteren Hälfte. Jeder Sorus sitzt auf dem vorderen Gabelaste eines der Seitennerven (Fig. 68) und wird von einem herznierenförmigen, in der Einbuchtung gestielten, bleifarbenen, zuletzt bräunlichen Schleier (Indusium) überdeckt. Unter diesem bilden die Sporangien einen schwarzbraunen Haufen. Die Sporen sind dunkelbraun und lassen (mit dem Mikroskop betrachtet) unregelmässige, gewundene, oft muschelförmig leistenartige Verdickungen ihrer Aussenhaut (ihres „Exosporiums") erkennen. Die Wedel überwintern nicht und fructificiren vom Juni bis September.

Der „Wurmfarn" ist einer unserer gemeinsten Farne. Er liebt schattige Wälder und Schluchten und nicht gar zu trockene Abhänge. Er findet sich durch ganz Europa, ist aber auch in Nordasien, im Kaukasus und im Himalaya heimisch. In Afrika beschränkt sich sein Vorkommen auf Algerien, während er Amerika von den Vereinigten Staaten bis nach Peru hin bewohnt. In Gebirgen steigt er bis in die subalpinen Regionen hinauf (bis nahe an 2000 m Höhe).

Officinell ist der Wurzelstock als Rhizoma Filicis Ph. G. II. 227 s. Radix filicis maris Ph. G. II. 339. Aus ihm wird das gegen den Bandwurm mit sicherstem Erfolge angewandte Extractum Filicis Ph. G. II. 89 hergestellt. Er enthält ein fettes grünes Oel, eine als Filixsäure bezeichnete Substanz und Spuren von Harz, Gerbstoff und einem ätherischen Oele. Zur Erzielung eines sicher wirkenden Extractes sollen nur einjährige, frische Rhizomtriebe, von Blattstielresten, Spreuschuppen etc. befreit und mit durchweg saftgrünem Bruch, verwendet werden.

Synonyme zu *Aspidium Filix mas* Sw. sind *Polypodium Filix mas* L., *Polystichum Filix mas* Roth und *Nephrodium Filix mas* Michx.

Aspidium Filix mas wird bisweilen aus Unkenntniss oder absichtlich mit *Aspidium montanum* Aschs. und *Asplenium Filix femina* Bernh. (dem „weiblichen" Wurmfarn) verwechselt. Ein leichtes Unterscheidungsmerkmal liefern Schnitte durch die Blattstielbasen dieser Farne. Bei *Aspidium Filix mas* zeigt der Blattstielquerschnitt 8—12 rundliche Punkte, die Querschnitte von Gefässbündeln, etwa kreisförmig angeordnet; bei *Aspidium montanum* gewahrt man statt ihrer nur zwei Gefässbündel, bei *Asplenium Filix femina* zwei bandartige, rechts und links stehende Bündel, welche höher hinauf im Blattstiel zu einem rinnig-hufeisenförmigen Bündel werden.

Zusatz.

Schon mehrfach wurde betont, dass die Kenntniss des Generationswechsels für die Systematik von höchstem Werthe ist. Es hat sich ergeben, dass von den Bryophyten aufwärts alle Klassen des Pflanzenreichs in den Grundzügen ihrer Entwickelung übereinstimmen. Der Generationswechsel der Moose, bei welchen sich an die selbst ungeschlechtlich erzeugte, aber die Geschlechtsorgane bildende Generation eine zweite, geschlechtlich erzeugte, aber selbst geschlechtslose anreiht, findet sich modificirt bei den Farnen, Gymnospermen und Angiospermen wieder. Die für alle Klassen durchgeführte Nebeneinanderstellung der gleichwerthigen Entwickelungsstufen bezeichnet man als Homologienlehre, die ein vorzügliches Mittel giebt, das ganze Pflanzenreich vom Gesichtspunkte der Entwickelungsgeschichte aus zu durchblicken.

Wenn die Homologienlehre bereits an dieser Stelle erwähnt wird, so geschieht es, weil sie besonders geeignet ist, die seit Linné bestehende Kluft zwischen Cryptogamen und Phanerogamen zu überbrücken. Auch wird dem Leser hierbei Gelegenheit, die wesentlichsten Momente der vorhergehenden Darstellung repetitorisch zusammenzufassen und das Verständniss der folgenden zu vertiefen. Was von den Blüthenpflanzen zum Verständniss der am Schlusse gegebenen Tabelle benöthigt wird, ist auf S. 15—16, resp. 28 und 30 der Einleitung gegeben; für die Gymnospermen verweise ich auf S. 112.

Für die Tabelle sei bemerkt, dass wir von den niederst entwickelten Formen, den Bryophyten, aus zu den stufenweise sich höher organisirenden Pteridophyten, Gymnospermen und Angiospermen aufsteigen. Man beachte dabei, dass die für die Moose und Farne (auf S. 88—89 resp. 98—99) unterschiedene erste, die Geschlechtsgeneration, in der Entfaltung ihrer vegetativen Organe mehr und mehr zurückgeht, d. h. es treten die nicht an dem Geschlechtsacte betheiligten Organe an Masse zurück, während die Sonderung nach den Geschlechtern in den Vordergrund tritt. Bei den Moosen ist die **Moospflanze** selbst der augenfällige Vertreter der ersten Generation. Ihr ist „homolog" das weniger auffällige, aber noch selbstständig lebende **Farnprothallium**, welches bei den heterosporen Formen (Selaginella) schon rudimentär wird. Bei den Gymnospermen ist das männliche **Prothallium** rudimentär, nur noch durch 1—3 Zellen im Innern des Pollenkornes angedeutet, während das weibliche Prothallium als **Endosperm** einen Gewebekörper ohne Blattgrün bildet. Bei den Angiospermen sinkt endlich das männliche Prothallium auf **eine hautlose Zelle** im Pollenkorne, das weibliche Prothallium auf die drei **Antipoden** herab.

Die zweite Generation nimmt im Gegensatz zur ersten beständig an reicherer Entfaltung zu. Bei den Moosen ist sie durch das unscheinbare **Sporogon** repräsentirt; diesem ist homolog die **Farnpflanze**, der **gymnosperme** Baum und die **angiosperme** Pflanze.

	Bryophyten.	Pteridophyten.		Gymnospermen.	Angiospermen.
Erste Generation (Geschlechts-generation)	Spore	Spore	Mikrospore Makrospore	Pollen Embryosack	Pollen Embryosack
	Protonema } **Moospflanze** }	**Prothallium**	**♂ Proth.** **♀ Proth.**	**♂ Proth. rud.** **♀ Proth. (Endosperm)**	**♂ Proth. einzellig** **Antipoden**
	Antheridium Archegon.	Antheridium Archegon.	Antheridium Archegon.	Pollenschlauch Archegon.	Pollenschl. Synergiden
	Spermatozoid Oosphäre	Spermatozoid Oosphäre	Spermatozoid Oosphäre	Sperma Oosphäre	Sperma Eizelle
Zweite Generation (Vegetative Generation)	Embryo	Embryo	Embryo	Embryo	Embryo
	Sporogon	**Farnpflanze**	**Farnpflanze**	**Gymnosperme**	**Angiosperme**
	Sporensack	Sporangium	Mikrosporangium Makrosporangium	Pollensack Ovulum	Pollensack Ovulum
	Spore	Spore	Mikrospore Makrospore	Pollen Embryosack	Pollen Embryosack

In der Tabelle stehen die homologen Gebilde neben einander in je einer Reihe, die aus einander hervorgehenden Entwickelungsstufen stehen unter einander. In allen Fällen verknüpft der Embryo die erste Generation mit der zweiten.

IV.

GYMNOSPERMEN.

Cycadeen, Coniferen und Gnetaceen.

Als Gymnospermen oder Nacktsamige bezeichnet man diejenigen Blüthenpflanzen, deren Samenanlagen nicht in einem geschlossenen Blattgebilde, also nicht wie bei den höheren, weiterhin zu besprechenden Blüthenpflanzen innerhalb eines Fruchtknotens zur Entwickelung gelangen. Die Samenanlagen der Gymnospermen bilden sich vielmehr — wenigstens in den typischen Fällen — auf der inneren Fläche oder an dem Rande meist flach ausgebreiteter Blätter, der „Fruchtblätter". Bezüglich dieser liegen die Samenanlagen also frei und offen, unbedeckt, und man hat deshalb die ganze Abtheilung dieser Gewächse die „Nacktsamigen" genannt. Damit ist nun freilich nicht gesagt, dass die eines Schutzes gegen von aussen kommende Unbilden bedürftigen Samenanlagen ganz frei sich den Blicken darbieten. In der Mehrzahl der Fälle sind die Fruchtblätter schuppenartig entwickelt und schliessen so eng aneinander, dass die weiblichen Blüthen zu mehr oder minder festen Zapfen werden; so besonders in der Familie der Zapfenträger (Coniferen), zu denen unsere bekannten Nadelbäume, die Tannen, Fichten und Kiefern, gehören. Die Tannenzapfen dürften jedermann zur Genüge bekannt sein. (Vgl. Fig. 80). In vielen Fällen liegen aber die Samenanlagen fast völlig frei, die Spitze besonderer Zweige besetzend, doch bilden sich selbst in solchen Fällen schützende Hüllen, häutige Schuppenblättchen, nach Art von Knospenschuppen an dem Grunde der Samenanlage aus.

Auch die den Blüthenstaub erzeugenden Blätter, die Staubblätter, entbehren in der Regel des Schutzes durch eine besondere Blüthenhülle. Sie sitzen frei in Quirlen oder in spiraliger Anordnung an einer Blüthenstandsaxe und tragen die Pollenfächer — Pollensäcke — meist zu mehreren auf ihrer Rückenseite.

Sehr bedeutungsvoll ist für die systematische Stellung der Gymnospermen die Bildung des Eiapparates in der Samenanlage. Der Kern derselben entwickelt in einer oder in mehreren grossen Zellen, den Embryosäcken, ohne dass ein Befruchtungsact vor sich gegangen ist, einen fleischigen Gewebekörper, das Endosperm oder Nährgewebe[1]). An diesem entstehen flaschenförmige, in den Gewebekörper ein-

---

[1]) Das Endosperm der Gymnospermen ist ein dem Prothallium der Pteridophyten gleichwerthiges („homologes") Gebilde. Siehe die Tabelle auf S. 108.

gesenkte Gebilde — Archegonien[1]) — in deren Bauchtheile die zu befruchtende Eizelle, die Oosphäre, der Befruchtung durch das Plasma des Pollenschlauches harrt. Nach der Befruchtung wächst die Eizelle zum Keimling heran, welcher an seinem oberen Ende zwei oder mehrere, bisweilen viele Cotyledonen (Keimblätter) trägt.

Die Abtheilung der Gymnospermen umfasst drei wohl begrenzte Familien:

I. Cycadeae, farnähnliche, bisweilen hochstämmige, unverzweigte Gewächse — Farnpalmen — mit zweihäusig vertheilten Blüthen.

II. Coniferae, reichverzweigte, hochstämmige Holzpflanzen, in ihren typischen Formen als Nadelhölzer bekannt, meist mit einhäusigen Blüthen.

III. Gnetaceae. Pflanzen von eigenartigem Aussehen, mit zweihäusig vertheilten Blüthen. Die männlichen Blüthen mit Blüthenhülle (Perigon) ausgestattet, daher eine Mittelstellung zwischen Nacktsamigen und Bedecktsamigen einnehmend.

Nur die beiden erstgenannten Familien kommen hier in Betracht.

Cycadeen.

Die nur wenige Gattungen (*Cycas*, *Zamia*, *Dioon*, *Encephalartos*, *Ceratozamia* und einige andere) umfassende Familie der Cycadeen vereinigt palmenähnliche Gewächse mit knolligem oder unverzweigtem, meist niedrigem und relativ dickem, seltener baumartig-schlankem Stamme, an welchem der Mangel jeglicher Borken- und Rindenkorkbildung charakteristisch ist[2]). Es wird nämlich die gesammte Stammoberfläche (wenigstens in der Jugend) ohne Unterbrechung von den dicht gedrängten, stets spiralig angeordneten Blättern bedeckt. Die Blätter sind von zweierlei Art. Die endständige Stammknospe erzeugt zunächst eine grössere Zahl sitzender, etwa 5 cm langer, lederartiger oder holziger, brauner und flacher Schuppen (Niederblätter), denen periodenweise grosse, eine schöne Laubkrone bildende Wedel, die Laubblätter, folgen, unter deren Schutze die endständige, von jüngeren Schuppen zapfenartig bedeckte Stammknospe sich fortbildet,

---

[1]) Die Archegonien der Gymnospermen nannte man früher Corpuscula. Uebrigens merke man sich bei dieser Gelegenheit, dass Archegonien nur bei den Bryophyten, Pteridophyten und Gymnospermen vorkommen. Man kann deshalb Bryophyten, Pteridophyten und Gymnospermen auch unter dem Namen Archegoniaten zusammenfassen.

[2]) Cycadeen sind bei uns nicht officinell. Nichtsdestoweniger mag diese Familie wegen ihrer Wichtigkeit für die vergleichende Betrachtung hier behandelt werden.

um erst nach längerem Intervall (oft nach einem oder zwei Jahren) eine neue Laubblattrosette auszubilden.

Die ausserordentlich regelmässigen, einfach gefiederten Laubblätter tragen an der 1—3 m langen Hauptrippe (Spindel) harte, lederartige, graugrüne oder glänzend dunkelgrüne, ganzrandige oder dorniggezähnte Fiedern, welche sich selten genau rechts und links gegenüberstehen; einer Fieder rechts folgt erst etwas höher eine solche links, so dass sich das Blatt scheinbar nach dem Schema einer Wickeldichotomie (vgl. Fig. 39, 2 *a*) aufbaut. In der Knospe ruht jedes Laubblatt oder jede Fieder desselben ähnlich wie die Wedel der Farne von der Spitze nach der Basis hin eingerollt (in „circinativer“ Knospenlage). Die Entfaltung geschieht basifugal, d. h. die unteren Fiedern können schon nahezu völlig entfaltet sein, während die oberen noch in der Knospenlage verharren. Die Anlage der Fiedern erfolgt jedoch meist basipetal.

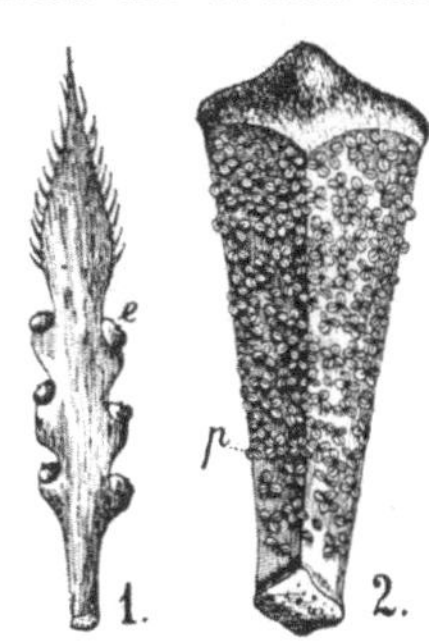

Fig. 69. Fruchtblatt und Staubblatt von Cycas circinalis. 1. Fruchtblatt mit seitlich ansitzenden Samenanlagen (*e*). 2. Staubblatt mit vielen Pollensäcken (*p*) auf der Unterseite. (Aus Potonié, Elem.)

Die Geschlechtsorgane werden auf besonders gestalteten Blättern entwickelt. Die Staubblätter sind bei der hier allein interessirenden Gattung Cycas 7—8 cm lange Schuppenblätter, welche an ihrer Unterseite zahlreiche Pollensäcke in Gruppen von 3 bis 5 tragen. (Fig. 69, 2). Sie bilden in ihrer Gesammtheit einen 30—40 cm langen Zapfen, welcher als männliche Blüthe oder als männlicher Blüthenstand zu bezeichnen ist. Die Fruchtblätter sind flächenförmig verbreiterte Fiederblätter von 20—25 cm Länge, etwa handgross; die unteren Fiedern gehen an ihrem Scheitel in je eine völlig nackte, nur von einer Hülle (Integument) umgebene Samenanlage aus, welche noch vor der Befruchtung bis zur Grösse einer Pflaume heranwächst, nach derselben aber zu einem Samen von der Grösse eines mittleren Apfels ausreift. Sämmtliche Fruchtblätter ersetzen, anfänglich zapfenartig zusammenschliessend, eine Laubblattrosette, deren Scheitel aber später von Neuem Schuppenblätter und Laubblattkronen bildet. Es findet hier normal eine „Durchwachsung“ des weiblichen Zapfens statt. Die hier nicht interessirenden übrigen Gattungen tragen mehr oder weniger schildförmig entwickelte Staub- und Fruchtblätter, letztere mit zwei Samenanlagen. Die männlichen Zapfen sind den weiblichen äusserlich mehr oder minder ähnlich und lassen sich ihrer Form nach mit dem Fruchtstande der Equisetaceen vergleichen. Alle Cycadeen sind zweihäusig.

Aus der hier gegebenen Schilderung der Familie ergeben sich zum Theil zugleich die Merkmale der Gattung:

Cycas.

Bäume mit säulenförmigem, dauernd von Blattschuppen bedecktem Stamme, einfach gefiederten Blättern und in der Jugend eingerollten Blattfiedern mit nur einem Mittelnerven. Die grossen männlichen und weiblichen Zapfen sind endständig, die letzteren werden normal von der Stammaxe durchwachsen. Fruchtblätter nicht schildförmig, mehr oder weniger deutlich gefiedert, beiderseits an dem verbreiterten Stiele 2—4 Samenanlagen tragend. Diese stellen ein gerades, horizontal abstehendes oder aufrechtes Ovulum mit einem Integument dar. Same steinfruchtartig, mit mehlig-fleischigem Nährgewebe, welches den geraden Embryo umschliesst. Bewohner des tropischen Asiens, Australiens und Polynesiens.

Fig. 70. Cycas circinalis. (Aus Potonié, Elem.)

Cycas circinalis L., ein bis 10 m hoher Baum Ostindiens (Fig. 70), trägt bis 3 m lange Blätter, deren zahlreiche bis 25 cm lange, schmallanzettliche, fast sichelförmige Fiedern am Rande flach auslaufen. Die untersten Fiedern sind zu spitzen Blattstieldornen verkürzt. Die Fruchtblätter deuten nur durch zahnförmige Einschnitte ihres oberen Spreitentheiles eine Fiederung an (Fig. 69, 1).

Cycas revoluta L., ein nur wenige Meter hoch werdender Baum, ist durch die schmal-linealischen, spitzigen, oberseits glänzend dunkelgrünen, am Rande zurückgerollten („revoluten") Fiedern seiner Laubblätter und durch die braunfilzigen Fruchtblätter mit tief fiederspaltiger Spreite ausgezeichnet. Im südlichen Japan einheimisch, durch Cultur in den civilisirten Ländern weit verbreitet, ist diese Art bei uns als Zierpflanze wegen ihrer schönen Wedel beliebt, welche namentlich decorativen Zwecken bei Leichenfeierlichkeiten (als „Palme des Friedens") dienen.

Die genannten Arten sowie einige andere werden in ihrer Heimath vielseitig verwerthet. Das stärkereiche Mark der Stämme liefert einen groben Sago, weshalb die Cycadeen fälschlich als „Sagopalmen" bezeichnet werden.

Coniferen.

Die Familien der Coniferen oder Zapfenträger werden diagnostisch dadurch gekennzeichnet, dass von den meist einhäusig vertheilten Blüthen die männlichen nur aus Staubblättern gebildet werden, welche kätzchenförmig an gemeinsamer Axe gehäuft stehen. In der Regel stellt sich jedes einzelne Staubblatt dar als eine excentrisch gestielte Schuppe, welche auf ihrer Unterseite 2, 3 und mehr, ja bis 20 einfächerige Pollensäcke trägt, welche sich durch einen queren oder längsgerichteten Riss öffnen[1]). Die männlichen Kätzchen sitzen bisweilen traubig gehäuft an gemeinsamer Hauptaxe, welche nach der Blüthezeit den vegetativen Spross fortsetzt. Die weiblichen Blüthen bestehen in der Regel nur aus schuppenförmigen oder schildförmigen Fruchtblättern, welche in ihrer Achsel oder auf der Innenfläche oder auf einem besonderen Auswuchse die Samenanlagen tragen, deren Zahl je nach Geschlecht und Art wechselt. Sämmtliche Fruchtblätter pflegen zu einem Zapfen zusammenzuschliessen. Sie werden zur Fruchtreife mehr oder minder holzig, in einigen Fällen beerenartig fleischig (so beim Wachholder, *Juniperus*, hier auch wohl „Zapfenbeeren" genannt). Die holzigen Zapfen öffnen die Schuppen in verschiedener Weise. Die beim Oeffnen freigelegten Samen sind oft mit grossem, häutigem Flügel versehen. In selteneren Fällen entwickeln sich die Samenanlagen an Zweigspitzen einzeln oder paarig, auch wohl in grösserer, obwohl immerhin geringer Anzahl und werden dann durch fleischig werdende Integumente beerenartig.

Was die vegetativen Verhältnisse betrifft, so sind alle Coniferen reich verzweigte, ausdauernde Holzgewächse von buschigem oder hochstämmigem Wuchs. Man erinnere sich unserer Nadelbäume als der besten Beispiele. Die fast stets einfachen, oft nadelförmigen Blätter stehen spiralig (nach höheren Blattstellungsgesetzen) oder in abwechselnden 2-, 3- oder mehrblättrigen Quirlen. Fast alle Formen sind reich an Harzen und ätherischen Oelen.

Von den etwa 350 bekannten Arten gehören die meisten den gemässigten Zonen an, doch steigen einige bis in die alpinen Regionen und in die kalten Zonen. Viele Formen bilden grosse und werthvolle Waldbestände, die den physiognomischen Charakter grosser Länderstrecken bestimmen.

Die Eintheilung der Familie in Unterfamilien hat mannichfache Wandlungen erfahren. Die ältere von Parlatore gegebene Glie-

[1]) Die Staubblätter vieler Coniferen erinnern lebhaft an die fruchtbaren Blätter der Equisetaceen; auch hier sitzen die Sporensäcke auf der Unterseite schildförmiger Blätter.

derung ist die relativ einfachste. Er unterscheidet zwei Hauptabtheilungen:

I. Abietineae, monöcisch, mit vollkommener Zapfenbildung.

II. Taxineae, monöcisch oder diöcisch ohne Zapfenbildung.

Später gab Eichler die folgende übersichtliche Gruppirung:

a. Taxineae. Weibliche Zapfenbildung fehlend oder unvollkommen. Hierher *Taxus*.

b. Cupressineae. Zapfenbildung vollkommen. Zapfenschuppen in Quirlen, wie die Laubblätter. Samenanlagen aufrecht. Hierher *Juniperus*, *Cupressus*, *Thuja* (der Lebensbaum).

c. Abietineae. Zapfenbildung vollkommen; Zapfenschuppen spiralig, wie die Laubblätter (Nadeln) geordnet. Jede Zapfenschuppe gliedert sich in zwei übereinanderliegende Gebilde (Deckschuppe und Fruchtschuppe), welche mehr oder minder eng mit einander verschmelzen. Die auf der Fruchtschuppe sitzenden Samenanlagen sind umgewendet. Hier die Gattungen *Pinus* (Kiefern), *Picea* (Fichten), *Abies* (Tannen), *Larix* (Lärchen) u. a.

Die neueste von Eichler gegebene Uebersicht geht zunächst auf die ältere Zweitheilung zurück. Die Gliederung ist folgende:

I. **Pinoideae.** Zapfen vollkommen; Samenschale holzig, lederig oder knochenhart.

Blätter und Zapfenschuppen spiralig, Samenanlagen umgewendet: 1. Abietineae.

Blätter und Zapfenschuppen gegen- oder quirlständig, Samenanlagen aufrecht: 2. Cupressineae.

II. **Taxoideae.** Zapfenbildung unvollkommen; Frucht meist auf nackte Samen reducirt. Same mit fleischigem äusseren Integument (Arillus) oder mit pflaumenartiger Schale.

Samenanlage umgewendet 3. Podocarpeae.

Samenanlage aufrecht 4. Taxeae.

Wir schliessen uns für die folgende Darstellung dieser Eintheilung an und besprechen zunächst die Unterfamilie der

Abietineen.

Die in der vorhergehenden Uebersicht definirte Gruppe der Abietineen ist von Eichler nach der Gestalt der weiblichen Fruchtschuppe und nach den Eigenheiten der Samenanlagen in drei Untergruppen zerlegt worden, von welchen uns nur die beiden ersten interessiren. Die erste derselben, die bei uns nicht heimischen Araucariinae haben einfache Fruchtblätter, welche auf ihrer

Innenseite nur eine einzige, umgewendete Samenanlage führen, während die Abietinae, zu welchen fast alle unsere heimischen Nadelholzbäume gehören, ihre weiblichen Zapfen aus zweierlei Schuppen aufbauen. Statt des einfachen Fruchtblattes tritt eine „Deckschuppe“ und über dieser eine meist viel grössere „Fruchtschuppe“ auf. Letztere trägt auf ihrer Innenseite zwei umgewendete Samenanlagen.

Zur Untergruppe der Araucariinen gehört die hier zu nennende:

1. Dammara alba Rumph.

Die Gattung Dammara Lamb. (Agathis Salisb.) umfasst harzreiche, immergrüne, hochstämmige Bäume der malaiischen Inseln, der Philippinen, Polynesiens und des nördlichen Australiens. Die lederartigen, flachen, ziemlich breiten, am Grunde stielartig verschmälerten Blätter bedecken die Hauptäste und den jungen Stamm allseitig, stellen sich aber an den Zweigen mehr oder weniger deutlich zweizeilig, fast gegenständig (Fig. 71). Von den fast durchgehends zweihäusig vertheilten Blüthen sind die männlichen als oval-längliche, blattachselständige Kätzchen mit zahlreichen Staubblättern entwickelt (Fig. 71, *B*). Jedes einzelne Staubblatt stellt sich dar als breit endende Schuppe, welche unterwärts stielartig verschmälert ist. Auf dem Rücken der Schuppe sitzen 5—15 längliche Pollensäcke an (Fig. 71, *C* und *D*). Die weiblichen Zapfen sind kugelig-eiförmig, etwas gedrückt, endständig. Die einzelnen Zapfenschuppen sind lederartig und schliessen sehr eng dachziegelig an einander. Die vollständig freie Samenanlage ist einseitig oder ungleich beiderseitig geflügelt. Zur Reifezeit lösen sich die einzeln abfallenden Zapfenschuppen, um die geflügelten Samen fallen zu lassen. Der Keimling führt nur zwei Keimblätter. Von den wenigen bekannten Arten ist officinell

Dammara alba Rumph (= *Dammara orientalis* Lamb., *Agathis Dammara* Rich., *Agathis alba*), ein auf den malaiischen Inseln und den Philippinen bis 30 m Höhe erreichender Baum mit eiförmig-lanzettlichen, 6—12 cm langen und bis 4 cm breiten, an den Zweigen gegenständigen, festen Blättern. Die rundlichen Zapfen werden bis faustgross (Fig. 71).

Die sehr harzreichen Bäume liefern das farblose oder gelblich durchsichtige Dammarharz, die Resina Dammar Ph. G. II. 225.

Dammara australis Lamb. (= *Agathis australis* Salisb.), die Kaurifichte, ein bis 60 m hoher Baum Australiens und Neu-Seelands, unterscheidet sich von der vorgenannten Art durch viel kleinere, starre Blätter, welche auch an den Zweigen spiralig ansitzen; auch die Zapfen der Kaurifichte sind kleiner als bei der vorigen Art. Das von den Bäumen stammende, in mächtigen Klumpen auf und im Boden der Kauriwälder anzutreffende Harz kommt als Kauri-Kopal in den Handel.

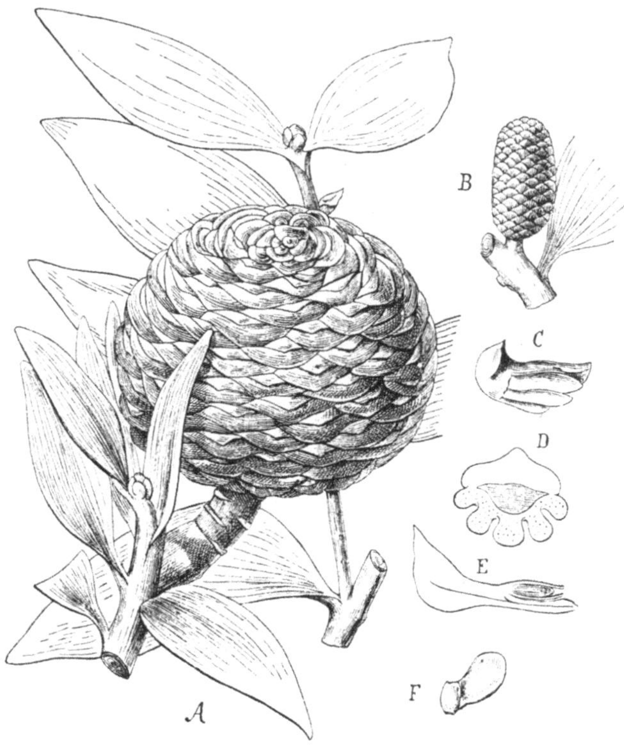

Fig. 71. Dammara alba Rumph. *A*. Ein zapfentragendes Zweigstück, dahinter ein Blattzweig. *B*. Ein männlicher Zapfen (nat. Gr.). *C*. Ein Staubblatt von der Seite, *D* im Querschnitt. *E*. Längsschnitt durch eine Zapfenschuppe und eine der auf ihrer Innen(Ober-)seite liegenden Samenanlagen. *F*. Ein geflügelter Same. (Nach Eichler in Engler-Prantl.)

Wahrscheinlich ist das als *Resina Dammar* in den Handel kommende Dammarharz verschiedenen Ursprungs. Die Pharmacopoe giebt ausser Dammara-Arten noch *Hopea micrantha* und *Hopea splendida*, zwei Dipterocarpaceen an, ihr Autor fügt aber bezüglich weiterer Stammpflanzen noch die treffende Bemerkung hinzu: nescio an etiam aliae arbores in India meridionali nascentes.

Aus der Gruppe der Abietinae sind mehrere Gattungen hier zu besprechen, welche früher meist unter dem gemeinsamen Namen Pinus zusammengefasst wurden, und noch heute nennen viele Botaniker aus diesem Grunde die Abietinen lieber die Pineen. Gemeinsame Charaktere liegen in den einhäusigen Blüthen, von denen die männlichen aus Staubblättern sich aufbauen, deren Pollensäcke der unteren (äusseren) Seite des filamentartigen Theiles längs angewachsen sind. Die immer in der Zweizahl vorhandenen Pollensäcke öffnen sich mit je einer entweder längs- oder schräg- oder quergerichteten Spalte. Die Pollenkörner sind meist mit zwei blasigen Aussackungen ihrer Aussenhaut („Flugblasen") versehen. An den weiblichen Zapfen sind Deck- und Fruchtschuppe stets nachzuweisen, doch wechseln die Grössenverhältnisse beider je nach der Gattung. Die Differenzirung beider Schuppen kann ausserdem im Alter durch Verwachsung beider sehr verwischt werden. Erwähnung verdienen hier die Gattungen Pinus, Larix, Picea und Abies. Die diagnostische Uebersicht über diese liefert der folgende Schlüssel:

A. Durch Sprosse von zweierlei Art (durch „Lang-" und „Kurztriebe") sind ausgezeichnet:

1. Pinus. Langtriebe mit schuppenförmigen, häutigen Niederblättern besetzt. Die Kurztriebe bringen ausser einigen häutigen Schuppen nur wenige wintergrüne Nadeln (je nach der Art 2—9) hervor.
2. Larix. Lang- und Kurztriebe mit weichen, nadelförmigen, sommergrünen Blättern besetzt. Die Nadeln der Kurztriebe in grosser Zahl büschelig bei einander.

B. Sprosse von nur einerlei Art (nur „Langtriebe") kennzeichnen:

3. Picea, mit vierkantigen, wintergrünen Nadeln und hängenden Zapfen mit stehenbleibenden Schuppen, d. h. Zapfen ganz abfallend („Tannenzapfen").
4. Abies, mit flachen, wintergrünen Nadeln und aufrechten Zapfen, deren Schuppen sich zur Reifezeit von der auf dem Baume sitzenbleibenden Zapfenspindel einzeln ablösen und abfallen.

Wir besprechen hiervon eingehender die Arten der Gattung:

2. Pinus L.

Die Gattung Pinus L. im engeren Sinne umfasst die als Kiefern oder Föhren bekannten, äusserst harzreichen Nadelbäume. Ihre männlichen Blüthen sind von einer grundständigen Schuppenhülle umgeben. Die einzelnen Staubblätter enden mit aufwärts gerichtetem Endschüppchen und tragen auf der Unterseite zwei der Länge nach aufspringende Pollensäcke. Die weiblichen Zapfen sind eiförmig länglich, anfänglich geschlossen. Sie bleiben zwei bis drei Jahre auf dem Baume, ehe sie völlig ausgereift sind, um dann als ganze Zapfen mit klaffend gespreizten Schuppen auf den Boden zu fallen („Kienäpfel“) Fig. 72. Jede Zapfenschuppe entsteht aus einer mit

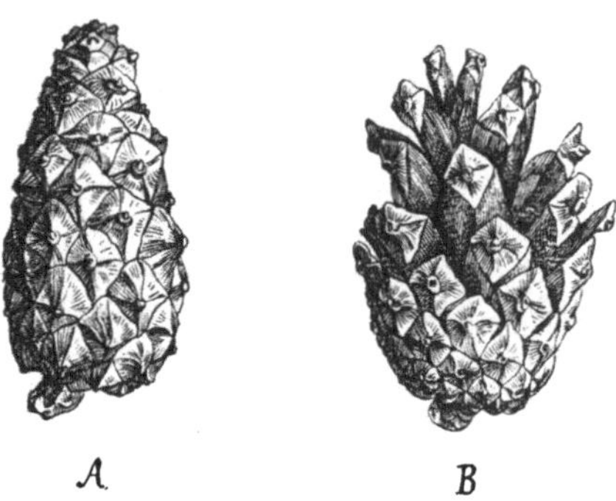

Fig. 72. Weibliche Zapfen von Pinus silvestris (nahezu nat. Gr.). *A*. Zapfen vor der Samenreife mit geschlossenen Schuppen. *B*. Zapfen zur Samenreife mit klaffend spreizenden oberen Schuppen. (Nach Willkomm.)

dem Alter mehr und mehr verkümmernden Deckschuppe und einer viel grösseren, holzig werdenden Fruchtschuppe, welche gewöhnlich keilförmig-prismatisch geformt ist und nach aussen mit fast rhombischer Fläche endet, auf welcher sich ein sogenannter Nabelfleck markirt, welcher bisweilen in eine hervorragende Spitze ausgezogen ist.

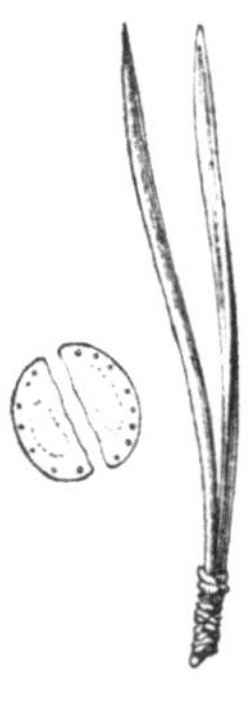

Fig. 73. Ein Kurztrieb der Kiefer, Pinus silvestris, welcher nur zwei Nadeln trägt, welche an der Basis durch vertrocknete Niederblattschuppen zusammengehalten werden. Links daneben das Querschnittsbild eines Nadelpaares. (Nach Willkomm.)

In den Achseln der spiralig gestellten häutigen Blätter der Langtriebe entwickeln sich die sehr kurzen Zweige (Kurztriebe), welche die meist kräftigen Nadeln erzeugen. Jeder Kurztrieb hebt mit häutigen Schuppenblättern an, aus welchen sich die grünen Nadeln, je nach der Art, zu zweien, dreien oder bis zu sieben und neun hervorschieben. Der Rücken der Nadeln pflegt convex gewölbt zu sein. Von den etwa 70 bekannten, fast ausschliesslich der nördlichgemässigten Zone angehörenden Arten sind zu merken:

1. *Pinus silvestris* L, unsere gemeine Kiefer, ein bei uns verbreiteter Waldbaum mit anfänglich pyramidaler, später unregelmässig schirmförmig ästiger Krone. Die kräftigen spitzen Nadeln stehen zu P a a r e n vereint und legen sich mit flachen Seiten in der Knospe an einander (Fig. 73). Die

convexe Aussenseite der Nadel ist dunkelgrün. Die männlichen Blüthen mit ihren schwefelgelben Pollensäcken stehen büschelig am Ende der Langtriebe gehäuft (Fig. 74). Die weiblichen Zapfen sind anfänglich kugelig, krümmen sich aber schon im ersten Jahre deutlich abwärts. Sie nehmen bald spitzkegelförmige Gestalt an, werden dunkelgrün und zeigen die rhombischen Felder der Zapfenschuppen sehr deutlich. Jedes Feld erhebt sich pyramidenförmig und endet mit einem stumpfen Nabel (Fig. 73, *A*). Die reifen Zapfen sind graubraun, ganz stumpf[1]; es spreizen besonders die obersten Schuppen weit auseinander (Fig. 73, *B*). Die mit häutigem Flügel versehenen braunen Samen sind klein, etwa 3 mm lang.

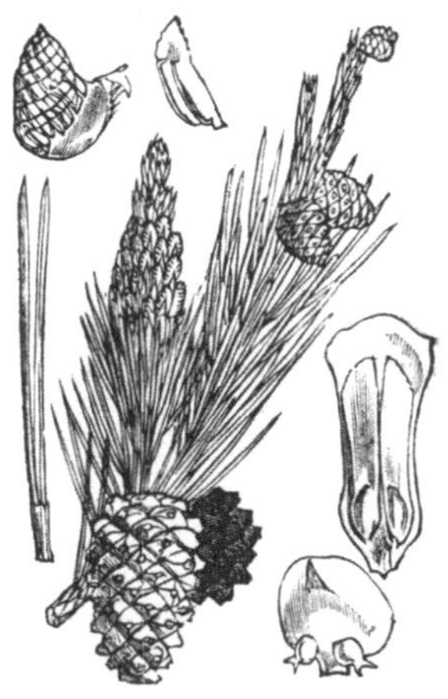

Fig. 74. Pinus silvestris; Zweigstück, an dessen linkem Triebe männliche Zapfen dicht gedrängt stehen. Links oben ist ein solcher Zapfen mit häutigem Schuppenblatt vergrössert dargestellt, daneben ein Staubblatt mit zwei längsgeöffneten Pollensäcken. Die jungen weiblichen Zapfen sind am rechten Triebe des Zweigstückes dargestellt. Zwei etwas ältere weibliche Zapfen sitzen am unteren Ende des Zweigstückes. Rechts neben ihnen ist eine junge Zapfenschuppe mit den beiden Samenanlagen, etwas höher eine alte Schuppe mit zwei geflügelten Samen dargestellt.

Die Kiefer ist einer der wichtigsten Waldbäume. Sein Holz („Kienholz“) findet mannichfache Verwendung, besonders als Bau- und Brennholz. Das aus den Wundstellen des Stammes ausfliessende und an der Luft festwerdende Harz bildet den gemeinen oder deutschen T e r p e n t i n, aus welchem das officinelle Terpentinöl, das O l e u m T e r e b i n t h i n a e Ph. G. II. 204[2]), durch Destilliren gewonnen wird. Der Destillationsrückstand bildet das C o l o p h o n i u m oder G e i g e n h a r z. Als T h e e r, P i x l i q u i d a Ph. G. II. 211 s. R e s i n a e m p y r e u m a t i c a l i q u i d a Ph. G. II. 340 bezeichnet man das durch trockene Destillation des Holzes gewonnene Product, aus welchem A q u a P i c i s Ph. G. II. 33 bereitet wird. Durch Schmelzen des rohen Terpentins in Töpfen erhält man das P e c h. Durch Verbrennen des „kienigen“ Holzes und der Destillationsrückstände des Terpentins erhält man den K i e n r u s s (Fuligo).

Die erste Ausgabe der Pharmacopoea germ. schrieb ausserdem

---

[1]) Stumpf im Gegensatz zu polirt, glänzend.

[2]) Die zweite Ausgabe der Ph. G. giebt betreffs der Stammpflanzen des Terpentins und des Ol. Terebinth. an: Abietineae, praecipue *Pinus Pinaster* et *Pinus Laricio*, resp. *Pinus Pinaster* et *Pinus australis* et *Pinus Taeda.*

als officinell vor: Turiones s. Gemmae Pini, die jungen Kiefernschosse, aus welchen die Tinctura Pini composita bereitet wurde; ferner sind dort noch aufgeführt die Resina Pini s. Resina communis vel Pix burgundica, das Colophonium und die Pix navalis s. nigra v. Pix Pini v. Pix solida, welche zur Herstellung verschiedener Pflaster dienten.

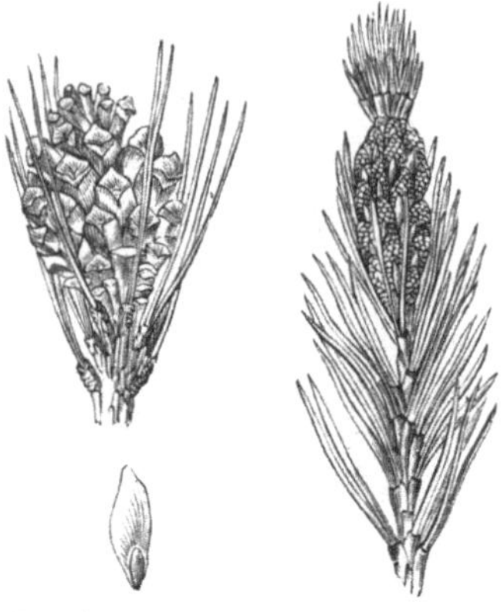

Fig. 75. Pinus montana. Links ein Zweig mit weiblichem Zapfen, rechts ein Zweigstück mit vielen männlichen Zapfen. Links unten ein geflügelter Same.

2. *Pinus montana* Mill. (= *Pinus Pumilio* Hänke), die Zwergkiefer, auch Krummholzkiefer, Legföhre, Latsche u. s. w. genannt, ist ein mit der gemeinen Kiefer nahe verwandter Baum der subalpinen Regionen der mitteleuropäischen Gebirge, von den Pyrenäen bis zum Kaukasus. Er kommt in verschiedenen Varietäten vor; so als Hakenkiefer, *Pinus uncinata* Ram., als Zwerg- oder Krummkiefer (Knieholz), *Pinus Pumilio* Hänke, und als Mugokiefer, *Pinus Mughus* Scop. (Fig. 75).

Die Unterscheidungsmerkmale liegen zunächst in der Wuchsform. Entweder liegen die Stämme vielfach hin und hergebogen auf dem Boden der Gebirgsmoore oder hängen über die Felshalden steiler Berglehnen herab, mit ihren aufstrebenden

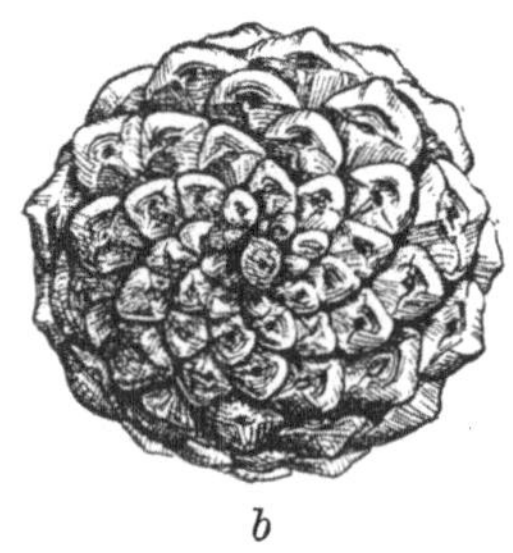

a *b*

Fig. 76. Pinus montana. *a* Reifer weiblicher Zapfen von der Seite, *b* von unten her gesehen.

Aesten ein dichtes Buschwerk bildend, oder der Stamm legt sich nur unterwärts über den Boden hin, um sich weiterhin mit pyramidaler Krone als deutlicher, aufrechter Hochstamm zu erheben. Die Kurztriebe sind zweinadlig wie bei der gemeinen Kiefer, die Nadeln aber für gewöhnlich kürzer, gedrungener, auch stumpfer, oft sichelförmig gekrümmt, grasgrün und stehen dicht gedrängt. Die Knospenschuppen sind schön hellroth oder carminpurpurn. Die in der Jugend aufrechten weiblichen Zapfen sind reif glänzend braun, fast wie polirt aussehend. Ihre Grundfläche ist nahezu eben, der ganze Zapfen erscheint von der Spitze nach der Basis hin gedrückt-eiförmig (Fig. 76). Das aus den jungen Trieben gewonnene „Latschenkiefernöl" oder „Krummholzöl" (Oleum templinum) war früher officinell. Das vielfach angepriesene „Kiefernadelöl" (Tannenduft) ist angeblich ein Destillationsproduct der Nadeln von *Pinus Pumilio*.

3. *Pinus Laricio* Poir., die Schwarzkiefer, ist ein durch ganz Südeuropa, von Spanien bis zum Schwarzen Meere, nördlich bis zum Wiener Walde, theilweise weite Bestände bildender Baum mit starkem, bis meterdickem Stamme. Die kräftigen, spitzen, dunkelgrünen, rauhkantigen Nadeln von bedeutender Länge (meist 9—10 cm), in manchen Fällen bis fast handlang (16 cm) werdend, stehen wie bei der gemeinen Kiefer zu zweien bei einander. Die kräftigen, bis 10 cm, also etwa fingerlangen Zapfen sind länglich-eiförmig, gelbbraun (Fig. 77). Die Schuppen enden flach pyramidenförmig mit grossem Nabel. Die Samen sind wie bei der Kiefer geflügelt.

Fig. 77. Zapfen von Pinus Laricio.

Der officinelle Terpentin, Terebinthina Ph. G. II. 268 wird hauptsächlich von *Pinus Laricio* durch Anbohren des Stammes gewonnen.

4. *Pinus Pinaster* Sol. (= *Pinus maritima* Poir.), die Seestrandskiefer oder Igelföhre, ist ein im westlichen Mittelmeergebiete, besonders in Südfrankreich weitverbreiteter Baum mit bis 30 m hohem und weit über meterdickem Stamme und pyramidaler, sich wenig abwölbender Krone. Seine Nadeln sind ausserordentlich kräftig, 12—20 cm lang und bis 2 mm breit, beiderseits glänzend grün, stachelspitzig, halbrund, besitzen aber keine rauhen Kanten. Die schief abwärts gerichteten oder hängenden Zapfen (Fig. 78) sind länglich oder ei-kegelförmig, stumpf. Die einzelnen Schuppen enden hoch-pyramidenförmig, ihre Spitze mit dem Nabel weit rückwärts biegend. Die grossen bis 8 mm langen Samen sind geflügelt.

Der Baum liefert wie *Pinus Laricio* die officinelle Terebinthina Ph. G. II. 204 und das daraus gewonnene Oleum Terebinthinae Ph. G. II. 204.

5. *Pinus halepensis* Mill., die Aleppoföhre, vertritt die vorgenannte Seestrandskiefer in den östlichen Mittelmeergebieten, besonders in Kleinasien. Sie steht der Seestrandskiefer so nahe, dass sie von den Botanikern meist gar nicht als besondere Art anerkannt wird.

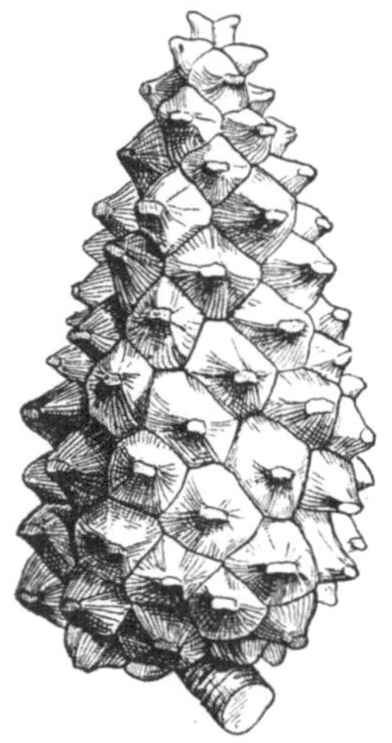

Fig. 78. Weiblicher Zapfen von Pinus Pinaster.

6. *Pinus Taeda* L., die Weihrauchkiefer, bildet grosse Waldbestände Amerikas, von Florida bis Nordcarolina. Ihre 16—20 cm langen, spitzen Nadeln stehen zu dreien beisammen und flachen sich daher dreikantig ab (ihre Rückenfläche ist gewölbt). Die Kanten sind etwas rauh. Die einzeln oder zu 2—5 gehäuft ansitzenden, nicht gestielten Zapfen sind eiförmig, kegelig, 8—10 cm lang, gelbbraun, Der Nabel der Zapfenfelder ist dornig bespitzt (Fig. 78).

Liefert ebenfalls officinellen Terpentin, Terebinthina Ph. G. II. 204 sowie Terpentinöl, Ol. Terebinthinae Ph. G. II. 204. Das Colophonium Ph. G. II. 62 s. Resina colophonium Ph. G. II. 340 stammt vorzüglich von dieser Art und der folgenden.

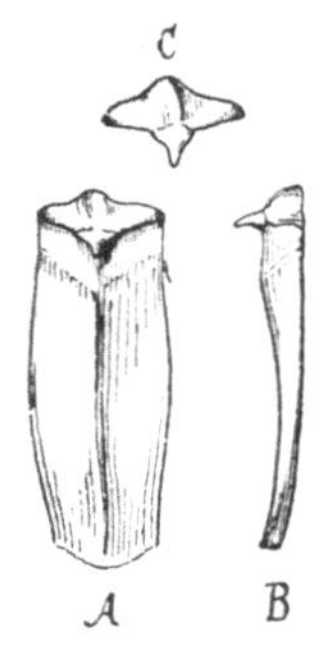

Fig. 78a. Zapfenschuppen von Pinus Taeda mit dornig bespitztem Nabel, *A* von der Unterseite, *B* von der scharfkantigen Seite der Schuppe her, *C* von vorn gesehen.

7. *Pinus australis* Michx., die Besenkiefer (Yellow Pine, Pitch Pine oder Broom Pine der Amerikaner) ist ein von Florida bis Virginien verbreiteter Baum aus der Taeda-Gruppe; seine Nadeln stehen also wie bei der vorigen Art zu dreien bei einander. Die Kanten der Nadeln sind rauh, stachelspitzig, bis 35 cm lang. Die Schuppen der bis 20 cm langen, cylindrisch-kegelförmigen, hängenden Zapfen enden erhöht pyramidenförmig, mit querem Kiel und breitem, gekrümmt stachelspitzigem Nabel.

Liefert Terpentinöl und Colophonium. Vgl. die vorige Art.

Von denjenigen Pinus-Arten, deren Nadeln zu mehr als drei vereinigt sind, mag die in Nordamerika von Canada bis zu den Alleghanies heimische, bei uns als Zierbaum beliebte *Weymouthskiefer,*

Pinus Strobus L., ein bis 50 m Höhe erreichender Baum genannt werden. Seine Nadeln sind zu Büscheln von je fünf vereinigt äusserst schlank und dünn, sehr biegsam, 6—10 cm lang, auf dem Rücken grün, ihre Seitenflächen weisslich. Die bis 15 cm langen, schlanken Zapfen tragen lockere Schuppen mit endständigem Nabel. Der Baum liefert Terpentin wie viele andere hier nicht näher zu besprechende Arten.

Auch Europa hat eine hierhergehörige Art als Repräsentanten aufzuweisen, die in den Alpen und Karpathen, auch im nördlichen Ural und in Sibirien verbreitete *Zirbelkiefer* oder *Arve*, *Pinus Cembra* L. Ihr mehr als 20 m Höhe und mehr als $1^1/_2$ m Dicke erreichender Stamm trägt eine im Alter unregelmässig umgrenzte Krone mit reicher, dichter Benadelung. Die etwas stumpfen, gekrümmten Nadeln sind nur 4—8 cm lang; sie stehen wie bei der Weymouthskiefer in Büscheln von je fünf bei einander. Die kurz gestielten Zapfen sind eiförmig, stumpf, reif zimmtbraun. Sie umschliessen **ungeflügelte, stumpf dreikantige, grosse (über ein cm lange) Samen** (Zirbelnüsse"), welche als essbar zu Markte gebracht werden; sie liefern ein früher bei Lungenkrankheiten empfohlenes Oel (Zirbelnussöl). Auch das Harz des Baumes war ehedem als Balsamum carpathicum oder „Cedrobalsam" officinell.

3. Larix Mill.

Die Gattung Larix umfasst etwa 8, als Lärchenbäume bezeichnete Arten von Nadelbäumen Europas, Nordasiens und Nordamerikas. **Der Gattungscharakter liegt zunächst in der Hinfälligkeit der an den Kurztrieben büschelig gehäuft stehenden Nadeln.** Die Staubblätter öffnen ihre Beutel mit schiefem oder querem Riss. Die Pollenkörner haben keine Blasenanhänge. Die meist kleinen Zapfen mit lederigen Schuppen reifen schon im ersten Jahre und fallen ganz ab. Zur Reifezeit sind die Deckschuppen etwa halb so lang als die am Grunde ausgehöhlten Fruchtschuppen.

Von den Arten verdienen Erwähnung:

1. *Larix europaea* DC. (= *Larix decidua* Mill.) (Fig. 79), ein in den Alpen und Karpathen heimischer, bis 30 m Höhe erreichender Baum mit fast drehrundem, gerade aufstrebendem Stamm, abstehenden schlanken Aesten und herabhängenden Zweigen. Die im Frühjahr schön hellgrün hervorbrechenden Nadeln stehen zu 30 bis 40 bei einander, bleiben immer weich und dünn, kaum 2 cm Länge überschreitend. Viel länger pflegen die an den Langtrieben stehenden, spiralig geordneten Nadeln zu werden. Die weiblichen Blüthen sind anfänglich schön purpurroth. Die Zapfen sind eiförmig, graubraun und erreichen etwa die Länge eines Fingergliedes.

Die Bäume liefern durch Anbohren den venetianischen Terpentin, Terebinthina veneta s. laricina, welcher noch in der ersten Ausgabe der Ph. G. als officinell aufgeführt wurde. Er diente zur Herstellung des Unguentum Terebinthinae compositum.

Fig. 79. Larix europaea. Zapfen tragende Zweige. Links unten ein Fruchtblatt mit zwei Samenanlagen; links oben eine Fruchtschuppe mit zwei geflügelten Samen.

2. *Larix sibirica* Ledeb. (= *Pinus Ledebourii* Endl.) ist ein in Sibirien und Nordrussland bis an die nördliche Baumgrenze hin weite Bestände bildender Baum, welcher sich von der europäischen Lärche durch die viel längeren Nadeln (3—5 cm) unterscheidet, welche in viel enger gedrängt stehenden Büscheln vereinigt sind. Die hellgrünen weiblichen Blüthen bilden sich zu Zapfen mit wenigen Schuppen aus. Die Deckschuppen sind an der Spitze fast kapuzenförmig zurückgebogen, auch sind die Zapfenschuppen von feinem Haarfilz bedeckt.

Nach Flückiger liefert diese Art einen Theil der in den Handel kommenden Pix liquida Ph. G. II. 211.

4. Picea Lk.

Die Gattung Picea umfasst die als „Fichten“ und „Rothtannen“ bezeichneten Nadelbäume, deren Charakter sich zunächst darin ausspricht, das sämmtliche Zweige als spiralig benadelte Langtriebe ausgebildet werden. An dem in der Jugend gerade aufstrebenden Stamme sitzen die Nadeln rings herum gleichmässig vertheilt, dem Stamme fast aufrecht angedrückt (man erinnere sich des Hauptstammes unseres „Weihnachtsbaumes“). Von Strecke zu Strecke bilden sich in den Achseln solcher Nadeln seitliche Aeste aus, welche einen scheinbaren Astquirl darstellen, dessen einzelne Aeste fast horizontal stehen, oder am Ende schwach aufwärts gebogen sind. Die Seitenäste verzweigen sich in einer Ebene. An ihnen stehen die meist kurzen, vierkantigen Nadeln zwar spiralig, doch beugen sie sich zum Theil unter Drehung ihres blattstielartigen Grundes so, dass die Nadeln der Nebenäste nach rechts und links abstehen, die Nebenäste sind (namentlich unterseits) deutlich gescheitelt. Bei intensiver Beleuchtung wird die Scheitelung der Nadeln oberseits meist undeutlich; die Nadeln beugen sich dann fast durchweg nach der Zweigoberseite hin (sogenannte „Doppelfichten“ oder „Doppeltannen“ im Sprachgebrauche des Volkes). Die männlichen Blüthen stehen meist einzeln in den Achseln der Nadeln vorjähriger Triebe; die weiblichen Zapfen sind meist endständig (Fig. 80). Für die herabgebogenen oder hängenden, meist schlanken Zapfen sind die grossen, flachen, lederigen Fruchtschuppen charakteristisch, auf deren Rücken die sehr kleinen, am geschlossenen Zapfen nicht sichtbaren Deckschuppen angewachsen sind (Fig. 80 *B*). Die paarweise auf der Innenseite jeder Deckschuppe zur Entwickelung kommenden Samen (Fig. 80, *C* und *D*) reifen schon im ersten Jahre; sie sind mit langem, gerundetem Flügel versehen. Nach dem Ausfall der Samen fallen die Zapfen ganz zur Erde. Die männlichen Blüthen stehen meist paarweise (rechts und links) nahe dem Ende der vorjährigen Triebe. Die einzelnen Staubblätter tragen auf ihrer Unterseite zwei mit Längsriss sich öffnende Pollensäcke (Fig. 80, *E*). Die Pollenkörner sind mit Flugblasen ausgestattet.

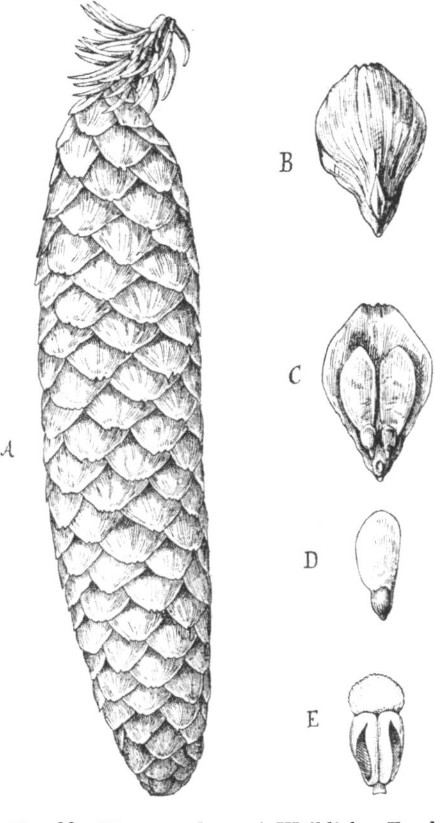

Fig. 80. Picea excelsa. *A*. Weiblicher Fruchtzapfen. *B*. Eine Zapfenschuppe von der Rückenseite (Aussenseite); am Grunde ist die kleine Deckschuppe sichtbar. *C*. Fruchtschuppe von der Innenseite, die beiden geflügelten Samen tragend. *D*. Ein geflügelter Same. *A—D* nahezu in nat. Gr. (Nach Willkomm.) *E*. Ein Staubblatt von der Unterseite gesehen. Die beiden Pollensäcke haben sich mit je einem Längsspalt geöffnet.

Von den 12 bekannten Arten, welche sich auf die nördlich gemässigte Zone der Erde beschränken, ist besonders wichtig:

Picea excelsa Lk., die gemeine Fichte oder Rothtanne. Ihre bis 50 m Höhe und bis 2 m Durchmesser erreichenden, bis 600 Jahre alt werdenden Stämme sind ausserordentlich gerade, kegelförmig nach dem Gipfel hin sich verjüngend. Die Krone ist pyramidenförmig, zugespitzt; ihre Aeste sind fast horizontal und dann bogig aufwärts gekrümmt. Die Rinde ist gelbroth (deswegen „Rothtanne"). Die walzlichen, hellbraunen Zapfen werden 12—16 cm lang (vgl. Fig. 80, *A*). Die Nadeln sind dagegen nur wenig länger als 1 cm.

Die im mittleren und nordöstlichen Europa heimische Rothtanne ist einer der wichtigsten Waldbäume. Sie bildet namentlich in unseren Mittelgebirgen (Thüringen, Harz, Sudeten, etc.) fast ausschliesslich den Forstbestand und liefert geschätztes Bau- und Werkholz, Harz und viele andere Producte, unter anderem die Pix burgundica der britischen Pharmacopoe. Ueber Terpentin, Terpentinöl, etc. vergleiche die Noten bei *Pinus silvestris*.

Sehr verzwickt ist die Synonymik der *Picea excelsa* Lk. Je nach der wechselnden Auffassung von Gattung und Art hat man dieselbe auch bezeichnet als *Pinus Abies* L., *Pinus Picea* Duroi, *Pinus excelsa* Lam., *Abies excelsa* DC. und *Picea vulgaris* Lk.

5. **Abies** Juss.

Die Gattung Abies begreift die schlechtweg als „Tannen“ oder zum Unterschied von den „Rothtannen“ (Fichten, Picea) als „Edeltannen“ bezeichneten Nadelbäume. In der Tracht gleichen sie fast völlig den Arten der Gattung Picea, doch ist die Beblätterung der Seitenzweige der Edeltannen meist deutlich kammförmig. Die spiralig angeordneten immergrünen Nadeln wenden sich nämlich scharf

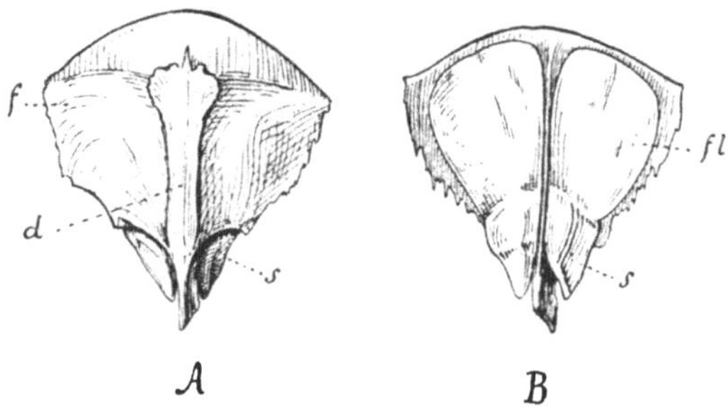

Fig. 81. Zapfenschuppen von Abies alba. *A.* Schuppe von der Rückenseite (Aussenseite) gesehen; *d* die Deckschuppe; *f* die Fruchtschuppe. *B.* Fruchtschuppe von der Innenseite mit den beiden geflügelten Samen *s*; *fl* Flügel des Samens.

nach rechts und links, sich in eine horizontale Ebene stellend, so dass der Zweig ober- und unterseits deutlich gescheitelt wird. Die Nadeln sind durchgängig flach; sie lassen oberseits einen vertieften Mittelstreifen erkennen, welcher unterseits als Mittelnerv hervortritt. Rechts und links neben diesem verläuft je eine weisse Längslinie.

Die innerhalb eines Jahres reifenden Zapfen lassen die Deckschuppen meist deutlich (auch von aussen) erkennen (Fig. 81).

Die Deckschuppen enden meist dreispitzig, oder die Seitenspitzen treten zurück, sich mehr oder minder abrundend, während die Endspitze zwischen den lederigen Fruchtschuppen des Zapfens zum Vorschein kommt. **Allgemein stehen die Zapfen am Ende der sie tragenden Zweige aufrecht und zerfallen nach dem Entlassen der geflügelten Samen von oben her.** Die nackte Zapfenspindel überragt lange Zeit den untern Theil des Zapfens, der seine Schuppen allmählich einzeln verliert. Für die männlichen Blüthen ist charakteristisch, dass die beiden auf der Unterseite jedes Staubblattes ansitzenden Pollensäcke sich mit einem schiefen oder queren Riss öffnen (Fig. 82). (Ebenso verhält sich Larix).

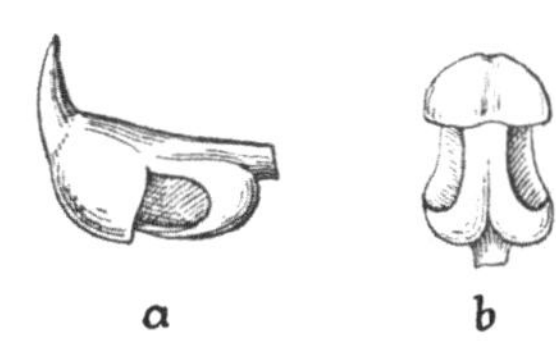

Fig. 82. Staubblätter von Abies alba. *a* von der Seite, *b* von unten gesehen.

Von den etwa 20 auf die nördlich gemässigte Zone beschränkten Arten verdient hier besprochen zu werden:

Abies alba Mill., die Weisstanne, auch Silber- oder Edeltanne genannt, ein bis 60 m hoch werdender, stattlicher Waldbaum, mit pyramidaler, abgestumpfter Krone, welche nach dem Abwurf der unteren Aeste eine mehr gerundete, nestförmige Gestalt annimmt. Den schlanken, walzlichen Stamm bedeckt eine anfänglich olivenbraune Rinde, welche im Alter silberig weissgrau wird. (Daher die Bezeichnungen Weisstanne, Silbertanne).

Sehr charakteristisch sind die kammförmig die Seitenzweige besetzenden Nadeln (Fig. 83). Durchschnittlich 25 mm lang und etwa $1^1/_2$ mm breit, sind sie fast parallelrandig linealisch; ihre anscheinend stumpf gerundete Spitze ist deutlich ausgerandet. Während die Oberseite glänzend dunkelgrün, oft fast schwarzgrün erscheint, zeichnet sich die hellergrüne Unterseite durch die beiden deutlich bläulichweissen Längslinien neben dem Mittelnerven aus.

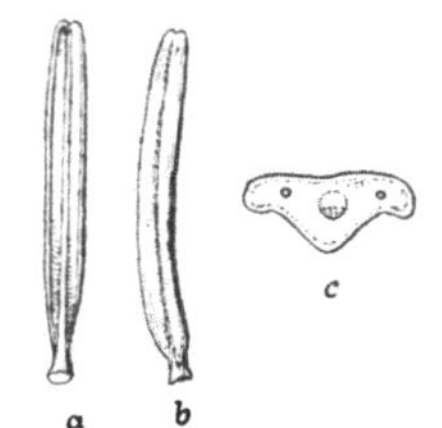

Fig. 83. Nadeln von Abies alba. *a* von unten, *b* von oben gesehen; *c* Nadelquerschnitt.

An den männlichen Blüthen endet jedes Staubblatt mit aufwärts gerichteter Schuppe und breitem, ausgerandetem Spitzchen. Die weiblichen Zapfen lassen Deck- und Fruchtschuppe deutlich unterscheiden (Fig. 81). Die Deckschuppe ist fast zungenförmig und verbreitert sich zu einem, am Rande wimperig gezähnten Endlappen, welcher zwischen den Fruchtschuppen hervorragt und sein freies Ende rückwärts umbiegt. Die Zapfen sind dick walzenförmig, bis 20 cm lang und enden oberwärts auffällig stumpf; ihre Farbe ist anfänglich röthlich-violett oder olivenbraun, geht aber später in braun über. Die Samen sind geflügelt.

Die Weisstanne ist ein werthvoller Waldbaum, welcher Bestände im mittleren und südlichen Europa, von den Pyrenäen bis zum Kaukasus bildet. Nordwärts verbreitet er sich bis zum Harz, südwärts bis Corsica, Sicilien und Macedonien. Er liefert vorzügliches Bau- und Werkholz, sowie Harz, welches als **Strassburger Terpentin**, Terebinthina Argentoratensis s. Terebinthina alsatica in den Handel gebracht wird.

Von den nordamerikanischen Abies-Arten verdient *Abies balsamea* (L.) Mill. genannt zu werden. Sie ist unserer Weisstanne sehr ähnlich, auch im Bau der Zapfen, doch stehen ihre Nadeln dichter, sind kürzer und oberwärts undeutlich gescheitelt. Der im östlichen Nordamerika heimische Baum liefert den grössten Theil des sogenannten „Kanadabalsams", der jedoch bei uns nicht officinell ist, aber vielfach zum Einschliessen mikroskopischer Präparate verwendet wird.

Cupressineen.

Nachdem wir im Vorhergehenden die Gruppe der Abietineen, d. h. diejenigen zapfenbildenden Coniferen (Pinoideen) besprochen haben, denen an allen Zweigen und mithin auch an den Zapfen beiderlei Geschlechts spiralig geordnete Blätter (Nadeln, Zapfenschuppen) eigen sind, wenden wir uns nunmehr derjenigen Gruppe der zapfenbildenden Coniferen (Pinoideen) zu, welche **durchweg quirlig gestellte Blätter (und damit quirlig gestellte Zapfenschuppen)** aufweisen. Wie in der oben gegebenen Uebersicht (vgl. S. 116) bereits angegeben wurde, vereinigt sich mit dem Charakter der Quirlstellung aller Blattgebilde das unterscheidende Merkmal der in der Achsel der Fruchtblätter **aufrechten Samenanlagen.**

Was nun die weniger auffälligen Kennzeichen der Gruppe angeht, so merken wir, dass die Laubblattquirle in ihrer Stellung mit einander wechseln; die Blätter jedes höheren Quirles stehen über den Blattlücken des unter ihm befindlichen; man nennt solche Quirle decussirt oder alternirend. Im Allgemeinen sind die Quirle zweigliedrig; wir haben also „decussirte Blattpaare", doch kommen bei Cupressineen auch drei- und viergliedrige Quirle vor. Die Blätter sind übrigens häufig schuppenförmig, mit ihrer ganzen Fläche dem Zweige angewachsen, so dass dieser von den Blättern lückenlos bepflastert erscheint (wie die Zweige des „Lebensbaumes", Thuja); in selteneren Fällen erhebt sich die Blattspreite deutlich als Nadel (so beim Wachholder, *Juniperus communis*).

Die eingeschlechtigen, monoecisch vertheilten Blüthen nehmen allgemein die Enden der (oft verkürzten) Zweige ein. Die männlichen Blüthen sind kätzchenförmig, aus 4—8 Quirlen von Staubblättern sich aufbauend, welche auf ihrer Unterseite 3—5 rundliche, mit Längsspalten sich öffnende Pollensäcke tragen (vgl. Fig. 84, *A* bei ♂, sowie *B—D*). Die weiblichen Blüthen sind zapfenförmig, entweder nur aus einem Quirl oder doch nur aus wenigen (2—6) Quirlen von Fruchtblättern aufgebaut, welche auf ihrer Innenfläche eine bis viele Samenanlagen tragen (Fig. 84, *A* bei ♀). Für die Eintheilung der Cupressineen in Untergruppen verwerthete Eichler die Beschaffenheit der Fruchtschuppen der reifen Zapfen. Danach ergiebt sich die Uebersicht:

1. Zapfen holzig:
   - α. Fruchtblätter klappig zusammenschliessend *Actinostrobinae.*
   - β. „ dachig sich deckend . . . *Thujopsidinae.*
   - γ. „ schildförmig . . . . . *Cupressinae.*
2. Zapfen beerenartig oder steinfruchtähnlich . *Juniperinae.*

Besondere Besprechung verdienen hier nur:

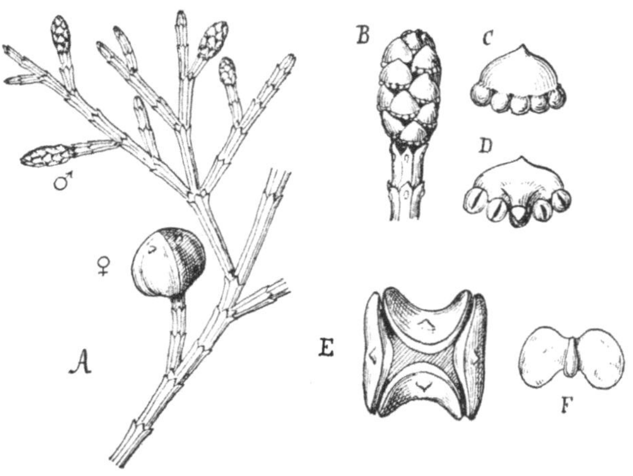

Fig. 84. Callitris quadrivalvis. *A.* Zweigstück mit scheinbar viergliedrigen Blattquirlen, einem weiblichen Zapfen (♀) und mehreren männlichen Zapfen (♂). *B.* Ein männlicher Zapfen, etwas vergr. *C.* Ein Staubblatt von der Vorderseite (mit 5 Staubbeuteln). *D.* Ein Staubblatt von der Innenseite; die Staubbeutel (Pollensäcke) haben sich mit einem Längsriss geöffnet. *E.* Ein geöffneter weiblicher Zapfen. *F.* Ein doppelt geflügelter Same. (Nach Eichler in Engler-Prantl.)

1. Callitris quadrivalvis Vent.

Die zur Untergruppe der Actinostrobinen gehörige Gattung Callitris erstreckt sich auf etwa 15 Arten Afrikas und Australiens mit meist schuppigen Blättern, welche 2-, 3- oder 4-gliedrige Wirtel bilden. Die hüllenlosen Zapfen werden scheinbar aus nur einem Quirl von 4, 6 oder 8 holzigen, auf dem Rücken mit einem Zahnfortsatz versehenen Klappen gebildet, welche sich mit den Seitenrändern (**klappig**) berühren. Zur Reifezeit weichen die Klappen vom Scheitel her aus einander, die zweiflügeligen Samen freilegend (Fig. 84, *E* und *F*).

Callitris quadrivalvis Vent. (Fig. 84) ist als Art gekennzeichnet durch die zweigliedrigen Blattquirle, welche paarweise zusammengeschoben sind und dadurch scheinbar viergliedrige Quirle erzeugen (Fig. 84, *A*). Auch die Zapfen werden von einem Paare zweiblättriger Quirle gebildet; sie sind daher vierklappig („quadrivalvis") (Fig. 84, *E*). Von den vier Klappen sind zwei (die dem unteren der constituirenden Quirle angehörigen) breiter, nach aussen convex gewölbt. Sie tragen je 2—3 Samen in ihrer Achsel; die beiden höheren (inneren) Klappen sind schmäler, sattelförmig gekrümmt und tragen in ihrer Achsel nur eine Samenknospe, welche bisweilen ganz verkümmert.

Die Pflanze bewohnt die Gebirge des westlichen Nordafrika, besonders den Atlas. Sie liefert aus Rindeneinschnitten und Wunden das gelbliche oder braune Sandarakharz, Sandaraca s. Resina Sandaraca, welches noch in der Ph. G. I. aufgeführt wurde[1]). Die Droge diente zur Herstellung des Emplastrum Mezerei cantharidatum.

Synonyme Bezeichnungen für die Pflanze sind *Thuja articulata* Desf. und *Frenela Fontanesii* Mirb.

2. Thuja occidentalis L.

Die Gattung Thuja gehört zur Untergruppe der Thujopsidinen, d. h. zu denjenigen Cupressineen mit holzigen Zapfen, bei welchen die 2—4 Fruchtblattquirle **dachig** übereinandergreifen. Die untersten Zapfenschuppen sind kleiner als die oberen, welche allein Samen in ihren Achseln tragen (bei Thuja gewöhnlich zwei). Ein Gattungscharakter von Thuja liegt darin, dass alle Blattquirle zweigliedrig sind. Die Blätter sind schuppenförmig und bilden plattgedrückte Zweige, welche eine Ober- und Unterseite unterscheiden lassen. Man nennt solche Zweige dorsiventral[2]). Der Zapfen baut sich aus 3—4 Paaren von

---

[1]) Das Sandarakharz ist dem Aussehen und dem Bruche nach dem von *Pistacia Lentiscus* (einer Dicotyledone) stammenden Mastix zum Verwechseln ähnlich. Sandarak ist jedoch härter als Mastix. Das charakteristischste Unterscheidungsmerkmal liegt aber für den Apotheker darin, dass Sandarak beim Kauen ein feines, nicht an den Zähnen haftendes Pulver giebt, während Mastix beim Kauen sich in eine teigige Masse verwandelt. Vergl. Flückiger, Pharmakognosie, S. 95 und Wiesner, Rohstoffe, S. 110—111.

[2]) Dorsiventral ist ein in der Botanik sehr gebräuchlich gewordener Ausdruck. Dorsiventral sind alle Gebilde, welche eine Ober- und Unterseite („Rücken-" und „Bauchseite") unterscheiden lassen. Die Blätter der meisten Pflanzen, die Lebermoospflanzen, die Farnprothallien etc. sind dorsiventral.

Fruchtblättern auf, von denen die beiden obersten unfruchtbar sind und zu einer die Mitte des Zapfens einnehmenden holzigen Säule (Columella) werden.

Thuja occidentalis L., als gemeiner Lebensbaum bei uns überall cultivirt, ist ein bis 20 m Höhe erreichender Baum der Sumpfgegenden Nordamerikas (von Kanada bis Virginien verbreitet). Seine dicht beblätterten, oberseits dunkelgrünen, unterseits fast bläulichen Zweige sind horizontal ausgebreitet. Die Zapfen sind eiförmiglänglich, zimmtbraun, an kurzen Zweigen herabgebogen. Die grösseren Zapfenschuppen sind linealisch.

Die Zweige waren als Ramuli s. Summitates v. Frondes Thujae occidentalis officinell, auch wurde die Droge als Herba Arboris vitae bezeichnet. Die Ph. G. I schrieb noch die Tinctura Thujae vor. Jetzt ist *Thuja occidentalis* obsolet. Die Zweige enthalten ein kampherartig schmeckendes Oel, Thujaöl.

Nächst verwandt ist die in China und Japan heimische, auch bei uns häufig cultivirte und auch als Lebensbaum bezeichnete *Thuja orientalis* L. (*Biota orientalis* Endl.), leicht kenntlich an den in einer Ebene verzweigten und fast senkrecht aufsteigenden Zweigsystemen[1]). Die Zapfen sind ziemlich dick, bläulich bereift, mit hakig zurückgekrümmten Schuppen versehen. Ist nicht officinell.

3. Juniperus L.

Mit Uebergehung der Gruppe der Cupressinen oder „echten Cypressen" wenden wir uns zu denjenigen Cupressineen, deren Zapfen durch Fleischigwerden ihrer Schuppen zu beerenartigen Früchten werden, d. h. zu den Juniperinen. Es gehört hierher nur die einzige Gattung Juniperus, deren in der nördlichen Erdhälfte verbreitete Arten (etwa 30) als aromatische Bäume und reichästige Sträucher auftreten. Die Blätter sind zu 2- oder 3-gliedrigen Quirlen vereinigt. Die männlichen Blüthen sind kleine, kugelige oder eiförmige Kätzchen, welche kurze Seitenzweige beenden. Die Staubblätter sind schildförmig und tragen auf der Unterseite des Schildes 3—6 rundliche Pollensäcke. Die weiblichen Blüthen sind achselständig, nur aus einem oder aus 2—4 Fruchtblattquirlen aufgebaut.

Als Arten sind zu besprechen:

1. *Juniperus communis* L., der gemeine Wachholder, (Fig. 85), ein gewöhnlich Manneshöhe nicht überschreitender Strauch von pyramidalem Wuchs. Seine dünnen, aufstrebenden Aeste sind mit dreigliedrigen Nadelquirlen besetzt. Die bläulichgrünen Nadeln sind

---

[1]) Man merke sich also den Unterschied der beiden bei uns gleich häufig in Parkanlagen, auf Kirchhöfen etc. angepflanzten „Lebensbaumarten" etwa so:

Thuja occidentalis hat horizontale Zweigsysteme.

Thuja orientalis hat senkrecht stehende Zweigsysteme.

In diesem Charakter tritt der Artunterschied am auffälligsten für das Auge hervor.

starr, scharf spitzig, werden unterwärts etwas breiter und setzen dann gegliedert ab. Sie stehen fast senkrecht von den Zweigen ab, an welchen drei herablaufende Linien von Quirl zu Quirl zu verfolgen sind. Die männlichen Blüthen sind sehr klein, kugelig oder kugelig-eiförmig. Die auf anderen Stöcken sich entwickelnden weiblichen Blüthen[1]) bestehen aus drei Fruchtblättern, mit denen drei das Centrum der Blüthe einnehmende Samenanlagen abwechseln. Im ersten Jahre bildet sich die Blüthe zu einem grünlichen, mattbereiften Zapfen aus, welcher im folgenden Jahre zu einer kugeligen, wenig saftigen, blaubereiften Beere wird, welche, ihres Reifüberzuges beraubt, fast schwarz glänzend erscheint[2]).

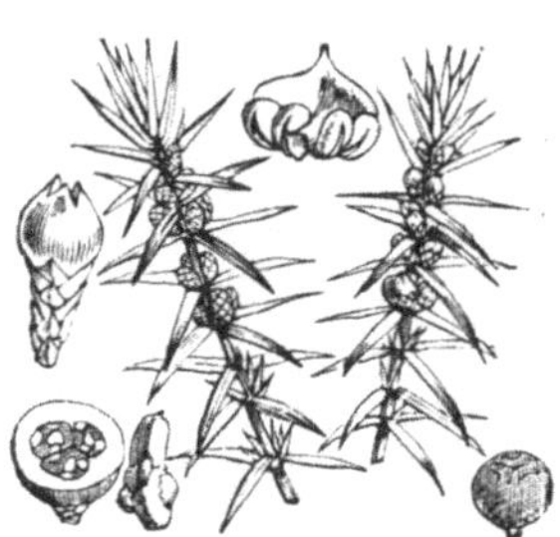

Fig. 85. Juniperus communis, gemeiner Wachholder. Oben ein Staubblatt, links eine beerentragende Zweigspitze und eine Beere quer durchschnitten; rechts eine Zapfenbeere intact.

Baumförmige Wachholder trifft man nur selten an; niemals werden die Pflanzen hochstämmig. Die buschige Krone reicht ziemlich tief herab[3]).

Officinell sind die Zapfenbeeren als Fructus Juniperi Ph. G. II, 120 s. Baccae juniperi Ph. G. II. 330. Sie dienen zur Bereitung des Succus Juniperi inspissatus Ph. G. II. 251 s. Roob juniperi Ph. G. II. 340 und des Oleum Juniperi Ph. G. II. 197. Letzteres findet Verwendung im Acetum aromaticum Ph. G. II. 1 und im Unguentum Rosmarini compositum Ph. G. II. 299. Die Beeren finden auch Verwendung bei der Bereitung des Spiritus Angelicae compositus Ph. G. II. 244.

In der Volksmedicin finden die Wachholderbeeren als Räucherwerk und zur Herstellung des Wachholderbranntweins Verwendung, ebenso das durch trockene Destillation des Holzes gewonnene Oleum Juniperi ligni s. nigrum. Wachholderbeeren dienen auch als Gewürz.

2. *Juniperus Oxycedrus* L., der Cederwachholder oder die Cade, ein dem Wuchs nach dem gemeinen Wachholder ähnlicher Strauch der Mittelmeerflora, unterscheidet sich vom Wachholder durch stark kantige Aeste und unterseits scharf gekielte, oberseits nicht rinnig vertiefte Nadeln mit bläulichweissen Furchen. Die durchschnittlich

---

1) *Juniperus communis* ist also „zweihäusig".

2) Der Wachholderstrauch blüht jährlich. Da nun seine Früchte erst im zweiten Jahre reifen, so findet man in jedem Jahre an den weiblichen Pflanzen ausser den jungen, grünen Zapfen auch reife, dunkelblaue „Beeren".

3) Das kräftigste Baumexemplar, welches ich bisher zu sehen Gelegenheit hatte, besass einen etwa 10—12 Fuss hohen, etwa schenkeldicken, schwach gebogenen Stamm.

10—12 mm dicken Zapfenbeeren sind grösser als die bekannteren Wachholderbeeren, von welchen sie sich auch durch braunrothe, glänzende Oberfläche unterscheiden.

Das von der Pflanze gelieferte Oleum Juniperi empyreumaticum s. Oleum cadinum v. Pyroleum Oxycedri, das Cadenöl, ist jetzt bei uns obsolet. Es wurde noch in der Ph. G. I aufgeführt[1]).

3. *Juniperus Sabina* L., der Sade- oder Sevenbaum (Fig. 86), ist ein den Hochthälern der Alpen, Pyrenäen, des Kaukasus, den Gebirgszügen Süd- und Mitteleuropas, auch Nordasiens eigenthümlicher Strauch mit reichästigem, meist kriechendem Stamm und aufstrebenden, buschigen, meist spitz endenden Zweigen. Die Unterschiede bezüglich der verwandten Wachholderbüsche sind sehr augenfällig. Zunächst sind die Laubblätter des Sadebaumes nicht nadelförmig, sondern klein schuppenförmig und liegen den Zweigen dicht an; nur an cultivirten Exemplaren werden die Spitzen der Schuppenblätter hin und wieder nadelförmig und spreizen dann etwas vom Zweige ab. Auffällig ist ferner die vorherrschende Zweizahl der Blattquirle. Während die Blüthen des Wachholders zweihäusig vertheilt sind, trägt derselbe Stock des Sadebaumes männliche und weibliche Blüthen, beide an den Enden verkürzter Laubtriebe. Die Staubblätter der eiförmig-rundlichen männlichen Kätzchen enden mit kreisrunder Schildschuppe, welche in ihrer Mitte eine Oeldrüse trägt. Die fast kugelrunden, schwarzen, blaubereiften Beerenzapfen hängen an kurzen, gekrümmten Zweigen und bauen sich aus zwei oder drei Fruchtblattquirlen auf, zeigen also bald 4, bald 6 verwachsene Schuppen, welche auf ihrem Rücken einen kurzen, spitzen, später verschrumpfenden Höcker tragen. In jedem Beerenzapfen kommen nur wenige (1—4) Samen zur Reife.

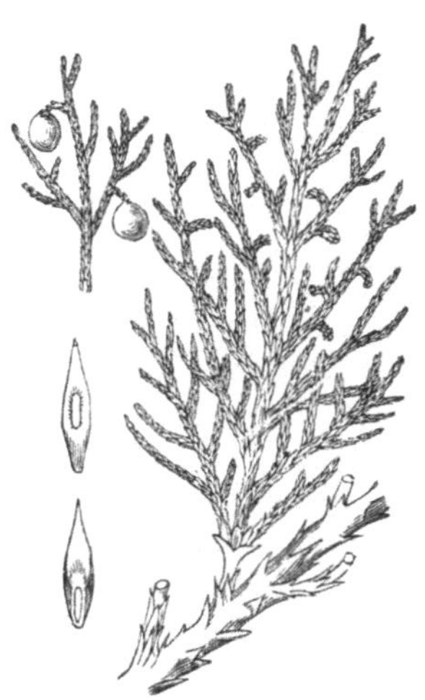

Fig. 86. Juniperus Sabina, der Sadebaum.

Die im April und Mai blühenden Büsche liefern die Summitates Sabinae Ph. G. II, 254, auch wohl als Herba Sabinae s. Ramuli vel Frondes Sabinae bezeichnet. Sie enthalten

[1]) *Juniperus Oxycedrus* heisst zwar Cederwachholder, ist jedoch nicht mit dem in der biblischen Geschichte oft erwähnten Cederbaume, *Cedrus Libani* Loud., identisch. Die Ceder ist ein mit der Kiefer verwandter Baum mit immergrünen Nadeln.

ein brennend schmeckendes, giftiges Oel, das Sabinaöl, welches mit dem Terpentinöl gleiche chemische Zusammensetzung hat. Jedes Laubblatt zeigt auf der Mitte seines Rückens eine damit erfüllte längliche oder linealische Drüse.

Oleum Sabinae ist in der Ph. G. II. nicht mehr aufgeführt, wohl aber Extractum Sabinae Ph. G. II. 95 und Unguentum Sabinae Ph. G. II. 300. Das Sadebaumöl und die dasselbe enthaltenden Präparate sind sehr heftig wirkende Gifte, welche nur auf unzweifelhaft ärztliche Verordnung hin an das Publicum verabfolgt werden dürfen, dem sie vielfach zu verbrecherischen Zwecken dienen.

Als Synonym ist zu merken *Sabina officinalis* Garcke.

Die nordamerikanische Art *Juniperus (Sabina) virginiana* L., welche bei uns häufig angepflanzt wird, soll die gleiche arzneiliche Wirkung üben wie der Sadebaum, doch ist sie bei uns nicht officinell.

Aus der Gruppe der Taxoideen brauchen hier keine Vertreter näher besprochen zu werden. Bekannt ist der bei uns ursprünglich heimische, doch nur noch selten wild (im Bodethal etc.) anzutreffende Eibenbaum, *Taxus baccata* L. Er lieferte die längst aus dem Arzneischatz gestrichenen Drogen Summitates s. Folia Taxi, Lignum Taxi et Baccae Taxi.

V.

ANGIOSPERMEN.

Monocotylen und Dicotylen.

Die Angiospermen oder Bedecktsamigen sind diejenigen Blüthenpflanzen, deren **Samenanlagen (Ovula) im Innern eines geschlossenen Fruchtknotens (des Ovariums)** liegen, welcher sich im einfachsten Falle aus nur einem einzigen Fruchtblatte (Carpell oder Carpid) bildet, doch können zur Constituirung eines Fruchtknotens auch zwei und mehr, selbst viele Fruchtblätter zusammentreten, welche dann mit ihren Randsäumen oder mit grösseren Flächenstücken längs den eingeschlagenen Rändern verwachsen [1]). Es entsteht dabei eine einfache Fruchtknotenhöhle, oder es bilden sich mehrere Fruchtknotenkammern (Fächer). Die Spitzen der Fruchtblätter setzen sich über dem Fruchtknoten fort, entweder getrennt bleibend und dann mehrere „Griffel" darstellend, oder sie verwachsen wie die den Fruchtknoten bildenden Blatttheile zu einem fadenförmigen oder säuligen Organ, welches den Fruchtknoten krönt. Ein derartiger einfacher Griffel spaltet dann bisweilen am oberen Ende in so viel Spitzen (Griffelschenkel) aus einander, als Fruchtblattspitzen vorhanden sind, oder er endet stumpf, lappig oder knopfig. Die Spitze des Griffels, die Narbe, bildet den die Empfängniss vermittelnden äusseren weiblichen Geschlechtsapparat. Sie hält den auf sie fallenden Blüthenstaub (Pollen) fest, welcher die als Pollenschläuche bezeichneten Keimfäden aussendet, die, den Griffel durchwachsend, bis an, resp. in die Samenanlagen getrieben werden. Der Inhalt des Pollenschlauches, das männliche Sperma, vereinigt sich dann mit der im Keimsack (Embryosack) liegenden weiblichen Eizelle, einer der Oosphäre der Cryptogamen vergleichbaren Plasmamasse, womit der Geschlechtsact vollzogen ist [2]). Die vereinigte Plasmamasse (Sperma plus Eizelle) ist die erste Anlage einer jungen Pflanze, eines Keim-

---

[1]) Vergleiche hierzu die Einleitung, S. 16 ff. und die dort gegebenen Figuren 17—20.

[2]) Die Vermittelung des Geschlechtsactes durch Pollenschläuche kommt nur den Blüthenpflanzen (Gymnospermen und Angiospermen) zu. Man nennt sie deshalb „siphonogam" (von σίφων, Schlauch und γαμή, Ehe, geschlechtliche Vereinigung). Vgl. auch die Einleitung, S. 50 sowie die Schemata auf S. 108.

lings. Dieser gliedert sich gewöhnlich noch auf der Mutterpflanze in Wurzel, Stamm und Blatt. Mit der fortschreitenden Ausbildung der Keimanlage zum Keimling hält die weitere Ausbildung der Samenanlage gleichen Schritt; sie wird zum Samen. Schliessen Keimling und Same ihre Entwickelung auf der Mutterpflanze ab, so ist der Same als reif zu bezeichnen. Die Ausbildung der Samen beeinflusst aber zugleich die Fortentwickelung der die Fruchtknoten bildenden Fruchtblatttheile; die Fruchtknoten werden zur Frucht. Mit der Samenreife fällt gemeinhin die Fruchtreife zusammen. Die Frucht fällt von der Mutterpflanze ab, entlässt die Samen in verschiedener Weise, und letztere keimen nun aus, d. h. der im Samen liegende Keimling entfaltet sich zur selbstständigen Pflanze, womit der Kreis der Entwickelung des Individuums geschlossen ist[1]).

Ganz besonders bemerkenswerth ist die Bildung des Nährgewebes (Endosperm, Sameneiweiss) innerhalb des Embryosackes. Es bildet sich bei den Angiospermen erst nach stattgehabter Befruchtung aus[2]) und erfüllt oft den grösseren Theil des Samens, um später bei der Keimung derselben verzehrt zu werden. In anderen Fällen wird das Nährgewebe vom Keimling schon während dessen Ausgestaltung verzehrt; der Same ist dann eiweisslos, d. h. er entbehrt des Nährgewebes.

Nach der Anzahl der Keimblätter am Keimling theilt man die Angiospermen in

Monocotyledones, Einkeimblättrige, und
Dicotyledones, Zweikeimblättrige.

Wir betrachten zunächst die erste dieser beiden grossen Classen.

Monocotyledones.

Der Typus der Monocotyledonen (auch Monocotylen genannt) spricht sich am schärfsten in dem Charakter der Einkeimblättrigkeit der jungen Pflanzen aus, welche es in vielen Hinsichten nur zu begrenzter und einfacher Ausbildung ihrer Organe bringen. Zunächst sind die Pflanzen meist krautig, d. h. es sterben ihre oberirdischen Organe alljährlich ab. Häufig dauern dann die Monocotylen durch Wurzelstöcke (Rhizome) aus, welche alljährlich neue

---

[1]) Ueber die Begriffe Frucht und Same giebt die Einleitung (S. 31 und 33) Aufschluss. Die Keimung der Samen ist auf S. 5 eingehender behandelt.

[2]) Bei den Gymnospermen bildet sich das Nährgewebe im Keimsack vor der Befruchtung! Vgl. S. 111.

Triebe über die Erdoberfläche senden. Baumformen sind unverhältnissmässig selten, und bleiben diese dann mit wenigen Ausnahmen unverzweigt (Palmen und baumartige Liliaceen, z. B. Aloë-Arten). Die Holzbildung tritt bei allen Monocotyledonen sehr zurück; es fehlt überall die Bildung sogenannter Jahresringe. Es kann vielmehr als ein (wenn auch nicht den Monocotylen allein eigener) Charakter angesehen werden, dass in allen Fällen die Gefässbündel (von welchen sonst die Jahresringbildung ausgeht) ein begrenztes Wachsthum haben[1]). Sie erscheinen auf dem Querschnitt des Monocotylenstammes jederzeit zerstreut, nicht in einen Kreis geordnet, wie es bei den Dicotyledonen Regel ist.

Die Hauptwurzel der Monocotylen stirbt allerwärts frühzeitig ab und wird durch zahlreiche, oft wenig verzweigte Seitenwurzeln ersetzt. Die Blätter sitzen zwei oder dreizeilig am Stamme, seltener folgen sie in ihrer Anordnung höheren Gesetzen. Sie sind meist schmal und parallelnervig, ihr Rand ist ganz. Zusammengesetzte, reichgegliederte Blattformen sind fast völlig ausgeschlossen; nicht einmal der Blattstiel ist beim Gros der Monocotylen entwickelt. Die Blätter erheben sich aus mehr oder weniger stengelumfassender Basis und bleiben auf der Stufe der scheidenartigen Entwickelung stehen.

Die Blüthen beherrscht in allen Kreisen die Dreizahl[2]). Dem meist adossirten Vorblatte folgt die nur selten in Kelch und Krone sich gliedernde Blüthendecke. Sie besteht aus zwei alternirenden, dreigliedrigen, blumenblattartigen Blattkreisen, welche man als Perigon oder Blüthenhülle bezeichnet[3]). Es folgen dann zwei dreigliedrige Staubblattkreise (das „Androeceum“ bildend) und ein dreigliedriger Fruchtblattkreis (das „Gynaeceum“). Der Grundriss der Blüthe, welchen man sich zum Verständniss der folgenden Darstellungen ein für alle Male einprägen wolle, ist dementsprechend (Fig. 87).

Fig. 87. Grundriss der typisch gebauten Monocotylenblüthe. (Dem Deckblatt (*d*) gegenüber befindet sich das „adossirte“ Vorblatt (*v*), diesem wieder gegenüber das erste Blatt des äusseren Perigonblattkreises.)

Zur möglichst kurzen Charakteristik des Blüthenbaues bedient man sich neben den

---

[1]) Der Anfänger merke sich, dass man unter Gefässbündel eigenartige Stränge im fleischigen Gewebe der Pflanzen versteht. Der grössere Theil jedes Gefässbündels ist verholzt. Die Blattnerven und Adern sind im Wesentlichen Gefässbündel.

[2]) Zweizählige Blüthen kommen bei Monocotylen sehr selten vor; so bei der bei uns heimischen zweiblättrigen Maiblume, *Majanthemum bifolium*. Vierzählige Blüthen hat nur die giftige „Einbeere“, *Paris quadrifolia*.

[3]) Die Blüthen der Monocotylen entbehren also im Allgemeinen des Kelches, während bei der Mehrzahl der später zu besprechenden Dicotylen die Blüthendecke in Kelch und Krone gesondert ist.

Blüthendiagrammen mit grossem Vortheile sogenannter **Blüthenformeln.** Bezeichnet P eine Blüthenhülle („Perigon"), K den Kelch, C die Krone, A das Androeceum und G das Gynaeceum einer Blüthe, so bedeutet beispielsweise die Formel

$$P\ 3+3,\ A\ 3+3,\ G\ 3$$

eine durchweg dreizählig gebaute Blüthe, in welcher aufeinanderfolgen drei äussere Perigonblätter, drei innere Perigonblätter (daher P 3 + 3), drei äussere Staubblätter, drei innere Staubblätter (A 3 + 3) und endlich drei Fruchtblätter (G 3). Die Formel ersetzt also im Wesentlichen das für alle Monocotylen typische Diagramm Fig. 87. Will man nun noch Verwachsungsverhältnisse der Blüthentheile berücksichtigen, so schliesst man die betreffende Zahl in Klammern. Oberständige Fruchtblätter deutet man dadurch an, dass man ihre Zahl über einen Strich setzt, unterständige dadurch, dass man ihre Zahl unter einen Strich setzt. Es bedeutet dadurch beispielsweise

$$P\ 3+3,\ A\ 3+3,\ G\ \underline{(3)}$$

die Blüthenformel der als Liliaceen bezeichneten Monocotylen,

$$P\ 3+3,\ A\ 3+3,\ G\ \overline{(3)}$$

die Blüthenformel der als Amaryllidaceen unterschiedenen Familie. Unterdrückung einzelner Blüthenkreise deutet man durch die Zahl 0 an. Weiss man also beispielsweise die Blüthenformel der Schwertlilien (Iridaceen)

$$P\ 3+3,\ A\ 3+0,\ G\ \overline{(3)},$$

so liest man leicht aus dieser Formel heraus, dass den Iridaceen der innere Staubblattkreis fehlt, im Uebrigen stimmt ihre Formel ganz mit der für die Amaryllidaceen überein.

Wie schon aus den betrachteten Blüthenformeln hervorgeht, bilden die drei Fruchtblätter der Monocotyledonen einen bald ober-, bald unterständigen Fruchtknoten. Er umschliesst gewöhnlich viele, meist anatrope Samenanlagen mit je zwei Integumenten.

Wir gruppiren die sämmtlichen Monocotylen in 7 Ordnungen:

I. **Liliiflorae.**
II. **Enantioblastae.**
III. **Spadiciflorae.**
IV. **Glumiflorae.**
V. **Scitamineae.**
VI. **Gynandrae.**
VII. **Helobiae.**

Die Blüthen der ersten vier Ordnungen (Liliifloren, Enantioblasten, Spadicifloren und Glumifloren) sind actinomorph, und zwar sind sie in den beiden ersten meist mit grossem, blumenkronartigen Perigon ausgestattet, während sie bei den beiden folgenden unvollständig und oft eingeschlechtig sind. Die Ordnungen der Scitamineen und Gynandrae kann man kurzweg als die Monocotylen mit typisch zygomorphen Blüthen definiren, während die Helobien, die letzte Ordnung bildend, durch meist viele, apokarpe Fruchtblätter ausgezeichnet sind; sie sind die „polykarpen" Monocotylen, welche zu der Ordnung der Polycarpicae unter den Dicotylen überleiten.

Liliiflorae.

Die als Ordnung der „Lilienblüthigen" vereinigten Familien der Monocotylen stellen den reinsten Typus der ganzen Klasse dar, von welchem aus alle anderen Ordnungen als Modificationen sich erörtern lassen[1]). Mit wenigen Ausnahmen treffen wir bei den Liliifloren actinomorphe, zweigeschlechtige Blüthen, welche sich aus zwei dreigliedrigen, blumenkronartigen Perigonblattkreisen, zwei dreizähligen Staubblattkreisen und drei Fruchtblättern aufbauen, welche zu einem stets dreifächerigen, bald ober-, bald unterständigen Fruchtknoten verwachsen. Die Samenanlagen sind anatrop, mit zwei Integumenten umhüllt; im Fruchtfach stehen sie meist horizontal.

Von den Familien der Reihe kommen hier nur zwei in Betracht, die Liliaceae und die Iridaceae.

Liliaceae.

Der Charakter der Liliaceen oder Liliengewächse liegt in den durchaus regelmässig gebauten, mit ansehnlichem Perigon ausgestatteten Blüthen, in welchen alle Blattkreise wohl entwickelt sind und in regelmässigem Wechsel einander folgen. Man kann die Blüthen deshalb als die „eucyklischen" unter den Monocotylen bezeichnen. Der dreifächerige, meist viele Samenanlagen umschliessende Fruchtknoten ist allerwärts oberständig und bildet sich zu einer fach- oder wandspaltigen Kapsel oder zu einer Beere aus. Die Samen enthalten einen axilen, von fleischigem oder knorpeligem Nährgewebe umgebenen Keimling.

Von den etwa 1600 bekannten, vorzüglich den gemässigten Zonen angehörigen Arten sind die meisten krautige Gewächse, welche durch Wurzelstöcke ausdauern oder sich durch Zwiebelbildung während der Vegetationsperiode die Fortpflanzung sichern (man erinnere sich der Hyacinthen- und Tulpenzwiebeln). Nur wenige Liliaceen sind holzige, ausdauernde Pflanzen, von denen es einige zur Bildung baumartiger, ein hohes Alter erreichenden Formen bringen. Es ge-

---

[1]) Vergl. die auf S. 142 besprochenen Blüthenformeln, welche Modificationen der allgemeinen Formel der Monocotylenblüthe

$$P\ 3+3,\ A\ 3+3\ G\ 3$$

darstellen.

hören zu solchen die Drachenbäume[1]) (*Dracaena*, *Yucca*, *Aletris*), auch einige Aloëgewächse.

Wir theilen die Familie (nach Eichler) in die drei Unterfamilien:

a. Lilieae, mit fachspaltigen Kapseln. Hierher Tulpen, Lilien, Hyacinthen, *Aloë* u. v. a. Hier ist besonders zu merken *Urginea.*

b. Melanthieae, mit wandspaltigen Kapseln. Hierher *Colchicum*, *Veratrum* und *Sabadilla.*

c. Smilaceae, mit Beerenfrüchten. Hierher der Spargel, die Maiblume, *Dracaena* und *Smilax.*

1. Urginea maritima Baker.

Die Gattung Urginea gehört zur Unterfamilie der Lilieen, innerhalb welcher man sie zur Sippe der Scillagewächse rechnet. Wir haben es hier mit Zwiebelgewächsen zu thun, welche ihre Blüthentrauben auf nacktem Blüthenschafte erheben. Die einzelnen Blüthen führen ein getrenntblättriges Perigon.

Der Gattungscharakter von Urginea liegt in der Ausgestaltung der Blüthen und Früchte, zum Theil auch in der Form der Laubblätter. Zunächst merken wir uns, dass die 6 freien Perigonblätter unter sich gleichgestaltet sind; alle sind länglich zungenförmig, auf dem Rücken gestreift, einnervig. Zur Blüthezeit breiten sich die Perigonblätter flach aus oder biegen sich spreizend zurück. Die Staubblätter sind der Basis der Perigonblätter eingefügt und tragen die auf dem Rücken angehefteten, innenwendigen Antheren auf schlankem, fädigem, unterwärts sich verbreiterndem Filament. Der sitzende Fruchtknoten ist eiförmig, dreiseitig und sechsfurchig. In seinen drei Fächern sitzen die horizontalen Samenanlagen zweireihig der Samenleiste an. Der fadenförmige, einfache Griffel endet mit kopfiger Narbe.

Die Frucht ist eine Kapsel mit papierdünnen Wänden. Im Umriss rundlich oder eiförmig, markiren sich an ihr drei tiefe Furchen. Jedes Fach enthält 2 bis 12 ganz flache, flügelig gerandete Samen mit häutiger, schwarzbrauner oder schwarzer Schale. Durch die charakteristische Form der Samen unterscheidet sich die Gattung von der verwandten Gattung Scilla, deren Arten bei uns gern als Frühjahrsboten mit sternförmigen, blauen Blüthen in Ziergärten angepflanzt werden, wo sie schon im März und April zur Blüthe gelangen.

---

[1]) Das im Handel vorkommende Drachenblut stammt von einer Palme, *Daemonorops Draco* Mart. Vergleiche die Beschreibung dieser Pflanze auf S. 170. Ueber „Sanguis Draconis" findet man ausführlichere Mittheilung bei Flückiger, Pharmakognosie, 1881, S. 97 ff.

Was die vegetativen Merkmale betrifft, so entwickelt Urginea ihre lanzettlichen oder linealischen Blätter gewöhnlich erst nach der Blüthezeit. Die Deckblätter des Blüthenstandes sind häutig, dreieckig oder linealisch, meist schwach gespornt.

Von den etwa 24 Arten der Gattung ist

Urginea maritima Baker, die Meerzwiebel (Fig. 88), auffällig gekennzeichnet durch die mächtige, bis kindskopfgrosse, saftige, grüne oder braunrothe Zwiebel, deren oberer Theil über dem Erdboden erscheint. Sie erzeugt bis 20 lanzettliche, zugespitzte, bis nahezu armlange, fleischige, bläulichgrüne Blätter. Im Herbste erhebt sich der bis über ein Meter hoch werdende, unterwärts fast fingerdicke Blüthenschaft, welcher mit ausserordentlich reichblüthiger, dichter, schlank pyramidenförmiger Traube endet, welche allein bis 50 cm Länge erreicht. Die weissen Blüthen mit grünkieligen Perigonblättern stehen in den Achseln der lanzettlichen, nachenförmigen Deckblätter, welche auf dem Rücken mit spornartigem Höcker versehen sind.

Fig. 88. Urginea (Scilla) maritima. 1/3 nat. Gr. (Aus Potonié, Elem.)

Die an den Küsten des ganzen Mittelmeeres, auf den canarischen Inseln, am Cap etc. (bis in 3000 Fuss Höhe) wachsende Pflanze sieht man bei uns bisweilen in Töpfen cultivirt an Blumenfenstern. Die Knolle ist officinell als Bulbus Scillae Ph. G. II. 44 s. Bulbus Squillae. Sie dient zur Bereitung des Acetum Scillae Ph. G. II. 3, des Extractum Scillae Ph. G. II. 95, des Oxymel Scillae Ph. G. II. 206, der Tinctura Scillae Ph. G. II. 287 und vieler anderer Präparate, von denen die Ph. G. I noch das Emplastrum Conii ammoniacatum, das Emplastrum Ammoniaci scilliticum und das Electuarium Theriaca, vorschrieb. Die Scillazwiebeln haben stark toxische Eigenschaften, ihre Präparate sind deshalb mit Vorsicht zu verwenden. Frische Meerzwiebeln sind ein starkes Gift für Nagethiere, und werden die Zwiebeln in neuerer Zeit zur Vertilgung von Ratten und Mäusen vielfach begehrt.

Als Synonyme zu *Urginea maritima* Baker sind zu nennen *Urginea Scilla* Steinh., *Scilla maritima* L., *Squilla maritima* Steinh. und *Ornithogalum maritimum* Brot.

2. Aloë.

Die Gattung A l o ë ist der typische Vertreter der Liliensippe der Aloïneen, welche ausdauernde Kräuter, noch in grösserer Zahl Sträucher und Bäume mit ausserordentlich dicken, fleischigen, oft starren Blättern umfasst. Die Blätter sitzen meist rosettenartig gedrängt, auch bei den baumartigen und strauchigen Formen, hier die Spitze des Stammes und bei vorhandener Verzweigung auch der Zweige krönend. Die Bäume werden zum Theil bis 20 m hoch. Für die Charakteristik der ganzen Sippe sind das v e r w a c h s e n - b l ä t t r i g e, röhrige Perigon mit sechszipfeligem Saum, die auf dem Blüthenboden eingefügten Staubblätter mit innenwendigen, auf dem Rücken angehefteten Staubbeuteln und die dreiklappigfachspaltigen Kapseln bemerkenswerth. Die letzteren enthalten zahlreiche flachgedrückte, kantige, scharfrandige oder geflügelte Samen. Innerhalb der Sippe kennzeichnet sich die Gattung A l o ë durch die end- oder achselständigen, oft sehr langen Blüthenschafte, welche entweder mit schuppigen Hochblättern besetzt sind und sich dann bisweilen rispig verzweigen, während in anderen Fällen der Blüthenschaft nackt ist, d. h. der Hochblätter entbehrt und dann unverzweigt bleibt. Die Blüthen bilden an den Schaften resp. deren Zweigen dicht- und reichblüthige Trauben oder Aehren. In der Achsel des Deckblattes stehen die einzelnen Blüthen bald aufrecht, bald stehen sie horizontal, bald hängen sie auf gegliedertem Stiele abwärts. Das Perigon der Blüthen ist röhrig; seine Zipfel sind mehr oder weniger weit getrennt, bald aufrecht, bald gegen die Perigonröhre senkrecht gespreizt, bald zurückgekrümmt. Das Perigon neigt bisweilen zu zweilippig-zygomorpher Ausbildung hin. Die Staubblätter sind meist kürzer als das Perigon; bisweilen sind die drei des inneren Kreises länger als die drei des äusseren. Der stumpf dreikantige, vom dreikantigen Griffel gekrönte Fruchtknoten führt in jedem seiner drei Fächer viele horizontale, zweireihig geordnete Samenanlagen, welche zu dreikantigen oder scheibenförmigen, scharfrandigen oder geflügelten Samen werden.

Die Laubblätter der Aloëarten sind meist stengelumfassend, stiellos. Aus der Scheide gehen sie unmittelbar in die dicke, linealische, abgerundete oder sich allmählich zuspitzende, oberseits rinnige, bald glatte, bald warzige, bald stachelig rauhe Spreite aus, an welcher man k e i n e N e r v a t u r wahrnimmt. Die Blattränder sind oft durch gerade oder rückwärts gekrümmte, kräftige Stachelzähne bewehrt. Bei manchen Arten sind die sonst gewöhnlich graugrünen Blätter buntfleckig oder gebändert. Die Blattstellung ist wechselnd, bei manchen Arten exact zweizeilig, bei anderen spiralig.

Innerhalb der Gattung unterscheidet man zwei Sectionen:

I. Parviflorae, mit aufrechten, schmutzig-weissen oder grünlichen Blüthen, und

II. Grandiflorae, mit gelben oder rothen Blüthen.

Alle officinellen Arten gehören zu der letzteren Section.

1. *Aloë vulgaris* Lam. (Fig. 89) ist eine kurzstämmige Art mit gekrümmtem, cylindrischem, von Blattresten geringeltem Stamm und bis armlangen, riemenförmig seichtrinnigen, im Alter bogig zurückgekrümmten Blättern, an deren knorpeligem Rande weisse, gegen die Blattspitze hin bräunliche Zähne entfernt stehen. Die nackte Blattfläche ist blassgrün, weisslich bereift, oft weiss gefleckt. Zur Blüthezeit erhebt sich aus der gipfelständigen Blattrosette ein bis meterhoher, nackter, etwas kantiger Blüthenschaft, welcher mit mehr als handlanger, reichblüthiger, cylindrisch-pyramidenförmiger Traube endet. Die hängenden, etwa 3 cm langen Blüthen führen ein am Grunde schwach bauchiges, am Schlunde verengtes Perigon, welches in lanzettliche, an der Spitze schwach auswärts gekrümmte Zipfel spaltet. Das Perigon ist gelb; die Rücken der Zipfel zeigen aussen einen grünlichen Längsstreifen.

Fig. 89. Aloë vulgaris. (Aus Potonié, Elem.)

Die Art ist in Nordafrika heimisch, doch auch nach Ost- und Westindien, Südamerika und Südeuropa verpflanzt. Bei uns wird sie bisweilen als Topfgewächs cultivirt; ihre wasserreichen Blätter gehören zum Arzneischatz des Volkes. Die Pflanze liefert wie die folgenden die officinelle Aloë Ph. G. II. 20, welche zur Bereitung des Extractum Aloës Ph. G. II. 83, der Tinctura Aloës Ph. G. II. 83, der Tinctura Aloës composita Ph. G. II. 271 s. Elixir ad longam vitam, Ph. G. II. 332, der Pilulae aloëticae ferratae Ph. G. II. 209 und vieler anderer, bei uns nicht gebräuchlichen Präparate dient. Ferner bildet Aloë einen Bestandtheil des Extractum Rhei compositum Ph. G. II. 94 sowie des noch in der Ph. G. I aufgeführten Elixir Proprietatis Paracelsi und des Unguentum Terebinthinae compositum. Aloëpräparate dienen als Abführmittel, welche auf den Dickdarm wirken. Aloë wirkt ferner appetitanregend, weil es die Secretion der Leber und des Darmes befördert, wobei es zugleich die Peristaltik vermehrt.

Synonyme zu *Aloë vulgaris* Lam. sind *Aloë barbadensis* Haw., *Aloë abyssinica* Lam., *Aloë perfoliata vera* L.

2. *Aloë socotrina* Lam. ist eine auf der Insel Socotra und am Cap vorkommende Art mit wohlentwickeltem, bis mannshohem und 10 cm dickem, später meist einmal gabelig verzweigtem Stamm. Die an der Spitze der beiden Gabeläste dicht gedrängt stehenden, zahlreichen, fast armlangen, etwa 3 cm breiten, lineal-lanzettlichen, flachrinnigen Blätter spitzen sich allmählich zu. Ihr knorpeliger Rand trägt kurze, nach oben und innen gekrümmte weisse Zähne. Die bläulichgrüne Blattfläche ist völlig glatt, unterseits gegen den Grund hin weissfleckig. Charakteristisch wird der Habitus der ganzen Pflanze besonders dadurch, dass sich die Blätter bogig aufwärts krümmen. Den stumpf dreiseitigen, bis 1 m langen Blüthenschaft besetzen unterwärts entfernt stehende, oberwärts sich mehr zusammendrängende hellrothe Hochblätter von eiförmigem Umriss. In der reichblüthigen Traube sind die ziemlich langgestielten Blüthen durch das cylindrische Perigon ausgezeichnet, dessen Zipfel bis fast auf den Grund frei sind. Aus purpurrothem Grunde gehen die Perigonabschnitte, heller werdend, in eine grünliche Spitze aus. Die Staubblätter tragen braunrothe Beutel auf goldgelben Filamenten.

Liefert *Aloë* wie die vorgenannte Art.

3. *Aloë purpurascens* Haw. vom Cap soll von der vorigen nur durch im Alter purpurroth überlaufene Blätter und durch ganzrandige Deckblätter der Blüthen unterschieden sein.

4. *Aloë Commelini* Willd. mit mützenförmigem Blätterschopf am Ende des meist einfachen, bis 2 m hohen Stammes, starren, eiförmig-lanzettlichen, am Rande und auf dem Kiel der Blattunterseite stacheligen, weissgezähnten Blättern, cylindrischem, unterwärts nacktem Blüthenschaft und scharlachrothen Blüthen ist eine „Aloë“ liefernde Art am Cap.

5. *Aloë arborescens* Mill. ist ebenfalls eine Art vom Cap. Ihr einfacher oder verzweigter Stamm trägt starkrinnige, sehr verlängerte, riemenförmige, zurückgekrümmte Blätter mit buchtig stachelzähnigem Rande und grünen Zähnen. Die Blüthen sind scharlachroth, die Staubbeutel roth.

6. *Aloë spicata* Thunbg. ist der vorigen Art habituell sehr ähnlich. Sie unterscheidet sich von jener durch flachrinnige, gefleckte Blätter mit rothen Zähnen. Ihre Blüthen sind weiss, oberwärts gelb und grün gestreift. Ihre Heimath ist das Cap.

7. *Aloë africana* Mill. mit einfachem Stamme, lanzettlichen aufrechten Blättern, mit schwarzpurpurnen, an der Spitze rothen, kräftigen Stacheln des Blattrandes und des Blattrückens, gehört zu denjenigen Arten, deren gerades Perigon von den sichelförmig gekrümmten Staubblättern in auffälliger Weise überragt wird. Die Blüthen sind gelb. Die Pflanze ist heimisch am Cap.

8. *Aloë ferox* Mill., mit der vorigen nahe verwandt, ist eine der hochstämmigen Formen. Den oft 6 m hohen Stamm krönen

eilanzettliche Blätter mit schwarzpurpurnen, kräftigen, randständigen und unterseitigen Stacheln. Die Blüthen sind blassroth und grün gestreift.

9. *Aloë Lingua* Mill. zeichnet ihre Blüthen vor allen vorgenannten Arten aus durch das gekrümmte, unterwärts bauchige Perigon. Noch auffälliger ist der Wuchs der Pflanze. Sie erscheint wie ihre nächsten Verwandten stammlos. Ihre zungenförmigen, glatten Blätter stehen zweizeilig. Die Blüthen sind grün, am Grunde roth.

Synonyme sind *Aloë sulcata* Salm-Dyck, *Aloë excavata* Willd. u. a. Die Species ist nur schwer von den nahe Verwandten zu unterscheiden, und kann der Name *Aloë Lingua* als Sammelname für mehrere Arten angesehen werden.

Bemerkenswerth dürfte noch sein, dass sich die Bezeichnungen für die Aloë als Droge nicht etwa mit der botanischen Nomenclatur für die Arten decken. Die Bezeichnungen Aloë socotrina, Aloë barbadensis, Aloë capensis, Aloë natalensis u. a. gelten oft nur für die Droge Aloë, nicht für eine Art gleichen Namens. Die Zusatzbenennungen (*socotrina*, etc.) sollen nur die Herkunft der Handelswaare, resp. ihren Werth andeuten. Aehnliches gilt von der Unterscheidung der Aloë hepatica und Aloë lucida.

Aus der Unterfamilie der Lilieen waren ehedem noch viele Arten officinell, doch übergehen wir dieselben hier absichtlich.

3. Colchicum autumnale L.

Mit der Betrachtung der Gattung Colchicum wenden wir uns zur zweiten Unterfamilie der Liliaceen, zu den „Giftlilien“ oder Melanthieen, welche man auch wohl als besondere Familie der Colchicaceae von den echten Lilien unterschieden hat. Der diagnostische Charakter aller hierher gehörigen Formen liegt wesentlich in den Merkmalen des Fruchtblattkreises. Die drei denselben darstellenden Fruchtblätter zeigen eine ausgesprochene Tendenz, sich selbstständig zu machen; sie neigen zu apokarper Ausbildung. Wir erkennen diese Tendenz zunächst in der völligen Trennung der Griffel, welche ja nichts Anderes als die Fruchtblattspitzen sind. In der Mehrzahl der Fälle setzt sich aber die Trennung der Fruchtblätter schon im jugendlichen Stadium der Blüthe auf die oberen Enden der Fruchtknotenfächer fort; der Fruchtknoten sondert sich von oben her mehr oder minder deutlich in drei Balgfrüchten ähnliche, den drei constituirenden Fruchtblättern entsprechende Theilfrüchte. Die schon während der Blüthezeit angedeutete Sonderung der Carpiden wird aber regelmässig zur Fruchtreife perfect; die häutige oder lederige Kapsel öffnet sich, wie man sagt, scheidewandspaltig, um die zahlreichen, dem Innenwinkel jedes Faches ansitzenden Samen zu entlassen, deren häutige Schale reichliches, fleischiges oder knorpeliges Nährgewebe führt, welches den kleinen, cylindrischen oder eiförmigen Keimling völlig umhüllt. Weniger durchgreifend ist die Eigenart der Staubblätter der Melanthieen; sie tragen aussenwendige (extrorse) Staubbeutel, ein Charakter, der für die hier zu besprechenden Glieder der Unterfamilie ausnahmslos zutrifft. (Vergl. das Diagramm Fig. 90.)

Fig. 90. Grundriss der Blüthe von Colchicum (passt auch für Veratrum und Sabadilla). Besonders zu beachten sind die „aussenwendigen“ Staubblätter.

Die Gattung Colchicum ist nun im Besonderen ausgezeichnet durch unterirdische Knollenbildung und die zweifächerigen („dithecischen“) Staubbeutel, welche den im Schlunde der Perigonröhre eingefügten Staubfäden aufsitzen. Die Erörterung der sonstigen Eigenheiten verknüpfen wir mit der Besprechung der einzigen hier interessirenden Art, des

Colchicum autumnale L., der Herbstzeitlose (Fig. 91). Schon der deutsche Name der Pflanze deutet auf eine biologische, dem Laien auffällige Ausnahmestellung, die sich als eine Correlation zu den morphologischen Charakteren ergiebt. Die junge Herbstzeitlose besitzt nämlich einen sehr verkürzten, fleischigen, tief im Boden versteckten, aber aufrechten Stengel. Sein unteres Ende umhüllen schwarzbraune, abgestorbene Häute, die Reste von scheidenartigen älteren Blättern. Sie schliessen die noch scheidigen Anlagen der später sich theilweise zu Laubblättern entwickelnden Blätter und einige wenige Blüthenanlagen, welche in den Achseln der obersten Scheidenblätter sitzen, ein. Bei unserer Art sind meist nur eine oder zwei Blüthen angelegt, seltener drei. Wir erkennen in der ganzen Anlage von Stengel, Blättern und Blüthen eine Zwiebel, welche sich durch ihre schlanke Gestalt von den bekannteren Formen solcher unterscheidet. Auffällig ist nun das Austreiben dieser Zwiebel. Während bei unserer Küchenzwiebel und der Hyacinthenzwiebel, wie es bei Zwiebeln üblich, zuerst einige Blattanlagen aus der Schalenmasse sich vorschieben und zu Laubblättern werden, nach deren völliger Entwickelung der das Centrum der Zwiebel bildende Blüthenschaft zum Vorschein kommt, entwickelt sich die

Fig. 91. Colchicum autumnale. Rechts der Fruchtknoten mit den drei freien Griffeln, links die wandspaltige Frucht. (Aus Potonié, Elem.)

Colchicumzwiebel in umgekehrter Folge. Schon im Spätsommer und Herbst, von Ende August bis in den November hinein, kommen die (bei anderen Zwiebelgewächsen erst im folgenden Jahre zum Austreiben gelangenden) Blüthen zu voller Entfaltung. Sie blühen ab, ohne dass auch nur e i n Laubblatt von der Zwiebel ausgetrieben worden wäre. Erst im folgenden Frühjahre tritt der Austrieb der obersten Blattanlagen der Zwiebel ein. Sie entwickeln sich zu schönen länglich-lanzettlichen, beiderseits verschmälerten, glänzend grünen, fast fettig sich anfühlenden, parallelnervigen Laubblättern, welche eine bodenständige, fast trichterförmige „Blattlaube" bilden. Meist bringt es jede Pflanze nur auf drei bis vier Laubblätter, seltener auf fünf oder sechs. Die Mitte des Blatttrichters nehmen die etwa fingerlangen und daumdicken, aufgeblasenen, länglichen oder eiförmigen Kapseln ein, deren Spitzen die vertrockneten Griffelreste tragen. Die im Frühjahre blattgrünen Kapseln reifen im Juni, dabei hellbraun und unregelmässig querrunzelig werdend. Die zahlreichen, die Fruchtfächer nicht ausfüllenden Samen sitzen ordnungslos an der wulstigen Samenleiste, sich aus kugeliger Grundform gegenseitig etwas kantig drückend. Ihre dunkelbraune Samenschale ist grubiggerunzelt. Jeder Same trägt einen fleischigen, später durch Vertrocknen verschrumpfenden Anhang, eine „Caruncula".

Wichtiger als die Samenproduction ist für die Fortpflanzung der Herbstzeitlose die Bildung ihrer überwinternden Knollen. Es wurde schon oben darauf hingewiesen, dass der kurze Stamm der Pflanze nur eine sehr beschränkte Anzahl von Blättern und dementsprechend von Stengelgliedern erzeugt. Zunächst stossen wir auf zwei übereinanderstehende Niederblattscheiden. Diesen folgen die wenigen Laubblätter in spiraliger Anordnung. Das erste Laubblatt trägt in seiner Achsel eine Knospe, die Anlage des noch im Herbste des laufenden Jahres zur Blüthe kommenden Sprosses, welchen wir die E r s a t z k n o s p e nennen wollen. In der Achsel des zweiten Laubblattes sitzt ebenfalls eine Knospenanlage, welche sich aber nicht normalerweise zu entwickeln pflegt. Wir können sie als R e s e r v e k n o s p e betrachten. In den Achseln der 2 oder 3 folgenden Laubblätter hatten sich aber die schon im Vorjahre, der ganzen Laubentwickelung voraneilenden Blüthen auf ganz kurzen Stielen entfaltet. Jetzt sitzen in diesen Achseln statt der Blüthen die langen Kapseln. Die s c h e m a t i s c h e Darstellung würde mithin auf die Fig. 92, I und II hinführen. Wir finden in I alle Stengelglieder gestreckt dargestellt, während in Wirklichkeit anfänglich alle Glieder so verkürzt sind, dass die Blätter unmittelbar über einander stehen und einander einschachteln. Um nun die Kapseln über den Boden zu erheben, streckt sich das zwischen dem zweiten und dritten Laubblatte befindliche Stengelglied, während das zwischen dem ersten und zweiten Laubblatte befindliche Glied (zur Seite der Ersatzknospe *I*) während der Sommermonate ausgiebig ernährt wird. Ihm kommen fast alle von den Laubblättern erzeugten Nährstoffe, welche nicht zur Ausbildung der Samen und zur Selbsterhaltung der Blätter nöthig sind, zu Gute; es wird zu einem Nahrungsspeicher und schwillt zu einer stärkereichen Knolle von fast eiförmigem Umriss an; seine stärker convexe Seite wendet sich von der Achselknospe des ersten Laubblattes (L_1), welche der flacheren Knollenseite dicht anliegt (Fig. 92, II) ab. Mutteraxe und Ersatzknospe stehen übrigens nur mit kleiner, kreisförmiger Stelle in Zusammenhang (es ist dies die „Insertionsstelle“ der Seitenknospe). Stirbt die Mutterpflanze ab, so bleibt das Knollenglied mit der Knospe erhalten; letztere bewurzelt sich mit zahlreichen Wurzelfasern und treibt noch im selben Jahre, im Herbste, die an ihrer Spitze angelegten Blüthen aus. Damit ist dann der Entwickelungskreis geschlossen.

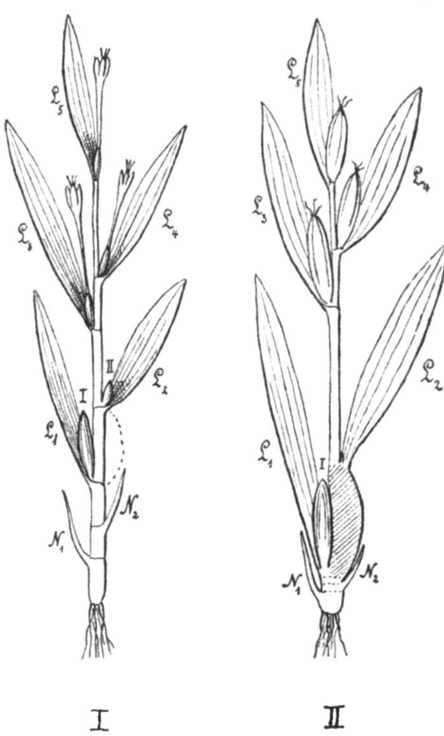

Fig. 92. Schematische Darstellungen zur Erläuterung des morphologischen Aufbaues der Herbstzeitlose. I. Folge der Niederblätter (N_1 und N_2) und der Laubblätter (L_1 bis L_5) nebst den Achselsprossen (*I* und *II*, resp. den Blüthen) ohne Rücksicht auf die Verkürzung, resp. Verdickung der Stengelglieder, sowie ohne Rücksicht auf die zeitlichen Verhältnisse. (Zur Blüthezeit sind alle Stengelglieder gestaucht, alle Laubblätter erst in der Anlage vorhanden). II. Schematische Darstellung einer Frühjahrspflanze. Das Stengelglied zwischen L_1 und L_2 schwillt zum stärkereichen Speicherorgan an; das zwischen L_2 und L_3 befindliche Glied ist gestreckt und hat die Laubblätter L_3 bis L_5 nebst den achselständigen Fruchtkapseln über den Boden erhoben. Im Laufe des Sommers stirbt die ganze Pflanze bis auf das Stengelglied zwischen L_1 und L_2 und die Achselknospe I des (ebenfalls absterbenden) Blattes L_1 ab. Die Ersatzknospe treibt noch im Herbste des laufenden Jahres die von ihr erzeugten Blüthen aus.

Wir betrachten nun noch den Bau der einzelnen Blüthe. Da ihr ganz kurzer Blüthenstiel tief unten im Boden steckt, so gelangen die Blüthenorgane nur durch eine bedeutende Längsstreckung über den Erdboden. So bildet das Perigon eine bis 25 cm lange, dünne, bleiche Röhre, welche ihren sechstheiligen Saum mit den zarten, länglich elliptischen, blasslilarothen Lappen schön glockig kurz über dem Erdboden entfaltet. Die drei inneren Lappen sind kleiner als die äusseren, alle werden von 15—20 geschlängelten Längsnerven durchzogen. Dem Schlunde der Perigonröhre sind die sechs Staubgefässe eingefügt (die drei den inneren Kreis bildenden höher). Sie tragen auf verhältnissmässig kurzem Faden den länglichen, schaukelnd über dem Grunde der Innenseite befestigten Staubbeutel, welcher seine beiden Fächer durch je einen Längsriss des Beutelrandes nach aussen hin öffnet. Die auf dem Blüthenboden sitzenden oberständigen Fruchtknoten tragen auf ihrem Scheitel drei dünne, fadenförmige Griffel, welche die Perigonröhre durchziehen und in dem glockigen Blüthensaum die Staubblätter noch überragen. Die Griffel enden mit schwach keulig verdickten, etwas nach aussen gekrümmten Narben.

Officinell sind nur noch die Samen, Semen Colchici Ph. G. II. 237. Sie dienen zur Bereitung von Tinctura Colchici Ph. G. II. 277 s. Tinct. seminis colchici Ph. G. II 342 und von Vinum Colchici Ph. G. II. 303. Die Ph. G. I. schrieb ausserdem das Acetum Colchici und das Oxymel Colchici vor. Obsolet sind bei uns die Knollen, welche als Bulbus s. Tuber vel Radix Colchici officinell waren.

Das in allen Theilen der Pflanze enthaltene Alkaloid Colchicin ist ein ausserordentlich heftig wirkendes Gift.

4. **Veratrum album** L.

Unter den Melanthieen ist die Gattung Veratrum gekennzeichnet durch das tief 6-theilige, fast freiblättrige Perigon und die zur Reifezeit einfächerigen („monothecischen“) nierenförmigen extrorsen Staubbeutel (Fig. 93). Habituell sind

Fig. 93. Veratrum album L. *A.* Blüthe, vergr. *B.* Ein geöffnetes Staubblatt. (Nach Luerssen).

die Veratrum-Arten nicht zu verkennen. Aus dem dicken, walzigen, mit kräftigen Wurzeln im Boden befestigten Rhizome erheben sich starke, blühend über mannshoch werdende, in der Laubregion unverzweigte Stengel mit unterwärts grossen, bis 40 cm langen, breit elliptischen, längsfaltigen, hellgrünen Blättern, welche mit langer geschlossener Scheide den Stamm umfassen. Die spiralig geordneten Blätter werden oberwärts kleiner und rücken dabei weiter auseinander. Den Gipfel des Stammes bildet eine pyramidenförmige Blüthenrispe mit reichblüthigen, trauben- oder ährenförmigen Zweigen.

Von den 9 in der nördlich gemässigten Zone heimischen Arten ist hier allein zu besprechen:

Veratrum album L., die Nieswurz oder der Weisse Germer. Der etwa fingerlange, daumenstarke, cylindrische oder verkehrt kegelförmige Wurzelstock ist von braunen, faserigen Scheidenresten vorjähriger Blätter besetzt. Schief aufsteigend, am Kopfende mit zahlreichen fleischigen, bis über handlangen Wurzeln befestigt, erhebt sich aus ihm der kräftige, cylindrische hohle Hauptstamm mit den schönen, längsgefalteten Laubblättern (Fig. 94). Die Blüthenrispe verzweigt sich aus schmalen, lanzettlichen Deckblättern. Die fast sitzenden, kleinen Blüthen führen ein innen weisses, aussen am Grunde grünliches Perigon, dessen fast gleichgestaltete Zipfel sich sternförmig ausbreiten (Fig. 93, *A*). Jeder Perigonzipfel zeigt einen unregelmässig gezähnelten Rand und viele grünliche Längsnerven; am Grunde laufen zwei drüsige Längsstreifen nahe dem Rande hin. Die Staubblätter, welche kaum die halbe Länge der Perigonzipfel erreichen, sind dem äussersten Grunde derselben angeheftet. Aus verbreitertem Basaltheil erheben sich die Staubfäden spreizend, später sich nach aussen krümmend. Die Klappen der geöffneten Beutel stehen aufrecht, breiten sich aber später zu einer rundlichen Platte aus. Die oberständigen sitzenden, zum Theil in den Blüthen verkümmernden Fruchtblätter bilden einen dreifächerigen Fruchtknoten, welcher in die hornförmig nach aussen gekrümmten Griffel mit stumpfer Narbe ausgeht. Die Samenanlagen sitzen zweireihig im Innenwinkel jedes Fruchtfaches. Die reifen, schwarzbraunen, kurz dreihörnigen Kapseln umschliessen mit ihrer papierartigen Aussenwand die zahlreichen, schief länglichen, flachen, ringsum flügelig gesäumten Samen von blassbrauner Farbe. (Das Diagramm der Veratrumblüthe ist dasselbe wie das der Colchicumblüthe, Fig. 90.)

Fig. 94. Veratrum album. Blatt, Blüthenstand, Blüthe und Frucht. (Alle Figuren verkleinert.)

Die auf den Hochwiesen und längs den Ufern der Quellwässer der höhern Gebirge Europas und Sibiriens (auch schon im Riesengebirge vorkommende) Pflanze gelangt im Juli und August zur Blüthe. Man unterscheidet die Varietäten *viridiflorum* Mert. et Koch (= *virescens* Gaud. oder *Veratrum Lobelianum* Bernh.) mit innen und aussen blassgrünem Perigon.

viride Baker (= *Helonias viridis* Ker., *Melanthium virens* Thunbg., *Veratrum viride* Ait. als Art) mit lockerblüthigen, oft abwärts gebogenen Rispenästen. In Nordamerika verbreitet.

Der frisch knoblauchartig riechende, trocken geruchlose, beim Pulvern heftiges Niesen veranlassende Wurzelstock ist officinell als Rhizoma Veratri Ph. G. II. 230. s. Radix veratri albi Ph. G. II. 339 v. Radix hellebori albi Ph. G. II. 339[1]). Man bereitet daraus das Alkaloid Veratrinum Ph. G. II. 301 und die Tinctura Veratri Ph. G. II. 289.

Das Veratrin wird fast nur äusserlich in alkoholischer Lösung, besonders zu Einreibungen angewandt. Es kommt als feines, staubiges Pulver in den Handel. Die minimalste Menge des Veratrinstaubes reizt die Schleimhäute der Nase aufs Empfindlichste, so dass lang anhaltendes, heftiges Niesen eintritt. Man öffne desshalb Gefässe mit trockenem Veratrin sehr vorsichtig, hüte sich auch, Spuren von Veratrin in die Augen kommen zu lassen (etwa dadurch, dass man sich die Augen mit den Fingern reibt, welche vorher mit Veratrin bestäubt waren). Die grössere Menge des Veratrins liefert übrigens nicht *Veratrum album*, sondern

5. Sabadilla officinarum Brandt.

Die dem wärmeren Nordamerika mit nur fünf Arten angehörende Gattung Sabadilla (= Schoenocaulon Asa Gray) ist von der Gattung Veratrum im Blüthenbau nur wenig verschieden. Das bleibende, tief 6-theilige Perigon der Blüthen zeigt ausgebreitete, gleichgestaltete Zipfel mit nur 3—5 Längsnerven (statt der vielen bei Veratrum); ausserdem trägt jeder Perigonzipfel innen am Grunde ein Honiggrübchen (Fig. 95, *A*). Die Staubblätter sind so lang oder länger als das

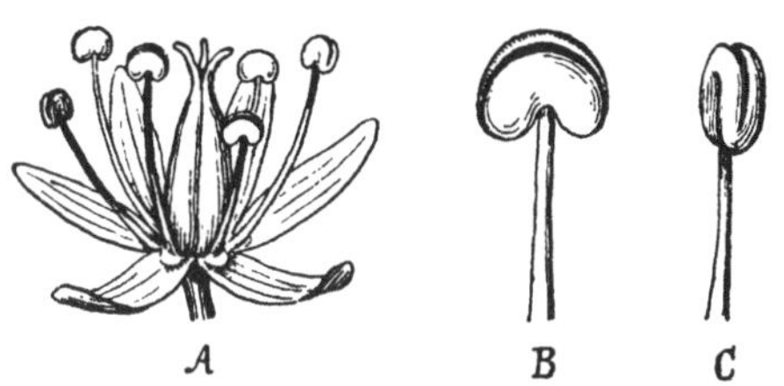

Fig. 95. Sabadilla officinarum. *A*. Blüthe. *B*. Staubblatt von der Aussenseite. *C*. Seitlich gesehen. Alle Figuren vergr. (Nach Berg und Schmidt).

[1]) Man hüte sich, Rhizoma Veratri wegen des falsch gewählten Synonyms Radix hellebori albi und des deutschen Namens „Weisse Nieswurz“ mit Rhizoma s. Radix hellebori viridis Ph. G. I. und Rhizoma v. Radix hellebori nigri zu verwechseln. *Helleborus viridis* und *Helleborus niger* sind Dicotyledonen, welche im Deutschen als „grüne“ und „schwarze Nieswurz“ bezeichnet werden. Veratrum hat aber botanisch nichts mit Helleborus zu thun.

Perigon und öffnen sich ähnlich wie bei Veratrum extrors mit querem Riss (Fig. 95, *B* und *C*). Die an der Spitze geschnäbelten Samen umgiebt eine flügellose, glänzend dunkelkastanienbraune Schale.

Viel auffälliger sind die habituellen Unterschiede gegen die Veratrum-Arten. Die Sabadillpflanzen sind Zwiebelgewächse mit langen, grasähnlichen, steifen Blättern mit rauhem Rande. Auf langem, unbeblättertem Blüthenschafte erhebt sich eine lange, reichblüthige, schlanke, ährenförmige Traube.

Sabadilla officinarum Brandt ist ein den Bergwiesen Mexicos angehöriges und bis zur Meeresküste abwärts gehendes, bis nach Guatemala und Venezuela südwärts sich ausbreitendes, theilweise auch angebautes Arzneigewächs. Aus der verhältnissmässig kleinen (nur bis 4 cm. langen) Zwiebel mit dunkelbraunen, häutigen äusseren Schalen erheben sich die bis über meterlangen, ganz schmalen (6 bis 12 mm breiten) oberseits flachrinnigen Blätter und der kahle, etwa ein Meter hohe, unterwärts kantige Blüthenschaft, welcher mit einer noch nicht fingerdicken, 25—50 cm langen, dichtblüthigen, cylindrischen Traube endet. Das Perigon ist gelblich, seine Abschnitte sind nur etwa 4 mm lang, abgerundet. Die reifen, bis 15 mm langen, papierdünnen, hellbraunen Kapseln führen meist 2—4 Samen in jedem Fruchtfache.

Die Samen waren noch nach der Ph. G. I. bei uns officinell als Fructus et Semen Sabadillae. Ihren Namen „Läusesamen“ erhielten sie, weil sie im vorigen Jahrhundert zur Vertreibung der Läuse dienten. Als Präparat schrieb die Ph. G. I. vor das Veratrinum s. Veratria v. Veratrina Sabadillina. Das Veratrin wird nach Hilger ausschliesslich aus den Sabadillsamen gewonnen, welche noch Sabadillin und Sabatrin enthalten. Ueber Veratrinum vgl. auch S. 155.

Als Synonyme sind zu merken: *Schoenocaulon officinale* A. Gray, *Asagraea officinalis* Lindl., *Asagraea caracasana* Ernst, *Veratrum officinale* Schlechtdl. und *Helonias officinalis* Don.

6. **Smilax** Tourn.

Die Gattung Smilax ist der typische Vertreter der Unterfamilie der Smilaceen, d. h. der mit Beerenfrüchten ausgestatteten Liliaceen. Wir begegnen in ihr hoch windenden, immergrünen Sträuchern mit hin- und hergebogenen, oft stacheligen Stengeln, deren wechselständig zweizeilige, gestielte Blätter dadurch ganz besonders bemerkenswerth sind, dass sie rechts und links am Blattstielgrunde eine Ranke tragen, welche als ein Nebenblattgebilde gedeutet werden muss. Sind nun Nebenblätter schon überhaupt eine ganz ausnahmsweise Erscheinung bei den Monocotylen, so sind Nebenblattranken noch viel seltener im ganzen Reich der

Blüthenpflanzen anzutreffen. Auch die Blüthen von Smilax sind bemerkenswerth, zunächst schon, weil sie durchgängig dioecisch sind. Das unscheinbare Perigon besteht aus zwei gleichartigen dreizähligen Kreisen völlig freier Blätter. In den männlichen Blüthen besteht das Androeceum typisch aus 6 Staubblättern, doch vermehren sie sich bisweilen auf 7 und mehr, ja bis auf 20. (Vgl. Fig. 96, die Blüthe links). Die Fruchtblätter sind spurlos unterdrückt. In den weiblichen Blüthen ist das Androeceum noch durch 6 (oder weniger) fadenförmige Gebilde, Staminodien, angedeutet. Die drei Fruchtblätter bilden einen oberständigen Fruchtknoten mit drei meist sitzenden Narben (Fig. 96, rechts). In jedes Fruchtknotenfach hängen von der Spitze des Innenwinkels zwei atrope Samenanlagen herab, von denen bisweilen eine verkümmert. Die kugeligen Beeren umschliessen 1—6 Samen mit dünner, netziger Schale und reichem, hornartigem Endosperm.

Von den 187 gut bekannten Arten der Gattung sind viele ohne Unterschied officinell als Sassaparilla liefernde Pflanzen. Am sichersten bestimmt ist die Abstammung der Droge von

1. *Smilax medica* Cham. et Schlchtdl. Diese gehört wie alle Sassaparilla liefernden Arten zur Untergattung Eusmilax DC., in welcher alle diejenigen Arten vereinigt sind, deren männliche Blüthen typisch 6 Staubblätter führen, und deren weibliche Blüthen in jedem Fruchtfach nur eine Samenanlage aufweisen; überdies gehört aber noch zur Charakteristik, dass die Perigonblätter der männlichen Blüthen zurückgekrümmt oder zurückgeschlagen sind.

Die Artcharaktere liegen in dem kräftigen, kantigen, gebogenen, schwach gestreiften Stengel, der nur gegen die Blattbasen hin durch wenige, schwach rückwärtsgerichtete Stacheln bewehrt ist, während die schlanken, rundlichen oder quadratischen, vierkantigen Zweige zickzackförmig schlingen. Die Blätter stehen auf langscheidigen, wenig stacheligen, aber mit langen Nebenblattranken versehenen Blattstielen. Die Blattspreiten sind herzförmig oder pfeilförmig gelappt, bis handlang, unterwärts 5- oder 7-nervig, doch erreichen nur der Mittelnerv und die beiden benachbarten Seitennerven die Blattspitze. Die Blüthen stehen auf 1—4 cm langen Doldenstielen bis zu 24 bei einander, jede auf 8—10 mm langem Blüthenstiele. Die 8—10 mm Durchmesser haltenden, dreisamigen Beeren sind kugelig, roth.

Die Heimath der Pflanze ist Mexico. Sie liefert die Veracruz-Sassaparille.

2. *Smilax officinalis* Kth. ist eine im tropischen Südamerika heimische Art mit anfänglich rundlichen, später fast vierkantigen, blassgelben Zweigen, welche zerstreut mit zurückgekrümmten, an der Spitze schwarzen Stacheln besetzt sind. Die zugespitzten, herzförmigen, über handgrossen Blätter erheben ihre Spreiten auf etwa 3 cm langen Blattstielen. Die Pflanze ist noch mangelhaft bekannt.

3. *Smilax syphilitica* Humb. et Bonpl. zeichnet sich durch starke, bis 5 mm dicke, runde, glatte Stengel aus. An der Basis jedes Blattes sitzen zwei oder vier stark zurückgekrümmte Stacheln. Die Blätter sind länglich-lanzettlich, bei 26 cm Länge nur 7 cm breit, 5-nervig, lederig, kurz-zugespitzt, am Grunde abgerundet. Der bis auf halbe Länge breitscheidige Blattstiel trägt zwei kräftige Ranken. Die Blüthen und Früchte sind unbekannt.

Die Heimath der Pflanze ist das tropische Südamerika.

4. *Smilax pseudosyphilitica* Kth. ist eine in Brasilien und Guiana heimische Art, welche auf 10—15 mm langen, scheidigen Blattstielen

Fig. 96. Smilax pseudosyphilitica. 1/2 nat. Gr. (Nach Berg und Schmidt.)

bis 20 cm. lange, elliptische oder länglich-lanzettliche, 5-nervige Spreiten trägt, deren Mittelnerven auf der Oberfläche vertieft sind, unterseits aber scharf hervortreten. Es sind nur männliche Blüthenstände bekannt geworden (Fig. 96).

5. *Smilax papyracea* Duhamel, eine unvollkommen bekannte Art Brasiliens und des französischen Guiana ist durch scharf 4—6-kantige Stengel und Aeste ausgezeichnet.

6. *Smilax Schomburgkiana* Kth. ist eine in Surinam und Brasilien wachsende Art mit cylindrischen, schwarzwarzigen Aesten.

Alle vorgenannten Arten und wahrscheinlich noch viele andere liefern die als Droge bekannte, officinelle Radix Sarsaparillae Ph. G. II. 224 s. Radix salsaparillae Ph. G. II. 339 v. Radix sassaparillae Ph. G. II. 339. Sie dient zur Herstellung des Decoctum Sarsaparillae compositum fortius Ph. G. II. 71 s. Decoct. Zittmanni fortius Ph. G. II. 333 und des Decoctum Sarsaparillae compositum mitius Ph. G. II. 72 s. Decoct. Zittmanni mitius Ph. G. II. 332. Der in der Ph. G. I. aufgeführte Syrupus Sarsaparillae compositus ist in die neue Pharmacopoe nicht aufgenommen. Die Sassaparillapräparate waren früher als Antisyphilitica hochberühmt, haben aber jetzt an Werth sehr verloren.

In der Pharmacognosie unterscheidet man die Handelssorten als Sarsaparilla de Honduras, de Guatemala, de Caracas sive La Guayra, de Manzanilla, de Para s. Maranhão s. Sarsaparilla brasiliensis u. a. **Die Ph. G. II. lässt nur die Honduras-Sarsaparille zu**, obwohl neuerdings behauptet wird, es sei gerade die billige Veracruz-Sarsaparille die wirksamste.

7. *Smilax China* L., ein in Japan gemeines, aber auch in China, auf Hongkong und Formosa heimisches Gewächs, ist die einzige hier zu erwähnende Art, welche nicht der Untergattung Eusmilax angehört, weil jedes Fruchtknotenfach zwei Samenanlagen ausbildet; sie vertritt die als Nemexia bezeichnete Untergattung. Als Art ist *Smilax China* gekennzeichnet durch den unregelmässig-oblongen, 6—16 cm langen Wurzelstock mit knotigen Verdickungen. Den nicht windenden, cylindrischen Stamm bewehren zerstreute, schwach zurückgekrümmte Stacheln, während die rundlichen, gestreiften und knieförmig gebogenen Zweige unbewehrt sind. Die Blätter tragen an dem kurzen, bis zur Hälfte scheidigen Blattstiele jederzeit eine Ranke. Die rundliche, zugespitzte oder gestutzte Spreite durchziehen 5 Hauptnerven. Die kurzgestielten Blüthendolden sind reichblüthig, die Blüthenstielchen nur 1 cm lang. Die kleinen grünlichen Blüthen zeigen nichts Besonderes. Die bis 1 cm Durchmesser haltenden rothen Beeren umschliessen 1—6 bohnenförmige braunschwarze Samen.

Die Pflanze lieferte die noch in der Ph. G. I. aufgeführte Radix s. Rhizoma v. Tuber Chinae, die China- oder Pockenwurzel, welche einen Bestandtheil des in der Ph. G. I. vorgeschriebenen Syrupus Sarsaparillae compositus bildete. Die

Chinawurzel war ehedem wie die Sarsaparilla als Antisyphiliticum geschätzt.[1])

Die Unterfamilie der Smilaceen hat übrigens auch bei uns eine Reihe von recht bekannten Vertretern. Ich erwähne zunächst die als Zierpflanzen beliebten Maiblumen (mit verwachsenblättrigem Perigon), von denen das Maiglöckchen, *Convallaria majalis* L., die obsoleten Flores Convallariae s. Liliorum convallium lieferte, welche noch jetzt in der Parfumerie Verwerthung finden. Die Wurzelstöcke der „italienischen" Maiblume, *Polygonatum officinale* All., waren als Rhizoma s. Radix Polygonati v. Sigilli Salomonis (Salomonssiegel) beim Volk in Ansehen. Einer anderen Gruppe gehört die giftige Einbeere, *Paris quadrifolia* L., an, welche wegen der vierzähligen (promiscue auch 5- und 6-zähligen) Blüthen als ganz vom Monocotylentypus abweichend gelten muss. Sie lieferte die Herba Paridis s. Solani quadrifolii. Der als Küchengewächs bekannte Spargel, *Asparagus officinalis* L., mag nur genannt werden. Er lieferte die Turiones Asparagi und die Radix Asparagi, welche beide jetzt noch anderwärts officinell sind.

Iridaceae.

Die Familie der Iridaceen oder Schwertliliengewächse unterscheidet sich in zwei Punkten wesentlich von den Liliaceen: Unterständiger Fruchtknoten mit drei oberwärts getrennten Narben, und unvollständiges, durch Unterdrückung des inneren Staubblattkreises auf die drei Glieder des äusseren Kreises reducirtes Androeceum machen den Charakter der Familie aus. Es ergiebt sich mithin die Blüthenformel P 3 + 3, A 3 + 0, G $\overline{(3)}$ und das Diagramm, Fig. 97, in welchem Deckblatt und Abstammungsaxe, und zwischen dieser und der Blüthe das wenigstens für die Gattung Iris stets hinzuzudenkende „adossirte" zweikielige Vorblatt angegeben sind.

Fig. 97. Grundriss der Blüthe von Iris. (Nach Eichler.)

Was nun den morphologischen Ausbau der Blüthe, die sogenannte „Plastik" derselben betrifft, so ist die gewöhnlich verschiedene Ausbildung der beiden Perigonkreise bemerkenswerth. In der Regel sind beide Kreise kronenartig entwickelt, unterwärts zu einer dem Fruchtknoten aufgesetzten Perigonröhre verwachsen, welche oberwärts in sechs gleiche, mehr oder weniger glockig zusammenschliessende Abschnitte (so bei Crocus) ausgeht oder sich in zwei deutlich verschiedene Kreise sondert. Letzterer Fall ist in der Gattung Iris

---

[1]) Man bringe die Chinawurzel nicht in irgend welche Beziehung zur Chinarinde (Cortex China), welche von Arten der Gattung Cinchona stammt. Cinchona ist nicht monocotyl, sondern dicotyl. Die einzige Aehnlichkeit zwischen Chinawurzel und Chinarinde ist — der Name!

vertreten, in welcher die drei äusseren Perigonzipfel sich schön bogig zurückkrümmen, ihre oft zierlich gebärtete Oberfläche blosslegend, während die drei inneren aufwärts gerichtet zu einer fast glockigen Hülle zusammenneigen (Fig. 98), sofern sie nicht, wie bei einigen Arten, sehr klein sind und Neigung zum Schwinden zeigen. Die Gattung Gladiolus bildet ihr Perigon median-zygomorph, aufsteigend, horizontal oder hängend glockig aus. Die drei vor den äusseren Perigonabschnitten epigyn oder der Perigonröhre eingefügten Staubblätter sind bei den hier in Betracht zu ziehenden Gattungen frei, ihre Staubbeutel extrors, und öffnen sich mit Längsspalten. Die drei Fruchtblätter bilden einen dreifächerigen, vieleiigen Fruchtknoten mit einfachem Griffel, welcher in drei „dorsale" (über die Fächer fallende), selten in drei „commissurale" (über die Scheidewände fallende) Narben ausgeht, welche bei der Gattung Crocus zerschlitzt, bei Iris blumenblattartig erweitert sind. (Vergl. Fig. 101.)

Fig. 98. Blüthe von Iris florentina. 1/2 nat. Gr. (Nach Berg und Schmidt.)

Im vegetativen Aufbau zeigen die Iridaceen manche bemerkenswerthe Eigenthümlichkeit. Fast alle Arten sind ausdauernde Kräuter, welche sich entweder durch knollige (Crocus) oder fleischige, kriechende Wurzelstöcke (Iris) erhalten. Die Blätter sind entweder alle grundständig (Crocus), oder sie stehen zweizeilig dicht über einander, ihre Spreiten fächerartig in der gemeinsamen Medianebene ausbreitend („reitende" Blätter). Die Blüthen stehen endständig einzeln oder zu mehreren bis vielen in einer einfachen Aehre (welche bei Gladiolus einseitswendig wird), selten in Rispen. Die Gattung Iris besitzt Fächeln, deren Verzweigung aus den adossirten Vorblättern erfolgt.

Hierher die Gattungen Crocus, Iris, Gladiolus.

1. Crocus sativus L.

Die Gattung Crocus umfasst Knollengewächse mit sehr kurzem Stengel, an welchem sich wenige, häutige, einander tutig umschliessende Niederblätter und darüber wenige, schmal linealische, oberseits rinnige, dunkelgrüne Blätter entwickeln, zwischen denen sich meist nur eine, den Gipfel des Stammes einnehmende Blüthe entfaltet, welche von zwei häutigen Hochblättern umhüllt wird. Das immer sehr zarte, bald weisse, bald sattgelbe, bald blauviolette Perigon geht in sechs fast gleiche Abschnitte aus, welche sich auf der langen und schmalen Perigonröhre glockig oder trichterförmig entfalten. Die drei Staubblätter sind dem Perigonschlunde eingefügt. Ihre pfeilförmigen Staubbeutel werden von flachen Filamenten getragen. Die Narben sind fleischig, breit keilförmig, und enden mit zerschlitztem, gezähneltem Rande, oder sie enden eingeschnitten lappig. Die zur Reifezeit papierartige, längliche Kapsel umschliesst viele kugelige Samen mit hornigem Nährgewebe. Wichtiger als diese sind für die Arterhaltung die Knollen der Pflanze. Während sich die austreibende und später blühende Knolle erschöpft und im Laufe der Vegetationsperiode verschrumpft, bildet sich in der Achsel des obersten Laubblattes eine Knospe aus, deren Stengeltheil sich mit Reservestoffen, namentlich Stärke, füllt und dadurch zur Knolle anschwillt, welche beim Absterben der Mutterpflanze, von vertrockneten Scheiden umhüllt, erhalten bleibt, um im nächsten Jahre auszutreiben. Von den etwa 50 Arten, welche sich auf die Mittelmeergebiete beschränken, ist officinell

Crocus sativus L., der Saffran (Fig. 99), mit niedergedrückt kugeligen Knollen, welche am Grunde und am Scheitel vertieft sind und von nussbraunen, parallelfaserigen Scheiden locker umhüllt werden. Den blühenden Stengel umgeben unterwärts 5 bis 6 häutige Niederblätter und 6 bis 9 schmal linealische, stumpfe Laubblätter mit rückwärts umgerolltem Rande und kielartiger, weisser Mittelrippe. Die über den scheidigen Hochblättern nur sehr kurz gestielte Endblüthe (neben der sich bisweilen noch eine Seitenblüthe entwickelt) erhebt ihr 10 bis 15 cm langes, unterwärts engröhriges Perigon mit eiförmig-länglichen, stumpf gerundeten Zipfeln, welche durch ihre zarte Beschaffenheit und ihre blassviolette, dunkel violettstreifige Farbe das Auge fesseln. Aus dem bärtigen Schlunde des Perigons ragen die Staubblätter mit langen, linealischen Beuteln und die drei dunkelorangerothen, unterwärts gelblichen, herabgebogenen Narben heraus.

Fig. 99. Crocus sativus. Links unten eines der pfeilförmigen Staubblätter; rechts unten die drei Narbenschenkel.

Vielleicht aus dem Orient stammend, wird diese Art in den wärmeren Ländern, namentlich in Südeuropa, in ausgedehntem Massstabe gebaut. Sie liefert die Narben als Droge Crocus Ph. G. II. 68 s. Stigmata Croci, schlechthin Saffran oder Safran genannt. Man bereitet daraus die Tinctura Croci

Ph. G. II. 278 und verwendet sie bei der Bereitung der *Tinctura Opii crocata* Ph. G. II. 284, der *Tinctura Aloës composita* Ph. G. II. 271 und anderer, nicht mehr vorgeschriebenen Präparate, von denen das *Emplastrum oxycroceum* in der Volksmedicin noch eine bedeutende Rolle spielt. Es wurde noch in der Ph. G. I. aufgeführt, ebenso wie der *Syrupus Croci*, das *Emplastrum Galbani crocatum* und das *Elixir Proprietatis Paracelsi*.

2. Iris L.

Die Gattung *Iris*, deren zahlreiche Arten als Schwertlilien bei uns beliebte Gartenzierpflanzen sind, ist in dreifacher Weise innerhalb der nach ihr benannten Familie ausgezeichnet: durch die dickfleischigen, verzweigten, kriechenden Wurzelstöcke, durch die 2-zeilig fächerförmigen, schwertförmig „reitenden“ Blätter und die zu Fächeln vereinigten Blüthen.

Betrachten wir zunächst den Bau des schwertförmigen Blattes (Fig. 100). Wie es bei vielen Monocotylen der Fall ist, sitzt dasselbe winkelig längsgefaltet (<) dem gestauchten Axentheile an. Denken wir uns nun auf dem scharfkantigen Rücken dieser Scheide einen Kiel aufgesetzt (—<), und lassen wir diesen Kiel weit über die Spitze der Scheide schwertförmig sich verlängern, so erhalten wir das Irisblatt, dessen Spreitentheil mit der Medianebene des Blattes zusammenfällt, während ja bei gewöhnlichen Laubblättern die Spreite rechtwinklig zu dieser Ebene steht und in die sogenannte Transversalebene fällt.

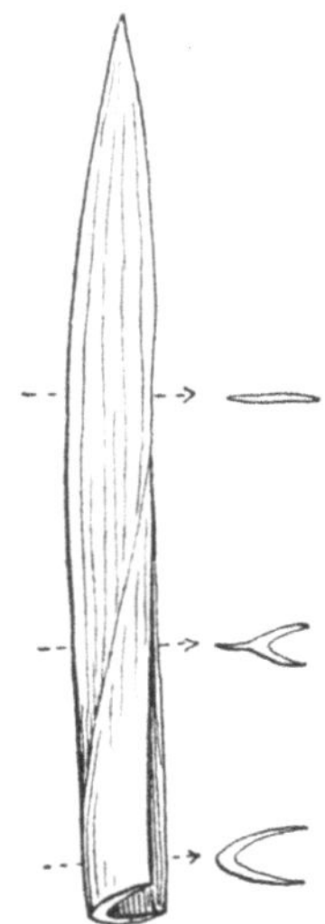

Fig. 100. Blatt einer Schwertlilie. (Schematisch). Rechts die Querschnittsformen in Höhe der danebenstehenden punktirten Pfeile.

Die Inflorescenzen der Irisarten sind ziemlich complicirt gebaut. Im einfachsten Falle stehen die Blüthen einzeln in den Achseln laubblattartiger oder schuppiger Deckblätter. Jeder Blüthe kommt ein adossirtes Vorblatt zu. Entwickelt sich nun in der Achsel des Vorblattes wieder eine Blüthe, deren Vorblatt gegen die erste Blüthe gewandt ist u. s. f., so entsteht an Stelle jeder Einzelblüthe eine Fächel. Schwieriger ist das Verständniss derjenigen Formen, in welchen jeder Blüthenzweig mit einer Endblüthe abschliesst, welcher eine Anzahl zweizeilig gestellter Hochblätter vorausgehen, von welchen die beiden oberen zu einer zweiklappigen Blüthenhülle zusammenschliessen. Nur in dem obersten der beiden zur Hülle werdenden Hochblätter entwickelt sich eine Seitenblüthe mit adossirtem Vorblatt, an welches sich eventuell noch zwei weitere, wieder zu einer Hülle zusammenrückende Hochblätter anschliessen.

Die einzelne Blüthe (vgl. Fig. 98), besteht aus dem unterständigen Fruchtknoten, auf welchen sich die Röhre des Perigons aufsetzt. Sie spaltet sich in die sechs Perigonabschnitte, von denen die drei äusseren breite kronblattartige Gebilde sind. Diese schlagen sich mit zierlicher Krümmung rückwärts oder breiten sich bogenförmig fast horizontal aus. Ihr Grund ist auf der Innenseite bald nackt, bald von einer bürstenförmigen Haarleiste, einem „Barte", bedeckt. Die drei inneren, aufrechten, an der Spitze zusammenneigenden Perigonblätter sind meist am Grunde blattstielartig verengt („genagelt"), ihr spreitenförmiger Theil kann jedoch unscheinbar werden, wie bei der bei uns heimischen *Iris Pseud-Acorus*. Ueber den äusseren Perigonblättern stehend, ragen die drei Staubblätter mit den linealischen, extrorsen, an der Basis dem Staubfaden angehefteten Beuteln hervor. Sie krümmen sich im sanften Bogen nach aussen und werden von oben her durch die blumenblattartigen, an der Spitze meist winkelig ausgeschnittenen Narbenschenkel gedeckt (Fig. 101).

Fig. 101. Die drei blumenblattartigen Narben von Iris florentina. Unter der vorderen liegt das mit ihr correspondirende Staubblatt mit seinem extrorsen Beutel. (Nach Berg und Schmidt.)

Die grossen, stumpf dreikantigen, derbwandigen Kapseln enthalten in jedem der drei Fächer viele horizontal über einander liegende, flache Samen mit brauner oder scharlachrother, lederiger oder papierdünner, brüchiger Schale und hornigem Nährgewebe.

Von den etwa 80 bekannten, fast ausschliesslich unserer Zone angehörigen Arten sind nur drei mit bärtigen Perigonabschnitten (Barbatae) officinell:

1. *Iris germanica* L., die deutsche Schwertlilie. Aus ihrem kräftigen, verzweigten, fast zwei Finger breiten, etwas abgeplatteten, stellenweis etwas verengten Wurzelstock erheben sich senkrecht aufsteigend die breiten, schwach sichelförmig gebogenen, spitzen Schwertblätter von hellgrüner Farbe und zwischen ihnen (an den blühenden Trieben) die cylindrische, 30 cm bis nahe 1 m hohe Blüthenstandsaxe mit den fast faustgrossen Blüthen. Die Hochblätter sind unter-

wärts oder zum grösseren Theile krautig grün, nicht trockenhäutig. Die nicht über die Hochblätter hervorragende Perigonröhre trägt die drei verkehrt-eiförmigen, dunkelvioletten äusseren Perigonabschnitte mit orangegelbem Barte. Der Grund der Abschnitte ist gelblich weiss, von braunen Adern durchzogen. Die drei inneren Perigonabschnitte stehen den äusseren an Grösse nicht nach. Sie sind rundlich, plötzlich in den verschmälerten Nagel zusammengezogen, am Rande etwas wellig, von heller violetter Farbe. Ueber die Staubblätter wölben sich die nach der Spitze beständig an Breite zunehmenden Narbenschenkel hinweg, deren Spitzen breit auseinanderspreizen.

Fig. 102. Iris germanica.

Die in Süd- und Mitteleuropa heimische, in Deutschland nur selten wild anzutreffende, aber allerwärts in Gärten gezogene Pflanze entfaltet bei uns im Mai ihre schwach wohlriechenden Blüthen.

Officinell ist der Wurzelstock als Rhizoma Iridis Ph. G. II. 229 s. Radix iridis Florentinae Ph. G. II. 339, in der Volksmedicin „Veilchenwurzel" genannt. Die Droge bildet einen Bestandtheil des Pulvis fumalis nobilis, eines Räuchermittels. Vorgeschrieben ist nur noch die Verwendung zu den Species pectorales Ph. G. II. 242. Bekannt ist, das man zahnenden Kindern grössere Stücke der Veilchenwurzel reicht, damit sie an derselben kauend Erleichterung beim Zahndurchbruch finden sollen.

2. *Iris florentina* L. ist der vorgenannten Art sehr ähnlich. Sie unterscheidet sich von jener durch die nur am Rande trockenhäutigen Hochblätter, durch am Grunde allmählich sich in einen Nagel verschmälernde innere Perigonblätter und durch die gerade vorwärts gerichteten Spitzen der in der Mitte verbreiterten Narbenschenkel. Viel auffälliger als diese diagnostischen Merkmale ist der Farbenunterschied der Blüthen. Das Perigon der Iris florentina ist weiss, am Grunde der Zipfel braungeadert.

In Südeuropa heimisch, wird die Art wie die vorige bei uns vielfach in Ziergärten cultivirt. Sie blüht im Mai und Juni. Officinell ist der Wurzelstock als Rhizoma Iridis Ph. G. II. 229. Siehe oben.

3. *Iris pallida* Lmck. unterscheidet sich leicht von den beiden vorgenannten Arten dadurch, dass ihre Hochblätter vom Grunde an trockenhäutig sind. Die inneren Abschnitte des durchweg hellvioletten, im Schlunde braungeaderten Perigons sind elliptisch-verkehrteiförmig, plötzlich in den Nagel verschmälert. Die Narben gleichen denen von *Iris florentina* (Mitte am breitesten, Spitzen gerade vorgestreckt). Die Staubbeutel sind kürzer als die Staubfäden.

Im Orient und in Südeuropa heimisch, wird diese Art, wie die vorigen, viel bei uns als Ziergewächs gepflanzt. Sie liefert wie die vorigen Rhizoma Iridis Ph. G. II. 229.

Die durch Knollenbildung, median-zygomorphes, tief-sechstheiliges, fast zweilippiges Perigon, einseitswendige Blüthenähre und viele andere Merkmale ausgezeichnete, mit vielen Arten am Cap vertretene Gattung *Gladiolus* mag hier nur kurz erwähnt werden. Die bei uns auf Wiesen sehr zerstreut sich vorfindende Art, *Gladiolus paluster* Gaud., umhüllt ihre Knollen mit netzig-faserigen Scheidenresten. Der Volksaberglaube legte deshalb den Knollen eine vor allerlei Unheil, namentlich Kriegsgefahren schützende Macht bei, die sich in dem Volksnamen der seltenen Pflanze, Allermannsharnisch, wiederspiegelt. Die Knollen waren früher officinell als *Bulbi Gladioli* s. *Victorialis rotundae.*

Die ganze Ordnung der als **Enantioblastae** bezeichneten Monocotylen, welche sich durch atrope Samenanlagen auszeichnen, bei welchen sich mithin im reifen Samen der Keimling (*βλαστός*) der Anheftungsstelle des Samen, dem Nabel gegenüber (*ἐναντίος*) befindet, kann hier ganz übergangen werden. Wir wenden uns sofort zur dritten Reihe, den Spadicifloren.

Spadiciflorae.

In der Ordnung der Spadicifloren oder Kolbenblüthigen tritt die Individualität der Einzelblüthe fast ausnahmslos zu Gunsten des ganzen Blüthenstandes zurück; dieser allein tritt dem Beobachter mehr oder minder auffällig entgegen, eine Art Sammelblüthe bildend. Die meist sehr kleinen, eingeschlechtigen (nur selten zwitterigen) Blüthen sind bald monoecisch, bald dioecisch vertheilt und gruppiren sich, meist dicht gedrängt an einer fleischigen, dicken Axe zu einem sogenannten Kolben, welchen eine grosse, oft blumenblattartig gefärbte Hochblattscheide, eine „Spatha“ stützt oder völlig umschliesst (Fig. 103). Nur in den weniger typischen Fällen drängen sich die zahlreichen Blüthen an rispig verzweigten Axen zusammen, welche auch dann von einer gemeinsamen Scheide umhüllt werden, während die einzelnen Rispenäste von einer besonderen Scheide geschützt sind. An den Einzelblüthen ist das Perigon niemals stattlich kronenartig entwickelt; entweder ist es unscheinbar oder fehlt selbst

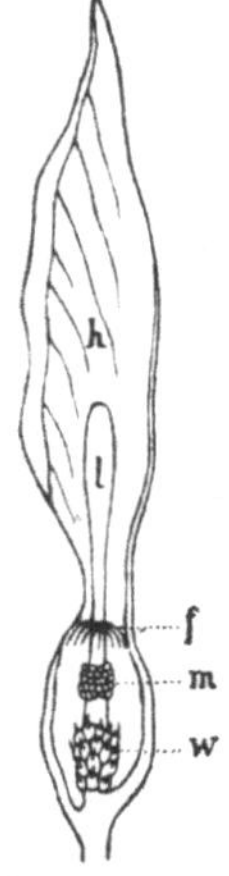

Fig. 103. Kolben von Arum maculatum. Die „Spatha“ (*h*) vorn abgeschnitten, dadurch die Kolbenaxe *l* mit den weiblichen Blüthen (*w*), den männlichen Blüthen (*m*) und sterilen Blüthenrudimenten (*f*) sichtbar.

gänzlich[1]). Die an Endosperm reichen Samen umschliessen stets einen nur kleinen Keimling.

Bei uns nur durch wenige Formen vertreten (unter denen die sogenannten Rohrkolben, Arten der Gattung Typha, am bekanntesten sein dürften), ist die Reihe als diejenige zu bezeichnen, welche den Tropenländern ihren physiognomischen Charakter verleiht. Von den sechs Familien der Ordnung kommen hier nur zwei in Betracht:

I. Palmae, die Palmen, Bäume der heissen Zone, mit grossen fächerförmigen oder gefiederten Blättern und meist einfachem, eine stattliche Blattkrone tragendem Stamm.

II. Araceae, ausdauernde, aus Knollen oder Wurzelstöcken treibende, oft epiphytisch lebende und dann lange Luftwurzeln aussendende Gewächse mit meist spiessförmigen Blättern. Ihre Blüthen bilden immer einen mit Spatha versehenen Kolben. Hierher der Kalmus, *Acorus Calamus*.

Palmae, Palmengewächse.

Wer dächte nicht bei dem Namen Palmen an die Pracht der tropischen Landschaften, und wer dächte nicht unwillkürlich dabei an irgend ein Charakterbild einer solchen! Sicherlich figurirt auf demselben eine Gruppe jener hochstämmigen, schlanken, unverzweigten Gewächse, welche ihre aus mächtigen, langgestielten Blättern sich aufbauende Krone majestätisch emporheben. Wenn wir aber auch behaupten dürfen, dass jeder gebildete Laie mit dem typischen Habitusbilde der Palmen bekannt und vertraut ist, so müssen wir hier doch auf die diagnostischen Merkmale der Familie eingehen, deren Kenntniss allein die Erfahrung zum Wissen macht.

Wenn in unserer Anschauung die Palmen hochstämmige Tropenbäume sind, so bedarf sie insofern einer Correctur, als wir hinzufügen müssen, dass auch viele kurzstämmige Formen vertreten sind, ja die einzige in Südeuropa noch wild vorkommende Palme, die *Chamaerops humilis*, ist meist völlig stammlos. Ihre fächerförmigen Blätter bilden eine bodenständige, straussförmige Gruppe. Noch weiter entfernt sich von dem durchschnittlichen Typus der Habitus der Rohrpalmen (Calameen), mit deren bekanntestem Vertreter, dem „spanischen Rohr" (*Calamus Rotang*), die Jugend in der ganzen civilisirten Welt ja frühzeitig in Berührung kommt. Die Rohrpalmen sind kletternde Gewächse der Tropen, Lianenformen, welche die Undurchdringlichkeit der Urwälder zum Theil bedingen. Nach dieser

---

[1]) Die Spadicifloren theilen diesen wichtigen Charakter der Kleinblüthigkeit unter den Monocotylen nur mit den Glumifloren (zu welchen die Gräser gehören). Man hat deshalb auch Spadicifloren und Glumifloren gemeinsam als **Micranthae** allen anderen Monocotylen mit grossen Blüthen, den **Macranthae**, gegenübergestellt.

Berichtigung unserer Anschauung von dem Habitus der Palmen wollen wir noch hinzufügen, dass ihnen niemals, auch nicht den hochstämmigen, eine Pfahlwurzel, wie unseren heimischen Baumformen, zukommt. Die frühzeitig absterbende Hauptwurzel wird bei allen Palmen durch meist einfache Nebenwurzeln ersetzt, welche einen gegen den Boden hin sich erweiternden Wurzelkegel zu bilden pflegen, auf dessen Spitze der Stamm sich erhebt. Ein normal verzweigter Stamm kommt nur der Dumpalme des Nilgebietes, der *Hyphaene thebaica*, zu.

Wichtiger als die Charaktere des Stammes sind Bau und Entwickelung der Blätter der Palmen. Unter dem Schutze der älteren Blätter der Krone entwickelt sich an dem Stammscheitel zunächst die Scheide und die spätere Mittelrippe („Rhachis"), an welcher sich die Spreite des jungen Blattes als eine flossenartige Ausbreitung ausbildet. Diese legt sich bald nach ihrem Auftreten in Folge überwiegenden Breitenwachsthumes in dicht aneinandergepresste Falten, welche bei Fächerblättern (deren Rhachis stark verkürzt ist) längs gerichtet sind, bei Fiederblättern (deren Rhachis sich mehr oder weniger streckt) aber als Querfalten erscheinen. Ist die junge gefaltete Spreite völlig angelegt, so schiebt sich das Blatt durch das nachträgliche Einschalten des Blattstieles aus der Stammknospe hervor, um die Spreite zu entfalten. Hierbei sterben nun bestimmte Kanten der Falten theilweise oder bis zum Spreitengrunde ab; die Spreite zerlegt sich in einzelne Abschnitte. Es zeigen sich dabei je nach Gattung und Art mannichfache Verschiedenheiten. Entweder stirbt in jeder Spreitenfalte nur die Oberkante ab, wie bei der Dattelpalme, *Phoenix dactylifera*, zum Theil auch bei den Fächerpalmen Chamaerops und Livistona, und dann wendet jedes Blattsegment seine Mittelrippe nach unten, oder es sterben nur die Unterkanten ab, und dann wenden die Abschnitte ihre Mittelrippe nach oben, wie bei den Blättern der Cocospalmen und der Calamusarten, oder es sterben die Ober- und Unterkanten zugleich ab, so dass die Blattabschnitte gar keine Mittelrippe zeigen, wie es zum Theil bei Chamaerops der Fall ist; endlich können an mehrfach gefalteten Blättern auch noch seitliche Kanten absterben, wodurch, wie bei Caryota, fiederig getheilte Blattabschnitte entstehen. **Diese Bildungsweise der Blätter ist im ganzen Gewächsreiche kaum wieder anzutreffen.** Im Uebrigen mag noch bemerkt werden, dass die Palmenblätter ganz allgemein spiralige Anordnung am Stamme zeigen. Nach dem Absterben der Spreiten bleiben die unteren Blattstielenden oder die Blattscheiden gewöhnlich am Stamme erhalten, den sie oft völlig bedecken. Bisweilen fasern die Blattstiel- und Scheidenreste im Alter aus; der Stamm erscheint dann wie von einem Flechtwerk zerfetzter Lappen bedeckt. In den Fällen, wo die Blätter sich an der Scheideninsertion vom

Stamme ablösen, zeigt der Stamm noch in hohem Alter die Blattnarben deutlich.

In den Achseln der Laubblätter bilden sich in grösseren Zeitintervallen oder in jeder Vegetationsperiode die Blüthenstände aus. Selten sind dieselben einfach; meist sind sie reich rispig verzweigt, hängend und werden dann unterhalb der Krone sichtbar; seltener sind reichblüthige und dann bis zur Spitze dicht mit Blüthen besetzte Kolben. Ganz allgemein werden die Blüthenstände von Hochblättern scheidenartig umgeben. Die einzelnen kleinen, actinomorphen Blüthen sind ungestielt oder bei fleischigen Kolben der Axe dieser eingesenkt. Ihrem Grundplane nach sind sie durchgängig dreizählig nach der typischen Monocotylenformel P 3 + 3, A 3 + 3, G $\underline{3}$. Dabei ist nun aber zu bemerken, dass zweigeschlechtige Blüthen fast ausschliesslich der Gruppe der Sabaleen eigen sind; sonst finden sich nur eingeschlechtige, monoecisch oder dioecisch vertheilte Blüthen vor. Das unscheinbare Perigon ist derb, deutlich in zwei Kreise gegliedert, von denen der äussere klein, dachig, der innere grösser und klappig ist, oder es tritt der umgekehrte Fall ein; selten sind die beiden Perigonkreise gleichgestaltet. Bald sind die Perigonblätter frei, bald verwachsen sie mehr oder weniger hoch hinauf. In den männlichen Blüthen alterniren die Staubblätter regelmässig mit den Perigonkreisen, doch kommen Abweichungen doppelter Art nicht selten vor; entweder wird das Androeceum durch Abort in der Gliederzahl vermindert, oder es wird durch Spaltung in der Zahl vermehrt (auf 9, 12 und mehr Glieder). Die Staubfäden sind bald frei, bald röhrig verwachsen; sie tragen auf dem Rücken angeheftete, innenwendige Staubbeutel, deren Fächer sich mit je einem Längsrisse öffnen. In den weiblichen Blüthen ist das Gynaeceum sehr mannichfaltig ausgebildet. Allerwärts wird dasselbe durch drei oberständige Fruchtblätter repräsentirt, deren jedes eine einzige, bald völlig atrope, bald völlig anatrope und in letzterem Falle bald apotrope, bald epitrope Samenanlage[1]) umschliesst. Schwankend ist nun das gegenseitige Verhalten der Fruchtblätter; bald bleiben sie fast völlig von einander getrennt, ein „apokarpes Gynaeceum" bildend, wie bei den Dattelpalmen, bald pressen sie sich eng an einander, wie bei *Chamaerops humilis*, bald verwachsen sie mit einander zu einem dreifächerigen Fruchtknoten, ein „synkarpes Gynaeceum" darstellend. In dem letzteren Falle können nun aber wieder verschiedene Typen unterschieden werden, welche durch mannichfaltige Abstufungen verbunden sind. Entweder wird nur eine der drei Samenanlagen befruchtet, und nur das sie einschliessende Fruchtblatt bildet sich zu einer Beere oder Steinfrucht aus, oder alle drei Samenanlagen werden zu Samen ausgebildet, und es entsteht eine zusammengesetzte Steinfrucht oder

[1]) Ueber „apotrop" und „epitrop" vergleiche die Einleitung, S. 29.

Beere, oder es wird nur eine Samenanlage befruchtet, und doch wachsen alle drei Fruchtblätter zu einem gemeinsamen Perikarp heran (so bei den Calameen), oder endlich, es ist das eine Fruchtblatt schon in der Blüthe bevorzugt durch auffällige Grösse, und alle drei Fruchtblätter reifen zu gemeinschaftlichem Perikarp (so bei den Arecapalmen) aus.

Die Samenanlagen sind immer sitzend, ihre von der dicken Raphe und dem Nucellus nicht scharf gesonderten Integumente fleischig. Der Keimsack ist relativ gross. An der Frucht (die bald als Beere, bald als Steinfrucht, bald als Nuss bezeichnet werden kann) sind frühzeitig die drei Schichten des Perikarps, das Exo-, Meso- und Endokarp, zu erkennen. Das Mesokarp ist oft von vielen Fasersträngen durchzogen (so bei der „Cocosnuss"), das Endokarp oft als ein ausserordentlich harter Steinkern entwickelt (Cocosnuss), welcher an einer bestimmten Stelle sehr dünn oder lochartig durchbohrt ist, um dem Keimling später das Austreiben zu gestatten. Das Endosperm ist stets reich entwickelt, bald fleischig, bald hornig oder steinhart (so bei der bekannten, technisch verwertheten „Steinnuss", dem Samen der *Phytelephas macrocarpa*). Bei *Calamus*, *Areca* und vielen anderen dringt die innere Samenhaut faltig in das Nährgewebe ein, welches dadurch ähnlich wie bei der späterhin zu besprechenden „Muskatnuss" marmorirt erscheint.[1]) Der Keimling ist bei allen Palmen relativ klein.

Fig. 104. Raphia Ruffia. Reife Frucht, an Coniferenzapfen erinnernd, mit nach rückwärts sich deckenden Schuppen. (Lepidocaryinenfrucht). (Nach Le Maoût et Decaisne).

Nach Drude gliedert sich die Familie in die 4 Unterfamilien der Lepidocaryinae, Borassinae, Ceroxylinae und Coryphinae.

1. Daemonorops Draco Bl.

Zwei Charaktere sind in erster Linie bestimmend für die früher mit der Gattung Calamus vereinigte Gattung Daemonorops, die Schuppenbildung an den reifenden Früchten (Fig. 104) und das Klettern der oft mehr als 100 m langen, rohrartigen Stämme. Beide Charaktere sind von grösserer Tragweite. Der erstere weist die Gattung Daemonorops der Unterfamilie der Lepidocaryinae zu, der letztere bildet das

[1]) Man nennt derartig marmorirte Endosperme gewöhnlich ruminat.

wesentliche Merkmal der *Calameae*, der als „Rohrpalmen“ bezeichneten Tribus.

Was nun die engere Abgrenzung der Gattung anbetrifft, so gründet sich diese zunächst auf die Besonderheiten des Blüthenbaues. Die Blüthen sind dioecisch vertheilt und zu rispig verzweigten Kolben vereint, an denen jeder Ast von einem Scheidenblatt umhüllt oder doch gestützt wird. Die männlichen Blüthen (Fig. 105, A) führen ein glockiges,

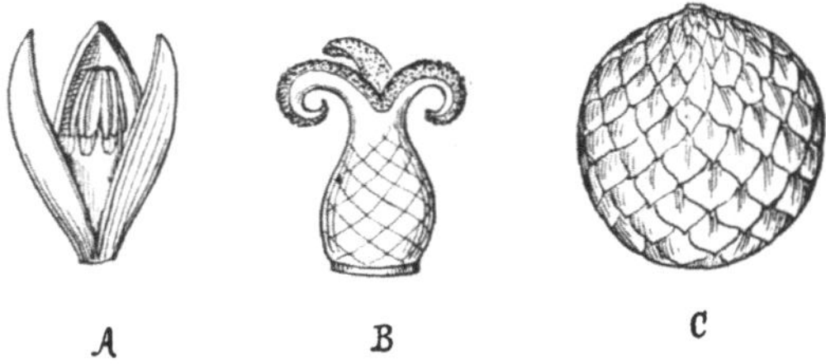

Fig. 105. Blüthe und Frucht einer Daemonorops-Art. *A.* Männliche Blüthe nach Wegnahme des äusseren Perigons. *B.* Fruchtknoten der weiblichen Blüthe. *C.* Frucht mit rückwärts gerichteten Schuppen bedeckt. (Nach Drude).

dreizähniges, unscheinbares äusseres Perigon, welchem ein tief-dreitheiliges inneres folgt. Hieran schliessen sich in gewohntem, regelmässigem Wechsel die sechs das Androeceum darstellenden Staubblätter an, deren Fäden an der Basis röhrig verwachsen sind. Die freien Beutel sind an der Basis fast pfeilförmig ausgeschnitten. Ein Fruchtknotenrudiment fehlt. In den weiblichen Blüthen sind die Staubblätter durch ein becherförmiges Gebilde mit kurzen Spitzen ersetzt. Den dreifächerigen Fruchtknoten krönen drei zurückgekrümmte, pfriemliche Narben. Jedes Fruchtknotenfach enthält eine einzige anatrop-epitrope Samenanlage, welche einem kurzen Nabelstrange aufsitzt. In jeder Blüthe wird nur eine der Anlagen befruchtet, welche zum Samen heranreift, während sich alle drei Fruchtblätter an der Ausbildung der nicht ganz Wallnussgrösse erreichenden Frucht betheiligen, welche sich zur einsamigen Beere ausgestaltet (Fig. 105, C). Sehr charakteristisch ist an dieser die Ausbildung der Oberfläche. Während nämlich die Frucht heranwächst, bildet die äussere Fruchtschale, das Exokarp, Schuppenauswüchse, welche von der Spitze des Fruchtknotens nach dem Grunde hin nach einander zum Vorschein kommen; man sagt, sie entwickeln sich in „basipetaler“ Folge. Daher deckt nun jede ältere, höhere Schuppe die unter ihr stehende jüngere mit ihrem abwärts wachsendem Schildrande, und die reife Frucht verhält sich somit umgekehrt wie ein Fichtenzapfen (vgl. auch Fig. 80). Wir müssten uns einen solchen an seiner Spitze an den Zweig angeheftet und dann auf kugelige Gestalt reducirt denken, um das Bild der „Lepidocaryinenfrucht“ zu erhalten.[1]) Morphologisch ist dabei festzuhalten, dass die letztere nur Auswüchse der äusseren Schicht der Fruchtblätter zu Schuppen umgestaltet, während beim Tannenzapfen die ganzen Fruchtblätter (resp. die oberen Hälften derselben, die „Fruchtschuppen“) zur Zapfenbildung sich vereinigen. Der einzige, grosse Same der Daemonorops-Früchte ist überdies durch marmorirtes Nährgewebe ausgezeichnet. Der kleine Keimling liegt nahe dem Nabel.

Daemonorops Draco Blume, der Drachenblut-Rotang oder die Drachenblutpalme, ist ein Bewohner der sumpfigen Urwälder der Sundainseln. Die über 100 m langen, kletternden Stämme sind mit Querreihen ungleich langer, aufwärts angedrückter Stacheln besetzt, während die Stiele und Mittelrippen der Blätter mit rückwärts gerichteten, abstehenden Stacheln gruppenweise besetzt sind. Sehr häufig setzt sich die Mittelrippe der gefiederten Blätter in ein langes, peitschenförmiges Ende fort. Die Blattfiedern sind linealisch-lanzettlich, lang zugespitzt, ihre Längsnerven sind unterseits mit Stacheln besetzt. Die Früchte sind scharlachroth, fast kugelrund, und enden mit kurzer, gipfelständiger Spitze. Die dicken rautenförmigen Schuppen durchzieht eine seichte, mittlere Längsfurche.

Aus den Früchten quillt ein in verschiedener Form (in Stangen gegossenes oder in unregelmässigen Stücken) versandtes, tiefrothes Harz, welches als Drachenblut officinell war. Die Ph. G. I. führt dasselbe noch auf als Sanguis s. Resina Draconis. Es diente zur Bereitung des Pulvis arsenicalis Cosmi, findet aber noch jetzt zur Färbung von Zahnpulvern, zur Firnissfabrikation etc. Verwendung.

Synonyme zu *Daemonorops Draco* Blume sind *Calamus Draco* Willd. und *Calamus Rotang et Draco* L. Als „Drachenblut“ kamen auch Rohproducte von *Dracaena Draco* L., *Dracaena Ombet* Kotschy und *Dracaena Cinnabari* Balf., dreier baumartigen Liliaceen in den Handel, ebenso von einer Leguminose *Pterocarpus Draco* L., doch war die Einfuhr dieser Drachenblutsorten stets eine sehr beschränkte.

2. **Metroxylon Rumphii** Mart.

Die Gattung Metroxylon erweist sich durch ihre schuppigen, etwa hühnereigrossen Früchte als ein zu den Lepidocaryinen gehöriges Palmengeschlecht, welches jedoch nicht der vorangehend besprochenen Tribus der Calameen angehören kann, weil letztere durch dünne, kletternde Stämme augenfällig ausgezeichnet sind. Metroxylon gehört dagegen zu einer Gruppe von Lepidocaryinen, den Raphieen, welche durch aufrechte, meist dicke, gedrungene Stämme mit gipfelständiger

---

[1]) Die Unterfamilie der Lepidocaryinae trägt ihren Namen nach der Gattung Lepidocarya, von λεπίς = Schuppe, und κάρυα = Nuss. Die Zusammensetzung „Schuppennuss“ bezieht sich also auf die charakteristisch schuppigen, nussartigen Früchte.

Blätterkrone den typischen Palmenwuchs an sich tragen. Die paarig gefiederten Blattspreiten, die den Calameen eigen waren, sind auch hier vorhanden. Die grossen, rispig verzweigten Blüthenkolben hängen aus den unteren Laubblattachseln herab; die Blüthen sind in der ganzen Gruppe monoecisch.

Die diagnostischen Merkmale der Gattung Metroxylon erinnern zum Theil lebhaft an die der Gattung Daemonorops. Zunächst führen die röthlich-gelben Blüthen ein tief dreitheiliges äusseres und ein weniger tief dreitheiliges inneres Perigon, welches in den männlichen Blüthen ein aus sechs Staubblättern gebildetes Androeceum umschliesst. Für dasselbe ist die Verwachsung der Filamentbasen (ähnlich wie Daemonorops) charakteristisch (Fig. 106). Zum Unterschiede ist hier aber ein Fruchtknotenrudiment in den männlichen Blüthen vorhanden. In den weiblichen Blüthen sind die männlichen Organe ebenfalls rudimentär entwickelt; sie stellen eine glockig verwachsene Röhre mit kurzen Spitzen dar, welche aber keine Staubbeutel tragen. Die Früchte sind lang zugespitzt. Wie bei allen Lepidocaryinen entwickelt sich auch hier in jeder Frucht nur eine der anatrop-epitropen Samenanlagen zu einem Samen, der in der Gattung Metroxylon (wie bei Daemonorops) ein marmorirt aussehendes Nährgewebe umschliesst. Von den Arten der Gattung soll hier nur erwähnt werden:

Fig. 106. Männliche Blüthe von Metroxylon laeve aufgeschnitten und ausgebreitet. Die Filamentbasen verwachsen.

Metroxylon Rumphii Mart. (Fig. 107), eine auf den Sundainseln Wälder bildende Form, deren Stämme bis 10 m Höhe erreichen. Ihre fast aufrecht stehenden gefiederten Blätter erreichen eine Länge von mehr als 6 m. Stiele und Rachis sind mit zertreuten oder unterwärts zusammenfliessenden Stacheln besetzt. (Auch dieser Charakter erinnert an Daemonorops). Aus dem Mark der jüngeren Stämme, welche es noch nicht zum Blüthenaustrieb gebracht haben, gewinnt man den besten Sago. Als „echte Sagopalme“ trägt *Metroxylon Rumphii* auch den älteren, zum Theil bekannteren Namen *Sagus Rumphii* Willd.

Fig. 107. Metroxylon Rumphii. (Aus Potonié, Elem.)

Schliesslich mag noch bemerkt werden, dass auch andere Palmenarten Sago liefern. So die Art *Metroxylon laeve* Mart. = *Sagus laevis* Rumph., *Sagus farinifera* Lam. und Vertreter anderer Unterfamilien. Ueber den Sago von *Cycas* vgl. S. 114. Der bei uns käufliche Sago ist fast ausschliesslich ein aus Kartoffelstärke hergestelltes Kunstproduct.

3. **Cocos nucifera** L.

Es giebt wohl kein Palmengeschlecht, welches in der Laienwelt so oft genannt wird als das der Cocospalmen, und wir gehen wohl kaum fehl, wenn wir behaupten, dass in der Vorstellung des Laien die Cocospalmen die Charakterpflanze der tropischen Flora sein müssten, dass die Cocospalmen vielleicht selbst die Grundlage des Begriffs „Palmen" geliefert haben. Umsomehr haben wir daher Grund, die Stellung der Cocospalmen nach wissenschaftlichen Principien hier eingehend kennen zu lernen.

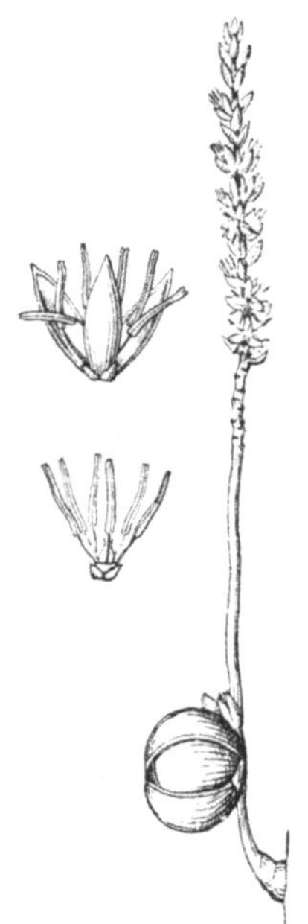

Fig. 108. Cocos nucifera. Links eine männliche Blüthe; darunter dieselbe nach Entfernung des inneren Perigons. Rechts ein Seitenzweig des Blüthenkolbens, an dessen Grunde eine weibliche Blüthe mit zwei hinter ihr ansitzenden männlichen Blüthen sichtbar. Der obere Theil des Zweiges ist dicht mit männlichen Blüthen besetzt. (Nach Drude, in Engler-Prantl.)

Zunächst halten wir fest, dass die Cocospalmen der Unterfamilie der C e r o x y l i n a e angehören, deren Vertreter durch gefiederte (nicht gefächerte) Blätter ausgezeichnet sind, welche den verschiedengestalteten Stamm mit einer Krone abschliessen. Ein wichtiges Merkmal liegt in den monoecischen Blüthen, welche sich zu meist ästigen, von zwei oder mehreren Scheiden umschlossenen Kolben vereinigen. Typisch sind an diesen je drei Blüthen zu einer Gruppe geordnet; eine weibliche Blüthe wird immer rechts und links von je einer männlichen flankirt (Fig. 108). Für die weiblichen Blüthen gilt nun wieder die besondere Regel, dass ihre drei oberständigen Fruchtblätter zu einem gemeinsamen Fruchtknoten verwachsen sind; sie bilden ein „synkarpes" Gynaeceum. Jedes Fruchtblatt umschliesst nur eine mehr oder weniger anatrope und apotrope Samenanlage, von welchen in den ungepanzerten Früchten nur e i n e zum Samen heranzureifen pflegt.

Innerhalb der Unterfamilie bilden die Cocospalmen die Tribus der C o c o i n e a e. Als solche sind sie diagnostisch gekennzeichnet durch die paarig gefiederten Blätter mit schmalen, stark winkelig zurückgeschlagenen Fiedern, deren starker Mittelnerv eine oberseitige Kante bildet. Die in den Blattachseln meist aufrecht stehenden Blüthenkolben werden von zwei Scheiden umschlossen, von denen die obere zur Blüthezeit völlig aufgerissen wird; beide Scheiden bleiben nach dem Abblühen des Kolbens dauernd erhalten. Bemerkenswerth ist das Verhalten des Gynaeceums in den befruchteten weiblichen Blüthen. Jedes Fruchtblatt umschliesst eine gekrümmte, bis fast apotrope Samenanlage, welche mit den Rändern des Carpells aufs Innigste verwachsen ist. Durch die Verwachsung der Fruchtblattränder und der Basen der drei Samenanlagen bildet sich eine Art centraler Säule im Fruchtknoten aus, von welcher ausgehend die Samenanlagen sich vorgewölbt in das innere Fruchtfleisch, das Endokarp, einsenken. In der reifen Frucht ist stets nur ein Same entwickelt anzutreffen, welcher mit dem steinharten Endokarp verwachsen ist. Verschiedene Ausbildung erhält das mittlere Fruchtfleisch (das Mesokarp) in der Gruppe der Cocoineen. Bei den Oelpalmen (Elaeis) ist es fleischig, ölreich; bei der Gattung Cocos bildet es eine faserige Hülle um den Steinkern.

Was die Charaktere der Gattung Cocos im Besonderen betrifft, so bemerken wir, dass die mittelhohen oder sehr hohen, schlanken Stämme durch die Blattnarben geringelt erscheinen, wenn sie nicht durch ausdauernde Blattstiel- und Scheidenreste schuppig bedeckt sind. Die Blattstielränder pflegen faserig zu zerschlitzen; bisweilen sind sie dornig gesägt. An den von stachelspitzigen Scheiden umhüllten Kolben sind die männlichen Blüthen von einem gelblichen, dreiblättrigen äusseren Perigon umgeben, dessen lanzettliche Abschnitte deutlich gekielt sind. Das innere Perigon bilden drei häutige, zartere, aufrechte oder zusammenneigende, flache, meist etwas breitere Blätter. Diesen folgt das sechszählige Androeceum mit pfriemlichen Staubfäden, welche die fast pfeilförmigen Beutel tragen. Die Mitte der Blüthe nimmt ein unscheinbares, oft völlig verschwindendes Fruchtknotenrudiment ein. Die weiblichen Blüthen umhüllt ein grünliches, pergamentartiges oder häutiges Perigon aus zwei Kreisen fast kreisrunder, freier Blätter. Diesen folgen sechs schuppenförmige Staubblattrudimente („Staminodien"), während die Mitte der Blüthe von dem eiförmigen oder gedrückt-kugeligen Fruchtknoten eingenommen wird. Die meist stumpf dreikantigen Früchte umhüllen den am Scheitel zugespitzten, am Grunde mit drei Poren versehenen, knochenharten Stein (wesentlich aus dem Endokarp hervorgehend) mit dem dicken, trocken faserigen Mesokarp, welches nach aussen durch das glatte, graubraune Exokarp abgeschlossen wird.

Cocos nucifera L., die „Cocospalme" im engeren Sinne, ist durch den schlanken, 20—25 m hohen, durch Blattnarben geringelten Stamm, 4—5 m lange Blätter mit schmalen, zugespitzten Fiedern und bis fast 2 m langen Kolben mit tief gefalteten Scheiden ausgezeichnet. Die bekannten, grossen, stumpf dreikantigen, meist eiförmigen Früchte („Cocosnüsse") sind an beiden Enden genabelt. Der im oberen Theile des Mesokarpes eingebettete Steinkern lässt die Zusammensetzung aus drei Fruchtblättern an drei kielförmigen, in dem Scheitel zusammenlaufenden Längsrippen erkennen. In den unreifen Früchten ist das Nährgewebe des Samens noch nicht erhärtet; es bildet eine milchige Flüssigkeit, welche als „Cocosmilch" genossen wird. In den reifen Früchten ist das Nährgewebe fleischig erhärtet, weiss und radial gefasert. Es liefert ausgepresst das in der Ph. G. II. 196 aufgeführte butterartige Oleum Cocos. In neuerer Zeit kommt das gereinigte Fett der Cocosnüsse auch unter dem Namen „Cocosnussbutter" als Nahrungsmittel, welches als reines Pflanzenfett nicht dem Kunstbuttergesetz untersteht, in den Handel. Zur Seifenfabrikation findet das Rohfett schon lange Verwendung („Cocosseife").

Die Cocospalme ist ein Küstenbewohner aller tropischen Länder. Sie bildet ausgedehnte Wälder auf den Inseln und Küsten besonders des indischen und des stillen Oceans, wo sie in mannichfaltigster Weise ausgenutzt wird. Ihre Stämme liefern Bauholz, die Blätter Flechtwerk; die Rinde dient zum Gerben, liefert auch ein Gummi; die Früchte liefern das zur Bereitung von Speisen benutzte Oel; die Cocosmilch giebt gegohren branntweinartige Getränke etc.

4. Areca Catechu L.

In der oben näher besprochenen Unterfamilie der Ceroxyleae bilden die Areca-Palmen und ihre Verwandten eine besondere Tribus, die der Arecineae. Sie stimmen in manchen Charakteren mit den Cocoineen fast völlig überein; so in dem Charakter der säulenförmigen Hochstämme und der paarigen Fiederung der Blätter. An den Kolben sitzen die Blüthen wie bei den Cocoineen zu je dreien neben einander. Unterscheidend sind aber die Merkmale der hängenden, unter dem Blattschopf herabreichenden Kolben, deren paarige, anfänglich geschlossene Scheiden zur Blüthezeit abfallen (bei den Cocoineen sind sie ausdauernd). Noch wesentlichere Unterscheidungsmerkmale bieten die Fruchtblätter der weiblichen Blüthen. Wie bei den Cocoineen bilden die Carpelle einen „synkarpen" oberständigen Fruchtknoten, doch bildet sich nur in einem seiner drei Fächer eine anatrope, mit breitem Nabelstrange ansitzende Samenanlage aus. Die Frucht wird eine einsamige Beere oder Nuss, in welcher zum Unterschiede von den Cocoineen der Same nicht mit der inneren Fruchtschale, dem Endokarp, verwächst.

Innerhalb der Tribus ist die typische Gattung Areca durch

die sehr hohen, schlanken, geringelten Stämme und kammförmig gefiederten Blätter ausgezeichnet, an welchen die längsfaltigen, schmalen Fiedern oft an der Spitze geschlitzt sind. Die beiden Endfiedern der Blätter pflegen zu einem breiteren, abgestutzten Endlappen zu verschmelzen. An den bald einfachen, bald reichverzweigten Kolben zeigen die männlichen Blüthen ein gekielt-dreiblätteriges, äusseres Perigon, welchem drei innere Perigonblätter folgen (Fig. 109). Das Androeceum besteht bald aus 3, bald aus 6, bald aus 9 Staubblättern, deren pfriemliche, am Grunde zusammenhängende Fäden linealische Beutel tragen. Die Mitte der Blüthe nimmt ein Fruchtknotenrudiment ein. Auch die weiblichen Blüthen führen zwei getrennte, dreiblätterige Perigonkreise, welche das durch Staminodien angedeutete reducirte Androeceum und einen Fruchtknoten mit drei sitzenden Narben umhüllen. Die Beerenfrüchte zeigen ein faseriges Fruchtfleisch (Perikarp). Der Same enthält ein marmorirtes Nährgewebe.

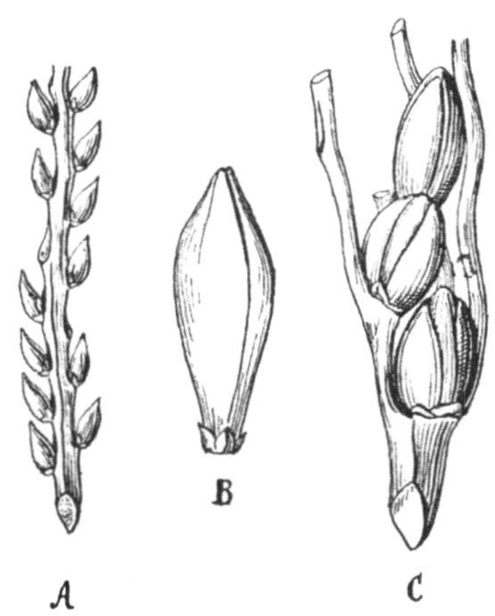

Fig. 109. Blüthen von Areca Catechu. *A.* Männlicher Blüthenzweig (nat. Gr.). *B.* Einzelne männliche Blüthe vergr. *C.* Eine Gruppe weiblicher Blüthen aus dem unteren Verzweigungsbereich eines Blüthenstandes. (Nach Drude in Engler-Prantl.)

Areca Catechu L., die Betelpalme, ist ein auf den malayischen Inseln und in Ostindien verbreiteter Baum, dessen schlanker Stamm 12—15 m Höhe erreicht. Zwischen den Blättern, deren verschmolzene Endfiedern durch den gestutzten, ausgefressen gezähnten Rand auffällig sind, hängt der reich verzweigte Kolben mit abstehenden Aesten herab. Er trägt die vom bleibenden Perigon gestützten, etwa hühnereigrossen, am Scheitel genabelten Früchte, welche, anfänglich weiss, durch Grün und Gelbgrün in goldgelbe oder orange Färbung übergehen. Das anfänglich fleischige, später faserig-zähe Fruchtfleisch umgiebt das dünne, krustige oder häutige Endokarp, in welchem ein am Scheitel breit gerundeter, fast halbkugelig gewölbter Same eingeschlossen liegt, dessen netzaderige Schale mit dem Nährgewebe fest verwachsen ist. Diese Samen (Arecanüsse, Betelnüsse) bilden zerschnitten einen wichtigen Handelsartikel der Malayen. In China und Indien dienen sie als wurmabtreibendes Mittel. Nach der irrthümlichen Angabe unserer Ph. G. II. liefert die Arecapalme das in ihrer Heimath gewonnene Product Catechu

Ph. G. II. 49, welches nicht von dem Producte der dicotylen Rubiacee Uncaria Gambir unterschieden wird.[1])

Das Catechu verdankt seine Anwendung seinem beträchtlichen Gehalte an „Catechin“.

Aus der vierten Unterfamilie der Palmen, der Unterfamilie der Coryphinae, deren weibliche Blüthen durch apokarpe Fruchtblätter ausgezeichnet sind (während bei allen anderen Palmen synkarpe Fruchtblätter angetroffen werden), liefert *Phoenix dactylifera* L., die Dattelpalme, die allerwärts als Genussmittel bekannten „Datteln“ (Fig. 110).

Fig. 110. Phoenix dactylifera, die Dattelpalme. Links ein einzelnes Blatt.

Araceae.

Der Typus der Araceen, einer in mehr als 750 Arten bekannten und botanisch wichtigen Pflanzenfamilie, von welcher bei uns nur noch der Kalmus, *Acorus Calamus*, officinell ist, prägt sich in erster Linie aus in dem eigenartigen Blüthenstande. Fast ausnahmslos treffen wir zahlreiche Blüthen sitzend an einem dicken, fleischigen Kolben, welchen ein oft lebhaft gefärbtes Hochblatt, die Spatha, stützt resp. in der Jugend umhüllt. Die Blüthen bedecken entweder die ganze Oberfläche des Kolbens (so gerade bei Acorus), oder es bleibt das obere Ende desselben ganz nackt und bildet sich als eine oft charakteristisch gefärbte, fleischige Keule aus (so bei Arum; vgl. Fig. 103).

Im Bau der Blüthen ist charakteristisch, dass ihnen weder

---

[1]) Die Arecanüsse enthalten ein an Gerbsäure gebundenes Alkaloid, das Arecan. Die Eingeborenen von Süd- und Ostasien kauen die Nüsse mit etwas gebranntem Kalk und einem Blatte von Piper Betle L. Dieser Brauch lässt sich etwa mit dem Opium- und Tabakrauchen resp. Tabakkauen anderer Völkerschaften vergleichen. Das Catechu wird jedoch nicht aus den Arecanüssen gewonnen, welche nach Flückiger überhaupt kein Catechin enthalten.

Deck- noch Vorblatt vorausgeht. Sie sind entweder zwitterig („hermaphrodit“, „monoclin“), wie bei Acorus (siehe Fig. 111) und den damit verwandten Calleae, oder, und das gilt für das Gros der Familie, sie sind getrenntgeschlechtig („diclin“). An dem Kolben vertheilen sich die Blüthen oft so, dass derselbe unterwärts von weiblichen Blüthen besetzt ist, dann folgt ein mit männlichen Blüthen besetztes Kolbenstück. Bisweilen bleibt ein Theil des Kolbens zwischen männlichen und weiblichen Blüthen ganz nackt. In anderen Fällen folgen oberhalb der männlichen noch rudimentäre, geschlechtslose Blüthen und dann das nackte Kolbenende (so bei der bei uns einheimischen Gattung Arum, Fig 103).

Die Einzelblüthe folgt in ihrem Aufbau dem Typus der Monocotylen, den am reinsten die Blüthe von Acorus erkennen lässt. (Vergl. Fig. 111). Hier ist die Blüthe ganz regelrecht aufgebaut aus zwei dreigliederigen Perigonkreisen, zwei regelrecht alternirenden Staubblattkreisen und einem dreigliederigen Fruchtblattkreis. Bei den verwandten Calleen fehlt zunächst das Perigon, dann kommen abweichende Zahlen in den Staubblattkreisen hinzu. Bei den getrenntgeschlechtigen (diclinen) Blüthen des Gros der Familie fehlt das Perigon völlig, bei den männlichen Blüthen immer. Letztere bestehen nur aus sitzenden Staubblättern mit zweifächerigen Staubbeuteln, die sich allerwärts extrors öffnen. Introrses Oeffnen der Antheren zeigen nur die Blüthen von Acorus. Die Zahl der Fruchtblätter schwankt bei den weiblichen Blüthen zwischen 1—6. Sind mehrere Fruchtblätter in der Blüthe entwickelt, so sind sie stets zu einem bald ein- bald mehrfächerigen Fruchtknoten verwachsen („synkarp“), auf welchem gewöhnlich sitzende Narben, kein Griffel, anzutreffen sind. Form und Richtung der Samenanlagen schwankt.

Im vegetativen Bau der Araceen kommen mannichfaltige Formen vor. Die unscheinbarsten Formen sind die bei uns auf allen stehenden Gewässern zu Millionen anzutreffenden „Wasserlinsen“ (*Lemna*, auch „Entengrütze“ genannt). Wenig auffällige, krautige Formen sind die bei uns heimische *Calla palustris*, eine Sumpfpflanze mit kriechendem Wurzelstock, ferner das mit knolligem Stamme ausgestattete *Arum maculatum*. Viel kräftiger entfaltet sich unsere Kalmuspflanze, deren schwertförmige Blätter an die der Iridaceen erinnern. Ausserordentlich formenreich sind dagegen die tropischen Araceen. Ihre meist lang gestielten Blätter (mit oberem und unterem „Blattstielgelenk“) führen vielfach pfeilförmige oder spiessförmige, zum Theil auch gelappte oder durchlochte, kräftige Spreiten. Ihr Stamm pflegt sich sympodial zu verzweigen. Viele Formen sind Klettergewächse, andere leben epiphytisch; fast alle entsenden auffällige Luftwurzeln (Haft- und Nährwurzeln).

Engler, der Monograph der Familie, unterscheidet 10 Unterfamilien. Wir schliessen uns lediglich aus Rücksichten auf die hier verfolgten Ziele der übersichtlichen Dreitheilung der Familie nach Eichler an. Derselbe unterscheidet:

a. Areae. Blüthen meist monoecisch eingeschlechtig, die weiblichen den unteren Theil des Kolbens bedeckend. Landpflanzen. Hierher *Arum*, *Dracunculus*.

b. Orontieae. Blüthen zweigeschlechtig. Hierher die Sumpfpflanzen *Acorus* und *Calla*.

c. Lemneae, Wasserlinsen; kleine schwimmende Wasserpflanzen mit reducirten Blüthenständen.

Officinell ist nur noch:

Acorus Calamus L.

Nach der obigen Eintheilung der Familie der Araceen gehört die Gattung Acorus zu den typischen Vertretern der Unterfamilie der Orontieen. Innerhalb dieser bildet sie den Mittelpunkt der nur durch drei Arten vertretenen Gruppe der Acoreae, welche ausgezeichnet sind durch streng nach dem Monocotylentypus mit Perigon versehene, 3- resp. 2zählige, zweigeschlechtige Blüthen, deren gefächerter Fruchtknoten viele atrope Samenanlagen umschliesst. Für den vegetativen Aufbau ist zu merken, dass wir es hier mit Kräutern zu thun haben, welche durch ein kriechendes Rhizom ausdauern, an welchem die Blätter zweizeilig rechts und links geordnet sind. Die Glieder des Wurzelstockes bilden ein Sympodium, welches durch Sprossbildung aus dem jedesmalig letzten Laubblatte entsteht, während sonst die Araceensympodien aus dem jedesmaligen vorletzten Laubblatte die Sprossung fortsetzen.

Für die Gattung Acorus ist charakteristisch, dass die reichverzweigte Grundaxe alle Triebspitzen ihrer Sprosse mit schwertförmigen, reitenden Blättern (an gestauchten Internodien) besetzt. Wo es die Pflanze zur Blüthe bringt, treibt die Sprossspitze zum nackten, mit dem Blüthenkolben endenden Schafte aus, welcher mit dem einzigen, unter dem Kolben sitzenden Hochblatte, der Spatha, zu enden scheint. Die Spatha setzt sich nämlich in die Verlängerung des Blüthenschaftes und drängt den in Wirklichkeit endständigen Kolben schief zur Seite. Der Kolben ist bis zur Spitze dicht mit Blüthen besetzt, welche durchaus regelmässig dreizählig sind (Fig. 111), entsprechend der Blüthenformel P 3 + 3, A 3 + 3, G $\underline{(3)}$ und dem Diagramme Fig. 87. Der besondere Charakter der Blüthe liegt in dem freiblätterigen Perigon, den freien Staubblättern mit verbreiterten Staubfäden und introrsen, zweifächerigen Staubbeuteln, welche mit einem kleinen Spitzchen (dem Mittelbande angehörend)

Fig. 111. Blüthe von Acorus Calamus. (Nach Luerssen.)

enden. Dem kegelförmigen, fast abgestutzten, dreifächerigen, oberständigen Fruchtknoten sitzt die unscheinbare Narbe fast punktförmig auf. Jedes Fruchtknotenfach umschliesst viele, aus der Spitze herabhängende, atrope Samenanlagen von ganz besonders auffälliger Ausbildung. Ihr inneres Integument überragt flaschenhalsartig das äussere, und beide Integumentmündungen („Exostom“ und „Endostom“) sind fast wimperig berandet. Auffällig ist ferner eine filzige Haarwucherung um den Grund der Samenanlage. Die Haarbildung gehört der Samenleiste und dem Nabelstrange an. Die schwammig-trockenen (nicht saftigen) Beerenfrüchte lassen gewöhnlich nur wenige Samen reifen, an welchen das äussere Integument der Samenanlage zu einer fleischigen, äusseren Samenschale wird, deren Exostom lang bewimpert ist. Das von den Samenschalen umhüllte Nährgewebe ist fleischig, weiss und umschliesst den in seiner Axe liegenden cylindrischen Keimling.

Acorus Calamus L., der gemeine Kalmus (Fig. 112), ist eine durch ihren kräftigen Wuchs ausgezeichnete Pflanze. Die oft mehr als ein halbes Meter lange und mehr als fingerdicke, schwammig-fleischige, auf dem Bruche meist schneeweisse, aussen zart röthliche Grundaxe treibt viele Laubblattbüschel, welche sich aus mehreren, oft mehr als armlangen, senkrecht aufstrebenden, schmal linealischen, lang zugespitzten Blättern zusammensetzen. Jedes Blatt beginnt mit einer 30—50 cm langen, stark spitzwinklig längsgefalteten Scheide, welche die Scheiden der jungen Blätter von beiden Seiten her umfasst. Ueber die Scheide setzt sich die hellgrüne Spreite wie beim Iris-Blatte schwertförmig fort, vom Mittelnerven und ihren parallelen Seitennerven durchzogen. Nur selten findet man bei uns blühende Sprosse. Bei solchen erhebt sich zwischen den Laubblättern die Sprossspitze als ein langer, zusammengedrückt dreikantiger Schaft, etwa von der Gestalt einer stark keilförmigen Messerklinge mit etwas ausgekehlter Rückenfläche, welcher nach oben hin der etwa fingerlange, kegelförmige Kolben eingefügt zu sein scheint. Ueber diesem setzt sich der Schaft scheinbar ununterbrochen fort wie ein Laubblatt. In Wirklichkeit ist dieses Laubblatt die Spatha des Kolbens, und der Kolben ist, obwohl ursprünglich gipfelständig angelegt, durch sie zur Seite gedrängt worden.

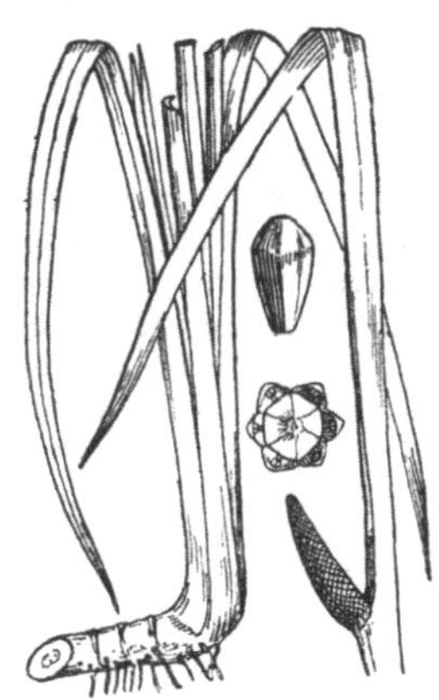

Fig. 112. Acorus Calamus.

Der Kalmus ist durch fast ganz Europa verbreitet, findet sich aber auch in Asien und Nordamerika, sowie auf der Insel Bourbon.

Er liebt die Uferränder langsamfliessender oder stillstehender Gewässer. In der norddeutschen Tiefebene gehört er zu den populärsten Pflanzen. Seine Blatttriebe werden zu Pfingsten als Festschmuck in die Wohnungen gebracht.

Officinell ist die eigenartig aromatisch riechende Grundaxe als Rhizoma Calami Ph. G. II. 227 s. Radix Calami Ph. G. II. 339 v. Radix Acori, die „Kalmuswurzel". Sie liefert das Extractum Calami Ph. G. II. 84, das Oleum Calami Ph. G. II. 193 und die Tinctura Calami Ph. G. II. 273 und andere hier nicht nothwendig zu nennende Präparate. Ihr wirksamer Bestandtheil ist das grüngelbe Kalmusöl.

Der kandirte Kalmus (Confectio Calami) ist in manchen Apotheken viel begehrter Handverkaufsartikel und dient wie alle Kalmuspräparate als Stomachicum. In der Veterinärpraxis bildet grob gepulverter Kalmus ein wichtiges Arzneimittel.[1])

Aus der Gruppe der Calleae, welche wegen ihrer 2-geschlechtigen Blüthen zu den Orontieen gehören, sich aber wegen des Mangels eines Perigons der Blüthen und wegen aufsteigender, anatroper Samenanlagen von den Acoreen unterscheiden, war die bei uns heimische *Calla palustris* L. ehedem officinell. Sie lieferte ihre Grundaxe als Radix Dracunculi aquatici s. palustris. Die in unseren Sümpfen vielfach vorkommende Pflanze ist leicht kenntlich an den gestielten, herzförmigen, zugespitzten, fettglänzenden, ziemlich fleischigen Blättern, welche von vielen parallelen Nerven durchzogen sind, welche am Spreitengrunde und an der Spreitenspitze convergiren. Die etwa handhoch gestielten, nur wenige cm langen, etwas mehr als bleistiftdicken Kolben sind weiss, von Blüthen dicht besetzt. Am Grunde des Kolbens sitzt ein schneeweisses, spitzes Hochblatt, die Spatha. Die Beeren sind korallenroth und bedecken den Kolben lückenlos.

Aus der Gruppe der Aroideae, welche bei uns die Unterfamilie der Areae vertritt, war das in unseren schattigen Laubwäldern, besonders im Harze, zerstreut wachsende Arum maculatum L. mit knolligem Rhizom, wenigen pfeil- oder spiessförmigen, lang gestielten Laubblättern und monoecisch an dem nackt endenden Kolben vertheilten Blüthen officinell. Es lieferte das Rhizoma Ari s. Dracontii minoris. Die in den Mittelmeerländern heimische, nahe verwandte Aroidee *Dracunculus vulgaris* Schott. lieferte ihre Knolle (ein Rhizom!) als Radix Dracunculi s. Serpentariae majoris.

Glumiflorae.

Die Ordnung der Glumifloren ist kaum schwieriger zu verstehen, als die Mehrzahl aller anderen, welche sie an Wichtigkeit bei Weitem überragt. Sie umfasst nahezu an 6000 bekannte Arten von so wesentlich übereinstimmenden Grundcharakteren, dass sie der

---

[1]) Der dem Rhizoma Calami ähnliche Wurzelstock von *Iris Pseud-Acorus* ist geruchlos.

allgemeine Sprachgebrauch mit allerwärts verständlichen Worten bezeichnet: **Gräser und Riedgräser bilden zusammen die Ordnung der Glumifloren.**

Bedenken wir nun, dass die Gräser eine nicht unwichtige Rolle in der Physiognomie oft ausserordentlich weiter Länderstrecken spielen — man erinnere sich der Steppen, der Prairien und Savannen, ohne unsere Wiesen und Felder zu vergessen — so würde man die Betrachtung derselben hier ungern vermissen, wenngleich nur noch verschwindend wenige Vertreter der ganzen Reihe officinell genannt werden können.

Der Typus der Glumifloren ist ausgesprochen in dem Unscheinbarwerden der einzelnen Blüthen.[1]) Sie sind nicht nur durchgängig sehr klein, sondern es mangelt ihnen die Bildung eines auffälligen Perigons. Dasselbe fehlt entweder ganz oder ist auf versteckte Schüppchen reducirt, oder es ist durch Haargebilde erzetzt. Auch das Androeceum pflegt reducirt zu sein. In den nach dem Grundplane der Monocotylen dreizählig aufgebauten Blüthen abortirt gewöhnlich der innere Staubblattkreis (also wie bei den Iridaceen). Auch das Gynaeceum pflegt in der Zahl seiner Glieder reducirt zu sein. Immer baut es sich aus oberständigen Fruchtblättern auf, deren bald drei, bald zwei, bald nur eines entwickelt sind. Stets constituirt sich ein einfächeriger Fruchtknoten mit nur einer einzigen Samenanlage. Diese ist in der Familie der Gräser hängend, in der Familie der Riedgräser (Cyperaceae) aufrecht.

Viel auffälliger als die Einzelblüthen sind die Blüthenstände, welche meist zahlreiche Blüthen vereinen, wobei zusammengesetzte Aehren und Rispen vorwiegend vertreten sind. (Man erinnere sich der „Aehren" des Roggens, des Weizens, der Gerste, der Rispen des Hafers etc.) Charakteristisch ist dabei, dass die Blüthenstandszweige resp. die Blüthen von harten, schmalen, oft in eine lange Spitze (eine Granne) ausgehenden Hochblättern gestützt oder umgeben sind, welche man allgemein als „Spelzen" (glumae) bezeichnet. (Man erinnere sich der begrannten Spelzen der Roggen- und Gerstenähren).

Auch der vegetative Aufbau ist charakteristisch und bekannt. Alle Glumifloren sind krautige Gewächse mit schwanken Stengeln, welche der Volksmund als „Halm" zu bezeichnen pflegt. Er trägt die langen, bandförmigen, parallelnervigen, ungestielten Blätter, welche unterwärts in eine meist lange Scheide zusammengezogen sind. Von den Ausnahmen von dieser Regel ist nur das „Bambusrohr" zu erwähnen, in welchem uns ein Gras mit baumartigem Stamme (der aber wie alle Grashalme Knoten zeigt und innen hohl ist) und ganz kurz gestielten Blättern begegnet.

---

[1]) Vgl. die Fussnote auf S. 167.

Wesentliche Merkmale der beiden hierhergehörigen Familien sind:

I. **Cyperaceae**, Riedgräser. Blüthen eingeschlechtig und meist monoecisch vertheilt (*Cariceae*) oder zweigeschlechtig (*Scirpeae*), zu einfachen Aehren vereint oder zusammengesetzte Aehren bildend, welche sich aus ein- oder mehrblüthigen „Aehrchen" zusammensetzen. Für die Einzelblüthe gilt die allgemeine Formel:

P 0 oder borstenförmig, A 3 od. 2 + 0, G $\underline{(2)}$ od. $\underline{(3)}$.

Der Fruchtknoten umhüllt nur eine einzige aufrechte Samenanlage. Halme dreikantig, Blätter dreizeilig, aus geschlossener Scheide bandartig oder pfriemlich.

a) Cariceae. Blüthen getrenntgeschlechtig, männliche in einfachen Aehren, weibliche in zusammengesetzten Aehren aus einblüthigen Aehrchen, welche vom Vorblatt (Utriculus) eingeschlossen sind. Perigon fehlt stets (man sagt: Blüthen „nackt").

b) Scirpeae. Blüthen meist zweigeschlechtig, zunächst zu mehrblüthigen Aehrchen vereint, welche sich zu Blüthenständen höherer Ordnung (Köpfchen, etc.) gruppiren. Perigon durch Haarbildungen ersetzt.

II. **Gramineae**, Gräser. Blüthen meist zweigeschlechtig, zunächst zu wenigblüthigen Aehrchen vereint, welche zu zusammengesetzten Aehren oder Rispen gruppirt sind. Formel der Einzelblüthe ist in den typischen Fällen:

P 0 oder rudimentär, A 3 + 0, G $\underline{(2)}$

Der von zwei Narben gekrönte Fruchtknoten umhüllt nur eine einzige hängende Samenanlage. Same und Fruchtknotenwand verwachsen beim Heranreifen zu einer Hautfrucht, welche als Caryopse bezeichnet wird. Jedes Aehrchen ist von 2—6 sterilen Hochblättern (Glumae) behüllt; jede Blüthe steht in der Achsel eines Deckblattes (hier „Deckspelze" genannt) und beginnt mit einem adossirten Vorblatt (hier „Vorspelze" genannt). Halme rund, hohl, mit meist deutlichen, oberirdischen Knoten; Blätter zweizeilig, meist mit einseitig offener, langer Scheide. An der Grenze zwischen dieser und der Spreite ein häutiger Auswuchs, ein „Züngelchen" (Ligula).

a) Panicoideae. Gräser mit mehr als zwei „Hüllspelzen" (glumae). Hierher der Reis, der Mais, die Hirse.

b) Poaeoïdeae. Gräser mit nur zwei Hüllspelzen. Hierher alle Getreidearten, Bambusa und viele andere.

Cyperaceae.

Die mit über 2000 Arten vertretene Familie der Cyperaceen oder Riedgräser ist pharmaceutisch ganz unwichtig geworden. Die einzige noch in der Ph. G. I. aufgeführte Art, *Carex arenaria*, ist nicht mehr in die Ph. G. II. aufgenommen worden, doch wollen wir angesichts der schon oben angedeuteten Wichtigkeit der Familie soweit auf dieselbe eingehen, als es die Abrundung der Darstellung dieses Buches erheischt.

Fast alle Arten der Familie sind Bewohner feuchter Standorte, sie bilden das Gros der Bewohner der „sauren" Wiesen und der Torfmoore, in welchen sie dichte und feste Polster zu bilden pflegen. Durch reich verzweigte Grundaxen ausdauernd, deren Zweige bald kurzgegliedert sich unter einander unentwirrbar verfilzen, bald langgegliedert weithin als Ausläufer den Boden durchsetzen, erheben sie die alljährlich absterbenden Blattbüschel an gestauchter Axe über den Boden. Jeder Trieb beginnt mit einigen scheidigen Niederblättern, welche sich absterbend braun oder rothbraun färben und später meist faserig zerschlitzen. Ihnen folgen die dreizeilig gestellten, gewöhnlich schneidend scharfrandigen Laubblätter, welche den meisten Arten den volksthümlichen Namen „Schneidegräser" eingetragen haben. Die Scheide der Blätter pflegt vollkommen geschlossen zu sein. Sie geht fast unmerklich in die meist rinnig gekielte Spreite über. Die älteren Scheiden werden oft auf der der Spreite abgewandten Seite gesprengt, doch so, dass die festeren Nerven als ein Netzwerk erhalten bleiben. Die Scheidenränder erscheinen dadurch bisweilen wie zusammengenäht. Die blühenden Halme erheben sich aus dem Blattbüschel als nackte, knotenlose Schafte, welche mit verschieden gestaltetem Blüthenstande enden.

Fassen wir hier nur die oben schon diagnostisch bestimmte Unterfamilie der Cariceae ins Auge und innerhalb dieser die allein bemerkenswerthe, bei uns mit mehr als 100 Arten vertretene Gattung Carex, so haben wir im Besonderen zu merken, dass der blühende Halm mit einer endständigen Aehre abschliesst. In der Untergattung der Psyllophorae bleibt diese völlig isolirt, doch ist dies der seltenere Fall. Viel häufiger gesellen sich zu ihr noch seitenständige, meist dicht über einander stehende Aehren, deren jede ein Achselspross eines laubigen, kürzeren oder längeren Deckblattes ist. Entweder sind nun alle Aehren eines Blüthenstandes unter einander gleichgestaltet, sie enthalten männliche und weibliche Blüthen in gleichartiger Vertheilung — so in der Untergattung der Homostachyae — oder männliche und weibliche Blüthen vertheilen sich auf die verschiedenen Aehren desselben Blüthenstandes, gewöhnlich so, dass die endständige Blüthe allein oder diese und einige der unter ihr stehenden Aehren männliche sind — so in der Untergattung der Heterostachyae.

Den Uebergang von den weiblichen zu den männlichen Aehren vermittelt bisweilen eine Aehre, welche unterwärts weibliche, oberwärts männliche Blüthen oder umgekehrt trägt, eine sogenannte „androgyne“ Aehre.

Wichtig ist die Kenntniss des morphologischen Aufbaues der Aehren. Die männlichen Aehren setzen sich so zusammen, dass in der Achsel der dicht gedrängt spiralig geordneten Deckblätter je eine nackte Blüthe steht, welche nur aus drei Staubblättern besteht, die an haardünnem Faden die schweren, linealischen, zweifächerigen Staubbeutel herabhängen lassen, welche vom Winde hin- und hergeschüttelt werden. Den männlichen Blüthen fehlen Vorblatt, Perigon und Fruchtblattrudimente; wir haben also hier den denkbar einfachsten Fall männlicher Blüthen und einer Aehre vor uns. (Vergl. hierzu Fig. 113, *A* und das zugehörige Diagramm *B*.)

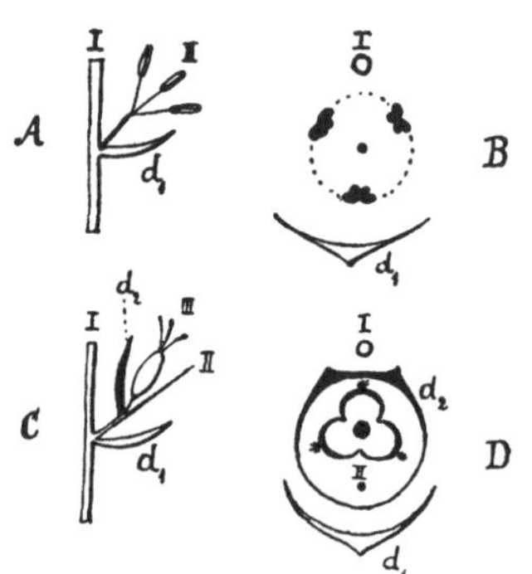

Fig. 113. Morphologischer Aufbau der Blüthen von Carex. *A*. Schema der männlichen Blüthe. d_1 das der Axe *I* angehörige Deckblatt, in dessen Winkel die nackte männliche Blüthe *II* steht. *B*. Das Diagramm der Figur *A*. *C*. Schema der Anordnung der weiblichen Blüthen. *I* Axe des weiblichen Blüthenstandes, d_1 das ihr angehörige Deckblatt, in dessen Winkel die Axe *II* mit ihrem Blatte d_2 entwickelt ist. d_2 fungirt als Deckblatt der weiblichen Blüthe *III*. *D*. Das der Figur *C* entsprechende Diagramm.

Die weiblichen Aehren sind complicirter aufgebaut. Die Hauptaxe trägt, wie bei der männlichen Aehre, spiralig gestellte Deckblätter dicht gedrängt über einander. In der Achsel jedes Deckblattes sitzt aber nicht eine Einzelblüthe, sondern ein einblüthiger Spross. Derselbe beginnt mit einem adossirten Vorblatt, welches für die einzige zur Entwickelung kommende Blüthe als Deckblatt fungirt, während die Axe, welche dieses Deckblatt und die Blüthe trägt, blind endet und verkümmert. Es ergiebt sich also das in Fig. 113 *C* gezeichnete Schema für den weiblichen Blüthenstand und die Stellung der einzelnen Blüthe (der „Partialinflorescenz“). Die weibliche Blüthe ist also ein Spross, welcher um einen Grad in der Ordnung höher steht als die männliche Blüthe. Das Deckblatt der weiblichen Blüthe bildet sich dabei stets schlauchförmig aus und umhüllt den im Uebrigen nackten Fruchtknoten. Man bezeichnet es gewöhnlich als den Schlauch oder Utriculus. Der Fruchtknoten baut sich bald aus drei, bald aus zwei Fruchtblättern auf und ist dementsprechend von drei oder zwei fadenförmigen Narben gekrönt. Das Diagramm (für den Fall von drei Fruchtblättern geltend) ist demnach das in Fig. 113 *D* gegebene. Der einfächerige Fruchtknoten umschliesst die im Grunde aufrecht stehende, anatrope Samenanlage, welche heranreifend mit der Fruchtknotenwand verwächst und eine sogenannte Caryopse entstehen lässt. Diese fällt, von dem bleibenden Vorblatt, dem Utriculus, umhüllt, zur Reifezeit auf den Boden. Von den Arten ist hier nur zu erwähnen:

Carex arenaria L.

Auf Flugsandfeldern, Dünen, an sandigen Wegen und in sandigen Haiden ist diese Pflanze, Sandsegge genannt, durch ihren Wuchs leicht kenntlich (Fig. 114). Man ist oft überrascht, ihre über

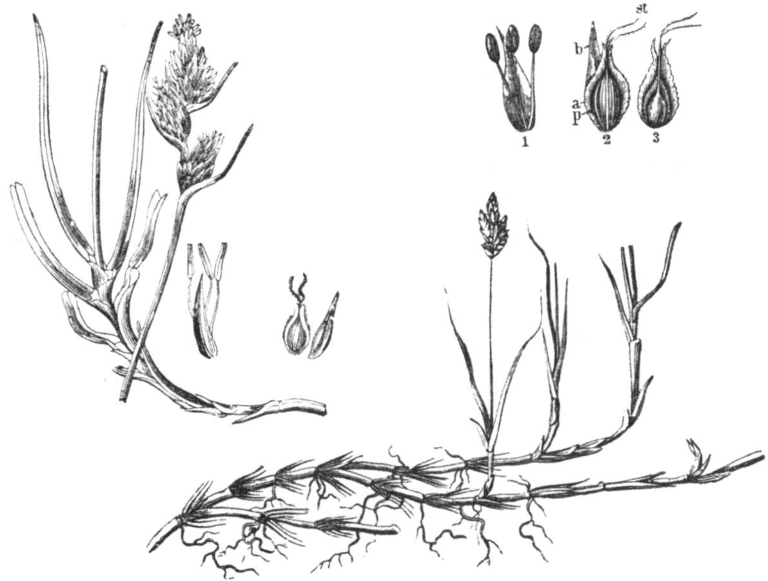

Fig. 114. Carex arenaria, Sandsegge. (Nach Hager.)

dem Boden erscheinenden Blattbüschel in fast gleich weiten Abständen in gerader Linie bis auf 20 Fuss Länge verfolgen zu können, als wären die Pflanzen kunstgerecht in dieser Linie in den Boden eingesetzt worden. Gräbt man nun etwa eine Hand tief in den Sand, um eines der Blattbüschel auszuheben, so trifft man auf eine etwa federkieldicke, von zerfaserten Niederblattscheiden bedeckte cylindrische Grundaxe, welche nur spärlich an den Knoten bewurzelt ist. Die Grundaxe ist übrigens von beträchtlicher Zugfestigkeit. Zerrt man sie gewaltsam aus dem Sandboden heraus, so giebt der Sandboden oft über ihr nach, und es gelingt, die ganze Reihe der oberirdisch erscheinenden Blattbüschel zu entwurzeln und sie an der Grundaxe wie an einer festen Schnur aufgereiht einzusammeln. Jeder aufsteigende Spross beginnt mit einigen weissen, scheidigen Niederblättern, welchen das Blattbüschel aus wenigen starren, bogig überneigenden, oberseits rinnigen, kahlen, am Rande rauhen Laubblättern folgt, deren Scheidentheile noch im Boden zu stecken pflegen. Aus der Mitte der Laubblattrosette erhebt sich der scharf dreikantige, oberwärts rauhe, 20—25 cm lange, ziemlich schlanke und schwankende, nackte Blüthenschaft, welchen meist viele kurze, gedrängt stehende Aehren beenden. Von diesen sind die unteren rein weiblich, die mittleren sind an der Spitze männlich, die oberen sind rein männlich. Charakteristisch ist die Form der Deckblätter. Die Tragblätter der Aehren sind nur verhältnissmässig kurz, das der untersten Aehre ist nur wenig länger als diese, starr, fast senkrecht gegen den Blüthenschaft abstehend und mit scharfer Spitze endend. Auch die Deckblätter der männlichen Blüthen und der weiblichen Aehrchen sind fein zugespitzt, und erhalten dadurch sämmtliche Aehrchen ein fast kurzdorniges Aussehen. Die die Früchte umhüllenden zweispitzigen Schläuche sind zweikielig, ihre Kiele geflügelt und die Flügel am Rande rauh. Die Deckblätter sind rostbraun und werden von einem kielartigen grünen Mittelstreifen durchzogen; ihre Ränder sind glashell durchsichtig. Die Schläuche sind ebenfalls bräunlich, längsnervig. (Vergl. Fig. 114, oben rechts.)

Im Mai und Juni blühend ist die Art bei uns weit verbreitet. Sie findet sich ausser in Europa auch in Nordamerika und wird vielfach auf Dünen zur Befestigung des Flugsandes angesät. . Officinell war der Wurzelstock als Rhizoma Caricis s. Radix Caricis arenariae und diente als diuretisches Mittel, besonders aber als ein Surrogat der Sarsaparille („deutsche Sarsaparille“).

Gramineae.

Wichtiger als die grosse Familie der Cyperaceen ist die der Gramineen, der Gräser im engeren Sinne. Einestheils zeichnen sie sich durch die Fülle der Arten aus, deren man nahezu an 4000 zählt, andererseits gehören zu ihnen unsere wichtigsten Culturpflanzen, die uns im vollen Sinne des Wortes das tägliche Brot liefern, und endlich dürfen wir behaupten, dass kaum eine Flora angetroffen werden kann, in welcher nicht Gräser wenigstens durch die Zahl der Individuen eine hervorragende Rolle spielen. Alles dieses wird die nähere Betrachtung an dieser Stelle rechtfertigen, obwohl schon oben die diagnostischen Merkmale in Kürze zusammengestellt worden sind.

Es wurde schon bemerkt, dass die Gräser (wie alle Glumifloren) krautige, nur ausnahmsweise holzige und baumartige Gewächse (wie das „Bambusrohr“) sind. Viele sind einjährig, andere dauern aus und zwar — sofern wir die Bambusarten zunächst ausser Acht lassen — wie die Cyperaceen entweder mit reich verzweigten, kurzgliederigen Wurzelstöcken, welche die oberirdischen Triebe zu mehr oder minder umfangreichen Büscheln, Rasen und Polstern werden lassen, oder der Wurzelstock treibt lange, kriechende Ausläufer, welche von Strecke zu Strecke Sprosse über den Boden entsenden. Während nun bei den meisten Cyperaceen die aufsteigenden Sprosse mit einem grundständigen Blattbüschel beginnen, über welches hinaus der Stengel sich blattlos oder doch blattarm und daher knotenlos in die Höhe erhebt, pflegen die meist einfachen, cylindrischen Halme der Gräser zwar unterwärts dichter beblättert zu sein, doch werden die Stengelglieder in aufwärts steigender Ordnung allmählich länger, die Blätter rücken weiter und weiter aus einander und lassen an ihrer Einfügungsstelle die Knoten des Halmes meist deutlich, ja auffällig hervortreten. Zwischen je zwei Knoten, welche sich durch ihre Festigkeit auszeichnen, pflegt das Halmglied hohl zu sein (man erinnere sich der „Strohhalme“, d. h. der getrockneten Stengel unserer verschiedenen Getreidearten). Die Blätter der Gräser sind stets zweizeilig angeordnet; einem Blatte rechts folgt höher hinauf eines links u. s. f. Charakteristisch ist dabei, dass jedes Blatt mit einer langen, den Halm völlig umhüllenden Scheide beginnt, welche das Einknicken des Halmes beträchtlich erschwert. Die Scheide pflegt an der dem Insertionspunkte gegenüberliegenden Seite offen zu sein, doch greifen die Scheidenränder hier regelmässig über einander. Geschlossene Scheiden, wie sie den Cyperaceen allgemein zukommen, sind nur wenigen Gräsern eigen. Die bandartigen, parallelnervigen Spreiten der Grasblätter bilden die unmittelbare Fortsetzung der Scheiden, doch markirt sich die Grenze zwischen beiden Blatttheilen fast ausnahmslos sehr deutlich durch eine frei aufragende, farblos durchsichtige Haut (Ligula, Züngelchen oder Blatthäutchen genannt). Diese Haut setzt gleichsam die Scheide noch oberhalb des Abganges der Spreite fort, deren Grunde sie quer aufgewachsen ist.

Regel ist für die Grashalme, dass sie an ihrem oberen Ende mit einem reichblüthigen Blüthenstande abschliessen, dessen Aufbau kennen zu lernen von besonderer Wichtigkeit ist. Betrachten wir denselben zunächst für die wichtigste aller Gattungen, für die Gattung Triticum, zu welcher wir Weizen und Roggen rechnen.

Der Weizenhalm endet mit der sogenannten „Aehre“, welche der Botaniker aber correct als eine zusammengesetzte Aehre bezeichnen muss. Sie setzt sich, wie man leicht erkennt, aus zweizeilig übereinanderstehenden Theilblüthenständen („Partialinflorescenzen“) zusammen, welche an der abwechselnd nach rechts und links sich bauchig krümmenden Hauptaxe, der Spindel der Aehre, ansitzen. Jede Partialinflorescenz ist ein Seitenspross, ein Achselspross eines verkümmerten Hochblattes. Für sich allein betrachtet, ist dieser Spross eine wenigblüthige Aehre, welche man in

Beziehung auf den Gesammtblüthenstand (der ja volksthümlich auch als Aehre bezeichnet wird) ein Aehrchen nennt. Betrachten wir nun den Aufbau eines solchen Aehrchens.

Jedes Aehrchen ist zunächst (wie der blättertragende Halm) zweizeilig beblättert, doch sind die Blätter als kahnförmige, längliche, derbe, oft 2-kielige Schuppen entwickelt, welche an der Spitze in eine mehr oder weniger lange, starre Spitze, die Granne, ausgehen. Jedes dieser Hochblätter kann als Gluma, als Spelze bezeichnet werden; morphologisch ist dieselbe nichts anderes als ein Deckblatt, in dessen Achsel sich eine weitere Verzweigung ausbilden kann. Denken wir uns nun, um auf das Beispiel des Weizenährchens wieder zurückzugehen, an der Aehrchenaxe sechs solcher Deckblätter entwickelt (vgl. das Schema, Fig. 115) von denen drei links, drei rechts an der Axe sitzen, und lassen wir in den Achseln der vier oberen Deckblätter je einen Achselspross, eine Blüthenknospe, zur Entwickelung kommen, dann können wir die beiden untersten Deckblätter g_1 und g_2 als unfruchtbar (steril) gegenüber den vier oberen d_1, d_2, d_3 und d_4 ansehen. Diese sind fruchtbar (fertil), d. h. sie tragen eine Blüthe in ihrer Achsel. Nun beginnt jede Blüthe, wie es bei den Monocotylen die Regel ist, mit einem gegen die Aehrchenaxe fallenden, einem „adossirten“ Vorblatt, welches sich gewöhnlich zweikielig entwickelt. Ihm folgen die Blüthenorgane und zwar ein rudimentäres Perigon, aus zwei Schüppchen, den Lodiculae, bestehend, dann drei Staubblätter mit fadendünnen Filamenten und schweren, linealischen, mit zwei Längsrissen sich öffnenden Staubbeuteln, welche an dem Faden hängend vom leisesten Luftzuge hin und hergeschwenkt werden. Das Centrum der Blüthe nimmt der eiförmige Fruchtknoten ein. Er wird von zwei Fruchtblättern gebildet, welche von zwei federigen Narben gekrönt sind. Die einzige hängend-anatrope Samenanlage ist an der gegen die Axe des Aehrchens gewandten Naht des Fruchtknotens befestigt. Man erkennt also in dem Aehrchen des Weizens einen vierblüthigen Spross, welcher mit zwei sterilen Blättern beginnt. Meist sind aber nicht alle vier Blüthen fruchtbar und bei manchen Triticum-Arten verkümmern die oberste oder die beiden

Fig. 115. Schema des Aufbaues eines Grasährchens. g_1 und g_2 die beiden Hüllspelzen (glumae), in deren Achsel kein Spross entwickelt wird. d_1 bis d_4 die Deckspelzen (Deckblätter), in deren Achsel je eine Blüthe steht. Der Blüthenspross beginnt jedesmal mit einem adossirten Vorblatt (Vorspelze, v_1 bis v_4), an welche sich die Blüthenorgane (zwei Perigonschüppchen, Lodiculae, drei Staubblätter und der Fruchtknoten) anschliessen.

obersten Blüthen; das Aehrchen wird drei- oder zweiblüthig, und dann pflegt die Aehrchenaxe ganz blind, fadenförmig zu enden (so beim Roggenährchen). Bei anderen Gräsern werden die Aehrchen oft selbst einblüthig; es folgen also auf die sterilen Glumae nur ein Deckblatt (d_1 des obigen Schemas) und seine achselständige Blüthe. In anderen Fällen werden die Aehrchen wohl auch vielblüthig; es folgen an der Aehrchenaxe ausser den sterilen Deckblättern viele fertile. (Ein natürliches Bild eines Weizenährchens giebt Fig. 116).

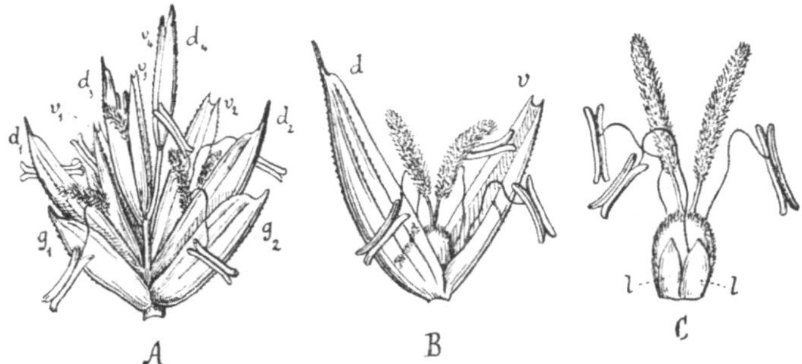

Fig. 116. Ein Weizenährchen nebst Darstellungen der Einzelblüthe. *A.* Das Aehrchen mit den beiden Hüllspelzen g_1 und g_2 und vier von Deck- und Vorblatt umhüllten Einzelblüthen. Die oberste derselben zeigt weder Staubbeutel noch Narben. d_1 bis d_4 die vier Deckblätter, v_1 bis v_4 die vier Vorblätter. — *B.* Eine Einzelblüthe mit ihrem Deck- und Vorblatt (Deck- und Vorspelze). — *C.* Eine Einzelblüthe nach Entfernung von Deck- und Vorblatt; *l* Lodiculae.

Weitere Variationen ergeben sich aus der verschiedenen Streckung der Axenstücke. Beim Aehrchen sitzen ja alle Deckblätter ganz dicht über einander, auch die Blüthen sind ganz kurz gestielt, meist völlig sitzend, sodass das Vorblatt vom Deckblatt ganz verdeckt und umhüllt wird. Denken wir uns nun die Aehrenspindel zwischen je zwei Aehrchen lang auseinandergezogen und auch die Aehrchen lang gestielt, dann erhalten wir den einfachsten Fall einer Rispe. Diese wird noch complicirter, wenn wir in der Achsel der verschwindend kleinen Deckblätter der Hauptspindel mehrere langgestielte Blüthensprosse entstehen lassen, welche aus den Achseln ihrer Deckblätter wieder langgestielte Sprosse hervorbringen u. s. f., bis die letzten Zweige mit Aehrchen der obenbeschriebenen Form enden. Auf diese Weise entstehen die complicirten, reichverzweigten Rispen vieler Grasarten. Auf weitere Variationen soll an dieser Stelle nicht eingegangen werden, wohl aber ist es nöthig, die in den botanischen Lehrbüchern übliche Nomenclatur hier zu erwähnen.

Zunächst hat sich für die sterilen Deckblätter der Grasährchen der Name Glumae im engeren Sinne eingebürgert, und weil sie eine Art Hüllkelch für das ganze Aehrchen ausmachen, giebt man ihnen im Deutschen den Namen Hüllspelzen (Hüllblätter, Klappen oder Bälge). Für die ihnen gleichwerthigen Deckblätter (d_1 bis d_4 in Fig. 115) und die ihnen nicht gleichwerthigen Vorblätter (v_1 bis v_4 in Fig. 115) hat man die Bezeichnung paleae, Spelzen im engeren Sinne, eingeführt, unterscheidet aber die Deckblätter als Deckspelzen, die Vorblätter als Vorspelzen. Da nun je eine Deckspelze dicht unter der Vorspelze (dem Vorblatt ihres Achselsprosses) sitzt, so bezeichnet man die Deckspelze auch als untere Deckspelze (palea inferior) und nennt die Vorspelze im Gegensatz zu jener die obere Deckspelze (palea superior).

Es erübrigt nun noch, die Grasblüthe nach ihrem diagrammatischen Aufbau zu erörtern, und wenden wir uns dieserhalb an das typische Monocotylendiagramm (dessen Formel P 3 + 3, A 3 + 3, G 3 ist). Um aus diesem Diagramm das der Grasblüthe abzuleiten, denken wir uns zunächst den äusseren Kreis der Perigonblätter ganz und vom inneren Kreise das nach hinten fallende Perigonblatt unterdrückt, sodass nur die beiden seitlich nach vorn fallenden Blätter des inneren Kreises erhalten bleiben. Diese stellen die als Lodiculae bezeichneten Schüppchen dar. Von den beiden Staubblattkreisen ist (wie bei den Iridaceen) der innere völlig unterdrückt; nur bei wenigen Gräsern ist auch dieser Kreis normal entwickelt, die Blüthe also mit 6 Staubblättern ausgestattet (so bei der Gattung Bambusa und den Reisarten, Oryza). Der äussere Kreis der Staubblätter pflegt völlig ausgebildet zu sein. Ueber die Deutung des Fruchtknotens ist man getheilter Meinung. Entweder erblickt man in ihm ein einfaches Fruchtblatt, und zwar das im typischen Monocotylendiagramm nach vorn fallende, oder man leitet ihn ab aus der Verwachsung der beiden dort nach hinten fallenden Fruchtblätter, worauf die zwei Narbenschenkel hindeuten würden. (Vgl. hierzu die Diagramme Fig. 117, dann Fig. 97 und Fig. 87, in welchen *d* das Deckblatt, *v* das zweikielige Vorblatt andeutet).

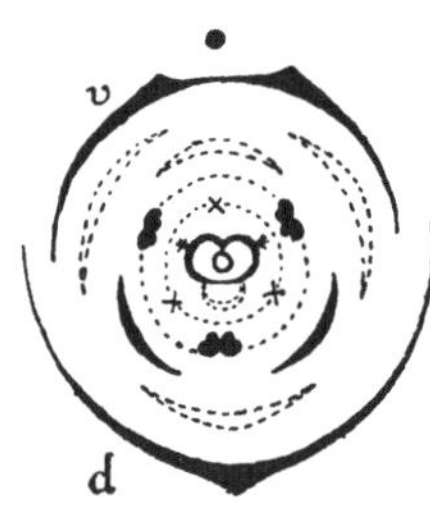

Fig. 117. Grundriss einer Einzelblüthe eines Grases. *d* das Deckblatt (hier Deckspelze genannt); *v* das Vorblatt (hier Vorspelze genannt). Vom Perigon sind nur die beiden nach vorn fallenden Glieder des inneren Kreises entwickelt.

Für die Systematik der Gräser ist nun von besonderem Werthe die Zahl der sterilen Deckspelzen, der Hüllspelzen. Es wurde schon oben darauf hingewiesen, dass nicht immer nur zwei solche vorhanden sind, obwohl dies die allgemeine Regel genannt werden darf; es kommen vielmehr auch Gräser vor, deren Aehrchen mit mehr Hüllspelzen, meist 3 oder 4, beginnen. Alle diese hat man als hirseartige, *Panicoideae*, von den übrigen Gräsern, den *Poaeoideae* unterschieden (vgl. die Uebersicht auf Seite 184).

Endlich ist noch die Kenntniss des Samens der Gräser unerlässlich (Fig. 118). Nachdem die einzige Samenanlage im Fruchtknoten befruchtet worden ist, entwickelt sie sich zum Samen, welcher mit der Fruchtknotenwand aufs engste verwächst. Es bildet sich dadurch eine Hautfrucht, eine Caryopse, welche entweder zur Reifezeit aus der Aehre ausfällt (beim Getreide „ausgedroschen" wird) oder von den beiden Paleae, der Deck- und Vorspelze, dauernd umschlossen bleibt, wie bei den Früchten des Canariengrases, welche unter der Bezeichnung „Spitzsamen" als Vogelfutter verwerthet werden. Beim Hafer und der Gerste verwachsen Deck- und Vorspelze mit der Caryopse so innig, dass die Spelzen nur schwierig entfernt werden können, wovon zum Theil die ungenügende Verdauung des an Pferde verfütterten Hafers herrührt. Der Inhalt des Grassamens ist zum grössten Theil stärkereiches Nährgewebe, welches, zu Staub zermahlen, als Mehl in den Handel kommt (Roggen-, Weizen-, Gersten-, Hafermehl etc.). Die äusserste Schicht des Samens ist frei von Stärke und reich an Eiweissstoffen (Proteïnsubstanzen); sie liefert mit der Frucht- und Samenschale gemahlen die Kleie. Der Keimling liegt am Grunde des Nährgewebes diesem seitlich an; sein Keimblatt ist ein breit flächenförmiges, fleischiges Gebilde und wird das Schildchen (scutellum) genannt. Die abwärts gerichtete Keimwurzel wird von einer fleischigen Tasche, der Wurzelscheide (Coleorrhiza), umschlossen, welche von der Wurzel beim Keimen klaffend durchbrochen wird.

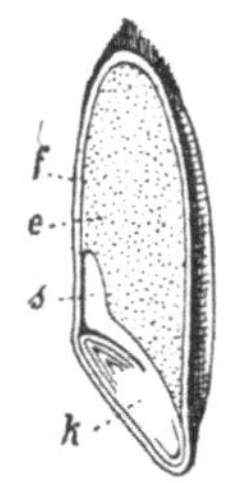

Fig. 118. Weizenfrucht im Längsschnitt. *f* Fruchtwandung; *e* das stärkereiche Nährgewebe; *k* der Keimling, *s* das Scutellum desselben.

Besprochen zu werden verdienen an dieser Stelle von den Panicoideae:

1. Saccharum officinarum L.

Die Gattung Saccharum gehört zu einer Gruppe von Gräsern, welche als die Tribus der Andropogoneae bezeichnet wird. Alle zu dieser Gruppe gehörigen Formen sind zunächst dadurch ausgezeichnet, dass die Aehrchen des rispenartigen oder fingerförmig sich aus schmalen Aehren zusammensetzenden Blüthenstandes von vorn nach hinten („transversal") plattgedrückt erscheinen. Sodann ist zu merken, dass jedes Aehrchen mit drei Hüllspelzen beginnt, von denen die beiden unteren (g_1 und g_2) derber und grösser sind als die oberste (g_3), welche wie die folgenden Deck- und Vorspelzen durchsichtig häutig und nervenlos ist. Gewöhnlich ist jedes Aehrchen einblüthig; es folgt also den sterilen Hüllspelzen gewöhnlich nur eine Deckspelze, in deren Achsel die Blüthe mit ihrer Vorspelze steht. Nicht selten werden aber die Aehrchen dadurch zweiblüthig, dass sich in der Achsel der dritten Hüllspelze eine männliche Blüthe entwickelt. Für den Bau der einzelnen Blüthe ist charakteristisch, dass der Fruchtknoten der zweigeschlechtigen Blüthe einen ziemlich langen Griffel trägt, welcher in die noch längeren beiden purpurnen oder gelben, wedelförmigen Narben ausgeht, welche etwa in mittlerer Höhe des Aehrchens seitlich hervortreten. Charakteristisch wie der Bau des Aehrchens und seiner Blüthe ist auch die Zusammensetzung des Blüthenstandes. Es sitzen nämlich je zwei Aehrchen an einem gemeinsamen, kurzen Stielchen. Sitzen nun diese Aehrchenpaare dicht gedrängt über einander an gemeinsamer Axe, so bilden sie in ihrer Gesammtheit eine mehr oder minder lange, fast cylindrische Aehre höherer Ordnung. Sitzen wieder mehrere solcher Aehren dicht über einander (eine von ihnen ist die gipfelständige, die anderen sind seitliche Aehren bezüglich des den Blüthenstand tragenden Halmes), so erscheinen sie als eine gefingerte Inflorescenz. Sind aber die Aehrchen weniger dicht gestellt, und spreizen sie auf längeren Stielchen von der gemeinsamen Axe ab und tritt obenein eine reichere Verzweigung in dem Blüthenstande auf, ehe es zur Bildung der Aehrchen kommt, so bildet sich eine mehr oder weniger umfangreiche Rispe aus. Von den beiden paarigen Aehrchen ist jedesmal eines das endständige, das andere seitenständig, dicht unter dem ersteren stehend und gestielt, so dass das endständige Aehrchen sitzend erscheint. An den Zweigspitzen der Rispen resp. am Ende der gemeinsamen Aehrenspindel sitzen dicht unter dem Endährchen zwei seitliche, gestielte. In allen Fällen sind nun die Endährchen zwitterig, während die Seitenährchen nur eine männliche Blüthe bergen.

Alle diese Charaktere sind gemeinsame Merkmale für die ganze Gruppe der Andropogoneen. Für die Gattung Saccharum gilt nun im Besonderen noch, dass wir es hier mit sehr grossen, ausdauernden Gräsern zu thun haben, deren fester, holziger Stamm (Halm) mit reich verzweigter Rispe endet, in welcher alle Aehrchen fruchtbar sind. Auffällig ist, dass jedes Aehrchen am Grunde von langen, allseitig abstehenden, seidenweissen Haaren umgeben ist; ferner pflegt jedes Aehrchen unvollkommen zweiblüthig zu sein, nur die obere der beiden Blüthen ist vollständig und zweigeschlechtig.

Saccharum officinarum L., das „Zuckerrohr“ (Fig. 119), ist als Art durch die stark bewurzelte, kurzgliederige Grundaxe ausgezeichnet, aus welcher sich mehrere dicht neben einander stehende, bis 4 m hoch werdende Halme erheben, die unterwärts eine Dicke von 5 cm erreichen. Die Halme sind cylindrisch, glatt; ihre Knoten treten an den Enden der oft mehr als handlangen Glieder nicht hervor. Wichtig ist zu merken, dass die Stengelglieder nicht wie bei der Mehrzahl der Gräser hohl sind. Sie werden von einem saftig-schwammigen Mark erfüllt, welches reich an Rohrzucker ist, der früher fast ausschliesslich durch Auspressen des Zuckerrohres gewonnen wurde. Die linealischen, pfriemlich zugespitzten, am Rande scharf gezähnelten, in der Mitte von einem kielförmig hervorspringenden Nerven durchzogenen Blattspreiten erreichen eine Länge von $1^1/_2$ m bei einer Breite von 4—5 cm. Die Ligula ist durch eine Haarreihe am Spreitengrunde vertreten. Bemerkenswerth ist ferner, dass die Blattscheide nur am Grunde geschlossen ist. Die bis 60 cm lange, im Umrisse pyramidale Blüthenrispe setzt sich aus grösseren, niedergebogenen, sehr zerbrechlichen, gegliederten Aesten zusammen.

Fig. 119. Saccharum officinarum, Zuckerrohr. (Aus Potonié, Elem.)

Die im tropischen Asien heimische Pflanze ist als Culturpflanze in alle Tropenländer verbreitet worden, in denen die Zuckerrohrplantagen bekanntlich eine wichtige national-ökonomische Rolle gespielt haben. Die Bedeutung des Zuckerrohres hat erst durch die Rübenzuckerindustrie in den letzten Jahrzehnten Einbusse erlitten. Bis dahin lieferte das Zuckerrohr ausschliesslich das Saccharum album der Pharmacopöen, wie es ja auch aus dem Namen „Rohrzucker" erhellt, womit das Product des „Zuckerrohres" ursprünglich bezeichnet wurde.

Von den Arten der Gattung Andropogon, nach welcher die Gruppe der Andropogoneen benannt wurde, mögen einige hier nur anhangsweise genannt werden. *Andropogon Nardus* L., *Andropogon citratus* DC. und *Andropogon Schoenanthus* L., drei in Ostindien und auf Ceylon heimische Arten, liefern das indische Gras- oder Lemon-Oel. (Oleum Andropogonis s. Graminis indici.) *Andropogon laniger* Desf., in Nordafrika heimisch, lieferte die Herba Schoenanthi v. Squinanthi s. Junci odorati, und von dem ostindischen *Andropogon muricatus* stammte die sogenannte Vetiverwurzel, die **Radix Vetiveriae** s. Iwarancusae.

2. Zea Mays L.

Die sich vielfach von dem allgemeinen Typus der Gräser entfernende Gattung Zea schliesst sich in den wichtigsten Merkmalen der Gruppe der Andropogoneen an. Die einzige Art, *Zea Mays* L. (Fig. 120), als Mais, Welschkorn oder türkischer Weizen, in Oesterreich als Kukurucz bekannt, ist ein einjähriges Gras, dessen kräftige, holzige und markführende Stengel eine Höhe von 3 m erreichen. Die grossen, deutlich zweizeiligen, bis armlangen Blätter sind in der Jugend längsgerollt. Aus ihrer offenen, mit kurzer, kräftiger, lang-

13*

haarig gewimperter Ligula endenden Scheide erheben sich die oft mehr als armlangen, bogig überhängenden Spreiten mit welligem, gewimpertem Rande. Die Spreiten sind oberseits fein zerstreut behaart. Die diagnostischen Merkmale liegen zunächst in der scharfen Trennung der weiblichen und der männlichen Blüthenstände. Die letzteren erscheinen als eine den Stamm abschliessende Rispe, während die weiblichen von vielen bauchigen, eng über einander liegenden, 20—25 cm langen Scheiden umhüllte Kolben darstellen, welche in den Achseln der unteren und mittleren Laubblätter zur Ausbildung gelangen. Der Mais ist also einhäusig.

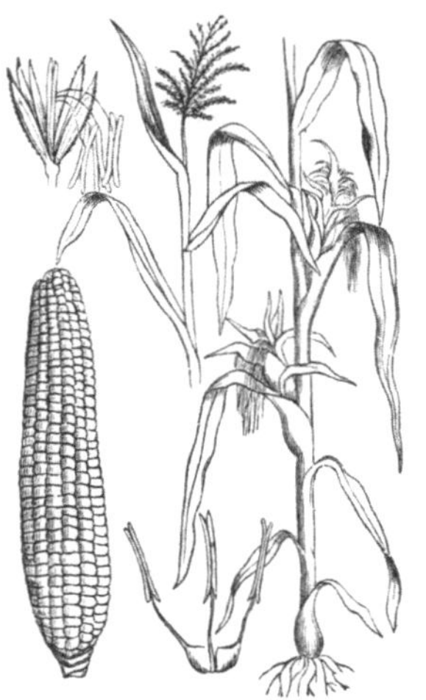

Fig. 120. Zea Mays, Mais. Links oben eine männliche Blüthe, links unten ein Fruchtkolben. (Aus Potonié, Elem.)

Die männlichen Blüthenstände bauen sich aus durchschnittlich zweiblüthigen Aehrchen auf. Jedes derselben beginnt mit zwei krautig-weichen, länglich-lanzettlichen, mehrnervigen Hüllspelzen. Diesen folgen die durchsichtig-häutigen, ausgerandeten, oberwärts gewimperten, schwach 5-nervigen Deckspelzen, in deren Achsel je eine Blüthe mit ihrer 2-nervigen, sonst wie die Deckspelze beschaffenen Hüllspelze steht. Die Blüthe selbst besteht nur aus zwei fleischigen, gestutzt quadratischen Lodiculae und den typischen drei Staubblättern. Ein Fruchtknotenrudiment ist nicht vorhanden. Aehnlich wie bei allen Andropogoneen vereinigen sich nun immer zwei Aehrchen an einem gemeinsamen Stielchen, doch so, dass das seitliche der beiden Aehrchen sitzend und vom Grunde des endständigen Aehrchens abgerückt ist, wodurch dieses Letztere gestielt erscheint. Diese je zwei Aehrchen tragenden Zweiglein besetzen nun ziemlich dicht die langen Rispenäste, welche also eine Art zusammengesetzter Aehren (Scheinähren) darstellen. Die Scheinähren sitzen spiralig an dem Gipfel des Halmes und bilden spreizend und überhängend die männliche Rispe.

Die weiblichen Blüthenstände sind ein wenig einfacher gebaut. Zunächst sind die Aehrchen fast durchgehends einblüthig; sie beginnen aber mit d r e i Hüllspelzen (weshalb *Zea* den Panicoiden zugerechnet werden muss), während die männlichen mit zweien anheben. Von den drei Hüllspelzen sind die beiden unteren fleischig, oberwärts häutig und wimperig ausgerandet; die dritte (oberste) Hüllspelze ist häutig-durchsichtig und trägt bisweilen in ihrer Achsel eine (übrigens stets fehlschlagende) Blüthe. Den Hüllspelzen folgt die häutig-durchsichtige Deckspelze und die ebenso gebildete Vorspelze. A l l e

Spelzen sind breiter als lang. Zwischen Deck- und Vorspelze sitzt nun die nur durch den Fruchtknoten dargestellte weibliche Blüthe. Sie ist ganz besonders charakterisirt durch den mehr als handlangen, fadenförmigen, gelblichgrünen Griffel, welcher an der Spitze in die beiden Narbenschenkel spaltet. Wie bei den männlichen Blüthenständen sitzen auch an dem weiblichen Kolben je zwei Aehrchen dicht neben einander, hier aber kaum gestielt; später erscheinen sie sogar der fleischigen Kolbenaxe eingesenkt. Sind die Fruchtknoten nach der Befruchtung herangewachsen, so bedecken sie den Kolben ganz dicht und lassen 8—16 paarweis genäherte Längszeilen am Kolben erkennen. Diesen umhüllen die bleibenden Blattscheiden, an deren Gipfel die Griffelenden büschelig herausragen. Die reifen Maiskörner sind ausserordentlich hart, je nach der Varietät verschieden gestaltet. Ihre Aussenfläche ist mehr oder weniger stark gewölbt. Die Fruchthaut ist meist glänzend dunkelgelb, seltener roth, braun oder weiss. Das stärkereiche Endosperm liefert das als „Maismehl" oder „Maizena" in den Handel kommende Mahlproduct.

Aus Amerika stammend (angeblich in Paraguay wild vorkommend) ist der Mais eine für Amerika und Südeuropa höchst wichtige Getreideart. Bei uns ist die Pflanze nicht officinell, doch werden anderwärts die Narben als Stigmata Maydis geführt.

3. Oryza sativa L.

Die Gattung Oryza ist der Vertreter einer besonderen Gruppe der Panicoideen, die nach ihr die Gruppe der Oryzeae benannt wird. Zunächst ist bemerkenswerth, dass wir an jedem der von den Seiten her zusammengedrückten Aehrchen vier Hüllspelzen finden, von denen die untersten die kleinsten sind; bisweilen verkümmern sie gänzlich. Viel grösser sind die papierartigen Deck- und Vorspelzen, von denen die letztere einen Mittelnerv und zwei Seitennerven führt. Die Aehrchen sind stets einblüthig, die Blüthe ist zwitterig oder eingeschlechtig. Ganz besonders beachtenswerth ist die Ausbildung der Staubblätter; bald sind deren drei, bald sechs vorhanden. Die Blüthe nähert sich also viel mehr wie bei den meisten Gräsern dem normalen Monocotylentypus. Es gilt dies gerade für die hier interessirende Art, den Reis, *Oryza sativa.*

In der Gattung Oryza sind die unteren Hüllspelzen immer verkümmert, nur durch Höcker angedeutet; auch die beiden oberen Hüllspelzen sind klein, fast borstenähnlich. Die Blüthen bilden eine grosse, lockere Rispe. Die von Deck- und Hüllspelze umgebenen Früchte (die Reiskörner) gliedern sich zur Reifezeit von dem Aehrchenstiele ab.

Oryza sativa L., der gebaute Reis, ist eine einjährige, etwa meterhohe Pflanze mit faseriger Wurzel. Die Rispe ist meist eng zusammengezogen und pflegt zur Reifezeit bogig überzuhängen. Sie wird durch die Früchte auffällig schwer.

Der Reis ist eine Sumpfpflanze der Tropenländer. In Ostindien heimisch, wird er weit und breit, auch in Südeuropa, besonders aber in Süd- und Ostasien gebaut. Die Früchte waren ehedem officinell als Fructus s. Semen Oryzae. Sie liefern die vorzügliche Reisstärke, welche als „Poudre de riz“ ein bekannter Toiletteartikel ist. Bisweilen wird dasselbe auch mit Lycopodium gemischt als Streupulver für Kinder benutzt.

Aus der Unterfamilie der Poaeoïdeae besprechen wir zunächst:

4. Hordeum L.

Der wichtigste Charakter der Gattung Hordeum, welche die sogenannten Gerstenarten umfasst, liegt in der Anordnung der Aehrchen, welche zur Bildung einer zusammengesetzten Aehre von typischer Form zusammentreten und zwar in der Art, dass **die sitzenden oder kurzgestielten Aehrchen bis zu sechs neben einander in je einer Ausbuchtung der Hauptspindel** sitzen. In der Regel ist das mittlere Aehrchen allein fruchtbar, während die seitlichen nur männliche Blüthen erzeugen und eine Neigung zu mehr oder minder weitgehendem Schwinden zeigen. Ein zweiter Charakter liegt im Aufbau des bei den echten Gerstenarten gewöhnlich ein-, seltener zweiblüthigen Aehrchens. Jedes derselben beginnt mit zwei fast gleichgestalteten, lanzettlichen bis borstenförmigen, begrannt zugespitzten Hüllspelzen, mit welchen sich die folgenden Deckspelzen kreuzen. Die Deckspelzen sind fast stets lang begrannt, besonders auffällig bei der uns ganz besonders interessirenden angebauten Gerste. Die Vorspelzen sind zweikielig. Ueber die Blüthe resp. die Blüthen hinaus setzt sich die Aehrenaxe als nacktes Spitzchen fort. Charakteristisch ist schliesslich noch die Ausbildung der Fruchtknoten; an ihrem oberen spitzen Ende sind sie fein behaart und tragen die beiden Narben unterhalb der Spitze eingefügt. Die Frucht verwächst mit der Deck- und Vorspelze und zeigt eine breite Furche.

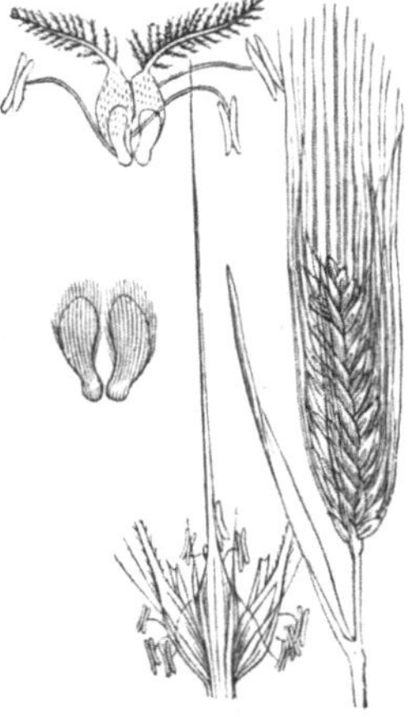

Fig. 121. Hordeum vulgare, gemeine Gerste. Links oben eine Zwitterblüthe, darunter die beiden Lodiculae; links unten ein Aehrchen. (Aus Potonié, Elem.)

1. *Hordeum vulgare* L., die gemeine Gerste (Fig. 121), ist unter den verwandten Arten dadurch ausgezeichnet, dass alle

Aehrchen sitzend sind und nur zweigeschlechtige Blüthen enthalten. Die Deckspelzen der fruchtbaren Blüthen sind lang begrannt, 5-nervig. Die ganze Aehre pflegt nickend überzuhängen. Die Gerste wird in ein- und zweijährigen Varietäten vielfach gebaut; als Hauptformen unterscheidet man gewöhnlich:

var. a. *genuinum*, die Wintergerste. Ihre Aehren erscheinen fast vierkantig, weil die mittleren Aehrchen weniger gedrängt stehen und der Hauptspindel dicht anliegen, während die seitlichen Aehrchen sich zusammendrängen und von der Hauptspindel etwas abstehen. Die mittleren Aehrchen bilden nun zwei gegenüberliegende Längszeilen an der Aehre. Diese werden rechts und links von je einer Reihe der seitlichen Aehren flankirt, wodurch die vier Kanten der Aehre hervortreten.

var. b. *hexastichum*, die sechszeilige Gerste, vertheilt ihre Aehrchen ziemlich gleichmässig und lässt sie etwas von der Hauptspindel abstehen. Es treten also die zwei Reihen der mittleren Aehrchen ebenso deutlich hervor wie die vier Reihen seitlicher Aehrchen; die langen Grannen lassen daher die Aehren deutlich sechskantig erscheinen.

2. *Hordeum distichum* L., die Sommergerste, ist eine andere, überall wie die vorige angebaute Art. Ihre Aehren sind von den nicht mit Aehrchen besetzten Seiten her zusammengedrückt. Die seitlichen Blüthen sind kurzgestielt und führen eine einzige männliche Blüthe mit grannenloser Deckspelze. Die aufrecht der Hauptspindel angedrückten Mittelährchen werden von linealisch-pfriemlichen Hüllspelzen flankirt, und ihre zweikieligen Deckspelzen tragen eine aufrechte, schmal bandförmige, lange Granne. Da nun zwei Reihen von Mittelährchen an der Hauptspindel stehen, so stehen sich auch die langen Grannen zweizeilig gegenüber, die ganze Aehre ist also zweikantig. Uebrigens führen nur die Mittelährchen weibliche Blüthen, sie sind also allein fruchtbar. Auch von dieser Art werden viele Varietäten unterschieden. Die Sommergerste ist einjährig.

Für das Gedächtniss wird es von Nutzen sein, wenn wir die obige Darstellung in der Uebersicht zusammenfassen:

1. *Hordeum vulgare* L. Alle Aehrchen sitzend, mit zweigeschlechtigen Blüthen.
   a) *genuinum:* Vierkantige Aehren tragend.
   b) *hexastichum:* Sechskantige Aehren tragend.
2. *Hordeum distichum* L. Seitliche Aehrchen kurz gestielt, mit männlichen Blüthen, ohne Granne; mittlere Aehrchen sitzend, mit weiblichen Blüthen und langer Granne.
   Zweikantige Aehren tragend.

Bis zum Erscheinen der Ph. G. II. waren die Früchte der gebauten Gerstenarten auch bei uns officinell als Fructus s. Semen

Hordei v. Hordeum decorticatum. Sie liefern gemahlen das Gerstenmehl, welches als Farina Hordei praeparata ebenfalls officinell war. Die gekeimte und dann gedörrte Gerste bezeichnet man als Malz, welches ebenfalls officinell war und als Maltum auch noch in der Ph. G. I aufgeführt wurde. Daselbst wurden ferner noch folgende Gerstenpräparate vorgeschrieben: Extractum Malti, das Malzextract, das Extractum Malti ferratum und die Species pectorales cum fructibus. Wenngleich nun das Extractum Malti nicht mehr officinell ist, so ist es doch noch ein Volksheilmittel im vollen Sinne des Wortes. Vielfach dient das Malzextract dazu, um schlecht schmeckende Arzneimittel in angenehmerer Form zu reichen.

5. Triticum L.

Zum Unterschiede von der Gattung Hordeum, welche die Gerstenarten vereint, sind die Triticum- oder Weizenarten (soweit sie hier in Betracht kommen) immer durch einzeln stehende Aehrchen ausgezeichnet, welche zweireihig die Spindel der mehr oder weniger langen Aehren besetzen. Ferner ist jedes Aehrchen mindestens zweiblüthig, meist sogar mehrblüthig angelegt und zwar so, dass die untersten Blüthen jedes Aehrchens zwitterig, die obersten dagegen unvollkommen entwickelt sind, oft männlich werden, jedenfalls selten sich fruchtbar erweisen. Die zusammengedrückten oder planconvexen Aehrchen sitzen übrigens so der Aehrenspindel an, dass bei gedrängter Stellung jedes untere Aehrchen das obere an seinem Grunde deckt; die Aehrchen stehen transversal zur Spindel, d. h. sie liegen nicht in der durch die Spindel und die Mittellinien der Aehrchen gelegten Ebene (wie es zum Unterschiede bei der verwandten Gattung Lolium der Fall ist). Gegen die Hordeum-Arten ergiebt sich ein durchgreifender Unterschied für die Triticum-Arten darin, dass bei letzteren die Hüllspelzen und die Deck- und Vorspelzen in derselben Ebene (der „Transversalebene") liegen, während sie bei Hordeum einander kreuzen. Bei Triticum pflegen auch alle Spelzen ziemlich gleich lang zu sein; ihr Rücken ist (wenigstens oberwärts) gekielt. Die Deckspelzen sind je nach Art und Varietät bald grannenlos, bald kurz-, bald langbegrannt. Ein weiteres Merkmal liegt in den Fruchtknoten und den Früchten. Die Fruchtknoten der Weizenarten sind an der Spitze fein behaart und tragen die beiden federigen Narben auf ihrem Scheitel (nicht wie die Gersten unterhalb der Spitze). Die Weizenkörner sind stets frei, d. h. die Früchte verwachsen nicht wie bei der Gerste mit der sie einhüllenden Deck- und Vorspelze.

Von den Arten sind hier zu nennen:

1. *Triticum repens* L., die Quecke (Fig. 122), eines der gemeinsten Gräser, welches durch ganz Europa, den nördlichen Theil Asiens

und in Nordamerika an Weg-, Wiesen- und Waldrändern angetroffen wird und auf Aeckern und in Gärten ein lästiges Unkraut ist, lästig, weil es mit seinen reich verzweigten, lange Ausläufer treibenden, „kriechenden“ Wurzelstöcken ausdauert. Die aufrechten oder aufsteigenden, meist etwa fusslangen, doch bisweilen selbst mehr als Meterhöhe erreichenden Stengel sind wie die Blattscheiden kahl. Die schmalen Blattspreiten sind unterseits glatt, ihre Oberseite wird durch vorwärtsgerichtete Höckerchen auf den Parallelnerven rauh. Ein wichtiges diagnostisches Merkmal liefern die Aehrchen. Sie sind während der Blüthezeit fast rhombisch, flach und meist fünfblüthig. Die Hüllspelzen sind lanzettlich, zugespitzt, und wie die Deckblätter fünfnervig. Letztere sind bei der gemeinen Form stumpflich, bei anderen Varietäten zugespitzt, selbst begrannt. Die Spindel der Aehre ist nicht brüchig, sondern zäh und biegsam.

Fig. 122. Triticum repens. (Aus Wagner's Flora.)

Die ganze Pflanze ist zur Blüthezeit ziemlich dunkelgrün, „grasgrün“, die Aehrchen sind oft violett oder purpurn überlaufen. Die Betrachtung der Varietäten kann hier übergangen werden.

Officinell ist der Wurzelstock als Rhizoma Graminis Ph. G. II. 228 s. Radix graminis Ph. G. II. 339. Von Präparaten ist nur das Extractum Graminis Ph. G. II. 90 bei uns gebräuchlich.

Fig. 123. Triticum vulgare, gewöhnlicher Weizen. Links oben ein Aehrchen, darunter ein Fruchtknoten mit zwei federigen Narben; links unten Aehrchen einer grannentragenden Varietät.

2. *Triticum vulgare* Vill., der gewöhnliche, gebaute Weizen (Fig. 123), gehört zu den Arten mit zäher Aehrenspindel, welche ein endständiges Aehrchen abschliesst. Die Aehrchen sitzen dicht über einander und lassen die Aehre vierkantig erscheinen. Jedes Aehrchen ist vierblüthig, doch sind nur die drei unteren Blüthen fruchtbar. Die knorpeligen Hüllspelzen sind breit-eiförmig, unterwärts bauchig mit gerundetem Rücken, ihr gestutztes Ende überragt eine kurze Stachelspitze, welche sich als Kiel auf den oberen Rückentheil der

Spelze abwärts verfolgen lässt. Die Deckspelzen sind etwa von der Länge der Hüllspelzen; auch sie sind knorpelhart, ihr oberes Ende ist wenig gefurcht und je nach der Varietät grannenlos oder kurz- oder langbegrannt. Die gelben, fast orangefarbenen, bauchigen, mit schmaler Furche versehenen reifen Früchte, die „Weizenkörner", fallen zuletzt aus den Spelzen heraus.

Die im Juni und Juli zur Blüthe gelangende Pflanze wird bei uns auf besserem, „schwerem" Boden vielfach gebaut; sie ist als „Sommerweizen" einjährig, als „Winterweizen" zweijährig. Die Samen liefern ein vorzügliches Mehl (Weizenmehl) und die Weizenstärke, welche als Amylum Tritici Ph. G. II. 27 geführt wird und zur Herstellung des Unguentum Glycerini s. Glycerinum cum Amylo diente. Weizenstärke bildet auch einen Bestandtheil des Salicylstreupulvers (des Pulvis salicylicus cum Talco) und der Phosphorpillen.

Verwandte, doch weniger allgemein angebaute Weizenarten sind *Triticum Spelta* L., der Spelt, Spelz oder Dinkel genannt, *Triticum dicoccum* Schrk., *Triticum monococcum* L., der Einkornweizen u. a. Ihre Früchte finden als „Weizen" wie die der besprochenen Art Verwendung. Die Betrachtung der eben genannten Arten gehört nicht hierher, ebensowenig wie die Erörterung der Unterschiede der als Roggen allgemein bekannten Art *Triticum cereale* Aschs. (= *Secale cereale* L.), von welcher das Mutterkorn (Secale cornutum), ein Pilz (vgl. S. 73 ff.), eingesammelt wird.

Scitamineae.

Die Ordnung der Scitamineen umfasst stattliche zum Theil riesenhafte Krautgewächse der Tropen mit ganzrandigen, parallelnervigen Blättern. Der diagnostische Charakter liegt in den median-zygomorphen oder asymmetrischen, fast stets zweigeschlechtigen Blüthen, welche zwar nach dem gewöhnlichen 3 + 3-zähligen Monocotylentypus mit kronenartigem Perigon aufgebaut sind, welche aber niemals alle Staubblätter in der gewohnten Form (fertil) ausbilden. Von den sechs Staubblättern sind entweder fünf fruchtbar, und das nach hinten fallende ist verkümmert (so bei den Musaceen), oder es sind die fünf nach vorn fallenden Staubblätter unfruchtbar, und nur das nach hinten fallende, in der Zygomorphie-Ebene liegende ist allein fruchtbar (so bei den Zingiberaceen und Marantaceen). Der Fruchtknoten ist ausnahmslos aus drei unterständigen Fruchtblättern zusammengesetzt und ist dreifächerig. Die Samen sind arm an Endosperm oder entbehren desselben völlig; statt seiner ist ein reichliches Perisperm ausgebildet (d. h. ein Gewebekörper, welcher aus dem Kerngewebe der Samenanlage hervorgeht). Es gehören hierher die drei Familien:

1. **Musaceae**, grosse, baumartige Kräuter der Tropen. Nur das hintere, mediane Staubblatt unfruchtbar, ohne Staubbeutel; die 5 anderen Staubblätter verwachsen mit ihren Fäden zu einer hinten offenen Röhre.
2. **Zingiberaceae.** Tropische Kräuter mit fleischigen Wurzelstöcken. Nur das hintere, mediane Staubblatt fruchtbar, mit zweifächerigem Staubbeutel. Hierher die officinellen Arten der Gattungen Zingiber, Curcuma, Elettaria und Alpinia.
3. **Marantaceae.** Meist kleinere tropische Kräuter mit paarigen Blüthen, welche einzeln betrachtet asymmetrisch sind, doch als Paar den Charakter einer median-zygomorphen Blüthe annehmen. In jeder Blüthe ist nur ein Staubblatt fertil, welches aber nur einen halben Staubbeutel ausbildet. Der gewöhnlich knollige Wurzelstock ist reich an Stärke (Arrowroot).

Die erste der drei Familien, die der Musaceen, kann hier übergangen werden, sie liefert keine officinellen Drogen. Wir wenden uns daher sofort zur Familie der

Zingiberaceae.

Median-zygomorphe, zweigeschlechtige Blüthen nach dem 3 + 3-zähligen Schema der Monocotylenblüthen mit der ganz eigenartigen Anomalie, dass das Androeceum nur **ein** fruchtbares Staubblatt (das mediane hintere) entwickelt, während alle übrigen Staubblätter blumenblattartige Staminodien darstellen, bedingen die Abgrenzung der Familie, welche mit mehr als 250 Arten sich ganz auf die Tropenländer, besonders Asiens, beschränkt. Die Familie ist pharmaceutisch besonders wichtig, und ist daher eine eingehendere Kenntniss derselben unumgänglich nöthig. Beginnen wir zunächst mit der specielleren Morphologie der Blüthen.

Die Blüthen der Zingiberaceen oder Ingwergewächse sind stets seitlichen Ursprungs; sie sitzen in den Achseln von oft bunt gefärbten („spathaähnlichen") Hochblättern am oberen Ende aufrechter, verlängerter Sprosse, dieselben mit einem bald einfach traubigen (meist ährenförmigen oder kopfigen) oder durch Wickelverzweigung complicirter werdenden Blüthenstande abschliessend. Jeder Blüthe gehört ein Vorblatt von schuppen-, scheiden- oder sackförmiger Beschaffenheit an. Niemals ist dieses Vorblatt, wie es bei den Monocotylen im Grossen und Ganzen üblich ist, adossirt; es nimmt ausnahmslos eine mehr oder minder ausgesprochen seitliche Stellung am Blüthenstiele ein. Bei Wickelbildung fungirt es als Deckblatt einer in seiner Achsel zur Entwickelung kommenden Blüthe.

Betreffs der Einzelblüthen ist hervorzuheben, dass ihre Medianzygomorphie sich zwar besonders in der Ausbildung des Androeceums ausspricht, doch verräth sie sich auch bereits in der Blüthenhülle, dem Perigon. Dasselbe ist oberständig und gliedert sich in gewohnter Weise in zwei dreigliederige Quirle, welche gewöhnlich beide blumenkronartig ausgebildet sind. Der äussere Perigonblattkreis stellt sich gewöhnlich als eine dreizähnige Röhre dar, die zur Blüthezeit einseitig, meist vorn, aufschlitzt. Der innere Perigonblattkreis ist nur unterwärts röhrig und geht oberwärts in drei freie Abschnitte aus, von welchen der unpaare hintere die beiden vorderen ausnahmslos umgreift und deckt. Dieser Deckung entspricht die massigere Entwickelung des hinteren Abschnittes, er übertrifft die beiden seitlichen vorderen beträchtlich an Breite.

Das Androeceum ist sehr eigenartig ausgestaltet; in ihm spricht sich der Charakter der Familie am schärfsten aus. Die Glieder desselben sind dem Schlunde des inneren Perigons aufgewachsen, und zwar ist nur eines derselben fruchtbar, alle anderen stellen kronblattartige Gebilde („petaloide Staminodien“) dar. Das fruchtbare Staubblatt steht vor dem hinteren Perigonabschnitt, es entspricht also dem hinteren Gliede des typischen inneren Staubblattkreises; es trägt eine innenwendige, symmetrisch-zweifächerige Anthere, welche in ein kräftiges, blumenblattartiges Mittelband (Connectiv) ausläuft. Von den blumenblattartigen Staubblättern, den Staminodien, fällt eines median nach vorn. Es ist dem Schlunde des Perigons breit eingefügt und bildet meist den ansehnlichsten Theil der ganzen Blüthe. Es wird als L a b e l l u m bezeichnet. Sein grosser und breiter, oft eigenartig gefärbter Endlappen ist in der Regel an der Spitze ausgerandet oder gespalten; er löst sich also in zwei seitliche Lappen auf. Die neuesten Untersuchungen von E i c h l e r haben nun erwiesen, dass dieses Labell die beiden vorderen seitlichen Staubblätter des inneren Staubblattkreises ersetzt. Die Glieder des äusseren Staubblattkreises sind entweder ganz spurlos unterdrückt, oder es kommen die beiden seitlichen hinteren Staubblätter in Form von blumenblattartigen Staminodien zur Entwickelung. Sie werden als F l ü g e l bezeichnet. Das mediane vordere Staubblatt des inneren Kreises ist stets unterdrückt.

Das Gynaeceum besteht aus drei normal gestellten Fruchtblättern. Sie bilden einen unterständigen, dreifächerigen Fruchtknoten mit vollständigen Scheidewänden. Die anatropen oder halb anatropen Samenanlagen sind den centralen Samenleisten in zwei oder mehr Reihen angeheftet. Den Gipfel des Fruchtknotens krönt ein einfacher Griffel, dessen fadenförmiger Theil sich rückwärts an das Filament des fruchtbaren Staubblattes anlehnt und oben in einer zwischen den beiden Staubbeutelfächern liegenden Rinne des Mittelbandes ruht. Der Griffel endet mit verschieden gestalteter Narbe.

Nach dieser Darstellung ergiebt sich für die Zingiberaceenblüthe das Diagramm Fig. 124. Vielfach gab man aber den Theilen des Androeceums eine andere Deutung, man sah das Labellum als das vordere Staubblatt des inneren Staubblattkreises an, glaubte also diesen Kreis als völlig entwickelt annehmen zu müssen. Vom inneren Kreise wäre dann das fruchtbare hintere Staubblatt allein vorhanden und fertil. Die vorderen beiden Staubblätter des inneren Kreises glaubte man in zwei fadenförmigen oder dicken Drüsen erkennen zu müssen, welche im Grunde des Perigons dem Scheitel des Fruchtknotens aufsitzen. Eichler wies jedoch ihre Natur als Nectarien nach, welche mit Staminodien nichts zu thun haben.

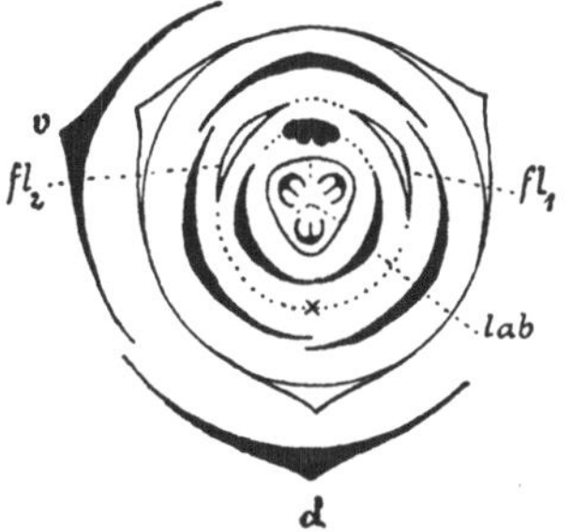

Fig. 124. Diagramm der Zingiberaceenblüthe. *d* das Deckblatt; *v* das seitlich stehende Vorblatt. Vom äusseren Staubblattkreise sind nur die beiden nach hinten fallenden Glieder als „Flügel" (fl_1 und fl_2) entwickelt. Die beiden nach vorn fallenden Glieder des inneren Staubblattkreises bilden ein blumenblattartiges Gebilde, das Labellum (*lab*). (Nach Eichler.)

Die Frucht der Zingiberaceen ist eine lederige, dreiklappig fachspaltige Kapsel; selten wird dieselbe zur nichtaufspringenden Beere. Die Samen sind auffällig gekennzeichnet durch Ausbildung eines Samenmantels (Arillus) und des hornigen Perisperms.[1]) Der kleine, gerade Keimling wird vom spärlich vorhandenen Endosperm umschlossen.

Den vegetativen Aufbau betreffend ist zu merken, dass die Zingiberaceen fast durchgängig mit kriechendem, fleischigem Wurzelstock ausdauern. Durch Verkürzen seiner Glieder wird derselbe oft knollig. Die aufsteigenden Sprosse sind unverzweigt, meist sehr verkürzt. Sie beginnen mit einigen scheidigen Niederblättern, welchen eine Anzahl zweizeilig geordneter Laubblätter folgt. Diese beginnen mit langer Scheide, welche sich mehr oder minder stielartig zusammenzieht und oberwärts in die ganzrandige, einfache Spreite überleitet, welche von seitlich parallelen Nerven durchzogen wird. Die Mittelrippe tritt schärfer hervor. Bisweilen bildet sich an der Grenze zwischen Blattscheide und Spreite ein Blatthäutchen, eine Ligula aus, welche an das Vorkommen derselben bei den Grasblätter erinnert. Besonders bemerkenswerth ist die Erscheinung, dass durch die in einander geschachtelten langen Laubblattscheiden

---

[1]) Ueber die Begriffe Perisperm und Endosperm, welche nicht verwechselt werden dürfen, vergleiche man die Einleitung S. 33.

sehr häufig die Sprosse sehr lang gestielt aussehen; die Scheiden bilden einen Scheinstamm. Die blüthentragenden Sprosse sind bisweilen nur von Niederblättern besetzt, zwischen denen die Stengelglieder gestreckt sind; nichtsdestoweniger übertreffen die unfruchtbaren Blattsprosse die Länge der Blüthensprosse, weil eben jenen die langen Scheinstämme eigen sind.

Man theilt die Familie in drei Unterfamilien:

1. Hedychieae. Blüthen mit „Flügeln" (Staminodien des äusseren Staubblattkreises). Hierher *Curcuma.*
2. Amomeae. Blüthen ohne Flügel, oder diese nur durch kurze Zähnchen ersetzt. Hierher *Zingiber*, *Elettaria*, *Amomum.*
3. Alpinieae. Wie Amomeen, aber hochstengelige Kräuter mit unterwärts laubig beblätterten Blüthensprossen. Hierher *Alpinia.*

1. Curcuma.

Die Gattung Curcuma, wegen der deutlichen Flügelbildungen zur Unterfamilie der Hedychieen gehörig, ist durch das kurze, dreizähnige äussere und das längere, trichterförmige innere Perigon, noch mehr aber durch die Ausgestaltung des Androeceums der Blüthen charakterisirt (vgl. Fig. 125). Zunächst pflegen die beiden Flügel (also Glieder des äusseren Staubblattkreises) sehr kräftig, kronblattähnlich entwickelt zu sein; sie erreichen die Grösse der Abschnitte des inneren Perigons, oder sie überragen dasselbe. Ein Gleiches gilt für das Labellum; sein breiter, abstehender Endlappen ragt auffällig aus dem Schlunde der Blüthe, als ein Landungsplatz für blüthenbesuchende Insecten, hervor. Das einzige fruchtbare, hintere Staubblatt ist ganz eigenartig ausgebildet; seine beiden Staubbeutel tragen an ihrem Grunde ein abwärts gerichtetes, schwach gekrümmtes Horn. Nicht minder charakteristisch ist für die Gattung die Ausbildung der Nectarien in Form langer, fadenförmiger, staminodienartiger Drüsen. Der dreifächerige Fruchtknoten umschliesst viele Samenanlagen. Der fadenförmige Griffel endet mit kopfiger, hohler, fein gewimperter Narbe. Die Frucht ist eine dreiklappige Kapsel, deren Samen einen Arillus führen.

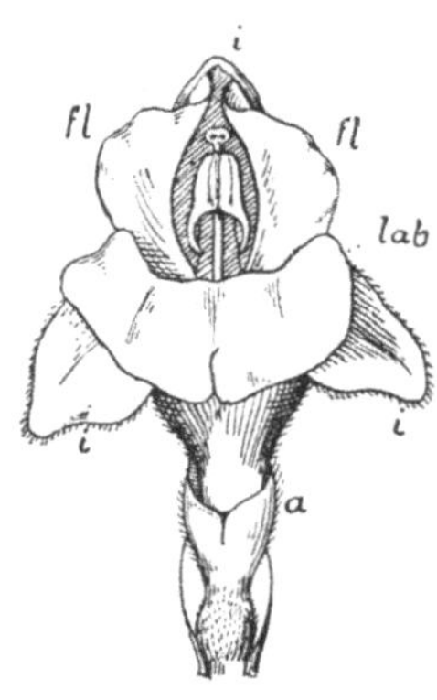

Fig. 125. Blüthe von Curcuma aromatica. (Nach Berg und Schmidt.) *a* äusseres Perigon (Kelch); *i* die drei inneren Perigonblätter (Krone); *fl* die beiden Flügelstaminodien, zwischen welchen die unterwärts gehörnten Staubbeutelhälften und das Griffelende sichtbar sind; *lab* das Labellum.

Im vegetativen Aufbau entspricht die Gattung Curcuma dem allgemeinen Typus der Zingiberaceen. Aus dem knolligen Wurzelstocke erheben sich lang scheidig-gestielte Blätter. Die Blüthenschafte erscheinen seitlich oder endständig; sie werden von scheidigen Hochblättern bedeckt, denen die ziegelartig geordneten grossen Deckblätter des Blüthenstandes folgen. Jedes derselben ist bauchig, fast sackartig, meist bunt gefärbt und trägt in seiner Achsel eine 2- bis 5-blüthige Partialinflorescenz. Die obersten Deckblätter sind steril, d. h. sie tragen keine Blüthen in ihren Achseln; der Blüthenstand schliesst mit einem sterilen Blätterschopfe ab.

Von den 25 bekannten, auf das südliche Asien beschränkten Arten sind officinell:

1. *Curcuma longa* L., die Curcumapflanze oder Gelbwurzel. Ihr etwa 4 cm dicker, knolliger, frisch zerbrochen gelber oder orangefarbiger, knolligfleischiger Wurzelstock setzt sich aus rundlichen bis birnförmigen, durch Blattnarben quergeringelten Gliedern zusammen, welche dünnere und längere Seitenäste (von $1^1/_2$ cm Dicke und etwa 6 cm Länge) treiben. Die Wurzeln sind faserig, unverzweigt und schwellen zum Theil an ihrer Spitze zu stärkereichen, eiförmigen, weisslichen Knollen an. Die grundständigen Laubblätter sind lang scheidig-gestielt und tragen bis handbreite und armlange, lanzettliche, zugespitzte Spreiten. Der centrale Blüthenschaft ist etwa handlang und trägt einen etwa ebenso langen Blüthenstand, dessen Deckblätter weisslich, fast eiförmig und zugespitzt sind. Die Blüthen sind gelblich, ihr Labellum dunkler gelb. Die den Schopf bildenden sterilen Deckblätter pflegen an der Spitze röthlich überlaufen zu sein.

Wegen der Wurzelstöcke wird die in Südasien heimische Pflanze in Ostindien, Ceylon und in Japan, neuerdings auch in Westindien und auf der Insel Bourbon im Grossen gebaut. Sie liefert das noch in der Ph. G. I. als officinell aufgeführte Rhizoma Curcumae, welches einen intensiv gelben Farbstoff, das Curcumin, neben einem ätherischen Oel, dem Curcumaoel, enthält. Das Rhizom dient als Färbemittel, theilweise auch als Gewürz. Die Handelswaare wird unterschieden als Curcuma longa, sofern sie aus den längeren, dünneren Aesten des Wurzelstockes besteht. Die kurzen, rundlichen Glieder des Wurzelstockes bilden die Curcuma rotunda des Handels.

Synonym mit *Curcuma longa* L. ist die Bezeichnung *Amomum Curcuma* Jacq.

2. *Curcuma Zedoaria* Rosc., als „Zittwer" (corrumpirt aus Zedoar) bekannt[1]), unterscheidet sich von der vorigen Art zunächst dadurch,

[1]) Die „Zittwersamen" sind nicht etwa Samen von *Curcuma Zedoaria*, sie sind überhaupt keine Samen, sondern die kleinen Blüthenköpfchen einer später zu besprechenden Composite, der *Artemisia maritima* var. *Stechmanniana*.

dass alle Laubblätter grundständig sind und aus kurzem Scheidenstiel eine lanzettliche, etwa 40 cm lange und 11 cm breite Spreite mit stark verschmälertem Grunde tragen. Neben der Mittelrippe verläuft jederseits ein dunkelpurpurner Längsstreifen. Der seitenständige (nicht wie bei Curc. longa endständige) Blüthenschaft erscheint vor dem Austrieb der Laubblätter. Er erreicht eine Höhe von etwa 30 cm und ist nur locker mit stumpfen Scheidenblättern besetzt. Die fertilen Deckblätter sind breit verkehrt eiförmig, am Grunde sackartig erweitert, ihr Rand gewöhnlich purpurn gesäumt. In ihrer Achsel sitzen 3—4-blüthige Partialinflorescenzen, deren Blüthen ein hellgelbes Perigon, hellgelbe Flügel und eine dunkelgelbe Lippe mit breitem, ausgerandetem Endlappen zeigen. Die zum Schopf zusammentretenden sterilen Deckblätter sind schön purpurroth gefärbt.

Der Wurzelstock der Pflanze gleicht äusserlich nahezu dem von Curc. longa; seine Seitenäste sind oft handförmig getheilt. Auf dem Bruch erscheinen die Glieder grau. Die Wurzeln sind theils faserig, theils enden sie knollig. Der Wurzelstock ist officinell als Rhizoma Zedoariae Ph. G. II. 230 s. Radix zedoariae Ph. G. II. 339. Er dient zur Bereitung der Tinctura amara Ph. G. II. 271 und der Tinctura Aloës composita Ph. G. II. 271; die Ph. G. I. schrieb ausserdem die Anwendung zur Aqua foetida antihysterica und zum Electuarium Theriaca vor. Neben Stärke enthält die Droge ein bitteres Weichharz und ein campherartig riechendes ätherisches Oel, das Zittweröl (Oleum Zedoariae).

Synonyme Bezeichnungen sind *Curcuma Zerumbet* Roxb., *Amomum Zedoaria* Willd. und *Amomum Zerumbet* König.

3. *Curcuma aromatica* Salisb. ist im morphologischen Aufbau der vorgenannten Art sehr ähnlich. Ihre Blätter sind breit (nicht stark verschmälert), ihre Spreite ohne purpurne Längsstreifen. Die Deckblätter des Blüthenstandes sind zugespitzt, die Blüthen weisslich mit röthlichen Perigonspitzen, gelber Lippe und gelben Flügeln. Das Rhizom ist dickknollig, aussen braun, innen gelb.

In Ostindien, China und auf den malayischen Inseln heimisch, liefert die Pflanze ihre Wurzelstöcke zu gleichen Zwecken wie die vorgenannte Art, ist jedoch nicht als officinell anerkannt.

4. *Curcuma angustifolia* Roxb. und *Curcuma leucorrhiza* Roxb. liefern nach Endlicher aus ihren Wurzelstöcken ein „Arrow-root" von gelblicher Farbe. Beide Arten sind in Ostindien heimisch.

2. Zingiber.

Die Gattung Zingiber gehört zu den wichtigsten Vertretern der Unterfamilie der Amomeen, welche durch die unscheinbar entwickelten Flügelstaminodien und die von den Blatttrieben unterschiedenen Blüthentriebe ausgezeichnet sind. Die besonderen Gattungscharaktere sind bezüglich des Blüthenbaues folgende:

Der kurze, dichtährige, fast kopfige Blüthenstand krönt den Gipfel eines halb unterirdischen und verlängert aufrechten, nur mit Scheidenblättern besetzten Schaftes. Die kurzen Deckblätter sind dachziegelig geordnet und enden mit 2- oder 3-lappiger Spitze. In der Achsel jedes Deckblattes sitzt nur eine einzige sehr hinfällige Blüthe (vgl. Fig. 127) mit weissem, gelbem oder rothem Perigon. Dasselbe gliedert sich in ein scheidiges, bisweilen dreizähniges, kurzes, äusseres Perigon und ein längeres, trichterförmiges, inneres Perigon, dessen drei Zipfel so spreizen, dass sich der hintere rückwärts beugt, während die beiden seitlichen sich nach vorn zurückschlagen. Das äussere Perigon wird dadurch fast zweilippig (nach $\frac{1}{2}$). Das Labellum endet dreilappig oder fast ungetheilt. Die Flügel schliessen sich ihm seitlich als kurze Zähnchen an. Das fertile Staubblatt trägt zwei parallele, linealische Staubbeutel, oberhalb welcher sich das Mittelband (Connectiv) röhrig verlängert, um das obere Ende des langen, fadenförmigen Griffels aufzunehmen, welcher mit trichterförmiger, am Rande auffällig gefranster Narbe endet (Fig. 126). Die Kapsel ist beerenartig, doch öffnet sie sich dreiklappig, um die zahlreichen, mit einem Mantel (Arillus) umgebenen Samen zu entlassen.

Fig. 126. Griffelende der Blüthe von Zingiber officinale mit fransiger Narbe.

Auch der vegetative Aufbau charakterisirt die Gattung. Viel länger als die Blüthenschafte erscheinen die sterilen, mit Laubblättern zweizeilig besetzten „Blatttriebe". Dieselben sind einjährig, erreichen aber eine Höhe von 2 m, jedoch nur durch die Bildung von Scheinstämmen. Es schliessen nämlich an die untersten, nur scheidig entwickelten Blätter die Laubblätter mit äusserst langen cylindrischen, blattstielartigen Scheiden an, gegen welche sich die Spreite durch ein Blatthäutchen (eine Ligula) abgrenzt. Der kriechende Wurzelstock ist fleischig, gegliedert und heftet sich mit dicken Wurzeln im Boden fest.

Unter den 20, besonders in Südasien, ausserdem in Japan und Afrika heimischen Arten sind officinell:

1. *Zingiber officinale* Roscoe, die Ingwer- oder Ingberpflanze (Fig. 127). Aus dem wagerecht kriechenden, verzweigten und knollig gegliederten Wurzelstock erheben sich die bis meterhohen Blatttriebe mit lanzettlichen Blättern, deren Spreite etwa handlang wird. Das Blatthäutchen erscheint rechts und links als ein gerundeter Lappen am Grunde der Spreite (man nennt sie „2-öhrig"). Zwischen den Blatttrieben entspringen von Zeit zu Zeit die viel kürzeren, etwas mehr als handhohen Blüthentriebe mit eiförmig-kopfiger Endähre von etwa halber Fingerlänge. An ihnen sind die äusseren Deck-

blätter trockenhäutig, grünlich und violett punktirt; die inneren sind dünnhäutig, gelb. Die achselständigen Blüthen zeigen ein einseitig aufgeschlitztes, dreizähnig endendes, kurzröhriges, äusseres Perigon; das innere ist grüngelb, mit braunvioletten Punkten und Streifen geziert. Das verkehrt-eiförmige Labellum zeigt neben dem breiten Mittellappen zwei kleinere Seitenlappen; alle drei sind schwarzpurpurn und gelb punktirt.

Fig. 127. Zingiber officinale, Ingwerpflanze. Links eine Einzelblüthe.

Wegen der getrocknet als Ingwer in den Handel gebrachten Wurzelstöcke wird die Pflanze schon seit Alters her in den Tropenländern gebaut. Wahrscheinlich war sie ursprünglich nur in Südasien heimisch. Der Wurzelstock ist officinell als Rhizoma Zingiberis Ph. G. II. 231 s. Radix zingiberis Ph. G. II. 339. Er dient zur Bereitung der Tinctura Zingiberis Ph. G. II. 289, der Tinctura aromatica Ph. G. II. 272 und vieler anderen bei uns nicht vorgeschriebenen Präparate. Die Verwendung des Ingwer zu Liqueuren und als Gewürz ist bekannt. Ihren eigenartigen Geruch und Geschmack verdankt die Droge dem in ihr enthaltenen Ingweröl, dem Oleum Zingiberis. Sie kommt ungeschält (als Radix Zingiberis nigri) und geschält (als Zingiber album) in den Handel. Der bengalische Ingwer besteht aus Wurzelstöcken, welche nur auf den beiden flachen Seiten geschält sind.

Die Wurzelstöcke von den verwandten Arten *Zingiber Zerumbet* Rosc. (als Rhizoma s. Radix Zerumbet, Zerumbet-Ingwer in den Handel kommend) und von *Zingiber Cassumunar* Roxb. (als Rhizoma s. Radix Cassumunar s. Zedoariae luteae, Cassumunar, Blockzittwer oder Gelber Zittwer in den Handel kommend) sind weniger gewürzig und deshalb auch von der Pharmacopoe ausgeschlossen.

3. Elettaria.

Die Gattung Elettaria unterscheidet sich von der nahe verwandten Gattung Zingiber am auffälligsten durch das Verhalten ihrer blühenden Triebe. Der Schaft derselben ist zur Hälfte im Boden verborgen und zwar so, dass er horizontal unter der Bodenoberfläche hinkriecht und nur den traubigen oder rispigen Blüthenstand über den Boden sendet. Bisweilen kriechen die Blüthentriebe horizontal unbedeckt über den Boden hin, niemals aber steigen sie wie bei Zingiber gleich vom Grunde an aufrecht in die Höhe. Als Merkmale der Blüthen sind die ungelappte oder doch nur schwach gelappte Lippe und das Fehlen des röhrigen Mittelbandes über den Staubbeutelhälften anzuführen. Das Griffelende wird nur von der rinnigen Vertiefung zwischen den Beutelhälften aufgenommen; auch ist die Narbe klein trichterförmig und nicht wie bei Zingiber gefranst. Ein weiteres Gattungsmerkmal liefern die Früchte. Elettaria führt dreifächerige, stumpf dreikantige Kapseln, welche von lederiger Beschaffenheit sind. Die ziemlich grossen Samen umhüllt ein sehr zarthäutiger Mantel. Die officinelle Art ist:

1. *Elettaria Cardamomum* White et Maton. Aus ihrem daumenstarken, kriechenden, mit starken Wurzeln im Boden befestigten Rhizome erheben sich die Blatttriebe unverzweigt bis zu 2 und 3 Metern Höhe. Ihr oberer Theil wird nur von den langen, sich einander umschliessenden Blattscheiden gebildet (Scheinstamm). Die Blätter sind zweizeilig angeordnet. Die weisshaarige Scheide endet mit einem abgerundeten, rinnigen, bis 8 mm langen Blatthäutchen. Die Spreite ist oberseits flaumhaarig, unterseits seidenhaarig; ziemlich schmal lanzettlich und lang zugespitzt erreicht sie etwa Armlänge. Gegen das Licht gehalten, erblickt man in ihr zahlreiche durchscheinende Punkte (Oeldrüsen). Die Blüthentriebe legen sich horizontal über den Boden, senkrecht vom Wurzelstock abstehend. Sie erreichen eine Länge von 60 cm. Am Grunde sind sie von kurzen, fast eiförmigen, weiterhin von schmäler und länger werdenden Scheidenblättern besetzt. Dieselben sind häutig, längsstreifig geadert. Die Scheidenblätter des oberen, aufstrebenden Theiles des blühenden Triebes fungiren als Deckblätter der Rispenzweige, welche nur wenigblüthig büschelig sind. Jede Blüthe ist kurzgestielt, ihr Vorblatt den Deckblättern ähnlich (Fig. 128). Das Perigon der Blüthe ist hinfällig. Das etwas mehr als 1 cm lange äussere Perigon bildet eine fast cylindrische, stumpf dreizähnige, fein gestreifte Röhre; das innere Perigon besteht ebenfalls aus einer Röhre, welche dicht oberhalb des äusseren Perigons in drei fast gleiche, stumpf gerundete, längliche, grünlich-weisse Abschnitte ausgeht. Auffällig ist auch hier das nach vorn (resp. unten) gewandte, im Umrisse gerundet dreilappige Labellum der Blüthe. Im Ganzen ist es weiss, doch durchziehen fächerartig sich ausbreitende blaue Adern und Streifen seine Fläche, während der etwas krause Rand gelblich ist. Aus dem Perigonschlunde ragt die Anthere des fruchtbaren Staubblattes fast walzenförmig hervor und lässt über sich die Spitze des von ihr umhüllten Griffels erscheinen. Der Fruchtknoten ist verkehrt-

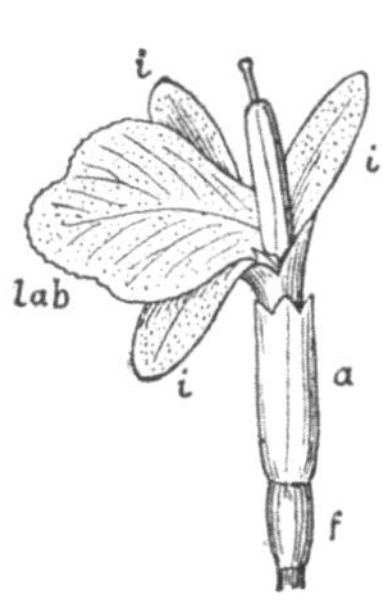

Fig. 128. Einzelblüthe von Elettaria Cardamomum. *a* äusseres, *i* inneres Perigon; *lab* Labellum; *f* der unterständige Fruchtknoten. (Nach Berg und Schmidt.)

eiförmig und enthält in jedem seiner drei Fächer etwa 12 horizontal stehende Samenanlagen, welche sich zu zwei Längsreihen an der centralen Samenleiste anordnen. Die reifen Früchte stellen sich als kurzgestielte, stumpf dreikantige Kapseln dar, die bei 5—10 mm Durchmesser eine verschiedene Länge (nicht über 2 cm) erreichen und daher bald eiförmigen, bald länglichen Umriss zeigen. Oft ist ihr Scheitel schwach eingedrückt und durch die Reste des Perigons mit einem Spitzchen genabelt. Die Fruchtklappen sind matt graugelb, dünn lederartig oder papierähnlich und durch deutliche Längsnerven dicht gestreift. Die Scheidewände der Fruchtfächer sind äusserst dünn. Die Samen sind braun oder graubraun, bei 4—5 mm Länge etwa 3 mm dick. Sie drücken sich gegenseitig unregelmässig kantig. Dem gestutzten Scheitel liegt der vertiefte Nabel gegenüber. Die Seitenflächen sind grob runzelig. Der äusserst zarte Samenmantel ist nur am Nabel, auch wohl am Scheitel deutlich, wo er sackartig hervorragt (Fig. 129). Die Hauptmasse jedes Samens bildet das sackartig gegen den Nabel hin ausgehöhlte Perisperm. Seiner Höhlung entspricht die sie erfüllende Masse des Endosperms, welches wieder in ähnlicher Weise den Keimling umschliesst, dessen Wurzelende frei gegen die Wand am Nabelende des Samens hervorragt.

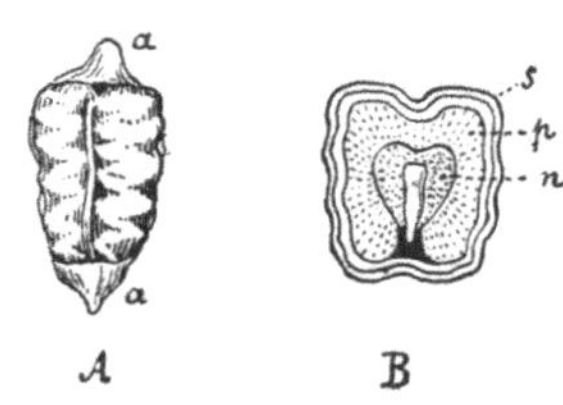

Fig. 129. Same von Elettaria Cardamomum. *A*. Same mit Arillus *a*. *B*. Same im Längsschnitt; *s* die Samenschale; *p* das Perisperm; *n* das Nährgewebe, in welchem der Keimling ruht, dessen Würzelchen dem Hohlraum des Perisperms zugewandt ist. (Nach Berg und Schmidt.)

Die Pflanze findet sich wild in den höheren Gebirgswäldern der Küste von Malabar, wird aber viel auf Ceylon cultivirt. Ihre Früchte sind officinell als Fructus Cardamomi Ph. G. II. 119 s. Cardamomum minus Ph. G. II. 331 v. Cardamomum malabaricum Ph. G. II. 331 v. Fructus Cardamomi minores Ph. G. II. 334 v. Semen cardamomi minoris Ph. G. II. 340 und werden als „kleine Cardamomen" bezeichnet. Sie dienen zur Bereitung der Tinctura amara Ph. G. II. 271, der Tinctura Rhei vinosa Ph. G. II. 287 und vieler anderer Präparate, von denen die Ph. G. I. noch Electuarium Theriaca und Pulvis aromaticus aufführte. Ihren charakteristischen, aromatisch gewürzigen Geruch und Geschmack verdanken die Samen der Cardamomen dem ätherischen Cardamomenöl (Oleum Cardamomi).

Als Synonyme sind zu *Elettaria Cardamomum* White et Maton die Namen *Alpinia Cardamomum* Roxb. und *Amomum repens* Sonn. zu merken.

2. *Elettaria major* Sm., welche in den Wäldern des mittleren und südlichen Ceylon wild wächst, dürfte nur eine Varietät der

vorigen Art sein, von welcher sie sich durch unbehaarte Blattscheiden und kahle Blattoberseiten, besonders aber durch die viel längeren, deutlich dreikantigen, oft bogig gekrümmten, graubraunen Kapseln unterscheidet, welche zahlreiche grössere, aber weniger aromatische Samen enthalten. Die Früchte bilden die (bis 4 cm langen) „langen“ oder „Ceylon-Cardamomen“, Cardamomum longum s. zeylanicum, deren Verwendung die Ph. G. II. ausschliesst.

Zwischen die Gattungen Zingiber und Elettaria würde die Gattung Amomum, nach welcher die Unterfamilie benannt wurde, einzureihen sein. Im Habitus an die Elettaria-Arten erinnernd, nähert sie sich im Blüthenbau der Gattung Zingiber; den fruchtbaren Staubbeutel überragt ein breiter, kammartiger, ungetheilter oder gelappter Fortsatz. Von den etwa 30 Arten der Gattung liefert *Amomum Cardamomum* L., in Siam, auf Sumatra und Java heimisch, die „runden Cardamomen“ (Cardamomum rotundum), *Amomum xanthioides* Wall. die „Bastard-Cardamomen“. Diese und andere Cardamomen-Sorten kommen aber wenig auf den europäischen Markt. Die im tropischen Westafrika, besonders an der Pfefferküste heimische Art *Amomum Melegueta* Roscoe, deren weissliche Blüthen mit hellpurpurrother Lippe und vierlappig-halbmondförmigem Fortsatz des Mittelbandes des fruchtbaren Staubbeutels einzeln auf den Blüthentrieben sitzen, trägt mehr als fingerlange, bis 4 cm dicke, flaschenförmige Früchte, welche zahlreiche braune Samen in farblosem, breiigem Fruchtfleische (der „Pulpa“) enthalten. Die Samen sind als Grana s. Semen Paradisi, Piper Melegueta, Melegueta-, Mallaguetta- oder Maniguetta-Pfeffer u. s. w. bekannt. Jetzt obsolet, finden sie höchstens noch in der Veterinärmedicin Verwendung.

4. Alpinia.

Die Gattung Alpinia ist der typische Vertreter der Unterfamilie der Alpinieen. Aus den holzigen, kriechenden Wurzelstöcken werden die bei manchen Arten bis 5 Meter hohen Stengel meist in rasenförmigen Büscheln ausgetrieben. Die Stengel enden mit traubigen, ährigen oder rispigen Blüthenständen, deren Einzelblüthen ein dreispaltiges inneres und ein ebensolches äusseres Perigon zeigen. Letzteres geht in gleiche oder ungleiche Abschnitte aus. Die grosse Lippe ist ganz oder 2—3-lappig getheilt. Die Flügelstaminodien sind (wie bei den Amomeen) verkürzt. Das fruchtbare Staubblatt trägt einen dicken Staubbeutel ohne Fortsatz des Mittelbandes. Die Frucht ist beerenartig und enthält meist nur wenige, von einem Mantel umhüllte Samen. Von den etwa 30 Arten der Gattung ist bei uns nur eine officinell, die

Alpinia officinarum Hance. Aus dem langen, kriechenden, reich verzweigten und dadurch filzig-verwachsenen Rhizome, dessen cylindrische, 12—18 mm dicke rothbraune und ganz glatte Aeste mit vergänglichen, bleichen, grossen Niederblattscheiden besetzt sind, welche ihre Spuren als unregelmässige Ringnarben zurücklassen, erheben sich die Stengel bis zu Meterhöhe. Die zweizeiligen Blätter führen eine lange Scheide, welche mit einem spitzlichen, grossen

Blatthäutchen endet, das abwärts verfolgt in die Scheidenränder übergeht. Die Spreiten sind 20—35 cm lang, lanzettlich (etwa 25 mm breit) und glänzend glatt. Gegen den Grund hin sind sie stark verengt, ohne doch einen Blattstiel zu bilden.

Der endständige, die Laubblätter überragende Blüthenstand schliesst mit kurzer, dichtblüthiger Rispe ab. Seine Hauptaxe ist flaumig behaart. Die grünen Deckblätter der Blüthen sind spatha-artig und bilden mit dem Vorblatt zusammen eine die kürzere Blüthe umhüllende Scheide (ähnlich wie Deck- und Vorspelze bei den schon früher besprochenen Blüthen der Gräser). Die umschlossene Blüthe ist fast ungestielt, etwa $3^1/_2$ cm lang. Ihr röhriges, weisses, äusseres Perigon endet kurz 2—3-lappig mit häutigen, gerundeten und gewimperten Abschnitten und ist aussen filzig-flaumig behaart. Das innere Perigon bildet unterwärts eine ebenfalls weisse, aussen und innen flaumig behaarte Röhre, welche in drei stumpfe, an der Spitze tutige Lappen ausgeht, von denen der hintere der grössere und breitere ist. Die Lippe der Blüthe geht in einen ganzrandigen, schwach zugespitzten oder ausgebuchteten Lappen aus, dessen Rand ganz und ein wenig kraus ist. Die Färbung der Lippe ist im Ganzen weiss, doch durchziehen weinrothe Streifen ihre Mitte und verbreiten sich gegen den Rand hin fächerartig, dabei zu einem deutlichen Mittelfleck zusammentretend. Von den Mittelstreifen aus strahlen helle rothe Linien zierlich bogenförmig nach dem Aussenrande. Die beiden Flügelstaminodien sind auf pfriemliche, fleischige, ein wenig zurückgekrümmte, 2—3 mm lange Zähnchen reducirt. Das fruchtbare Staubblatt ist halb so lang als die Lippe. Der Fruchtknoten ist dicht weissfilzig behaart; der Griffel erweitert sich allmählich und endet mit der trichterförmigen, am Rande gefransten Narbe. Die epigynen Drüsen sind kaum länger als 1 mm, gelb, abgestutzt, ganzrandig oder schwach lappig.

Die Heimath der Pflanze ist das Innere der Insel Hainan, doch dürfte sie auch in den Wäldern Chinas wild wachsen, aus dessen südlichen Provinzen die grossen Mengen der Handelswaare stammen. Vielleicht wird die Pflanze dort auch im Grossen gebaut.

Officinell ist der Wurzelstock als Rhizoma Galangae Ph. G. II. 228 s. Radix galangae Ph. G. II. 339, Galgantwurzel genannt. Er dient bei uns nur zur Herstellung der Tinctura aromatica Ph. G. II. 272. Die Droge enthält das ätherische Galgantöl, welches ihren aromatischen Geruch bedingt. Für gewöhnlich wird die beschriebene Droge als Radix galangae minoris unterschieden von der auf den malayischen Inseln, besonders auf Java, gewonnenen Radix galangae majoris. Stammpflanze dieser ist:

2. *Alpinia Galanga* Sw. Ihre Laubblätter sind breit-lanzettlich, die rispigen Blüthenstände setzen sich aus 2—6-blüthigen Aesten

zusammen. Das kräftige Rhizom liefert die „grosse Galgantwurzel“, das Rhizoma Galangae majoris s. Radix galangae majoris, welches namentlich von Java aus importirt wird. Nach der Ph. G. II. ist es bei uns nicht officinell. Möglicherweise stammen von der Pflanze auch die chinesischen Galanga-Cardamomen.

Marantaceae.

Die Familie der Marantaceen (von welcher wir die verwandte Gruppe der Cannaceen ausschliessen) gehört zu den eigenartigsten, welche wir im ganzen Reich der Blüthenpflanzen antreffen. Es beruht auch hier die Eigenart in dem complicirten Blüthenbau, insonderheit des Androeceums, dessen Structur wir nirgend wo anders wieder antreffen werden.

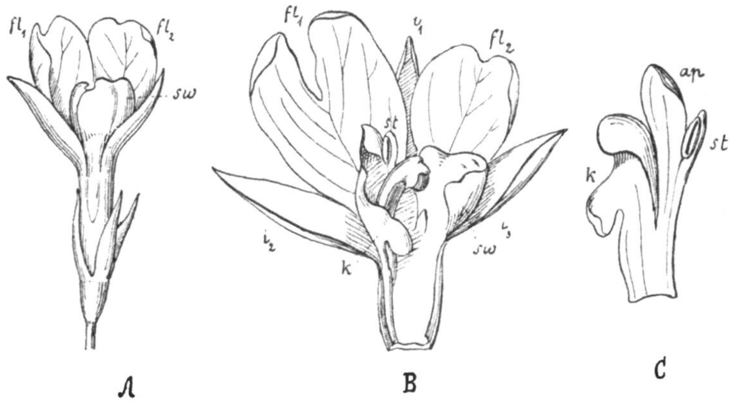

Fig. 130. Blüthe von Maranta bicolor. *A*. Ganze Blüthe von vorn gesehen; *sw* das Schwielenblatt; fl_1 und fl_2 die Flügelstaminodien. *B*. Blüthe vorn gespalten und ausgebreitet; i_1, i_2, i_3 die drei inneren Perigonblätter (Kronenblätter); fl_1 und fl_2 die Flügelstaminodien (hintere, paarige Glieder des äusseren Staubblattkreises); *sw* Schwielenblatt, *k* Kapuzenblatt und *st* fruchtbares Staubblatt (*sw*, *k* und *st* sind die Glieder des inneren Staubblattkreises). Zwischen *k* und *st* erhebt sich das gekrümmte Griffelende mit der Narbe. *C*. Das fruchtbare Staubblatt (*st* + *ap*) mit dem Kapuzenblatt (*k*) von Maranta arundinacea; *ap* ist die blumenblattartig gewordene Hälfte des Staubbeutels. (Nach Eichler.)

Zunächst merken wir uns, dass die Einzelblüthe der Marantaceen asymmetrisch entwickelt ist (Fig 130, *A*). Specialdeckblatt und Vorblätter pflegen zu fehlen, doch findet sich hin und wieder ein schüppchenartiges Vorblatt, welches bald schräg nach hinten, bald median nach hinten („adossirt“) angetroffen wird. Die Blüthe selbst lässt sich auf den Typus der Monocotylen unschwer zurückführen. Sie zeigt zunächst einen dreiblätterigen Kelch, welcher aus drei freien, laubartigen Blättern sich aufbaut. Er ist also nicht corollinisch als ein äusseres Perigon entwickelt, wie es bei den Monocotylen mit deutlichen Blüthendecken gewöhnlich der Fall ist. Mit den Kelchblättern wechseln drei Kronblätter, welche unterwärts mehr oder minder deutlich röhrig verwachsen sind. Complicirt ist nun das Androeceum. In demselben ist **nur ein Staubblatt fruchtbar und obenein nur mit einer halben Anthere** versehen, welche zwei Pollensäcke enthält und sich in gewohnter Weise innenwendig mit einem Längsriss öffnet. An Stelle der zweiten Hälfte des Staubbeutels entwickelt sich an dem fruchtbaren Staubblatt ein blumenblattartiger Lappen (Fig. 130, *C* bei *ap*). Diese Bildung findet sich ausser bei den Marantaceen nur noch bei den Cannaceen wieder. Es ist bei den Marantaceen also die Rückbildung des Androeceums noch weiter fortgeschritten, als bei den vorangehend beschriebenen Zingiberaceen. Auch diese führen ja nur ein fruchtbares Staubblatt, (welches aber eine symmetrische Anthere mit zwei Beutelhälften an seiner Spitze trägt). Wie bei den Zingiberaceen gehört das fruchtbare Staubblatt der Marantaceen dem inneren Staubblattkreise an; es ist das hintere, unpaare Glied desselben. Während nun bei den Zingiberaceen die beiden vorderen Glieder desselben Staubblattkreises stets durch ein Organ, das Labellum, dargestellt werden, sind dieselben bei den Marantaceen in Form zweier verschieden gestalteten, blumenblattartigen Organe entwickelt. Eines von ihnen (das äusserste) ist durch schwielige Ausbildung seines verbreiterten, oberen Endes ausgezeichnet und wird deshalb das Schwielenblatt genannt (Fig. 130, *B* bei *sw*). Das andere, welches vom Schwielenblatt und dem blumenblattartigen Anhängsel des fruchtbaren Staubblattes umgriffen wird (also das innerste Blatt des inneren Staubblattkreises genannt werden muss), ist an seinem oberen Ende kapuzenartig entwickelt und heisst deshalb das Kapuzenblatt (Fig. 130, *B* und *C* bei *K*). Sehr verschieden ist der äussere Staubblattkreis entwickelt. Im einfachsten Falle (wie bei der Gattung Marantopsis und einigen anderen) fehlt der äussere Staubblattkreis gänzlich, das Androeceum beschränkt sich dann also auf das halbfruchtbare Staubblatt, das Schwielen- und Kapuzenblatt. In anderen Fällen entwickelt sich vom äusseren Staubblattkreise nur ein Glied und zwar das dem Schwielenblatt gegenüberstehende (also das vor der Lücke zwischen fruchtbarem Staubblatt und Kapuzenblatt befindliche). Es ist stets blumenblattartig entwickelt und wird als Flügel bezeichnet. Bei der Gattung Maranta kommt hierzu noch ein zweites Flügelblatt, welches dem Kapuzenblatt gegenübersteht. Hier sind also die beiden seitlichen Glieder des äusseren Staubblattkreises (freilich blumenblattartig) entwickelt (Fig. 130, *B*, fl_1 und fl_2). **Das median nach vorn fallende Staubblatt des äusseren Kreises wird bei den Marantaceen (wie bei den Zingiberaceen)**

niemals entwickelt.[1] Es ergiebt sich mithin für die Marantablüthe das Diagramm Fig. 131, dessen Aehnlichkeit mit dem Grundriss der Zingiberaceenblüthe (vgl. Fig. 124) augenfällig ist. Aus demselben ist auch ersichtlich, dass den Marantaceen (wie den Zingiberaceen) *drei Fruchtblätter* zukommen, welche hier wie dort zu einem unterständigen, dreifächerigen Fruchtknoten zusammenschliessen. Während aber in jedem Fruchtfach der Zingiberaceen (auch der Cannaceen) mehrere oder viele Samenanlagen entwickelt werden, sind die Marantaceen durchweg durch *eineiige* Fruchtknotenfächer ausgezeichnet und dadurch von allen verwandten Familien, von allen übrigen Scitamineen unterschieden. Bemerkenswerth ist die Bildung von sogenannten *Septaldrüsen* (Nectarien) in den drei Scheidewänden des Fruchtknotens. Der Griffel ist meist kurz und dick, immer krümmt er sich bogig gegen das Kapuzenblatt, dessen kappenförmiger Theil die mehr oder minder deutlich dreilappige, etwas buckelig-knopfige Narbe bis nach dem Verstäuben des Pollens der Blüthe völlig überdeckt, eine Einrichtung, durch welche die Kreuzungsbefruchtung der Blüthen (d. h. die Bestäubung durch den Pollen einer anderen Blüthe) gesichert ist.

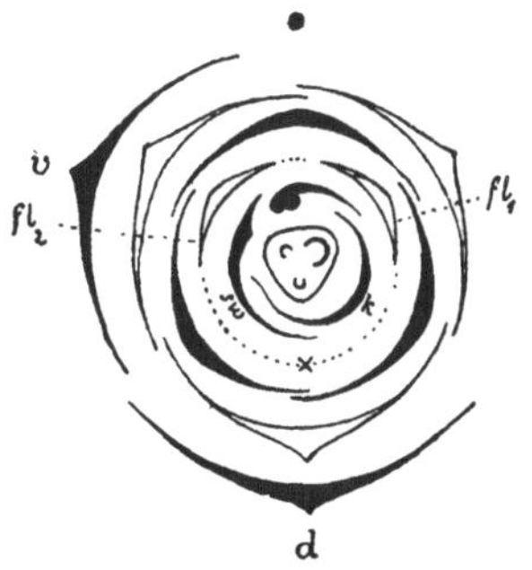

Fig. 131. Grundriss der Einzelblüthe einer Maranta. *d* das Deckblatt; *v* das (meist unterdrückte) Vorblatt; fl_1 und fl_2 die Flügelstaminodien; *sw* das Schwielenblatt; *k* das Kapuzenblatt. (Nach Eichler.)

Die Samenanlagen der Marantaceen sind aufrecht und sitzend, d. h. sie entbehren des Nabelstranges. Sie führen allerwärts zwei Integumente und krümmen sich bald campylotrop, bald völlig anatrop nach aussen; sie können also als campylotrop-apotrop oder anatrop-apotrop bezeichnet werden.

Die Frucht der Marantaceen ist meist nicht über $1^1/_2$ cm lang, bald kugelig, bald tonnenförmig, bald birnförmig. Ihr Perikarp ist bisweilen fleischig, häufiger aber leder- oder krustenartig (so bei *Maranta*); auch häutig dünne Fruchtwände kommen vor. Im allgemeinen springen die Früchte fachspaltig mit drei Klappen auf. Uebrigens sind nicht immer alle drei Fruchtfächer fertil. Bei der Gattung *Maranta* und einigen anderen ist in jeder Blüthe nur das nach dem ersten Flügelblatt (fl_1) hin gewandte Fruchtblatt

[1]) Man merke also, dass bei den Marantaceen niemals mehr als 5 Blätter im Androeceum vorkommen, wohl aber weniger (4 oder gar nur 3). Alle sind blumenblattartig entwickelt, und das einzige fruchtbare hat sogar nur eine **halbe** („monothecische") Anthere.

fruchtbar; der Fruchtknoten wird hier also durch Fehlschlagen zweier Fächer „eineiig“, die Frucht einsamig.[1])

Die Samen sind meist kugelig oder lang gestreckt, ihre graue, braune oder schwarze Samenschale ist oft mit Längs- oder Querfurchen versehen oder unregelmässig runzelig. Charakteristisch ist die Bildung eines Arillus (Samenmantels) von gelblichweisser Farbe. Dem Arillus der Marantaceen ist die Bildung zweier rückwärts gerichteten Anhängsel eigen, welche sich auf der Rückenseite des Samens bisweilen kreuzen (Fig. 132, 1) oder bandförmig parallel neben einander liegen und sich bis über den Scheitel des Samens hinweg wölben (Fig. 132, 3). Bei der Gattung Maranta pflegen die beiden Anhängsel des Arillus fransig oder fingerig gelappt zu sein (Fig. 132, 2). Solche Formen des Samenmantels sind bisher nur bei den Marantaceen bekannt geworden; sie spielen bei der Ausstreuung der Samen eine Rolle. Nicht minder charakteristisch ist der innere Bau der Samen (Fig. 133). Nach der Befruchtung bildet sich der Kern der Samenanlage zu einem mehligen Perisperm aus und lässt dabei die campylotrope Form mehr und mehr deutlich werden. Es bildet sich dadurch ein tiefer Perispermkanal, welcher mit mulmig-faserigen Geweberesten erfüllt ist. Bei Maranta u. a. theilt sich der Perispermkanal in zwei Gabeläste, zwischen welchen das gekrümmte Perisperm hindurchgeht. Mit der Form des Perisperms correspondirt nun auch die Form des Keimlings. Anfänglich gerade, krümmt er sich später mehr und mehr hakenförmig, entsprechend der campylotropen Form des Perisperms. Die Wurzelspitze des Keimlings bleibt dabei dem Mikropylen-Ende so nahe, dass sie schliesslich der

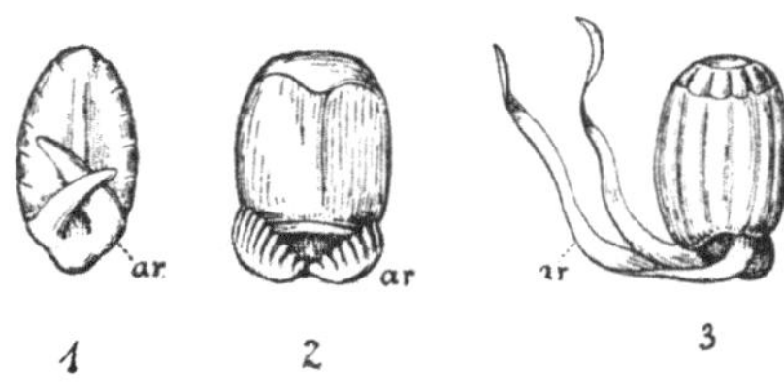

Fig. 132. Samen von Marantaceen. 1. Same einer Calathea; 2. von Maranta lutea; 3. von Ctenanthe Luschnathiana. Alle Figuren nach Eichler. *ar* überall der Arillus.

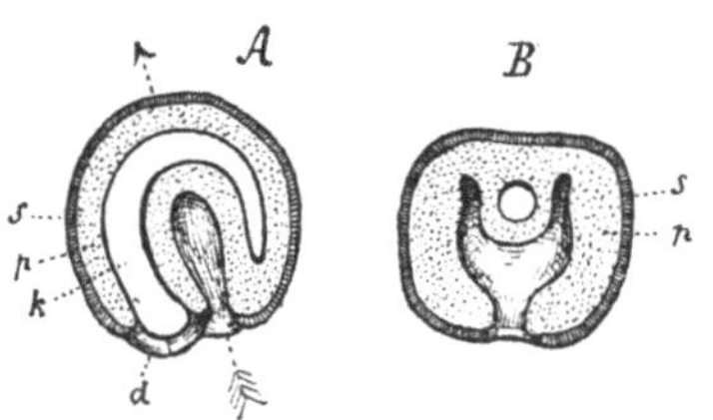

Fig. 133. Same einer Marantacee, Clinogyne grandis. *A*. Längsschnitt. *B*. Querschnitt in Richtung des punktirten Pfeiles in *A* und senkrecht zur Papierebene. *s* Samenschale; *p* Perisperm; *k* Keimling; *d* deckelartiges Stück der Samenhaut über dem Wurzelende des Keimlings. (Nach Eichler.)

[1]) Durch die eigenartige Gruppirung der Blüthen im Blüthenstande kommt das fruchtbare Fruchtfach immer nach der dem Beschauer zugewandten (vorderen) Seite der Blüthe zu liegen.

Samenschale völlig anliegt. Bei der Keimung hebt sich dann das über der Keimwurzel liegende Stück der Samenschale deckelartig ab. Auch diese Erscheinung findet man nur äusserst selten im Pflanzenreich.

War nun schon der Bau der Einzelblüthe und der aus ihr hervorgehenden Frucht und ihrer Samen sehr eigenartig, so ist der morphologische Aufbau der Blüthenstände nicht weniger bemerkenswerth. Die Blüthenstände sind theils endständig, theils seitenständig, zum Theil stellen sie besondere Triebe aus dem unterirdischen Rhizome (ähnlich wie bei den meisten Zingiberaceen) dar. Im Ganzen sind die Blüthenstände traubig zu nennen, d. h. an gemeinsamer Axe sitzen eine grössere oder geringere Zahl von Hochblättern (Deckblätter), in deren Achseln aber nicht einzelne Blüthen stehen (wie bei der echten Traube), sondern in der Achsel jedes Deckblattes steht ein ganz kurz gestieltes, zweiblüthiges, gabeliges Dichasium.[1]) Ist dasselbe, wie es bei den unteren Hochblättern der Blüthenstände vorkommt, durch einen längeren Blüthenzweig von traubiger Zusammensetzung vertreten, so wird die ganze Inflorescenz zur Rispe. **Man halte aber vor allen Dingen fest, dass die Blüthen niemals einzeln stehen, sondern immer zu Paaren.** Es tritt nun hier der hochinteressante Fall ein, dass zwar jede einzelne Blüthe für sich bezüglich ihrer Medianebene asymmetrisch ist,[2]) dass aber jedes Blüthenpaar eine Zygomorphie darstellt. Es ist in jedem Paare die rechts stehende Blüthe spiegelbildlich der links stehenden gleich. Die Zygomorphieebene des Blüthenpaares ist die Medianebene, welche durch die Hauptaxe und das gemeinsame Deckblatt des Blüthenpaares bestimmt ist. Der Grundriss eines Blüthenpaares ist daher der in Fig. 134 dargestellte. Man wird in demselben leicht die Combination aus zwei Diagrammen wiedererkennen, wie sie in Fig. 131 für die Einzelblüthe gegeben sind.

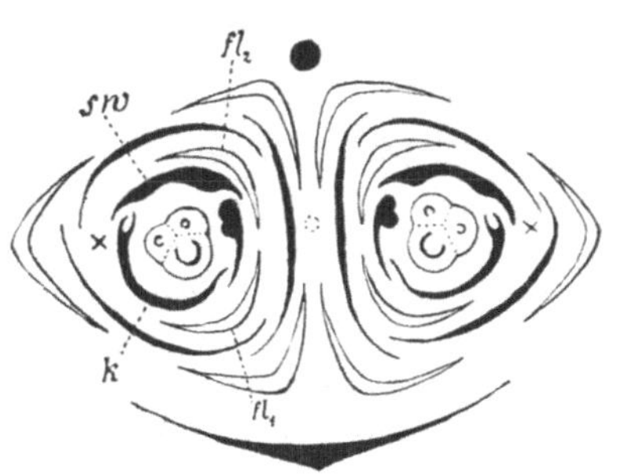

Fig. 134. Grundriss eines Blüthenpaares einer Maranta. Die beiden Blüthen stehen in der Achsel eines gemeinsamen Deckblattes, stammen aber von der im Centrum punktirt angegebenen Axe ab; bezüglich dieser sind die Blüthen ohne Deck- und Vorblatt. fl_1 und fl_2 sind Flügelstaminodien; *sw* das Schwielenblatt; *k* das Kapuzenblatt der linken Blüthe. (Nach Eichler.)

Endlich sind noch die vegetativen Merkmale der Familie

[1]) Nach anderer Auffassung ist dasselbe als eine zweiblüthige Wickel zu deuten.

[2]) „Asymmetrisch" wegen der ungleichen Hälften des fruchtbaren Staubblattes und „asymmetrisch", weil Schwielenblatt und Kapuzenblatt verschieden gestaltet sind.

kurz anzudeuten. Alle Marantaceen sind krautige Gewächse, welche durch Rhizome ausdauern. Aus den Achseln der scheidenförmigen, weissen Niederblätter erheben sich zum Zweck der Laub- und Blüthenbildung die oberirdischen Sprosse, welche nach ein- oder zweijähriger Wachsthumsperiode absterben. Auch die Endknospe des Rhizomes erhebt sich zum oberirdischen Spross. Dadurch ist das Rhizom gezwungen, sich durch Seitentriebe aus der Achsel des einen oder anderen Niederblattes fortzusetzen; es ist also jedesmal sympodial zusammengesetzt. Bei vielen Arten treiben unterirdische Sprosse zu langen Ausläufern aus, welche bei gewissen Arten an ihrer Spitze zu Knollen anschwellen, deren Endknospe sich im nächsten Jahre als oberirdischer Trieb entfaltet.

Die oberirdischen Sprosse sind wie die Rhizome zweizeilig beblättert. Meist bilden sie eine bodenständige Blattgruppe (eine „Bodenlaube"). Die Pflanze erscheint also stengellos. In anderen Fällen streckt sich der Stengel oberhalb der grundständigen Blätter und erzeugt dann oberhalb des Erdbodens nochmals eine Gruppe gedrängt gestellter Blätter; es bildet sich eine neue „Blattlaube", und dieser Vorgang kann sich dann mehrmals wiederholen. In wenigen Fällen ist der oberirdische Stengel gleichmässig beblättert (so bei der wichtigsten Art, *Maranta arundinacea*) und erreicht dann selbst Meterhöhe.

Die Laubblätter sind sehr typisch entwickelt. Sie lassen allgemein sehr deutlich Scheide, Stiel und Spreite erkennen (etwa wie das schematische Blatt in Fig. 4 unserer Einleitung). Die Scheide ist sehr ansehnlich, vorn offen, bisweilen endet sie oberwärts mit zwei nebenblattartigen Spitzen (Ohren). Der Stiel ist sehr verschieden lang, bisweilen fast schwindend, andererseits aber kann er bis Meterlänge erreichen. Er ist meist cylindrisch und endet mit charakteristischem Gelenk am oberen Ende. Die Gelenkbildung der Blattstiele unterscheidet die Marantaceen von allen übrigen Scitamineen.[1]) Die Spreiten der Marantaceenblätter sind ebenfalls charakteristisch gebildet. Wie bei den Zingiberaceen sind sie ganzrandig, von kräftiger Mittelrippe durchzogen, von welcher aus die Seitennerven parallel bogig zum Rande hin verlaufen. Oft sind die Oberseiten zierlich gezeichnet; helle bis silbergraue Streifen wechseln mit sattgrünen oder dunkelgrünen bis sammetartig-schwarzen Feldern ab. In anderen Fällen durchziehen hellrosa Streifen die Spreitenfläche. Marantaceen sind aus diesem Grunde von vielen Kunstgärtnern mit Vorliebe gezüchtete „Blattpflanzen". Eine auffällige Erscheinung liegt darin, dass von den beiden Spreitenhälften der Blätter regel-

---

[1]) Die Marantaceen stimmen in diesem Punkte mit den meisten Aroideen überein.

mässig eine breiter ist als die andere. In der Knospenlage sind die Blätter stets seitlich gerollt und zwar immer so, dass die später breitere Spreitenhälfte von der schmäleren umschlossen wird. Entweder sind nun die auf einander folgenden Blätter alle in gleichem Sinne (und dann immer rechts) gerollt, oder es wechselt die Richtung des Rollens bei den auf einander folgenden Blättern, einem rechtsgerollten Blatte folgt ein linksgerolltes Blatt. Eichler nennt solche Marantaceen antitrope, während er die gleichsinnig (rechts) gerollten als homotrope jenen entgegensetzt.

Von den etwa 180 bekannten Marantaceen gehören die meisten dem tropischen und subtropischen Amerika an. Sie vertreten hier die Zingiberaceen der alten Welt. Nur wenige Gattungen gehören der alten Welt an. Hier interessirt nur eine Gattung, die den Typus der Familie darstellt, die Gattung

Maranta L.

Zunächst charakterisirt sich diese Gattung durch ihren Wuchs. Die oberirdischen Triebe beginnen mit einer Bodenlaube von kräftigen Laubblättern, über welcher sich der Stengel mit gleichmässig vertheilten Knoten erhebt. Die Verzweigung geschieht oft reichlich aus den Achseln fast aller Laubblätter. Die Blätter sind homotrop, alle rechtsgerollt, und ihre rechte Spreitenhälfte ist die schmälere. Jeder Zweig beginnt mit einem adossirten Grundblatt, über welchem unmittelbar das erste Laubblatt steht[1]).

Die Blüthenstände sind endständig am Hauptzweig und an den Nebenzweigen. Sie sind ährig aus Blüthenpaaren zusammengesetzt. Unterhalb jedes Blüthenpaares entwickeln sich oft in serialer Folge weitere Blüthenpaare. Jeder Blüthenstand endet auch mit einem endständigen Blüthenpaare. Von den beiden Blüthen eines Paares, welche auf gemeinsamem, ziemlich langem Stiel in der Achsel eines Hochblattes sitzen, ist die eine auf etwas längerem Gabelstiel emporgehoben. Specialdeck- und Vorblätter fehlen.

In der Einzelblüthe ist charakteristisch die ziemlich lange, den Kelch meist überragende Kronenröhre. Das Androeceum führt ausser dem fruchtbaren Staubblatt, dem Schwielen- und Kapuzenblatt noch zwei, dem äusseren Kreise angehörige Flügel, welche hier immer ansehnlich blumenblattartig entwickelt sind und die Glieder des inneren Staubblattkreises überragen. Das Schwielenblatt trägt auf seiner Innenseite einen gerade herablaufenden Kamm, der jedoch bisweilen ganz fehlt. Der Fruchtknoten wird durch Fehlschlagen

---

[1]) Es tritt hier also der sehr seltene Fall einer sogenannten Superposition zweier Blätter auf. Die vergleichende Betrachtung berechtigt dabei zu der Annahme, dass in diesem Falle ein dem Grundblatt gegenüberstehendes „Zwischenblatt“ fehlgeschlagen ist.

eineiig, die unfruchtbaren beiden Fächer sind minimal entwickelt. Die Narbe des Griffels sitzt seitlich und ist schief zweilippig. Die schiefeiförmigen Früchte zeigen ein fleischiges oder lederartiges Perikarp und öffnen sich unvollkommen dreiklappig. Die Samen sind dreikantig-rundlich, längsgerunzelt, ihr Arillus kurz und ganzrandig oder fransig gelappt. Der Perispermkanal ist gerade oder gabelig getheilt; der Keimling gekrümmt.

Von den etwa vierzig Arten kommen nur zwei in der alten Welt vor, vielleicht nur durch Cultur hierhin verbreitet, nämlich:

1. *Maranta arundinacea* L. Aus dem dicken, fleischigen, weisslichen Wurzelstock treibt diese Art bis 30 cm lange, am Grunde verdünnte Ausläufer, welche dicht mit weissen, schuppigen Niederblättern besetzt sind. Die Triebspitzen erheben sich über den Boden und wachsen hier zu oft mehr als meterhohen, verzweigten, gleichmässig beblätterten Stengeln heran. Die Laubblätter sind länglicheiförmig, oberwärts etwas schmaler, von feinen Flaumhaaren bedeckt. Der unterwärts scheidige Blattstiel ist an den unteren Stengelblättern am längsten; an den höher eingefügten Blättern nimmt seine Länge allmählich ab. Die halbfingerlangen Blüthen zeigen einen grünen Kelch aus spitz-lanzettlichen Blättern und eine weisse Krone, deren Röhre unterwärts gekrümmt und schwach bauchig ist. Die Kronenzipfel sind stumpf, länglich.

Im tropischen Amerika von Mexico bis Brasilien heimisch, wird diese Pflanze vielfach in den Tropenländern wegen der stärkereichen Wurzelstöcke gebaut, namentlich in Westindien und auf den Bermudasinseln. Auch die Tropenländer der alten Welt, besonders Westafrika, Natal, Ostindien, Java und die Philippinen, sind Culturstätten dieses nützlichen Gewächses geworden. Das aus den Wurzelstöcken gewonnene Stärkemehl bildet das Amylum Marantae, welches noch in der Ph. G. I. als officinell aufgeführt wurde. Es ist allerwärts bekannt unter der Bezeichnung Arrow-root oder Pfeilwurzelmehl.

2. *Maranta indica* Tussac. unterscheidet sich von der *Maranta arundinacea* L. durch kahle Blätter und wird von einigen Autoren nur als eine Varietät der letztgenannten Art angesehen. Sie wird vorzüglich in Ostindien, auf Java und den Philippinen cultivirt. Ihre Wurzelstöcke liefern ebenfalls Arrow-root, welches von dem Arrow-root der *Maranta arundinacea* nicht unterschieden werden kann.

Gynandrae.

Der Hauptcharakter der ganzen Ordnung der Gynandrae liegt in der völligen Verwachsung der wenigen zur Ausbildung gelangenden Staubblätter mit dem Griffelende des allerwärts unterständigen Fruchtknotens.[1]) Im Besonderen ist dann noch zu bemerken, dass *die Blüthen stets median-zygomorph* entwickelt sind. Das dem vieleiigen, unterständigen Fruchtknoten aufsitzende Perigon ist blumenkronartig entwickelt. Alle hierhergehörigen Gewächse sind ausdauernde Kräuter oder Halbsträucher, welche in den mannichfaltigsten Formen vorzüglich Bewohner der Tropen sind. Nur verhältnissmässig wenige Vertreter gehören unserer heimischen Flora an und sind Glieder der einzigen hier interessirenden Familie der

Orchidaceae.

Vier Hauptmerkmale genügen für die vorläufige Charakteristik dieser wichtigen Pflanzenfamilie.

Erstens sind die Blüthen (wie bei allen Familien der Ordnung) ausnahmslos und auffällig *medianzygomorph*.

Zweitens treffen wir hier zum ersten Male auf einen *einfächerigen* unterständigen Fruchtknoten.

Drittens ist das Perigon durchweg blumenkronartig und ansehnlich entwickelt, aus drei äusseren und drei inneren Blättern gebildet mit der Besonderheit, dass das unpaare innere Perigonblatt stets von abweichender, oft absonderlicher Gestalt angetroffen wird. Es wird als *Labellum* bezeichnet.

Viertens ist das Androeceum niemals vollzählig entwickelt. Typisch ist nur ein einziges (das dem Labellum gegenüberstehende) Staubblatt fruchtbar entwickelt und mit dem Griffel zu einer eigenartigen, *Gynostemium* genannten Säule verwachsen.

Wir erhalten somit als allgemeine Blüthenformel

$$P\ 3 + 3,\ A\ 1 + 0,\ G\ \overline{(3)},$$

welcher das Diagramm Fig. 135 (links) entspricht.

Die besonderen Merkmale der Orchideenblüthe sind aber so mannichfaltiger Art, dass eine eingehende Betrachtung nicht umgangen werden kann.

Fig. 135. Diagramme von Orchideen. Links das Diagramm der „monandrischen", rechts das der „diandrischen" Arten.

Schon die Entfaltung der Blüthen ist eigenartig. Wir begegnen nämlich niemals Gipfelblüthen; typisch sind alle Blüthen seitlichen Ursprungs und sitzen je in der Achsel eines mehr oder weniger auffällig entwickelten Deckblattes. Vorblätter sind

[1]) Auf diese Verwachsung bezieht sich die Bezeichnung ***Gynandrae***, von γυνή, Weib und ἀνδρεία, Mannheit gebildet. Die „Gynandria" bilden die zwanzigste Klasse des Linné'schen Systems.

nirgends anzutreffen. Der Blüthenstiel wird immer durch den unterständigen Fruchtknoten ersetzt. Nun ist das Perigon wie bei den typischen Monocotylenblüthen (vgl. das Diagramm Fig. 87) orientirt, das unpaare innere Perigonblatt fällt also in der Knospenlage der Blüthe nach hinten, gegen die Abstammungsaxe, wie es auch das Diagramm Fig. 135 zeigt. Entfaltet sich nun die Blüthe, so dreht sich der Fruchtknoten in der Mehrzahl der Fälle so, dass die ganze Blüthe um 180° gedreht erscheint; das Labellum steht also in der entfalteten Blüthe vorn resp. für den Beschauer nach unten gewandt, wie es Fig. 136 zeigt. Was also in der Knospenlage hinten war, ist jetzt vorn, was links war, ist rechts und umgekehrt. Man bezeichnet diese eigenartige Stellungsänderung bei Blüthen als Resupination.[1]) Dieselbe kann übrigens auch ohne Drehung des Fruchtknotens herbeigeführt werden. Bei der Orchideengattung Cypripedium ist meist nur eine, scheinbar endständige Blüthe vorhanden. Diese kippt auf dem Blüthenschafte immer so um, dass ihr Labellum nach unten (vorn) zu liegen kommt.

Fig. 136. Blüthe einer Orchisart (nach erfolgter Resupination). *br* das Deckblatt.

Das blumenkronartige, oberständige (d. h. dem Fruchtknoten aufsitzende, Perigon besteht aus meist völlig getrennten Gliedern. Nur selten tritt eine Verwachsung der beiden hinter dem Labellum stehenden (der paarigen, seitlichen) äusseren Perigonblätter ein, wie es unter anderen die überhaupt in vielen Punkten abweichend gebauten Blüthen von Cypripedium zeigen. Bei der exotischen Gattung Physosiphon sind die drei äusseren Perigonblätter hoch hinauf zu einer Röhre verwachsen. Während nun die äusseren drei Perigonblätter im Allgemeinen einander gleichgestaltet sind, sind die drei inneren ungleich entwickelt. Die beiden seitlichen vorderen[2]) sind unter sich gleich; man könnte sie als Flügelblätter bezeichnen. Dagegen ist das unpaare, in der Knospenlage nach hinten (gegen die Abstammungsaxe) fallende innere Perigonblatt, die Lippe (Labellum), gewöhnlich unterwärts kahnförmig, in vielen Fällen sack-

[1]) Die Resupination der Orchideenblüthen ist ein so eigenartiger Charakter, dass wir demselben in diesem Buche nur selten wieder begegnen werden. Resupinirende Blüthen finden sich nur noch bei der dicotylen Familie der Fumariaceen und bei den Lobeliaceen wieder.

[2]) Also nach der Resupination hinteren (resp. oberen) Perigonblätter.

artig oder in einen rückwärts gerichteten Sporn (wie in Fig. 136) ausgezogen. Sie bildet ein „florales“ Nectarium. Gegen den kahnförmigen Theil setzt sich der obere Lippenabschnitt gewöhnlich scharf ab und bildet einen zierlich und auffällig gezeichneten, oft dreitheiligen Lappen, welcher auf seiner Oberseite (Innenseite) bald Schwielen, bald Höcker, bald Haarpolster und dergleichen Gebilde trägt.

Im Centrum des Perigons erhebt sich das kräftige, fleischige, gewöhnlich in der Medianebene der Blüthe schwach gekrümmte Gynostemium. Es wendet seine concave Seite dem Labellum zu, während der convexe Rücken von den beiden seitlichen inneren und dem unpaaren äusseren Perigonblatte (auch wohl von letzterem allein) überdeckt wird. Die Krümmung des Gynostemiums erweckt dadurch den Anschein, als stehe es dem Labellum gerade gegenüber, während es doch ein centrales Organ ist. Uebrigens ist es so complicirt gebaut, dass man sich das Verständniss desselben besonders angelegen sein lassen muss.

Bei dem Gros der Orchideen nehmen an dem Aufbau des Gynostemiums drei Staubblätter und die drei Fruchtblattspitzen theil. Von den sechs im Grundplane der Monocotylenblüthe (vgl. Fig. 87) liegenden Staubblättern ist nur das unpaare, nach vorn fallende des äusseren Staubblattkreises, mithin das dem Labellum gegenüberstehende fruchtbar entwickelt.[1]) (Vgl. Fig. 136 und das Diagramm Fig. 135 links). Es besitzt eine innenwendige, meist zweifächerige Anthere und entbehrt scheinbar völlig eines Staubfadens, weil derselbe in den convexen Rücken des Gynostemiums aufgegangen ist. Die Anthere erscheint dadurch als ein dem äussersten Ende des Griffels aufsitzendes Gebilde. (Vgl. Fig. 137 bei *a*). Hebt man die

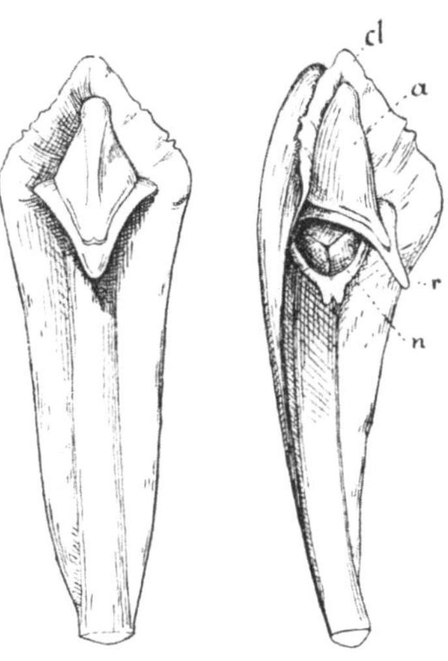

Fig. 137. Gynostemium einer ausländischen („exotischen“) Orchidee, Coelogyne cristata. Links das Gynostemium von der dem Labellum zugewandten Seite, rechts in schiefer Richtung gesehen. *a* die Anthere; *cl* der Rand des Clinandriums; *r* das Rostellum (oberer Narbenzipfel); *n* die Narbenfläche (Gynixus).

[1]) Die Orchideen sind also typisch „monandrisch“ (einmännig), ein Charakter, welchen sie mit den Zingiberaceen und Marantaceen theilen, bei welchen aber das einzige fruchtbare Staubblatt das mediane des inneren Staubblattkreises ist. Nach der Resupination steht aber das fruchtbare Staubblatt der Orchideen gerade an derselben Stelle wie bei den Zingiberaceen, nämlich in der Blüthe oben resp. hinten.

Anthere ab, so erblickt man (namentlich bei den exotischen Arten) eine grubige Vertiefung, in welcher die Anthere wie in einem bequemen Lehnsessel ruhte. Die Vertiefung heisst das Clinandrium. In unserer Figur 137 zieht sich der Rand (*cl*) desselben kragenartig hinter der Anthere herum. Für das weitere Verständniss ist der in Fig. 138 gegebene Längsschnitt durch das Gynostemium besonders lehrreich. Derselbe zeigt, wie die Anthere (in welcher die Pollenmasse punktirt angegeben ist) mit ihrem oberen Ende (ober-

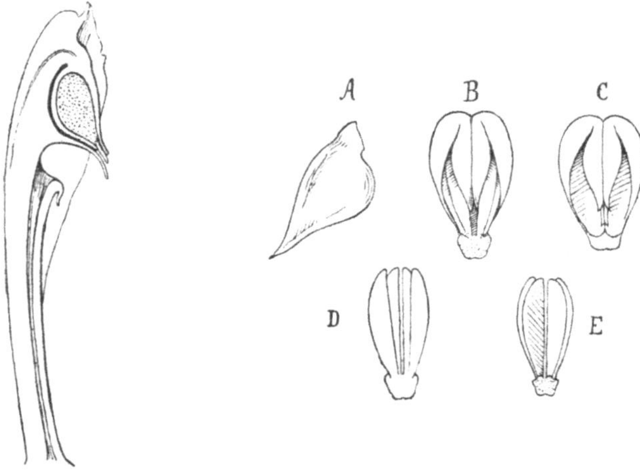

Fig. 138. Gynostemium von Coelogyne cristata, längs durchschnitten, um die von oben her auf das Rostellum herabgesenkte Anthere und den Griffelkanal zu zeigen. Die Pollenmasse in der Anthere ist punktirt angegeben.

Fig. 139. Anthere und Pollinien von Coelogyne cristata. *A*. Die Anthere von der Seite, *B* und *C* von unten gesehen. In *B* sind die Pollinien noch nicht entfernt; *C* stellt nur die Aussenwand dar. *D*. Die Pollinien von oben, *E* von unten her gesehen. *E* correspondirt demnach mit *B*. In beiden Figuren ist die Klebscheibe punktirt gezeichnet.

halb der Pollenmasse) an die Rückenpartie der Griffelsäule durch ein ganz kurzes Staubfadenstück angeheftet ist. Dasselbe ist auch noch an der abgetrennten Anthere (in Fig. 139 *A*, oben rechts) wiederzuerkennen. Betrachtet man nun die Anthere von ihrer Unterseite, mit welcher sie die Fläche des Clinandriums berührte, so erhält man das in Fig. 139 *B* gegebene Bild. Die Anthere erweist sich als zweifächerig, und jedes Fach ist mit einem Längsriss geöffnet, aus welchem die Pollenmassen hervorsehen, die sich am vorderen Ende an eine (punktirt gezeichnete) Scheibe, die Klebscheibe, ansetzen. Berührt man diese (etwa mit einer Nadel oder einer Bleistiftspitze), so kann man mit Leichtigkeit die ganze Pollenmasse aus der Anthere herausziehen; es bleibt dann nur die Antherenwand übrig, wie es Fig. 139 *C* zeigt. Nun ist es schon überraschend, dass die ganze Pollenmasse sich herauszieht, während doch bei allen bisher besprochenen Pflanzenfamilien der Pollen staubig aus den Staubbeuteln ausgestossen wird. Obenein zeigen aber die Bilder *D* und *E* der Figur, dass die Pollenmasse vier keulige, paarweise zusammengehörige Theilkörper bildet, welche mit ihrem unteren Ende der Klebscheibe ansitzen. Es erklärt sich dies in folgender Art. Wie es bei Staubblättern der Angiospermen allgemeine Regel ist,[1]) führt auch die Orchideenanthere vier Pollensäcke. Nun zerfällt aber der Inhalt derselben nicht in die einzelnen Pollenkörner, zu einem staubigen Pulver, sondern die Pollenmasse jedes Pollensackes wird durch eine wachsartige Substanz dauernd zusammengehalten; deshalb bleiben die vier Theilmassen, den vier Pollensäcken entsprechend, auch ausserhalb der Anthere in ihrer Form erhalten. Man nennt diese eigenartigen Pollenmassen der Orchideen Pollinarien oder Pollinien. Solche finden sich im ganzen Gewächsreiche nur noch bei einer einzigen dicotylen Familie, bei den Asclepiadaceen, wieder. Uebrigens ist die Ausbildung der Pollinarien vielen Schwankungen unterworfen. In vielen Fällen schwindet die Scheidewand zwischen den Pollensäcken jeder Antherenhälfte, so dass sich der Pollen in Form von nur zwei Pollinarien aus der Anthere herausziehen lässt (so bei unseren heimischen Orchideen), oder es wird jede Pollenmasse in eine obere und untere Hälfte getrennt, so dass man aus der reifen Anthere acht Pollinarien herauszieht (so bei den in Treibhäusern cultivirten Phajus-Arten). Endlich kann auch der normale, aber hier seltene Fall eintreten, dass sich der Pollen fast staubig ausbildet (so bei unserer heimischen Neottia). Es kleben dann auch hier gewöhnlich noch je vier Pollenkörner als „Pollentetrade" an einander. Uebrigens ist auch die Klebscheibe nicht immer wie in Fig. 139 *D* und *E* entwickelt; oft ist sie verschwindend klein. Sind die Pollinarien gestielt, so nennt man ihre Stielchen die Caudiculae. Bei unseren heimischen Orchideen sind die beiden Antherenfächer meist so angeordnet, dass ihr Längsriss frei nach aussen liegt, wie es Fig. 136 zeigt.[2])

Kehren wir nun zum Bau der Säule zurück. Wie aus Fig. 137 ersichtlich ist, ragt unterhalb der Anthere das rechts mit *r* bezeichnete Spitzchen hervor. Es ist die Spitze desjenigen Griffeltheiles, auf welchem die Anthere mit ihrer Grundfläche ruht. Man nennt diese Spitze das Rostellum oder Schnäbelchen. Unterhalb desselben erblickt man eine immer mit einem honigartigen, klebrigen Schleime ausgekleidete Vertiefung (*n* in Fig. 137). Dieselbe ist die Narbenfläche und wird nicht als Stigma, sondern als Gynixus bezeichnet. Man erkennt aus der Figur leicht, dass die Narbe drei Felder unterscheiden lässt. Das obere Feld läuft von unten her in

[1]) Vgl. die Einleitung, S. 15.

[2]) Vergl. auch Fig. 140, bei *an*.

die Fläche des Rostellums aus, ist also median gestellt; die beiden unteren Felder laufen (wenigstens in dem gezeichneten Falle) ebenfalls in (wenn auch kurze) Spitzen aus. Es ist nun leicht ersichtlich, dass die drei Narbenfelder den drei Fruchtblattspitzen entsprechen, welche zur Griffelbildung verwendet worden sind. Das Rostellum ist die Spitze des dem Labellum gegenüberstehenden (des unpaaren, medianen) Fruchtblattes. Wie sich die Narbenfläche tief unter dem Rostellum einsenkt, zeigt der Längsschnitt Fig. 138. Man sieht hier auch, wie von der Narbe aus ein weiter Griffelkanal die Säule abwärts durchzieht. Bei unseren Orchideen ist übrigens das Rostellum oberseits gewöhnlich grubig vertieft und überdeckt die unteren Enden der klebrigen Stielchen der Pollinarien. Eine derartige Bildung des Rostellums bezeichnet man als Drüsentäschchen, als Bursicula.

Das Verständniss des Blüthenbaues unserer heimischen Orchideen, besonders der häufiger vorkommenden Arten wird meist dadurch erschwert, dass die Griffelsäule verschwindend kurz ist, wie es Fig. 140 zeigt. Es sitzt hier die Anthere (*an*) unmittelbar im Grunde des Perigons; unter ihr an der Hinterfläche des Einganges in die Höhle des mit *sp* bezeichneten Spornes ist die Narbenfläche, der Gynixus *n*, sichtbar. Zwischen den beiden Staubbeutelhälften wendet sich das Rostellum mit seiner Spitze aufwärts, eine Bursicula bildend.

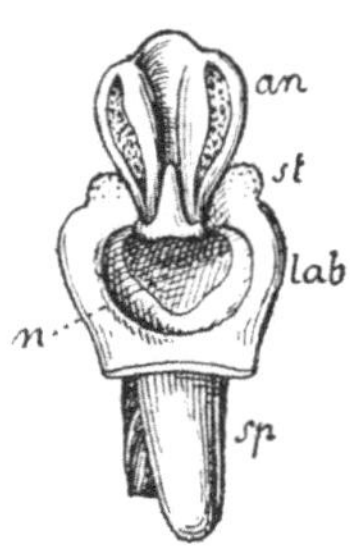

Fig. 140. Gynostemium mit Umgebung von Orchis militaris. *an* die Anthere; *st* die seitlichen Staminodien; *n* die Narbenfläche *lab* ist ein Stück des Labellums, welches in den Sporn *sp* ausgezogen ist. (Man vergleiche dieses Bild auch mit Figur 144.) (Nach Berg und Schmidt.)

Sind nun auch die Staubblätter bis auf eines (das fertile) unterdrückt, so findet man doch häufig noch Spuren der übrigen und zwar zunächst der beiden seitlichen, vorderen des inneren Staubblattkreises. Fig. 140 zeigt dieselben in Form der beiden Höcker neben der fruchtbaren Anthere (der rechtsseitige ist mit *st* bezeichnet). Bei ausländischen Arten ziehen sich diese Höcker oft blumenblattartig, fleischig oder zahnartig aus. Wir nennen sie staminodial entwickelte Glieder des Androeceums. Die schon mehrfach erwähnte Gattung Cypripedium zeigt nun das sehr merkwürdige Verhalten, dass gerade die sonst ganz verkümmerten oder staminodialen beiden vorderen (die „paarigen") Staubblätter des inneren Kreises fruchtbar werden. Dafür ist aber das bei allen übrigen Orchideen fruchtbare, dem Labellum gegenüberstehende Staubblatt bei Cypripedium als ein breites, scheibenförmiges Staminodium (also unfruchtbar) entwickelt. (Vgl. hierzu das Diagramm Fig. 135, rechts).

Der unterständige Fruchtknoten der Orchideen zeigt ebenfalls manche beachtenswerthe Eigenschaft. Da sich keine Scheidewände in ihm bilden, so sitzen die zahllosen, äusserst winzigen, anatropen Samenanlagen an sogenannten „wandständigen“ oder „Parietalplacenten“ an. Die Fruchtknoten werden zu zarthäutigen oder lederartigen Kapseln, welche sich durch Längsspalten in sehr verschiedener Weise öffnen. Gewöhnlich hängen die Klappen der Kapseln am oberen und unteren Ende zusammen; die reife, geöffnete Frucht erinnert an ein Laternengestell, namentlich wenn zwischen den die Placenten tragenden Klappen noch schmale Stücke erhalten bleiben, wie es der schematische Querschnitt Fig. 141 *A* andeutet. In anderen Fällen bilden sich drei Spalten nach dem in *B* gegebenen Schema; die Kapsel öffnet sich fachspaltig,[1]) oder es bilden sich zwei Längsrisse, wie im Schema *C*, oder die Kapsel klafft nur an einem Längsspalt aus einander, wie in Schema *D*. Die Samen der Orchideen sind ausserordentlich klein. Sie entbehren einer harten Schale und sind fast staubartig; es fehlt ihnen jegliches Nährgewebe, auch umschliessen sie einen mikroskopisch kleinen, nicht gegliederten Keimling, an welchem weder Wurzel noch Stamm, noch Blatt erkannt werden können.

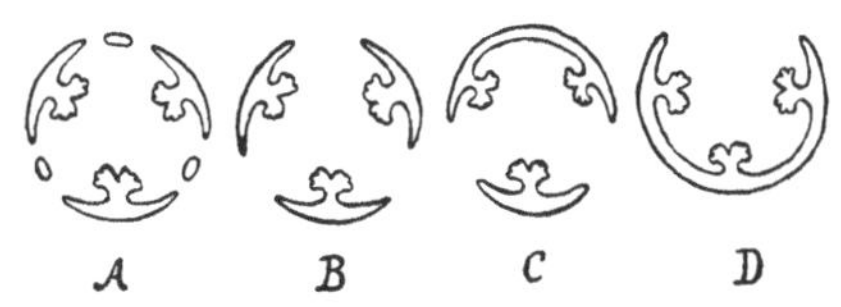

Fig. 141. Schemata des Aufspringens der Orchideenfrüchte. (Nach Le Maout et Decaisne).

Schliesslich ist auch der vegetative Aufbau in Kürze zu besprechen. Alle Orchideen sind Kräuter mit büscheligen oder knolligen Wurzeln, seltener dauern sie mit Rhizomen aus. Die Blätter bilden eine bodenständige Gruppe, entfernen sich aber, oberwärts kleiner werdend, von einander, entweder in zweizeiliger oder in spiraliger Anordnung die Stämme besetzend. Gewöhnlich sind die Blätter fleischig, bei ausländischen Arten meist sehr dick und lederartig, kahl und glänzend, ganzrandig und parallelnervig. Sie sitzen den Stengeln mit scheidenartigem Grunde an; eine Blattstielbildung kommt nur höchst selten vor. Die Blüthen vereinigen sich allgemein zu traubigen oder ährigen, end- oder seitenständigen Blüthenständen, denen die Griffelblüthe typisch fehlt.

Der Mangel der Ausbildung grösserer, keimfähiger Samen wird bei den meisten Arten durch die „vegetative“ Fortpflanzung ausgeglichen. Die Bildung von Rhizomsprossen, Brutknospen auf Blättern u. dergl. kann hier übergangen werden; wichtig ist aber das Verständniss der Knollenbildung. Bei den pharmaceutisch wichtigen, auf der Erde lebenden Arten findet man im Frühjahr immer zwei Knollen am Grunde des Stengels, eine grössere, meist stark ge-

[1]) Wie bei den Lilieen, loculicid. Vgl. auch die Einleitung S. 32.

schrumpfte, bräunliche, die ältere Knolle, und eine kleinere, pralle, meist schneeweisse, die jüngere oder Ersatzknolle (Fig. 142). Dieselbe stellt einen Achselspross eines der untersten Scheidenblätter der entwickelten Pflanze dar. Dieser Achselspross trägt auf seinem Scheitel die Blattknospe, welche im nächsten Jahre zum Austreiben gelangt. Das unter ihr befindliche, einem Stengelgliede mit seiner sehr verkürzten Wurzel entsprechende Axenstück wird in ausgiebigster Weise von der Mutterpflanze mit Reservestoffen versorgt, welche in Form einer schleimigen, in Wasser stark quellenden Masse aufgespeichert werden. Dadurch schwillt das Gewebe ausserordentlich stark an; es bildet die „Salepknolle“. Treibt dieselbe im nächsten Frühjahre ihre Knospe über den Boden, so verbraucht sie dabei ihre Reservestoffe und schrumpft demgemäss ein, während gleichzeitig wieder eine neue Knolle als Seitenspross eines Niederblattes angelegt wird u. s. f. Die Knollen sind bald rundlich, bald ellipsoidisch bis länglich, oder sie ziehen sich in eine lange, abwärts wachsende, dünne Wurzel aus. Werden mehrere solcher bereits von der jungen Knolle angelegt, so erscheint dieselbe handförmig oder gefingert (Fig. 143).[1])

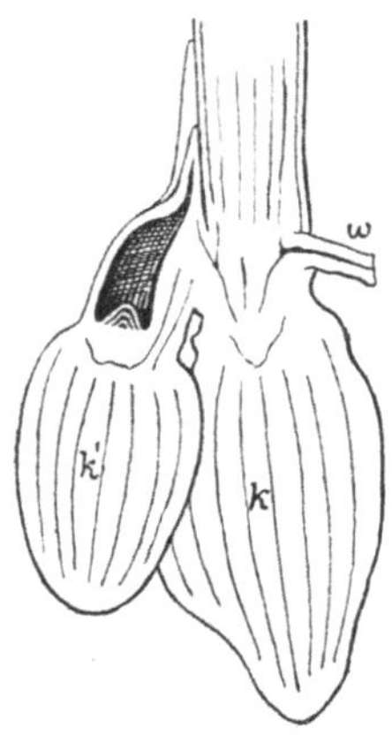

Fig. 142. Knollenpaar von Orchis militaris. *k* die ältere, schrumpfende Knolle, welche im laufenden Jahre ausgetrieben hat. *k'* die Ersatzknolle für das kommende Jahr; sie trägt auf ihrem Scheitel die im nächsten Jahre austreibende Knospe. *w* ein Stück einer gewöhnlichen, fadenförmigen Nährwurzel. (Nach Luerssen.)

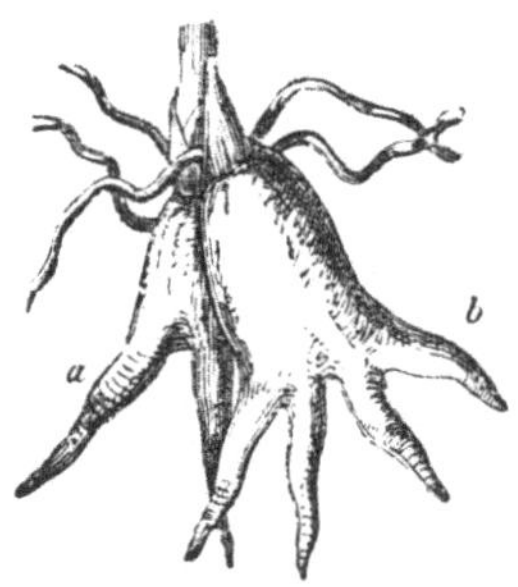

Fig. 143. Handförmige Knollen einer Orchidee. (Nach Hager). *a* die ältere, *b* die jüngere Knolle.

Von den etwa 6000 bekannt gewordenen Arten bewohnen die meisten als Epiphyten die feuchten Tropenwälder. Die ausserordentliche Mannichfaltigkeit der Formen und der liebliche Duft ihrer Blüthen hat sie zu den Lieblingen der Blumenfreunde gemacht, so dass die Orchideentreiberei schon seit langen Jahren zum Sport geworden ist. Unsere heimischen Arten sind ausnahmslos terrestrisch (erdbewohnend); sie lieben feuchte Wiesen und Waldplätze, meiden aber Culturland. Wenige Arten

[1]) Die handförmigen Orchideenknollen spielen im Volksaberglauben eine grosse Rolle. Die braune geschrumpfte Knolle ist die „Teufelshand“, die junge, weisse Knolle ist die „Gotteshand“. Wer die letztere im Säckchen eingenäht auf der Brust trägt, wird vom Bösen verschont, hat Glück im Spiel, ist unverwundbar und dergl.

sind durch saprophytische Lebensweise ausgezeichnet, d. h. sie leben von den verwesenden Pflanzenresten (dem „Humus") feuchten Waldbodens. Diese Lebensweise prägt sich schon im Aussehen der betreffenden Pflanzen aus. Sie entbehren des Blattgrüns, sind gelblich, bräunlich oder röthlich; auch fehlen ihnen die Laubblätter.[1])

Die bisher gegebenen Eintheilungen der Familie stützen sich wesentlich auf die Eigenart der Antheren und der Pollinarien. Allgemein angenommen ist die Scheidung in zwei Hauptabtheilungen:

Monandrae. Nur das unpaare Staubblatt des äusseren Staubblattkreises fruchtbar. (Diagramm Fig. 135, links.)

Diandrae. Die beiden paarigen Staubblätter des inneren Kreises fruchtbar, das unpaare äussere als Staminodium entwickelt. (Diagramm Fig. 135, rechts.)

Das Gros der Orchideen bilden die monandrischen Arten. Da von diesen nur Vertreter zweier Gruppen hier zur Besprechung gelangen, so soll auf die weitere Theilung nicht eingegangen, vielmehr nur der Charakter der in Betracht kommenden Gruppen angegeben werden.

Vergleicht man die in Fig. 138 und 140 dargestellten Formen der Antheren mit einander, so wird man leicht erkennen, dass die in Fig. 140 gezeichnete Anthere normal aufrecht steht. Die Pollensäcke berühren also mit ihrem unteren Ende die von dem Rostellum gebildete Bursicula; mithin entwickeln in diesem Falle auch die Pollinarien ihre Anhängsel, die Caudiculae, an ihrem unteren Ende, an ihrer Basis. Man fasst deshalb alle hierher gehörigen Gattungen als die Basitonae zusammen, doch ist der ältere Name Ophrydinae der gebräuchlichere. Figur 138 zeigt im Gegensatz hierzu, dass die Anthere sich hier so in das Clinandrium von oben her herabsenkt, dass ihre Spitze gerade auf das Rostellum zu liegen kommt; die Anthere ist gleichsam auf ihrem Filament umgekippt. Die den Caudiculae entsprechende Klebscheibe wird also nicht an der Basis, sondern an der Spitze, dem oberen Ende der Pollenmasse, entwickelt. Man fasst deshalb alle so charakterisirten Gattungen im Gegensatz zu den Ophrydinen als die Acrotonae zusammen. Unter ihnen ist nur eine Art, die Vanille, officinell.

Wir besprechen hier zunächst die officinellen Formen der Ophrydinen und zwar die Gattung

1. Orchis L.

Unter dem Namen Orchis begreift man diejenigen Ophrydeen, d. h. „basitonen" Orchideen, deren Klebmassen am unteren

---

[1]) Aehnliche Erscheinungen findet man bei vielen Schmarotzerpflanzen wieder. Man beachte aber, dass echte Schmarotzer unter den Orchideen nicht angetroffen werden. Die epiphytischen Arten leben auf den Bäumen, ohne von diesen irgend welche Nahrung zu erhalten. Auch die saprophytischen Arten greifen niemals lebende Pflanzen an.

Ende der beiden Pollinarien völlig von einander getrennt sind; die Klebmassen liegen also getrennt rechts und links hinter der Spitze des Rostellums in der gemeinsamen Bursicula. Die beiden Antherenfächer stehen ziemlich weit von einander entfernt, so dass sich das Rostellum aufwärts zwischen die Fächer einschiebt (Fig. 140).

Alle Orchisarten sind erdbewohnende Pflanzen, welche aus der im Vorjahre gebildeten, mit Reservestoffen gefüllten Knolle im Frühjahr einen mit reichblüthiger Aehre endenden Spross über den Boden senden. Gewöhnlich beginnt dieser Spross mit einigen weissen, scheidigen Niederblättern, welchen die fleischigen, länglichen Laubblätter folgen. In der Regel sind nur drei bis fünf solche vorhanden, welche eine bodenständige „Blattlaube" bilden, aus deren Mitte sich der meist nur handhohe, seltener höhere Blüthenschaft erhebt. Derselbe trägt entweder noch einige kleinere Laubblätter, oder er ist von schmalen Hochblättern bedeckt, welche in die Form der Deckblätter der Blüthen überleiten. In allen Fällen ist der Blüthenstand eine einfache, meist sehr reichblüthige Aehre. Jede Blüthe beginnt mit ihrem deutlich gedrehten, unterständigen Fruchtknoten, welcher auf seiner Spitze das wohl entwickelte, meist schön gefärbte Perigon trägt. Die äusseren Perigonblätter sind fast gleichgestaltet, die Lippe ist nach rückwärts deutlich gespornt und geht nach vorn in einen meist dreilappigen Spreitentheil aus. Die Griffelsäule ist verschwindend kurz. Neben der Anthere sitzen gewöhnlich zwei „Oehrchen", lappige Anhängsel, welche die früher besprochenen beiden staminodialen Glieder des inneren Staubblattkreises darstellen.

Von den circa 70 bekannten Arten sind die meisten in Europa heimisch; in Deutschland finden sich etwa 20 derselben. Sie sind im Volke bekannt als Kuckucksblumen oder Knabenkraut.[1]) Die rundlichen oder handförmigen Knollen aller Arten sind officinell als Tubera Salep Ph. G. II. 292 s. Radix Salep Ph. G. II. 339.[2]) Sie werden gepulvert zur Herstellung von Mucilago Salep Ph. G. II. 182 s. Decoctum Salep Ph. G. II. 332 verwendet. Salep ist theils als Arznei-, theils als Nahrungsmittel anzusehen, welches auch in Form von Gelatina Salep und als Salepchocolade gereicht wird. Salep bildet auch einen Bestandtheil des Racahout.

---

[1]) Der Name „Knabenkraut" knüpft an das Vorhandensein der rundlichen oder eiförmigen Knollen vieler Arten an. Dieselben sitzen dicht neben einander und sind von verschiedener Grösse. Sie erinnern deshalb an die Form der Hoden. Darauf zielt auch der Gattungsname Orchis hin. Das griechische ὄρχις bedeutet der Hoden, und schon Dioscorides bezeichnete deshalb als ὄρχις eine Pflanze mit Knollen von der Form der Hoden.

[2]) Streng genommen lässt die Ph. G. II. die handförmigen Ophrydeenknollen nicht zu. Es heisst ausdrücklich: Tubera globosa vel pyriformia, quae offerunt variae Ophrydeae.

Die bekannteren, bei uns heimischen Arten sind:

1. *Orchis militaris* Hudson. Sie ist eine der schönsten und kräftigsten Orchideen und kann als der typische Vertreter der von Lindley als Herorchis bezeichneten Gruppe angesehen werden. Alle zu dieser gehörigen Arten führen ungetheilte Knollen und sämmtliche Perigonblätter schliessen mit Ausnahme der Lippe helmartig über dem Gynostemium zusammen[1]) (Fig. 144). *Orchis militaris* führt kräftige, eiförmige Knollen (vgl. Fig. 142), aus welchen sich im Frühjahr ein fast fingerdicker, bis 1½ Fuss Höhe erreichender Stamm erhebt. Die drei bis fünf bodenständigen Laubblätter von schöner, hellgrüner Farbe und mit fast fettig anzufühlender, glänzender Oberfläche sind länglich-eiförmig, fast handgross. Der gerade aufstrebende Blüthenschaft trägt meist nur ein unscheinbares Laub-

Fig. 144. Blüthe von Orchis militaris von vorn und von der Seite her (nach der Resupination) gesehen. (Nach Berg und Schmidt.)

blatt und endet mit einer reichblüthigen, walzenförmigen, an kräftigen Exemplaren beinahe fingerlangen Blüthenähre. Jede Blüthe steht in der Achsel eines sehr kleinen, dünnhäutigen Deckblattes. Die Lippe ist dreilappig, doch so, dass den beiden schmalen seitlichen Lappen ein grosser Mittellappen folgt, welcher zweilappig ausläuft und zwischen den Endlappen gewöhnlich ein Spitzchen erkennen lässt. Der Sporn ist kräftig entwickelt, fast kegelförmig, kürzer als die Lippe und kürzer als der Fruchtknoten. Die übrigen fünf Perigonblätter sind sämmtlich zugespitzt. Der von ihnen gebildete Helm ist aussen weisslich rosa, innen lilapurpurn und dunkler purpurn gestreift. Die Lippe ist weiss oder zart lila und mit purpurrothen Haarbüscheln zerstreut besetzt.[2])

---

[1]) Vermuthlich bezieht sich hierauf die Zusammensetzung Herorchis, von ἥρως, Held und ὄρχις, worauf auch der Artname militaris anspielt.

[2]) Von vorn betrachtet, erinnert die Lippe in ihrer Gestalt an ein Puppenmännchen, zu welchem die Anthere den Kopf bildet, über welchen sich der grosse, weite Helm wie eine Sturmhaube hinwegwölbt.

Die Pflanze liebt fruchtbare, mässig feuchte Wiesen. Getrocknet verbreitet sie einen starken Cumaringeruch. Ihre Blüthezeit fällt in die zweite Hälfte des Mai und in den Juni.

Synonym sind *Orchis Rivini* Gouan. und *Orchis cinerea* Schrk.

2. *Orchis purpurea* Huds. ist die grösste und herrlichste aller bei uns vorkommenden Ophrydeen. Sie wird bis nahezu ein Meter hoch, erinnert aber in ihrer Form so lebhaft an die vorgenannte Art, dass sie lange Zeit gar nicht als von dieser verschieden gehalten wurde. Die unteren Blätter sind sehr gross, länglich, spitz. Die oberen umhüllen den Schaft scheidenartig, welcher mit sehr grosser, anfänglich kegelförmiger, später cylindrischer Aehre endet. Der Mittellappen der Lippe verbreitert sich unterwärts allmählich zu den länglichen, gestutzten, am Rande meist gezähnelten Lappen. Der cylindrische Sporn ist etwa halb so lang als der Fruchtknoten. Der Helm ist aussen rosa, dunkelpurpurn gefleckt oder ganz schwarzpurpurn (daher das Synonym *Orchis fusca* Jacq.); innen ist der Helm grünlich weiss, purpurn gefleckt.

Die Pflanze findet sich bei uns sehr selten in Laubwäldern und auf Kalkboden. Sie blüht im Mai und Juni.

3. *Orchis ustulata* L. ist eine bei uns selten vorkommende, kleine, schlanke Art mit rundlichen Knollen, länglichen, unterwärts büschelig beisammen stehenden, kaum fingerlangen Blättern. Die oberen Stengelblätter sind scheidig entwickelt. Die dichtblüthige Aehre ist kaum von halber Fingerlänge und etwa fingerdick, cylindrisch. Die kleinen Blüthen[1]) stehen in den Achseln einnerviger Deckblätter, welche fast so lang sind wie die Fruchtknoten. Die weisse, roth punktirte Lippe erinnert an die von Orchis militaris, doch sind die Endlappen fast ausgerandet gestutzt. Der Sporn ist kegelförmig und erreicht etwa nur ein Viertel der Fruchtknotenlänge. Der Helm ist aussen schwarzbraun, so dass die an der Spitze mit noch geschlossenen Blüthen besetzte Aehre wie verkohlt oder verbrannt aussieht. Es bezieht sich hierauf die Bezeichnung „ustulata“ (von ustus, gebrannt). Die Blüthen duften angenehm honigartig.

Die Pflanze ist bei uns selten. Sie blüht im Mai und Juni auf grasigen Hügeln und hochgelegenen, trockenen Wiesen. Trotz ihrer Seltenheit ist sie in der Ph. G. II. als Salep liefernd namhaft gemacht.

4. *Orchis coriophora* L. gleicht der vorigen in der Form der rundlichen, etwa 1 cm grossen Knollen. Der schlanke, ziemlich feste Stengel trägt zahlreichere linealisch-lanzettliche, nach oben kleiner und scheidenartig werdende Blätter. Die cylindrische Aehre besetzen mässig-grosse Blüthen mit bräunlich purpurnem, olivengrün geadertem Helme, dessen Blätter am Grunde ziemlich fest mit ein-

---

[1]) *Orchis ustulata* hat von allen bei uns vorkommenden Arten die kleinsten Blüthen.

ander verklebt sind. Die Lippe ist dreitheilig, olivengrün und purpurn geadert. Die Seitenlappen sind rhombisch; der sie an Grösse nicht übertreffende Mittellappen ist länglich und spitz. Der Sporn ist gekrümmt und abwärts gerichtet.

Die Pflanze ist unverkennbar durch den wanzenähnlichen Geruch ihrer Blüthen[1]). Sie findet sich bei uns ziemlich selten auf mässig feuchten Wiesen, doch an ihren Standorten sehr gesellig. Sie blüht später als die meisten anderen Arten (im Juni und Juli).

5. *Orchis Morio* L. (Fig. 145) ist die am frühesten zur Blüthe gelangende, zugleich auch die kleinste unserer Orchisarten. Ihre Knollen sind rundlich, die drei oder vier kleinen, länglichen oder linealischen Blätter stehen, sich rückwärts krümmend, vom kaum spannenhohen Stengel ab, welchen noch einige Scheidenblätter umhüllen. Er endet mit einer armblüthigen Traube (mit 6—8 Blüthen), an welcher die verhältnissmässig grossen Deckblätter deutlich drei- oder fünfnervig sind. Die Blüthen sind ziemlich gross. Ihr kurzer, rundlich gewölbter Helm endet stumpf. Die purpurnen Perigonblätter sind von auffällig kräftigen, parallelen, grünen Adern durchzogen. Die purpurfleckige Lippe ist durch die breiten, am Rande gezähnten Lappen ausgezeichnet; der keulenförmige Sporn steht horizontal oder wendet sich deutlich aufwärts.

Fig. 145. Orchis Morio (etwa 1/2 der nat. Gr.). Links oben eine Blüthe in nat. Gr.

Die Pflanze liebt trockene, kurzrasige Wiesen und lichte Wälder mit schwerem, Lehm und Mergel haltendem Boden. Sie blüht in den ersten Tagen des Mai.

6. *Orchis mascula* L. (Fig. 146) schliesst sich nach der Knollenform zwar den vorigen Arten eng an, doch ist sie der Vertreter der zweiten als Androrchis[2]) bezeichneten Gruppe der Orchisarten. Der Helm wird hier nicht mehr von fünf Perigonblättern gebildet; es schlagen sich vielmehr die beiden seitlichen äusseren Perigonblätter flügelartig zurück, wie es Fig. 136 veranschaulicht. Das Gynostemium wird also nur von dem unpaaren äusseren und den

---

[1]) Es bezieht sich darauf die Bezeichnung coriophora, von κόρις, Wanze und φέρω, tragen.

[2]) „Androrchis" liesse sich etwa mit „Mannsorchis" übersetzen (von ἀνήρ, Mann und ὄρχις). Es spielt dieser Name gerade auf die als *Orchis mascula* bezeichnete Figur an, welche wegen ihres kräftigen Baues die „mannhafte" (mascula) genannt worden ist. Im Gegensatz zu ihr sind die schwächeren Arten eben nur „Knaben"kraut.

paarigen inneren Perigonblättern überwölbt. *Orchis mascula* ist nun innerhalb der Gruppe durch die schön purpurrothen, eine reichblüthige, aber doch lockere Aehre bildenden Blüthen gekennzeichnet. Dieselben stehen in der Achsel einnerviger Tragblätter, führen längliche, spitze Perigonblätter und eine dreilappige, breite Lippe mit gerundeten Seiten- und gestutztem Mittellappen. Der Sporn ist cylindrisch, so lang als der Fruchtknoten. Abgesehen von der Blüthenfarbe und den besprochenen Merkmalen ähnelt die Pflanze im Wuchse der *Orchis militaris*. Sie wird über fusshoch, zeigt schön hellgrüne, saftig fleischige, glänzend glatte Blätter und einen oberwärts fast nackten Blüthenschaft, welcher die prächtig purpurrothe Aehre über die Laubblätter emporhebt. Die Pflanze ist in vielen Gegenden Deutschlands, namentlich in Thüringen, im Harz, in Sachsen etc. in lichten Wäldern und auf trockenen Wiesen nicht selten.

Fig. 146. Orchis mascula (etwa 1/3 nat. Gr.).

7. *Orchis sambucina* L. ist eine nicht leicht zu verwechselnde Art. Ihre Knollen sind cylindrisch oder spindelförmig und enden an der Spitze gewöhnlich kurz 2- oder 3-lappig. Auffälliger ist aber, wenigstens bei der typischen Form, die gelblich weisse Färbung des Perigons[1]). Wie bei den folgenden Arten sind die Stengel hohl, tragen 4—6 Laubblätter, und die Deckblätter von krautiger Beschaffenheit übertreffen oft die Fruchtknoten an Länge. Anfänglich ist die Aehre fast kugelig, später wird sie kurz cylindrisch.

Die Pflanze gehört dem östlichen und südöstlichen Gebiete Deutschlands an. Sie blüht im Mai und Juni.

8. *Orchis latifolia* L. ist die bei uns gemeinste Art. Ihre Knollen sind handförmig dreitheilig. Die vom Grunde nach der Mitte zu sich verbreiternden unteren Laubblätter sind in der Regel schwarz gefleckt. Das oberste Laubblatt spitzt sich lang zu und überragt gewöhnlich den Grund der gedrängten, anfänglich pyramidal zugespitzten Aehre. Die lilapurpurnen Blüthen führen auf der Lippe dunkelpurpurrothe Linienzeichnung auf hellerem Grunde.

Die Pflanze blüht auf feuchten Wiesen vom Mai bis Juni.

9. *Orchis incarnata* L. ist der vorigen Art sehr ähnlich. Gewöhnlich fehlt ihren Blättern die Fleckung; auch verschmälern sich

---

[1]) Bei fast allen übrigen deutschen Orchisarten sind die Blüthen mehr oder minder deutlich purpurroth gefärbt.

dieselben schon vom Grunde an und ziehen sich an der Spitze kappenförmig zusammen. Das Perigon ist gewöhnlich ganz hellpurpurn, häufig ganz weiss.

Die Pflanze blüht mit der vorigen zusammen auf feuchten Wiesen von Ende Mai bis in den Juni hinein.

10. *Orchis maculata* L. ist den vorigen Arten nahe verwandt, unterscheidet sich aber leicht von ihnen durch den nicht hohlen, derben Stengel, auch wird die Aehre meist weit über das letzte Stengelblatt emporgehoben. Die Deckblätter sind kürzer als die Blüthen, welche hellpurpurn oder weisslich gefärbt sind.

Die Art blüht erst relativ spät, von Mitte oder Ende Juni bis Anfang Juli. Sie liebt trockene Wiesen und lichte Gebüsche.

2. Anacamptis pyramidalis Rich.

Die Gattung Anacamptis unterscheidet sich wesentlich darin von der Gattung Orchis, dass die Pollinien der beiden Antherenfächer unterwärts einer gemeinsamen Klebmasse aufsitzen, welche von der Bursicula umschlossen wird. Das flache, dreilappige Labellum trägt auf seiner Oberseite zwei erhabene Längsleisten und zieht sich in einen langen, dünnen Sporn aus. Die paarigen äusseren Perigonblätter stehen seitlich (nach Art von „Flügeln“) ab. Die Gattung begreift nur eine Art, welche in Europa und Afrika heimisch ist. Bei uns ist sie äusserst selten.

Anacamptis pyramidalis Rich. trägt kugelförmige, etwa 1 cm grosse Knollen und zahlreiche, am Stengel zerstreut stehende, längliche, oberwärts schmäler werdende Blätter. Die dichtblüthige kurze Aehre ist anfangs pyramidal und zugespitzt, später erscheint sie fast kugelig. Die Blüthen sind ziemlich klein, lebhaft purpurroth gefärbt.

Die Pflanze liebt kalkhaltigen Wiesenboden. Sie blüht im Juni und Juli und erreicht bis zwei Fuss Höhe. Ihre Knollen liefern Salep (cfr. Ph. G. II.) wie die Orchis-Arten.

Synonyme sind *Orchis pyramidalis* L. und *Aceras pyramidalis* Rchb. fil.

3. Gymnadenia conopea R. Br.

Unter den Salep liefernden Orchideen wird auch gewöhnlich diese Art aufgeführt. Die Gattung Gymnadenia ist dadurch charakterisirt, dass die Klebmassen der Pollinien nicht von einer Bursicula umschlossen sind, sie liegen zumeist nackt oder werden von Fortsätzen der Anthere umschlossen[1]).

Gymnadenia conopea erhebt die schlanken Stengel aus tief handförmig getheilten Knollen. Die zerstreut stehenden Laubblätter sind

---

[1]) Es bezieht sich darauf die Bezeichnung Gymnadenia, von *γυμνός*, nackt und *ἀδήν*, Drüse.

von mässiger Grösse, ungefleckt. Die oberen leiten allmählich zu den krautigen Deckblättern der kleinen Blüthen über, welche eine lockere, reichblüthige, walzliche Aehre bilden, die selten mehr als fingerdick erscheint. Die seitlichen Perigonblätter stehen flügelartig nach rechts und links; das fast ebene, dreilappige Labellum trägt einen fadendünnen, spitz endenden Sporn, welcher bis doppelt so lang als der Fruchtknoten wird und sich durch auffällige Krümmung auszeichnet.

Die Pflanze entfaltet auf trockenen Wiesen ihre lilapurpurnen Blüthen von Ende Mai bis Anfang Juli; sie wächst meist gesellig. Nach der Ph. G. II. sind ihre handförmigen Knollen nicht officinell.

Synonym ist *Orchis conopsea* L.

4. **Platanthera bifolia** Rchb.

Die Gattung Platanthera ist durch das breite und niedrige, eines mittleren Fortsatzes ganz entbehrende Rostellum ausgezeichnet[1]). Die Klebflächen der Pollinien stehen zu den Caudiculis in rechtem Winkel. Unsere Art

Platanthera bifolia Rchb. ist eine nicht zu verkennende Form. Aus der länglichen, unterwärts in eine dünne Wurzel verlängerten Knolle erhebt sie einen bis 50 cm hohen Schaft, welcher nur zwei bodenständige, fast zungenförmige, ovale, stumpf gerundete Blätter trägt, die sich unterwärts fast blattstielartig rinnig verschmälern. Der etwas kantige Schaft trägt dann weiterhin bis zur Blüthenähre nur noch wenige schmale, aufrecht angedrückte Hochblätter, welche in die Form der laubigen, grünen Deckblätter überleiten. Die nicht auffällig grossen Blüthen führen ein schmutzig weisses Perigon mit seitlich abstehenden Flügeln. Die Lippe ist grünlich weiss und wendet sich gerade abwärts; sie ist völlig ungetheilt, linealisch oder lanzettlich. Unterwärts geht sie in einen langen, fadenförmigen, fast geraden, horizontalen oder aufstrebenden Sporn aus. Die Aehre ist ziemlich lockerblüthig, fast walzlich.

Die Pflanze ist bei uns an lichten Waldstellen, auch auf trockenen Wiesen nicht gerade selten. Ihre im Juni und Juli zur Entfaltung kommenden Blüthen verbreiten namentlich in den Abend- und Nachtstunden einen herrlichen, an Maiblumen erinnernden Duft.

Synonym sind *Orchis bifolia* Schmidt, *Habenaria bifolia* R. Br., *Platanthera solstitialis* Boenninghausen und *Conopsidium stenantherum* Wallroth.

Ihre Knollen liefern Salep (vgl. Ph. G. II), wie die Knollen noch vieler anderer Ophrydeen, deren Beschreibung hier aber unterbleiben kann. Viel Salep liefern orientalische Orchisarten. Der indische

---

[1]) Platanthera kommt von πλατύς, breit und anthera, Staubbeutel.

Salep soll von *Eulophia campestris* Lindley und *Eulophia herbacea* Lindl. stammen.

5. Vanilla Sw.

Während die Ophrydeen die Salep liefernden Orchideen genannt werden können, liefert uns die Gattung Vanilla ihre aromatischen Früchte als beliebtes und allerwärts bekanntes Gewürz. Was die systematische Stellung der Vanillearten betrifft, so rechnete man sie früher zu der Sippe der Arethuseae, d. h. zu denjenigen Orchideen, deren Antheren zur Zeit der Pollenreife leicht vom Gynostemium abfallen und deren Pollinien weiche und körnige Beschaffenheit zeigen. Pfitzer hat nun aber die von uns oben definirten Acrotonae nach ihrem morphologischen Aufbau in Unterabtheilungen zerlegt. Er bezeichnet als Acranthae diejenigen Formen, deren Blüthenstände die Spitzen der einzelnen (nebenbei bemerkt, sympodial verbundenen) Sprosse einnehmen, während er als Pleuranthae alle Formen vereinigt, bei welchen die Blüthenstände besondere Seitensprosse darstellen[1]). Die Vanillengewächse (Vanilleae) gehören zu den Acranthen und zwar wegen ihrer weich bleibenden Pollenmassen zu der Sippe der Neottiinae, deren weitere Charaktere darin liegen, dass die Blätter in der Knospenlage vom Rande her eingerollt (nicht längsgefaltet) sind und die Blattspreite nicht an der Scheidengrenze abgliedern. Bei den Vanillen ist die Lippe ungespornt[2]) und umhüllt von den Seiten her das Gynostemium.

Als besondere Merkmale der Gattung Vanilla gelten

1) die starke Verwachsung der Lippe mit der verlängerten, nicht geflügelten Griffelsäule;
2) die körnige Beschaffenheit der Pollinien;
3) das Fleischigwerden der langen Früchte, welche kaum oder erst spät mit zwei ungleichen Klappen (nach dem Schema *C* in Figur 141) von oben her aufspringen;
4) die Ausbildung zahlloser schwarzer Samen mit krustiger Schale.

Die etwa 20 Arten der Gattung sind in allen Tropengebieten als hochkletternde Gewächse mit langen Internodien anzutreffen. An jedem Knoten entspringt je eine Luftwurzel (vgl. Fig. 147). Officinell sind nur die Früchte von

---

[1]) Diese Charaktere sollen durch die erwähnten Bezeichnungen ausgedrückt werden. Acranthae ist zusammengesetzt aus ἀκρόν, die Spitze, das oberste Ende, und ἀνθός, die Blüthe; Pleuranthae aus πλευρά, die Seite und ἀνθός.

[2]) Alle von uns besprochenen Ophrydeen führen eine gespornte Lippe.

Vanilla planifolia Andr. (Fig. 147). Sie klimmt mit ihren stark hin- und hergebogenen, fleischigen, etwa fingerstarken, glatten, walzlichen Stämmen hoch in die Baumgipfel, sich dabei mit den dünnen, fast armlangen Luftwurzeln, welche sich der Baumrinde anschmiegen, festhaltend. Die fast zweizeilig gestellten, länglich-eiförmigen, zugespitzten, etwa handlangen Blätter sind glatt und fleischig, durch

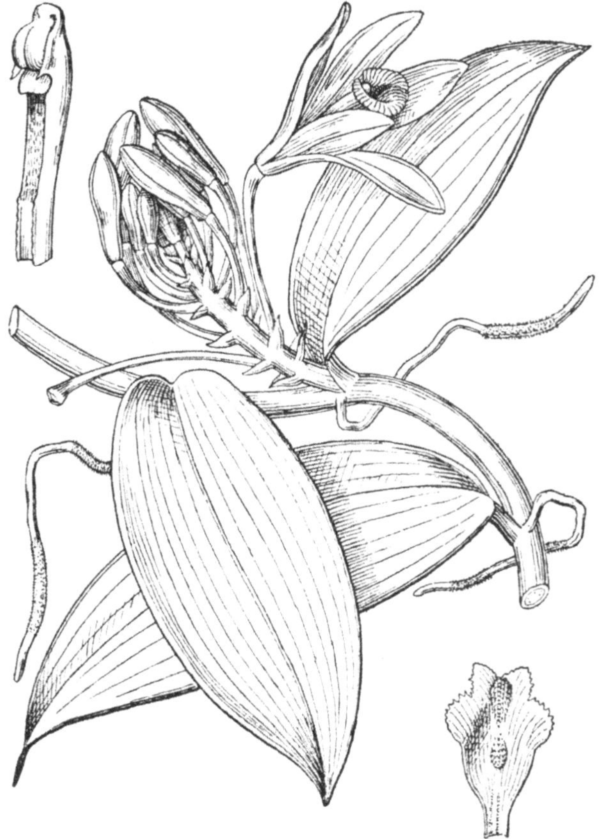

Fig. 147. Vanilla planifolia (etwa 1/2 der nat Gr.). Rechts unten das Labellum von seiner Innenseite, links oben das Gynostemium halb seitlich gesehen. (Nach Berg und Schmidt.)

die Längsadern gestreift; sie sitzen mit rinniger, sehr kurzer Scheide am Stamme. Die endständigen (aus den obersten Laubblattachseln auch seitenständigen) Blüthenstände führen kleine, bleibende Deckblätter, in deren Achsel je eine Blüthe ihr Perigon auf langem, einen Blüthenstiel darstellenden Fruchtknoten trägt. Alle Perigonblätter sind gelblich grün, fast lanzettlich, stumpf, nach dem Grunde hin verschmälert und schliessen hier fast röhrig zusammen. Sie werden bis 7 cm lang. Die etwas kürzere Lippe ist dunkler grün, ihr schwach dreilappiger Saum fein gekräuselt und gekerbt; in ihrer Mitte trägt sie auf der Innenseite einen gelben, winzigen Fleck (Fig. 147, unten rechts). Noch kürzer als die Lippe ist das halbcylindrische, wenig gekrümmte Gynostemium (Fig. 147, oben links), welches auf seiner flachen Vorderseite [1]) fein behaart ist. Neben der Anthere zieht sich der Rand des Clinandriums beiderseits zahnförmig vor. Man deutet diese Zähne als die Staminodien des inneren Staubblattkreises.

Die officinellen Früchte, Fructus Vanillae Ph. G. II. 122 s. Siliqua Vanillae Ph. G. II. 340, werden noch vor der völligen Reife eingeerntet, zur Nachreife in wollene Tücher gehüllt und schwach (nicht völlig) getrocknet. Erst bei dieser Behandlung tritt ihr charakteristischer Geruch nach Vanillin auf, welches in weissen Krystallnadeln bei längerer Aufbewahrung der Früchte an deren Oberfläche erscheint. Die Bildung der dunkelschwarzen Samen (und mithin das Reifen der Früchte) setzt natürlich eine stattgehabte Befruchtung voraus. In der Heimath der Pflanze, dem östlichen Mexiko, vermitteln Insecten die Bestäubung der Narbenflächen mit dem Pollen. Man hat nun die Pflanze auch in Westindien, auf Java, Bourbon und Mauritius im Grossen angepflanzt [2]). Hier fehlen aber die natürlichen Bestäubungsvermittler; es muss also in den Plantagen die Bestäubung mit Pollen künstlich durch Menschenhand bewirkt werden. Immerhin lohnt sich diese mühevolle Arbeit, denn kräftige Culturpflanzen liefern 30—40 Jahre hindurch jährlich etwa 50 Früchte. Gewöhnlich wird die Vanillecultur mit der des Cacaobaumes vereinigt; man siedelt die Vanille auf der Rinde dieser Bäume an. Deshalb entstammt auch die grössere Menge der in den Handel kommenden Vanille cultivirten Stöcken; die Früchte der wildwachsenden Pflanzen sollen von geringerer Güte sein.

Das Vanillin wird in neuerer Zeit auch nach verschiedenen Methoden künstlich hergestellt. Es ist ein beliebtes Aromaticum, welches in Thee, Chocolade etc. vielfach verwendet wird. Die Ph. G. I. schrieb Tinctura Vanillae und Vanilla saccharata vor.

Synonyme sind *Vanilla sativa* und *silvestris* Schiede, *Van. viridiflora* Blume und *Myobroma fragrans* Salisb.

Vanilla aromatica Sw., in Mexico heimisch, wurde früher für die Stammpflanze der Vanillefrüchte gehalten, doch sollen die Früchte dieser Art geruchlos sein. Sie unterscheidet sich von Van. planifolia

[1]) Bei der noch nicht resupinirten Blüthe ist diese die Hinterseite.

[2]) Man zieht die Pflanzen nicht aus den schlecht keimenden Samen, sondern aus Ablegern.

durch die Färbung des Perigons. Die Lippe der Blüthen von V. aromatica ist milchweiss, oberseits mit zwei gelben, roth eingefassten Längsstreifen geschmückt. Die übrigen Perigonblätter sind nur aussen grün, rollen ihre Spitzen rückwärts und zeigen dabei theilweise ihre weisse Innenseite.

Vanilla Pompona Schiede, in Mexico, Columbien und Guyana heimisch, liefert eine minderwerthige Sorte von Vanille, Vanillon oder Vanille de la Guayra des Handels. Die Ph. G. II. lässt nur die Verwendung der Früchte von *V. planifolia* zu[1]).

Die Reihe der Helobiae kann hier ganz übergangen werden. Zur Zeit ist keine der hierhergehörigen Pflanzen mehr officinell. Die Helobien sind ausnahmslos Sumpf- und Wassergewächse, welche ihre Blätter und Blüthen entweder über die Wasseroberfläche erheben oder an der Oberfläche schwimmen und nur die Blüthen aus dem Wasser emportreiben. Viele sind völlig untergetaucht (submers). Die Blüthencharaktere sind ziemlich schwankende. Im allgemeinen neigen die Helobien zur Vermehrung der Staubblätter und der Fruchtblätter (sie werden „polyandrisch“ und „polykarp“). Die Fruchtblätter bleiben dabei gewöhnlich frei (apokarp), nur bei einigen Arten verschmelzen sie zu synkarpen Fruchtknoten. In vielen Fällen sind die Blüthen getrenntgeschlechtig (diclin).

Wir schliessen hiermit die Besprechung der Monocotylen und wenden uns zur Betrachtung der zweiten und wichtigsten Klasse der Angiospermen, zu den

Dicotyledones.

Will man sich mit einer negativen Definition begnügen, so kann man sagen, die Dicotyledonen (kürzer auch Dicotylen genannt) sind alle Blüthenpflanzen, welche nach Ausschluss der Gymnospermen und Monocotylen übrig bleiben; doch muss man sich hinzumerken, dass dieser „Rest“ das Gros aller Blüthenpflanzen umfasst. Positiv spricht sich der Typus der Dicotylen zunächst in dem Charakter der Zweikeimblätterigkeit des Embryos und mithin der Keimpflanzen aus, welche es im Allgemeinen zur höchsten Stufe der Entwickelung aller vegetativen Organe bringen.[2]) Deshalb begegnet man hier auch

---

[1]) Vielfach hört man bei uns die ganz falsche Bezeichnung „Vanilleschoten“, wie auch die Ph. G. II. noch das Synonym Siliqua Vanillae aufführt. Schotenbildung kommt aber bei den Orchideen, ja überhaupt bei gar keiner Monocotyle vor. Die Vanillefrucht ist eine Kapsel, welche nur aussergewöhnlich fleischig ist. Betreffs der Definition der „Schote“ vgl. Einl. S. 32.

[2]) Die Zweikeimblätterigkeit genügt nicht allein zur Definition der Dicotylen. Ein grosser Theil der Gymnospermen keimt ebenfalls mit zwei Cotyledonen, und andererseits kennt man einige Dicotylen, welche wie die Monocotylen nur ein Keimblatt entwickeln. So das Alpenveilchen, *Corydalis*-Arten, *Trapa*, *Ficaria ranunculoides* und *Carum Bulbocastanum*. Bei einigen Schmarotzergewächsen entwickelt der Embryo gar kein Keimblatt (*Orobanche*).

einer solchen Fülle von Formen, dass es dem Anfänger schwer wird, sich einen Ueberblick über die zahlreichen Reihen, Ordnungen und Familien der Dicotylen zu verschaffen. Um so mehr ist es geboten, hier auf gewisse Punkte hinzuweisen, welche dem Leser die Mittel zur Bewältigung der Schwierigkeiten bieten werden.

Bei den Dicotylen finden wir alle Wuchsformen (selbst thallöse) vertreten. Wir begegnen (obwohl in der Minderzahl) bald einjährigen („annuellen") Gewächsen, bald zweijährigen („biennen") Arten, welche im ersten Jahre gewöhnlich nur eine bodenständige Blattrosette erzeugen, aus deren Mitte dann im zweiten Jahre die Endknospe als blüthentragender Spross aufschiesst. Ein- und zweijährige Pflanzen blühen nur einmal, setzen dann Samen an und sterben ab.

Viel grösser ist die Zahl der ausdauernden („perennirenden") Arten, welche eine lange Reihe, bisweilen Hunderte von Jahren alljährlich Blüthen und Früchte tragen. Zeigt sich hierbei ein ähnliches Verhalten wie bei dem Gros der Monocotylen, dass alljährlich die oberirdischen Organe gänzlich absterben, während der unterirdische Stamm die Ersatzknospen für den nächstjährigen Austrieb erzeugt, so nennt man solche Pflanzen Staudengewächse. Bleibt dagegen der oberirdische Stamm mit allen seinen Aesten lebensfähig, so unterscheidet man je nach seiner Höhe Sträucher und Bäume. Der Charakter der Sträucher liegt darin, dass der oberirdische Stamm sich kurz über dem Boden verzweigt und holzig wird. Bei den Bäumen wird dagegen die ganze Masse der Aeste und Zweige als Krone hoch über den Erdboden emporgehoben. Während also den Monocotylen im Allgemeinen die oberirdische Verzweigung (abgesehen von der Blüthenregion) fast völlig fehlt, wird sie bei den Dicotylen geradezu typisch. Strauchbildung kommt bei Monocotylen kaum vor; Bäume begegnen uns nur in den Palmen und einigen Liliaceen (Aloë, Dracaenen), und auch hier bleibt die Verzweigung in der Krone ganz aus oder ist doch sehr beschränkt. Viel näher stehen dagegen die Gymnospermen in der Wuchsform den Dicotylen. Die in diesem Buche beschriebenen Gymnospermen sind ja ausnahmslos Bäume.

Mit diesen Erscheinungen hängt ein anderer Charakter der Dicotylen zusammen. Bei fast allen stehen die Gefässbündel (siehe Anm. 1 auf S. 141) auf dem Querschnitte durch den einjährigen Stamm oder Trieb in einen Kreis geordnet, so dass die Holztheile der Bündel einen „Holzring" ausmachen, welcher sich gegen die Rinde durch eine das Dickenwachsthum des Stammes vermittelnde Gewebeschicht, das Cambium (vgl. S. 69), abgrenzt. Dasselbe bildet in jedem Jahre einen neuen Holzring, so dass man aus der Zahl der Ringe das Alter der Zweige resp. des Baumes bestimmen kann. Diese Jahresringbildung kommt keiner einzigen Monocotyle, wohl aber allen Gymnospermen zu[1]). Der Querschnitt des Dicotylenstammes lässt typisch von aussen nach innen folgende concentrischen Schichten erkennen:

1) Eine verkorkte Rindenschicht (bisweilen als Borke entwickelt).
2) Die sogenannte „grüne“ Rinde.
3) Die als Bastrinde oder schlechthin als Bast bezeichnete Schicht.
4) Den Holzkörper (welcher bei Bäumen die Hauptmasse ausmacht) und
5) Das centrale Mark.

Zwischen Bast und Holzkörper liegt das nur unter dem Mikroskop deutlich sichtbare Cambium.

Während nun bei den Monocotylen die Hauptwurzel allerwärts frühzeitig abstirbt und durch Nebenwurzeln ersetzt wird, bleibt die Hauptwurzel der Dicotylen fast stets erhalten. Sie dringt keilförmig senkrecht in den Boden ein und trägt viele Nebenwurzeln. Man nennt sie die Pfahlwurzel. Ist sie bei keil- oder birnförmiger Gestalt fleischig, so bezeichnet man sie als Rübe[2]). Gewöhnlich geht die Pfahlwurzel unmerklich in den unteren Theil des Stammes über, und man bezeichnet die Uebergangsregion als den Wurzelhals oder Wurzelkopf. An der Spitze desselben steht bei Staudengewächsen entweder nur eine Ersatzknospe, welche im Frühjahr austreibt, oder es bilden sich in den Achseln der bodenständigen Laubblätter viele Ersatzknospen. Man spricht deshalb wohl auch von ein- oder vielköpfigen Wurzeln. Bleibt nun das Stammstück, welches als „Wurzelkopf“ alljährlich neue Knospen treibt, sehr kurz, so wird die Grenze gegen die Pfahlwurzel, welche sich im Alter bezüglich der Holzbildung ganz wie ein Stamm verhält, ganz verwischt, und so entstehen Axenorgane, welche ebenso richtig als Wurzel wie als Stamm bezeichnet werden können.[3]) Daher findet man für diese Organe in der Pharmakopoe bald die Bezeichnung Radix, bald Rhizoma.[4]) Eine strenge Grenze lässt sich also hier manch-

---

[1]) Auf dem Querschnitte des Stammes zerstreute Gefässbündel, wie sie bei den Monocotylen typisch sind, finden sich nur bei sehr wenigen Dicotylen (Ranunculaceen, Nymphaeaceen).

[2]) Man erinnere sich der Mohrrübe, Runkelrübe u. a.

[3]) So verhält sich der einjährige „Rüberettig“ und das „Radieschen“.

[4]) Die Pharmakopoe verfährt in der Unterscheidung von Radix und Rhizoma nicht consequent. Radix Angelicae ist definirt als „Rhizoma breve“; Radix Gentianae als „Radicum rami et rhizomata“; Radix Helenii als „Radicis rami et rhizoma“; Radix Pimpinellae als „Rhizomata radicata“ und Radix Rhei als „Rhizomata“ (denen überhaupt jede Wurzel fehlt); Radix Valerianae als „Rhizoma . . . confertum radicibus.“ Es scheint demnach, als habe man überall da, wo Rhizome mit Wurzeln als Droge in den Handel

mal nicht ziehen. Daraus geht aber nicht hervor, dass man zweifellose Rhizome aus Bequemlichkeit auch wohl schlechthin Wurzeln nennen dürfe. Der Anfänger hüte sich im Gegentheil vor solcher Nachlässigkeit, welche ihm unter Umständen sehr verdacht werden kann.

Auf die reiche Gliederung der Blätter der Dicotylen soll hier nicht näher eingegangen werden. Man vergleiche bezüglich dieser die Einleitung zu diesem Buche. Hier merke man sich, dass die Blätter der Dicotylen gewöhnlich in Stiel und Spreite gesondert sind, während die Scheidenbildung, welche bei den Monocotylen die ganze Blattbildung beherrschte, zurücktritt. In vielen Fällen ist die Scheide durch Nebenblätter (siehe S. 11) ersetzt, deren Vorhandensein oder Fehlen für ganze Familien charakteristisch ist. Bei den Monocotylen kommt die Bildung von Nebenblättern fast gar nicht vor. Die Spreiten der Dicotylenblätter sind selten völlig ganzrandig (wie bei den Oleander- und Lorbeerblättern). Viel allgemeiner ist der Rand durch Zahn- und Buchtenbildungen unterbrochen. Zusammengesetzte Blattformen sind ganz auf die Dicotylen beschränkt.[1]) Auch die parallele Nervatur der Monocotylenblätter trifft man nur selten bei Dicotylen wieder. Im Allgemeinen ist die Berippung netzartig bei ausgeprägter Mittelrippe.

Die Blüthen betreffend wurde schon in der Einleitung hervorgehoben: **Die Blüthe der Dicotylen wird fast durchgängig von der Fünfzahl beherrscht.** Die für die Monocotylen typische Dreizahl kommt nur ganz ausnahmsweise bei Dicotylen vor. Viel häufiger sind die Ausnahmefälle der zwei-, vier und sechszähligen Blüthen. Gemeinhin kommen jeder Dicotylenblüthe zwei Vorblätter zu (nicht wie bei den Monocotylen nur eines). Bei den Seitenblüthen stehen die Vorblätter transversal (rechts und links), während das Monocotylenvorblatt gewöhnlich adossirt ist. Den Vorblättern folgt das Perianth selten in Form eines Perigons; gewöhnlich sondert sich die Blüthendecke scharf in einen grünen („laubigen") Kelch und eine viel zartere, bunte, niemals rein grüne Krone. Typisch steht dabei das bei der Anlage der Blüthe zuerst sichtbar werdende (das „genetisch erste") Kelchblatt möglichst weit von dem jüngeren, dem β-Vorblatte, entfernt und fällt nach vorn; es füllt in der Knospe

---

kommen, die Bezeichnung Radix beibehalten, was freilich für Radix Rhei nicht zutrifft. Inconsequent würde dann aber zweifellos die Bezeichnung Rhizoma Imperatoriae bleiben, denn dieses ist definirt als „Rhizoma ramosum", dessen Hauptstamm „Würzelchen und verholzte Stolonen" treibt; ebenso wird Rhizoma Veratri definirt als „Rhizoma cum radicibus flavidis". Für Rhizoma Filicis schreibt die Pharmakopoe ausdrücklich vor: „Rhizoma unacum foliorum basibus, radicibus et paleis."

[1]) Die gefiederten Palmenblätter sind ursprünglich einfache Spreiten. Dass ihre Fiederung erst beim Entfalten durch Einreissen längs bestimmter Kanten eintritt, wurde auf S. 168 geschildert.

somit die zwischen dem Deckblatt und dem α-Vorblatt liegende Lücke aus. **Das genetisch zweite Kelchblatt ist dann allgemein gegen die Abstammungsaxe gerichtet** (Fig. 148). Gewöhnlich decken sich dann auch die Kelchblätter so, wie es Fig. 148 andeutet und wie es schon auf S. 25 für Fig. 26 auseinandergesetzt wurde. Diese Stellung und Deckung der Kelchblätter ist bei den Dicotylen so typisch, dass man sie als die normale ansehen kann (Fig. 149). Die Fälle, in welchen das erste Kelchblatt die Lücke zwischen dem α-Vorblatt und der Abstammungsaxe füllt, also in der Knospe seitlich nach hinten fällt, sind äusserst selten und dadurch für einige Familien geradezu charakteristisch. Bei den Lobeliaceen[1]) fällt bei dieser ausnahmsweisen Stellung des ersten Kelchblattes das zweite Kelchblatt nach vorn (über das Deckblatt), und man bezeichnet deshalb diese Kelchorientirung kurzweg als Lobeliaceenstellung (Fig. 150). Bei den Primulaceen[2]) dagegen folgt dem ersten seitlich nach hinten fallenden Kelchblatt das zweite ebenfalls seitlich nach hinten, symmetrisch zum ersten, eine Orientirung, welche als Pri-

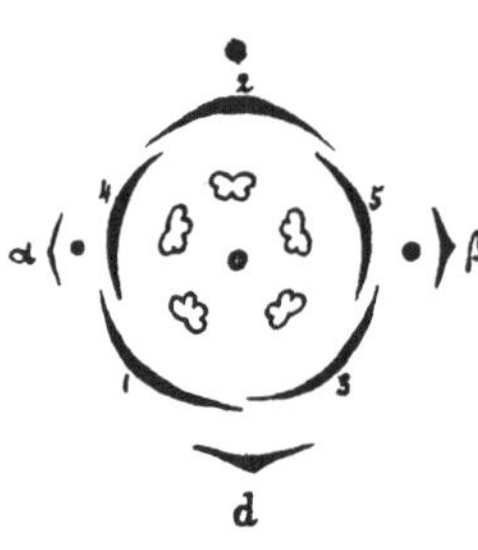

Fig. 148. Diagramm einer Dicotylenblüthe ohne Krone. *d* das Deckblatt, in dessen Achsel die Blüthe steht. α und β die beiden „transversalen" Vorblätter. Im Perianth steht das erste Glied (1) vorn links, d. h. möglichst entfernt von β. Das „genetisch zweite" Glied (2) steht hinten, gegen die Abstammungsaxe gerichtet. (Das Diagramm gilt für die männlichen Blüthen des Hanfes und des Hopfens).

Fig. 150. Diagramm für „Lobeliaceenstellung" eines Kelches. Das erste Kelchblatt steht seitlich hinten (in der Figur rechts oben), das zweite fällt median nach vorn, das dritte wieder nach hinten (in der Figur links oben). Zur Uebung numerire der Anfänger die fünf Blätter dieses und des vorhergehenden Diagramms, entsprechend der Figur 148.

Fig. 149. Diagramm für die in der Mehrzahl der Dicotylenblüthen typische Kelchstellung und Deckung der Kelchblätter. (Blatt 1 vorn links, Blatt 2 median nach hinten). Vgl. auch Fig. 148.

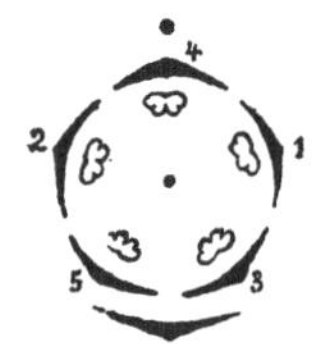

Fig. 151. Diagramm der männlichen, kronenlosen Blüthe von Pistacia mit „Primulaceenstellung" ihres Kelches. Blatt 1 und 2 stehen symmetrisch rechts und links nach hinten, Blatt 4 fällt median nach hinten.

[1]) Zu ihnen gehört *Lobelia inflata*, welche Herbae Lobeliae liefert.

[2]) Primulaceen sind bei uns nicht mehr officinell. *Primula officinalis* lieferte die Flores Paralyseos Ph. G. I.

mulaceenstellung bekannt ist (Fig. 151). Endlich kann das erste Kelchblatt in der Medianebene nach vorn gerichtet sein, also über dem Deckblatt stehen. Diese Stellung ist charakteristisch für eine der grössten Gruppen der Dicotylen, für die Mehrzahl der Leguminosen, speciell für die Familien der Papilionaceen[1]) und Caesalpiniaceen[2]) und wird als Papilionaceenstellung bezeichnet (Fig. 152). In allen diesen Fällen (Fig. 148 bis 152) begegnen wir derselben Deckung (welche S. 25 als $^2/_5$-Stellung bezeichnet wurde). In der Systematik nennt man sie die quincunciale dachige. Man kann sie kurz so definiren: Zwei Blätter stehen ganz aussen, sie sind die deckenden; das dritte Blatt steht halb aussen, halb innen, deckt also und wird gedeckt; die beiden übrigen Blätter stehen ganz innen und werden gedeckt.[3])

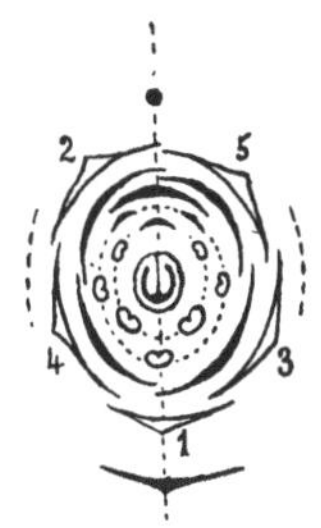

Fig. 152. Diagramm einer Caesalpiniaceenblüthe (von Cassia) mit „Papilionaceenstellung" ihres Kelches. Das erste Kelchblatt (1) steht median vorn, über dem Deckblatt.

Nun kommen aber häufig Fälle vor, in welchen nur ein Blatt des fünfzähligen Quirles ganz aussen steht; drei andere stehen halb aussen, halb innen, decken also und werden gedeckt, während das fünfte Blatt ganz innen steht, also nur gedeckt wird. Steht das alleinig äussere Blatt in der Blüthe vorn (seitlich oder median),

Fig. 153. Diagramm für eine aufsteigende Deckung.

Fig. 154. Diagramm für eine absteigende Deckung.

so heisst die Deckung eine aufsteigende (Fig. 153); steht es hinten (seitlich oder median), dann heisst die Deckung eine absteigende (Fig. 154). Man kann in den durch Fig. 153 und 154 gegebenen Fällen auch die Blätter als je zwei paarige und ein unpaares auffassen. Bei der aufsteigenden Deckung deckt das vordere Blattpaar das seitlich hintere Paar, und dieses deckt wieder das un-

---

1) Zu ihnen gehören Erbsen, Bohnen, Wicken, die Süssholzarten u. v. a.

2) Zu diesen gehören *Cassia, Tamarindus, Copaifera* u. a.

3) Ein schönes Beispiel für die quincunciale dachige Anordnung der Kelchblätter bieten die Rosenknospen. Die beiden ganz aussen stehenden Kelchzipfel sind gewöhnlich beiderseits gefiedert, der halb aussen stehende nur am deckenden Rande. Die beiden inneren Kelchzipfel sind beiderseits ganzrandig.

paare hintere Blatt. Bei der absteigenden Deckung deckt das hintere Blattpaar das seitliche vordere Paar und dieses wieder das unpaare vordere Blatt. Am kürzesten definirt man:

Bei aufsteigender Deckung decken die nach hinten liegenden Blattränder die nach vorn fallenden. (Hinterränder deckend, Vorderränder gedeckt.)

Bei absteigender Deckung decken die nach vorn gewandten Blattränder die nach hinten fallenden. (Vorderränder deckend, Hinterränder gedeckt).

In einigen Familien decken die Kelchblätter aufsteigend, die Kronblätter absteigend (Papilionaceae).

Eine andere charakteristische Art der Deckung ist die gedrehte oder contorte. Hier deckt jedes Blatt und wird auch gedeckt. Sind in allen Blättern die deckenden Ränder (von aussen gesehen) die linken, so spricht man von linksgedrehtem Quirle (Fig. 155), sind die deckenden Ränder die rechten, von rechtsgedrehtem Quirle (Fig. 156).

Fig. 155.
Links gedrehter Blattquirl.

Fig. 156.
Rechts gedrehter Blattquirl.

Endlich findet sich der Fall, dass sich die Blätter eines Quirles in der Knospenlage gar nicht gegenseitig decken. Berühren sich dann die benachbarten Blätter mit ihren Rändern, so spricht man von klappiger (valvater) Knospenlage[1]). Berühren sich die Ränder aber gar nicht, so ist die Knospenlage eine offene.

In allen den Fällen, wo die quincunciale Stellung nicht sichtbar vorhanden ist und auch die Entwickelungsgeschichte der Blüthe nicht Aufschluss giebt, welches der fünf Kelchblätter das „erste“ genannt werden muss, sieht man das vom β-Vorblatt entfernteste vordere Kelchblatt als das „genetisch erste“ an; man nimmt also dann das Vorhandensein des durch Fig. 149 dargestellten Normalfalles an.

Die Mannichfaltigkeit der Blüthencharaktere ist hiermit keineswegs erschöpft. Es wurde zwar in der Einleitung darauf hingewiesen, dass die typische Angiospermenblüthe, wie es Fig. 14 auf S. 13 darstellt, aus fünf alternirenden Kreisen von Blättern aufgebaut ist (man nennt sie deshalb pentacyclisch). Wir erhalten

---

[1]) Man entsinne sich hier der klappigen (valvaten) Zapfen von *Callitris quadrivalvis*; vgl. S. 131.

also für die fünfzählige Dicotylenblüthe das typische Diagramm Fig. 26, welches hier seiner Wichtigkeit wegen nochmals als Fig. 157 eingefügt werden soll. Die typische Dicotylenblüthe ist also diplostemon (vgl. S. 26). Leider ist es nun nicht möglich, in ähnlicher Weise wie bei den Monocotylen, alle Dicotylen auf ein Diagramm, auf das typische der Fig. 157 zurückzuführen. Wir begegnen vielen Familien mit durchweg obdiplostemonen Blüthen, deren Dia-

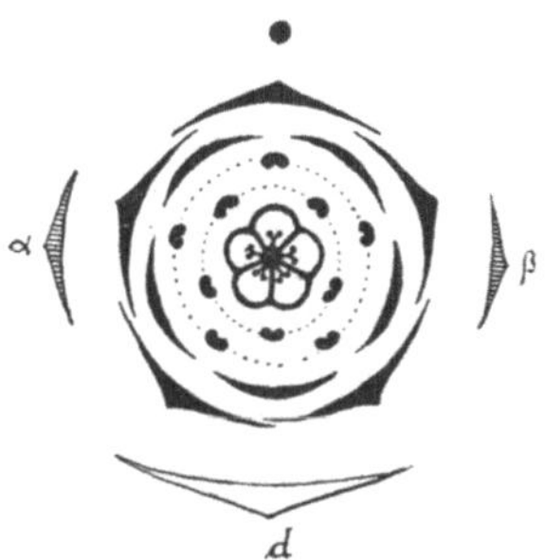

Fig. 157. Das für fünfzählige Dicotylenblüthen typische Diagramm. *d* das Deckblatt, *α* und *β* die beiden Vorblätter. Die 5 Kelchblätter sind normal angeordnet, sowohl bezüglich ihrer Stellung als auch ihrer Deckung (eutopisch-quincuncial mit dem zweiten Kelchblatt median nach hinten).

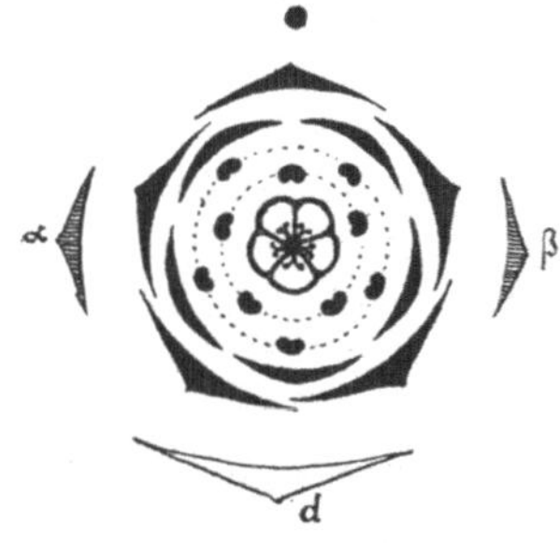

Fig. 158. Diagramm der fünfzähligen, pentacyclischen Dicotylenblüthe mit obdiplostemonem Androeceum. *d* das Deckblatt, *α* und *β* die beiden Vorblätter; der Kelch wie in Fig. 157 orientirt.

gramm in Fig. 27 auf S. 26 bereits erläutert wurde. Wir reproduciren dieses als das zweitwichtigste hier als Fig. 158.

In dritter Linie beachten wir, dass es grosse Abtheilungen der Dicotylen giebt, in welchen, ohne dass ein Abort stattgefunden hat, die Blüthe typisch aus nur vier Kreisen (tetracyclisch) aufgebaut ist. Es fehlt dabei entweder die Krone, und hatte man früher alle so charakterisirten Familien der Dicotylen als Apetalae zusammengefasst; oder es ist typisch nur ein Staubblattkreis vorhanden, die Blüthen sind tetracyclisch haplostemon (vgl. S. 26).

Zieht man nun noch in Rechnung, dass ausser der Fünfzahl in freilich sehr beschränktem Masse die Zweizahl (bei der als Frangulinae bezeichneten Reihe) oder die Vierzahl, bisweilen auch die Sechszahl bei den Dicotylen auftritt, so kann man die allgemeine Formel der Dicotylenblüthe als

$$K\ n,\ C\ n,\ A\ n + n,\ G\ n$$

bezeichnen, wo $n = 5$, seltener $n = 2$, 4 oder 6 zu setzen ist, während $n = 3$ nur in ganz ausnahmsweisen Fällen vorkommt.

Die gegebene Formel ist jedoch nicht erschöpfend. Es giebt grosse Abtheilungen, in welchen namentlich im Androeceum Vermehrung der Staubblattquirle stattgefunden hat, während das Gynaeceum weniger als n Glieder aufweist (man sagt oligomer, d. h. weniggliederig wird); gewöhnlich treffen wir dann 3, 2 oder nur 1 Fruchtblatt. Man bezeichnet solche Blüthen als polyandrisch (vielmännig) und giebt ihre Formel durch

K n, C n, A n + n + n + ..., G n — m.

In anderen Fällen vermehrt aber gerade das Gynaeceum seine Glieder, es wird vielzählig oder pleiomer, und die Blüthen heissen dann, namentlich wenn die einzelnen Carpelle frei (apokarp) bleiben, polykarpische. In ähnlicher Weise wird man auch polypetalen, gleichsam typisch und natürlich gefüllten Blüthen begegnen.[1]) Es ist nun der gewöhnliche Fall, dass bei eintretender Pleiomerie, betreffe sie das Androeceum („Polyandrie"), das Gynaeceum („Polykarpie") oder die Krone („Polypetalie"), mit der Vermehrung der Glieder ein Undeutlichwerden der Kreise verknüpft ist; die betreffenden Blüthen sind nicht mehr „eucyclisch", sondern aphanocyclisch[2]).

Die Vermehrung der Glieder beruht aber nicht immer auf einer Vermehrung der alternirenden Quirle oder eines Uebergangs derselben in spiralige Anordnung ihrer Glieder. In vielen Familien tritt eine Spaltung (Chorisis) der einzelnen, im Grundplane der cyclischen Blüthe liegenden Glieder, namentlich der Staubblätter, ein. Ist dann die Spaltung der Staubblätter eine unvollkommene, oder verwachsen die Spaltungsproducte wieder in bestimmter Ordnung zu Complexen, so entstehen Staubblattgruppen, welche man als Phalangen bezeichnet. Uebrigens können auch Staubblätter bei normal cyclischem Baue gruppenweise zu je einer Phalanx verwachsen.

Als wichtige Regeln merke man sich nun:

Bei fünfzähligen Blüthen mit zwei Fruchtblättern stehen die letzteren fast ausnahmslos median, ein Fruchtblatt vorn, eines hinten.

Bei vierzähligen Blüthen mit zwei Fruchtblättern stehen die letzteren fast immer transversal, eines rechts, eines links.

Bei Anwesenheit von drei Fruchtblättern stehen dieselben bald, wie bei dem Gros der Monocotylenblüthen, eines median nach vorn, die beiden anderen seitlich nach hinten, bald umgekehrt, eines median nach hinten, die anderen seitlich nach vorn.

Zu allem unterscheidet man nun noch, ob die Staubblätter dem Blüthenboden (dem „Thalamus") unmittelbar aufgewachsen (Thalami-

---

[1]) Man betrachte gelegentlich die Blüthen unserer weissen Teichrose, der *Nymphaea alba*. Dieselben sind im angegebenen Sinne polypetal und polyandrisch und zeigen auch ein pleiomeres Gynaeceum.

[2]) Von ἀφανής, unsichtbar, hier undeutlich, und κύκλος, Kreis.

floren), ob sie dem Kelchrande eingefügt (Calycifloren), oder ob sie den Kronenblättern angeheftet sind (Corollifloren).

Die aufgeführten Merkmale bieten nun Mittel genug, um die grosse Fülle der Dicotylen übersichtlich zu gruppiren, ohne dass dabei der Begriff der natürlichen, realen Verwandtschaft, wie er auf S. 47 entwickelt wurde, ausser Acht gelassen zu werden braucht. Gerade mit Rücksicht darauf hat man aber die Dicotyledonen, wie schon S. 48 erwähnt wurde, zunächst in zwei grosse Abtheilungen (Unterklassen) zerspalten. Es ist anzunehmen, dass Blüthen mit frei neben einander stehenden Gliedern ihrer Quirle eher existirt haben als solche, bei welchen Verwachsungen der gleichwerthigen Glieder stattgefunden haben. Man gruppirt deshalb als

I. ***Choripetalae,*** die Dicotylen mit freien Blumenkronblättern, und

II. ***Sympetalae,*** die Dicotylen mit unterwärts röhrig verwachsenen Blumenkronblättern.

Wir besprechen zunächst die Unterklasse der

Choripetalae.

In der auf Seite 46 gegebenen Uebersicht des Braun'schen Systems finden wir noch die ältere, von Jussieu herrührende Eintheilung der Dicotylen in Apetalae (Blumenblattlose), Sympetalae (mit verwachsenblätterigen) und Eleutheropetalae (mit freiblätterigen Blumenkronen). Diese Dreitheilung ist schon von Braun und Anderen als unnatürlich erkannt worden, und hat man es für angemessen erachten müssen, die Apetalen ganz unter die Familien der Eleutheropetalen zu vertheilen. Die dadurch erweiterte Abtheilung der letzteren hat nun Eichler mit dem Namen Choripetalae belegt[1]). Wir werden in derselben also naturgemäss kronenlosen (apetalen) und kronenführenden (corollaten) Gewächsen begegnen. Im Allgemeinen folgt man dem Grundsatze, von den apetalen Familien zu den corollaten aufzusteigen. Im Verfolg dieser Idee kommt Eichler zu der Eintheilung der ganzen Unterklasse in sechs Reihen:

I. **Juliflorae.** Durch constante und typische „Apetalie" ausgezeichnet. Blüthen in „Kätzchen"

II. **Centrospermae.** Durch die „centrale Placentation" der Samenanlagen ausgezeichnet.

---

[1]) Von χωρίς, Spaltung, Trennung, Getrenntsein, und πέταλον, Blumenkronblatt.

III. **Aphanocyclicae.** Durch völlig oder theilweise acyklischen Blüthenbau, oder bei cyklischer Blüthe durch das Schwanken in der Zahl der zur Blüthendecke oder zum Aufbau des Androeceums und Gynaeceums verwandten Quirle ausgezeichnet.

IV. **Eucyclicae.** Durch cyklische Blüthen mit oberständigem Fruchtknoten ausgezeichnet. Die Zahlenverhältnisse der Kreise werden nicht durch Spaltungen verwischt.

V. **Tricoccae.** Durch ausnahmslos eingeschlechtige Blüthen („Diclinie") ausgezeichnet; entweder völlig apetal, oder das Perianth immer unterständig einfach, selten mit Kelch und Krone. Ziemlich constant sind drei Fruchtblätter, worauf sich der Name Tricoccae bezieht.

VI. **Calycifloren.** Durch fast ausnahmslos cyklische Blüthen mit peri- oder epigynischem, in Kelch und Krone gesondertem Perianth ausgezeichnet [1]).

I. Reihe. Juliflorae.

Nach den vorausgegangenen Erörterungen kann man die Julifloren als die typisch apetalen, thalamifloren Choripetalen bezeichnen. Ihre Blüthen sind durchweg sehr klein, häufig getrenntgeschlechtig (diclin), in allen Kreisen wenig hoch entwickelt. Das Perianth fehlt entweder ganz oder ist doch nur sehr unscheinbar als einfache Blüthendecke entwickelt. Sehr allgemein treten dafür die Blüthen zu dichten, ähren- oder kolbenförmigen Blüthenständen zusammen, welche der Volksmund mit dem jetzt von der Wissenschaft beibehaltenen Namen Kätzchen bezeichnet hat [2]).

Die Reihe umfasst drei Ordnungen:

1. **Amentaceae.** Durchgehends diclin, Same ohne Endosperm. Meist Holzgewächse (unsere heimischen Laubwaldbäume).

---

[1]) Der in dem Worte Calycifloren ausgedrückte Charakter der ausgesprochenen Peri- und Epigynie, dem zufolge die Staubblätter dem Kelchrande aufgewachsen erscheinen, ist so auffällig, dass man den Calycifloren alle vorangehenden Reihen (Julifloren, Centrospermen, Aphanocyclische, Eucyclische und Tricoccen) als Thalamifloren gegenüberstellt. Vgl. die Auseinandersetzung auf S. 250.

[2]) Die „Kätzchen" der Weiden sind gewiss Jedermann bekannt. Sie erscheinen als die ersten Boten des Frühlings und werden zur Osterzeit, namentlich zum Palmensonntag, bei uns zu Lande allerwärts auf den Markt gebracht. Die Kätzchen der Pappeln sind noch länger als die der Weiden und hängen, wie die männlichen der Erlen und Haselnusssträucher „lämmerschwänzchenähnlich" an den meist noch blattlosen Zweigen. Von der Kätzchenform der Blüthenstände hat die ganze Reihe ihren Namen. Schon Theophrast wendet für Kätzchen der Bäume das Wort ἴουλος an. Julifloren lässt sich also als „Kätzchenblüthige" übersetzen.

2. **Urticinae.** Diclin, Same meist mit Endosperm. Theils Kraut-, theils Holzgewächse. Viele führen Milchsaft.
3. **Piperinae.** Gewöhnlich monoclin (zwitterig) und ohne Blüthendecke (völlig „nackt"). Same mit Endosperm und massigem Perisperm.

Amentaceae.

In den Amentaceen[1]) begegnen wir fast allen bei uns heimischen, Waldbestände bildenden Laubbäumen. Die Eichen, Buchen, Birken sind typische Vertreter. Von anderen Laubholzarten sind die Erlen, die Haselsträucher, die Nussbäume, die zahlreichen Weiden- und Pappelarten als hierher gehörig zu nennen. Charakteristisch sind die stets getrenntgeschlechtigen Blüthen. Die männlichen führen in der Regel ein aus 4, 5 oder 6 Blättern gebildetes, einfaches Perigon und eine wechselnde Anzahl von Staubblättern, bisweilen ebenso viele wie Perigonblätter, und dann stehen sie über diesen, nicht in den Lücken. Die weiblichen Blüthen sind öfter nackt, meist aus 2 oder 3 synkarpen Fruchtblättern gebildet. Ihre Samenanlagen bilden sich oft erst nach der Bestäubung der Narben aus.

Die Ordnung umfasst drei hier zu erwähnende Familien: Cupuliferen, Juglandaceen und Salicaceen.

Cupuliferae.

Der Hauptcharakter dieser Familie liegt in der eigenartigen Verwachsung der die weiblichen Blüthen oder Blüthengruppen stützenden und umhüllenden Hochblätter. Sie bilden um die meist nussartigen, einsamigen Früchte einen Fruchtbecher, eine Cupula. Am bekanntesten sind diese Gebilde von der Eiche, bei welcher jede Einzelfrucht (die Eichel) von einem solchen Becher umhüllt wird. Bei den Buchen sitzen je zwei Früchte (Bucheckern) in einer gemeinsamen, vierspaltigen Cupula. Aehnlich verhält sich die echte (essbare) Kastanie, Castanea vesca[2]). Es würde jedoch zu weit führen, wollten wir eine vergleichende Betrachtung über den morphologischen Werth der Cupulargebilde hier einschalten. Wir beschränken uns nur auf die Besprechung der hier interessirenden Gattung

Quercus L.

Als gemeinsame Merkmale der etwa 300 bekannt gewordenen Eichenarten, welche wir unter dem Namen Quercus zusammen-

---

[1]) Vom lateinischen amentum, Kätzchen.

[2]) Die bei uns überall angepflanzte Rosskastanie, *Aesculus Hippocastanum* L., gehört nicht zu den Amentaceen, sondern zu einer ganz entfernt von diesen stehenden Ordnung der Dicotylen.

fassen, gelten in erster Linie die Charaktere der Kätzchen. Die männlichen Kätzchen entspringen in den Achseln spreitenloser Schuppenblätter, welche paarweise zusammengehören, Nebenblätter darstellen und zugleich die Function der Knospenschuppen übernommen haben. Jedes Kätzchen besteht aus einer fadendünnen, schlaff herabhängenden Axe (Spindel), an welcher die Einzelblüthen gewöhnlich ziemlich weit von einander entfernt in der Achsel je eines sehr kleinen Deckblattes sitzen. Jede Blüthe besteht aus einem ungleich 6- oder 7-theiligen, einfachen Perigon, welches eine unbestimmte Anzahl von Staubblättern umhüllt. Jedes Staubblatt hängt mit seinem schlaffen, fadendünnen Filament abwärts und führt einen zweifächerigen, mit zwei Längsrissen sich öffnenden Staubbeutel. Fruchtblattrudimente fehlen den männlichen Blüthen völlig.

Fig. 159. Weibliche Blüthe von Quercus Robur (etwa 8fach vergr.). Rechts das schmale Deckblatt. Aus der jungen Cupula ragt das Griffelende mit den drei Narben hervor. (Nach Berg und Schmidt.)

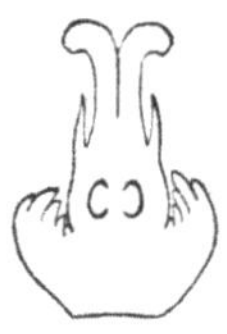

Fig. 160. Eine weibliche Eichenblüthe nach erfolgter Bestäubung längs durchschnitten. Am Grunde die Cupula, deren jüngste Blätter von den älteren überwölbt sind. Der Fruchtknoten hat seine Fächer gebildet; in jedem derselben ist eine gewölbte Samenanlage von der Mittelsäule aus hervorgesprosst. Am Grunde des Griffels sind die Spitzen des oberständigen Perigons (rechts und links) gezeichnet.

Die weiblichen Blüthenstände sitzen in den Achseln der Laubblätter, nahe der Spitze der blühenden Sprosse. Ihre Axe (Spindel) ist gewöhnlich kräftig und wenig biegsam. In der Regel sitzen ihr nur wenige (1—5) Blüthen an, welche sich oft köpfchenartig zusammendrängen. Jede weibliche Einzelblüthe sitzt ohne Stiel in der Achsel eines schuppenförmigen Niederblattes (Fig. 159). Sie ist am Grunde umhüllt von der jungen Cupula, welche sich wahrscheinlich überall aus vier Hochblättern bildet, an deren Aussenseite kleine Höckerchen oder Zahnfortsätze hervorsprossen. Jede Cupula umhüllt nur eine Blüthe, an welcher man einen unterständigen, aus drei Fruchtblättern gebildeten, dreifächerigen Fruchtknoten und ein meist 3 + 3zähliges, ganz unscheinbares Perigon erkennen kann. Oberhalb desselben setzen sich die Fruchtblätter als kräftiger Griffel fort, welcher an seiner Spitze in drei breite, dicke Narbenlappen spaltet. Staubblattrudimente sind in den weiblichen Blüthen nicht vorhanden.

Besonders bemerkenswerth ist die Erscheinung, dass sich die drei Fruchtknotenfächer in jeder Blüthe erst nach der Bestäubung der Narbe ausbilden (Fig. 160). Zur Zeit der Bestäubung ist also die weibliche Blüthe in gewissem Sinne noch unfertig; sie führt noch nicht einmal die Samenanlagen, denn diese können ja erst hervorsprossen, wenn die Fruchtknotenfächer entstehen. In jedem Fruchtknotenfach bilden sich nun zwei hängende Samenanlagen; die weibliche Blüthe führt also im Ganzen sechs solcher. Von diesen wird stets nur eine einzige zum Samen ausgebildet. Es vergrössert sich dabei die Cupula und die Fruchtknotenwand, welche lederartige Beschaffenheit annimmt und die „Eichelschale" darstellt. Der verhärtende Griffelrest sitzt der Eichel als kleines Spitzchen auf. Der Inhalt der Eichel ist der grosse Same, dessen Hauptmasse die beiden fleischigen Cotyledonen des Keimlings ausmachen, welche flach an einander liegen und eine sehr kleine Keimwurzel und Keimknospe zwischen sich erkennen lassen. Nährgewebe ist im reifen Samen niemals vorhanden. Man kann die Eichel als eine Nuss mit lederigem Perikarp definiren, Nuss, weil das letztere niemals vor der Keimung aufspringt, sondern von der Keimwurzel unregelmässig zersprengt wird.

Alle Eichenarten sind Sträucher und Bäume der nördlich gemässigten Zone. Nur sehr wenige Arten finden sich in den kälteren Regionen der Gebirge der heissen Zone. Die je nach den Arten bald sommergrünen, bald immergrünen Blätter sind gewöhnlich lederig hart, bald ganzrandig, bald gezähnt, bald gelappt oder buchtig, niemals gefiedert. Am Grunde der Blattstiele sitzen zwei hinfällige Nebenblätter. Die Früchte (Eicheln) reifen theils im ersten, theils erst im zweiten Jahre; sie schieben sich sehr verschieden weit aus der Cupula hervor.

Die hier zu besprechenden Eichenarten gehören ausnahmslos zu der als Lepidobalanus bezeichneten Untergattung, für welche die becherförmig offene, nicht zerspringende und schuppenbesetzte Cupula charakteristisch ist, wie wir sie bei unseren heimischen Arten finden.

Fig. 161. Quercus Robur. Blühender Zweig mit lang herabhängenden männlichen Kätzchen. (Nach Baillon.)

1. *Quercus Robur* L. (Fig. 161),

unsere bekannte deutsche Eiche, ist durch ihre sommergrünen, länglich-verkehrt-eiförmigen, schön gebuchteten Blätter gekennzeichnet. Die im Frühjahre angelegten Eicheln reifen im Herbste. Nach der Beschaffenheit der Blätter unterscheidet man gewöhnlich drei Varietäten, welche von manchen Botanikern für besondere Arten gehalten werden.

a) *Quercus pedunculata* Ehrh., die Stiel- oder Sommereiche, trägt lockerblüthige weibliche Kätzchen. Zur Reifezeit sitzen nur wenige (meist eine oder zwei) Eicheln an der Spitze der oberwärts absterbenden Kätzchenaxe (Fig. 162). Es erscheinen deshalb die Eicheln am Ende eines langen Stieles (des unteren Theiles der Kätzchenaxe). Darauf bezieht sich der Name „Stieleiche", sowie die botanische Benennung „pedunculata" (von pedunculus, Blüthenstiel). Die Blätter der Stieleiche sind dagegen fast ganz ungestielt; ihr Stiel ist nicht länger als die halbe Breite des Blattgrundes.

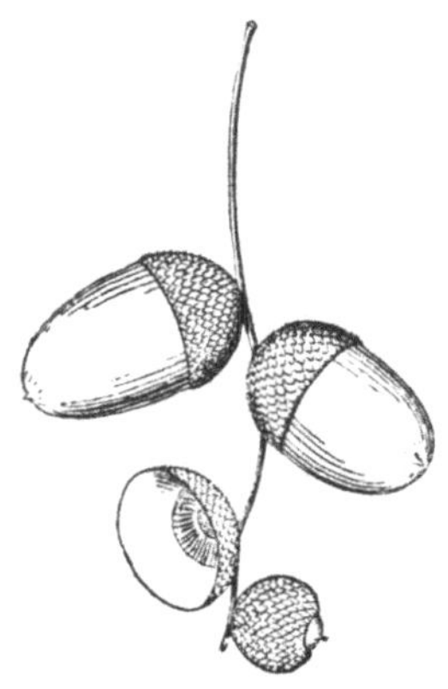

Fig. 162. Fruchtstand der Stieleiche, Quercus pedunculata. Die Eicheln sitzen an gemeinsamem, langem Stiele.

b) *Quercus sessiliflora* Sm., die Trauben-, Winter- oder Steineiche trägt ihre weiblichen Blüthen meist zu mehreren geknäuelt bei einander am Ende der sehr kurzen Kätzchenaxe. Deshalb sitzen die reifen Eicheln dicht neben einander, traubig (deshalb „Traubeneiche"), und die ganze Eichelgruppe erscheint fast ungestielt, weil der untere Theil der Kätzchenaxe nur äusserst kurz ist (Fig. 163). Auf diese Erscheinung zielt das Wort „sessiliflora" (d. h. sitzendblüthig, mit sitzenden Blüthen) hin. Während nun die Eicheln ungestielt erscheinen, sind gerade die Laubblätter dieser Eichenvarietät deutlich langgestielt (während sie bei der *Qu. pedunculata* ungestielt sind).

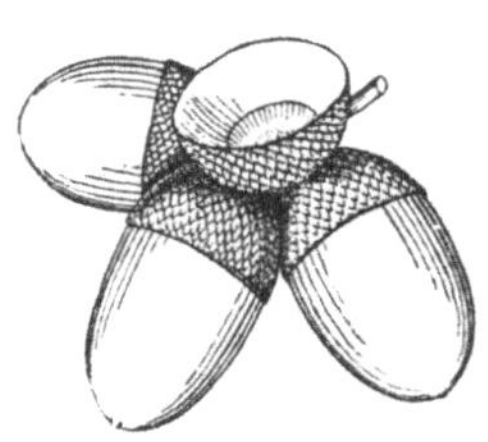

Fig. 163. Fruchtstand der Traubeneiche, Quercus sessiliflora. Die Eicheln sitzen gehäuft an verschwindend kurzem, gemeinsamem Stiele.

c) *Quercus pubescens* Willd. ist die dritte der bei uns vorkommenden Varietäten. Sie gleicht der vorigen fast völlig, unterscheidet sich von ihr nur dadurch, dass ihre Blätter im Frühjahr filzig behaart sind, später aber unterseits flaumhaarig und schliesslich ganz kahl werden. Es bezieht sich auf diese Eigenheit der Name „pubescens" (d. h. flaumhaarig, weichhaarig).

Man merke sich also die Unterschiede der drei Unterarten etwa so:

Qu. pedunculata hat „gestielte" Eicheln, aber sitzende Blätter; *Qu. sessiliflora* hat „ungestielte", knäuelig gehäufte Eicheln, aber gestielte Blätter; *Qu. pubescens* gleicht der *sessiliflora* bis auf die behaarten Blätter. Alle drei zusammen sind von Linné als *Quercus Robur* bezeichnet worden.

Die Verbreitung dieser Eichen ist nicht allzu gross. Sie beschränken sich auf Europa, Kleinasien und die Kaukasusländer und zwar so, dass die als *sessiliflora* bezeichnete Form die geringste Verbreitung zeigt; sie verdient nach Ascherson mit besonderem Rechte den Namen „deutsche Eiche", weil sie nicht weit über die deutsche Flora hinausgeht. *Qu. pedunculata* geht weiter nördlich und östlich (bis nach Schweden und Russland); in Bergländern geht sie nicht bis über 1000 m Höhe hinauf. *Qu. pubescens* zieht die südlicheren Gebiete vor. Von Südeuropa geht sie nordwärts bis nach Böhmen, Thüringen und in die Rheingegenden.

Quercus Robur liefert mannichfache Drogen und daraus bereitete Producte. Officinell ist bei uns nur noch Cortex Quercus Ph. G. II. 68. Man versteht darunter die Rinde 10—25 Jahre alter Bäumchen, welche zum Zweck der Schälung besonders cultivirt werden. Die beste Rinde wird als Spiegelrinde in den Handel gebracht. Sie enthält einen Bitterstoff, Quercin, besonders aber eisenbläuende Eichenrinden-Gerbsäure. Die Rinde wird geschnitten und grob gepulvert, vor directem Sonnenlicht und ammoniakhaltiger Luft geschützt aufbewahrt. Früher waren auch die Eicheln officinell als Semen Quercus s. Glandes Quercus decorticatae, welche in den Cotyledonen den Eichenzucker, Quercit, enthalten. Sie liefern den noch heut vielfach angepriesenen Eichelkaffee, welcher auch zur Herstellung des Eichelcacaos dient.

2. Quercus lusitanica Webb. ist durch eiförmige, längliche oder verkehrt-eiförmige, spitze, am Grunde abgerundete, gezähnte oder lappige Blätter ausgezeichnet. Die männlichen Kätzchen gleichen denen von *Qu. Robur*. Das 4—7-lappige Perianth ist aussen behaart. Die weiblichen Kätzchen gleichen denen unserer *Quercus sessiliflora;* die Eicheln sitzen kurzgestielt dem Zweige an. Die Eichel ist schlanker als bei unseren heimischen Arten; sie überragt die Cupula um das Drei- bis Vierfache.

Wie bei uns *Quercus Robur* tritt die lusitanische Eiche im Mittelmeergebiete mit vielen Varietäten auf, welche De Candolle auf drei Unterarten, *Quercus faginea*, *orientalis* und *baetica* vertheilte. Von diesen kommt hier nur *orientalis* in Betracht. Sie tritt gewöhnlich in Strauchform, selten als Baum auf. Ihre kleinen, im Winter absterbenden, aber an den Zweigen hängen bleibenden („marcescenten") Blätter sind regelmässig gesägt oder gekerbtgesägt, niemals gezähnt-gelappt. Sie lassen mit blossem Auge kaum eine Behaarung erkennen. Zu merken ist die Varietät:

a. infectoria DC. (= *Qu. infectoria* Oliv.), die Färber- oder Galläpfeleiche. Sie bildet gewöhnlich nur mannshohe Büsche mit 5—6 cm langen, etwa 3 cm breiten, oft noch viel kleineren, länglich verkehrt eiförmigen Blättern, welche nur ganz kurz gestielt sind. Die fast völlig sitzenden Früchte finden sich einzeln oder bis zu dreien bei einander. Die Eichel ist walzlich, etwa 4 cm lang. In Kleinasien und Syrien bis zum Tigris hin ist die Färbereiche weit verbreitet, findet sich aber auch auf Cypern und in Thracien.

Sie liefert die Gallae Ph. G. II. 124 s. Gallae Halepenses, Levanticae v. Turcicae Ph. G. II. 334, die Aleppo-Galläpfel oder levantischen und türkischen Gallen (Fig. 164).

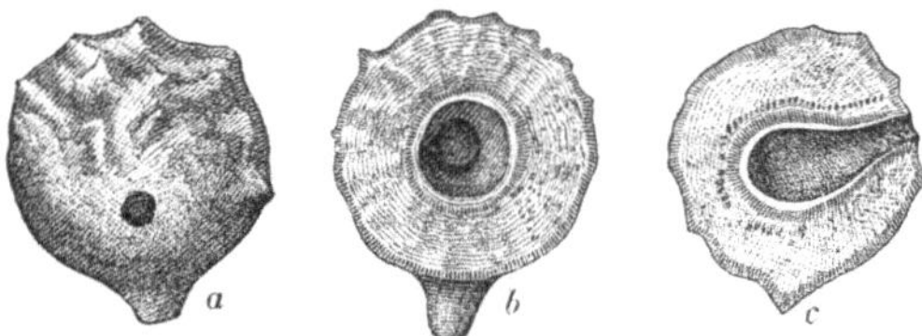

Fig. 164. Galläpfel, von Cynips gallae tinctoriae an Quercus infectoria erzeugt. *a* ein ganzer Gallapfel mit Flugloch der Wespe; *b* und *c* durchschnittene Galläpfel; *b* zeigt die centrale Larvenkammer, *c* zeigt diese und den von ihr ausgehenden Bohrkanal. (Nach Hager.)

Dieselben entstehen an den Triebspitzen der Eiche durch den Stich einer Gallwespe, der *Cynips gallae tinctoriae* Olivier (= *Diplolepis gallae tinctoriae* Latreille). Die weibliche Wespe legt nämlich beim Anstechen der Triebspitzen ein Ei in das junge Gewebe derselben. Aus dem Ei entschlüpft eine Larve, und während diese heranwächst und sich von den Säften der sie umgebenden pflanzlichen Gewebe nährt, wobei sie die Pflanze zu beständigem Säftezufluss reizt, bildet sich die Galle als ein krankhaftes Umwandelungsproduct der ganzen Triebspitze aus. Die Wespenlarve lebt in der centralen Höhle der Galle, in der Larvenkammer, in welcher sie sich auch verpuppt. Schlüpft nun die ausgebildete Wespe im Frühjahr aus der Puppenhaut aus, so sucht sie in's Freie zu gelangen, um wieder zur Eierablage Triebspitzen anzustechen. Sie frisst sich deshalb einen Ausgang aus der Larvenkammer: sie bohrt sich ein Flugloch. Viele der Gallen zeigen ein solches nicht; man findet dann die Wespe (bisweilen noch lebend) in ihnen. Die Gallen enthalten bis 70 % des als Gallusgerbsäure bezeichneten Gerbstoffes und dienen zur Bereitung der Tinctura Gallarum Ph. G. II. 280[1]).

---

[1]) Die Erörterung der verschiedenen Gerbsäurearten gehört nicht in dieses Buch. Der Anfänger merke sich bei dieser Gelegenheit nur, dass an den Eichen (auch unseren heimischen) zahlreiche verschiedene Gallen angetroffen werden, welche von sehr verschiedenen Cynips-Arten hervorgerufen werden. Am be-

3. *Quercus Suber* L., die Korkeiche, ist ein im westlichen Mittelmeergebiete heimischer Baum mit immergrünen, eiförmigen bis länglichen, meist scharf dornig gezähnten, anfänglich graufilzigen, später oberseits kahlen Blättern. Die männlichen Kätzchen sind nebst den Deckblättern und dem stumpf-sechslappigen Perianth der Einzelblüthen filzig behaart. Die weiblichen Kätzchen sind nur äusserst kurz gestielt und bringen gewöhnlich nur einzelne Früchte innerhalb des laufenden Jahres zur Reife. Die Eichel ist glänzend gelbbraun und 2—3mal länger als die fast halbkugelige, nach unten kegelig auslaufende, graufilzige Cupula, welche mit nur locker angedrückten Schuppen bedeckt ist.

Sehr charakteristisch ist für den Baum die reiche Korkbildung. Schon 15-jährige Stämme liefern geschält bis 5 cm dicke Korkplatten und werden dann nach Zeiträumen von mindestens 8 bis 10 Jahren immer wieder von neuem geschält. Der zur Herstellung der Pfropfen dienende Kork stammt fast ausschliesslich von *Qu. Suber.*

4. *Qu. occidentalis* Gay, eine sommergrüne Eichenart Spaniens und Südfrankreichs, welche ihre Früchte erst im zweiten Jahre reift, liefert nur geringe Mengen des in den Handel kommenden Korkes, welcher jedoch zu Mixturkorken unbrauchbar ist.

Juglandaceae.

Die Familie der Juglandaceen oder Nussbaumgewächse umfasst ausschliesslich Bäume von ansehnlicher Grösse. Für die ganze Familie sind charakteristisch grosse, unpaarig gefiederte Blätter ohne Nebenblätter und monoecisch vertheilte Kätzchen. Bei einigen Arten sitzen männliche und weibliche Blüthen an derselben Kätzchenaxe („androgyne" Kätzchen). Die männlichen Blüthen führen ausser dem Deckblatte zwei seitliche Vorblätter, welchen 2—4 Blüthendeckblätter in spiraliger Ordnung folgen. Die Staubblätter sind meist zahlreich und regellos dem Blüthenboden ein-

---

kanntesten sind die besonders an *Quercus pedunculata* in Süddeutschland und Oesterreich zu findenden Knoppern. Dieselben sind missbildete Cupulae. Sie entstehen als eine weitere Folge des Stiches von *Cynips calycis* Burgsdorff. Die chinesischen und japanischen Galläpfel stammen dagegen nicht von Eichen und werden auch nicht von Gallwespen erzeugt. Sie sind zu Gallen umgewandelte Fiederblättchen einer Terebinthacee, der *Rhus semialata* Murr. var. *Osbeckii* und bilden die Wohnung und Brutstätte einer bestimmten Blattlaus, der *Aphis chinensis* Doubleday. Da nun die Pflanzengallen Krankheitserscheinungen der betreffenden Pflanzentheile darstellen, so hat man den aus Gallen gewonnenen Gerbstoff als pathologischen bezeichnet. Gerbstoffe werden aber von fast allen Pflanzen gebildet und spielen im Leben derselben eine wichtige Rolle. Deshalb kann man aus noch sehr vielen Pflanzen, namentlich aus deren Rinden und Früchten Gerbstoffe gewinnen, welche man (obwohl mit schlechtem Grunde) als physiologische Gerbstoffe bezeichnet.

gefügt. Die weiblichen Blüthen stehen ebenfalls einzeln in den Achseln ihres Deckblattes und werden von zwei Vorblättern begleitet. Sie führen ein oberständiges, sehr unscheinbares Perigon und einen einfächerigen Fruchtknoten mit zwei Narben. Der Fruchtknoten wird aus zwei Fruchtblättern gebildet, lässt aber vom Grunde aus in seine einfache Höhle nur eine einzige aufrechte und gerade Samenanlage hervorsprossen (Fig. 165). Erst später bilden sich unvollkommene Scheidewände aus, welche die Frucht unvollständig 2- oder 4-fächerig machen und eine sehr auffällige Lappung des Samens bedingen. Die Frucht führt eine fleischige, als Epikarp bezeichnete Schale, während das Endokarp holzig oder knochenhart wird. Die Frucht muss deshalb als eine Steinfrucht bezeichnet werden[1]). Das Epikarp springt bisweilen regelmässig 2- oder 4-klappig auf; bei der Wallnuss platzt es in unregelmässigen Stücken ab. Der Same ist stets ohne Nährgewebe; seine Masse ist fast ganz vom Keimling, speciell dessen fleischigen Cotyledonen gebildet. Die Samenschale ist nur als feine (bei unseren reifen Wallnüssen bräunliche) Haut entwickelt. Hier ist nur eine Gattung mit einer Art zu besprechen.

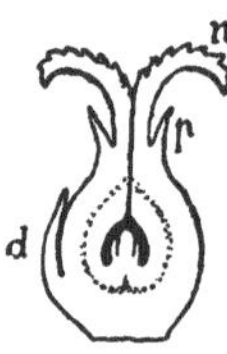

Fig. 165. Weibliche Blüthe des Wallnussbaumes, Juglans regia, im Längsschnitt. *d* das Deckblatt; *p* das oberständige Perigon; *n* die beiden Narbenschenkel. In die Fruchtknotenhöhle ragt vom Grunde her die einzige, aufrechte Samenanlage hinein.

Juglans regia L.

Die Merkmale der Gattung Juglans liegen im Aufbau ihrer blühenden Sprosse und in den Blüthencharakteren. Die männlichen Kätzchen stehen immer an vorjährigen Seitenzweigen einzeln oder zu zweien oberhalb der Blattnarbe eines abgefallenen Laubblattes, dessen Achselsprosse sie darstellen. Oberhalb der männlichen Kätzchen treibt die den Zweig abschliessende Knospe aus. Den Knospenschuppen folgen einige grosse, gefiederte Laubblätter, und über diesen schliesst der Jahrestrieb mit einer armblüthigen, aus weiblichen Blüthen gebildeten Aehre ab. Wir erhalten somit für die blühenden Triebe von Juglans das halbschematische Bild Fig. 166.

Jede männliche Blüthe führt unbestimmt viele (8—40) Staubblätter, welche sich in zwei oder mehr Reihen ordnen. Die dicken Staubbeutel sitzen auf sehr kurzem Faden und werden von dem Connectiv überragt. Ein Fruchtknotenrudiment fehlt gänzlich.

An den weiblichen Blüthen verwachsen das Deckblatt und die beiden Vorblätter hoch hinauf mit dem Fruchtknoten, welchen ein

---

[1]) Die „Nüsse" der Wallnussbäume sind also keine Nüsse!

unscheinbares, vierzähniges, grünes Perigon krönt, in dessen Mitte sich die zweilappige Narbe erhebt (Fig. 165). Die Narbenlappen stehen median. Die aus dem Fruchtknoten hervorgehenden grünen Steinfrüchte erlangen eine ansehnliche Grösse. Ihr Epikarp platzt unregelmässig ab, wodurch der Steinkern, die „Nuss", freigelegt wird. Die holzige „Nussschale" (sie ist nur das Endokarp) ist aussen unregelmässig gerunzelt; bei der Keimung zerspringt sie zweiklappig. Von den 8 Arten der Gattung wird bei uns allerwärts cultivirt

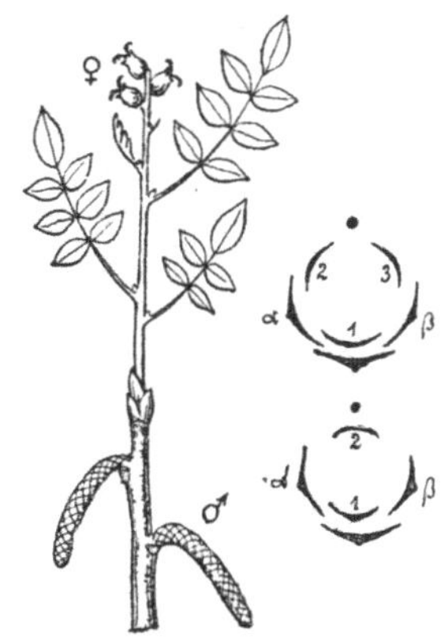

Fig. 166. Halbschematische Darstellung eines blühenden Triebes von Juglans regia. Die männlichen Kätzchen (♂) kommen aus den Achseln vorjähriger (abgefallener) Blätter; die weiblichen Blüthen (♀) bilden eine den jungen Frühjahrstrieb abschliessende, wenigblüthige Aehre. (Nach Eichler.) Rechts die Diagramme männlicher Einzelblüthen unter Weglassung ihrer regellos das Centrum füllenden Staubblätter.

Juglans regia L., der Wallnussbaum (Fig. 167), dessen verhältnissmässig kurzer, gedrungener Stamm eine schöne, weit ausgebreitete Krone trägt. Die gelblich grünen Fiederblätter tragen an der kräftigen, mehr als handlangen Mittelrippe 5 bis 9, meist 7 Fiederpaare. Jedes Blättchen ist eiförmig oder länglich, spitz und ganzrandig, etwas lederig und fast völlig kahl; nur unterseits findet man Haarbüschel in den Achseln der grössten Fiedernerven. Die länglichkugelförmigen Früchte führen eine glatte, grüne Schale mit sehr kleinen, weisslichen Punkten. Zur Reifezeit wird die Schale schwarz, schrumpft und zerreisst dann unregelmässig, um den am Scheitel kurz zugespitzten Steinkern, die „Nuss", zu entlassen.

Wegen seiner essbaren Samen wird der Wallnussbaum in fast ganz Europa, besonders in wärmeren Gegenden gepflanzt. Er stammt aus dem Orient. Wild findet er sich im Kaukasus, in Armenien und weiter ostwärts bis zum Himalaya hin. Sein Holz ist zu Tischlerarbeiten sehr geschätzt. Officinell sind bei uns nur die Blätter als Folia Juglandis Ph. G. II. 114. Sie dienen zur Bereitung eines Infusums, des „Nussblätterthees", welcher in der Volksmedicin als blutreinigend in Ansehen

Fig. 167. Blühender Zweig von Juglans regia. Stark verkleinert.

steht. Das Fruchtfleisch war als Cortex Fructus Juglandis noch in der Ph. G. I. aufgeführt. Es enthält ein fettes Oel, Nucin, und einen Gerbstoff, Nucitannin. Nussschalenextract ist ein bekanntes Haarfärbemittel.

Salicaceae.

Die Familie der Salicaceen oder Weidengewächse mag hier der Vollständigkeit wegen in Kürze betrachtet werden. Sie umfasst nur zwei Gattungen, Salix (Weiden) und Populus (Pappeln). Im Gegensatz zu den Cupuliferen und Juglandaceen begegnen wir hier nur dioecisch vertheilten Blüthen. Männliche und weibliche Kätzchen sind reichblüthige Aehren (während bei den Cupuliferen und Juglandaceen die weiblichen Kätzchen gewöhnlich armblüthig sind). In allen Fällen sind die Kätzchen seitlichen Ursprungs; sie entspringen aus den Achseln vorjähriger Blätter (wie die männlichen Kätzchen von Juglans). Niemals schliessen Kätzchen den vorjährigen Trieb ab; denn bei Salix fehlt demselben eine überwinternde Endknospe, und bei Populus, wo eine solche vorhanden ist, erzeugt sie im Frühjahre nur Laubblätter.

Die Blüthen sind in beiden Geschlechtern sehr einfach gebaut. Bei Salix sitzen in der Achsel jedes nicht zerschlitzten, ganzrandigen Deckblattes gewöhnlich zwei Staubblätter, eines rechts, eines links, ohne eine Spur eines Perigons. Bei manchen Arten sind mehr als zwei (3—12) Staubblätter entwickelt. Meistens findet man in der Mediane der Blüthen eine zwischen den Staubblättern und der Mutteraxe sitzende Nectardrüse, zu welcher sich bei einigen Arten noch eine ebensolche zwischen den Staubblättern und dem Deckblatte gesellt. Bei Populus ist das Deckblatt jeder Blüthe fransig zerschlitzt; in seiner Achsel sitzen gewöhnlich viele Staubblätter (4—12), welche von einem nach hinten abschüssigen Drüsenbecher umgriffen werden.

Die weiblichen Blüthen sind ausserordentlich einfach. Ueberall finden wir in der Achsel jedes Deckblattes einen einfächerigen, aus zwei seitlichen Fruchtblättern gebildeten Fruchtknoten, welcher sich in einen kurzen Griffel auszieht, der zwei einfache oder 2- bis 4-spaltige Narben trägt. An den in der Medianebene liegenden beiden Verwachsungslinien der Fruchtblätter bilden sich vieleiige, wandständige Placenten aus. An ihnen sitzen die vielen aufsteigenden, anatropen Samenanlagen in zwei oder mehr Reihen. Hierin liegt ein wichtiges Merkmal für die systematische Abgrenzung der Familie. Bei Populus bildet sich um den Fruchtknoten ein Drüsenbecher, wie in den männlichen Blüthen.

Die reifen Früchte sind Kapseln, welche sich fachspaltig

(loculicid) zweiklappig öffnen und die Klappen hornförmig zurückrollen, um die zahllosen, sehr kleinen, mit häutiger Schale versehenen Samen zu entlassen. Charakteristisch ist für die Samen die Bildung eines Schopfes von langen, seidenglänzenden schneeweissen Haaren, welche aus dem Funiculus hervorsprossen. Die Samen sind ohne Nährgewebe.

Die stets einfachen Blätter der Weiden sind fast ausnahmslos schmal (linealisch bis rundlich), die der Pappeln sind gewöhnlich sehr breit, oft breiter als lang (rundlich, dreieckig oder viereckig).

Auf die beiden Gattungen näher einzugehen, soll hier unterlassen werden, da zur Zeit keine einzige Art mehr bei uns officinell ist. Cortex Salicis, welcher hauptsächlich von *Salix pentandra, fragilis*, *alba* und *purpurea* gesammelt wird, ist reich an Salicin und ist anderwärts noch officinell. Das russische Juchtenleder wird mit Weidenrinde gegerbt.

Von den Populus-Arten lieferten *Populus nigra* (die Schwarzpappel), *Pop. pyramidalis* (die bekannte, allerwärts an Chausseen angepflanzte Pyramidenpappel), *Pop. balsamifera* (die nordamerikanische Balsampappel) und andere die harzreichen Winterknospen als Gemmae Populi, welche nach der Ph. G. I. bei uns officinell waren und zur Herstellung des Unguentum Populi dienten.

Urticinae.

Die Urticinen bilden die zweite Ordnung in der Reihe der Julifloren. Wie bei der ersten Ordnung, den Amentaceen, finden wir auch hier stets dikline (getrenntgeschlechtige) und stets kronenlose (apetale) Blüthen. In den männlichen Blüthen folgen dem 4- oder 5-theiligen Perigon wenige Staubblätter; in den weiblichen umhüllt das stets unterständige Perigon ein einziges Fruchtblatt mit einer Samenanlage. Tritt ein zweites Fruchtblatt hinzu, so ist es immer rudimentär entwickelt und gewöhnlich nur als Griffel oder Narbenschenkel sichtbar. Die unansehnlichen Blüthen bilden niemals typische Kätzchen, wie sie die Amentaceen aufweisen. Die allgemeine Blüthenformel ist

für die männlichen Blüthen: P 4—5, A 4—5 über P, G 0.

für die weiblichen Blüthen: P 4—5, A 0, G $\underline{(1—2)}$.

Die Ordnung umfasst nur wenige Familien, von welchen die Urticaceen, Ulmaceen und Platanaceen Erwähnung verdienen.

Urticaceae.

Der Charakter dieser mehr als 1700 Arten umfassenden, besonders in der heissen Zone vertretenen Familie deckt sich im Wesentlichen mit dem der ganzen Ordnung. Wir begegnen hier

Kräutern und Bäumen mit Nebenblättern, welche ihre Blüthen und Blüthenstände aus den Achseln oft verkümmernder Zweigvorblätter entwickeln. Die Früchte sind nussartig, einsamig. Die Samen führen Endosperm. Nach der Knospenlage der Staubblätter und nach der Beschaffenheit der Samenanlagen hat Eichler die Familie in vier Unterfamilien zerlegt:

a) **Urticeae**, Nesseln. Filamente der Staubblätter in der Knospe eingekrümmt. Samenanlage aufrecht und gerade. Fruchtknoten mit nur einer Narbe. Ohne Milchsaft. Hierher unsere Brennnesseln *(Urtica)*.

b) **Moreae**, Maulbeerbäume. Filamente wie bei den Urticeen. Samenanlage hängend und gekrümmt. Fruchtknoten mit zwei Narben. Oft mit Milchsaft. Hierher unsere Maulbeerbäume *(Morus)*.

c) **Artocarpeae**, Feigenbäume. Filamente der Staubblätter gerade. Narben und Samenanlagen wie bei den Moreen. Milchende Holzpflanzen. Hierher die Feigenbäume *(Ficus)*.

d) **Cannabineae**, Hanfgewächse. Filamente gerade wie bei den Artocarpeen. Narben und Samenanlagen wie bei den Moreen und Artocarpeen. Kräuter ohne Milchsaft. Hierher der Hanf *(Cannabis)* und der Hopfen *(Humulus)*.

Besprechung verdienen an dieser Stelle:

1. Ficus L.

Die Gattung Ficus ist der typische Vertreter der als Artocarpeen bezeichneten Unterfamilie, für welche drei Merkmale charakteristisch sind: 1) In der Knospenanlage gerade (nicht gekrümmte) Fäden der Staubblätter; 2) hinfällige, zu einer die Endknospe der Zweige anfänglich völlig umhüllenden Tute verwachsene Nebenblätter[1]; 3) die gerollte Knospenlage der Laubblattspreiten. Die Gattungsmerkmale liegen in dem Bau und der Anordnung der diclinen, monoecisch vertheilten, sehr kleinen Blüthen. Die männlichen Blüthen führen ein 2—6-theiliges einfaches Perianth, welches bald nur ein einziges, bald zwei, bald 3—6 Staubblätter umschliesst. Die weiblichen Blüthen zeigen einen oberständigen, einfächerigen Fruchtknoten, an dessen Bildung wesentlich nur ein Fruchtblatt

[1]) Zu den Ficus-Arten gehört der bei uns vielfach in Zimmern cultivirte Gummibaum, *Ficus elastica*. Man beobachte an diesem gelegentlich die fast handlange, schön roth gefärbte Nebenblatttute, welche die Endknospe des Stammes umhüllt, bei dem Entfalten des der Tute folgenden Laubblattes aber gespalten wird und bald abfällt. Die nun die Endknospe umhüllende, anfänglich grüne Tute ist aus der Verwachsung der Nebenblätter des eben entfalteten, jungen Laubblattes hervorgegangen.

betheiligt ist. An der Nath desselben entspringt eine absteigende, campylotrop-epitrope Samenanlage. In der Regel entwickelt sich ein zweites Fruchtblatt in der Art rudimentär, dass es auf der nach der Abstammungsaxe gekehrten Seite einen kürzeren Griffelschenkel des Fruchtknotens darstellt (Fig. 168).

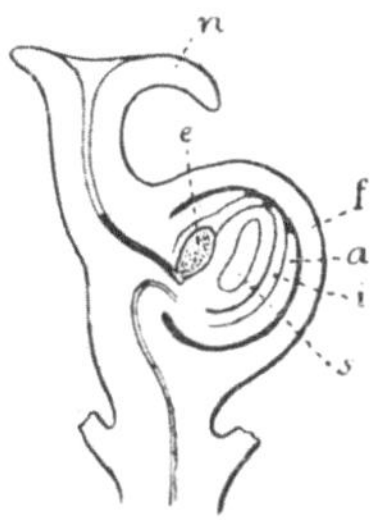

Fig. 168. Fruchtknoten einer weiblichen Blüthe des Caprificus mit ungleichen Narben (*n*) im Längsschnitt. Derselbe entstammt einer als „Profichi" bezeichneten, nicht essbaren Feigenfrucht. Durch den Griffelkanal hat die Wespe Blastophaga ein Ei (*e*) in den Fruchtknoten geschoben, der von der Samenanlage ganz erfüllt ist. *f* Fruchtknotenwand, *a* äusseres, *i* inneres Integument; *s* der im Nucellus der Samenanlage liegende Embryosack. (Nach Solms-Laubach.)

Höchst bemerkenswerth ist die Anordnung der Blüthen. Denken wir uns zunächst einen flachen Kuchen, welcher das Ende eines kurzen, die Blüthen erzeugenden Sprosses darstellt. Auf der flachen Oberseite des Kuchens — man nennt ihn das Receptaculum — entwickeln sich nun zuerst in seinem Centrum weibliche Blüthen, deren Bildung nach dem Rande des Kuchens fortschreitet, während dieser sich fortwährend vergrössert. Bald hört die Erzeugung weiblicher Blüthen auf; es entstehen statt ihrer männliche Blüthen, welche die ganze Peripherie des Kuchens einnehmen. Während aber die Bildung der Blüthen centrifugal vorwärtsschreitet, krümmt sich der Rand des Kuchens mehr und mehr aufwärts, so dass das Centrum des Kuchens vertieft erscheint. Die Aufkrümmung des Randes hält nun so lange an, bis das Receptaculum krugförmig geworden ist. Seine Aussenseite ist die morphologische Unterseite des Kuchens gewesen; seine Innenseite, welche ganz mit Blüthen bedeckt ist, war die morphologische Oberseite des Kuchens. Ist der Krug fertig gebildet, dann gestattet nur noch eine enge Oeffnung, das Ostiolum, den Zugang zu seiner mit Blüthen erfüllten Höhle, und selbst diese Oeffnung wird noch durch das Hervorsprossen von schuppenförmigen Blättchen verengt. Zur Reifezeit bleibt das krugförmige Receptaculum

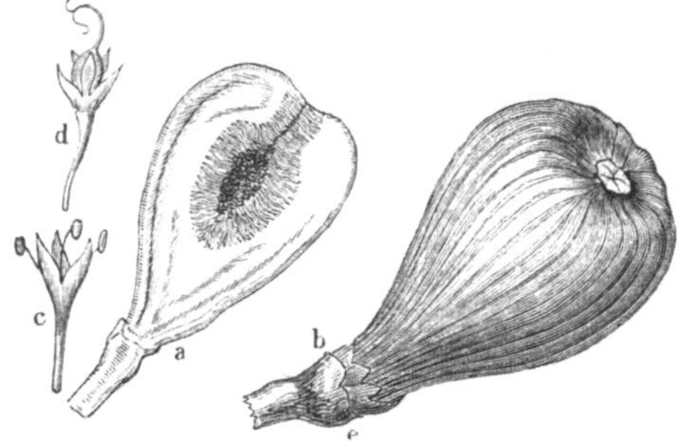

Fig. 169. Feigenfrucht von Ficus Carica. *a* Längsdurchschnittener, krugförmiger Blüthenboden, dessen Höhlung überall mit Blüthen besetzt ist. Der Zugangskanal, das Ostiolum, ist sichtbar. *b* Eine reife Feige (Scheinfrucht) von aussen gesehen. An ihrem vertieften Scheitel sieht man die Mündung des in die Feige führenden Kanales. *c* Eine männliche, *d* eine weibliche Blüthe, aus dem Innern der Feige entnommen. (Nach Hager.)

fleischig und wird bei der hier interessirenden Art, *Ficus Carica*, zu einer essbaren Frucht, welche als Feige bezeichnet wird (Fig. 169). Sie enthält die Reste der männlichen Blüthen und zahllose, aus den weiblichen Blüthen resp. deren Fruchtknoten hervorgegangene einsamige Nüsschen, welche harte Körnchen in dem Innern der Feige zu sein scheinen. Jedes Nüsschen enthält einen gekrümmten, vom Nährgewebe ganz umhüllten Keimling. Aus dieser Darstellung geht also hervor:

Die Feige ist ein **Blüthenstand** mit zahllosen männlichen und weiblichen Blüthen. Der fleischige, essbare Theil ist der gemeinsame, krugförmige Blüthenboden. Die im Innern der Feige zu findenden, zahllosen, harten Körnchen sind die aus den weiblichen Blüthen hervorgegangenen Einzelfrüchte (Nüsschen). Will man die Feige eine Frucht nennen, so muss man sie eine Scheinfrucht, oder, weil sie zahllose Einzelfrüchte umschliesst, eine Sammelfrucht nennen.

Nun ist noch der Sitz der Feigenfrüchte bemerkenswerth. Denken wir uns (Fig. 170) ein Laubblatt *L* mit seiner tutenförmigen, die Hauptaxe *A* umfassenden Nebenblattscheide *st*, so entwickelt sich, wie es normal geschieht, in der Achsel des Laubblattes eine Laubknospe *kn*. Dieser sind, wie es wieder normal ist, zwei grundständige, seitliche Vorblätter, α und β, eigen. In der Achsel jedes derselben entwickelt sich ein kurz gestielter Blüthenstand, also nach unserer obigen Darstellung eine Feige. Dieselbe ist nichts Anderes als der Achselspross eines der Vorblätter (α resp. β). Wie es aber Regel ist, hebt dieser Achselspross (die Feige) wieder mit zwei grundständigen Vorblättern, α' β' resp. α_1 β_1, an. Deshalb findet man am Grunde der Feige stets drei Blättchen vor (α, α' β' resp. β, α_1 β_1), von denen eines als Deckblatt, die beiden anderen als Vorblätter des Feigenbechers angesehen werden müssen. Gewöhnlich braucht nun die Feige lange Zeit zu ihrer völligen Reife; die Knospe *kn* bleibt unentwickelt, und das Laubblatt *L* geht mitsammt seiner Nebenblatttute *st* unter. Daher scheinen dann die reifen Feigen unmittelbar aus dem Feigenstamme hervorgesprosst zu sein.

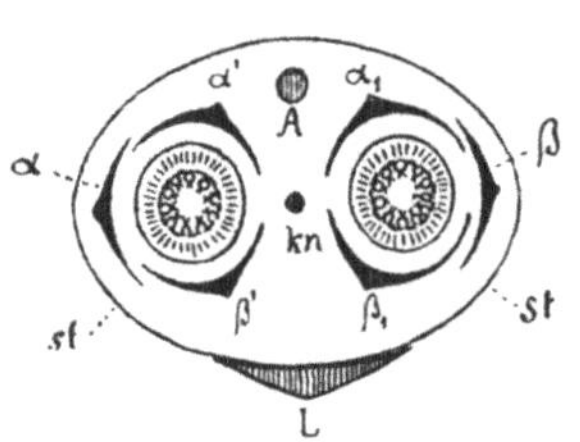

Fig. 170. Diagramm für die Anordnung der Feigenfrüchte am Feigenstamme. *A* ist die Mutteraxe (der Stamm) des Baumes. *L* ein der Axe *A* ansitzendes Laubblatt, dessen tutenförmige Nebenblattscheide *st* um den Stamm herumgeht. In der Laubblattachsel steht der Spross *kn* (eine Laubblattknospe) mit ihren Vorblättern α und β. In der Achsel jedes derselben entwickelt sich ein Blüthenstand, eine Feige, welche schematisch im Querschnitt dargestellt ist. Jede Feige trägt am Grunde zwei Vorblätter (α' β' resp. α_1 β_1). (Nach Eichler.)

Ist nun die Bildung der Feigen für alle Arten der Gattung **Ficus**, von denen mehr als 600 durch alle Tropenländer, besonders in Asien und Australien, verbreitet vorkommen, höchst charakteristisch und überall die gleiche, so ändert doch die Form der ganzen Pflanzen auf's Mannichfaltigste ab. Wir finden Feigenbäume von riesigen Dimensionen (*Ficus religiosa*) neben kleinen, aufrechten Bäumchen (wie unseren Gummibaum). Viele Arten sind klimmende Sträucher, welche an den Epheu erinnern und sich mit Luftwurzeln an anderen Bäumen und an Gemäuer festklammern. Ihre Blätter sind bald krautig weich, bald lederig, bald dickfleischig, bald ganzrandig, bald gelappt, bald glänzend glatt, bald rauh-, bald weichhaarig. Alle Arten sind aber reich an Milchsaft, welcher an Wundstellen massig hervorquillt, ähnlich wie bei unseren heimischen Wolfsmilcharten.

Von den vielen Arten sind hier zu erwähnen:

1. *Ficus Carica* L., der gemeine Feigenbaum, welcher mehr oder weniger strauchartig eine Höhe von 8 Metern erreicht. Seine kräftigen, handgrossen Blätter sind gewöhnlich tief 3- oder 5-lappig, oberseits rauh, dunkelgrün, unterseits weichhaarig und gelblichgrün; ihr Grund ist herzförmig, die Lappen sind stumpf gerundet. Die Feigen sind birnförmig, anfänglich dunkelgrün, reif werden sie röthlich, violett oder bräunlich, bisweilen sind sie gestreift. Sie umschliessen viele gestielte Blüthen, von denen die männlichen ein 5-theiliges Perigon und 3—5 Staubblätter führen, während die weiblichen mit 3—5 theiligem Perigon einen einfächerigen Fruchtknoten mit zwei ungleichen Narben umschliessen. Das Fruchtfleisch (Receptaculum) der Feigen ist reich an Zucker (bis 70%).

Die hoch interessanten biologischen Verhältnisse, welche bei der Cultur der essbaren Feige eine Rolle spielen, können hier nur flüchtig berührt werden. Man unterscheidet zwei Varietäten des Feigenbaumes, den wildwachsenden Caprificus und den cultivirten Baum. Der Caprificus trägt dreierlei Früchte (mammi, profichi und mammoni der Italiener). Die Verschiedenheit derselben beruht, abgesehen von der verschiedenzeitigen Entwickelung derselben, in der verschiedenen Vertheilung der männlichen und weiblichen Blüthen. Die männlichen walten in ihnen vor; neben ihnen sind oft nur unvollkommene weibliche vorhanden. Niemals werden die Feigen des Caprificus zu essbaren Früchten. Nach den Untersuchungen des Grafen zu Solms-Laubach und Fritz Müller's ist der Caprificus als männlicher Feigenbaum anzusehen. Der gewöhnliche Feigenbaum trägt zweierlei Früchte (pedagnuoli und cimaruoli), deren Entwickelung wiederum an bestimmte Jahreszeiten geknüpft ist. In ihnen walten weibliche Blüthen vor oder sind allein entwickelt. Der gewöhnliche Feigenbaum ist also als die weibliche Pflanze anzusehen, welche allein die essbaren Früchte ausreift. Es ist nun eine alte Erfahrung, dass die Befruchtung der weiblichen Blüthen durch Insekten, namentlich Gallwespen, vermittelt wird. Dieselben legen ihre Eier in die Fruchtknoten der weiblichen Blüthen des Caprificus (Fig. 168), welche in Folge dessen zu Gallen werden. Die aus diesen ausschlüpfenden weiblichen Gallwespen besuchen nun, überstäubt mit dem Pollen der männlichen Blüthen, an welchen sie vorbeistreifen müssen, die Feigen des gewöhnlichen Feigenbaumes und vermitteln hierbei die Bestäubung der weiblichen Blüthen in diesen letzteren. Nur diejenigen Feigen, in welchen die Befruchtung stattgefunden hat, reifen in der gewünschten Weise aus. Die Bestäubung der weiblichen Blüthen mit Hülfe der Gallwespen bezeichnet man als die Caprification der Feigen. Bei *Ficus Carica* ist das caprificirende Insect eine als *Blastophaga grossorum* Grav. (von Linné als *Cynips Psenes*) bezeichnete Wespe.

Der im Orient heimische Baum wird im ganzen Mittelmeergebiete, im wärmeren Asien, jetzt auch in Amerika wegen seiner Früchte cultivirt, welche schon den alten Culturvölkern ein geschätztes Obst waren. Bei uns waren dieselben bis zum Erscheinen der Ph. G. II. officinell als Caricae, welche auch einen Bestandtheil der Species pectorales cum fructibus ausmachten. Noch heute werden die Feigen in vielen Pharmacien geführt. Das Volk verlangt sie, um sie als Kataplasma auf Zahngeschwüre aufzulegen. Geröstete Feigen liefern den Feigenkaffee oder Gesundheitskaffee, welcher als Kaffeesurrogat vielfach angepriesen wird.[1])

2. *Ficus elastica* L., der bei uns beliebte „Gummibaum“, mit schönen, festen, oberseits dunkelgrün glänzenden, länglichen, zugespitzten und ganzrandigen Blättern, ist ein stattlicher Baum Ostindiens. Sein Milchsaft liefert Kautschuk (der aber noch von vielen anderen Pflanzen gewonnen wird).

3. *Ficus religiosa* L., ein stattlicher Baum Ostindiens, mit länglich-herzförmigen, ganzrandigen, sehr stark zugespitzten Blättern, liefert Kautschuk und den zur Bereitung des Schellacks dienenden Gummilack.

4. *Ficus indica* L., ist ein Baum Ostindiens mit ausgebreiteter, reichästiger Krone, deren Zweige sich bis auf den Erdboden herabsenken und hier wieder Wurzeln schlagen. Seine Blätter sind länglich, bespitzt, glatt und ganzrandig, seine Früchte fast kugelig. Er liefert Kautschuk und Gummilack.

2. Cannabis sativa L.

Die schon oben kurz erläuterte Unterfamilie der Cannabineen umfasst nur die Gattungen Cannabis und Humulus, von denen die erstere nur eine einzige Art, *Cannabis sativa* L., aufweist. Beide Gattungen

---

[1]) Die sogenannten Cactusfeigen oder Indischen Feigen sind keine Feigen; sie sind die fleischigen, feigenähnlichen Früchte von *Cactus Opuntia* L. = *Opuntia Ficus Indica* Haw., einer Cactus-Art.

zeigen einen sehr einfachen Bau ihrer stets dioecisch vertheilten Blüthen. Die männlichen Blüthen führen ausser dem kleinen Deckblatt zwei schüppchenförmige seitliche Vorblätter und ein einfaches, tief 5-theiliges Perianth, vor dessen Gliedern, wie es das Diagramm Fig. 148 zeigt, fünf Staubblätter eingefügt sind, welche an fadendünnen, leicht beweglichen Filamenten die schweren, zweifächerigen, innenwendigen Staubbeutel herabhängen lassen. Die weiblichen Blüthen (deren Diagramm Fig. 171 giebt) umfasst ein grosses „spathaartiges" Deckblatt *(d)*, welchem unmittelbar ein becherförmiges, den unteren Theil des Fruchtknotens eng umschliessendes Perigon *(p)* mit ungetheiltem Rande folgt. Der Fruchtknoten ist einfächerig, endet aber mit zwei mediangestellten, langen Narben. Die einzige, in den Fruchtknoten hineinsprossende Samenanlage ist hängend campylotrop. Sie entwickelt sich zu einem Samen mit häutiger Schale, welche einen gekrümmten Keimling, aber kein Nährgewebe umschliesst. Das Fruchtblatt wird zu einer, dem Samen eng anliegenden, harten Schale, weshalb die Frucht als Nuss bezeichnet werden muss.

Fig. 171. Diagramm der weiblichen Blüthe von Cannabis sativa. *d* Deckblatt; *p* ringförmig geschlossenes Perigonblatt. (Gilt auch für Humulus Lupulus.)

Gilt nun alles dies für die Gattungen Cannabis und Humulus gemeinsam, so gelten für den Hanf die folgenden Merkmale:

Cannabis sativa L., der gemeine, gebaute Hanf (Fig. 172), ist ein aufrechtes, rauhhaariges, ästiges Kraut, dessen gerader Hauptstamm gewöhnlich über mannshoch, bei manchen Varietäten 3—6 Meter hoch wird. Die langgestielten Blätter sind schön gefingert. Die 5 bis 7, seltener 9 Fingerblättchen sind schmal lanzettlich, beiderseits verschmälert und grob gesägt. Am Grunde des Blattstieles sitzen je zwei freie Nebenblätter.

Die männlichen Pflanzen enden mit einer grossen, unterwärts belaubten Blüthenrispe, deren Aufbau charakteristisch ist. Ihre Zweige sitzen in den Achseln unvollkommen entwickelter Laubblätter, welche im oberen Theil der Rispe auf ihre beiden Nebenblätter reducirt sind. Die Zweige selbst bringen es aber noch nicht zur Blüthe; sie tragen nur wenige Laubblätter, und auch diese verschwinden im oberen Rispentheile, so dass die Zweige als kurze

Fig. 172. Oberes Ende einer Hanfpflanze, Cannabis sativa. Links Einzelblüthen.

Stummel (*I* in Fig. 173) erscheinen. Die blüthentragenden Zweige sitzen rechts und links neben dem verkümmernden Achselspross *I* und können als α- und β-Spross bezeichnet werden. Sie sind Achselsprosse der unterdrückten Vorblätter des Zweigstummels *I*; wir begegnen also hier einem Zweigdichasium. Jeder der beiden Zweige baut sich nun als Wickelsympodium nach dem Schema Fig. 173 auf. Das erste Wickelglied ist der bei β beginnende und bis zur Blüthe *II* reichende Sprossabschnitt; derselbe trägt die beiden Vorblätter α' und β'. Das zweite Wickelglied reicht von β' bis *III*; es trägt die Vorblätter α'' und β''. Aehnlich verhält sich das dritte Wickelglied (von β'' bis *IV*) und auch die folgenden. Nun ist aber aus der Figur 174 ersichtlich, dass jedes Wickelglied aus dem Winkel des α-Vorblattes einen Seitenzweig entwickelt, welcher mit einer Blüthe abschliesst; zugleich setzen sich aber weitere Verzweigungen aus den Achseln der Vorblätter dieser Seitenzweige fort.

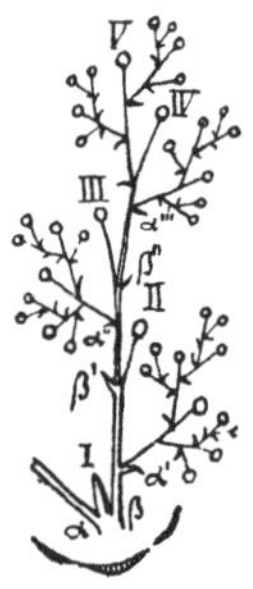

Fig. 173. Schema des Aufbaues eines Rispenzweiges der männlichen Hanfpflanze. Der Zweigstummel *I* steht in der Achsel des schraffirt gezeichneten Deckblattes. Bei α und β entspringen zwei Seitenzweige (der α- und β-Spross), von welchen nur der β-Spross in der Zeichnung ausgeführt ist. Er bildet ein Wickelsympodium, dessen Glieder abwechselnd rechts und links bei *II*, *III*, *IV* und *V* enden. Jedes „Sympodialglied" entspringt in der Achsel eines β-Vorblattes (bei β, β', β'' etc.), aus jedem α-Vorblatt (α', α'', α''' etc.) entspringt einer der reichblüthigen Rispenzweige. (Nach Eichler.)

Die weiblichen Pflanzen sind fast bis zum Gipfel hin reich belaubt; sie erscheinen deshalb gedrungener als die männlichen. Ihre Blüthenstände sind nicht rispig entwickelt. Zunächst entwickelt sich der in Fig. 173 als Stummel gezeichnete Spross zu einem belaubten Zweige, an dessen Grunde sich die beiden Vorblätter α und β deutlich entwickeln, in deren Achsel nur je eine weibliche Blüthe sitzt, für welche das α- resp. β-Blatt die spathaartige Hülle bildet. In den reifen Früchten, welche gewöhnlich schlechtweg als Hanf oder Hanfkörner, fälschlich auch wohl als Hanfsamen in den Handel kommen, umschliesst der Same einen einfach gebogenen fettreichen Keimling. Die zerbrechliche Fruchtschale ist glänzend grünlich-grau, mit zierlichem, weissen Adernetz gezeichnet.

Der Hanf ist eine aus Indien stammende, höchst wichtige Culturpflanze, welche wegen ihres Bastes im Grossen gebaut wird. Die Bastfasern werden zu vielen Gespinnsten verwendet; sie liefern vor allem die grösste Menge des zu Tauen, Seilen und Schnüren verwendeten Rohmateriales (Hanfseile, Hanfschnüre). Der Abfall bildet das „Werg". Aus den Früchten gewinnt man durch Auspressen das Hanföl, Oleum Cannabis. Pharmaceutisch wichtig sind die Gipfelsprosse der weiblichen Stengel der im nördlichen Indien wachsenden, als *Cannabis indica* Lam. bezeichneten Hanfvarietät. Sie ist weniger hoch und ästig als der bei uns cultivirte Hanf und eignet sich auch nicht zur Bastfasergewinnung. Charakteristisch ist aber für den indischen Hanf das Vorhandensein von harzführenden Drüsen (glandulae oleïferae) auf den spathaartigen Blüthendeckblättern. Das in ihnen enthaltene Harz, das Cannabin, hat berauschende Wirkung. Im Oriente wird es mit Tabak gemischt geraucht und bildet das als Haschisch bekannte Genussmittel. Der indische Hanf kommt in zwei Handelssorten, als Bhang und Gunjah, in den europäischen Handel und bildet die officinelle Herba Cannabis Indicae Ph. G. II. 128. Sie dient zur Bereitung von Tinctura Cannabis Indicae Ph. G. II. 274 und Extractum Cannabis Indicae Ph. G. II. 85, das neben Salicylsäure einen Bestandtheil des „Hühneraugencollodiums" bildet. Die Früchte waren bei uns officinell als Fructus Cannabis Ph. G. I.

3. Humulus Lupulus L.

Die nur in zwei Arten bekannte Gattung Humulus unterscheidet sich im Bau ihrer Einzelblüthen nur wenig von der Gattung Cannabis. Das Diagramm der männlichen Blüthe, Fig. 148, und das der weiblichen Blüthe (Fig. 171) gilt deshalb zugleich für Humulus und Cannabis. Die Merkmale des Hopfens liegen in der Eigenart seines Wuchses und des Aufbaues seiner Blüthenstände. Die Besprechung mag aber der Einfachheit wegen mit der Betrachtung der hier allein interessirenden Art verknüpft werden.

Humulus Lupulus, der Hopfen (Fig. 174), ist ein ausdauerndes Kraut, welches aus seinem Rhizome schlanke Stengel über den Boden sendet, welche rechts windend (vgl. Fig. 41, *a* auf S. 39) sich an Stützen oder anderen Pflanzen bis zu einer Höhe von 5 Metern hinaufranken. Die Blätter sitzen abwechselnd gegenständig (decussirt) dem sechskantigen Stengel mit langem Stiele an, neben dessen Einfügungsstelle rechts und links ein ziemlich lang zugespitztes, aussen sammethaariges Nebenblatt entwickelt ist, welches sich dem nächst höheren Stengelgliede anlegt. Da nun die Laubblätter immer paarig einander gegenüberstehen, so findet man an jedem Knoten vier Nebenblätter. In der Regel verwachsen die auf derselben Seite des Stammes ansitzenden beiden Nebenblätter unterwärts, so dass man an jedem Knoten zwei Laubblätter und mit ihnen gekreuzt scheinbar nur zwei

Fig. 174. Humulus Lupulus L. Zweigstücke von männlichen und weiblichen Pflanzen. Unten eine Zapfenschuppe, eine männliche und eine weibliche Blüthe.

Nebenblattgebilde findet. Von den sechs Flächen des Stengelgliedes liegen jedesmal die beiden breitesten, einander parallelen unterhalb der Nebenblattpaare, während je zwei andere, schmälere, unter spitzem Winkel sich schneidende Flächen des Stammes auf je ein Laubblatt zulaufen, dessen Stiel gerade auf die Kante der beiden schmalen Flächen aufgesetzt ist. Die in der Knospenlage eigenartig scharfkantig gefalteten Laubblattspreiten sind rundlich oder eiförmig, ihr Grund ist herzförmig. In den mittleren Regionen des Stengels trifft man fast ausnahmslos drei- oder fünflappige Blätter. Alle Spreiten sind grob stachelspitzig gesägt, oberseits unbehaart, unterseits mit verschieden gestalteten Haaren und in der Jugend mit gelben Drüsen besetzt. Ganz besonders beachtenswerth sind die auf allen Blattrippen, namentlich aber auf dem Rücken und am Rande des Blattstieles, sowie auf den sechs Stengelkanten sitzenden Stachelhaare, welche die Hopfenpflanze beim Klimmen wie Haken benutzt. Man nennt sie gewöhnlich die Klimmhaare des Hopfens. Auf den Blattstielen gleichen sie in ihrer Form einem zweispitzigen Amboss; auf den Stengelkanten neigt sich jedoch das zweispitzige Haar so, dass der nach aufwärts gerichtete Schenkel der Kante sich anschmiegt, während die abwärts gerichtete Spitze unter spitzem Winkel vom Stamme absteht und dadurch eine Art Widerhaken bildet. Man kann daher bequem zwischen Daumen und Zeigefinger den Stengel von oben nach unten durchstreichen lassen. Will man aber in gleicher Weise mit den beiden Fingern von unten nach oben streichen, so merkt man sofort die Widerhaken. Will man eine Hopfenranke von ihrer Stütze herunterziehen, so fühlt man den Widerstand der zahllosen, sich in die Stütze einsetzenden Hakenhaare.

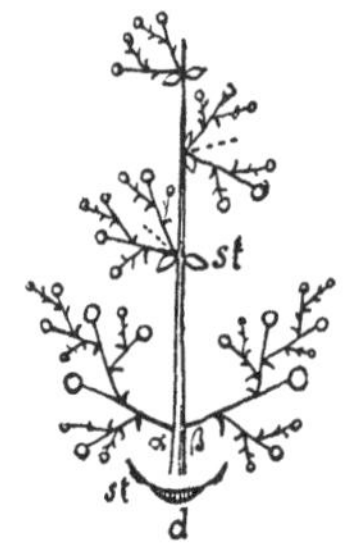

Fig. 175. Schematischer Aufriss einer männlichen Blüthenrispe des Hopfens. Erklärung im Text. (Nach Eichler.)

Charakteristisch ist (wie beim Hanf) der Aufbau der Blüthenstände des Hopfens. Bei den männlichen Pflanzen entspringen die Blüthenzweige in den Achseln von Laubblättern, welche an den blühenden Zweigenden auf ihre Nebenblätter reducirt sind. Den schematischen Aufbau eines männlichen Blüthenstandes giebt Fig. 175. Es bezeichnet *d* das Laubblatt (Deckblatt), in dessen Achsel die Blüthenrispe entwickelt wurde, *st* sind die dem Blatte angehörigen Nebenblätter (Stipeln). Am Grunde der Blüthenstandsaxe stehen (bei α und β) zwei Seitenzweige, welche als α- und β-Spross bezeichnet werden können, obwohl die beiden Vorblätter α und β nicht entwickelt sind. Weiter oben bilden sich an der Axe der Rispe mehrere Nebenblattpaare aus, von welchen nur das unterste in der Figur mit *st* bezeichnet worden ist. Die blüthentragenden Seitensprosse verhalten sich nun verschieden. Während der α- und der β-Spross mit je einer Endblüthe abschliessen, welche aus ihren beiden Vorblättern Sprosse höherer Ordnung aussendet, sitzen in dem Winkel jedes Nebenblattpaares *st* je zwei wickelartige Zweigsysteme, zwischen welchen die gemeinsame Mutteraxe (die Endblüthe) fehlgeschlagen ist. Sie ist in der Figur durch punktirte Linien angedeutet worden. Die männliche „Hopfenrispe" ist also ganz anders aufgebaut als das „Wickelsympodium" des männlichen Hanfes.

Die Blüthenstände der weiblichen Hopfenpflanze bilden, wie man sagt, Zäpfchen (strobili), von denen jedes aus einer grösseren Zahl zweizeilig geordneter Schuppenpaare zusammengesetzt ist. Jedes Schuppenpaar entspricht zwei Nebenblättern (Stipeln *st*) eines im Uebrigen völlig unausgebildet gebliebenen Blattes (*d*). (Vergl. die schematische Fig. 176.) In der Achsel jedes Schuppenpaares findet man vier Blüthen, jede von einem besonderen Deckblatt (α, β, β', $\beta_{,}$) umhüllt. Eichler hat diese Blüthengruppe so erklärt: In der Achsel des auf seine Stipeln *st* reducirten Deckblattes *d* steht ein Zweigstummel, welcher nur zwei seitliche Vorblätter, α und β, trägt, in deren Achsel sich je eine weibliche Blüthe entwickelt; α und β dienen diesen Blüthen als Deckblatt. Nun führt die α-Blüthe nur das eine, nach vorn fallende Vorblatt β', in dessen Achsel wieder eine Blüthe steht, und ebenso bildet die β-Blüthe nur das nach vorn fallende Vorblatt $\beta_{,}$ aus, in dessen Achsel die vierte Blüthe steht.[1])

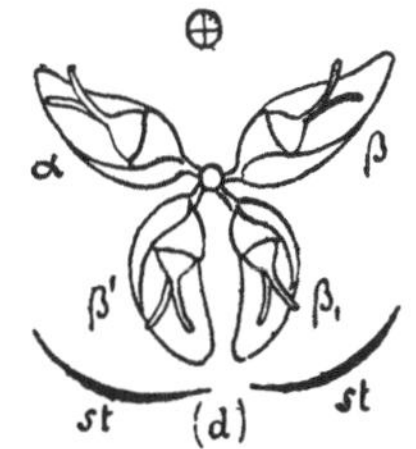

Fig. 176. Halbschematische Darstellung einer Partialinflorescenz aus einem weiblichen Blüthenstande (Zäpfchen) des Hopfens. (*d*) markirt das verkümmerte gemeinsame Deckblatt, dessen Nebenblätter(*st*) als „Zapfenschuppen" entwickelt sind. Ueber die Blüthendeckblätter α, β, β', $\beta_{,}$ vergl. den Text. (Nach Eichler.)

Die Hopfenzäpfchen sitzen in traubiger Anordnung am Ende kürzerer und längerer Seitenzweige der Hopfenpflanze. Betreffs des Baues der männlichen Blüthen kann auf die Figur 177 (links) verwiesen werden; die weiblichen werden ausser von ihrem Deckblatt von einem becherförmigen Perianth umgeben. Ihr Fruchtknoten

---

[1]) Vergleicht man die beschriebene Partialinflorescenz aus dem Hopfenzäpfchen mit den weiblichen Hanfblüthenständen, so ergiebt sich zum Theil völlige Homologie. Beim Hanf ist das Deckblatt *d* laubig entwickelt; sein beim Hopfen zum Stummel gewordener Achselspross ist beim Hanf reichbeblättert. Er führt aber wie beim Hopfen ein α- und β-Vorblatt und in den Achseln dieser die beiden Blüthen. Eine weitere Verzweigung hat aber beim Hanf nicht mehr statt; die mit β' und $\beta_{,}$ bezeichneten Vorblätter und zugehörigen Blüthen kommen nur dem Hopfen zu.

trägt zwei lange, fädige Griffel (Fig. 177, rechts) und wird zur einsamigen Nuss, deren eiweissloser Same einen spiralig eingerollten Keimling enthält.

Der Hopfen findet sich durch ganz Europa, in Sibirien und in den Kaukasusländern wild in feuchten Gebüschen, namentlich an Flussufern und Waldrändern. Er wird vielfach im Grossen gebaut und ist zu diesem Zwecke auch in Nord- und Südamerika, auch in Australien eingeführt worden. Der Anbau geschieht wegen der technisch und pharmaceutisch verwertheten weiblichen Zapfen. Dieselben bilden, Ende August und Anfang September eingesammelt und getrocknet, die Strobili Lupuli einiger Pharmakopöen. Auf der Aussenseite der Zapfenschuppen, der Blüthendeckblätter und auf den die Nüsschen umhüllenden Becherperigonen sitzen zahlreiche, goldgelbe Drüsenhaare, welche von den Zapfen durch Abschlagen in einem Siebe gesammelt werden und die Glandulae Lupuli Ph. G. II. 125 s. Lupulinum darstellen. Sie enthalten neben verschiedenen anderen Stoffen Hopfenharz und Hopfenbitter. Wegen des letzteren ist der Hopfen als Bierwürze seit alter Zeit bei uns im Gebrauch. Die Glandulae Lupuli, welche unter Lichtabschluss aufbewahrt und alljährlich erneuert werden müssen, werden hauptsächlich gegen Pollutionen angewandt.

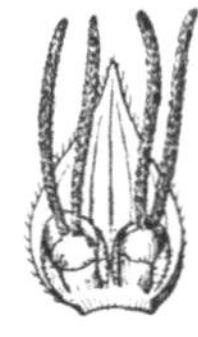

Fig. 177. Blüthen des Hopfens (vergrössert). Links eine männliche Blüthe; rechts eine Zapfenschuppe mit zwei in ihrer Achsel sitzenden (morphologisch verschiedenwerthigen) weiblichen Blüthen. (Nach Berg und Schmidt.)

Piperinae.

Die Piperinae stellen die dritte Ordnung in der Reihe der Julifloren dar, unter welchen sie sich durch die Zwitterblüthen von den (stets getrenntgeschlechtige Blüthen führenden) Amentaceen und Urticinen unterscheiden. Hier kommt nur eine der ausnahmslos fremdländischen Familien in Betracht, die der

Piperaceae.

Die Piperaceen oder Pfeffergewächse sind einjährige oder ausdauernde Kräuter und Sträucher mit wechselständigen, seltener gegen- oder quirlständigen Blättern. Diese gehen aus scheidiger Basis in den Blattstiel und die meist ungetheilte, ganzrandige Blattspreite über, welche nicht selten lederartig oder saftig-fleischig wird. Die Blüthenstände sind allgemein kätzchen- oder kolbenförmige Aehren mit sitzenden oder in die Kolbenaxe halb eingesenkten Blüthen, welche stets mit Deckblättern, jedoch nicht mit Vorblättern versehen sind. Niemals führen die Blüthen ein Perigon; sie sind völlig nackt und bestehen nur aus Staub- und Fruchtblättern, welche beide meist in Dreizahl vorhanden sind. Die Piperaceen nähern sich dadurch und durch noch weitere, hier nicht zu erörternde Merkmale den Monocotylen[1]). Charakteristisch sind für fast alle Piperaceenblüthen vierfächerige, innenwendige Staubbeutel. Der Fruchtknoten ist stets einfächerig und enthält eine grundständige, aufrechte und gerade Samenanlage, welche zu einem kugeligen Samen mit dünner, häutiger Schale wird. Dieser ist reich an mehligem Perisperm, während der fleischige, kleine Embryo vom spärlichen Endosperm eingeschlossen wird. (Fig. 178.)

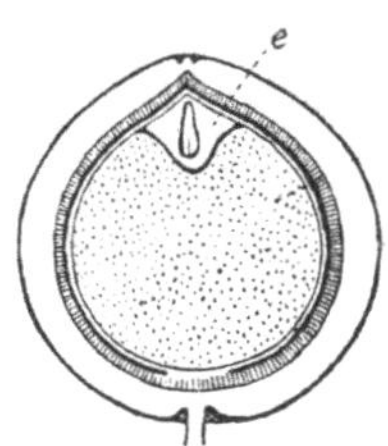

Fig. 178. Längsschnitt der Frucht von Piper nigrum, eines „Pfefferkornes". Die punktirte Inhaltsmasse ist das Perisperm; *e* ist das viel kleinere Endosperm mit dem Keimling. (Nach Baillon.)

Von den etwa 1000 Arten entfallen mehr als 600 auf die hier zu besprechende Gattung

Piper L.

Die Gattung Piper umfasst zum grösseren Theile schlingende, ausdauernde Gewächse der Tropen mit rebenähnlichen, an den Knoten angeschwollen gegliederten Stämmen, wechselständigen Blättern und ährigen, end- oder seitenständigen Blüthenständen. Die Blüthen sitzen gewöhnlich der Aehrenaxe eingesenkt, wie es Fig. 179 darstellt. Unter ihnen sitzt das becherartig entwickelte Deckblatt, während sich seitlich hinter ihnen die Grubenränder der Axe schuppig-blattartig entwickeln. Die Zahl der Staubblätter schwankt je nach den Arten zwischen 1—10. Sie sind frei, unterhalb des Fruchtknotens (hypogyn) eingefügt und tragen auf dem kurzen Filament eine stets vierfächerige Anthere, welche sich mit zwei seitlichen Längsrissen deutlich vierklappig öffnet. Der aus drei Carpellen gebildete einfächerige Fruchtknoten trägt einen kurzen Griffel mit dreilappiger Narbe. Die Früchte sind sitzende oder gestielte Beeren. Officinell ist:

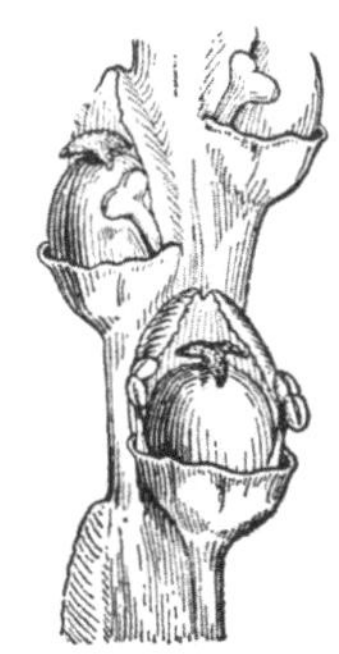

Fig. 179. Theil einer Aehre von Piper nigrum mit Zwitterblüthen. (Nach Baillon.)

---

[1]) Ihre Blüthenformel kann als P 0, A 3 + 3, G $\underline{(3)}$ angenommen werden.

1. *Piper Cubeba* L. fil., der Cubebenpfeffer (Fig. 180). Man rechnet diese Art zu der als Eupiper bezeichneten Untergattung, in welcher die Blüthen (wie in Fig. 179) zwei seitliche oder drei Staubblätter führen, von welchen dann eines hinten steht. Charakteristisch ist besonders die Stellung der Blüthenähren. Jede Aehre beendet einen Zweig, welcher aus der Achsel seines Laubblattes einen Tochterzweig entwickelt. Dieser drängt nun die endständige

Fig. 180. Piper Cubeba. (Nach Baillon.)

Aehre des Mutterzweiges zur Seite und stellt sich in die Verlängerung der Mutteraxe. Der blühende Theil des Stammes ist also eine Wickel mit gerader Scheinaxe, wie es das Schema 2b in Fig. 39 der Einleitung darstellt. Wie es Fig. 180 zeigt, scheinen nun dadurch die Blüthen- und Fruchtstände seitlichen Ursprungs zu sein; jeder Fruchtstand steht einem Laubblatt gegenüber. Gewöhnlich sind nicht alle Blüthen einer Aehre zweigeschlechtig, die obersten sind meist rein weiblich.

Als Art ist der Cubebenpfeffer dadurch scharf gekennzeichnet, dass die anfänglich sitzenden, eine reichtragende Aehre bildenden Beeren kurz vor der Reife sich an der Basis in einen langen Stiel ausziehen, welcher ein Theil der Frucht (nicht Blüthenstiel) genannt werden muss. Der bis 6 m hoch klimmende Stamm mit gabelig-verzweigten Aesten trägt an den verdickten Knoten wechselständige, kurzgestielte, zugespitzte, lederige, am Grunde schief-herzförmige, kahle Blätter. Seine Blüthen sind dioecisch vertheilt. Die männlichen Pflanzen tragen schlanke, walzenförmige Aehren mit schildförmigen Deckblättern, auf deren Innenseite 2 oder 3 Staubgefässe sitzen. Die weiblichen Aehren sind viel dicker und tragen die nackten Fruchtknoten in der Achsel eiförmig abgerundeter Deckblätter.

Auf Borneo, Java und Sumatra heimisch, wird die Pflanze in ihrer Heimath und auf den Antillen (gewöhnlich in Kaffeeplantagen) cultivirt wegen der officinellen Früchte Cubebae Ph. G. II. 69 s. Fructus cubebae ibid. 334 v. Baccae cubebae ibid. 330. Sie werden unreif eingesammelt und werden erst beim Trocknen durch Schrumpfen des Beerenfleisches netzig-runzelig. Wegen ihrer nahezu 4 cm langen Fruchtschwänze führen sie auch den Namen Schwanzpfeffer.[1]) Sie dienen zur Bereitung des Extractum Cubebarum Ph. G. II. 87 und bilden einen Bestandtheil der Species aromaticae Ph. G. II. 240. Sie enthalten ätherisches Oel, Cubebenkampher, Cubebin, Cubebensäure und Harz. Sowohl Früchte wie Extract werden gegen Gonorrhoe angewandt.

Synonym ist *Cubeba officinalis* Miquel.

2. *Piper nigrum* L., der schwarze Pfeffer, ist ein wie Epheu kletternder Strauch mit fingerdickem Stamme und knotig gegliederten Aesten, rundlich-eiförmigen, zugespitzten, etwa 13 cm langen, kurz gestielten Blättern und schlanken, hängenden, lockerblüthigen Aehren. Die Blüthen sind polygam, theils monoecisch, theils dioecisch vertheilt. Die männlichen Blüthen führen nur zwei Staubblätter, wie die Zwitterblüthen in Fig. 179. Die kugeligen, erbsengrossen Beeren sind anfänglich grün, werden dann roth und verblassen bei völliger Reife mit gelblicher Färbung.

Die in Ostindien heimische Pflanze ist eine wichtige Culturpflanze Hinterindiens, der Sundainseln, der Philippinen, Westindiens und anderer Tropenländer. Ihre Beeren liefern eines unserer wichtigsten Speisegewürze, den Pfeffer. Der schwarze Pfeffer, Piper nigrum s. Fructus v. Baccae Piperis nigri, stellt die unreif eingesammelten Beeren dar, deren fleischiges Pericarp beim Trocknen netzig-runzelig und schwarz geworden ist. Der weisse Pfeffer,

---

[1]) Die Droge wird oft mit den ungestielten Früchten von *Myrtus Pimenta*, *Piper nigrum* und *Rhamnus cathartica* verfälscht oder verwechselt.

Piper album s. Semen Piperis album, wird durch mehrtägiges Maceriren der reifen Beeren unter Wasser gewonnen. Zwischen den Händen gerieben, löst sich das macerirte Pericarp von den Beeren. Es bleibt also der von dem weisslichen Endocarp umgebene Same zurück. Man merke sich also, dass die Namen „weisser“ und „schwarzer“ Pfeffer (resp. Piper album und nigrum) nur die Droge, nicht die gemeinsame Stammpflanze bezeichnen, gerade so, wie Aloë lucida nicht die Aloëpflanze, sondern ihr Product bezeichnet (vgl. den Text auf S. 149). Zur näheren Erläuterung vergleiche man Fig. 178. Dieselbe stellt den Längsschnitt durch eine intacte Beere von *Piper nigrum* dar. Dem ziemlich dicken, weiss gelassenen Aussenfleisch (Pericarp) folgt das feste, schraffirt gezeichnete Endocarp. Diesem liegt der Same eng an. Umhüllt wird derselbe von der zarten Samenhaut, innerhalb welcher die grössere, punktirt gezeichnete Partie das Perisperm darstellt, an dessen Spitze das schwach entwickelte Endosperm *(e)* und der von diesem umschlossene Keimling sichtbar sind. Die Pfefferfrüchte enthalten das flüchtige Pfefferöl, Oleum Piperis und das Alkaloid Piperin.

3. *Piper officinarum* DC. ist der vorgenannten Art sehr ähnlich, von welcher sie sich durch die äusserst kurz (einige mm lang) gestielten, länglich-elliptischen, lang zugespitzten, fiedernervigen Blätter und streng dioecische Vertheilung der Blüthen unterscheidet. Die Deckblätter der männlichen Blüthen sind schildförmig. Die weiblichen Blüthen sind der Aehrenspindel tief eingesenkt, so dass die Beeren zu cylindrischen Fruchtständen vereint stehen. (Fig. 181.)

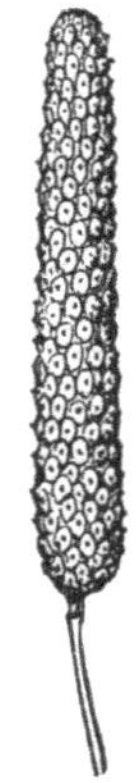

Fig. 181. Fruchtstand von Piper officinarum. („Langer Pfeffer“.) (Nach Baillon.)

Auf den Sundainseln, den Molukken und Philippinen cultivirt, liefert diese Art die vor völliger Reife gesammelten und getrockneten Fruchtstände als Piper longum s. Spadices Piperis longi v. Spadices Chavicae, den langen Pfeffer des Drogenhandels.

Synonyme sind *Piper longum* Rumph, *P. Amalago* L. und *Chavica officinarum* Miq. Nicht mit ihm zu verwechseln ist:

4. *Piper longum* L., eine in Ostindien und auf den Philippinen heimische mit weicheren, rundlichen bis länglich-eiförmigen, handförmig berippten, unterseits auf den Nerven behaarten Blättern. Die Fruchtstände bilden den Bengalischen langen Pfeffer, sind aber durch ihre geringe Länge (2,5 cm) von dem viel längeren vorgenannten „langen Pfeffer“ leicht zu unterscheiden. Synonym ist *Chavica Roxburghii* Miq.

Piper longum ist also ein Drogenname wie Piper nigrum

und album, der sich nicht mit der botanischen Artbenennung deckt!

5. *Piper Betle* L., der Betelpfeffer, ist durch die zweizähnigen Stiele seiner länglichen, zugespitzten, siebennervigen Blätter ausgezeichnet. Er ist eine wichtige Culturpflanze Ostindiens und der malayischen Inseln. Ueber das Kauen der Betelblätter mit den zerschnittenen „Arecanüssen" vergleiche die Fussnote auf S. 178.

Zusatz: Als Matico oder Folia Matico, Herba Maticae und Yerba del soldado (Soldatenkraut) kommen die Blätter einer im tropischen Amerika (Peru, Brasilien, Panama) heimischen Art, *Piper angustifolium* Ruiz et Pavon, in den Drogenhandel. Die Art gehört nicht zur Untergattung Eupiper wie alle vorigen, weil die Bracteen der blattgegenständigen Aehren nicht mit den Blüthen verwachsen und den Zwitterblüthen vier paarweise lateral und median gestellte Staubblätter eigen sind. Die etwa 10 cm langen, nur 3 cm breiten Maticoblätter sind sehr kurz gestielt. Ihre lanzettliche Spreite verschmälert sich vom ungleichherzförmigen Grunde allmählich bis in die lang ausgezogene Spitze. Die warzige und rauhhaarige Blattoberseite lässt ein vertieftes, engmaschiges Adernetz erkennen, welches noch deutlicher auf der weichen behaarten Unterseite erhaben hervortritt. Der Blattrand ist sehr fein gekerbt.

Synonyme zu *Piper angustifolium* sind *Piper elongatum* Vahl, *Steffensia elongata* Kunth und *Artanthe elongata* Miq. In Südamerika bezeichnet man als Matico die Blätter noch vieler anderen Piperarten, besonders die von *Piper aduncum* L. (= *Artanthe adunca* Miq.). Matico ist also eine volksthümliche Bezeichnung, wie etwa bei uns der Name Pfeffer, womit man allerlei scharf beissende Gewürze bezeichnet. Piper Melegueta von *Amomum Melegueta* Roscoe, einer Zingiberacee (siehe S. 213), hat ebensowenig botanisch mit den Piperaceen zu thun, wie Piper hispanicum, der „spanische Pfeffer", welcher die Früchte der Solanacee *Capsicum annuum* L. (Fructus Capsici Ph. G. II.) darstellt, die häufig durch die kleineren Früchte anderer Capsicum-Arten ersetzt werden und als „Cayenne-Pfeffer" allerwärts bekannt sind.[1])

II. Reihe. Centrospermae.

Wie der Name andeutet, liegt der Charakter der Reihe der Centrospermen in der centralen Placentation der oft campylotropen Samenanlagen. Entweder steht nur eine Samenanlage aufrecht im Centrum des stets einfächerigen Fruchtknotens, oder im Centrum erhebt sich eine frei in die Fruchtknotenhöhle hineinragende Säule, eine „freie Centralplacenta", welche auf ihrer ganzen Aussenfläche mit zahllosen Samenanlagen bedeckt ist.[2]) In den ersten Familien der Reihe stellt sich das Perianth noch als einfaches Perigon dar, die Blüthen sind apetal; in den letzten Familien ist dagegen die Bildung eines doppelten Perianths die Regel, die Blüthen

---

[1]) Das sprichwörtliche „Land, wo der Pfeffer wächst", ist das ungesunde Cayenne, die französische Verbrechercolonie, also nicht das Land, wo „Piper", unser gewöhnliches Pfeffergewürz, wächst, Ostindien.

[2]) Gefächerte Fruchtknoten finden sich nur in der hier nicht in Betracht kommenden Familie der Aizoaceen. Unvollkommene Fächerung ist dagegen öfter angedeutet.

sind corollat. Völlig nackte Blüthen kommen in der Reihe nicht vor. Das Androeceum führt bald einen, bald zwei Kreise; in einigen Familien kommt zu Polyandrie führende Spaltung vor. Fast alle Centrospermen sind krautige Gewächse mit wechsel- oder gegenständigen, stets einfachen Blättern.

Man kann die ganze Reihe (wie sie historisch entstanden ist) in drei Ordnungen theilen, welche jedoch durch Uebergangsformen so eng mit einander verbunden sind, dass Eichler u. A. von der Theilung ganz Abstand genommen haben. Hier sollen der leichteren Uebersicht zu Liebe als Ordnungen aufgestellt werden:

1. **Polygoninae.** Blüthen kronenlos diplostemon. Die im Grunde der Fruchtknotenhöhle aufrecht stehende Samenanlage gerade (atrop). Blätter wechselständig mit grosser Nebenblatttute. Hierher nur eine Familie: Polygonaceen.
2. **Chenopodinae.** Blüthen kronenlos, oft getrenntgeschlechtig. Androeceum meist haplostemon. Die im Grunde des Fruchtknotens auf langem Nabelstrange inserirte Samenanlage verschieden stark gekrümmt (campylotrop). Blätter theils wechsel-, theils gegenständig. Hierher Chenopodiaceen, Amarantaceen, Nyctaginiaceen.
3. **Caryophyllinae.** Blüthen typisch mit Krone ausgestattet. Androeceum gewöhnlich diplostemon. Viele Samenanlagen an freier Centralplacenta. Blätter gegenständig. Hierher die Caryophyllaceen.

Polygoninae.

Der Charakter der Polygoninen als der ersten Ordnung der Centrospermen ist schon zur Genüge in der vorangehenden Uebersicht gegeben worden, und da wir es nur mit einer Familie zu thun haben, so fällt die weitere Schilderung dieser mit derjenigen der Ordnung zusammen.

Polygonaceae.

Die Familie der Polygonaceen oder Knöterichgewächse umfasst etwa 600 über die ganze Erde verbreitete Arten von sehr verschiedenem Wuchse. Alle sind durch in der Knospenlage nach aussen gerollte Blätter ausgezeichnet, deren Stiel sich am Grunde scheidig erweitert und zu einer stengelumfassenden, bleibenden Nebenblatttute (ochrea) wird, welche sich dem Grunde des nächst höheren Internodiums eng anlegt. Die Knoten des Stengels markiren sich gewöhnlich noch durch mehr oder minder starke Anschwellung des oberen Endes jedes Stengelgliedes, worauf sich die Namen Polygonum und Knöterich beziehen.

Die Blüthen sind meist zwitterig und lassen zwei transversalen Vorblättern (α und β), ähnlich wie beim Gros der Monocotylen, ein dreizähliges kronenartiges Perigon folgen, welches aber oft den inneren Kreis zweizählig ausbildet, wodurch sich die für die Dicotylen typische quincuncial-dachige Stellung der Perigonglieder constituirt. In vielen Fällen besteht auch der äussere Perigonkreis aus nur zwei Blättern, das Perigon wird also 2 + 2-zählig. Aehnliche Abwandlungen kommen auch in dem diplostemonen Androeceum vor. Während die äusseren Staubblätter zur Spaltung (zum „Dedoublement") hinneigen, neigen die inneren zum Schwinden. Die in Zwei- oder Dreizahl vorhandenen Fruchtblätter geben sich immer durch die Zahl der freien Griffel zu erkennen; sie werden zu einer nussartigen, meist scharfkantigen Hautfrucht, welche einen Samen mit reichem, mehligem Endosperm und excentrisch gelegenem Keimling umschliesst. Die Blüthen bilden meist stattliche Rispen oder reichblüthige Aehren. Wir beschränken die Besprechung auf die pharmaceutisch wichtigste Gattung:

Rheum L.

Die etwa 20 bekannten Arten von Rheum sind die wichtigsten Vertreter der Unterfamilie der Rhabarbareae, der Rhabarbergewächse, deren Charakter in den meist zwitterigen Blüthen mit 3 + 3-, seltener 2 + 2-zähligem Perigon und in der durch Spaltungen im äusseren Staubblattkreise vermehrten Gliederzahl des Androeceums liegt. Die aus 3 oder 2 Fruchtblättern hervorgehende Frucht ist nackt, dreikantig oder linsenförmig und erweitert ihre Kanten flügelartig. Der Keimling liegt in der Axe des Endosperms (nicht seitlich).

Alle Rheum-Arten sind kräftige, mit dickem, holzigem, mehrköpfigem Rhizom ausdauernde Kräuter. Im Frühjahr treiben die faustgrossen Knospen desselben zuerst eine bodenständige Rosette von langgestielten, ausserordentlich grossen Blättern mit herzförmiger, oft buchtig-gezähnter oder handförmig-gelappter, von fingerstarken Hauptrippen durchzogener, weichkrautiger Spreite. Die Ochrea welkt bald und zerreisst trockenhäutig. Wegen der riesenhaften Blätter sind die Rheumarten beliebte Gartenpflanzen, welche mit Vorliebe in die Mitte von Blumenbeeten gesetzt werden.[1]) Im Mai und Juni treiben dann die ausserordentlich dicken, hohlen, mit reichblüthigen Trauben und Rispen endenden, über mannshoch werdenden Stämme aus, welche nur wenige kurz gestielte, oberwärts sitzende und an Grösse schnell abnehmende Laubblätter tragen, in deren

[1]) Die armlangen, daumenstarken, meist rothen Blattstiele werden bei uns im Frühjahr zu Markte gebracht. Sie liefern ein an Stachelbeeren erinnerndes Compot.

Achsel sich seitliche Blüthenstandszweige entwickeln. Dieselben tragen in den Achseln schuppenförmiger Deckblättchen meist büschelig gehäufte Blüthen, welchen die Vorblätter ganz fehlen oder welche nur das β-Vorblatt, aus dem die Verzweigung stattfindet, erkennen lassen. Die Blüthenbüschel sind gewöhnlich Doppelwickel mit dichasischem Anfang (etwa wie der in Fig. 173 unten rechts bei α' entspringende Blüthenzweig von Cannabis).

Die Einzelblüthe von Rheum erinnert wegen der Dreizahl in ihren Kreisen an die Monocotylenblüthen. Das weisse oder grünliche, auch wohl rosen- oder blutrothe Perigon besteht aus 3+3 nahezu gleichen Abschnitten, richtet aber ein Glied des äusseren Kreises gegen die Abstammungsaxe nach hinten (während im typischen Monocotylendiagramm das ihm entsprechende Perigonblatt nach vorn fällt). Man vergleiche deshalb Fig. 182 mit Fig. 87 auf S. 141. Da nun in der Rheumblüthe eine durchaus regelmässige Alternanz der fünf Quirle stattfindet, so fallen hier allemal diejenigen Glieder nach hinten, welche bei den Monocotylen nach vorn liegen und umgekehrt. Ganz besonders bemerkenswerth ist nun das „Dedoublement“ der drei äusseren Staubblätter; wir finden statt jedes derselben zwei nebeneinanderstehende (in der Figur sind sie durch punktirte Linien verbunden). Der Grundplan des Androeceums ist also 3 + 3, doch wird er durch die Verdoppelung zu 2 × 3 + 3, was in der Blüthenformel gewöhnlich durch $3^2 + 3$ ausgedrückt wird (3^2 ist also in der Formel keine Potenz, sondern soll heissen: 6 durch Verdoppelung aus 3 hervorgegangene Blätter). Nimmt man noch die 3 Fruchtblätter hinzu, so wird also die Blüthenformel für Rheum:

Fig. 182. Diagramm der Rhabarberblüthe. (Nach Eichler.)

$$P\ 3 + 3,\ A\ 3^2 + 3,\ G\ \underline{(3)}.$$

Auch in ihr prägt sich die Aehnlichkeit mit der Monocotylenformel auf S. 143 aus.

Der scharfkantige Fruchtknoten trägt drei kurze, kopfige Narben und entwickelt an seinem Grunde gewöhnlich rundliche Drüsen, welche einen „intrastaminalen Discus“, eine zwischen den Staubblattkreisen und dem Gynaeceum stehende Scheibe, bilden.

Von den in Centralasien (von Südsibirien bis zum Himalaya, westlich bis nach Russland) verbreiteten Arten sind wichtig:

1. *Rheum officinale* Baill., die officinelle Rhabarberpflanze (Fig. 183). Das mehrköpfige, cylindrische, schief aus dem Boden aufsteigende und etwa handlang über dem Boden erscheinende Rhizom treibt über meterlange Blätter mit fast cylindrischem, kurz weichhaarigem Blattstiele und mit aus herzförmigem Grunde handförmiger, 5- oder 7-lappiger, zugespitzter Spreite, deren Hauptlappen wieder-

holt gelappt und gezähnt sind. Die bis 2 m hohen oberirdischen Stämme enden mit grossen Rispen, welche sich aus dichtblüthigen Aesten zusammensetzen. In den Blüthenbüscheln sind die Einzelblüthen kurzgestielt, führen eiförmige, concave Perigonblätter und einen 9-kerbigen instrastaminalen Discus (vgl. Fig. 183).

Fig. 183. Rheum officinale. Links eine Blüthe mit Perigon, darunter der Fruchtknoten mit drei Narben (*n*) und dem intrastaminalen Discus (*d*); rechts eine Blüthe im Längsschnitt, darunter eine hängende Frucht. (Nach Baillon.)

Die Pflanze wurde erst 1867 im östlichen Tibet aufgefunden, wächst aber wahrscheinlich auch im westlichen und nordwestlichen China. Baillon beschrieb sie erst 1872. Ihr Rhizom ist das allein officinelle Rhizoma Rhei, welches in der Ph. G. II. 223 fälschlich als Radix Rhei aufgeführt wird. Die auf dem Landwege über Russland zu uns gebrachte Droge bildete den russischen oder Kronrhabarber, Radix Rhei moscowitica s. rossica. Jetzt wird fast aller Rhabarber auf dem Seewege von chinesischen Häfen aus zu uns gebracht und je nach den Ausfuhrorten als chinesischer, ostindischer und Cantonrhabarber bezeichnet. Charakteristisch ist der aromatischen, festmarkigen Droge die auf Quer- und Längsschnitten sichtbare, strahlige Maserbildung, welche allen europäischen Rhabarbersorten fehlt und nur noch dem Rhizom von *Rheum Emodi* in geringerem Masse zukommt. Der Rhabarber enthält Chrysophansäure und drei wenig bekannte Harze. Man bereitet aus ihm Extractum Rhei Ph. G. II. 94, Extract. Rhei compositum Ph. G. II. 94, Tinctura Rhei aquosa Ph. G. II. 286, Tinctura Rhei vinosa Ph. G. II. 287, Syrupus Rhei Ph. G. II. 262; auch dient er zur Herstellung der Tinctura Aloës composita Ph. G. II. 271, des Pulvis Magnesiae cum Rheo und vieler anderen, bei uns nicht vorgeschriebenen Arzneien. Im Handverkauf wird der Rhabarber häufig in Würfelform zum Kauen abgegeben. In kleinen Dosen wirkt Rhabarber magenstärkend, in grösseren abführend.

2. *Rheum palmatum* L. ist durch im Umriss rundlich-herzförmige, handförmig gelappte Blätter mit buchtigen, zugespitzten Lappen und fast cylindrische, glatte, oberseits rinnige Blattstiele ausgezeichnet. Die Früchte sind breit geflügelt. Die in den centralasiatischen Gebirgen heimische Pflanze wird bei uns viel in Gärten cultivirt, wo sie im Mai ihre bis $1^1/_2$ m hohen blühenden Triebe entfaltet. Angeblich soll die am Kuku-nor in Tangut wachsende Varietät *Rheum palmatum tanguticum* Maximowicz einen Theil des importirten Rhabarbers liefern, was jedoch von anderer Seite bestritten wird.

3. *Rheum undulatum* L. mit halbcylindrischen, oberseits concaven Blattstielen und aus herzförmigem Grunde eiförmigen, kurzzugespitzten, ganzrandigen, am Rande wellig gebogenen Spreiten ist eine aus dem südlichen Sibirien stammende, in Gärten cultivirte Art, welche im Mai und Juni zur Blüthe gelangt.

4. *Rheum Rhaponticum* L. mit halbcylindrischen, oberseits flachen, unterseits gefurchten Blattstielen und tief herzförmigen, rundlich-eiförmigen, stumpfen Spreiten, stammt wie die vorige Art aus Südsibirien und wird bei uns angebaut. Sie blüht im Mai und Juni. Angeblich bildet die Hauptwurzel (wahrscheinlich nur das Rhizom!) die nicht officinelle Radix Rhapontici s. Radix Rhei sibirici v. Radix Rhei nostratis, den „inländischen“ oder „Rhapontikrhabarber“. Der Droge fehlt die charakteristische Maserung des officinellen Rhabarbers. Die ungeschälte „Rhapontikwurzel“ wird in der Veterinärpraxis in grober Pulverform an Stelle des theueren echten Rhabarbers angewendet.

5. *Rheum compactum* L. mit fast lederigen, kahlen, breit eiförmigen, stumpfen, am welligen Rande klein gezähnten Blättern, aus Südsibirien, wird wie *Rh. Rhaponticum* bei uns cultivirt und liefert einen Theil des inländischen Rhabarbers.

Aus der Gattung Polygonum, deren Blüthen ein normal orientirtes, quincuncial-dachiges Perigon führen, dessen Grunde bald 5 + 3, bald 5 + 2 oder 5 + 1 oder 5 + 0 Staubblätter eingefügt sind, ist zur Zeit keine Art mehr officinell; dagegen wird die bei uns auf Aeckern und Triften, besonders gern auf Wegen und zwischen den Steinen des Strassenpflasters wachsende Art *Polygonum aviculare* L., der Vogelknöterich (gewöhnlich „Schweinegruse" genannt), in reclamenhafter Weise als „Homeriana-Thee" angepriesen. Der Vogelknöterich ist durch seine niederliegenden, sehr ästigen Stengel und die kleinen, etwa 1½—2 cm langen linealischen oder länglichen, fast sitzenden Blätter ausgezeichnet, welche ihre Spreiten flach auf den Boden legen. Die silberig glänzenden, trockenhäutigen, kurzen Nebenblatttuten sind zweispaltig. In den Blattwinkeln sitzen 3—5-blüthige Wickeln aus sehr winzigen, wenige mm grossen Blüthen mit grünlichem oder purpurnem Perigon und 8 Staubblättern. Die Früchte sind dreikantig, glanzlos; ihr Same enthält hornartiges Endosperm und einen gekrümmten Keimling, dessen Wurzel dem Rücken eines der Cotyledonen aufliegt. Die Pflanze ist einjährig und äusserst fruchtbar.

Chenopodinae.

Die von uns als Chenopodinen bezeichnete Ordnung (Endlicher's Oleraceae) schliesst sich auf's Engste an die Ordnung der Polygoninen an. Der Charakter liegt in den der Tute entbehrenden, also nebenblattlosen Blättern, in dem Mangel der Blüthenkronen und in dem Vorhandensein nur einer, aber stets campylotrop gekrümmten Samenanlage. Von den hierhergehörigen Familien sind die Chenopodiaceen, Amarantaceen und Nyctaginiaceen zu nennen.

Chenopodiaceae.

Die Chenopodiaceen sind meist einjährige oder ausdauernde Kräuter mit ungegliedertem Stengel und wechselständigen, seltener gegenständigen, weichkrautigen oder fleischigen Blättern. Die unscheinbaren, sehr kleinen Blüthen sind gewöhnlich zwitterig. Ihr einfaches 5-zähliges Perianth zeigt die normale Orientirung (das genetisch zweite Blatt median nach hinten) und die normale quincunciale Deckung. Den 5 Perianthblättern sind 5 Staubblätter mit introrsen Antheren superponirt, und diesen folgt ein aus zwei Carpellen in Medianstellung gebildeter Fruchtknoten mit einer einzelnen, grundständigen Samenanlage. Die Blüthenformel ist also P 5, A 5, G $\underline{(2)}$. Abweichungen von diesem Typus kommen zwar vor, interessiren hier aber nicht. Die Früchte sind ausnahmslos Schliessfrüchte mit häutigem, selten lederigem oder fleischigem Pericarp. Sehr charakteristisch ist der Bau der Samen. Sie führen einen peripherisch liegenden, gekrümmten, oft spiraligen oder ringförmig gekrümmten Keimling, welcher aussen um das Nährgewebe herumläuft. Steht nun die Ebene des gekrümmten Keimlings in dem Fruchtknoten so, dass sie ihn längs halbirt, also durch Basis und Spitze geht, so sagt man, der Keimling (und mit ihm der Same) sei vertical. Liegt dagegen die Ebene des Keimlings in einer Querschnittsebene des Fruchtknotens, so nennt man den Keimling (und den Samen) horizontal.

Von den mehr als 500 Arten der Familie sind viele Bewohner von Salzböden und Steppen, viele sind Garten- und Schuttpflanzen. Als Gemüsepflanze ist *Spinacia oleracea* L., der Spinat, jedermann bekannt. Das Gleiche gilt von der hier zu besprechenden, viel wichtigeren Runkelrübe,

Beta vulgaris L.

Die Runkelrübe ist eine bald ein-, bald zweijährige Art der Gattung Beta, welche ihre Zwitterblüthen zu 2—3-blüthigen Knäulchen vereinigt. Das 5-spaltige Perianth verwächst unterwärts so mit dem Fruchtknoten, dass dieser halbunterständig wird. Die 5 Staubblätter sind einem ringförmigen Discus eingefügt. Zur Reifezeit wird das mit dem Fruchtknoten verwachsene Perianth etwas fleischig, auch verwachsen die Früchte, welche aus je einem Blüthenknäuel hervorgegangen sind, und fallen als Fruchtknäuel ab. Der Same ist horizontal und enthält einen ringförmigen Keimling.

Beta vulgaris L. ist als Art durch die kahlen, aufrechten, sehr ästigen Stengel ausgezeichnet, welchen eine grundständige Rosette aus langgestielten, eiförmigen, stumpfen, am Rande welligen Blättern vorausgeht. Die wechselständigen, viel kleineren, gestielten Stengelblätter sind länglich bis lanzettlich. Die Blüthenstände sind dichte, sehr lange Scheinähren. Jede Partialinflorescenz ist ein dreiblüthiges Dichasium in der Achsel eines lineal-lanzettlichen Hochblattes.

Die an den Küsten Südeuropas heimische Pflanze wird in verschiedenen Varietäten angebaut.

var. *Cicla* L. hat eine cylindrische, nicht sehr fleischige Wurzel. Dick und fleischig sind die Blattstiele und die Hauptrippen der bodenständigen Blätter, welche als Gemüse (römischer Spinat, Mangold) benutzt werden.

var. *Rapa* Dumortier. Mit spindelförmig-fleischiger, bis fusslanger und fast schenkeldicker Rübe[1]) ist die eigentliche Runkelrübe, welche als Viehfutter angebaut wurde. Jetzt ist der Anbau im Grossen eingeführt, weil die Rübe als „Zuckerrübe“ die Hauptmenge des Rohrzuckers, Saccharum album, liefert, der bis über die Mitte unseres Jahrhunderts ausschliesslich vom „Zuckerrohr“ (vgl. S. 194) gewonnen wurde. Jetzt ist die Rübenzuckerindustrie von höchster volkswirthschaftlicher Bedeutung geworden. Die Pharmakopoe bestimmt übrigens nichts über die Stammpflanze von Saccharum album.

Eine kleinere, an rothem Farbstoff reiche Zuckerrübe ist unsere rothe Rübe.

---

[1]) Die Wurzel der wilden Pflanze ist nicht dicker als ihr Stamm, also keine Rübe!

Chenopodium ambrosioides L., eine einjährige, in Mexico und Peru heimische Pflanze, wurde wegen ihres nach Kampher und Pfeffermünze riechenden Krautes auch bei uns cultivirt. Das Kraut war noch nach der Ph. G. I. officinell als Herba Chenopodii ambrosioidis v. Botryos mexicanae und bildet den Jesuiterthee (nicht zu verwechseln mit Jesuitenthee, der von Ilex paraguariensis stammenden, auch als Maté oder Paraguaythee bekannten Droge).

Caryophyllinae.

Nachdem wir die Polygoninen und Chenopodinen als die kronenlosen (apetalen) Ordnungen der Centrospermen betrachtet haben, lernen wir in den Caryophyllinen die kronenführenden Centrospermen kennen. Von den hierher gehörigen Familien kommt jedoch nur eine in Betracht, die Familie der

Caryophyllaceae.

Wie schon der Name andeutet, vertreten die Caryophyllaceen den Typus der Ordnung, und wenn man die Mannichfaltigkeit der vom Typus abweichenden Formen in Rechnung bringt, so vertreten sie selbst den Charakter der ganzen Reihe. Da nun die Familie den aussertropischen Gegenden der nördlichen Erdhälfte mit mehr als 1000 Arten angehört, von denen etwa 100 auf die deutsche Flora entfallen, so verlohnt es sich schon, auf die Familie hier einzugehen, obwohl sie gar keine officinellen Arten mehr enthält.

Die Caryophyllaceen sind durch actinomorphe, hermaphrodite (selten durch Abort eines Geschlechtes diclin gewordene) Blüthen ausgezeichnet, in welchen uns zum ersten Male der Typus der fünfzähligen Dicotylen in voller Reinheit entgegentritt, zugleich aber auch so variirt, dass sich gerade darin der Charakter der Familie ausspricht. Mit dem normal gebauten[1]) grünen Kelche alternirt die freiblätterige Krone, die bei vielen Arten zum Schwinden neigt und manchmal auch völlig unterdrückt ist; dann folgen zwei Staubblattkreise und im günstigsten Falle 5 syncarpe Fruchtblätter mit völlig freien Griffeln. Wir begegnen also der Formel

$$K\ 5\ C\ 5\ A\ 5 + 5\ G\ (\underline{5}).$$

Die 5 Fruchtblätter stehen entweder episepal, so dass das typische Diagramm Fig. 157 verwirklicht ist[1]), oder die 5 Fruchtblätter stehen epipetal, was auf Obdiplostemonie hinweist, welche bei einigen Gattungen auch völlig rein vorliegt[2]). Für diese gilt dann dieselbe Formel, aber das in zweiter Linie typische Diagramm Fig. 158.

---

[1]) So bei den bei uns häufigen Cerastium-, Melandryum-, Lychnis-, Coronaria-Arten und vielen anderen.

[2]) So bei der Kornrade, Agrostemma Githago, den Spergula-Arten und Malachium.

Nicht selten ist dann die auf S. 250 besprochene Oligomerie des Fruchtblattkreises anzutreffen, so dass die obige Formel übergeht in:

$$K\ 5\quad C\ 5\quad A\ 5 + 5,\quad G\ \underline{(3)}\ \text{oder}$$
$$K\ 5\quad C\ 5\quad A\ 5 + 5,\quad G\ \underline{(2)}$$

und dann greifen die auf S. 250 erwähnten Regeln Platz: Bei 3 Carpellen eines median (nach hinten), bei 2 Carpellen eines vorn, eines hinten. Diese Fälle sind bei sehr bekannten heimischen Arten und Gattungen vertreten. Die ganz gemeine Vogelmiere, *Stellaria media*, und ihre Verwandten, die meisten in Gärten als „Taubenkropf" gezogenen Silene-Arten u. a. führen 3 Carpelle; unsere allbekannten Nelkenarten, die Gattung Dianthus bildend, und das noch in der Ph. G. I. aufgeführte Seifenkraut, *Saponaria officinalis*, u. a. führen 2 Carpelle.

Völliger Abort kommt ausser in der Krone noch im Androeceum vor, und stellen sich dabei folgende Structurabänderungen ein:

a) Kronstamina fehlend; also die Formel

$$K\ 5\quad C\ 5\quad A\ 5 + 0,\quad G\ \underline{(5)}\ \text{resp.}\ \underline{(3)}\ \text{oder}\ \underline{(2)}.$$

b) Krone fehlend, also die Formel

$$K\ 5\quad C\ 0\quad A\ 5 + 5,\quad G\ \underline{(5)}\ \text{resp.}\ \underline{(3)}\ \text{oder}\ \underline{(2)}.$$

c) Kronstamina und Krone fehlend; also die Formel

$$K\ 5,\quad C\ 0\quad A\ 5 + 0\quad G\ \underline{(5)}\ \text{resp.}\ \underline{(3)}\ \text{oder}\ \underline{(2)}.$$

d) Krone und Kelchstamina fehlend; also die Formel

$$K\ 5,\quad C\ 0,\quad A\ 0 + 5,\quad G\ \underline{(5)}.$$

e) Krone, Kronstamina und ein Theil der Kelchstamina fehlend; die Formeln werden dabei

$$K\ 5,\quad C\ 0\quad A\ 1,\ 2,\ 3\ \text{oder}\ 4 + 0,\quad G\ \underline{(2)}\ \text{oder}\ \underline{(3)}.$$

Endlich kommen noch vierzählige Blüthenformen hinzu, für welche dann die Formel

$$K\ 4\quad C\ 4,\quad A\ 4 + 4,\quad G\ \underline{(4)}\ \text{resp.}\ \underline{(2)}$$

eintritt.

Bei all dieser Mannichfaltigkeit bleibt aber ein Charakter ausnahmslos erhalten: Bei allen Caryophyllaceen bildet sich in dem einfächerigen Fruchtknoten eine centrale Säule aus, welche in der Regel viele campylotrope Samenanlagen trägt. Die Zahl der Samenanlagen kann aber bei gleichzeitiger Verkürzung der Centralplacenta bis auf eine einzige herabsinken, und damit schliesst sich dann die Familie auf's Engste an die Chenopodiaceen an, mit welcher sie auch der Charakter der Samen verknüpft. Die Samen der Caryophyllaceen führen einen ringförmigen oder gebogenen, peripherisch gelegenen oder doch excentrischen Keimling und mehliges resp. fleischiges Endosperm.

Die Früchte sind mit wenigen Ausnahmen Kapseln, welche sich

loculicid oder septicid oder zugleich loculicid und septicid an ihrer Spitze öffnen. Die Zahl der Klappen hängt natürlich von der Zahl der Fruchtblätter ab.

Auch der vegetative Aufbau ist beachtenswerth. Zum Unterschiede von den Polygonaceen fehlt den Caryophyllaceen die Nebenblattbildung (die „Tute"); zum Unterschiede von den Chenopodiaceen tragen sie ausnahmslos gegenständige Blätter, welche übrigens stets einfach und ganzrandig sind. Oft verwachsen die Blattbasen paarweise scheidig, die Spreiten sind ein- oder dreinervig.[1]) Für die Blüthenstände ist die cymöse Gabelung charakteristisch. Gewöhnlich schliesst der Haupttrieb mit einer Gipfelblüthe ab, und die Verzweigung geht von den Achseln des unter der Blüthe stehenden Blattpaares aus; es bildet sich also ein Dichasium (vgl. Fig. 39, 1*a*). Jeder Dichasialzweig endet wieder mit Gipfelblüthe und zwei Seitensprossen, welche als α- und β-Spross bezeichnet werden müssen; es tritt also wiederholte Dichasienbildung ein. In der Regel bleibt aber der α-Spross in der Entwickelung zurück, oder er verschwindet in der weiteren Verzweigung ganz; jeder Spross erzeugt nur immer wieder einen β-Spross, wodurch die oberen Blüthenzweige in Wickelform aneinandergereiht werden. Man drückt dies gewöhnlich so aus: Die Verzweigung geschieht in Dichasien mit Wickeltendenz, wobei die Förderung aus dem β-Vorblatt statt hat. Diese Verzweigungsart ist so typisch für die Caryophyllaceen, dass „Wickelwuchs mit Förderung aus β" als Caryophylleen-Typus bezeichnet wird.

Die Caryophyllaceen werden in drei Unterfamilien eingetheilt, welche von einigen Botanikern als selbstständige Familien aufgefasst werden. Ihre Abgrenzung giebt die Uebersicht:

a. Paronychieae. Frucht einsamig.

b. Alsineae. Frucht mehrsamig. Kelch freiblätterig, Kronblätter sitzend, ohne Nagel und Ligula (Nebenkrone). Hierher die Vogelmiere, *Stellaria media*.

c. Sileneae. Frucht mehrsamig. Kelch verwachsenblätterig, eine lange Röhre bildend. Fruchtblätter deshalb langgestielt (mit „Nagel" versehen) und oft mit Ligula. Hierher die Nelken (*Dianthus*-Arten) und *Saponaria*.

Besprechung verdient hier nur:

Saponaria officinalis L.

Die Gattung Saponaria umfasst etwa 30 zur Unterfamilie der Sileneen gehörige Arten, welche mit den Nelkenarten und einigen anderen Gattungen die Section der Diantheae bilden. Diese sind leicht kenntlich an dem cylindrischen Kelch, an welchem keine Längsrippen die Verwachsungslinien der Kelchblätter äusserlich

[1]) Man sehe sich daraufhin gelegentlich eine Gartennelke an.

markiren[1]). Die Kronblätter sind in der Knospe stets rechtsgedreht, und der Fruchtknoten besteht stets aus zwei medianen Fruchtblättern mit zwei vom Grunde an freien Griffeln. Die einfächerige Kapsel springt am Scheitel vierzähnig auf.

Der Gattungscharakter von Saponaria liegt in dem ganz krautigen, an keiner Stelle trockenhäutigen Kelch, an dessen Grunde sich nicht (nicht wie bei den Nelken 2—3 Paare) decussirte, schuppenförmige Hochblätter zusammendrängen. Der schmale Nagel der fünf Kronblätter ist mit Flügelleisten besetzt. An der Grenze zwischen Nagel und Platte sitzen zwei Zähnchen, welche als Ligula oder Nebenkrone beschrieben werden. Sie sind der Ligula bei Grasblättern entsprechende Gebilde.

Saponaria officinalis L., das Seifenkraut (Fig. 184), ist ein mit weit kriechenden, verzweigten, cylindrischen, nicht ganz fingerdicken Ausläufern ausdauerndes Kraut. Die aufrechten, etwas rauhen, nur oberwärts wenig verzweigten Stengel sind an den Knoten schwach angeschwollen und tragen elliptische oder längliche, spitze, am Rande rauhe, sonst völlig kahle, dreinervige Blätter in decussirten, am Grunde ein wenig verwachsenen Paaren. Die büschelig gehäuften Blüthen sind kurz gestielt. Aus dem hellgrünen oder braunrothen, weichen, cylindrischen Kelche ragen die schmal keilförmigen, seicht ausgerandeten (am Rande nicht gezähnten), weissen oder hellfleischfarbenen Platten der Kronblätter heraus und breiten sich fast tellerförmig aus. Die länglich-eiförmige Kapsel enthält viele nierenförmige, zusammengedrückte Samen mit gekrümmtem Keimling.

Fig. 184. Saponaria officinalis. Links unten ein langgenageltes Kronenblatt mit zwei Ligularzähnchen am Grunde der Platte; rechts die mit vier Zähnen aufspringende Kapsel.

Die Pflanze findet sich auf feuchtem Sandboden in Gebüschen, an Ufern und Wegen in fast ganz Europa und in Kleinasien. Sie blüht im Juli und August und erreicht bis 50 cm Höhe. Die mit Wasser schäumenden, Saponin[2]) enthaltenden, unterirdischen Theile waren officinell als Radix Saponariae, Seifenwurzel. Die Droge ist durch die an Saponin viel reichere Quillaja-Rinde (von

[1]) Man nennt solche Verwachsungslinien Commissuralrippen.

[2]) Identisch mit Senegin, weshalb vor einiger Zeit Radix Saponariae als billiger Ersatz für Radix Senegae empfohlen wurde.

Quillaja Saponaria, einer Rosacee, stammend) ziemlich verdrängt worden.

Die Radix Saponariae levanticae s. hispanicae v. aegyptiacae stammt von einer anderen Dianthee, von *Gypsophila Struthium* L. Die Blüthen der aus Südeuropa stammenden Garten-Nelke, *Dianthus Caryophyllus* L., lieferten die Flores Caryophyllorum rubrorum. Dagegen merke man sich, dass die Caryophylli Ph. G. II. 49 Blüthen einer Myrtacee, *Eugenia caryophyllata* sind, welche wir an anderer Stelle ausführlich besprechen werden.

III. Reihe. Aphanocyclicae.

Die Reihe der Aphanocyclicae ist gekennzeichnet durch das im Namen ausgedrückte Merkmal des völlig oder theilweise acyklischen Baues der Blüthen der hierhergehörigen Gewächse. In den wenigen Fällen, wo ein cyklischer Bau vorliegt, macht sich wenigstens eine Veränderlichkeit in der Zahl der auf die einzelnen Formationen (Kelch, Krone, Androeceum resp. Gynaeceum) entfallenden Quirle geltend, oder es tritt eine Vermehrung der Staubblätter durch Spaltung ein. Da nun Perianth und Androeceum stets hypogyn angetroffen werden, so kann man die Aphanocyclicae auch kurz als die typisch polyandrischen Thalamifloren definiren.

Die Reihe umfasst vier Ordnungen:

1. **Polycarpicae.** Blüthen vorwiegend spiralig aufgebaut und dadurch acyklisch werdend, bei cyklischem Bau stets mit wechselnder Quirlzahl. Kelch und Krone oft nicht getrennt oder Krone ganz fehlend. Androeceum gewöhnlich vielzählig (∞), jedoch niemals durch Spaltungen einfacher Anlagen. Gynaeceum aus meist vielen apokarpen Fruchtblättern gebildet. Hierher: Lauraceen, Berberidaceen, Menispermaceen, Myristicaceen, Ranunculaceen u. a.

2. **Rhoeadinae.** Blüthen cyklisch 2—4zählig, daher im Grundriss gewöhnlich kreuzförmig angeordnetes Perianth zeigend, weshalb die Ordnung auch als die der Cruciflorae bezeichnet wird. Kelch und Krone von einander geschieden. Androeceum aus vier Gliedern, welche gewöhnlich Spaltung erfahren, daher wechselt die Zahl zwischen 4 und ∞. Gynaeceum nie apokarp, aus 2—∞ Carpellen synkarp mit wandständigen Placenten. Frucht mit Klappen aufspringend, welche sich in den typischen Fällen von den Placenten ablösen. Hierher Papaveraceen, Cruciferen, Fumariaceen und Capparidaceen.

3. **Cistiflorae.** Blüthen vorherrschend cyklisch mit Kelch und Krone, aber gewöhnlich 5-zählig. Kelch dachig. Androeceum aus dem 5-zählig haplo-, diplo- oder obdiplo-

stemonen Grundplan gewöhnlich durch Spaltung polyandrisch. Oft sind die Staubblätter gruppenweise (in „Brüderschaften“, monadelphisch oder polyadelphisch) verwachsen. Gynaeceum aus 3—5 synkarpen Fruchtblättern ein- oder mehrfächerig und dementsprechend bald mit wandständigen, bald mit axilen Placenten. Hierher Violaceen, Hypericaceen, Ternstroemiaceen, Clusiaceen u. v. a.

4. **Columniferae.** Blüthen cyklisch mit Kelch und Krone, wie die Cistifloren 5-zählig. Kelch klappig (nicht dachig!). Androeceum aus haplo- oder diplostemonem Grundplan durch Spaltung polyandrisch (wie bei vielen Cistifloren). Gynaeceum stets synkarp aus 2—∞ Fruchtblättern und stets vollständig gefächert, mithin auch mit axilen Placenten. Hierher Tiliaceen, Sterculiaceen, Malvaceen.

Polycarpicae.

Nach der schon in der Uebersicht der vier Ordnungen der Aphanocyclicae gegebenen Charakteristik kann man die Polycarpicae die spiralig-acyklischen Thalamifloren nennen, deren Polyandrie fast niemals auf Spaltungen beruht; ihre Polyandrie ist entweder zurückzuführen auf die Vermehrung der Staubblattquirle oder auf die spiralige Anordnung der ganzen Blüthe.

Wie es bei allen Uebergangsordnungen und -Familien gewöhnlich ist, schwankt der Blüthencharakter innerhalb weiter Grenzen. Die spiralige Anordnung der Blüthenorgane macht sich entweder schon im Perianth geltend, weshalb oft Kelch und Krone nicht scharf gesondert sind oder eine Krone überhaupt nicht unterschieden werden kann, oder die Spiralstellung beginnt erst im Androeceum oder Gynaeceum. Kronenlose Formen (typische „Apetalie“) kommen in der Ordnung wie bei den Julifloren und Centrospermen vor. Die hier zu berücksichtigenden Familien sind:

Lauraceae. Blüthen zwitterig, apetal, gewöhnlich aus dreizähligen Quirlen aufgebaut, von denen 2 auf das Perianth, 2—5 auf das Androeceum entfallen. Die Staubbeutel öffnen sich mit Klappen.

Berberidaceae. Blüthen gewöhnlich, zwitterig, mit Krone. Kelch aus 2 bis 8 Quirlen, Krone aus 2 Quirlen. Androeceum aus 2 Quirlen, in welchen bisweilen Spaltungen eintreten. Die Beutel öffnen sich gewöhnlich mit Klappen.

Menispermaceae. Blüthen dioecisch vertheilt, mit Krone. Auf den Kelch entfallen 2 bis 10 Quirle, auf Krone und Androeceum gewöhnlich je 2.

Myristicaceae. Blüthen dioecisch vertheilt, ohne Krone. Männliche Blüthen mit Staubbeutelsäule, A (3 bis 15). Die Beutel öffnen sich extrors mit Längsriss.

Magnoliaceae. Blüthen gewöhnlich zwitterig und mit Krone nach der Formel K 3, C 3 + 3 oder ∞, A ∞, G ∞. Die Krone ist (zum Unterschiede von den nahe verwandten Anonaceen) dachig.

Ranunculaceae. Blüthen zwitterig, meist mit Fünfzahl beginnend, bald mit Perigon, bald mit Kelch und Krone. Androeceum meist vielzählig und mit extrorsen Antheren. Gynaeceum gewöhnlich vielzählig und apokarp.

Lauraceae.

Die etwa 1000, meist an aromatisch-ätherischen Oelen reiche Arten umfassende Familie der Lauraceen oder Lorbeergewächse ist ausschliesslich auf die wärmeren Erdstriche beschränkt. Neben der typischen Apetalie (Blumenblattlosigkeit) sind die stets aktinomorphen Blüthen meist durch dreizählige Quirle ausgezeichnet, und erinnert ihre Formel wie die der Rheum-Arten an den Monocotylentypus; doch ist auch hier die Insertion des dreizähligen Perianths im Anschluss an die beiden (nicht immer entwickelten) Vorblätter umgekehrt wie bei den Monocotylen, ein Blatt des äusseren Perianths ist gegen die Axe gewandt. Immer ist das Perianth aus zwei kelchartigen Quirlen (als Perigon) entwickelt. Gewöhnlich folgen dann vier oder fünf Staminalquirle von sehr charakteristischem Verhalten. Entweder sind alle Staubblätter fruchtbar, mit innenwendigen Antheren ausgestattet, oder die beiden äussersten Staubblattquirle sind mit innenwendigen, der dritte Staubblattquirl ist mit aussenwendigen Antheren versehen, während der resp. die folgenden Quirle unfruchtbar sind und ihre Glieder als Staminodien entwickeln. In den beiden äusseren Quirlen sind die Fäden drüsenlos, im dritten tragen sie am Grunde zwei ansehnliche, meist gestielte Drüsen, welche auch die Hauptmasse der folgenden Staminodien ausmachen. Ganz besonders beachtenswerth ist das Aufspringen (die „Dehiscenz“) der fruchtbaren Staubbeutel. Gewöhnlich bildet jede Antherenhälfte zwei Pollenfächer über einander aus, und jedes Fach öffnet sich mit einer unten sich ablösenden und dann sich aufwärts und rückwärts krümmenden Klappe. Jede Anthere führt also gewöhnlich vier Klappen in zwei Etagen (Fig. 185). Der Fruchtknoten ist immer einfächerig und eineiig; der kurze einfache Griffel endet mit einfacher oder dreilappiger Narbe.[1]) Die Frucht ist beerenartig. Ihr

---

[1]) Die dreilappig vorkommenden Narben und theoretische Erwägungen rechtfertigen die Annahme, dass der Fruchtknoten der Lauraceen aus drei Fruchtblättern gebildet ist. Die allgemeine Blüthenformel wird daher für die Familie:

$$P\ 3+3,\ A\ 3+3+3+3+3,\ G\ (\underline{3}).$$

Same ist ohne Nährgewebe und enthält einen geraden Keimling mit dickfleischigen Cotyledonen (Fig. 186). Die Laubblätter der meist

Fig. 185. Blüthe von Cinnamomum zeylanicum (vergr.). Links in Seitenansicht mit 6 Perigonzipfeln; rechts Längsschnitt, den centralen Fruchtknoten mit der hängend-anatropen Samenanlage zeigend. Man beachte die Klappen an den fruchtbaren Staubbeuteln. (Nach Baillon.)

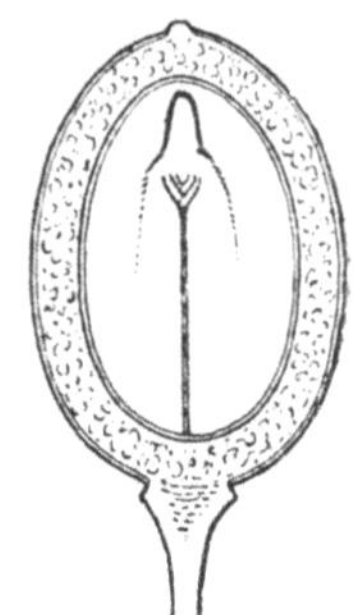

Fig. 186. Frucht des Lorbeerbaumes im Längsschnitt. Das fleischige Perikarp umschliesst den Samen, dessen Hauptmasse die beiden Cotyledonen bilden, in deren Winkel die (abwärts gerichtete) Keimknospe sitzt. (Nach Baillon.)

strauch- oder baumförmigen Arten sind einfach, ganzrandig, meist lederig, glänzend (Lorbeerblätter) und entbehren der Nebenblätter.

Aus der Familie sind zu besprechen:

1. **Cinnamomum** Burm.

Die Gattung Cinnamomum umfasst immergrüne, aromatische Sträucher und Bäume („Zimmtbäume") des tropischen und subtropischen Asiens. Die schönen, lederigen, immergrünen, oberseits glänzenden Blätter sind gegen- oder wechselständig, handförmig drei- oder fünfnervig. Ihr Rand wird von einem „Randnerven" umzogen. Die kleinen, weissen oder gelben Blüthen bilden end- und achselständige Rispen und vertreten den typischen Lauraceencharakter (Fig. 185). Den 3 + 3, nur am Grunde wenig trichterförmig verwachsenen Perigonblättern folgen vier Staubblattquirle (zwei mit introrsen, einer mit extrorsen Antheren, einer mit Antherenrudimenten; der dritte führt die gestielten oder sitzenden Drüsen an kurzen Fäden). Die fruchtbaren Antheren sind zweietagig-vierfächerig, vierklappig. Der Fruchtknoten trägt an seiner in der Blüthe nach vorn fallenden Nath die einzige hängend-anatrope Samenanlage (vgl. Fig. 185, rechts) und wird zu einer Beere mit dünnem Perikarp. Diese wird zur Reifezeit durch eine Art Fruchtbecher gestützt, welcher dadurch entsteht, dass die lederigen Perigonblätter oberhalb ihrer Basis abfallen und die breit gestutzten Basen als Zähne des Fruchtbechers zurücklassen. Officinell ist

1. *Cinnamomum zeylanicum* Breyn., der Zimmtbaum (Fig. 187). In den Wäldern Ceylons, seiner Heimath, erreicht derselbe bis 10 m Höhe, wird aber in fast allen Tropenländern in Strauchform gezogen. Seine Zweige sind cylindrisch, oberwärts stumpf-vierkantig und mit decussirten Paaren wagerecht auf kurzem (8–16 mm langem), oberseits rinnigem Stiele abstehenden Blättern besetzt. Die eiförmigen, stumpfen oder kurz zugespitzten, je nach der Varietät in Grösse und Form wechselnden, stark lederigen, 3—7-nervigen Spreiten sind in der Jugend roth, nehmen aber später oberseits dunkel- oder gelblich-grüne, unterseits hellere, graugrüne Färbung an. Die Hauptrippen sind durch zahlreiche, fast senkrecht zu ihnen stehende Queradern verbunden. Die kleinen, nur bis 4 mm langen, monoclinen Blüthen sind weiss, ihr Perigon aussen seidenhaarig. Wie alle Culturpflanzen variirt auch der Zimmtbaum in der Cultur sehr stark, und unterscheidet man gewöhnlich folgende Varietäten:

Fig. 187. Cinnamomum zeylanicum, der Zimmtbaum. (Etwa 1/6 nat. Gr.)

α. commune Nees (= *Laurus Cinnamomum* L., *Persea Cinnamomum* Spr., *Cinnamomum zeylanicum vulgare* Hayne) mit eiförmigen oder länglich-eiförmigen, 3—5-nervigen, stumpfen oder sehr kurz stumpf zugespitzten, am Grunde abgerundeten Spreiten von nahezu Handlänge. Die Rinde ist stark aromatisch.

β. inodorum Nees mit geruchloser Rinde, aber sonst der Varietät *α* gleichend.

γ. subcordatum Nees (= *Cinnamomum zeylanicum cordifolium* Hayne) mit am Grunde schwach herzförmigen, meist 5-nervigen Spreiten und aromatischer Rinde.

δ. microphyllum Nees mit kleinen, dreinervigen Blattspreiten und aromatischer Rinde.

ε. Cassia Nees (= *Laurus Cassia* Burm.) mit beiderseits allmählich verschmälerten, fast stets dreinervigen, 5—12 cm langen, nur 2—3 cm breiten Blättern und schwächer aromatischer Rinde. (Man verwechsele diese Varietät nicht mit der folgenden Art.)

Von allen Varietäten (vielleicht *β* ausgenommen) wird die Rinde der 2—3 m langen, fingerdicken Zweige nach der tropischen Regenzeit abgeschält, von den äusseren Partien (Aussen- und Mittelrinde) befreit, zu mehreren Platten aufeinandergelegt und dann längsgerollt und getrocknet. Sie kommt als C o r t e x C i n n a m o m i z e y l a n i c i s. C i n n a m o m u m a c u t u m, Ceylonzimmt, feiner oder echter

Zimmt, auch als Kaneel in den Handel. Nach der Ph. G. I. war derselbe officinell und diente zur Bereitung von Oleum Cinnamomi zeylanici. Anderwärts ist er noch jetzt officinell und dient als Aromaticum zur Herstellung vieler Arzneien. Die Blätter liefern ein billigeres Oel, das Zimmtblätteröl, welches zum Verfälschen des Gewürznelkenöles benutzt wird. Die Ph. G. II. schliesst die Verwendung des Ceylonzimmts ganz aus.

Die von der Varietät ε. stammende, schwächer aromatische Rinde kommt in einfachen, dicken Röhren oder in rinnigen Stücken als Cassia lignea, Holzzimmt, Holzkassie oder Malabarzimmt in den Gewürzhandel. Sie bildet den beim deutschen Materialwaarenhändler schlechtweg als Zimmt bezeichneten Verkaufsartikel für die Küche.

2. *Cinnamomum Cassia* Bl., der Kassien-Zimmtbaum, ist ein ansehnlicher Strauch des südlichen China und Cochinchinas, welcher auch auf Java, Sumatra, Ceylon und an der Malabarküste viel cultivirt wird. Die jungen Zweige der reichästigen Krone sind zusammengedrückt vierkantig und nebst Blattstielen und Blüthenstandszweigen grau- oder gelblich-weichhaarig. Die unterwärts an den Zweigen wechselständigen, oberwärts gegenständigen Blätter hängen gewöhnlich an 8—16 mm langem, oberseits flachem oder ganz schwach convexem (also nicht wie beim Ceylonzimmt rinnigem) Blattstiele abwärts. Die bis handlangen, länglichen, zugespitzten, dreinervigen, stark lederigen Spreiten sind oberseits glänzend grün und vertieft netzaderig, unterseits bläulichgrün und kurz weichhaarig. An den armästigen Blüthenrispen sitzen kleine, gelblichweisse, seidenhaarige Blüthen mit eiförmigen Perigonzipfeln, nach deren Abfall die Perigonbasis eine halbkugelig-kegelförmige, sechskerbige Fruchthülle bildet. Die stark und rein nach Zimmt riechende Rinde kommt einfach-gerollt in den Handel als Cortex Cinnamomi Ph. G. II. 65 s. Cortex Cinnamomi chinensis Ph. G. II. 331. In der Ph. G. I. wurde sie als Cortex Cinnamomi Cassiae geführt. Andere Bezeichnungen der Droge sind Cortex cinnamomea, Cinnamomum, chinesischer Zimmt, auch wohl Zimmtkassie. Sie ist durch ihre dunkelzimmtbraune Farbe kenntlich. Charakteristische Unterscheidungsmerkmale liegen in den schief verlaufenden hellfarbigen Adern und in dem Nichtschleimigwerden beim Kauen.[1])

---

[1]) Hierdurch unterscheidet sich die in der Ph. G. II. vorgeschriebene Cortex Cinnamomi von dem oben bezeichneten Holzzimmt, der Cassia lignea, von *Cinnamomum zeylanicum* var. *ε. Cassia* Nees, welcher bei längerem Kauen schleimig wird, und dessen Pulver mit Wasser gekocht zur Gallerte erkaltet. Die Bezeichnung Cassia führt leicht zu Missverständnissen. Abgesehen davon, dass die Art *Cinnam. Cassia* Blume nicht mit der Varietät des Ceylonzimmts, *Cinnam. zeylanicum var. Cassia* Nees verwechselt werden darf, wozu die deutschen Namen Zimmtkassie und Holzkassie verleiten, bezeichnet man die getäcberten Hülsen

Die Verwendung von Cortex Cinnamomi ist eine mannichfaltige. Die Rinde liefert das Oleum Cinnamomi Ph. G. II. 195 s. Oleum Cinnamomi Cassiae ibid. 338 v. Oleum cassiae ibid. 338, das Zimmtkassienöl, welches in der Heimath der Droge durch Destillation gewonnen wird. Aqua Cinnamomi Ph. G. II. 32, Tinctura Cinnamomi Ph. G. II. 277 und Tinct. aromatica Ph. G. II. 272, Tinct. Opii crocata Ph. G. II. 284, Decoctum Sarsaparillae compositum mitius Ph. G. II. 72 und Elixir Aurantiorum compositum Ph. G. II. 74 sind Präparate, deren Herstellung die Verwendung von Cortex Cinnamomi einschliesst. Acetum aromaticum Ph. G. II. 1 und Mixtura oleoso-balsamica Ph. G. II. 179 werden mit Oleum Cinnamomi zubereitet. Die Ph. G. I. schrieb ausserdem noch Syrupus Cinnamomi, Pulvis aromaticus und das Electuarium Theriaca vor, deren aromatischen Bestandtheil Cortex Cinnamomi lieferte.

Synonyme zu *Cinnamomum Cassia* Bl. sind *Cinnamomum aromaticum* Nees, *Laurus Cassia* C. G. Nees und *Persea Cassia* Spr.

Nach Flückiger ist es sehr wahrscheinlich, dass die officinelle Zimmtrinde von verschiedenen chinesischen Zimmtarten stammt. Als solche führt man *Cinnamomum obtusifolium* Nees, *Cinnam. Tamala* Nees und *Cinnam. nitidum* Nees vom Himalaya an. Vielleicht liefern auch *Cinnam. iners* Reinw. in Ostindien, Ceylon und auf den Sundainseln, sowie *Cinnam. Burmanni* in China, Japan, auf den Philippinen und auf den Sundainseln einen Theil der Handelswaare. Die Ph. G. II. verzichtet deshalb auf die Angabe der Stammpflanze ganz und betont nur die chinesische Abstammung („species Cinnamomi Chinae meridionalis"); sie verlangt starken und reinen Geruch der Droge.

Als Zimmtblüthen (Flores Cassiae, Clavelli Cassiae, auch Zimmtnägelchen genannt) kommen die kurz nach der Blüthezeit eingesammelten Fruchtansätze von *Cinnamomum Cassia* Blume, *Cinnam. Loureirii* Nees u. a. in den Handel und werden bisweilen im Handverkauf verlangt.

3. *Cinnamomum Camphora* Nees et Eberm., der Campherbaum (Fig. 188), ist von allen vorgenannten Arten wesentlich verschieden und bildet den Typus einer besonderen, als Camphora zusammengefassten Untergattung. Zunächst sind die Laubknospen schuppigdachig (nicht nackt), wie es die Endknospe des in der Figur dargestellten Zweiges veranschaulicht; sodann sind die Laubblätter nicht 3- oder 5-nervig, sondern fiedernervig und führen in den Achseln der grösseren Nerven unterseits je eine Grube, welche oberseits blasig hervortritt; ferner entwickelt sich gewöhnlich in den Blüthen ein fünfter innerster Staubblattkreis (wie der vierte) staminodial, während den Zimmtarten sonst nur vier Staubblattkreise

---

(also Früchte!) einer Leguminose, *Cassia Fistula* L., als Röhren- oder Rohrkassie. Die Gattung Cassia hat natürlich gar nichts mit den Lauraceen zu thun. Von Cassia-Arten stammen auch die viel gebrauchten Sennesblätter. Nelkenkassie ist die Rinde der brasilianischen Lauracee Dicypellium caryophyllatum Nees.

zukommen, von denen nur einer, (der 4.) staminodial entwickelt ist. Das Diagramm ist mithin das in Fig. 189 dargestellte. Endlich fallen

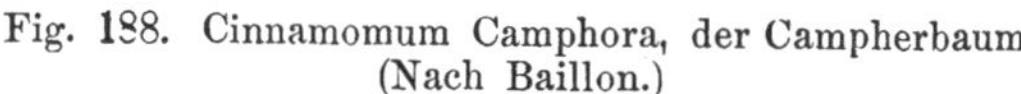

Fig. 188. Cinnamomum Camphora, der Campherbaum. (Nach Baillon.)

Fig. 189. Grundriss der Blüthe von Cinnamomum Camphora. Den beiden Vorblättern folgen 3 + 3 Perigonblätter, 3 + 3 Staubblätter mit introrsen, 3 Staubblätter mit extrorsen Staubbeuteln, dann 3 + 3 Staminodien. Am extrorsen Staubblattkreise und dem folgenden Staminodienquirl sind die Drüsenanhänge durch kleine Kreise angedeutet. (Nach Eichler.)

die Perigonzipfel unmittelbar an ihrer Basis ab, so dass die Frucht von einer ganzrandigen (nicht gestutzt gezähnten), scheibenförmigen Becherhülle umgeben ist.

Der Campherbaum ist ein stattlicher, im Wuchse unseren Linden vergleichbarer Baum Japans, Chinas und der Insel Formosa, der aber in vielen Tropenländern cultivirt wird. Seine wechselständigen, anfänglich papierartig dünnen Blätter sitzen an dünnen, bis 3 cm langen Stielen. Die eiförmigen bis länglichen, beiderseits verschmälerten Blätter sind völlig kahl, oberseits grün, unterseits bläulich bis weisslich. Die Blüthen sitzen niemals an endständigen, sondern immer an seitenständigen, sehr kurzen Rispen. Die kleinen, gelblichen Blüthen sind aussen kahl, innen dagegen dicht flaumig-behaart. Die fast kugeligen, erbsengrossen Beeren sind glänzend schwarzroth.

Alle Theile des Baumes, besonders das Holz, sind reich an einem ätherischen Oel, dem Campheröl, welches sich mit Sauerstoff zu Campher verbindet, welcher als Rohcampher durch Sublimation aus den Blättern und Zweigen gewonnen wird. Gereinigt bildet er Camphora Ph. G. II. 47, den Campher, welcher nach Besprengen mit Alcohol zu Pulver, Camphora trita, zerrieben werden kann. Er dient zur Bereitung von Oleum camphoratum Ph. G. II. 193, Spiritus camphoratus Ph. G. II. 244, Spiritus Angelicae compositus Ph. G. II. 244, Vinum camphoratum Ph. G. II. 302, Tinctura Opii benzoïca Ph. G. II. 203, Linimentum ammoniato-camphoratum Ph. G. II. 156, Linim. saponato-camphoratum Ph. G. II. 157, Linim. saponato-camphoratum liquidum Ph. G. II. 158, Emplastrum fuscum camphoratum Ph. G. II. 77 (= Empl. matris Ph. G. II. 333 v. Empl. minii adustum, Empl. nigrum, Empl. Noricum, Empl. universale, ibid. 333), Unguentum Cerussae camphoratum Ph. G. II. 295 und vieler anderen Präparate.

Der Campher ist ein in kleineren Gaben nervenberuhigendes Mittel; er wirkt krampfstillend und lähmungswidrig, schmerzstillend und resorbirend. Er wird viel gegen rheumatische Schmerzen angewandt, besonders in Form von Einreibungen.

Synonym zu *Cinnamomum Camphora* Nees et Eberm. sind *Laurus Camphora* L., *Persea Camphora* Spr., *Camphora officinarum* Bauhin.

2. Sassafras officinale Nees.

Während den zimmtartigen Lauraceen (den Perseeae) zweigeschlechtige Blüthen mit 4 (bei Camphora selbst 5) Staubblattquirlen eigen waren, führt die Gruppe der Oreodaphneae eingeschlechtige, dioecisch vertheilte Blüthen mit 3 Staubblattkreisen (also 9 Staubblättern); der vierte staminodiale Quirl des Androeceums fehlt ganz oder ist doch nur noch spurenhaft entwickelt. Den Staubfäden des dritten Kreises kommen (wie bei den Perseeae) je zwei kugelige Drüsen am Grunde zu. Die Beerenfrüchte sind stets nackt, niemals von dem becherförmigen Perigonrest eingeschlossen.

Die Gattung Sassafras ist innerhalb der Gruppe dadurch ausgezeichnet, dass den männlichen Blüthen nur introrse Staubblätter zukommen (die drei innersten Staubblätter sind also nicht extrors wie bei den Zimmtarten). Jeder Staubbeutel führt vier Pollenkammern in zwei Etagen (Fig. 190). In den weiblichen Blüthen sind 6—9 gestielte Staminodien mit länglich-herzförmigen Antherenrudimenten entwickelt (Fig. 191).

Sassafras officinale Nees, die einzige Art der Gattung, bewohnt das ganze östliche Nordamerika (doch nur jenseits des Missouri, von Canada bis Florida). Im Norden nimmt sie die Form eines Strauches an, südlicher gehend wird sie baumförmig und erreicht ganz im Süden bis 30 m Höhe. Die cylindrischen, zähen Zweige sind anfänglich graufilzig, später gelblichgrün und tragen Laubknospen mit trockenen, kastanienbraunen Schuppen. Die sommergrünen, weichkrautigen (nicht lederigen) Blätter sind wechselständig, anfangs flaumig behaart, später nur unterseits grau-seidenhaarig, zuletzt kahl. Aus

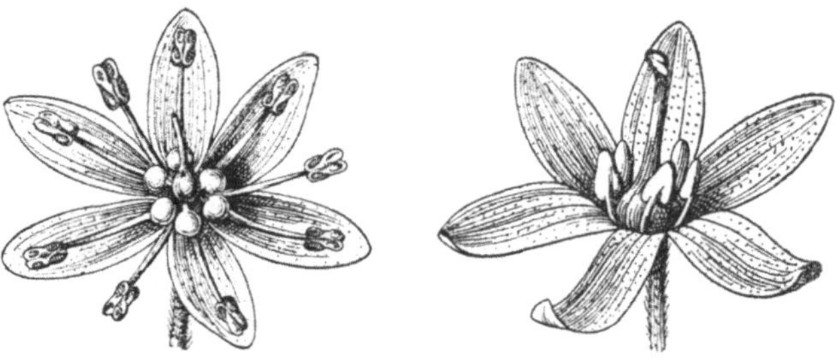

Fig. 190. Männliche Blüthe von Sassafras officinale. Fig. 191. Weibliche Blüthe. (Nach Berg und Schmidt.)

dem schlanken, bis 4 cm langen Stiele verbreitert sich die fiedernervige Spreite keilförmig zu ovalem Umriss und läuft stumpf oder zugespitzt aus. Die nach dem Knospenaustrieb gebildeten Blätter sind meist dreilappig mit stumpf gerundeten Buchten. Die Blüthen bilden schlaffe Doldentrauben, welche vor dem Laubaustrieb aufblühen. Die Perigonblätter sind grünlich gelb, nur 4 mm lang, kahl und stumpflich. (Siehe Fig. 190 und 191.) Sie fallen an der Basis ab, so dass ein ganz kurzer Fruchtbecher mit 6 Kerben zurückbleibt, welcher die eiförmige, blauschwarze Beere (die natürlich nur aus weiblichen Blüthen hervorgeht) stützt. Der Fruchtbecher ist roth. Die Blüthezeit fällt in die Monate März und April.

Synonyme sind *Laurus Sassafras* L., *Persea Sassafras* Spr. und *Sassafras album* Nees. Man merke sich besonders den deutschen Namen Sassafraslorbeer, um die Zugehörigkeit der Pflanze zu den Lorbeergewächsen, den Lauraceen, im Gedächtniss zu haben.

Officinell ist das 1—2 % Sassafrasöl enthaltende Wurzelholz nebst der an Oel noch reicheren Wurzelrinde als Lignum Sassafras Ph. G. II. 156, während das fast völlig geruchlose Stammholz medicinisch ganz unbrauchbar ist. Aus dem Sassafrasöl setzt sich in der Kälte Sassafrascampher ab. Das Sassafrasholz (auch Fenchelholz genannt) bildet einen Bestandtheil der Species Lignorum Ph. G. II. 241; die Ph. G. I. schrieb die Verwendung zu Syrupus Sarsaparillae compositus und Tinctura Pini composita vor.

Die zur Gruppe der Oreodaphneae gehörige Gattung Nectandra, einen Uebergang zwischen Cinnamomum und Sassafras insofern darstellend, als der dritte Staubblattkreis zwar extrors ist, während der vierte staminodiale Quirl des Androeceums in den zwitterigen Blüthen fehlt, lieferte Semen Pichurim (fälschlich auch Fabae Pichurim, Pichurimbohnen, Cotylae Pichurim, Sassafrasnüsse oder Brasilianische Bohnen genannt). Die Droge besteht aus den von der Fruchtwand und der äusseren Samenschale befreiten Samen, deren Hauptmasse die fleischigen Cotyledonen des Keimlings ausmachen. Semen Pichurim majus soll von *Nectandra Puchury major* Nees, Semen Pichurim minus von *N. Puchury minor* Nees (zwei in Nordbrasilien heimischen Bäumen) stammen.

3. Laurus nobilis L.

Die dritte, als Litsaeaceae bezeichnete Gruppe der Lauraceen ist dadurch charakterisirt, dass die doldigen oder knäueligen Blüthenstände von einer 4—6-blätterigen oder vielreihigen Hochblatthülle gestützt sind. Im Uebrigen trifft man gewöhnlich auf dioecisch vertheilte Blüthen, und zwar führen die männlichen niemals extrorse Staubblätter (sie verhalten sich also wie bei Sassafras). Staminodien fehlen völlig, obwohl mehr als drei Staubblattquirle entwickelt werden.

Die Gattung Laurus ist in der Gruppe und damit zugleich in der ganzen Familie eigenartig gekennzeichnet. Die der Vorblätter stets entbehrenden Blüthen beginnen regelmässig zweizählig (nicht wie bei allen vorher besprochenen Lauraceen dreizählig), und zwar setzen dieselben mit zwei seitlichen („transversalen") Perigonblättern ein. Diesen folgen zwei innere Perigonblätter in Medianstellung, so dass das Perigon ein transversal-medianes Kreuz bildet. In den männlichen Blüthen folgt nun zunächst ein viergliederiger Staubblattkreis in Diagonalstellung, an welchen sich eine wechselnde Zahl alternirender vier- oder zweigliederiger Quirle anschliesst. Die Zahl der Staubblätter variirt deshalb zwischen 8 und 14, nach den Formeln A 4 + 4 resp. A 4 + 2 + 2, A 4 + 4 + 2 resp. A 4 + 2 + 2 + 2 oder A 4 + 4 + 4 + 2. Fig. 192 stellt einen dieser Fälle im Diagramm dar. Die Staubfäden des äusseren Quirles sind immer drüsenlos, was auch bisweilen beim nächstfolgenden vorkommt.

Fig. 192. Diagramm einer männlichen Blüthe von Laurus nobilis, einen Einzelfall mit 10 Staubblättern nach der Formel P 2 + 2, A 4 + 2 + 2 + 2 darstellend. (Nach Eichler.)

In den weiblichen Blüthen folgt dem transversal-medianen 2 + 2-gliederigen Perigon ein dem äusseren Staubblattkreise männlicher Blüthen entsprechender Kreis von vier Staminodien und dann ein centraler Fruchtknoten mit stumpf dreikantiger Narbe.

Von den beiden bekannten Arten interessirt nur

Laurus nobilis L., der allerwärts bekannte Lorbeerbaum. Er bildet 2—5 m hohe Büsche oder 6—8 m hohe Bäume mit dicht beblätterten, aufrechten Aesten. Die lederigen, länglich-lanzettlichen, beiderseits zugespitzten Blätter mit schwach umgebogenem, welligem Rande sind als „Lorbeerblätter" ein bekanntes Küchengewürz. Sie sind oberseits dunkelgrün, unterseits heller, beiderseits völlig kahl und von Oeldrüsen durchscheinend-punktirt. Die Blüthen stehen in

3—6-blüthigen Köpfchen aus gekreuzten Paaren bei einander. Jeder Blüthenstand ist ein mit vier Hüllblättern beginnender Achselspross eines Laubblattes. Das Perigon ist gelblich oder weiss. Die Früchte (Fig. 186) sind eiförmige, schwarzblaue, 8—10 mm lange, von zartem Stiele getragene, einsamige Beeren (Lorbeeren).

Je nach der Breite der Laubblätter unterscheidet man verschiedene Varietäten (*α latifolia* Nees, *β lanceolata* Meissn., *γ angustifolia* Nees und *γ undulata* Meissn.).

Der in Kleinasien heimische Baum wird in allen Mittelmeerländern cultivirt. Bei uns zieht man ihn in grossen Holzkübeln als Ziergewächs.

Officinell sind die Beeren als Fructus Lauri Ph. G. II. 121 s. Baccae lauri Ph. G. II. 330. Sie enthalten in grossen Zellen der Fruchtschale das grünliche, durch Auspressen der Früchte gewonnene Oleum Lauri Ph. G. II. 198 s. Ol. Lauri expressum v. Ol. lauri unguinosum v. Ol. laurinum Ph. G. II. 338, das Lorbeeröl. Die Lorbeeren werden besonders von der Landbevölkerung im Handverkauf verlangt. Dasselbe gilt von dem zu Einreibungen benutzten Lorbeeröl („Alte Lore", corrumpirt aus Ol. Lauri).

Die „Kirschlorbeerblätter" stammen weder von einer Laurus-Art, noch von einer Lauracee überhaupt. Sie stammen von *Prunus Laurocerasus*, einer mit unserer gemeinen Kirsche verwandten Pflanze.

Berberidaceae.

Diese bei uns durch die Berberitze (*Berberis vulgaris* L.) vertretene Familie ist durch aktinomorphe, zweigeschlechtige Blüthen ausgezeichnet, deren Kelch, Krone und Androeceum aus zum Mindesten verdoppelten, regelmässig alternirenden, 3-(selten 2-)zähligen Quirlen bestehen, während das Gynaeceum aus nur einem einzigen Fruchtblatt besteht. Die Formel der Blüthe ist also im Allgemeinen:

$$K\ 3+3,\ C\ 3+3,\ A\ 3+3,\ G\ \underline{1}.$$

Neben der Vermehrung der Quirle (der Kelch allein kann bis 8 umfassen) sind Spaltungen der Glieder des inneren Kronblattkreises und in den Quirlen des Androeceums bei der hier besonders interessirenden Gattung Podophyllum zu beobachten. Die Staubbeutel öffnen sich gewöhnlich (wie bei den Lauraceen) mit Klappen, doch sind sie überall zweifächerig. Eine Ausnahme macht auch hier Podophyllum, dessen Antheren sich nicht mit Klappen, sondern mit Längsriss öffnen. Das Fruchtblatt umschliesst immer mehrere, oft viele Samenanlagen. Zu besprechen ist nur:

Podophyllum peltatum L.

Das nur mit 2 Arten vertretene Geschlecht Podophyllum ist durch viele morphologische Eigenheiten ausgezeichnet, welche aus dem Charakter der hier genannten Art hervorgehen.

Podophyllum peltatum L. (Fig. 193) sendet aus seinem horizontal kriechenden Rhizom jährlich einen kahlen, grünen, drehrunden, 30—50 cm hohen Stengel von etwa Federkieldicke über den Boden. Er endet mit einer einzigen weissen, nickend überhängenden, fast

Fig. 193. Podophyllum peltatum. ($^1/_3$ nat. Gr.) (Nach Baillon.)

glockigen Blüthe, welche im Winkel der beiden alleinigen, grossen, handförmig gelappten Blätter sitzt. Man kann diese beiden Laubblätter als die seitlichen, gegenständigen Vorblätter der Blüthe ansehen. Diese letztere bilden:

Zwei dreizählige Kreise blumenblattartiger Kelchblätter. Sie bilden eine äussere Blüthenhülle und zwar derart, dass bezüglich der durch die Laubblätter gegebenen Transversalebene drei Kelchblätter nach vorn, drei nach hinten fallen. Es folgen

Zwei Kreise von Kronblättern. Drei Blätter stellen den äusseren Quirl dar. Der innere Quirl verdoppelt seine drei Glieder gewöhnlich auf sechs, welche paarweise in die Lücke zwischen zwei äussere Kronblätter treten. Die Krone ist also 3 + 6-gliederig (in Zeichen $3 + 3^2$). Unterbleibt die Verdoppelung im inneren Quirle ganz oder theilweise (an einem Gliede oder an zweien), so schwankt die Zahl der inneren Kronblätter zwischen 3 und 6 (in Zeichen 1 + 1 + 1, resp. 1 + 1 + 2, resp. 1 + 2 + 2 oder 2 + 2 + 2), die ganze Krone also zwischen 6 und 9. Aehnlich verhalten sich die

Zwei Kreise von Staubblättern. Der äussere Kreis ist normal 3-gliederig, während statt jedes Gliedes des inneren drei auftreten, so dass das Androeceum $3 + (3 \times 3)$, also 12 Glieder umfasst, welche durch weitere Spaltungen auf 20 vermehrt werden können.

Die Antheren öffnen sich mit je zwei Längsrissen, wodurch Podophyllum ganz vom Typus der Berberidaceen abweicht.

Das einzige Fruchtblatt ist gewöhnlich schief gestellt, d. h. seine Bauch- und Rückennath fallen nicht in die Medianebene der Blüthe. Es endet mit breit schildförmiger Narbe und trägt an der Bauchnath eine grosse Zahl vielreihig geordneter, horizontaler oder aufsteigender, anatrop-apotroper Samenanlagen.

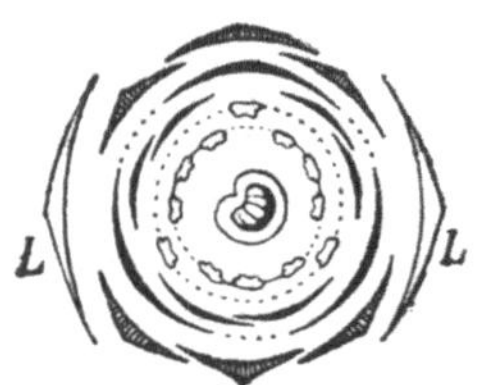

Fig. 194. Grundriss der Blüthe von Podophyllum peltatum. (Nach Eichler.) Die Blätter *L* entsprechen den beiden grossen Laubblättern in Fig. 193.

Nach dieser Erörterung ergiebt sich das typische Diagramm Fig. 194, in welchem die Laubblätter *L* die transversalen Vorblätter der Blüthe darstellen.

Die Frucht ist eine grosse Beere, welche viele eiförmige Samen in der pulpös-fleischigen Masse der Placenta eingebettet führt. In Nordamerika werden die Früchte als „may apple" oder „Mandarake" gegessen.

Die in Nordamerika heimische Pflanze liefert das bei uns nicht officinelle Rhizoma Podophylli, aus welchem das Podophyllinum Ph. G. II. 213 durch Extraction mit Alkohol und Fällen durch Wasser gewonnen wird. Es wirkt heftig abführend und fördert die Gallenabsonderung. (Uebrigens enthält Podophyllum in seinem Rhizom kein Berberin, obwohl dies oft fälschlich angegeben wird.)

Menispermaceae.

Der in der Veränderlichkeit der Zahl der Blüthenkreise liegende Charakter der Ordnung der Polycarpicae zeigte sich schon in den besprochenen Familien der Lauraceen und Berberidaceen. In beiden waren dreizählige Blüthen mit aus zwei Kreisen von Blättern sich aufbauender äusserer Blüthenhülle typisch. Bei den kronenlosen Lauraceen nannten wir letztere das Perianth, bei den corollaten Berberidaceen nannten wir sie den Kelch. Bei den Menispermaceen finden wir wieder vorwiegend dreizählige Blüthen mit Kelch und Krone, welche beide typisch aus je zwei Quirlen bestehen, doch steigt die Zahl der Kelchquirle bei manchen Arten bis auf 10, so dass zwischen 6—30 Kelchblätter angetroffen werden, während die Krone sich auf 3 und 4 Quirle vermehrt, also bald aus 6, 9 oder 12 Blättern besteht. Trotz des Reichthums an Gliedern der Blüthendecke sind die Blüthen doch stets sehr klein und unansehnlich. Die Kelchblätter sind gewöhnlich bracteenartig dachig. Die Kronblätter sind oft noch kleiner als die Kelchblätter; in einigen Fällen sind sie zu Schüppchen reducirt, in einigen fehlen sie ganz. Im letzteren Falle sind sie dann „abortirt".

Während nun Lauraceen und Berberidaceen meist monocline (zwitterige) Blüthen führen, sind die Menispermaceen fast ausnahmslos mit diclinen, dioecisch vertheilten Blüthen ausgestattet. In den männlichen Blüthen folgen der Krone meist zwei Staubblattkreise, doch kommen auch 3, 4, selbst 8 solche vor. Im Centrum der Blüthe sitzen dann noch drei rudimentäre Fruchtblätter. In den weiblichen Blüthen folgen der Krone gewöhnlich sechs Staminodien (den beiden typischen Staminalkreisen entsprechend) und drei freie (apokarpe) Fruchtblätter mit je einer hängend-epitropen Samenanlage. Die typische Blüthenformel ist demnach:

K 3 + 3, C 3 + 3, A 3 + 3, G $\underline{3}$.

und da den Blüthen allgemein ein Deckblatt und zwei transversale Vorblätter eigen sind, so ergiebt sich das Diagramm Fig. 195, in welchem die Fruchtblätter in der Stellung angedeutet sind, wie sie sich in den weiblichen Blüthen vorfinden.

Fig. 195. Typisches Menispermaceendiagramm für die männliche Blüthe mit Andeutung der drei Fruchtblätter, welche nur in rein weiblichen Blüthen fruchtbar sind. (Nach Eichler.)

Was nun die Ausbildung, die sogen. Plastik der wesentlichen Blüthentheile betrifft, so scheidet diese die Menispermaceen streng von den Lauraceen und Berberidaceen. Die Staubbeutel öffnen sich bei letzteren typisch mit Klappen, was bei Menispermaceen nie vorkommt. Hier sind die Staubbeutel gewöhnlich intrors und öffnen sich mit Längs- oder Querspalte, in einigen Fällen mit Löchern. Ganz besonders auffällig ist aber die charakteristische Samenkrümmung, welcher die Familie ihren Namen verdankt. Menispermaceen heisst „Krummsamige". Nach der Befruchtung krümmt sich die zum Samen heranwachsende Samenanlage sehr stark campylotrop, wie es die drei Bilder in Fig. 196 veranschaulichen, wobei auch das Fruchtblatt die Krümmung mitmacht. Der anfänglich scheitelständige Griffel rückt auf die Seite und kommt endlich ganz nach unten zu liegen. Der reife Same ist dann hufeisenförmig gekrümmt (vgl. Fig. 198). Seine zarthäutige Schale bedeckt den meist stark gekrümmten Keimling und mehr oder minder reichliches Endosperm,

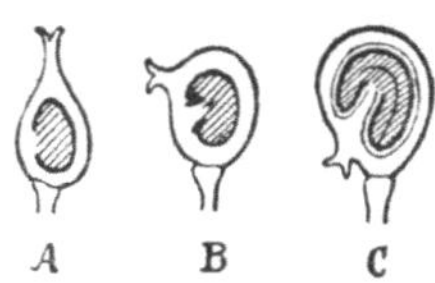

Fig. 196. Halbschematische Darstellung der fortschreitenden Krümmung der Frucht und des in ihr liegenden Samens der Menispermaceen. In *A* ist das Fruchtblatt aufrecht, die Samenanlage (schraffirt) ist anatrop-epitrop; in *B* ist das Griffelende schon seitlich verschoben, die Samenanlage schon schwach nierenförmig campylotrop; in *C* ist das Griffelende der Frucht bis an die Basis der Frucht herabgekrümmt und der Same ist stark nierenförmig campylotrop. In *C* ist der gekrümmte Keimling angedeutet. Sein Wurzelende liegt links, die beiden Cotyledonen liegen nach rechts. (Nach Eichler.)

welches aber auch völlig fehlen kann. Die Fruchtschale ist gewöhnlich innen steinhart, aussen mehr oder weniger fleischig. Die Früchte sind deshalb Steinfrüchte zu nennen.

Fast alle Menispermaceen sind schlingende Gewächse mit holzigem oder krautigem, im anatomischen Baue vom Dicotylentypus abweichendem Stamme und ausdauerndem, fast senkrecht im Boden steckendem Rhizom. Die wechselständigen, nebenblattlosen Laubblätter sind meist gelappt. Die Blüthen sitzen meist zu traubigen, seitlichen Blüthenständen vereint. Fast alle Arten gehören dem tropischen Asien, Afrika und Amerika an.

Wir besprechen:

1. **Jateorhiza Columba** Miers.

Die Gattung Jateorhiza gehört zu der als Chasmanthereae bezeichneten Unterfamilie, für welche der mit gespreizten Cotyledonen im Endosperm liegende Keimling der reifen Samen charakteristisch ist. Für Jateorhiza ist der Bau der männlichen Blüthen bemerkenswerth. Auf die sechs gleichgestalteten Kelchblätter folgen kleinere, die sechs freien Staubblätter kahnförmig von hinten her deckende Kronblätter. Die gekrümmten Staubfäden tragen verbreiterte Antheren, welche sich auf der Scheitelfläche mit vier Löchern öffnen (Fig. 197). Die weiblichen Blüthen führen sechs Staminodien und drei Fruchtblätter; jedes der letzteren endet mit zurückgekrümmtem, sich in drei Narben spaltendem Griffel. Die Steinfrüchte sind eiförmig.

Fig. 197. Männliche Blüthe von Jateorhiza Columba. Vergr. (Nach Baillon.)

Jateorhiza Columba Miers ist ein Schlinggewächs der ostafrikanischen Wälder und Madagaskars. Aus dem grossen, fleischigen, sehr dicken Wurzelstock entspringen bis 30 cm lange und 6 cm Durchmesser haltende, spindelförmig-knollige Wurzeläste und alljährlich absterbende, krautige oberirdische Stengel. Die letzteren sind stielrund, gedreht und längsfurchig und wie alle Theile der Pflanze zottigdrüsenhaarig. Die männlichen Pflanzen sind meist unverzweigt, die weiblichen ästig. Die grossen, bis 30 cm Durchmesser erreichenden langgestielten Laubblätter tragen im Umrisse rundliche, aus tiefherzförmigem Grunde handförmig 5—7-lappige Spreiten mit ganzrandigen, kurz gespitzten Lappen. Die männlichen Blüthenstände sind über 30 cm lang und ausserordentlich reichblüthig. Die weiblichen tragen grüne, haselnussgrosse, abstehend behaarte Früchte. Alle Blüthen sind blassgrün.

Man unterscheidet gewöhnlich zwei Varietäten, *Jateorhiza palmata* Miers und *Jateorhiza Columba* Miers, welche auch als besondere

Arten aufgefasst worden sind. Bei der ersteren sind die männlichen Blüthenstände fast kahl. Synonyme sind *Menispermum palmatum* Lam., *Menispermum Columba* Roxb., *Cocculus palmatus* DC., *Jateorhiza Miersii* Oliv. und *Chasmanthera Columba* Baill. Die Ph. G. II. schreibt Jateorhiza Calumba. Uebrigens soll der Name Jateorhiza richtiger Jatrorhiza heissen. Die ostafrikanischen Eingeborenen nennen die Pflanze Calumb.

Die frisch innen schön gelben, aussen braunen Wurzeläste bilden in Scheiben zerschnitten und getrocknet die Radix Colombo Ph. G. II. 218 s. Radix columbo Ph. G. II. 339 v. Radix Calumbae, die Colombo-, Calombo- oder Columbowurzel. Sie enthält Columbabitter, Columbasäure und Berberin. Die Ph. G. I. schrieb Extractum Calumbae vor. Colombopräparate sind wirksam bei Dyspepsie und als stopfende Mittel (namentlich bei Schwindsüchtigen).

2. Anamirta Cocculus Wight et Arn.

Die zu den Chasmanthereen gehörige Gattung Anamirta ist besonders durch die Vermehrung der Staubblattkreise in den männlichen Blüthen ausgezeichnet. Man findet in denselben bis 24 Staubblätter vor, welche sich fast extrors zurückbeugen und ihre Beutel mit querem Riss öffnen. Durch Verwachsung der Filamente bildet sich eine Art Staubblattköpfchen aus (Fig. 198, links). Die sechs äusseren Blüthendeckblätter (die Kelchblätter) sind gewöhnlich bracteenartig und sehr klein. Die weiblichen Blüthen führen oft statt 6 Staminodien deren 9; immer sind dieselben frei. Die Zahl der Carpelle steigt bisweilen von 3 auf 6. Die Steinfrüchte (Fig. 198, rechts) sind schief nierenförmig; der holzige Kern ist tief eingebuchtet. Der gekrümmte Embryo liegt mit schmalen, zarten Cotyledonen im fast hornigen Endosperm.

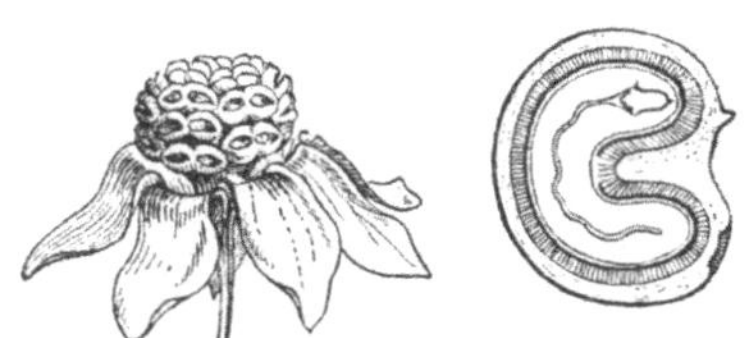

Fig. 198. Anamirta Cocculus. Links eine männliche Blüthe. Rechts eine Frucht (nicht Same!) im Längsschnitt. Die schraffirte Partie ist das den Samen umschliessende Gewebe des Steinkerns (des „Endocarps“). (Nach Baillon.)

Anamirta Cocculus Wight et Arn. (Fig. 199) ist ein hochschlingender Strauch Ostindiens, Ceylons und der malayischen Inseln, mit grossen, breit-eirunden, am Grunde meist herzförmigen, in der Jugend flaumig behaarten Blättern und grossen, hängenden Blüthenrispen. Die Früchte sind unter dem Namen Kokkelskörner, Fructus Cocculi, Cocculi indici, auch unter der falschen Bezeichnung Semen Cocculi bekannt. Sie enthalten nichtgiftiges Menispermin und das äusserst giftige Picrotoxin und dürfen deshalb nur gegen Giftschein verabfolgt werden. Jetzt sind die Kokkelskörner ganz obsolet, doch werden sie noch wegen ihrer Bitterkeit und wegen der berauschenden Wirkung bisweilen zur Bierfälschung benutzt. Kokkelskörner betäuben Fische und können deshalb zum Fischfang benutzt werden.

Synonyme sind *Menispermum Cocculus* L. und *Anamirta paniculata* Colebr.

Fig. 199. Anamirta Cocculus. (Nach Baillon.)

Verschiedene hier nicht näher zu besprechende Menispermaceen lieferten die nicht mehr officinelle Radix Pareirae. Die „echte" Pareirawurzel, Radix Pareirae bravae, stammt von *Chondodendron tomentosum* Ruiz et Pavon (= *Cocculus Chondodendron* DC., *Cocculus platyphyllus* St. Hil. und *Botryopsis platyphylla* Miers), einer in Brasilien und Peru heimischen Schlingpflanze. Eine „falsche" Pareirawurzel lieferte *Cissampelos Pareira* L.

Myristicaceae.

Die Familie umfasst nur die Gattung Myristica, welche mit nahezu 100 Baumarten dem tropischen Asien und Amerika angehört; nur wenige Arten sind in Afrika und Australien heimisch. Alle sind ausgezeichnet durch aktinomorphe, dioecisch vertheilte Blüthen mit einfachem, dreilappigem, unterwärts becherförmigem Perigon, welches in den männlichen Blüthen 3—15 zu einer Säule verwachsene Staubblätter (Fig. 200) umschliesst, deren Antheren sich extrors mit Längsrissen öffnen. Die weiblichen Blüthen

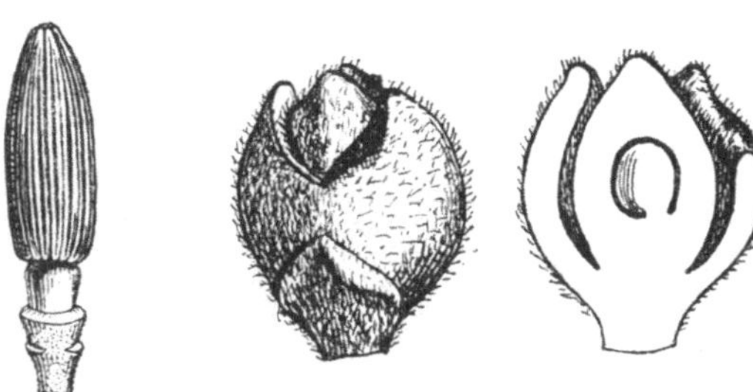

Fig. 200. Androeceum der männlichen Blüthe, eine Säule bildend, Fig. 201. Weibliche Blüthe, links von aussen mit Perianth, rechts im Längsschnitt, von Myristica moschata.

(Fig. 201) führen ein einziges, vom hoch hinauf verwachsenen Perigon umhülltes Fruchtblatt mit nur einer aufrechten Samenanlage. Das Diagramm (Fig. 202) ist daher für die männlichen und weiblichen Blüthen gleich einfach.

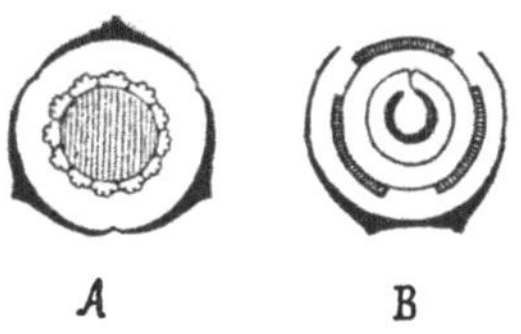

Fig. 202. Diagramme der Blüthen von Myristica moschata. *A* der männlichen, *B* der weiblichen Blüthe. (Nach Eichler.)

Die wichtigsten Merkmale liegen in der Eigenart der heranreifenden Früchte. Sie bilden eine pfirsichartige, fleischige, einsamige Beere, welche vom Scheitel bis zur Basis längs Bauch- und Rückennath aufplatzt, während die Frucht noch am Baume hängt. (Vergl. Fig. 205.) Der durch das Klaffen der Fruchtwand sichtbar werdende grosse Same ist von einer fleischigen, unregelmässig zerschlitzten Hülle, einem Samenmantel (Arillus) umgeben, wie wir ihn schon, freilich in viel bescheidenerer Form, bei den Marantaceen (vgl. Fig. 132 auf S. 218) kennen gelernt haben. Derselbe wächst erst nach der Befruchtung der Samenanlage als ein drittes Integument von unten her über dieselbe hinweg. Figur 203 zeigt uns denselben in seiner natürlichen Lage, nachdem die vordere Hälfte des Fruchtfleisches der Beere weggeschnitten worden ist.

Unter dem Arillus (*a* in Fig. 204) liegt zunächst die äussere häutige oder fleischige Schale des grossen, länglichen oder kugeligen Samens. Ihr folgt eine steinharte Schalenschicht (*s*), an welche sich ein zartes Innengewebe anschliesst, welches in die Fugen und Vertiefungen des stark und unregelmässig zerklüf-

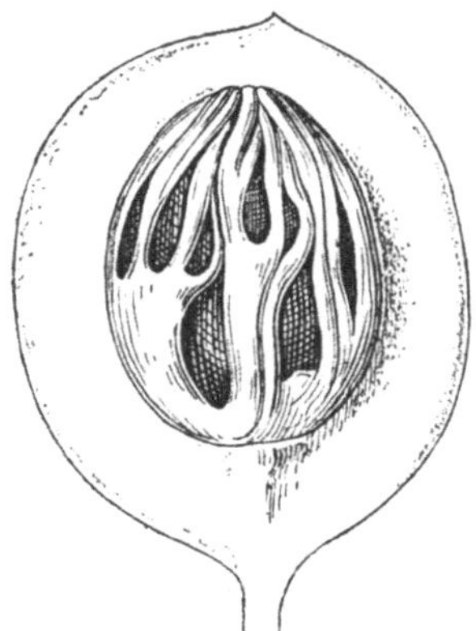

Fig. 203. Frucht von Myristica moschata. Die vordere Hälfte des Fruchtfleisches ist entfernt und dadurch der Arillus (Samenmantel) frei gelegt. Unter ihm (der fälschlich als „Muskatblüthe" bezeichnet wird) liegt der Same (der fälschlich „Muskatnuss" genannt wird). (Nach Baillon.)

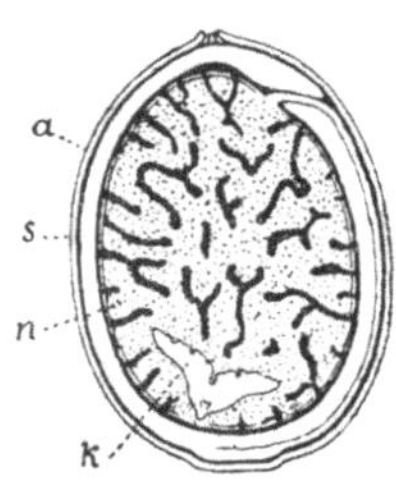

Fig. 204. Same des Muskatbaumes vom Arillus (der „Macis") umhüllt, im Längsschnitt. *a* Arillus, *s* die harte Samenschale, *n* das Nährgewebe mit dem Keimling *k*. Nur der mit *n* bezeichnete Körper bildet die Muskatnuss des Handels. (Nach Baillon.)

teten, ziemlich festen Nährgewebes (*n*) hineinwächst. Auf Querschnitten erscheint dasselbe deshalb eigenartig marmorirt. Gewöhnlich nennt man ein derartiges Nährgewebe ein „ruminates Endosperm"[1]). Im Grunde desselben liegt der mit flachen Cotyledonen versehene, gerade Keimling (*k*).

Myristica moschata Thunbg., der Muskatbaum (Fig. 205), ist die einzige erwähnenswerthe Art, welche wegen der traubig angeordneten männlichen und der einzeln stehenden weiblichen Blüthen die Section Eumyristica vertritt. Jede Blüthe sitzt in der Achsel eines hinfälligen Deckblattes, welchem an dem Blüthenstiele ein unterwärts zweikieliges Vorblatt superponirt ist. Dasselbe ist aus der Verwachsung zweier nach vorn convergirenden Vorblätter abzuleiten. Das Vorblatt umhüllt die junge Blüthe fast völlig. Ihm folgt das aussen sternhaarig-filzige, gelblich-weisse, 6—8 mm lange Perigon mit drei, in der Knospe klappigen Zipfeln. In den männ-

---

[1]) Wir begegneten einem solchen bisher nur bei einigen Palmen; so bei *Daemonorops Draco* und *Areca Catechu*. Vgl. deshalb Text und Fussnote auf S. 170. Ruminates Endosperm zeigen auch die mit den Myristicaceen nächst verwandten Anonaceen.

lichen Blüthen besteht das Androeceum aus 9—12 Staubblättern mit extrorsen, linealischen Beuteln, welche mit den verwachsenen Staubfäden die in Fig. 200 dargestellte Säule bilden. Das Fruchtblatt der weiblichen Blüthen wächst nach der Befruchtung der Samen-

Fig. 205. Fruchtzweig von Myristica moschata. (Nach Baillon.)

anlage zu der schon oben besprochenen, 4—5 cm langen, fast birnförmigen oder kugeligen, ockerfarbenen, kurzhaarigen und hängenden Frucht heran. Der fleischige, blutrothe, aromatische Samenmantel umgiebt den schiefeiförmigen, mit einem Spitzchen versehenen, bis $3^1/_2$ cm langen Samen. Seine glänzend dunkele bis schwarzbraune Schale umhüllt die wesentlich aus dem Endospermkörper bestehende braungraue, mehlig bestäubte „Muskatnuss".

Der Muskatbaum erhebt seine weitästige, pyramidale Krone bis zu 20 m. Die lederigen, immergrünen, kurzgestielten Blätter sind eiförmig-elliptisch, beiderseits zugespitzt, ganzrandig und kahl. Die anfänglich sternhaarig-filzigen Zweige bedecken sich später wie der Stamm mit grünlich-aschgrauer, innen rother Rinde. Auf den Molukken und im westlichen Neuguinea bildet der Muskatbaum dichte Waldbestände. Jetzt wird er in vielen Tropengebieten (in Ost- und Westindien, auf Sumatra und in Brasilien) vorwiegend in weiblichen Exemplaren cultivirt. Die von der Schale befreiten Samen sind als Semen Myristicae Ph. G. II. 238 s. Nux moschata Ph. G. II. 338 v. Nuclei Myristicae, Muskatnüsse, bekannt. Der Samenmantel, der allgemein (obwohl ganz falsch) als „Muskatblüthe" bezeichnet wird, bildete den officinellen Arillus Myristicae Ph.

G. I. s. Macis. Durch Auspressen der „Nüsse“ wird das noch jetzt officinelle Oleum Nucistae Ph. G. II. 199 s. Butyrum Nucistae Ph. G. II. 331 v. Oleum Myristicae, Oleum Nucis moschatae, ein in Stücken in den Handel kommendes, festes Fett („Muskatbutter“) gewonnen. Durch Destillation der frischen Samen mit Wasser wird ein farbloses, dickflüssiges, ätherisches Oel, Oleum Nucistae aethereum, erhalten. Die frische Macis giebt destillirt das strohgelbe, später gelbröthlich werdende Oleum Macidis Ph. G. II. 199, das Macis- oder „Muskatblüthenöl“. Tinctura Macidis, Ceratum Myristicae, Emplastrum aromaticum sind jetzt nicht mehr officinell, doch wird Ol. Macidis zur Bereitung von Mixtura oleoso-balsamica Ph. G. II. 179, Ol. Nucistae zu Unguentum Rosmarini compositum Ph. G. II. 299 noch gebraucht.

Magnoliaceae.

Zeigten die Blüthen aller bisher besprochenen Polycarpicae (Lauraceen, Berberidaceen, Myristicaceen, Menispermaceen) nur Vermehrung (und zwar meist Verdoppelung) der auf Kelch, Krone und Androeceum kommenden Quirle, so tritt bei den Magnoliaceen neben der gleichen Erscheinung meist noch Spiralstellung der Glieder hinzu. Der Charakter der „aphanocyklischen“ Blüthen ist also hier durch gleichzeitiges Vorhandensein von Quirl- und Spiralstellung ausgeprägt. Man nennt deshalb mit Rücksicht auf die unvollkommen („halb“) durchgeführte Bildung der Quirle („Cyklen“) die Magnoliaceenblüthen wohl auch hemicyklisch.[1]) Gewöhnlich führen die Blüthen einen kronenartigen, dreigliederigen Kelch; dann folgt eine vielgliederige, spiralig aufgebaute Krone, ein aus vielen Gliedern bestehendes („polyandrisches“), spiralig angeordnetes Androeceum und an verlängerter Axe viele spiralig gestellte Fruchtblätter (ein „polykarpisches“ Gynaeceum).

Abweichungen von diesem Typus kommen freilich noch vielfach vor. Dem quirligen Kelche folgt bisweilen eine quirlige (nicht spiralige) und dann 3 + 3-gliederige Krone, und auch das Gynaeceum kann bei Verkürzung seiner Axe auf wenige, quirlig gestellte Fruchtblätter zurückgehen (vgl. Fig. 207). Immerhin darf man jedoch als Normalformel der Blüthen annehmen:

$$K\ 3,\ C\ \infty,\ A\ \infty,\ G\ \underline{\infty},$$

wo das Zeichen ∞ („unendlich“) unbestimmt viele Glieder andeutet. Die Magnoliaceen sind mithin die erste Familie, bei

---

[1]) Von ἡμι, halb und κύκλος, Kreis, Quirl.

welcher uns typische, auf **Spiralstellung** zurückzuführende **Polypetalie, Polyandrie** und **Polykarpie** begegnet.[1])

Die mannichfachen Abwandelungen des Typus bedingen die Theilung der Familie in vier Unterfamilien:

Magnolieae. Durch grosse, in der Knospenlage gerollte, von tutenförmigen Nebenblättern umschlossene Blätter von allen folgenden (nebenblattlosen) Magnoliaceen unterschieden. Ihre Blüthen sind nach der oben gegebenen Normalformel zweigeschlechtig.

Wintereae. Nebenblattlose Magnoliaceen mit zweigeschlechtigen Blüthen und wohl entwickelter Blüthendecke (mit Kelch und Krone).

Trochodendreae. Durch gänzliches Fehlen der Blüthendecke ihrer zweigeschlechtigen oder polygamen Blüthen ausgezeichnet.

Schizandreae. Durch rein eingeschlechtige Blüthen (ohne jede Andeutung des anderen Geschlechtes) gekennzeichnet.

Hier interessiren nur die Wintereen

1. Illicium anisatum Lour.

Die Gattung Illicium umfasst immergrüne Sträucher und Bäume mit spiralig gestellten, drüsig punktirten Blättern und einzeln end- oder achselständigen oder zu armblüthigen Trauben vereinten Blüthen von mittlerer Grösse. Die Grenze zwischen Kelch und Kronblättern ist nicht scharf ausgeprägt; als Kelch kann man die drei äussersten, kürzeren und breiteren Blätter der Blüthendecke ansehen. Es folgen dieser die zahlreichen Staubblätter, welche auf oberwärts verdickten, rinnen- oder kahnförmigen Fäden introrş mit Längsriss sich öffnende Beutel tragen. Die Fruchtblätter schliessen die Blüthe als mehrgliederiger, apokarper Quirl ab (Fig. 207). Jedes Fruchtblatt enthält eine einzige, aufsteigend anatrop-apotrope Samenanlage. Zur Reifezeit breiten sich die lederigen oder holzig-harten Einzelfrüchte zu einer sternförmigen Sammelfrucht aus und öffnen sich längs der Bauchnath kahnförmig, um den mit lederiger, glänzender Schale versehenen Samen zu entlassen. Jede Einzelfrucht ist eine Balgfrucht. (Vgl. S. 31 der Einleitung.)

[1]) Bisher gelangte nur regellose Polyandrie bei Juglans und Populus, beschränkt auch bei Salix zur Besprechung. Auf Vermehrung der Quirle beruhende Polyandrie wurde bei Lauraceen (Cinnamomum, Laurus) und bei wenigen Menispermaceen (Anamirta) angetroffen, während auf Spaltungen zurückzuführende Polyandrie nur die Berberidacee Podophyllum aufwies. In allen diesen Fällen waren aber nur ein oder wenige Fruchtblätter vorhanden, also Polykarpie ausgeschlossen. Nur die Menispermaceen nehmen in dem Freibleiben (der „Apokarpie") ihrer wenigen (meist 3) Fruchtblätter einen Anlauf zu „apokarp-polykarper" Ausbildung des Gynaeceums.

Illicium anisatum Lour. ist ein 6—8 m hoher Baum Chinas, Cochinchinas und Japans mit schwärzlich-grauer, rissiger Rinde und lederigen, glänzenden, unterseits hellgrünen Blättern, welche ihre längliche, beiderseits zugespitzte, 4—8 cm lange Spreite auf 6—10 cm langem Stiele tragen. In den gelblich-weissen Blüthen (Fig. 206) folgen den drei eiförmigen Kelchblättern etwa 20 nach innen schmäler, bis linealisch werdende Kronblätter, etwa ebensoviele Staubblätter

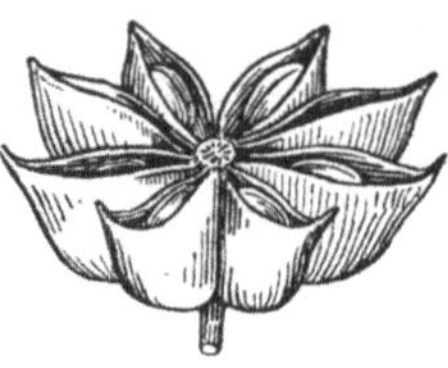

Fig. 206. Blüthe Fig. 207. Gynaeceum Fig. 208. Frucht
von Illicium anisatum.

und meist 8, in der Jugend aufrechte, schmale Fruchtblätter (Fig. 207), welche sich beim Heranreifen allmählich horizontal stellen und schliesslich einen achtstrahligen Stern bilden (Fig. 208). Jede Theilfrucht ist eine holzige, grau- bis rostbraune, geschnäbelte Balgfrucht, welche, kahnförmig geöffnet, die glänzend glatte, roth- oder braungelbe Innenwand und einen glänzend gelbbraunen, elliptischen, scharfrandig flachen Samen blosslegt.

Die Früchte bilden den nicht mehr officinellen Stern-Anis, Fructus Anisi stellati s. Badiani v. Anisum stellatum. Sie enthalten das süss-aromatische, ätherische Oleum Anisi stellati, Sternanisöl. Der als Droge werthlose Same enthält in dem Nährgewebe eine grosse Menge fettes Oel. Sternanis wird besonders als Geschmackscorrigens angewendet; auch sind ihm blähungsfördernde, magenstärkende und krampfstillende Wirkungen eigen. Sternanisöl wird auch vielen Liqueuren zugesetzt. Die Ph. G. I. (nicht mehr II.) schrieb die Verwendung des Sternanis zu Species pectorales vor.

Der Anfänger verwechsele nicht den Sternanis mit dem einer ganz anderen, später zu besprechenden Familie angehörenden gewöhnlichen Anis von *Pimpinella Anisum* L. und merke sich, dass die Früchte des dem Stern-Anis sehr ähnlichen japanischen Baumes *Illicium religiosum* Sieb. giftig sind, weshalb der Gebrauch des echten Sternanis jetzt sehr beschränkt ist. Die Früchte des *Illicium religiosum* sind viel kleiner als die von *Illic. anisatum* und laufen in einen stark aufwärts gebogenen, spitzen Schnabel aus.

2. **Drimys Winteri** Forst.

An die Gattung Illicium schliesst sich unmittelbar Drimys an, bei welcher die Blüthen von einem sackartig geschlossenen, bei der Entfaltung unregelmässig in 2—4 Lappen aufreissenden Kelche umhüllt sind. Die Krone ist wenigblätterig, spiralig-dachig. Die Staubblätter tragen auf dickem Faden extrorse Beutel. Die nur in geringer Zahl (bisweilen in Einzahl) vorhandenen Fruchtblätter enthalten viele Samenanlagen zweireihig geordnet und werden zu beerenartigen Früchten (Fig. 209).

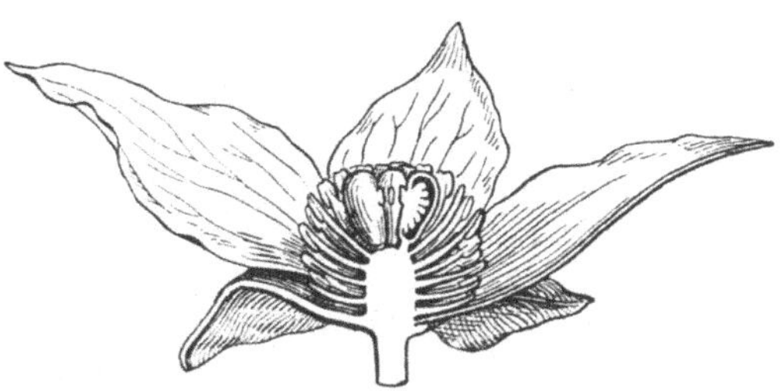

Fig. 209. Blüthe von Drimys Winteri im Längsschnitt. (Nach Baillon.)

Drimys Winteri Forst. (Fig. 210) ist ein baumartig werdender Strauch Südamerikas (von Mexico bis Cap Horn verbreitet) mit länglich-eiförmigen, oberseits glänzend-grünen, unterseits bläulichgrünen, ganzrandigen, 8—10 cm langen, an 1—2 cm langen Stielen sitzenden Blättern. Die glänzendglatten Zweige und Blattstiele sind schön carminroth. Von dieser Art stammte die jetzt ganz obsolete, gegen Scorbut und früher auch als Ersatz der Chinarinde angewendete „Winterrinde", *Cortex Winteranus*.

Fig. 210. Drimys Winteri. (Nach Baillon.)

Ranunculaceae.

Die Familie der Ranunculaceen bringt den in Spiralstellung der Blüthenorgane sich aussprechenden aphanocyklischen Charakter namentlich im Androeceum und im Gynaeceum zum Ausdruck, während die Vermehrung der Glieder der Blüthendecke mehr in den Hintergrund tritt. Oft fehlt die scharfe Sonderung in Kelch und Krone, und wir begegnen dann einem Perigon wie bei den Monocotylen, doch ist die für fast alle vorbesprochenen Polycarpicae geltende Dreizahl der quirlig gestellten Blüthenglieder bei den Ranunculaceen oft durch die den Dicotylen typische Fünfzahl ersetzt. Sind Kelch und Krone streng geschieden, so ist doch ersterer oft kronenartig und bildet dem Laien die „Blume" (so bei Aconitum, Helleborus u. a.), während die Krone rudimentär wird oder ihre Glieder in eigenartige Honigbehälter („Nectarien") umgestaltet. Dabei werden dann die Blüthen bisweilen auffällig zygomorph[1]). Endlich kommen Blüthen mit normalem, laubigem Kelch und deutlicher Krone vor (so in der Gattung Ranunculus). Bisweilen bildet sich unterhalb des Perianths ein Hochblattquirl zu einem „Hüllkelche" aus (so beim Leberblümchen, Hepatica), welcher zu einer Laubrosette wird, sobald er sich vom Blüthengrunde entfernt (so bei den Anemonen).

Die Inconstanz in der Zahl der auf die Blüthenformationen entfallenden Glieder wird nun besonders dadurch begünstigt, dass die Spiralstellung innerhalb derselben Blüthe oftmals ändert. Es kann einem dreizähligen Kelchquirle (welcher ja nur eine Grenzform einer Spirale darstellt) eine fünfzählige Krone (in $^2/_5$-Stellung), dieser ein nach $^3/_8$-Stellung weiterschreitendes Androeceum folgen u. s. f. Oder es beginnt der Kelch mit $^2/_5$-Stellung, die Krone schliesst sich an mit $^3/_8$-Stellung, und im Androeceum schreitet diese allmählich zu $^5/_{13}$- oder $^8/_{21}$-Stellung fort. Im Gynaeceum wird die Spiralstellung entweder noch gefördert, wir erhalten ein polykarpes Fruchtköpfchen (wie bei Ranunculus) oder einen schwanzartig verlängerten Fruchtstand (wie bei Myosurus). Umgekehrt kann aber die Spiralstellung nach dem spiralig-polyandrischen Androeceum im Gynaeceum plötzlich auf niedere Stellungen zurücksinken; man findet dann 8, 5 oder 3 Fruchtblätter als Quirl zusammengedrängt; bei Actaea ist das Gynaeceum durch ein einziges Fruchtblatt vertreten.

Alle diese mannichfaltigen Formen lassen sich als Abwandelungen eines Typus auffassen: Die Ranunculaceenblüthen neigen zu durchweg spiraliger Anordnung aller Glieder, doch so, dass das Stellungsgesetz innerhalb derselben Blüthe schwankt. Gewöhnlich wird vom Perianth ausgehend die Stellung im Androeceum am complicirtesten und macht dann wieder einer Vereinfachung nach dem Gynaeceum hin und in diesem selbst Platz. Man kann die Ranunculaceen die typisch polyandrisch-polykarpen Dicotylen mit ausgeprägter Spiralstellung der Blüthenorgane nennen. Polyandrie und Polykarpie beruht hier nie auf Spaltung einzelner Anlagen.

Die Früchte der Ranunculaceen sind entweder einsamige Hautfrüchte oder vielsamige Balgfrüchte. Bisweilen verwachsen die Frucht-

[1]) Zygomorphe Dicotylen begegnen uns hier zum ersten Male.

blätter zu einem schwach synkarpen Gynaeceum, welches aber zur Reifezeit immer apokarp wird. Beerenfrüchte bildet nur Actaea. Die Samenanlagen sind stets anatrop, bald hängend (und dann stets apotrop), bald aufsteigend oder horizontal. Der reife Same enthält einen sehr winzigen Keimling am Grunde des hornigen Nährgewebes.

Mit mehr als 1200 Arten verbreitet sich die Familie über die ganze Erde, entfaltet ihren Formenreichthum aber besonders in den gemässigten Zonen. Viele Arten sind bei uns gemeine Pflanzen. Fast alle sind krautig, einjährig oder ausdauernd; wenige bringen es zu holzigem, strauchigem oder kletterndem Stamme. Die nebenblattlosen Blätter sind gewöhnlich spiralig gestellt und oft mehrfach getheilt (besonders oft hand- und fussförmig, daher „Hahnenfussgewächse"). Viele sind scharf giftig.

Nach dem Bau der Blüthen und Früchte theilt man die Ranunculaceen in fünf Gruppen:

Clematideae. Kelch kronenartig, klappig. Früchte nussartig, durch den bleibenden Griffel geschwänzt. Blätter gegenständig. Samenanlage hängend.

Anemoneae. Perigonblätter dachig. Früchte nussartig, bald geschwänzt, bald ungeschwänzt. Blätter nicht gegenständig. Samenanlage hängend.

Ranunculeae. Kelch und Krone getrennt, dachig. Früchte nussartig, nie geschwänzt. Blätter nie gegenständig. Samenanlage aufrecht.

Helleboreae. Kelch kronenartig, dachig. Krone fehlt oder durch Nectarien ersetzt. Früchte mehrsamige Balgkapseln. Samenanlagen horizontal.

Paeonieae. Kelch und Krone deutlich. Früchte mehrsamige Balgkapseln. Staubblätter introrс, während sie bei allen anderen Gruppen extrors sind.

Besprechung verdienen hier nur:

1. Pulsatilla Tournef.

Die Gattung Pulsatilla umfasst diejenige Gruppe der oben bezeichneten Anemoneae, deren Blüthenschaft unterhalb der mit einem glockenförmigen Perigon ausgestatteten, endständigen Blüthe eine aus drei Hochblättern gebildete Hülle aufweist. Die drei Hüllblätter sind (wie die Laubblätter) wiederholt gefiedert und verwachsen mit ihren Scheidentheilen ringförmig. Die Nussfrüchte sind durch den bleibenden, langen und behaarten Griffel geschwänzt und bilden in ihrer Gesammtheit einen kugeligen Fruchtstand (im Volke Hexenbesen und Rübezahlsbesen genannt). Alle Arten sind ausdauernde Kräuter.

1. *Pulsatilla vulgaris* Mill. (Fig. 211), die Kuh- oder Küchenschelle, treibt aus dem senkrecht absteigenden, holzigen, gewöhnlich vielköpfigen Wurzelstock im März zottig-behaarte, einblüthige Triebe, aus deren Hüllblattkrause sich die zierliche glockenförmige Blüthe mit oberwärts ausgebreitetem, hellviolettem, meist sechsblätterigem Perigon erhebt. Die Perigonblätter sind wie die ganze Pflanze aussen zottig behaart; ihre Spitze rollt sich nicht zurück. Das Perigon bleibt deshalb immer beträchtlich länger als die gelben, dicht gedrängt stehenden Staubblätter und die die Mitte der Blüthe einnehmenden, ein gedrängtes Bündel bildenden Griffel. Die doppelt-gefiedert-fiedertheiligen Laubblätter mit schmal-linealischen Zipfeln entwickeln sich erst nach der Blüthezeit und bilden eine bodenständige Rosette, in deren Mitte sich der bis fusshohe Fruchtstand erhebt. Die Pflanze findet sich auf sonnigen, sandigen Hügeln zerstreut durch ganz Europa.

Fig. 211. Pulsatilla vulgaris.

2. *Pulsatilla pratensis* Mill. unterscheidet sich von der vorigen Art durch ihre nickenden Blüthen mit eng geschlossenem, innen dunkelviolettem Perigon, dessen Zipfel nach aussen zurückgerollt sind, so dass die Perigonblätter kaum länger als die Staubblätter erscheinen. Aus dem mehrköpfigen Wurzelstock erheben sich im Frühjahr (April—Juni) dicht neben einander zwei und mehr, etwa 20 cm hohe, einblüthige Triebe. Die Blätter gleichen fast völlig denen der vorigen Art. Die Pflanze findet sich bei uns in sonnigen, sandigen Kiefernwäldern, auch auf Anhöhen, besonders gern an Weg- und Ackerrändern.

Als Droge war bis zum Erscheinen der Ph. G. II. das Kraut der beiden vorgenannten Pflanzen officinell; es bildete die Herba Pulsatillae s. Herba Pulsatillae nigricantis Ph. G. I. 183, aus welcher ein Extractum Pulsatillae und eine Tinctura Pulsatillae hergestellt wurden. Wirksamer Bestandtheil ist der Pulsatillenkampher (Anemonin), ein Narcoticum.

Aus der Unterfamilie der Anemoneen lieferte *Hepatica triloba* Gil., das Leberblümchen, die ehedem officinelle Herba Hepaticae nobilis, die als „Leberkraut“ noch jetzt in manchen Gegenden zu gemischtem Kräuter- und Brustthee verlangt wird. *Hepatica triloba* ist eine unserer zierlichsten Frühjahrspflanzen, die schon im März ihre mit schön himmelblauem Perigon ausgestatteten Blüthen entfaltet. Charakteristisch ist die unmittelbar unter dem Perigon eingefügte, aus drei ganzrandigen Hochblättern gebildete Hülle (ein „Aussenkelch“). Die Früchte sind ungeschwänzt, die Laubblätter sind lederig, aus herzförmigem Grunde spitzwinkelig dreilappig. Unterseits sind sie violettbraun („leberfarbig", daher der Name Hepatica von hepar, die Leber, und der deutsche Name „Leberkraut"; sicher knüpft sich daran auch die eingebildete Heilkraft bei Leberkrankheiten).

Officinell ist zur Zeit nur noch eine Art aus der Unterfamilie der Helleboreen:

2. Aconitum Napellus L.

In der Gattung Aconitum stossen wir zum ersten Male auf ausgesprochen zygomorphe Blüthen, welche sich zu langen, traubigen oder rispigen Blüthenständen vereinigen. Den beiden winzigen, transversalen Vorblättern folgt ein aus fünf normal gestellten (eutopisch-quincuncialen) Blättern gebildeter kronenartiger Kelch, dessen hinteres (oberes) Blatt helmartig gewölbt ist und die beiden seitlichen hinteren, flügelartig verbreiterten deckt, während die beiden vorderen (unteren) die Blüthe von unten her abschliessen (Fig. 212). Ist schon der Kelch auffällig zygomorph, so gilt auch das Gleiche von der aus acht Blättern gebildeten Krone. Dieselbe entwickelt die paarig nach hinten (oben) fallenden Glieder als Nectarien von der in Fig. 43 auf S. 43 gegebenen Form. Die übrigen sechs Kronblätter sind unscheinbare Schüppchen, von denen die vorderen (unteren) bisweilen ganz fehlschlagen. Die Krone ist an der Blüthe von aussen gar nicht sichtbar. Die folgenden, extrorsen Staubblätter tragen die kleinen Beutel auf unterwärts verbreiterten Fäden. Das Centrum der Blüthe nehmen drei oder fünf völlig freie (apokarpe) Fruchtblätter ein. Ihr länglicher Fruchtknoten endet mit spitzem Griffel. An ihrer Bauchnath sitzen viele Samenanlagen zweireihig. Jedes Fruchtblatt wird zu einer vielsamigen Balgfrucht. Die Formel der Aconitblüthe ist nach dieser Darstellung

K 5 (corollinisch), C 8, A ∞, G $\underline{3-5}$.

Das Diagramm giebt Fig. 213.

Fig. 212. Blüthe von Aconitum Napellus mit zygomorph entwickeltem, blumenkronartigem Kelch. (Nach Baillon.)

Fig. 213. Diagramm der Blüthe von Aconitum. (Nach Baillon.)

Aconitum Napellus L., der blaue Eisen- oder Sturmhut, auch Venuswagen genannt, ist ein ausdauerndes, kräftiges Kraut der Vor- und Hochgebirge der nördlich gemässigten Zone. Charakteristisch ist das aus zwei (seltener aus drei) fingerlangen, etwa daumenstarken, rübenförmigen Knollen bestehende Rhizom, welches man in seiner morphologischen Eigenart etwa mit der Bildung der Orchisknollen vergleichen kann. Von den beiden Knollen ist eine, die ältere, dunkler braun. Aus ihr erhebt sich der im laufenden Jahre den oberirdischen Krautstengel bildende Trieb, welcher mit dem Blüthenstande abschliesst. Im Laufe der Vegetationsperiode schrumpft die ältere Knolle mehr und mehr und wird oft schon zur Blüthezeit der Pflanze (Juni—August) hohl angetroffen. Gleichzeitig entwickelt sich die jüngere, hellbraune, fleischig-saftige Knolle als Ersatzknolle, welche sich mit Reservestoffen für die auf ihrem Scheitel sitzende, im folgenden Jahre zum Austrieb gelangende Knospe füllt. In Fig. 214 sind die Knollen rechts oben gezeichnet. Die grössere Knolle (links) ist die ältere, welche ausgetrieben hat, die kleinere (rechts) ist die Ersatzknolle. An sehr kräftigen Exemplaren der Pflanze bilden sich ausnahmsweise zwei Ersatzknollen im selben Jahre.

Der oberirdische Stamm (Fig. 214) ist meist völlig unverzweigt, kahl und glatt, schwach kantig und wird bis $1^1/_2$ m hoch. Er trägt in spiraliger Ordnung tief handförmig 5—9theilige, oberseits kahle, dunkelgrün glänzende, unterseits hellgrüne Blätter. Ihr mittlerer Abschnitt ist tief dreispaltig, die seitlichen Abschnitte sind meist zweispaltig, in linealische, ganzrandige Zipfel eingeschnitten, welche sich sichelförmig zurückkrümmen. Die endständige Blüthentraube ist gewöhnlich weichhaarig. Die Blüthen sind gross, tief blauviolett (von der Farbe des Berlinerblau), seltener violettroth oder hellblau bis weiss. Das hintere Kelchblatt, der „Helm“, ist weniger hoch als breit, seine Kuppe ist halbkugelig gewölbt, der vordere Rand in einen kurzen Schnabel vorgezogen. Die seitlichen Kelchblätter sind unsymmetrisch verkehrt-eiförmig, die vorderen sind länglich oder lanzettlich. Die Fruchtblätter stehen in der Blüthe bis zum Griffelende dicht aufrecht neben einander, spreizen dann kurz nach der Blüthezeit oberwärts aus einander, neigen aber zur Samenreife wieder zusammen. Die Samen sind schwarzbraun, scharf dreikantig, auf dem Rücken etwas faltig.

Fig. 214. Aconitum Napellus. Blühender Trieb (oberes Ende). Rechts das Knollenpaar, darunter die drei Balgfrüchte.

Die Heimath der Pflanze sind die deutschen höheren Mittelgebirge, die Alpen, Karpathen, und Pyrenäen, doch findet sie sich auch in England und in Nordamerika; nach Norden geht sie bis nach Skandinavien und Sibirien. Auch aus dem Himalaya ist sie bekannt geworden. Wegen der Variabilität der Pflanze ist eine grössere Reihe von Synonymen zu verzeichnen, so *Aconitum pyramidale* W. et Grab., *Acon. variabile* Hayne, *Acon. Kolleanum* Rchb.,

Acon. tauricum Wulf. u. a. Officinell sind die Rhizome als Tubera Aconiti Ph. G. II. 291 s. Radix Aconiti v. Radix Napelli. Sie enthalten das narkotisch-giftige, scharf brennend schmeckende Alkaloïd Aconitin neben Pseudaconitin, Aconin, Pseudaconin und Picraconitin, Mannit und anderen Stoffen. Officinelle Präparate sind Extractum Aconiti Ph. G. II. 82 und Tinctura Aconiti Ph. G. II. 270, nicht mehr das Aconitinum Ph. G. I. Das Aconitin des Handels ist kein reines Präparat, sondern ein Gemisch von Alkaloïden. Es ist eines der stärksten Gifte, muss also unter Verschluss verwahrt werden. Die Maximal-Einzeldosis war zu 0,004 gr festgesetzt! Aconitpräparate finden innerlich und äusserlich bei rheumatischen und neuralgischen Beschwerden Anwendung.

3. Helleborus viridis L.

Aktinomorphe Blüthen mit fünfzähligem, bleibendem, kronenartigem Kelch, einem vielgliederigen Kreis kleiner, zu Nectarien umgewandelter Blumenblätter und am Grunde verwachsene Fruchtblätter bilden den diagnostischen Charakter der Gattung Helleborus. Die Nectarien sind gewöhnlich röhrenförmig, abgeplattet und schwach zweilippig, die Laubblätter meist fussförmig-gefingert (eine äusserst seltene Erscheinung!). Die Blüthenformel ist K 5, C 5—∞, A ∞, G 3—∞; das Diagramm (in welchem die Kelche der in den Achseln der Vorblätter *α* und *β* zur Entwickelung kommenden Seitenblüthen angegeben sind) giebt Fig. 215.

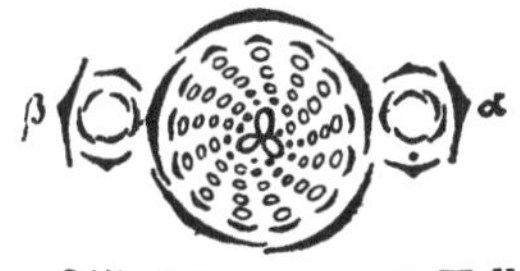

Fig. 215. Diagramm von Helleborus viridis. (Nach Eichler.)

Alle Arten der Gattung sind narkotisch-giftige, mit kriechenden Rhizomen ausdauernde Kräuter der Gebirgswälder Europas und Westasiens. Sie zeichnen sich durch die in die Wintermonate (Februar, Anfang März) fallende Blüthezeit aus, und werden deshalb mehrere grossblüthige Arten in Gärten gepflanzt. Bis zum Erscheinen der Ph. G. II. war officinell

Helleborus viridis L., die grüne Nieswurz. Aus dem kriechenden, etwa fingerlangen, 1 cm dicken Rhizome erheben sich die kahlen, gabelig-ästigen Stengel fast senkrecht bis zu 50 cm Höhe. Sie enden mit Gipfelblüthe, unterhalb welcher die laubigen Vorblätter paarig gegenüberstehen, so dass ihre wieder mit Gipfelblüthe endenden Achselsprosse gabelig opponirt sind. Die grundständigen, erst nach der Blüthe erscheinenden, langgestielten Laubblätter spalten fussförmig in 7—12 Abschnitte, die bisweilen nochmals 2—3-theilig in breit lanzettliche, ungleich grob gesägte Abschnitte zerlegt sind. Die Blätter der blühenden Triebe sind viel kleiner, kurzgestielt oder sitzend, meist dreitheilig mit zweispaltigen Seitenlappen. Alle Blätter sind lederig, scharf ungleich gesägt und zeigen deutlich hervortretende Netzadern. Die etwa 4 cm Durchmesser zeigenden Blüthen führen ziemlich flache, breit-eiförmige, gelblich-grüne Kelchblätter und 9—12 gelbgrüne Nectarien (Kronblätter) mit eingerolltem Lippenrande. Die Pflanze blüht im März und April in den süd- und mitteldeutschen Gebirgswäldern. Sie lieferte Rhizoma Hellebori viridis Ph. G. I. s. Radix Hellebori viridis, den mit Wurzeln besetzten Wurzelstock, aus welchem Tinctura Hellebori viridis Ph. G. I. bereitet wurde. Wirksame Bestandtheile sind die Glycoside Helleboreïn und Helleborin.

Helleborus niger L., von der vorigen Art durch nur 1—2-blüthige Stengel und unterhalb der Blüthen sitzende eiförmige Deckblätter, sowie durch die weit glockenförmigen, bis 9 cm Durchmesser haltenden Blüthen unterschieden, lieferte Rhizoma Hellebori nigri s. Radix Hellebori nigri. Die Droge ist nicht mehr officinell. Es wurde schon auf S. 155, Anm. 1 darauf aufmerksam gemacht, dass man „grüne und schwarze Nieswurz" nicht mit *Veratrum album* verwechseln dürfe, weil letztere Pflanze den deutschen Namen „weisse Nieswurz" trägt.

Rhoeadinae.

Der Aufbau des Perianths aus drei gesonderten Quirlen, von denen einer auf den Kelch und zwei auf die Krone, oder umgekehrt, zwei auf den Kelch und einer auf die Krone entfallen, sowie das Verhalten des Androeceums bedingen die Zugehörigkeit der Rhoeadinen zu den Aphanocyclicae. Das Androeceum ist entweder aus vielen Quirlen gebildet, oder es besteht aus nur zwei Quirlen, welche durch Spaltung eine Ueberzahl an Gliedern erhalten. Am augenfälligsten ist die fast durchgängig vertretene Zweizähligkeit der Quirle; niemals trifft man auf typische Fünfzähligkeit. Gemeinhin setzt die Blüthe mit zwei medianen Kelchblättern ein, dann folgen mit ihnen gekreuzt zwei transversale Kelch- resp. Kronblätter, mit welchen meist wieder gekreuzt zwei mediane Kronblätter wechseln. Auf diese „Kreuzstellung" der Perianthkreise bezieht sich die Bezeichnung der Rhoeadinen als Cruciflorae (Kreuzblüthige). Ein charakteristisches Merkmal liegt für alle Rhoeadinen im Bau ihres niemals apokarpen Gynaeceums. Die Fruchtblätter verwachsen gewöhnlich nur mit den Rändern und bilden einen einfächerigen oder gekammerten, nicht aber gefächerten Fruchtknoten, in welchem die Samenanlagen wandständig („parietal") angeheftet sind. Das eigenartige Aufspringen der reifen Früchte mag später erörtert werden.

Die hierhergehörigen Familien lassen sich kurz so charakterisiren:

Papaveraceae. Reich an Milchsaft, während alle folgenden desselben entbehren. Blüthen aktinomorph nach der Formel

$$K\ 2,\ C\ 2+2,\ A\ \infty,\ G\ \underline{(2—\infty)}.$$

Same mit Endosperm.

Fumariaceae. Ohne Milchsaft, mit *transversal zygomorphen* Blüthen und ganz eigenartig gebautem Androeceum.

$K\ 2,\ C\ 2+2,\ A\ 2^3+0,\ G\ \underline{(2)}.$

Same (wie bei den Papaveraceen) mit Endosperm.

Cruciferae. Ohne Milchsaft, mit aktinomorphen Blüthen, deren Formel

$K\ 2+2,\ C\ 4,\ A\ 2+2^2,\ G\ \underline{(2)}.$

Same ohne Endosperm.

Capparidaceae. Ohne Milchsaft, mit mehr oder weniger deutlich zygomorphen Blüthen, deren Formel

$K\ 2+2,\ C\ 4,\ A\ 2+2$ oder mehr, $G\ \underline{(2-8)}.$

Same ohne Endosperm oder mit Endospermrest. *Der Fruchtknoten meist auffällig gestielt.*

Wir besprechen hier zunächst die

Papaveraceae.

Die mit etwa 100 Arten der nördlich-gemässigten Zone angehörige Familie der *Papaveraceen* oder Mohngewächse kann nach unseren obigen Erörterungen kurz als *die Familie der milchsaftführenden, polyandrischen Crucifloren* definirt werden. Nach dem Bau der Früchte unterscheidet man wenige Gattungen, von welchen pharmaceutisch nur eine wichtig ist, die Gattung

Papaver L.

Die 14 als „Mohnarten" unter dem Namen *Papaver* zusammengefassten Pflanzenarten sind Kräuter mit wechselständigen, nebenblattlosen Blättern und grossen, endständigen Einzelblüthen, welche die Hauptaxe und Seitenzweige abschliessen. Die im Knospenzustande nickenden Blüthen werden von der verlängerten, blattlosen, einen langen Blüthenstiel darstellenden Axe in die Höhe gehoben. Die beiden medianen Kelchblätter fallen schon beim Oeffnen der Blüthen ab, und nun entfalten sich die vier in der Knospenlage auffällig geknitterten Kronblätter zu einer leicht abfallenden, weitglockigen oder schüsselförmigen Krone („Klatschrosen"). Das Innere der Blüthe nehmen zahlreiche Staubblätter ein, welche auf schlaffen, bisweilen verbreiterten Fäden an der Basis angeheftete *extrorse* Beutel tragen. Der die Staubblätter nur wenig überragende, kräftige Fruchtknoten ist kurz gestielt und endet mit scheibenförmiger oder pyramidaler, am Rande gelappter Narbenfläche, auf welcher papillöse Narbenstreifen strahlig-sternförmig verlaufen. Zur Bildung des Fruchtknotens treten 4—15 Fruchtblätter zusammen, deren gegen das Fruchtknotencentrum zustrebende Verwachsungsränder unvollkommene Scheidewände bilden, welche die Fruchtknotenhöhle kammern. Zahllose, sehr kleine Samenanlagen bedecken die Flächen der mit scharfer Kante endenden Scheidewände und bilden sich zu nierenförmigen Samen mit netzig grubiger Oberfläche aus. In ihrem ölreichen Nährgewebe ruht der dünne, mehr oder weniger stark gekrümmte Keimling (Fig. 216). Die Mohnfrucht, bei uns allerwärts „Mohnkopf" genannt, ist eine holzig-brüchige Kapsel mit weiter, von den Samen nicht ausgefüllter Höhle. Jede Kammer der Kapsel öffnet sich lochförmig durch eine kleine, dicht unter dem Rande der holzig-trockenen Narbenfläche sitzende Klappe. Aus den Löchern lassen sich die reifen Samen leicht ausschütteln, und bilden die Mohnköpfe deshalb vielfach ein Nasch- und zugleich Spielwerk für Kinder. Die Zahl der Kammern correspondirt mit der Zahl der Narbenlappen und Narbenstrahlen. Letztere liegen über je einer Kammerwand, entsprechen also Verwachsungslinien der Fruchtblätter; man nennt solche Narben commissural.

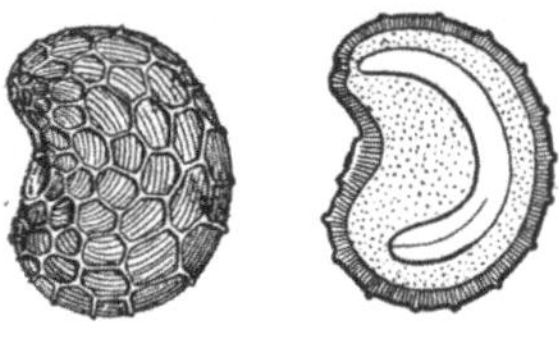

Fig. 216. Same von Papaver somniferum, stark vergr. Links der Längsschnitt desselben, den gekrümmten Keimling im punktirt gezeichneten Nährgewebe zeigend. (Nach Baillon).

1. *Papaver somniferum* L., der Schlafmohn, Fig. 217, ist eine einjährige, kahle, blaugrün bereifte, bis 1,5 m hohe Pflanze mit länglichen, ungleich eingeschnitten-gesägten Blättern. Die unteren Stengelblätter sind buchtig, ihr Grund verschmälert, während die oberen mit herzförmigem Grunde stengelumfassend ansitzen. Die Blüthenstiele sind meist wagerecht-abstehend-steifhaarig. Die grossen, 10 und mehr cm Durchmesser haltenden Blüthen führen weisse und am Grunde lila gefärbte, oder hellviolette und am Grunde dunkel purpurne oder schwarzviolette Blumenblätter. Die Staubfäden verbreitern sich oberwärts und umhüllen den kugeligen oder eiförmigen, kahlen Fruchtknoten. Die reife, graubraune Kapsel zeigt oft 5—6 cm Durchmesser. Die 7—15-strahlige Narbenscheibe ist flach, ihr Rand gekerbt. Die sehr kleinen Samen sind reif weiss oder bläulich schwarz, nierenförmig; ihr Keimling ist hufeisenförmig gekrümmt.

Fig. 217. Papaver somniferum.

Der Schlafmohn ist eine auch bei uns gebaute Culturpflanze Südosteuropas und des Orients. Die wilde Stammpflanze soll eine auf den hyerischen Inseln, auf Corsica, im Peloponnes und auf Cypern heimische Art, ***Papaver setigerum*** DC., sein, bei welcher jeder Blattzahn mit einer Borstenspitze endet.

Wie alle Culturpflanzen ändert auch der Mohn vielfach ab. Als Varietäten unterscheidet man:

var. *album* DC. mit weissen Blumenblättern und weissen Samen. Die Kapseln öffnen sich nicht. Synonym ist *Papaver officinale* Gmelin.

var. *nigrum* DC. mit violett-purpurnen, am Grunde schwarz-violetten Blumenblättern und bläulich-schwarzen Samen. Synonym ist *Papaver somniferum* Gmel.

var. *apodocarpon* Hussenot, mit ungestielten, sich nicht öffnenden Kapseln.

Officinell sind die unreif eingesammelten und getrockneten Früchte als Fructus Papaveris immaturus Ph. G. II. 121 s. Capita papaveris v. Capsulae papaveris ibid. 331. Man benutzt gewöhnlich die Früchte der var. *album* DC. Die reifen Samen dieser Varietät bilden Semen Papaveris Ph. G. II. 239 s. Semen Papaveris album. Durch Pressen in der Wärme erhält man aus Mohnsamen Oleum Papaveris Ph. G. II. 201, Mohnöl, welches auch als Speiseöl Verwendung findet. Das bei weitem wichtigste Product der Mohnpflanze ist das Opium Ph. G. II. 205 s. Laudanum Ph. G. II. 336 v. Meconium Ph. G. II. 337. Das Opium ist der an der Luft durch Austrocknen zu einer zerreiblichen Masse erhärtete weisse Milchsaft, welcher aus Wunden der unreifen Kapseln ausfliesst. Die Pharmakopoe verlangt, dass das Opium aus Kleinasien stammt und dass sein Ausfluss aus den Kapseln von Insectenstichen veranlasst oder ganz freiwillig geschehen sei. Es ist jedoch bekannt, dass der grösste Theil des Opiums durch künstliche Verwundung der unreifen Kapseln (durch Einschneiden und Anritzen der Kapselwand) gewonnen wird. Ein Theil des Opiums wird durch Eindampfen des aus den Mohnpflanzen durch Auspressen erhaltenen Saftes gewonnen. Im Handel unterscheidet man viele Opiumsorten (Türkisches Opium, als Smyrna-Opium und Konstantinopel-Opium unterschieden, Aegyptisches oder Thebaïsches Opium etc.). Opium lässt sich auch aus dem bei uns cultivirten Mohn gewinnen. Es ist ein Gemisch von vielen Körpern, unter denen Alkaloide eine grosse Rolle spielen. Wichtigster Bestandtheil ist das Morphin (Morphium), dessen salzsaure Verbindung als Morphinum hydrochloricum Ph. G. II. 180 und dessen schwefelsaure Verbindung als Morphinum sulfuricum Ph. G. II. 181 officinell sind. Ein zweites officinelles Alkaloid des Opiums ist das Codeïnum Ph. G. II. 59. Weniger wichtig sind die als Thebaïn, Papaverin und Laudanin unterschiedenen Alkaloide des Opiums.

Bekanntere Opiumpräparate sind Extractum Opii Ph. G. II. 92 s. Extr. thebaïcum, Tinctura Opii benzoïca Ph. G. II. 283 s. Elixir paragoricum ibid. 332, Tinct. Opii crocata Ph. G. II. 284 s. Laudanum liquidum Sydenhami ibid. 336, Tinct. Opii simplex Ph. G. II. 285 s. Tinctura meconii v. thebaïca ibid. 342, Emplastrum opiatum u. a.

Aus Fructus Papaveris wird Syrupus Papaveris Ph. G. II. 261 s. Syrupus diacodii ibid. 341 hergestellt.

Alle Mohnpräparate (mit Ausnahme des Mohnöles) sind giftig. Die Morphin- und Codeïnpräparate sind bekannte Schlafmittel, welche aber mit grosser Vorsicht anzuwenden sind. Die berauschende Wirkung des Opiums, welches im Orient ein verbreitetes Genussmittel ist, mag hier nur angedeutet werden.

2. *Papaver Rhoeas* L. ist eine bei uns auf Aeckern und sonnigen Feldern häufig wachsende, einjährige Mohnart, welche bis 60 cm Höhe erreicht. Alle grünen Theile der Pflanze sind von wagerecht abstehenden, steifen Haaren rauh. Die Blätter sind mattgrün, tief fiederspaltig mit länglichen, eingeschnitten gezähnten Abschnitten. Die grosse Krone ist leuchtend scharlachroth, ihre Blätter sind am Grunde oft schwarz gefleckt. Die Staubfäden sind pfriemenförmig, glänzend schwarz. Die Kapsel ist verkehrt-eiförmig, kahl, fast haselnussgross. Die flache Narbenscheibe ist am Rande kerbig-gelappt; ihre 8—12 Lappen decken sich gegenseitig. Die Pflanze blüht im Juni und Juli.

Officinell waren die Blumenblätter als Flores s. Petala Rhoeados, aus welchen Syrupus Rhoeados bereitet wurde.

Chelidonium majus L., das Schöllkraut, ist ein in ganz Europa und im gemässigten Asien verbreitetes, bei uns auf Aeckern, an Zäunen, in Parkanlagen und Gärten gemeines, ausdauerndes Kraut, welches in allen Organen reichlich orangerothen Milchsaft führt. Die sehr weichen Blätter sind oberseits hellgrün, unterseits blaugrün; die bodenständigen Blätter sind langgestielt, die Stengelblätter kurzgestielt, oberwärts sitzend. Die Spreiten sind gefiedert oder fiederspaltig, ihre Abschnitte eiförmig, ungleich eingeschnitten gekerbt. Die kleinen Blüthen stehen in 3—8-strahligen Dolden bei einander. Ihre gelben Kronblätter sind in der Knospe nicht geknittert. Der aus zwei Carpellen gebildete Fruchtknoten ist walzenförmig und endet mit kurzem Griffel und zweilappiger Narbe. Die Frucht ist eine schotenförmige Kapsel, deren beide Klappen sich vom Grunde nach der Spitze von den stehenbleibenden Samenleisten loslösen. Die glänzenden, dunkel-olivenfarbigen Samen führen eine kammförmige, weisse Caruncula.

Bis zum Erscheinen der Ph. G. II. war das Kraut der Pflanze officinell als Herba Chelidonii, aus welcher Extractum Chelidonii bereitet wurde.

Die morphologisch hoch interessante Familie der Fumariaceen muss hier völlig übergangen werden. Ihre transversal-zygomorphen Blüthen resupiniren und werden dadurch scheinbar medianzygomorph. Wer sich über den Blüthenbau informiren will, wird leicht Gelegenheit finden, die in Gärten unter dem Namen „Brennende Herzen“ oder „Brennende Liebe“ cultivirte *Dicentra spectabilis* zu untersuchen.

Cruciferae.

Obwohl die Familie der Cruciferen oder „Kreuzblüthler“ im engeren Sinne pharmaceutisch nur noch von untergeordneter Bedeutung ist, so verlangt sie hier doch eingehende Besprechung. Denn abgesehen davon, dass von ihren mehr als 1200, fast ausschliesslich der nördlich-gemässigten Zone angehörigen Arten mehr als 100 in Deutschland vertreten und viele Culturgewächse von höchster volkswirthschaftlicher Bedeutung sind — alle Kohlarten, Raps, Rübsen gehören der Familie an — so zeichnet sie sich doch durch so viele morphologische Eigenheiten aus, dass ihre Kenntniss unerlässlich ist.

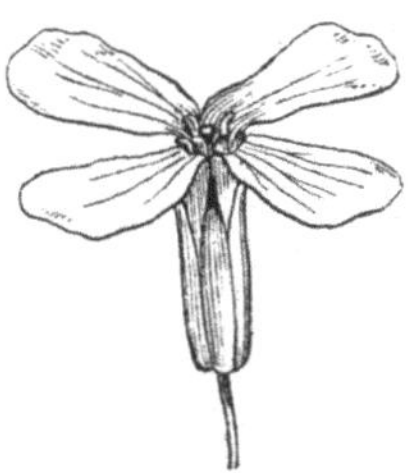

Fig. 218. Blüthe von Brassica nigra. (Nach Baillon).

Der Charakter der Familie spricht sich zunächst im Blüthenbau aus. Die Cruciferenblüthe ist stets seitlichen Ursprungs (Gipfelblüthen kommen niemals vor), und dennoch entbehrt sie in den typischen Fällen zugleich der Vorblätter und ihres Deckblattes, ein Verhalten, welches von der auf S. 12 ausdrücklich betonten Regel abweicht. Die Blüthe setzt unmittelbar mit dem Kelch ein, welchen zwei mediane äussere und zwei transversale innere Kelchblätter bilden. Der Kelch besteht also aus zwei Quirlen, welche ein median-transversales Kreuz darstellen. Hierauf folgt eine vierblätterige Krone in diagonalem Kreuz (Fig. 218), d. h. die vier Kronblätter stellen sich so in die Lücken der vier Kelchblätter, als ob diese einem einzigen Quirle angehörten. Man sagt, die vier Kelchblätter bilden einen „complexen“ Quirl. Das Androeceum umfasst wieder zwei Quirle. Zwei kurze äussere Staubblätter stehen transversal (rechts und links), vier längere innere Staubblätter stehen paarweis median (2 vorn, 2 hinten) (Fig. 219). Eichler hat nun nachgewiesen, dass die vier längeren Staubgefässe zwei Staubblattanlagen entsprechen, welche durch Spaltung (Chorisis, vgl. S. 250) in Staubblattpaare übergehen: Die beiden medianen, im Grundplane liegenden Staubblätter sind dedoublirt, ähnlich wie es auf S. 282 für die Rhabarberblüthe geschildert wurde. Man

Fig. 219. Tetradynamisches Androeceum von Cheiranthus Cheiri, dem Goldlack, in normaler Orientirung (die äusseren beiden Staubblätter rechts und links, die inneren und längeren paarweis vorn und hinten eingefügt). Zwischen den längeren Staubblättern steht das aus zwei seitlichen Fruchtblättern gebildete Gynaeceum. Vergr. 2:1. (Nach Baillon.)

beachte zugleich, dass die Staubblätter nach Einschaltung der diagonalen Krone nicht wie der Kelch in median-transversalem, sondern umgekehrt in transversal-medianem Kreuz folgen. Linné war besonders die Erscheinung auffällig, dass von den sechs Staubblättern stets vier länger angetroffen werden; er nannte die Cruciferenblüthe deshalb viermächtig (tetradynamisch). Den Staubblattkreisen schliesst sich im regelmässigen Wechsel der Fruchtblattkreis an: Zwei seitliche Fruchtblätter sind zum Gynaeceum verwachsen. Nach dieser Darstellung ergiebt sich für die Cruciferen die charakteristische Blüthenformel:

$$K\ 2+2,\ C\ 4,\ A\ 2+2^2,\ G\ \underline{(2)}$$

und das ebenso charakteristische Diagramm Fig. 220.

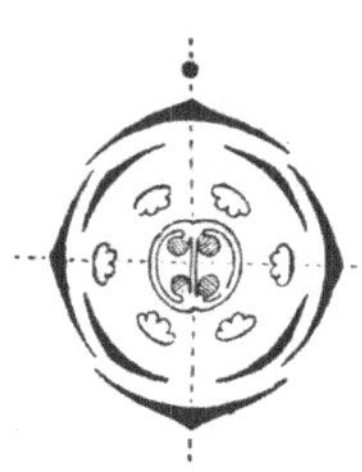

Fig. 220. Diagramm der Cruciferenblüthe. Deck- und Vorblätter fehlen. Die punktirten Linien geben die Richtung der Median- und Transversalebene an. Die letztere geht durch die beiden inneren Kelchblätter, die beiden äusseren Staubblätter und durch die Mitten der beiden Fruchtblätter.

Der Bau des Gynaeceums und der aus ihm hervorgehenden Frucht ist besonders bemerkenswerth. Die beiden transversalen Fruchtblätter berühren sich mit ihren Rändern in der Medianebene der Blüthe; hier bilden sie (vorn und hinten) je eine Samenleiste, längs welcher die Samenanlagen hervorsprossen. Auffälligerweise entwickelt sich aber eine gewöhnlich papierdünne Scheidewand median zwischen den beiden Fruchtblättern. Sie gehört keinem derselben an; es ist eine „falsche" Scheidewand. Durch sie wird der Fruchtknoten in der Art zweifächerig, dass die Samenanlagen in vier wandständigen („parietalen") Reihen stehen, von denen die beiden linksseitigen dem linken, die beiden rechtsseitigen dem rechten Fruchtblatt angehören. Den Fruchtknoten krönt ein kurzer Griffel mit zwei kurzen, über den Placenten stehenden („commissuralen") Narben. Zur Reifezeit platzt in der Mehrzahl der Fälle die trockene, kapselartige Frucht, wie es Fig. 220 zeigt, vom Grunde her mit zwei Klappen auf, so dass nach dem Abfallen derselben nur die Samenleisten (das „Replum") und die zwischen ihnen ausgespannte falsche Scheidewand auf dem Fruchtstiele stehen bleiben. Nur diese Art der Früchte darf als Schote (siliqua) bezeichnet werden! (Vgl. hierzu die Anm. auf S. 32).

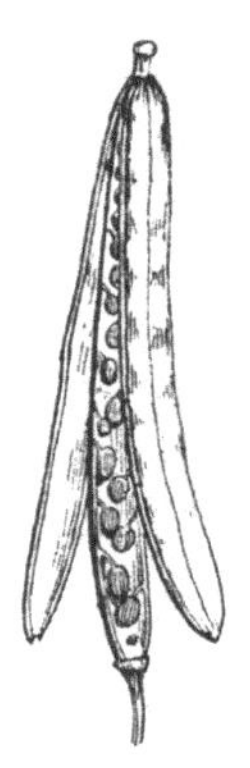

Fig. 221. Schote von Cheiranthus Cheiri, vom Grunde her mit zwei Klappen aufspringend, zwischen welchen das „Replum" stehen bleibt. An diesem sitzen die hängenden Samen. (Nach Baillon).

Für die Eintheilung der Familie hat man sich zunächst an die

Ausbildung der Früchte gehalten. Linné unterschied die Schote (siliqua) vom Schötchen (silicula), indem er festsetzte, dass die erstere mindestens $1^1/_2$ mal so lang als breit sein müsse; Schötchen sind etwa so lang als breit. Neben den normalen, mit Klappen sich öffnenden Schoten (siliquae v. siliculae dehiscentes) giebt es Schoten, welche sich nie öffnen. Die Schote des Rettichs, *Raphanus sativus*, gliedert sich durch Querwände in übereinanderstehende Stücke, welche je einen Samen enthalten; sie heisst deshalb eine Gliederschote (lomentum). Ferner bleiben einige einsamige Schötchen dauernd geschlossen und erinnern an echte Nussfrüchte. Man nennt sie deshalb Nussschötchen (nucamentum). Mit Berücksichtigung dieser Fruchtformen hat man die Cruciferen eingetheilt in:

a) *Siliquosae.* 1. dehiscentes. Mit normal, d. h. mit zwei Klappen aufspringenden Schoten.
2. lomentaceae. Mit (nicht aufspringenden) Gliederschoten.

b) *Siliculosae.* 1. dehiscentes. Mit normal aufspringenden Schötchen.
2. nucamentaceae. Mit nussartigen Schötchen.

Nach Linné hat De Candolle für die grosse Zahl der „dehiscenten Siliculosen" noch eine weitere Theilung durchgeführt. Gewöhnlich sind die Schötchen (wie die Schoten) flach gedrückt. Ist nun die Abplattung in seitlicher Richtung erfolgt, so zeigt sich der Querschnitt des Schötchens wie in Fig. 222, die Scheidewand (das „Septum") entspricht dem „breiten" Durchmesser des Schötchens. Dasselbe ist latisept (breitwandig). Erfolgt dagegen die Abplattung von vorn nach hinten, so zeigt sich der Querschnitt wie in Fig. 223, die Scheidewand entspricht dem schmalen Durchmesser des Schötchens. Dasselbe ist angustisept (schmalwandig). Die Siliculosae dehiscentes zerfallen demnach in zwei Unterabtheilungen, die Latiseptae und die Angustiseptae.

Fig. 222. Querschnittsbild eines „latisepten"(breitwandigen) Schötchens.

Fig. 223. Querschnittsbild eines „angustisepten" (schmalwandigen) Schötchens.

Neben dieser Eintheilung hat sich eine andere, von De Candolle herrührende eingebürgert, welche sich auf den Bau der Samen stützt. Mit wenigen Ausnahmen sind die Samenanlagen der Cruciferen kampylotrop und hängend-epitrop. Die reifen Samen sind eiweisslos, der Keimling erfüllt das Innere der Samenschale völlig. Nun ist der Keimling stets stark gekrümmt, aber die Krümmung erfolgt sehr verschieden. Liegen die beiden Keimblätter flach auf einander, so kann sich das Keimwürzelchen (wie bei der Bohne, vgl. Fig. 3) seitlich längs der Kante der Keimblätter herabkrümmen. Der Querschnitt des

Samens ergiebt also das Bild a in Fig. 224, für welches man abkürzend das darunter angegebene Zeichen o= eingeführt hat. Alle Cruciferen mit derartig gekrümmtem Keimling bilden die Abtheilung der Pleurorhizeae (von πλευρά, Seite und ῥίζα, Wurzel). Bei flach aufeinanderliegenden Keimblättern kann sich aber das Würzelchen auch auf dem Rücken des einen Keimblattes abwärts krümmen, ohne das zweite Keimblatt zu berühren. Der Querschnitt des Samens entspricht dann dem Bilde b in Fig. 224, wofür man das Zeichen o|| eingeführt hat. Alle Cruciferen mit so gekrümmtem Keimling bilden die Abtheilung der Notorhizeae (von νῶτος, Rücken, und ῥίζα). Drittens können die Keimblätter aufeinanderliegen und längs der Mittellinie gefaltet sein, so dass eines innen, das andere aussen liegt, und das Keimwürzelchen findet dann im Winkel der Keimblätter seinen Platz. In solchen Fällen ergiebt der Samenquerschnitt das Bild c in Fig. 224, für welches das Zeichen o>> gilt. Alle Cruciferen mit so gekrümmtem Keimling fasst man als Orthoploceae (von ὀρθός, gerade, ohne Krümmung, und πλέκω, falten) zusammen. Eine vierte Krümmungsform zeigt Bild d in Fig. 224. Hier zeigt der Längsschnitt des Samens eine spiralige Rollung der beiden aufeinanderliegenden Keimblätter. Ein Querschnitt würde also links das Würzelchen, dann nach rechts folgend zweimal das Keimblattpaar treffen. Das abkürzende Zeichen ist deshalb so o|| || gewählt worden. Alle mit derartig spiralig gerollten Keimblättern ausgestatteten Cruciferen bilden die Abtheilung der Spirolobeae (von σπεῖρα, Gewinde, Spirale, und λοβός, Lappen, Keimlappen). Endlich finden sich Samen mit hin- und hergefalteten Keimblättern, so dass der Längsschnitt dem Bilde e in Fig. 224 entspricht. Der Querschnitt würde in solchen Fällen links das Würzelchen und dann nach rechts folgend mindestens dreimal das Keimblattpaar treffen. Man hat deshalb das abkürzende Zeichen o|| || || eingeführt. Alle mit so hin- und hergebogenen Keimblättern ausgestatteten Cruciferen bilden die Ab-

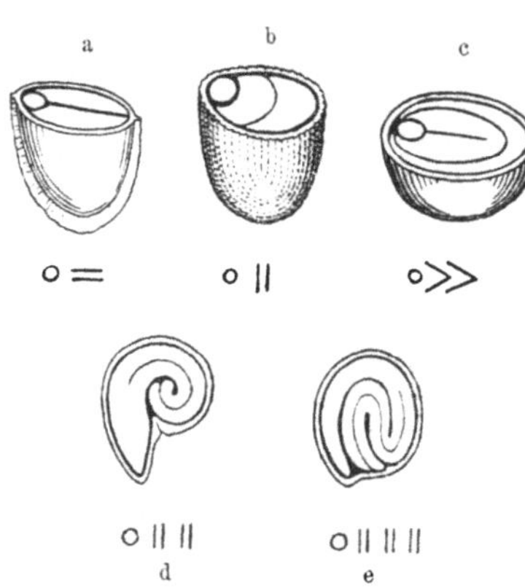

Fig. 224. Quer- und Längsschnitt durch Cruciferensamen, die verschiedene Lage der Keimwurzel zu den Keimblättern veranschaulichend. In allen Bildern liegt die Keimwurzel links innerhalb der doppelt contourirten Samenschale. a. Querschnittsbild für die Pleurorhizeae, o= ; b. Querschnittsbild für die Notorhizeae, o|| ; c. Querschnittsbild für die Orthoploceae, o>>; d. Längsschnittsbild für die Spirolobeae, o|| ||; e. Längsschnittsbild für die Diplecolobeae, o|| || || . (Nach Baillon und Luerssen.)

theilung der Diplecolobeae (von δίς, zweimal, πλέκω, falten und λοβός, Samenlappen). Man merke sich also die DeCandolle'sche Eintheilung kurz so:

I. *Pleurorhizeae.* o=
II. *Notorhizeae.* o||
III. *Orthoploceae.* o>>
IV. *Spirolobeae.* o|| ||
V. *Diplecolobeae.* o|| || ||

Der vegetative Aufbau der Cruciferen bietet wenig zu beachten. Alle Arten sind einjährige, zweijährige oder ausdauernde Kräuter; Baumformen sind ganz ausgeschlossen. Die nebenblattlosen, einfachen oder fiederig zerschnittenen Blätter bilden gewöhnlich eine bodenständige Rosette. Die viel kleineren Stengelblätter bleiben gewöhnlich ungestielt und nehmen oberwärts schnell an Grösse ab. Die Blüthenstände sind zumeist reichblüthige Trauben, welche die Hauptaxe und die oft zahlreich entwickelten Seitenzweige abschliessen. Häufig strecken sich die Trauben während der Blütheperiode beträchtlich, so dass man unterwärts die jungen Früchte vorfindet, während die eben entfalteten Blüthen sich doldenartig um die das Ende der Traube bildenden Blüthenknospen zusammendrängen.

Wir besprechen hier:

1. Cochlearia officinalis L.

Nach der DeCandolle'schen Eintheilung gehört die Gattung Cochlearia zur ersten Abtheilung der Cruciferen, zu den oben definirten Pleurorhizeae, und innerhalb dieser zu der als Alyssineae bezeichneten Gruppe, welcher Schötchen mit breiter Scheidewand eigen sind. Man kann also die Alyssineen als die „pleurorhizen, latisepten Siliculosen" bezeichnen. Das wichtigste Merkmal der Gattung Cochlearia liegt in den kleinen, fast kugelig aufgedunsenen Schoten mit netzig-geaderten Klappen. Den Blüthen sind kurze, schlaffe, gleichgestaltete Kelchblätter, kurzgenagelte Kronblätter und fast gleichlange (schwach tetradynamisch entwickelte) Staubblätter eigen.

Fig. 225. Cochlearia officinalis.

Cochlearia officinalis L., das Löffelkraut, Fig. 225, ist ein kahles, hellgrünes, blattarmes Gewächs mit aufsteigendem oder aufrechtem, einfachem oder ästigem, kantig-gestreiftem Stengel. Die bodenständigen Blätter sind langgestielt; ihre ganzrandige oder geschweifte Spreite ist breit-eiförmig. Die Stengelblätter umfassen den Stengel mit herzförmigem Grunde; ihre Spreite ist rundlich oder eiförmig, ihr Rand eckig-gezähnt. Alle Spreiten sind auffällig klein und etwas fleischig. Die kleinen, weissen, wohlriechenden Blüthen entfalten sich im Mai und Juni. Die etwas beuligen Schötchen stehen auf ziemlich langen Stielen wagerecht von der Blüthenstandsaxe ab. Sie enthalten in jedem Fache 1—4 rothbraune, fein-warzige Samen.

Die Pflanze wächst auf salzhaltigem Boden, besonders an den Meeresufern Nordeuropas. Zerstreut findet sie sich durch ganz Mittel- und Nordeuropa, auf Island, Spitzbergen und Nowaja-Semlja. Das scharf und salzig schmeckende Kraut ist officinell als Herba Cochleariae Ph. G. II. 129 und dient zur Bereitung von Spiritus Cochleariae Ph. G. II. 245. Es enthält ein ätherisches Oel (Löffelkrautöl) und ist ein berühmtes Mittel gegen Scorbut.

2. Brassica L.

Die Gattung Brassica gehört der dritten Abtheilung der Cruciferen, den Orthoploceae an, d. h. in den Samen ist der Keimling so gekrümmt, dass das Würzelchen in der Rinne der beiden dachig-gefalteten Keimblätter liegt. Innerhalb der Abtheilung ist die Gattung Brassica der typische Vertreter der nach ihr benannten Gruppe der Brassiceae, für welche normale, mit 2 Klappen aufspringende Schoten charakteristisch sind. Die Brassiceen sind mithin „orthoploce Siliquosen".

Der wichtigste Charakter der Gattung Brassica liegt in den verlängerten, stielrunden oder fast 4-kantigen Schoten, deren Klappen ein einziger starker Mittelnerv durchzieht. Neben diesem lassen sich bisweilen auf jeder Klappe noch zwei geschlängelte aus vereinigten Seitenadern entstehende Seitennerven erkennen. Die Schmalheit der Brassica-Schoten bewirkt überdies, dass die vier Reihen der Samenanlagen sich so nach der Mitte zusammenschieben, dass die Samen in jedem Fache einreihig zu liegen scheinen.

Die in verlängerten Trauben stehenden, mittelgrossen, meist schwefelgelben Blüthen führen aufrechte oder etwas abstehende Kelchblätter; die seitlichen sind gewöhnlich am Grunde sackartig vertieft. Die Kronblätter sind lang genagelt, die Staubblätter sind deutlich tetradynamisch entwickelt. Auf dem Blüthenboden befinden sich vier Nectardrüsen; zwei derselben sitzen zwischen dem Fruchtknoten und den kürzeren Staubblättern, zwei zwischen den medianen Kelchblättern und den Paaren der längeren Staubgefässe. Von den etwa 80 aufgestellten Arten ist officinell:

1. *Brassica nigra* Koch (= *Sinapis nigra* L.), der schwarze Senf (Fig. 226), eine einjährige Pflanze mit aufrechtem, bis über meterhohem, sparrig-ästigem, unterwärts zerstreut-behaartem Stengel.

Sämmtliche Blätter sind gestielt und grasgrün (nicht bläulich bereift); die unteren sind leierförmig gefiedert, d. h. sie enden mit grossem Lappen. Im vorliegenden Falle ist derselbe eiförmig oder länglich und ungleich buchtig-gezähnt. Die oberen Blätter sind lanzettlich und ganzrandig. An den Blüthentrauben überragen die Knospen die obersten, geöffneten, fast wagerecht auf ihren Stielen abstehenden Blüthen. Die anfänglich cylindrisch zusammenneigenden Kelchblätter spreizen später auseinander und stehen zuletzt fast wagerecht vom Blüthenstiele ab. Die verhältnissmässig kurzen, fast 4-kantigen, etwas holperigen Schoten sind dagegen sammt den Fruchtstielen aufrecht der Traubenaxe angedrückt, wodurch die Fruchtstände ruthenförmiges Aussehen erhalten. In jedem Schotenfach sitzen 4–6 kugelige, etwa 1 mm grosse Samen mit schwärzlicher oder braunrother, fein netzig-grubiger Samenschale.

Fig. 226. Brassica nigra.

Die an Flussufern und Wiesengräben wachsende, vom Juni bis August blühende Pflanze findet sich in ganz Europa, in Nordafrika, im südlichen Sibirien, im Orient und in China. Wegen ihrer Samen wird sie im Grossen gebaut. Der grössere Theil der Samen findet als Gewürz, namentlich in der Form von Mostrich („Senf") Verwendung. Officinell sind die Samen als Semen Sinapis Ph. G. II. 239. Erst nach der Behandlung mit kaltem Wasser liefern sie durch Destillation flüchtiges ätherisches Senföl, Oleum Sinapis Ph. G. II. 202; dasselbe ist im reifen Samen also nicht vorgebildet. Dagegen enthalten die Samen gegen 20% fettes Oel, welches durch Auspressen gewonnen und als Speiseöl benutzt werden kann. Wegen seiner Giftigkeit darf Oleum Sinapis nicht im Handverkauf abgegeben werden. Dem Publicum wird an seiner Stelle zu Einreibungen Spiritus Sinapis Ph. G. II. 249, Senfspiritus, verabfolgt. Charta sinapisata Ph. G. II. 53, Senfpapier, ist mit vom fetten Oel befreiten Senfpulver bestrichenes Papier. Als Klebstoff dient eine mit Benzin und Schwefelkohlenstoff bereitete Kautschuklösung. Soll Senfpapier applicirt werden, so muss es erst in Wasser getaucht werden, damit sich das wirksame ätherische Senföl erst kurz vor dem Gebrauch bildet.

2. *Brassica juncea* Hook. fil. et Thoms. (= *Sinapis juncea* L.) ist ein einjähriges, kahles Kraut der Steppen Südrusslands und der Gebiete des caspischen Meeres, Nordafrikas und des wärmeren Asiens. Es wird in Ostindien und namentlich bei Sarepta im russischen

Gouvernement Ssaratow im Grossen wegen der Samen gebaut. Diese liefern, von der Samenschale und dem fetten Oel befreit, gepulvert das russische Senfmehl oder Sarepta-Senfmehl, welches wie das Pulver von Semen Sinapis verwendet wird. Russischer Spiritus ist ein Mixtum compositum, nicht aber aus russischem Senf bereiteter Spir. Sinapis.

Fig. 227. Brassica Rapa, Rübsen.

3. *Brassica Rapa* L., der Rübsen (Fig. 227), ist eine vermuthlich aus Südeuropa stammende, bei uns häufig gebaute und oft verwildert anzutreffende Art mit kahlem, aufrechtem, meist oberwärts ästigem Stengel. Die unteren Blätter sind grasgrün, gestielt, leierförmig-fiederspaltig und steifhaarig; die oberen sind blaugrün bereift, aus herzförmigem, stengelumfassendem Grunde eiförmig und gezähnt. Die obersten Blätter sind ganzrandig. Die schmalen, langen Schoten stehen fast aufrecht auf abstehenden Fruchtstielen und enthalten zahlreiche braune, fein grubig-punktirte Samen. Als unterscheidendes Merkmal gilt, dass die unentwickelten Blüthen von den aufgeblühten überragt werden. Man cultivirt drei Formen der Pflanze:

a. *annua* Koch, Sommerrübsen. Er ist einjährig, wird im Frühjahr gesät, blüht im Juli und August und reift seine Samen Ende August bis Mitte September.

b. *oleïfera* DC., Winterrübsen. Er ist kräftiger als der Sommerrübsen. Die im Spätsommer ausgesäten Pflanzen überwintern und kommen im April und Mai des folgenden Jahres zur Blüthe, die Pflanze ist also zweijährig.

c. *rapifera* Metzger wird wegen ihrer fleischig-verdickten Wurzeln (als Weisse Rübe, Turnips, Teltower Rübchen) gebaut. Die Varietät ist zweijährig und blüht im April und Mai.

Die Samen der beiden Rübsenvarietäten sind reich an fettem Oel, welches als Rüböl zu vielen technischen Zwecken verwendet wird. Officinell ist dasselbe als Oleum Rapae Ph. G. II. 201. Für dasselbe ist jedoch nicht die Herkunft vom Rübsen vorgeschrieben, da alle Brassica-Arten das gleiche fette Oel in ihren Samen enthalten. Die Pharmakopoe beschränkt sich nur auf die Angabe, dass Oleum Rapae aus den Samen der cultivirten Brassica-Arten stammen soll.

4. *Brassica Napus* L., der Raps, steht der vorgenannten Art sehr nahe. Wie diese wahrscheinlich aus Südeuropa stammend, wird der

Raps bei uns ebenfalls häufig gebaut. Raps und Rübsen sind einander fast zum Verwechseln ähnlich. Das augenfälligste Merkmal bieten die Blüthenstände. Die Trauben des Rapses sind schon beim Aufblühen locker, die unentwickelten Blüthen überragen die aufgeblühten, während der Rübsen das umgekehrte Verhalten zeigt. Der Raps ist meist auffällig blaugrün bereift, was auch für seine unteren, gestielten Blätter gilt.

Wie beim Rübsen cultivirt man drei Formen des Rapses:

a. *annua* Koch, den Sommerraps (einjährig).
b. *oleïfera* DC., den Winterraps (zweijährig).
c. *Napobrassica* L. mit knollig verdickter Wurzel, welche als Kohlrübe bezeichnet wird.

Die beiden Varietäten a und b werden wegen der ölreichen Samen gebaut. Im Handel wird das Rapsöl nicht vom Rüböl unterschieden; der letztere Name hat sich fast ausschliesslich eingebürgert.

In zahlreichen Varietäten und Spielarten tritt *Brassica oleracea* L., die Kohlpflanze, auf; doch gehört die Besprechung derselben nicht hierher.

Unter dem Namen Weisser Senf, Semen Sinapis albae s. Semen Erucae kommen die gelblichen Samen von *Sinapis alba* L. als Gewürz in den Handel. Dieselben lassen mit Wasser angerieben kein Senföl entstehen. Die Gattung Sinapis ist durch langgeschnäbelte Schoten ausgezeichnet, deren Klappen von drei starken, geraden Nerven durchzogen werden.

Cistiflorae.

Soweit sich der Charakter der Cistifloren in Kürze darlegen lässt, ist es auf Seite 291 bereits geschehen, und weitere Angaben würden voraussetzen, dass wir uns auf die 17 zur Ordnung gehörigen Familien einlassen, von welchen nur drei, Violaceen, Ternstroemiaceen und Clusiaceen, von pharmaceutischem Interesse sind. Wir beschränken uns deshalb darauf, die Unterschiede der Cistifloren von den übrigen Ordnungen der Aphanocyclicae hervorzuheben.

Die Cistifloren weichen von den Polycarpicae durch das fast immer synkarpe Gynaeceum und durch die aus Spaltungen aus cyklischem Grundplane (nicht aus Spiralstellung oder Quirlvermehrung) hervorgehende Polyandrie ab; gegen die Rhoeadinen grenzen sich die Cistifloren durch das Vorwalten der Fünfzahl in den Blüthen und den Mangel jeglicher Klappenbildung der Früchte ab; von den mit klappiger Knospenlage der Kelchblätter ausgestatteten Columniferae sind die Cistifloren durch die dachige Knospenlage des Kelches unterschieden.

Nach diesen Andeutungen wenden wir uns sofort zur Besprechung der

Violaceae.

Wären die Violaceen nicht durch die zweifellose Verwandtschaft der zu ihnen gehörigen Gruppe der Alsodeien mit den typischen Cistiflorenfamilien aufs Engste verknüpft, so würde man sie gar nicht als Aphanocyclicae anerkennen. Bei den Blüthen der Violaceen kommt nirgends der aphanocyklische Charakter zum Ausdruck. Die Blüthen sind durchgehends nach der Formel

$$K\,5,\ C\,5,\ A\,5,\ G\,(\underline{3})$$

aufgebaut; wir treffen hier also ausnahmslos auf Blüthen mit einfachem Staubblattkreise (auf „Haplostemonie"). Im Besonderen ist nun noch zu bemerken, dass die Violaceenblüthen stets seitliche Stellung haben; sie sitzen in der Achsel eines laubigen Deckblattes, dann folgen am Blüthenstiele die beiden für die Dicotylen typischen Vorblätter, und der quincunciale Kelch wendet sein zweites Blatt nach hinten gegen die Abstammungsaxe. Die Krone deckt stets absteigend (vgl. Fig. 154, S. 247), und von den drei Fruchtblättern wendet sich das unpaare nach vorn. Charakteristisch ist aber besonders die parietale Placentation der Samenanlagen, die wir schon bei den Rhoeadinen durchgängig antrafen. Bei den Violaceen öffnen sich aber die einfächerigen Fruchtkapseln stets fachspaltig; die drei Fruchtklappen stehen also umgekehrt wie die drei Fruchtblätter (eine Klappe nach hinten), denn jede Klappe besteht ja aus den beiden Hälften zweier benachbarten Fruchtblätter.

Nach dem Ausbau der Blüthen unterscheidet man zwei Unterfamilien:

Violeae, mit median-zygomorphen Blüthen.

Alsodeieae, mit aktinomorphen Blüthen.

Zur erstgenannten Unterfamilie gehört die typische Gattung

Viola Tournef.

„Veilchen" und „Stiefmütterchen" sind allerwärts bekannte Viola-Arten. Es wird dem Anfänger deshalb ein Leichtes sein, den Charakter der Gattung Viola an der Hand unserer Darstellung aus eigener Anschauung kennen zu lernen.

Alle Viola-Arten sind ein- oder zweijährige, oder ausdauernde Kräuter mit Ausläufer treibenden oder verkürzten Stämmen, an welchen die einfachen, mit grofsen Nebenblättern versehenen Blätter wechselständig einander folgen. Die meist ansehnlichen und zierlichen Blüthen sitzen einzeln achselständig auf langem, dünnem Stiele, an welchem die beiden schuppigen Vorblätter in verschiedener Höhe eingefügt sind. Dicht unterhalb der Blüthe ist der Blüthenstiel scharf rechtwinkelig oder noch stärker gekrümmt. Dadurch kommt die Vorderseite der Blüthe bei der Entfaltung nach unten, die Hinterseite nach oben zu liegen.

Die Plastik der Blüthe, deren Diagramm Fig. 228 giebt, ist sehr bemerkenswerth. Die fünf freien, grünen Kelchblätter sind fast gleichgestaltet und gehen in rückwärts gerichtete, gerade abgestutzte Anhängsel aus. In der Krone drückt sich die Medianzygomorphie der Blüthe ausserordentlich auffällig aus. Das vordere unpaare (in der entfalteten Blüthe also untere) Kronblatt ist das grösste und breiteste, oft auffällig gezeichnete; nach rückwärts geht es in einen sackartigen Sporn (in ein Nectarium) aus. Weniger durch Grösse und Färbung bevorzugt ist das Paar der seitlichen Kronblätter, am wenigsten aber das Paar der hinteren (oberen) Kronblätter. Auf diese Ungleichheit zielt der deutsche Name „Stiefmütterchen“ hin, weil die Volkspoesie in den ungleich ausgestatteten Kronblättern eine Stiefmutter, ein Paar rechte Geschwister und ein Paar Stiefgeschwister erblickt. Androeceum und Gynaeceum sind an der entfalteten Blüthe äusserlich nicht sichtbar. Das erstere besteht aus fünf, dicht um den Fruchtknoten sich zusammendrängenden Staubblättern, deren kurze, bandartige Filamente in ein breites Connectiv ausgehen, auf dessen Innenseite die mit Längsriss sich öffnenden Staubbeutel sitzen. Ueber diese setzt sich das Connectiv als kronblattartiger Lappen fort. Die Zygomorphie findet nun auch in der Ausbildung des Androeceums Ausdruck, indem die beiden vorderen (unteren) Staubblätter auf ihrem Rücken je einen spornartigen Fortsatz tragen, welcher in den Sporn des unpaaren Kronblattes hineinragt. Auch das Gynaeceum nimmt an der Zygomorphie Theil. Der von den drei Fruchtblättern gebildete, einfächerige Fruchtknoten trägt auf seinem Scheitel einen einfachen, in der Medianebene meist stark gekrümmten Griffel, der an seiner stark verdickten Spitze die Narbe auf der Innenseite einer Erweiterung trägt. Auf dem Längsschnitt durch den Griffel lässt sich meist ein weiter Griffelkanal bis in die Fruchtknotenhöhle hinein verfolgen, in welcher zahlreiche anatrop-epitrope Samenanlagen den drei Placenten angeheftet sind. Die Frucht ist eine stumpf-dreikantige oder kugelige Kapsel, welche längs der Mittellinien der drei Fruchtblätter (also loculicid) aufspringt. Es bilden sich dadurch drei schiffchenförmige Klappen, welche sich gewöhnlich sternförmig ausbreiten, um die freiliegenden, in der Mittellinie der Klappe angehefteten Samen völlig ausreifen zu lassen. Die Samen sind klein, eiförmig oder kugelig. Ihre oft glänzende Schale umschliesst reichliches, fleischiges Nährgewebe, in dessen Axe der gerade Keimling

Fig. 228. Diagramm der Blüthe von Viola. An den Kelchblättern sind die charakteristischen Anhängsel angedeutet. (Nach Eichler.)

mit flachen Keimblättern ruht. Um den Nabel des Samens bildet sich eine Caruncula aus.

Viola odorata L., das wohlriechende Veilchen (Fig. 229), ist eine wegen des herrlichen Duftes ihrer Blüthen allerwärts in die Gärten verpflanzte, in unseren Laubwäldern heimische, ausdauernde Art. An der gestauchten, verlängerte Ausläufer treibenden Hauptaxe sitzen die in der Knospenlage mit ihren Rändern einwärts gerollten, rundlich-eiförmigen, tief-herzförmigen Blätter fast rosettenartig auf langen Stielen über einander. Die Nebenblätter sind wenig auffällig, eiförmig-lanzettlich, spitz, mit Fransen besetzt, welche kürzer bleiben, als die halbe Breite der Nebenblätter beträgt. Die im Frühjahre (vom März bis Mai) sich entfaltenden Blüthen sind meist von der charakteristischen, als veilchenblau (violett) bezeichneten, selten von hellblauer oder weisser Farbe. Die Blüthenstiele sind kurz-weichhaarig, die hellgrünen Kelchblätter sind stumpf. Die mittleren Kronblätter stehen seitlich ab. Der Griffel ist wenig gekrümmt und oberwärts kaum verdickt. Meist erweisen sich die Frühjahrsblüthen als völlig unfruchtbar. Die fruchtbaren Blüthen übersieht der Laie meist ganz, denn sie führen meist verkümmerte Blumenblätter, die über den Geschlechtsorganen der Blüthe dauernd zusammenschliessen. Solche sich nicht öffnende Blüthen bezeichnet man als kleistogame Blüthen. Die von ihnen hervorgebrachten Kapseln sind kugelig und behaart.

Fig. 229. Viola odorata (1/3 nat. Gr.).

Die getrocknet ihren Geruch verlierenden Blüthen, Flores Violae, werden im April gesammelt, und ihre Blumenblätter werden frisch zur Bereitung des Syrupus Violae verwendet, welcher als Veilchensyrup, Veilchensaft oder Blauveilchensaft namentlich in Frankreich und Elsass-Lothringen ein Handverkaufsartikel ohne jegliche arzneiliche — ausser der eingebildeten — Wirkung ist.

Viola tricolor L., das Stiefmütterchen (Fig. 230), ist eine bei uns auf Aeckern, trockenen Hügeln und Triften, auf Rainen und an Waldrändern gemeine, nicht ausdauernde, ein- und zweijährig vorkommende Art mit bald einfachem, bald ästigem, niederliegendem, aufsteigendem oder aufrechtem, scharfkantigem Stamm und gestreckten (nicht wie bei *Viola odorata* gestauchten) Stengelgliedern. Die unteren Blätter sind langgestielt, herz-eiförmig, die oberen kürzer gestielt und schmäler, länglich-elliptisch bis lanzettlich. Besonders auffällig sind die laubigen Nebenblätter (vgl. Fig. 12 auf S. 11). Sie sitzen paarig am Grunde der Blätter und sind leierförmig-fiederspaltig. Ihr grosser Endlappen ahmt die Form der Laubblattspreite nach. Die Fiederlappen der Nebenblätter sind meist schmal linealisch, oft etwas sichelförmig zurückgekrümmt und ganzrandig, während der Endlappen wie die Spreite des Hauptblattes flach und entfernt gekerbt ist. Alle grünen Theile der Pflanze sind kurz- und zerstreut-, fast flaumig-behaart.

Fig. 230. Viola tricolor. Links das vordere (untere) Blumenblatt mit seinem Sporn; rechts das Androeceum, darunter der Fruchtknotenquerschnitt.

Für den Systematiker ist die Ausbildung der Blüthenorgane von ausschlaggebender Bedeutung. Das Stiefmütterchen stimmt mit den verwandten Arten (welche Reichenbach als Untergattung Grammeïonium zusammengefasst hat) darin überein, dass die vier paarigen Kronblätter sich in der entfalteten Blüthe nach aufwärts wenden, während sich das unpaare Kronblatt abwärts richtet. Die drei unteren Kronblätter sind an ihrem Grunde bärtig. Der stark gekrümmte Griffel verdickt sich an seinem Ende keulig und endet mit fast kugeliger, hohler Narbe, deren Oeffnung von zwei längeren Haarbüscheln flankirt wird.

Die vom April bis in den Herbst hinein blühende Pflanze ist in ihrer Tracht sehr veränderlich. Man unterscheidet gewöhnlich zwei Hauptformen:

a) *vulgaris* Koch. Blumenblätter länger als der Kelch, die beiden oberen dunkelviolett, die beiden seitlichen hellviolett oder gelblich, das unpaare gelb mit violetten Streifen und violetter Spitze.

b) *arvensis* Murr. Blumenblätter kürzer als der Kelch, alle gelblichweiss, das untere dunklergelb mit violetten Streifen, bisweilen die oberen theilweise hellviolett.

Das im Sommer eingesammelte und getrocknete Kraut, Herba Violae tricoloris Ph. G. II. 133 s. Herba jaceae Ph. G. II. 335 v. Herba trinitatis bildet den Stiefmütterchenthee, welcher als blutreinigendes Mittel, besonders gegen Hautausschläge und Milchschorf der Kinder beim Volke in Ansehn steht.

Ternstroemiaceae.

Während bei den Violaceen der acyklische Charakter der Blüthen gar nicht zum Ausdruck kommt, tritt er bei den Ternstroemiaceen zum Theil sehr auffällig hervor. Fast durchgängig ist das Androeceum hochgradig polyandrisch, und zwar lehrt die

Entwickelungsgeschichte, dass die grosse Zahl der Staubblätter der weitgehenden Spaltung von fünf epipetalen Staubblattanlagen ihren Ursprung verdankt. Die Erörterung der weiteren Charaktere der stets aktinomorphen, mit Kelch und Krone versehenen, zweigeschlechtigen Ternstroemiaceenblüthe soll hier unterlassen bleiben. Das Wissenswerthe ergiebt sich aus der Betrachtung der einzigen hier interessirenden Pflanze

Thea chinensis L.

In dem seit den ältesten Zeiten in China cultivirten *Theestrauch* (Fig. 231) tritt uns der typische Repräsentant der Familie entgegen. Einfache, glänzende, wechselständige, nebenblattlose Blätter und verhältnissmässig grosse, einzeln achselständige Blüthen geben ihm sein äusseres Gepräge.

Fig. 231. Thea chinensis. (Nach Baillon.)

Betrachten wir zunächst den Aufbau der nickend-hängenden Blüthen. Da fällt sofort in's Auge, dass sich zwischen den beiden normalen Vorblättern und dem Kelch noch schuppige Zwischenblätter (meist zwei) einschalten. Sie leiten in die normal orientirte $^2/_5$-Spirale der fünf Kelchblätter über, an welche sich die *gleichsinnig* weiterführende $^2/_5$-Spirale der Kronblätter anschliesst, und zwar so, dass *das erste Blatt der Krone median nach vorn*, in die Lücke zwischen dem ersten und dritten Kelchblatt fällt. Die äusseren Staubblätter sind auf eine kurze Strecke unter sich und mit den Kronblättern verwachsen, während nur die fünf innersten völlig frei bleiben. Das aus drei Fruchtblättern gebildete Gynaeceum lässt einen dreifächerigen, zottig-behaarten Fruchtknoten mit drei freien, röhrigen, kahlen Griffelschenkeln unterscheiden. Jedes Fruchtknotenfach enthält 4—5 hängende, anatrope Samenanlagen, von welchen gewöhnlich nur eine zum grossen, fast kugeligen, glänzend braunen Samen heranreift, welchen der gerade Keimling mit dicken, fleischigen Cotyledonen ganz erfüllt. Die Frucht ist eine holzige, fachspaltige Kapsel.

Die kurzgestielten, lanzettlichen oder länglich-eiförmigen, zugespitzten, gesägten, beiderseits kahlen Blätter bilden gerollt und getrocknet den chinesischen Thee, der in vielen Handelssorten je nach der vorangehenden Behandlung als schwarzer und grüner Thee unterschieden wird. Sie enthalten bis 4,8 % des früher als Theïn bezeichneten, mit Coffeïnum Ph. G. II. 60 völlig identischen Alkaloids, dessen nervenanregende Wirkung den chinesischen Thee zu einem beliebten Genussmittel gemacht hat.

Ausser den Theeblättern enthalten bekanntlich — darauf deutet schon der Name des Alkaloids hin — die Kaffeebohnen nennenswerthe Mengen Coffeïn. Doch merke sich der Anfänger, dass die Kaffeepflanze mit der Theepflanze gar nicht verwandt ist. Enge Verwandtschaft besteht dagegen zwischen *Thea chinensis* L. und der beliebten Zierpflanze *Camellia japonica* L., bei welcher der acyklische Bau der sitzenden Blüthen schon mit den Vorblättern beginnt; es schliessen sich an dieselben bis 6 Zwischenblätter an, welche allmählich in die Kelchbildung übergehen, und ebenso verwischt sich die Grenze zwischen Kelch und Krone. Das Gynaeceum von Camellia besteht aus 5 Fruchtblättern. Trotz dieser Unterschiede sind die Gattungen Thea und Camellia wiederholt als eine Gattung aufgefasst worden, welcher man bald den Namen Thea, bald den Namen Camellia gab. Synonyme sind deshalb *Camellia Thea* Lk. für *Thea chinensis* L. und *Thea Camellia* Hoffm. oder *Thea japonica* Baill für *Camellia japonica* L.

Clusiaceae.

Die Familie der Clusiaceen umfasst tropische Bäume und Sträucher mit abwechselnd-gegenständigen („decussirten"), grossen, lederigen, fiedernervigen Blättern ohne Nebenblätter und aktinomorphen, gewöhnlich dioecischen oder polygamen Blüthen, welche sich im Bau nur unwesentlich von denen der Ternstroemiaceen unterscheiden. Viele Arten führen harzigen oder gummiartigen, oft gelb gefärbten Saft; die Clusiaceen bildeten deshalb früher den Mittelpunkt einer als Guttiferae bezeichneten Ordnung, deren Familien jetzt zum grösseren Theil den Cistifloren zugerechnet werden.

Besprechung verdient hier nur

Garcinia Morella Desrousseaux,

der Gummiguttbaum (Fig. 232), ein stattlicher Baum des südöstlichen Asiens, mit reichverzweigter Krone, dicker, röthlich gelbbrauner, an Gummigängen reicher Rinde und kurzgestielten, elliptischen, kurz zugespitzten, ganzrandigen, oberseits glänzenden Blättern. Die männlichen, zu 3 bis 5 gebüschelt in den Blattachseln sitzenden kleinen Blüthen sind mit vier Kelch- und vier Kronblättern ausgestattet, welche auf halbkugeligem Blüthenboden zu einem Köpfchen vereinigte Staubblätter (30—40) umschliessen. Diese sind von höchst eigenartigem Bau. Ohne Staubfaden ansitzend bepflastern die vierfächerigen Staubbeutel den Blüthenboden so dicht, dass sie, von aussen betrachtet, schildförmig zusammenschliessen. Zur Zeit der Pollenreife löst sich dann der ganze obere Theil des Staubbeutels in Form eines flachen Deckels ab. Diese Art des Aufspringens kommt übrigens nicht allen Garcinia-Arten zu. Die weiblichen, einzeln in den Blattachseln sitzenden Blüthen gleichen im Bau des Perianths den männlichen, doch folgen der Krone 12–30 am Grunde ringförmig verwachsene Staminodien mit keuligen, gestielten, unfruchtbaren Antheren. Der dicke, fast kugelige, fleischige Fruchtknoten ist vierfächerig und endet mit sitzender, dachförmiger, strahlig-vierlappiger, wulstig-kerbiger Narbe. Die Frucht ist eine vom bleibenden Kelche gestützte, fast kugelige, röthlichbraune Beere, welche gewöhnlich nur einen Samen enthält. Das Fleisch der Beere entsteht aus den Integumenten der Samenanlagen.

Fig. 232. Garcinia Morella. (Nach Baillon.)

Von der typischen, in den feuchten Wäldern Südindiens und Ceylons wachsenden Form des Baumes (mit sitzenden männlichen Blüthen) hat man die in Cambodscha, Siam und im südlichen Cochinchina heimische (mit gestielten männlichen Blüthen) als var. *pedicellata* Hanb. unterschieden, doch scheinen beide Formen durch Zwischenformen in einander überzugehen.

Synonyme zu *Garcinia Morella* Desrousseaux sind *Garcinia Gutta* Wight, *G. pictoria* Roxb., *G. Gaudichaudii* und *acuminata* Planchon et Triana, *G. elliptica* Wallich, *G. cambogioïdes* Royle, sowie *Cambogia gutta* Lindley und *Hebradendron cambogioïdes* Graham.

Das aus Rindeneinschnitten ausfliessende, gelbe Gummiharz wird in Bambusröhren aufgefangen, in welchen es zu cylindrischen Stangen erhärtet. Das an den Bäumen selbst erhärtende Gummiharz bildet unregelmässige Klumpen. Es kommt als Gummigutti oder Cambogia in den Handel und ist officinell als Gutti Ph. G. II. 127 s. Gummi-resina Gutti ibid. 334. Es wirkt sehr heftig abführend und wird namentlich in Pillenform verabreicht. Bekannt ist die Verwendung des Gummigutts als Tuschfarbe, bei deren Gebrauch wegen der Giftigkeit aber Vorsicht geboten ist.

Den Clusiaceen schliesst sich die auf die Tropen beschränkte Familie der Dipterocarpaceae an. Die Blüthen der Dipterocarpaceen sind durch am Grunde glockig verwachsene Kelchblätter ausgezeichnet, deren freie Abschnitte sich zur Fruchtreife zu grossen Flügeln ausbilden. Zu der Familie gehört der den Borneocampher liefernde Baum *Dryobalanops camphora* Colebr., sowie die noch ungenügend bekannten, angeblich einen Theil des Dammarharzes liefernden Hopea-Arten, *H. micrantha* Hook. fil. und *H. splendida*. Riesige, in Südasien Waldbestände bildende, zur Gattung Dipterocarpus gehörende Bäume liefern Balsamum Dipterocarpi, den Gardschan- oder Gurjunbalsam.

Columniferae.

Nach der auf S. 291—292 gegebenen Uebersicht der Ordnungen der Aphanocyclicae liegt der wesentliche Unterschied zwischen den Cistifloren und Columniferen in der Knospenlage (der „Präfloration") der Blüthenkelche. Die Columniferen zeichnen sich durch klappige Knospenlage des Kelches aus, während den Cistifloren die dem Gros der Dicotylen eigene normale quincuncialdachige Kelchlage zukommt. Dem klappigen Kelche schliesst sich bei den Columniferen dann oft eine gedrehte Krone an. Im Uebrigen beherrscht die Blüthen der fünfzählige, diplo- oder obdiplostemone Grundplan. Der aphanocyklische Charakter der Columniferen spricht sich wesentlich nur in der im Androeceum gemeinhin auftretenden, bis zu hochgradiger Polyandrie führenden Spaltung der Glieder, niemals im Perianth aus.

Die Ordnung umfasst nur drei Familien:

Tiliaceae. Blüthen mit diplostemonem Grundplan, durch weitgehende Spaltung der Staubblattanlagen meist hochgradig-polyandrisch. Staubbeutel dithecisch (zweifächerig) und intrors. Kelch und Krone freiblätterig.

Sterculiaceae. Blüthen obdiplostemon, die Kelchstamina stets unfruchtbar (ohne Anthere), die Kronstamina ein- oder mehrmal gespalten, daher das Androeceum schwach-polyandrisch. Staubbeutel bald dithecisch, bald monothecisch (einfächerig), aber stets extrors. Kelch verwachsenblätterig, Krone freiblätterig.

Malvaceae. Androeceum hochgradig-polyandrisch, unterwärts eine lange und enge, die Griffel umhüllende Röhre bildend, welche oberwärts in viele Fäden ausgeht, deren jeder einen monothecischen Beutel trägt. Kelch verwachsenblätterig, Kronblätter am Grunde unter sich und mit der Staubfadensäule verwachsen.

Tiliaceae.

Die Familie der Tiliaceen umfasst etwa 330 über die ganze Erde verbreitete Bäume und Sträucher mit meist abwechselnden, einfachen Blättern und kleinen, hinfälligen Nebenblättern. Die fast durchgehends zweigeschlechtigen Blüthen sind — wie bei allen Columniferen — aktinomorph und in den typischen Fällen nach der Formel

$$K\ 5,\ C\ 5,\ A\ \infty,\ G\ \underline{(5)}$$

aufgebaut. Den meist vorhandenen beiden transversalen Vorblättern folgt der klappige, freiblätterige Kelch in normaler Stellung; sein genetisch zweites Blatt ist der Abstammungsaxe zugekehrt. Die fünf mit den Kelchblättern alternirenden, völlig freien Kronblätter decken sich in der Knospe nicht rein rechts- oder linksgedreht; gewöhnlich steht das median-vordere ganz aussen, so dass es die beiden benachbarten aufsteigend deckt. In der Krone der Tiliaceenblüthe combinirt sich also die gedrehte Knospenlage mit der dachigen. (Vgl. Fig. 233.)

Der Bau des Androeceums zeigt die meisten und wichtigsten Abänderungen; doch lassen sich alle unter einen gemeinsamen Gesichtspunkt bringen, wenn man mit Eichler für die Tiliaceenblüthe ein diplostemones Androeceum annimmt, wie es in einigen Fällen rein vorliegt. Es folgen dann fünf äusseren (den episepalen) fünf innere (die epipetalen) Staubblätter im regelmässigen Wechsel. Diesem einfachsten Falle steht als Extrem das Vorkommen von 10 (5 episepalen und 5 epipetalen) vielgliedrigen Staubblattbrüderschaften („Adelphieen“, „Phalangen“) gegenüber. Man muss sich dabei die Bildung jeder Adelphie so denken, als hätte man ein ursprünglich einfaches Staubblatt der Länge nach pinselförmig in Fäden zerspalten, und jedem Faden sei dann eine volle zweifächerige Anthere gegeben worden. Innerhalb der erörterten Extreme ergiebt sich nun eine Fülle von Abstufungen, je nachdem nur die episepalen oder nur die epipetalen fünf Staubblätter zu Adelphieen vervielfältigt sind, in welchen Fällen dann die nicht gespaltenen Staubblätter noch unfruchtbar werden können oder ganz verschwinden. In der Regel geht innerhalb jeder Adelphie die Spaltung sehr tief. Die zur Adelphie gehörigen Staubblätter sind nur am äussersten Grunde eben noch vereint. Tritt aber auch hier noch die Trennung ein, dann wird das Androeceum gleichmässig polyandrisch, nichts verräth mehr das gruppenweise Zusammengehören seiner Glieder.

Das Gynaeceum wird gewöhnlich von fünf synkarpen Fruchtblättern gebildet, welche — wie es bei diplostemonen Blüthen üblich — episepal stehen, doch kommt auch Stellung über den Kronblättern vor. Sind nur zwei Carpelle vorhanden, dann stehen sie, der allgemeinen Regel folgend, median (vorn und hinten). Den der Zahl der Fruchtblätter entsprechend gefächerten Fruchtknoten krönt ein einfacher Griffel. Die anatropen Samenanlagen hängen gewöhnlich zu 1—2 im oberen Innenwinkel der Fruchtfächer, oder sie ordnen sich bei Mehrzahl in zwei bis viele Reihen.

Die Früchte sind nuss-, steinfrucht- oder beerenartig. Die Samen führen fleischiges Nährgewebe und einen geraden oder gekrümmten Keimling.

Officinelle Arten enthält nur die Gattung

Tilia L.

Die Gattung Tilia umfasst die als Linden bekannten, der nördlich-gemässigten Zone angehörigen Bäume. Nach der Erörterung des Blüthenbaues der ganzen Familie ist es leicht, den Charakter der Gattung auszudrücken: Die Gattung Tilia zeichnet ihre fünfzähligen Blüthen aus durch völlige Unterdrückung der fünf äusseren (episepalen) Staubblätter und Spaltung der fünf inneren (epipetalen) zu ebensovielen Gruppen (Adelphieen) nur am äussersten Grunde noch zusammenhängender oder ganz freier Staubblätter. Die Blüthenformel ist deshalb zu schreiben

Fig. 233. Diagramm der Blüthe von Tilia grandifolia. (Nach Eichler.)

$$K\ 5,\ C\ 5,\ A\ 0 + 5^{\infty},\ G\ (\underline{5}).$$

Ihr entspricht das in Fig. 233 gegebene Diagramm, aus welchem zugleich die klappige Lage des Kelches, die gedreht-dachige Lage der Krone und die episepale Stellung der Fruchtblätter erhellt. Im Besonderen ist nun noch zu merken, dass die Staubbeutel durch die Verbreiterung des Connectivs deutlich halbirt werden, wobei sich die Beutelhälften fast extrors zur Seite wenden. Sie öffnen sich mit Längsriss. Der von dem einfachen Griffel mit erweiterter Narbe gekrönte Fruchtknoten enthält in jedem seiner fünf Fächer zwei aufsteigende apotrope Samenanlagen wie in Fig. 33, von denen meist nur eine einzige, selten die beiden eines Faches zu Samen ausreifen. Die Frucht wird dadurch einfächerig und einsamig, und, da sie nicht aufspringt, nussartig.

Höchst eigenartig ist der Aufbau der blühenden Zweige und der Blüthenstände. Im Frühjahr treibt jede nur von zwei Schuppen (ihren Vorblättern) geschützte Knospe zu einem zweizeilig mit fünf schief-herzförmigen Blättern besetzten Spross aus, welcher blind, d. h.

ohne Gipfelknospe, scheinbar mit dem fünften Laubblatte endet. Kurz nach dem Laubaustrieb fallen die paarig am Grunde der Blätter stehenden, den Knospenschuppen ähnlichen Nebenblätter ab, und nun gewahrt man in den Achseln aller Laubblätter neue Knospen, von welchen die vier obersten noch im laufenden Jahre zum Austrieb kommen. Es sind die Blüthenstandsknospen. Jede derselben wird zu einem Spross, dessen Bild Fig. 234 giebt. Seine Spitze schliesst mit der Endblüthe t ab. An seiner Axe sitzen die fünf Blätter α, β, γ, δ, ε. Von diesen stehen α und β transversal zu dem Laubblatt, in dessen Achsel sich der Spross entwickelte; α und β sind mithin seine beiden Vorblätter, an welche sich δ, γ, ε in $^2/_5$-Stellung anschliessen. Auffällig ist an dem Sprosse die ungewöhnliche Grösse des Vorblattes α, mit dessen Mittelrippe die Sprossaxe bis zu halber Höhe verwachsen ist. Das α-Vorblatt ist zu einem seitlich stehenden Flügel entwickelt. In den Achseln der Blätter δ und ε entwickelt sich je eine Seitenblüthe, deren Stiel unterwärts mit dem zugehörigen Deckblatt (δ resp. ε) verwachsen ist. Jede Seitenblüthe beginnt wieder mit zwei Vorblättern (welche man wieder als α- und β-Vorblatt bezeichnen müsste). Aus dem oberen derselben (dem β-Blatt) setzt sich dann die weitere Verzweigung fort. Dieselbe stimmt also im Wesentlichen mit dem Typus der Caryophylleen-Verzweigung (S. 289) überein.

Fig. 234. Aufbau des Blüthenstandes (der „Cyma“) von Tilia grandifolia. Der mit dem gemeinsamen Blüthenstiele (der Sprossaxe) verwachsene Flügel ist das ungewöhnlich stark entwickelte α-Vorblatt des Sprosses, dessen Gipfelblüthe bei t angedeutet ist. (Nach Eichler.)

Ebenso auffällig wie die Ausbildung des α-Vorblattes des ganzen Blüthensprosses zu einem grossen Flügel ist, mit dessen Hilfe später der Herbstwind die Fruchtstände hoch in die Luft wirbelt, ist die Entwickelung einer in der Achsel des grundständigen β-Vorblattes sitzenden Knospe, welche jedoch erst im folgenden Frühjahr in der oben angegebenen Weise ausschlägt. Ihr Vorhandensein führt aber leicht zu einer Täuschung. Da der Blüthenstand und die an seinem Grunde in der Achsel seines β-Vorblattes entwickelte Knospe in der Achsel eines Laubblattes stehen, so wird der Anschein erweckt, als sei die Knospe die normale Achselknospe des Laubblattes und der Flügel des Blüthenstandes ein Deckblatt.

Die Arten der Gattung Tilia gruppiren sich zu zwei Untergattungen:

1. Pentapetalae. Krone radförmig sich ausbreitend, Androeceum aus 20—40 Staubblättern bestehend, ohne Staminodien.

2. Decapetalae. Krone nicht völlig sich ausbreitend, Androeceum aus 50—70 Staubblättern bestehend, das innerste Glied

jeder der fünf Adelphieen zu einem kronblattartigen Staminodium ausgebildet, so dass jede Blüthe scheinbar eine „innere Krone" zwischen Androeceum und Gynaeceum führt.

Zu den „pentapetalen" Linden gehören die beiden officinellen Arten:

1. *Tilia parvifolia* Ehrh., die Winterlinde, ein häufig gepflanzter Baum mit beiderseits kahlen, unterseits blaugrünen, in den Winkeln der stärkeren Adern rostgelb bärtigen Blättern und reichblüthigen Blüthenständen. Blüht im Juni und Juli.

Synonym sind *Tilia cordata* Mill., *T. ulmifolia* Scop., *T. microphylla* Vent. Als Varietät unterscheidet man *Tilia intermedia* DC. (= *T. vulgaris* Hayne); sie trägt grössere, unterseits nicht blaugrüne Blätter mit weisslichen Aderbärten und weniger reichblüthigen Inflorescenzen (meist mit fünf Blüthen).

2. *Tilia grandifolia* Ehrh., die Sommerlinde, belaubt sich etwa 14 Tage früher als die Winterlinde mit beiderseits grünen, weichhaarigen Blättern, welche die Blätter der Winterlinde meist an Grösse bedeutend übertreffen. Die Blüthenstände sind auffällig armblüthig, meist 3-blüthig, seltener 5-blüthig. Die einzelnen Blüthen sind grösser als die der Sommerlinde. Dem früheren Laubausbruch entspricht die frühere Blüthezeit (Anfang Juni).

Synonym sind *Tilia platyphylla* Scop. und *T. pauciflora* Hayne.

Die Blüthenstände (incl. des Flügels) der beiden vorgenannten Arten (welche Linné als eine einzige Art, *Tilia europaea*, ansah) sind officinell als Flores Tiliae Ph. G. II. 111. Der aus ihnen hergestellte „Lindenblüthenthee" wirkt gelind schweisstreibend. Aqua Tiliae, Lindenblüthenwasser, ist ein nicht mehr officinelles Destillat der frischen oder trockenen Lindenblüthen.

3. *Tilia tomentosa* Moench, die in Ungarn heimische, bei uns als Zierbaum angepflanzte Silberlinde, mit oberseits fast kahlen, grünen, unterseits dicht weissfilzig-behaarten Blättern und wenigblüthigen Inflorescenzen gehört zu den „decapetalen" Linden. Die viel robusteren Blüthenstände mit grösseren Blüthen und oft mehr als 2 cm breitem Flügel lässt die Ph. G. II. ausdrücklich nicht als Flores tiliae zu.

Synonyme sind *Tilia argentea* Desf. und *T. alba* W. K.

Sterculiaceae.

Der einheitliche Charakter, welcher die mehr als 500 ausschliesslich den Tropen angehörigen Arten der Sterculiaceen verbindet, liegt in der Obdiplostemonie des Androeceums ihrer Blüthen. Spricht sich allein schon hierin eine Bevorzugung des epipetalen Staubblattkreises aus, so wird diese bei den Sterculiaceen noch in doppelter Art gefördert. Einerseits werden die innerhalb des epipetalen Staubblattkreises angelegten episepalen Staubblätter niemals fruchtbar entwickelt, niemals sind sie mit Staubbeuteln versehen. Im günstigsten Falle erscheinen sie als blumenblattartige Spitzen, doch häufiger verkümmern sie und sind in vielen Fällen völlig unterdrückt. Mit dieser Neigung zur Unterdrückung der episepalen Staubblätter geht andererseits die üppigere Entfaltung der epipetalen Hand in Hand. Wir finden sie zwar auch noch oft mit nur einer Anthere, häufiger aber treten statt dieser zwei oder drei, ja selbst bis fünf auf. Die Zahl der fruchtbaren Staubblätter schwankt mithin zwischen 5—25. Dass nun die Vermehrung der Antheren auf Spaltung ursprünglicher Anlagen beruht, lehrt uns sowohl der Verfolg ihrer Entwickelung als auch das häufige Vorkommen monothecischer Antheren, welche nichts anderes als Hälften normaler, dithecischer sind. Durchgreifend ist dabei für die ganze Familie die extrorse Stellung der Antheren. Während nun den Tiliaceenblüthen das Streben innewohnt, die Glieder des Androeceums völlig zu isoliren, den Zusammenhang innerhalb jeder Adelphie aufzuheben, tritt bei den Sterculiaceen das Umgekehrte ein. Die Filamente aller Glieder des Androeceums verbreitern sich unterwärts bandartig und verwachsen mit wenigen Ausnahmen am Grunde zu einer geschlossenen Röhre, sie bilden eine „monadelphische Phalanx". Dieses einbrüderige Zusammenhalten findet sich auch im Kelch der Sterculiaceen ausgeprägt. Die 5 Kelchblätter sind stets am Grunde verwachsen und bilden einen trichterförmigen oder glockigen Becher, während die freien Zipfel in der für die Ordnung charakteristischen Weise klappig zusammenschliessen. Die Kronendeckung ist ausnahmslos gedreht. Die Ausbildung des Gynaeceums und der Früchte ist in ähnlicher Weise mannichfaltig wie bei den Tiliaceen, nur wiegt bei Fünfzahl der Fruchtblätter deren epipetale Stellung, dem obdiplostemonen Blüthenbau entsprechend, vor.

Ohne auf die Familie näher einzugehen, besprechen wir nur:

Theobroma Cacao L.

Der Cacaobaum (Fig. 235) gehört der als Büttnerieen bezeichneten Unterfamilie der Sterculiaceen an. Seine scheinbar aus dem Holz des Stammes und der Aeste, in Wirklichkeit aus der Achsel längst abgefallener Blätter meist zu dreien büschelig hervorbrechenden Blüthen führen einen rosenrothen, tief-fünftheiligen, bleibenden Kelch mit länglich-lanzettlichen, spitzen, abstehenden, später zurückgeschlagenen Zipfeln. Die rosenrothen Kronblätter sind wie bei allen Büttnerieen charakteristisch gegliedert. Einem kapuzenförmigen Basaltheil sitzt ein stark verschmälerter und zurückgekrümmter, weiterhin spatelförmiger Spreitentheil auf. Die monadelphisch verwachsenen Staubblätter bilden einen den Fruchtknoten umhüllenden Becher, auf dessen Rande fünf episepale, lang und spitz ausgezogene Zipfel aufgesetzt sind, welche, die Griffel weit überragend, über dem Gynaeceum zusammenneigen. Diese Zipfel stellen die unfruchtbaren episepalen Staubblätter (Staminodien) dar. Zwischen ihnen sind dem Becherrande die fünf viel kürzeren, fruchtbaren, epipetalen Staub-

Fig. 235. Theobroma Cacao. Etwa 1/8 nat. Gr. (Nach Baillon.)

blätter eingefügt. Ihr fadenförmiger Theil krümmt sich so nach aussen, dass die Antheren in den Kapuzentheil der vor ihnen stehenden Kronblätter hineinragen. Jede Anthere führt vier kreuzförmig angeordnete Pollenfächer. Dieselben gehören paarweis zusammen. Die beiden Fächer jeder Seite entsprechen einer normalen Anthere, wie es das Diagramm Fig. 236 zum Ausdruck bringt. Jedes Pollenfach öffnet sich mit einem Längsriss. Das Gynaeceum zeigt einen fünfkantigen Fruchtknoten mit fünf epipetalen Fächern und einen in fünf Narbenschenkel ausgehenden Griffel. Im Innenwinkel jedes Fruchtknotenfaches sitzen zwei Reihen horizontal-pleurotroper Samenanlagen.

Fig. 236. Diagramm von Theobroma Cacao.

Die Frucht ist eine gurkenähnliche, 15 bis 20 cm lange Beere mit 10 buckelig-unebenen, stumpfen Längsrippen. Unter der lederigen, hochgelben, orangefarbenen oder röthlichen Fruchtschale folgt das wenig fleischige, blassgelbe bis lebhaft rothe oder purpurviolette, zur Reifezeit völlig austrocknende Mesokarp. Das Endokarp bildet eine farblose, schleimige Masse um die zahlreichen, grossen Samen. Die Scheidewände lösen sich zur Reifezeit von der Fruchtwand und liegen als papierartige Lappen zwischen den Samen, welche durch die centrale Placentarsäule zusammengehalten werden. Die eiförmigen, etwas plattgedrückten, bis über 25 mm langen Samen, gewöhnlich Cacaobohnen genannt, sind frisch farblos und fleischig; trocken zeigen sie eine dünne, zerbrechliche, hellbraune Schale, unter welcher die innere Samenhaut ein dünnes, schlüpfriges, trocken seidenpapierähnliches Häutchen bildet, dessen Falten sich in die Spalten der unregelmässig zerknitterten, dickfleischigen Keimblätter des geraden Embryos fortsetzen. Die Keimblätter bilden die Hauptmasse des Samens. Frisch sind sie weiss und fleischig; trocken sind sie grau, violett bis schwarzbraun und auffällig spröde. Bei geringem Druck zerspringen sie in scharfkantige Stücke.

Die vegetativen Verhältnisse betreffend, ist zu bemerken, dass der Cacaobaum bei 15—20 cm dickem Stamme eine Höhe von 4—12 m erreicht. Seine reichbelaubte, ausgebreitete Krone trägt kurzgestielte, eiförmige, ganzrandige, zugespitzte, nach unten keilig verschmälerte oder abgerundete, beiderseits kahle Blätter von 20—30 cm Länge. Die jungen Blätter sind rosenroth, von linealisch-pfriemlichen, hinfälligen Nebenblättern begleitet.

Die Heimath des Cacaobaumes ist das tropische Amerika, wo er in geschützten Thälern und an Flussufern gedeiht. Wegen der Samen wird er in seiner Heimath, sowie im tropischen Asien und Afrika cultivirt. Er blüht das ganze Jahr hindurch, setzt aber nur wenige Früchte an, welche jährlich zweimal (im Frühjahr und Herbst) eingesammelt werden. Die den Früchten entnommenen Samen werden gewöhnlich vor dem Trocknen einem Gährungsprocess unterworfen, damit sie ihren bitteren Geschmack verlieren und ihr eigenartiges Aroma annehmen.

Das durch Auspressen aus den Samen gewonnene, bei gewöhnlicher Temperatur feste Oel (Cacaobutter), ist officinell als Oleum Cacao Ph. G. II. 192. Es schmilzt bei 30—35° und zeigt unter allen Fetten die geringste Neigung zum Ranzigwerden, worauf sich seine pharmaceutische Verwendung stützt. Es wird zu Augensalben und kosmetischen Präparaten (Lippenpomade u. dergl.) benutzt. Hochgeschätzte Genussmittel sind die aus den gerösteten und entölten Cacaosamen hergestellten Präparate, welche als Cacao schlechthin, als Chocoladenmasse, Gesundheits-Chocolade etc. in den Handel kommen. Sie enthalten das ähnlich wie Coffeïn wirkende Alkaloïd Theobromin. Dasselbe ist auch in den Schalen der Cacaobohnen enthalten; die Schalen können deshalb an Stelle des Kaffees zum Theeaufguss (als Cacaothee) benutzt werden.

Malvaceae.

Die Familie der Malvaceen bringt die in der Reihe der Columniferen ausschlaggebenden Eigenheiten am vollendetsten zum

Ausdruck. Den Tiliaceen ist, wie wir hervorgehoben haben, die weitgehende, zu hochgradiger Polyandrie führende Spaltung im Androeceum eigen, aber es herrscht zugleich ein Streben, alle Glieder der Blüthe zu isoliren (Kelchblätter frei, Kronblätter frei, Glieder der Adelphieen annähernd oder ganz frei, selbst das Gynaeceum kommt freiblätterig, apokarp vor). Bei den Sterculiaceen tritt die Spaltung im Androeceum zurück, die Blüthe beherrscht vielmehr ein Streben, alle Glieder ihrer Kreise zu consolidiren. (Die Kelchblätter verwachsen, die Kronblätter bleiben noch frei, aber das Androeceum bildet stets eine monandrische Phalanx, und das Gynaeceum ist ausnahmslos synkarp.) Die Malvaceen combiniren die extremen Eigenschaften. Ihr Androeceum wird durch die Spaltungen zwar hochgradig polyandrisch; die Spaltung geht selbst so weit, dass wir auf den Filamenten nur halbe Antheren antreffen, aber zugleich beherrscht alle Blüthenkreise die Tendenz, die Glieder unterwärts monadelphisch zu vereinen: Die Kelchblätter sind am Grunde verwachsen, die Kronblätter sind am Grunde nicht nur unter sich, sondern auch mit dem Androeceum vereint — beim Welken fallen deshalb Krone und Androeceum in einem Stücke ab —, und das Androeceum bildet unterwärts durch Verwachsung aller Glieder eine lange Röhre, eine hohle Säule, deren Vorhandensein der ganzen Ordnung ihren Namen Columniferae, d. h Säulenträger, verschafft hat. Auch das Gynaeceum entspricht jener Tendenz zur Verwachsung; wir treffen es fast ausnahmslos synkarp. Zugleich tritt aber auch bei ihm nicht selten — und darin liegt ein hervorstechender Charakter der Malvaceen — die auf Spaltungen der Anlagen beruhende vielgliederige Ausbildung auf. Die Zahl der Fruchtblätter bewegt sich meist zwischen 5—20, doch kommen selbst 50 und mehr vor. Die Blüthenformel ist nach dieser Darstellung:

$$K(5),\ \underbrace{C\,5,\ A(\infty)}\!,\ G\underline{(\infty)}.$$

Die C und A verbindende Klammer soll hier den Zusammenhang zwischen Krone und Androeceum andeuten; die schwache Verwachsung der Kronblätter unter sich ist nicht durch eine Klammer ( ) angegeben.

Zu den drei Haupteigenheiten, welche die Worte Polyandrie, Polykarpie und Monadelphie zusammenfassen, tritt bei den Malvaceenblüthen noch eine bemerkenswerthe Erscheinung. Häufig findet man dicht unter dem Kelch einen Kranz von Hochblättern, welche man als Aussen- oder Hüllkelch (Involucrum) bezeichnet. Morphologisch entsprechen sie den Vor- und Zwischenblättern, wie wir sie schon an der Primanblüthe der Lindeninflorescenz kennen gelernt haben (α, β, γ, δ, ε in Fig. 234). Bei den Malvaceen sind diese Hochblätter aber kräftig entwickelt, bleibend und beeinflussen die Orientirung der ganzen Blüthe. Während bei den hüllkelchlosen Malvaceengattungen der Kelch in der gewohnten Weise sein unpaares

Blatt median nach hinten wendet (wie in Fig. 233 und 236), kehrt sich beim Vorhandensein des Hüllkelches die Stellung des Kelches und damit aller folgenden Kreise der Blüthe gewöhnlich um; das unpaare Kelchblatt fällt nach vorn. Diese Umkehr wird leicht verständlich, wenn ein 5-blätteriger Hüllkelch vorliegt, dessen Blätter wir nach „Primulaceenstellung" (Fig. 151) mit α, β, γ, δ, ε bezeichnen wollen. Es ergiebt sich dann für das Perianth das Bild dreier regelmässig alternirenden Kreise, wie es Fig. 237 (links) darstellt. Sind nun die Blätter α und β unterdrückt, dann ergiebt sich der Fall des 3-blätterigen Hüllkelches, Fig. 237 (rechts), wie er bei Malven nicht selten vorkommt. α und β können dann zugleich als die Vorblätter der Blüthe angesehen werden.

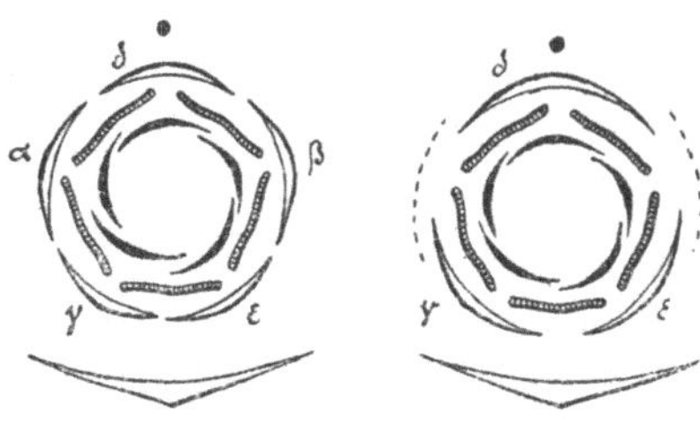

Fig. 237. Diagramm des Perianths mit Hüllkelch umgebener Malvaceenblüthen. Links ist der Hüllkelch fünfblätterig (α, β, γ, δ, ε), rechts dreiblätterig. In beiden Fällen steht ein Kelchblatt median vorn und die Kronblätter decken links-gedreht.

Dieser Auffassung entspricht das Verhalten der Blüthenstände der Gattung Malva. Man findet hier in der Achsel der Laubblätter blühender Triebe zunächst eine Blüthe (Fig. 238). Ihr Deckblatt ist das Laubblatt. Vom Grunde des Blüthenstieles gehen aber, etwas nach hinten verschoben, zwei Zweige ab, welche wegen ihrer Stellung als α- und β-Spross angesehen werden müssen, obwohl die Vorblätter α und β nicht vorhanden sind. Der α-Spross ist ein Laubspross, der β-Spross ist eine Blüthe, eine „Secundanblüthe", welche sich ähnlich so verhält, wie die „Primanblüthe", von der wir ausgingen. Die Secundanblüthe erzeugt an der ihrem β-Vorblatt entsprechenden Stelle eine neue, eine „Tertianblüthe", und so geht es fort. Man wird hieraus leicht erkennen, dass die Blüthen als Wickel aneinandergereiht sind und zwar so, dass die Wickelbildung aus dem β-Vorblatt geschieht. Die gleiche Verzweigung kommt nun allen übrigen Malvaceen zu. Verschiedenheiten liegen nur in der Zahl der zu einer Wickel gehörigen Blüthen und dergl.

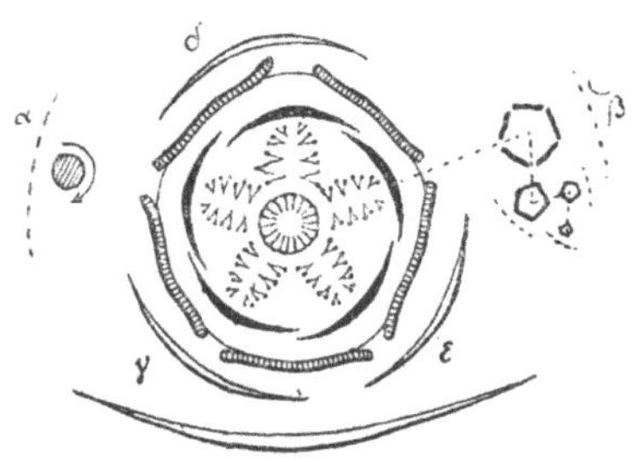

Fig. 238. Diagramm einer Blüthe von Malva mit Andeutung der an Stelle von α und β stehenden Zweige. Bei α entwickelt sich ein Laubspross, bei β eine Blüthenwickel.

Was die Plastik der Blüthen anbetrifft, so kann auf die nachfolgenden Gattungs- und Artbeschreibungen verwiesen werden. Hier mag nur bemerkt werden, dass die Malvaceen in etwa 700 Arten über die ganze Erde mit Ausnahme der arktischen Gebiete verbreitet sind. Sie treten als Kräuter, Sträucher und Bäume mit einfachen, handnervigen oder handförmig-gelappten, wechselständigen Blättern auf. Unscheinbare, hinfällige Nebenblätter sind allen Arten eigen.

Besprechung verdienen nur einige Gattungen:

1. Malva L.

Die Gattung Malva vereinigt einjährige und ausdauernde, meist behaarte Kräuter mit gestielten, handförmig-gelappten oder handförmig-getheilten Blättern und in den Blattachseln büschelig-gehäuften Blüthen, deren Anordnung in Wickeln oben eingehend besprochen wurde. Selten begegnet man Arten mit einzelnen, gestielten Blüthen, an deren Grunde sich einseitig der Laubspross entwickelt. Die Bildung grosser, endständiger, zusammengesetzter Blüthentrauben ist der Gattung fremd. Die Einzelblüthen führen einen dreiblätterigen Aussenkelch, einen fünfspaltigen Kelch und fünf, meist schmale, verkehrt-herzförmige Kronblätter. Die enge, die Griffel umschliessende Staubfadenröhre ist bis dicht unterhalb der sich kopfig zusammendrängenden Staubbeutel geschlossen. Die kurzen, die Beutel tragenden freien Fädchen gehören entwickelungsgeschichtlich paarweis zusammen, wie es das Diagramm Fig. 238 andeutet. Die zusammengehörigen Paare stehen ursprünglich in radialen Reihen hinter resp. über einander, und je zwei solcher Reihen stehen einander genähert vor einem Kronblatt. Es herrscht deshalb die Anschauung, dass je zwei zusammengehörige Reihen aus einer epipetalen Anlage hervorgegangen sind. Bei der Gattung Malva entwickelt jede Radialreihe gewöhnlich 4—8 Paare von Staubblättern. Da nun 10 Radialreihen vorhanden sind, so ergeben sich durchschnittlich 80—160 einfächerige Antheren (Halbantheren) für jedes Androeceum. Dieselben sind nierenförmig und öffnen sich extrors mit Längsriss. Die Fruchtblätter schliessen zu einem vielfächerigen, scheibenförmigen Fruchtknoten mit gerundet-wulstigem Rande zusammen. Aus dem schwach eingedrückten Centrum der Scheibe erhebt sich der unterwärts einfache Griffel, welcher sich an seiner Spitze pinselartig in so viele fadenförmige Narbenschenkel spaltet, als Fruchtknotenfächer vorhanden sind. Jedes derselben enthält eine im Innenwinkel aufsteigende, anatrop-apotrope Samenanlage. Die reife Frucht zerfällt der Zahl ihrer Fächer entsprechend in nierenförmige, nichtaufspringende Theilfrüchtchen (Achaenen). Der das Achaenium ganz ausfüllende Same enthält kein Nährgewebe. Der Keimling ist gekrümmt; seine Keimblätter sind faltig oder in einander gewunden. Officinell ist:

1. *Malva silvestris* L., eine zweijährig und ausdauernd vorkommende, grössere Art mit rauhhaarigem, niederliegendem oder aufrechtem und dann meist ästigem, bis meterhohem Stengel. Die Lappen der handförmig-gelappten Blätter sind spitz und kerbig-gesägt; die Blattstiele sind abstehend behaart. Die ziemlich grossen, gestielten Blüthen breiten ihre über 2 cm langen, die Kelchzipfel 3—4-mal an Länge übertreffenden, hellpurpurnen, von dunkleren Streifen durchzogenen, tief ausgerandeten Kronblätter fast tellerförmig aus. Die Pflanze findet sich durch ganz Europa an Wegen und Zäunen, auch auf Schutt. Bei uns ist sie stellenweise sehr gemein. Sie blüht vom Juni bis in den Herbst hinein.

Die Blüthen sind officinell als Flores Malvae Ph. G. II. 110 s. Flores malvae silvestris v. Flores malvae vulgaris ibid. 334. Ihren Aufguss benutzt man als Gurgelwasser. Die schleimreichen Blätter werden als Folia Malvae Ph. G. II. 114 s. Herba malvae ibid. 335 geführt. Man benutzt sie zu schleimigen Kataplasmen; sie bilden einen Bestandtheil der Species emollientes Ph. G. II. 241.

2. *Malva neglecta* Wallr. (Fig. 239) ist eine einjährig und ausdauernd vorkommende Art mit niederliegendem Stengel und rundlich-herzförmigen, seicht 5—7lappigen Blättern. Die Blattstiele sind angedrückt behaart, die Lappen stumpf gerundet, gekerbt-gezähnt. Die kleinen Blüthen führen hellrosa bis fast weisse, meist trichterförmig zusammenneigende, tief-ausgerandete Kronblätter, welche den Kelch 2-bis 3-mal an Länge übertreffen. Die Fruchtstiele krümmen sich deutlich abwärts. Die Früchtchen sind glatt, ihr Rand abgerundet. Die Pflanze findet sich durch ganz Europa an Wegen und Zäunen, auf Triften und unbebauten Orten. Sie blüht vom Juni bis zum September.

Fig. 239. Malva neglecta.

Synonyme sind *Malva vulgaris* Fr. und *M. rotundifolia* aut. Die Blätter sind officinell als Folia Malvae Ph. G. II. 114, werden also von denen der vorigen Art nicht als besondere Droge (Folia Malvae minoris) unterschieden.

3. *Malva rotundifolia* L. gleicht im Aussehen der vorigen Art, unterscheidet sich aber durch kürzere, am Vorderrande nur seicht ausgeschweifte Kronblätter, welche den Kelch nicht überragen, sowie durch netzig-runzlige, scharfrandige Früchtchen.

Synonyme sind *Malva pusilla* With., *M. borealis* Wallmann und

M. Henningii Goldbach. Ihre Blätter wurden wie die der vorigen Art früher als Folia Malvae minoris geführt.

2. Althaea L.

Die Gattung Althaea ist von der Gattung Malva nur wenig unterschieden. Im Ganzen sind die Althaea-Arten robustere Gewächse mit grossen, an Rosen erinnernden Blüthen („Stockrosen"), welche mit 6—9-spaltigem Hüllkelch ausgestattet sind.

Althaea officinalis L., der Eibisch, ist eine mit kräftigem, bis 3 cm dickem Rhizom ausdauernde Pflanze. Die einzeln oder zu mehreren beisammen stehenden, aufrechten, über meterhohen, zerstreut-ästigen, innen markigen Stengel sind wie die Blätter, Blüthenstiele und Kelche sammetfilzig behaart. Die gestielten Blätter zeigen eiförmige, spitze, ungleich gekerbt-gesägte, schwach 3—5-lappige, am Grunde oft herzförmige Blätter. Die mittelgrossen Blüthen, welche ihre Vorblätter (wenigstens das β-Vorblatt) entwickeln, sitzen in den Blattachseln knäuelig-gehäuft. Ihre röthlich-weissen Kronblätter sind seicht ausgerandet und fast so breit wie lang. Die oben gewölbten Früchte sind am Rande abgerundet, kurz und dicht behaart.

Die Pflanze findet sich zerstreut durch ganz Europa, in Nord- und Westasien an Gräben und Zäunen, besonders in feuchten Gebüschen. Sie liebt salzhaltigen Boden. Ihre Blüthezeit fällt in den Hochsommer. Die getrockneten Blätter sind officinell als Folia Althaeae Ph. G. II. 112 s. Herba althaeae ibid. 335. Sie bilden wie die Malvenblätter einen Bestandtheil der Species emollientes Ph. G. II. 241 und Species ad Gargarisma Ph. G. I. Die bis 15 cm dicken und bis 50 cm senkrecht in den Boden hinabsteigenden, graugelblichen, innen weissen, schleimig-fleischigen Wurzeln der Pflanze werden im Frühjahr und im Herbst ausgegraben und bei gelinder Wärme getrocknet; sie bilden die Radix Althaeae Ph. G. II. 218. Geschnitten wird dieselbe viel begehrt als Althee oder Eibischthee. In gleicher Form macht sie einen Bestandtheil der Species pectorales Ph. G. II. 242 aus. Der Eibischaufguss ist stark schleimig und eigenartig süss. Gepulverte „Altheewurzel" (Eibischpulver) wird häufig zu Pillen und Pastillen verwendet, darf aber nur in geringer Menge der Pillenmasse zugesetzt werden, weil die Pillen sonst steinhart austrocknen. Syrupus Althaeae Ph. G. II. 255 wird als Altheesyrup, Eibischsaft oder weisser Brustsaft oft in der Kinderpraxis verschrieben.

3. Gossypium L.

Die hochwichtige Gattung Gossypium gehört einer besonderen Gruppe der Malvaceen, den Hibisceae, an. Diese unterscheiden sich von den echten Malven, den Malveae, dadurch, dass sich die Staubfadenröhre über die Antheren hinaus in fünf nackte Zähnchen oder Schüppchen fortsetzt, und dass ihre Früchte aus meist wenigen (2—5) Carpellen gebildete, fachspaltige Kapseln sind, niemals also in einsamige Theilfrüchte zerfallen.

Für die Gattung Gossypium gilt nun im Besonderen, dass die Blüthen von einem grossen, von drei herzförmigen Blättern gebildeten Hüllkelch umgeben sind. Der Kelch ist abgestutzt oder kurz 5-zähnig, auf seiner Aussenseite wie auch der Hüllkelch häufig schwarz punktirt. Der 3—5-fächerige Fruchtknoten führt in jedem Fache zahlreiche Samenknospen und geht in einen keuligen, 3—5-furchigen, in die entsprechende Zahl von Narbenschenkeln spaltenden Griffel über. Die erbsengrossen Samen sind von langen, weichen, der ganzen Oberfläche ihrer Schale entspringenden Wollhaaren bedeckt. Sie enthalten wenig oder gar kein Nährgewebe. Der Keimling besitzt laubige, stark gefaltet geknitterte, oft schwarz punktirte Keimblätter, welche mit basaler Erweiterung (Oehrchen) die gerade Keimwurzel umwickeln.

Alle Arten sind kräftige, den Tropen angehörige Staudengewächse, welche ausdauernd gewöhnlich strauchig, selbst baumartig werden. Ihre Blätter sind meist handförmig 3—9-lappig, ihre Blüthen gross, meist gelb oder purpurn. Die Verwerthung der Samenhaare als Baumwolle hat den meisten Arten die höchste volkswirthschaftliche Bedeutung verschafft. Ihre Cultur wird in allen warmen Ländern (schon in Südeuropa) betrieben. Die wichtigsten Culturformen sind:

1. *Gossypium herbaceum* L., eine ein- oder zweijährige, vermuthlich aus Ostasien stammende Staude, welche in allen Baumwolle producirenden Ländern, besonders in Ostindien, Kleinasien und Südeuropa gebaut wird. Ihr krautiger Stamm trägt fünflappige Blätter mit kurzen, abgerundeten Blattlappen.

2. *Gossypium arboreum* L., ein kräftiger, baumartig werdender, im warmen Asien heimischer Strauch, wird namentlich in Ostindien, China, Aegypten und Westindien cultivirt. In seiner Heimath wird er 15—20 Jahre alt und liefert jährlich zwei Ernten; anderwärts geht er viel früher ein und muss wieder aus Samen, welche seiner Heimath entstammen, angezogen werden. Seine handförmigen Blätter führen lanzettliche Lappen.

3. *Gossypium barbadense* L., eine ausdauernde, krautige oder halbstrauchige, vermuthlich in Westindien heimische Art, wird in allen tropischen und subtropischen Ländern cultivirt. Die steifen Zweige des reichästigen, 2—3 m hohen Stammes sind reichlich schwarzdrüsig punktirt, oft purpurn überlaufen und weichhaarig. Die gestielten Blätter führen breite Spreiten mit herzförmigem Grunde.

Die untersten Blätter sind meist ungetheilt, eiförmig, die mittleren sind 5-lappig, die obersten 3-lappig. Die Lappen sind eiförmig-länglich, zugespitzt und ganzrandig. Die Blätter des Hüllkelches sind tief eingeschnitten-gelappt.

4. *Gossypium hirsutum* L., ein Strauch des wärmeren Amerika, namentlich in Westindien cultivirt, zeichnet sich durch rauhhaarige Zweige und Blattstiele aus.

5. *Gossypium religiosum* L., ein in China heimischer Strauch, trägt viel kleinere Kapseln als die vorigen Arten. Die Samenwolle ist hell- bis rostbraun.

Die genannten Arten und ihre vielen Culturvarietäten, die zum Theil für besondere Arten gelten, liefern den grösseren Theil der in den Handel kommenden Baumwolle, deren Verarbeitung viele Industriezweige beschäftigt. Die Güte der Wolle hängt nicht nur von der Stammpflanze, sondern auch von Klima, Boden und Culturverhältnissen ab. Die gereinigte Baumwolle bildet das Gossypium depuratum Ph. G. II. 126. Sie ist ein vorzügliches Verband- und Deckmittel, besonders bei offenen Wunden. Die Form, in welcher Baumwolle zur Verwendung kommt, ist sehr mannichfaltig. Antiseptische Watten (Salicyl-, Carbol-, Sublimat- und Jodoform-Watte), Baumwollencharpie, baumwollene Verbandstoffe etc. sind bekannte Verkaufsartikel. Collodium Ph. G. II. 60, in trockener Form als Lana Collodii, Pyroxylin oder Schiessbaumwolle bezeichnet, ist nitrirte Baumwolle (Cellulose). In Tafelform gepresstes Collodium ist das Celloïdin. Vorgeschriebene Präparate sind Collodium cantharidatum Ph. G. II. 61 und Collodium elasticum Ph. G. II. 62. Oleum Gossypii (Baumwollenöl) ist das durch Auspressen oder Extraction gewonnene fette Oel der Baumwollensamen. Es wird oft an Stelle des Olivenöles benutzt, zu dessen Verfälschungsmitteln es zählt.

IV. Reihe. Eucyclicae.

Der Name Eucyclicae (von εὖ, rein, unverfälscht, normal, und κύκλος, Kreis) hat die dreifache Bedeutung, dass den Blüthen der zur Reihe gehörigen Pflanzen 1) rein cyklischer, nicht durch Spiralstellungen gestörter Bau, 2) reine, nicht durch Spaltungen verwischte Zahlenverhältnisse innerhalb der Kreise und 3) rein hypogyne Einfügung von Perianth und Androeceum eigen ist. Die Vereinigung dieser drei Eigenheiten trifft man zwar auch bisweilen innerhalb anderer Reihen, doch machen sich dann weitere unterscheidende Merkmale geltend; so gehören die eucyklischen Caryophyllaceen wegen der freien Centralplacenta zur Reihe der Centrospermen, die Violaceen wegen der parietalen Placentation ihrer Samenanlagen zu den Cistifloren. Solche Fälle beweisen eben, dass wir es mit natürlichen Eintheilungsprincipien halten, bei welchen Ausnahmen vom einen oder anderen Merkmal keinen Belang haben.

Im Allgemeinen bringen die Eucyclicae den Typus der Dicotylenblüthe am reinsten zum Ausdruck. Den meisten entspricht das Diagramm Fig. 158 und die Blüthenformel

K 5, C 5, A 5 + 5, G 5.

Die Reihe zerfällt in vier Ordnungen:

1. **Gruinales.** Blüthen ohne Discus (vgl. S. 40); Androeceum meist obdiplostemon und vollzählig.
2. **Terebinthinae.** Blüthen mit intrastaminalem Discus; Androeceum meist obdiplostemon und vollzählig oder durch Fehlen der Kronstamina haplostemon.
3. **Aesculinae.** Blüthen mit extrastaminalem Discus; Androeceum obdiplostemon und oft durch Abort unvollständig.
4. **Frangulinae.** Blüthen mit verschieden entwickeltem Discus; Androeceum typisch haplostemon.

Gruinales.

Die Blüthen der Gruinales sind fast durchgehends 5-zählig, aktinomorph, mit Kelch und Krone ausgestattet. Ihr obdiplostemones Androeceum ist gewöhnlich vollzählig entwickelt, doch kommt Sterilwerden, rudimentäre Ausbildung, selbst völliges Fehlen der Kronstamina gelegentlich vor. Der fehlende Discus ist bisweilen durch einzelne Drüsen am Grunde der Staubblätter ersetzt. Das Gynaeceum bilden fast ausnahmslos fünf, der Obdiplostemonie entsprechend epipetale, synkarp zum vollständig gefächerten Fruchtknoten verwachsene Fruchtblätter. Die Samenanlagen sind hängend anatrop-epitrop.

Hierher die Familien der Geraniaceen, Tropaeolaceen, Oxalidaceen, Linaceen und Balsaminaceen. Zu besprechen ist nur:

Linum usitatissimum L.

Die Gattung Linum vertritt in ihren Charakteren zugleich die Familie der Linaceen. Ihre aktinomorphen, durch alle Quirle 5-zähligen Blüthen, mit seitlichen Vorblättern, normal orientirtem Kelch und gedrehter Krone zeigen die Besonderheit, dass das am Grunde monadelphische Androeceum seine epipetalen Glieder auf kurze sterile Zähnchen reducirt (Fig. 240), während das Gynaeceum mit freien Griffeln seine Fächer durch vom

Rücken der Fruchtblätter gegen das Centrum vordringende falsche Scheidewände halbirt. Der Fruchtknoten erscheint dadurch 10-fächerig, und jedes Fach enthält nur eine hängend-epitrope Samenanlage.

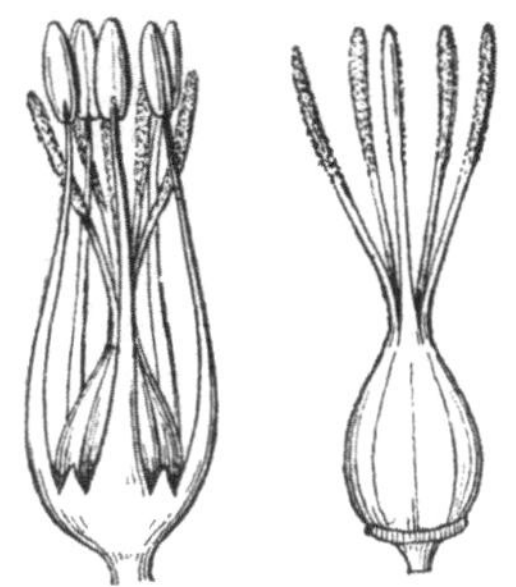

Fig. 240. Androeceum und Gynaeceum von Linum usitatissimum. Die Kronstamina sind nur als Spitzen zwischen den Kelchstamina entwickelt (4 mal vergr.). (Nach Berg und Schmidt.)

Alle Linum-Arten sind einjährige oder ausdauernde Kräuter mit schmalen, ganzrandigen, meist wechselständigen Blättern. In der Blüthenregion sind sie meist rein dichasisch oder nach dem Caryophylleentypus (vgl. S. 289) verzweigt.

Linum usitatissimum L., der Lein oder Flachs (Fig. 241) ist eine einjährige Art mit steif aufrechtem, kahlem, bis 60 cm hohem, nur in der Blüthenregion verzweigtem Stamme und schmallanzettlichen, spitzen, kahlen, graugrün bereiften Blättern. Die im Juni und Juli sich entfaltenden, mässig grossen Blüthen führen einen grünen, freiblätterigen, bleibenden Kelch, mit eiförmigen, zugespitzten, am Rande fein gewimperten Blättern. Die himmelblauen, spatelförmigen Kronblätter sind äusserst hinfällig. Die fünf fruchtbaren Staubblätter tragen auf dem weissen, unterwärts bandartig-flachen Faden je einen intrors mit Längsrissen sich öffnenden, blauen Staubbeutel. Der Fruchtknoten wird zu einer 6—7 mm im Durchmesser haltenden, vom aufrechten Fruchtstiele getragenen, kahlen Kapsel, in welcher gewöhnlich alle zehn Samen völlig ausreifen (Fig. 242).

Fig. 241. Linum usitatissimum.

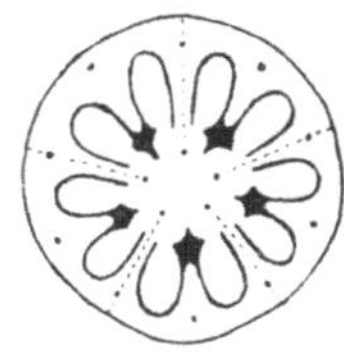

Fig. 242. Querschnitt durch die Kapsel von Linum usitatissimum. Die 5-fächerige Anlage ist durch die punktirten Linien hervorgehoben; der Raum zwischen je zweien derselben entspricht einem Fruchtblatt. Zwischen den beiden Samen je eines Faches schiebt sich die falsche Scheidewand ein. (Vergr.) (Nach Berg und Schmidt.)

Der Lein ist eine der ältesten Culturpflanzen, deren Vaterland nicht sicher bekannt ist. Er wird als Gespinnstfaserpflanze durch ganz Europa, in Aegypten, Nordafrika, Nordamerika, Brasilien, Australien und in Ostindien gebaut. Man unterscheidet zwei Hauptformen:

a. *vulgare* Schübler et Martens, den Dreschlein, dessen reife Kapseln sich nicht öffnen, weshalb die Samen ausgedroschen werden müssen, und

b. *crepitans* Schübler et Martens, den Springlein, dessen Kapseln septicid und loculicid aufspringen (Fig. 243).

Fig. 243. Aufspringende Kapsel von Linum usitatissimum var. crepitans, vom bleibenden Kelch umgeben. Natürl. Gr.)

Die flachen, im Umriss eiförmigen, glänzenden, 4—6 mm langen Samen (die von a sind dunkelbraun, die von b sind heller) enthalten spärliches Nährgewebe und einen geraden Keimling mit flach aufeinanderliegenden Keimblättern (Fig. 1). Sie sind officinell als Semen Lini Ph. G. II. 238. Warm ausgepresst liefern sie Oleum Lini Ph. G. II. 198, das Leinöl, welches ausser zu medicinischen Zwecken vielfach technisch verwendet wird. Es gehört zu den trocknenden fetten Oelen und wird dementsprechend leicht ranzig. Frisch ausgepresstes Leinöl ist auf dem Lande ein beliebtes Speiseöl. Der Pressrückstand der Samen bildet die Leinkuchen, Placenta Seminis Lini Ph. G. II. 211, welche gepulvert Farina Lini, das Leinmehl, geben. Leinkuchen sind ein billiges Material zu schleimigen, breiigen Umschlägen. Der Leinsamenschleim bildet sich durch Wasseraufnahme aus der Oberhaut der Samenschale.

Terebinthinae.

Die Terebinthinen stimmen im allgemeinen Blüthenbau mit den Gruinalen überein, kennzeichnen sich aber durch die Bildung eines deutlichen intrastaminalen Discus. Als solchen bezeichnet man eine ring- oder polsterförmige, bisweilen becherförmige Erweiterung des Blüthenbodens, welche sich zwischen Androeceum und Gynaeceum einschiebt. Mit wenigen Ausnahmen sind die Samenanlagen (wie bei den Gruinalen) epitrop. Die Mehrzahl der Terebinthinen sind Holzgewächse, welche sich durch reichen Gehalt an ätherischen Oelen und aromatischen Stoffen auszeichnen, worauf der Name der Ordnung hinweist. Es gehören hierher die Zygophyllaceen, Rutaceen, Simarubaceen, Burseraceen und die von allen durch apotrope Samenanlagen unterschiedenen Anacardiaceen.

Zygophyllaceae.

Die Zygophyllaceen sind die Terebinthinen mit wenigst entwickeltem Discus. Im Diagramm und selbst in der Plastik ihrer Blüthen stehen sie deshalb gewissen Gruinalen (den Geraniaceen) nahe. Ihre Blüthen sind aktinomorph, zweigeschlechtig und in allen Kreisen 5-zählig. Dem normal orientirten Kelch folgt die dachig-gedrehte Krone und 10 freie, introrse Staubblätter, deren Obdiplostemonie sich weniger in der Insertion als in der Rückwärtsbeugung, auch wohl in der Verkürzung der epipetalen geltend macht.

Sehr gewöhnlich ist an allen oder doch an den episepalen die Ausbildung gefranster oder schuppiger Staubfadenanhängsel. Das Gynaeceum ist stets synkarp und vollständig gefächert. Die Samenanlagen sitzen meist hängend im Innenwinkel der Fächer. Die Früchte zerfallen (ähnlich wie bei den Malven) in einzelne, den Carpellen entsprechende Schliessfrüchte, welche sich von einer bleibenden Mittelsäule, der Fortsetzung der Blüthenaxe, ablösen. Die Bildung septicider Kapseln beschränkt sich auf die hier allein in Betracht kommende Gattung Guajacum.

Die etwa 100 den heissen und wärmeren Gebieten der nördlichen Erdhälfte angehörenden Arten treten als Kräuter oder Sträucher, oft mit knotig-gegliederten Zweigen und gegenständigen, gefiederten Blättern auf. Die Blattstiele sind häufig flach oder geflügelt. Unter den Terebinthinen sind die Zygophyllaceen die einzigen, welche oft bleibende Nebenblätter entwickeln.

Zu besprechen ist nur:

Guajacum L.

Die Gattung Guajacum zeichnet sich innerhalb der Familie der Zygophyllaceen durch viele vom Typus abweichende Merkmale aus. Zunächst findet man gelegentlich durchgängig 4-zählige Blüthen und häufig auch bei 5-zähligen nur zwei oder drei Fruchtblätter, welche, wie schon betont, zur septiciden Kapsel werden. Die Blüthen sitzen zu 3 und mehr in einer Zweiggabel resp. zwischen zwei Blättern (vgl. Fig. 245). Diese sind stets paarig gefiedert und führen abfallende Nebenblätter. Kelch und Krone sind hinfällig, der intrastaminale Discus ist unansehnlich und den Staubfäden fehlen die typischen Anhängsel, oder sie sind doch nur als häutige Schüppchen auf der Innenseite der Fäden entwickelt, wie es das Diagramm Fig. 244 andeutet. Jedes Fruchtfach bildet nur einen eiförmigen Samen mit hornigem Endosperm aus.

Fig. 244. Diagramm der Blüthe von Guajacum angustifolium mit obdiplostemonem Androeceum und nur zwei Fruchtblättern. Die Schüppchen an der Innenseite der Staubfäden sind angedeutet. (Nach Asa Gray.)

Guajacum sanctum L. (Fig. 245) ist ein immergrüner Baum mit deutlich gegliederten Aesten. Seine Blätter führen 3—4 Paar sehr unsymmetrisch eiförmige, fast rhombische, ganzrandige Fiederblättchen. Die Blüthen sind durchweg 5-zählig, auch im Gynaeceum. Die pfriemlichen Staubfäden tragen keine Schuppenanhängsel. Die 5-fächerigen Kapseln sind fast geflügelt 5-kantig. Die Heimath des Baumes sind Südflorida, die Bahamas- und westindischen Inseln.

Guajacum officinale L. ist wie die vorige Art ein immergrüner Baum. Seine kurzgestielten Blätter tragen nur 2, selten 3 Paar unsymmetrisch-eiförmige Fiederblättchen. Die langgestielten Blüthen mit beiderseits seidenhaarigem Kelch und blassblauen, am oberen Rande fein gewimperten Kronblättern führen nur zwei Fruchtblätter, welche zu einer flachgedrückten im Umrisse breit-verkehrt-herzförmigen Kapsel werden. Die Heimath des Baumes sind die Nordküste Südamerikas und die westindischen Inseln.

Fig. 245. Guajacum sanctum. (Nach Baillon.)

Das Holz beider besprochenen Arten zeichnet sich durch seine Schwere (spec. Gewicht 1,3), geringe Spaltbarkeit und grosse Härte aus und ist deshalb für viele Drechslerarbeiten geschätzt. Man benutzt es viel zur Herstellung von Kegelkugeln. Die bei den Drechslerarbeiten sich ergebenden Abfälle bilden das Lignum Guajaci Ph. G. II. 155 s. Lignum sanctum ibid. 336 v. Lignum vitae. Die Ph. G. II. lässt nur das hellbraune, an der Luft olivengrün werdende, harzreichere Holz von *Guajacum officinale*, nicht das gelbliche, fast weissliche Holz von *G. sanctum* zu. Den aromatischen, an Benzoësäure erinnernden Geruch verdanken die Guajakhölzer ihrem Gehalt an Guajakharz, welches als Resina Guajaci s. Gummi Guajaci v. Guajacum officinell war. Es fliesst theils freiwillig aus den Bäumen aus, theils wird es durch Einschneiden der Bäume zum Ausfluss veranlasst. Ein Theil des Harzes wird durch Schwelen oder Auskochen des Holzes gewonnen. Das braunrothe Harz zeigt grosse Neigung, bei Zutritt von Licht und Luft zu oxydiren und grüne oder blaue Färbung anzunehmen. Es gilt als Mittel gegen rheumatische, scrofulöse und veraltete syphilitische Leiden. Zur Zeit ist Lignum Guajaci nur noch officinell als Bestandteil der Species Lignorum Ph. G. II. 241.

Rutaceae.

Die Familie der Rutaceen umfasst etwa 700, besonders den wärmeren Gegenden angehörige Arten. Die meisten sind Bäume und Sträucher, wenige sind Kräuter, alle aber sind reich an Oeldrüsen. Die 5- oder 4-zähligen Blüthen sind gewöhnlich aktinomorph und zwitterig. In dem obdiplostemonen Androeceum sind die Kronstamina oft unterdrückt. Der intrastaminale Discus ist meist ansehnlich entwickelt. Die Fruchtblätter verhalten sich sehr verschieden, und gründet sich darauf zum Theil die Gruppirung der Arten in Unterfamilien. Wir werden dieselben nur so weit berücksichtigen, als sie officinelle Vertreter haben, verknüpfen aber ihre Besprechung mit der Betrachtung der betreffenden Arten. Zur Familie gehören:

1. Ruta graveolens L.

Die Gattung Ruta gehört zur ersten Unterfamilie der Rutaceen, zu den Ruteae. Diese sind durch fast völlig apokarpe Fruchtblätter ausgezeichnet, welche nur am Grunde im Centrum der Blüthe zur Bildung eines gemeinsamen Griffels zusammentreten. Die Samenknospen hängen zu drei bis vielen im Innenwinkel jedes Carpells. Die reife Frucht ist eine Art Kapsel, deren Fächer sich reif fast völlig trennen und nun balgfruchtartige Theilfrüchte bilden, welche längs der Innennath loculicid aufspringen.

Die Gattung Ruta umfasst etwa 40 krautige, ausdauernde, oft am Grunde holzige (halbstrauchige) Arten, deren blühende Triebe sich nach dem Caryophylleentypus dichasisch-wickelig verzweigen, dabei aber das merkwürdige Verhalten zeigen, dass die Gipfelblüthe in allen Kreisen 5-zählig ist, während die Seitenblüthen durchweg 4-zählig sind. Die gelben oder grüngelben, wie alle Theile der Pflanze stark und unangenehm riechenden Blüthen führen einen bleibenden, am Grunde verwachsenblätterigen Kelch, kurz-genagelte, durch Aufbiegen der Ränder vertiefte Kronblätter und einen stark gewölbten, ringförmigen Discus. Die rings um den einfachen Griffel stehenden, durch tiefe Furchen gegen einander abgegrenzten Fruchtfächer zeigen je 6—12 hängende oder fast horizontale, epitrope Samenanlagen im Innenwinkel. Zur Reifezeit trennt sich die Fruchtwand nicht in gesonderte Schichten.

Ruta graveolens L., die Raute, erhebt ihre aufrechten, bis meterhohen Stengel zu mehreren bei einander. Die graugrün bereiften, gestielten, oberwärts fast sitzenden Blätter sind doppelt bis dreifach fiedertheilig, ihre Lappen spatelförmig und vorn breit-gerundet. In der Blüthenregion gehen die Laubblätter allmählich in die Form einfacher, laubiger Deckblätter über. Die auf dem Rücken gerundeten, etwas warzigen Früchte reissen auf der Innenseite bis auf den Rücken hin ein und werden dadurch kurz zweiklappig.

Die aus Südeuropa stammende Pflanze wurde bei uns als Arzneigewächs cultivirt und findet sich bisweilen in Weinbergen und an Mauern verwildert. Sie blüht vom Juni bis August. Ihre Blätter waren officinell als Folia Rutae. Sie enthalten, wie alle Theile des Krautes, das flüchtige, sehr giftige Oleum Rutae, Rautenöl, welches nur mit Vorsicht im Handverkauf abzugeben ist. Rautenblätter sind in einigen Gegenden Volksmittel.

2. **Pilocarpus pennatifolius** Lemaire.

Die Gattung Pilocarpus gehört zur zweiten Unterfamilie der Rutaceen, zu den Cusparieae, deren Blüthen niemals ihr Androeceum vollständig entwickeln. Entweder sind die Kronstaubfäden spurlos unterdrückt, oder sie sind als Staminodien ausgebildet; in einigen Fällen ist selbst ein Theil der Kelchstaubfäden staminodial verbildet, und die Blüthen werden dann median- oder schrägzygomorph. Auffällig sind ferner die vorkommenden Verwachsungsverhältnisse. Gewöhnlich kommen den Cusparieen verwachsenblätterige Kelche und selbst verwachsenblätterige Kronen zu. Der Rutaceencharakter spricht sich aber doch zweifellos in der Bildung des bis zur Becherform sich entfaltenden Discus und in dem Verhalten des Gynaeceums aus. Die Fruchtfächer führen nur zwei übereinanderstehende epitrope Samenanlagen. Zur Reifezeit sondert sich die innere Fruchtwand als elastisches Endokarp von der äusseren, dem Epikarp, ab.

Die Gattung Pilocarpus weicht unter allen Cusparieen am wenigsten vom Charakter der Ruteae ab. Die Blüthen sind gleichsam Rutablüthen ohne Kronstamina, mit lederigen, abstehenden oder zurückgeschlagenen Kronblättern. Die Fruchtfächer enthalten nur einen reifenden Samen ohne Nährgewebe.

Pilocarpus pennatifolius Lemaire ist ein Strauch Brasiliens mit dicht rothgelb behaarten Zweigen und lederigen, oberseits kahlen, unterseits kurzhaarigen, unpaarig 1—3-jochig gefiederten Blättern. Die seitlichen Fiederblättchen sind kurz gestielt oder sitzend, während das Endblättchen einem bis 3 cm langen Stiele aufsitzt. Die Blättchen sind lanzettlich oder eiförmig, etwas stumpf oder ausgerandet. Sie erreichen bis 16 cm Länge bei 4—7 cm Breite. Gegen das Licht gehalten erscheinen sie von Oeldrüsen punktirt. Die Blüthen bilden dichte, endständige Trauben.

Die Blätter sind officinell als Folia Jaborandi Ph. G. II. 113. Sie enthalten ein schweiss- und urintreibendes Alkaloïd, Pilocarpin, dessen Chlorverbindung als Pilocarpinum hydrochloricum Ph. G. II. 209 officinell ist. Pilocarpin hat die umgekehrten Wirkungen wie das bekannte Atropin (es verengert die Pupille und ist ein Gegenmittel bei Atropinvergiftung); es soll auch den Haarwuchs fördern.

Nach den Untersuchungen von Poehl ist die Stammpflanze der echten Jaborandi-Blätter *Pilocarpus officinalis* Poehl. Die Unterscheidung dieser Art gründet sich wesentlich auf die anatomischen Merkmale der Blätter. In Brasilien bezeichnet man übrigens die Blätter sehr verschiedener Pflanzen als Jaborandi. Ein Theil der Jaborandiblätter wird von Piper-Arten gesammelt, doch schliesst die Pharmakopoe die Verwendung solcher aus.

Eine ähnliche Unbestimmtheit liegt in der Bezeichnung Buccoblätter, Folia Bucco, Folia Diosmae oder Folia Barosmae. Man bezeichnet damit Blätter mehrerer Barosma-Arten und einer Empleurum-Art vom Cap der guten Hoffnung. Die Gattungen Barosma und Empleurum sind haidekrautartige Rutaceen, welche sich als Unterfamilie der Diosmeae an die Cusparieen anschliessen. In der Fruchtbildung stimmen beide wesentlich überein, doch enthalten die Samen der Diosmeen einen gekrümmten, die der Cusparieen einen geraden Keimling. Empleurum zeichnet sich im Besonderen durch 4-zählige, dikline, kronenlose Blüthen aus. Die weiblichen Blüthen führen nur ein Fruchtblatt.

3. Citrus L.

Die Gattung Citrus ist der typische Vertreter der als Aurantieae unterschiedenen Unterfamilie der Rutaceen. Gemeinsam ist allen Aurantieen die Bildung von Beerenfrüchten, die wir als Citronen, Apfelsinen und Pomeranzen kennen. Die Blüthen sind durchweg aktinomorph und hermaphrodit, 5- oder 4-zählig; ihr Androeceum ist meist vollständig obdiplostemon entwickelt.

Die Gattung Citrus weist im Blüthenbau jedoch viele Abweichungen vom allgemeinen Typus auf. Das Perianth schwankt hier zwischen 4- und 8-zähliger Ausbildung; ihm folgen in einem Kreise 20—60 Staubgefässe, die in sehr veränderlicher Weise zu Bündeln (Adelphieen) verwachsen sind. Dem becherförmigen Discus folgen dann unbestimmt viele (je nach der Art 6—10, oder 8—15 resp. 10—20) Fruchtblätter, welche zu einem rundlichen Fruchtknoten verwachsen, den ein einfacher, am Grunde sich abgliedernder Griffel mit kopfiger Narbe krönt. Jedes Fruchtknotenfach enthält zahlreiche Samenanlagen in zwei Reihen. Die Frucht ist eine grosse, kugelige oder längliche, dickrindige Beere, deren Fächer durch häutige Scheidewände abgegrenzt sind, längs welchen sich die Frucht in einzelne Schnitte zerlegen lässt. Die im Fruchtfache schief absteigenden Samen sind von lederiger oder fast häutiger Schale umgeben. Sie enthalten kein Nährgewebe, aber meist mehrere, nicht aus einem Geschlechtsact hervorgegangene („parthenogenetisch" entstandene) Keimlinge mit kleinen Würzelchen und fleischigen, sich unregelmässig kantig drückenden Keimblättern. Man bezeichnet das Vorkommen mehrerer Keimlinge in einem Samen als Polyembryonie.

Die wenigen im nördlichen Ostindien, in Cochinchina und dem südlichen China heimischen Arten sind Bäume und Sträucher, welche in vielen Varietäten in allen wärmeren Ländern gebaut werden. Ihre immergrünen, lederigen Blätter gliedern ihre Spreite scharf gegen den meist geflügelten Blattstiel ab. Wir begegnen hier unpaarig gefiederten Blättern, welche nur aus dem Endblättchen bestehen. In den Achseln der Laubblätter findet man gewöhnlich neben der Achselknospe einen grünen Dorn entwickelt. Derselbe ist ein verdorntes Blatt, und zwar stellt er eines der beiden transversalen Vorblätter der Achselknospe dar. Die Blüthen sitzen gewöhnlich einzeln in den Laubblattachseln. Ihr Blüthenstiel trägt stets mehrere Hochblättchen, aus deren Achseln bisweilen Seitenblüthen hervorsprossen und die Bildung gedrängtblüthiger Trauben bewirken.

1. *Citrus vulgaris* Risso, die Pomeranze, ist ein 6—13 m hoher Baum mit reichästiger Krone und elliptischen, am Rande undeutlich gekerbten Blättern, deren scharf abgesetzter Blattstiel durch die Flügel verkehrt-eirund erscheint. Die annähernd kugelige, orangegelbe, meist 8-fächerige Frucht führt eine mässig dünne, rauhe, aber nicht warzige Schale und bitteres Fleisch.

Synonym sind *Citrus Bigaradia* Duhamel und *C. Aurantium* L. var. *α*.

Die unreifen Pomeranzen sind officinell als Fructus Aurantii immaturi Ph. G. II. 118. Die Schale (das Epikarp) der reifen Früchte bildet Cortex Fructus Aurantii. Das weisse Innengewebe der Schale ist unbrauchbar; die nach seiner Entfernung übrigbleibende, an Drüsen reiche Aussenschale bildet den allein nutzbaren Flavedo Aurantiorum. Die Blätter sind als Folia Aurantii, die Blüthen als Flores Aurantii s. Naphae officinell. Präparate der Schalen sind Syrupus Aurantii Corticis Ph. G. II. 256, Elixir Aurantiorum compositum Ph. G. II. 74, Tinctura Aurantii Ph. G. II. 273. Pomeranzenschalenextract (Extractum Aurantii corticis) und Pomeranzenschalenöl (Oleum Aurantii corticis) sind bei uns nicht mehr officinell. Pomeranzenschalen bilden auch einen Bestandtheil zur Herstellung von Tinctura amara Ph. G. II. 271, Tinct. Chinae composita Ph. G. II. 276 und Tinct. Rhei vinosa Ph. G. II. 276. Confectio Aurantiorum ist die als Orangeat in den Handel kommende, frisch überzuckerte Schale der Früchte einer als var. *spatafora* Risso unterschiedenen Spielart. Aus den Pomeranzenblüthen wird das Pomeranzenblüthenwasser, Aqua Florum Aurantii Ph. G. II. 32 bereitet. Es dient zur Herstellung des Syrupus Aurantii Florum Ph. G. II. 257. Durch Destillation der frischen Blüthen mit Wasser gewinnt man das wohlriechende Neroli-Oel, Oleum Aurantii Florum Ph. G. II. 192 s. Oleum neroli v. Oleum florum naphae ibid. 338. Es findet ausser in der Parfumerie zu Mixtura oleoso-balsamica Ph. G. II. 179 Verwendung.

2. *Citrus Aurantium* Risso, von der Pomeranze durch fast flügellose Blattstiele und eiförmig-längliche Spreiten unterschieden, liefert

die wegen ihres süssen Fruchtfleisches beliebten Apfelsinen. Linné unterschied diese Pflanze als *Citrus Aurantium* var. *β*.

3. *Citrus Bergamia* Risso, mit schmal geflügelten Blattstielen und kleinen weissen Blüthen, trägt birnförmige oder flach kugelige, am Scheitel eingedrückte Früchte mit dünner, blassgelber Schale und grünlichem, bitterlich-säuerlichem Fleische. Die als Bergamotten bezeichneten Früchte liefern das nicht mehr officinelle Oleum Bergamottae. Es dient nur zu Parfumeriezwecken.

4. *Citrus Limonum* Risso ist der aus dem nördlichen Ostindien stammende, in den Mittelmeerländern viel cultivirte Citronenbaum. Er erreicht bis 5 m Höhe. Seine länglichen, zugespitzten, kerbig gesägten Blätter sitzen auf kaum geflügelten Stielen. Die weissen Blüthen sind aussen roth überlaufen. Die länglichen Früchte mit zitzenförmigem Scheitel sind 10—12-fächerig, ihre Schale ist dünn, das Fruchtfleisch sehr sauer; sie kommen als Citronen in den Handel.

Officinell ist die in spiraligen Bändern von den reifen Früchten abgeschnittene und getrocknete Fruchtschale als Cortex Fructus Citri Ph. G. II. 67. Sie wird zur Bereitung des Decoctum Sarsaparillae compositum mitius Ph. G. II. 72 gebraucht. Das durch Auspressen (nicht durch Destillation) aus den frischen Schalen der reifen Citronen gewonnene Oleum Citri Ph. G. II. 195 s. Oleum de cedro ibid. 338, das Citronenöl, dient zur Herstellung von Acetum aromaticum Ph. G. II. 1 und Mixtura oleoso-balsamica Ph. G. II. 179. Der Saft des Citronenfleisches enthält die Citronensäure, Acidum citricum Ph. G. II. 9, welche zur Bereitung von Chininum ferro-citricum Ph. G. II. 54, Magnesia citrica effervescens Ph. G. II. 175 und Potio Riveri Ph. G. II. 214 dient. Wasser mit frisch ausgepresstem Citronensaft versetzt oder mit Citronensäure angesäuert bildet ein erfrischendes, durstlöschendes Getränk, Limonade. Diese mit dem Namen Limone (gleichbedeutend mit Citrone) zusammenhängende Bezeichnung ist jetzt auf alle schwach angesäuerten Getränke übergegangen.

5. *Citrus medica* Risso steht der vorigen Art sehr nahe. Ihre länglichen, bis kopfgrossen Früchte besitzen eine sehr dicke, höckerige, citronengelbe Schale, welche mit Zucker eingesotten das Citronat bildet. Linné hielt diese Art für die echte Citrone, *C. medica* var. *α* und die vorige für eine Abart dieser, *C. medica* var. *β*.

Simarubaceae.

Die Simarubaceen sind Bäume und Sträucher der Tropen, welche sich von den Rutaceen wesentlich nur durch den Mangel der Oeldrüsen und den reichen Gehalt an Bitterstoff (Quassiin) unterscheiden, welcher Rinde und Holz, auch andere Theile, durchsetzt. Im Blüthenbau bestehen zwischen Rutaceen und Simarubaceen keine nennenswerthen Unterschiede. In den Fruchtformen walten Steinfrüchte vor. Officinell sind:

1. Quassia amara L.

Die Gattung Quassia ist nur durch eine einzige, in Surinam heimische Art, *Quassia amara* L. (Fig. 246), vertreten. Sie tritt als Strauch oder kleiner, bis 5 m hoher Baum mit kahlen, unpaarig gefiederten, nur 1–2-jochigen Blättern auf. Die Blattstiele sind gefiedert-geflügelt (auch zwischen den Fiederpaaren). Alle Fiederblättchen, auch das Endblättchen, sind sitzend, länglich, beiderseits zugespitzt und ganzrandig. Die grossen, fast 4 cm langen, scharlachrothen Blüthen bilden einfache endständige Trauben. Deck- und Vorblätter sind unscheinbar. Dem 5-theiligen, in der Knospe dachigen Kelch folgt die freiblätterige, gedrehte Krone, deren Blätter zu einer Röhre zusammenneigen, aus welcher die 10 deutlich obdiplostemonen, auf fädigen Filamenten die introrsen Antheren tragenden Staubblätter hervorragen. Die Staubfäden tragen auf ihrer Innenseite am Grunde eine zottig-behaarte Schuppe. Die fünf Fruchtblätter sind fast völlig frei (apokarp), nur die oberen Enden der Griffel sind zu einem spiralig gedrehten Faden verwachsen, welcher mit seiner winzigen Narbe die Staubbeutel ein wenig überragt. Im Innenwinkel jedes Fruchtknotens hängt eine anatrop-epitrope Samenanlage herab. Der Discus bildet ein dickes, säulenartiges, als „Gynophor“ sich zwischen Androeceum und Gynaeceum einschiebendes Zwischenglied, auf welchem später

Fig. 246. Quassia amara. (Nach Baillon.) 1/4 nat. Gr.

die länglich-eiförmigen, schwarzen, netzaderigen Steinfrüchte fast abstehend sternförmig aufsitzen. Die endospermlosen Samen enthalten einen gekrümmten Keimling, dessen Wurzel von den planconvexen Keimblättern eingeschlossen wird.

Das gelbliche, leicht spaltbare Holz bildet das officinelle Lignum Quassiae Ph. G. II. 155 s. Lignum quassiae Surinamensis ibid. 336, Quassien- oder Bitterholz, wegen der Anwendung seines Aufgusses zum Fliegentödten auch Fliegenholz genannt. Es dient zur Bereitung von Extractum Quassiae Ph. G. II. 93. Der in dem Holz und der Rinde enthaltene Bitterstoff Quassiin ist das bitterste aller Bittermittel.

2. **Picraena excelsa** Lindley.

Die Gattung Picraena umfasst drei tropisch-amerikanische Baumarten mit unpaarig-gefiederten Blättern und kleinen, grünlichen polygamen, bald 5-, bald 4-zähligen Blüthen, welche sich zu achselständigen Rispen vereinen. In den männlichen Blüthen sind nur die Kelchstamina entwickelt, in den weiblichen sind auch diese unterdrückt oder doch rudimentär entwickelt. Das in den männlichen Blüthen fehlende oder unvollkommene Gynaeceum ist in den weiblichen Blüthen aus 3—4 Fruchtblättern gebildet, welche sich ganz wie bei Quassia verhalten.

Picraena excelsa Lindl. ist ein bis 20 m hoher, im Wuchs an unsere Eschen erinnernder Baum Westindiens. Seine Laubblätter tragen an dem nicht geflügelten Blattstiele 4—7 Paare sehr kurz gestielter, länglich-eiförmiger, zugespitzter, kerbig-gesägter Fiedern. Die glänzend-schwarzen, verkehrt-eiförmigen Steinfrüchte sind von Erbsengrösse.

Synonym sind *Simaruba excelsa* DC., *Quassia excelsa* Swartz und *Picrasma excelsa* Planchon.

Officinell ist das blassgelbe Holz dieser Art und zwar ebenfalls als Lignum Quassiae Ph. G. II. 155. Es wurde früher als Lignum Quassiae jamaicense, Jamaika-Quassia, vom Arzneigebrauch ausgeschlossen und ausschliesslich als Fliegenholz, Lignum muscarum oder Lignum muscicidum, verabfolgt. Das sogenannte giftfreie Fliegenpapier (worunter arsenfreies verstanden wird) ist Fliesspapier, das mit einer mit Brechweinstein versetzten Quassienholz-Abkochung durchtränkt und dann getrocknet worden ist. Die Pharmakopoe macht jetzt keinen Unterschied mehr zwischen der Surinam- und der Jamaika-Quassia.[1])

[1]) Der Anfänger mag hier aufmerksam gemacht werden, das Quassia nicht mit Cassia zu verwechseln ist. Ueber die sehr verschiedene Bedeutung des Wortes Cassia ist die Anm. auf S. 296 einzusehen.

Burseraceae.

Die Familie der Burseraceen unterscheidet sich von den Simarubaceen und den Rutaceen wesentlich nur durch in der Rinde längs verlaufende Harzkanäle. In den Blüthen ist das obdiplostemone Androeceum meist vollzählig entwickelt, und das vom Discus umfasste, aus 2—5 Fruchtblättern synkarp gebildete Gynaeceum zeichnet sich durch vollständige Fächerung und einen einfachen, meist kurzen und dicken Griffel aus. Jedes Fruchtknotenfach führt im Innenwinkel zwei neben einander hängende, anatrop-epitrope Samenanlagen. Die Frucht ist eine 2—5-steinige Steinfrucht, deren Epikarp sich manchmal wandspaltig-klappig von den Steinen löst (Fig. 247).

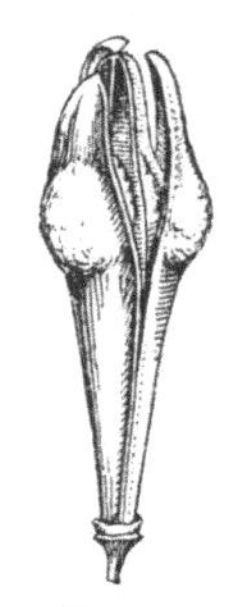

Fig. 247. Steinfrucht von Boswellia papyracea mit dreiklappig sich ablösendem Epikarp. (Nach Baillon.)

Zu erwähnen sind:

1. Boswellia Roxb.

Die Gattung Boswellia umfasst wenige, zum Theil noch ungenügend bekannte tropische Bäume mit papierartiger Rinde und abfallenden, an den Zweigspitzen sich zusammendrängenden, unpaarig-gefiederten Blättern. Die typisch 5-zähligen, aktinomorphen und zwitterigen Blüthen (Fig. 248) von mittlerer Grösse führen gewöhnlich einen dreifächerigen Fruchtknoten, aus welchem sich eine charakteristische dreikantige, dreisteinige und dreiklappige Steinfrucht (Fig. 247) entwickelt. Die knochenharten Steine, deren Schale aus der inneren Fruchtwand hervorgeht, lösen sich von der centralen, dreikantigen Fruchtaxe; sie enthalten je einen zusammengedrückten, häutig-berandeten Samen ohne Nährgewebe. Der Keimling zeichnet sich durch vielspaltige Keimblätter aus.

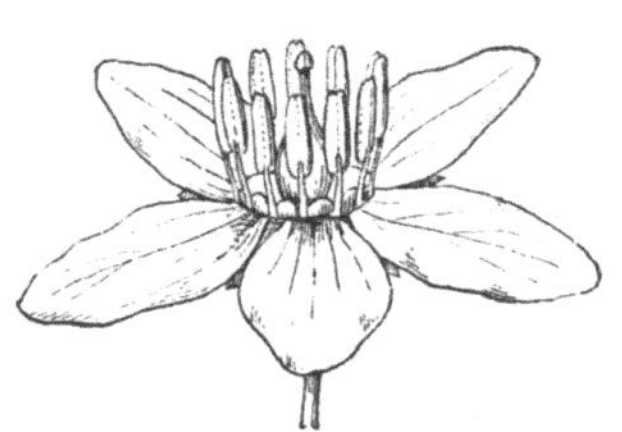

Fig. 248. Blüthe von Boswellia papyracea. (Nach Baillon.)

Boswellia Carteri Birdwood ist ein 4—5 m hoher Baum der Gebirge der Somaliküste und Arabiens, aus dessen Aesten kurze, weichhaarige oder filzige Zweige hervorbrechen, welche mit fast rosettig gedrängten, 7—10-jochig gefiederten Blättern besetzt sind. Die Fiederblättchen sind eiförmig-länglich, an der Spitze und am Grunde stumpf gerundet, am Rande wellig-gekerbt und beiderseits weichhaarig. Das Endblättchen ist meist grösser als die nur $3^1/_2$ cm langen Seitenfiedern. Die Blüthen bilden handlange, einfache, achselständige Trauben. Von ihren weissen Kronen sticht der rosenrothe, den Fruchtknoten bis zu halber Höhe becherartig umschliessende Discus ab. Die verkehrt-eiförmige, stumpfe Frucht wird etwa 1 cm lang. Synonym ist *Boswellia sacra* Flückiger.

Boswellia Bhan-Dajiana Birdwood ist ein dem vorigen sehr ähnlicher Baum der Somaliküste. Die Blüthen zeichnen sich durch einen stark behaarten, grünlichen Discus aus. Die unreifen Früchte verschmälern sich am Grunde stielartig.

Boswellia neglecta S. Le M. Moore, ein Baum des nördlichen Somalilandes, zeichnet sich durch 8—10-jochige, stark und fast rauh behaarte Blätter aus. Seine sehr kleinen Blüthen bilden armblüthige Rispen.

Die genannten und vielleicht noch einige verwandte Arten liefern ein aus Rindeneinschnitten ausfliessendes, milchweisses, zu gelblichweissen oder blassröthlichen Tropfen („Thränen") erstarrendes, zwischen den Zähnen knetbares Gummiharz, Olibanum, den Weihrauch, der schon im Alterthum ein hochgeschätztes Räucherwerk bildete. Jetzt ist Weihrauch nicht mehr officinell. Die Ph. G. I. schrieb seine Verwendung zu Emplastrum aromaticum, Empl. opiatum und Empl. oxycroceum vor.

2. **Balsamea** Gleditsch.

Die Gattung Balsamea unterscheidet sich von der Gattung Boswellia durch polygame, meist 4-zählige, sehr kleine Blüthen. Dem becherförmigen, vierzähnigen, bleibenden Kelch folgen vier in der Knospe fast aufrechte, eingefaltet-klappige Kronblätter. In den männlichen Blüthen sind dann acht Staubblätter dem Rande des kurz-becherförmigen Discus eingefügt, während in den weiblichen Blüthen ein 2- oder 3-fächeriger Fruchtknoten das Centrum einnimmt. Die Frucht ähnelt derjenigen der Boswellien.

Balsamea Myrrha Engler ist ein kleiner Baum der Gebirgsabhänge der Somaliküste und der Westküste Arabiens. An den sparrigen, in einen spitzen Dorn endenden Aesten sitzen kurzgestielte, dreizählige Blätter büschelig bei einander. Die sehr kleinen Seitenblättchen sitzen öhrchenähnlich am Grunde des viel grösseren, verkehrt eiförmigen, stumpfen und ganzrandigen Endblättchens.

Synonym ist *Balsamodendron Myrrha* Nees von Esenb.

Das freiwillig austretende, in Körnerform oder in löcherigen Massen erstarrende Gummiharz des Baumes bildet die officinelle Myrrha Ph. G. II. 182 s. Gummiresina Myrrha ibid. 334, welche neben Weihrauch schon in den ältesten Zeiten zu Salben und Räucherwerk benutzt wurde. Officinelles Präparat ist jetzt nur noch Tinctura Myrrhae Ph. G. II. 283. Die Ph. G. I. schrieb die Verwendung der Droge zu Electuarium Theriaca, Elixir Proprietatis Paracelsi, Emplastrum oxycroceum und Unguentum Terebinthinae compositum vor.

Das in der Ph. G. II. nicht mehr aufgeführte, unter dem Namen Elemi bekannte Gummiharz stammt wahrscheinlich ausschliesslich von Burseraceen. Die Stammpflanzen sind jedoch nicht mit völliger Sicherheit anzugeben. Man nennt als solche Arten von Canarium und Protium (= Icica).

Aus der Familie der **Anacardiaceae**, welche sich von allen Terebinthinen durch die apotropen Samenanlagen unterscheidet, waren bis zum Erscheinen der Ph. G. II. mehrere Vertreter officinell. *Rhus Toxicodendron* L., der Giftsumach, lieferte die Folia Toxicodendri s. Rhois. Von *Rhus semialata* Murr. stammen die gerbstoffreichen chinesischen Gallen. Von der in den Mittelmeerländern weit verbreiteten *Pistacia Lentiscus* L. kommt das Mastixharz. Eine kurze Besprechung verdient hier nur die Gattung Anacardium wegen ihrer schräg-zygomorphen Blüthen. Wie es das Diagramm Fig. 249 zeigt, kommen denselben ausser Deck- und Vorblättern ein normal orientirter Kelch und eine normal damit alternirende Krone zu. Von den 10, dem obdiplostemonen Grundplan der Anacardiaceen entsprechenden Staubblättern ist aber nur eines, das vor dem ersten Kelchblatt stehende fruchtbar entwickelt und zeichnet sich durch ausserordentliche Länge aus. Am Grunde sind alle 10 Staubblätter monadelphisch verwachsen. Das Gynaeceum besteht nur aus einem, wie das fruchtbare Staubblatt in die Richtung des ersten Kelchblattes fallenden Carpell, dessen fadenförmiger Griffel wie bei den Menispermaceen durch Schiefwerden des Fruchtknotens seitliche Stellung erhält. So bedingen Androeceum und Gynaeceum eine gegen das erste Kelchblatt gerichtete Zygomorphie, während das Perianth normal und aktinomorph entwickelt ist. Zur Reifezeit entwickelt sich der Fruchtknoten zu einer Steinfrucht mit harzreichem Perikarp. Im Kern liegt ein nierenförmiger Same mit grossem Keimling, aber ohne Nährgewebe. Die Steinfrüchte waren ehedem officinell als Elephantenläuse. An der Fruchtbildung betheiligt sich aber auch der Fruchtstiel. Er schwillt zu einer birnförmigen, hühnereigrossen, die eigentliche Frucht an Grösse übertreffenden, essbaren „Steinfrucht" an. Bei der verwandten Gattung Semecarpus schwillt nur der obere Theil des Fruchtstieles an, nachdem er sich schon vorher becherförmig um den Grund der jungen, fast herzförmigen, flachen und schwarzen Steinfrucht ausgebildet hat. Die Früchte von *Semecarpus Anacardium* L. fil. wurden als ostindische Elephantenläuse von den oben erwähnten, von *Anacardium occidentale* L. stammenden westindischen unterschieden.

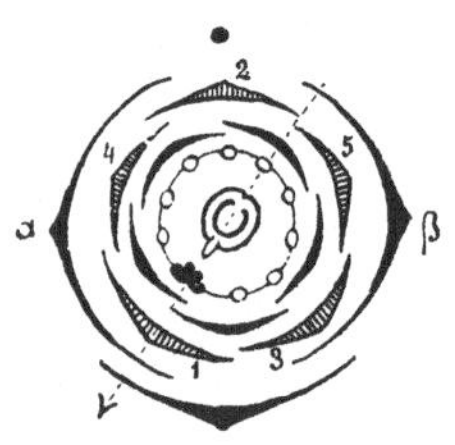

Fig. 249. Diagramm der schrägzygomorphen Blüthe von Anacardium occidentale. Der punktirte Pfeil giebt die Richtung der (gegen Kelchblatt 1 gerichteten) Symmetrieebene an. (Nach Eichler.)

Aesculinae.

Während die Terebinthinen durch den fast nie fehlenden intrastaminalen Discus ihrer Blüthen gekennzeichnet sind, ist bei den Aesculinae die Bildung eines extrastaminalen Discus die Regel. Es schiebt sich also häufig eine drüsige Anschwellung ausserhalb der Staubblätter zwischen diese und das Perianth ein. Da nun aber der Discus der Aesculinen häufig nur schwach, manchmal nur einseitig, ja bisweilen gar nicht entwickelt ist, so würde die Abgrenzung der Ordnung auf Grund der Discusbeschaffenheit eine unsichere bleiben, wenn nicht andere Merkmale die Ordnung als eine natürliche erkennen liessen. Zunächst begegnet uns wieder bei allen Aesculinen der eucyklisch-obdiplostemone Grundplan der 5-zähligen Dicotylenblüthe, jedoch besteht das Gynaeceum nur aus 2 oder 3 synkarpen Fruchtblättern. Die typische Blüthenformel ist demnach

K 5, C 5, A 5 + 5, G $\underline{(2)}$ oder $\underline{(3)}$.

Die Formel erleidet nun aber durch die eigenartige Plastik der Blüthen mannichfaltige Abänderung. Den meisten Aesculinen kommen zygomorphe und besonders häufig schräg-zygomorphe Blüthen zu, in welchen dann ein nicht vollzählig entwickeltes Androeceum angetroffen wird. Die Aesculinen gruppiren sich danach in sechs grössere Familien:

1. **Malpighiaceae.** Blüthen schräg-zygomorph gegen das dritte Kelchblatt des normal orientirten Kelches. G $\underline{(3)}$.
2. **Sapindaceae.** Blüthen schräg-zygomorph gegen das vierte Kelchblatt des normal orientirten Kelches. G $\underline{(3)}$. Hierher unsere Rosskastanie, *Aesculus Hippocastanum* L.
3. **Vochysiaceae.** Blüthen schräg-zygomorph gegen das vierte Kelchblatt des normal orientirten Kelches. G $\underline{(3)}$. Das Androeceum ist auf ein einziges fruchtbares Staubgefäss reducirt.
4. **Aceraceae.** Blüthen schwach-zygomorph gegen das zweite Kelchblatt des normal orientirten Kelches, d. h. medianzygomorph. G $\underline{(2)}$. Hierher alle Ahornarten (Acer).
5. **Polygalaceae.** Blüthen stark-zygomorph gegen das zweite Kelchblatt, mithin medianzygomorph. G $\underline{(2)}$.
6. **Erythroxylaceae.** Blüthen nicht zygomorph. Die 10 Staubblätter am Grunde monadelphisch verwachsen. G $\underline{(3)}$.

Sapindaceae.

Die Sapindaceen bilden eine vielgestaltige Familie. Neben der stattlichen Baumform, wie sie uns in der Rosskastanie entgegentritt, finden wir viele als Lianen der tropischen Urwälder mit abnorm gebauten, kletternden Holzstämmen; nur wenige Arten erscheinen als Halbsträucher oder fast krautig. Der mannichfaltigen Stammbildung entspricht die Verschiedenartigkeit der Belaubung. Gefiederte, zum Theil immergrüne Blätter wechseln mit durch Abort der Fiederpaare einfach werdenden oder mit fingerförmigen. Nebenblätter sind bald vorhanden, bald nicht. Typisch bleibt aber für alle Sapindaceen der Bau ihrer Blüthen. Bei der grossen Mehrzahl finden wir die Schrägzygomorphie nach dem vierten Kelchblatt hin. Um diesen Ausdruck verständlich zu machen, zeichnen wir uns das bekannte Normaldiagramm der Dicotylen. Axe und Deckblatt median, α- und β-Vorblatt transversal und Kelch in normaler Orientirung mit Blatt 2 gegen die Axe, gerade wie es Fig. 249 angiebt. Nun legen wir die Symmetrielinie (die „Symmetrale") durch die Mitte des vierten Kelchblattes und das Centrum des Diagramms, so geht dieselbe durch die Lücke zwischen dem 3. und 5. Kelchblatt. Bezüglich dieser Symmetralen kann man Kelchblatt 3 und 5 das vordere, Kelchblatt 1 und 2 das seitliche Paar der Kelchblätter, Blatt 4 das unpaare hintere Kelchblatt nennen. Nun tragen wir von Kelchblatt 4 aus zwei seitlich hintere und dann zwei seitlich vordere Kronblätter (wie in Fig. 249) ein, lassen aber das unpaare in der Symmetrale, mithin das die Lücke zwischen Kelchblatt 3 und 5 füllende, weg, so haben wir die vierblätterige Sapindaceenkrone. Nun markiren wir die Plätze der 10 Staubblätter (5 vor den Kelch-, 5 vor den Kronblättern) und lassen die beiden vor Kelchblatt 1 und 2 ausfallen, dann erhalten wir die acht, das Androeceum bildenden Glieder. Endlich führen wir die drei Fruchtblätter so in das Centrum des Diagramms ein, dass das eine als unpaares in die Symmetrale nach vorn fällt, während die beiden paarigen nahezu in die Richtung von Kelchblatt 1 und 2 zu stehen kommen; dann ist das diagrammatische Bild der Sapindaceenblüthe festgestellt.

Auf die Plastik der Sapindaceenblüthe soll hier nicht näher eingegangen werden. Nur sei hervorgehoben, dass die drei Fruchtblätter zu einem vollständig gefächerten Fruchtknoten mit einfachem Griffel verwachsen, und dass in jedem Fache ein oder zwei aufrechte, anatrope oder kampylotrope, stets apotrope Samenanlagen sitzen.

Von den etwa 700 bekannten Sapindaceen verdient nur eine Art nähere Besprechung:

Paullinia sorbilis Mart.

Die Gattung Paullinia umfasst etwa 80 tropische Lianen mit einfachen oder ein- bis mehrfach gefiederten, wechselständigen Blättern. Die polygam-dioecischen Blüthen sind zu achselständigen Trauben oder Rispen vereint, deren unterste beiden Zweige meist in Ranken umgestaltet sind. In den Blüthen entwickelt sich der extrastaminale Discus excentrisch vierlappig (stärker gegen das 4. Kelchblatt hin), wodurch auch Androeceum und Gynaeceum excentrisch werden. Die Kronblätter tragen auf ihrer Innenseite einen schuppigen Auswuchs. Die Frucht ist eine gestielte, oft dreikantige oder dreiflügelige, wandspaltige Kapsel mit lederiger Wandung.

Paullinia sorbilis Mart. (= *Paullinia Cupana* Kunth) ist eine Liane Brasiliens mit gefurchten Aesten und braun-weichhaarigen Zweigen. Die unpaarig-gefiederten, von lanzettlichen Nebenblättern begleiteten Blätter sind aus kurzgestielten, eiförmig-länglichen, zugespitzten und grob kerbig-gesägten Fiederblättchen zusammengesetzt. Die Kapseln sind eiförmig und meist einsamig. Die mit grossem, kreisrundem, mehlig-weissem Nabel versehenen, den Kastanien ähnelnden Samen mit kurzem Arillus enthalten einen gekrümmten Embryo mit dickfleischigen Keimblättern und geben, geröstet und grob zerrieben, die Hauptmasse der Pasta Guarana s. Guarana, welche in Südamerika, wie bei uns der Kaffee, als Genussmittel dient. Sie enthält 4—5 % Guaranin, welches sich als völlig identisch mit Coffeïn erwiesen hat. Bei uns hat man Guarana besonders als Mittel gegen Migräne eingeführt.

Polygalaceae.

Die Familie der Polygalaceen ist durch ausgesprochenste Medianzygomorphie und ganz eigenartige Plastik ihrer discuslosen Blüthen ausgezeichnet. Mit Deckblatt und transversalen Vorblättern versehen, zeigen sie zwar normal orientirte, nach $^2/_5$-Stellung sich deckende, aber sehr ungleich entwickelte Kelchblätter (Fig. 250). Während die paarigen vorderen (1 und 3) wie das unpaare (2) ganz unscheinbar bleiben, vergrössern sich die seitlich hinteren (4 und 5) zu breiten, kronblattähnlichen Flügeln, welche hülsenartig zusammenneigend alle übrigen Blüthenorgane verdecken. Von der Krone sind meist nur drei Blätter entwickelt, das median vordere und die beiden seitlich hinteren. Das mediane ist gewöhnlich schiffchenförmig und wird als Carina bezeichnet. Das Androeceum bilden meist acht Staubblätter, deren Fäden monadelphisch zu einer hinten (oben) offenen, vorn (unten) eingespaltenen Röhre verwachsen sind. Die Staubbeutel öffnen sich mit je einem Loch auf ihrem Griffel. Die beiden medianen Staubblätter sind entweder ganz unterdrückt, oder das median-hintere ist als unpaare Drüse entwickelt. Das Gynaeceum bildet sich aus zwei medianen Fruchtblättern, welche synkarp zu einem 2-fächerigen Fruchtknoten mit einfachem, nach hinten gekrümmtem Griffel verwachsen. Jedes Ovarfach enthält nur eine einzige, hängende, anatrop-epitrope Samenanlage, aus welcher ein Same mit krustiger, oft behaarter Schale wird. Der gerade Keimling mit planconvexen Keimblättern liegt im mehr oder minder reich entwickelten Nährgewebe. Die Frucht ist eine loculicide Kapsel oder eine geflügelte Schliessfrucht.

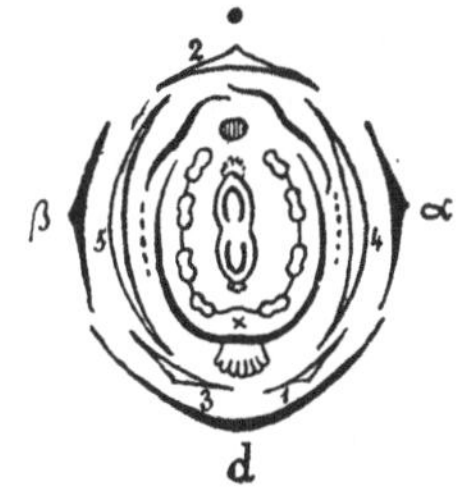

Fig. 250. Diagramm der median-zygomorphen Blüthe von Polygala. *d* Deckblatt; *α* und *β* die transversalen Vorblätter; 1—5 die normal nach $^2/_5$-Stellung orientirten Kelchblätter. Die beiden unterdrückten Kronblätter sind durch punktirte Linien, das median-vordere fehlgeschlagene Staubblatt durch ein Kreuz (×) markirt.

Die Familie ist mit 400 Arten von sehr verschiedenem Wuchse über die ganze Erde verbreitet. Hier interessirt nur die Gattung

Polygala L.

Der Charakter dieser Gattung liegt in dem oben als typisch beschriebenen Blüthenbau. Besondere Merkmale bietet die Carina, welche bei Polygala helmartig-concav mit dreilappiger Spitze und unterseitigem, kammartig zerschlitztem Anhängsel erscheint und überdies mit den beiden hinteren Kronblättern unterwärts so verwächst, dass die Krone zu einer hinten offenen Scheide wird, in welcher die Staubfadenröhre Aufnahme findet. Die Frucht ist eine seitlich zusammengedrückte Kapsel.

Polygala amara L., ein bei uns auf feuchten Wiesen hin und wieder vorkommendes, ausdauerndes Kraut, entsendet aus seinem verzweigten Rhizom kurze, 5—15 cm hohe, meist unverzweigte Stengel, welche mit reichblüthiger Traube enden. Die kleinen, hellblauen oder milchweissen Blüthen mit länglich-verkehrt-eiförmigen, dreinervigen Flügelblättern des Kelches werden von den Deckblättchen auch im Knospenzustande nicht überragt. Die grundständigen, verkehrt-eiförmigen, ganzrandigen Blätter bilden eine nur wenige cm grosse Rosette. Die kaum über einen cm langen, wechselständigen Stengelblätter sind keilförmig-länglich, spitzlich, wie die ganze Pflanze kahl. Die Blüthezeit fällt in die Monate Mai und Juni.

Das ganze, nach dem Standort im Wuchs und auch im Gehalt an Bitterstoff (Polygalamarin) stark abändernde Pflänzchen war officinell als Herba et Radix Polygalae s. Herba Polygalae. Es wird als Kreuzblumenkraut hin und wieder zu Abkochungen verlangt und gegen hartnäckigen Lungenkatarrh angewandt.

Polygala Senega L., ein ausdauerndes Kraut der nordamerikanischen Gebirgswälder, treibt aus seinem vielköpfigen Wurzelstock aufrechte, bis 20 cm hohe, unverzweigte, kurzhaarige Aeste, welche mit grünlich-weisser, weisser oder röthlicher Blüthentraube enden. Die wechselständigen, keine Rosette bildenden Blätter sind unterwärts schuppenförmig-oval und gehen allmählig in die Form der grösseren, lanzettlichen, zugespitzten und am Grunde verschmälerten, ganzrandigen Stengelblätter über, um nach der Blüthenregion hin wieder an Grösse abzunehmen und in die Deckblattform überzuleiten. Die Deckblätter sind hinfällig, überragen aber anfänglich die Blüthenknospen. Die fast kreisrunden Flügel des Kelches sind von drei stärkeren, durch nicht verzweigte Adern verbundene Nerven durchzogen. Die Carina trägt einen zweilappigen Anhängsel mit kammförmig 4-theiligen Lappen. Die fast kreisrunde, an der Spitze herzförmig ausgerandete, flache Kapsel enthält zwei Samen mit 2-lappigem, fast die ganze Länge des Samens einnehmendem Arillus.

Die im Mai blühende Pflanze treibt aus der geringelt-runzeligen, finger- bis handlangen Hauptwurzel dicht unter dem Wurzelkopf entspringende, etwa federkieldicke, holzige Wurzeläste, welche auf einer Seite längsgekielt sind, während die andere Seite holperig-verdickt und stellenweise ringförmig eingeschnürt ist. Die unterirdischen Theile der Pflanze sind officinell als Radix Senegae Ph. G. II. 224, Senegawurzel. Aus der Droge wird Syrupus Senegae Ph. G. II. 263 bereitet. Senega ist ein namentlich in Abkochungen gegen stockenden Auswurf geschätztes Expectorans. Wirksamer Bestandtheil soll das mit dem Saponin identische Senegin sein.

Erythroxylaceae.

Aktinomorphe, streng nach der auf S. 373 für die Aesculinen gegebenen Formel aufgebaute Blüthen mit monadelphischem Androeceum kennzeichnen die Familie der Erythroxylaceen. Der für die Aesculinen als charakteristisch angegebene extrastaminale Discus ist bei den Erythroxylaceen in die Bildung der Staubfadenröhre aufgegangen, an welcher er sich bisweilen noch als gezähnter oder gekerbter, aussen am Grunde der freien Staubfädentheile herumlaufender Saum erkennen lässt.

Von den 53, ausschliesslich den Tropen angehörigen Arten der Familie entfallen 50 auf die Gattung Erythroxylon. An diese mag deshalb die nähere Besprechung anknüpfen.

Erythroxylon L.

Zu dem Familiencharakter tritt als Gattungsmerkmal die eigenartige Ausbildung der Kronblätter. Wie aus Fig. 251 ersichtlich,

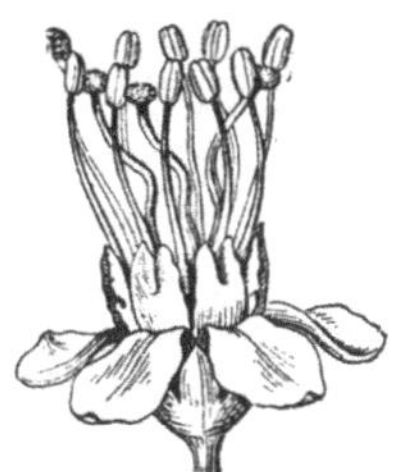

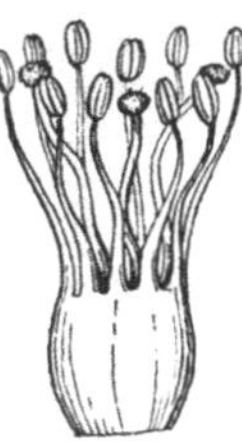

Fig. 251. Erythroxylon Coca. Links die aktinomorphe, 5-zählige Blüthe; daneben ein Kronblatt mit dem charakteristischen Ligularanhang. Rechts das monandrische Androeceum (10 Staubblätter); vom Gynaeceum sind nur die drei Griffel mit kopfigen Narben sichtbar. (Nach Baillon.)

setzt sich über dem Nagel derselben ein zweilappiger, doppelspreitiger Anhängsel, eine Ligula, fort. Ueberdies zeigt auch das aus drei Fruchtblättern gebildete Gynaeceum ein beachtenswerthes Verhalten. Es gliedert sich in den dreifächerigen Fruchtknoten und in drei freie oder nur am Grunde verwachsene Griffel. Von den drei Fruchtknotenfächern ist aber gewöhnlich nur eines fruchtbar; es enthält eine hängende, anatrop-epitrope Samenanlage, während die anderen Fächer leer und oft nur durch schmale Spalten angedeutet sind. Die Frucht ist eine einsamige Steinfrucht.

Sehr bemerkenswerth gestalten sich die vegetativen Verhältnisse. Die Erythroxylon-Arten sind kahle, selten sparsam behaarte Bäume oder Sträucher mit in der Jugend zusammengedrückten Zweigen, an welchen zahlreiche, bleibende, schuppige Niederblätter den 2-zeilig geordneten Laubblättern vorausgehen. Diese tragen am Grunde der Stiele bleibende Nebenblätter, welche zwischen Blatt und Stamm zu einer zweikieligen, dem nächst höheren Stengelgliede sich anschmiegenden Schuppe verwachsen. Dieselbe erinnert an die Ligula der Grasblätter, wird aber wegen ihrer Nebenblattnatur als Axillar- oder Intrapetiolarstipel bezeichnet. Die kleinen, meist weissen Blüthen entwickeln sich einzeln oder traubig-büschelig in den Achseln aller Blätter, besonders häufig aber der Schuppenblätter; niemals schliessen die Zweige mit endständigen Blüthen ab.

Fig. 252. Erythroxylon Coca. (Etwa 3/4 nat. Gr.) (Nach Baillon.)

Erythroxylon Coca Lam. (Fig. 252) ist ein Strauch von 1—2 m Höhe mit eiförmigen oder länglichen, ganzrandigen oder schwach geschweiften, kahlen, oberseits hellgrünen, unterseits matt blassgrünen, dünnfleischigen Blättern, welche bis 6 cm lang und 3 cm breit werden. Ein charakteristisches Erkennungszeichen der Cocablätter sind zwei symmetrisch zur Mittelrippe vom Blattstielansatz bis in die Spitze der Spreite verlaufende feine Bogenlinien. Dieselben treten deutlich hervor, wenn man das Blatt gegen das Licht hält. An frischen Blättern sind die Linien auf der Blattunterseite ein wenig erhaben. In den 2—6-blüthigen Trauben ist jede Blüthe von ihren beiden Vorblättern begleitet, über welchen sich der sehr schlanke Blüthenstiel deutlich abgliedert. Die etwa 1 cm langen, eiförmigen Früchte sind scharlachroth.

Die erfrischend schmeckenden Blätter enthalten neben Cocagerbsäure das in neuerer Zeit zu hohem Ansehn gelangte Alkaloïd Cocaïn, welches als Anaestheticum namentlich in der Augenheilkunde ein unschätzbares Mittel geworden ist. In Peru und Bolivia, der Heimath des Cocastrauches, sowie in anderen südamerikanischen Ländern wird die Pflanze viel cultivirt, weil ihre Blätter ein belebendes Getränk wie bei uns Kaffee und chinesischer Thee geben. Cocaweine sind mit Cocablättern angesetzte Medicinalweine.

Frangulinae.

Die Ordnung der Frangulinae ist durch aktinomorphe, fast ausnahmslos haplostemone Blüthen gekennzeichnet. Der vorhandene Staubblattkreis ist bald der episepale, bald der epipetale. Neben Gattungen mit 5-zähligen Blüthen machen sich viele mit 4-zähligen Blüthen bemerklich, so dass wir bald der Formel

$$K\ 5,\ C\ 5,\ A\ 5,\ G\ \underline{(2)}\ \text{oder}\ \underline{(3)},$$

bald der Formel

$$K\ 4,\ C\ 4,\ A\ 4,\ G\ \underline{(4)}\ \text{oder}\ \underline{(2)}$$

begegnen. Aus diesen geht hervor, dass nur die Carpidenzahl eine schwankende ist, während Kelch, Krone und Androeceum stets aus der gleichen Anzahl von Gliedern sich aufbauen. Uebrigens wird das Gynaeceum stets synkarp angetroffen und zwar meist nach der Zahl der Fruchtblätter gefächert. Die an centralen, nur bei den Pittosporaceen an parietalen Placenten eingefügten Samenanlagen sind ausnahmslos apotrop, in den Fächern bald aufrecht, bald hängend, bald beides in derselben Familie. Der Discus fehlt nur den Pittosporaceen, bei den übrigen Familien ist er bald intra-, bald extrastaminal.

Aktinomorphie, Haplostemonie und Apotropie als gleichzeitig bestehende Charaktere unterscheiden die Frangulinae von allen verwandten Choripetalen.

Von den Familien der Ordnung kommen nur die beiden mit epipetalem Staubblattkreise in Betracht:

1. **Rhamnaceae.** Mit wohlentwickeltem, klappigem Kelch und zum Schwinden neigender Krone. Fruchtknotenfächer mit nur einer grundständigen Samenanlage.
2. **Vitaceae.** Mit auf Zähnchen reducirtem Kelch und wohl entwickelter klappiger Krone. Fruchtknotenfächer mit zwei grundständigen Samenanlagen.

Rhamnaceae.

Die Blüthen der Rhamnaceen sind insofern von morphologischem Interesse, als sie den Uebergang von eucyklischer Ausbildung zu reiner Perigynie und selbst zur Epigynie darstellen. Gewöhnlich finden wir ihren oft lederigen Kelch unterwärts als kreisel- oder krugförmige Röhre entwickelt, welche in kurze, dreieckige, in der Knospe klappige Zähne ausgeht, auf deren Innenseite eine scharfe Mittelleiste verläuft. Die kleinen, zum Schwinden neigenden Kronblätter zeigen in der Knospe keine Deckung; sie umschliessen gern die vor ihnen stehenden Staubblätter kapuzen- oder taschenartig. Kron- und Staubblätter sind dem Schlunde der Kelchröhre aufgewachsen. Der bald rein oberständige, bald halb-, bald ganz unterständige Fruchtknoten ist bei den 5-zähligen Blüthen meist dreifächerig und wendet ein Fach nach hinten, zwei nach vorn (in Zeichen $\frac{1}{2}$); in 4-zähligen Blüthen sind vier im median-transversalen Kreuz stehende Fächer die Regel. Die Frucht ist meist eine beerenartige Steinfrucht. (Vergl. hierzu die Diagramme Fig. 253 und 254.)

Rhamnus L.

Die Gattung Rhamnus umfasst etwa 60 baum- und strauchförmige Arten mit zwitterigen oder polygam-dioecischen Blüthen vom typischen Bau der Rhamnaceen. Die einfachen, gestielten, fiedernervigen Laubblätter mit hinfälligen Nebenblättern sitzen den normal entwickelten oder dornig bespitzten Zweigen wechsel- oder gegenständig an. In ihren Achseln entspringen die unscheinbaren, meist traubigen Blüthenstände. In den beerenartigen Steinfrüchten bleiben die Steine getrennt.

Rhamnus cathartica L., der Kreuzdorn, ist durch viele Merkmale ausgezeichnet. Zunächst sind seine Blätter gegenständig, und dem entsprechend bilden sich auch die aus ihren Achselknospen hervorgehenden Zweige und Aeste gegenständig. Da nun die Zweigspitze jedes Jahrestriebes sich in einen geraden Dorn verwandelt, so findet man diesen später in dem Winkel zweier gegenständigen Zweige, im Winkel einer „Zweiggabel“ vor. Die Blüthen sind, wie es das Diagramm Fig. 253 darstellt, charakteristisch 4-zählig. Den vier im rechtwinkligen median-transversalen Kreuz stehenden Kelchblättern folgen die vier Kronblätter und die vor ihnen stehenden Staubblätter im diagonalen Kreuz, während die vier schon äusserlich am 4-spaltigen Griffel erkennbaren Fruchtblätter wieder übereinstimmend mit dem Kelch ein median-transversales Kreuz bilden. Nun ist aber zu beachten, dass die Blüthen niemals rein zwitterig sind, dass sich vielmehr durch Verkümmerung der Staubblätter weiblich, und durch Verkümmerung der Fruchtblätter männlich functionirende Blüthenformen herausbilden, wie es eben der Charakter polygam-dioecischer Formen ist. In den weiblichen Blüthen entwickelt sich der freie,

Fig. 253. Diagramm der vierzähligen Blüthe von Rhamnus cathartica. (Nach Eichler.)

oberständige Fruchtknoten zu einer anfänglich grünen, später glänzend schwarzen, glatten, vierkernigen Steinfrucht, deren Fleisch beim Trocknen stark schrumpft und die Frucht grob netzig-runzelig macht. Die in den dreikantigen Kernen sitzenden Samen sind mit tiefer Rückenfurche versehen, so dass ihr Querschnitt hufeisenförmig wird.

Die Laubblätter des Kreuzdorns sind eiförmig, kerbig-gesägt. Jederseits entspringen dem Mittelnerven drei bogig-aufsteigende Seitennerven.

Der Kreuzdorn ist in fast ganz Europa in Laubwäldern und an Wegrändern als hecken- und gebüschbildende Pflanze heimisch. Die kleinen schmutzig-weissen Blüthen erscheinen im Mai und Juni. Die reifen Früchte sind frisch und getrocknet officinell als Fructus Rhamni catharticae Ph. G. II. 122 s. Baccae spinae cervinae Ph. G. II. 33, Kreuzbeeren, Kreuzdorn- oder Hirschdornbeeren. Sie dienen zur Bereitung des mild abführenden Syrupus Rhamni catharticae Ph. G. II. 262.

Rhamnus Frangula L., der Faulbaum, unterscheidet sich vom Kreuzdorn durch schuppenlose Laubknospen, wechselständige, (nicht gegenständige!), heller grüne Laubblätter, deren elliptische, ganzrandige Spreiten jederseits vom Mittelnerven 6—8 schräge, parallele Seitennerven zeigen. Die Aeste sind dornenlos. Die mit transversalen Vorblättern versehenen Blüthen sind fünfzählig und zweigeschlechtig, entsprechend dem Diagramm Fig. 254. Die weisslichen, genagelten Kronblätter sind längs der Mittellinie scharf gefaltet und umfassen die Staubblätter kapuzenartig. Der dreifächerige Fruchtknoten trägt einen einfachen Griffel mit kopfiger Narbe. Die kugeligen, glatten Steinfrüchte sind anfänglich roth, reif sind sie schwarz wie die Kreuzdornfrüchte, von welchen sie aber leicht durch das Vorhandensein von nur drei Steinkernen zu unterscheiden sind, in denen je ein flach linsenförmiger Same liegt.

Fig. 254. Diagramm der fünfzähligen Blüthe von Rhamnus Frangula. (Nach Eichler.)

Der Faulbaum ist ein bis 5 m hoher Strauch, der sich in ganz Deutschland in Laubwäldern, an Bächen und Wegen findet. Er blüht im Mai und Juni. Synonym sind *Frangula Alnus* Mill. und *Frangula vulgaris* Rchb.

Die mit kleinen, weissen, quergestreckten Korkwarzen besetzte, aussen graue, innen braunrothe, auf dem Bruche gelbfaserige Rinde ist officinell als Cortex Frangulae Ph. G. II. 66 s. Cortex rhamni frangulae ibid. 332. Sie muss mindestens zwei Jahre trocken liegen, ehe sie zu Arzneizwecken verwerthet werden darf. Faulbaumrinde ist das wohlfeilste Abführmittel. Das Holz des Faulbaums dient zur Pulverfabrikation („Pulverholz“).

Zizyphus vulgaris Lam., ein dorniger, bisweilen in Baumform auftretender Strauch der Mittelmeerländer, trägt aus zwei medianen Fruchtblättern hervorgehende, eiförmig-längliche, glänzend-braunrothe, 2—3 cm lange Steinfrüchte mit ovalem, zugespitztem Steine, dessen dicke knochige Schale gewöhnlich nur einen Samen umschliesst. Die getrockneten Früchte waren officinell als Jujubae oder Brustbeeren. Pâte de Jujubes ist noch jetzt in den Reichslanden ein geschätztes Mittel gegen katarrhalische Beschwerden.

Vitaceae.

Die als Vitaceae bezeichnete Familie weist nur unscheinbare, zu Rispen vereinigte Blüthen von sehr einfachem Baue auf. Mit dem kurzzähnigen Kelch wechselt die in der Knospe stets klappige Krone und der einfache Kreis episepaler, introrser Staubblätter ab (Fig. 255). Nun folgt gewöhnlich ein ring- oder becherförmiger, auch wohl gelappter intrastaminaler Discus, und diesem sitzt der meist aus zwei Fruchtblättern gebildete zweifächerige, zur Beere werdende Fruchtknoten mit einfachem Griffel auf. Die Fruchtknotenfächer enthalten stets zwei im Grunde neben einander stehende, aufrechte anatrop-apotrope Samenanlagen.

Fig. 255. Diagramm der Blüthe von Vitis vinifera. Der schwach fünflappige Discus ist schraffirt gezeichnet; in jedem Fruchtknotenfach sind die beiden Samenanlagen angedeutet. (Das Diagramm ist auffällig wegen der Lobeliaceenstellung des Kelches und wegen der Transversalstellung der Carpiden. Siehe den Text auf S. 384.) (Nach Eichler.)

Von den etwa 250 den Tropen und den wärmeren Erdstrichen der gemässigten Zonen angehörigen Arten der Familie sind die meisten Rankengewächse mit knotig-gegliedertem Stamme und wechselständigen, gestielten, meist handförmig-gelappten und gefingerten, selten ungetheilten Blättern. Bekannte Vertreter der Familie sind der Weinstock, *Vitis vinifera* L. und der „wilde Wein“, *Ampelopsis quinquefolia*. Hier interessirt nur:

Vitis vinifera L.

Die Gattung Vitis, im alten Sinne gefasst, vereinigt hochklimmende Rankengewächse mit 5-zähligen Blüthen, deren Kronblätter oberwärts so innig mit einander verklebt sind, dass die Krone beim Aufblühen mützenartig abgeworfen wird. Die reifen, oft saftreichen Beeren bilden die gewöhnlich, aber fälschlich als „Trauben“ bezeichneten Fruchtstände. Dieselben sind wie die Blüthenstände Rispen. Der Anfänger merke sich demnach, dass „Weintrauben“ gar keine „Trauben“, sondern Beerenrispen sind. Die in den Beeren nicht immer vollzählig entwickelten Samen zeigen eine knochig-spröde Schale und knorpeliges Nährgewebe, welches den kleinen, geraden Keimling einschliesst.

Vitis vinifera L., die seit den vorhistorischen Zeiten cultivirte Rebe, ist ein im wilden Zustande bis 10 und mehr Meter Höhe erreichender Strauch mit reichästigem Rankenstamme, von welchem die faserige Borke sich in langen Streifen abblättert. Der Holzkörper ist nach zwei Seiten stärker entwickelt. Die Reben setzen sich aus morphologisch verschiedenen Gliedern zusammen. Zunächst sind zweierlei Triebe an dem Rebstock zu unterscheiden, unbegrenzt in die Länge fortwachsende „Langtriebe", von den Winzern Lotten genannt, und wenig in die Länge wachsende „Kurztriebe", von den Winzern Geizen genannt. Fig. 256 giebt das Schema einer Lotte. Eine solche beginnt mit zwei grundständigen Schuppenblättern, welchen unbestimmt viele (bis 40) zweizeilig geordnete Laubblätter folgen. Den 3—5 untersten steht keine Ranke gegenüber; über ihnen folgen aber die Ranken in grosser Regelmässigkeit und zwar so, dass immer zwei rankentragenden Blattknoten ein rankenloser folgt. Immer steht die Ranke dem entsprechenden Blatt gegenüber; man sagt deshalb, den Weinstöcken seien blattgegenständige Ranken eigen. Die Ranken sind zweiarmig und werden von den Winzern Gabeln genannt. An der Gabelstelle findet sich ein schuppenförmiges Blatt, das Deckblatt des längeren Rankenarmes. Daraus folgt nun, dass die Weinranken Zweige sind (nicht etwa metamorphosirte Blätter, wie man aus ihrer seitlichen Stellung gegenüber einem gewöhnlichen Laubblatte urtheilen möchte). Zugleich ergiebt sich aber aus der Zweignatur der Ranken, dass die ganze Lotte ein Sprosssystem ist, welches nahezu einer Wickel mit Scheinaxe (vgl. Fig 39, 2b auf S. 36) entspricht. In dem Schema Fig. 256 sind die Sprossglieder so unterschieden, dass die ungeraden (das erste, dritte, etc.) nicht schraffirt, die geraden (das zweite, vierte, etc.) schraffirt gezeichnet sind. Das erste

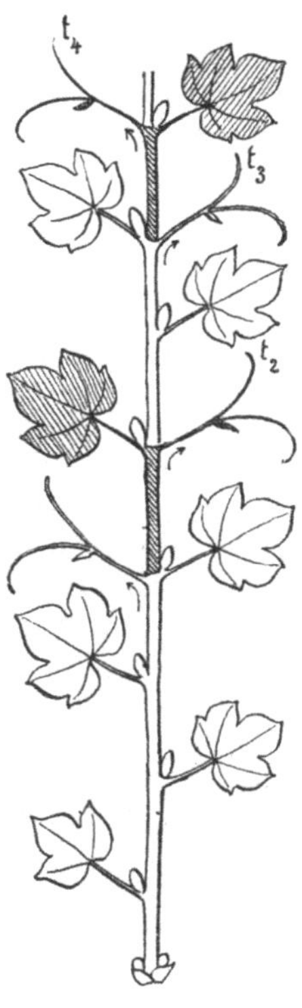

Fig. 256. Schema für den sympodialen Aufbau einer „Lotte" des Weinstocks. Das erste Sprossstück endet oberhalb des ersten Pfeiles links als Ranke. In der Achsel des beim Pfeile nach rechts abgehenden Blattes hat sich das schraffirt gezeichnete, bei t_2 endende Sprossstück entwickelt, dessen Spitze beim ersten Pfeil rechts als Ranke nach rechts zur Seite gedrängt ist. In der Achsel des ersten schraffirten Blattes (links) hat sich das dritte bei t_3 endende Sprossstück entwickelt, dessen Spitze als Ranke durch das darüberstehende, schraffirte Sprossstück (beim zweiten Pfeile rechts) zur Seite gedrängt ist. Vergl. auch den Text. (Nach Eichler.)

Sprossglied ist mit vier Laubblättern gezeichnet, die folgenden ungeraden tragen stets zwei Laubblätter, die geraden nur je eines. Die Ranken sind also jedesmal das obere Ende eines der Sprossglieder. Die Sprossspitzen liegen bei t_1, t_2, t_3, t_4. Da, wo die Pfeile gezeichnet sind, wird jedes Sprossende als Ranke von dem darüberstehenden Spross zur Seite gedrängt. Der Stamm der Lotte baut sich nur aus den unteren Enden der Sprosse auf.

Als Geizen bezeichnet man die in den Achseln der Blätter der Lotte zur Entwickelung kommenden Kurztriebe. In Figur 256 sind sie nur als Knospen in den Blattachseln angedeutet. Jede Geize beginnt mit einem seitlich gestellten, schuppigen Vorblatt, dann folgen wie bei der Lotte zweizeilig gestellte Laubblätter. Die Rankenbildung beginnt beim zweiten Laubblatt der Geize, welche sich im Uebrigen wie die Lotte selbst verhält, nur im Ganzen kümmerlicher bleibt. Niemals aber bringt es die Geize zur Blüthenbildung. Die Blüthenrispen („Gescheine" in der Winzersprache) entwickeln sich nur an Stelle der untersten Ranken einer Lotte.

Die in den Laubblattachseln einer Geize sich bildenden Knospen ergeben (wie alle Knospen einer Lotte) ausschliesslich wieder Geizen. Die Lottenknospen entstehen nur in der Achsel des grundständigen seitlichen Vorblattes einer Geize.

Die kleinen, grünen Blüthen unseres Weinstockes zeigen gewöhnlich den im Diagramm Fig. 255 dargestellten Bau, das unpaare Kelchblatt also nicht wie bei normaler Orientirung nach hinten, sondern median nach vorn. Es begegnet hier also die selten vorkommende Lobelienstellung der Blüthe (vgl. S. 246); normale Orientirung ist jedoch nicht ausgeschlossen. Auch die Stellung der Fruchtblätter verstösst oft gegen die allgemeine Regel (wonach bei 5-zähliger Blüthe zwei Carpelle median zu stehen pflegen). Beim Wein stehen sie bald normal median, bald schief, bald (wie in Fig. 255) transversal. Die Blätter sind 3—5-lappig handförmig, die Innenwinkel der Lappen abgerundet, ihr Rand grob-gesägt. Am Grunde des Blattstiels sitzen elliptische Nebenblätter. Die Beeren sind bald grünlich, bald schwarzblau, bereift. Sie liefern durch Keltern (d. h. Ausdrücken) den Most, welcher durch Gährung in das bekannte alkoholische Getränk Wein übergeht.

Als Medicinalweine werden namentlich süsse Weine (weisse und rothe) benutzt. Die Pharmakopoe schliesst natürlich sogenannte „Kunstweine" aus. Zu den arzneilichen Präparaten wird Vinum generosum album et rubrum und Vinum Xerense benutzt, wobei unter Vinum generosum (Edelwein) Wein von edler Herkunft, überhaupt guter Wein zu verstehen ist. Die Ph. G. II. giebt die Vorschriften für die Herstellung von Vinum camphoratum, Vinum Chinae, Vinum Colchici, Vinum Ipecacatanhae, Vinum Pepsini und Vinum stibiatum. An der Luft oder am Weinstocke getrocknete, zuckerreiche Weinbeeren sind die grossen Rosinen, Passulae majores s. Ulvae Passae majores (Zibeben und kernlose Sultaninen). Die getrockneten Beeren einer in Griechenland cultivirten Varietät *Vitis apyrena* L. (= *Vitis minuta* Risso) kommen als kleine Rosinen oder Corinthen, Passulae minores, in den Handel. Rosinen werden bisweilen zu Theemischungen benutzt.

V. Reihe. Tricoccae.

Die Reihe der Tricoccae lässt sich nicht durch einheitliche Merkmale kennzeichnen. Ziemlich durchgreifend ist nur die Diclinie der Blüthen, d. h. die Sonderung männlicher und weiblicher Blüthenformen, welche bald monoecisch, bald dioecisch vertheilt sind. Wäre nun aber die Diclinie ganz ausnahmslos vorhanden, so bliebe sie doch immer nur ein gemeinsamer, nicht aber unterscheidender Charakter, denn Diclinie begegnet ja beinahe in allen Reihen der Dicotylen.

Die diagrammatischen Verhältnisse sind äusserst mannichfach. Ausser Blüthen ohne Perianth („nackten" Blüthen) finden sich solche — und das ist die Mehrzahl — mit einfachem Perianth („monochlamydische"), endlich aber auch solche mit doppeltem Perianth („dichlamydische"), und dann sind Kelch und Krone meist deutlich verschieden. Beachtet man nun noch das Schwanken in der Zahl der Glieder des Perianths, dann lässt sich die ganze Mannichfaltigkeit ausdrücken durch die Formeln P 0, P 2, P 3 oder P 5, resp. P 2 + 2 oder P 3 + 3, resp. K 5, C 5. Ein ähnliches Schwanken der Kreise und ihrer Gliederzahl herrscht im Androeceum. Man stösst auf die denkbar niedrigste Zahl von nur einem Staubblatt, findet aber auch Blüthen mit 2, 3 und mehr Staubblättern, ja selbst ausgeprägteste Polyandrie, also in Zeichen A 1—∞. Dabei stehen die Staubblätter bald in einem Kreise (Haplostemonie), bald in zwei Kreisen (Diplostemonie), bald in mehreren Kreisen (Polyandrie). Am gleichmässigsten ist das Gynaeceum gebaut. In der grossen Mehrzahl der Fälle bildet es sich — und darauf zielt der Name Tricoccae hin — aus drei Fruchtblättern, doch kommt Verminderung auf 1—2, sowie Vermehrung auf 4—20 Carpelle vor. Ausnahmslos ist der Fruchtknoten gefächert, und jedes Fach führt im Innenwinkel eine einzige oder zwei (niemals mehr) neben einander angeheftete Samenanlagen. Die verschiedene Krümmung ihres Funiculus führt zur Gliederung der Reihe in vier Familien:

Euphorbiaceae. Samenanlagen hängend-e p i t r o p. Mit Kapselfrucht.

Callitrichaceae. Samenanlagen hängend-e p i t r o p. Frucht in vier Theilfrüchte (Klausen) zerfallend. Wasserpflänzchen.

Buxaceae. Samenanlagen hängend-a p o t r o p.

Empetraceae. Samenanlagen aufsteigend-a p o t r o p.

Von diesen kommen allein die mit etwa 3500 Arten über die ganze Erde verbreiteten Euphorbiaceen in Betracht, denen gegenüber die übrigen Familien mit zusammen kaum 50 Arten ganz zurücktreten.

Euphorbiaceae.

Der mannichfaltige Blüthenbau der Tricoccae kommt, wie sich von vornherein erwarten lässt, gerade in dieser artenreichen Familie zum Ausdruck, und kann daher wegen der diagrammatischen Verhältnisse auf die vorangehende Charakteristik der Reihe verwiesen werden. Hier mag nur betreffs der Plastik (der äusseren Gestaltung) bemerkt werden, dass überall, wo bei Euphorbiaceen ein Perianth entwickelt ist, dieses h y p o g y n, niemals epigyn angetroffen wird, wohl aber ist die Verwachsung seiner äusseren Glieder die Regel, während etwa vorhandene Kronen freiblätterig sind. Darauf gründet sich die Anreihung der Tricoccae an die Eucyclicae. Die fast durchgehende Diclinie nähert die Tricoccae (namentlich die nacktblüthigen und monochlamydischen) den Amentaceen, während die polyandrischen Formen Anklänge an die Aphanocyclicae verrathen.

Die Samen der Euphorbiaceen sind gewöhnlich mit Caruncula versehen, führen mehr oder weniger entwickeltes Nährgewebe und einen verschieden gestalteten Keimling. Beim Aufspringen der dreiklappigen Kapseln lösen sich die Samen von einer stehenbleibenden Mittelsäule ab.

Die meisten Euphorbiaceen sind Bewohner der Tropen. In der Tracht sind sie sehr verschieden. Baum- und Strauchformen herrschen neben ausdauernden und einjährigen Kräutern vor. Bei uns sind nur krautige Arten verbreitet. Viele führen scharf-giftigen Milchsaft. Die Gliederung der Familie ist:

I. S t e n o l o b e a e. Keimling mit schmalen, halbcylindrischen Cotyledonen. Auf Australien beschränkt.

II. P l a t y l o b e a e. Keimling mit breiten, flachen Cotyledonen.
Fruchtknotenfächer mit z w e i Samenanlagen (mit „biovulaten" Fächern): P h y l l a n t h e a e und B r i d e l i e a e.
Fruchtknotenfächer mit e i n e r Samenanlage (mit „uniovulaten" Fächern): C r o t o n e a e, A c a l y p h e a e, H i p p o m a n e a e, D a l e c h a m p i e a e, E u p h o r b i e a e.

Wir besprechen hier nur:

1. Croton L.

Die Gattung Croton umfasst etwa 450 tropische Arten, welche den Typus der Crotoneae, d. h. derjenigen Euphorbiaceen bilden, welchen monoecisch vertheilte Blüthen ohne gemeinsame Hochblatthülle eigen und bei welchen die Staubblätter in den Knospen der männlichen Blüthen (wie bei Urticeen und Moreen) scharf einwärts gekrümmt sind. Dass die Crotoneen zu den „uniovulaten Platylobeen" gehören, geht aus der obigen Eintheilung der ganzen Familie hervor.

Für die Gattung Croton merken wir, dass die Blüthen endständige, zusammengesetzte Trauben bilden, in welchen die weiblichen Blüthen unten sitzen, während die männlichen den oberen Theil einnehmen (vgl. Fig. 257). Die Einzelblüthen sind sehr hoch entwickelt; sie führen ein doppeltes Perianth, aus 5 dachigen Kelch- und 5 dachigen Kronblättern. Letztere verkümmern nicht selten in den weiblichen Blüthen. In den männlichen Blüthen folgt der Krone ein polyandrisches Androeceum, welches sich aus mehreren 5-zähligen Staubblattquirlen auf convexem Blüthenboden aufbaut. Der äusserste Quirl ist meist unfruchtbar und durch staminodiale Drüsen ersetzt; der innerste ist oft drei- oder zweizählig, oder ein centrales Staubblatt bildet den Abschluss der Blüthe. Die Formel für die männliche Blüthe ist also K 5, C 5, A ∞, wo das Zeichen ∞ bald $5 + 5$, bald $5 + 5 + 5$, bald $5 + 5 + 5 + 5$, oder $5 + 5 + 5 + 3$ oder $5 + 5 + 5 + 2$ u. dgl. ersetzt. In den weiblichen Blüthen ist das Androeceum nur durch fünf staminodiale Drüsen angedeutet, oder auch diese fehlen und werden durch die zu Drüsen reducirte Krone ersetzt. Der dreifächerige Fruchtknoten trägt drei ein- bis mehrfach gabelig gespaltene Griffel.

Die meisten Arten treten als Sträucher, viele auch als Bäume oder Kräuter, wenige als einjährige Gewächse auf. Die wechselständigen Blätter sind meist gestielt, einfach und ganzrandig oder gezähnt.

1. *Croton Eluteria* Benett ist ein kleiner, nur auf den Bahama-Inseln vorkommender Baum mit eiförmig-lanzettlichen, lang zugespitzten, geschweift-gezähnten, auf der Unterseite dicht mit gelblichsilberglänzenden Schildhaaren bedeckten Blättern; am Grunde der kurzen Blattstiele sitzen keine Nebenblätter. Der Baum gehört zu den Arten, deren männliche und weibliche Blüthen wohlentwickelte Kronen führen. In den männlichen trifft man gewöhnlich 12 fruchtbare Staubblätter mit ringsum behaarten Fäden; in den weiblichen ist der Fruchtknoten mit Schildhaaren bedeckt und trägt doppelt-gabeltheilige Griffel. Die kurzgestielten Blüthen vereinigen sich zu lockerblüthigen, ährenförmigen Rispen. Synonym ist *Clutia Eluteria* L.

Die eigenartig riechende, durch Cascarillin stark bittere Rinde ist officinell als Cortex Cascarillae Ph. G. II. 63 s.

Cortex Eluteriae, Cascarilla oder Cascarillrinde. Sie dient zur Bereitung von Extractum Cascarillae Ph. G. II. 86 und Elixir Aurantiorum compositum Ph. G. II. 74.

2. *Croton niveus* Jacq. (= *Croton Pseudo-China* Chamisso et Schlechtdl.) ist ein bis 3 m hoher Strauch Mexicos, Venezuelas, Neugranadas und Columbiens. Wegen der alle jüngeren Organe bedeckenden, bräunlich-silberglänzenden Schildhaare, auch wegen des Baues seiner Blüthen ähnelt er der vorigen Art, unterscheidet sich aber durch herz-eiförmige, am Grunde deutlich 5-nervige Spreiten und dichtblüthige Blüthentrauben. Seine Rinde, Cortex Copalchi darf nach der Ph. G. II. nicht als Cascarilla-Ersatz dienen.

Fig. 257. Croton Tiglium. (Nach Baillon.)

3. *Croton Tiglium* L., Fig. 257, ist ein Strauch, der bisweilen die Form eines bis 6 m hohen Baumes annimmt. Seine ziemlich langgestielten, mit Sternhaaren zerstreut besetzten, im Alter fast kahlen Blätter führen eine eiförmige, zugespitzte, 3-nervige, am Grunde mit je zwei rundlichen Drüsen ausgestattete Spreite. Am Blattstielgrunde sitzen etwa 3 mm lange, pfriemenförmige, meist schwach zurückgebogene, abfallende Nebenblätter. Die grünlichen männlichen Blüthen führen einen ziemlich flachen, tief 5-theiligen Kelch mit an der Spitze gewimperten Zipfeln. Die lanzettlichen Kronblätter sind auf ihrer Innenseite lang behaart. Das Androeceum besteht aus 15—18 fruchtbaren Staubblättern mit kahlen Fäden. Die weiblichen Blüthen führen dagegen einen 5-spaltig glockigen Kelch mit zurückgekrümmten Zipfeln; die Kronblätter sind auf pfriemliche, an der Spitze kopfige Drüsen reducirt. Der wie die Bracteen, die Blüthenstiele und

die Kelchaussenseite mit Sternhaaren besetzte Fruchtknoten trägt drei einfach gegabelte Griffel. Er wird zur stumpf 3-kantigen Kapsel mit kahler, unebener, blassbrauner Wand. Die Samen sind den Ricinus-Samen ähnlich, sind aber nicht glänzend, sondern matt, wie bestäubt, meist hellröthlich-braun; auch ist die Caruncula nur äusserst klein.

Die Heimath der Pflanze ist das südliche Ostindien, doch wird die Art wegen der Samen in ganz Ostindien, auf Ceylon, den Sundainseln und den Philippinen, auch auf Mauritius cultivirt. Synonym ist *Tiglium officinale* Klotzsch.

Die äusserst giftigen Samen, Semen Crotonis s. Semen Tiglii v. Grana Tiglii liefern durch Auspressen das dickflüssige, braune Crotonöl, Oleum Crotonis Ph. G. II. 196. Es ist das am heftigsten wirkende Abführmittel. Auf der Haut bewirkt es brennenden Schmerz und Blasenbildung. Innerlich genommen, können schon 15 Tropfen den Tod herbeiführen. Die maximale Einzeldosis ist 0,05 gr! Beim Arbeiten mit Crotonöl ist grösste Vorsicht geboten.

2. Ricinus communis L.

Die Gattung Ricinus ist ein Vertreter der Acalypheae, d. h. derjenigen uniovulaten Platylobeen, deren bald monoecische, bald dioecische Blüthen durch die klappige Knospenlage des äusseren Perianths ausgezeichnet sind, und deren männliche Blüthenknospen gerade, nicht eingekrümmte Staubblätter führen.

Die monotypische, d. h. nur in einer Art auftretende Gattung Ricinus zeichnet sich durch monoecische, in traubenförmigen Rispen stehende Blüthen aus. Dabei ist die Vertheilung der Blüthen umgekehrt wie bei Croton, die männlichen Blüthen unten, die weiblichen oben, beide mit Deck- und Vorblättern und gegliedertem Stiele. Die Blüthen sind kronenlos, zeigen also nur ein einfaches Perianth (während Croton K und C führt). Bei den männlichen, zu dreien geknäuelten Blüthen besteht es aus fünf freien, eiförmigen, aussen graugrünen, innen weisslichen, zur Blüthezeit zurückgeschlagenen Lappen (Fig. 258, 2). Ihnen folgen auf schwach convexem Blüthenboden 30 und mehr baumförmig verzweigte Staubblätter in alternirenden Quirlen, von denen die äussersten noch zur Blüthezeit kenntlich sind. Die weiblichen Blüthen lassen den beiden seitlichen Vorblättern drei freie, schmal lanzettliche Perianthblätter wie bei Monocotylen nach $\frac{2}{1}$ orientirt, d. h. eines median-vorn, folgen. Von Krone und Androeceum ist keine Spur vorhanden; es folgt also unmittelbar der kräftige, oft weichstachelige Fruchtknoten, der wie bei Monocotylen sein unpaares Fach nach vorn wendet, also wie das Perianth nach $\frac{2}{1}$ orientirt ist. Auf seinem

Scheitel trägt er drei, bis nahe zum Grunde gabelig gespaltene Griffel, deren Schenkel ringsum mit purpurrothen Narbenpapillen besetzt sind (Fig. 258, 1). Die reifen, eiförmig-kugeligen, bis $2^1/_2$ cm langen Kapseln enthalten drei Samen von dem in Fig. 37 auf S. 34 dargestellten Bau. Die harte, spröde, glänzend glatte Schale ist verschiedenartig grau, braun oder rothbraun, oft fast schwarz und meist mit Punkten, Flecken oder Bändern gezeichnet. Am Nabelende sitzt die in Wasser fleischig aufquellende Caruncula. Die innere, zart häutige Samenschale bleibt an dem ölreichen Nährgewebe hängen, in dessen Mitte der gerade Keimling mit kleinen Würzelchen und flach aufeinanderliegenden, sehr dünnen Keimblättern ruht, wie es Fig. 37, c darstellt.

Ricinus communis L., Fig. 258, zeichnet sich durch eine auffällige Schnellwüchsigkeit aus, weshalb die Pflanze bei uns als Wunderbaum oft in Gärten gepflanzt wird. In ganz Mitteleuropa ist die Pflanze einjährig und wächst in wenigen Monaten zu einer bis 2 m hohen Staude mit bereiftem, grünem oder röthlichem, unterwärts mehrere Finger dickem, hohlem Stamme heran. Dieser trägt auf langen, hohlen, fast cylindrischen Stielen Blätter von zum Theil mächtigen Dimensionen (bis 1 m Durchmesser). Die schildförmigen, krautigen, dunkel graugrünen Spreiten sind handförmig 5—11-lappig, ihre Lappen zugespitzt und ungleich gesägt-gezähnt. Die Nebenblätter verwachsen zu einer stengelumfassenden, häutigen, früh absterbenden Scheide. An dem Blattstiele sitzen meist unterhalb der Spreite, oft aber auch in der mittleren Region und auch am Grunde schüsselförmige Drüsen („extraflorale“ Nectarien). Bei uns blüht die Pflanze im August. In Südeuropa dauert die viel kräftiger werdende Pflanze 2—3 Jahre aus und erreicht bis 5 m Höhe. In den Tropen dagegen wird sie ein 10—13 m hoher Baum mit 30—50 cm Durchmesser erreichendem Holzstamm. Seine Heimath ist wahrscheinlich das südliche und östliche Asien.

Fig. 258. Ricinus communis.

Das durch Auspressen aus den Samen gewonnene, farblose, dickflüssige Oleum Ricini Ph. G. II. 201 s. Ol. castoris v. Ol. palmae Christi ibid. 338, Ricinusöl, ist ein mildes und sicheres Abführmittel. Präparat desselben ist Collodium elasticum Ph. G. II. 62 s. Collodium flexile ibid. 332. Die Samen waren als Semen Ricini s. Semen Cataputiae majoris officinell.

3. Mallotus philippinensis J. Müll.

Die Gattung Mallotus, mit etwa 80 Arten im tropischen Asien und auf den malayischen Inseln vertreten, umfasst baum- oder strauchförmige Acalypheen, welche sich von Ricinus schon durch die dioecische Vertheilung der Blüthen unterscheiden. Diese treten meist zu ährigen oder traubigen, achselständigen (nicht wie bei Ricinus endständigen) Blüthenständen zusammen. Das stets einfache Perianth ist 3 — 5-theilig. In den männlichen Blüthen ist fast stets ein Discus entwickelt, und der convexe, nicht behaarte Blüthenboden trägt zahlreiche, einfache, introrse Staubblätter; bisweilen ist auch noch ein Fruchtknotenrudiment sichtbar. In den weiblichen Blüthen folgt dem Perianth unmittelbar der meist dreizählige Fruchtknoten, welcher aber, umgekehrt wie bei Ricinus, nach $\frac{1}{2}$ orientirt ist, d. h. sein unpaares Fach wendet sich nach hinten. Die nicht gabeligen Griffel tragen die Narbenfläche auf ihrer Innenseite. Die Samen zeigen keine Caruncula. Den Blättern fast aller Arten ist eine charakteristische Behaarung der Unterseiten eigen.

Mallotus philippinensis J. Müller, ein Strauch oder bis 6 m hoher Baum Ostindiens, Ceylons, der Sundainseln und der Philippinen, auch Hongkongs und des östlichen tropischen Neuhollands, gehört zur Untergattung Eumallotus, in welcher den männlichen Blüthen der Discus fehlt. Dieselben sitzen zu dreien in den Achseln am Grunde verdickter Deckblätter. Den eiförmig-lanzettlichen Perianthzipfeln folgen 15 — 30 Staubblätter. Die weiblichen Blüthen sitzen einzeln in den Deckblattachseln. Ihr Perianth umgiebt den dreifächerigen, zu einer erbsengrossen Kapsel heranreifenden Fruchtknoten. Die wechselständigen, ziemlich kurzgestielten Blätter tragen 8—12 cm lange, am Grunde deutlich 3-nervige, ganzrandige, oberseits kahle Spreiten von wechselndem Umriss. Bald sind sie rhombisch-eiförmig oder rhombisch-lanzettlich, bald länglich elliptisch oder eiförmig. Diese Formverschiedenheit beruht zum Theil auf der mehr oder minder auffälligen Zuspitzung von Spitze und Spreitengrund; der letztere rundet sich auch wohl ab oder wird herzförmig. Sehr auffällig ist die Behaarung. Alle jüngeren Zweige, auch die Blüthenstandsaxe, die Blatt- und Blüthenstiele sind rostigfilzig von einfachen und sternförmigen Haaren. Zwischen diesen sitzen zahlreiche rothe Drüsen. Eine solche Behaarung zeigen auch die Blattunterseiten, vor allem aber die Fruchtknoten. Hier walten die scharlachrothen Drüsen vor den Sternhaaren so vor, dass die Kapseln dicht mit Drüsen bedeckt erscheinen.

Synonyme sind *Croton philippinense* Lam., *Rottlera tinctoria* Roxb. und *Rottlera aurantiaca* Hook. et Am.

Die von den Früchten abgeschüttelten, geruch- und geschmacklosen Drüsenhaare bilden die Kamala Ph. G. II. 152 s. Glandulae rottlerae ibid. 334, ein stark abführendes und meist Übelkeit erregendes Bandwurmmittel.

4. Euphorbia L.

Die Gattung Euphorbia repräsentirt mit ihren über 700 über die ganze Erde verbreiteten Arten den grösseren Theil der als Euphorbieae zusammengefassten Euphorbiaceen mit breiten Keimblättern und uniovulaten Fruchtfächern. Die Blüthen sind hier ausnahmslos eingeschlechtig und einhäusig, zeigen aber die Besonderheit, dass stets viele männliche und je eine zu ihnen centrale, die gemeinsame Axe als Endblüthe abschliessende weibliche Blüthe zu einer Gruppe zusammentreten, welche von einer becherförmigen Hülle, dem **Cyathium**, umschlossen wird. Dadurch erwecken nun die Blüthen**gruppen** den Anschein zweigeschlechtiger, polyandrischer Blüthen mit gestieltem Fruchtknoten (Fig. 259 und 260).

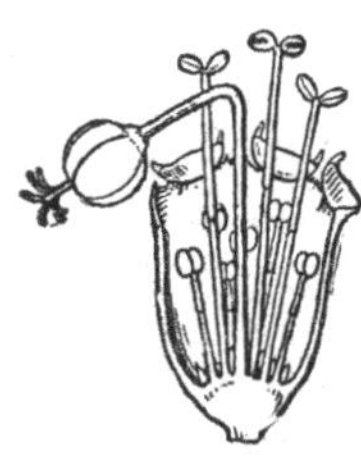

Fig. 259. Cyathium einer Euphorbia, halb schematisch, im Längsschnitt. Die Becherhülle mit zweihörnigen Drüsen umschliesst viele, je aus nur einem Staubblatt bestehende männliche Blüthen und eine centrale langgestielte, nach links übergebogene weibliche Blüthe. Letztere wird nur durch den Fruchtknoten mit seinen Griffeln dargestellt.

Der Bau der Einzelblüthen ist ausserordentlich einfach. Jede männliche Blüthe besteht nur aus einem einzigen, nackten Staubblatt, welches auf dem Scheitel seines cylindrischen, geraden Fadens einen zweifächerigen Staubbeutel trägt, dessen anfänglich kugelige Hälften zur Blüthezeit gewöhnlich weit auseinanderspreizen und sich mit einem über ihren Scheitel hinweggehenden Riss öffnen. Der Staubfaden bildet die Verlängerung eines cylindrischen Stieles, gegen welchen sich der Faden deutlich abgliedert. Dieser Stiel ist der Stiel der männlichen Blüthe (Fig. 259). Die weibliche Blüthe entspricht ganz der Einfachheit der männlichen. Ihr Stiel trägt auf seinem Scheitel einen aus drei Fruchtblättern gebildeten Fruchtknoten mit dreitheiligem Griffel, dessen Schenkel gabelig gespalten sind. Die Frucht ist die für die Euphorbiaceen typische dreisamige Kapsel. Die Euphorbien führen also völlig nackte Einzelblüthen.

Um nun den Aufbau einer von einem Cyathium umschlossenen Blüthengruppe verstehen zu lernen, denken wir uns eine mit der weiblichen Gipfelblüthe endende Axe und an dieser einen Quirl aus fünf Hochblättern, in deren Achseln je eine Wickel aus männlichen Blüthen hervorsprosst, verkürzen aber jede Wickel so, dass sie in der Achsel ihres Hochblattes zu einer fast knäueligen Gruppe von männlichen Blüthen der oben beschriebenen Art zusammenschrumpft.

Lassen wir nun die fünf Hochblätter aufwärts strebend zur Becherhülle verwachsen, so erhalten wir ein treffendes Bild des Euphorbieencyathiums. Dasselbe umschliesst fünf Gruppen männlicher Blüthen, welche in die Richtung der Zipfel des Bechers fallen. Den meisten Euphorbien sind nun ausserdem rundliche oder ovale Nectardrüsen eigen, welche die Buchten zwischen den Zipfeln der Becherhülle einnehmen. Sie werden von unten her durch Träger gestützt, welche sich bei vielen Arten hornförmig rechts und links ausziehen und die Bildung „zweihörniger Drüsen" veranlassen. Während solche vielen unserer heimischen Euphorbien zukommen, werden die Anhängsel der exotischen Arten häufig breite, blumenblattartige Gebilde, wie in Fig. 260. In solchen Fällen gleicht das Cyathium noch mehr einer einfachen, zweigeschlechtigen Blüthe.

Die Cyathien treten meist wieder zu Blüthenständen höherer Ordnung zusammen. Bei der hier interessirenden *Euphorbia resinifera* trägt jedes Cyathium am Grunde zwei Vorblätter. Das erste, den blühenden Spross abschliessende Cyathium lässt aus seinen Vorblättern je ein seitliches Cyathium hervorsprossen, so dass je drei Cyathien nach Art eines Dichasiums wie in Fig. 39, 1 a beisammen stehen. Viel reicher gliedern sich gewöhnlich unsere heimischen Euphorbien. Hier wiederholt sich die Dichasienbildung mehrfach, oder es geht eine wickelartige Verkettung der Cyathien aus den Dichasien hervor. In anderen Fällen beginnt die erste Verzweigung mit einer drei- bis vielstrahligen cymösen Dolde.

Die vegetativen Verhältnisse der Euphorbien sind sehr mannichfaltig. Neben einjährigen, sehr winzigen Formen finden sich viele als ausdauernde Kräuter; andere sind halbstrauchig. Die exotischen sind meist Sträucher und Bäume. Eine grosse Zahl ist durch cactusartigen Wuchs ausgezeichnet. Die meisten Euphorbien sind reich an giftigem Milchsaft, der ihnen bei uns den Namen Wolfsmilch eingebracht hat. Die Blätter sind wechsel- oder gegenständig, ungestielt und ganzrandig. Nebenblätter fehlen oder sind schuppig entwickelt; in einigen Fällen sind sie auf Drüsen reducirt, und bei den cactusähnlichen Formen bilden sie sich zu Stacheln um.

Euphorbia resinifera Berg, die einzige officinelle Art, gehört zu den cactusartigen Formen, welche als Section Diacanthium Boissier zusammengefasst werden. In den Berggegenden des Innern von Marocco bildet sie einen bis 2 m hohen, vom Grunde an aufstrebend verzweigten Strauch mit kaum verzweigten, daumstarken, vierkantigen, unten harten, graurindigen, oben fleischigen, bläulich-grünen Aesten mit concaven Seitenflächen. Auf den stumpfen Kanten sitzen die Nebenblattdorne paarweis in regelmässigen, kurzen Abständen auf fast dreieckigem Blattpolster. Die Laubblattspreiten sind ganz verkümmert. Kurz oberhalb der Polster entspringen die kurz und dick gestielten Blüthenstände. Das mittlere sitzende Cyathium wird von den kurzgestielten, seitlichen flankirt. Die glockigen Becherhüllen tragen am Rande fünf grosse, goldgelbe, breit-keilförmige, kronblattartige Drüsen (Fig. 260). Die grossen, ihre drei Fächer fast kugelig vorwölbenden Kapseln zeigen dicke, holzige, glatte, auf dem Rücken gekielte Klappen. Die fast kugelrunden Samen haben keine Caruncula.

Fig. 260. Cyathium von Euphorbia resinifera mit fünf blumenblattartigen Anhängseln der Becherhülle. Am Grunde die beiden Vorblätter. (Nach Berg und Schmidt.)

Der durch Anschneiden der Aeste zum Ausfliessen veranlasste Milchsaft der Pflanze erhärtet an der Luft zu einem matt gelblichen, leicht zerreiblichen Gummiharz, Euphorbium Ph. G. II. 80. Seine Verwendung ist nur noch zu Emplastrum Cantharidum perpetuum Ph. G. II. 76 vorgeschrieben.

VI. Reihe. Calyciflorae.

Die peri- oder epigyne Einfügung von Kelch und Krone, meist auch des Androeceums unterscheidet die Calycifloren von allen bisher besprochenen Choripetalen. Die Blüthen lassen sich also fast ausnahmslos auf die Schemata b und c in Fig. 21 beziehen. Im Uebrigen wechselt sowohl der diagrammatische Aufbau als auch die Plastik der Blüthen auf's Mannichfaltigste. Man unterscheidet folgende, zum Theil nur wenig scharf umgrenzte Ordnungen:

1. **Umbelliflorae.** Blüthen rein epigyn. Kelch zum Schwinden neigend, Krone wohl entwickelt. Androecum haplostemon.

2. **Saxifraginae.** Blüthen mit allen Zwischenstufen von hypogynem durch perigynen zu epigynem Bau (je nach Gattung und Art) fortschreitend. Kelch wohl entwickelt, Krone zum Schwinden neigend. A meist obdiplostemon.

3. **Opuntinae.** Blüthen rein epigyn, unter allen Calycifloren allein durch ausgesprochen spiraligen Bau ausgezeichnet. K und C ∞, ohne scharfe Grenze in einander übergehend, A ∞, G $\overline{(3)}$ bis $\overline{(\infty)}$, stets einfächerig mit vieleiigen Parietalplacenten. Cactusgewächse.

4. **Passiflorinae.** Blüthen epi- oder perigyn mit Kelch und Krone. Durchgreifender (aber nicht unterscheidender) Charakter liegt in den drei, zum einfächerigen Fruchtknoten mit Parietalplacenten verwachsenen Fruchtblättern.

5. **Myrtiflorae.** Blüthen epi- oder perigyn, Kelch meist klappig und Krone wohl entwickelt. Fruchtknoten gefächert und Griffel fast ausnahmslos verwachsen (während freie Griffel bei allen übrigen Calycifloren die Regel bilden).
6. **Thymelaeinae.** Blüthen perigyn, meist ohne Krone und dafür mit kronenartigem Kelch. Gynaeceum aus nur einem, frei im Centrum stehenden Fruchtblatt mit nur einer Samenanlage.
7. **Rosiflorae.** Blüthen perigyn, doch auch mit Zwischenstufen bis epigyn. Kelch und Krone meist 5-zählig und normal orientirt. Androeceum sehr veränderlich, meist polyandrisch (1—∞); Gynaeceum ebenfalls schwankend (1—∞), stets mit freien Griffeln und zu Apokarpie neigend.
8. **Leguminosae.** Blüthen peri- oder hypogyn, niemals epigyn. Durchgreifender und unterscheidender Charakter liegt in der Fruchtbildung: Nur ein oberständiges zur Hülse (legumen) werdendes Carpell vorhanden.

Umbelliflorae.

Die Umbellifloren führen durchweg kleine, zu Dolden oder doldenartigen Blüthenständen vereinte, meist aktinomorphe und zwitterige Blüthen mit unscheinbarem, meist auf kurze Zähnchen reducirtem Kelch, freiblätteriger Krone und einem Kreise episepaler Staubblätter. Der ausnahmslos unterständige Fruchtknoten ist stets vollständig gefächert, und in jedes Fach hängt vom oberen Innenwinkel **eine** anatrope Samenanlage herab, meist so, wie es Fig. 32 darstellt. Die drei Familien der Ordnung unterscheiden sich vorzüglich im Bau der Früchte und in der Zusammensetzung der Blüthenstände wie folgt:

Umbelliferae. Blüthen nach der Formel K 5, C 5, A 5, G $\overline{(2)}$. Mit Doppelachaenien (vgl. S. 32) und Doppeldolden. Samenanlagen hängend anatrop-epitrop.

Araliaceae. Blüthen nach der Formel K 5, C 5, A 5, G $\overline{(2—\infty)}$. Wie die Zahl der Fruchtblätter schwankt, findet man auch bisweilen Abweichungen in der Zahl der Staubblätter, bisweilen sind alle Blüthenkreise mehr als 5-zählig. Mit Beeren- oder Steinfrüchten und meist traubig angeordneten, einfachen Dolden. Samenanlagen wie bei Umbelliferen hängend anatrop-epitrop. Hierher der Epheu.

Cornaceae. Blüthen nach der Formel K 4, C 4, A 4, G $\overline{(2)}$. Mit Beeren- oder Steinfrüchten und Rispen, welche sich oft doldenartig abflachen (Doldenrispen). Samenanlagen hängend anatrop-apotrop. Hierher die Cornelkirsche.

Hier kommen nur in Betracht:

Umbelliferae.

Der Charakter der durch die ganze Familie der Umbelliferen oder Doldenträger mit grosser Gleichmässigkeit gebauten Blüthen ist schon oben berührt worden. Den oberen Rand des Fruchtknotens bilden fünf bis zum völligen Schwinden verkürzte Kelchzähne in normaler Orientirung. Zwischen ihnen sitzen fünf kurz genagelte, meist mit ihrer Spitze scharf einwärts gekrümmte Kronblätter, mit welchen fünf freie, normal gebaute Staubblätter abwechseln. Das Centrum der Blüthe nimmt ein oft rundliches oder kegelförmiges Griffelpolster, ein „Discus epigynus“, ein, aus dessen Scheitel die beiden freien Griffel hervorragen und sich in der Medianebene nach vorn und hinten krümmen. Es ergiebt sich dadurch das typische Bild Fig. 261 und das ihm entsprechende Diagramm Fig. 262.

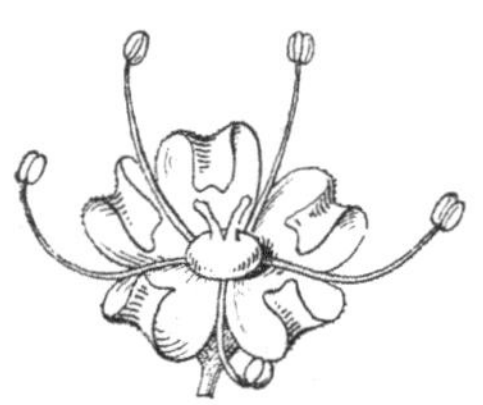

Fig. 261. Blüthe von Pimpinella Anisum, von der Seite gesehen. (Nach Berg und Schmidt.) 8:1

Fig. 262. Diagramm der Umbelliferenblüthe.

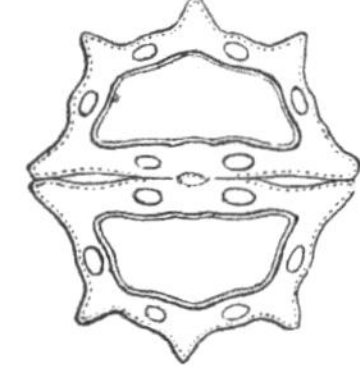

Fig. 263. Querschnitt durch die Frucht von Foeniculum capillaceum. Vergr.

Von hoher Bedeutung ist für die Systematik der Bau der Früchte. Die beiden das Gynaeceum bildenden Fruchtblätter stehen regelrecht median, einen zweifächerigen Fruchtknoten bildend. In jedes Fach hängt vom oberen Innenwinkel, wie es Fig. 32 zeigt, eine nur mit einem Integument versehene anatrop-epitrope Samenanlage herab. Fig. 32 stellt also nur die Hälfte eines Umbelliferengynaeceums im Längsschnitt vergrössert dar. Aeusserlich machen sich an dem Fruchtknoten resp. an der Frucht gewöhnlich 2×5 Längsrippen bemerkbar, welche sich oft flügelartig ausgestalten, so dass der Querschnitt der Frucht der Fig. 263 entspricht. Auf jedes Carpell entfallen fünf Rippen (Hauptrippen, juga primaria); die mittlere heisst Rückenrippe (jugum dorsale), die beiden rechts und links an der Verwachsungslinie der Fruchtblätter sind die Seitenrippen (juga lateralia), die beiden zwischen ihnen und der Rückenrippe die Zwischenrippen (juga intermedia). Die mit den Rippen abwechselnden Längsfurchen heissen Thälchen (valeculae). Treten in diesen nochmals Längsrippen auf, so bezeichnet man diese als Nebenrippen (juga secundaria). Die Verwachsungsebene der Carpelle heisst die Fugenfläche oder

Commissur. Auf dieser und im Grunde der Thälchen (aber auch bisweilen in anderer Ordnung) sieht man gewöhnlich mit ätherischen Oelen erfüllte Hohlräume der Fruchtknotenwand, sogenannte Oelstriemen (vittae), etwa wie in Fig. 264, durchscheinen. Ihr Fehlen oder Vorhandensein, ihre Zahl und Anordnung giebt wichtige Gattungsmerkmale ab. Auf dem Querschnitt erscheinen sie als mehr oder minder weite Löcher (vgl. Fig. 263). Nach der Befruchtung wächst die Samenanlage zu einem an weissem, fleischigem Nährgewebe reichen Samen heran, in welchem ein meist kleiner, gerader Keimling nahe dem Mikropyle-Ende, mit dem Würzelchen nach oben schauend, ruht. Gewöhnlich füllt der Same das Fruchtfach völlig aus, dessen zähe, lederige Wand die Bildung fester Samenschalen überflüssig macht. So bildet nun jedes Fruchtblatt mit seinem Samen eine Schliessfrucht, ein Achaenium. Da nun aber an der Fugenfläche stets je zwei solcher Achaenien verwachsen sind, so stellt die junge Frucht ein Doppelachaenium dar. Erst bei völliger Reife pflegt eine Trennung längs der Fugenfläche einzutreten, die Frucht zerfällt in zwei Theilfrüchte (Merikarpien). Häufig bleibt dabei ein die Fortsetzung des Fruchtstieles bildendes, die Mitte der Fugenflächen bis zum Griffelpolster hin durchziehendes Säulchen, der Fruchtträger (das „Carpophorum“), stehen. Von ihm lösen sich die Theilfrüchte von unten her ab und bleiben bisweilen an seinem oberen Ende schaukelnd aufgehängt. In vielen Fällen spaltet sich das Carpophorum gabelig, entweder nur an der Spitze oder bis zur Mitte, selbst bis zum Grunde hin, und an der Spitze jedes Gabelastes hängt dann eines der Theilfrüchtchen.

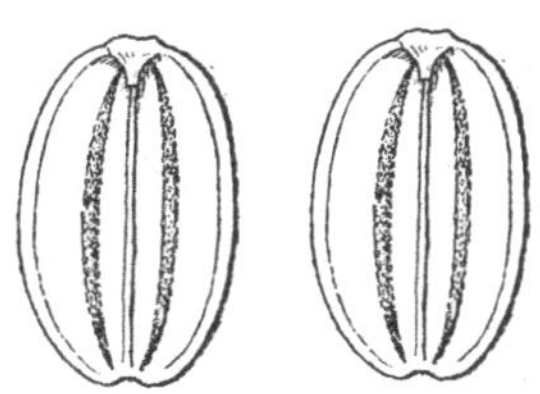

Fig. 264. Theilfrüchte von Dorema Ammoniacum. Links eine von der Rückenseite gesehen, mit vier Oelstriemen; rechts eine von der Fugenseite, mit zwei Oelstriemen. (Nach Berg und Schmidt.) Vergr.

Charakteristisch wie die Fruchtbildung ist auch im Allgemeinen der Wuchs der Umbelliferen. Von den etwa 1300 bekannten, über die ganze Erde verbreiteten Arten sind die meisten Kräuter, welche es aber oft in einer Vegetationsperiode zu stattlicher Entwickelung bringen. Strauch- und Baumformen sind so gut wie ausgeschlossen; nur wenige sind aus Afrika und Neuholland bekannt. Die fast ausnahmslos wechselständigen Blätter beginnen meist mit deutlicher, zum Theil sehr auffällig vergrösserter Scheide, welche sich in den meist kräftigen Blattstiel fortsetzt. Die Spreiten sind in den typischen Fällen wiederholt fiederig zerschlitzt. Bei der Mehrzahl der Arten schliessen der Hauptstamm und die Seitenäste mit den höchst charakteristischen Doppeldolden ab, wie es Fig. 275 veranschaulicht. Jeder Spross geht also in strahlig geordnete

Zweige aus, er bildet eine Dolde (umbella), und jeder Doldenstrahl wiederholt diese Theilung, er bildet an seiner Spitze ein Döldchen (umbellula). Die Strahlen des letzteren enden mit je einer Blüthe. Da nun die Umbelliferendolden nichts anderes als verkürzte Trauben sind, deren Seitenäste von einem Punkte ausgehen, so trifft man an diesem Punkte in der Regel die Deckblätter der Aeste, d. h. der Doldenstrahlen als Hochblattquirl zusammengedrängt. Die am Grunde der Dolden sitzenden Hochblätter heissen die Hülle (involucrum), die am Grunde der Döldchen das Hüllchen (involucellum). Vorhandensein und Fehlen von Hülle und Hüllchen bieten wieder unterscheidende Merkmale.

Die Eintheilung der Familie stützt sich auf die Form des Nährgewebes im reifen Samen. Man unterscheidet danach:

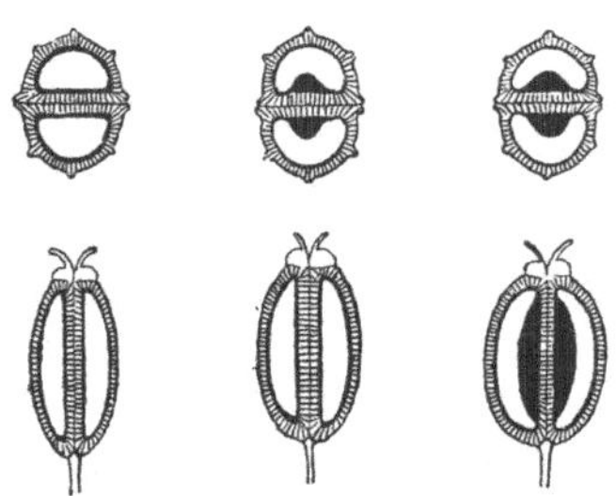

Fig. 265. Quer- und Längsschnitte von Umbelliferenfrüchten, halbschematisch. Die beiden Bilder links gelten für die Orthospermae, die mittleren für die Campylospermae, die beiden rechts für die Coelospermae. In allen Figuren ist die Fruchtwand schraffirt gezeichnet; der Eiweisskörper des Samens (das Nährgewebe) ist weiss gelassen.

I. **Orthospermae**, Geradsamige, deren Nährgewebe auf der Fugenseite der Früchte völlig flach, niemals concav ist, mithin auf Quer- und Längsschnitten an der Fugenseite gerade erscheint. (Fig. 265, die beiden Bilder links.) Hierher fast alle officinellen Arten der Familie.

II. **Campylospermae**, Gefurchtsamige, deren Nährgewebe auf der Fugenseite eine Längsfurche besitzt, so dass es auf dem Querschnitte nierenförmig, auf dem Längsschnitt gegen die Fugenseite gerade erscheint. Hierher Conium. (Fig. 265, die beiden mittleren Bilder.)

III. **Coelospermae**, Hohlsamige, deren Nährgewebe fast halbkugelig gewölbt, auf der Fugenseite also derart ausgehöhlt ist, dass es auf Quer- und Längsschnitten concav gegen die Fugenseite hin erscheint. Hierher nur Coriandrum (Fig. 265, die beiden Bilder rechts).

Eine neuere Eintheilung von Bentham und Hooker sieht von der Gestalt des Nährgewebes ganz ab und zieht in erster Linie die Charaktere der Dolden- und der Fruchtrippen in Betracht. Danach ergiebt sich die Theilung:

I. **Heterosciadiae.** Dolden nicht in der gewohnten Form, entweder einfach oder unregelmässig (traubig) zusammengesetzt. Hierher Sanicula.

II. **Haplozygiae.** Dolden zusammengesetzt („Doppeldolden"). An den Früchten nur die Hauptrippen deutlich. Hierher das Gros der Arten.

III. **Diplozygiae.** Mit Doppeldolden. An den Früchten ausser den Hauptrippen noch meist stärker als diese entwickelte Nebenrippen, so dass die im Grundplane liegende Rippenzahl gleichsam verdoppelt wird. Hierher Daucus (die Möhre).

Der reiche Gehalt aller Organe der Umbelliferen an milchsaftartigen, mit ätherischen Oelen gemischten Secreten, welche mikroskopisch kleine, die ganze Pflanze durchziehende Kanäle erfüllen, ist selbst den Laien auffällig. Viele Arten spielen deshalb schon seit Alters her eine wichtige Rolle als Cultur- oder Arzneipflanzen. Zu den ersteren gehören die Mohrrübe, *Daucus Carota* L., die Petersilie, *Petroselinum sativum* Hoffm., die Selleriepflanze, *Apium graveolens* L., der Dill, *Anethum graveolens* L., der Kerbel, *Anthriscus Cerefolium* L., u. a. Die Früchte des Kümmels, *Carum Carvi* L., und des Corianders, *Coriandrum sativum* L., sind bekannte Gewürze. Von pharmaceutisch wichtigen Arten sind zu besprechen:

1. Carum Carvi L.

Die Gattung Carum gehört zu den Orthospermen und vertritt unter diesen die Gruppe der Ammeae (nach der Gattung Ammi benannt.) In dieser Gruppe finden wir stets seitlich zusammengedrückte Früchte, der mediane Durchmesser ist länger als der transversale. Die Fugenfläche der Früchtchen ist sehr schmal. Als Schema des Ammeenfrucht-Querschnittes kann eine **8** gelten. Jedes Theilfrüchtchen führt nur 5 gleichartige Hauptrippen, welche sich bisweilen bis zum Verschwinden abflachen, niemals aber zu Flügeln auswachsen (Fig. 266).

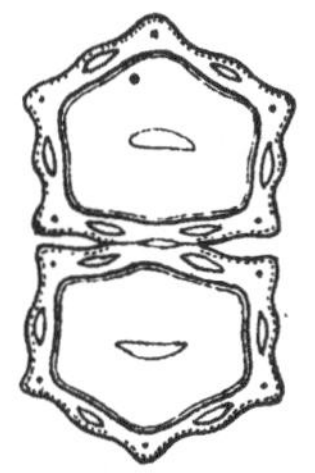

Fig. 266. Querschnitt der Frucht von Carum Carvi. Die Oelstriemen liegen in der Fruchtwand. Die Halbellipsen in der Mitte der beiden die Fruchtfächer erfüllenden Nährgewebskörper sind Querschnitte der im Nährgewebe liegenden Keimlinge. (Nach Berg und Schmidt.)

Als Gattungsmerkmale von Carum gelten der undeutliche Kelchrand, verkehrt-eiförmige Kronblätter mit eingebogenen Spitzchen und ein stark kegelförmig-convexes Griffelpolster. Die reifen, ziemlich schlanken Früchte zeigen deutliche, fadenförmige Rippen und in jedem Thälchen **eine** Oelstrieme (Fig. 266). Das Doppelachaenium zerfällt gewöhnlich in die Merikarpien unter Bildung eines nur an der Spitze gabeligen Fruchtträgers. Dolden und Döldchen führen nicht immer Hülle und Hüllchen. Die kahlen Blätter sind stets doppelt gefiedert, die Enden der scharf gezähnten Blättchen ziehen sich schmal linealisch aus.

Carum Carvi L., der gemeine Kümmel, Fig. 267, ist unter den 45 Arten der Gattung durch Fehlen von Hülle und Hüllchen kenntlich. Bisweilen ist die Hülle durch ein einziges, schmales Blättchen angedeutet. An den etwas glänzenden Blättern sitzen die beiden untersten Seitenfiedern unmittelbar am Grunde des scheidigen Blattstieles. Der bis meterhohe, von unten an stark ästige Stengel ist hohl, kahl und kantig-gerieft. Wegen der Früchte wird die bei uns im Mai und Juni auf Wiesen und an Wegrändern blühende, zweijährige Pflanze bisweilen cultivirt.

Fig. 267. Carum Carvi.

Die trocken sich meist schwach sichelförmig krümmenden Theilfrüchte (nicht Samen!) sind als Fructus Carvi Ph. G. II. 119 s. Semen Carvi Ph. G. II. 340 officinell. Sie liefern ein flüchtiges, dünnflüssiges Oel, aus Carvol und Carven bestehend. Das erstere, bei 224^0 siedend, ist das Oleum Carvi Ph. G. II. 193, welches innerlich und äusserlich Verwendung findet.

2. **Pimpinella** Rivin.

Die Gattung Pimpinella gehört wie Carum zu den Ammeae. Bei nahezu übereinstimmendem Blüthenbau unterscheiden sich beide Gattungen zunächst im Bau der Früchte; bei Pimpinellen sind diese gedrungener als beim Kümmel, meist eiförmig. Jedes Theilfrüchtchen ist auf dem Querschnitt rundlich-fünfkantig; die Rippen sind äusserst schwach, fadenförmig, in jedem Thälchen liegen **mehrere** Striemen (vgl. Fig. 269 und 270). Das Carpophorum ist 2-theilig oder 2-spaltig, tiefer als beim Kümmel gegabelt. Die Blätter der hier in Betracht kommenden Arten sind nur einfach-gefiedert, ziemlich fleischig und straff. Die Hüllen fehlen oder sind 1—2-blätterig; auch die Hüllchen fehlen oder sind doch wenigblätterig. Von den etwa 70 bekannten Arten sind die drei deutschen officinell. Allen dreien fehlen Hüllen und Hüllchen.

Pimpinella magna L., der grosse Bibernell, ist eine kräftige, harte, bis meterhohe, ästige Pflanze mit kahlem, kantig gefurchtem, blattarmem Stengel. Die grundständigen, mehr als handlangen, kahlen Blätter sind unpaarig-gefiedert mit kurzgestielten, eiförmigen, grob eingeschnitten gezähnten Fiedern. An den Stengelblättern sind die Fiedern auffällig schmal und verkümmern oberwärts mehr und mehr, so dass die obersten Stengelblätter nur noch ihre Scheiden ausbilden. In den kräftigen, gewölbten Dolden spreizen die Strahlen erster Ordnung ziemlich weit von einander, so dass die einzelnen Döldchen deutlich hervortreten.

Die mit vielköpfigem, häufig ästigem, aussen blassbraunem Rhizom ausdauernde Pflanze findet sich bei uns zerstreut auf Wiesen und in Gebüschen, besonders gern an Waldrändern. Ihre Blüthezeit fällt in die Sommermonate.

Fig. 268. Pimpinella Saxifraga.

Pimpinella Saxifraga L., die kleine Bibernellpflanze, Fig. 268, ist in fast ganz Europa gemein auf Wiesen und Triften, auf Hügeln und an sonnigen Waldwegen. Von der vorigen Art ist sie durch den viel bescheideneren Wuchs leicht zu unterscheiden. Die kaum $^1/_2$ m hohen Stengel sind wenig und dann sparrig verästelt, stielrund, fein gerillt, nicht kantig-gefurcht. Die grundständigen, noch nicht handlangen Blätter tragen sitzende, rundliche, kerbig-gesägte, etwas am Blattstiel herablaufende Fiedern. Oberwärts werden die Blätter fiedertheilig, ihre Abschnitte schmäler, lanzettlich bis linealisch; die obersten Blätter sind auf die Scheiden reducirt. Die Früchte sind kahl wie bei der vorigen Art. Ihren Querschnitt stellt Fig. 269 dar. Zur Blüthezeit, Juni bis September, sind die Griffel kürzer als die Fruchtknoten, während sie bei Pimpinella magna länger als diese sind.

Fig. 269. Querschnitt der Frucht von Pimpinella Saxifraga mit dreistriemigen Thälchen. (Nach Berg und Schmidt.)

Die Pflanze dauert aus mit meist unverzweigtem, kaum fingerdickem, 8 bis 25 cm langem Rhizom. Gewöhnlich ist dasselbe cylindrisch, nach unten dünner, schwach geringelt und mit rundlichen Querwülsten besetzt, aussen gelblich oder braungelb. Bei der in der Mark Brandenburg gemeinen var. nigra Willd. ist das Rhizom etwas dünner und schwärzlich, seine Schnittfläche färbt sich bläulich.

Die Rhizome beider Bibernellarten sind officinell als Radix

Pimpinellae Ph. G. II. 222[1]). Sie zeichnen sich durch scharf aromatischen, bockartigen Geruch aus und dienen zur Bereitung von Tinctura Pimpinellae Ph. G. II. 286, Bibernell-, Pimpinell- oder Pimpernelltropfen. Sie werden gegen Heiserkeit und katarrhalische Beschwerden gegeben.

Pimpinella Anisum L., die Anispflanze, ist zum Unterschiede von den vorigen eine einjährige, meist weichhaarige Art von etwas schlaffem Wuchse. Der oberwärts ästige, nur 30 — 50 cm hohe Stengel ist stielrund, fein gerillt. Die unteren Laubblätter sind ungetheilt, rundlich-nierenförmig, eingeschnitten gesägt und langgestielt, die mittleren gefiedert mit keilförmigen, 2—3-spaltigen Abschnitten und kürzer gestielt, die oberen 3 — 5-theilig, fast sitzend, die obersten oft ungetheilt, schmal linealisch. An den graugrünen, breit-eiförmigen, flaumhaarigen Früchten sind die in den flachen Thälchen zahlreich vorhandenen Oelstriemen äusserlich nicht sichtbar (Fig. 270).

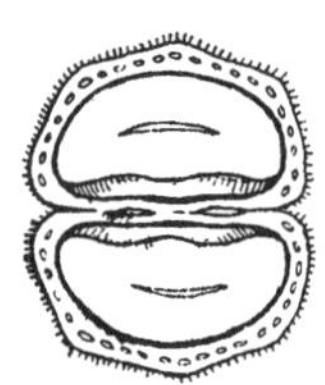

Fig. 270. Querschnitt der vielstriemigen Frucht von Pimpinella Anisum. (Nach Berg und Schmidt.)

Die im Juli und August blühende, aus dem Orient stammende Pflanze wird besonders in Mittel- und Südeuropa wegen der Früchte cultivirt. Diese sind officinell als Fructus Anisi Ph. G. II. 118 s. Fructus Anisi vulgaris ibid. 334, v. Semen anisi vulgaris ibid. 340. Sie liefern durch Destillation das ätherische Oleum Anisi Ph. G. II. 191, welches unter 15° eine weisse krystallinische Masse, über 15° eine farblose Flüssigkeit bildet. Fructus Anisi findet Verwendung zu Decoctum Sarsaparillae compositum fortius Ph. G. II. 71 und Species laxantes Ph. G. 241 (St.-Germain-Thee); Ol. Anisi dient zur Bereitung von Tinct. Opii benzoïca Ph. G. II. 283 und Liquor Ammonii anisati Ph. G. II. 160. Das Anisöl ist meist nur Geschmackscorrigens, doch gilt es auch als Mittel gegen Blähungen, Kolik und Katarrh. Die „Aniskörner" werden vielfach als Gewürz angewendet. Ueberzuckerter Anis (Confectio Anisi) und Aniskuchen sind als Naschwerk bekannt.

3. Oenanthe Phellandrium Lmk.

Die Gattung Oenanthe gehört (wie die nachfolgend besprochene Gattung Foeniculum) der als Seselineae bezeichneten Gruppe der Orthospermen an. Waren die Früchte der Ammeae durch die

[1]) Die Bezeichnung Radix Pimpinellae ist keine correcte, weil die Hauptmasse der Droge den Rhizomen entstammt. Radix ist höchstens die unterste, verjüngte Spitze jedes Wurzelstockes. Die Pharmakopoe definirt deshalb die Droge im Widerspruch mit ihrem Namen als „Rhizomata radicata".

Schmalheit ihrer Fugenfläche charakterisirt, so zeichnen sich die Seselineae durch die Breite derselben aus. Die Fugenfläche ist hier nicht kürzer als der mediane Durchmesser, der Querschnitt der Frucht erscheint dadurch kreisrund oder doch rundlich, nicht seitlich zusammengedrückt (Fig. 271).

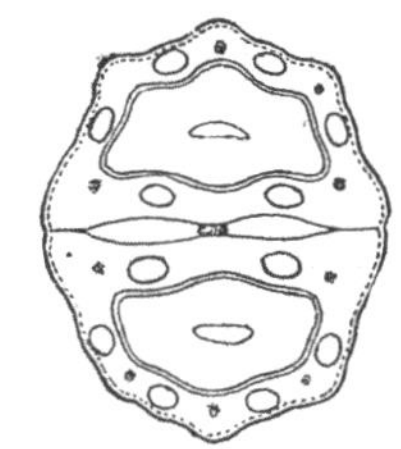

Fig. 271. Querschnitt der Frucht von Oenanthe Phellandrium. (Nach Berg und Schmidt.)

Die Gattung Oenanthe zeichnet sich durch zwei Merkmale besonders aus. Blüthen und Früchte zeigen einen scharf 5-zähnigen Kelch und die fast glatten, cylindrischen, eiförmigen bis kugeligen, vom kegelförmigen Griffelpolster und aufrecht stehenden Griffeln gekrönten Früchte zerfallen zur Reifezeit nicht in die Theilfrüchte, weil das Carpophor mit den Fugenwänden verwächst.

Oenanthe Phellandrium Lmk., der Pferdekümmel oder Rossfenchel (Fig. 272), ist eine leicht kenntliche, an sumpfigen Wiesengräben und Teichrändern, seltener an Flussufern wachsende Art. Der 1/2—1 m hohe, fast buschige, viele Dolden ohne Hülle, aber Döldchen mit mehrblätterigen Hüllchen tragende Stamm ist kahl, ungleich kantig und hohl. Die unterwärts sich stark verkürzenden Glieder nehmen an Dicke auffällig zu, so dass der Stamm am Grunde mehrere Finger stark und kurz gekammert wird. Der Stammbau gleicht dadurch dem des Wasserschierlings *(Cicuta virosa)*, von dem sich unsere Pflanze leicht durch die Blätter unterscheiden lässt. Diese sind doppelt bis dreifach gefiedert mit eiförmigen, fiederspaltigen Blättchen, deren letzte, sehr kleinen Abschnitte länglich oder linealisch, an der Spitze rundlich sind, während sich die dreifach gefiederten Blätter von Cicuta in scharf gesägte, schmal lanzettliche, 2—3 cm lange Fiederchen auflösen. Reisst man kräftige Oenanthepflanzen aus dem Sumpfboden heraus, so ist man gewöhnlich bezüglich der Kräftigkeit ihrer Theile enttäuscht.

Fig. 272. Oenanthe Phellandrium.

Die hohlen Stengelglieder und die wie diese kantigen und hohlen Blattstiele krachen unter den Händen zusammen. Einen Theil des gekammerten Rhizoms reisst man dann gewöhnlich mit einem grossen Schlammballen heraus. Spült man diesen im Wasser ab, so findet man die unteren Stengelglieder und das Rhizom mit schneeweissen, schnurdünnen, nicht verzweigten und fast geraden Wurzeln bedeckt.

Die von Juni bis August weissblühende Pflanze ist zweijährig. Ihre widerlich aromatischen Früchte, deren Thälchen fast völlig von je einer Oelstrieme ausgefüllt sind, sind officinell als Fructus Phellandrii Ph. G. II. 121 s. Semen phellandrii aquatici ibid. 340, v. Semen Foeniculi aquatici. Jede der bis 5 mm langen und 2 mm breiten Theilfrüchte ist auf dem Rücken tiefbraun und zeigt auf der hellgelben Fugenfläche zwei schmale, braune Striemen, zwischen denen eine helle, vom Carpophor gebildete Leiste sichtbar ist. Die Früchte finden vorzüglich in der Veterinärpraxis Verwendung, worauf schon die Namen Pferdekümmel, Pferdesamen und Rossfenchel hindeuten.

4. **Foeniculum capillaceum** Gilibert.

Die nur in drei oder vier Arten bekannte Gattung gehört wie Oenanthe zu den Seselineen. Als Gattungsmerkmale gelten der undeutliche Kelch und gelbe, rundliche Kronblätter mit eingerolltem, fast 4-eckigem Endlappen, sowie längliche, im Querschnitt fast kreisrunde Früchte mit stumpfgekielten Rippen und einstriemigen Thälchen. Der Fruchtträger der sich trennenden Theilfrüchtchen ist 2-theilig. Auffälliger als der Blüthenbau ist der Wuchs. Die kahlen Stengel tragen mehrfach fiedertheilige Blätter mit faden- oder borstenförmigen Zipfeln.

Foeniculum capillaceum Gilib., der Fenchel, ist eine ein- oder zweijährige, auch ausdauernd vorkommende Art mit 1—2 m hohem, rundem, oberwärts ästigem, hohlem Stamme, welcher von hell- und dunkelgrünen Längslinien gestreift erscheint. Die sattgrünen Blätter gehen aus ziemlich langer, stengelumfassender, enger Scheide in die hohlen Blattstiele und die schlaff herabhängenden, schmal pfriemenförmigen, oberseits rinnigen, 4—8 cm langen Fiederchen über. (Ihretwegen wird die Art als *capillaceum*, haarförmig, bezeichnet.) Die grossen, 20—30-strahligen Dolden ohne Hülle und Hüllchen mit langen, dünnen Strahlen sind wenig auffällig, weil die kleinen, gelben, Knöpfchen ähnlichen Blüthen keine geschlossene Fläche bilden. Die schlanken, länglich-eiförmigen, bis 8 mm langen Früchte erscheinen durch die grünlich-gelben Rippen und die flachen, braunen Thälchen streifig. Jedes Theilfrüchtchen führt zwei Oelstriemen auf der Fugenfläche.

Die im Juli und August blühende, in den Mittelmeerländern heimische Pflanze wird in Deutschland, Frankreich und Italien der Früchte wegen gebaut. Dieselben sind officinell als Fructus Foeniculi Ph. G. II. 120 s. Semen Foeniculi ibid. 340. Sie liefern mit Wasser destillirt das dünnflüssige Oleum Foeniculi Ph. G. II. 196, Fenchelöl. Die Verwendung der Früchte ist vorgeschrieben zu Aqua Foeniculi Ph. G. II. 32, Syrupus Sennae Ph. G. II. 264, Species laxantes Ph. G. II. 241 und Pulvis Liquiritiae compositus Ph. G. 216 (Kurella'sches Brustpulver). Ihr Infus ist als Fencheltheе ein beliebtes Medicament der Kinderstube. Fenchel ist ein Mittel gegen Blähungen, auch befördert er die Milchsecretion. Grob gepulverter Fenchel ist nie fehlender Bestandtheil von „Milchpulvern".

Als Fructus Foeniculi romani unterscheidet man die bis 12 mm langen, meist stark gekrümmten und flügelartig gerippten Früchte der südeuropäischen, einjährigen Varietät Foeniculum dulce DC.

Synonyme sind *Foeniculum vulgare* Gärtn. und *Anethum Foeniculum* L. Die Gattung Anethum der neueren Autoren beschränkt sich jedoch nur auf eine Art, *Anethum graveolens* L., welche als Dill ein bekanntes, dem Fenchel im Wuchs sehr ähnliches Küchengewächs ist. Der eigenartig riechende Dill gehört aber nicht zu den Seselineen, also gar nicht in die Verwandtschaft des Fenchels. Die nicht officinellen Fructus Anethi sind geflügelt und stark plattgedrückt (Charakter der Peucedaneae).

5. Levisticum officinale Koch.

Die monotypische (d. h. nur in einer Art bekannte) Gattung Levisticum gehört unter den Orthospermen zur Gruppe der Angeliceae. Die Früchte dieser zeigen in Richtung der Fugenfläche stets einen grösseren Durchmesser als in der Medianebene, die Theilfrüchtchen erscheinen also von vorn und hinten her (von ihrem Rücken aus) gegen die Fugenfläche abgeplattet. Mit der Abplattung verbindet sich das Merkmal, dass die Seitenrippen stets zu breiten Flügeln erweitert sind, welche deutlich getrennt seitlich abstehen. Das Schema des Querschnittes der Angeliceenfrucht ist also ═○═.

Levisticum unterscheidet sich von den verwandten Gattungen dadurch, dass alle Rippen der länglich-eiförmigen Früchte geflügelt sind (Fig. 273), die ziemlich dicken Seitenrippen sind aber etwa doppelt so breit wie die übrigen. In jedem Thälchen liegt nur eine Oelstrieme.

Fig. 273. Querschnitt der Frucht von Levisticum officinale. (Nach Berg und Schmidt.)

Levisticum officinale Koch, das Liebstöckel, ist eine kräftige, aus Südeuropa stammende, bei uns namentlich in Gärten der Gebirgsdörfer zum Arzneigebrauche gezogene Pflanze. Das mehrköpfige Rhizom geht ohne deutliche Grenze in die bis 5 cm dicke, in wenige einfache, lange, gelbbraune Aeste getheilte Wurzel über. Die kräftigen, bis 2 m hohen, kahlen, runden, gestreiften und hohlen Stengel sind nur oberwärts ästig. Die unteren Blätter sind doppelt-, die oberen einfach-fiedertheilig, mit glänzenden, breit verkehrt-eiförmigen, keilig verschmälerten, eingeschnitten-gesägten Blättchen. An den vielstrahligen Dolden sind Hüllen und Hüllchen aus vielen zurückgeschlagenen Blättchen entwickelt. Die blassgelben Blüthen führen einen undeutlichen Kelch und rundliche Kronblätter mit stumpfem, eingebogenem Endläppchen.

Synonyme sind *Ligusticum Levisticum* L., *Angelica paludapifolium* Lmk. und *Levisticum paludapifolium* Ascherson.

Die im Juli und August blühende Pflanze liefert Rhizom und Wurzel als Radix Levistici Ph. G. II. 220 s. Radix Ligustici. Die Wurzeln kommen längsgespalten und getrocknet in den Handel. Zerschnitten sind sie zu diuretischen Species sehr beliebt.

6. Archangelica officinalis Hoffm.

Die Gattung Archangelica unterscheidet sich von Levisticum wesentlich nur im Bau der Früchte. Die Rücken- und Zwischenrippen sind stumpf-kielförmig, dick, fast fadenförmig, die Seitenrippen sind als breite, häutige Flügel ausgebildet. Die Fruchtschale führt viele Oelstriemen.

Archangelica officinalis Hoffm., die Engelwurz, ist die grösste unserer heimischen Umbelliferen. Obwohl nur zweijährig, erreicht ihr kurzes, gestauchtes, dicht geringeltes oder mit Blattscheidenresten besetztes Rhizom doch eine Dicke von $2^{1}/_{2}$ bis 5 cm. Es geht in eine lange Hauptwurzel und kräftige, am Grunde bis 1 cm dicke, gewöhnlich zopfig zusammengewundene Seitenwurzeln aus, welche frisch angeschnitten einen gelblichen Milchsaft geben. Der bis 2 m hohe, stielrunde, hohle, roth oder violett überlaufene, bereifte und nur oberwärts verzweigte Stamm trägt grosse, bisweilen meterlange, 2—3-fach gefiederte Blätter mit dreilappigem Endblättchen. Die oberen Stengelblätter sind meist nur einfach-gefiedert. Alle Blattscheiden sind auffällig bauchig aufgeblasen. Die eiförmigen, zugespitzten, ungleich stachelspitziggezähnten Blättchen sind unterseits blaugrün. Die grossen, vielstrahligen Dolden entbehren der Hülle oder ersetzen diese durch ein schmales Blättchen; die Hüllchen sind borstlich vielblätterig. Doldenstiel und Doldenstrahlen sind flaumig behaart. Die grünlichweissen Blüthen erscheinen im Juli und August. Die Theilfrüchte zeigen die eigenthümliche Erscheinung, dass sich die äussere Fruchtwand von der inneren, die Oelstriemen enthaltenden trennt. Letztere liegt dem Samen dicht an, so dass dieser lose in der (äusseren) Fruchtschale zu liegen scheint. Alle Theile der Pflanze enthalten ein sehr eigenthümlich riechendes ätherisches Oel.

Im nördlichen Europa und Asien heimisch, findet sich die Pflanze bei uns an Flussufern und Grabenrändern, sowie auf feuchten Wiesen der Ebene und der Mittelgebirge bis zu den Alpen hin. In Gebirgsdörfern wird sie wie Levisticum gezogen. Officinell sind Rhizom und Wurzeln als Radix Angelicae Ph. G. II. 218 s. Radix archangelicae Ph. G. II. 339, ein Handverkaufsartikel, dem das Volk allerlei Heilkräfte beilegt. Die Engelwurzel gilt als magenstärkendes und Blähungen vertreibendes Mittel. Früher hielt man sie für das beste Mittel gegen Schwindsucht (deshalb „Brustwurzel"). Innerlich und äusserlich wird noch jetzt Spiritus Angelicae compositus Ph. G. II. 244 s. Spir. theriacalis ibid. 241 gebraucht.

Synonym zu *Archangelica officinalis* Hoffm. sind *Archangelica sativa* Bess., *Angelica Archangelica* L., *Angelica sativa* Mill und *Angelica litoralis* Fr. Die Gattung Angelica unterscheidet sich aber leicht durch die Früchte, deren Wand sich nicht spaltet; auch sind die Thälchen einstriemig. Durch diese Merkmale lässt sich die bei uns heimische *Angelica silvestris* L. leicht von der officinellen Pflanze unterscheiden.

7. Ferula L.

Die Gattung Ferula gehört zu derjenigen Gruppe der Orthospermen, bei welchen die Abplattung der Früchte auf's Aeusserste getrieben ist. Die breit geflügelten Theilfrüchte berühren sich an der breiten Fugenseite so eng, dass auch die Flügel in der Fugenfläche rechts und links verwachsen. Die Rippen sind stets flach, fadenförmig. Das Schema des Fruchtquerschnittes ist demnach —⬭—. Nach der Gattung Peucedanum bezeichnet man alle Umbelliferen mit solchen Früchten als Peucedaneae. (Vergl. Fig. 274.)

Als Gattungsmerkmale gelten für Ferula fast verschwindende Kelchzähne, breite, an der Spitze meist kurz eingebogene Kronblätter und ein flaches, am Rande meist wellig begrenztes Griffelpolster. Die äusserst flachen, auf dem Rücken kaum convexen, im Umrisse rundlichen oder elliptischen Früchte führen gewöhnlich viele Oelstriemen in den Thälchen; das Carpophor ist 2-theilig. Vielstrahlige, grosse Dolden mit Hülle und Hüllchen, sowie 3—4-fach fiederig zerschlitzte Blätter sind fast allen Arten eigen. Diese (etwa 60) vertheilen sich nach Boissier auf drei Gruppen:

1. Peucedanoides. Nur eine breite Strieme in jedem Thälchen der Früchte.
2. Euferula. Je 2—3 Striemen in einem Thälchen.
3. Scorodosma. Zahlreiche, äusserlich nicht hervortretende Striemen liegen in der inneren Fruchtwand.

Aus der Gruppe der Peucedanoiden sind officinell:

1. *Ferula galbaniflua* Boiss. et Buhse, eine Hochgebirgspflanze Persiens, im Elbursgebirge am Demavend zwischen 1200—2500 m

Höhe wachsend, wo sie 1848 von Buhse zum ersten Male aufgefunden wurde. Sie treibt aus dem ausdauernden Rhizome einen 3—4 cm dicken, nackten, cylindrischen, nur in der Blüthenregion verzweigten Stamm, welcher kurz weichhaarige, gestielte, unterwärts 30—40 cm lange Blätter mit nicht aufgeblasener, verlängerter Scheide trägt. An den vierfach fiedertheiligen Spreiten sind die Fiedern erster und zweiter Ordnung lang gestielt, die letzten Fiederzweige kurz linealisch-borstenförmig, ungetheilt oder 3-spaltig. Nach oben hin nehmen die Blätter schnell an Grösse ab und sind schliesslich nur noch durch spreitenlose, längliche Scheiden angedeutet. Die 6—12-strahligen, hüllenlosen Dolden tragen gelbliche Blüthen mit an der Spitze eingerollten Kronblättern. Der Randflügel der 13—18 mm langen, 5—8 mm breiten Früchte macht fast deren halbe Breite aus. In jedem Thälchen nimmt die aufgeblasene Strieme die ganze Fläche zwischen den kaum hervortretenden Rippen ein. Die Fugenfläche ist striemenlos.

Der aus den unteren Stengeltheilen und am Grunde der Blattstiele aus Wunden austretende, klebrige Milchsaft erhärtet zu dem schmutzig-gelben Gummiharz Galbanum Ph. G. II. 123, welches wegen seiner Wirkung auf den Uterus als „Mutterharz“ bezeichnet wurde, jetzt aber fast nur noch einen Bestandteil von Pflastern, des Emplastrum Lithargyri compositum Ph. G. II. 78 („Zugpflaster“), Empl. oxycroceum, Empl. Galbani crocatum etc. bildet.

Synonyme zu *Ferula galbaniflua* Boissier et Buhse sind *Ferula gummosa* Boiss. und *Ferula erubescens* Boiss. Letzterer Name gilt zum Theil auch für die auf folgender Seite besprochene Galbanumpflanze *Ferula rubricaulis* Boiss.

2. *Ferula Narthex* Boiss., eine Asapflanze des westlichen Tibet, dauert mit mächtigem, gestauchtem, in die dicke Wurzel übergehendem, von faserigen Scheidenresten beschopftem Rhizom aus. Der bis über 3 m hohe, fast armdicke Stamm ist von unten auf reichbeblättert. Die unteren, etwa $^1/_2$ m langen Blätter sind 2—3-fach fiederspaltig mit fast linealen, stumpfen, blaugrünen Zipfeln. Die Spreiten der oberen Blätter verkümmern. Die Blattscheiden sind bauchig aufgeblasen und auffällig gross. Kurze, doldentragende Zweige entspringen schon aus den Achseln der unteren Stengelblätter, häufen sich aber mehr nach der Spitze des Stammes hin. Durch diese Verzweigungsart und durch die Reichblätterigkeit unterscheidet sich *Ferula Narthex* schon äusserlich von der in Fig. 275 abgebildeten *Ferula Asa foetida* L. Ueber die von beiden Pflanzen gelieferte *Asa foetida* vergl. Seite 411.

Synonym zu *Ferula Narthex* Boiss. ist *Narthex Asa foetida* Falconer.

Aus der Gruppe der Euferula-Arten ist nur anzuführen:

3. *Ferula tingitana* L., eine angeblich aus der Oase des Jupiter Ammon in der lybischen Wüste stammende, ausdauernde Pflanze Nordafrikas und Vorderasiens (bis Chios und Rhodos verbreitet), mit mannshohem, oberwärts doldenrispig (ähnlich wie in Fig. 275) verzweigtem Stamme und grossen, bläulich-grünen, 4-fach fiedertheiligen Blättern, deren kurze, längliche, stachelspitzige Blättchen am Rande schwach zurückgerollt und in einen kurzen Stiel verschmälert sind. Die elliptischen, schmal geflügelten Früchtchen führen je drei Striemen in den Thälchen und vier Striemen auf der Fugenfläche.

Die Pflanze liefert das afrikanische Ammoniacum.

Aus der Gruppe der Scorodosma-Arten sind officinell:

4. *Ferula rubricaulis* Boiss., eine Galbanum liefernde Pflanze der persischen Gebirge, deren mannshohe, 3—4 cm dicke, glatte, oberwärts reichästige Stämme sich durch weissliche, später auffällig rothe Färbung (daher „rubricaulis") auszeichnen. Die grossen, mit mächtiger, aufgeblasener, röthlicher Scheide versehenen Blätter führen eine 4-fach fiederschnittige, kurzhaarige Spreite mit gestielten Fiederchen 1. und 2. Ordnung. Die letzten Spreitenabschnitte sind länglich, eingeschnitten gesägt, am Grunde herablaufend verschmälert. Die obersten Stengelblätter bestehen nur aus der grossen Blattscheide. Die Dolden stehen zu je dreien auf gemeinsamem Zweige; nur die mittlere, kurzgestielte ist fruchtbar, erweist sich also als weiblich; während die beiden seitlichen langgestielten keine Früchte ansetzen, sich also als männlich erweisen, obwohl alle Blüthen zwitterig zu sein scheinen. Man nennt nun (vgl. S. 14) Pflanzen mit theils zwitterigen, theils eingeschlechtigen Blüthen polygam, und da im vorliegenden Falle beiderlei Blüthenformen an demselben Pflanzenstocke entwickelt sind, so ist *Ferula rubricaulis* eine polygam-monoecische Art. Die auf kaum verdickten, ganz kurzen Stielen sitzenden Früchte sind eiförmig-länglich, etwa 12 mm lang und 6 mm breit, anfangs rosenroth, später blass braunroth. Die Flügel nehmen nahezu die halbe Breite der Frucht ein, deren Rippen kaum hervortreten. In der Fruchtschale liegen viele Oelstriemen (Fig. 274).

Fig. 274. Querschnitt der vielstriemigen Frucht von Ferula rubricaulis. (Nach Berg und Schmidt.)

Die Pflanze liefert einen Theil des Galbanum Ph. G. II. (Vergl. Seite 408.)

Synonym ist nur zum Theil *Ferula erubescens* Boiss., da dieser Name auch Formen von *Ferula galbaniflua* Boiss. et Buhse begreift.

5. *Ferula Asa foetida* L., die echte Asapflanze, Fig. 275, zeichnet sich wie *Ferula Narthex* durch eine mehrjährig ausdauernde, rüben-

artige, bis schenkeldicke Wurzel mit fast horizontalen Aesten aus. Der Wurzelkopf ist ein kurzes, gestauchtes Axenstück (Rhizom). welches eine Reihe von Jahren hindurch nur bodenständige, jährlich absterbende Blätter treibt, deren Scheidenreste einen Faserschopf bilden, aus dessen Mitte frühestens im fünften Jahre die Stammknospe zu einem cylindrischen, glatten, innen schwammig-markigen Stamm von $1^1/_2$—2 m Höhe und bis 10 cm Durchmesser austreibt. Er trägt nur wenige, nach oben hin schnell kleiner werdende, schliesslich nur durch Scheiden angedeutete Blätter und endet dann kurz traubig, fast doldig verzweigt mit blattlosen, in die Doppeldolden ausgehenden Aesten. Die Blüthen sind polygam, ähnlich wie bei der vorigen Art. Die männlichen (Fig. 276) besitzen ein rudimentäres Gynaeceum ohne Griffel, die weiblichen (Fig. 277) entwickeln statt der Staubblätter einen gekerbten, discusähnlichen Rand. Ihre Vereinigung zu „weiblichen“ Dolden zeigt Fig. 278. Aus diesen Bildern ist zugleich ersichtlich, dass den Kronblättern die sonst bei Umbelliferen häufige Einkrümmung der Spitze fehlt. F l a c h e K r o n b l ä t t e r g e h ö r e n z u m C h a r a k t e r a l l e r S c o r o d o s m a - A r t e n. Die eiförmigen Früchte (Fig. 279) mit breitem Flügelrande und kaum hervortretenden Rippen lassen die zahlreich vorhandenen Oelstriemen mit unbewaffnetem Auge

Fig. 275. Ferula Asa foetida. (Nach Berg und Schmidt.)

nicht erkennen. Ihren Querschnitt giebt Fig. 280.

Die grossen blaugrünen, wie die ganze Pflanze flaumig behaarten Wurzelblätter zeigen einen am Grunde breit scheidigen, halbrunden Stiel und eine 3—4-fach dreizählige Spreite mit länglich-lanzettlichen, einseitig herablaufenden Blättchen. Die Reduction der Stengelblätter auf die Scheiden ist aus Fig. 275 ersichtlich.

Auf den kieselsandigen, salzreichen Steppen Persiens zwischen dem Aralsee und dem persischen Meerbusen wächst die Pflanze gesellig und bedeckt zur Blüthezeit weite Strecken wäldchenartig. Die Wurzeln liefern angeschnitten oder eingeritzt einen rein weissen Milchsaft, welcher an der Luft zu einem zartrothen, später rothviolett bis braun werdenden, widerlich knoblauchartig riechenden Gummiharz Asa foetida Ph. G. II. 36 (Asant, Stinkasant, Teufelsdreck) erhärtet. Von Präparaten ist nur noch Tinctura Asae foetidae Ph. G. II. 272 vorgeschrieben. Die Ph. G. I. führte Asa foetida als Bestandtheil von Aqua foetida antihysterica, Emplastrum foetidum, etc. auf. Asa ist ein krampfstillendes, die Darmbewegung anregendes Mittel, welches besonders bei Hysterie in verschiedener Form angewendet wird. Die relativ grössten Mengen der Asa foetida werden in der Veterinärpraxis verbraucht (gegen Kolik der Pferde, etc.).

Synonym zu *Ferula Asa foetida* L. sind *Scorodosma foetidum* Bunge und *Ferula Scorodosma* Benth. et Hook.

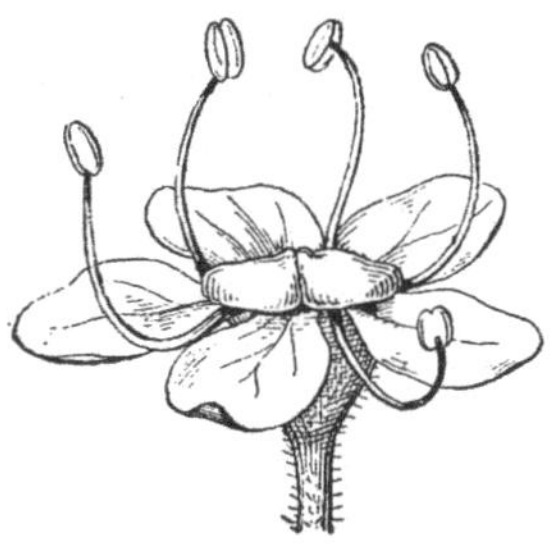

Fig. 276. Männliche Blüthe.

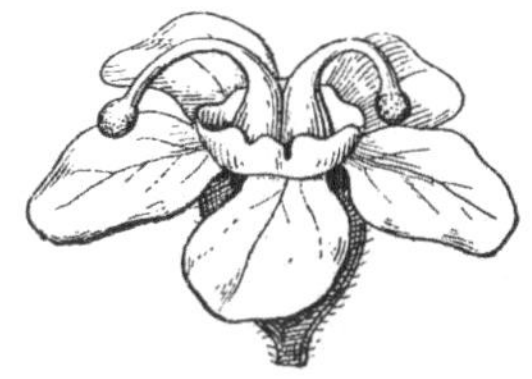

Fig. 277. Weibliche Blüthe.

Fig. 278. Weibliches Döldchen.

Fig. 279. Fruchtdöldchen.

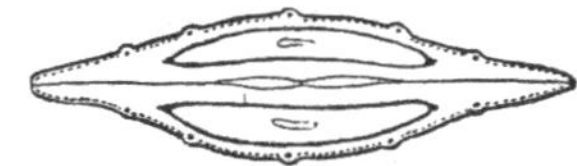

Fig. 280. Fruchtquerschnitt. (Alle Figuren nach Berg und Schmidt.)

8. Dorema Ammoniacum Don.

Die wenigen Arten der Gattung Dorema zeichnen sich unter allen hochstämmigen Umbelliferen durch den Mangel der Doppeldolden aus. Den mächtigen, fast blattlosen Stamm schliesst ein rispenförmiger Blüthenstand mit aufstrebenden, fast ruthenförmigen Aesten ab, an welchem seitlich einfache Dolden von fast kugeligem Umriss ansitzen. Die Blüthencharaktere sind wesentlich die der Gattung Ferula. Dem undeutlichen Kelch folgen eiförmige, gelbe Blumenblätter mit langgezogener, stumpfer, eingebogener Spitze. Das Griffelpolster geht seitlich in einen schwach welligen Rand aus. Die im Umriss länglich-eiförmigen Früchte führen zwischen den fadenförmigen Rippen je eine Oelstrieme, während die Fugenseite mit 2—4 Striemen versehen ist (Fig. 283).

Fig. 281. Dorema Ammoniacum. (Nach Berg und Schmidt.)

Dorema Ammoniacum Don (Fig. 281) schliesst ihre bis 30 cm lange, etwa 8 cm dicke, rübenförmige, in wenige horizontale Aeste sich theilende Wurzel mit einem kurz gestauchten Wurzelkopfe ab, welcher in den ersten Jahren wie bei *Ferula Asa foetida* nur bodenständige Blätter treibt, deren Reste als Faserschopf lange erhalten bleiben. Im fünften Jahre treibt die Stammknospe in den letzten Tagen des Mai schnell zu einem 2 bis $2^1/_2$ m hohen, am Grunde armdicken, hohlen, nur an den Knoten quergefächerten, gelbgrünen, fast blattlosen Stamm aus, welchen wie alle jungen Theile der Pflanze ein Flaum aus weissen Sternhaaren überdeckt. Dieser Flaum verliert sich jedoch bald, und zur Reifezeit der Früchte ist die ganze Pflanze gewöhnlich völlig kahl und glatt. Die Grundblätter tragen auf etwa 25 cm langem, breitrinnigem Stiele eine bis nahe 50 cm lange, doppelt-gefiederte Spreite mit lederigen, oberseits kahlen, dunkelgrün-glänzenden, länglichen, bis 6 cm langen Blättchen. Die Stengelblätter sind auf breite, fast dreieckige, in eine zurückgeschlagene Spitze ausgezogene Scheiden reducirt. Die schmalgeflügelten Früchte (Fig. 282) zeigen sehr deutliche, meist höher als die Rippen hervorragende Striemen. Ihr Querschnitt ist in Fig. 283 dargestellt. Rücken- und Fugenansicht giebt Fig. 264.

Dorema Ammoniacum bewohnt dieselben Steppen wie *Ferula Asa foetida*, besonders das Gebiet zwischen dem Syr-Darja und dem Amu-Darja. Der in allen Theilen der Pflanze vorhandene Milchsaft tritt freiwillig oder in Folge von Insectenstichen aus dem Stengel und dem über den Boden hervorragenden Wurzelkopf aus und erhärtet zu bräunlichen, innen weissen, bis wallnussgrossen Körnern. Dieselben sind das officinelle Gummiharz Ammoniacum Ph. G. II. 22, dessen Verwendung nur noch zu Emplastrum Lithargyri compositum Ph. G. II. 78 vorgeschrieben ist; die Ph. G. I. schrieb noch die Verwendung zu Emplastrum Ammoniaci, Empl. foetidum und Empl. oxycroceum vor. Ammoniacum hat äusserlich angewendet vertheilende Eigenschaften (bei Geschwülsten, Geschwüren, etc.); innerlich in Emulsionen und Pillen genommen erleichtert es den Auswurf. In der Veterinärpraxis dient Ammoniacum zu Latwergen.

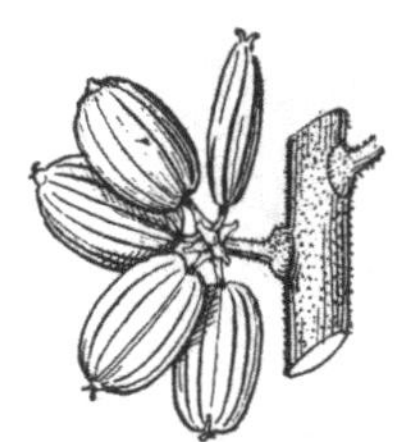

Fig. 282. Früchte von Dorema Ammoniacum in nat. Gr. (Nach Berg und Schmidt.)

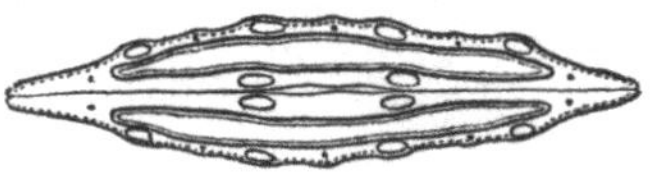

Fig. 283. Querschnitt der Frucht von Dorema Ammoniacum. (Nach Berg und Schmidt.)

Dass das Gummiharz Ammoniacum nichts mit dem chemischen Körper Ammoniak (Salmiakgeist) gemein hat, bedarf wohl kaum eines weiteren Hinweises.

9. Imperatoria Ostruthium L.

Die Gattung Imperatoria umfasst die breitblätterigen Peucedaneen, als deren besondere Merkmale ein undeutlicher Kelch und auf der Fugenseite oberflächlich liegende Oelstriemen gelten.

Imperatoria Ostruthium L., die Meisterwurz, Fig. 284, ist eine kräftige, ausdauernde, im Wuchs den Angeliceen ähnelnde deutsche Pflanze. In der norddeutschen Tiefebene ist sie auf feuchten Wiesen selten, häufiger findet sie sich auf den mitteldeutschen Gebirgswiesen, vom Harz bis zu den Sudeten. Wie Levisticum und Archangelica trifft man sie dort häufig in Dorfgärten angepflanzt. Aus dem etwa 3 cm dicken, bis 10 cm langen, von Blattnarben geringelten, kurze, horizontale, etwas plattgedrückte Ausläufer treibenden Wurzelstock erhebt sich der hohle, fein gestreifte, nur unterhalb der Dolden flaumig-behaarte Stengel bis zu Meterhöhe. Die unteren Blätter sind doppelt-dreizählig, gestielt, die oberen meist einfach-dreizählig, ungestielt. Die Blattscheiden sind grün, aufgeblasen. Die Blättchen der Spreiten sind breit eiförmig, ungleich grob gesägt, das Endblättchen 3-spaltig, die Seitenblättchen ungleich 2-spaltig. Auffällig ist die lebhaft grüne Färbung ihrer Ober- und das Bläulichgrün der Unterseiten sowie die Rauhigkeit der Blattstiele und der unterseits hervorragenden Blattnerven. Der kantige Blattstiel ist hohl, seine Wand derbfleischig. Die grossen Dolden entbehren der Hülle oder deuten diese durch nur ein Blättchen an; die Hüllchen sind sehr klein, nur durch 1—3 hinfällige Blättchen vertreten.

Fig. 284. Imperatoria Ostruthium.

Die in den Sommermonaten weiss blühende Pflanze liefert Rhizoma Imperatoriae Ph. G. II. 228, fälschlich auch als Radix Imperatoriae v. Radix Ostruthii v. Radix Astrantiae bezeichnet. Meisterwurz wird nur noch hier und da als Volksmittel geschätzt und bildet häufig einen Bestandtheil von Viehpulvern.

Synonym zu *Imperatoria Ostruthium* L. ist *Peucedanum Ostruthium* Koch.

10. Conium maculatum L.

Die Gattung Conium ist die einzige hier zu besprechende aus der Unterfamilie der Campylospermen. Innerhalb dieser gehört sie zur Gruppe der Smyrnieae, welche Gattungen mit aufgedunsenen, ungeschnäbelten, meist seitlich zusammengedrückten Früchten ohne Nebenrippen (Haplozygieae) umfasst.

Conium zeichnet sich durch eiförmige Früchte mit hervorragenden, wellig-gekerbten Rippen und striemenlosen, von vielen oberflächlichen Längsstreifen durchzogenen Thälchen aus. Der Fruchtträger ist zweitheilig. Weniger charakteristisch ist an den Blüthen der undeutliche Kelchrand, die verkehrt herzförmigen Kronblätter mit eingebogenem Spitzchen und das flache, kerbig-gerandete Griffelpolster. Von den beiden bekannten Arten ist die bei uns heimische, *Conium maculatum* L., der gefleckte Schierling, eine an Zäunen, in Hecken, besonders in Dorfstrassen häufige, äusserst giftige, nach Mäuseharn riechende Pflanze. Ihr 1—2 m hoher, hohler, wenig holziger, oberwärts reichästiger Stamm ist völlig kahl und glatt, bläulich bereift und unterwärts meist, aber nicht immer roth gefleckt. Die schlaffen Blätter zeichnen sich aus durch schmale, häutig berandete Scheiden, glatte, hohlcylindrische Stiele und 3-fach gefiederte Spreiten. Die tief eingeschnitten-gesägten Fiederchen sind oberseits matt dunkelgrün, unterseits schwach glänzend blaugrün und gehen in kurze, weissliche Stachelspitzen aus. An den Dolden sind die 5-blätterige Hülle und die 3—4-blätterigen Hüllchen zurückgeschlagen. Die Art ist zweijährig.

Das zur Blüthezeit (Juni, Juli) eingesammelte Kraut ist officinell als Herba Conii Ph. G. II. 130 s. Herba Conii maculati v. Herba cicutae Ph. G. II. 335. Alle Theile desselben, auch die jungen Früchte, enthalten das farblose, widerlich riechende, äusserst giftige Alkaloid Coniin. Das Kraut wird zu schmerzstillenden Kataplasmen verwendet. Als Präparate sind zu erwähnen Emplastrum Conii, Empl. Conii ammoniacatum, Extractum Conii und Unguentum Conii. Innerlich wird Schierling gegen Krebs, Scropheln etc. gegeben.

11. Coriandrum sativum L.

Die Gattung Coriandrum ist der einzige hier nennenswerthe Vertreter der Coelospermae und zugleich der besonderen Gruppe der Coriandreae, deren Charakter in den kugeligen Früchten mit flachen, geschlängelten Hauptrippen und stärker als diese hervorragenden Nebenrippen (Fig. 285, A) liegt.

Als Gattungsmerkmale gelten der 5-zähnige Kelch, verkehrt-eiförmige Kronblätter mit eingebogenem, ausgerandetem Lappen und kugelige Früchte mit striemenlosen Thälchen und 2-theiligem Carpophor. Nur die Fugenseite jeder Theilfrucht zeigt zwei flache Striemen. An den wenigstrahligen Dolden sind die randständigen Blüthen stark strahlend (d. h. median zygomorph) entwickelt (Fig. 286). Ihr vorderes Kronblatt ist tief herzförmig, die paarig-vorderen sind „halbherzförmig“ und die paarig-hinteren normal, wie bei den aktinomorphen Blüthen entwickelt. Die Zygomorphie prägt sich auch in dem Kelch aus, dessen vordere paarige Zähne stark vergrössert sind (Fig. 287).

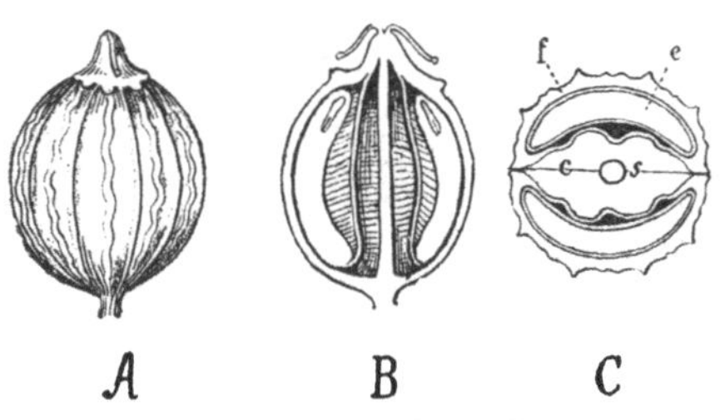

Fig. 285. Frucht von Coriandrum sativum. *A* von aussen, *B* im Längsschnitt, *C* im Querschnitt. *f* ist die Fruchtwand; *e* das Nährgewebe des Samens; *c* ist die innere Höhlung der Frucht, *s* das eine freie centrale Säule bildende Carpophor. In *B* ist der Keimling in jedem Samen im oberen Ende des Nährgewebes liegend gezeichnet. (Nach Berg und Schmidt.)

Coriandrum sativum L., der Koriander, ist eine in den Mittelmeer- und Kaukasusländern heimische, meist angebaute, auch bei uns eingeführte einjährige Art mit kahlem, dünnem, 30—60 cm hohem Stengel. Die unteren, frühzeitig absterbenden Blätter sind einfach gefiedert mit rundlich-keilförmigen, fiederspaltigen Blättchen,

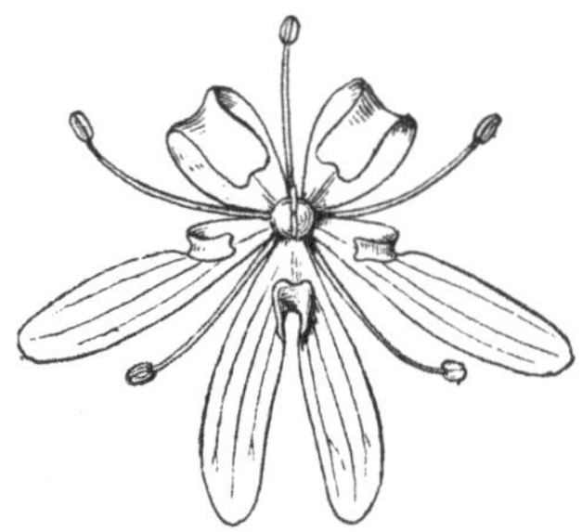
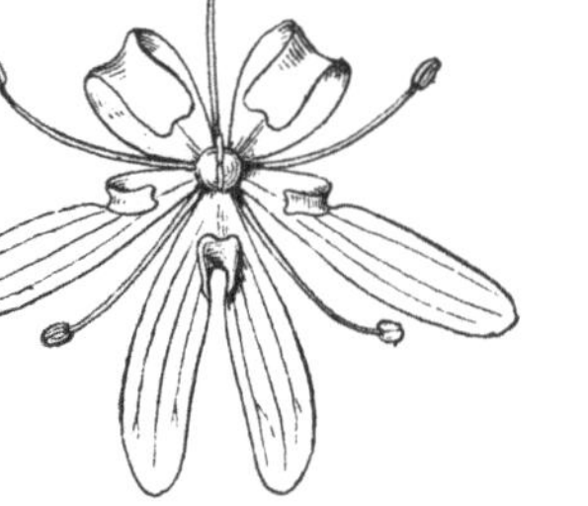

Fig. 286. Medianzygomorphe („strahlende") Blüthe vom Rande der Dolde von Coriandrum sativum. (Vergr.)

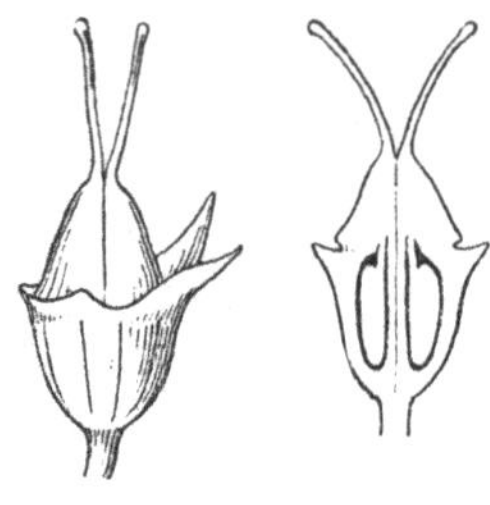

Fig. 287. Gynaeceum von Coriandrum sativum. Links mit zygomorphem Kelch, rechts im Längsschnitt.

deren Zipfel am Vorderrande kerbig-gesägt sind. Die mittleren und oberen Stengelblätter sind doppelt-gefiedert mit schmal-linealischen Zipfeln. Den nur 3—5-strahligen Dolden fehlt die Hülle meist völlig, die Hüllchen sind fädig vielblätterig. Die 2—3 mm dicken, hohlen Früchte sind gelbbraun. Sie waren officinell als Fructus Coriandri, finden jetzt aber fast nur noch als Gewürz Verwendung. Die im Juni und Juli weissblühende Pflanze riecht wanzenähnlich, (daher der griechische Name *χορίαννον* von *κόρις*, Wanze). Bei den trockenen Früchten verliert sich dieser Geruch.

Saxifraginae.

Die Saxifraginen, welche im Gegensatz zu den Umbelliferen ihre hypo-, peri- oder epigynen Blüthen fast stets mit wohl entwickeltem Kelch ausstatten, lassen sich auf zwei Familien vertheilen.

1. **Crassulaceae.** Blüthen rein obdiplostemon nach der Formel K n, C n, A n + n, G n (wo n = 3 bis 30), bald hypo-, bald perigyn, niemals epigyn. Die der Obdiplostemonie entsprechend epipetalen Fruchtblätter apokarp, mit meist vielen, der Bauchnath angehefteten, aufsteigend oder horizontal anatrop-epitropen Samenanlagen. Blätter stets einfach, ausserordentlich dickfleischig (daher Crassulaceae, d. h. Fettpflanzen und die auf die ganze Ordnung übertragene Bezeichnung Succulentae).

2. **Saxifragaceae.** Blüthen meist obdiplostemon nach der Formel K 5, C 5, A 5 + 5, G (2), doch auch mit 4 oder 5 Fruchtblättern oder 4-zählig vorkommend. Fruchtblätter synkarp oder doch nur ihre Spitzen frei, meist mit wulstigen Parietalplacenten, die sich oft im Centrum des Fruchtknotens berühren und dann wohl auch verwachsen. Meist mit vielen anatropen, gewöhnlich epitropen Samenanlagen in wechselnder Lage (aufsteigend, horizontal oder hängend). Sehr umfangreiche, vielgestaltige Familie (1600 Arten!).

Officinell ist nur:

Liquidambar.

Die Gattung Liquidambar bildet mit der Gattung Bucklandia eine als Liquidambareae oder Bucklandieae, auch wohl als besondere Familie der Balsamifluae abgegrenzte Gruppe der Saxifragaceen. Charakteristisch ist ihnen die unvollkommene Ausbildung der polygamen oder monoecisch-eingeschlechtigen Blüthen.

Bei Liquidambar stehen die Blüthen (wie bei Platanen) in Köpfchen an gemeinsamer, verlängerter Zweigaxe (Fig. 288), und zwar ist das unterste, meist abgerückte,

Fig. 288. Liquidambar orientalis. (Nach Baillon.)

weiblich, die oberen, dichter gedrängten, männlich. Die männlichen Blüthen sind völlig nackt. Sie bestehen aus einer Gruppe unbestimmt vieler, sehr kurz gestielter Staubblätter mit zweifächerigen, seitlich mit Längsriss sich öffnenden Beuteln. Die weiblichen Blüthen besitzen einen rudimentären, saumartigen Kelch, eine unbestimmte Zahl staminodialer Staubblätter (ohne oder mit unfruchtbarer Anthere) und zwei Fruchtblätter, deren 2-fächeriger Fruchtknotentheil mit den vieleiigen Placenten der Köpfchenaxe eingesenkt ist, während die oberen Theile getrennt (apokarp) aus dem Köpfchen hervorragen und sich als Griffelschenkel zurückrollen.

1. Liquidambar orientalis Mill., Fig. 288, ist ein bis 13 m hoher Baum der Südwestküste Kleinasiens mit kahlen, bis 9 cm langen, handförmig 5-lappigen, schlank gestielten, sommmergrünen Blättern. Die Blattlappen sind mehr oder weniger spitz, am Rande gesägt, oft jederseits mit kleinem Seitenlappen versehen. Die reifen, von den bleibenden Griffeln kurz bespitzten Früchte bilden einen morgensternförmigen Fruchtstand, eine „Sammelfrucht“, an welcher sich jede frei hervorragende Fruchtspitze kapselartig mit zwei Klappen septicid öffnet, um die zahlreichen kleinen, abgeplatteten Samen zu entlassen, die an ihrem Mikropyle-Ende in einen häutigen Flügel ausgezogen sind.

Synonym ist *Liquidambar imberbe* Aiton.

Die balsamreiche Rinde des Baumes liefert durch Auskochen und Auspressen den dickflüssigen, trübgrünen, freie Zimmt- und Benzoësäure enthaltenden officinellen Storax, Styrax liquidus Ph. G. II. 251 s. Storax liquidus, der in Form von Salben und Linimenten ein Mittel gegen Krätze, auch noch jetzt, wie im Alterthum, ein Bestandtheil von Räuchermitteln (Räucherkerzen, Räucheressenzen etc. ist).

2. *Liquidambar styraciflua* L., ein in Centralamerika, Mexico, Florida und nordwärts bis Connecticut hin heimischer Baum, unterscheidet sich durch grössere, meist 7-lappige, in den Nervenwinkeln bärtige Blätter mit schärfer gesägtem Rande. Er liefert aus Rindeneinschnitten einen klar durchsichtigen, bräunlich-gelben Storax (Liquidambar, Balsamum indicum album, Bals. peruvianum album, Ambra liquida), welcher zu Räuchermitteln und zur Verfälschung des Tolubalsam benutzt wird.

Der Leser merke sich an dieser Stelle, dass Styrax der alte griechische Name für ein Räuchermittel ist, das aber nicht nur von *Liquidambar orientalis*, sondern auch von *Styrax officinalis* L., einem Baum der östlichen Mittelmeerländer stammte. Die Familie der Styracaceae mit der Gattung Styrax gehört aber gar nicht zu den Choripetalen, sondern zu den Gamopetalen, steht also im System weit von den Liquidambareen entfernt. Man beachte also: Styrax liquidus Ph. G. II. ist eine Droge und kommt **nicht** von einer Styrax-Art, auch nicht einmal von einer Styracacee!

Mit Uebergehung der **Opuntinae** und **Passiflorinae** wenden wir uns zu den in der Uebersicht der Calycilorenordnungen auf Seite 395 charakterisirten

Myrtiflorae.

Wir begegnen hier fast ausnahmslos zwitterigen Blüthen mit unterständigem, nach der Zahl der Carpelle vollständig gefächertem Fruchtknoten und einfachem Griffel. Neben 5-zähligen Blüthen sind 4-zählige nicht selten. Gewöhnlich ist der Kelch klappig, die Krone gedreht oder dachig. Das Androeceum entspricht einem diplo- oder obdiplostemonen Grundplan. (Zum Studium dieser Charaktere seien die leicht zu erlangenden Blüthen unserer Fuchsia empfohlen!)

Die Familien der Ordnung sind leicht zu kennzeichnen. Die Rhizophoraceen führen je zwei hängende Samenanlagen in jedem Fruchtknotenfach, die Combretaceen haben hängende Samenanlagen, aber zum Unterschiede von allen übrigen Myrtifloren einfächerige Fruchtknoten. Lythraceen und Melastomaceen sind ausgezeichnet durch Perigynie, und die Staubbeutel der letzteren öffnen sich mit einem Loch an der Spitze. Die Onagraceen (hierher Fuchsia) sind typisch 4-zählig. Endlich bleiben noch die allein näher zu besprechenden

Myrtaceae.

Die Myrtaceen sind die typisch polyandrischen Myrtifloren. Ihre hochgradige Polyandrie beruht auf Spaltung der einem diplostemonen Grundplane angehörigen Staubblattanlagen. Es begegnet uns hier derselbe Charakter, der die Tiliaceen kennzeichnete, doch weist der völlig unterständige Fruchtknoten den Myrtaceen ihre Stellung unter den Calycifloren zu. Da 4-zählige Blüthen vorwalten, so ist die typische Formel

$$K\ 4,\ C\ 4,\ A\ \infty,\ G\ \overline{(2)}\ \text{bis}\ \overline{(4)}.$$

Die meisten Myrtaceen sind Holzpflanzen und reich an aromatischen Stoffen. Nach dem Bau der Früchte ordnet man die etwa 1800 bekannten Arten in Unterfamilien als:

I. Myrteae. Mit Beeren- oder Steinfrüchten. Hierher Myrtus, Eugenia.

II. Leptospermeae. Mit Kapseln. Hierher Melaleuca, Eucalyptus.

III. Lecythideae. Mit grossen, holzigen Früchten. Hierher Bertholletia, deren Samen (nicht Früchte!) als „Paranüsse" eingeführt werden.

IV. Granateae. Mit 2—3 Fruchtblattkreisen. Hierher nur Punica.

Besondere Besprechung verdienen:

1. **Eugenia caryophyllata** Thunbg.

Die Gattung Eugenia umfasst etwa 500 Bäume und Sträucher des heissen Asiens und Amerikas. Die einzeln achselständigen oder zu cymösen achsel- und endständigen Inflorescenzen vereinten Blüthen sind fast ausnahmslos 4-zählig. Dem kugeligen, kegelförmigen oder cylindrischen Fruchtknoten sind die vier Kelchblätter im orthogonalen Kreuz (d. h. 2 median, 2 transversal) unmittelbar aufgesetzt. Die vier diagonal gestellten Kronblätter stehen frei ab oder neigen kugelig zusammen; in einigen Fällen verwachsen sie selbst zu einer Mütze, die zur Blüthezeit abgeworfen wird. Das Androeceum bilden vier epipetale Staubbeutelgruppen, die bisweilen deutliche Phalangen (Adelphieen) sind. Die eingekrümmten Fäden tragen normale schaukelnd angeheftete Beutel. Das Gynaeceum besteht immer aus zwei medianen Fruchtblättern mit schlankem, geradem Griffel und punktförmiger Narbe. Die Blüthenformel ist demnach

$$K\ 4,\ C\ 4,\ A\ 0 + 4\infty,\ G\ \overline{(2)}.$$

Die Fruchtfächer sind vieleiig, doch entwickeln sich gewöhnlich nur 1—4 kugelige oder durch Druck kantige Samen in der vom bleibenden Kelch gekrönten Beere. Die häutige oder lederige Samenschale umgiebt den fleischigen, mit kurzer Wurzel und grossen Cotyledonen ausgestatteten Keimling.

Eugenia caryophyllata Thunbg., der Gewürznelkenbaum, ist ein immergrüner, pyramidal-verzweigter, bis 12 m hoher Baum der Molukken, der seiner Blüthen wegen in seiner Heimath, auf Malacca, Sumatra, in Zanzibar und auf den westindischen Inseln cultivirt wird. Die fingerlangen, gestielten Blätter führen eine lederige, länglich-elliptische, am Grunde keilförmig verschmälerte Spreite mit oberseits rinniger, unterseits hervorragender Mittelrippe. Im Blattfleisch liegen äusserst feine Oeldrüsen dicht neben einander. Die Blüthen stehen in 3-fach dreispaltigen cymösen Dolden (in „Trichasien“), deren letzte, gedrückt-4-kantige Zweige mit einer von hinfälligen Vorblättern gestützten Blüthe enden. Diese beginnt mit dem cylindrischen, etwa 1 cm langen, mit den 4 Kelchblättern endenden dunkelrothen Fruchtknotentheil. Die kugelig zusammenschliessenden Kronblätter sind weiss und rosenroth überlaufen. Die beiden Fruchtknotenfächer mit je etwa 20 Samenanlagen liegen dicht unterhalb des Kelches in der derbfleischigen Fruchtknotenmasse, deren äusseres Gewebe von zahlreichen Oeldrüsen durchsetzt ist. Die reife Beere ist etwa 25 mm lang, ellipsoidisch und enthält meist nur einen Samen.

Synonyme sind *Eugenia aromatica* Baill., *Caryophyllus aromaticus* L. und *Myrtus caryophyllus* Spr.

Die Blüthenknospen sind getrocknet die Caryophylli Ph. G. II. 49, die Gewürznelken, Gewürznägel des Küchengebrauchs, die man nicht versäume, gelegentlich auf ihren Bau zu untersuchen. (Vgl. dazu Fig. 289). Sie liefern durch Destillation Oleum Caryophyllorum Ph. G. II. 194, das schlechtweg als Nelkenöl bezeichnet wird. Es dient zur Bereitung von Acetum aromaticum Ph. G. II. 1 und Mixt. oleoso-balsamica, wird aber auch viel zu Nelkenwassern, Nelkenbalsam, Zahntincturen, Zahnpillen etc. verwendet. Innerlich genommen wirkt es magenstärkend; seine äussere Anwendung beruht auf antiseptischer Wirkung und auf seinem Wohlgeruch. Die Caryophylli bilden einen Bestandtheil der Species aromaticae Ph. G. II. 240 und dienen zur Bereitung der Tinct. aromatica Ph. G. II. 272 und Tinct. Opii crocata Ph. G. II. 284. Die unreif getrockneten Beeren wurden als Anthophylli, Mutternelken, meist zu abergläubischen Zwecken benutzt.

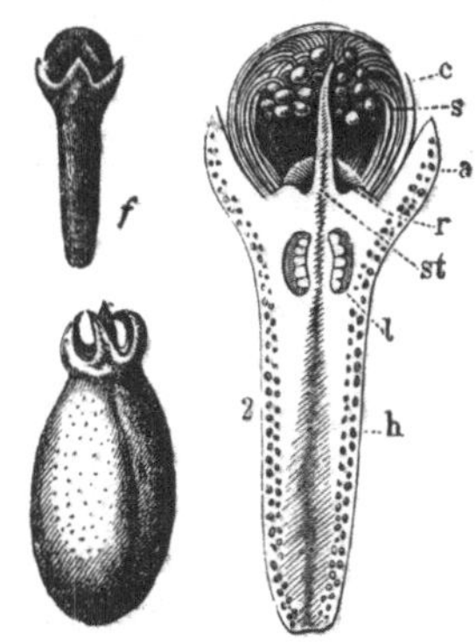

Fig. 289. Blüthe und Frucht von Eugenia caryophyllata. (Nach Hager.) Blüthenknospe *f* in nat. Gr. 2. Längsschnitt derselben, vergr. *h*, stielartiger Theil des unterständigen Fruchtknotens, *l*, seine beiden vieleiigen Fächer; *a*, Kelch, *c*, Krone, *s*, Staubblätter, *st*, Griffel. *r*, ist ein discusartiger Wulst.

Es wurde schon auf Seite 291 hervorgehoben, dass die Caryophylli Ph. G. II. nichts mit der Garten-Nelke, *Dianthus Caryophyllus* L., — ausser dem ähnlichen Geruch — gemein haben. Sie stammen also weder von einer Nelke, noch von einer Caryophyllacee, noch von einer in die Reihe der Caryophyllinae (Seite 287) gehörigen Pflanze. Ihr in der Pharmacie gebräuchlicher Name ist von dem Synonym zu *Eugenia caryophyllata*, von *Caryophyllus aromatica* abzuleiten!

2. Melaleuca Leucadendron L.

Die Gattung Melaleuca, mit etwa 100 Arten (Sträuchern und Bäumen) auf Australien beschränkt, gehört zu den Leptospermeen, in deren gewöhnlich 5-zähligen Blüthen der aus 3 (nach $\frac{2}{1}$ gestellten) Carpellen bestehende Fruchtknoten zu einer vom Scheitel her loculicid aufspringenden, meist vielsamigen Kapsel wird. Das Androeceum lässt gewöhnlich die Staubblätter als epipetale Gruppen (Phalangen) erkennen.

Als Gattungsmerkmale von Melaleuca gelten zerstreut stehende, meist kleine oder schmale und starre, ganzrandige, nervenlose oder von wenigen Längsadern durchzogene Blätter und einzeln in der Achsel hinfälliger Deckblätter sitzende Blüthen nach der typischen Leptospermeenformel K 5, C 5, A $0 + 5^{\infty}$, G $\overline{(3)}$. Die freien, trockenhäutigen Kelchblätter sitzen gewöhnlich einem glockigen oder krugförmigen, dem Fruchtknoten aufgesetzten oder dessen obere Hälfte perigyn umgebenden Becher, dem „Receptaculum“, auf. Die Kronblätter sind frei, die Staubblätter mehr oder weniger hoch hinauf zu epipetalen Phalangen verwachsen. Um den fadenförmigen Griffel herum ist der Fruchtknoten mehr oder minder tief eingedrückt. Charakteristisch sind die Blüthenstände. Die ausnahmslos seitlichen Blüthen sitzen einzeln in den Achseln der an den Zweigenden sich zusammendrängenden Deckblätter, und bilden daher einfache Aehren. Sind die Blüthen nun voll entfaltet, so stehen die Staubblätter so dicht gedrängt rings um den Zweig, dass der ganze Blüthenstand lebhaft an eine Cylinderbürste erinnert. Später wächst nun der Gipfel wieder als blattbildender Spross weiter; es findet eine „Durchwachsung" des Blüthenstandes statt, so dass die Früchte ringsum in der mittleren Region eines oben und unten beblätterten Zweiges ansitzen.

Melaleuca Leucadendron L. ist ein bis 27 m Höhe und bis 1,30 m Stammdicke erreichender Baum Hinterindiens, der malayischen Inseln und Australiens mit auffällig schwammiger, in dünnen Schichten abblätternder Rinde, schlanken, meist hängenden Zweigen und elliptischen bis lanzettlichen Blättern von zweierlei Gestalt. Breite, sehr starre Blätter von 4—8 cm Länge wechseln mit schmalen, oft 12—16 cm langen, eine Erscheinung, welche als Heterophyllie bezeichnet wird. Eine zweite Eigenthümlichkeit der an rundlichen Oeldrüsen reichen Blätter liegt darin, dass sie ihre Spreite nicht, wie üblich, horizontal stellen; sie bringen diese durch eine Drehung ihres stielartigen Grundes in verticale Richtung, sie gleichsam auf die Kante stellend. Statt Ober- und Unterseite zeigen die Blätter also rechte und linke Seite, und beide Seiten sind von gleichem Bau. In den 4—12 cm langen Aehren sind die aussen kahlen oder behaarten, bisweilen wollig filzigen Blüthen mit weissen Kronblättern und bald gelblichen, weisslichen, rosa- bis purpurrothen, noch nicht 1 cm langen Staubblattbündeln ausgestattet. Die Früchte sind etwa erbsengross.

Die Pflanze tritt in sehr verschiedenen Formen (selbst als kleiner Strauch mit starren, aufrechten Zweigen) auf. Daher erklärt sich die grosse Zahl der Synonymen, *Melaleuca minor* Smith., *M. viridiflora* Gaertn., *M. saligna* Blume, *M. Cunninghamii* Schau., *M. Cajeputi* Roxburgh etc.

Die Blätter der auf den malayischen Inseln heimischen, sonst als *M. minor* Sm. bezeichneten Form (mit fast kugeligen Aehren und seidig oder zottig behaarten Blüthen) geben mit Wasser destillirt das ätherische, dünnflüssige, grünliche Oleum Cajeputi Ph. G. II. 192, welches gewöhnlich Spuren von Kupfer aus den Destillationsgefässen enthält. Es wird innerlich und äusserlich (meist in Tropfen) angewandt.

3. Punica Granatum L.

Die monotypische, die Unterfamilie der Granateae vertretende Gattung Punica ist durch einen höchst auffälligen Fruchtbau ausgezeichnet. Die ansehnlichen, einzeln endständigen oder (wie in Fig. 290) achselständigen Blüthen mit granatrothem, meist in 6

Kelchzipfel ausgehendem Receptaculum und meist 6, in der Knospenlage geknitterten, sehr hinfälligen, scharlachrothen Kronblättern führen zahlreiche, auf dem nach dem Blüthencentrum hin abschüssigen Kelchrande eingefügte Staubblätter mit breit-ovalen, schaukelnden Beuteln auf den nach innen zu kürzer werdenden Fäden. Der vollkommen unterständige Fruchtknoten zeigt gewöhnlich zwei Kreise von Fächern, einen äusseren, epipetalen und einen inneren mit 3 Fächern. Auf dem Längsschnitt bilden die äusseren Fächer eine höhere Etage mit den Samenleisten an der Aussenwand, die inneren eine tiefere Etage mit den Samenleisten im Innenwinkel. In besonders kräftigen Blüthen (sie kommen bis 8-zählig vor) findet man wohl auch drei Kreise von Fruchtblättern, gewöhnlich einen epipetalen, einen damit alternirenden und endlich einen dreizähligen Kreis. Die typische Blüthenformel ist demnach:

$$K\ 6,\ C\ 6,\ A\ \infty,\ G\ 6+3 \text{ resp. } 6+6+3.$$

Im Centrum der Blüthe erhebt sich auf verdickter Basis der fadenförmige, einfache, mit knopfiger Narbe endende Griffel. Die Frucht, der Granatapfel, ist eine faustgrosse, vom bleibenden Kelch gekrönte Beere mit dicker, lederiger, grünlich-, gelblich- oder blutrother Schale und häutigen Scheidewänden. Ihre zahlreichen, unregelmässig-kantigen Samen führen eine innen holzige, aussen in dickes, durchsichtig saftiges, rosenrothes Fleisch übergehende Schale und einen Keimling mit breiten, spiralig umeinandergerollten, am Grunde geöhrten Cotyledonen.

Fig. 290. Punica Granatum. (Nach Baillon.)

Punica Granatum L., Fig. 290, ist ein im Orient heimischer, in allen wärmeren Ländern cultivirter Strauch oder kleiner Baum mit unregelmässig verzweigtem Stamme und gegenständigen, an den Kurztrieben gebüschelten, sehr kurz gestielten Blättern. Die fiedernervigen, länglich-lanzettlichen bis verkehrt-eiförmigen, ganzrandigen Spreiten sind schwach lederig und führen keine Oeldrüsen.

Officinell ist die Rinde des Stammes, der Aeste und der Wurzeln als Cortex Granati Ph. G. II. 67. Ihre Abkochung ist ein bekanntes Bandwurmmittel. Ehedem war nur die Wurzelrinde als Cortex Granati radicis officinell, und ist noch jetzt die Bezeichnung „Granatwurzelrinde“ für Cortex Granati üblich.

Rosiflorae.

Die Rosifloren sind typisch polyandrische Calycifloren, bei welchen die Polyandrie fast ausnahmslos mit einer Vermehrung der Staubblattkreise verknüpft ist. Auch im Gynaeceum waltet die Tendenz zu vielgliederiger, apokarper Ausbildung, die in den extremen Fällen zu einer Polykarpie führt, wie wir sie bei den Ranunculaceen bereits kennen gelernt haben. Wo mehrere Fruchtblätter vorhanden sind, bleiben die Griffel (im Gegensatz zu den Myrtifloren) stets getrennt. Die nach dem Bau der Carpelle früher unterschiedenen Familien hat man jetzt zu einer einzigen vereinigt als

Rosaceae.

Die mannichfaltigen Blüthenformen der Rosaceen können wir als Abwandlungen eines Typus ansehen, der sich am deutlichsten im Bau der wildwachsenden (nicht gefüllten) Rosen ausprägt. Wir finden hier exquisit perigyne Blüthen, bei welchen ein normal orientirter Kelch, eine damit alternirende dachige Krone und zahlreiche, normal gebaute Staubblätter (mit zweifächerigen, introrsen Antheren) dem Rande einer glockenförmigen Röhre, eines „Receptaculums“, wie in Fig. 21 b, aufgewachsen sind. Im Grunde desselben, theils auch höher hinauf an der Innenwand sitzen zahlreiche, völlig freie Fruchtblätter, jedes mit einer einzigen hängenden Samenanlage im Fruchtknotentheil und oberwärts in einen einfachen, fädigen Griffel ausgezogen. Von den Fruchtblättern ist dasjenige das entwickelungsgeschichtlich jüngste, welches dem Centrum des Blüthenbodens am nächsten sitzt, denn hier ist der Scheitel der mit der Blüthe abschliessenden Axe zu suchen. Je weiter die Fruchtblätter von diesem entfernt sind, um so älter sind sie. Die Abweichungen von diesem Typus ergeben sich einerseits aus der Verminderung der Zahl der Fruchtblätter, andererseits aus der Verminderung und verschiedenen Anordnung der Staubblätter. Sehen wir von einigen ganz ausnahmsweisen Vorkommnissen ab, so finden wir im einfachsten Fall das Androeceum aus nur 5 bald epipetalen, bald episepalen, einem einzigen Kreis angehörigen Staubblättern gebildet. In der Blüthe von Quillaja, Fig. 291, begegnen uns wie bei der normalen Dicotylenblüthe 5 episepale und 5 epipetale Stamina. Häufiger aber bilden den äusseren Kreis 10 paarweis vor den Kronblättern (bisweilen auch vor den Kelchblättern) genäherte Staubblätter; ihnen folgt ein Kreis aus 5 epipetalen Staubblättern, an welchen sich dann regelmässig alternirende weitere Kreise anschliessen können. Bisweilen sind aber auch der zweite, selbst der dritte und die folgenden Kreise 10-gliederig, und dadurch ergiebt sich dann für das Androeceum die wechselnde Formel A 5 oder 5 + 5, resp. 10 + 5, 10 + 5 + 5, 10 + 5 + 5 + 5, . . . resp. 10 + 10 + 10 bis 10 + 10 + 10 + 10 + 10; mithin schwankt die Zahl der Staubblätter zwischen 5 bis 50. Da nun aber in den höheren Kreisen häufig Unterdrückung einzelner Glieder, in anderen Fällen aber auch weitere Vermehrung der Kreise statt hat, so wird die Zahl eine vielfach schwankende, und wir setzen deshalb das allgemeine Zeichen A ∞, halten aber dabei fest, dass das Androeceum stets aus cyklischem Grundplane hervorgeht.

Fig. 291. Blüthe von Quillaja Saponaria. (Nach Baillon.)

Im Gynaeceum begegnen wir analogen Schwankungen. Im einfachsten Falle finden wir wie in Fig. 292 ein einziges, median oder schief gestelltes Fruchtblatt im Centrum des Blüthenbodens. Wo zwei Carpelle vorkommen (wie bei Hagenia), stehen sie ausnahmslos median, drei sind nach $\frac{2}{3}$, vier im rechtwinkligen Kreuz geordnet, während fünf (wie bei Aepfeln und Birnen) über den Kelchblättern stehen. Drängen sich mehr als fünf Fruchtblätter (wie bei Rosen, Erdbeeren, Himbeeren etc.) zusammen, so bilden sie 5-zählige über einander stehende Quirle oder ihre Stellung lässt sich nicht mehr mit Sicherheit eruiren. Bleiben nun auch die Carpelle gewöhnlich völlig frei, so kommt doch auch theilweise oder völlige Verwachsung ihrer Fruchtknotentheile vor, und für die Unterfamilie der Pomeae ist die Verwachsung der synkarpen Fruchtblätter mit dem Receptaculum charakteristisch. Man begegnet hier allen Stufen zwischen rein perigyner und rein epigyner Insertion der äusseren Blüthenkreise. Will man nun für alle diese Fälle eine umfassende Blüthenformel bilden, so wird man in

Fig. 292. Blüthe von Prunus Amygdalus. (Nach Baillon.)

$$K\ 5,\ C\ 5,\ A\ \infty,\ G\ \infty$$

den allgemeinen Typus erblicken.

Schwankend wie der Aufbau der Blüthen ist auch die Frucht der in mehr als 1000 Arten bekannten Rosaceen. Neben Kräutern (wie den Erdbeerpflanzen) finden wir Sträucher (wie Rosen und Himbeeren) und Bäume (unsere bekanntesten Obstbäume) meist mit wechselständigen, einfachen oder zusammengesetzten, meist gesägten Blättern und sehr verschiedenartigen Früchten. Die Betrachtung der Unterfamilien mag mit der Besprechung der pharmaceutisch nutzbaren Arten verknüpft werden. Als solche merken wir:

I. **Pomeae.** Mit aus unterständigem Fruchtknoten hervorgehenden Apfelfrüchten. Hierher unsere Apfel- und Birnbäume.

1. Cydonia vulgaris Willd.

Die Gattung Cydonia gehört wegen ihrer Früchte in die Unterfamilie der Pomeae. In derselben findet man alle Genera vereinigt, bei welchen die Fruchtblätter unter sich und mit dem Receptaculum verwachsen, also nach dem in Fig. 21c gegebenen Schema einen unterständigen, meist 5-fächerigen Fruchtknoten bilden. Dieser bildet sich zu einer mehr oder minder fleischigen, niemals aber schleimig- oder wässerig-saftigen Beere aus, die man gewöhnlich als Apfelfrucht bezeichnet. Aepfel und Birnen sind die typischen Formen derselben. Hier grenzen sich die Fruchtfächer durch pergamentartige Wände gegen das verhältnissmässig feste, erst sehr spät breiig werdende Fruchtfleisch ab.

Cydonia zeichnet sich durch grosse, einzeln achsel- oder endständige, seltener zu armblüthigen Ständen vereinte Blüthen aus. Dem bleibenden, bei der Fruchtreife laubblattartig werdenden Kelche folgt die gedrehte Krone und ein 20- und mehrgliederiges Androeceum. Die Früchte gleichen unseren Aepfeln und Birnen, unterscheiden sich aber, abgesehen von dem laubigen, ihnen aufsitzenden Kelch dadurch, dass in jedem Fache des pergamentartigen Kernhauses viele, aus 2-reihig geordneten, aufsteigenden Samenanlagen hervorgehende Samen sitzen, deren Schale ihre Oberhaut mit Wasser zu einem zähen Schleime aufquellen lässt.

Cydonia vulgaris Willd., die im Orient und Südeuropa heimische, bei uns in Gärten cultivirte Quitte, ist ein Strauch oder kleiner Baum mit kurzgestielten, eiförmigen, ganzrandigen, unterseits graufilzigen Blättern und drüsig-gesägten, rundlichen bis lanzettlichen Nebenblättern. Aus den grossen endständigen, wie die jungen Zweige aussen zottig behaarten Blüthen mit röthlichweisser Krone entwickeln sich grosse, gelbe oder grünliche, spinnwebig-filzige Früchte mit 6—20 matt rothbraunen, spitz eiförmigen oder keiligen, sich gegenseitig kantig drückenden, bis 1 cm langen Samen in jedem

Fach. Nach der Form der Früchte unterscheidet man die Apfelquitte, var. *maliformis* Mill., mit beiderseits genabelten Früchten, die Birnquitte, var. *oblonga* Mill., mit birnförmigen Früchten, und die portugiesische Quitte, var. *lusitanica* Mill., mit ebensolchen, aber gerippten Früchten.

Die Samen werden als Semen Cydoniae, Quittenkörner, geführt. Sie liefern Mucilago Cydoniae, Quittenschleim.

II. **Roseae.** Mit krugförmigem, fleischig werdendem Receptaculum. Hagebuttenfrüchte.

2. Rosa Tournefort.

Die Unterfamilie der Roseae wird nur von der mit zahlreichen Arten vertretenen Gattung Rosa gebildet. Die Blüthen sind hier ausgesprochen perigyn. Das Receptaculum tritt schon an den Rosenknospen deutlich als ein von den fünf Kelchzipfeln gekrönter, am Schlunde verengter Becher hervor. Die Kelchzipfel decken normal quincuncial. Gewöhnlich sind sie stark laubig entwickelt und zwar so, dass Blatt 1 und 2 deutlich gefiedert sind, während Blatt 3 nur auf der in der Knospenlage nicht gedeckten Seite schmale Fiederchen trägt. Blatt 4 und 5 sind nie gefiedert. Die grossen, meist hellrothen (rosafarbenen) Kronblätter decken in gleichem Sinne wie die Kelchzipfel quincuncial. Die zahlreichen, in der Knospe nach innen gekrümmten Staubblätter neigen zu petaloider Ausbildung hin, eine Eigenschaft, welche die „gefüllten" Rosen zu den beliebtesten Blumen gemacht hat. Die vielen im Innern des Receptaculums frei neben einander stehenden Fruchtblätter bestehen je aus einem eineiigen Fruchtknoten mit langem, fädigem Griffel. Sie werden zu einsamigen, vom Griffel geschwänzten Nussfrüchten, welche von dem zur Reifezeit mennigrothen, fleischigen Receptaculum umschlossen die Hagebutte bilden. Diese Früchte sind für die Roseae charakteristisch. Die Laubblätter aller Rosen sind unpaarig gefiedert mit rundlichen oder eiförmigen, gesägten Blättchen. Die Nebenblätter verwachsen mit dem Blattstiele zu einer meist flachen Scheide. Die Stämme sind meist mit zurückgekrümmten Stacheln (Dornen) besetzt, welche weder Blättern (wie bei Euphorbien) noch Zweigen (wie bei Rhamnus) entsprechen, sondern Haargebilde der Stammoberfläche sind.

1. *Rosa gallica* L., die Essigrose, ist eine der in vielen Formen cultivirten Arten. Sie bildet meist niedrige, bis 1,5 m hohe, viele Schösslinge treibende Stöcke mit theils geraden, borstenförmigen, theils schwach sichelförmigen Stacheln und zahlreichen Drüsenhaaren. Die Blätter führen 5 ziemlich grosse, etwas lederige, oberseits kahle, unterseits blaugrüne, behaarte Blättchen. Die grossen Blüthen tragen Drüsenborsten auf den Stielen und dem Receptaculum. Die satt purpurrothen Kronblätter breiten sich auch bei den ge-

füllten Formen aus. Die fast kugeligen, dunkel scharlachrothen Hagebutten sind anfangs vom zurückgeschlagenen Kelch gekrönt, dessen Zipfel zuletzt abfallen. Die in Mitteleuropa an Weg- und Waldrändern im Mai und Juni blühende Pflanze wird in vielen Formen in Gärten gezüchtet.

2. *Rosa centifolia* L., die Centifolie, ist ein bis 3 m hoher Strauch mit grossen, stark gekrümmten, derben Stacheln und nickenden, meist rosafarbenen, stets gefüllten Blüthen, deren Kronblätter dicht zusammenschliessen. Die Hagebutten sind eiförmig. Im Orient heimisch, wird sie bei uns in vielen Formen cultivirt. Eine der bekanntesten Culturformen ist die Moosrose.

3. *Rosa damascena* Mill., die Damascener oder Monatsrose, trägt nur einerlei und zwar starke, sichelförmige, meist rothe Stacheln. Sie soll aus Syrien stammen, wo sie aber noch nicht wild gefunden wurde. Von ihr stammen viele unserer Edelrosen.

Die blassrosa, stets concaven Kronblätter der Centifolie sind officinell als Flores Rosae Ph. G. II. 110. Richtiger ist die seltener übliche Bezeichnung Petala Rosae. Sie sind Volksarzneimittel, dienen auch gepulvert als Streupulver. Mel rosatum Ph. G. II. 178, Rosenhonig, ist das einzige vorgeschriebene Präparat derselben. Die dunkelrothen, flachen Kronblätter der Essigrose werden als Petala Rosae rubrae s. Flores Rosae rubrae, die der Monatsrose als Petala Rosae Damascenae s. Flores Rosae Damascenae unterschieden. Die letzteren dienen fast ausschliesslich im Orient zur Gewinnung des Rosenöls, Oleum Rosae Ph. G. II. 202. Es dient nur zur Parfümerie und zur Bereitung von Aqua Rosae Ph. G. II. 34.

III. **Potentilleae.** Receptaculum flach und niemals fleischig. Die zahlreichen Früchte bilden an der verlängerten Blüthenaxe ein oberständiges Köpfchen. Hierher Erdbeere und Himbeere.

3. Potentilla Tormentilla Schrank.

Die Gattung Potentilla umfasst Kräuter und Halbsträucher mit gefingerten oder unpaarig gefiederten Blättern und meist goldgelben, seltener weissen Blüthen, welche im Aufbau wesentlich mit denen der Erdbeerpflanzen übereinstimmen. Dem Rande des flach beckenförmigen Receptaculums sitzen die meist bleibenden Kelchzipfel an, zwischen welche sich schmale, einen Neben- oder Aussenkelch bildende Blättchen einschieben. Dieselben entsprechen Nebenblättern der Kelchblätter. Da sich nun in der Lücke zwischen je zwei Kelchblättern das rechte Nebenblatt des einen und das linke des anderen begegnen, so verwachsen diese meist zu einem Blättchen des Nebenkelches, das aber häufig mit zwei Spitzen endet und dadurch seine Entstehung aus zwei Blättchen erkennen lässt.

Solche Nebenkelche zeigen auch die Erdbeerblüthen. Den abfallenden, rundlichen oder verkehrt herzförmigen Kronblättern folgen das hochgradig polyandrische Androeceum und das polykarpe Gynaeceum. Letzteres besteht aus sehr winzigen, mit fast endständigem, abfallendem Griffel ausgestatteten, eineiigen Fruchtblättern, welche zu einsamigen Nüsschen werden. Diese Nüsschen sitzen köpfchenartig auf der trockenen, nicht wie bei der Erdbeere fleischig werdenden Blüthenaxe und werden von dem ebenfalls trocken bleibenden Receptaculum und den Kelchzipfeln umhüllt.

Potentilla Tormentilla Schrank ist eine der leicht kenntlichen Arten. Das schief in dem Boden steckende, mit dünnen Faserwurzeln besetzte Rhizom ist 2—7 cm lang, bis 2 cm dick, einfach oder wenig verästelt, walzlich, gekrümmt oder gerade, bisweilen knollig, aussen braunroth, innen meist blutroth. Die dünnen, kurzhaarigen, nur oberwärts verzweigten, bis 30 cm langen Stengel steigen aus niederliegendem, aber nicht wurzelndem Grunde auf und tragen ausschliesslich sitzende und dreizählige Blätter mit keilförmig-länglichen, vorn eingeschnitten gesägten, unterseits angedrückt behaarten Blättchen und grossen, laubigen, fingerförmig 3—5-spaltigen Nebenblättern. Die aus den Rhizomköpfen hervorsprossenden, grundständigen Blätter sind dagegen langgestielt, doch meist wie die Stengelblätter dreizählig. Die einzeln auf langem, zartem Stiele sitzenden Blüthen sind fast stets vierzählig, von kaum 1 cm Durchmesser. Die verkehrt-eiförmigen Kronblätter sind rein gelb, am Grunde fast orange. Sie überragen, flach ausgebreitet, nur wenig die zugespitzten, grünen Kelchblätter und die eben so langen Blättchen des Nebenkelches. Das Androeceum besteht meist aus 16 Staubblättern. Die Früchtchen sind kahl.

Die bei uns auf feuchtem Waldboden und Wiesen nicht seltene, im Juni und August blühende Pflanze findet sich mit Ausnahme der südlichsten Gebiete in ganz Europa.

Synonyme sind *Potentilla silvestris* Necker und *Tormentilla erecta* L.

Der an Gerbsäure reiche, im Frühjahre vor dem Blattaustriebe gesammelte und getrocknete Wurzelstock ist als Rhizoma Tormentillae Ph. G. II. 229 s. Radix tormentillae ibid. 339, Tormentill-, Ruhr- oder Blutwurzel officinell. Er ist fast nur noch Handverkaufsartikel (ein Hausmittel gegen Durchfall und Ruhr). Fein gepulvert wird er in der Veterinärpraxis mehrfach verwendet (gegen Blutharnen der Rinder, etc.).

4. Rubus Idaeus L.

Unter den Potentilleen ist die Gattung Rubus durch auffällige Merkmale ausgezeichnet. Den nach der Formel K 5, C 5, A ∞, G ∞ gebauten Blüthen fehlt der Nebenkelch, und die zahlreichen, mit fadenförmigem Griffel endenden Fruchtblätter sitzen dichtgedrängt auf der im Grunde des Kelchbechers sich kegelig frei erhebenden, meist schwammig werdenden Blüthenaxe. Jeder Fruchtknoten enthält zwei neben einander angeheftete („collaterale"), fast hängende Samenanlagen, von welchen stets nur eine zum Samen heranreift. Jeder Fruchtknoten wird dabei zu einer wenige mm grossen Steinfrucht, die man treffend mit einer winzigen Kirsche vergleichen darf. Da nun viele solcher Steinfrüchte aus je einer Blüthe hervorgehen und der kegeligen, schwammigen Axe des Gynaeceums ansitzen, so erscheinen sie in ihrer Gesammtheit als eine einzige, saftige Frucht, die als Brombeere resp. Himbeere bezeichnet wird. Brombeeren und Himbeeren sind also keine Beeren, sondern Gruppen von dicht gedrängt an gemeinsamer Axe sitzenden, saftigen, einsamigen Steinfrüchten, welche aus einem polykarpen Gynaeceum hervorgehen.

Die meisten Rubus-Arten sind ausdauernde Gewächse mit rebenartigen, stacheligen Schösslingen, wechselständigen, dreizähligen oder unpaarig gefiederten Blättern und mittelgrossen, weissen oder rosarothen, gewöhnlich achselständige Rispen bildenden Blüthen. Die Umgrenzung der Arten ist wegen der grossen Zahl der bekannten Bastarde eine unsichere und schwierige.

Rubus Idaeus L., die Himbeere, ist eine mit holzigem Rhizome ausdauernde Art. Die oberirdischen, fast aufrechten Schösslinge sind zweijährig. Im ersten Jahre sind sie unverzweigt und tragen nur Laubblätter an dem krautigen, stielrunden, grauweiss bereiften, unterwärts stets stachelborstigen Stamme. Im zweiten Jahre verholzt dieser, wird braunrindig und treibt nur kurze, beblätterte Triebe, welche ausser der endständigen Blüthenrispe noch achselständige, wenigblüthige, schlaff überneigende, feinbehaarte und stachelborstige Rispen tragen. Jede Blüthe zeigt fünf lang zugespitzte, beiderseits feinbehaarte, an der reifen Frucht zurückgeschlagene Kelchzipfel, fünf weisse, aufrechte, schmal-verkehrt-eiförmige Kronblätter und viele gleichlange, sich fast zu einem Kreise zusammendrängende Staubblätter. Die kurz-sammethaarigen, rothen Steinfrüchtchen haften so an einander, dass sie sich bei völliger Reife leicht von dem weissen, schwammigen, nicht essbaren, vom bleibenden Kelch gestützten Fruchtboden als Ganzes ablösen lassen. Diese Steinfrüchtchen bilden den essbaren Theil der Himbeere [1]).

Die Blätter sind unpaarig gefiedert mit 3—7 Blättchen, von denen die seitlichen ungestielt dem fein behaarten, unterseits meist dornigen, gemeinsamen Blattstiele ansitzen. Jedes Blättchen ist eiförmig, spitz,

---

[1]) Bei den Erdbeeren ist gerade der fleischige Fruchtboden der essbare Theil der Frucht, während die sehr kleinen, auf seiner Oberfläche zerstreut sitzenden, aus den Fruchtknoten hervorgehenden, harten Nüsschen dem essbaren Theile der Himbeere entsprechen.

ungleich gesägt und unterseits weissfilzig. Die pfriemlichen Nebenblätter verwachsen (wie bei den Rosen) mit dem Blattstielgrunde. Wegen der wohlschmeckenden und wohlriechenden Früchte wird der in schattigen Wäldern und Gebüschen durch ganz Europa heimische, im Mai und Juni blühende Strauch überall in Gärten cultivirt. Die frischen Himbeeren, Fructus Rubi Idaei s. Baccae Rubi Idaei, liefern durch Pressen den Succus Rubi Idaei, Himbeersaft, welcher mit Zucker versetzt den als Geschmackscorrigens beliebten Syrupus Rubi Idaei Ph. G. II. 263 bildet.

IV. **Poterieae.** Das krugförmige, zuletzt erhärtende Receptaculum umschliesst nur wenige (1—4) einsamige Nüsschen.

5. Hagenia abyssinica Willd.

Die monotypische Gattung Hagenia ist wie die Mehrzahl der Poterieen durch aktinomorphe, polygam-dioecische, 4- und 5-zählig vorkommende Blüthen mit Deck- und Vorblättern ausgezeichnet. Als Gattungsmerkmale gelten 1) das Vorhandensein eines nach der Blüthezeit sich vergrössernden Nebenkelches, 2) klappige Knospenlage der Kelchblätter und 3) Ausbildung von nur zwei medianen Fruchtblättern mit endständigem Griffel und scheibenförmiger Narbe.

Fig. 293. Hagenia abyssinica. (Nach Baillon.)

Hagenia abyssinica Willd. ist ein bis 20 m hoher Baum der höheren Gebirge Abyssiniens mit von Blattnarben geringelten, in der Jugend hell gelbbraun behaarten Zweigen und wechselständigen, ziemlich dicht stehenden, etwa handlangen, unpaarig-gefiederten Blättern. Die grossen, häutigen Nebenblätter verwachsen mit dem Blattstiele zu einer langen, bis nahe an das unterste Fiederpaar reichenden, mit ihrem Grunde den Zweig völlig umfassenden Scheide. Dieser folgen 4—7 Paare länglicher, spitzer, am Grunde schief herzförmiger, sitzender Fiedern. Das Endblättchen ist gleichhälftig, am Grunde abgerundet. Alle Fiederblättchen sind scharf gesägt, am Rande zottig seidenhaarig gewimpert und beiderseits mit vielen kleinen, gelblichen Drüsen besetzt. Die anfänglich dichte Behaarung verliert sich auf der Blattoberseite meist gänzlich. Beachtenswerth ist die Bildung kleiner, etwa 1 cm lang werdender, rundlicher, ganzrandiger oder kerbig gesägter Blättchen, welche sich zwischen die seitlichen Fiedern als Zwischenfiedern einschalten und das Blatt zu einem „unterbrochen" gefiederten machen.

Die Blüthen bilden grosse (bis 30 cm lange), reichblüthige Rispen, deren unterste Aeste oft von kleinen gefiederten oder einfachen, nur mit dem Endblättchen versehenen Hochblättern gestützt sind. Die höheren Verzweigungen geschehen aus den Achseln ellipsoidischer oder rundlicher, den Nebenblattscheiden entsprechender Blätter. Den 7—8 mm Durchmesser haltenden Blüthen (Fig. 294) gehen zwei grosse, rundliche, netzaderige Vorblätter voraus. In den männlichen Blüthen

Fig. 294. Polygam-dioecische Blüthen von Hagenia abyssinica nach Abfall der kleinen, hinfälligen Kronblätter. Links eine männlich functionirende, 5-zählige Blüthe mit grossen Kelchblättern, welche den Nebenkelch verdecken. Rechts eine weiblich functionirende, 4-zählige Blüthe mit vergrössertem Nebenkelch, welchem die mit ihm alternirenden normalen Kelchblätter aufliegen. (Nach Baillon.)

folgen diesen die lanzettlichen, grünlichen Blätter des Nebenkelches, welche von den viel grösseren, ovalen, netzaderigen, grünlichen, zuletzt zurückgeschlagenen Kelchblättern überdeckt werden. Den weissen, schmal lanzettlichen, hinfälligen Kronblättern schliessen sich meist 20 normal gebaute Staubblätter an, innerhalb welcher sich der Rand des aussen zottigen Receptaculums als lappig gekerbter Saum (als eine Art Discus) erhebt. Die beiden Fruchtblätter bleiben rudimentär. In den weiblichen Blüthen gleichen die ovalen, netzaderigen Blätter des Nebenkelches anfänglich völlig denen des tellerförmig sich ausbreitenden normalen Kelches, vergrössern sich aber nach der Blüthe bis auf das Dreifache (Fig. 294) und werden dabei purpurfarbig. Den hinfälligen, weissen Kronblättern folgen nun rudimentäre Staubblätter mit unfruchtbaren Beuteln und zwei kräftig entwickelte Fruchtblätter. Jeder Fruchtknoten führt eine hängende Samenanlage, doch bildet sich meist nur eine zur einsamigen, vom

Griffelrest geschnäbelten, eiförmigen Nuss aus. Der Same enthält einen fleischigen Keimling, aber kein Nährgewebe.

Synonym zu *Hagenia* ist *Brayera anthelminthica* Kunth.

Die nach der Blüthezeit eingesammelten weiblichen, durch die Rothfärbung der Kelche kenntlichen Rispen liefern die als Bandwurmmittel geschätzten Flores Koso Ph. G. II. 109 s. Flores Kosso v. Fl. brayerae anthelminthicae ibid. 334.

V. **Spiraeeae.** Das trockene Receptaculum umschliesst meist fünf freie, oberständige, stets zu mehrsamigen Balgfrüchten werdende Fruchtblätter.

6. Quillaja Saponaria Molini.

Die Gattung Quillaja umfasst wenige südamerikanische Baumarten mit immergrünen, dick-lederigen Blättern. Die zu armblüthigen, end- und achselständigen Doldentrauben vereinten Blüthen entsprechen der Formel K 5, C 5, A 5 + 5, G 5. Sie führen keinen Nebenkelch. Kelch und Krone sind klappig. Im Androeceum sind die episepalen Staubblätter in auffälliger Weise den Spitzen einer 5-lappigen Scheibe eingefügt. (Vgl. Fig. 291.) Die fünf fast völlig freien Fruchtblätter werden zu vielsamigen an der Bauch- und Rückennath aufspringenden Früchten.

Quillaja Saponaria Mol., ein Baum Chiles und Perus, zeichnet sich durch seine an Saponin ausserordentlich reiche Rinde aus. Dieselbe wird als Cortex Quillaja, Quillaja-, Panama- oder Seifenrinde geführt, ist aber nicht officinell. Vgl. hierzu S. 290.

VI. **Pruneae.** Im Grunde des Receptaculums sitzt nur ein einziges, oberständiges Fruchtblatt, aus welchem eine einsamige Steinfrucht hervorgeht. Hierher die Kirsche und Pflaume.

7. Prunus Tournef.

Die unter den Pruneen allein beachtenswerthe, mit etwa 80 Arten den gemässigten Klimaten der nördlichen Erdhälfte angehörige Gattung Prunus umfasst Bäume und Sträucher mit einfachen, gesägten, sommer- oder immergrünen Blättern und hinfälligen Nebenblättern. Die oft vor dem Laubausbruch erscheinenden Blüthen bilden mehr oder minder reichblüthige Trauben oder Dolden an den Spitzen sehr kurzer Seitentriebe. Den typischen Bau der stets 5-zähligen, zweigeschlechtigen Blüthen veranschaulicht Fig. 292. Auf dem Rande des krugförmigen, innen im Grunde ringsum drüsigen Receptaculums sind die in der Knospe dachigen Kelchblätter und die meist ansehnlichen, weissen oder rosarothen, hinfälligen Kronblätter und 20—30 normal gebaute Staubblätter eingefügt. Die letzteren bilden gewöhnlich drei Kreise nach dem Schema 10 + 5 + 5 resp. 10 + 5 + 10 oder 10 + 10 + 10. Das im Grunde der Blüthe stehende Fruchtblatt, mit endständigem Griffel und meist erweiterter Narbe, wendet seine Bauchnath median oder schräg nach hinten. An dieser Nath sitzen zwei hängende, collaterale Samenanlagen (vgl. Rubus), von welchen gewöhnlich nur eine zum Samen mit häutiger Schale und fleischigem, geradem Keimling ohne Nährgewebe heranwächst. Die Fruchtknotenwand bildet ihre innere Partie stets zu einem festen Steinkerne aus, in welchem der Same ruht. Das Mesokarp wird gewöhnlich saftig fleischig und macht viele Früchte zu beliebten Obstsorten. Bei den Pfirsichen ist das Fruchtfleisch meist mehlig, bei den Aprikosen und Pflaumen ist es meist derb, bei den Kirschen pflegt es am saftigsten zu sein. An den Steinfrüchten ist keine Spur des nach der Blüthe abfallenden Receptaculums mehr zu erkennen. Hierdurch unterscheiden sich die Pruneen von allen übrigen Rosaceen, bei denen ja das Receptaculum gewöhnlich an der Fruchtbildung theilnimmt. Man betrachtete deshalb früher die Pruneen als eine besondere Familie der Drupaceae (von drupa, Steinfrucht, abgeleitet).

Prunus Amygdalus Baill., der Mandelbaum, ist ein 5—6 m hoher, von Persien bis nach Kleinasien und Syrien, sowie in den östlichen Mittelmeerländern heimischer, in Südeuropa und Nordafrika viel cultivirter Baum, der wegen seiner grossen, im März und April vor dem Laubausbruch erscheinenden Blüthen auch bei uns in Gärten angepflanzt wird. Die Blüthen sitzen auf sehr kurzem Stiele einzeln oder zu zweien neben einander. Charakteristisch ist der zottig behaarte Fruchtknoten. Aus ihm entwickelt sich eine saftlose, sammethaarige, grünliche, längs einer seitlichen Furche, der Bauchnath, berstende Steinfrucht (Fig. 295). Der ziemlich flache Stein ist hart, furchig runzelig und tief grubig punktirt. Bei der als Knack- oder Krachmandel bekannten Varietät ist er dünn und zerbrechlich. Er enthält meist nur einen eiförmigen, bis 5 cm langen Samen (die „Mandel") mit längsrunzeliger, lederig-häutiger, von zimmtbraunen, blasenförmigen Haaren bestäubt erscheinender Schale, welche sich nach dem Ueberbrühen der Mandel leicht entfernen lässt. Der so erhaltene Mandelkern besteht nur aus dem fleischigen Keimling (Fig. 296), dessen Hauptmasse die glatten, flach auf einander liegenden Keimblätter *(k)* ausmachen. Am spitzen Ende ragt das Keimwürzelchen *(e* resp. *r)* frei hervor, während die kleine Stammknospe *(g)* zwischen den beiden Keimblättern Schutz findet.

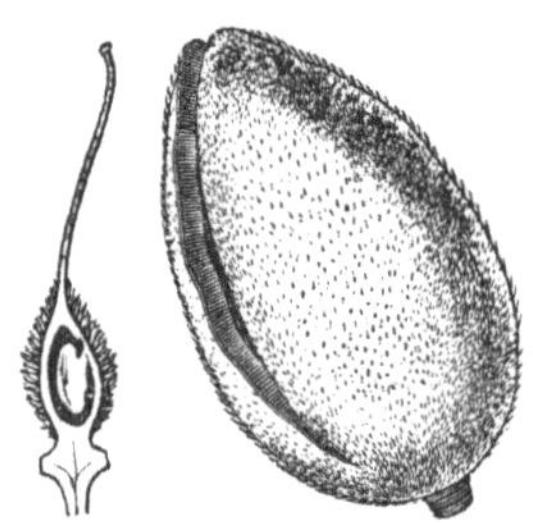

Fig. 295. Fruchtblatt und aufspringende, saftlose Steinfrucht von Prunus Amygdalus in nat. Gr.; ersteres im Längsschnitt, um die hängende Samenanlage zu zeigen.

Die Laubblätter tragen die lanzettliche, spitze, drüsig-gesägte Spreite auf mit Drüsen besetztem oder drüsenlosem Stiele. Als Varietäten unterscheidet man:

var. *dulcis* DC., mit süsslich schmeckendem Keimling (Süsse Mandeln). Die Blattstiele mit Drüsen.

var. *fragilis* DC., mit zerbrechlicher Steinschale und süsser Mandel (Knackmandeln).

var. *amara* DC., mit bitter schmeckendem Keimling (Bittere Mandeln). Die Blattstiele drüsenlos.

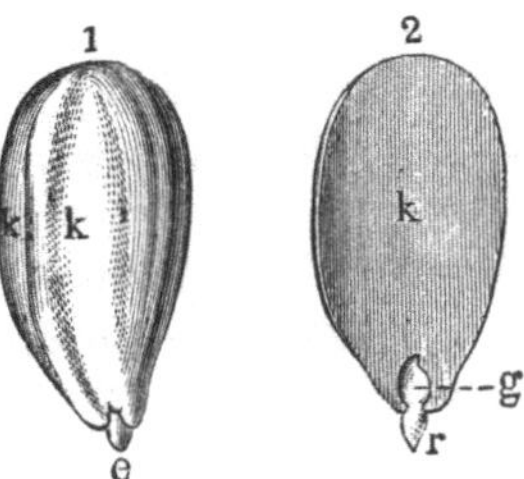

Fig. 296. Von der Samenhaut befreite Mandeln (Keimlinge). Links ein unverletzter Keimling; *k* seine beiden Keimblätter, *e* die Keimwurzel. Rechts derselbe Keimling nach Entfernung des nach vorn gewandten Keimblattes, so dass ausser der Keimwurzel *r* noch die Stammknospe *g* sichtbar wird. (Nach Hager.)

Synonym ist *Amygdalus communis* L.

Officinell sind die bitteren Mandeln als Amygdalae amarae Ph. G. II. 25 s. Semen amygdali amarum ibid. 340, die süssen als Amygdalae dulces Ph. G. II. 26 s. Semen amygdali dulce ibid. 340. Nur die bitteren Mandeln enthalten das bei Gegenwart von Wasser in der Wärme in Bittermandelöl und Blausäure zerfallende Amygdalin; sie dienen deshalb zur Darstellung des Blausäure enthaltenden Bittermandelwassers, Aqua Amygdalarum amararum Ph. G. II. 29, welches verdünnt als Kirsch- oder Mandelwasser verabfolgt wird. Syrupus Amygdalarum Ph. G. II. 255 s. Syr. emulsivus ibid. 341 ist ein Präparat aus bitteren und süssen Mandeln. Das nicht giftige Oleum Amygdalarum Ph. G. II. 191, Mandelöl, wird durch Auspressen der süssen und bitteren Mandeln gewonnen. Es ist ein fettes, nicht trocknendes, erst bei —20° fest werdendes Oel. Es ist in den Cotyledonen oder Mandeln fertig gebildet, während das äusserst giftige, nicht officinelle Bittermandelöl, wie oben erwähnt, ein Zersetzungsproduct aus bitteren Mandeln ist. Ol. Amygdal. bildet einen Bestandtheil von Unguentum leniens Ph. G. II. 298 und wird zur Herstellung der Emulsiones oleosae Ph. G. II. 79 verwendet.

Prunus Cerasus L., die Sauerkirsche, ist ein kleiner, Ausläufer treibender Baum mit rostbraunen, hängenden Zweigen und etwas lederigen, kahlen, eiförmigen, zugespitzten, kerbig-gesägten Blättern. Die Blattstiele sind drüsenlos. Die ziemlich kleinen Blüthen mit weissen, rundlichen Kronblättern sitzen doldig gedrängt auf langen Stielen an kurzen, nur wenige Laubblätter erzeugenden Seitentrieben. Charakteristisch sind die nicht bereiften, niedergedrückt kugeligen Steinfrüchte, die meist schwarzrothen „Sauerkirschen". Sie enthalten einen fast kugelrunden, sehr harten, glatten Stein.

Wegen der Früchte wird der aus Vorder-Asien stammende, im

April und Mai blühende Baum bei uns allerwärts gepflanzt. Die reifen, schwarzen Sauerkirschen liefern sammt den Kernen zerquetscht den Kirschsaft, welcher mit Zucker versetzt als Syrupus Cerasorum Ph. G. II. 257 officinell ist. Die getrockneten Fruchtstiele, Pedunculi s. Stipites Cerasorum werden bisweilen als Blutreinigungsthee verlangt. Das früher durch Destillation aus zerstampften Kirschkernen hergestellte Kirschwasser, Aqua Cerasorum, wird jetzt durch verdünntes Bittermandelöl ersetzt.

Prunus Laurocerasus L., der Kirschlorbeer, ist ein bis 6 m hoher Strauch Thraciens, Kleinasiens, der Kaukasusländer und Nordpersiens, der wegen seiner immergrünen, glänzend lederigen, elliptischen oder länglichen, entfernt gesägten und kurzgestielten Blätter auch bei uns als Zierstrauch cultivirt wird. Die kleinen weissen Blüthen stehen in aufrechten, achselständigen Trauben. Die Früchte ähneln den bekannten schwarzen Herzkirschen.

Die Blätter werden bei uns jetzt viel zu Kränzen an Stelle der ähnlichen Lorbeerblätter verarbeitet. Früher waren sie officinell als Folia Laurocerasi. Das in ihnen enthaltene Laurocerasin zerfällt ähnlich wie das Amygdalin in Bittermandelöl und Blausäure. Statt des nicht mehr officinellen Kirschlorbeerwassers, Aqua Laurocerasi, wird jetzt Aqua Amygdalarum amararum verabfolgt (vgl. Ph. G. II. 30).

Leguminosae.

Der unterscheidende Charakter der Leguminosen liegt allein in der schon mehrfach erwähnten Fruchtbildung. Die fast ausnahmslos zweigeschlechtigen Blüthen führen nur ein einziges, oberständiges Fruchtblatt, welches zur Hülsenfrucht (zum „legumen“) wird. Die Bildung dieser hat man sich so vorzustellen, wie es auf S. 16 und durch Fig. 17 erläutert ist. Das Fruchtblatt faltet sich längs seiner Mittelrippe, der Rückennath, so, dass seine Ränder sich in der Medianebene hinten (gegen die Mutteraxe zu) berühren und hier zur Bauchnath verwachsen, längs welcher die Samenanlagen meist in Mehrzahl und zweireihig angeheftet sind. Die Einfügung von Perianth und Androeceum schwankt zwischen Hypogynie und Perigynie. (Vgl. Fig. 21, a und b.) Zur Reihe gehören drei, durch Uebergangsformen verbundene Familien:

Papilionaceae. Blüthen zygomorph. Kronendeckung absteigend.

Caesalpiniaceae. Blüthen zygomorph. Kronendeckung aufsteigend.

Mimosaceae. Blüthen aktinomorph. Krone klappig.

Papilionaceae.

In den gewöhnlichen Papilionaceenblüthen findet man die im Diagramm Fig. 297 dargestellte Anordnung der Blüthenorgane. Dem Deckblatt und den beiden seitlichen (nicht immer entwickelten) Vorblättern folgt ein 5-zähliger Kelch, dessen unpaares, genetisch **erstes** Blatt nach **vorn**, über das Deckblatt fällt, während das zweite und fünfte ein nach hinten gerichtetes Paar bilden. Diese von der normalen Kelchstellung der Dicotylen abweichende Orientirung wurde schon auf S. 247 als die Papilionaceenstellung bezeichnet. Während nun die freien Kelchzipfel sich gar nicht oder wie in Fig. 297 aufsteigend decken, zeigen die 5 mit ihnen wechselnden Kronblätter stets absteigende Deckung. Das Androeceum bilden 10 Staubgefässe (5 episepale und 5 epipetale), die bald sämmtlich mit ihren Fäden zu einer Röhre, zu einer „monadelphischen Phalanx" verwachsen, bald derart zwei Gruppen bilden, dass das median hintere Staubblatt (Fig. 298, 4) frei bleibt, während die 9 übrigen Staubblätter eine hinten offene Röhre bilden. Zuletzt folgt das median nach vorn gerichtete Fruchtblatt frei im Grunde der Blüthe. Die Formel ist demnach K 5, C 5, A 5 + 5, G $\underline{1}$.

Fig. 297. Grundriss der typischen Papilionaceenblüthe. (Die schraffirt gezeichneten Kelchblätter zeigen aufsteigende, die mit ihnen abwechselnden Kronblätter absteigende Deckung.) Nach Eichler.

Mit der charakteristischen Orientirung der Blüthen vereinigt sich die nicht minder auffällige Plastik derselben. Die Papilionaceenblüthe ist ausgesprochen median-zygomorph (Fig. 298, 1). Schon der Kelch ist durch ungleiche Grösse und ungleich hohe Verwachsung seiner Glieder nach $\frac{2}{3}$ zweilippig, d. h. die zwei nach hinten (in der entfalteten Blüthe also nach oben) gewandten Kelchblätter stellen sich hoch hinauf verwachsen als Oberlippe der Gruppe der drei nach vorn gerichteten, die Unterlippe bildenden Kelchblätter gegenüber (Fig. 298, 2). Viel auffälliger ist die Zygomorphie der Krone. Das unpaare hintere (nach der Entfaltung obere) Kronblatt pflegt das grösste zu sein. Es ist symmetrisch entwickelt und endet mit breiter, oft ausgerandeter und rückwärts gekrümmter Platte *(v)*. Man bezeichnet es als Fahne (vexillum). Die von der Fahne umgriffenen beiden seitlichen Kronblätter sind einzeln unsymmetrisch, unter sich aber spiegelbildlich gleich *(a)*. Man bezeichnet sie als Flügel (alae). Das Paar der vorderen Kronblätter *(c)* schliesst, mit den Vorderrändern verwachsend oder sich innig berührend, kahnförmig zusammen und wird deshalb als Schiffchen (carina) bezeichnet. In der Knospenlage liegt das Schiffchen zwischen den beiden Flügeln.

Der Form des Schiffchens entspricht das seinen Hohlraum ausfüllende Androeceum (Fig. 298, 4). Die Staubfadenröhre ist längs der Medianebene gefaltet und gleicht bei den mit 9-gliederiger Phalanx ausgestatteten Formen einer hinten offenen Messerscheide. Die freien Staubfadentheile sind dann zumeist in der Medianebene rückwärts

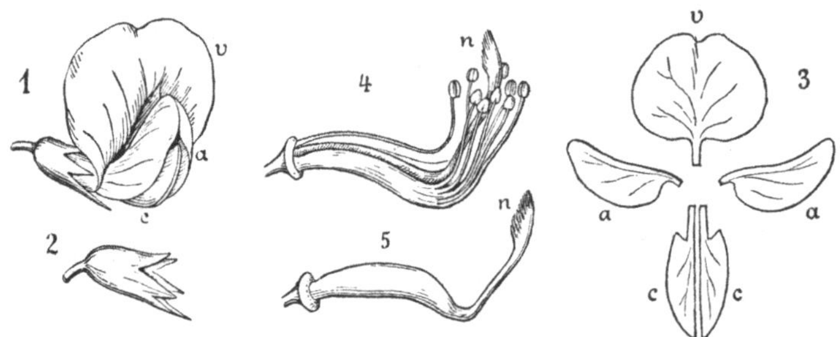

Fig. 298. Analyse einer Schmetterlingsblüthe (Erbsenblüthe). 1. Entfaltete Blüthe, nur Kelch und Krone dem Auge darbietend. 2. Kelch mit ungleichen Zipfeln (2-lippig). 3. Die 5 Kronblätter frei präparirt; *v* die Fahne, *a* die beiden Flügel, *c* die beiden, das Schiffchen bildenden Blätter. Die absteigende Deckung der Kronblätter siehe in 1. 4. Androeceum, aus einer 9-gliederigen Gruppe und einem freien Staubblatt; das bei *n* endigende Gynaeceum wird unterwärts von der einseitig offenen Staubfadenröhre umhüllt. 5. Das Gynaeceum aus nur einem Fruchtblatt gliedert sich in den langen Fruchtknoten, den knieförmig sich anschliessenden Griffel und die seitliche (der Bauchnath des Fruchtblattes angehörige) Narbe (*n*).

gekrümmt und nehmen nach rückwärts an Länge ab. Auch der in der Staubfadenröhre liegende Fruchtknoten zeigt die Zygomorphie. In Richtung der Medianebene ist er gewöhnlich stark zusammengedrückt, die Rückennath ist meist anders gekrümmt als die Bauchnath, und der Griffel krümmt sich wie die Staubfäden median nach rückwärts und bildet seine Hinterseite verschieden von der Vorderseite aus (Fig. 298, 5). Die an der Bauchnath horizontal oder schwach aufsteigend oder schwach absteigend angehefteten Samenanlagen sind anatrop- oder campylotrop-epitrop gekrümmt. Sie reifen gewöhnlich zu grossen, nährgewebelosen Samen mit lederiger oder knochenharter Schale heran, welche einen grossen Keimling mit fleischigen Keimblättern (vgl. Fig. 3, S. 6) umschliesst. Die Keimwurzel ist wie bei den pleurorhizen Cruciferen gekrümmt[1]).

Der Charakter der Perigynie tritt bei den Papilionaceenblüthen sehr, oft bis zu völlig hypogyner Ausbildung zurück.

Von den etwa 3000 Arten mit sehr verschiedenem Wuchse sind die meisten einjährige oder ausdauernde Kräuter, die bald wie Klee

[1]) Man versäume nicht, einige in Wasser gequollene Erbsen und Bohnen als typische Papilionaceensamen zu vergleichen. Den essbaren Theil derselben bilden die mit Reservenährstoffen angefüllten Keimblätter, nicht Endosperm.

und Lupinen aufrecht, bald wie die meisten Wicken über den Boden hin wachsen; viele klettern wie die Erbse mit Hilfe von zu Ranken umgewandelten Blättern oder winden regelmässig wie die Bohne an Stützen in die Höhe. Auch Strauch- und Baumformen sind nicht selten. Am bekanntesten sind von letzteren die „falschen" oder „Kugelacacien" *(Robinia Pseud-Acacia).* Die mit holzigen Stämmen kletternden Bauhinien der Tropen bilden einen Theil der Lianen der Urwälder. Fast allen Papilionaceen sind einfach gefiederte Blätter, mit grossen, am Grunde der Blattstiele ansitzenden, laubigen, bisweilen wie bei *Robinia* verdornenden Nebenblättern eigen. Ist wie beim Klee u. v. a. nur ein Paar seitlicher Fiederblättchen ausser dem Endblättchen vorhanden, so erscheinen die Blätter dreizählig. Bei den rankenden Formen verwandeln sich gern das Endblättchen oder auch noch die obersten Fiederpaare in fadenförmige Ranken, wofür die Erbse ein schönes Beispiel liefert. Die Blüthen bilden stets seitliche Blüthenstände ohne Gipfelblüthe, und zwar herrschen reichblüthige, einfache Trauben (Goldregen, Robinie) vor, welche bisweilen doldig oder kopfig verkürzt sind (Klee). Viel seltener sind einzeln achselständige Blüthen (so bei manchen Wicken) oder Rispen (so in der Gruppe der Dalbergieae).

Die Bildung von Unterfamilien und Gruppen beruht auf den Charakteren der Hülsen und der Keimblätter. Die typische Form der Hülse ist dem Leser unter dem volksthümlichen, aber durchaus falschen Namen „Schote" von den jungen Erbsenfrüchten her bekannt. Sie öffnet sich zweiklappig durch Aufspringen längs der Bauch- und Rückennath. Auf dem Querschnitt erscheint sie einfächerig. Abweichende Formen ergeben sich dadurch, dass sich die Hülse längs der Rückennath, wie bei Astragalus-Arten, oder längs der Bauchnath, wie bei Oxytropis, tief einfaltet. Die Hülse wird dadurch in der Längsrichtung mehr oder minder deutlich zweifächerig. In der Gruppe der Hedysareen bildet sich zwischen je zwei Samenanlagen eine Querwand, so dass die Hülse in hintereinanderliegende, einsamige Kammern getheilt wird, welche sich dann auch meist äusserlich als Glieder erkennen lassen. Die reife Hülse zerbricht dann auch gewöhnlich der Quere nach in diese Glieder, welche einzeln einsamigen Nüsschen gleichen. Solcherlei Hülsen bezeichnet man als Gliederhülsen. Ist nun eine solche nur einsamig und eingliederig, dann erinnert sie an das Nucamentum der Cruciferen. Es gehören hierher die Hülsen der hin und wieder angebauten Esparsette *(Onobrychis sativa)*, der amerikanischen Erdnuss *(Arachis hypogaea)* u. a.

Die keimenden Samen der Papilionaceen verhalten sich insofern verschieden, als die Keimblätter entweder laubig sind, wie normale Laubblätter, und über dem Boden entfaltet werden (epigaeische Cotyledonen), oder dickfleischig sind und von der Samenschale umhüllt im Boden bleiben (hypogaeische Cotyledonen). Ein Beispiel für die letzteren bietet die Erbse *(Pisum sativum)*.

Die pharmaceutisch wichtigen Arten vertheilen sich auf die Unterfamilien wie folgt:

I. **Lotoideae.** Hülsen einfächerig oder unvollkommen längsgefächert, zweiklappig aufspringend. Keimblätter laubig und epigaeisch.

1. Ononis spinosa L.

Die Gattung Ononis mit etwa 60 Arten gehört zu der als Anthyllideae bezeichneten Gruppe der Lotoideen. Diese umfasst Gattungen, deren Blüthen nicht deutlich zweilippigen, sondern gleichmässig 5-zähnigen oder 5-spaltigen Kelch und ein monadelphisches Androeceum aufweisen. In letzterem sind die freien Staubfadentheile sämmtlich oder abwechselnd nach oben verbreitert.

Als Gattungsmerkmale gelten für Ononis kurz gestielte, wechselständige, dreizählige Laubblätter, deren Nebenblätter mit dem Blattstiel scheidenartig verwachsen. Die meist rosenrothen Blüthen sitzen gebüschelt zu 2—3 an oft mit steriler Spitze endendem, blattachselständigem Sprosse. Dem 5-spaltigen, bleibenden Kelch folgt die breit rundliche oder verkehrt-eiförmige Fahne, kurz genagelte, eiförmig-längliche Flügel und das in eine deutliche Spitze vorgezogene („geschnäbelte") Schiffchen. Der zwei- bis vielsamige, meist zur aufgedunsenen Hülse werdende Fruchtknoten endet mit aufwärts gebogenem Griffel und kopfiger oder schiefer Narbe.

Ononis spinosa L., der Hauhechel, ist ein durch fast ganz Europa an unbebauten, trockenen Orten, an Weg- und Waldrändern häufiger, vom Juni bis zum September blühender Halbstrauch mit kräftiger, bis 40 cm langer und oberwärts daumenstarker, obwohl holziger, doch zäh biegsamer, längsrunzeliger, bisweilen gedreht erscheinender, aussen graubrauner Wurzel. Die aufstrebenden, 30—50 cm langen, zuletzt holzig werdenden Stengel sind meist purpurn überlaufen und derart abwechselnd zweizeilig behaart, dass auf der dem Blatte abgekehrten Seite je eine Haarleiste von Knoten zu Knoten herabläuft, während bei den übrigen, bei uns heimischen Arten die Stengel ringsum abstehend behaart sind. In der oberen Hälfte entwickeln die Haupttriebe steife und kurze, in einen Dorn auslaufende Achselsprosse, die aus ihren Blattachseln wieder kurze Dornenzweige treiben. Die rosenrothen Blüthen stehen einzeln, selten zu zweien in den Blattachseln. Die aufgedunsenen, eiförmigen Hülsen sind so lang oder länger als der bleibende Kelch und stehen auf aufrechtem Fruchtstiele. Die 3-zähligen, oberwärts auf das Endblättchen reducirten Blätter führen schiefeiförmige, gezähnte Nebenblätter. Die Blättchen sind länglich, gezähnt, spitzlich, gestutzt oder abgerundet.

Officinell ist die im Volke als Blutreinigungsmittel geltende, im Spätherbst oder im Frühjahr gesammelte und getrocknete Wurzel als Radix Ononidis Ph. G. II. 222 s. Radix Restis bovis. Sie bildet einen Theil der Species Lignorum Ph. G. II. 241.

2. Trigonella foenum graecum L.

Die mit etwa 70 Arten besonders dem Mittelmeergebiete angehörige Gattung Trigonella gehört zu der als Trifolieae bezeichneten Lotoideengruppe, deren typischer Vertreter der allerwärts bekannte Klee (Trifolium) ist. Alle Trifolieen sind Kräuter mit dreizähligen, aus einem Endblättchen und einem Paar Fiederblättchen bestehenden Blättern und zu achselständigen Trauben oder Köpfchen vereinten Blüthen, in welchen das median hintere Staubblatt völlig frei ist. Die freien Staubfädentheile sind nach der Spitze hin häufig verbreitert. Die Hülse ist gewöhnlich normal entwickelt.

Trigonella theilt mit verwandten Gattungen den 5-spaltigen oder 5-zähnigen Kelch und freie, nicht wie beim Klee mit den Staubblättern unterwärts röhrig verwachsene Kronblätter, unterscheidet sich aber durch linealische, zusammengedrückte oder walzliche, 6- bis vielsamige Hülsen, welche gar nicht oder nur an der Bauchnath, seltener zweiklappig aufspringen.

Trigonella foenum graecum L., der Bockshornklee, ist ein zerstreut behaartes, einjähriges, 30—50 cm hohes, südeuropäisches, in Thüringen und im Voigtlande im Grofsen gebautes Kraut mit ziemlich fleischigen Blättern. Den 3-eckig lanzettlichen, ganzrandigen, zugespitzten Nebenblättern folgen zwei kurzgestielte Fiederblättchen und ein länger gestieltes Endblättchen. Alle Blättchen sind länglich, gestutzt und am Vorderrande gezähnt. Die gelblichweissen, ziemlich grofsen Blüthen sitzen einzeln, selten zu zweien ungestielt in den Blattachseln. Der Kelch ist etwa halb so lang als die etwa 12 mm lange Krone; das Schiffchen ist sehr kurz. Die 10—20-samige Hülse ist schwach sichelförmig gekrümmt und verschmälert sich allmählich in einen geraden, fast ein Drittel der ganzen Länge ausmachenden Schnabel. Die graugelblichen oder bräunlichen, 3—5 mm langen, etwa 2 mm dicken, fast rhombischen oder unregelmässig rundlichen Samen zeigen jederseits eine tiefe, fast diagonale Furche, welche den die dicke Keimwurzel bergenden kleineren Theil des Samens gegen den grösseren, die Cotyledonen enthaltenden abgrenzt. Die Samen enthalten keine Stärke und zeichnen sich durch eigenartigen Geruch und widerlich bitterlichen Geschmack aus. Sie sind officinell als Semen Faenugraeci Ph. G. II. 237 s. Semen Foenu Graeci v. Foenum graecum. Sie finden noch häufig Verwendung in Viehpulvern.

3. **Melilotus** Tournefort.

Die Gattung Melilotus gehört wie Trigonella zu den Trifolieen, unter welchen sie sich dadurch auszeichnet, dass ihre kleinen, weissen, gelben oder blauen Blüthen reichblüthige, achselständige, meist walzliche Trauben bilden, an welchen die oberen Blüthen häufig unentwickelt bleiben und keine Früchte ansetzen, weshalb die Fruchtstände gewöhnlich mit kahler Spitze enden. Die Hülsen sind stets sehr klein, gerade, kugelig oder eiförmig und springen gar nicht oder nur unvollkommen auf. Sie enthalten stets nur wenige (1—4) Samen.

1. *Melilotus altissimus* Thuill., der grosswurzelige Steinklee, gehört wie die folgende Art zu den typischen Formen mit verlängerten Trauben und hängenden Blüthen. Die eiförmigen, zugespitzten, angedrückt kurzhaarigen, netzig runzeligen Hülsen sind meist zweisamig, schwarz. Die 1—1¼ m hohen, aufrechten, ästigen, ziemlich harten, kahlen Stengel tragen kleine, dreizählige Blätter mit pfriemlichen, am Grunde ganzrandigen (nicht wie bei *M. dentatus* Pers. gezähnten) Nebenblättern. Die Fiederblättchen sind länglich, meist gestutzt und entfernt scharf gesägt.

Die von Juni bis September ihre goldgelben Blüthen entfaltende, zweijährige Pflanze findet sich bei uns ziemlich häufig auf Wiesen, in feuchten Gebüschen und an Gräben und ist an ihrem Cumaringeruch leicht zu erkennen.

Synonyme sind *Trifolium Melilotus officinalis* L. fil., *Trifol. macrorrhizum* W. et K., *Trifol. officinale* Hayne, *Melilotus officinalis* Willd., *Melilotus macrorrhizus* Persoon.

2. *Melilotus officinalis* Desr., ein der vorigen Art sehr nahe stehender Steinklee, ist durch seine eiförmig-stumpfen, stachelspitzigen, kahlen, querfaltig runzeligen, meist einsamigen, reif gelbbraunen Hülsen ausgezeichnet. Seine heller goldgelben Blüthen bilden noch dünnere, lockere Trauben als bei der vorigen Art. Die aufsteigenden oder niederliegenden, bis 1 m langen Stengel sind bisweilen oberwärts zerstreut behaart.

Die von Juli bis September blühende Pflanze liebt Lehmboden und findet sich bei uns zerstreut an Wegen und auf Aeckern. Sie duftet nach Cumarin.

Synonyme sind *Trifolium Melilotus officinalis* L. fil., *Trifol. Petitpierreanum* Hayne, *Melilotus officinalis* Koch, *Melilotus arvensis* Wallr. und *Mel. pallida* Besser.

Die Blätter und blühenden Zweige in beiden besprochenen Arten bilden getrocknet Herba Meliloti Ph. G. II. 132 s. Summitates meliloti ibid. 341 v. Herba Meliloti citrini. Grob gepulvert finden sie nur noch zu Species emollientes Ph. G. II. 291 Verwendung. Emplastrum Meliloti ist nicht mehr vorgeschrieben.

4. Glycyrrhiza Tournef.

Die mit nur wenigen Arten auf Südeuropa, Nordafrika und den Orient beschränkte Gattung Glycyrrhiza gehört unter den Lotoideen zur Gruppe der Galegeae, in welcher Kräuter und Sträucher mit unpaarig gefiederten, niemals in Ranken auslaufenden Blättern vorherrschen. In den Blüthen ist das unpaare hintere Staubgefäss ganz oder wenigstens bis zur Hälfte frei, die freien Staubfadentheile sind aber nicht (wie bei den meisten Trifolieen) nach der Spitze hin verbreitert. Die Hülsen sind gewöhnlich normal.

Als Gattungscharakter für Glycyrrhiza gelten achselständige Trauben mit meist zahlreichen, ziemlich kleinen, blauen oder violetten Blüthen, deren deutlich 2-lippiger Kelch eine 2-spitzige Ober- und eine 3-spitzige Unterlippe erkennen lässt. Die schmale, gerade vorgestreckte Fahne umgreift die kürzeren, schief-oblongen Flügel und das noch kürzere, meist spitze Schiffchen aus getrennten Blättern. Die Blätter führen meist viele Fiederpaare und unscheinbare, häutige und hinfällige Nebenblätter. Die lederige, flache, gewöhnlich lineaLische Hülse enthält nur 1—4 Samen und springt gar nicht oder erst spät unvollkommen zweiklappig auf.

Fig. 299. Glycyrrhiza glabra. 1/2 nat. Gr. (Nach Baillon.)

1. *Glycyrrhiza glabra* L., Fig. 299, ist eine mit tief in den Boden eindringender Wurzel ausdauernde Pflanze. Charakteristisch ist für sie die Bildung fingerdicker, weithin horizontal im Boden kriechender, von ganz ähnlich gestalteten,

unverzweigten Wurzelästen sich durch einen eckigen Markkörper unterscheidender Ausläufer (Stolonen). Aus den Achseln sehr frühzeitig absterbender, schuppiger Niederblätter treiben diese Ausläufer senkrecht über den Boden aufstrebende, $1^1/_2$ bis 2 m Höhe erreichende Schösslinge, welche einigen entfernt stehenden, häutigen, fast stengelumfassenden Schuppen die oberwärts sich reicher und vollkommener entfaltenden Laubblätter folgen lassen. Diese führen ausser dem am Grunde in ein Stielchen verschmälerten Endblättchen 5—8 Blättchenpaare. Alle Fiederblättchen sind oval-elliptisch, stumpf, stachelspitzig und unterseits klebrig. Nebenblätter fehlen. Die Blüthentrauben sind kürzer als das zugehörige Laubblatt. Die meist 4-samigen Hülsen sind kahl (darauf bezieht sich der Artname glabra!), nicht dornig.

Die bei uns im Juli und August blühende Pflanze tritt in verschiedenen Varietäten auf; man unterscheidet:

α. typica Regel et Herder, die in Südeuropa, den Kaukasusländern und Nordpersien cultivirte Hauptform mit blauer Blüthe.

β. violacea Boiss., die violett blühende Form der Euphrat-Länder.

γ. glandulifera Regel et Herd., die sich durch mehr oder minder auffälligen Reichthum an Drüsenhaaren des Stengels, der Blätter und der Hülsen auszeichnende Form. Sie wird in Südeuropa, Westasien bis Afghanistan und Südsibirien cultivirt.

δ. pallida Boiss., eine Form mit röthlichweissen Blüthen, bei welcher das Vorkommen von Drüsen auf den Kelch beschränkt ist. Sie ist nur aus Assyrien bekannt.

Als Synonym zu *Glycyrrhiza glabra* L. ist *Liquiritia officinalis* Moench zu merken. Linné unterschied von dieser Art:

2. *Glycyrrhiza echinata* L., mit stacheliger Hülse (daher echinata, von ἐχῖνος, Igel) und nebenblattführenden Blättern mit sitzendem Endblättchen. Sie gehört dem südöstlichen Mittelmeergebiet, Ungarn und Südrussland an.

3. *Glycyrrhiza asperrima* L. fil. zeichnet sich durch stachelig-rauhhaarige Stengel, Blattstiele und Blattnerven aus. Alle Fiederblättchen enden stachelspitzig. Aus den grossen Blüthen gehen kahle, gekrümmte, nach der Zahl der Samen (3—8) perlschnurartig eingeschnürte Hülsen hervor. Heimath der Pflanze ist das südöstliche Russland, die kaspische Wüste bis zum Altai und Nordpersien.

Die Wurzeln und Stolonen aller genannten Arten sind unter dem Namen Süssholz seit Alters her bekannt. Die Griechen nannten die Stammpflanze Süsswurzel (γλυκιῤῥίζη von γλυκύς, süss, und ῥίζα, Wurzel), und dementsprechend hiess die Droge bei den römischen Aerzten Radix dulcis. Aus dem griechischem Worte wurden durch Corrumpiren desselben „Liquiritia“ und „Lakritzen“. Radix Liquiritiae Ph. G. II. 221 s. Radix glycyrrhizae Hispanica v. Radix Liquiritiae glabra ibid. 339 soll nur die einfachen Stolonen von *Glycyrrhiza glabra* mit den ihnen anhaftenden Wurzeln umfassen. Die officinelle Droge soll also gar nicht aus Wurzeln, sondern aus den Ausläufern, mithin Stengelorganen bestehen. Als Radix Liquiritiae mundata Ph. G. II. 221 s. Radix glycyrrhizae echinata v. Radix liquiritiae Russica ibid. 339 sind geschält in den Handel kommende Wurzeln und Stolonen einer russischen Art officinell. Die Ph. G. II. giebt *Glycyrrhiza glabra var. glandulifera* an, doch bleibt es zweifelhaft, ob nicht wenigstens ein Theil des „russischen Süssholzes" von *Glycyrrhiza echinata* oder *Glycyrrhiza asperrima* abstammt. Nach Flückiger fehlen der *Glyc. echinata* jedoch die Stolonen völlig; die „mundirte" Waare müsste deshalb nur aus Wurzeln dieser Art bestehen.

Süssholz und seine Präparate sind als Mittel gegen allerlei katarrhalische Beschwerden sehr geschätzt. Radix Liquiritiae mundata bildet einen Bestandtheil von Species Lignorum Ph. G. II. 241 und Species pectorales Ph. G. II. 242. Radix Liquiritiae ist Bestandtheil von Pulvis Liquiritiae compositus Ph. G. II. 216 und Pulvis gummosus Ph. G. 216. Das bekannteste Präparat ist der eingedickte Extract des Süssholzes, der Lakritzen, Succus Liquiritiae Ph. G. II. 252 und Succus Liquiritiae depuratus Ph. G. II. 252. Aus dem gereinigten Lakritzen wird Elixir e Succo Liquiritiae Ph. G. II. 75 s. Elixir pectorale ibid. 332 v. El. e. Succo Glycyrrhizae ibid. 333 bereitet. Syrupus Liquiritiae Ph. G. II. 259 ist ein ammoniakalisches Extract des mundirten Süssholzes. Häufig bildet Radix Liquiritiae ein Geschmackscorrigens, dessen Anwendung für Decoct. Sarsaparillae compositum mitius und fortius in der Ph. G. II. vorgeschrieben ist.

5. Astragalus L.

Die Gattung Astragalus vertritt mit mehr als 800 Arten eine besondere, als Astragaleae bezeichnete Gruppe der Lotoideen. Wie bei den Trifolieen und Galegeen findet sich auch bei den Astragaleen das median hintere Staubgefäss isolirt. Unterscheidend ist dagegen der Bau der Hülse. Die Astragaleenhülse ist durch die Einfaltung der Rückennath des Carpells in der Längsrichtung mehr oder weniger vollständig gefächert. In der Gattung Astragalus herrschen ausdauernde, krautige oder halbstrauchige Arten mit meist vieljochig unpaarig-gefiederten Blättern vor. Bisweilen läuft die Hauptrippe des Blattes in einen Dorn aus. Die Nebenblätter verwachsen entweder mit dem Blattstielgrunde, oder sie sitzen frei am Stengel zu beiden Seiten des Blattes, oder sie verwachsen auf der dem Blatte gegenüberliegenden Stengelseite. Die Blüthen bilden achselständige, meist reichblüthige Trauben, Aehren oder Köpfchen. Dem glockigen, 5-zähnigen Kelch folgen die meist lang genagelten Kronblätter. Das Schiffchen endet stumpf.

Die arzneilich wichtigen Arten gehören den Gebirgen Vorderasiens und dem östlichen Mittelmeergebiete an. Alle gehören zur Unter-Gattung Tragacantha, welche Sträucher und Halbsträucher mit einfachen Haaren und in einen Dorn endenden Blattmittelrippen umfasst. Die Verdornung der Rippen wird gewöhnlich an den älteren Blättern auffällig, weil dieselben von oben her ihre Seitenfiedern einzeln abwerfen, während die gemeinsame Rippe stehen bleibt. Die Blüthen sitzen einzeln oder zu mehreren in den Blattachseln (Fig. 299). Die Hülsen sind stets klein, rundlich und einsamig. Erwähnung verdienen:

1. *Astragalus brachycalyx* Fischer, im persischen Kurdistan und Luristan in 1500—2100 m Höhe wachsend, ein Strauch von etwa Meterhöhe mit stachelspitzigen Blattfiedern. Die stumpfen Deckblätter sind wie bei den beiden folgenden Arten kürzer als die Kelchröhre.

2. *Astragalus leiocladus* Boiss., ein Strauch des mittleren und westlichen Persiens mit niedergestreckten, im Alter nackten Zweigen. Die Deckblätter der Blüthen sind sehr klein.

3. *Astragalus adscendens* Boiss. et Hausskn. In den südwestlichen Gebirgen Persiens bis in 3000 m Höhe wachsend, bildet diese Art mehr als meterhohe Sträucher mit schirmartig aufsteigenden, reich und kurzverzweigten Aesten.

4. *Astragalus gummifer* Labillardière. Ein in den subalpinen Regionen vom Libanon bis in die Gegenden des Euphrat und Tigris verbreiteter Strauch von 30—60 cm Höhe. Die Blätter führen nur 4—6 Paare eiförmig-länglicher Fiedern. Die hellgelben, verhärtenden Mittelrippen lassen die Aeste sehr dornig erscheinen; nur die ältesten Aeste sind nackt. Charakteristisch sind für diese und die folgende Art grosse, hinfällige Deckblätter der Blüthen.

5. *Astragalus verus* Oliv. (Fig. 300), im westlichen Persien und in Kleinasien heimisch, unterscheidet sich von der vorigen Art durch die vieljochigen Blätter mit sehr schmalen, linealischen Fiedern. Die dicken, filzig behaarten Zweige sind durch Blattreste kurz bedornt.

6. *Astragalus creticus* Lam., ein kleiner Strauch der Gebirge Griechenlands und Cretas, in 1500 bis 2000 m Höhe wachsend, ist dicht mit schlanken, abstehenden Blattstieldornen besetzt. Die Blätter sind 5—6-jochig.

Die genannten und eine Reihe von anderen Arten (*Astragalus pycnocladus* Boiss. und *microcephalus* Willd., *stromatodes* Bunge und *kurdicus* Boiss., sowie *cylleneus* Boiss. et Heldr.) liefern den in vielen Handelssorten bekannten Traganth, Tragacantha Ph. G. II. 290 s. Gummi Tragacantha ibid. 334. Derselbe ist kein Secret der Pflanzen, das etwa Harz- oder Milchsäften in der Art seines Vorkommens verglichen werden könnte. Der Traganth bildet sich vielmehr als ein Umwandlungsproduct der vom Holzkörper der Zweige umschlossenen, am Lebensprocess der Pflanze nicht mehr activ betheiligten Gewebemassen, welche von den Anatomen als Mark und Markstrahlen bezeichnet werden. Der im Wasser stark quellende Traganth tritt aus den Rindenrissen und aus Wunden der älteren Aeste hervor und erhärtet an der Luft zu weisslichen oder gelblichen, verschieden gestalteten Massen. Seine Verwendung ist zwar nur noch zu Unguentum Glycerini Ph. G. II. 296 vorgeschrieben, doch dient er viel zur Bereitung von Pillenmassen, Pastillen, Tabletten etc.

Fig. 300. Astragalus verus. 1/2 nat. Gr. (Nach Baillon.)

II. **Hedysaroideae.** Charakteristisch sind für diese Gruppe die auf S. 439 besprochenen Gliederhülsen. Keimblätter wie bei den Lotoideen laubig und epigaeisch.

Zur Gruppe gehört die auf Sandboden an Stelle der Lupinen oft gebaute Serradella, *Ornithopus sativus* Brotero. Wer dieselbe kennen zu lernen Gelegenheit findet, versäume nicht, sich die zu 3—6 bei einander stehenden Gliederhülsen anzusehen. Dieselben erinnern lebhaft an die bei einander stehenden Zehen eines Vogelfusses, worauf der Name *Ornithopus* (von ὄρνις, Vogel und πούς, Fuss) hinzielt. Ferner gehört hierher die in allen tropischen und subtropischen Ländern, besonders in Afrika, gebaute *Arachis hypogaea* L., ein einjähriges Kraut mit 30—60 cm langen Stengeln und nur 2-jochig paarig-gefiederten Blättern. Die einzeln lang gestielt in den Blattachseln sitzenden, gelben Blüthen zeigen ein monadelphisches Androeceum. Nach der Blüthezeit krümmt sich der Fruchtstiel so, dass die etwa halbfingerlange Hülse in den Erdboden versenkt wird, weshalb dieselbe als Erdnuss, Erdmandel oder Erdeichel bezeichnet wird. Die ziemlich dicke, strohgelbe, gegittert-netzige Schale ist zwischen den beiden von ihr umschlossenen, ölreichen, mit kupferrother Haut bedeckten Samen gewöhnlich schwach eingeschnürt, zeigt aber keine Querwand im Innern. Das aus den Samen ausgepresste „Arachis-Oel“ gleicht dem Olivenöl.

III. **Vicioideae.** Papilionaceen mit normaler, 2-klappiger Hülse. Charakteristisch sind die dickfleischigen, hypogaeischen Cotyledonen. Die Laubblätter sind meist paarig-gefiedert und laufen in eine, das Endblättchen ersetzende Ranke aus; bisweilen sind auch das oberste, wohl auch eines oder mehrere der folgenden Fiederpaare, niemals aber die oft sehr grossen Nebenblätter in Ranken umgewandelt. [1])

Hierher die Erbse (*Pisum sativum* L.), die Linse (*Lens esculenta* L.) und die zahlreichen *Vicia*-Arten (Wicken).

IV. **Phaseoloideae.** Hülse 2-klappig, normal oder mit schwammigen Querwänden. Keimblätter dickfleischig, grün, gewöhnlich epigaeisch. Blätter gewöhnlich 3-zählig (vgl. Fig. 301). Vorherrschend windende Pflanzen.

6. Physostigma venenosum Balfour.

Die monotypische Gattung Physostigma steht unseren allbekannten Bohnen sehr nahe. Unterscheidende Merkmale liegen nur in der eigenartigen Ausbildung des Griffels und der Samen.

Physostigma venenosum Balf., die Calabarbohne, Fig. 301, ist die im tropischen Westafrika heimische, halbstrauchige Art, deren unterwärts bis 4 cm starke Stengel bis zu 15 m Höhe winden. Die grossen, 3-zähligen Blätter mit eiförmigen, zugespitzten Fiedern erinnern lebhaft an diejenigen unserer gemeinen Bohne. Wir finden am Blattstielgrunde kleine Nebenblätter (stipulae) und am Grunde der Fiedern höchst charakteristische nebenblattartige Anhängsel (stipellae, Nebenblättchen). Die ansehnlichen, purpurrothen Blüthen vereinigen sich zu hängenden, achselständigen Trauben von der Länge der Laubblätter. Die Einzelblüthen sitzen gebüschelt zu mehreren an kurzen, polsterförmigen Knoten der Blüthenstandsaxe. [2])

Die Charaktere der Einzelblüthen liegen in der stark gekrümmten Krone mit nach unten (vorn) zusammengebogener Fahne, innerhalb welcher die völlig freien Flügel das in einen fast spiralig gedrehten Schnabel verlängerte Schiffchen flankiren. Das median hintere, völlig freie Staubblatt ist am Grunde knieförmig gebogen und mit An-

---

[1]) Die Ranken der Vicioideen sind eines der besten Beispiele für Blattranken. Ueber die Nebenblättern entsprechenden Ranken von *Smilax* vergl. S. 156. Dass die Ranken des Weinstocks Stengelgebilde sind, wurde auf S. 383 erörtert.

[2]) Der Blüthenstand muss deshalb als „zusammengesetzte“ Traube bezeichnet werden!

hängseln versehen. Der gestielte Fruchtknoten ist am Grunde von einem scheidenartigen, gefurchten Discus umgeben (Fig. 302). Der lange, spiralig aufgerollte, im mittleren Verlaufe verdickte Griffel trägt auf der Innenseite des oberen Endes eine auffällige Bartleiste, oberhalb welcher die Narbe ein kleines Polster bildet. Ueber die Narbe hinaus ist das Griffelende zu einem blasenartigen, zurückgebogenen Anhängsel erweitert. (Daher die Bezeichnung Physostigma, von φῦσα, Blase, und στίγμα, Narbe.)

Fig. 301. Physostigma venenosum. 1/2 nat. Gr.

Die etwa handlange, unserer „grünen Bohne" ähnliche, breit linealische, rauhe Hülse enthält nur 1 — 3, matt schwarzbraune Samen von der in Fig. 303 dargestellten Form und Grösse. Charakteristisch ist für dieselben der fast den halben Umfang einnehmende, als breite, flache, von wulstigem, rothbraunem Rande eingefasste Furche erscheinende Nabel.

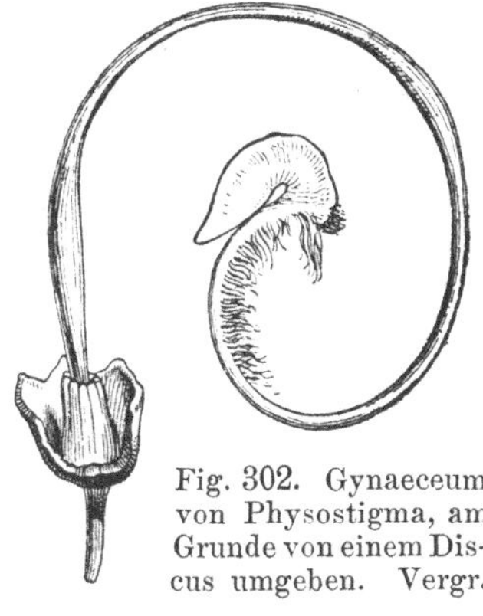
Fig. 302. Gynaeceum von Physostigma, am Grunde von einem Discus umgeben. Vergr.

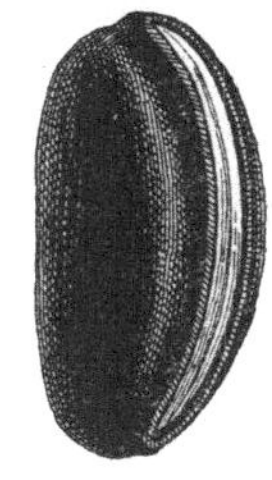
Fig. 303. Same (Calabarbohne) in nat. Gr. (Nach Baillon.)

Die Samen (Calabarbohnen) waren officinell als Faba Calabarica s. Faba Physostigmatis v. Semen Physostigmatis. Sie enthalten ausserordentlich giftige Alkaloïde, besonders das Physostigmin, dessen salicylsaure Verbindung als Physostigminum salicylicum Ph. G. II. 208 s. Eserinum salicylicum ibid. 333 officinell ist. Ein zweites Alkaloïd, Calabarin, ähnelt dem Strychnin. Die Anwendung des Physostigmins und des Eserin und Calabarin enthaltenden, nicht mehr officinellen Extractum Fabae Calabaricae beruht auf der Eigenheit des Physostigmins, die Pupille energisch zu verengern. Es wirkt also umgekehrt wie das für die Augenheilkunde hochwichtige Atropin.

V. **Dalbergieae.** Papilionaceen mit rispigen Blüthenständen. Im Blüthencharakter weichen sie durch die Vielgestaltigkeit des Androeceums vom Typus der Familie ab. Entweder verwachsen alle 10 Staubblätter zu einer hinten offenen Röhre, oder das median hintere bleibt frei, bisweilen nur am Grunde; oder ausser dem median hinteren bleibt auch das median vordere frei, während die seitlichen zu je vier verwachsen. Bei der Gattung Stereocarpus bilden je 5 Staubblätter eine seitliche Phalanx. Die Hülsen der Dalbergieen sind sehr verschieden gebaut; gewöhnlich springen sie nicht auf. Hierher:

7. Andira Araroba Aguiar.

Die Gattung Andira umfasst 17 tropische, mit einer Ausnahme amerikanische Bäume mit unpaarig-gefiederten Blättern und rosenrothen oder violetten, zu endständigen Rispen vereinigten Blüthen. Letztere zeigen einen sehr kurz oder undeutlich gezähnten Kelch, fast gleiche Gestalt der als Flügel und Schiffchen bezeichneten Kronblätter und einen meist gestielten Fruchtknoten mit 1—4 Samenanlagen. Die aus ihm hervorgehende eiförmige Hülse entwickelt sich steinfruchtartig und enthält nur einen Samen.

Andira Araroba Aguiar, ein Baum Südamerikas, besonders der brasilianischen Provinz Bahia, mit sehr bitterem Holze, liefert eine in Höhlen der Stämme sich vorfindende, pulverige Masse, das Goa- oder Ararobapulver, aus welchem das officinelle Chrysarobinum Ph. G. II. 58 gewonnen wird. Es wird an Stelle der Chrysophansäure zu äusserlichem Gebrauch bei Hautkrankheiten gegeben.

Zu den Dalbergieen gehört die tropische Gattung Pterocarpus mit breit geflügelten, einsamigen Früchten. Ihre süd- und ostasiatischen Arten liefern aus Rindeneinschnitten einen schön rothen, an Kinogerbsäure reichen, an der Luft zu granatrothen Stücken erhärtenden Saft, das nicht mehr officinelle Kino s. Kino malabaricum. Es stammt von *Pterocarpus Marsupium* Roxb., einem schlanken, bis 25 m hohen Baume Ostindiens, Ceylons und besonders der Wälder der Malabarküste. — Wegen des hohen Cumaringehaltes sind die Samen von Arten der tropisch-amerikanischen Gattung Dipteryx (=Coumarouna Aublet) bekannt. Dipteryx steht der Gattung Andira sehr nahe, unterscheidet sich aber dadurch, dass die Kelche ihre beiden oberen (hinteren) Zähne zu grossen Flügeln werden lassen. Die in Guinea heimische *Dipteryx odorata* Willd. liefert die grossen holländischen Tonkabohnen, *Dipteryx oppositifolia* Willd. in Brasilien und Cayenne die kleinen englischen Tonkabohnen.

VI. **Sophoreae.** Unter allen Papilionacen sind dieselben dadurch ausgezeichnet, dass sie in ihren Blüthen 10 völlig freie oder doch nur am Grunde ein wenig verwachsene Staubblätter führen. Die ungegliederte Hülse springt gewöhnlich nicht auf und die Zygomorphie der Krone tritt oft nicht mehr so auffällig wie bei den vorhergehenden Gruppen hervor. Die Sophoreen bilden deshalb den Uebergang zu den Caesalpiniaceen. Hierher:

8. Toluifera L.

Die Gattung Toluifera beschränkt sich auf wenige (höchstens 6) südamerikanische Baumarten mit unpaarig-gefiederten, immergrünen Blättern. Die weisslichen, zu einfachen, achselständigen Trauben vereinten Blüthen (Fig. 304) weichen auffällig vom Typus der Schmetterlingsblüthen ab. Ihr schief kreiselförmiger, mit drüsiger Innenwand ausgekleideter Kelchgrund (das „Receptaculum") lässt deutlich den perigynen Charakter der Blüthe hervortreten. Aus der weiten, kurz und ungleich 5-zähnigen Kelchröhre ragen die ihr eingefügten Kron- und Staubblätter hervor. Die breite, rundliche Fahne erinnert wohl noch an die typische Schmetterlingsblüthe, doch sind Flügel und Schiffchen durch 4 unter sich fast gleiche, viel kleinere, schmal lanzettliche Blätter vertreten. Die 10 freien, unter sich gleichen Staubblätter sind mit den Kronblättern in gleicher Höhe inserirt. Die Beutel enden mit steriler Spitze, einem Connectivfortsatz. Das Fruchtblatt ist auffällig langgestielt. Der kurze, nur 1—2 Samenanlagen umschliessende Fruchtknotentheil endet mit einem kurzen, schwach rückwärts gebogenen Griffel. Die Narbe ist punktförmig.

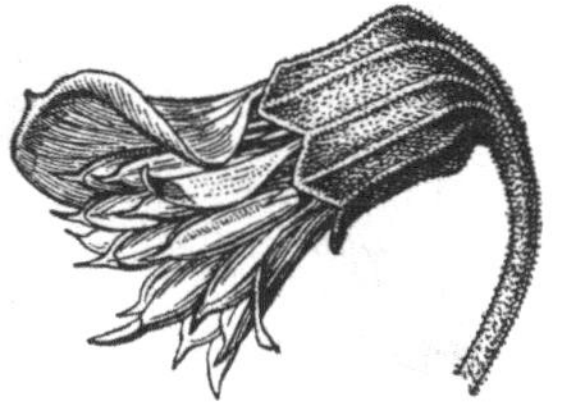

Fig. 304. Blüthe von Toluifera Balsamum. 4mal vergr. (Nach Baillon.)

Die Hülse (Fig. 305) bietet das wichtigste Gattungsmerkmal. Wie der Fruchtknoten ist sie oberhalb des bleibenden Kelches deutlich gestielt. Dem Stiele folgt ein steriler, flach gedrückter, nach zwei Seiten geflügelter Theil. Die Flügel liegen in der Medianebene der Blüthe, entsprechen also Auswüchsen der Bauch- und

Rückennath. Letzterer gehört der schmale (in der Figur der rechte) Flügel an, während der mehr als doppelt so breite (in der Figur der linke) der Bauchnath aufgesetzt ist, also der median-hinteren Seite des Fruchtblattes angehört. Das unsymmetrische, in der hängenden Hülse also untere Ende der Frucht ist fast bauchig aufgetrieben. Es birgt einen einzigen, fast nierenförmigen Samen mit häutiger Schale. Auf beiden Seiten des Samens bildet sich in der Hülsenwand je ein grosser Balsambehälter aus.

1. *Toluifera Balsamum* Mill., Fig. 306, ist ein stattlicher, bis 26 m hoher, hochstämmiger Baum, der seine Laubkrone erst in 13—19 m Höhe ausbreitet. Die Fiedern der unpaarig 3—5-jochigen Blätter sind verkehrt-eiförmig, zugespitzt und fast wellig ganzrandig. Die dicht- und reichblüthigen, aufrechten Blüthentrauben sind etwas mehr als fingerlang (7—12 cm). Die bis 10 cm langen Hülsen sind am Stielende kaum verschmälert.

Fig. 305. Gestielte, hängende Hülse von Toluifera Balsamum. 2/3 nat. Gr. (Nach Baillon.)

Fig. 306. Toluifera Balsamum. 1/3 nat. Gr. (Nach Baillon.)

Im nordöstlichen Süd-Amerika, besonders im Gebiete des Magdalenenstromes heimisch, liefert der Baum aus Rindeneinschnitten den frisch zähflüssigen, braungelben, einige Jahre aufbewahrt zu einer braunen, krystallinischen Masse erhärtenden Tolubalsam (Balsamum tolutanum). Derselbe kommt gewöhnlich in zu blassgelblichem Pulver zerreiblichen Stücken zu uns. Er enthält Zimmetsäure und Benzoësäure und giebt trocken destillirt Toluol. Seinen Namen hat der Balsam von dem Hauptsammelorte Tolu.

Synonyme zu *Toluifera Balsamum* L. sind *Myrospermum toluiferum* A. Rich. und *Myroxylon toluifera* H. B. et K.

2. *Toluifera Pereirae* Baillon ist ein der vorigen Art sehr ähnlicher, doch ziemlich kurzstämmiger Baum, der seine aufstrebenden Aeste schon in 2—3 m Höhe entsendet. Die lockerblüthigen Trauben sind durchschnittlich handlang (15—17 cm). Die gelblichen Hülsen sind am Grunde stark verschmälert. Die eng begrenzte Heimath des Baumes sind die Bergwälder der Costa del Balsamo an der Westküste Central-Amerikas in der Republik San Salvador.

Durch ein eigenthümliches Verfahren (Anschlagen der Bäume mit stumpfen Instrumenten, bis die Rinde sich in Fetzen ablöst, und nach einigen Tagen erfolgendes Ausbrennen der Wunden) werden die Bäume zu reichlichem Balsamfluss veranlasst. Der austretende Saft wird durch Lumpen, mit welchen man die Wunden der Bäume wiederholt verbindet, aufgesogen und später aus den Lumpen ausgekocht. Er bildet eine syrupdicke, rothschwärzliche, nicht klebrige und nicht fadenziehende, an der Luft nicht erhärtende Flüssigkeit vom spec. Gew. 1,14—1,16, Balsamum Peruvianum Ph. G. II. 398 s. Bals. Peruvianum nigrum v. Bals. Indicum ibid. 330, Perubalsam. Er wird äusserlich bei Geschwüren, Frostbeulen, zur Wundheilung und gegen Hautkrankheiten, innerlich in Emulsionen gegen Schleimflüsse angewendet, auch bildet er einen Bestandtheil der Mixtura oleosa-balsamica Ph. G. II. 179.

Caesalpiniaceae.

Die mit etwa 1500 Arten fast ausschliesslich den Tropen angehörige, bei uns gar nicht vertretene Familie der Caesalpiniaceen umfasst Bäume und Sträucher, welche im Gesammtwuchse, im Bau der Blätter, Blüthen und Früchte zwar unverkennbar an die Papilionaceen erinnern, doch niemals die ausgeprägten Charaktere derselben zeigen. Das wesentlichste Merkmal liegt in der **aufsteigenden** Kronendeckung, die allen kronenführenden Caesalpiniaceenblüthen eigen ist; zweitens findet man fast durchweg freie Staubblätter, und die gewöhnlich schwache Zygomorphie der ganzen Blüthe verbindet sich mit theilweisem oder völligem Abort einzelner Glieder der Krone und des Androeceums. Im Einzelnen ist nun zu merken:

Die Blüthen der Caesalpiniaceen stehen wie bei den Papilionaceen in einfachen oder zusammengesetzten, der Gipfelblüthe entbehrenden Trauben oder Aehren. Sind die Vorblätter entwickelt, so sind sie oft von ansehnlicher Grösse, sie können selbst eine Art Hülle (Involucrum) für die Knospe darstellen. Der Kelch zeigt die charakteristische Papilionaceenstellung, ist aber meist freiblätterig und in der Knospe dachig. Die Freiblätterigkeit des Kelches bedingt natürlich fast durchweg hypogyne Einfügung der Krone und des Androeceums; wo aber der Kelch unterwärts röhrig (als Receptaculum) entwickelt ist, wie bei Tamarindus, begegnet man auch ausgesprochener Perigynie. Die aufsteigend deckende Krone besteht aus freien Blättern, von denen das median hintere zwar oft fahnenartig entwickelt ist, doch fehlt den paarigen Kronblättern der Gegensatz zwischen Flügeln und Schiffchen. Die Schiffchenbildung findet sich bei Caesalpiniaceen niemals. Da die Zygomorphie der Krone bei Papilionaceen und Caesalpiniaceen sich in auffälliger Bevorzugung (Förderung) der hinteren Hälfte der Blüthe ausspricht, so wird man es verständlich finden, dass bei eintretendem Abort zunächst die dem Schiffchen entsprechenden, paarig vorderen Kronblätter betroffen werden. Bei Tamarindus und Krameria besteht die Krone denn auch nur aus den hinteren Kronblättern (Fig. 313 und 318). Bei den Swartzieen bleibt nur das median hintere erhalten. Bei Ceratonia und Copaïfera ist die Krone gänzlich verschwunden (Fig. 312 und 315).

Das Androeceum entspricht dem in Fig. 152 angedeuteten diplostemonen Grundplane. Obwohl aber die rein monadelphische und die 9 + 1-gliederige Ausbildung wie bei den Papilionaceen auch bei Caesalpiniaceen vorkommt, so sind doch freie Staubblätter bei letzteren die Regel, und häufig gesellt sich dazu noch, dass einzelne Glieder steril oder rudimentär entwickelt sind oder ganz fehlen. Gefördert ist dabei, gerade umgekehrt wie bei der Krone, die Vorderseite (vgl. Fig. 307). Das Gynaeceum gleicht gewöhnlich dem der Papilionaceen. Häufig ist es, ähnlich wie bei Toluifera, gestielt und bei perigynen Formen, wie Tamarindus, verwächst der Stiel gern mit dem nach hinten gewandten Theile der Kelchröhre.

Im vegetativen Aufbau gleichen die Caesalpiniaceen vielen Papilionaceen durch die gefiederten Blätter, doch herrschen reicher und oft **paarig** gefiederte Formen vor. Den typischen Formen, den Eucaesalpinieen, sind sogar **doppelt**-gefiederte Blätter eigen, die bei Papilionaceen nie angetroffen werden. Andererseits tritt die für die Papilionaceen charakteristische Nebenblattbildung bei den Caesalpiniaceen sehr, selbst bis zu völligem Schwinden zurück.

1. Cassia L.

Die in den wärmeren und heissen Ländern mit mehr als 300 theils baum-, theils strauchförmigen, theils krautigen Arten verbreitete Gattung Cassia vertritt die nach ihr benannte Gruppe der

Cassieae. Dieselbe umfasst Caesalpiniaceen mit einfach-gefiederten Laubblättern und fast rein hypogynen Blüthen. Die sehr verschieden entwickelten Hülsen sind mehrsamig; die Samen führen Endosperm. Die Gattungsmerkmale von Cassia liegen in den wohl entwickelten, zweigeschlechtigen, meist gelben Blüthen mit 5 sehr ungleichen Kelchblättern und ebenso vielen, bald gleichen, bald ungleichen Kronblättern. Am mannichfaltigsten ist die Ausgestaltung des Androeceums. Es besteht immer aus 10 freien Staubblättern. Diese sind entweder alle fertil und gleichlang, oder alle fertil und werden nach hinten zu kürzer. Häufig sind die 3 hinteren Staubblätter stark verkürzt und steril (staminodial entwickelt), während die drei vorderen stark verlängert sind (Fig. 307). Bisweilen ist auch das median vordere Staubblatt noch staminodial verbildet, oder es fehlen alle Kronstamina. Immerhin kann das gerade für uns wichtige Diagramm Fig. 152 als das typische gelten. Bemerkenswerth ist besonders die Art des Aufspringens (die „Dehiscenz") der Staubbeutel. Sie öffnen sich mit 2 kurzen, schiefen Längsrissen nahe der Spitze, oder es bilden sich hier 2 rundliche Löcher. Der sitzende oder kurz gestielte, häufig gekrümmte Fruchtknoten ist gewöhnlich vieleiig und entwickelt sich zu sehr verschieden gestalteter Hülse mit meist flach gedrückten Samen. Von den Arten verdienen Erwähnung:

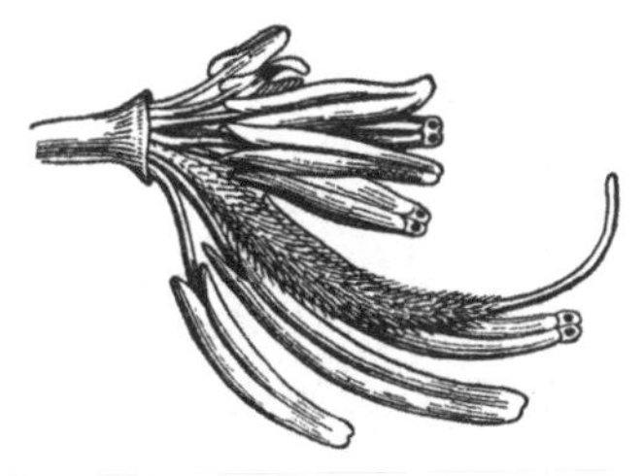

Fig. 307. Androeceum und Gynaeceum der Blüthe von Cassia. (Nach Berg und Schmidt.)

1. *Cassia Fistula* L., die Röhrenkassie, Fig. 308. Diese in Ostindien heimische, doch in Kleinasien, Aegypten, im tropischen Afrika sowie in Westindien und Brasilien cultivirte Art vertritt mit etwa 20 weiteren Arten die als Fistula bezeichnete Cassiengruppe. Die Blüthen derselben zeigen die Besonderheit, dass die 3 vorderen (unteren) Staubblätter auf sehr langen, bogigen Fäden mit Längsspalten sich öffnende Beutel tragen, während die 7 hinteren Staubblätter auf kurzen Fäden Beutel tragen, welche sich am Grunde mit Poren („Basalporen") öffnen. Ein zweites Merkmal liegt in den holzigen, nicht aufspringenden, fast cylindrischen Hülsen, die äusserlich lebhaft an ein Tabakspfeifenrohr (daher „fistula") erinnern. Die Röhrenkassie ist ein bis 16 m hoher Baum mit meist 5 — 7-jochigen Fiederblättern mit breit-eiförmigen, ganzrandigen Fiedern. Die grossen, gelben, wohlriechenden Blüthen sind zu langen, hängenden Trauben vereint. Die hängenden Hülsen erreichen bei etwa Fingerdicke bis 60 cm Länge, sind schwach geringelt, glatt

und schwarzbraun. Dünne, holzige Querwände tächern die Hülse in zahlreiche, etwa 6 mm hohe Kammern. Jede derselben enthält einen eiförmigen, rothbraunen, glatten Samen, welcher in schwarzbraunem, süsslichem Fruchtbrei (der „Pulpa") eingebettet liegt. In ausgetrockneten Hülsen liegt die Pulpa den Querwänden der Hülse als klebrige Schicht auf, um derentwillen die Hülsen oft als Naschwerk feilgeboten werden. Wegen der abführenden Wirkung der Pulpa waren die Hülsen officinell als Cassia Fistula sive Fructus Cassiae Fistulae. Das Cassienmus, Pulpa Cassiae depurata, wird namentlich in Frankreich nach Art der Pulpa Tamarindorum verwendet.

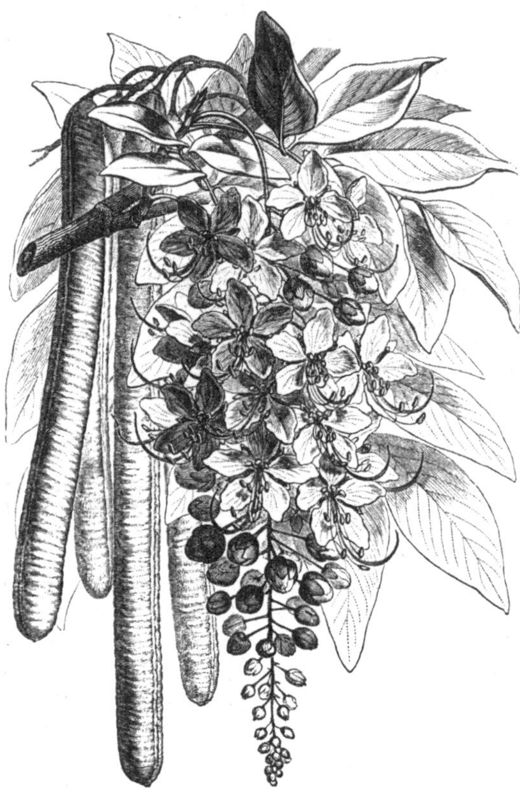

Fig. 308. Cassia Fistula. (Nach Baillon.) 1/4 nat. Gr.

Das lateinische cassia entstammt einem griechichen Namen für den Zimmt. Da nun die Zimmtrinde bekanntlich in Röhrenform seit Alters her in den Handel kam, so erhielt diese Droge den Namen cassia fistula. Diese Bezeichnung ist später willkürlich oder aus Missverständniss auf die Hülsen der oben besprochenen Pflanze übergegangen. Linné wählte in Folge dessen den Namen Cassia für die besprochene Caesalpiniaceengattung und Cassia Fistula für die in Rede stehende Art. Botanisch hat natürlich der Ausdruck Cassia nichts mehr mit dem Zimmt gemein, doch hat sich für Zimmt und nach Zimmt riechende Drogen noch vielfach der Name Cassia erhalten. Vgl. hierzu S. 296 und besonders die Anm. 1 daselbst.

2. *Cassia angustifolia* Vahl. gehört wie die weiterhin zu erwähnenden Arten zur zweiten Untergattung, zu Senna Roxb., welche sich von der Fistula-Gruppe durch den Mangel von Basalporen an den 7 oberen Staubbeuteln unterscheidet. In der Senna-Gruppe öffnen sich alle fruchtbaren Staubbeutel mit scheitel-

ständigen Löchern („Scheitelporen"). Innerhalb der etwa 160 Arten der Gruppe gehören die officinellen zur Section Chamaesennae, d. h. Zwergsenna; hiermit soll zunächst angedeutet werden, dass die typischen Vertreter unscheinbare Sträucher, nicht Baumformen sind. Die diagnostischen Merkmale liegen jedoch darin, dass den Blüthen nur 7 fruchtbare Staubblätter eigen sind, während die drei hinteren (Fig. 307) staminodial verkümmert sind; ferner sind die Hülsen völlig flach und die quer- oder schiefliegenden Samen nehmen an dieser auffälligen Flachheit theil. Als Art ist *Cassia angustifolia* leicht kenntlich. Die aufrechten oder aufsteigenden, oberwärts fast zickzackförmig gebogenen Zweige des nur bis 60 cm hohen Busches sind gewöhnlich 5—8-jochig gefiedert. Die fast sitzenden Fiederblättchen sind lanzettlich, zugespitzt und ganzrandig. Sie werden bis 6 cm lang und bis 2 cm breit (Fig. 309). Die Hülsen sind dadurch kenntlich, dass der in Form eines Spitzchens erhaltene Griffelrest am Ende des oberen Randes des Hülsenumrisses sitzt. Die Bauchnath der Hülse (in Fig. 309 nach links gewandt) ist im Ganzen gerade.

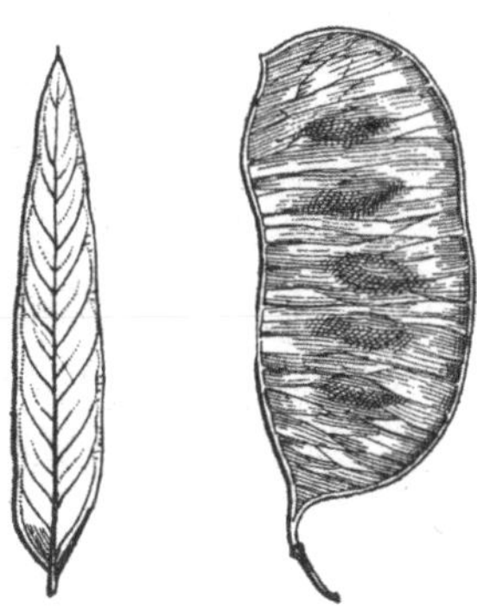

Fig. 309. Fiederblättchen und Hülse von Cassia angustifolia. (Nach Baillon.)

Heimath der Pflanze ist das tropische Ostafrika, Südarabien und das westliche Vorderindien. Synonyme sind *Cassia lanceolata* Royle, *C. ligustroides* Schrank, *C. decipiens* Desv., *C. Ehrenbergii* Bisch., *C. medicinalis* Bisch., *Senna angustifolia* Batka und *S. officinalis* Roxb.

3. *Cassia acutifolia* Del. ist ein dem vorigen ähnlicher Strauch mit bleichen, runden oder stumpfkantigen, anfangs kurz-weichhaarigen, später kahlen Zweigen und gewöhnlich nur 4—5-jochigen Blättern. Die Blättchen sind spitz-eiförmig, meist stachelspitzig, steif papierartig und schwach knorpelig ganzrandig, unterseits bleich oder graugrün (Fig. 310). Sie erreichen nur selten 3 cm Länge und sind gewöhnlich schmäler als 13 mm, sind also, obwohl verhältnissmässig breiter, doch absolut gemessen viel kleiner als die Blätter von *C. angustifolia*. Die Hülsen sind schwach längs der Bauchnath gekrümmt, und da die Rückennath am

Fig. 310. Fiederblättchen und Hülsen von Cassia acutifolia. (Nach Baillon.)

oberen Ende hoch gewölbt sich rundet, so erscheint das Spitzchen des Griffelrestes seitlich (Fig. 310).

Heimath der Pflanze ist das tropische Afrika. Synonyme sind *Cassia Senna β.* L., *C. lanceolata* Collad., *C. lenitiva* Bisch., *C. orientalis* Pers., *Senna acutifolia* Batka.

4. *Cassia obovata* Collad., Fig. 311, mit 3—7-jochigen Blättern und verkehrt-eiförmigen, stumpfen, abgestutzten oder selbst ausgerandeten Fiederblättchen von 1—2 cm Länge zeichnet sich vor den obengenannten nahe verwandten Arten dadurch aus, dass die sichelförmig gekrümmten Hülsen in der Mittellinie beider Klappen mit je einer Reihe blättchenartiger Anhängsel kammartig besetzt sind. Die Pflanze ist durch fast ganz Afrika und Westasien bis nach Vorderindien hin verbreitet.

Fig. 311. Cassia obovata. 1/2 nat. Gr. (Nach Baillon.)

Synonyme sind *Cassia Senna* L. zum Theil, *Cassia obtusa* Roxburgh *C. obtusata* und *Senna obovata* Batka.

Officinell sind als Folia Sennae Ph. G. II. 116, Sennesblätter, die Fiederblättchen (foliola) von *Cassia angustifolia* und *acutifolia*, nicht von *C. obovata.* Die Blätter der erstgenannten werden zum grössten Theil von kräftigeren, cultivirten Pflanzen eingesammelt und kommen ohne nennenswerthe Beimengungen als Indische Senna in den Handel. Die Ph. G. empfiehlt besonders die von cultivirten Pflanzen aus der Landschaft Tinnevelly bei Calcutta stammende Droge, die Tinnevelly-Senna, welche der über Arabien kommenden Mecca-Senna vorgezogen wird.

Die von *Cassia acutifolia* stammenden Blättchen bilden die Alexandrinische Senna, die ausser mit Bruchstücken der

Stammpflanze oft mit fremden Beimengungen in den Handel kommt. Die Droge enthält Blättchen von *C. obovata* und gewöhnlich steif lederartige, verbogene und runzliche Blätter einer Asclepiadacee, *Cynanchym Arguel* Del. (= *Solenostemma Arghel* Hayne), welche aber leicht an der Bedeckung mit kurzen, steifen Haaren zu erkennen sind.

Die abführende Eigenschaft der Sennesblätter ist allgemein bekannt. Sie finden dieserhalb Verwendung zu Electuarium e Senna Ph. G. II. 73 s. Elect. lenitivum ibid. 332, Syrupus Sennae Ph. G. II. 264, Infusum Sennae compositum Ph. G. 140, Decoct. Sarsaparillae comp. fort. Ph. G. II. 71, Pulvis Liquiritiae compositus Ph. G. II. 216 und Species laxantes Ph. G. II. 241 (St.-Germain-Thee). Wie die Sennesblätter sind die Hülsen der officinellen Cassia-Arten als Sennesbälglein (Folliculi Sennae) besonders in Süddeutschland in Gebrauch. Die Bezeichnung „Bälglein" für „Hülsen" lässt sich theilweis rechtfertigen, weil die Früchte der Senna-Gruppe nicht elastisch zweiklappig aufspringen. Sie öffnen sich oft nur wie echte „folliculi" längs einer Nath.

Der Leser merke sich besonders, dass die Sennesblätter nur Bruchtheile, Abschnitte von zusammengesetzten Blättern sind. Es sind die Blättchen (foliola) von Fiederblättern (von foliis pinnatis); vgl. die Einleitung, S. 10. Man sollte die Droge besser als Foliola Cassiae oder Foliola Sennae bezeichnen.

Zu den Cassieen gehört die in den Mittelmeerländern heimische und dort vielfach cultivirte Gattung *Ceratonia*. Ihre kleinen polygam-dioecischen Blüthen (Fig. 312) bilden kurze, achselständige Trauben mit hinfälligen, schuppigen Deck- und Vorblättern. Auffällig ist die gänzliche Unterdrückung der Krone und der epipetalen Staubblätter. Die männlich functionirenden Blüthen führen nur sehr unscheinbare, hinfällige Kelchzipfel und über diesen 5 introrse, mit Spalten sich öffnende Staubblätter. Das Gynaeceum steht auf discusartiger Ausbreitung des Blüthenbodens. Es wird zu einer bis 25 cm langen und 3 cm breiten flachen Hülse mit glänzend dunkelbrauner Aussen- und pergamentartiger Innenwand. Zwischen den Fruchtwänden bildet sich ein zuckerreiches, rothbraunes, markiges Fruchtfleisch (eine „Pulpa"). Die glänzend rothbraunen, flachen Samen sind äusserst hart und liegen einzeln in je einem Fache der Hülse. Die einzige Art, *Ceratonia Siliqua* L., ist ein immergrüner Baum mit 2—3-jochig gefiederten Blättern und lederigen, verkehrt-eiförmigen, am Rande welligen Fiedern. Die Früchte (Hülsen) kommen vielfach als Naschwerk (Johannisbrot) zu uns. Sie waren officinell als Fructus Ceratoniae s. Siliqua dulcis. Vgl. betreffs der durchaus unzulässigen Bezeichnung „Siliqua" die Anm. 1 auf S. 32.

Fig. 312. Blüthe von Ceratonia Siliqua. 3mal vergr. (Nach Baillon.) Daneben ihr Grundriss.

2. Tamarindus indica L.

Die monotypische Gattung Tamarindus ist ein Vertreter der Gruppe der Amherstieae, deren Blüthen sich durch deutliche Perigynie auszeichnen und dabei die Besonderheit zeigen, dass der Fruchtknoten mit seinem stielartigen Basaltheile der median hinteren Wand der Kelchröhre (dem „Receptaculum") angewachsen ist.

Tamarindus indica L. ist ein immergrüner, bis 25 m hoher Baum des tropischen Afrikas, Südasiens und Nordwest-Australiens. An den Zweigen der weit ausgebreiteten Krone stehen die paarig-gefiederten, 10—20-jochigen Blätter wechselständig. Die kleinen, nur 12 bis 20 mm langen, fast sitzenden Fiedern sind linealisch-lanzettlich, abgerundet bis ausgerandet, ganzrandig und unterseits blaugrün. Die zu wenigblüthigen, endständigen Trauben vereinten Blüthen sind von hinfälligen Deck- und grossen, hüllkelchartigen Vorblättern (vgl. Fig. 313) geschützt und erscheinen entfaltet auffällig median-zygomorph. Der stark röhrige, innen mit drüsiger Wandung ausgekleidete Kelchgrund (das Receptaculum) trägt nur vier freie Kelchzipfel, von denen sich drei nach vorn zurückschlagen, während der hintere (vgl. Diagramm Fig. 314) aus der Verwachsung des zweiten und fünften Kelchblattes hervorgeht. Die Vierzähligkeit des Kelches ist also nur eine scheinbare. Von den im Grundplane der Blüthe liegenden 5 Kronblättern sind nur die drei hinteren entwickelt. Ihre gelbliche, von rothen Adern durchzogene Platte zeigt auffällige Wellung des Randes. Das Androeceum ist nur unvollkommen entwickelt. Das median hintere Staubblatt ist ganz unterdrückt. Die 9 übrigen bilden wie bei den typischen Papilionaceen eine nach hinten offene Röhre, doch tragen nur die drei vorderen episepalen Staubblätter (Fig. 313 und 314) je einen schaukelnd befestigten, mit Längsspalten sich öffnenden Beutel auf verlängertem, freiem Faden. In der bogig gekrümmten Staubfadenröhre ruht der Fruchtknotentheil des Gynaeceums, der in einen langen fädigen Griffel ausläuft. Die reife

Fig. 313. Blüthe von Tamarindus indica. 3mal vergr. (Nach Baillon.)

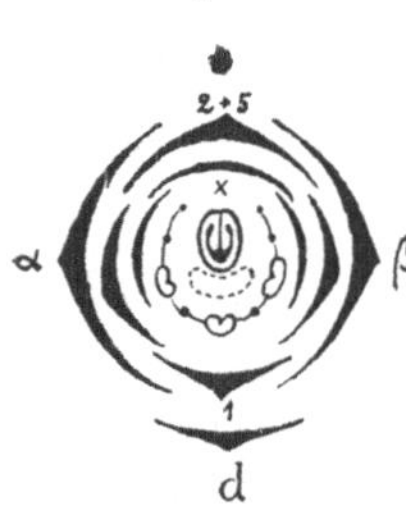

Fig. 314. Grundriss der Tamarindus-Blüthe. d, ihr Deckblatt, α und β die hüllkelchartigen Vorblätter; von den 5 Kelchblättern sind 2 und 5 verschmolzen zu einem Blatt. (Nach Eichler.)

Frucht ist eine nicht aufspringende, an holzigem Stiele hängende, bis 15 cm lange Hülse, welche lebhaft an die Frucht des Johannisbrotbaumes erinnert. Ihr hellbraunes oder gelbliches, rauhes Epikarp ist krustig-zerbrechlich; das Mesokarp ist reichlich als braunes Mus (als „Pulpa") entwickelt. Die einsamigen Fruchtfächer kleidet das pergamentartige Endokarp aus. Die rundlich-viereckigen Samen bedeckt eine glänzend rothe, zerbrechliche Schale. Sie enthalten kein Nährgewebe (wie die Samen der Cassieen), dafür sind aber die Keimblätter des Embryos hornig.

Wegen der Früchte wird der Baum in den Tropen, auch in Amerika vielfach cultivirt. Der mit Bruchstücken des Exo- und Endokarps, auch mit den Samen untermischte Fruchtbrei bildet die Pulpa Tamarindorum cruda Ph. G. 214 s. Fructus Tamarindorum ibid. 334 v. Tamarindi ibid. 341. Gereinigt bildet er Pulpa Tamarindorum depurata Ph. G. II. 214. „Tamarindenconserven" sind ein beliebtes eröffnendes Mittel. Als solches findet die Pulpa auch Verwendung im Electuarium e Senna Ph. G. II. 73.

3. Copaïfera L.

Die mit 12 Arten fast nur im tropischen Amerika verbreitete Gattung Copaïfera vertritt die als Cynometreae unterschiedene Caesalpiniaceengruppe, für welche der unterscheidende Charakter in den nur 1- oder 2-eiigen Fruchtknoten liegt, welche zu einer nur einsamigen Hülsenfrucht werden. Im Gegensatz zu den Amherstieen entwickeln die Cynometreen keine deutliche Kelchröhre; sie sind fast völlig hypogyn. Innerhalb der Gattung Copaïfera begegnen wir nur kleinen, meist weissen, kronenlosen Blüthen, welche ohne Vorblätter in der Achsel schuppiger, hinfälliger Deckblätter zu einfachen oder zusammengesetzten Aehren vereint sind. Wie bei Tamarindus ist der Kelch scheinbar 4-zählig, weil die Blätter (2 und 5) des hinteren Paares zu einem breiteren Blatte vereinigt sind (Fig. 315). Das Androeceum besteht aus 8 oder 10 freien Staubblättern, deren schaukelnde Antheren mit Längsrissen auf-

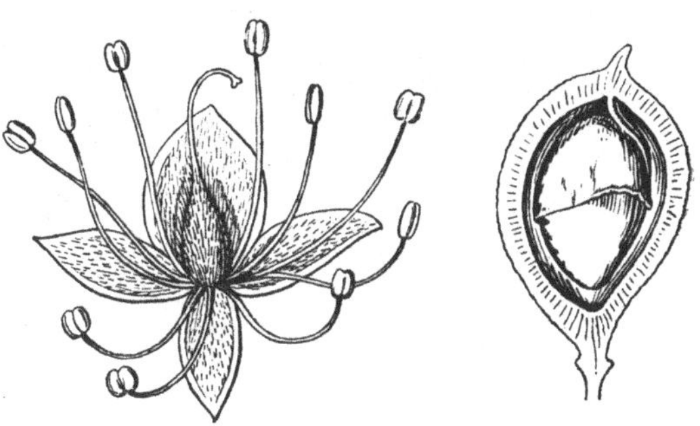

Fig. 315. Blüthe und Frucht von Copaïfera officinalis.

springen. Für die schief-elliptischen Früchte ist der vom Scheitel herabhängende, eiweisslose Same charakteristisch. Seine untere Hälfte wird von einem fleischigen, becherförmigen Arillus umhüllt.

1. *Copaïfera guianensis* Desf. ist ein bis 13 m Höhe erreichender Baum Guianas und des nördlichen Brasiliens. Die 3—4-jochig paarig-gefiederten Blätter zeichnen sich dadurch aus, dass die ellip-

Fig. 316. Copaïfera officinalis. 1/2 nat. Gr. (Nach Baillon.)

tischen oder länglichen, gestielten, drüsig-punktirten und oberseits glänzenden Fiedern genau gegenständig der gemeinsamen Blattrippe (der Rhachis) ansitzen. Sie sind lang und schmal zugespitzt und erreichen 6—10 cm Länge. Die achselständigen Blüthenrispen sind zart graufilzig. Diese Behaarung zeigen auch die Oberseiten der Kelchblätter. Der Fruchtknoten ist rauhhaarig, die reife, etwa 2 1/2 cm lange Hülse dagegen kahl.

2. *Copaifera officinalis* L. (Fig. 316), ein den Küstenländern von Guinea bis Panama, auch Trinidad angehöriger Baum, unterscheidet sich von der vorigen Art fast nur dadurch, dass die Fiedern längs der Rhachis stets wechselständig ansitzen, auch sind sie nur kurz und stumpf zugespitzt.

3. *Copaïfera Langsdorffii* Desf. ist eine sehr formenreiche, auch in Strauchform auftretende, brasilianische Art, welche sich durch braunröthlich behaarte, nur wenig verzweigte Blüthenrispen unterscheidet. Die braunrothe Behaarung erstreckt sich auch auf die Oberseite der röthlichen Kelchblätter und auf die Fruchtknoten.

Synonyme sind *Copaïfera nitida* Hayne und *Sellowii* Hayne.

4. *Copaïfera coriacea* Mart. ist ein sehr ästiger Baum des östlichen Brasiliens. Charakteristisch sind die dick lederigen, nicht drüsig-punktirten, eiförmigen, beiderseits stumpfen, nur 2—3 cm langen Blattfiedern. Die Rispen sind röthlichbraun behaart.

Die Stämme aller genannten Arten enthalten weite Balsamgänge, welche aus der Zersetzung von Holzmassen hervorgehen. Der aus künstlichen und natürlichen Wunden (Bohrlöchern und Spaltrissen) austretende, bald farblos dünnflüssige, bald gelblich bis bräunlich dickflüssige Balsam ist officinell als Balsamum Copaivae Ph. G. II. 38. Er wird innerlich (in Mixturen und Pillen, besonders aber in gelatinösen Kapseln) und äusserlich, auch zu Injectionen und Suppositorien, angewendet.

4. **Krameria triandra** Ruiz et Pavon.

Die mit 12 Arten dem warmen Amerika angehörige Gattung Krameria bildet die den Caesalpiniaceen angereihte, durch die Reduction der Blüthenorgane charakterisirte Gruppe der Krameriae. Die einzeln achselständigen oder zu endständigen Trauben vereinten Blüthen sind auffällig median-zygomorph. Den beiden seitlichen Vorblättern folgt der 5-zählige oder wie bei Tamarindus und Copaïfera 4-zählige Kelch. Er zeigt die für die Caesalpiniaceen charakteristische aufsteigende Deckung (Fig. 317) und ersetzt durch Grösse und Färbung die nur unvollständig entwickelte Krone (Fig. 318). Die beiden vorderen Kronblätter sind stets in dicke, drüsige, den Fruchtknoten flankirende Schuppen verwandelt. Die 3 (bei 4-zähligem Kelch nur 2) hinteren Kronblätter sind schmal und unscheinbar. Vom Androeceum sind nur 4 oder 3 episepale Staubblätter entwickelt; das median vordere und die Kronstamina fehlen ganz. Die Fäden der Staubblätter verwachsen gewöhnlich am Grunde monadelphisch, und die Beutel öffnen sich wie bei Cassia mit Scheitelporus. Der 2-eiige Fruchtknoten wird zu einer kugeligen, lederigen, nicht aufspringenden, einsamigen Frucht. Der nährgewebslose Same zeigt keinen Arillus.

Krameria triandra Ruiz et Pav. ist ein sparrig-ästiger, nur 20—30 cm hoher Strauch der Cordilleren Perus und Bolivias. Aus der noch nicht handlangen, 2—4 cm dicken, knorrigen oder unförmlich knolligen, mehrköpfigen Wurzel treiben die kurzen Hauptstämme aus, an deren Grunde bis meterlange, niederliegende Zweige hervorbrechen. Wie bei der Mehrzahl der Arten tragen alle Zweige einfache, nebenblattlose Blätter. Bei *Kr. triandra* sind sie sitzend, nur etwa cm-lang, verkehrteiförmig oder länglich, zugespitzt, stachelspitzig, ganzrandig und dick. Die achselständigen, langgestielten Blüthen lassen den lanzettlichen, gegenständigen Vorblättern die Blüthentheile nach der Formel K 4, C 2, A 3, G 1 folgen. Wie die Laubblätter und jungen Zweige sind die Kelchblätter aussen silberhaarig-grau; innen sind sie wie die beiden lanzettlichen Kronblätter purpurroth. Der zottig behaarte Fruchtknoten mit pfriemlichem Griffel wird zu einer mit kastanienbraunen, widerhakigen Stacheln besetzten, behaarten Frucht.

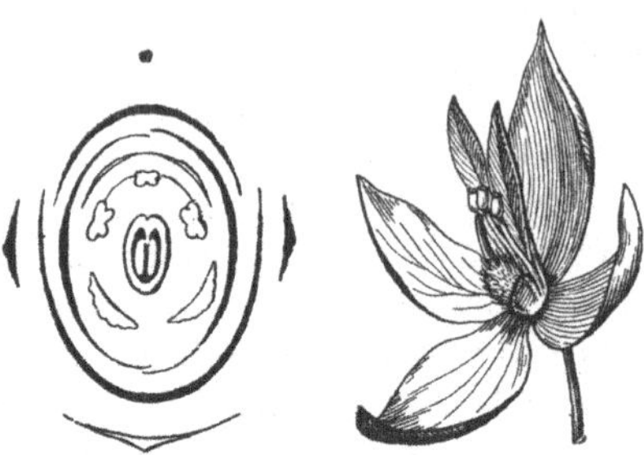

Fig. 317. Diagramm Fig. 318. Blüthe von Krameria triandra. Die Blüthe in nat. Gr. nach Baillon, das Diagramm nach Eichler.

Die als Radix Ratanhiae Ph. G. II. 223, Ratanhawurzel, officinellen, 10 und mehr cm langen, etwa 3 cm dicken Wurzeläste sind reich an Gerbstoffen (Ratanhiagerbsäure) und an einem rothen Farbstoff (Ratanhiaroth). Der Gerbsäuregehalt macht die Ratanha zu einem kräftigen Adstringens. Sie dient auch zu Wund- und Zahnmitteln. Vorgeschrieben ist nur noch Tinctura Ratanhiae Ph. G. II. 286.

Mimosaceae.

Die mit 1500 Arten ausschliesslich den Tropen angehörige Familie der Mimosaceen umfasst die nicht zygomorphen Leguminosen. Die meist sehr kleinen, zwitterigen Blüthen, mit Deckblatt, aber ohne Vorblätter, treten gewöhnlich zu kugeligen Köpfchen oder zu Ähren zusammen, welche zu Blüthenständen höherer Ordnung gruppirt sind. Für die Einzelblüthe sind typisch: ein gamosepaler, meist klappiger Kelch, eine stets wohlentwickelte klappige Krone, ein diplostemones Androeceum, das aber durch Abort der Kronstamina scheinbar haplostemon oder durch Vermehrung seiner Glieder hochgradig polyandrisch werden kann, und endlich das für alle Leguminosen charakteristische oberständige

Fruchtblatt. Die Blüthenformel ist daher K 5, C 5, A 5 + 0 resp. 5 + 5 oder ∞, G $\underline{1}$. Neben Fünfzahl kommt jedoch häufig auch Vierzähligkeit vor.

Die Plastik der Mimosaceenblüthe bietet manche Besonderheit. Fünfzählige Blüthen zeigen immer die Papilionaceenstellung ihres Kelches, dessen Verwachsenblätterigkeit oft zu perigyner Anordnung der Krone und des Androeceums führt. Die durchgehends klappige Knospenlage der Krone scheidet die Mimosaceen streng von den Papilionaceen und den Caesalpiniaceen. Die Glieder des Androeceums sind fast stets frei und von gleicher Länge; dabei zeigen die kleinen, introrsen Antheren häufig Querfächerung, so dass jeder Pollensack in eine Reihe übereinanderliegender Kammern (meist 2) getheilt ist[1]). In jeder Kammer pflegt sich ein zusammengesetztes Pollenkorn zu entwickeln, welches bei linsenförmigem Umriss aus einem Multiplum von 4 Theilkörnern besteht, welche gewöhnlich in gesetzmässiger Ordnung aneinanderliegen. Häufig ist die Gruppirung der Theilkörner zu je 4 (Tetraden), je 8 (Oktaden), je 12 und 16, doch können auch 32 oder 36 vereinigt sein. Andererseits finden sich in den Gattungen oft einzelne Arten, deren Pollenkörner, wie es normal ist, völlig isolirt aus den reifen Antheren entlassen werden.

Für die vegetativen Verhältnisse ist beachtenswerth, dass fast alle Mimosaceen in Baum- und Strauchform erscheinen und dass die Laubblätter mit wenigen Ausnahmen **doppelt**-paarig gefiedert sind. Bemerkenswerth sind hier nur zwei Gruppen:

1. **Mimoseae.** Blüthen mit einfachem oder doppeltem Staubblattkreise. Antheren mit zahlreichen Pollenkörnern.
2. **Acacieae.** Blüthen hochgradig polyandrisch. Pollensäcke in 2—6 Kammern quergetheilt, welchen ebensoviele zusammengesetzte Pollenkörner entsprechen. Hierher nur:

Acacia Willdenow.

Die mit etwa 420 Arten durch die wärmeren Erdstriche, besonders in Afrika und Australien verbreitete Gattung Acacia umfasst die Mimosaceen mit polyandrischem, nicht röhrig-monadelphischem Androeceum. Die sehr kleinen, zu Köpfchen oder cylindrischen Ähren zusammengedrängten Blüthen (Fig. 319) führen einen glockigen, gezähnten oder gelappten Kelch und eine mehr oder weniger gamopetale Krone, innerhalb welcher meist mehr als 50 Staubblätter auf schlanken Fäden ihre äusserst kleinen, introrsen, mit Spalten sich öffnenden Beutel tragen, deren jeder gewöhnlich 8, paarweise je einem Pollensack entsprechende

1) Die Kammerung der Pollensäcke erinnert in gewissem Sinne an die auf Querfächerung beruhende Bildung der Gliederhülsen.

Kammern enthält, denen je eine Pollengruppe aus meist 16 Einzelkörnern entspringt. Jede Anthere erzeugt also typisch nur 8 zusammengesetzte Pollenkörper. Die ausserordentliche Menge der Staubblätter je einer Blüthe und noch mehr jedes Köpfchens oder jeder Ähre, welche wie bei Melaleuca durch die Stamina geradezu bürstenähnlich werden, hebt die Pollenarmuth der einzelnen Antheren auf. Am mannichfaltigsten, aber für die Vertheilung der Arten völlig belanglos, ist die Ausgestaltung der Früchte. Platte, cylindrische, gerade, gekrümmte, gewundene, holzige, lederige und häutige, aufspringende und nicht aufspringende, selbst gefächerte Hülsen kommen vor. Gewöhnlich enthalten sie mehrere, an langem und oft eigenartig gekrümmtem Funiculus aufgehängte Samen ohne Nährgewebe.

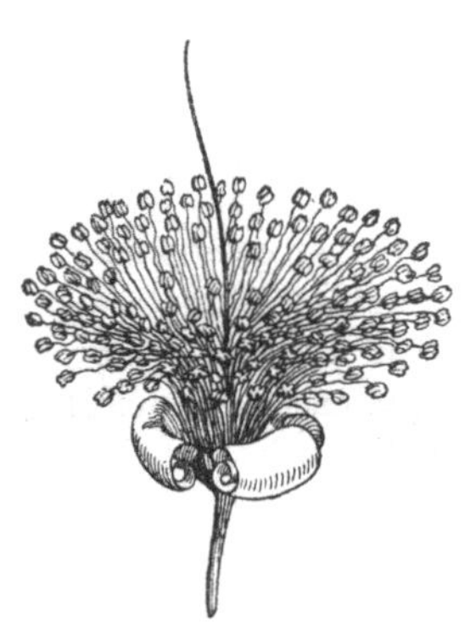

Fig. 319. Blüthe von Acacia Catechu. 5mal vergr. (Nach Baillon.)

Die Laubblätter der fast ausnahmslos baum- und strauchförmigen Arten sind typisch doppelt-paarig-gefiedert (Fig. 320) mit vielen Fiederblättchen. Bei den australischen Arten, die als Phyllodineae zusammengefasst werden, ist dagegen jedes Blatt durch den spreitenartig verbreiterten Blattstiel (ein Phyllodium) ersetzt. Die Nebenblätter fehlen entweder ganz oder sind klein, entwickeln sich aber bei den hier besonders interessirenden Gummiferen zu meist ansehnlichen, bis handlangen Dornen. Zu erwähnen sind:

1. *Acacia Catechu* Willd., ein bis 10 m hoher Baum mit reichästiger Krone und bis 30 cm langen, anfänglich aufrechten, später abstehend und bogig zurückgekrümmten Blättern, deren 8—30 Fiederpaare mit je 20—60 Paaren sitzender, linealischer, bläulich-grüner, nur 5 mm langer und 1 mm breiter Blättchen besetzt sind. Der Blattstiel trägt auf seiner Oberseite dicht unterhalb des ersten Fiederpaares eine schüsselförmige Drüse; eine solche entwickelt sich auch dicht unterhalb der obersten Fiedern. Die jüngeren Äste führen unterhalb der Blätter paarige Stacheln, welche jedoch nicht aus den Nebenblättern hervorgehen (weshalb diese und etwa 60 andere Arten zu der Gruppe Vulgares vereinigt werden). Die Blüthen bilden fingerlange, walzliche Ähren, welche zu 1—3 in Laubblattachseln stehen. Die breit linealischen, flachen Hülsen erinnern lebhaft an die „grünen Bohnen“. Sie öffnen sich 2-klappig, um die wenigen rundlichen, dunkelbraunen Samen zu entlassen.

Heimath des Baumes ist Ostindien und Ceylon. Synonyme sind *Mimosa Catechu* L. fil. und *Mimosa Sundra* Roxb.

2. *Acacia Suma* Kurz, ist ein Baum Ostindiens, welcher sich vom

vorigen durch stärkere Stacheln und aussen weisse Rinde unterscheidet. Synonym ist *Mimosa Suma* Roxb., vielleicht auch *Acacia Catechu* Schweinfurth.

Das schwere, dunkelrothe bis braune Kernholz der beiden genannten Arten wird in Ostindien zerkleinert und ausgekocht. Der eingedampfte Auszug bildet das schwarzbraun glänzende Catechu, dessen Abstammung die Ph. G. II. fälschlich auf Areca (vgl. S. 177) zurückführt.

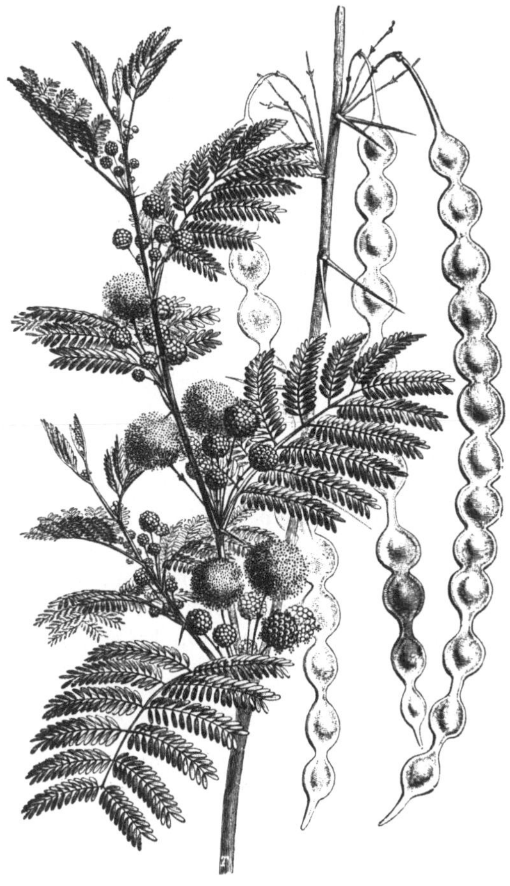

Fig. 320. Acacia arabica. (Nach Baillon.) 2/3 nat. Gr.

3. *Acacia Senegal* Willd., ein kleiner, bis 6 m hoher, oft aber strauchig bleibender Baum mit nur 3 bis 4 cm langen, 3—5-jochig gefiederten Blättern, deren Fiedern je 10—15 Paare kleiner, linealischer Blättchen tragen, während die gemeinsame Rippe (die Rhachis) ähnliche Drüsen trägt, wie die der Blätter von *Acacia Catechu*, zeichnet sich in der Gruppe der Vulgares dadurch aus, dass die kurzen, gekrümmten, glänzend schwarzen Stacheln zu dreien unter jedem Blatte sitzen (und zwar einer median, zwei seitlich unter den Nebenblättern). Die Blüthenstände sind stets länger als das laubige Tragblatt (bis 8 cm). Die breit linealischen, bis 11 cm langen Hülsen sind dünn-lederig und gelblich.

Die Heimath des Baumes sind die Wälder Senegambiens, namentlich am Nordufer des Senegal. Linné nannte die Pflanze deshalb *Mimosa Senegal.* Der Baum heisst aber dort „Verek", woher das Synonym *Acacia Verek* Guill. et Perrottet abzuleiten ist. Ähnlich wie unsere Kirschbäume bildet der Baum durch Desorganisation der Rinde das freiwillig austretende Gummi Arabicum Ph. G. II. 127. Die beste, weisse Sorte desselben wird von den im Nilgebiete wachsenden Bäumen gewonnen. Ein grosser Theil der Handelswaare stammt aber von anderen afrikanischen Arten, namentlich von denen, welche als Gummiferae vereinigt sind, und welche sich vor den Vulgares dadurch auszeichnen, dass ihre meist sehr grossen, oft handlangen Dornen aus den Nebenblättern hervorgehen. Es gehören hierher:

4. *Acacia arabica* Willd., Fig. 320, mit 6-jochig gefiederten Blättern und kugeligen, gelben Blüthenköpfchen. Die geraden, flachen Hülsen sind zwischen je zwei Samen eingeschnürt, bald filzig (*Acacia vera* Willd.), bald kahl (*Ac. nilotica* Del.). Heimath des Baumes sind die Nilländer, Ostafrika und Senegambien.

5. *Acacia fistula* Schweinf., in Nubien und Sennaar heimisch, mit sichelförmigen, eingeschnürten Hülsen, zeichnet sich durch lange, starke, am Grunde zwiebelig aufgeblasene und hier hohle und elfenbeinweisse Dorne aus. Synonym ist *Ac. Seyal* Del. var. *fistula*.

Sympetalae.

Nachdem wir vorangehend die formenreichste Unterklasse der Dicotylen, die Choripetalen mit ihren sechs Reihen (Juliflorae, Centrospermae, Aphanocyclicae, Eucyclicae, Tricoccae und Calyciflorae) kennen gelernt haben, bleiben nun noch die leichter zu übersehenden Sympetalen zu erörtern. Wie schon in der Einleitung auf S. 48 und auf S. 251 hervorgehoben wurde, liegt das unterscheidende Merkmal für die Sympetalen in der Verwachsung der Blumenblätter. Die Krone ist wenigstens am Grunde ringförmig geschlossen, oft aber weit hinauf röhrig, trichterförmig oder glockig verwachsen. Sie fällt nach dem Verblühen als ein Stück ab, und wurde deshalb von älteren Morphologen irrthümlich für ein einziges Blumenblatt gehalten. Daher begegnet man noch jetzt dem unpassenden Ausdrucke Monopetalae. Andere Forscher drückten die innige Verschmelzung der Kronblätter in dem Worte Gamopetalae (von γαμή, Ehe, und πέταλον, Blumenblatt) aus. Da aber Kronblätter keine Geschlechtsorgane sind, ihre Verwachsung also mit geschlechtlicher Vereinigung nichts zu thun hat, so soll hier der Name Sympetalae beibehalten werden.

Der Charakter liegt natürlich nicht allein in der Verwachsung der Kronblätter; denn abgesehen davon, dass eine solche ausnahmsweise auch einigen Choripetalen zukommt (man erinnere sich der *Acacia*-Arten und der Gruppe der Cusparieen unter den Rutaceen), finden sich auch Sympetalen mit getrenntblätteriger Krone (die ganze Familie der Pirolaceen, auch einige Plumbaginaceen). Die meisten Sympetalen sind Kräuter mit einfachen, netzaderigen Blättern. Die Blüthen sind meist 5-zählig, niemals polyandrisch und niemals polykarp. Das Androeceum ist beim Gros der Sympetalen haplostemon, während dem Rest ein normal diplostemones oder obdiplostemones Androeceum zukommt (vgl. S. 27 und die Diagramme Fig. 26—28). Die Zahl der Fruchtblätter ist bei allen diplostemonen und obdiplostemonen Sympetalen gleich der Zahl der Blumenblätter, also abgesehen von den wenigen 4-zähligen Formen stets 5. Die diplo- und obdiplostemonen Formen entsprechen also den Eucyclicae unter den Choripetalen. Sachs bezeichnete sie als Isocarpae im Gegensatz zu den haplostemonen Sympetalen, welche zum grösseren Theil nur zwei mediane, seltener drei und nur ausnahmsweise fünf Carpiden führen, und welche er deshalb Anisocarpae nannte. Mit Berücksichtigung dieser Verhältnisse vertheilen sich die Sympetalen auf drei Reihen:

I. **Obdiplostemones.** Hierher nur *Ericinae.*

II. **Diplostemones.** Hierher nur *Primulinae* und *Diospyrinae.*

III. **Haplostemones.** Hierher 6 Ordnungen, drei mit oberständigen Fruchtknoten: *Tubiflorae*, *Labiatiflorae* und *Contortae*; drei mit unterständigem Fruchtknoten: *Campanulinae*, *Rubiinae* und *Aggregatae.*

Gemeinsamer Charakter für alle ist durchweg cyklischer Bau der Blüthen; acyklische kommen gar nicht vor. Mit Ausnahme der wegen der unterständigen Fruchtknoten als epigyn zu bezeichnenden Campanulinen, Rubiinen und Aggregaten ist fast allen übrigen Sympetalen hypogyne Insertion von Krone und Staubblättern eigen. Fast durchgehends findet man aber, auch bei den epigynen Haplostemonen, dass die Staubblätter mit ihren Fäden mit der Krone verwachsen; sie erscheinen also der Krone eingefügt. Ausnahme von dieser Regel machen nur einige Ericinen, Primulinen (Fam. der Plumbaginaceen) und alle Campanulinen. Das Gros der Sympetalen reiht sich also den thalamifloren und calycifloren Choripetalen als die Corollifloren (vgl. S. 251) an.

I. Reihe. Obdiplostemones.

Da die Reihe nur eine einzige Ordnung umfasst, so kann man die Charakteristik der ersteren auf die in ihrem Namen liegende Eigenschaft beschränken: In den Blüthen bilden die Kronstamina den äusseren, die Kelchstamina den inneren Kreis, und die Fruchtblätter stehen über den Kronblättern. Für alle gilt also das Diagramm Fig. 27 und die Formel K 5, C (5) A 5 + 5, G (5).

Ericinae.

Blüthen aktinomorph, 5-zählig, seltener 4-zählig, und in allen Quirlen vollzählig entwickelt. Nur die Epacridaceen werden durch Abort der Kronstamina scheinbar haplostemon. Von den Familien kommen hier nur in Betracht:

Ericaceae.

Will man den Blüthencharakter der Familie in möglichster Kürze ausdrücken, so genügt die Angabe: Die Ericaceen sind die eucyklisch-obdiplostemonen Sympetalen, deren unterhalb des Fruchtknotens (hypogyn) eingefügte, völlig freie, auch nicht mit der Krone verwachsene Staubblätter die besondere Eigenheit zeigen, dass sie ihre Beutel mit je zwei Löchern (poricid) öffnen, um den aus zahlreichen Gruppen von je vier Pollenkörnern (aus „Tetraden") bestehenden Blüthenstaub zu entlassen. Im vegetativen Charakter stimmen fast alle Ericaceen darin überein, dass sie als ausdauernde, meist kaum kniehohe Sträucher mit einfachen, kleinen Laubblättern und meist reichblüthigen Trauben auffallen, da sie oft als Haidekräuter weiten Länderstrecken ein eigenartiges Gepräge verleihen. Ihre Wuchsform ist so charakteristisch, dass man geradezu von ericoiden Pflanzenformen spricht.

Zur Plastik der Ericaceenblüthe sei noch erwähnt, dass bei den typischen 5-zähligen Blüthen der normal orientirte, d. h. mit dem zweiten Blatte nach hinten gerichtete Kelch seine bald freien, bald mehr oder minder hoch verwachsenen Blätter in dachiger, klappiger oder offener Knospenlage entwickelt. Bei den nicht selten 4-zähligen Blüthen stehen die beiden äusseren Kelchblätter median[1]). Die Krone ist meist glockig, am Rande kurz gezähnt (so bei allen als Zierpflanzen beliebten, meist vom Cap stammenden *Erica*-Arten). Vorherrschend sind rosenrothe und weisse Kronen. Die Staubbeutel tragen häufig eigenartige Anhängsel, sterile Verlängerungen der beiden Thecae. Dadurch erscheinen die Antheren gehörnt, und hat sich daher die Bezeichnung Bicornes für alle Ericineen eingebürgert. Das Gynaeceum bildet einen entsprechend der Carpidenzahl gefächerten Fruchtknoten mit einfachem Griffel, dessen Narben in der Richtung der Verwachsungslinien der Carpiden, also über den Scheidewänden des Fruchtknotens stehen (sogen. „Commissuralnarben"). Die centralen Samenleisten sind mit vielen anatropen Samenanlagen bedeckt, welche zu sehr kleinen Samen mit fleischigem

---

[1]) Die nahe verwandten Rhodoraceen, die als Rhodoreae auch wohl zu den Ericaceen gestellt werden, zeigen die seltene Lobeliaceenstellung ihrer Blüthen (vgl. Fig. 150, S. 246). Zu ihnen gehören die Alpenrosen (*Rhododendron*-Arten) und die *Azalea*-Arten.

Nährgewebe und axilem Keimling werden. Von den Unterfamilien sind hier zu berücksichtigen:

I. **Vaccinieae.** Fruchtknoten unterständig, zur Beerenfrucht werdend.

II. **Ericeae.** Fruchtknoten oberständig, meist zur fachspaltigen Kapsel, nie zur Beere werdend.

Besprechung verdienen:

1. Vaccinium.

Die Gattung Vaccinium umfasst etwa 100 meist strauchige, der nördlich-gemässigten Zone angehörige Arten mit wechselständigen, lederartigen und meist kleinen Blättern. Die zu end- oder achselständigen Trauben vereinten Blüthen sind 4- oder 5-zählig, ihre Formel also bald K 4, C (4), A 4 + 4, G $\overline{(4)}$, bald K 5, C (5), A 5 + 5, G $\overline{(5)}$. Dem ungetheilten Kelch und der glockigen Krone folgen die meist völlig freien Staubblätter, deren Beutel am Scheitel in zwei gerade, an der Spitze mit einem Loche sich öffnende Röhren verlängert sind. Diese Röhren sind so charakteristisch, dass man die Vaccineen auch als Familie der Siphonandrae (von *σίφων*, Röhre und *ἀνήρ*, Mann, hier in Bezug auf die Staubbeutel) bezeichnete. Die unterständigen, nach der Zahl der Fruchtblätter gefächerten Fruchtknoten zeichnen die Vaccinieen vor allen Gliedern der Ericineenreihe aus. Der gerade, fast nadelförmige Griffel endet mit punktförmiger Narbe.

1. *Vaccinium Myrtillus* L., die allbekannte, in ganz Europa streckenweise fast ausschliesslich die Bedeckung des Wald- und Haidebodens bildende Heidel- oder Blaubeere, ist ein kahler, bis 30 cm hoher Strauch mit auffällig-scharfkantigen, grünen Aesten. Diese und die eiförmigen, spitzen, klein-kerbiggesägten, hellgrünen, lederig-häutigen, völlig ebenen Blätter unterscheiden die Pflanze von den verwandten Arten. Im Mai erscheinen die grünen, meist purpurn überlaufenen, gewöhnlich 5-zähligen, hängenden Blüthen einzeln oder zu zweien in den unteren Laubblattachseln der Frühjahrstriebe. Die schwarzen, blaubereiften Beeren (in Berlin Besinge, in Hamburg Bickbeeren genannt) werden allerwärts zu Markte gebracht. Getrocknet waren sie noch nach der Ph. G. I. officinell als Fructus s. Baccae Myrtilli. Sie dienen als Hausmittel gegen Durchfall.

2. *Vaccinium Vitis Idaea* L., die nicht minder weit verbreitete, ebenfalls weite Wald- und Haidestrecken überziehende Preissel- oder Kronsbeere, ist ein kaum handhoher Strauch mit runden Aesten und immergrünen, elliptischen oder verkehrt-eiförmigen, undeutlich-gekerbten, am Rande schwach rückwärts gerollten, fleischig-lederigen Blättern, deren glänzend dunkel-

grüne Oberseite auffällig gegen die hellgrüne, zerstreut schwarzpunktirte Unterseite absticht. Die 4-zähligen, am Ende vorjähriger Aeste eine nickende, gedrängtblüthige Traube bildenden Blüthen führen glockenförmige, porcellanweisse Kronen. Die scharlachrothen Beeren werden vielfach eingemacht. Die Blätter werden in manchen Gegenden gegen Husten, Durchfall und Steinleiden verlangt.

2. Arctostaphylos Uva Ursi Spr.

Die Gattung Arctostaphylos nimmt in vielen Beziehungen eine vermittelnde Stellung zwischen den Vaccinieen und Ericeen ein. Die zerstreut stehenden, lederigen und immergrünen Blätter erinnern an die ersteren, während der Blüthenbau sich mehr dem der Ericeen nähert. Die mittelgrossen, mit Deck- und Vorblättern versehenen, nickenden Blüthen bilden endständige Trauben oder Rispen. Sie führen einen 5-theiligen, bleibenden Kelch und eine kugelige, fast glockige, abfallende Krone mit 5 zurückgebogenen Lappen, welche die 10 Staubblätter völlig einschliesst. Die Staubbeutel sind sehr charakteristisch entwickelt (Fig. 321). Dicht unter dem Scheitel, an welchem sich jede Hälfte mit einem Loch öffnet, sind sie fast frei hängend dem unterwärts verbreiterten Staubfaden angeheftet, während sich nach rückwärts zwei pfriemliche (nicht wie bei *Vaccinium* hohle) Hörner abwärts krümmen. Im Gegensatz zu den Vaccinieen besitzt *Arctostaphylos* einen oberständigen Fruchtknoten, wie er für alle Ericeen charakteristisch ist, doch enthält er in jedem seiner 5 Fächer nur eine einzige, vom Scheitel herabhängende Samenanlage. Die reife Frucht erinnert wieder an die Beeren der Vaccinieen. Sie ist eine beerenähnliche Steinfrucht mit 5, je einen Samen umschliessenden Steinen, während den echten Ericeen trockene Kapseln eigen sind. Von den 15 bekannten, fast ganz auf Mexico und Californien beschränkten Arten ist nur eine in den Nadelwäldern und Haiden fast der ganzen nördlichen Erdhälfte, auch in Deutschland vorkommend, verbreitet:

Fig. 321. Arctostaphylos Uva Ursi. Links unten eine Blüthe vergrössert; rechts ein Staubblatt mit den charakteristischen Hörnern.

Arctostaphylos Uva Ursi Spr., die Bärentraube (Fig. 321), ein mit 30 cm bis 1 m langen, reich verzweigten Aesten rasig niederliegender Strauch mit immergrünen, verkehrt-eiförmigen, etwa 2 cm langen und 8 mm breiten, in einen noch nicht 3 mm langen Stiel verschmälerten Blättern. Für die am Ende breit gerundete, auch bisweilen in ein Spitzchen ausgehende, ganzrandige, oberseits glänzend dunkel-, unterseits blassgrüne Spreite ist die beiderseits eingedrückt-netzaderige Nervatur ein untrügliches Erkennungsmerkmal. Die bei uns im April und Mai erscheinenden Blüthen führen weisse Kronen mit abgerundeten, rosa Zähnen. Die glatten, rothen, erbsengrossen Steinfrüchte unterscheiden sich von den entfernt ähnlichen Preisselbeeren leicht durch das Vorhandensein des sie von unten her stützenden Kelches.

Die von den Blättern der Preisselbeeren durch die Nervatur, auch durch den Mangel der schwarzen Pünktchen auf der Unterseite leicht zu unterscheidenden Folia Uvae Ursi Ph. G. II. 117 s. Folia arctostaphyli ibid. 334 v. Herba uvae ursi ibid. 335 enthalten neben einem Glycosid, Arbutin, reichlich Gerbsäure. Ihr Aufguss wird gegen Blasenleiden angewandt. Sein Genuss bewirkt olivengrüne bis dunkelbraune Färbung des Harns, der an der Luft stehend schwarz wird.

Synonyme sind *Arctostaphylus officinalis* Wimm. et Grab., *Arct. procumbens* E. Meyer und *Arbutus uva ursi* L.

II. Reihe. Diplostemones.

Den Grundplan der zur Reihe der diplostemonen Sympetalen gehörigen Blüthen zeigt das Diagramm Fig. 26, welches als Normaldiagramm für alle Dicotylen angesehen werden kann, ähnlich wie Fig. 25 das Normaldiagramm für die Monocotylen darstellt. Die diplostemonen Sympetalen sind durch rein eucyclisch-fünfzählige Blüthen charakterisirt. Beachtenswerth ist hierbei besonders, dass in Folge der strengen Alternanz der Blüthenquirle die Fruchtblätter mit den Kelchblättern auf gleichem Radius stehen („episepal“ sind), während sie bei den obdiplostemonen Ericineen naturgemäss mit den Kronblättern gleiche Stellung haben (also „epipetal“ sind). Zweitens ist zu merken: Tritt bei den diplostemonen Sympetalen Abort im Androeceum ein, so wird stets der äussere (episepale) Staubblattkreis betroffen, die Blüthen sind dann scheinbar haplostemon, tragen aber die fruchtbaren Staubblätter über den Petalen. Zur Reihe gehören zwei Ordnungen:

I. **Primulinae**, mit freier Centralplacenta.
II. **Diospyrinae**, mit gefächertem Fruchtknoten.

Primulinae.

Die stets aktinomorphen Blüthen der Primulinen zeigen fast durchgängig die oben erwähnte Eigenthümlichkeit, dass der episepale

Staubblattkreis vollständig schwindet, seltener noch durch Drüsen, Schüppchen oder kronblattartige Staminodien angedeutet ist. Die fruchtbaren Kronstamina sind allgemein den hinterliegenden Petalen angewachsen. Bezüglich des Gynaeceums könnte man die Primulinen die Centrospermen unter den Sympetalen nennen. Die Fruchtknoten sind nie gefächert; die Samenanlagen sitzen an einer frei im Grunde sich erhebenden, oberwärts oft mit einer Spitze endenden Säule, welche bei einsamigen Formen auf den Funiculus der Anlage reducirt ist. Auf Grund dieser Verhältnisse gruppiren sich die Familien der Ordnung wie folgt:

I. Fruchtknoten mit vieleiiger Centralplacenta und einfachem Griffel:

1. **Primulaceae.** Frucht eine Kapsel.
2. **Myrsinaceae.** Frucht eine Beere.

II. Fruchtknoten mit nur einer grundständigen Samenanlage. Griffel völlig frei oder nur unterwärts verwachsen:

3. **Plumbaginaceae.** Frucht eine einsamige Kapsel.

Primulaceae.

Die mit etwa 250 Arten in der nördlichen Zone verbreitete Familie der Primulaceen zeichnet ihre Blüthen durch die in Fig. 151 angedeutete Orientirung aus, die man als Primulaceenstellung (vgl. S. 246) unterschieden hat. Grund zu dieser von der Regel abweichenden Stellung ist vielleicht das typische Fehlen der Vorblätter, deren Rolle die nach hinten convergirenden Kelchblätter 1 und 2 übernehmen, so dass das 4. Kelchblatt als unpaares median-hinten steht. Bei 4-zähligen Blüthen stehen die Kelchblätter 1 und 2 (wie sonst die Vorblätter) transversal.

Die Verwachsungsverhältnisse ändern mannichfaltig ab. Der Kelch ist bald sackartig-glockig, kurzgezähnt, bald tief eingeschnitten, bald bis auf den Grund getheilt. Ebenso ist die Krone bald mit langer, bald mit kurzer Röhre ausgestattet, auf deren Rande die freien Lappen der Kronblätter bald schüssel-, bald trichter-, bald tellerförmig aufsitzen. Beim Alpenveilchen (Cyclamen) schlagen sich die langen Zipfel an der nickenden Blüthe nach rückwärts. Die Staubbeutel sind stets innenwendig und öffnen sich mit Längsspalten. Der oberständige Fruchtknoten trägt einen einfachen, fadenförmigen Griffel. Er wird zu einer, vom bleibenden Kelch umhüllten oder gestützten vielsamigen Kapsel, die sich meist mit 5 epipetalen Zähnen am Scheitel öffnet. Bei Anagallis löst sich der obere Kapseltheil deckelartig ab (Deckelkapsel). Die Samen führen einen kleinen, im fleischigen oder hornigen Nährgewebe eingebetteten Keimling. Officinell war bis in neuere Zeit nur:

Primula officinalis Jacq.

Die Gattung Primula umfasst etwa 80, meist die höheren Gebirge bewohnende Arten, welche aus meist reichverzweigten Rhizomen grundständige Blattrosetten treiben, aus deren Mitte sich gewöhnlich ein nackter Blüthenschaft erhebt, welcher an seinem Ende eine von Hochblättern (Bracteen) gestützte Blüthendolde trägt. Jede der gestielten Blüthen führt einen röhrigen, oft aufgeblasenen, bleibenden Kelch, eine mit cylindrischer Röhre und schüssel- bis tellerförmigem Saume ausgestattete Krone, in deren Schlunde die epipetalen Staubblätter mit äusserst kurzem, freiem Faden eingefügt sind. Der kugelige oder eiförmige Fruchtknoten trägt auf dem Scheitel den fadenförmigen Griffel mit kopfiger Narbe. Die Kapsel öffnet sich mit 5, bisweilen sich nochmals spaltenden Zähnen, um die schildförmigen, mit concaver Bauchfläche der kugeligen oder kegelförmigen Centralplacenta ansitzenden Samen zu entlassen.

Primula officinalis Jacq., die bei uns im April und Mai auf trockenen Wiesen, an Wegrändern, in lichten Gebüschen und Wäldern häufig blühende Schlüsselblume, Fig. 322, treibt aus aufsteigendem, ziemlich fleischigem Rhizome grundständige Rosetten von eiförmigen, stark runzeligen, wellig-gezähnten, unterseits sammethaarigen, plötzlich in einen flachen, fast geflügelten Stiel verschmälerten Blättern, welche in der Knospenlage deutlich rückwärts gerollte Ränder zeigen. Der blattlose, meist mehr als handhohe Blüthenschaft trägt zahlreiche Blüthen in verschiedenem Entwickelungsstadium. Zwischen den aufrechten, entfalteten Blüthen hängen die nicht entfalteten an gekrümmten Stielen. Aus dem aufgeblasenen, 5-kantig-glockenförmigen, weisslich sammethaarigen Kelche ragt die dottergelbe, am Schlunde mit 5 orangefarbenen Flecken gezeichnete Krone mit schüsselförmigem (nicht flach ausgebreitetem) Saume hervor.

Fig. 322. Primula officinalis.

Gebräuchlich waren die Flores Primulae s. Paralyseos als „Brustthee".

Synonym zu *Primula officinalis* Jacq. ist *Pr. veris* L. var. *α*.

Beachtenswerth ist bei *Primula officinalis* die Erscheinung, dass Blüthen verschiedener Stöcke in zweierlei Form auftreten. Bei der langgriffeligen Form schneidet die Narbe etwa mit dem Schlunde der Krone ab, während die Staubbeutel in mittlerer Höhe einer schwachen Erweiterung der Kronröhre eingefügt sind. Bei der kurzgriffeligen Form reicht der Griffel nur bis zur halben Höhe der Röhre, seine Narbe steht also in der mit der Staubbeutelinsertion der langgriffeligen Form correspondirenden Entfernung vom Blüthenschlunde, der bei der kurzgriffeligen Form zur Aufnahme der Staubbeutel becherförmig erweitert ist. Man bezeichnet solche Zweigestaltigkeit (solchen „Dimorphismus") der Blüthen als Heterostylie. Sie kommt vielen Primulaceen, aber auch Arten anderer Familien zu; man erblickt darin eines der Mittel, durch welches die Selbstbestäubung (Befruchtung der Samenanlagen durch den Pollen der nämlichen Blüthe) verhindert, die Wechselbestäubung (Befruchtung der Samenanlagen durch den Pollen einer Blüthe eines anderen Stockes) zur Erzeugung einer lebenskräftigeren Nachkommenschaft begünstigt wird.

Diospyrinae.

Die Diospyrinen weichen von den Primulinen wesentlich nur im Bau des Gynaeceums ab. Während den Primulinen durchweg ungefächerte Fruchtknoten mit freier Centralplacenta eigen sind, besitzen die Diospyrinen normal gefächerte Fruchtknoten. Im Androeceum sind gewöhnlich beide Staubblattkreise entwickelt, obwohl auch hier die Kelchstamina manchmal staminodial (unfruchtbar) bleiben. Die Diospyrinen sind vorwiegend tropische Holzgewächse. Hierher:

I. **Sapotaceae**. Blüthen zweigeschlechtig, Staubblätter der Krone eingefügt. Fruchtknoten oberständig, mit nur einer Samenanlage in jedem Fach.

II. **Ebenaceae**. Blüthen dioecisch, Staubblätter nicht der Krone angeheftet. Fruchtknoten oberständig, mit zwei Samenanlagen in jedem Fach.

III. **Styracaceae**. Blüthen zweigeschlechtig, Staubblätter der Krone eingefügt, wie bei den Sapotaceen, aber die wenigen Fruchtknoten halb oder ganz unterständig.

Sapotaceae.

Die etwa 330 tropische Baum- und Straucharten umfassende Familie der Sapotaceen zeigt im Diagramm und in der Plastik der 2-geschlechtigen, aktinomorphen Blüthen eine Menge von Abänderungen, auf welche hier nicht im Einzelnen eingegangen werden soll. Durchgehends fehlen den Blüthen die Vorblätter, doch ist die Orientirung des bei 5-zähligen Formen quincuncial deckenden Kelches nicht bekannt. Bei den nicht selten 4-, 6-, selbst 8-zählig auftretenden Blüthen bilden die Kelchblätter zwei gesonderte Kreise. Am meisten schwankt der Bau des Androeceums. Im einfachsten Falle gleicht er dem von Primula, ist dann also scheinbar haplostemon. Häufiger ist aber der episepale Staubblattkreis durch staminodiale Schuppen vertreten, und bei der hier besonders interessirenden Gattung Isonandra (Dichopsis) sind beide Staubblattkreise normal entwickelt. Nahezu gilt für alle Sapotaceen extrorse Staubbeutelstellung. Der oberständige, den einfachen Griffel tragende Fruchtknoten wird zu einer Beere. Hierher:

Dichopsis Gutta Benth. et Hook.

Die Gattung Dichopsis umfasst etwa 30 tropisch asiatische, meist Ceylon und die malayischen Inseln bewohnende, milchsaftreiche Bäume mit lederigen, unterseits gelb- oder rostfilzigen Blättern und in den Achseln diesjähriger oder über der Narbe abgefallener, vorjähriger Blätter büschelig gehäuften Blüthen, deren Formel K (6), C (6), A 6 + 6, G $\underline{(6)}$ ist. Die extrorsen Staubbeutel krönt ein spitzer, stumpfer, ausgerandeter oder zweispaltiger Connectivfortsatz. Der zottig behaarte Fruchtknoten wird zu einer durch Abort meist einsamigen Beere.

Dichopsis Gutta Benth. et Hook., Fig. 323, ist ein bis 13 m hoher Baum der malayischen Inseln mit rostroth-behaarten Zweigen und verkehrt eiförmig-länglichen, ganzrandigen, fiedernervigen, in einen Stiel verschmälerten, unterseits goldgelb glänzenden Blättern. Die auf kurzen Stielen fast nickenden Blüthen zeigen einen glockigen, stumpflappigen, goldglänzenden Kelch und eine auf kurzer Röhre ihre Lappen fast radförmig ausbreitende Krone, welche von den Staubblättern und dem Griffel überragt wird. Die fast kugelige, vom bleibenden Kelch gestützte Beere wird durch Abort von vier der sechs Samenanlagen meist 2-samig.

Fig. 323. Dichopsis Gutta.

Synonym ist *Isonandra Gutta* Hook., doch rechnet man zu Isonandra neuerdings nur die Arten mit 4-zähligen Blüthen, deren Formel also K (4), C (4), A 4 + 4, G $\underline{(4)}$ ist.

Der aus Rindeneinschnitten reichlich ausfliessende, zu einer schwammigen Masse erhärtende Milchsaft bildet die wie Kautschuk verwendete Gutta percha, welche als Percha lamellata Ph. G. II. 207 officinell ist. In Chloroform gelöst bildet sie das Collodium vertretende Traumaticin. Besonders präparirte weisse Gutta percha wird in Stangen in Wasser aufbewahrt und dient, da sie in heissem Wasser leicht knetbar wird, als Zahnkitt.

Ausser *Dichopsis Gutta* sollen noch viele andere Dichopsis-Arten, auch Arten der Sapotaceengattung Payena [deren Formel K 4, C (8) A 8 + 8, G $\underline{(8)}$] u. v. a. Gutta percha liefern. Die Ph. G. II. giebt auch die von Bentham und Hooker in die Gruppe der Crotoneen gestellte Euphorbiaceengattung Ceratophorus Sond. (= Gelonium Roxb., Erythrocarpus Blume) als Percha liefernd an.

Mit Uebergehung der Ebenaceae, zu welchen die in der Kunsttischlerei verwertheten Ebenholzbäume (Arten der Gattung Diospyros) gehören, wenden wir uns zur Familie der

Styracaceae.

Die aktinomorphen, zweigeschlechtigen, ohne Vorblätter zu achsel- oder endständigen, einfachen oder zusammengesetzten Trauben vereinten Blüthen der Styracaceen sind typisch 5-zählig nach der Formel K (5), C (5), A 5 + 5, G (5) oder (3). Dem 5-lappigen oder 5-zähnigen Kelche folgt die glockige bis fast radförmige Krone, welcher die beiden Kreise des Androeceums mit verflachten oder röhrig-verwachsenen Fäden eingefügt sind[1]). Die introrsen Antheren öffnen sich mit Längsspalten. Charakteristisch ist der halb- oder ganz unterständige Fruchtknoten mit einfachem Griffel. Seine Scheidewände hängen im Centrum meist nur lose zusammen, so dass die Fruchtknotenhöhle fast nur gekammert ist. Wenige (meist 1 oder 2) anatrope Samenanlagen hängen im Innenwinkel jedes Faches und werden zu Samen mit fleischigem oder hornigem Nährgewebe. Die Frucht ist meist eine Beere oder Steinfrucht; bei der hier besonders interessirenden Gattung Styrax, welcher die Familie ihren Namen verdankt, ist das Perikarp ausnahmsweise trocken und öffnet sich dreiklappig.

Von den etwa 220, dem wärmeren Asien, Australien und Amerika angehörigen, durchweg baum- oder strauchartigen Gliedern der Familie ist nur zu besprechen:

Styrax Tournefort.

Für die Blüthen der Gattung Styrax sind charakteristisch der glockige, gestutzt 5-zähnige Kelch, tief 5-theilige, fast freiblätterige Kronen mit länglichen, aufrecht spreizenden Lappen und 10, dem Kronengrunde eingefügte, oft mehr oder minder hoch röhrig verwachsene Staubblätter. Der fast völlig oder ganz oberständige Fruchtknoten ist in der Jugend unvollkommen dreifächerig, wird aber später durch das Auseinanderweichen der die Samenanlagen an ihren Rändern tragenden Scheidewände einfächerig. Da ferner die Samenlagen bis auf eine abortiren, so wird die vom harten Perikarp umschlossene Frucht einsamig. Der mit krustiger oder harter Schale ausgestattete Same sitzt mit breiter Nabelfläche (wie etwa der Same der Rosskastanien) im Grunde der von ihm völlig ausgefüllten Fruchthöhle. Das Perikarp öffnet sich gewöhnlich 3-klappig, bleibt aber auch bei manchen Arten geschlossen, während es bei anderen bis auf das Endokarp hin fleischig wird, und dann öffnet sich das Endokarp 3-klappig.

---

[1]) Die Gattung Symplocos ist eine der verschwindend wenigen unter den Sympetalen, welchen ein aus vielen Kreisen gebildetes, polyandrisches Androeceum eigen ist.

Von den etwa 60 Arten, die sich auf die Tropengebiete Asiens und Amerikas beschränken, ist nur officinell

Styrax Benzoïn Dryander, der Benzoë-Storaxbaum, ein mittelhoher Baum Javas und Sumatras mit mannsdickem Stamme und schöner Krone. Die von bräunlichem Steinhaarfilz bedeckten Zweige tragen auf kurzen, rostfilzigen Stielen die bis 11 cm langen und $4^1/_2$ cm breiten, eiförmig-länglichen, zugespitzten, geschweift-ganzrandigen, oberseits schwach glänzenden, kahlen, unterseits dicht weissfilzigen Spreiten. Die aus etwa 4 cm langen Trauben rispig zusammengesetzten Blüthenstände sind wie die schwach 5-zähnigen Kelche weissfilzig. Die in der Knospe klappigen, lanzettlichen Kronblätter sind aussen silberweiss seidenhaarig, innen (wie der Kelch) rothbraun und kahl. Die Staubblätter sind deutlich röhrig verwachsen (Fig. 324), ihre freien Fadentheile zerstreut sternhaarig, wie die Röhre braunroth. Die schmalen Antherenfächer sind gelb. Der weisslich-zottige Fruchtknoten führt in jedem der nur unterwärts geschlossenen Fächer etwa 6 zweireihig-aufsteigende Samenanlagen. Er wird zur gedrückt kugeligen, holzigen, nicht aufspringenden, runzeligen, graubraunen Frucht, welche nur einen röthlich-kastanienbraunen, mit sechs helleren Längsstreifen gezeichneten Samen enthält.

Fig. 324. Blüthe von Styrax Benzoïn. (Nach Luerssen.) Etwa 3mal vergr.

Synonyme sind *Laurus Benzoïn* Houtt. und *Benzoïn officinale* Hayne. Dass die Pflanze mit den Lauraceen gar nichts gemein hat, braucht kaum betont zu werden.

Die Rinde des Baumes ist reich an einem aus Rissen und Einschnitten in beträchtlicher Menge ausfliessenden, weisslichen, an der Luft erhärtenden Harze, welches in braun und weiss marmorirten, vanilleartig riechenden Stücken in den Handel kommt und die Benzoë Ph. G. II. 40 s. Resina benzoës ibid. 340 darstellt. Durch vorsichtige trockene Destillation giebt es die in gelblichen Plättchen sich absetzende, im Harze bereits vorgebildete Benzoësäure, Acidum benzoïcum Ph. G. II. 5, welche zu Tinct. Opii benzoïca Ph. G. II. 283 Verwendung findet. Tinctura Benzoës Ph. G. II. 273 ist ein alkoholischer Auszug des Harzes, der häufig als Bestandtheil von Mund- und Schönheitswässern verwendet wird.

Styrax officinalis L., der nicht officinelle Storaxbaum, mit ovalen, ganzrandigen, unterseits weissfilzigen Blättern und zu endständigen, nickenden, armblüthigen Trauben vereinten, weissen Blüthen und filzigen, grünen Steinfrüchten, liebt die felsigen Orte der östlichen Mittelmeerländer (bis nach Dalmatien hin). Er lieferte früher Storax, betreffs dessen man die Note auf S. 418 vergleiche.

III. Reihe. Haplostemones.

Für die vorangehend besprochenen drei Ordnungen der Sympetalen war der 5-zählige Grundplan mit zwei Staubblattkreisen charakteristisch. Alle scheinbar davon abweichenden Blüthenformen lassen sich mit Leichtigkeit auf jenen Typus zurückführen, um so leichter, als sich mit ihm fast ausnahmslos die Isokarpie des Gynaeceums verbindet. Im Gegensatz hierzu stimmen alle sechs übrigen Ordnungen der Sympetalen in dem Merkmale überein: Sie führen nur **einen einzigen Staubblattkreis**, an welchen sich ein typisch **anisokarper Fruchtblattkreis** anschliesst. Man gewöhne sich daher, diesen Charakter mit dem Sinne des Wortes Haplostemones zu verbinden, obwohl in ihm (von *ἁπλοῦς*, einfach, und *στήμων*, Staubblatt abgeleitet) nur der Charakter des Androeceums ausgedrückt ist. Da nun auch hier, wie überhaupt bei den Dicotylen, fünfzählige Blüthen an der Regel sind, so lässt sich der oben betonte Charakter auch so fassen: Bei den das Gros der Sympetalen ausmachenden sechs Ordnungen der Haplostemonen sind Blüthen mit vier Kreisen typisch. Es folgen im Wechsel 5 Kelchblätter, 5 verwachsene Kronblätter, 5 episepale Staubblätter und weniger als 5 (meist 2 oder 3) Fruchtblätter. Auf das Sinken der Zahl der Fruchtblätter bezieht sich der oben gewählte Ausdruck anisokarp (von *ἄνισος*, ungleich, hier als Gegensatz zu der unter sich gleichen Zahl der Kelch-, Kron- und Staubblätter, und *καρπός*, Frucht, hier Fruchtblatt). Zieht man aber noch das ausnahmsweise Vorkommen von 5 Fruchtblättern (Isokarpie) in Rücksicht, dann ergiebt sich als Gedächtnissanhalt die Formel:

K 5, C (5) A 5, G (2—5).

Für die Plastik der Haplostemonenblüthe gilt fast durchweg die corolliflore Insertion des Androeceums, d. h. die Staubblätter sind meist der Krone angewachsen. Bezüglich des Gynaeceums merke man sich, dass die drei ersten Ordnungen, **Tubiflorae, Labiatiflorae** und **Contortae**, durch oberständige Fruchtknoten, also hypogyne Insertion von Kelch, Krone und Androeceum, die drei letzten Ordnungen, **Campanulinae, Rubiinae** und **Aggregatae,** durch unterständige Fruchtknoten, also epigyne Insertion von Perianth und Androeceum, ausgezeichnet sind. Wir betrachten hier zuerst die

Tubiflorae.

Die Tubifloren sind unter den hypogyn-haplostemonen Sympetalen durch die strenge Regelmässigkeit im Aufbau ihrer Blüthen ausgezeichnet. Zygomorphie kommt nur in Ausnahmefällen, häufiger (in der ganzen Familie der Solanaceen) versteckt vor, prägt sich aber gewöhnlich nicht oder doch nur schwach in den drei äusseren Blüthenkreisen, namentlich nicht in der Krone aus. Regel ist, dass die Kronblätter hoch hinauf verwachsen, wodurch die Krone wenigstens im unteren Theile auffällig röhrig („tubulös") erscheint, auf welche Erscheinung der Name „Tubiflorae" hinweisen soll. Besonders hervorzuheben ist, dass die der Krone angehefteten Staubblätter vollzählig entwickelt sind. Typisch sind zwei Fruchtblätter. In Betracht kommen hier:

1. **Convolvulaceae.** Windengewächse mit gedrehter Krone und meist 2-fächerigem Fruchtknoten. Nur zwei Samenanlagen in jedem Fach.
2. **Asperifoliaceae.** Rauhblätterige Gewächse mit verschiedener Kronendeckung. Höchst charakteristisch ist der Zerfall der beiden Fruchtblätter in vier Theilfrüchte (Klausen). Vgl. S. 484.
3. **Solanaceae.** Narkotisch-giftige Gewächse mit verschiedener Kronendeckung. Charakteristisch ist die durch Schiefstellung der Fruchtblätter bedingte versteckte Schrägzygomorphie der im übrigen meist aktinomorphen Blüthen. Die Fruchtblätter schliessen stets zu einem vieleiigen Fruchtknoten zusammen.

Convolvulaceae.

Die Convolvulaceen sind durch rein aktinomorphe, 5-zählige Blüthen seitlichen Ursprungs ausgezeichnet. Den beiden transversalen, oft grossen und bleibenden Vorblättern folgt der normal quincunciale Kelch (Fig. 325) und die in der Knospenlage constant rechtsgedrehte Krone mit eigenartiger Längsfaltung. Letztere geschieht so, dass von jedem Kronblatt nur ein in Farbe, Behaarung etc. markirter Mittelstreif äusserlich sichtbar bleibt, während sich der rechte Rand jedes Kronblattes scharf nach innen faltet. Den introrsen Staubblättern folgt gewöhnlich ein intrastaminaler Discus, dann die beiden zum oberständigen, zweifächerigen Fruchtknoten verwachsenen Fruchtblätter in Medianstellung (vgl. die Regel S. 256). Jedes Fruchtfach enthält zwei aufrechte, anatrop-apotrope Samenanlagen, welche in der zur Kapsel oder Beere werdenden Frucht zu Samen mit häutiger Schale, fleischigem Nährgewebe und grossem, gekrümmten

Fig. 325. Grundriss der Convolvulaceenblüthe. Kelch normal orientirt, Krone rechts gedreht. Rings um den 4-eiigen Fruchtknoten ist der schraffirt gezeichnete intrastaminale Discus angedeutet. (Nach Eichler.)

Keimling mit laubigen, gefalteten Keimblättern werden. Officinell ist nur noch

Ipomoea Purga Hayne.

Die mit nahezu 400 Arten fast ausschliesslich den Tropen angehörige Gattung Ipomoea bringt den Typus der Familie in gleicher Reinheit wie die bei uns heimische Gattung Convolvulus zum Ausdruck. Fast alle Arten sind linkswindende Gewächse (vgl. Fig. 41,b) mit wechselständigen, meist ungetheilten Blättern, in deren Achseln sich einzelne, ansehnliche, seltener durch Sprossung aus den Vorblättern dichasisch vereinte Blüthen entwickeln. Den fünf, die Frucht später aufrecht umschliessenden Kelchblättern folgt gewöhnlich die grosse, trichter- oder glockenförmige, meist purpurne, scharlachrothe oder blaue, selten weisse Krone mit breit 5-lappigem Saume. Am charakteristischsten ist für die Gattung der Bau des Gynaeceums. Jedes der beiden Fruchtfächer wird durch eine von unten her sich zwischen die beiden Samenanlagen einschiebende Leiste, eine „falsche Scheidewand" getheilt, so dass der Fruchtknoten im unteren Theile entsprechend der Zahl der Samenanlagen vierfächerig wird. Der fadenförmige Griffel endet mit kugeliger oder zweiknopfiger, nicht wie bei Convolvulus in zwei deutliche Schenkel gespaltener Narbe. Die kugelige, häutige oder lederige Kapsel öffnet sich meist wie bei unserer Ackerwinde vom Scheitel her 4-klappig, um die grossen Samen zu entlassen.

Ipomoea Purga Hayne, die Jalape oder Jalapenwinde, ist eine ausdauernde Art der Ostabhänge der mexikanischen Anden. Aus der über faustgrossen, fast kugeligen, weissfleischigen, in ein schwanzartiges, nur unterwärts verzweigtes, hin- und hergekrümmtes Ende auslaufenden Knollenwurzel treiben mehrere bis 3 m hoch windende, meist roth überlaufene Stengel aus, welche auf langen Stielen die breit herzförmigen, ganzrandigen, kahlen, unterseits purpurnen Spreiten tragen. Dicht am oberen Wurzelscheitel entspringen aus Niederblattachseln unterirdisch horizontal kriechende Ausläufer, welche stellenweise anschwellen und dadurch Veranlassung zur Bildung neuer Knollen geben, welche im Gegensatz zu der grösseren Mutter- oder Hauptknolle als Nebenknollen bezeichnet werden. Die einzeln oder dichasisch zu dreien in den Blattachseln sitzenden, gestielten Blüthen setzen mit kleinen, eiförmigen Vorblättern ein. Von den eiförmig-länglichen, gerundeten Kelchblättern sind die inneren länger als die äusseren. Die purpurrothe Krone besteht aus der etwa 5 cm langen, oben schwach bauchigen Röhre und dem etwa 7 cm breiten, tellerförmigen, kurzlappigen Saume. Die auf geraden, ungleich langen Fäden stehenden Staubbeutel ragen etwas über den Schlund der Krone hervor. Der kegelförmige Fruchtknoten erhebt sich auf ganzrandigem, intrastaminalen Discus.

Officinell sind als Tubera Jalapae Ph. G. II. 292 s. Radix Jalapae Ph. G. II. 339 die ohne Rücksicht auf die Jahreszeit eingesammelten, milchsaftreichen Knollen, welche zum Theil behufs leichteren Trocknens mit Längseinschnitten versehen oder in Stücke gespalten werden. Ein Theil der Handelswaare wird über Feuer getrocknet. Präparate sind Resina Jalapae Ph. G. II. 226, Pilulae Jalapae Ph. G. II. 210 und Sapo jalapinus Ph. G. II. 233. Arzneilich wirksam ist das im Jalapenharz enthaltene Convolvulin, ein vortreffliches Purgirmittel.

Zum Studium der Familie empfiehlt sich die bei uns allerwärts vorkommende Ackerwinde, *Convolvulus arvensis*. Die Pflanze milcht wie die Ipomöen, zeigt die charakteristische Rechtsdrehung der Krone und die Linkswindung der Stengel. Im Wuchse ist ihr die nur in allen Theilen robustere *Convolvulus Scammonia* L. der östlichen Mittelmeerländer ähnlich, deren bis 2 m lange, 4—6 cm dicke, stark milchende, innen gelbliche Wurzel als Radix Scammoniae officinell war. Sie lieferte das zum Theil noch angewendete „Scammonium", Resina Scammoniae s. Gummi-resina Scammonium.

Asperifoliaceae.

Wenn die pharmaceutisch völlig belanglos gewordene Familie der Asperifoliaceen hier nicht übergangen wird, so hat dies verschiedene Gründe. Zuvörderst ist die Familie trotz ihrer etwa 1200 über die ganze Erde verbreiteten Arten eine der natürlichsten und am schärfsten begrenzten im ganzen Pflanzenreich, eine Thatsache, welche ihre Erklärung darin findet, dass der morphologische Aufbau sowohl der Vegetationsorgane als auch der Blüthen so beachtenswerthe Eigenheiten zeigt, dass schon aus diesem Grunde die Kenntniss der Familie unabweislich wird. Überdies aber sind bei uns viele und aller Orten vorkommende Arten vertreten, die selbst der Laie beim ersten Anblick als verwandt erkennt — man erinnere sich der Vergissmeinnicht-Arten —, und obenein bahnt die Betrachtung der Familie die Kenntniss der folgenden in trefflicher Weise an.

Fig. 326. Diagramm der Asperifoliaceenblüthe. α und β die Vorblätter. In der Achsel von β ist die Wickelverzweigung durch einen Haken angemerkt. An der Krone sind die Schlundschuppen angedeutet. (Nach Eichler.)

Die Asperifoliaceenblüthe stimmt im diagrammatischen Aufbau völlig mit dem Convolvulaceentypus überein. Wir begegnen auch hier der 2-geschlechtigen, 5-zähligen, haplostemonen Blüthe mit zwei medianen Fruchtblättern, welche im Ganzen nur vier Samenanlagen (2 auf jedes Carpell kommend) erzeugen (Fig. 326). Wesentlich anders ist die Plastik der ganzen Blüthe. Typisch ist sie rein aktinomorph. Dem bleibenden, oft nur am Grunde schwach röhrigen, normal orientirten

Kelche folgt die unterwärts meist eine cylindrische Röhre bildende Krone, deren anfänglich gewöhnlich dachige, niemals wie bei den Convolvulaceen faltig-gedrehte Saumlappen sich später glocken-, trichter- oder radförmig ausbreiten. Im Kronenschlunde sind die 5 episepalen Staubblätter der Kronenröhre eingefügt. Mit ihnen wechseln häufig sogenannte Schlundanhänge oder Schlundklappen ab, welche man leicht als nach innen gerichtete Einstülpungen der Kronenröhre erkennt. An der Aussenseite der Krone entspricht der Einstülpung eine taschenartige Vertiefung; die Schlundanhänge sind also wie ein Handschuhfinger hohl. Gewöhnlich überdecken sie die nicht über dem Kronensaum erscheinenden Staubblätter, zeichnen sich auch oft durch abweichende Färbung und besondere Beschaffenheit aus. (Beim Vergissmeinnicht, *Myosotis*, heben sich die gelben Schlundanhänge zierlich von dem himmelblauen Kronensaume ab.)

Höchst charakteristisch ist für die ganze Familie der Bau des Gynaeceums. Wie bei den Convolvulaceen begegnen wir zwei medianen Fruchtblättern mit je zwei, in Summa also mit vier Samenanlagen. Nun faltet sich jedes Fruchtblatt in der Medianebene, mithin vom Rücken her so gegen das Blüthencentrum ein, dass die beiden Samenanlagen in jedem Fache völlig von einander getrennt werden, und da sich überdies die beiden Fruchtblätter in ihrer Verwachsungsebene, also in der Transversalebene durch eine tiefe Furche gegen einander abgrenzen, so zerfällt der ganze Fruchtknoten entsprechend der Zahl und Stellung seiner Samenanlagen in vier diagonal orientirte Theilfruchtknoten, deren jeder aus einem halben Fruchtblatt besteht, dessen Höhlung von der Samenanlage völlig ausgefüllt wird. Die Fruchtblatthälften schmiegen sich also allseitig der zugehörigen Samenanlage an. Die Einschnürung der Fruchtknoten bedingt zugleich eine eigenthümliche Stellung des stets einfachen Griffels. Derselbe sinkt gleichsam im Mittelpunkte der Blüthe zwischen die vier Theilfruchtknoten ein, so dass diese ganz frei rings um die Griffelbasis gruppirt erscheinen. Man nennt derartige an der Fruchtknotenbasis inserirte Griffel gynobasisch (vgl. hierzu Fig. 341, 4). Zur Zeit der Fruchtreife wird jeder Theilfruchtknoten zu einem Theilfrüchtchen, welches aus einem von häutiger Schale bedeckten Samen und der dem halben Fruchtblatt entsprechenden Fruchtschale besteht. Man nennt ein solches Theilfrüchtchen eine Klause. Da sich die Fruchtschale nicht von dem Samen trennt, so ist die Klause eine Art Schliessfrucht, die auch wohl oft als Nüsschen bezeichnet wird, weil die Fruchtschale nicht selten äusserst hart wird. Die Klausenbildung der Asperifoliaceen kehrt im ganzen Pflanzenreiche nur bei einer grösseren Familie, den weiterhin zu besprechenden Labiaten, wieder, doch grenzen sich die Asperifoliaceen von diesen scharf durch den Charakter der Samenanlagen ab. Die Samenanlagen der Asperifoliaceen sind zwar bald horizontal, bald schwach aufsteigend, bald aufrecht inserirt, doch sind sie stets **epitrop**-anatrop gekrümmt, während sie bei den Labiaten umgekehrt, **apotrop**-anatrop gekrümmt sind. In beiden Familien führt übrigens, wie bei fast allen Sympetalen, die Samenanlage nur ein Integument.

Ein wichtiges Kennzeichen der Asperifoliaceen bilden die meist traubig oder rispig angeordneten Blüthenzweige. Jeder derselben endet mit einer Gipfelblüthe (Primanblüthe), welcher zwei Vorblätter, das tiefer eingefügte α-Vorblatt und das höher eingefügte β-Vorblatt, vorangehen. In der Achsel jedes Vorblattes der Primanblüthe entwickelt sich eine Seitenblüthe (Secundanblüthe), so dass ein Dichasium nach dem Schema Fig. 39, 1a angelegt wird. In der Mehrzahl der Fälle führt nun jede Secundanblüthe wieder ihr β-Vorblatt, aus dessen Achsel wieder eine Blüthe mit ihrem β-Vorblatt hervorsprosst u. s. f. Es bildet sich hierdurch in der Achsel jedes Vorblattes ein Sprosssystem, eine Blüthenreihe aus, welche auf S. 36 als Wickel bezeichnet wurde und deren Förderung, wie gewöhnlich, aus den β-Vorblättern geschieht. Auf S. 289 haben wir diese eigenartige Verzweigung als Caryophyllaceen-Typus bereits kennen gelernt. Die Doppelwickeln der Asperifoliaceen sind gewöhnlich dadurch ausgezeichnet, dass jede Wickel an ihrer Spitze, wo die Neubildung der Blüthen lange fortdauert, schneckenartig eingerollt ist. Diese Einrollung hat wohl die Bezeichnung „Wickel" herbeigeführt. Die Blüthenentfaltung schreitet von unten nach oben fort, wobei sich die Wickel allmählich entrollt. Niemals blühen alle Blüthen der Wickel gleichzeitig auf. (Für die Beobachtung empfehlen sich namentlich unsere Vergissmeinnicht-Arten.) Als Kennzeichen der Wickelbildung beachte man besonders die Stellung der Vorblätter. Da dieselben abwechselnd rechts und links stehen, so bilden sie zwei seitliche Reihen, in welcher jedes jüngere Vorblatt vom nächst älteren von hinten her überdeckt wird (oberschlächtige Deckung). Da aber ferner die Wickelspitze eingerollt ist, so rücken die Vorblätter mehr oder weniger deutlich auf die Rückenseite des Sprosses, während die Bauchseite frei bleibt. Goebel nennt deshalb die Asperifoliaceenwickel dorsiventrale Blüthensprosse.

Im vegetativen Aufbau ist noch ein Punkt von Wichtigkeit. Es ist eine bei den Asperifoliaceen häufige Erscheinung, dass die Zweige mit ihrem Deckblatt oder der Seitenzweig mit dem Hauptspross (seinem Muttersspross) verwächst. Beide Vorkommnisse stellen Fig. 327 und Fig. 328 dar. Im ersten Falle erscheint das Deckblatt wie ein höher inserirtes Blatt seines Achselsprosses (so verhalten sich oft die β-Vorblätter in den Doppelwickeln); im zweiten

Falle rückt der Achselspross von seinem Tragblatte soweit fort, dass er entweder als „extraaxillärer“ Seitenspross oder als „blattgegenständiger“ Spross gegenüber einem Blatte des Muttersprosses erscheint. Man nennt solche durch Anwachsen bedingte Verschiebung der Organe eine Metatopie. (Metatopie des Tragblattes, Metatopie des Achselsprosses.)

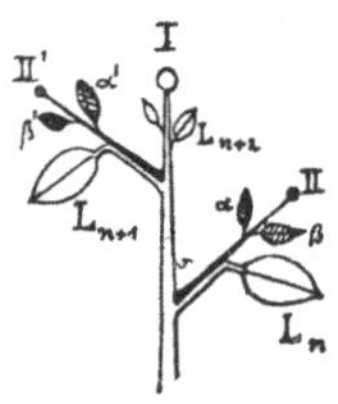

Fig. 327. Schematische Darstellung der Verwachsung der Blätter L_n und L_{n+1} des Sprosses I mit ihren (schwarz gezeichneten) Achselsprossen II und II′, welche je mit einer Blüthe enden, deren Vorblätter α, β, resp. α', β' sind. (Metatopie der Deckblätter L_n und L_{n+1}).

Fig. 328. Schematische Darstellung der Verwachsung der in den Winkeln der Blätter L_n und L_{n+1} erzeugten (schwarz gezeichneten) Achselsprosse II und II′ mit der Hauptaxe I. Alle Sprosse enden mit Gipfelblüthe, deren Vorblätter an den „Secundanaxen“ mit α, β resp. α', β' bezeichnet sind. (Metatopie der Achselsprosse.)

Schliesslich sei noch darauf hingewiesen, dass sich fast alle Asperifoliaceen durch steife, zum Theil stachelige oder borstige Haare auszeichnen, welche Stengel und Blätter bedecken. Es bezieht sich hierauf der Name der Familie (von asper, rauh, und folium, Blatt). Die Blätter sind übrigens fast stets einfach und ganzrandig, abwechselnd (nicht wie bei den Labiaten gegenständig). Die Spreite läuft gewöhnlich als schmaler Flügel am flachen Blattstiele herab, lässt sich aber oft selbst noch am Stengel abwärts verfolgen (herablaufende Blätter).

Zur Zeit ist gar kein Vertreter der Familie mehr officinell. Die Ph. G. I. führte noch *Alcanna tinctoria* Tausch., ein ausdauerndes Kraut mit niederliegenden Stengeln, dürre, sandige Orte Ungarns, Südeuropas, Kleinasiens und Nordafrikas bewohnend, auf. Die Wurzeln, Radix Alcannae, führen in der Rinde den als Alkannin oder Alkannaroth bezeichneten Farbstoff, welcher als völlig unschädlich zum Färben von Salben etc. verwendet wird. Von den einheimischen Formen stehen die Blätter von *Pulmonaria officinalis* L., des Lungenkrautes, noch jetzt beim Volke im Ansehn. Die schon im April und Mai erscheinenden, anfangs rosarothen, dann blauvioletten Blüthen sind dimorph wie die Blüthen von *Primula officinalis*.

Solanaceae.

Die pharmaceutisch hochwichtige Familie der Solanaceen stimmt mit den Convolvulaceen und Asperifoliaceen im Tubiflorencharakter überein. Auch hier finden wir fast durchgängig die 5-zählige, haplostemon-sympetale Blüthe nach der Formel K 5, C (5), A 5, G $\underline{(2)}$. Unterscheidend und charakteristisch sind aber Anordnung und Bau der Fruchtblätter. Während den Convolvulaceen und Asperifoliaceen zwei mediane Fruchtblätter mit in Summa nur vier Samenanlagen eigen waren, zeigen die Solanaceen constante Schrägstellung der Fruchtblätter, welche ausnahmslos zu einem vieleiigen, zweifächerigen Fruchtknoten mit wulstigen Placenten und einfachem Griffel verwachsen. Als typisch gilt dabei die in Fig. 329 gezeichnete Carpidenstellung: Die Symmetrieebene der Fruchtblätter und damit der ganzen Blüthe ist gewöhnlich das erste Blatt des normal orientirten (mit dem zweiten Blatte gegen die Axe gerichteten) Kelches. Schrägstellung gegen das dritte Kelchblatt, wie in Fig. 330, findet sich nur bei dem Bilsenkraut, *Hyoscyamus*.

Fig. 329. Diagramm der Blüthe von Datura. Kelch normal, mit Blatt 2 gegen die Axe, Krone rechts gedreht. Die Fruchtblätter symmetrisch gegen Kelchblatt 1, wodurch die ganze Blüthe schräg-zygomorph wird. (Nach Eichler.)

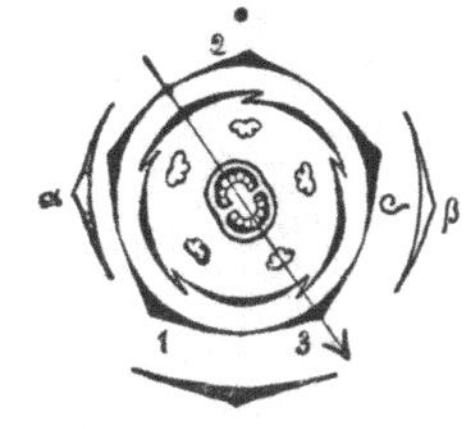

Fig. 330. Diagramm der Blüthe von Hyoscyamus. Zum Unterschiede von den meisten Solanaceen schräg-zygomorph gegen Blatt 3 des normal orientirten Kelches. Krone gegen Kelchblatt 3 absteigend deckend. (Nach Eichler.)

Ist nun die Schrägstellung der Fruchtblätter schon an und für sich selten (wir haben sie bisher überhaupt nur in den schrägzygomorphen Blüthen der Anacardiaceen und in der Ordnung der Aesculinen angetroffen), so treten die Solanaceen damit ganz aus der auf S. 250 angeführten Regel heraus. Wichtiger aber ist die Wechselbeziehung, welche zwischen der Schrägstellung der Fruchtblätter und der ganzen Plastik der Solanaceenblüthe besteht. In den systematischen Lehrbüchern pflegt man dieselbe als aktinomorph zu bezeichnen. In der That sind auch die in verschiedenem Grade verwachsenen Kelchblätter meist von gleicher Gestalt, was auch vielfach für die Kronblätter gilt, besonders wenn diese am Grunde nur schwach röhrig verwachsen sind. In vielen Fällen ist aber die Krone deutlich zygomorph und zwar entsprechend der Fruchtblattstellung gegen das erste, nur bei Hyoscyamus gegen das dritte Kelchblatt, gegen welches dann auch die Saumlappen in der Knospenlage absteigend decken (wie in Fig. 330). Im extremen Fall wird die Krone ausgesprochen zweilippig.

Bezüglich des Androeceums ist zu bemerken, dass die stets introrsen Staubblätter mit ihren Fäden der Kronröhre eingefügt sind, doch sind die Fäden nicht selten von ungleicher Länge und zwar so, dass das vor dem ersten Kelchblatt stehende Staubblatt am kürzesten ist, während die anderen paarweise gleich lang sind. In einigen Fällen ist das in der Symmetrieebene liegende Staubblatt unfruchtbar, in einigen Gattungen sogar ganz unterdrückt.

Fasst man alle diese Erscheinungen unter gemeinsamem Gesichtspunkt zusammen, so ergiebt sich, dass *die Solanaceenblüthen fast stets versteckt- und zwar schräg-zygomorph* sind. Die Schrägzygomorphie prägt sich am deutlichsten im Gynaeceum aus, schwächer im Androeceum, noch schwächer in der Krone und am wenigsten im Kelche. Die Zygomorphie verliert sich also, je mehr sich die Blüthenkreise vom Centrum, dem Vegetationspunkte der Blüthe entfernen.

Die Stellung der Blüthen hängt mit einer *höchst eigenartigen Verzweigung* der Solanaceen zusammen. Zunächst erzeugt der Hauptstamm gewöhnlich zweierlei Seitensprosse, solche, welche erst nach einer Reihe von (nach $^2/_5$-Stellung geordneten) Laubblättern mit einer Gipfelblüthe enden, und solche, welche gleich auf zwei meist laubige Vorblätter eine Gipfelblüthe folgen lassen. Man unterscheidet danach 1) *belaubte Zweige* und 2) *Blüthenzweige*. Letztere gruppiren sich vorzugsweise traubig oder rispig am Gipfel der Triebe. Fast allgemein entwickeln sich aber aus den Achseln der beiden Vorblätter der Gipfelblüthe neue, mit einer Blüthe abschliessende Achselsprosse. Wir erhalten dadurch wieder dieselben gabeligen Dichasien, welche wir im Caryophylleentypus und in den Doppelwickeln der Asperifoliaceen kennen gelernt haben, besonders dann, wenn die Förderung der Verzweigung einseitig aus dem β-Vorblatt geschieht. *Bei den Solanaceen sind aber die Vorblätter der Blüthen gewöhnlich gross und laubblattartig, das β-Blatt dabei oft grösser als das α-Blatt, ihre Achselsprosse verhältnissmässig lang.* Wird schon hierdurch der Aufbau der Zweige unübersichtlich, so gesellt sich hierzu noch die als Metatopie bezeichnete Verwachsung, deren Modi bei den Asperifoliaceen bereits eine Rolle spielen (vgl. S. 486). Die Erörterung einiger der lehrreichsten Fälle wird das Verständniss aller obwaltenden Verhältnisse anbahnen.

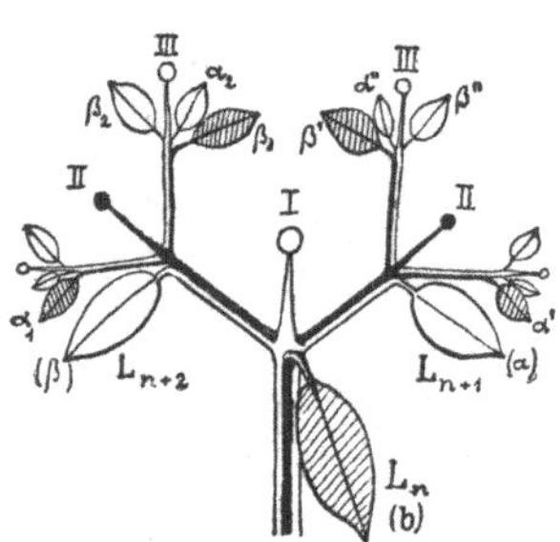

Fig. 331. Verzweigungsschema für Datura. Wiederholte dichasische Gabelung verbunden mit Metatopie der Deck- und Vorblätter. (Nach Eichler.)

Bei der Gattung *Datura* endet die in Fig. 331 die Laubblätter L_n, L_{n+1} und L_{n+2} tragende Hauptaxe I mit einer Gipfelblüthe, als deren Vorblätter (α) und (β) die Laubblätter L_{n+1} und L_{n+2} anzusehen sind. In ihren Achseln haben sich die beiden (schwarz gezeichneten), bei II mit je einer Gipfelblüthe endenden Sprosse entwickelt. Jeder derselben trägt nur zwei Blätter, α_1 und β_1 resp. α' und β' (schraffirt gezeichnet). Diese Blattpaare sind die Vorblätter der bei II angedeuteten Blüthen. In den Achseln dieser Vorblätter stehen nun wieder (weiss gezeichnete) Zweige, von welchen in der Figur die in den Achseln der β-Vorblätter gezeichneten bei III mit je einer Gipfelblüthe enden, deren (weiss gelassene) Vorblätter α_2 und β_2 resp. α'' und β'' sind. Die ganze Verzweigung ist also eine wiederholte dichasische Gabelung. Nun wird man aber leicht bemerken, dass die Blätter α und β hoch hinauf mit ihren schwarz gezeichneten Achselsprossen (II) verwachsen sind; es liegt also eine Metatopie wie in Fig. 327 vor. Die mit III bezeichneten Seitensprosse der bei II endenden Axen stehen den Blättern L_{n+1} und L_{n+2} scheinbar „extraaxillär" gegenüber, während die nicht bezeichneten Sprosse (rechts und links) wie Achselsprosse zu L_{n+1} und L_{n+2} aussehen. In Wirklichkeit sind aber alle diese Sprosse Achselsprosse zu α_1, β_1, α' und β', doch sind diese Blätter wieder mit ihren Achselsprossen bis zur Anheftungsstelle der Blätter α_2, β_2 resp. α'', β'' etc. verwachsen.

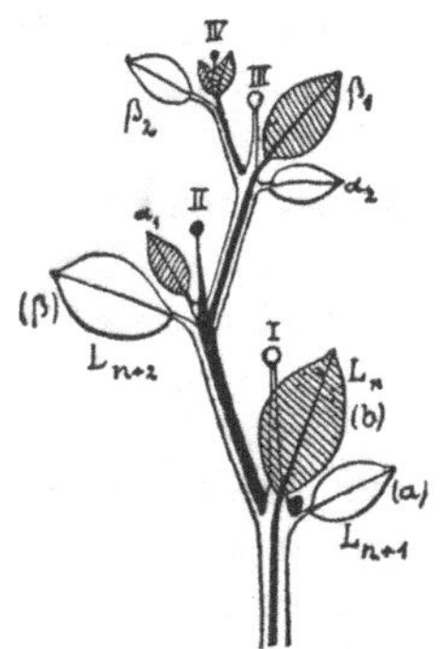

Fig. 332. Verzweigungsschema für Atropa. Wickelsympodium durch Förderung aus dem jedesmaligen β-Blatt der Sprosse I—III, verbunden mit Metatopie der β-Blätter. „Gepaarte" Blätter b und α, β und α_1, β_1 und α_2 etc. ungleichwerthig, weil verschiedenen Sprossen angehörig. (Nach Eichler.)

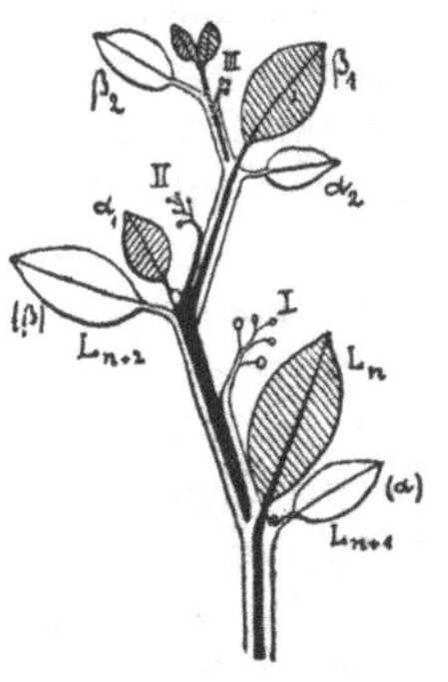

Fig. 333. Verzweigungsschema für Solanum. Wickelsympodium, aus den β-Blättern gefördert wie in Fig. 332, doch gleichzeitig neben einander Metatopie der Deckblätter L_n, L_{n+2}, β_1, β_2 und Metatopie der oberen Axenstücke I, II, III etc. „Gepaarte" Blätter und scheinbar „extraaxilläre" Blüthenzweige.

Bei Atropa ist dieselbe Verzweigung und dieselbe Metatopie der Vorblätter ausgeprägt (Fig. 332), die Verzweigung ist jedesmal nur aus dem β-Vorblatt erfolgt. Statt der Gabelung entsteht mithin eine wickelartige Sprossfolge. Die bei I mit der Gipfelblüthe endende Hauptaxe trägt die Laubblätter L_n, L_{n+1} und L_{n+2}. Das älteste derselben, L_n, spielt die Rolle eines Deckblattes (b), die jüngeren L_{n+1} und L_{n+2} sind die Vorblätter (α) und (β) der Blüthe I. Nur das β-Blatt hat einen bei II mit Blüthe endenden Achselspross mit den (schraffirt gezeichneten) Blättern α_1 und β_1. Durch die Metatopie erscheint aber β mit α_1 in gleicher Höhe inserirt. Die analoge Erscheinung wiederholt sich mit dem Blatte β_1 und seinem (weiss gezeichneten) bei III mit Blüthe endenden Achselspross, dessen Blätter α_2 und β_2 sind. Von diesen verwächst wieder β_2 mit seinem (schwarz gezeichneten) Achselspross IV u. s. f. Während nun die unteren Glieder der Axen I, II, III und IV eine Scheinaxe, ein Sympodium, in dem auf S. 36 entwickelten Sinne bilden, stellen sich an diesem immer zwei ungleichwerthige und meist auffällig ungleich grosse Blätter (b und α, β und α_1, β_1 und α_2) neben einander, welche man als gepaarte Blätter zu bezeichnen pflegt. Sie unterscheiden sich von den gewöhnlichen gegenständigen Blättern leicht durch den Winkelabstand, der bei den letzteren 180^0 beträgt. Da aber bei den Solanaceen jedes Vorblattpaar (z. B. α, β) jedes folgende (α_1, β_1) kreuzt, so stehen β und α_1 (und ebenso β_1 und α_2, β_2 und α_3, etc.) nahezu im rechten Winkel neben einander.

In der Gattung Solanum, Fig. 333, findet sich im Wesentlichen dieselbe Verzweigung wie bei Atropa wieder. Abweichend verhalten sich nur die Spitzen der einander folgenden Axen I, II, III etc. Jede derselben endet mit einer Blüthenwickel, welche im unteren Theile mit dem Achselspross des β-Blattes nach dem in Fig. 328 für die Asperifoliaceen dargestellten zweiten Schema verwächst. In Fig. 333 vereinen sich also beide Verwachsungsmodi an **einem** Sprossstücke. An den bei II endenden Achselspross von L_{n+2} ist das (weiss gelassene) Tragblatt L_{n+2} und die Hauptaxe I angewachsen; ebenso verhält sich Spross II und Blatt β_1 zu Spross III, etc. Solanum hat also gepaarte Blätter und scheinbar extraaxilläre Blüthenstände.

Die Eintheilung der mindestens 1250 Arten der Solanaceen gründet sich auf die Ausgestaltung der Früchte und Samen. Der vollständig gefächerte, stets vieleiige Fruchtknoten wird zur wandspaltigen oder mit Deckel aufspringenden Kapsel oder zur saftigen Beere. Die zahlreichen Samen mit häutiger, oft netzig-runzeliger Schale enthalten meist einen stark gekrümmten, fast spiraligen Keimling im fleischigen Nährgewebe. Man unterscheidet danach:

I. **Curvembryae.** Mit gekrümmtem Keimling. Hierher:

1. Solaneae. Mit Beerenfrucht. Krone in der Knospe gefaltet oder klappig. Hierher *Solanum* und *Capsicum*.
2. Atropeae. Mit Beerenfrucht, aber Krone dachig. Hierher *Atropa*.
3. Hyoscyameae. Mit Deckelkapsel. Hierher *Hyoscyamus*.
4. Datureae. Fruchtknoten durch falsche Scheidewände vierfächerig, meist zur fachspaltigen Kapsel werdend. Hierher *Datura*.

II. **Rectembryae.** Mit fast oder völlig geradem Keimling.

5. Nicotianeae. Mit Kapsel, deren beide Klappen sich zuletzt von der Scheidewand völlig ablösen. Hierher *Nicotiana.*

6. Salpiglossidae. Mit ausgesprochen 2-lippigen Blüthen.

Als zum Theil hochwichtige Arzneipflanzen sind zu besprechen:

1. Solanum L.

Die Gattung Solanum ist mit etwa 900 Arten über die ganze Erde, besonders in den Tropenländern, vorzüglich Amerikas, verbreitet. Ihr Charakter liegt in den rein aktinomorph erscheinenden Blüthen. Dem unscheinbaren, 5-lappigen oder 5-theiligen, zur Fruchtzeit nicht vergrösserten Kelch folgt meist eine radförmig sich ausbreitende Krone mit äusserst kurzer Röhre. Die 5, auf sehr kurzen, gleichlangen Fäden aufrecht stehenden Staubbeutel schliessen, sich seitlich berührend, zu einer kegelförmigen Röhre rings um den fadenförmigen Griffel zusammen und öffnen sich intrors, scheinbar poricid durch einen sehr kurzen Längsspalt am Gipfel. Der Fruchtknoten wird zu einer vom bleibenden Kelch gestützten Beere. Betreffs der charakteristischen „gepaarten Blätter" und der „extraaxillären Blüthenstände" vergleiche Fig. 333.

1. *Solanum Dulcamara* L., als Bittersüss oder kletternder Nachtschatten bekannt, Fig. 334, ist ein durch ganz Europa verbreiteter, auch in Asien und Nordamerika eingebürgerter Halbstrauch. Aus seinem kräftigen, stark verästelten Rhizome erheben sich die hin- und hergebogen kletternden, schnurdünnen und biegsamen, jung kantigen, später holzig-hohlen Stengel bis zu 3 m Höhe. Die langgestielten, fast kahlen oder beiderseits zerstreut kurzhaarigen, ganzrandigen Spreiten sind bald länglich-eiförmig, spitz oder zugespitzt, meist am Grunde herzförmig. Nicht selten bilden sich daselbst seitlich abstehende Blattlappen („Ohren"), wodurch die Spreite spiessförmig, fast dreilappig wird. Die ziemlich kleinen, fast nickenden, in geknickt spreizenden Wickeln vereinten Blüthen zeichnen sich durch dunkel violette, sternförmige, tief 5-spaltige Kronen aus. Jeder Lappen der Krone zeigt am Grunde zwei grüne, weiss gesäumte Flecke. Die Staubbeutel sind gelb. Die anfangs grünen Früchte werden zu eiförmig-länglichen, glänzenden, scharlachrothen, hängenden, saftreichen Beeren.

Durch die kletternde Lebensweise ist die Art von allen übrigen bei uns heimischen unterschieden. Die im Frühjahr oder Herbste in blattlosem Zustande eingesammelten Stengel waren officinell als Stipites Dulcamarae.

2. *Solanum tuberosum* L., die Kartoffelpflanze, zeichnet sich durch unterbrochen-gefiederte Blätter mit 3—5 Fieder-

paaren aus. Die wie die kantigen, ästigen Stengel kurz grau-haarigen Blättchen sind eiförmig, zugespitzt, am Grunde schiefherzförmig, oberseits schmutzig dunkelgrün und durch Vorwölben des Blattfleisches zwischen dem Adernetz auffällig runzelig. Die ziemlich

Fig. 334. Solanum Dulcamara. (Nach Baillon.)

grossen, zu endständigen Inflorescenzen vereinten Blüthen führen fast trichterförmige, weisse oder röthliche Kronen mit 5-eckigem Saume. Die kugeligen, grünen, wenig saftigen Beeren sind nahezu haselnussgross.

Die aus den südamerikanischen Anden stammende Pflanze wurde bekanntlich wegen der Bildung ihrer unterirdischen Knollen als Culturgewächs bei uns eingeführt. Ihr bei uns erst durch Zwangsmittel erfolgter Anbau ist jetzt von höchster national-ökonomischer Bedeutung. In vielen Gegenden ist die Kartoffel ein Hauptnahrungsmittel der Bevölkerung. Die Kartoffeln sind die knollig verdickten Enden unterirdischer Ausläufer, mithin **Stammorgane.** Die sogenannten „Augen“ sind **Knospen** in den Achseln unscheinbarer, häutig-schuppiger Niederblätter mit halbmondförmiger Insertionslinie. Stirbt im Herbste die oberirdische Mutterpflanze (das „Kartoffelkraut“) sammt den Knollenträgern ab, so werden die Knollen frei. Im folgenden Jahre treibt dann jedes Auge aus und erzeugt wieder eine reich verzweigte Staude. Die Kartoffeln sind mithin der ungeschlechtlichen Fortpflanzung, der vegetativen Vermehrung dienende natürliche **„Ableger“** ihrer Mutterpflanze. Um diese Lebensaufgabe erfüllen zu können, speichern die anfänglich wasserreichen Knollen gegen den Herbst hin grosse Mengen von Nährstoffen, namentlich Stärke; die Kartoffel „reift“. Die Nährstoffe stellen das Baumaterial dar, aus welchem die im Frühjahre aus der Kartoffel aussprossenden „Keime“ gebildet werden. Physiologisch sind die Kartoffeln mithin **Reservestoffspeicher** in gleichem Sinne, wie etwa das Nährgewebe der Samen oder die stärkereichen Cotyledonen der Erbse und Bohne.

Die aus den zerkleinerten Kartoffeln ausgeschlemmte Stärke, auch zum Unterschiede vom Weizenmehl etc. als Kartoffelmehl bezeichnet, ist nicht officinell. Durch Erhitzen liefert sie Dextrin, das auf chemischem Wege leicht in Traubenzucker (Dextrose) übergeführt werden kann. Aus der Gährung der Zuckerlösung geht der bei uns in grossen Massen erzeugte Spiritus (Kartoffelspiritus) hervor. Hauptbestandtheil desselben ist (neben Fuselöl) der Aethylalkohol, der mit 9—10 % Wasser den Spiritus Ph. G. II. 242 bildet. Seine mannichfache Anwendung in der Pharmacie und in allerlei Gewerben macht ihn zu einem unentbehrlichen Product.

2. **Capsicum** L.

Die Gattung Capsicum umfasst etwa 50 theils einjährige, theils ausdauernde Kräuter der Tropen. Die wie bei Solanum extraaxillär, aber meist einzeln stehenden, schmutzig-weissen, gelben oder violetten Blüthen sind ausgezeichnet durch den weit-glockigen, stumpf 5-kantigen, gestutzten oder 5-zähnigen Kelch. Die Krone erinnert in ihrer Radform und durch die sehr kurze Röhre mehr an die Solanum-Blüthe. Höchst charakteristisch gestaltet sich das Androeceum: Die Staubfäden sind am Grunde durch eine kurze, gefältelte Membran verbunden. Die Beutel öffnen sich intrors mit Längsrissen. Das Gynaeceum zeichnet sich dadurch aus, dass die zu flachen, fast nierenförmigen Samen werdenden Samenanlagen gewöhnlich nahe dem Innenwinkel auf jeder Seite der beiden Fruchtfächer eingefügt sind. Die Frucht ist eine meist flache, längliche, lederhäutige, saftlose, oft aufgeblasene Beere, welche gewöhnlich, aber fälschlich als „Schote“ (Pfefferschote) bezeichnet wird. Die falsche Benennung ist zweifellos dadurch entstanden, dass die Beere gewöhnlich zu beiden Seiten der Scheidewand, die sich im oberen Theile der Frucht ganz verliert, hohl erscheint. Der Laie hält deshalb die Capsicumbeere für eine der „Erbsenschote“ gleichwerthige Frucht, begeht also einen doppelten Fehler, weil die Erbsenfrucht eine Hülse ist.

1. *Capsicum annuum* L., in Mexiko heimisch, in Südeuropa, besonders aber in Ungarn cultivirt, ist ein einjähriges, reichästiges, etwa $^1/_2$ m Höhe erreichendes, kahles Kraut, mit elliptischen, ganzrandigen, zugespitzten Blättern und schmutzig-weissen, nickenden Blüthen. Unterscheidendes Merkmal sind die fingerlangen, 2—3 cm dicken, kegelförmigen, glänzend glatten, vom nicht vergrösserten Kelch gestützten, aufrechten Beeren, die je nach der Culturform scharlachroth, gelb und rothfleckig oder weiss vorkommen.

2. *Capsicum longum* Fingerhut, steht der vorigen Art so nahe, dass man sie als Varietät derselben ansehen kann. Sie unterscheidet sich wesentlich nur durch hängende Beeren von rother, gelber oder violetter Farbe. Gewöhnlich sind die Früchte gekrümmt. Im tropischen Amerika heimisch, wird diese Art in vielen Formen wie die vorige in allen warmen Ländern cultivirt.

Die Früchte beider Arten sind officinell als Fructus Capsici Ph. G. II. 119 s. Piper hispanicum ibid. 274. Im Süden, besonders aber in Ungarn, sind sie pulverisirt ein hochgeschätztes Gewürz (Paprika, spanischer Pfeffer), das auch bei uns für den Küchengebrauch eingeführt wird. Seine ausserordentliche Schärfe beruht auf dem Gehalt an Capsicin, welches nach Arth. Meyer seinen Sitz ausschliesslich in den Placenten, nicht in der Fruchtwand und nicht in den Samen hat. Es reizt die Haut zur Röthung und selbst zur Blasenbildung und ist wirksamer Bestandtheil der Tinctura Capsici Ph. G. II. 274, die einen Theil des bekannten Geheimmittels „Pain-Expeller“ ausmacht.

Ausser den genannten Arten liefert eine Reihe anderer, *Capsicum fastigiatum* Bl. (= *minimum* Roxb.) und *Caps. frutescens* L., aus Amerika stammend und in Ostindien und Afrika cultivirt, ihre viel kleineren, tief orangerothen 1—$1^1/_2$ cm langen, flachen Früchte als Guinea- oder Cayennepfeffer. Sie dienen vorzüglich als Gewürz zum Einmachen (Mixed pickles, Anchovis etc.).

Betreffs der nur auf den brennend-beissenden Geschmack bezüglichen Bezeichnung „Pfeffer“ vergl. die Anm. auf S. 279.

3. Atropa Belladonna L.

Die monotypische Gattung Atropa stellt sich als Vertreter der zweiten Solanaceengruppe, der Atropeae, dar, welche zwar wie die Solaneen Beerenfrüchte aufweist, aber wegen der in der Knospe nicht längsgefalteten Kronblätter, deren freie Zipfel sich wenigstens am Grunde dachig übereinanderlegen, abgetrennt wird. Da für

Atropa Gattungs- und Artcharaktere zusammenfallen, so besprechen wir sofort die Art

Atropa Belladonna L., die Tollkirsche. Aus der bis 60 cm langen und bis 5 cm dicken, spindelförmigen, fleischigen, erst später holzigen Wurzel erheben sich die nach dem Schema Fig. 332 verästelten, buschig verzweigten, oberwärts wie die Blätter drüsig-weichhaarigen Stengel bis zu halber Mannshöhe. Von den gepaarten Blättern ist das eine (das jedesmalige α-Blatt) auffällig klein, während das grössere bis 20 cm lang und 10 cm breit, also nahezu handgross wird. Seine weiche, fast fleischige, eiförmig-zugespitzte, ganzrandige Spreite verschmälert sich nach unten in den kurzen Blattstiel. Die nickenden, von dem Blattpaare gewöhnlich überdeckten Blüthen führen einen grünen, laubigen, 5-theiligen Kelch, dessen eiförmige, spitze Zipfel becherförmig um den Grund der etwa doppelt so langen, cylindrisch-glockigen, unterwärts gelbbraunen, gegen die rückwärts gebogenen Saumlappen schmutzig violettbraunen Krone zusammenschliessen. Die dem Grunde der Krone eingefügten, den Kronenschlund nicht überragenden Staubblätter tragen die blassgelben, ellipsoidischen, mit Längsrissen sich öffnenden Beutel auf bogig-gekrümmten, fast cylindrischen Fäden. Der kräftige, unbehaarte, ellipsoidische, einem ringförmigen Discus aufsitzende Fruchtknoten trägt auf dem fädigen, die Krone nicht überragenden Griffel eine verbreiterte, beiderseits herabgebogene Narbe. Aus ihm geht die glänzend-schwarze, von violettem Safte strotzende, süsslich-fade schmeckende Beere hervor, die wegen ihrer Aehnlichkeit mit einer Herzkirsche nur allzu oft Kinder zum Naschen verleitet, obwohl eine Verwechselung mit Kirschen selbst bei nur geringer Aufmerksamkeit vermeidlich ist. Die als „Tollkirsche“ bezeichnete Atropafrucht enthält ja viele kleine Samen, aber keinen Stein, ausserdem ist sie am Grunde von dem sternförmig ausgebreiteten, nach der Blüthezeit schwach, aber doch deutlich vergrösserten Kelch gestützt.

In den schattigen mittel- und süddeutschen Wäldern, auch in West- und Mittelasien ist die Tollkirsche nicht selten. Sie blüht vom Juni bis zum August. Die während dieser Zeit gesammelten, trocken papierdünnen, brüchigen Blätter sind officinell als Folia Belladonnae Ph. G. II. 112 s. Herba belladonnae ibid. 335. Aus ihnen wird in den Apotheken nur noch das Extractum Belladonnae Ph. G. II. 83 hergestellt. Tinctura Belladonnae, Unguentum Belladonnae und Emplastrum Belladonnae sind in die Ph. G. II. nicht mehr übergegangen, ebenso wenig wie Radix Belladonnae s. Radix Solani furiosi. Das in allen Theilen der Pflanze enthaltene, äusserst giftige Alkaloid Atropin und seine Verbindungen werden heut nur in chemischen Fabriken (aus der Belladonna) hergestellt. Officinell ist das schwefelsaure Salz, Atropinum sulfuricum Ph. G. II. 36.

Die Anwendung des Atropins in der Augenheilkunde ist allgemein bekannt. Einträpfelung schwacher Lösungen in das Auge bewirkt unter Herabsetzung der Reizempfindlichkeit des Augapfels eine ausserordentliche Pupillenerweiterung, weshalb Tollkirschenauszüge im Mittelalter zu den Schönheitsmitteln der Frauen zählten, worauf sich bekanntlich die Bezeichnung Belladonna für die Pflanze gründet. Innerlich findet Atropin Anwendung gegen Nervenleiden und Muskelkrämpfe.

4. Hyoscyamus niger L.

Unter den wenigen, durch die Bildung von Deckelkapseln ausgezeichneten Gattungen der Hyoscyameae ist die mit nur 8—9 Arten auf die Mittelmeerländer beschränkte Gattung Hyoscyamus scharf gekennzeichnet 1) durch die auffällige Zygomorphie der Einzelblüthen und 2) durch die den Wuchs der ausnahmslos krautigen Formen charakterisirenden, reichblüthigen Wickelinflorescenzen. Die kurz gestielten Blüthen beginnen mit einem röhrig-becherförmigen, kurz 5-spaltigen, bei der Fruchtreife sich vergrössernden Kelch, welcher von dem Saum der gegen das 3. Kelchblatt auffällig zygomorphen Krone überragt wird. Die beiden bezüglich der Symmetrieebene (Fig. 330) vorderen Lappen sind zu einer Art Unterlippe verkürzt, während die drei hinteren, absteigend deckenden Lappen eine grössere Oberlippe darstellen. Die der Mitte der Kronröhre eingefügten 5 Staubblätter krümmen ihre gegen die Oberlippe hin kürzer werdenden Fäden abwärts; ihre eiförmigen Beutel öffnen sich mit Längsrissen. Der zweifächerige Fruchtknoten wird zu einer samenreichen, vom Kelch umhüllten, dünnwandigen Kapsel. Dickwandig ist dagegen der nicht vom Kelch bedeckte, oft sich durch eine schwache Ringvertiefung markirende Deckel. Die grubig-warzigen Samen enthalten einen fast spiralig gekrümmten Keimling.

Hyoscyamus niger L., die einzige auch bei uns heimische, durch ganz Europa verbreitete, doch auch in Sibirien, Nordindien und im Kaukasus vorkommende Art, das Bilsenkraut (Fig. 335), ist ein drüsig, fast zottig weichhaariges, widerlich riechendes, durch seine gelblich-graue Färbung auffälliges Kraut von 30—40 cm Höhe. Aus der einfachen, senkrechten Wurzel erhebt sich ein meist einfacher, nur bei kräftigen Exemplaren in der Blüthenregion ästiger Stamm mit buchtig-fiederspaltigen oder buchtig-gezähnten Blättern. Die grundständigen Blätter sind gestielt und bilden eine zur Blüthezeit (die sich vom Juni bis zum Oktober hinzieht) bereits abgestorbene Rosette. Die Stengelblätter sind sitzend. Ihre Grössenabnahme in der Blüthenregion lässt den Wickelaufbau der Inflorescenzen augenfällig werden. Die ziemlich grossen Blüthen lassen den klebrig-zottigen, etwas schiefen, zur Fruchtreife fast stachelig gezähnten

Kelche eine zarthäutige, schmutzig-gelbe Krone folgen, deren Schlund und gerundete Zipfel innen mit einem zierlichen, dunkelvioletten Adernetz gezeichnet sind. Dasselbe fehlt nur der als *Hyoscyamus pallidus* unterschiedenen Varietät.

Fig. 335. Hyoscyamus niger.

Officinell sind die oberirdischen Theile der Pflanze als Herba Hyoscyami Ph. G. II. 130 s. Folia Hyoscyami ibid. 334. Präparate sind Extractum Hyoscyami Ph. G. II. 91 und Oleum Hyoscyami Ph. G. II. 197 s. Ol. hyoscyami coctum ibid. 338. Nicht mehr aufgeführt sind Semen Hyoscyami und einige andere Präparate. Wirksamer Bestandtheil ist das in allen Theilen der Pflanze enthaltene, äusserst giftige Alkaloid Hyoscyamin, welches ähnlich, aber stärker wirkt als Atropin. Bilsenkrautöl ist bekannt als schmerzstillendes Mittel.

5. Datura Stramonium L.

Die Gruppe der Datureae, deren Charakter in dem Einschieben falscher, vom Rücken der Fruchtblätter her gegen die Mitte der wulstigen Placenten vordringender Scheidewände liegt, beschränkt sich auf die Gattung Datura, welche mit nur 12 Arten die gemässigten und heissen Gebiete der Erde bewohnt. Im Wuchs zeichnen sich alle durch Kräftigkeit aus, einige treten sogar als kleine Bäume auf. Den grossen, buchtig gezähnten, fleischigen Blättern entsprechen grosse, bei einigen Arten mehr als handlange Blüthen mit langröhrigem Kelche und scharfkantig-gefalteter, rechtsgedrehter, in 5 lange, spitze Lappen ausgezogener Krone. Die Staubblätter sind dem Grunde der engen und langen Kronröhre eingefügt.

Datura Stramonium L., die Stechapfelpflanze, Fig. 336, ist ein bei uns an den Dorfstrassen und auf Schutt nicht seltenes, vermuthlich in Südrussland, Kaukasien und der Tartarei heimisches, kräftiges Kraut, dessen wiederholt gabelige Verzweigung auf S. 488 besprochen worden ist (vgl. auch Fig. 331). Sein oft über fingerdicker, kahler Hauptstamm entwickelt dicht unter der Gipfelblüthe resp. unter der aus ihr hervorgegangenen jungen Kapsel stark spreizende, meist ungleich starke Gabeläste (der β-Spross ist bei allen Gabelungen der geförderte). Die Pflanze wird wild höchstens meterhoch. Die saftigen, hellgrünen, auf der Innenseite schwach weichhaarigen Aeste tragen die fleischig weichen, fast fettig anzufühlenden, im Alter völlig kahlen Blätter mit bis handgrossen, oberseits dunkel, unterseits heller grünen, eiförmigen, buchtig-gezähnten, am Grunde herzförmigen oder gestutzten

Spreiten. Die etwa fingerlangen Blüthen beginnen mit dem scharf 5-kantigen, schwach aufgeblasenen, gelblich-grünen Kelche. Die etwa doppelt so lange, schneeweisse, wohlriechende Krone geht in lang zugespitzte Zipfel aus. Ihre auffällige Längsfaltung und Rechtsdrehung entspricht dem Gattungscharakter. Die auf langen Fäden aufrechten Staubbeutel öffnen sich intrors mit Längsrissen, ragen aber nicht aus dem fast trichterförmigen Kronenschlunde hervor. Der im unteren Theile deutlich 4-fächerige, anfänglich von weichen Stacheln bedeckte Fruchtknoten wird zu einer kurzgestielt aufrechten, eiförmigen Kapsel von der Grösse der Rosskastanienfrüchte. Die

Fig. 336. Datura Stramonium. (Nach Baillon.) $^1/_2$ nat. Gr.

dickfleischige, dunkelgrüne Fruchtschale, das Perikarp, zeigt vier, den Scheidewänden des Fruchtknotens entsprechende, auf dem Scheitel der Kapsel sich in einem Punkte (der Griffelnarbe) treffende Längsfurchen, während auf den von ihnen umgrenzten vier Feldern die zahlreichen, kräftigen, kegelförmigen, 1—1$^1/_2$ cm langen Stacheln entwickelt werden, welche der Frucht den Namen Stechapfel verschafft haben. Sehr auffällig ist das Verhalten des Kelches. Mit dem Welken der Krone geht auch die Kelchröhre zu Grunde, doch so, dass ihr unterer Theil als ein ringwallartiges, fleischiges Gebilde erhalten bleibt, das sich beim Heranwachsen der Frucht stark vergrössert und dabei sich anfänglich tellerförmig ausbreitet; später aber schlägt sich der Kelchgrund mit seinem Rande so zurück, dass er unter der Kapsel als rückwärts gerichtete Manschette erscheint, auf deren Innenseite die scharfkantigen Mittelrippen der Kelchblätter dauernd sichtbar bleiben.

Öffnet sich die reife, stets grün bleibende Kapsel vom Scheitel her 4-klappig, so gewahrt man zu beiden Seiten der bis in den Scheitel sich fortsetzenden, vollständigen, papierartigen Scheidewand die vier, paarweise auf gemeinsamer, scheidewandartiger Basis stehenden wulstigen Placenten, welche bis zum Scheitel hin von den grossen Samen lückenlos bedeckt sind. Unterhalb des Scheitels (in etwa $^3/_4$ der Placentenhöhe) treten auch die falschen, den Scheitel nicht erreichenden Scheidewände zwischen den Samen hervor. Letztere sind flach, nierenförmig, $3^1/_2$—4 mm lang, 1—$1^1/_2$ mm dick. Auf den Placenten stehen sie ordnungslos neben einander, ihre convexe Kante nach aussen wendend. Die namentlich auf dem Rücken der Samen grob netzig-runzelige, schwarze oder braunschwarze Samenschale umschliesst das hornige Nährgewebe, in welchem der stark gekrümmte Keimling ruht.

Officinell sind bei uns nur noch Folia Stramonii Ph. G. II. 117, die zur Blüthezeit der Pflanze (Juni—Oktober) eingesammelten Blätter. Sie enthalten wie alle Theile der Pflanze das mit dem Atropin identische Alkaloid Daturin. Früher waren auch die Samen als Semen Stramonii officinell. Präparate von Datura sind in der Ph. G. II. gar nicht mehr aufgeführt. Die für Asthmatiker empfohlenen Cigaretae antiasthmaticae enthalten Daturablätter als Theil ihrer Einlage.

6. Nicotiana Tabacum L.

Aus der durch fast völlig gerade Keimlinge im Nährgewebe der Samen charakterisirten, also zur Unterfamilie der Rectembryae gehörigen Gruppe der Nicotianeae kommt hier nur die Gattung Nicotiana in Betracht. Die etwa 50 bekannten, theils einjährigen, krautigen, theils ausdauernden und dann strauchigen Arten sind im Wuchs vor allen vorangehend besprochenen Solanaceen durch ihre endständigen, rispig oder traubig zusammengesetzten Blüthenstände ausgezeichnet, deren Aeste dem dichasisch-wickeligen Solanaceenaufbau folgen. Die den Blüthen voraufgehenden Deckblätter sind nur äusserst klein. Jede Einzelblüthe beginnt mit röhrigglockigem oder eiförmigem, 5-spaltigem Kelch. Der mehr oder minder langen Kronröhre sitzen die 5 Saumlappen trichter- oder tellerförmig auf. In der Knospenlage schliessen sie mit einwärts-gebogenen Rändern klappig (induplicativklappig) zusammen. Die der Mitte der Kronröhre eingefügten, den Schlund gewöhnlich nicht überragenden Staubblätter tragen intrors mit Längsrissen aufspringende Beutel. Der auf ringförmigem oder gelapptem Discus sitzende, 2-fächerige Fruchtknoten mit dickwulstigen Samenleisten auf der Mitte der Scheidewand trägt einen fädigen Griffel mit erweiterter, oft 2-lappiger Narbe. Er wird zur kugeligen oder länglichen, vom bleibenden Kelche anliegend umschlossenen Kapsel, welche sich bei völliger Reife vom Scheitel her zweiklappig öffnet, um die zahlreichen, sehr kleinen, netzig-runzeligen Samen zu entlassen. Zuletzt fallen die Fruchtklappen von der mit den Placenten stehenbleibenden Scheidewand ganz ab. Die letztere lässt sich also in gewissem Sinne mit dem Replum der Cruciferen vergleichen.

Nicotiana Tabacum L., als Tabakspflanze eines der wichtigsten Culturgewächse, ist eine einjährige Art mit aufrechtem, bis mannshohem, rundem, nur in der Blüthenregion verzweigtem, kräftigem Stengel. Die unterwärts bis 60 cm langen und bis 15 cm breiten, sitzenden Blätter sind länglich-lanzettlich, ganzrandig, beiderseits verschmälert. Von der halbstengelumfassenden Basis aus lassen sich die Blattränder eine Strecke am Stamme abwärts verfolgen. Oberwärts nehmen die Blätter successive an Grösse ab und werden schliesslich zu schmal-lanzettlichen Deckblättern. Die Blüthenrispe beginnt dichasisch gegabelt. Die Blüthen führen einen cylindrischen, in dreieckig-lanzettliche Spitzen ausgehenden, grünen Kelch, welchen die rosenrothe Krone mit in der Mitte bauchig erweiterter Röhre und tellerförmigem, in 5 Spitzen ausgehendem Saume weit überragt. Während alle grünen Theile der Pflanze drüsig-kurzhaarig sind, wird der völlig nackte Fruchtknoten zu einer glatten, lederbraunen, ziemlich dünnwandigen, vom Kelche eng umschlossenen, eiförmigen, etwa 2 cm langen Kapsel.

Die in Südamerika heimische Pflanze wurde schon bei der Entdeckung Amerikas als Culturgewächs der Eingeborenen angetroffen, bei denen das Rauchen des getrockneten Krautes aus „Tabaco“ genannten Pfeifen, sowie das Kauen des Tabaks Sitte war. Von Spaniern wurden bereits 1518 Samen nach Europa gebracht und um Lissabon die ersten Tabaksculturen angelegt. Von hier verpflanzte Jean Nicot, ein französischer Gesandter, den Tabaksbau nach Frankreich. Jetzt wird derselbe in allen tropischen und subtropischen Ländern und durch ganz Europa betrieben. Officinell sind die getrocknet braun werdenden Blätter als Folia Nicotianae Ph. G. II. 115 s. Herba nicotianae ibid. 335. Sie enthalten das widerlich-riechende, narkotisch giftige Nicotin. Der Aufguss von Tabaksblättern dient zur Vertilgung von Ungeziefer.

Labiatiflorae.

Während in der Ordnung der Tubifloren der aktinomorphe Bau der haplostemon-hypogynen Blüthen vorwiegt und selbst in den schräg-zygomorphen Blüthen der Solanaceen in den äusseren Blüthenkreisen erhalten zu bleiben pflegt, tritt die Zygomorphie der Labiatiflorenblüthe als hervorragendster Charakter der ganzen Ordnung in den Vordergrund. Die Blüthen der Labiatifloren sind ausgesprochen **median-zygomorph** meist so, dass die Zygomorphie im augenfälligsten Theile, der Krone, am ausgeprägtesten auftritt. In der normal orientirten Blüthe bilden die beiden hinteren Kronblätter gewöhnlich eine Oberlippe, die drei nach vorn gewandten eine Unterlippe, ein Verhältniss, welches man gewöhnlich als „nach $\frac{2}{3}$ zweilippig" bezeichnet. Umgekehrt ist der Kelch gewöhnlich „nach $\frac{3}{2}$ zweilippig" (Fig. 341). Von den 5 im Grundplane liegenden Staubblättern sind gewöhnlich nur 4 fruchtbar entwickelt. Das median-hintere ist meist spurlos unterdrückt. Nicht selten schwindet auch noch das Paar der seitlich-hinteren Staubblätter, oder es steht hinter den beiden kräftigeren vorderen in der Entwickelung zurück, in welchem Falle man das Androeceum als didynam (zweimächtig) bezeichnet. In den typischen Fällen, und nur diese kommen hier in Betracht, gesellen sich zwei mediane, oberständige Fruchtblätter mit einfachem Griffel hinzu, deren Verhalten bei der Frucht- und Samenbildung für die Mehrzahl der Familien bestimmend ist. Von diesen erwähnen wir nur:

Scrophulariaceae. Mit zweifächeriger, vielsamiger Kapsel.

Labiatae. Mit Klausenfrüchten (vgl. die Asperifoliaceen).

Gesneraceae. Mit einfächerigem Fruchtknoten und vielen an zwei Parietalplacenten (vgl. S. 229) sitzenden Samenanlagen.

Lentibulariaceae. Mit einfächerigem Fruchtknoten und freier Centralplacenta (wie die Primulaceen).

Plantaginaceae. Mit versteckt-zygomorphen, 4-zählig aktinomorph erscheinenden Blüthen.

Scrophulariaceae.

Die mit etwa 1900 Arten besonders den Ländern der gemässigten Zonen angehörende Familie der Scrophulariaceen schliesst sich auf der einen Seite unmittelbar den Solanaceen an, während sich auf der anderen Seite die enge Verwandtschaft mit den im Folgenden zu besprechenden Labiaten nicht verkennen lässt. Mit den Solanaceen haben die Scrophulariaceen den zweifächerigen, vieleiigen Fruchtknoten gemein, während die Medianzygomorphie dem Labiatencharakter entspricht. Dieser Mittelstellung der Scrophulariaceen entspricht der Formenreichthum ihrer Blüthen.

Zunächst ist zu beachten, dass den Labiatifloren ganz allgemein Gipfelblüthen fehlen; die Blüthen sind stets seitlichen Ursprungs und meist mit zwei transversalen Vorblättern versehen. Diesen schliesst sich fast ausnahmslos ein 5-zähliger, stets normal orientirter Kelch an, dessen mehr oder minder hoch verwachsene Abschnitte sich in der Knospe bald rein quincuncial (Fig. 338), bald aufsteigend (Fig. 337), bald absteigend decken, auch wohl klappig berühren. Nicht selten ist das zweite, das median-hintere Kelchblatt das kleinste; bei *Veronica*-Arten ist es oft nur als kleines Zähnchen wahrzunehmen, während es bei anderen Arten und Gattungen spurlos unterdrückt ist, so dass der Kelch aus vier diagonal

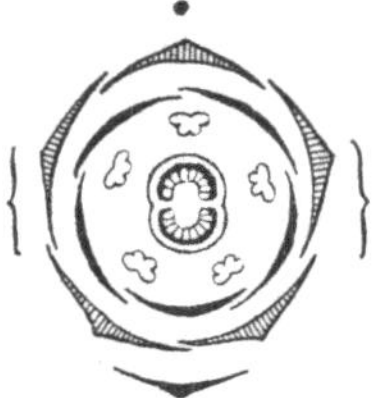

Fig. 337. Diagramm der Blüthe von Verbascum. Kelch aufsteigend, Krone absteigend deckend. Alle 5 Staubblätter entwickelt. (Nach Eichler.)

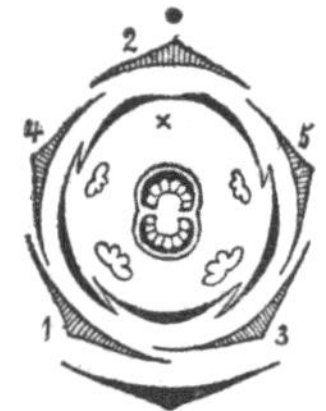

Fig. 338. Diagramm der Blüthe von Digitalis. Kelch quincuncial, normal orientirt. Krone mit 2 äusseren, deckenden Lappen. Androeceum didynam.

Fig. 339. Diagramm der Blüthe von Veronica, scheinbar 4-zählig in Kelch und Krone. Nur 2, die seitlich-mittleren Staubblätter entwickelt.

gestellten Gliedern wie in Fig. 339 zu bestehen scheint. Prägt sich nun schon die Zygomorphie in der Grössenverschiedenheit der Kelchblätter aus, so pflegt sie bei auf- oder absteigender Deckung noch deutlicher in der Förderung der Unter- resp. der Oberseite hervorzutreten.

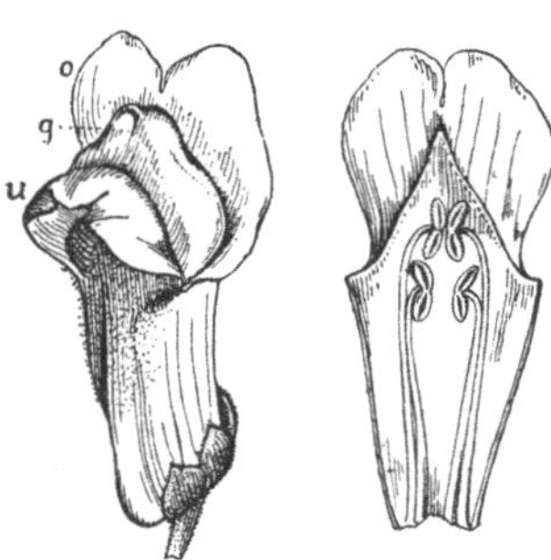

Fig. 340. Median-zygomorphe, maskirte Blüthe von Antirrhinum majus, dem Gartenlöwenmaul. *o* Oberlippe, *u* Unterlippe und *g* der ihr angehörige Gaumen. Rechts die Oberlippe von der Innenseite mit den ihr anliegenden vier didynamen Staubblättern. Ueber ihnen markirt sich die Berührungslinie für den Gaumen der Unterlippe. (Nach Baillon.)

Die normal 5-zählige Krone schwankt in der Plastik zwischen fast aktinomorpher, tief 5-theiliger Schüsselform (so bei Verbascum) bis zu rein 2-lippiger Ausgestaltung nach $\frac{2}{3}$ (wie bei Pedicularis u. a.). Im letzteren Falle ist die Krone meist auffällig seitlich zusammengedrückt. Verschmelzen nun obenein die beiden, die Oberlippe darstellenden Blätter so, dass ihr Umriss einem einfachen Blatte gleicht, wie bei Veronica, so erscheint auch die Krone 4-zählig mit 2 seitlich-äusseren und 2 median-inneren Lappen[1]). In der Gruppe der Antirrhineae stülpt sich die Unterlippe oft derart am Schlunde ein, dass dieser durch den „Gaumen" (die Einstülpung) völlig verschlossen wird (Fig. 340). Man nennt solche Kronen maskirt, und darauf bezieht sich die vielfach für die

[1]) Diese Art der scheinbaren Vierzähligkeit, welche sich als eine Reduction 5-zähliger, median-zygomorpher Blüthen herausstellt, wird bei den Plantaginaceen zum constanten Charakter.

ganze Reihe gebräuchliche Bezeichnung Personatae (von persona, Maske). Bisweilen ist dabei die Kronröhre vorn am Grunde ausgesackt (wie bei Antirrhinum, dem Gartenlöwenmaul) oder selbst lang gespornt (wie bei Linaria). Wichtiger ist für die Systematik die verschiedene Deckung der Kronlappen; **absteigend** ist sie bei den meisten Antirrhineen, **aufsteigend** bei den meisten Rhinantheen; daneben findet sich häufig, dass die Seitenlappen der Unterlippe deren Mittellappen und zugleich die Oberlippe decken (so bei Digitalis; vgl. Fig. 338).

Mannichfaltig, aber stets der Medianzygomorphie entsprechend, gestaltet sich auch das Androeceum. Fünf fruchtbare Staubgefässe finden sich bei Verbascum (Fig. 337); bei Scrophularia ist das median-hintere, also das in die Zygomorphieebene fallende, unfruchtbar (staminodial) entwickelt. In der Mehrzahl der Fälle fehlt es aber ganz, so dass das didynam-4-zählige Androeceum als typisch gelten muss (Fig. 338). Bei den Gattungen Veronica und Gratiola fehlt auch noch das vordere Staubblattpaar, das Androeceum beschränkt sich hier also auf die beiden mittleren, seitlichen Staubblätter (Fig. 339). Die Staubbeutel öffnen sich ausnahmslos introrS mit Längsrissen.

Die beiden, das oberständige Gynaeceum bildenden Fruchtblätter sind gewöhnlich ungleich stark entwickelt. Sie bilden einen Fruchtknoten, der bei rundlichem Querschnitt mit breiter, bei seitlich zusammengedrücktem Querschnitt mit schmaler Scheidewand ausgestattet ist. Der Mitte dieser sind die wulstigen Placenten mit zahlreichen anatropen Samenanlagen aufgewachsen, wie es in den Diagrammen Fig. 337 und 338 angedeutet ist. Der einfache Griffel endet mit kopfiger oder 2-lappiger Narbe. Die Frucht ist gewöhnlich eine Kapsel. Die kleinen Samen enthalten einen geraden Keimling in fleischigem Nährgewebe.

Ebenso wie der Bau der Einzelblüthen wechselt auch der Aufbau der Blüthenstände. Im einfachsten Falle begegnet man einzelnen Blüthen in den Achseln von Laubblättern (Veronica-Arten, Gratiola), häufiger treten sie zu endständigen Trauben oder Ähren ohne Gipfelblüthe zusammen (Veronica-Arten, Digitalis). Bei Verbascum erzeugt jede Blüthe der Aehre zwei Seitenblüthen aus den Achseln ihrer Vorblätter, so dass sich die Aehre aus dreiblüthigen Dichasien zusammensetzt. Bei Scrophularia begegnen wir reichblüthigen Trauben, deren Aeste wie bei vielen Asperifoliaceen und auch bei Nicotiana ein gabeliges Dichasium mit Endblüthe bilden, doch so, dass durch Förderung aus den β-Vorblättern die Gabelzweige zu Wickeln werden.

Für den vegetativen Aufbau ist zu beachten, dass den vorwiegend krautigen Formen theils wie den Solanaceen zerstreut stehende, theils wie bei den Labiaten abwechselnd-gegenständige (decussirte) Blätter eigen sind.

Eichler theilte die Familie in zwei Unterfamilien:

a) **Antirrhineae.** Kronendeckung meist absteigend. Nicht parasitisch lebende („autotrophe“) Pflanzen. Hierher *Verbascum, Digitalis, Gratiola, Veronica.*

b) **Rhinanthaceae.** Kronendeckung meist aufsteigend. Blattgrün (Chlorophyll) führende Halbschmarotzer, beim Trocknen schwarz werdend. Hierher *Euphrasia.*

1. Verbascum L.

Die mit etwa 140 Arten der alten Welt eigene Gattung Verbascum gehört wegen der absteigenden Kronendeckung in ihren Blüthen zur Unterfamilie der Antirrhineen, schliesst sich aber so eng als Uebergangsgattung an die Solanaceen an, dass sie von Bentham als einer besonderen Gruppe der Pseudosolaneae angehörig angesehen wird. Grund hierfür sind die äusserst schwach zygomorphen Blüthen, deren tief 5-spaltigem Kelch eine flach schüsselförmige oder radförmige Krone mit ganz kurzer Röhre und fast freien, ein wenig ungleichen Lappen folgt. Das Androeceum ist vollständig entwickelt, besteht also aus fünf (nicht wie bei den meisten Scrophulariaceen aus 4) Staubblättern, welche von vorn nach hinten an Grösse abnehmen, wie es auch bei Solanaceen vorkommt. Dagegen stehen die beiden Carpiden (vgl. Fig. 337) median wie bei allen Scrophulariaceen. Charakteristisch ist für Verbascum die Bildung langer, rispiger oder einfach traubig erscheinender Blüthenstände, welche den oft mannshohen, unterwärts unverzweigten Stamm abschliessen und den heimischen Arten den Namen „Königskerzen“ verschafft haben. Es wurde schon auf S. 503 bemerkt, dass die Trauben aus „Partialinflorescenzen“ aufgebaut sind, deren jede ein 3-blüthiges Dichasium darstellt, welches durch Verkürzung der Blüthenstiele zu einem Blüthenknäuel wird. Niemals findet man den ganzen Blüthenstand in vollem Flor, da die ungleich alten Blüthen sich zu ungleichen Zeiten öffnen; neben abgetrockneten Blüthen finden sich entfaltete, andere im Knospenzustande. Die fast kugeligen Kapseln öffnen sich (ähnlich wie bei Nicotiana) 2-klappig; meist spalten die Klappen an der Spitze nochmals zweitheilig. Mit den Solanaceen haben die fast durchgängig zweijährigen Verbascum-Arten zerstreute, nicht gegenständige Blätter gemein. Officinell sind:

1. *Verbascum phlomoides* L., ein zweijähriges, gewöhnlich noch nicht mannshohes, oft nur 60—80 cm Höhe erreichendes Kraut, welches mit einigen verwandten Arten als Sippe Thapsus vereinigt wird. Alle Formen sind leicht kenntlich als dicht gelblich- oder grauwollig-filzige Pflanzen, deren Behaarung sich gleichmässig über beide Seiten der Laubblätter, zum Theil selbst auf die Blüthenorgane erstreckt. Man bezeichnet deshalb auch die bei uns heimischen

Thapsus-Arten als Wollkraut. Im Wuchs zeichnen sie sich durch den endständigen, dicht-ährenförmigen, fast knüttelförmigen Blüthenstand aus. Die Blüthen sind dadurch charakterisirt, dass die paarig-vorderen Staubblätter längere, kahle Fäden haben, während die 3 hinteren Staubblätter kürzere, weisswollige Fäden zeigen. Die Staubbeutel sind schief angeheftet und laufen deutlich am Faden herab.

Als Artmerkmale gelten die hellgelben, ziemlich grossen Blumenkronen, deren flache, breit-gerundete, aussen sternhaarige Lappen durchschnittlich 1½ cm lang sind. Der Griffel zeigt eine herablaufende, nicht kopfige Narbe. Die gekerbten Blätter sind unterwärts eiförmig, werden aber oberwärts länglich-eiförmig, spitz. Die mittleren und oberen Stengelblätter laufen am Stamme kurz, nicht bis zum nächst unteren Blatte herab.

Die im Juli und August blühende Pflanze liebt bei uns sonnige Hügel und Brachen, besonders Sandfelder.

2. *Verbascum thapsiforme* Schrader steht der vorigen Art in allen diagnostischen Merkmalen sehr nahe. Die hellgelben Blüthen mit ebenfalls flacher Krone und am Griffel herablaufender Narbe lassen keine sichere Unterscheidung zu. Nach Ascherson liegt das beste Merkmal der Art in den länglich-elliptischen Blättern, von welchen die mittleren und oberen am Stamme bis zum nächst unteren Blatte herablaufen.

Die bei uns meist häufige und auf Sand gesellig vorkommende Pflanze wird über mannshoch (2 m). Sie blüht vom Juli bis in den Oktober hinein.

Officinell sind die Blüthen beider genannten Arten als Flores Verbasci Ph. G. II. 111. Sie bilden einen Theil der Species pectorales Ph. G. II. 242.

Mit *Verbascum thapsiforme* L. ist eine dritte Art, *Verbascum Thapsus* L., wiederum zum Verwechseln ähnlich. Als unterscheidend gelten die viel kleineren, meist nur 1 cm Durchmesser haltenden, dunkler gelben Blüthen mit schüsselförmig-vertiefter, nicht flacher Krone und kopfiger, nicht herablaufender Narbe. Die Laubblätter laufen (wie bei *V. thapsiforme*) bis zum nächst unteren Blatte am Stamme herab. Die Ph. G. II. schliesst die Blüthen dieser Art vom Gebrauche aus.

2. Digitalis purpurea L.

Die mit nur 18 Arten auf Europa sowie auf West- und Mittelasien beschränkte Gattung Digitalis rechnen wir wegen der durchaus autotrophen Lebensweise zu den Antirrhineae, obwohl die Knospenlage der Lappen der Krone (vgl. Fig. 338) eher aufsteigend als absteigend genannt werden muss. Dem fast freiblätterigen, schwach zygomorphen, quincuncial deckenden Kelche schliesst sich eine bauchig-röhrenförmige Krone mit flachen, nur durch seichte Einbuchtungen angedeuteten Lappen an. Dicht über dem Grunde ist die Krone stark verengt. Die vier didynamen Staubblätter krümmen ihre dem unteren Theile der Kronröhre aufgewachsenen, breiten Fäden so gegen den Rücken der Krone, dass die paarweise zusammenneigenden Staubbeutel der Oberlippe angedrückt sind. Die Beutelhälften spreizen fast rechtwinklig vom Connectiv ab und öffnen sich durch einen gemeinsamen, über den Antherenscheitel hinweggehenden Riss. Der deutlich zygomorphe Fruchtknoten geht in einen fadenförmigen, in der Mediane unter der Oberlippe verlaufenden Griffel aus, dessen sehr kurze, anfänglich flach aufeinanderliegende Narbenlappen erst nach dem Verstäuben der Antheren hinter diesen vorgeschoben werden, um sich dann oberhalb derselben klaffend zu trennen. Die Frucht ist eine eiförmige, viele kleine Samen enthaltende Kapsel; sie öffnet sich unvollständig 2-klappig. Meist spaltet eine der Klappen nochmals unvollkommen längs ihrer Mittellinie.

Die sämmtlichen Arten treten als zweijährige oder ausdauernde Kräuter mit kräftigem, aufrechtem, meist einfachem Stamme auf. Ihre einfachen, gekerbten oder ganzrandigen Blätter sitzen (wie bei Verbascum und den Solanaceen) zerstreut, nicht gegenständig an. Die meist ansehnlichen, purpurnen, gelben oder weissen Blüthen bilden lange, endständige Trauben, an welchen die sämmtlichen Blüthen nach einer Seite überhängen („einseitswendige Trauben").

Digitalis purpurea L., der durch ganz Westeuropa (von Sardinien bis Scandinavien) verbreitete, namentlich die sonnigen Schläge der Bergwälder liebende rothe Fingerhut ist eine zweijährige Art, welche im ersten Jahre eine Rosette von sammetartig graufilzigen, eiförmigen, gekerbten, lang und flachgestielten Blättern erzeugt, aus deren Mitte sich im zweiten Jahre der aufrechte, runde, fast stets unverzweigte, mit fast armlanger Traube abschliessende Stamm bis zu $1^1/_4$ m Höhe erhebt. Den unteren, langgestielten Blättern folgen kürzer gestielte, welche allmählich in die Form der ungestielten oberen Blätter übergehen. Alle sind grauwollig-sammethaarig, gekerbt und schwach runzelig. Das reich verzweigte Adernetz tritt besonders deutlich auf der Blattunterseite hervor. Wie die Blätter sind auch die Stengeltheile, die Blüthenstiele, die Unterseite der ganzrandigen, spitzen Deckblätter und die Aussenseiten der breit-eiförmigen, stumpfen Kelchblätter grau-sammethaarig, nicht durch verschlungene Haare filzig-wollig. Die grossen, glockigbauchigen, aussen kahlen Kronen sind auf dem etwas flachen Rücken ihrer Oberlippe schön purpurroth. Ihre Unterlippe geht aussen in's Weisse über, während sie innen mit zahlreichen, dunkelrothen, weissgesäumten Flecken und Punkten gezeichnet ist, zwischen welchen sich zerstreut farblose, lange, weiche Haare erheben. Die fast bandartigen Staubfäden sind schneeweiss, die dicken Staubbeutel hellgelb. Der im Grunde der Kronröhre verborgene, längliche, in der Mitte schwach verengte Fruchtknoten ist sammethaarig, graugrün.

Der Griffel geht nach der Spitze hin in weissliche und rosarothe Färbung über.

Officinell sind die von wild wachsenden Pflanzen während deren Blüthezeit (Juli, August) eingesammelten und getrockneten Blätter als Folia Digitalis Ph. G. II. 112 s. Herba Digitalis purpureae ibid. 335. Ausser zur Herstellung eines Infusums dienen sie zur Bereitung von Acetum Digitalis Ph. G. II. 2 und Tinctura Digitalis Ph. G. II. 278. Extractum Digitalis Ph. G. II. 88 wird aus dem frischen Kraute der blühenden Pflanze hergestellt. Wirksam ist in allen Präparaten das narkotisch-giftige Digitalin, ein nicht einheitlicher Körper. Digitalis-Präparate sind wichtige, die Herzthätigkeit regulirende Arzneimittel. Sie verlangsamen die Pulsschläge, machen dieselben aber zugleich kräftiger.

Wer nicht Gelegenheit findet, den in der norddeutschen Tiefebene seltenen, in Thüringen dagegen häufig und gesellig wachsenden Fingerhut zu untersuchen, dem sei die Betrachtung des Gartenlöwenmauls, *Antirrhinum majus* L., für das Studium der Familie empfohlen. Diesem sehr ähnlich gebaut ist das in Norddeutschland gemeine Leinkraut, *Linaria vulgaris* Mill., auch wildes Löwenmaul genannt. Seine hellgelben Kronen mit safrangelbem Gaumen sind unterwärts in einen langen, geraden, spitzen Sporn verlängert. *Antirrhinum* und *Linaria* zeichnen sich übrigens dadurch aus, dass ihre Kapselfächer sich nahe dem Scheitel mit je zwei Löchern öffnen. Man begegnet hier also den immerhin seltenen Porenkapseln.

Labiatae.

In gleichem Sinne, wie die Scrophulariaceen unter den Labiatifloren den Solanaceen unter den Tubifloren entsprechen, entsprechen die Labiaten den Asperifoliaceen. Beide Familien stimmen in dem so ausserordentlich charakteristischen Bau der Früchte überein: Die Labiaten führen dieselben **Klausenfrüchte** wie die Asperifoliaceen. Hier wie dort zerfallen also die beiden median gestellten Fruchtblätter nach der Zahl ihrer vier Samenanlagen (zwei pro Carpell) in vier einsamige Theilfrüchtchen, bezüglich welcher man sich die Definition einpräge: Eine Klause der Labiaten oder Asperifoliaceen ist ein **halbes** Fruchtblatt mit **einem** Samen. Dabei besteht aber doch ein durchgreifender Unterschied in beiden Familien. Die Samenanlagen der Labiaten sind aufrecht anatrop-**apo**trop (Fig. 33), bei den Asperifoliaceen sind sie ausnahmslos **epi**trop[1]).

Zieht man nun noch die verschiedene, im Charakter der Ordnungen liegende Plastik der Blüthen in Betracht, so kann man die

---

[1]) Ausser bei den Asperifoliaceen und Labiaten findet sich die Bildung von Klausenfrüchten, und zwar auch von je 4 aus 2, jedoch transversalen Fruchtblättern, noch bei den auf S. 386 den Euphorbiaceen angereihten Callitrichaceen. Letztere führen hängend-epitrope Samenanlagen, welche wie bei Asperifoliaceen und Labiaten mit nur einem Integument ausgestattet sind.

Asperifoliaceen als aktinomorph-röhrenblüthig gewordene Labiaten, die Labiaten also umgekehrt als median-zygomorph-zweilippig gewordene Asperifoliaceen ansehen. Bezüglich der Labiatenblüthe sind dabei die in Fig. 341 und im Diagramm Fig. 28 dargestellten Charaktere zu beachten. Den typisch vorhandenen beiden transversalen Vorblättern schliesst sich der normal orientirte, 5-zähnige, meist nach $\frac{3}{2}$, seltener nach $\frac{1}{4}$ zweilippige Kelch an. Die stets median-zygomorphe Krone ist nach $\frac{2}{3}$ zweilippig mit ausnahmslos absteigender Deckung, die Oberlippe deckt also in der Knospe die Unterlippe. Bisweilen ist die Oberlippe sehr verkürzt, die Unterlippe dagegen, wie überhaupt die ganze vordere Hälfte der Blüthe gefördert. Diese Förderung spricht sich besonders im Androeceum aus. In den typischen Fällen fehlt das mediane hintere Staubblatt völlig, während von den vier vorhandenen, der Kronröhre eingefügten das vordere Paar (wie in Fig. 340) das längere ist. Das Androeceum ist also typisch didynam. Bei den Mentha-Arten tritt dieser Gegensatz zurück (Fig. 344), während er bei anderen Gattungen krass hervortritt. Bei Rosmarinus und Salvia verkümmert das hintere Paar, und das vordere entwickelt obenein nur die vordere Staubbeutelhälfte fruchtbar, wie es in Fig. 345 und im Diagramm Fig. 342 dargestellt ist. Betreffs des Gynaeceums ist das Wissenswerthe bereits durch die Besprechung der Klausenfrüchte erledigt; zu erwähnen ist nur, dass der wie bei den Asperifoliaceen gynobasische Griffel an seiner Spitze in kurz 2-schenklige Narbenlappen spaltet, wie es Fig. 341, 3 bei *n* zeigt.

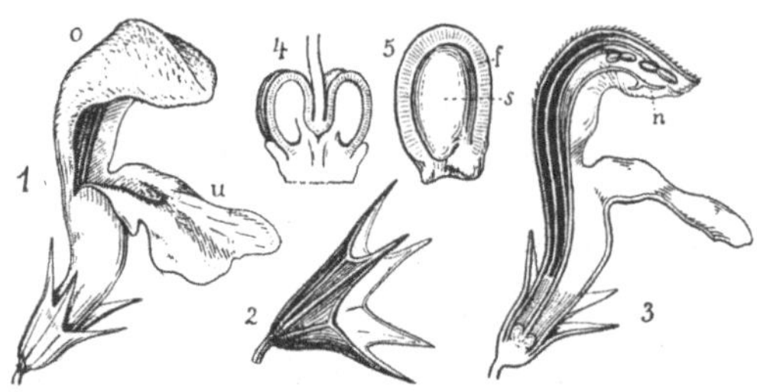

Fig. 341. Charakteristik der Labiatenblüthe. 1. Die Blüthe in nat. Gr. von der Seite gesehen. Ihre Krone deutlich 2-lippig. *o* Ober-, *u* Unterlippe. 2. Der nach $\frac{3}{2}$ zweilippige Kelch. 3. Längs durchschnittene Blüthe; die ungleich langen Staubblätter und der mit der Narbe *n* abschliessende Griffel werden von der Oberlippe überdeckt. 4. Fruchtknoten angeschnitten, um den gynobasischen Griffel und die von der Fruchtknotenwand umschlossenen aufrechten, anatrop-apotropen Samenanlagen zu zeigen. 5. Eine Theilfrucht (Klause). *f* die aus einem halben Fruchtblatt hervorgegangene Fruchtwand, *s* der von ihr umschlossene Same.

Fig. 342. Diagramm der Blüthe von Salvia. Die nach $\frac{3}{2}$ zweilippige Ausbildung des Kelches angedeutet. Die Krone mit absteigender Deckung. Im Androeceum ist das median hintere Glied (×) fehlgeschlagen, das mittlere Staubblattpaar (.) rudimentär, das vordere fruchtbar entwickelt, jedes trägt aber nur den halben, nach vorn liegenden Beutel. (Nach Eichler.)

Im Aufbau der Blüthenstände lehnen sich die Labiaten in unverkennbarer Weise an die vorangehenden Familien an. Normal entwickelten Pflanzen fehlt stets eine den Hauptstamm abschliessende Gipfelblüthe, die Blüthen sind durchweg seitlichen Ursprungs und stehen in den Achseln von Laub- oder Hochblättern. Nur selten bleibt die achselständige Blüthe isolirt. In den einfacheren Fällen erzeugt sie als Primanblüthe aus den Achseln ihrer beiden Vorblätter zwei Secundanblüthen. Hört die Verzweigung mit diesen auf, so haben wir das bekannte 3-blüthige Dichasium, wie es bei Salvia vorliegt. Wie bei den Asperifoliaceen, Solanaceen und einem Theil der Scrophulariaceen wiederholt sich jedoch die Blüthenbildung in den Achseln der Vorblätter der Secundanblüthen, wodurch dann eine fortgesetzte dichasische Gabelung entsteht, wie sie bei Calamintha u. a. vorliegt. Regel ist aber hierbei, dass in den Gabelzweigen wieder eine Förderung aus den β-Vorblättern eintritt, wodurch dann Wickelendigungen erzeugt werden, wie wir sie wiederholt betrachtet haben. Am häufigsten sind die Fälle, wo die Wickeläste unmittelbar aus den Vorblattachseln der Primanblüthe hervorgehen, mithin gabelige Doppelwickeln vorhanden sind. Bei den Labiaten sind dieselben aber gewöhnlich dadurch ausgezeichnet, dass alle Blüthen fast ungestielt sind. Die Wickeln sind also stark verkürzt, so dass die Blüthen in gleicher Orientirung neben einander zu stehen scheinen; sie bilden einen sogenannten Scheinquirl in der Achsel des Deckblattes der Primanblüthe. Folgen solche Scheinquirle an den aufeinanderfolgenden Knoten dicht hinter einander, so wird der Gesammtblüthenstand bald unterbrochen-, bald continuirlich-ährig oder auch kopfig.

Im Wuchs stimmen die etwa 2600 über die ganze Erde verbreiteten, zumeist krautigen, seltener strauchigen, niemals aber in Baumform auftretenden Arten darin überein, dass ihre nebenblattlosen Laubblätter paarig-gegenständig gekreuzt (ein Paar rechts-links, das folgende vorn-hinten u. s. f.) dem meist vierkantigen Stamme oder Zweige ansitzen („decussirte“ Blattstellung). Fast alle oberirdischen Theile der Pflanzen sind reich an ätherischen Oelen, welche von kopfigen Drüsenhaaren ausgeschieden werden. Ohne auf die Unterscheidung der Gruppen einzugehen, betrachten wir nur die wenigen, noch jetzt gebräuchlichen Gattungen.

1. Lavandula vera DC.

Die Gattung Lavandula, mit etwa 20 Arten den Mittelmeerländern angehörend, vertritt uns die Gruppe der Ocimoideae, in welcher die wenigen Labiaten vereinigt sind, bei welchen die didynamen Staubblätter ihre Fäden abwärts, gegen die Unterlippe der Krone neigen, während die nierenförmigen Staubbeutel ihre am

Scheitel (wie bei Digitalis) zusammenfliessenden Hälften nach dem Aufspringen zu einem rundlichen Plättchen schrumpfen lassen. Als Gattungscharakter gelten für Lavandula der röhrige, kurz 5-zähnige, 13—15-nervige Kelch und die blaue oder violette, schwach 2-lippige Krone (Fig. 343), welcher oberhalb eines Haarringes die vier, die Kronröhre nicht überragenden Staubblätter eingefügt sind. Die 2—10-blüthigen Scheinquirle in den Achseln unscheinbarer Hochblätter treten zu endständigen, ährenförmigen Blüthenständen höherer Ordnung zusammen, welche auf verlängertem Stengelgliede von dem beblätterten Theile des Stammes abgerückt sind.

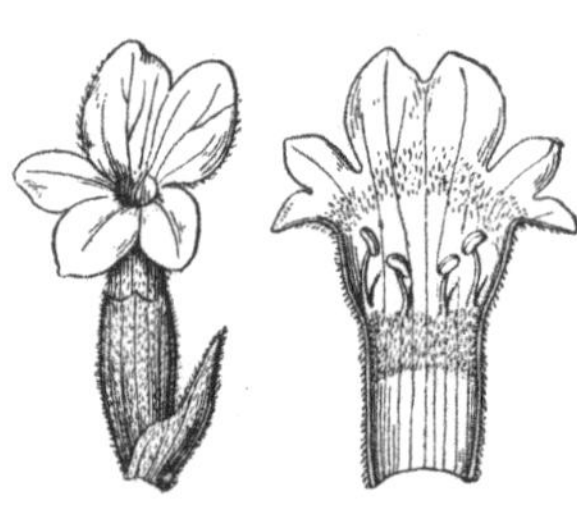
Fig. 343. Blüthe von Lavandula vera. Rechts die vorn aufgeschlitzte Krone ausgebreitet. (Nach Luerssen.)

Lavandula vera DC., die aus Südeuropa in unsere Gärten verpflanzte Lavende loder Spike, ist ein halbmannshoher, wegen der aufrechten Aeste und seiner linealischen, an den Rändern zurückgerollten, anfangs graufilzigen Blätter dürr erscheinender Strauch. Die in den Achseln brauner, trockenhäutiger, zugespitzter Hochblätter sitzenden, 6—10-blüthigen Scheinquirle bilden eine unterbrochene Scheinähre. Dem cylindrischen, drüsig-punktirten, bläulichen Kelche mit deckelartigem, hinterem Zahne folgt die blaue, aussen weichhaarige Krone. Die Klausenfrüchtchen sind länglichrund und glatt. Gewöhnlich entwickeln sich in den Laubblattachseln sehr kurze Zweige mit büschelig-gehäuft erscheinenden Blättern.

Synonyme sind *Lavandula officinalis* Chaix, *L. angustifolia* Moench, *Spica* L. var. *α.*, *L. Spica* Lois. und *L. vulgaris* Lam. var. *α.* Der Name Lavandula hängt mit lavare, waschen, zusammen; das angenehm riechende Kraut wird zu Bädern und Waschungen benutzt. Officinell sind nur die Flores Lavandulae Ph. G. II. 109 s. Fl. lavendulae Ph. G. II. 334, die Lavendelblüthen, welche durch Destilliren das ätherische Oleum Lavandulae Ph. G. II. 198, Lavendelöl, liefern, welches einen Bestandtheil von Acetum aromaticum Ph. G. II. 1 und Mixtura oleosa balsamica Ph. G. II. 179 ausmacht. Die Blüthen bilden einen Theil der Species aromaticae Ph. G. II. 240 und dienen auch zur Bereitung von Spiritus Lavandulae Ph. G. II. 247.

2. **Mentha** Tournef.

Die Gattung Mentha umfasst eine Anzahl schwierig abzugrenzender, durch ihren Pfefferminzgeruch leicht kenntlicher Kräuter aus der Gruppe der Saturejeae, deren Name von dem als „Bohnenkraut“ bekannten Küchengewächs *Satureja hortensis* abzuleiten ist. Wie die Ocimoideen zeichnen sich die Saturejeen durch schwach zygomorphe, meist sehr kleine Blüthen aus. Die fast regelmässigen Kronen zeigen ganz flache Lappen und oft gerade vorwärts gestreckte, nicht paarweis zusammenneigende Staubblätter. Dieser Charakter tritt nun in der Gattung Mentha in seiner Reinheit auf. Dem regelmässig 5-zähnigen, trichterig-glockigen, 10-nervigen Kelche folgt die ihn mit ihren Zipfeln überragende Krone. Gewöhnlich erscheint dieselbe dadurch fast aktinomorph 4-lappig, dass die beiden hinteren, die Oberlippe bildenden Saumlappen hoch hinauf verwachsen (Fig. 344), ein Vorkommniss, welches an gewisse Scrophulariaceen (vgl. S. 502) erinnert. Die vier gleichlangen Staubblätter verwischen den zygomorphen Charakter noch mehr, und da überdies im Grunde der Blüthe die vier glatten Klausen folgen, so täuschen die Menthablüthen einen aktinomorph-4-zähligen Bau vor.

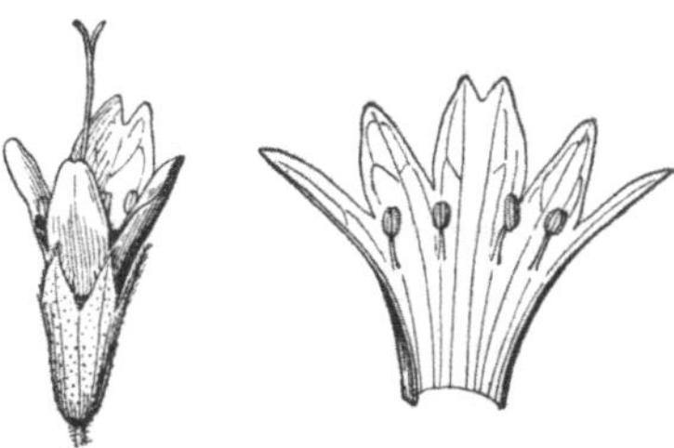

Fig. 344. Blüthe von Mentha piperita. Rechts die vorn aufgeschlitzte Krone ausgebreitet, um die gleichlangen Staubblätter zu zeigen. Die beiden, die Oberlippe bildenden Kronblätter hoch hinauf verwachsen. (Nach Luerssen.)

Für die Artunterscheidung ist die Anordnung der gewöhnlich vielblüthigen Scheinquirle wichtig. Sitzen dieselben ausschliesslich in den Achseln der Laubblattpaare in der mittleren Stengelregion, so scheint der Stengel mit jedem Internodium einen Quirl zu durchwachsen. Er schliesst dann am Scheitel mit laubiger Krone ab. Häufen sich aber die Scheinquirle gegen den Stammscheitel unter gleichzeitiger Reduction der Deckblätter, so wird der Gesammtblüthenstand unterbrochen ährenförmig und scheinbar endständig.

Der ungeschlechtlichen Vermehrung dienen bei vielen Arten mit schuppigen Niederblättern besetzte, horizontal kriechende Ausläufer. Verlaufen dieselben oberirdisch, so tragen sie meist kleine, grüne, an die normalen Laubblätter erinnernde Niederblätter. Officinell sind:

1. *Mentha piperita* L., die Pfefferminze, ein überall zum Arzneigebrauch gebautes Kraut mit meist ästigem, bis 1 m hohem Stengel und dicken, fast walzlichen, endständigen Scheinähren. Die Einzelblüthe zeichnet sich aus durch den gefurchten Kelch mit zur Fruchtreife gerade vorgestreckten, lanzettlich-pfriemlichen Zähnen. Die lilafarbenen Kronen sind innen völlig kahl (Fig. 344). Die spitz eiförmigen, scharf gesägten, auf kurzem Stiele sitzenden Spreiten werden bis 7 cm lang. Die niemals auffällig krause Spreite durchzieht ein kräftiger Mittelnerv; meist ist sie völlig kahl. Neben den unterirdischen Ausläufern treiben die Stöcke auch oberirdische, mit Laubblättern besetzte, an den Knoten wurzelnde.

Die Blätter, Folia Menthae piperitae Ph. G. II. 115 s. Herba Menthae piperitae ibid. 335 gehören als „Pfefferminzthee“ zum Volksarzneischatz. Sie liefern das zum grösseren Theil aus Pfefferminzkampfer, Menthol, bestehende Oleum Menthae piperitae Ph. G. II. 199, das Pfefferminzöl. Die Blätter bilden einen Bestandtheil von Species aromaticae Ph. G. II. 240 und dienen zur Bereitung von Aqua Menthae piperitae Ph. G. II 33 und Syrupus Menthae Ph. G. II. 261. Das Oel wird verwendet zu Spiritus Menthae piperitae Ph. G. II. 248 und Elixir amarum Ph. G. II. 73. Mit Zucker wird es in Form der bekannten „Pfefferminzplätzchen“, der Rotulae Menthae piperitae Ph. G. II. 231 verabreicht. Die Pfefferminzpräparate, besonders der „Pfefferminzthee“, auch Pfefferminzliqueure sind Hausmittel gegen Blähungen und krampfartige Koliken, besonders der Kinder, weshalb auch Ol. Menthae pip. immer Bestandtheil der „Choleratropfen“ ist. Mentholstifte sind in den letzten Jahren als „Migränestifte“ Gegenstand der Reclame geworden. Bekannt ist die Anwendung von Menthol gegen Zahnschmerz („Poho“).

2. *Mentha crispa* L., die Krauseminze, wird von einigen nur als Varietät der Pfefferminze angesehen, von welcher sie sich durch zerstreut kurzhaarige Stengel und ebenso behaarte Blattunterseiten, besonders aber durch die auffällig krausen, sitzenden Spreiten unterscheidet, welche zur Benennung crispa und Krauseminze geführt haben. In der Blüthenregion ist die Pflanze schlanker verzweigt. Die Scheinähren sind weniger dick und walzlich; sie pflegen spitz auszulaufen.

Die herzförmigen oder rundlich-eiförmigen Blätter sind die Folia Menthae crispae Ph. G. II. 115 s. Herba Menthae crispae ibid. 335. Vorgeschrieben ist nur noch das „Krauseminzenwasser“, Aqua Menthae crispae Ph. G. II. 33, nicht mehr aber das „Krauseminzöl“, Oleum Menthae crispae.

3. **Thymus** Tournef.

Die mit etwa 80 Arten besonders den Mittelmeerländern angehörige, auch bei uns vertretene Gattung Thymus umfasst Halbsträucher und kleine Sträucher mit winzigen, ganzrandigen Blättern und kleinen, meist röthlichen, oft polygamen Blüthen, die zu wenigblüthigen Scheinquirlen vereinigt sind. Auffällig wird der Blüthenstand nur dann, wenn die Scheinquirle ähnlich wie bei Mentha zu Aehren oder Köpfchen am Gipfel der Triebe gehäuft erscheinen. Charakteristisch sind der glockenförmige, 10—13-nervige Kelch mit breiter, 3-zähniger Oberlippe, der seinen Schlund nach der Blüthezeit mit schneeweissem Haarkranz verschliesst, und die deutlich 2-lippige Krone, deren fast flache, ausgerandete Oberlippe fast aufrecht steht, während sich die Unterlippe mit ihrem breiteren Mittellappen horizontal oder abwärts stellt. Die didynamen Staubblätter überragen spreizend den Kronenschlund. In ihrem Spreizen macht sich der Saturejeen-Charakter geltend. Die Staubbeutelhälften sitzen zu beiden Seiten eines oft breiten Connectivs an, wodurch das Staubblatt an die Form eines T erinnert.

1. *Thymus vulgaris* L., als Thymian ein bekanntes Küchenkraut, ist ein nur bis 30 cm hoher, von kurzen Haaren grauer, aufrechtästiger Strauch, dessen vierkantige, niemals am Boden wurzelnde Aeste ziemlich dicke, bis 9 mm lange und höchstens 3 mm breite, sitzende oder kurz gestielte, am Rande zurückgerollte, mehr oder weniger behaarte Blätter mit grossen Oeldrüsen tragen. Unterhalb der ährig oder kopfig zusammengerückten Blüthenquirle entstehen gewöhnlich in den Laubblattachseln verkürzte, blattreiche Seitensprosse, charakteristische Blattbüschel bildend.

Die im Mai und Juni hellroth bis weisslich blühende, in dem westlichen Südeuropa wild wachsende Pflanze wird viel in Gärten zum Küchengebrauch cultivirt. Officinell ist das blühende Kraut als Herba Thymi Ph. G. II. 132. Aus dem frischen Kraute gewinnt man das stark ätherische Oleum Thymi Ph. G. II. 204, das Thymianöl, das als wesentlichen Bestandtheil Thymiancampher, Thymol, enthält. Das Oel findet Verwendung in dem Linimentum saponato-camphoratum Ph. G. II. 157, dem Opodeldoc, und dessen flüssiger Form, Lin. sapon.-camph. liquidum Ph. G. II. 158; es bildet auch einen Bestandtheil der Mixtura oleoso-balsamica Ph. G. II. 179.

2. *Thymus Serpyllum* L., der Quendel, ist eine der zierlichsten, bei uns auf sonnigen Hügeln und Waldlichtungen, an Wegrändern und auf trockenen Wiesen gemeinen, rasenbildenden Pflanzen. Die über den Boden hinkriechenden, an den Knoten wurzelnden Haupttriebe tragen in den Achseln aller Laubblätter meist nur fingerlange, oft noch kürzere, aufrechte, dicht neben einander aufstrebende, mit den reichblüthigen Köpfen endende Seitensprosse. An den kaum mm-dicken, ringsum behaarten Stengeln sitzen die höchstens 7 mm langen und 1 mm breiten, länglichen, am Rande schwach umgerollten, in einen rinnig-flachen Stiel keilförmig verschmälerten, fast lederigen Blätter in gedrängt einander folgenden Paaren. Im Sommer werden die anfänglich dunkelgrünen Rasen geradezu zu Blüthenteppichen. Den braunrothen Kelchen folgen hellpurpurne Kronen, deren Form in verschiedenen Rasen verschieden angetroffen wird. Bei den zwitterigen Blüthen beobachtet man relativ grosse Kronen mit wohlentwickelten Staubblättern die nach dem Verstäuben von dem sich streckenden und seine Narbenschenkel öffnenden Griffel überragt werden. Wesentlich anders verhalten sich die eingeschlechtigen, weiblichen Blüthen. Im Schlunde der viel kleineren Krone sitzen nur vier Staubblatt-

rudimente, während der lange Griffel in kräftigere Narbenschenkel ausgeht.

Das blühend gesammelte Kraut, Herba Serpylli Ph. G. II. 132, verdankt seinen angenehm aromatischen Geruch dem in seinen Oeldrüsen erzeugten Oleum Serpylli, dem Quendelöl, welches mit dem Thymianöl nicht identisch ist. Das Kraut bildet einen Bestandtheil der Species aromaticae Ph. G. II. 240.

4. Melissa officinalis L.

Die wenigen (3—4), auf Europa, West- und Mittelasien beschränkten Arten der Gattung Melissa entfernen sich bereits vom typischen Charakter der Saturejeen durch die auffällig zygomorphen Blüthen. Der glockenförmige, 13-nervige, 2-lippige Kelch mit auffällig flacher, 3-zähniger, zurückgeschlagener Oberlippe erinnert zwar noch an den Kelch der Thymusarten, dagegen nähert sich die Krone mit ihrer rückwärts gekrümmt-aufsteigenden Röhre und dem stark 2-lippigen Saume mehr der in Fig. 341 abgebildeten Form. Ebenso vermisst man das auffällige Spreizen der didynamen Staubblätter. Dieselben krümmen vielmehr ihre Fäden nach rückwärts gegen die flach-aufrechte Oberlippe der Krone. Die Staubbeutelhälften stellen sich quer zum Faden und öffnen sich mit gemeinsamem, über den Scheitel hinweggehendem Spalt. Die wenigblüthigen Scheinquirle sitzen in den Achseln der ziemlich grossen, kerbig-gesägten Laubblätter einseitswendig.

Melissa officinalis L., wegen ihres citronenähnlichen Geruches in Gärten oft als Citronenmelisse gepflanzt, ist ein aus Südeuropa eingeführtes, oft mehr als halbmannshoch aufrechtes, meist ästiges Kraut mit zottig weichhaarigem Stamm und weichen, dünnfleischigen, breit-eiförmigen oder herzförmigen, stumpf zugespitzten, höchstens 4 cm langen und 3 cm breiten, kahlen oder unterseits flaumig behaarten, ziemlich langgestielten Blättern. Die Spreite zeigt jederseits nur 5—10 Kerbzähne. Die ziemlich grossen Blüthen zeichnen sich durch ihre weissen Kronen aus.

Zu Arzneizwecken gern in Dorfgärten gebaut, liefert die Pflanze ihre Blätter als Folia Melissae Ph. G. II. 115 s. Herba melissae ibid. 335 v. Melissae citratae. Ausser zu Theeaufgüssen dient die Droge nur zur Herstellung des als „Karmeliterwasser“ bezeichneten Spiritus Melissae compositus Ph. G. II. 247.

5. Salvia officinalis L.

Die Gattung Salvia ist mit ihren etwa 450 in den gemässigten und wärmeren Erdstrichen der alten und neuen Welt verbreiteten Arten der eigentliche Vertreter der Gruppe der Monardeae. Für dieselben ist das Diagramm Fig. 342 charakteristisch; es verkümmern also die seitlich-hinteren Staubblätter, so dass sich das Androeceum nur auf zwei, die beiden vorderen Staubblätter reducirt. Für die Gattung Salvia ist nun der in Fig. 345 dargestellte Blüthenbau bestimmend. Dem 2-lippigen, röhrigen oder glockigen Kelche folgt die Krone mit bauchiger oder ausgesackter Röhre und exquisit 2-lippigem Saume. Die aufrechte, gewölbte, meist seitlich zusammengedrückte Oberlippe überdeckt die unter ihr aufsteigenden beiden Staubblätter und den über ihre Spitze hervorragenden Griffel, während die breite, 3-lappige Unterlippe den blüthenbesuchenden Insecten einen Landungsplatz bietet. Am auffälligsten gestalten sich jedoch die beiden vorderen Staubblätter. In der Fig. 345 rechts sieht man auf jedem der stark gekrümmten Staubfäden das Mittelband (Connectiv) nach Art eines zweiarmigen Hebels entwickelt. Nur der in der Knospenlage vordere, in der entfalteten Blüthe obere Hebelarm endet mit einer fruchtbaren Halbanthere, während der hintere (untere) Hebelarm mit einem sterilen Knöpfchen, der verkümmerten zweiten Beutelhälfte endet. Diese merkwürdige Ausbildung der Staubblätter ist eine Einrichtung für die mit Hülfe von Insecten vollführte Wechselbestäubung (vgl. S. 476) der Blüthen, auf welche hier nicht eingegangen werden soll. Betreffs des Aufbaues der zu Aehren, Trauben oder Rispen gruppirten Scheinquirle der Salvien ist die Darstellung auf S. 509 massgebend.

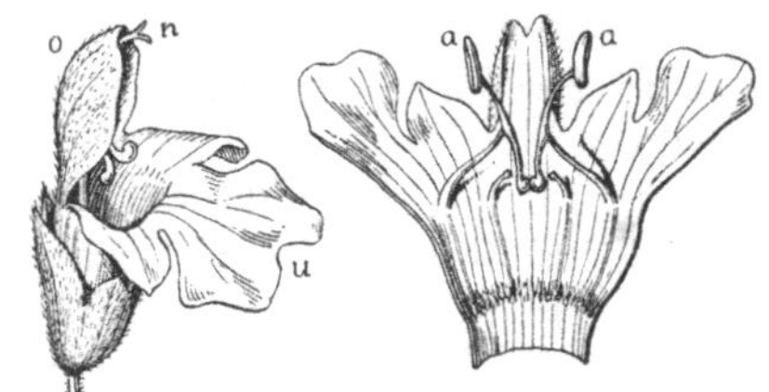

Fig. 345. Blüthe von Salvia officinalis. Rechts die vorn aufgeschlitzte und ausgebreitete Krone. (Nach Luerssen.)

Salvia officinalis L., die einzige bei uns gebräuchliche, als Salbei aus Südeuropa zum Küchengebrauch allerwärts in die Gärten verpflanzte Art, ist bei uns ein halbstrauchiges, im wärmeren Klima ein bis meterhoch strauchiges Gewächs mit aufrechten Aesten und grau-sammethaarigen, in der Jugend fast weissen Blättern, welche auf ziemlich langem, schlankem Stiele die längliche bis fast lanzettliche, fein gekerbte, am Grunde verschmälerte, selten abgerundete oder schwach herzförmige, ziemlich derbfleischige Spreite tragen. Auffällig ist das reich und engmaschig verzweigte Adernetz, zwischen welchem sich das Blattfleisch fast warzig vorwölbt, wodurch die Blattoberseite eigenthümlich runzelig, die Unterseite vertieft narbig erscheint. An cultivirten Pflanzen werden die Spreiten bis 10 cm, durchschnittlich fingerlang bei $1^1/_2$—2 cm Breite. Bisweilen entwickeln sich am Spreitengrunde „Oehrchen“ wie bei *Solanum Dulcamara*. Die meist 3-blüthigen Halbquirle sitzen in den Achseln zugespitzter, bald abfallender Hochblätter. Für die im Juni und Juli erscheinenden Blüthen sind charakteristisch fast trichterförmige, 15-nervige Kelche und blau-violette, aussen fein weichhaarige Kronen mit helmartiger, gerade aufsteigender, im Vergleich zu den bei uns heimischen Salbeiarten wenig gekrümmter Oberlippe und auffällig breiter Unterlippe.

Die Blätter, Folia Salviae Ph. G. II. 116, werden fast nur noch zu Hausmitteln, namentlich zur Bereitung von Gurgelwässern, gebraucht.

6. Rosmarinus officinalis L.

Die der Gattung Salvia nahe stehende Gattung Rosmarinus weicht wesentlich nur in der Gestalt der Kronen und der fruchtbaren Staubgefässe ab. Die nur wenig über den Kelch hinaus verlängerte Kronröhre trägt einen deutlich 2-lippigen Saum, dessen gerade aufsteigende, an der Spitze kurz zweispaltige Oberlippe vorn weit geöffnet ist und die Geschlechtsorgane (Staubblätter und Griffel) nicht überdeckt. An den fruchtbaren Staubblättern entwickelt das Connectiv nur den vorderen, die Halbanthere tragenden Hebelarm, während der hintere ohne Andeutung einer Anthere auf ein unscheinbares Zähnchen reducirt ist. Da sich nun der fruchtbare Schenkel des Connectivs ganz in die Staubfadenrichtung stellt, so erscheint der unfruchtbare unterhalb der Mitte des scheinbaren Fadens in dem erwähnten Zähnchen. Man könnte also Salvia und Rosmarinus so unterscheiden: Salvia entwickelt das Connectiv der vorderen Staubblätter zum zweiarmigen, Rosmarinus zum einarmigen Hebel. Die einzige, durch die Mittelmeerländer verbreitete, bei uns oft in Töpfen cultivirte Art ist

Rosmarinus officinalis L., ein immergrüner, sparrig-ästiger, in seiner Heimath bis 2 m hoher Strauch mit 4-kantigen, anfangs weisslichfilzigen, später braungrauen Zweigen und ähnlich wie bei den Topfmyrten dicht gestellten, sitzenden, linealischen, bis halbfingerlangen, etwa 6 mm breiten, am Rande stark zurückgerollten und daher unterseits tiefrinnigen Blättern. Ihre glänzende, graugrüne Oberseite verräth die lederige Beschaffenheit, während die Unterseite von weisslichem Sternhaarfilz bedeckt ist. Die Blüthen sitzen an kurzen, armblätterigen Achselsprossen, zu wenigen eine kleine Traube bildend. Dem kleinen, eiförmigen Deckblatt folgt die sehr kurz gestielte Blüthe mit eiförmig-glockigem, 2-lippigem, graufilzigem Kelch. Die weissliche oder blassblaue Krone gliedert ihre mit dunkleren Zeichnungen versehene Unterlippe deutlich in zwei seitlich abstehende Lappen und einen auf breitem, concavem Mittelstück (einem „Nagel") getragenen, an den Rändern wellig-gekerbten Mittellappen.

In ihrer Heimath liebt die von März bis Mai blühende Pflanze trockene, sonnige Felsabhänge. Man sieht sie auch bei uns, namentlich in kleineren Städten oft an Fenstern auf Blumenbrettern blühen. Die Blätter, Folia Rosmarini, sind bei uns nicht mehr officinell, wohl aber das aus ihnen dargestellte Oleum Rosmarini Ph. G. II. 202. Es dient zur Bereitung von Acetum aromaticum Ph. G. II. 1,

Linimentum saponato-camphoratum Ph. G. II. 157 (Opodeldoc) und Linim. sapon.-camph. liquidum ibid. 158. In der Volksmedicin erfreut sich Rosmarin der Verwendung zu Wundwässern und Salben. „Rosmarinsalbe" wird gegen Lähmungen und Quetschungen zum Einreiben verlangt.

Die vielen bei uns heimischen Arten der Labiaten gehören den Gruppen der Nepeteae, Stachydeae und Ajugoideae an. Alle besitzen typisch didyname Staubblätter, welche paarig unter dem Rücken der Krone aufsteigen. Den Nepeteen sind meist 15-nervige Kelche und 2-lippige Kronen, den Stachydeen (vgl. Fig. 343) 5- oder 10-nervige Kelche und 2-lippige Kronen eigen, während bei den Ajugoideen dem 10-nervigen Kelche eine Krone mit kurzer, fast verschwindender Oberlippe folgt.

Contortae.

Mit Uebergehung einer Reihe von unwichtigeren, obwohl morphologisch interessanten Familien wenden wir uns zur Betrachtung der dritten Ordnung der haplostemonen Sympetalen, zu den wegen des häufigen, doch nicht ausnahmslosen Vorkommens von gedrehter Knospenlage der Kronblätter als Contortae vereinigten Formen. Im Blüthencharakter schliessen sie sich, namentlich bei 5-zähligem Bau an die Tubifloren an, unter welchen ja gedrehte Knospenlage den Charakter der Familie der Convolvulaceae ausmacht. Unterscheidend ist aber für die Contortae, dass die blühenden, unterwärts beblätterten Axen durchweg mit Gipfelblüthe abschliessen und die Laubblätter fast ausnahmslos wie bei den Labiaten abwechselnd-gegenständig (decussirt) oder in abwechselnden Quirlen eingefügt sind. Von den Labiatifloren sind die Contorten jedoch durch die streng aktinomorphen Blüthen scharf getrennt. Auffällig häufig treten neben Fünfzahl der Blüthen andere Zahlenverhältnisse, namentlich die Vierzahl auf. Ausnahmslos besteht das Gynaeceum (wie bei Tubifloren und Labiatifloren) aus **zwei** oberständigen Fruchtblättern. Die Staubbeutel öffnen sich in allen Fällen introrś. Die hierher gehörigen Familien gruppiren sich am übersichtlichsten wie folgt:

Apocynaceae. Blüthenformel K 5, C (5), A 5, G $\underline{2}$. Krone stets gedreht. Fruchtblätter mit vielen Samenanlagen, nur mit den Griffeln verwachsen. Hierher Nerium Oleander, die bekannte Zierpflanze.

Asclepiadaceae. Blüthenformel K 5, C (5), A 5, G $\underline{2}$. Krone gedreht. Fruchtblätter unterwärts frei, aber die Griffel unter sich und mit den Staubbeuteln verwachsen. Unter allen Dicotylen die einzige Familie, in welcher die Pollenmasse je einer Antherenhälfte wie bei den Orchideen unter den Monocotylen zu einem **Pollinium** verklebt.

Gentianaceae. Blüthenformel K 5, C (5), A 5, G $\underline{(2)}$, häufig auch K 4, C (4), A 4, G $\underline{(2)}$ oder 6- und 7-zählig. Krone gedreht. Fruchtblätter oben zu einem einfachen Griffel, unterwärts nur mit den Rändern verwachsen, so dass die Fruchtknoten einfächerig, die vieleiigen Placenten wandständig werden.

Loganiaceae. Blüthenformel K 5, C (5), A 5, G $\underline{(2)}$ oder K 4, C (4), A 4, G $\underline{(2)}$. Krone gedreht oder klappig. Fruchtblätter völlig verwachsen, also mit einfachem Griffel und zweifächerigem Fruchtknoten, oft erst bei der Fruchtreife längs der Verwachsungsfläche oder nicht zerfallend.

Oleaceae. Blüthen zweizählig nach der Formel K 2 + 2, C (2), A 2, G $\underline{(2)}$ oder K 4, C (4), A 2, G $\underline{(2)}$. Krone meist klappig. Fruchtblätter völlig verwachsen, mit einfachem Griffel und zweifächerigem Fruchtknoten, dieser aber nur mit zwei Samenanlagen in jedem Fach.

Jasminaceae. Blüthen nur im Androeceum und Gynaeceum zweizählig, im Perianth mehrzählig nach der Formel K n, C (n), A 2, G $\underline{(2)}$. Fruchtblätter wie bei den Oleaceen, oft nur mit je einer Samenanlage in jedem Fach.

Es wird dem Leser nicht entgehen, dass in der obigen Familienaufzählung drei Charaktere unabhängig von einander variiren. Erstens geht die Fünfzahl, die dem Gros der Haplostemonen eigen ist, auch auf die Apocynaceen und Asclepiadaceen über, während die Blüthenformel und, wie wir weiterhin kennen lernen werden, der ganze diagrammatische Aufbau bei den Gentianaceen in's Schwanken geräth. Dieses Schwanken zeigt sich in geringerem Maasse bei den Loganiaceen, wo sich die Vierzähligkeit neben der Fünfzahl constituirt hat, während bei den Oleaceen die Zweizahl in den Vordergrund tritt, um sich bei den Jasminaceen wenigstens in den Geschlechtsorganen zu erhalten. Zweitens finden wir die Kronendeckung bei den Apocynaceen, Asclepiadaceen und dem Gros der Gentianaceen dachig, während bei den Loganiaceen die klappige Knospenlage fast gleichberechtigt hervortritt, um bei den Oleaceen und Jasminaceen die Oberhand zu gewinnen. Drittens schreitet die Verwachsung der Fruchtblätter von Familie zu Familie fort, auffallender Weise aber so, dass die innigste Verschmelzung der Carpiden am Scheitel beginnt. Bei den Asclepiadaceen sind die Griffel verwachsen, aber die Fruchtknoten noch frei (apokarp), während bei den Gentianaceen die Verwachsung der Fruchtblattränder eben eintritt, doch nur zu parietaler Placentation, mithin zur einfachst möglichen Synkarpie führt. Bei den Loganiaceen ist die Verwachsung perfect, der Fruchtknoten ist zweifächerig, zerfällt jedoch später in seine Constituenten. Bei den wenigsamigen Oleaceen und Jasminaceen fällt auch dies fort; sie führen meist Schliessfrüchte oder Beeren, es findet also auch bei völliger Reife keine Carpidentrennung statt.

Wir beschränken die nähere Betrachtung nur auf einige der Familien, und wenden uns zunächst an die

Gentianaceae.

Mit Uebergehung der Apocynaceen[1]) und Asclepiadaceen[2]) versuchen wir ein Bild der Familie der Gentianaceen, deren etwa 520 über die ganze Erde verbreitete Arten vorzüglich den gemässigten Klimaten und zumeist als Gebirgsbewohner angehören, zu entwerfen.

Es wurde schon in der Charakteristik der Contorten hervorgehoben, dass die Gentianaceen eine Uebergangsfamilie darstellen, eine Thatsache, welche sich zunächst im diagrammatischen Aufbau ihrer Blüthen ausprägt. Im einfachsten Falle begegnen wir einzeln endständigen „Gipfelblüthen“, häufiger aber ist eine Bereicherung durch achselständige Seitenblüthen, so dass Trauben und Rispen mit decussirten Sprossen Regel sind. Von Wichtigkeit ist nun das Vorhandensein oder das Fehlen der Vorblätter, die bei den Gipfelblüthen natürlich durch das letzte Laubblattpaar vertreten sind.

Sind zwei transversale Vorblätter entwickelt, so stehen 5-zählige Blüthen normal, ihr Kelch wendet also das zweite Blatt gegen die Axe, wie in Fig. 148. Vierzählige Blüthen setzen mit dem Kelch die Decussation fort; den transversalen Vorblättern folgen zwei mediane äussere, dann wieder zwei transversale innere Kelch-

---

[1]) Von den etwa 900 bekannten Apocynaceen gehören die meisten den wärmeren und heissen Ländern an. Bei uns findet sich nur *Vinca minor* L., die als Wintergrün zum Beziehen von Grabhügeln allerwärts gepflanzt wird. Viel bekannter ist die in Töpfen und Kübeln gezogene Mittelmeerpflanze *Nerium Oleander* L., der Oleander. Sofern man Gelegenheit findet, versäume man nicht die Familiencharaktere an dieser Art zu studiren. Gewöhnlich sind die Blätter paarig-gekreuzt, bilden aber an kräftigen und blühenden Trieben fast stets dreigliederige Quirle. Oberhalb des letzten Laubblattquirles entwickelt der Stiel der Gipfelblüthe drei hinfällige Hochblätter b, α, β, aus deren Achseln je ein Spross hervorgeht, welcher wieder mit einer Endblüthe abschliesst. Diese führt zwei transversale Vorblätter α und β, von denen das α-Blatt deutlich tiefer steht. Beide Vorblätter tragen in ihrer Achsel wieder eine Blüthe, doch ist die α-Blüthe sichtbar bevorzugt (gefördert). Tritt nun weitere Förderung aus den α-Vorblättern der α-Blüthen ein, so erhält man Schraubeln, während die schon mehrfach in diesem Buche besprochenen Wickelblüthenstände ihre Entstehung fortgesetzter Förderung aus den β-Vorblättern verdanken.

[2]) Officinell ist von Asclepiadaceen nur *Gonolobus Condurango*, deren Rinde als Cortex Condurango Ph. G. II. 65 geführt wird. Da die Abstammung der Droge jedoch nicht ganz sicher gestellt erscheint, so ist von der Besprechung der Stammpflanze Abstand genommen worden.

blätter. Die beiden Fruchtblätter stehen in beiden Fällen normal, also median.

Fehlen die Vorblätter, so zeigen 5-zählige Blüthen gewöhnlich Primulaceenstellung, ihr Kelch wendet also das vierte Blatt gegen die Axe, und Blatt 1 und 2 des Kelches ersetzen die Vorblätter, wie es in ähnlicher Weise auf S. 351 für den Malvaceenhüllkelch dargestellt wurde.[1]) Vierzählige Blüthen setzen aber mit zwei transversalen, äusseren, die Vorblätter ersetzenden Blättern ein und lassen diesen zwei mediane innere folgen. Die Fruchtblätter stehen aber bei fehlenden Vorblättern transversal, entgegen der allgemeinen Regel also nicht median.

Neben diesen Abänderungen findet sich bei der Gattung Erythraea die ganz ausnahmsweise Lobeliaceenstellung und bei einigen Gentianen ist selbst Papilionaceenstellung beobachtet worden. Zieht man hierzu noch den in Fig. 346 dargestellten Fall von Menyanthes, wo die Blüthe schief zur Abstammungsaxe steht, so ergiebt sich, dass bei den Gentianaceen alle überhaupt bekannten Orientirungsarten des Kelches (vgl. S. 245) vertreten sind.

Fig. 346. Diagramm der Blüthe von Menyanthes trifoliata. α, β Vorblätter. 1—5 der quincunciale, schief orientirte Kelch. Die Medianebene ist durch eine punktirte Linie angegeben. (Nach Eichler.)

Betreffs der Kronen beachte man, dass die Drehung gewöhnlich rechts stattfindet. Klappige Knospenlage zeigt nur Menyanthes. Die einfächerigen, mit Parietalplacenten ausgestatteten Fruchtknoten werden zur häutigen oder derben Kapsel, welche sich längs den Verwachsungsnäthen der Fruchtblätter, also in der Mitte der benachbarten Placentarwülste 2-klappig öffnet. Die aus anatropen Anlagen hervorgehenden Samen enthalten einen sehr kleinen Keimling im fleischigen Nährgewebe. Officinell sind:

1. Gentiana L.

Die etwa 180 Arten der Gattung Gentiana sind einjährige oder ausdauernde, zum Theil sehr kräftige Kräuter mit durchweg sitzenden, einfachen Blättern und meist einzeln end- und achselständigen, 4—7-zähligen Blüthen. Dem am Grunde verwachsenblätterigen Kelche folgt die rechtsgedrehte Krone mit meist glockiger oder cylindrischer, selten sehr kurzer Röhre und aufrechtem, trichter- oder tellerförmig sich ausbreitendem Saume. Für viele Arten sind Schlundanhänge (theils Wimpern, theils mit den Saumlappen abwechselnde Schuppen) charakteristisch. Die Staubblätter sind der Kronröhre eingefügt und

[1]) Auch den Primulaceen fehlen „typisch“ die Vorblätter. Vgl. S. 474.

überragen bei langröhrigen Formen nicht den Schlund. Betreffs der Orientirung gelten die im Familiencharakter angeführten Regeln.

1. *Gentiana lutea* L., der gelbe Enzian, Fig. 347, ist eines der kräftigsten Kräuter. Die $^1/_2$—1 m lange, bis $3^1/_2$ cm dicke, gelblichgraue, geringelt-runzelige, fleischige Wurzel dringt unverzweigt, nur mit Nebenwurzeln besetzt in den Boden. Ihrem Kopfe entspringen gewöhnlich mehrere bis $1^1/_4$ m hohe, einfache, runde, fingerstarke, hohle Stengel. Die untersten, etwa handbreiten und doppelt so langen, elliptischen, ganzrandigen Blätter sind in einen breiten, rinnig-flachen Stiel verschmälert, die höher eingefügten, allmählich in die Hochblätter des Blüthenstandes überleitenden Blätter sind sitzend, dabei verwachsen die halbstengelumfassenden Basen jedes Blattpaares so, dass um jeden Knoten eine kurze Manschette entsteht. Jede der oberseits freudig-grünen, unterseits fast bläulichen Spreiten wird von 5 oder 7, am Grunde und an der Spitze zusammenlaufenden Längsrippen durchzogen. Die Blätter erinnern deshalb an den Typus der Monocotylen. Die grossen gelben, 5- oder 6-zähligen Blüthen sitzen gedrängt, Scheinquirle bildend, in den Hochblattachseln und am Stammscheitel, so dass der Blüthenstand endständig und unterbrochen erscheint. Die häutigen, durchscheinenden Kelche spalten einseitig auf, so dass sie die Krone scheidenartig umfassen. Später entfaltet diese ihre nahe bis zum Grunde freien, länglich-lanzettlichen, einfarbig gelben oder mit drei Reihen brauner Punkte gezeichneten Zipfel fast radförmig. Die kräftigen, spreizenden Staubfäden tragen linealische, introrse Beutel. Den Grund des länglichen, in einen kurzen Griffel mit zurückgerollten Narbenlappen verjüngten Fruchtknoten umgeben 5 Discusdrüsen. Die längliche Kapsel enthält viele eiförmige, flache, von einem Hautrande geflügelte Samen.

Fig. 347. Gentiana lutea.

2. *Gentiana purpurea* L., im Ganzen weniger kräftig als die vorige Art, unterscheidet sich wesentlich nur im Bau der meist 6-zähligen Blüthen. Dem scheidig-gespaltenen Kelche folgt eine aussen purpurrothe, innen gelbliche, glockige Krone, deren eiförmige Lappen etwa 3-mal kürzer sind als die Röhre. Der Blüthenstand beschränkt sich meist nur auf die Scheinquirle in den beiden obersten Hochblattpaaren. Die Laubblätter sind meist 5-nervig.

Heimath der im Juli und August blühenden Pflanze sind die Alpen, die Karpathen und Norwegen.

3. *Gentiana pannonica* Scop., eine von August bis September in den Alpen, den Karpathen und im Böhmerwald blühende Art unterscheidet sich von den vorigen durch meist 6- oder 7-zählige Blüthen mit gleichmässig gezähntem, glockigem Kelch, welchem die glockige, dunkelpurpurne, mit schwarzen Punkten gezeichnete Krone folgt. Auffällig sind die extrorsen, röhrig zusammenhängenden Staubbeutel.

4. *Gentiana punctata* L., wie die vorige durch glockige Kelche, aber gelbe, schwarzpunktirte Kronen der meist 6- und 7-zähligen Blüthen ausgezeichnet, bewohnt die Alpen, die Karpathen und die höchsten Theile der Sudeten.

Die unterirdischen Theile aller vorgenannten Arten kommen meist längsgepalten getrocknet in den Drogenhandel als Radix Gentianae Ph. G. II. 219, Enzianwurzel. Als Bittermittel findet dieselbe Verwendung zu Extractum Gentianae Ph. G. II. 90, Tinct. Aloës composita Ph. G. II. 271, Tinct. amara Ph. G. II. 271, Tinct. Gentianae Ph. G. II. 281 und Tinct. Chinae composita Ph. G. II. 276. Weit und breit bekannt ist der in den Alpen und im Jura aus der frischen Droge bereitete Enzianbranntwein (Enzianbitter).

2. Erythraea Centaurium Pers.

Die Gattung Erythraea umfasst nur etwa 30 als einjährige oder ausdauernde, meist kleine Kräuter auftretende Arten mit 5-, selten 4-zähligen, zu reichverzweigten Rispen vereinten Blüthen. Charakteristische Merkmale dieser liegen in dem röhrigen, in der Mediane seiner freien Zipfel gekielt-kantigen Kelch mit der seltenen Lobeliaceenstellung. Die ihn überragende, meist rosenrothe Krone beginnt mit cylindrischer, enger Röhre, deren verengtem Schlunde die rechtsgedrehten, sich trichter- oder tellerförmig entfaltenden Saumlappen ansitzen, welche nach der Blüthezeit sich über der Kapsel wieder zusammendrehen. Die dem oberen Ende der Kronröhre eingefügten, mit ihren Fäden aus dem Schlunde hervorragenden Staubblätter zeichnen sich dadurch aus, dass ihre introrsen Beutel nach dem Verstäuben spiralig rechts-gedreht vertrocknen. Erythraea ist also hochgradig „contort". Der längliche Fruchtknoten mit stark eingerollten Placenten endet mit einfachem Griffel und kopfiger oder 2-lappiger Narbe. Die Kapsel öffnet sich 2-klappig längs der Verwachsungslinie der beiden Fruchtblätter.

Erythraea Centaurium Pers. ist das bei uns heimische, ein- und zweijährig auftretende Tausendgüldenkraut. Aus der kurzen einfachen Wurzel erhebt sich der höchtens 2 mm dicke, handlange oder etwas höhere, einfache, 4-kantige Hauptstamm steif aufrecht. Unterhalb der Gipfelblüthe sprossen die dichasisch wiederholt verzweigten Inflorescenzäste hervor, die zu einer dichten, doldig erscheinenden Rispe zusammenneigen. Die schön rosenrothen Kronen mit bleicher, enger Röhre machen die Pflanze zu einer der lieblichsten unserer Wiesen und feuchten Waldtriften. Die Laubblätter bilden am Stengelgrunde eine Rosette aus verkehrt-eiförmigen, ganzrandigen, weichen, wie die ganze Pflanze haarlosen Spreiten; bei 4 cm Länge erreichen sie höchstens 2 cm Breite. Ihr Grund verschmälert sich in einen sehr kurzen, flachen Stiel. Die viel kleineren, an Grösse nach oben abnehmenden Stengelblätter sind sitzend, paarig, meist spitzlich. Die Blüthezeit fällt in den Hochsommer.

Die oberirdischen Theile der Pflanze bilden die Herba Centaurii Ph. G. II. 129 s. Herba centaurii minoris ibid. 335. Ihre Verwendung ist nur noch zu Tinct. amara Ph. G. II. 271 vorgeschrieben.

Synonyme sind *Gentiana Centaurium* L. und *Chironia Centaurium* Sm.

3. Menyanthes trifoliata L.

Während sich Erythraea sehr eng an die Gattung Gentiana anschliesst, bildet Menyanthes den Typus der nach ihr benannten Gruppe der Menyantheae. Diese tritt nicht nur innerhalb der Familie, sondern innerhalb der ganzen Ordnung der Contorten durch abwechselnde (nach $^2/_5$ Stellung geordnete, nicht decussirte) Blätter als anomal hervor. Unter den Gentianaceen sind die Menyantheen durch induplicativ-klappige Kronen und Samen mit holziger Schale gekennzeichnet. Alle Arten sind Sumpf- und Wasserbewohner.

Fig. 348. Menyanthes trifoliata. $^1/_8$ nat. Gr.

Die einzige, nassen Moorwiesen und Sumpfgräben Europas, Centralasiens und Nordamerikas eigene, bei uns im Mai und Juni blühende Art der Gattung Menyanthes ist

Menyanthes trifoliata L., der Fieber- oder Bitterklee, Fig. 348, ausgezeichnet durch eine ganze Reihe hervorragender Eigenheiten. Zunächst dauert die Pflanze mit einem oberflächlich kriechenden oder dicht unter dem Wasserspiegel horizontal wachsenden, bis fingerdicken, verzweigten Stamme aus. Seine Oberfläche ist völlig kahl, glänzend grün, aber niemals von einer korkigen Rinde bedeckt. Von Strecke zu Strecke umhüllen ihn die Scheidenreste der älteren, abgestorbenen Blätter, während einzelne lange, völlig unverzweigte, fast schnurartige Wurzeln aus ihm hervorbrechen. An den Triebspitzen erheben sich wenige (3—5) Laubblätter auf bis handlangen, fast federkieldicken, mit langen, am Rande fast häutigen Scheiden einander deckenden

Stielen und dreizähligen, an Kleeblätter erinnernden Spreiten (daher Bitterklee). Die fast sitzenden drei Blättchen sind verkehrt oder länglich-eiförmig, ganzrandig oder undeutlich gekerbt, glänzend graugrün und frisch fast fettig fleischig. Die aufstrebende Sprossspitze erhebt sich als blattloser, etwa handhoher, mit einer gedrängten, einfachen Blüthentraube endender Schaft, an welchem die bald normal orientirten, bald wie in Fig. 346 schief gestellten, 5-zähligen Blüthen aufrecht neben einander stehen. Dem bei Seitenblüthen den Vorblättern sich anschliessenden, quincuncial deckenden, 5-theiligen Kelch folgt die weisse oder röthlich angehauchte, fast glockige und fleischige Krone, deren lanzettliche Zipfel auf der ganzen Innenseite auffällig zottig bärtig sind. Die den Schlund der Krone nur wenig überragenden Staubblätter enden mit schaukelnden, roth-violetten Beuteln. Wie bei Primula sind die Blüthen verschiedener Stöcke auffällig dimorph; Menyanthes ist eines der besten Beispiele für **Heterostylie** (vgl. S. 476). In der kugeligen Kapsel reifen gewöhnlich nur wenige Samen mit holziger, glatter, glänzender Schale.

Die Blätter, Folia Trifolii fibrini Ph. G. II. 117 s. Herba trifolii fibrini ibid. 335, sind ein bekanntes Bittermittel (Bitterklee). Ausser zum „Thee"-Aufguss dienen sie zur Bereitung von Elixir Aurantiorum compositum Ph. G. II. 74 und Extractum Trifolii fibrini. Dass die volksthümlichen Namen Bitterklee, Fieberklee, sowie die immer noch gebräuchliche Drogenbezeichnung Trifolium fibrinum nur auf die „trifoliaten" Laubblätter sich stützen, bedarf kaum der Erwähnung. Man hüte sich deshalb um so mehr, Menyanthes in irgend welche Beziehung zu Trifolium, dem Klee, bringen zu wollen!

Loganiaceae.

Die etwa 350, fast ausschliesslich den Tropen angehörigen Arten der Loganiaceen schliessen sich im diagrammatischen Aufbau eng an die Gentianaceen an, von welchen sie durch die zweifächerigen Fruchtknoten streng unterschieden sind. Die Samenleisten sitzen wie etwa bei den Solanaceen oder Scrophulariaceen auf der Mitte der Fruchtknotenscheidewand („Centralplacenten"). Weniger durchgreifende Unterscheidungsmerkmale liefern die übrigen Blüthenkreise. Wie bei den Gentianaceen sind 5-zählige und oft 4-zählige Blüthen vorhanden, die zumeist traubige oder dichasische Inflorescenzen mit Gipfelblüthen bilden. Jede Blüthe beginnt mit zwei Vorblättern, an welche sich bei Fünfzahl ein normal orientirter Kelch anschliesst, während bei Vierzahl den transversalen Vorblättern zwei mediane, äussere und dann wieder zwei transversale innere Kelchblätter folgen. Die Fruchtblätter stehen, wie üblich, median (Fig. 349). Eine Abänderung erleidet dieser Typus nur durch das Vorkommniss, dass den beiden normalen Vorblättern noch ein damit gekreuztes, medianes Paar folgt, an welches sich bei einigen Arten noch fünf, einen Aussenkelch bildende Hochblätter in normal quincuncialer Stellung anschliessen. Vom Contortencharakter weicht die Kronendeckung häufig ab. Neben gedrehten Kronen sind klappige (Fig. 349), auch quincuncial-dachige nicht selten. Neben 2-klappigen Kapseln finden sich auch Beeren- und Steinfrüchte. Die Samen führen einen in der Nähe ihres Nabels im fleischigen oder hornigen Nährgewebe eingebetteten Keimling (Fig. 351). Hierher:

Fig. 349. Blüthendiagramm von Strychnos Nux vomica. Kelch normal orientirt, quincuncial, Krone klappig, Gynaeceum aus zwei medianen Fruchtblättern mit centraler Placentation der Samenanlagen. (Nach Eichler.)

Strychnos Nux vomica L.

Von den 60 tropischen Arten der Gattung Strychnos treten die einen als Bäume, die anderen als oft hochschlingende Sträucher mit krautigen oder lederigen, ganzrandigen, paarigen Blättern auf. Die meist weissen, dicht gehäuften Blüthen sind theils 5-, theils 4-zählig. Den Deckblättern folgt ein kurzglockiger Kelch, eine langröhrige Krone mit klappigem, später tellerförmig sich ausbreitendem Saume und fast sitzenden, dem Kronenschlunde angehefteten Staubbeuteln (Fig. 350). Den zweifächerigen Fruchtknoten krönt ein einfacher Griffel mit schwach 2-knöpfiger Narbe. Die Frucht ist eine meist kugelige Beere, in welcher durch Fehlschlagen der meisten Anlagen nur ein oder zwei, bei manchen Arten viele Samen ausgebildet werden.

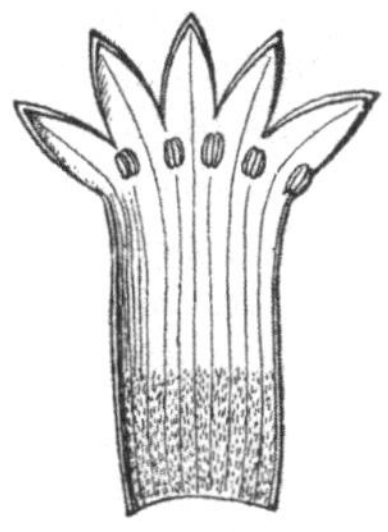

Fig. 350. Blumenkrone von Strychnos Nux vomica aufgeschlitzt und ausgebreitet. (Nach Luerssen.)

Strychnos Nux vomica L., der Brechnussbaum, ist ein den Küstengebieten Ostindiens, den malayischen Inseln und Nordaustralien angehöriger Baum mit kurzem, dickem Stamme. Die in der Jugend grauhaarigen, wiederholt 3-theiligen oder gabeligen Zweige zeichnen sich durch schrittweisse an Dicke abnehmende Internodien aus. Die Blätter beginnen mit kurzem, rinnigem Stiele. Die eiförmigen, bis fingerlangen Spreiten sind oberseits glänzend grün, derb und 3- oder 5-nervig mit feinem Adernetz. Die grün- oder gelblichweissen Blüthen führen eine im Grunde innen kurzhaarige Krone (Fig. 350). Die in Gestalt und Farbe an kleine Orangen erinnernde Beere enthält in dem gallertigen, bitteren Fleische nach Tschirch meist nur einen Samen, der bis 3 cm breit und $^{1}/_{2}$ cm dick charakteristisch flach scheibenförmig entwickelt ist (Fig. 351). In der Mitte der meist schwach concaven einen Seite sitzt der ziemlich lange Funiculus an, nach dessen Entfernung eine centrale Narbe an der Schale, der „Hagelfleck“ oder Nabel, zurückbleibt. Von diesem aus läuft eine schwach erhabene Linie nach Art einer Raphe nach dem Mikropylenende des Samens hin, an welchem der Keimling mit seinem Würzelchen liegt. Das hornige, weissgraue Nährgewebe bildet die Hauptmasse des Samens. Es wird von einem der Abflachung der Schale entsprechenden Mittelspalt durchsetzt. Die Oberfläche des Samens ist graugelb, seidenhaarig glänzend durch radial gerichtete, angedrückte Haare.

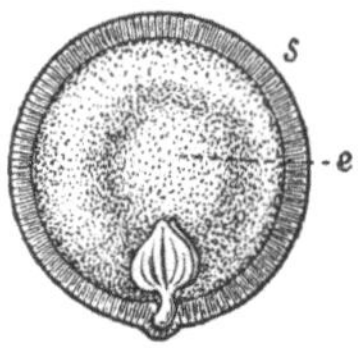

Fig. 351. Same von Strychnos Nux vomica, ein wenig verkleinert. (Nach Luerssen.) Rechts halbirt, um die dicke Samenschale *s*, das Nährgewebe *e* und den Keimling zu zeigen.

Die als Krähenaugen bekannten Samen, Semen Strychni Ph. G. II. 239, sind bekanntlich ausserordentlich giftig. Ihren Namen Brechnüsse, Nux vomica Ph. G. II. 338, verdanken sie theils ihrer medicinischen Verwendung gegen Brechen bei Dyspepsie, theils der Härte ihrer Schale. Botanisch ist die Bezeichnung „Nuss“ (= nux) natürlich ganz falsch, weil eine Nuss eine Frucht, die Brechnuss aber ein Same ist. Noch ferner liegt jede Bezugnahme auf die Wallnuss (vgl. S. 260). Präparate sind Extractum Strychni Ph. G. II. 96 s. Extr. nucum vomicarum spirituosum v. Extr. Strychni spirituosum ibid. 333 und Tinctura Strychni Ph. G. II. 288. Wirksam sind die stark giftigen Alkaloide, besonders Strychnin und Brucin, die in den reifen Strychnos-Samen enthalten sind. Officinell ist Strychninum nitricum Ph. G. II. 250. Strychnin wirkt energisch auf das Rückenmark und das damit in Zusammenhang stehende Nervensystem.

Die Alkaloide der Strychnos-Samen sind auch in der nicht officinellen Rinde des Baumes, der Cortex Strychni oder „falschen Angosturarinde“, enthalten.

Oleaceae.

Die mit nur etwa 180 Arten vorzüglich die heissen und wärmeren Länder bewohnende Familie der Oleaceae zeigt die bei den Gentianaceen eingeleitete und bei den Loganiaceen fortgesetzte Reduction der Blüthenkreise als unterscheidenden, constanten Charakter. Die Oleaceenblüthe ist typisch zweizählig nach der Formel K 2 + 2, C (2), A 2, G $\underline{(2)}$. Die Blüthe setzt mithin die in der vegetativen Region für alle Contorten herrschende Decussation der 2-gliederigen Quirle bis zu ihrem Scheitel, dem Gynaeceum, fort. Ist nun aber Androeceum uud Gynaeceum ausnahmslos das Product zweier decussirten, also gekreuzt stehenden Blattpaare, so findet man doch gewöhnlich ausser den 2 + 2, also 4 Kelchblättern oft 4 statt 2 Kronblätter, so dass die obige Formel auch in K 4, C (4), A 2, G $\underline{(2)}$ abändert, worin man unmittelbar die Beziehung zu den bei Gentianaceen und Loganiaceen häufigen 4-zähligen Blüthen erkennt.

Von hohem Interesse ist wieder die wechselnde Orientirung der Oleaceenblüthen. Gewöhnlich stehen dieselben traubig oder rispig vereint an decussirten Zweigen, deren Scheitel nach Art eines 3-blüthigen Dichasiums abschliesst. Den Endblüthen gehen aber gewöhnlich mehrere Vorblattpaare voraus, aus deren Achseln die Seitenblüthen oder Seitenzweiglein hervorsprossen. Die Seitenblüthen führen gewöhnlich die bekannten beiden transversalen Vorblätter, doch können dieselben auch fehlen. Danach richtet sich nun wie bei den Gentianaceen der Anschluss der ganzen Blüthe. Bei transversalen Vorblättern wechseln zwei median-äussere mit zwei transversal-inneren Kelchblättern. Lassen wir diesen theoretisch zwei mediane Kronblätter folgen, so werden die beiden Staubblätter über den inneren Kelchblättern transversal, die beiden Fruchtblätter über den äusseren Kelchblättern median stehen müssen. Dieser Normalfall ist denn auch häufig verwirklicht, meist aber mit der Variation, dass die beiden Kronblätter in ihrer Mitte getheilt (dedoublirt) zu denken sind und nun als diagonales Kreuz erscheinen. Es ergiebt sich also das Diagramm Fig. 352. Fehlen die Vorblätter, dann wird der Kelch zwei äussere transversale und zwei innere mediane Blätter aufweisen, an welche sich theoretisch zwei transversale Kronblätter und dann wieder zwei mediane Staub- und zwei transversale Fruchtblätter anschliessen. Dieser Fall ist zwar bekannt, doch tritt auch hier häufig die Spaltung der beiden Kronblätter ein, so dass man wiederum vier diagonale Glieder der Krone erhält, ein Fall, welcher an den Aufbau des Perianths der Cruciferen (vergl. S. 327) lebhaft erinnert. Eines halte man aber fest: Die Stellung der Blüthenkreise unter sich wird durch das Vorhandensein oder Fehlen der Vorblätter nicht geändert, immer stehen die beiden Staubblätter vor den **inneren**, die Fruchtblätter vor den **äusseren** Kelchblättern.[1])

Fig. 352. Diagramm der Blüthe von Olea europaea. (Nach Eichler.)

Entfernen sich die Oleaceen durch die Zweizahl ihrer Blüthen von dem häufigeren Vorkommen der Fünfzahl bei den übrigen Con-

[1]) Für die hier nicht eingehender zu besprechenden Jasminaceen, deren Kelch und Krone stets aus mehr als 4 (aus 5 bis 10 und noch mehr) Gliedern besteht, ist gerade die umgekehrte Stellung der beiden Staub- und der beiden Fruchtblätter charakteristisch.

torten (und damit überhaupt vom Typus der Sympetalen und des grösseren Theils der Choripetalen), so fehlt ihnen auch oft die gedrehte Knospenlage der Krone. Gemeinhin trifft man sie bei den Oleaceen klappig, wie es bei dem spanischen Flieder (Syringa) bequem zu beobachten ist.

Der dritte Charakter der Familie liegt in der Bildung des 2-fächerigen Fruchtknotens, in dessen Fächer meist nur je zwei Samenanlagen neben einander („collateral") herabhängen. Die Frucht ist bald eine geflügelte Schliessfrucht, bald eine 2-klappige Kapsel, bald eine Beere oder Steinfrucht.

Zur Familie gehören:

1. Fraxinus Ornus L.

Die Gattung Fraxinus umfasst etwa 30 der nördlichen Erdhälfte angehörige Baumarten („Eschen") mit meist unpaarig-gefiederten Blättern und traubigen, bald rispig, bald gebüschelt vereinten, kleinen, häufig unvollkommenen und polygamen Blüthen. Dem 4-theiligen, oft kaum angedeuteten Kelche folgen gar keine oder zwei oder vier Kronblätter, zwei fast hypogyn eingefügte Staubblätter mit fast extrorsen Beuteln und der mit einfachem Griffel und 2-lappiger Narbe endende Fruchtknoten, der sich durch Abort von drei der vier Samenanlagen zu einer einsamigen Flügelfrucht (Fig. 354) entwickelt.

Fraxinus Ornus L., die Mannaesche, ist ein bis 10 m hoher Baum der südeuropäischen und kleinasiatischen Bergwälder. Er zeichnet sich unter seinen Verwandten durch vollkommen nach der Formel K 4, C (4), A 2, G $\underline{(2)}$ entwickelte Blüthen (Fig. 353) aus. Diese erscheinen im Mai zugleich mit dem Laube in grossen, pyramidalen, sowohl end- als achselständigen, zuletzt nickenden Rispen. Die Blätter sind 3—4-jochig unpaarig gefiedert. Die gestielten, eiförmigen bis länglich-lanzettlichen Blättchen von 4—10 cm Länge sind am Rande kerbig-gesägt, oberseits lebhaft grün, unterseits blasser und am Mittelnerven behaart. Die bis 35 mm langen Flügelfrüchte (Fig. 354) enden mit ziemlich stumpfem Flügel.

Fig. 353. Blüthe von Fraxinus Ornus, 8-fach vergr.

Fig. 354. Geflügelte Schliessfrucht von Fraxinus Ornus in nat. Gr.

Synonyme sind *Ornus europaea* Pers. und *Fraxinus florifera* Scop. Im Norden Siciliens wird der Baum viel cultivirt. Aus horizontalen Rindenschnitten liefert er einen braunen, in wenigen Stunden weiss erhärtenden Saft, die Manna Ph. G. II. 177, die in rundlich-dreikantigen, flachen oder rinnigen, schwach gelblichen Stängchen als Manna cannulata oder in weniger reiner Form in Körnchen und Klümpchen als Manna communis in den Handel kommt. Ihr süsser Geschmack rührt von einer besonderen Zuckerart, dem Mannit, her. Manna dient zur Bereitung von Syrupus Mannae Ph. G. II. 260.

2. Olea europaea L.

Im Gegensatz zu den mit Flügelfrüchten ausgestatteten Fraxineen bildet die Gattung Olea den Mittelpunkt der Gruppe der Oleineae, für welche durch Abort einsamige Beeren- oder Steinfrüchte charakteristisch sind. Von den 35 über die Mittelmeerländer, Afrika und das wärmere Asien verbreiteten Arten sind die meisten Bäume und Sträucher mit ganzrandigen, schuppenhaarigen Blättern und kleinen, weissen, oft in einem der Geschlechter unvollkommenen Blüthen, welche zu rispigen oder büscheligen, meist achselständigen Inflorescenzen gehäuft sind. Dem kurzen, 4-zähnigen Kelche folgt eine klappig 4-lappige Krone mit kurzer Röhre. Die beiden Staubblätter tragen die fast extrorsen Beutel auf sehr kurzem Faden. Der kurze Griffel endet mit kopfiger oder 2-lappiger Narbe. Die Frucht ist eine eiförmige bis kugelige Steinfrucht mit knochenhartem oder krustigem Endokarp, welches nur einen Samen mit fleischigem Nährgewebe und geradem Keimling (wie in Fig. 354) umschliesst.

Olea europaea L., der Oelbaum (auch Olive genannt) ist ein immergrüner Strauch, im Alter ein an unsere Weidenbäume erinnernder Baum mit reichästiger Krone und lederigen, fast sitzenden, oberseits dunkelgrünen, unterseits von Haarschuppen silbergrau- bis rostig-schülferigen Blättern mit schwach zurückgebogenem Rande. Die achselständige Trauben bildenden Blüthen sind 2-geschlechtig. Meist entwickeln sich an jedem Blüthenstande nur wenige nickende, ovale bis kugelige, verschieden gefärbte Früchte mit öligem Fleische und braunem, knochenhartem, heller geadertem Steine. Der dick-netzaderige Same enthält ölreiches Nährgewebe und einen ölreichen Keimling.

Seit Alters her wird der Oelbaum im Oriente und den Mittelmeerländern in vielen Varietäten cultivirt, welche sich in der Form der Blätter, auch durch die zwischen 1—4 cm Länge schwankenden, bald grünen, bald weisslichen oder röthlichen bis schwarzen Früchte unterscheiden. Das auf verschiedene Weise aus den letzteren gewonnene, namentlich im Fruchtfleische (dem „Sarkokarp") enthaltene fette Oel ist als Olivenöl, Baumöl oder Provenceröl allerwärts bekannt. Die Ph. G. II. verlangt als Oleum Olivarum eine unverfälschte, gelbe oder schwach grünliche, in der Kälte durch Auspressen des Fruchtfleisches gewonnene Oelsorte vom spec. Gew. 0,915 bis 0,918. Schlechtere Waare bildet das Oleum Olivarum commune Ph. G. II. 200. Die mannichfaltige Verwendung des Olivenöles zu Einreibungen, Salben, etc. braucht hier nicht näher erörtert zu werden.

Zum Studium der Familie empfiehlt sich der bei uns häufig zu Gartenhecken benutzte Liguster, Ligustrum vulgare L., mit weissen Blüthen und schwarzen Beeren, sowie der spanische Flieder, *Syringa vulgaris* L. und *Syringa persica* L., der wegen seiner violetten resp. pfirsichblüthfarbigen, auch wohl weissen Blüthenrispen bei uns allerwärts cultivirt wird. Syringa vertritt wegen der Kapselfrüchte die dritte Gruppe der Oleaceen, die Syringeae.

Campanulinae.

Mit der Ordnung der Campanulinen eröffnen wir die Besprechung der drei letzten, durch unterständige Fruchtknoten, also epigyne Insertion von Kelch, Krone und Androeceum ausgezeichneten Gruppen der Sympetalen. Es wurde schon mehrfach betont, dass auch hier die für das Gros der Dicotylen massgebende Fünfzahl vorherrscht. Die Campanulinen entsprechen diesem Typus für Kelch, Krone und Androeceum, dagegen ist das Gynaeceum bei der Mehrzahl der Arten durch drei Fruchtblätter vertreten, von welchen meist das unpaare hinten steht. Daneben findet sich in fast gleicher Häufigkeit das für die Sympetalen mit oberständigen Fruchtknoten gewöhnliche Gynaeceum aus zwei medianen Fruchtblättern. Viel seltener begegnet die Reduction auf ein Fruchtblatt oder die bei diplo- und obdiplostemonen Sympetalen gewöhnliche Isokarpie. Fasst man alle diese Variationen zusammen, so ergiebt sich als typische Blüthenformel:

$$K\ 5,\ C\ (5),\ A\ 5,\ G\ \overline{1-5}.$$

Für die Plastik ist von Interesse, dass die Kelchblätter fast stets als schmale, laubblattartige Zipfel am Rande des unterständigen Fruchtknotens erscheinen; dann folgt gewöhnlich eine weitglockige Krone, wie es der von campanula, Glocke, hergeleitete Name Campanulinae andeutet. Innerhalb der Glocke stehen aber die Staubblätter auf dem Fruchtknoten eingefügt, die Staubblätter sind also nicht wie beim Gros der Sympetalen durch ihre Fäden mit der Krone verwachsen. Durch diesen Charakter unterscheiden sich die Campanulinen scharf von den Rubiinen und Aggregaten, mit welchen sie den Charakter der unterständigen Fruchtknoten gemein haben. Beachtenswerth ist dabei in zweiter Linie, dass die Staubbeutel häufig seitlich mit einander verkleben und im extremen Falle eng mit einander verwachsen.

Man hat deshalb die Campanulinen auch als Synandrae (von σύν, zusammen, hier verwachsen, und ἀνήρ, Mann, hier rücksichtlich der Staubblätter als männlicher Organe) bezeichnet. In allen Fällen, wo mehr als ein Fruchtblatt vorhanden ist, ist das Gynaeceum nach der Zahl der Fruchtblätter gefächert, die vieleiigen Placenten vereinigen sich also stets im Blüthencentrum. Endlich merke man sich, dass Baumformen unter den Campanulinen kaum vorkommen. Beachtenswerth sind nur drei Familien der Ordnung:

1. **Campanulaceae.** Blüthen aktinomorph, zweigeschlechtig, mit freien Staubfäden und höchstens lose verklebten Beuteln. Frucht meist eine Kapsel. Hierher viele Milchsaft führende Kräuter; unsere „Glockenblumen" (Campanula-Arten).
2. **Lobeliaceae.** Blüthen median-zygomorph, meist zweigeschlechtig, mit röhrig zusammenneigenden Staubfäden und zu einer Röhre verwachsenen Beuteln. Frucht meist eine 2-fächerige Kapsel, seltener eine Beere.
3. **Cucurbitaceae.** Blüthen aktinomorph, aber meist eingeschlechtig. Staubblätter sehr auffällig verwachsen, mit extrorsen, gruppenweise oder zu einer Säule verschmolzenen Beuteln. Meist grosse Beerenfrüchte (Kürbisse, Gurken) erzeugend. Vorherrschend Rankengewächse.

Pharmaceutisch sind von Interesse:

Lobeliaceae.

Die etwa 500 besonders den Tropen und der südlichen Erdhälfte angehörigen Arten der Lobeliaceen können wir als die median-zygomorphen Campanulinen bezeichnen. Ist schon allein dieser Charakter unterscheidend, so gesellt sich hierzu noch die für die Familie constante Lobeliaceenstellung der ausnahmslos in den Achseln von Laub- oder Hochblättern hervorsprossenden, niemals gipfelständigen Blüthen. Dem Deckblatt und den Vorblättern α und β folgt also (Fig. 355) der Kelch so orientirt, dass das erste Blatt (1) schräg nach hinten auf der von β abgewandten Seite steht, während das zweite Kelchblatt (2) nach vorn über das Deckblatt fällt. (Vgl. hierzu die Darstellung auf S. 246.) Im Ganzen ist die hintere Hälfte der Blüthe die geförderte, und dementsprechend sind die beiden hinteren Kelchzipfel oft grösser, der Kelch also schwach 2-lippig nach $\frac{2}{3}$. Die Krone ist meist auffällig zweilippig, aber (umgekehrt wie der Kelch) nach $\frac{3}{2}$, d. h. die Oberlippe besteht aus drei Kronlappen, die Unterlippe aus nur zwei. Gewöhnlich ist die Krone längs der Mitte der

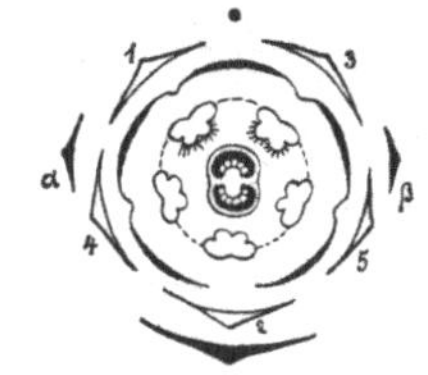

Fig. 355. Diagramm der Blüthe von Lobelia in „Lobeliaceenstellung". (Nach Eichler.)

Unterlippe (also vorn) gespalten. Der Zygomorphie entspricht auch das Androeceum. Die Staubblätter sind ungleich lang, neigen sich oft gegen die Unterlippe, und von den introrsen Beuteln sind zuweilen nur die beiden oberen bärtig. Die beiden stets medianen Fruchtblätter verwachsen zum zweifächerigen Fruchtknoten mit centralen, vieleiigen Placenten. Der einfache Griffel ist unter den kurzen Narbenschenkeln bärtig. Sehr auffällig ist aber das Verhalten der sich eben entfaltenden Blüthen. In der Lobeliaceenstellung stehen sie ja gerade umgekehrt, wie normal orientirte 5-zählige Blüthen. Diese Umkehrung verschwindet bei der Entfaltung, indem sich der kurze Blüthenstiel so dreht, dass die Vorderseite der Blüthe nach oben, die Hinterseite nach unten gewendet wird; die Lobeliaceenblüthe resupinirt also genau wie die Orchideenblüthen (vergl. S. 224) um 180°. Sie erscheint deshalb entfaltet ähnlich wie eine Labiatenblüthe 2-lippig nach $\frac{2}{3}$. Officinell ist nur:

Lobelia L.

Die weit zerstreute, den Typus der Familie vertretende Gattung Lobelia umfasst etwa 200 meist krautige oder halbstrauchige Arten von sehr verschiedenem Wuchse. Die achselständigen Blüthen häufen sich an den Sprossspitzen zu terminalen Trauben, welche um so auffälliger als Blüthenstand hervortreten, je unscheinbarer die Deckblätter werden. Der Blüthencharakter ist bereits in der Charakteristik der Familie und durch Fig. 356 gegeben. Als unterscheidende Merkmale sieht man das Verhältniss und die Richtung der Kronlappen zu einander an. Der Fruchtknoten erhebt sich in der Regel innerhalb des Kelchrandes mit starker Wölbung, so dass er zur Fruchtreife als halb- und selbst fast ganz oberständige Kapsel erscheint, welche sich vom Scheitel her loculicid 2-klappig öffnet.

Fig. 356. Blüthe von Lobelia inflata, etwa 3-fach vergr. (Nach Luerssen.)

1. *Lobelia inflata* L., im östlichen Nordamerika bis zum Mississippi hin auf Brachen, an Wald- und Wegrändern heimisch, ist eine einjährige Art mit bis 60 cm hohem, kantig-gefurchtem, kurz rauhhaarigem, stark milchendem Stamme und sitzenden, oberwärts kleiner werdenden, eiförmigen bis lanzettlichen Blättern. Die schwach gekerbten Spreiten sind oberseits satt grün und zerstreut behaart, unterseits heller und reichlicher behaart. Der Rand trägt Drüsen und Haarborsten. Die kleinen, etwa 7 mm langen, ziemlich schlank gestielten, weisslichen Blüthen stehen in den Achseln sie überragender, spitz-eiförmiger Deckblätter. Die endständige Traube wird durch Seitensprosse oft unterwärts rispig. Die blassblauen Kronen

zeigen am Grunde der nach der Resupination nach unten gewandten Oberlippe eine gelbe Schwiele. Die beiden oberen der dunkelgraublauen Staubbeutel sind bärtig. Charakteristisch sind für die Art die blasig aufgetriebenen Kapseln (daher: inflata, aufgeblasen). Die gelblich-braune, dünne Kapselwand zeigt unterhalb der bleibenden Kelchzipfel 10 Längsrippen und zwischen diesen ein Adernetz. Die dunkelbraunen, netzig-grubigen Samen sind kaum $^1/_2$ mm gross.

Officinell ist das zur Blüthezeit eingesammelte, nach Art des Tabaks in Packete gepresst in den Handel kommende Kraut als Herba Lobeliae Ph. G. II. 131 s. Herba lobeliae inflatae ibid. 335. Ausser dem Aufguss ist Tinctura Lobeliae Ph. G. II. 282 in Gebrauch. Wirksam ist das im Kraute enthaltene, dem Nicotin nahestehende Lobelin. Lobeliapräparate dienen besonders gegen Asthma und Keuchhusten.

2. *Lobelia syphilitica* L., Fig. 357, ist ein kräftigeres, ausdauerndes Kraut mit unregelmässig gezähnten, wellig gerandeten Blättern und bis 2 cm langen, violettblauen Blüthen. Die Pflanze ist längst nicht mehr officinell. Synonym ist *Lobelia antisyphilitica* Hayne.

Fig. 357. Lobelia syphilitica. (Nach Baillon.)

Cucurbitaceae.

Die mit über 500 Arten, wie die Lobeliaceen besonders reich in den wärmeren und heissen Ländern vertretene Familie der Cucurbitaceen begreift meist saftige, kräftige Kräuter mit liegenden oder mittelst Ranken kletternden Stengeln und grossen, zum Theil riesigen Früchten, die als Kürbisse, Melonen, Gurken etc. allbekannt sind. Der charakteristische Aufbau der Pflanzen entspricht dem folgenden Typus.

Der aus der Keimpflanze sich unbegrenzt fortentwickelnde Hauptstamm erstarkt gemeinhin zu einem wasserreichen, oft hohlen, 5-kantigen Stengel, an welchem den beiden gegenständigen, laubigen Keimblättern spiralig fortlaufend nach $^2/_5$-Stellung geordnete, den Flächen (nicht den Kanten) des Stammes eingefügte, einfache, gelappte, hand- oder fussförmig getheilte, gestielte Laubblätter folgen. Verläuft die Blattspirale rechtswendig (vgl. Fig. 41 a), folgen also die Blätter in gleicher Ordnung, wie die Kelchblätter etwa im Diagramm Fig. 26, so sitzt links von jedem Blatte (auf dessen „anodischer" Seite, vgl. pag. 25) eine einfache oder handförmig verzweigte Ranke. Bei linkswendiger Blattspirale sitzen alle Ranken rechts neben ihrem Blatte.

Schreitet der Hauptspross zur Blüthenbildung, so findet man in der Achsel jedes Laubblattes meist eine einzelne, männliche oder weibliche Blüthe, zwischen ihr und der seitlichen Ranke einen beblätterten Bereicherungsspross, auf der anderen Seite der Blüthe aber einen (gewöhnlich männlichen) Blüthenzweig, neben welchem sich in einigen Fällen noch eine zweite Ranke bildet. Wegen dieses Vorkommens sieht man die achselständige Blüthe als den Gipfel eines gabeligen Dichasiums (Fig. 39, 1*a*) an. Die beiden Ranken entsprechen den beiden Vorblättern der Blüthe, aus deren Achseln Bereicherungs- und Blüthenzweig als seitliche Gabelzweige hervorgesprosst sind. Nach dieser Auffassung sind also die Ranken der Cucurbitaceen die transversalen Vorblätter des zum Laubblatte gehörigen Achselsprosses.[1]) Häufig ist dabei aber die einseitige Förderung nach der anodischen Seite des dem Hauptstamme angehörigen Laubblattes auffällig. Wo noch keine Blüthenbildung auftritt, ist ja, wie oben erwähnt, nur die seitlich-anodische Ranke entwickelt. Ausser dieser entwickelt sich meist nur die Einzelblüthe und der zwischen ihr und der Ranke stehende Bereicherungsspross. Letzterer ist übrigens stets dem Hauptsprosse gegenläufig (antidrom), d. h. seine Blattspirale ist linkswendig (vgl. Fig. 41 *b*), wenn die des Hauptsprosses rechtswendig ist, resp. rechtswendig, wenn die letztere linkswendig ist. Daraus folgt wieder nothwendig, dass, wenn die Ranken links neben den Blättern des Hauptsprosses stehen, die Ranken des Bereicherungssprosses rechts neben den Blättern dieses stehen.

Charakteristisch wie der vegetative Aufbau ist auch der Bau der Einzelblüthen. Gewöhnlich sind sie getrenntgeschlechtig und 5-zählig. Ihr Kelch ist normal (mit dem unpaaren Blatte gegen die Mutteraxe)

---

[1]) Ueber den verschiedenen Werth von Ranken vgl. Anm. 1 auf S. 448. Da die Cucurbitaceenranken als Vorblättern gleichwerthig gelten, so sei auch an die als Dornen entwickelten Vorblätter von Citrus (S. 366) und das als Flügel entwickelte Vorblatt der Lindeninflorescenzen (S. 346) erinnert.

orientirt. Oft verwächst er (bei den weiblichen Blüthen oberhalb des Fruchtknotens) mit der meist weitglockigen oder trichterigen Krone wie bei perigynen Blüthen zu einem becherförmigen, von den Kelch- und Kronzipfeln überragten Gebilde, dessen Rande dann auch die Staubblätter eingefügt sind (Fig. 358). Nur selten sind fünf Staubblätter mit extrorsen, monothecischen Beuteln (Halbantheren, vgl. S. 351) vorhanden. Viel häufiger verwachsen je zwei benachbarte Staubblätter zu einem symmetrischen Doppelgebilde, so dass das Androeceum aus drei Gliedern aufgebaut erscheint, aus zwei Doppelstaubblättern und dem unpaaren, unsymmetrischen, fünften Staubblatte (Fig. 358). Diesen Fall verwirklicht auch die Blüthe der bei uns allerwärts cultivirten Gurkenpflanze *(Cucumis sativus L.)*. Beim Gartenkürbis *(Cucurbita Pepo)* und vielen anderen Arten schliessen die bandartig verbreiterten Staubfäden (ähnlich wie bei Lobelia) zu einer cylindrischen, hohlen Säule zusammen, welche an ihrem Gipfel die völlig mit einander verschmolzenen Beutel in Form eines nach aussen verstäubenden Köpfchens trägt. Mit der seitlichen Verschmelzung einzelner Staubblätter zu Gruppen (2 + 2 + 1) und der Verschmelzung dieser zur centralen Staubblattsäule verbindet sich noch ein eigenthümliches Verhalten der Antheren. Jede Beutelhälfte erscheint ᔕ-förmig gekrümmt, so dass ein dithecisches Staubblatt einen Beutel von der Form ᔕᔓ aufweisen müsste. Bei fünf Staubblättern würden sich die dithecisch gedachten Beutel mithin so im Umkreise an einander schliessen: ┊ᔕᔓ┊ᔕᔓ┊ᔕᔓ┊ᔕᔓ┊ᔕᔓ┊ In Wirklichkeit entwickelt aber jedes Staubblatt nur eine halbe Anthere, so dass die Halbantheren so neben einander folgen: ┊ᔓ┊ᔕ┊ᔕ┊ᔓ┊ᔕ┊. Durch Verwachsung je einer rechten und einer linken Hälfte zweier benachbarten Staubblatthälften ergiebt sich hieraus, wie leicht ersichtlich, die Gruppirung ᔓᔕ ᔕ ᔓᔕ, welche das Aussehen zweier dithecisch-symmetrischen und eines unpaaren, monothecisch-unsymmetrischen Staubblattes, mithin eines dreigliederigen Androeceums vortäuscht. Bei der Gattung Cyclanthera verschwindet nun noch die ᔕ-Form der Beutel, so dass die Staubbeutelsäule mit einem horizontalen, pollenbildenden Ringe abschliesst.

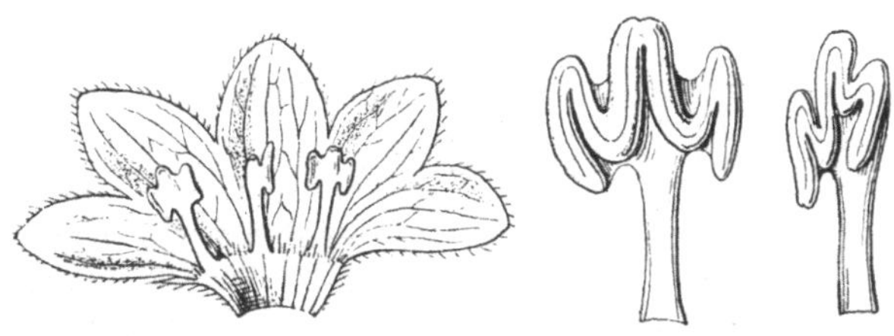

Fig. 358. Citrullus Colocynthis. Krone der männlichen Blüthe aufgeschlitzt und von innen gesehen, mit scheinbar nur drei Staubblättern. Rechts daneben eines der symmetrischen Doppelstaubblätter und das unsymmetrische unpaare Staubblatt. (Nach Berg und Schmidt.)

In den weiblichen Blüthen (Fig. 359) findet man Kelch und Krone deutlich epigyn, das Androeceum durch Staubblattrudimente angedeutet oder völlig fehlgeschlagen. Den Fruchtknoten bilden gewöhnlich drei Fruchtblätter, von denen das unpaare bald hinten (Fig. 360), bald vorn steht. Vier Fruchtblätter stellen sich stets diagonal, fünf stets episepal. In allen Fällen schlagen sich die Fruchtblattränder bis in das Centrum des Fruchtknotens ein; die Samenleisten wenden sich aber so weit gegen die Aussenwand der entstehenden Fächer zurück, dass jedes Fach nochmals getheilt und die Samenleisten wandständig erscheinen. Die zahlreichen anatropen Samenanlagen sind horizontal, aufsteigend oder hängend befestigt. Der centrale, meist kurze und dicke Griffel endet mit drei dicken, bisweilen 2-spaltigen, commissuralen Narben.

Fig. 359. Citrullus Colocynthis. Weibliche Blüthe längs halbirt. (Nach Berg und Schmidt.)

Fig. 360. Fruchtknotenquerschnitt einer Cucurbitacee. Von den drei Fruchtblättern liegt eines nach hinten. Die punktirten Linien deuten die Verwachsungslinien der benachbarten Fruchtblätter an.

Die bei manchen Arten bis centnerschweren Früchte (Kürbisfrüchte) führen gewöhnlich eine lederige bis holzige Rinde (Flaschenkürbisse) und ein wasserreiches oder schwammiges Fleisch (so bei den Melonen und Gurken). Bei der Gattung Luffa vertrocknet dasselbe unter Zurücklassung eines filzigen Netzwerkes verholzter Stränge, die als „Luffaschwamm“ technisch verwerthet werden. Die meist flachen Samen liegen anfänglich in schleimiger Gewebemasse eingebettet. Sie enthalten kein Nährgewebe. Kann man nach dieser Darstellung die meisten Kürbisfrüchte als Beeren bezeichnen, so zeigen doch viele insofern abweichendes Verhalten, als sie bei völliger Reife bei einigen Arten explodirend unregelmässig, oder mit Deckel oder klappig aufspringen. Man spricht in solchen Fällen von saftigen Springfrüchten. Officinell ist nur:

Citrullus Colocynthis Schrader.

Der unterscheidende Charakter der drei dem tropischen Asien und Afrika angehörenden Arten der Gattung Citrullus liegt in dem durch Fig. 358 und 359 dargestellten Bau der monoecisch vertheilten, ziemlich grossen, gelben, einzeln achselständigen Blüthen mit weitglockiger, gemeinsamer Basis von Kelch und Krone und mit scheinbar 3-gliederigem Androeceum. In den männlichen Blüthen findet sich ein drüsiges Griffelrudiment, während in den weiblichen Blüthen 3 kurze Staminodien das Androeceum andeuten. Die kugelige, nicht aufspringende Beerenfrucht enthält viele längliche, zusammengedrückte Samen.

Fig. 361. Theil eines fruchttragenden Hauptsprosses von Citrullus Colocynthis. (Nach Baillon.)

Citrullus Colocynthis Schrad. (Fig. 361) ist eine ausdauernde Art mit niederliegendem, hin- und hergebogenem, über meterlangem, kantig-gefurchtem, brüchig borstenhaarigem Stengel und beiderseits behaarten Blättern, die auf 2—6 cm langem Stiele die am Grunde herzförmige, 3—5-theilige, ziemlich steife Spreite tragen. Alle Blattlappen sind buchtig-fiederspaltig mit stumpfen Segmenten. Die spiralig gerollten Ranken sind unverzweigt. Die in der Jugend schwach behaarten und grünen, zur Reifezeit kahlen, fein eingestochen-punktirten, gelblichbraunen Früchte erreichen die Grösse der Orangen. Das von der lederigen Rinde umschlossene, schwammig-trockene, äusserst bittere Fruchtfleisch spaltet von der Fruchtmitte aus leicht in drei Stücke. Jeder Spalt ist eine Trennungslinie zwischen den beiden zu demselben Fruchtblatte gehörigen Placenten, durch deren starke Zurückkrümmung die Samen auf scheinbar 6 Fächer vertheilt sind. (Fig. 362.)

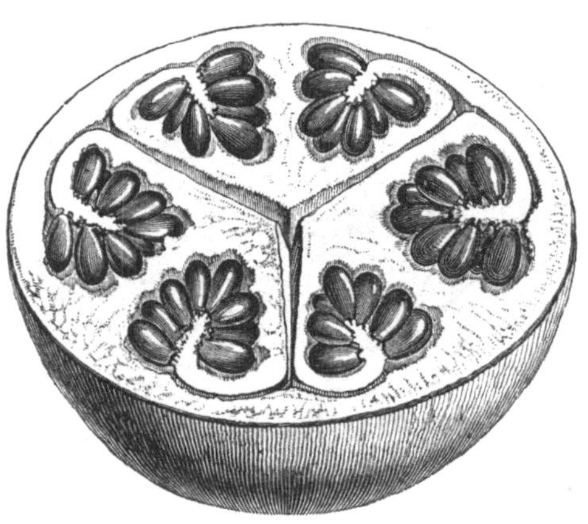

Fig. 362. Frucht von Citrullus Colocynthis quer durchschnitten. Die Spalten entsprechen nicht den punktirten Linien in Fig. 360. (Nach Baillon.)

Die unserer Gurke nahe verwandte, nach Moschus riechende Pflanze wird in den Mittelmeerländern, in Afrika, und im südlichen Asien zum Arzneigebrauch auf trockenem Sandboden angepflanzt. Synonyme sind *Cucumis Colocynthis* L. und *Colocynthis officinalis* Schrader.

Die geschält und getrocknet in den Handel kommenden Früchte, Coloquinten, sind officinell als Fructus Colocynthidis Ph. G. II. 120 s. Poma Colocynthidis ibid. 339. Sie dienen zur Bereitung von Extractum Colocynthidis Ph. G. II. 87 und Tinctura Colocynthidis Ph. G. II. 278. Wirksam ist das giftige, heftig abführende und urintreibende Colocynthin, weshalb das gepulverte Fruchtfleisch der Coloquinten auch Bestandtheil vieler abführenden Pillen (auch der Morison'schen) ist.

Rubiinae.

Die Ordnung der Rubiinen zeichnet sich vor den Campanulinen dadurch aus, dass der blattartige Kelch der Blüthen stark zum Schwinden neigt. Häufig ist derselbe nur durch kurze Zähnchen am oberen Fruchtknotenrande angedeutet. In zweiter Linie unterscheidet sie die Einfügung der Staubblätter auf der Krone. Von der nachfolgenden Ordnung der Aggregaten weichen die Rubiinen dadurch ab, dass ihre Fruchtblätter stets zu einem gefächerten Fruchtknoten verwachsen, dessen Fächer je eine oder mehrere und dann zweizeilig geordnete Samenanlagen umschliessen. Die Laubblätter sind vorherrschend paarig-gekreuzt (decussirt) und meist mit freien, oft sehr auffällig laubblattartig entwickelten Nebenblättern ausgestattet. Hierher nur zwei Familien:

Rubiaceae. Blüthen aktinomorph, meist 4- bis 5-zählig und mit zwei zum unterständigen Fruchtknoten verwachsenen Fruchtblättern. Nebenblätter meist auffällig entwickelt.

Caprifoliaceae. Blüthen von aktinomorpher bis zu stark zygomorpher Ausbildung schreitend, meist 5-zählig und mit mehr als zwei (3—5) Fruchtblättern. Nebenblätter schwach entwickelt oder fehlend.

Rubiaceae.

Die Familie der Rubiaceen mit mehr als 4000 besonders den wärmeren Ländern angehörigen, mit einer ihrer Gruppen aber auch bei uns vertretenen Arten zeigt so wenig charakteristische Merkmale in der Plastik ihrer Blüthen, dass wir es unterlassen, die Fülle aller Einzelheiten hier zu skizziren. Obwohl aber kein einziges durchgreifendes Merkmal die Rubiaceen kennzeichnet, so ist doch die Familie eine der natürlichsten, welche wir kennen. Ziemlich allgemein begegnen wir zweigeschlechtigen Blüthen nach der Formel K n, C (n), A n, G $\overline{(2)}$, wo n bald 4, bald 5 ist. Die Staubblätter sind meist völlig frei, ohne besondere Auszeichnung. Die Samen führen fleischiges oder horniges Nährgewebe. Die Laubblätter sind einfach und ganzrandig. Für die Systematik spielen die Nebenblätter eine hervorragende Rolle. Man unterscheidet zum Theil nur nach ihnen:

a) **Stellatae.** Nebenblätter blattartig, daher scheinbar quirlige Laubblätter. Fruchtfächer einsamig. Hierher alle bei uns heimischen Arten der Familie, beispielsweise der Waldmeister *(Asperula odorata)* und viele *Galium*-Arten.

b) **Coffeae.** Nebenblätter schuppenförmig; Fruchtfächer einsamig. Hierher *Coffea* und *Cephaëlis.*

c) **Cinchoneae.** Nebenblätter schuppenförmig. Frucht vielsamig. Hierher *Cinchona.*

1. Coffea arabica L.

Mit Uebergehung der Stellaten wenden wir uns sofort an die im Typus durch die Gattung Coffea vertretene Unterfamilie der Coffeae. Wir treffen hier paarig-gekreuzte (decussirte) Laubblätter mit schuppigen Nebenblättern, keine Scheinquirle.[1])

[1]) Die Stellatae zeichnen sich durch höchst eigenartige Quirlbildung der Laubblätter aus. Die gewöhnlich langgestreckten Stengelglieder

Dagegen stimmen die Coffeen mit den Stellaten darin überein, dass jedes der beiden Fruchtknotenfächer nur je eine Samenanlage umschliesst.

Die etwa 20 dem tropischen Asien und Afrika eigenen Arten der Gattung Coffea sind kleine, schlanke, immergrüne Bäume mit ausgebreiteten, im Alter bogig herabhängenden Aesten. Die kleinen, in den Blattachseln knäulig-gehäuften Blüthen führen einen kurzen, gamosepalen, schwach gezähnten, den Fruchtknoten krönenden Kelch und eine langröhrige Krone mit in der Knospe gedrehtem Saume. Die dem Kronenschlunde eingefügten Staubblätter tragen schmale, auf dem Rücken nahe dem Grunde den kurzen Staubfäden angeheftete, introrse Beutel. Der einfache Griffel spaltet in zwei zurückgekrümmte Narben. Besonders charakteristisch ist der Bau der Frucht. Die Fruchtknotenscheidewand trägt jederseits auf der Mitte eine schildförmige, anatrop-apotrope Samenanlage, aus welcher der von einer dünnhäutigen Samenschale umgebene Same hervorgeht. Die Hauptmasse desselben bildet das hornige, von beiden Seiten her unsymmetrisch gegen die Fruchtknotenscheidewand zurückgebogene Nährgewebe. Auf der flachen Seite des Endospermkörpers erscheint die Grenze zwischen deckendem und gedecktem Rande als Längsfurche, welche sich auf dem Querschnitt des Samens als gewundener Spalt verfolgen lässt. In diesen hinein setzt sich die dünne Samenhaut fort. Der Keimling sitzt seitlich im unteren Theile des Nährgewebes. Die Fruchtknotenwand wird zu einem wenig fleischigen Epikarp und zwei lederigen Endokarpien, welche die Samen eng umschliessen. Die Frucht wird deshalb als Steinfrucht mit zwei sich in der Mittelebene gegenseitig abflachenden Steinen bezeichnet.

Coffea arabica L., der Kaffeebaum, Fig. 363, ist eines der wichtigsten, in vielen Varietäten cultivirten, aus Abyssinien stammenden Tropengewächse. Die schlanken Aeste des bis 8 m Höhe erreichenden, in den Plantagen meist kleineren Baumes tragen bis

---

enden mit einem Quirle von 4, 6, 8, 10 oder 12 schmalen, ganzrandigen, sternförmig um den Knoten gruppirten, meist gleich gestalteten und daher scheinbar gleichwerthigen Blättern. Es ist jedoch erwiesen, dass jeder Scheinquirl aus zwei gegenständigen Laubblättern und den ihnen gleichenden, rechts und links frei neben ihnen sitzenden Nebenblättern hervorgeht. Der normale Quirl sollte also 6 Blätter aufweisen (2 Laubblätter plus 2 $\times$ 2 Nebenblätter). Durch Verwachsen benachbarter Nebenblätter (des rechten des einen Laubblattes und des linken des anderen) wird der Scheinquirl 4-blätterig. Tritt dagegen eine Spaltung (Dedoublement) der Nebenblätter ein, so dass jedes durch 2 Blätter ersetzt wird, so wird der Scheinquirl 10 Blätter zeigen (2 Laubblätter plus 4 $\times$ 2 Nebenblätter). Hiervon abweichende Gliederzahl ist die Folge fortgesetzter Theilung oder paariger Verwachsung der an der Quirlbildung theilnehmenden Nebenblätter. Nur die beiden Laubblätter jedes Quirles erzeugen Achselsprosse, und da letztere an den aufeinanderfolgenden Knoten paarig-gekreuzt stehen, so entsprechen die alternirenden Quirle der Stellaten völlig den decussirten Laubblättern der übrigen Rubiaceen.

handlange, längliche, schlank zugespitzte, wellig-ganzrandige, lederige, oberseits glänzend dunkelgrüne, unterseits matt hellgrüne Blätter auf bis cm-langen Stielen. Die pfriemlich-zugespitzten Nebenblätter sind auf der Innenseite drüsenhaarig. Die weissen Blüthen mit cm-langer Kronröhre und tellerförmigem Saume sind dimorph (vgl. Primula). Die rothen, ovalen Steinfrüchte enthalten zwei citronengelbe Steine mit pergamentartiger Wand. Das hornige Nährgewebe der Samen ist je nach der Culturvarietät grau, grünlich, bläulich oder gelblich.

Als *Coffea liberica* Hieronymus unterscheidet man eine in Westafrika heimische, in englischen Colonien und auf Java viel cultivirte Art mit 6—9-zähligen (nicht wie *Coffea arabica* 5-zähligen) Blüthen und kugeligen, grösseren Früchten.

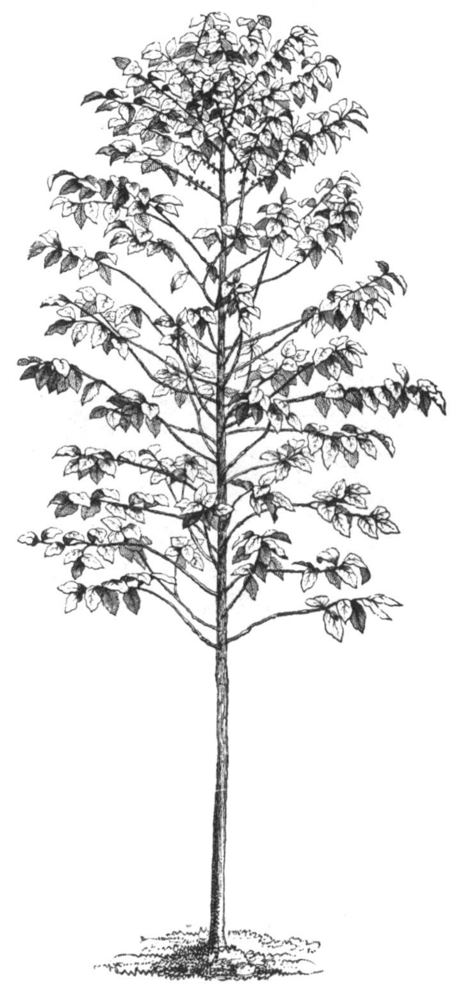

Fig. 363. Coffea arabica, der Kaffeebaum. (Nach Baillon.)

Die Samen sind als „Kaffeebohnen" Jedermann wohl bekannt. Sie enthalten wie die Blätter von Thea (S. 340) und die Guarana (S. 375) das nach der Kaffeepflanze benannte Coffeïnum Ph. G. II. 60. Vgl. hierzu S. 341. Um den Kaffeebohnen den bitteren Geschmack zu nehmen, werden sie bekanntlich für den Hausgebrauch geröstet („gebrannt"). Dabei springt die sehr dünne Samenhaut in Fetzen ab. Die „gebrannten" Bohnen sind also im Wesentlichen Endospermkörper.

2. Cephaëlis Ipecacuanha Willd.

Im Blüthenbau weicht die Gattung Cephaëlis nicht wesentlich von Coffea ab. Unterscheidend sind die beiden, vom Grunde jedes Fruchtknotenfaches aus aufrechten, anatrop-apotropen, nicht schildförmigen, sondern keilförmigen oder zusammengedrückten Samenanlagen. Die Samen führen wie bei Coffea horniges Endosperm und die mediane Längsfurche, welche auch oft an den knochenharten bis knorpeligen Wänden der beiden Steine der trockenen oder fleischigen Steinfrucht sichtbar ist. Von allen Verwandten unterscheidet sich Cephaëlis durch kopfige, end- oder achselständige Blüthenknäuel.

Cephaëlis Ipecacuanha Willd., Fig. 364, ist eine der halbstrauchigen Arten mit knotig-gegliedertem, holzigem, kriechendem Stämmchen, aus welchem die mit Ringwülsten und Höckern besetzten Wurzeln hervorbrechen. Der oberirdische, meist unverzweigte, 15 bis 40 cm hohe Stamm ist oberwärts krautig, 4-kantig und kurzhaarig. Die eiförmigen, kurzgestielten Blätter sind oberseits dunkel-, unterseits hellgrün; scharfe, kurze Borsten sitzen am Rande, auch oberseits zerstreut. Die paarig verschmolzenen Nebenblätter sind oberwärts fransig gespalten. Das meist einzeln endständige, zuletzt nickende Blüthenköpfchen wird von 2 decussirten, weichhaarigen Hochblattpaaren umhüllt. Die sehr fleischigen, schwarzvioletten, eiförmigen Steinfrüchte enthalten blass-gelbliche Steine. Heimath der Pflanze sind die feuchten, schattigen Wälder Südamerikas, besonders Brasiliens.

Fig. 364. Cephaëlis Ipecacuanha. 1/2 nat. Gr. (Nach Baillon.)

Synonym sind *Uragoga Ipecacuanha* Baillon, *Callicocca Ipecacuanha* Brotero, *Callicocca emetica* Pers., *Psychotria Ipecacuanha* und *Ipecacuanha officinalis* Arruda.

Die bis handlangen, federkieldicken Wurzeln, Radix Ipecacuanhae Ph. G. II. 220, enthalten ein Brechen erregendes Alkaloid Emetin (daher Brechwurzel). Sie dienen zur Bereitung von Syrupus Ipecacuanhae Ph. G. II. 259, Tinctura Ipecacuanhae Ph. G. II. 282, Vinum Ipecacuanhae Ph. G. II. 303 und Pulvis Ipecacuanhae compositus Ph. G. II. 216 s. Pulv. Doweri ibid. 303.

3. **Cinchona** L.

Die Cinchoneen sind die Rubiaceen ohne Blattscheinquirle und mit vielsamigen Kapselfrüchten. Die kleinen flachen Samen umgiebt ein breiter, trockenhäutiger, zackig gerandeter Flügel. Innerhalb der Unterfamilie bilden die als Chinabäume bezeichneten Arten die Gruppe der Eucinchoneen, für welche klappige (nicht gedrehte oder dachige) Knospenlage der Kronlappen und kantige, der Mitte der Kapselscheidewand aufsitzende Samenleisten charakteristisch sind.

Für die Gattung Cinchona sind zwitterige, 5-zählige, heterostyldimorphe, weissliche, hellrothe bis purpurne, zu endständigen (an den spanischen Flieder erinnernden) Rispen vereinte Blüthen unterscheidend. Ihre cylindrische Kronröhre trägt flach ausgebreitete, aussen flaumhaarige, am Rande dicht und fein gewimperte, zarte Saumlappen. Die Kapseln spalten längs der Mitte ihrer Scheidewand (septicid) von unten nach oben, ähnlich wie die Umbelliferenfrüchte, doch so, dass die Kapselhälften an der Spitze vom bleibenden Kelche zusammengehalten werden.

Die äusserst schwierig abzugrenzenden, durch Uebergangsformen verbundenen, leicht Bastarde bildenden Arten sind Bewohner einer bestimmten, etwa 500 Meilen langen Region der westlichen Abhänge und Urwaldschluchten der südamerikanischen Anden. In 1200 bis 3500 m Höhe wachsend, binden sie sich an das sonnenreiche, von Stürmen und fast neun Monate des Jahres hindurch von dichten Nebeln und Regenschauern unterbrochene Klima. Hier blühen und fruchten die einzeln oder gruppenweise, weithin durch eigenartige Färbung sichtbaren, den Urwald unterbrechenden immergrünen Bäume das ganze Jahr hindurch, bis sie die planlos fällende Axt der Cascarilleros (Rindensammler, vom spanischen cascarilla, Rinde) vernichtet. Seit etwa 40 Jahren betreibt man die jetzt erfolgreich gewordene Cultur von Cinchonawäldern auf Java und in Ostindien.

Die schwankende Artabgrenzung erhellt daraus, dass Weddell 51 Arten auf 5 Verwandtschaftsstämme (stirpes) vertheilte, die er als 1) Stirps der Cinchona officinalis, 2) der Cinchona rugosa, 3) der Cinchona micrantha, 4) der Cinchona Calisaya und 5) der Cinchona ovata unterschied. Kuntze führt dagegen alle Chinabäume auf 4 Arten und deren Bastarde (im

Ganzen auf 44 Formen) zurück. Die Stammformen sollen 1) Cinchona Weddelliana, 2) Cinchona Pahudiana, 3) Cinchona Howardiana und 4) Cinchona Pavoniana sein. Als wichtige Arten gelten:

1. *Cinchona succirubra* Pav., Fig. 365, ein schöner, bis 25 m hoher Baum mit dünnen, grossen, beinahe 1/2 m langen, oft 35 cm breiten Blättern und weisslich-rosafarbenen Rispen. Die unreif hochrothen Kapseln sind rippenlos, länglich. Von dem Westabfalle des Chimborazo steigt der Baum bis tief in die Thäler, südlich bis Nordperu herab. Auf Ceylon gedeiht er jetzt in 600 bis 1500 m, in den Nilgherries der Malabarküste in 1500—2200 m Höhe. Der Rinde entquillt bei Verwundung ein farbloser, an der Luft schnell milchig und dann roth werdender Saft (daher die Art „succirubra").

Fig. 365. Cinchona succirubra Pavon. 1/3 nat. Gr. (Nach Baillon.)

Sie ist bekannt als rothe Chinarinde, Cortex Chinae ruber des Handels.

2. *Cinchona Calisaya* Wedd. ist ein hoher Baum mit oft mehr als mannsdickem Stamme und dicht belaubter Krone. Die weichen, verkehrt-eiförmigen, oberseits sammetglänzend dunkelgrünen, unterseits blassgrünen, etwa handgrossen Blätter stehen auf cm-langem, röthlichem Stiele. Die Spreite

zeigt in den Aderwinkeln deutliche Grübchen. Die eiförmigen, rippenlosen Kapseln sind reif rostfarbig, am Scheitel kaum verschmälert. Heimath des Baumes sind die Anden Bolivia's und Peru's, besonders die Gebirge um den Titicaca-See. Hier wächst die Art in 1500—1800 m Höhe. Von den Unterarten ist besonders die var. Josephiana Wedd. hervorzuheben, welche etwa 300 m höher wachsend als Strauch von nur 2—3 m Höhe mit nur 3—5 cm starkem Stämmchen und aufrechten Aesten vegetirt.

Die Rinde ist die Königs-Chinarinde, Cortex Chinae Calisayae s. Cortex Chinae regius des Handels.

3. *Cinchona Ledgeriana* Moens wurde in Java aus in Bolivia gesammelten Samen erzogen. Sie steht der Calisaya sehr nahe, unterscheidet sich aber durch fast lederige, lanzettliche bis länglich-eiförmige, von der Mitte aus nach beiden Seiten hin stark verschmälerte Blätter mit orangefarbenem Stiel, sehr hinfällige, gekielte Nebenblätter und kleine, an den Rispenzweigen nickende Blüthen, deren grünliche Kronröhre mit weissen oder crême-farbigen Lappen endet. Die kleinen Bäumchen liefern die alkaloidreichste Rinde.

4. *Cinchona officinalis* Hook. fil., in Ecuador und Peru heimisch, zeichnet sich durch kleine, schön carminrothe Blüthen, meist lanzettliche, 5—12 cm lange, beiderseits kahle Blätter und gestreift gerippte Kapseln aus. Zu den vielen Formen der Art gehört wahrscheinlich *Cinchona lancifolia* Mutis; nahe verwandt sind *Cinchona micrantha* Ruiz et Pav., *Cinch. nitida* R. et P., sowie *Cinch. peruviana* How.

Die von ihnen stammenden Rinden werden als Cortex Chinae fuscus, braune Chinarinden, bezeichnet. Cortex Chinae Ph. G. II. 63 soll von Stämmen und Zweigen cultivirter Cinchonen, besonders von Cinchona succirubra stammen und ein rothbraunes Pulver liefern.

Der Werth der Rinden wird bedingt durch ihren Reichthum an Alkaloiden, besonders an Chinin, dessen fiebervertreibende Wirkung die China- oder Fieberrinden zu hochwichtigen Arzneimitteln gemacht hat. Vorgeschriebene Präparate aus Cortex Chinae Ph. G. II. sind Extractum Chinae aquosum Ph. G. II. 86, Extr. Chinae spirituosum Ph. G. II. 86, Tinctura Chinae Ph. G. II. 276 und Tinct. Chinae composita Ph. G. II. 276. Vinum Chinae Ph. G. II. 302 ist mit Tinct. Chinae versetzter spanischer Wein. Fabrikmässig werden viele Chininpräparate hergestellt. Officinell sind nach der Ph. G. II. Chininum bisulfuricum, Chin. ferro-citricum, Chin. hydrochloricum und Chin. sulfuricum. Als Chinoïdinum Ph. G. II. 56 wird ein nicht einheitlicher, harzähnlicher, dunkel- bis schwarzbrauner, in Wasser, Spiritus und Chloroform löslicher Körper, ein Gemisch von Alkaloiden der Chinarinden, bezeichnet. Er dient zur Bereitung von Tinctura Chinoïdini Ph. G. II. 276.

Die Bezeichnung Chinarinde hat keinerlei Beziehung zu dem Lande China, sie entstammt vielmehr der Sprache der Eingeborenen Südamerikas, welche die Rinde als Quina, die besten Sorten als Quina-Quina bezeichneten, woraus später die Europäer Quinquina, Kina und China machten. Ueber Smilax China und die von ihr stammende Chinawurzel vergl. S. 159.

4. Uncaria Gambir Roxb.

Die mit etwa 30 Arten im tropischen Asien, besonders auf den malayischen Inseln vertretene Gattung Uncaria umfasst hochkletternde Sträucher mit kurzgestielten Blättern und einzeln achselständigen, kugeligen Blüthenköpfen, aus welchen gewöhnlich einzelne armblüthige oder unfruchtbare Zweige sich zu einer haken- oder ringförmigen Ranke umwandeln. Die Uncarien sind so genannte Hakenkletterer. Die aus den 5-zähligen Blüthen hervorgehenden, wandspaltig 2-klappigen Kapselfrüchte mit vielen dachziegelig geordneten Samen lassen die Verwandtschaft der Uncarien mit den Cinchoneen unverkennbar hervortreten. Die Samen sind an beiden Enden geflügelt.

Uncaria Gambir Roxb., auf Ceylon, in Hinterindien und auf den malayischen Inseln heimisch, ist eine Art mit rundlichen Zweigen, elliptischen bis fast lanzettlichen Blättern und rosenrothen Blüthen. Der zur Trockene eingedickte Auszug der Pflanzen bildet einen Theil des Catechu Ph. G. II. 49. Vgl. hierzu S. 178.

Caprifoliaceae.

Die pharmaceutisch wenig wichtige Familie der Caprifoliaceen beschränkt ihre Arten (etwa 200) fast ganz auf die nördlich gemässigte Zone. Die fast durchgängig 5-zähligen Blüthen unterscheiden sich von denen der Rubiaceen gewöhnlich durch ein mehr als 2-gliederiges Gynaeceum. Vorherrschend sind 3 Carpiden, doch kommen auch deren 4 oder 5 gelegentlich, noch seltener 2 vor. Nach der Plastik der Blüthen unterscheiden wir die Unterfamilien:

I. **Lonicereae**, mit mehr oder weniger deutlich median-zygomorphen Blüthen und gewöhnlich glockigen oder langröhrigen Kronen. Fruchtfächer mit vielen Samenanlagen.

II. **Sambuceae**, mit aktinomorphen Blüthen und tellerförmigen, einer Röhre fast ganz entbehrenden Kronen. Fruchtfächer mit nur einer Samenanlage. Hierher:

Sambucus nigra L.

Die wenigen (etwa 10) Arten der Gattung Sambucus zeichnen sich durch cylindrische Zweige und Stengel mit reich entwickeltem Mark und decussirte, unpaarig gefiederte Blätter aus. Die Nebenblätter fehlen oder sind laubig entwickelt; oft sind sie durch schüsselförmige Drüsen ersetzt. In einigen Fällen entwickelt sich am Grunde jedes Fiederblattes ein Nebenblättchen, und auch diese „Stipellen“ können Drüsenform annehmen. Die kleinen, weissen, gelblichen oder röthlichen Blüthen zeichnen sich durch extrorse Staubblätter aus (Fig. 366). In jedes der 3—5 Fruchtknotenfächer hängt vom oberen Innenwinkel eine anatrop-epitrope, sich später meist pleurotrop stellende Samenanlage herab. Der vom kurzen, dicken Griffel oder der sitzenden Narbe gekrönte Fruchtknoten wird zur beerenartigen Steinfrucht mit 3—5 knorpeligen Steinen.

Sambucus nigra L., der bei uns heimische Hollunder oder deutsche Flieder zeichnet sich durch die grossen, flachen, schräg aufsteigende Zweige abschliessenden Doldenrispen aus. Die gelblich weissen, stark riechenden Blüthen breiten ihre rundlichen, bis zu den kurzen Staubfäden hin getrennten Kronlappen tellerförmig aus. Die kleinen, fast kugeligen, glänzenden, schwarzvioletten Steinfrüchte werden als „Fliederbeeren“ oft zu „Fliedermus“ zerkocht und gegessen. Die nur 2-jochigen Blätter mit grösserem Endblättchen sind völlig kahl und meist nebenblattlos.

Fig. 366. Blüthendiagramm von Sambucus nigra. Staubbeutel extrors. (Nach Eichler.)

Wegen der Blüthen und Früchte wird der Hollunder bei uns viel in Gärten gepflanzt. Die ersteren, Flores Sambuci Ph. G. II. 110, bilden den als schweisstreibend bekannten „Fliederthee“. Das nicht mehr officinelle Fliedermus, Succus s. Roob Sambuci, ist ein bekanntes Laxirmittel. Zu gleichem Zwecke dürften die Blüthen einen Bestandtheil der Species laxantes Ph. G. II. 241 bilden.

Aggregatae.

Die letzte Ordnung der Sympetalen, die Aggregatae, zeichnen sich durchgehends durch Reduction ihres oft erst zur Fruchtzeit sichtbar werdenden Kelches und die unvollkommene Entwickelung ihrer Früchte aus. Obwohl das Gynaeceum nie aus einem, meist aus zwei Fruchtblättern hervorgeht, entwickelt es doch stets nur eine Samenanlage. Die Früchte sind ausnahmslos einsamige Achaenien. Der Name Aggregatae soll darauf hindeuten, dass die meist sehr kleinen Blüthen sich häufig so dicht zu Köpfchen zusammendrängen, dass diese „Aggregationen“ den Eindruck einfacher Blüthen erwecken. Von den Campanulinen, mit denen die Aggregaten manche Berührungspunkte haben, unterscheiden sich die letzteren durch das ausnahmslos der Krone eingefügte Androeceum. Die Aggregaten sind also typische Corollifloren. Hierher:

1. **Valerianaceae.** Blüthen durch Abort im Androeceum und Gynaeceum stets asymmetrisch. Von den drei Fruchtblättern nur eines fruchtbar. Samenanlage hängend.

2. **Dipsaceae.** Blüthen median-zygomorph. Androeceum durch Abort des hinteren Staubblattes 4-gliederig. Stets zwei mediane Fruchtblätter mit nur einer hängenden Samenanlage.
3. **Compositae.** Blüthen theils aktinomorph, theils (im selben Köpfchen) median-zygomorph. Androeceum stets vollzählig, mit röhrig verbundenen Antheren. Stets zwei mediane Fruchtblätter mit nur einer, aber aufrechten Samenanlage.

Valerianaceae.

Die Familie der Valerianaceen umfasst etwa 300 krautige, zumeist der nördlich gemässigten Zone, im tropischen Asien und Amerika den Gebirgen angehörige Arten mit typisch 5-zähligen, zwitterigen oder durch Abort des einen Geschlechts polygamen bis rein dioecischen, durch viele Eigenheiten ausgezeichneten Blüthen. Zunächst fehlt der Blüthe fast jegliche Andeutung eines Kelches. Im günstigsten Falle bildet sich ein solcher erst an der Frucht als unscheinbarer Saum, der bei der Gattung Valeriana in eine unbestimmte Zahl anfänglich eingerollter, später sich ausbreitender, fiederig-behaarter Strahlen ausgeht. Ein solcher, in Haargebilde aufgelöster Kelch heisst Pappus (Fig. 367). Die glockige, bis trichterförmige Krone neigt stets (wie bei den Loniceren) zur Medianzygomorphie. Ihre Röhre ist vorn sackartig, bisweilen selbst spornförmig erweitert, ihr in der Knospe dachiger Saum ist schief oder 2-lippig entwickelt. Das Androeceum ist stets unvollständig. Das median-hintere Staubblatt fehlt stets. In der Regel abortirt auch noch das vordere, vom β-Vorblatt am weitesten entfernte Staubblatt (Fig. 368). Bei fortschreitendem Abort wird dann auch wohl das zweite vordere, hierauf das von β entferntere hintere, endlich

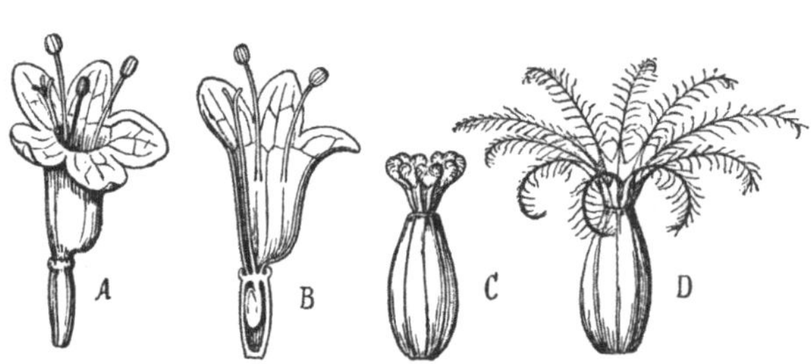

Fig. 367. Valeriana officinalis. A. Blüthe von der Seite ihres α-Vorblattes her gesehen. B. Dieselbe Blüthe längs halbirt. C. Junge Frucht mit eingerollten Pappusstrahlen. D. Reife Frucht.

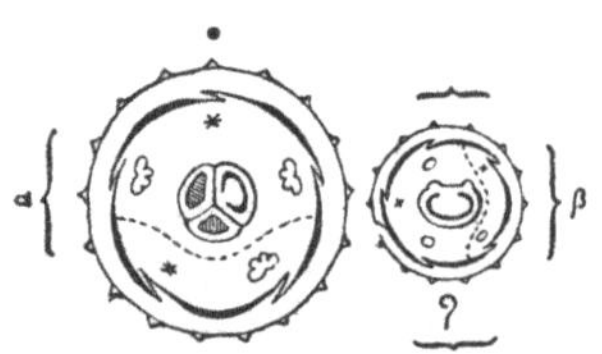

Fig. 368. Diagramm der Blüthe von Valeriana. In der Achsel des β-Vorblattes ist die Secundanblüthe und die Wickelfortsetzung angegeben. (Nach Eichler.)

bei dioecischen Formen auch das 5. Staubblatt unterdrückt. Man kennt also Formen mit 4, 3, 2, 1 oder 0 Staubblättern. Drückt man die Schwindefolge im Diagramm durch Nummern aus, so sind die Modificationen des Valerianaceen-Androeceums abgeleitet von dem ersten Zeichen:

```
  1                 ×       ×       ×       ×
4 · 5  folgende:  4 · 5   4 · 5   × · 5   × · ×
 2 3               2 3     × 3     × ×     × ×
```

Die fehlenden Staubblätter sind hierbei durch je ein Kreuz ersetzt. Auch im Gynaeceum ist Schwinden einzelner Glieder durchgreifende Regel. Wie bei Sambucus werden drei Fruchtblätter (eines median vorn) angelegt. Davon bleiben zwei steril, während das dem β-Vorblatt am meisten genäherte eine einzige, im oberen Innenwinkel hängende, anatrop-apotrope Samenanlage birgt. Bei Valeriana spaltet der fadenförmige Griffel in drei Narbenschenkel. Die Frucht ist stets ein Achaenium, an welchem die sterilen Fruchtblätter als samenlose Fächer, häufiger aber als unscheinbare Rippen auftreten.

Vergegenwärtigt man sich nach allen dem, dass der Kelch gar keine Orientirung erkennen lässt, die Krone medianzygomorph, das Androeceum unvollständig, das Gynaeceum aber stets einseitig nach β hin entwickelt wird, so erkennt man, dass die Valerianaceenblüthe aus aktinomorphem Grundplan durch Medianzygomorphie zu völliger Asymmetrie schreitet.

Die stets nebenblattlosen, decussirten Laubblätter sind am Grunde der Haupttriebe meist rosettig gehäuft; oberwärts gehen sie allmählich in Hochblätter über, aus deren Achseln die traubig, doldig oder kopfig gehäuften, mit Endblüthe abschliessenden Inflorescenzäste hervorsprossen, welche meist nach dichasischer Gabelung unter Förderung aus β in Wickeln ausgehen.

Valeriana officinalis L.

Der Charakter der Gattung Valeriana geht bereits aus der obigen Schilderung der Familie und den Figuren 367 und 368 hervor. Die empirische Blüthenformel ist danach K 0, C (5), A 3, G $\underline{(3)}$. Charakteristisch ist besonders der unterwärts trichterig-membranöse, 5—15-strahlige Pappus der reifenden Früchte, an welchen die sterilen Fächer auf schmale Rippen reducirt sind. Die Krone ist vorn ausgesackt.

Valeriana officinalis L., der Baldrian, ist eine ausdauernde, durch Europa, Nordasien und Japan verbreitete Art mit 2—3 cm langem, kaum fingerdicken Rhizom, dessen kurze Glieder durch Blattnarben kenntlich sind. Ausser zahlreichen, hellbräunlichen Wurzeln entspringen ihm horizontal unterirdisch kriechende, mit häutigen Blattscheiden besetzte Ausläufer, deren Endknospe wie die am Kopfe des Mutterrhizoms sitzenden Knospen im Frühjahr eine bodenständige Laubrosette treibt. Aus der Mitte dieser erhebt sich der steif aufrechte, schnurgerade, gefurchte Stengel unverzweigt bis zu 1½ m Höhe mit entfernt stehenden Blattpaaren, um mit reichblüthiger, doldig erscheinender Rispe abzuschliessen. Die grundständigen Blätter tragen auf langem, rinnig 3-kantigem Stiele eine unpaarig fiedertheilige Spreite mit vielen eiförmigen, eingeschnitten gezähnten Fiedern. Die kleineren, oberwärts sitzenden Stengelblätter führen meist schmal linealische, ganzrandige Fiedern.

Die Rhizome (nicht Wurzeln!) der auf unseren feuchten Wiesen und in Gebüschen im Juni und Juli blühenden Pflanze sind als Radix Valerianae Ph. G. II. 225 s. Radix valerianae minoris v. Rad. valerianae montanae ibid. 339, Baldrianwurzel, officinell. Sie dienen zur Bereitung von Tinctura Valerianae Ph. G. II. 288 und Tinct. Valerianae aetherea Ph. G. II. 339. Die Droge und ihre Präparate verbreiten den eigenartigen, den Katzen auffällig angenehmen Geruch der Valeriansäure. Baldrian gilt als eines der vorzüglichsten krampfstillenden Mittel.

Compositae.

Die formenreiche Familie der Compositen, die mit mehr als 10000 Arten die grösste Familie des Pflanzenreiches, aber dennoch eine der am schärfsten umschriebenen ist, kennzeichnen in erster Linie zwei Charaktere: 1) Die Anhäufung (Aggregation) zahlreicher Blüthen auf gemeinsamem Boden und 2) die röhrige Verwachsung der Staubbeutel (nicht der Fäden) innerhalb jeder Einzelblüthe. Beide Charaktere sind bereits in den vorangehenden Familien angebahnt, beide kommen aber bei den Compositen zu höchster Vollendung und erfordern deshalb besondere Besprechung.

Die Köpfchenbildung wird bereits durch die gedrängtblüthigen Formen vieler Valerianaceen angedeutet; bei den nächst verwandten Dipsaceen tritt sie eigenartig modificirt auf, bei den Compositen verhält sie sich wie folgt. Man denke sich eine einfache Axe dicht mit spiralig geordneten, schuppigen Hochblättern derart besetzt, dass erst von einer bestimmten Region an je eine sitzende Seitenblüthe in der Achsel je eines der Hochblätter wie bei einer einfachen Aehre (Fig. 38, 2) entwickelt wird, und stauche nun die gemeinsame Hochblattaxe von oben her wie einen Zwiebelkuchen zusammen, so wird man einen kegelförmigen, bei weiterer Stauchung tellerförmigen oder gar schüsselförmig vertieften Blüthenstand erhalten, in welchem die Basis der nicht gestauchten Axe nach der Stauchung zur Randpartie, der ehemalige Scheitel (*s*) zum Mittelpunkt wird. Der Längsschnitt des gestauchten Köpfchens wird sich also etwa wie in Fig. 369 darstellen. Vom Scheitel *s* aus wird man hinter jeder Blüthe ihr Deckblatt finden, während man an dem Umkreise des gemeinsamen Bodens (d. h. des kuchenförmigen Axentheiles) die sterilen (schraffirten) Hochblätter *i* trifft. Man bezeichnet dieselben in ihrer Gesammtheit als Involucrum oder gemeinsamen Hüllkelch des Köpfchens. Innerhalb desselben besetzen die Einzelblüthen den gemeinsamen Blüthenboden meist dicht gedrängt, lückenlos, die jüngsten dem Scheitel am nächsten. Dadurch erweckt das Köpfchen den Anschein einer einfachen Blüthe, während es einen Blüthenstand darstellt, welcher eine Blüthe höherer Ordnung oder zweiter Potenz genannt werden könnte. Man bezeichnet es auch wohl mit besonderem Namen als Anthodium. Die dem Rande eingefügten, unmittelbar dem Involucrum folgenden Blüthen unterscheidet man als Randblüthen von den meist zahlreicheren, den übrigen Blüthenboden bedeckenden Scheibenblüthen. Entfernt man sämmtliche Blüthen, so erblickt man in vielen Fällen ihre Deckblätter als trockenhäutige oder borstliche Schuppen. Sie werden gewöhnlich als Spreublätter oder Spreuschuppen beschrieben.

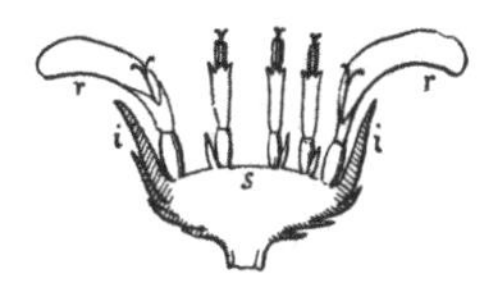

Fig. 369. Köpfchen einer Composite schematisch. *s* Scheitel der gestauchten Blüthenstandsaxe (des „gemeinsamen Blüthenbodens"). Die sterilen unteren (bezüglich des Bodens äusseren) Hochblätter bilden das Involucrum *i*. Die fertilen Hochblätter auf der Fläche des Blüthenbodens, die Spreublätter, sind die kleinen Deckblätter hinter den sitzenden Einzelblüthen. *r* die Randblüthen, auf der Scheibe die Scheibenblüthen.

Die Variationen des Köpfchenbaues hängen von der Zahl und Ausbildung der constituirenden Theile ab. Das Involucrum kann aus wenigen (mindestens 5) oder vielen Blättern bestehen, die sich in einen einfachen oder doppelten Kranz ordnen. Häufiger decken sie sich in zierlich spiraliger Ordnung dachziegelig wie die Schuppen am Tannenzapfen; so bei der bekannten Kornblume (*Centaurea Cyanus*) und der Artischocke (*Cynara*). Meist ist die Zahl der Einzelblüthen eines Kopfes sehr gross, wie bei der Sonnenblume (*Helianthus annuus*); andrerseits kann aber der Kopf auch recht armblüthig werden. In den Köpfen der *Artemisia Cina* (Fig. 377) finden sich nur 3—6 Blüthen, in den weiblichen Köpfen von *Xanthium* nur je 2. Die Köpfchen der Gattung *Echinops* sind sogar einblüthig, doch treten hier wieder viele solcher Köpfchen zu einem kugeligen Kopfe höherer Ordnung zusammen.

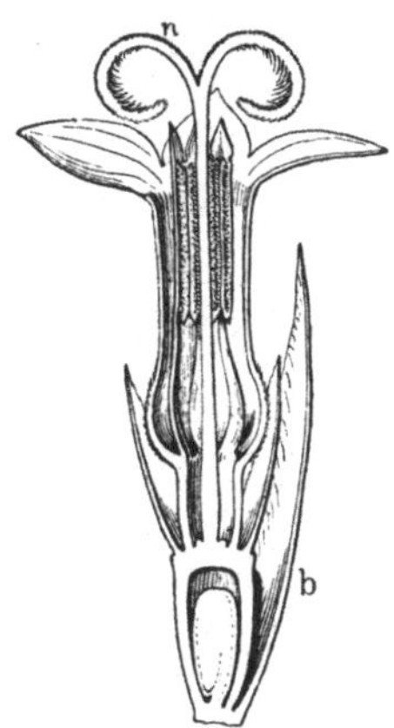

Fig. 370. Einzelblüthe aus dem Kopfe der Sonnenblume längs median halbirt. *b* das Spreublatt. *n* die zwei Narbenschenkel des fadenförmigen Griffels. (Nach Baillon.)

Den typischen Bau der stets sitzenden Einzelblüthen zeigt Fig. 370.

In der Achsel des Deckblattes (der Spreuschuppe) *b* sitzt ohne Vorblätter der unterständige Fruchtknoten, in dessen Höhle eine aufrechte, anatrope, mit einem Integumente versehene Samenanlage hineinragt, deren Raphe gegen das Deckblatt *b* gewendet ist. Der nur selten normal mit 5 Gliedern entwickelte Kelch ist in der Mehrzahl der Fälle durch zur Fruchtzeit sich vergrössernde und mannichfaltig sich ausgestaltende Haargebilde (vgl. Fig. 373), durch einen Pappus, ersetzt. In Fig. 370 vertreten ihn zwei dem Fruchtknoten aufsitzende Schuppenblätter. Die unterwärts röhrige Krone endet mit in der Knospe stets klappigen Saumlappen. Die fünf mit ihnen abwechselnden Staubblätter sind mit freien Fäden der Kronröhre eingefügt, enden aber mit linealischen, introrsen Beuteln, welche nach Art klappig zusammenschliessender Organe seitlich so innig mit einander verklebt sind, dass sie eine cylindrische Staubbeutelröhre bilden, welche von unten her von dem fadenförmigen Griffel durchwachsen wird. Letzterer fegt dabei den die Staubbeutelröhre erfüllenden Pollen nach Art eines Kanonenwischers aus, zu welchem Zwecke das obere Griffelende gewöhnlich mit Haaren bedeckt ist. Ist die Griffelspitze durch die Beutelröhre hindurchgewachsen, so krümmen sich die bis dahin flach aufeinanderliegenden Narbenschenkel (Fig. 370, *n*) bogig zurück, wodurch die Narbenflächen der Bestäubung zugänglich werden. Die beiden in die Medianebene der Blüthe fallenden Narbenschenkel beweisen übrigens, dass der einfächerige, unterständige Fruchtknoten aus zwei medianen Fruchtblättern entstanden ist, deren vorderem die scheinbar centrale Samenanlage angehört. Dieselbe ist deshalb als epitrop-anatrop zu bezeichnen.

Allen diesen Verhältnissen entspricht die Formel K 5^{∞}, C (5), A 5, G $\overline{(2)}$, noch besser aber das Diagramm Fig. 371.

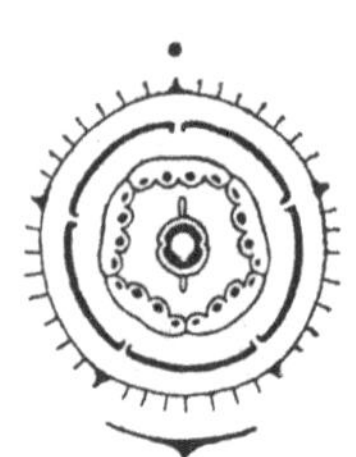

Fig. 371. Diagramm der Compositenblüthe.

Kehrt nun auch der vorstehend besprochene Typus mit grosser Beharrlichkeit bei allen Gliedern der Familie wieder, so ist doch die Plastik der Blüthe vielen Schwankungen zugänglich. Am auffälligsten verhält sich hierbei die Krone. In den Scheibenblüthen ist sie gewöhnlich aktinomorph und langröhrig (tubulös) entwickelt, wie in Fig. 370 und in Fig. 372, a. Man bezeichnet deshalb solche Blüthen als Röhrenblüthen. In den Randblüthen (vgl. Fig. 369) sind dagegen die 5 Saumlappen bis zu den äussersten Spitzen verwachsen, so dass sie nur noch als äusserst kleine Zähne zu erkennen sind. Beim Aufblühen spaltet aber die Krone auf der median-hinteren Seite zwischen dem hinteren Zahnpaare der Länge nach auf und schlägt die obere Hälfte zungenartig nach vorn zurück. Man bezeichnet solche aktinomorph angelegten, gleichsam einlippig nach $\frac{0}{5}$ spaltenden und dadurch median-zygomorph werdenden Blüthen als Zungenblüthen (Fig. 372, b). Bei einer grossen Zahl südamerikanischer Arten spaltet der Kronenrand jedoch zwischen dem seitlich vorderen und dem hinteren Paar der Saumlappen, die Krone spaltet zweilippig nach $\frac{2}{3}$ und wirft die grössere, 3-zähnige Unterlippe zungenförmig nach vorn. Solche Blüthen werden als Lippenblüthen (Fig. 372 c) unterschieden. Sie werden meist schon median-zygomorph angelegt.

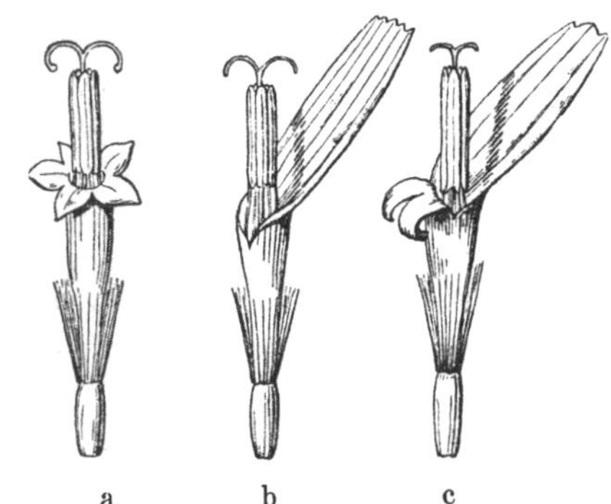

Fig. 372. Formen der Compositenblüthen. a. Röhrenblüthe (aktinomorph); b. Zungenblüthe (durch einseitiges Aufspalten median-zygomorph einlippig nach $\frac{0}{5}$); c. Lippenblüthe (median-zygomorph zweilippig nach $\frac{2}{3}$).

Es wurde schon oben darauf hingedeutet, dass sich die Randblüthen gewöhnlich als Zungenblüthen entfalten, während die Scheibenblüthen die Röhrenblüthenform behalten; das rein topographische Merkmal deckt sich also oft mit dem morphologischen. Das ist aber keineswegs durchgreifend. Ein und dasselbe Köpfchen kann vielmehr enthalten 1) nur Röhrenblüthen oder 2) nur Zungenblüthen oder 3) nur Lippenblüthen oder 4) Zungenblüthen als Rand-, und Röhrenblüthen als Scheibenblüthen oder 5) Lippenblüthen als Rand-, und Röhrenblüthen als Scheibenblüthen. Nach diesen Merkmalen theilten Lessing und Decandolle die Familie in drei Abtheilungen:

I. **Tubuliflorae.** Köpfchen nur Röhrenblüthen oder ausser diesen noch Zungenblüthen als Randblüthen führend.

II. **Liguliflorae.** Köpfchen nur Zungenblüthen führend.

III. **Labiatiflorae.** Köpfchen nur Lippenblüthen führend.

Wesentlich anders ist das Theilungsprincip, welches Linné auf die Compositen anwandte. In seinem System bilden sie die 19. Klasse, die er wegen der Verwachsung der Staubbeutel Syngenesia (von *σύν*, gemeinsam, und *γένεσις*, Geschlecht) nannte. Nun ist es eine gewöhnliche Erscheinung, dass die Randblüthen unfruchtbar bleiben. Oft verkümmert ihr Androeceum, sie erscheinen dann rein weiblich; in einigen Fällen aber erzeugen sie allein reifende Früchte. Die Compositenköpfe sind also gemeinhin polygam, da sie neben zwitterigen auch eingeschlechtige Blüthen umschliessen. Linné theilte daraufhin die Syngenesia in 5 Ordnungen:

1. Polygamia aequalis. Alle Blüthen zwitterig.

2. Polygamia superflua. Randblüthen weiblich und wie die zwitterigen Scheibenblüthen fruchtbar.
3. Polygamia frustranea. Randblüthen weiblich oder geschlechtslos, stets unfruchtbar; nur die Scheibenblüthen fruchtbar.
4. Polygamia necessaria. Randblüthen weiblich und allein fruchtbar; die zwitterigen Scheibenblüthen verhalten sich rein männlich.
5. Polygamia segregata. Jede Blüthe ist von der benachbarten durch ein Involucrum getrennt. Der Blüthenstand ist also ein Kopf aus einblüthigen Köpfchen[1]).

Eine dritte Klassification von Jussieu stützt sich auf den Bau und die Anordnung der Köpfe. Man unterscheidet danach:

1. Corymbiferae. Blüthen sämmtlich röhrig oder häufiger die Randblüthen zungenförmig und dann einen Kranz das Köpfchen strahlig abschliessender Kronen bildend[2]). Griffel unterhalb der Narbenschenkel nicht verdickt und hier ohne Haarbürste. (Strahlköpfige Compositen.)
2. Cynarocephalae. Alle Blüthen röhrig, die Randblüthen oft grösser, aber nie zungenförmig strahlend. Involucrum meist stark entwickelt mit dachziegelig sich deckenden Schuppenblättern. Griffel unterhalb der meist kurzen Narbenschenkel knotig verdickt und hier mit Haarbürste. (Distelköpfige Compositen.)
3. Cichoriaceae. Alle Blüthen sind zungenförmig strahlend. Griffel fädig-cylindrisch, ohne Knoten in die meist langen, zurückgekrümmten Narbenschenkel ausgehend, an welchen jedoch nur die untere Hälfte der Innenseite als Narbenfläche entwickelt ist. Fast alle Arten sind reich an Milchsaft. (Zungenblüthige Compositen.)

Für die Unterscheidung der Gattungen und Arten liefern oft die verschieden ausgestatteten Schliessfrüchte, die Achaenien, nament-

---

[1]) Eine ähnliche „Segregation" zeigen die Köpfe aller Dipsaceen. Im Gegensatz zu den spiralig geordneten Blüthen der Compositenköpfe entstehen die Dipsaceenköpfe aus dicht gedrängten, meist 2-zähligen Blüthenquirlen. Jede Einzelblüthe besitzt einen Aussenkelch, d. h. eine kelchartige, unterhalb des Fruchtknotens am verkürzten Blüthenstiele entspringende, den Fruchtknoten eng umschliessende Hülle mit vier transversal-medianen Kanten. Diese Dipsaceen-Aussenkelche sind als becherartig (in der Medianebene der Blüthe) verwachsene, transversale Vorblätter der Einzelblüthen anzusehen.

[2]) Vergleicht man das Corymbiferenköpfchen (das Anthodium) mit einer einfachen Blüthe, so ist das Involucrum analog einem Kelche, die strahlenden Randblüthen sind analog einer Krone, während die meist gelb gefärbten, röhrigen Scheibenblüthen dem Androecum und Gynaeceum einer einfachen Blüthe functionell gleichkommen. Da man die zungenförmigen Randblüthen oft als Strahlblüthen bezeichnet, so nennt man die Corymbiferen auch häufig die Radiatae.

lich die mannichfaltigen Formen ihres Pappus, characteristische Merkmale. Fig. 373 stellt einige Beispiele vor Augen. Besonders beachtenswerth ist das Bild b, weil es den seltenen Fall normal entwickelter Kelchzipfel zur Anschauung bringt. In d schaltet sich zwischen der Frucht und den Pappusstrahlen ein fadenförmiges Glied nach Art eines Stieles ein; ein solcher dem Scheitel der Frucht aufsitzender, steriler Fortsatz wird als Fruchtschnabel bezeichnet. Bild e stellt einen sehr complicirten Pappus dar. Das Achaenium krönt ein zackiger Rand, innerhalb dessen sich ein äusserer Kreis längerer und ein innerer Kreis kürzerer Pappusborsten entwickelt hat. Einen doppelten Haarkranz bildet der Pappus in f. Endlich zeigt g ein pappusloses Achaenium im Längsschnitt. Der die Frucht völlig ausfüllende Same zeigt einen geraden, aufrechten Keimling mit fleischigen Cotyledonen. Nährgewebe fehlt stets.

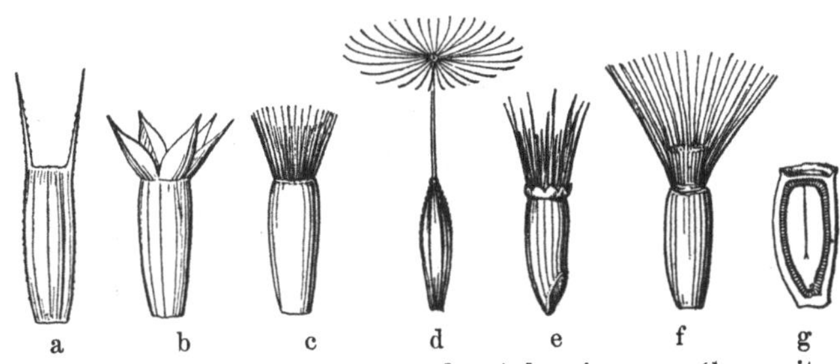

Fig. 373. Verschiedene Formen der Achaenien von Compositen. Der Pappus in: a zweizähnig, b kelchartig, c als einfacher Haarkranz; d lang geschnäbelte Frucht mit einem Kranz einfacher Pappushaare; e Frucht von Cnicus mit dreifachem Pappus, einem gekerbten Rande und zwei Kreisen von Borsten; f mit doppeltem Haarschopfe; g eine pappuslose Frucht im Längsschnitt. Der Same füllt die Frucht ganz aus.

Bezüglich der vegetativen Organe ist zu merken, dass die oft kräftigen, zum Theil riesigen einjährigen Stämme — man erinnere sich der Sonnenblume — gewöhnlich spiralig geordnete, einfache oder fiederig eingeschnittene, krautige Blätter ohne Nebenblätter tragen, doch kommen paarig-decussirte Blätter, wie sie bei Valerianaceen und Dipsaceen durchgängig angetroffen werden, auch bei Compositen vor. Strauch- und Baumformen kommen nur in den Tropen vor. Officinell sind:

1. Tussilago Farfara L.

In der Unterfamilie der Tubulifloren zeichnet sich die monotypische Gattung Tussilago durch cylindrische, aus nur einer Blattreihe bestehende Hüllkelche aus. Diese umschliessen mehrere Reihen weiblicher Randblüthen mit schmal-zungenförmiger Krone und zahlreiche, zwitterige, röhrige Scheibenblüthen. Die cylindrischen, gerippten, nur aus den Randblüthen hervorgehenden Früchte führen einen Pappus aus einfachen Haaren. Spreublätter fehlen den Köpfchen. Die Gattung bildet den Typus der Gruppe der Tussilagineae.

Tussilago Farfara L., die bei uns auf Lehmboden, namentlich an feuchten Stellen nicht seltene, als Huflattich bekannte Art (Fig. 374), ist ein mit tiefgehendem, mehrköpfigem, unterirdische Ausläufer treibenden Rhizom ausdauerndes Kraut. Im ersten Frühjahre, oft schon im Februar, erscheinen die etwa handhohen, mit einem Köpfchen abschliessenden, weissfilzigen, nur mit aufrechten, purpurvioletten Schuppenblättern besetzten Blüthentriebe, um die goldgelben Blüthen zu entfalten. Die erst nach der Blüthezeit sich entwickelnden, bis handgrossen Laubblätter sind sämmtlich grundständig und langgestielt. Die rundlicheiförmigen, buchtigeckigen, ziemlich derben Spreiten sind oberseits kahl und intensiv grün, unterseits von langen, unverzweigten Haaren dicht weissfilzig. Die unterseits schwach hervortretenden Hauptadern entsprechen dem fussförmigen Typus (Fig. 8, b); oberseits heben sie sich meist, besonders am Spreitengrunde durch schwarzpurpurne Färbung ab.

Fig. 374. Tussilago Farfara. (Nach Baillon.)

Die vom Mai bis Juni gesammelten und getrockneten Blätter, Folia Farfarae Ph. G. II. 113 s. Herba farfarae v. Herba tussilaginis finden besonders zum Theeaufguss gegen hartnäckige Katarrhe Anwendung. Sie bilden deshalb auch einen Bestandtheil von Species pectorales Ph. G. II. 242.

2. Inula Helenium L.

Unter den Tubuliferen mit Strahlblüthen bildet die Gattung Inula den Typus der als Inuleae bezeichneten Gruppe, für welche spreublattlose Köpfe, haarförmiger Pappus und am Grunde mit Anhängseln versehene („geschwänzte") Antheren characteristisch sind. Die etwa 50 Arten der Gattung Inula sind meist durch die ansehnlichen, einzeln endständigen, doldenrispig, rispig oder traubig angeordnete Aeste abschliessenden Köpfe mit hochgelben Rand- und Scheibenblüthen kenntlich. Die zungenförmigen Randblüthen sind weiblich und einreihig geordnet; sie sind wie die Scheibenblüthen fruchtbar (Polygamia superflua). Die abwechselnden Blätter sind einfach, ganzrandig oder gesägt.

Inula Helenium L., der Alant, ist eine der kräftigsten, bis mannshohen, ausdauernden Arten. Aus dem kurzen, fast armstarken, in senkrecht absteigende, fleischige, fingerdicke, verzweigte Wurzeln ausgehenden Rhizom mit geringelter, gelbbrauner Rinde erheben sich aufrechte, unverzweigte oder nur oberwärts verästelte, gefurchte, unten rauhhaarige, oberwärts zottige Stämme mit ungleich-kerbig-gezähnten, oberseits rauhhaarigen, unterseits sammetartig-filzigen Blättern; die grundständigen sind mit dem langen, rinnigen Stiele bis meterlang, länglich-elliptisch, spitz in den Stiel verschmälert. Die Stengelblätter sind herzeiförmig, stengelumfassend, zugespitzt. Die bis 8 cm Durchmesser haltenden Köpfe mit linealischen Zungenblüthen zeigen einen fast halbkugeligen, aussen sammetfilzigen Hüllkelch mit dachigen Blättern, von denen die äusseren, eiförmigen abstehen, während die inneren successive schmäler werden.

Die im Hochsommer blühende Pflanze findet sich durch fast ganz Europa (zum Theil nur verwildert), in Nord- und Mittelasien. Sie liebt feuchte Wiesen und Grabenränder. Das gewürzig riechende, schleimreiche (Inulin enthaltende) Rhizom mit den stärkeren Wurzeln ist nicht geschält, zum Trocknen oft längsgeschnitten officinell als Radix Helenii Ph. G. 219 s. Radix enulae ibid. 339. Es dient zur Bereitung von Extractum Helenii Ph. G. II. 91.

3. **Spilanthes oleracea** Jacq.

Die Gattung Spilanthes gehört zu der nach unserer in Gärten vielfach cultivirten Sonnenblume benannten Tubuliflorengruppe der Heliantheae. Für diese sind schuppige Spreublätter der Köpfe, geschlechtslose oder weibliche, aber stets unfruchtbare, bisweilen ganz unterdrückte Strahlblüthen und zwitterige Scheibenblüthen mit meist schwarzen, ungeschwänzten Antheren characteristisch. Die Früchte sind pappuslos oder tragen zwei mediane, spreublattartige Pappusschuppen (Fig. 369), bei der Gattung Bidens ist der Pappus auf seitliche Grannen (Fig. 372, a) reducirt. Niemals ist der Pappus als Haarschopf entwickelt.

Die etwa 40 meist auf Amerika beschränkten Arten der Gattung Spilanthes zeichnen ihre einzeln endständigen, kleinen oder mittelgrossen Köpfe durch einen kegelförmigen Blüthenboden aus. Der kurzglockige Hüllkelch ist aus zwei Hochblattreihen gebildet. Zungenförmige Randblüthen fehlen oft ganz. Den Pappus vertreten zwei mediane Grannen, die den seitlich zusammengedrückten, auf den Kanten gewimperten Früchten auch ganz fehlen können. Besonders beachtenswerth sind die decussirt paarigen Blätter. Folge dieser Blattstellung ist die oft auffällige Gabelung der Seitensprosse. Die Köpfe erscheinen dadurch auf blattlosem Schafte im Winkel der Gabeläste.

Spilanthes oleracea Jacq., die Parakresse, Fig. 375, ist ein südamerikanisches, in Deutschland zum Arzneigebrauch gebautes, von Juli bis October blühendes, einjähriges Kraut mit liegendem oder aufstrebendem, meist purpurn überlaufenem, rundem, kaum federkieldickemStengel und gestielten, anfangs flaumhaarigen, später fast kahlen, herzförmigen oder am Grunde verschmälerten Blättern mit ausgeschweift- oder kerbig-gesägtem Rande. Die auf finger- bis handlangem, gefurchtem Schafte emporgehobenen Köpfe entbehren der Strahlblüthen. Die Scheibenblüthen sind goldgelb, oder die mittleren sind sammt den Deckblattspitzen wie die Schuppen des Hüllkelches purpurbraun.

Fig. 375. Spilanthes oleracea. (Nach Baillon.)

Das nicht mehr officinelle Kraut, Herba Spilanthis, wurde als Mittel gegen Scorbut geschätzt. Die am besten aus dem frischen Kraute hergestellte Tinctura Spilanthis wird gegen Zahnschmerz angewendet.

4. Artemisia L.

Mit der Gattung Artemisia eröffnen wir die Besprechung der als Anthemideae unterschiedenen Tubulifloren. Wir begegnen hier wie bei den Heliantheen meist zwitterigen Scheibenblüthen mit ungeschwänzten, aber gelben Antheren und pappuslosen, nie mit Haarschopf ausgestatteten Früchten. Sind Strahlblüthen vorhanden, so sind sie wie bei den Heliantheen unfruchtbar; gewöhnlich sind die Zungen weiss. Die Gattung Artemisia bringt den letztgenannten Character freilich nicht zum Ausdruck. Die meist sehr kleinen, kurz gestielt nickenden, seltener aufrechten Köpfchen sind meist in ausserordentlicher Menge, oft geknäuelt und wieder zu rispig angeordneten Trauben und Aehren vereinigt vorhanden — man entsinne sich der perlgrossen Köpfchen des Beifusses — und doch erblickt der Laie in ihnen kaum eine Blüthe. Die Form der Köpfchen bestimmen zumeist die dachziegelig geordneten, trockenhäutig gerandeten Blättchen des Hüllkelches, welche von den unscheinbaren Röhrenblüthen nicht überragt werden. Die weiblichen, stets unfruchtbaren Randblüthen bilden eine Reihe fadenförmiger oder dünnröhriger Blüthen, deren kurz 2—3-zähnige, auf der Innenseite tiefer geschlitzte Röhre sich niemals zungenförmig ausbreitet und nie über den Hüllblättern erscheint. Deckblättchen sind nicht entwickelt, doch kommt Behaarung des flachen bis halbkugeligen Blüthenbodens vor. Die 200 der nördlichen Erdhälfte angehörigen Arten treten meist als grauhaarige Kräuter und Halbsträucher mit wechselständigen, einfachen oder wiederholt fiedertheiligen Blättern auf.

1. *Artemisia Absinthium* L., die bekannte Wermuth- oder Absinthpflanze, Fig. 376, ist eine halbstrauchige, seidenartig-graufilzige Art, welche aus dem Wurzelkopfe meist mehrere aufrechte oder aufstrebende, sehr ästige, bis mannshohe, dünne Stämme treibt. Die 3-fach-, an den blühenden Trieben meist doppelt- und oberwärts einfach-gefiederten, gestielten, am Grunde nicht geöhrten Blätter sind oberseits silbergrau, unterseits grünlich, durchscheinend punktirt. Die Fiederabschnitte aller Blätter sind länglich-lanzettlich und stumpf. Die äusseren, lineal-länglichen Hüllblätter der fast kugeligen, nickenden Köpfe sind aussen filzig-grau; die inneren sind breit häutig gerandet. Von den übrigen bei uns vorkommenden Arten ist der Wermuth durch die Behaarung des Blüthenbodens der Köpfe streng unterschieden.

Fig. 376. Artemisia Absinthium.

In Süddeutschland an unbebauten Orten heimisch, findet sich die Art zum Arzneigebrauch vielfach angebaut und oft, namentlich an Dorfstrassen, verwildert durch ganz Europa, auch in Nordafrika und Nordasien. Sie blüht vom Juli bis September.

Die stark aromatischen, äusserst bitteren Blätter und blühenden Triebe sind die Herba Absinthii Ph. G. II. 128 s. Summitates absinthii ibid. 341. Sie dienen zur Bereitung von Tinctura Absinthii Ph. G. II. 270. Die dem Wermuth nachgerühmte, dem Absinthöl (Oleum Absinthii) zuzuschreibende, magenstärkende Eigenschaft hat bekanntlich seit Alters her das Ansetzen von Wermuthschnäpsen veranlasst. Besonders beliebt ist der Absinthgenuss in Frankreich.

2. *Artemisia Cina* Berg gehört zu einer Gruppe von Arten, welche sich durch äusserst kleine, wenigblüthige, nur Zwitterblüthen enthaltende Köpfchen mit nacktem Boden auszeichnen. Die genannte Art ist ein Halbstrauch der Kirgisensteppen, dessen dickes, gewundenes, faserig-berindetes Rhizom viele bis 1/2 m hohe, unterwärts holzige Stengel treibt, welche etwa von der Mitte ab durch zahlreiche, dünne, aufstrebende, köpfchentragende Zweige besenartig erscheinen. Die spinnewebig-behaarten, graugrünen Blätter sind doppelt-fiederschnittig, unterwärts gestielt, oberwärts fast sitzend, schliesslich werden sie 3-theilig und zuletzt linealisch. Die länglichen, etwa 3 mm langen Köpfchen (Fig. 377) bestehen aus etwa 12—18, locker zusammenschliessenden, stumpfen Hüllblättchen mit grünem Mittelstreif und häutigem Rande. Sie sind beiderseits mit vielen goldgelben Harzpapillen besetzt. Solche zeigen auch die Kronen der winzigen, zu 3—6 im Köpfchen eingeschlossenen Blüthen. Nahe verwandt ist:

Fig. 377. Köpfchen von Artemisia Cina, vergr. (Nach Berg und Schmidt.)

3. *Artemisia maritima* L., eine unsicher begrenzte Art der Steppen Turkestans. Die kleinen Köpfe der als var. *Stechmanniana* Bess. beschriebenen Form sollen sich von denen der *Artemisia Cina* nicht unterscheiden lassen. Dieselben sind officinell als

Flores Cinae Ph. G. II. 330 s. Semen cinae v. Semen sanctum v. Semen santonici ibid. 340. Im Volke sind sie als „Wurmsamen" oder „Zittwersamen" bekannt. Sie sind ein vorzügliches wurmabtreibendes Mittel, welches vielfach Kindern zur Vertreibung von Ascariden (Spulwürmern) mit Syrup gereicht wird.

Wegen der falschen Bezeichnung Zittwersamen, von dem veralteten Drogennamen Semen Zedoariae stammend, vergleiche man die Textanmerkung auf S. 207. Es wäre wünschenswerth, dass die einzig richtige Bezeichnung der Droge, Anthodia Cinae Ph. G. II. 330, sich statt der durchaus falschen Benennungen Flores, Semen und Samen für die Blüthenköpfe einbürgert.

5. **Matricaria Chamomilla** L.

Im Volksmunde bezeichnet man alle bei uns heimischen mit wohl entwickelten, weissen Strahl- und goldgelben Scheibenblüthen ausgestatteten Anthemideen von dem ungefähren Aussehen der Fig. 378 als Kamillen. Nach der Auffassung der neueren Systematiker gehören sie den Gattungen Chrysanthemum und Anthemis an, deren Unterschied man sich so einpräge: Die Köpfe der Chrysanthemum-Arten sind spreublattlos, die Köpfe der Anthemis-Arten führen deutliche Spreublätter. Im übrigen finden wir stets die Randblüthen weiblich und fruchtbar wie die 2-geschlechtigen Scheibenblüthen, deren Staubbeutel an der Spitze mit länglich-eiförmigem, abgerundetem Anhängsel versehen sind. Linné unterschied nun von Chrysanthemum die Gattung Matricaria wegen der Schuppen des Hüllkelches. Bei ersterer sind die Schuppenränder häutig, bei Matricaria sind die äusseren Hüllschuppen nicht häutig berandet.

Matricaria Chamomilla L., die „echte" Kamille, zeichnet ihre einzelnen, nicht auffällig lang gestielten Köpfe durch den kegelförmig verlängerten, **hohlen** Blüthenboden aus. Im übrigen ist die Art leicht an dem bekannten süsslichen Geruch der Köpfe zu erkennen, während sie im Wuchse vielen Anthemis-Arten zum Verwechseln ähnlich ist. Die kahlen, ästigen, aufrechten oder ausgebreiteten Stengel werden meist nur handhoch und wenig holzig (die Pflanze ist einjährig). Die Blätter sind fein zerschlitzt doppelt-fiedertheilig; ihre schmal-linealischen, flachen Zipfel sind stachelspitzig, doch nicht stechend. Die innen fein 5-streifigen, pappuslosen Früchte sind ungeflügelt, schwach gekrümmt und nur wenig von der Seite her zusammengedrückt.

Auf Lehmäckern und an Wegrändern ist die Pflanze durch ganz Europa nicht selten. Die mittelgrossen Köpfe findet man vom Mai bis in den August hinein blühend. Getrocknet bilden sie die Flores Chamomillae, Ph. G. II. 108, eines der bekanntesten Hausmittel. „Kamillenthee" ist als gelind schweisstreibendes, magenstärkendes und krampfstillendes Mittel beliebt. Der Name Matricaria („Mutterkraut") deutet auf die Benutzung des Thees seitens der Frauen hin. Kamillen bilden auch einen Bestandtheil von Species emollientes Ph. G. II. 241. Wirksam ist das ätherische, im reinen Zustande prächtig blaue Kamillenöl, das durch Destillation mit Wasser aus den Kamillen gewonnen wird. Nicht zu verwechseln ist damit das Kamillenöl des Handverkaufs, worunter man mit Olivenöl bereitete Auszüge der Droge versteht.

Synonyme sind *Chrysanthemum Chamomilla* P. M. et E. und *Chamomilla officinalis* C. Koch.

6. **Anthemis nobilis** L.

In der durch das Vorhandensein der Spreublätter ausgezeichneten, niemals hohle Blüthenköpfe aufweisenden Gattung Anthemis sind etwa 80 Europa und namentlich dem Mittelmeergebiete eigene Formen vereinigt. Von diesen interessirt nur

Anthemis nobilis L., eine ausdauernde, krautige Art mit

flaumig bis zottig behaarten, meist Rasen bildenden Stämmchen, von welchen die kurzen nicht zur Blüthe gelangen, während die kräftigeren, bis 30 cm hohen und oft ästigen Sprosse mit Köpfen abschliessen, welche in der äusseren Form unserer Kamille namentlich wegen des verlängert-kegelförmigen Blüthenbodens ähnlich, durch ihre beträchtliche Grösse aber leicht zu unterscheiden sind. Die Blätter sind denen unserer Kamille sehr ähnlich. (Fig. 378.)

Fig. 378. Anthemis nobilis. (Nach Baillon.)

Die in Frankreich, Spanien und Portugal, auch in England heimische Pflanze wird in Deutschland und Belgien in beschränktem Maasse zum Arzneigebrauch cultivirt. Die vom Juni bis August blühenden Köpfe sind zwar nach der Ph. G. II. nicht mehr officinell, werden jedoch allerwärts noch geführt und verlangt als „römische Kamillen“, Flores Chamomillae romanae. Sie wirken kräftiger, im Uebrigen aber ebenso wie unsere Kamille, welche bei den romanischen Völkern gar nicht in Gebrauch ist. Es bezieht sich allein hierauf die bei uns eingebürgerte Bezeichnung römische Kamille, welche mit der Stadt Rom nichts zu thun hat.

Synonyme für *Anthemis nobilis* L. sind *Chamomilla nobilis* Godron und *Chamaemelum nobilis* All.

7. Arnica montana L.

Die Gattung Arnica gehört zu der an die Anthemideen sich unmittelbar anschliessenden Gruppe der Senecioneae, deren Typus die bei uns in vielen Arten vertretene Gattung Senecio darstellt. Die meist spreublattlosen Köpfe enthalten gewöhnlich hochgelbe Rand- und Scheibenblüthen, erstere rein weiblich, aber wie die Scheibenblüthen fruchtbar. Abweichend von den Anthemideen statten alle Senecioneen ihre Früchte mit einem Haarkranze aus, welcher an den randständigen Blüthen oft frühzeitig abfällt oder ganz fehlt. Als Merkmale der mit etwa 10 Arten in Europa, Asien und Nordamerika verbreiteten Gattung Arnica gelten grosse, hochgelbe

Köpfe mit glockenförmiger, aus zwei Reihen gleicher Blättchen bestehender Hülle und längliche, gefurchte, durchweg mit einem Pappus aus steifen, etwas rauhen Haaren versehene Früchte. Die Laubblätter sind ausnahmslos gegenständig (vgl. Spilanthes).

Arnica montana L., die Arnica- oder Wohlverleihpflanze, ist eine der herrlichsten Pflanzen der moorigen Wiesen, namentlich der süd- und mitteleuropäischen Gebirge. Aus dem schief aufsteigenden, nur fingerlangen und kaum fingerdicken, mit schwarzen Blattscheidenresten bedeckten und unterseits wurzelnden Rhizome treiben einzeln aufrechte, meist 20—30 cm hohe, gewöhnlich einköpfige, drüsig kurzhaarige Stengel aus. An ihrer Basis bilden zwei decussirte Paare sitzender, länglich-verkehrt-eiförmiger, 5-nerviger, ganzrandiger, oberseits kurzhaariger, unterseits kahler Blätter von auffällig „freudig" grüner Farbe eine bodenständige Rosette. Am Blüthenschaft sitzen meist noch vier Blätter, von denen die beiden unteren länglichen oder lanzettlichen und dreinervigen ein gegenständiges Paar bilden, mit welchem die beiden oberen, meist nicht genau in gleicher Höhe eingefügten sich kreuzen. Letztere sind vorblattartig klein, schmal und einnervig. Bisweilen erzeugt jedes derselben in seiner Achsel noch einen kurz gestielten Blüthenkopf mit zwei kleinen, transversalen Hochblättern. Im Juni und Juli entfalten die 5—6 cm Durchmesser haltenden Köpfe ihr 15 bis 20 Randblüthen mit ziemlich breiten, mit drei Zähnen endenden sich horizontal ausbreitenden Zungen. Entfernt man alle Blüthen, so erscheint der convexe Blüthenboden innerhalb des Doppelkranzes der lanzettlichen, purpurn berandeten Hüllblätter grubig mit gewimperten Grubenrändern. Die behaarten Fruchtknoten werden zu schwarzbraunen, stumpf 5-kantigen Achaenien mit bis 8 mm langen, steifen Pappushaaren.

Die den Köpfen entnommenen Blüthen (nicht die ganzen Köpfe) sind als Flores Arnicae Ph. G. II. 107 officinell, doch bezeichnet man mit demselben Namen auch oft die ganzen, getrocknet in den Handel gelangenden Köpfe. Bekannt ist der volksthümliche Gebrauch der aus den Blüthen bereiteten Tinctura Arnicae Ph. G. II. 107, der „Arnicatinctur", zu Einreibungen bei Quetschungen, Verrenkungen und Lähmungen. Viel beschränkter ist der innere Gebrauch der Arnica.

8. Cnicus benedictus L.

Die monotypische Gattung Cnicus ist die einzige hier zu besprechende Art aus der Unterfamilie der Cynarocephalae. Innerhalb dieser gehört sie zur Gruppe der Centaureae, als deren typischsten Vertreter wir die allbekannte blaue Kornblume, *Centaurea Cyanus* L., ansehen dürfen. Allen Centaureen sind Köpfe mit meist mehr oder minder zygomorphen Röhrenblüthen mit ungeschwänzten Antheren eigen. Der gemeinsame Blüthenboden ist mit Spreublätter vertretenden Borsten besetzt. Die seitlich angehefteten Achaenien tragen einen Pappus aus mehreren Borstenreihen, welche am Grunde von einem die Frucht krönenden Ringwulste (einem „äusseren" Pappus) umgeben sind.

Cnicus benedictus L., das Benedictenkraut, Fig. 379, ist eine einjährige, distelähnliche Pflanze mit dünner Pfahlwurzel und aufrechtem, bis 40 cm hohem, oberwärts gespreizt ästigem, nebst den Blättern zottig und klebrig behaartem, fast spinngewebfilzigem Stengel. Die unteren Stengelblätter sind über handlang, länglich-lanzettlich, buchtig fiederspaltig und verschmälern sich in einen breiten, kantig-geflügelten Blattstiel. Die mittleren und oberen, viel kleineren Blätter sind sitzend. Die herablaufenden Blattränder bedingen eine sattelförmige Krümmung des Spreitengrundes. Die obersten, breit eiförmigen, wie alle Blattlappen stachelspitzig gezähnten Stengelblätter umhüllen die eiförmigen, bis 3 cm langen Blüthenköpfe, deren Hüllblätter in rechtwinklig zurückgebogene, kammartig mit 4—5 Stachelpaaren besetzte Dornen ausgehen. Die schön gelben Röhrenblüthen überragen nicht den Hüllkelch. Die Randblüthen zeigen einen 3-spaltigen Saum und sind unfruchtbar. Die Scheibenblüthen sind 2-geschlechtig, ihr Kronensaum ist 5-spaltig, die Antheren sind pfeilförmig. Die aus ihnen hervorgehenden Früchte sind in Fig 373 bei e abgebildet. Ihr Pappus besteht aus einem 10-spitzigen Krönchen (dem „Aussenpappus") und zwei Borstenreihen, einer äusseren aus 10 langen und einer inneren aus 10 kurzen Borsten. Die Frucht ist zierlich gerippt.

Fig. 379. Cnicus benedictus.

Synonyme sind *Centaurea benedicta* L., *Calcitrapa lanuginosa* Lam. und *Carbenia benedicta* Adans. Wegen des distelartigen Wuchses wird die Pflanze oft als *Carduus benedictus* bezeichnet. Dieser Name hat sich für die aus den Blättern und Blüthensprossen bestehende Droge, Herba Cardui benedicti Ph. G. II. 129, erhalten. Man stellt daraus Extractum Cardui benedicti Ph. G. II. 85, ein Bittermittel, dar.

9. **Taraxacum officinale** Weber.

Die Gattung Taraxacum gehört nach der von uns befolgten Gruppirung zur Unterfamilie der Ligulifloren; die Köpfe zeigen also durchweg, am Rande und auf der Scheibe, Zungenblüthen. Der Reichthum der hierher gehörigen Arten an Milchsaft verräth den Typus der Cichoriaceae. Innerhalb dieser gehört Taraxacum wegen des nackten (spreublattlosen) Blüthenbodens und der langgeschnäbelten Früchte mit einfachen, weichen und weissen Pappushaaren zur Gruppe der Chondrilleae. Als Gattungsmerkmal gilt der länglich-glockenförmige, dachziegelige Hüllkelch, dessen äussere Blätter eine abspreizende oder sich zurückschlagende Aussenhülle bilden, während die inneren, schmalen Blätter parallel-aufrecht, fast cylindrisch zusammenschliessen. Die zwitterigen, mit 5-zähniger, linealischer Zunge versehenen Blüthen sind goldgelb. Die spindelförmigen, undeutlich gerippten Früchte sind oberwärts spitzhöckerig und zeigen an der Basis des braunen Schnabels einen kleinen, aber deutlichen Ringwulst.

Taraxacum officinale Web. ist als Kuh- oder Butterblume in ganz Deutschland bekannt und gemein. Das fleischige, stark milchende, senkrecht absteigende Rhizom treibt grundständige Rosetten aus oft mehr als handlangen, fast keilförmig lanzettlichen, grob schrotsägeförmigen Blättern, welche der Pflanze den Namen Löwenzahn (latein. Dens leonis, griech. Leontodon) verschafft haben. Die vom April bis in den Herbst hinein blühenden Köpfe stehen einzeln auf blattlosem, gelblich grünem, weitröhrig hohlem, dünnwandigem, stark milchendem Schafte. Die schmutzig grünen, bisweilen aussen an den Spitzen dunkel purpurnen Hüllblätter umschliessen die zahlreichen Blüthen, deren äusserste unterseits blaugrau gestreift sind. Die Antheren sind am Grunde pfeilförmig geschwänzt. Die reifen, ein kugeliges Köpfchen bildenden Früchte werden von Kindern zur Spielerei gern weggeblasen (Pustblumen). Diese Spielerei illustrirt sehr schlagend den Zweck der Pappushaare.

Synonyme sind *Taraxacum vulgare* Schrk., *Tarax. Dens leonis* Desf., *Leontodon Taraxacum* L., *Leontodon vulgare* Lmk. und *Hedypnois Taraxacum* Scop.

Am Rhein, in Frankreich und England werden die noch nicht ergrünten Blätter im Frühjahr viel als Salat gegessen. Die urintreibende Wirkung spricht sich im französischen Pisse-en-lit zur Genüge aus. Die vor dem Blühen eingesammelten, ganzen Pflanzen sind officinell als Radix Taraxaci cum Herba Ph. G. II. 225. Sie dienen zur Herstellung von Extractum Taraxaci Ph. G. II. 97.

10. Lactuca virosa L.

Die Gruppe der Lactuceae verräth unter den Liguliflorea resp. Cichoriaceen ihre nahe Verwandtschaft mit den Chondrilleen durch die stark zusammengedrückten, meist geschnäbelten, doch nie mit einem Ringwulste gekrönten Früchte. In der Gattung Lactuca begegnen wir rispig angeordneten, meist kleinen Blüthenköpfen mit cylindrischem, kurz vor der Fruchtreife am Grunde oft abgesetzt bauchigem Hüllkelche. Der Blüthenboden ist flach.

Lactuca virosa L. ist durch steif-aufrechte, unterwärts stachelige, bis $1^1/_2$ m hohe, gelblichweisse Stengel ausgezeichnet, an welchen die bis 12 mm langen, länglich-eiförmigen, stachelspitzig buchtig gezähnten, bläulichgrünen Blätter h o r i z o n t a l abstehen (bei verwandten Arten stellen sie sich oft auffällig senkrecht, ihre Flächen also nach rechts und links). Die Nerven der Blattunterseite, besonders die Mittelrippe, sind mit Stacheln besetzt. Die blassgelben, vom grünen Hüllkelch umgebenen Blüthen erscheinen im Juli und August. Die Früchte sind dunkelschwarz, langgeschnäbelt, ihr Pappus schneeweiss.

Fig. 380. Lactuca virosa.

Die im nördlichen und nordöstlichen Deutschland fehlende, in West- und Südeuropa an Gräben, felsigen Orten und lichten Waldstellen nicht seltene, g i f t i g e Pflanze liefert den an Opium erinnernden, an der Luft erhärteten Milchsaft als L a c t u c a r i u m Ph. G. II. 153 s. L a c t u c a r i u m G e r m a n i c u m ibid. 336.

Nächst verwandt mit dem besprochenen „Giftlattich" ist L a c t u c a s a t i v a L. Die kopfig gezogenen, nicht blühenden Pflanzen sind als K o p f s a l a t jedermann bekannt.

Uebersicht des Linné'schen Systems.

Linné (geboren 1701 zu Raeshult, gestorben 1778 zu Upsala in Schweden) theilte das Pflanzenreich in 24 Klassen ein, deren jede eine beschränkte Anzahl von Ordnungen umfasste, innerhalb welcher die Gattungen mit ihren Arten aneinandergereiht wurden. Klassen und Ordnungen wurden numerirt, erhielten aber auch besondere Namen und zwar die Klassen:

				Eintheilungsprincip:
I.	Kl.	**Monandria.**	Einmännige Pfl.	
II.	„	**Diandria.**	Zweimännige	
III.	„	**Triandria.**	Dreimännige	
IV.	„	**Tetrandria.**	Viermännige	
V.	„	**Pentandria.**	Fünfmännige	
VI.	„	**Hexandria.**	Sechsmännige	Zahl der Staubblätter.
VII.	„	**Heptandria.**	Siebenmännige	
VIII.	„	**Octandria.**	Achtmännige	
IX.	„	**Enneandria.**	Neunmännige	
X.	„	**Decandria.**	Zehnmännige	
XI.	„	**Dodecandria.**	Zwölfmännige	
XII.	„	**Icosandria.**	Zwanzigmännige	Zahl u. Einfügung der Staubblätter.
XIII.	„	**Polyandria.**	Vielmännige	
XIV.	„	**Didynamia.**	Zweimächtige	Zahl und Länge der Staubblätter.
XV.	„	**Tetradynamia.**	Viermächtige	
XVI.	„	**Monadelphia.**	Einbrüderige	Zahl der Staubblattgruppen.
XVII.	„	**Diadelphia.**	Zweibrüderige	
XVIII.	„	**Polyadelphia.**	Vielbrüderige	
XIX.	„	**Syngenesia.**	Verwachsenmännige	Verwachsung der Staubbeutel.
XX.	„	**Gynandria.**	Weibmännige	Verwachs. d. Staubbl. mit dem Griffel.
XXI.	„	**Monoecia.**	Einhäusige	Vertheilung der eingeschlechtigen Bl.
XXII.	„	**Dioecia.**	Zweihäusige	
XXIII.	„	**Polygamia.**	Vielehige	
XXIV.	„	**Cryptogamia.**	Verborgenehige d. h. Blüthenlose.	

Hiernach umfassen die ersten 23 Klassen die Blüthenpflanzen; Klasse I—XX die Pflanzen mit zweigeschlechtigen, Klasse XXI bis XXIII die Pflanzen mit eingeschlechtigen Blüthen. Für die Klassen I—X drückt der Name die Zahl der freien, unter sich gleichen Staubblätter (der „Männer") aus. In der XI. Klasse schwankt die Zahl der Staubblätter zwischen 11—19. In der XII. und XIII. Klasse sind Pflanzen mit 20 und mehr Staubblättern in jeder Blüthe untergebracht. Für die XII. Klasse ist aber perigyne Insertion, für die XIII. hypogyne Insertion der Staubblätter maassgebend. Die XIV. Klasse deckt sich mit dem Gros der Labiatifloren (vgl. S. 500 ff.), die XV. mit der natürlichen Familie der Cruciferen (vgl. S. 327 ff.). In beiden Klassen wird die verschiedene Länge (die „Mächtigkeit") der Staubfäden in Rücksicht gezogen. Für die XVI.—XIX. Klasse ist die Phalangenbildung des Androeceums ausschlaggebend. Die XIX. Klasse deckt sich mit der Familie der Compositen und bringt in erster Linie die Verwachsung der Staubbeutel zum Ausdruck. Die XX. Klasse enthält alle Orchidaceen, über deren „gynandrische" Blüthen S. 223 ff. Aufschluss geben.

Für die Ordnungen der ersten 13 Klassen ist die Zahl der freien Griffel resp. der Narben maassgebend gewesen. Linné unterschied hier (analog den Klassen):

1. Ordn. **Monogynia**, Einweibige,
2. „ **Digynia**, Zweiweibige,
3. „ **Trigynia**, Dreiweibige,
4. „ **Tetragynia**, Vierweibige,
etc. bis
n. „ **Polygynia**, Vielweibige.

Er beging dabei den Fehler, die Zahl der Fruchtblätter (der „Weiber") nach der Zahl der freien Griffel zu bestimmen. Dass diese Methode unstatthaft ist, lehrt unsere Figur 19 (S. 18), welche vier Formen eines dreigliederigen Gynaeceums darstellt. Die Modificationen 1 und 2 in Fig. 19 wären nach Linné bestimmend für Trigynia, die Modificationen 3 und 4 für Monogynia. Die XIV. Klasse theilte Linné in

1. Ordn. **Gymnospermia**, Nacktsamige,
2. „ **Angiospermia**, Bedecktsamige,

wobei er von dem Irrthum geleitet wurde, dass die Klausenfrüchte der Labiaten (vgl. S. 484) nackte Samen seien. (Die Gymnospermen der modernen Systematik vertheilen sich bei Linné auf die XXI. und XXII. Klasse.) Die Theilung der XV. Klasse in

1. Ordn. **Siliculosa**, Schötchenfrüchtige,
2. „ **Siliquosa**, Schotenfrüchtige,

wurde schon auf S. 329 erwähnt. In den Klassen XVI—XVIII und XX—XXII wiederholt sich zum Theil die Classification der Monandria bis Polyandria, doch mit dem verminderten Werthe von Ordnungen. Beispielsweise gliedert sich die

XVI. Kl. **Monadelphia** in:

1. Ordn. Diandria,
2. „ Triandria,
3. „ Tetrandria etc.

Bezüglich der Ordnungen der XIX. Klasse vgl. S. 553 f.

Der Anfänger merke sich vor allem, dass das längst veraltete Linné'sche System ein **künstliches** ist und wegen der von den Geschlechtsorganen entnommenen Theilungsprincipien ein **Sexualsystem** genannt wird.

Die Kenntniss des Linné'schen Systems wird noch jetzt von vielen Examinatoren verlangt! Die Uebersicht des Eichler'schen Systems ergiebt sich aus dem Inhaltsverzeichnisse dieses Buches.

Register.

Die Namen der Drogen und Arzneimittel sind nicht aufgeführt.

B.

C.

D.

N.

O.

P.

T.

U.